PATRONES
DE
YATE

JOSÉ DE SIMÓN QUINTANA

CAPITÁN DE LA MARINA MERCANTE
EX-AYUDANTE MILITAR DE MARINA
OFICIAL DE MÁQUINAS M. MERCANTE
OFICIAL DE LA ARMADA

PATRONES DE YATE

Segunda Edición
Corregida y Aumentada

SAN FERNANDO (CÁDIZ)

JOSÉ DE SIMÓN QUINTANA

AUTOR - EDITOR

Almirante Almeida, 5 - SAN FERNANDO (Cádiz)

Por resolución de la Subsecretaría de Pesca y Marina Mercante, este libro ha sido declarado de utilidad para las enseñanzas náutico-deportivas.

Otros libros de este autor, PATRONES DE EMBARCACIONES DEPORTIVAS (vela y motor de 2ª clase) y PATRONES DE EMBARCACIONES A MOTOR DE PRIMERA CLASE están declarados de utilidad para las enseñanzas de los títulos deportivos para las Embarcaciones de Recreo, por Orden del Ministerio de Comercio de 13 de setiembre de 1967, B. O. del Estado nº 231.

ISBN 84-400-4098-9
Depósito Legal: B. 21.213 - 1980

IMPRIME: M. PAREJA - MONTAÑA, 16 - BARCELONA-26

A mis padres, que con su trabajo me enseñaron a ser útil a los demás.

EXAMENES

Los exámenes para el título de Patrón de Yate constan de tres grupos de materias que pueden aprobarse independientemente. Cada uno de los cuales está integrado por las siguientes asignaturas:

Grupo «A»:

Cálculos Náuticos.

Grupo «B»:

Astronomía Náutica y Navegación.
Construcción Naval y Teoría del Buque.
Maniobra, Reglamentos y Señales.

Grupo «C»:

Meteorología y Oceanografía.
Derecho Marítimo.
Higiene Naval.
Motores Marinos.
Prácticas de Procedimientos Radiotelefónicos.

PROGRAMA DE EXAMEN PARA LA OBTENCION DEL TITULO DE PATRON DE YATE

CONSTRUCCION NAVAL Y TEORIA DEL BUQUE

CAPÍTULO 1. *Diferentes partes del barco*

Definiciones. Buque. Casco. Obra viva y obra muerta. Proa. Popa. Costado. Banda. Estribor. Babor. Amuras. Aletas. Dimensiones principales: eslora, manga y puntal; sus clases. Calados. Quilla: diferentes tipos. Sobrequillas. Roda, branque, alefriz, tajamar. Espejo, escudo. Codaste: tipos según el número de hélices. Bocina para el eje portahélices. Pantoque. Cuadernas. Bularcamas. Baos. Durmientes. Trancaniles. Puntales. Vagras.

Varengas. Palmejares. Borda. Regala. Cubiertas. Candeleros. Pasamanos. Forros exterior e interior. Mamparos: mamparos estancos. Mamparo de colisión: su importancia. Puertas estancas. Portillos. Imbornales. Escobenes. Fogonaduras. Escotillas: brazolas. Galeotas. Cuarteles. Bitas. Gateras. Cornamuzas. Lumbreras. Bodegas, calas y sentinas. Válvulas de tomas de mar. Tuberías y chupones de achique. Cámaras y camarotes. Caseta. Tambuchos. Bañera. Balandro. Cuter. Yol.

CAPÍTULO 2. *Arboladura*

Arboladura. Carlinga. Palos. Palo macho. Masteleros. Mastelerillos. Bauprés. Botalones y moco. Cofas. Crucetas. Vergas. Pico. Botavara.

CAPÍTULO 3. *Cabos y Nudos*

Cabos. Chicote. Seno. Cobrar un cabo. Arriar. Tomar vuelta. Hacer firme. Ayustar un cabo. Ligadas. Gazas. Piña. Nudos y vueltas. Cote o malla, medio nudo, nudo llano, as de guía, ahorcaperro, margarita, vuelta mordida, ballestrinque, vueltas de gancho, vueltas de rezón.

CAPÍTULO 4. *Motonería y aparejos*

Motones. Pastecas. Vigotas. Tensores. Guardacabos. Grilletes. Pie de gallo. Ganchos. Garruchos. Mosquetones. Aparejos: su clasificación.

CAPÍTULO 5. *Jarcias firme y de labor*

Jarcias firme y de labor. Obenques. Stays. Burdas. Barbiquejos. Mostachos. Drizas. Amantillos. Amante. Brazas. Cargaderas. Ostas. Escotas.

CAPÍTULO 6. *Velamen*

Velas. Clasificación de las velas: de cuchillo, redondas. Puños. Tabla de gratil. Caída de gratil. Pujamen. Baluma. Alunamiento. Cola de pato. Ligera idea de la construcción de las velas. Diferentes velas de los yates: Cangreja, Guaira, Vela Marconi, Escandalosa, Foques, Balón, «la redonda». Cabos de labor de las velas.

CAPÍTULO 7. *Aparejos y clasificación de yates*

Principales tipos de aparejos de yate. Clasificación de yates: A) De un solo casco, de más de un casco. B) Monotipos y de fórmula. C) Cruceros, clases de Royal Ocean Racing Club. Clase C. D) Fórmulas más corrientes de compensación. E) Grandes yates. F) Sail Training Association Limited. G) Series olímpicas. H) Otras series importantes.

CAPÍTULO 8. *Definiciones*

Barlovento. Sotavento. Amurado a estribor. Amurado a babor. Ceñir. Orzar. Puntear. Bolinear. Barloventear. Bordada. Bordo. Voltejear. Bordear. Arribar. Derivar. Caer. En popa. Empopada. A la cuadra. A un descuartelar. Recibir el viento por la aleta. Recibir el viento por la amura. Montar. Escorar. Guiñada. Abatir. Acuartelar. Trasluchar. Bogar. Ciar. Remolcar. Navegar en conserva.

CAPÍTULO 9. *Embarcaciones y aparatos de salvamento*

Botes salvavidas. Equipo de los mismos. Botes metálicos, de madera y plegables. Nomenclatura de las distintas partes de un bote. Balsas salvavidas. Estiba de botes y balsas. Pescantes y su descripción. Calzos y cuñas, bragas, fajas. Ganchos disparadores. Aparatos de salvamento, guindolas, roscas y chalecos salvavidas. Tangones de amarre de botes.

CAPÍTULO 10. *Timones y aparatos de gobierno*

Timones: descripción de las diferentes partes del timón ordinario y del compensado. Servomotores y telemotores. Guarnes. Aparatos auxiliares de gobierno.

CAPÍTULO 11. *Anclas y aparatos de fondeo*

Ancla: partes de qué consta. Diferentes tipos de anclas. Rezones. Cadenas. Estopores. Mordazas. Instalación de las anclas a bordo. Aparatos de fondeo y amarre: molinete de vapor y eléctrico. Cabrestantes. Chigres.

CAPÍTULO 12. *Desplazamiento*

Desplazamiento: sus clases. Líneas de máxima carga. Franco bordo. Arqueo: tonelada de arqueo. Arqueo bruto. Arqueo neto.

CAPÍTULO 13. *Estabilidad y flotabilidad*

Equilibrio de los cuerpos flotantes: principio de Arquímedes. Centro de gravedad, altura del centro de gravedad. Par de estabilidad. Estabilidad inicial. Su importancia y su relación con los movimientos de balance del buque. Efectos de los traslados verticales u horizontales de pesos en la estabilidad transversal. Movimientos de cabezada. Pantocazos.

Estabilidad longitudinal. Asiento. Cambio de asiento por un traslado de pesos.

Capítulo 14. *Resistencias al movimiento de los buques*

Resistencias que se oponen al movimiento de los buques. Influencia de la suciedad del casco.

Capítulo 15. *Hélices*

Hélice: sus elementos. Paso. Retroceso. Cavitación. Fuerzas generadas por la rotación de la hélice en la marcha avante y en la marcha atrás.

Capítulo 16. *Propulsión por el viento*

Propulsión por la acción del viento. Centro vélico. Efecto del viento sobre las velas. Orientación del aparejo según la dirección del viento.

Capítulo 17. *Acción del timón*

Acción del timón en la marcha avante. Momento de evolución: ángulo de metida que lo hace próximo. Acción del timón en la marcha atrás. Escora producida al meter el timón. Efectos evolutivos combinados de la hélice y el timón. Curva de evolución: sus diferentes fases.

Capítulo 18. *Cuidados del casco. — Definiciones*

Calafateo. Cuidados necesarios para la conservación del casco.
Norays. Boyas. Balizas. Muertos.

MANIOBRA

Capítulo 19. *Acción del viento*

Influencia del viento y la corriente en la maniobra de un buque. Viento: su fuerza. Rolar. Caer. Calmar. Recalmar. Racha. Contraste. Chubasco. Diferencia de calados más convenientes para navegar con una embarcación a vela. Estiba de pesos. Lastrado.

Capítulo 20. *Maniobras con las velas*

Dar la vela con viento bonacible. Dar la vela con vientos fuertes. Salir a la vela estando fondeados. Fondear a la vela. Levar el ancla cuando está muy agarrada. Caer sobre una banda determinada. Disposición del timón al dar la vela en caso de haber corrientes. Diferentes formas de navegar según se reciba el viento. Tomar rizos. Sistemas mecánicos para tomar rizos. Cargar y marear velas con buen y mal tiempo. Envergar y desenvergar velas.

CAPÍTULO 21. *Maniobras en la navegación*

Virar por avante y en redondo. Ventajas e inconvenientes de estas viradas. Maniobrar con chubascos y vientos duros. Remediar la falta de drizas, stays y obenques. Disposiciones que se deben tomar si se rinde el palo mayor. Averías en el timón. Gobernar cuando navegando a vela el buque pierde el timón. Capear. Marear un buque que está a la capa. Maniobra en los contrastes.

CAPÍTULO 22. *Efectos en el gobierno del boque*

Corrientes generadas por las hélices. Efectos de las hélices y el timón en el gobierno: casos de buque parado y buque en movimiento; buques de una o dos hélices. Efectos de la escora y asiento en el gobierno. Influencia del poco fondo en el gobierno y en la velocidad del buque.

CAPÍTULO 23. *Atracadas y desatracadas*

Atracadas y desatracadas. Efectos de las estachas en las maniobras. Reglas generales para atracar a un muelle un buque de propulsión mecánica con mar y viento en calma. Atracar fondeando un ancla. Desatracar con y sin ancla fondeada. Atracar y desatracar con viento paralelo o perpendicular al muelle. Idem con viento de amura o aleta de dentro o fuera. Atracadas y desatracadas dando una codera a un muerto. Amarrar de punta.

CAPÍTULO 24. *Dar y largar amarras*

Dar y largar amarras: encapillar y desencapillar estachas en un noray que tenga otras amarras dadas. Tomar vueltas a una bita. Abozar un cabo. Tender una codera. Dar un calabrote. Amarrar y desamarrar de un muerto. Protección de las amarras contra el roce.

CAPÍTULO 25. *Fondear y levar. — Vueltas de las cadenas*

Fondear y levar. Elección del fondeadero. Relación entre el fondo y la cantidad de cadena filada. Fondeo a la gira. Orincar un ancla. Aguantar un mal tiempo al ancla. Garreo: forma de evitarlo. Levar.

Fondear dos anclas por la proa. Fondear a barbas de gato. Fondear una a la entrante y otra a la vaciante. Levar estando fondeado con dos anclas.

Vueltas de cadena: cruz, zancadilla y vuelta. Zafar vueltas a las cadenas. Aclarar un ancla que venga encepada. Arrancar un ancla del fondo. Filar por ojo una cadena.

Ciaboga. Revirar haciendo cabeza sobre el ancla. Atracar en espacios reducidos fondeando un ancla. Atracar de punta fondeando dos anclas entre dos buques fondeados de igual forma.

Capítulo 26. *Hombre al agua. — Maniobras con los botes*

Hombre al agua. Maniobra de recogida según se vea o no al hombre. Precauciones al recoger al hombre cuando la mar es mucha. Arriado e izado de botes en la mar en todas las circunstancias. Maniobras para que atraque un bote al costado en todas las circunstancias de mar y viento.

Capítulo 27. *Maniobras con mal tiempo*

Precauciones que deben tomarse navegando con mal tiempo: trincas de mar, precauciones con las anclas, disminución de la velocidad. Modo de evitar el sincronismo. Navegar con mar gruesa de proa a popa. Capear un temporal. Correr un temporal. Ancla flotante: construcción y empleo. Empleo del aceite.

Capítulo 28. *Remolques*

Remolques: diferentes tipos. Dar y tomar remolque. Longitud del remolque. Tender remolques con buen tiempo. Idem con mal tiempo. Afirmado del remolque. Gobernar remolcando y remolcado. Remolque abarloado. Remolque con mal tiempo.

Capítulo 29. *Inundación y achique*

Inundación y achique: servicio general. Cierre de puertas estancas. Apuntalamiento de mamparas en caso de inundación de un compartimiento. Modo de contener la entrada de agua. Diferentes tipos de bombas de achique: su manejo.

Capítulo 30. *Del incendio a bordo*

Incendio a bordo: medidas para prevenir los incendios y modo de proceder al iniciarse los mismos. Casos más frecuentes que producen los incendios. Maniobrar con fuego a bordo. Fondear con fuego a bordo.

Capítulo 31. *Del abordaje*

Abordaje: medidas a tomar después de un abordaje. Vías de agua. Pallete de colisión. Turafallas. Taponamiento de vías de agua desde el interior. Taponamiento de pérdida en tuberías. Encajonadas. Averías en los timones. Timones de fortuna.

Capítulo 32. *De la varada*

Varada: varada voluntaria, disposiciones a tomar antes y después de la varada. Varada involuntaria: buque varado en la costa habiendo quedado en seco. Buque varado en fondo fangoso. Idem en rocoso y sin vías de agua.

CAPÍTULO 33. *Del salvamento*

Salvamentos: Reflotar un buque varado aprovechando la marea. Salvamento de la dotación de un buque siniestrado en alta mar. Transbordo de personas cuando la mar impide abarloarse a un buque.

CAPÍTULO 34. *Abandono del buque*

Abandono de buque: instrucciones a la tripulación para el uso del chaleco salvavidas. Modo de construir y arriar una balsa. Embarco en los botes salvavidas con mal o buen tiempo. Paso a remo de las rompientes. Varar los botes en la playa. Desembarco en una costa cuando no siendo abordable cuenta con recursos de salvamento y caso en que esté desprovista de ellos.

REGLAMENTOS Y SEÑALES

CAPÍTULO 35. *Reglamento para prevenir abordajes en el mar*

CAPÍTULO 36. *Luces y señales marítimas*

Vigilancia en la mar de día y de noche. Vigilancia en tiempo de niebla. Luces y señales marítimas. Apariencia de las luces: período y fase, sectores, alcance geográfico y luminoso. Identificación de faros: normas prácticas. Buques-faro, boyas luminosas y señales marítimas no luminosas.

CAPÍTULO 37. *Reglamento de Policía de Puertos*

Reglamento de Policía de Puertos. Precauciones a tomar para evitar la comunicación de las ratas con tierra. Aguas residuales, basuras, cenizas y otros desperdicios. Auxilio en caso de abordaje o incendio dentro del puerto.

CAPÍTULO 38. *Código Internacional de Señales*

Codigo Internacional de Señales: señales de una sola bandera en el mar y en puerto. Señales de una sola letra (correspondientes a las banderas F, K, L, O, P, R, U, W y Z), que pueden ser transmitidas por lámparas de destellos por el carácter urgente de su significado.

CAPÍTULO 39. *Reglamento de Balizamiento*

Reglamento para el balizamiento de las costas españolas, islas adyacentes y Canarias.

CAPÍTULO 40. *Reglamento de Regatas*

Reglamento de Regatas: definiciones. Señales utilizadas. Evitación de abordajes. Maniobras equívocas. Reglas fundamentales en la misma bordada y en bordadas opuestas. Derechos y limitaciones a orzar antes y después de la salida. Rumbo más arribado del debido. Cambio de bordada. Reglas de excepción, montar balizas y obstáculos, compromisos. Yates que vuelven a salir, fondeados o varados. Protestas, descalificaciones y apelaciones.

ASTRONOMIA NAUTICA Y NAVEGACION

CAPÍTULO 41. *Esfera terrestre*

Esfera terrestre. Líneas principales de la esfera terrestre: Eje y Polos, Ecuador y Paralelos, Meridianos, primer Meridiano, Trópicos, Círculos Polares. Latitud y longitud de un punto de la esfera terrestre. Situación de un punto de la Tierra por latitud y longitud. Diferencia de latitud y longitud entre dos lugares.

CAPÍTULO 42. *Astros. — Sistema Solar. — Estrellas*

Astros: Sistema Solar; el Sol, planetas y Luna; fases de la Luna. Estrellas. La Polar. Modo de reconocer la Polar.

CAPÍTULO 43. *Movimientos de la Tierra y de los Astros*

Movimientos de la Tierra. Movimiento aparente de los astros. Movimiento propio de algunos astros. Movimiento aparente del Sol. Eclíptica. Ortos y ocasos. Crepúsculos. Estaciones. Zonas y climas.

CAPÍTULO 44. *Sexagesimales. — Medida del tiempo*

Operaciones de suma y resta con números sexagesimales. Transformación de arco a tiempo y viceversa. Medida del tiempo. Tiempo universal. Hora civil, legal y oficial. Relaciones entre estas horas.

CAPÍTULO 45. *Mareas*

Mareas. Establecimiento de puerto. Unidad de altura. Sonda en la bajamar escorada. Hallar las horas y sondas de las pleamares y bajamares por medio del anuario de mareas.

CAPÍTULO 46. *Del magnetismo*

Magnetismo. Polos de un imán. Magnetismo de la Tierra. Aguja magnética. Cuidados que hay que tener con la aguja. Declinación magnética. Obtención de la declinación magnética. Desvío: Tablilla de desvíos.

CAPÍTULO 47. *Rumbos. — Rosa de los vientos*

Rumbo: sus clases. Rosa de los vientos. Pasar de rumbo de aguja a rumbo magnético y viceversa. Abatimiento. Pasar de rumbo de aguja a verdadero. Corrección total. Pasar de rumbo verdadero a rumbo de aguja.

CAPÍTULO 48. *Demoras y marcaciones*

Marcación, demora y azimut. Pasar la demora de aguja a verdadera. Conversión de marcaciones en demoras. Relación entre demora, rumbo y marcación. Enfilación. Modo de obtener la corrección total por la Polar.

CAPÍTULO 49. *Correderas. — Sondadores*

Correderas. Coeficiente de la corredera. Unidades de longitud empleadas en la Marina. Sondadores. Escandallos.

CAPÍTULO 50. *Cartas náuticas*

Cartas náuticas. Escala de las cartas. Clasificación de las cartas según la escala. Detalles que se aprecian en las cartas. Portulanos.

CAPÍTULO 51. *Manejo de las cartas*

Compás y transportador. Hallar la latitud y longitud de un punto situado en la carta. Situar en la carta un punto de coordenadas conocidas. Desde un punto en la carta trazar un rumbo y una distancia. Hallar el rumbo y la distancia entre dos puntos. Hallar el rumbo para pasar a una distancia dada de tierra.

CAPÍTULO 52. *Navegación costera*

Navegación costera. Situación por dos marcaciones simultáneas a dos puntos de la costa. Situación por dos marcaciones no simultáneas a dos puntos de la costa. Rumbo y distancia navegada. Situación por dos marcaciones no simultáneas a un punto. Situación por marcación y distancia a un punto. Situación por marcación a un faro que aparece en el horizonte. Situación por dos enfilaciones. Situación por una marcación y una enfilación. Situación por distancia a dos puntos de la costa.

CAPÍTULO 53. *Loxodrómica. — Navegación por estima*

Derrota loxodrómica: Ecuación de la loxodrómica. Diferencia en latitud y apartamiento. Cálculo de la diferencia en latitud y apartamiento con tablas. Cálculo de la diferencia en longitud. Navegación de estima. Problema directo e inverso. Casos particulares. Problemas de estima navegando a un solo rumbo. Idem navegando a varios rumbos. Problemas de estima con abatimiento. Problemas de estima con corriente.

CAPÍTULO 54. *Navegación de estima en la carta*

Navegación de estima en la carta: Determinación del punto de estima cuando se ha navegado a un solo rumbo. Determinación del punto de estima cuando se ha navegado a varios rumbos. Efecto del abatimiento en el rumbo verdadero. Modo de corregir el abatimiento. Efecto de la corriente en la estima y su corrección. Determinación del rumbo de la corriente en intensidad horaria conociendo una situación marcada y una de estima simultánea.

CALCULOS NAUTICOS

CAPÍTULO 55. *Derroteros, libros de faros y Avisos*

Derroteros: Su manejo. Cuadernos de faros: Su manejo. Avisos a los navegantes.

METEOROLOGIA Y OCEANOGRAFIA

CAPÍTULO 56. *Presión y temperatura*

Presión atmosférica. Barómetro: Sus clases. Lectura del barómetro. Presión media al nivel del mar. Temperatura. Termómetro: Sus clases. Lectura del termómetro. Idea sobre la previsión del tiempo con el barómetro y el termómetro.

CAPÍTULO 57. *Los vientos*

Informaciones meteorológicas locales: Su interés para la navegación. Viento: Sus causas. Viento real y aparente. Escala marítima de los vientos. Vientos predominantes en las distintas regiones del litoral español.

CAPÍTULO 58. *Fenómenos acuosos y eléctricos*

Chubascos de agua y viento. Trombas de agua. Lluvias. Nieblas. Fenómenos eléctricos: Su influencia en la aguja.

CAPÍTULO 59. *El agua del mar y corrientes marinas*

Extensión de los mares: Idea de la composición del agua del mar. Corrientes marinas: Sus causas. Principales corrientes locales y accidentales del litoral español.

CAPÍTULO 60. *Olas. — Rompientes*

Olas: Su forma. Amplitud, altura y velocidad: Relaciones entre estos tres elementos. Rompimiento de las olas: Sus causas y efectos. Rompientes.

DERECHO MARITIMO

CAPÍTULO 61. *Organos de administración marítima*

Ministerio de Marina. Departamentos Marítimos y Bases Navales. Sectores Navales. Comandancias y Ayundantías de Marina. Atribuciones de las Autoridades de Marina en relación con la navegación. Autoridad Sanitaria y de Aduanas. Juntas de Obras de los Puertos.

CAPÍTULO 62. *Administración de la Marina Mercante*

Ministerio de Comercio. Subsecretaría de la Marina Mercante: Direcciones Generales de Navegación, Pesca Marítima, Buques, Instrucción Marítima e Instituto Español de Oceanografía.

CAPÍTULO 63. *Mares y Zona marítimo-terrestre*

Libertad de los mares. Mares litorales: Jurisdicción y extensión. Dominio de mares cerrados, golfos y bahías. Derecho de visita.

La zona marítimo-terrestre. Servidumbres.

CAPÍTULO 64. *Policía y disciplina a bordo*

Policía y disciplina a bordo de los buques mercantes. La Ley penal y disciplinaria de la Marina Mercante. Cómo debe procederse en caso de delito cometido a bordo. Idem en caso de defunción.

CAPÍTULO 65. *Deberes del Capitán o del Patrón*

Formalidades que debe llenar el Patrón y el Capitán de yate al despacharse. Libros y documentos que debe haber en el yate. Modo de legalizarlos y llevarlos. A qué Autoridades deben presentarse. Deberes del Capitán o Patrón de yate con las autoridades. Tripulaciones de embarcaciones de recreo. Bandera nacional. Casos en que debe izarse por obligación o por cortesía. Saludos con la bandera.

MOTORES MARINOS

CAPÍTULO 66. *Clasificación de los motores*

Motores de combustión interna: Su clasificación. Motores Diesel, semi-Diesel y de explosión. Nomenclatura de las partes principales de estos motores. Ciclos de trabajo de los motores Diesel de cuatro y de dos tiempos. Ciclos de trabajo en los motores de explosión de cuatro y dos tiempos. Diferencias esenciales entre los motores Diesel y de explosión.

CAPÍTULO 67. *Motores Diesel*

Motores Diesel: Cómo se desarrolla la combustión en los motores Diesel y semi-Diesel. Nociones sobre inyección de combustible: Mecánica y pulverizada. Bombas de combustible: Idea general de su funcionamiento. Válvula atomizadora. Sistemas de incendio. Bombas de barrido en los motores Diesel de dos tiempos: Su objeto y funcionamiento. Regulación práctica de las diferentes válvulas. Lubricación y refrigeración en los motores Diesel. Arranque de los motores Diesel con aire, eléctrico y por inercia. Inversión de marcha: Por el mismo motor; por mecanismo de embrague y por hélice de palas reversibles. Regulador de velocidad: Su objeto.

CAPÍTULO 68. *Motores de explosión*

Motores de explosión: Cómo se efectúa el trabajo de los gases en un motor de explosión. Válvulas de los motores de explosión de cuatro y de dos tiempos: Idea de las razones de los adelantos y retrasos en su apertura y cierre. Regulación práctica de las válvulas. Carburación en los motores de explosión. Funcionamiento de un carburador elemental. Encendido en los motores de explosión; magneto; plato magnético; delco. Instalación eléctrica. Engrase y refrigeración en los motores de explosión. Inversión de marcha en los motores de explosión. Instalación del motor de explosión con propulsor convencional. Instalación del motor tipo Z Drive (cola en Z dentro-fuera bordo). Instalación del motor fuera de borda.

CAPÍTULO 69. *Manejo de los motores*

Precauciones antes de poner en marcha los motores. Arranque, conducción y parada. Maniobras de cambio de marcha. Nociones sobre las averías más frecuentes en los motores cuya reparación puede llevarse a cabo en la mar. Entretenimiento de los motores cuando no están en período de funcionamiento. Medios para prevenir el incendio de un motor y medidas a tomar para sofocarlo.

HIGIENE NAVAL Y PRIMEROS AUXILIOS

CAPÍTULO 70. *Higiene del buque*

El buque desde el punto de vista sanitario: Condiciones higiénicas que deben reunir los distintos departamentos del buque. Ventilación, calefacción e iluminación en los buques.

CAPÍTULO 71. *El agua potable*

El agua: Caracteres físicos, químicos y biológicos que debe reunir el agua potable. Métodos de depuración del agua susceptibles de ser empleados a bordo. Conservación del agua a bordo. Vaciamiento del agua sobrante.

CAPÍTULO 72. *Enfermedades «cuarentenables»*

Las enfermedades llamadas «cuarentenables» por el Reglamento Sanitario Internacional.

CAPÍTULO 73. *Hemorragias. — Inconsciencia*

Hemorragias: Arterial y venosa; tratamiento de urgencia. Principales causas que producen la pérdida del conocimiento; tratamiento de urgencia.

CAPÍTULO 74. *El accidente a bordo*

El accidente a bordo: Contusiones y su tratamiento. Heridas y su tratamiento. Reglas generales para practicar las curas. Fracturas. Síntomas de las fracturas. Esguinces y luxaciones. Traslado de accidentados en el barco. Primeros auxilios a los fracturados.

CAPÍTULO 75. *Ojos. — Quemaduras. — Intoxicaciones*

Lesiones en los ojos. Accidentes causados por el calor: Insolación y acaloramiento. Quemaduras: Su tratamiento. La intoxicación a bordo: Primeros auxilios en caso de intoxicación.

CAPÍTULO 76. *Instrucciones para acudir a nado en auxilio de un náufrago*

Asfixia: Instrucciones para acudir nadando en auxilio del náufrago. Los métodos de respiración artificial. Estudio crítico de los mismos desde el punto de vista de su eficacia.

CAPÍTULO 77. *Vendajes e inyecciones*

Vendajes. Técnica de las inyecciones hipodérmicas e intramusculares. Signos de muerte.

CAPÍTULO 78. *Servicio radiotelegráfico de información médica*

Servicio radiotelegráfico de Información Médica. Recogida de síntomas. Redacción del despacho radio-médico. Sección médica del Código Internacional de Señales.

PRACTICAS DE PROCEDIMIENTOS RADIOTELEFONICOS

CAPÍTULO 79. *Prácticas de procedimientos radiotelefónicos*

Reglamentos. Terminología. Secreto de las comunicaciones. Licencias. Identificación. Inspección. Autoridad del Capitán o jefe de la nave. Certificados de operador. Certificados de radiotelefonista. Procedimientos radiotelefónicos. Listas de llamada. Socorro. Aparatos radiotelefónicos de alarma. Señal de urgencia. Señal de seguridad. Período de silencio. Orden de prelación de las comunicaciones. Estaciones para diferentes servicios. Normas sobre el uso de estaciones de radio en puerto. Deletreo de letras y cifras. Estaciones radiotelefónicas: su manejo.

APÉNDICES

I. Trigonometría.
II. Equivalencias de medidas.
III. Modo práctico de orientarse de día.
IV. Uniformes.
V. Títulos.
VI. Matriculación de embarcaciones de recreo.
VII. Indicativos de matriculación.
VIII. Zonas para bañistas en las playas, etc.

IX. Utilización de los embalses para la navegación.
X. Inscripción marítima.
XI. Reglas y maneras de practicar el esquí náutico.
XII. Justificación de los días de embarque.
XIII. Utilización de los motores fuera de borda.
XIV. Patrones de embarcaciones deportivas del litoral.

OBSERVACIONES

Pág. 30-10
Columna MAGNITUD, tercera llave, falta la palabra grande.

Pág. 39-21
Línea antepenúltima. Donde dice sopore debe leerse soporte.

Pág. 74-10
La figura de esta página debe llevar el número 488.

Pág. 79-6
En la nota al pie de página debe leerse (156,80 MHz) en vez de (156 MHz).

ROSA DE LOS VIENTOS

Versos que sintetizan las reglas de gobierno

Si ambas luces de un vapor,
por la proa has avistado,
debes caer a estribor,
dejando ver tu encarnado.

Si da verde con el verde,
o encarnado con su igual,
entonces nada se pierde;
siga a rumbo cada cual.

Si a estribor ves colorado,
debes con cuidado obrar,
cae a uno u otro lado,
para, o manda ciar.

Si acaso por tu babor,
la verde se deja ver,
sigue avante, ojo avizor,
débese el otro mover.

Buque que a otro alcanza,
gobernará sin tardanza.

Entre un vapor y un velero,
*maniobra siempre el primero.**

Está siempre vigilante,
y ten presente además,
si hay peligro por delante,
modera, para, o da atrás.

* Excepto cuando el velero alcanza.

CONSTRUCCION NAVAL
Y
TEORIA DEL BUQUE

Capítulo 1

DIFERENTES PARTES DEL BARCO

BUQUE. — Buque, barco o embarcación es el nombre que se da a todo vaso flotante, simétrico con respecto a un plano longitudinal-vertical, y que dotado de unas cualidades dependientes en mayor o menor grado según el fin a que se vaya a destinar, sirve para surcar las aguas.

Las cualidades más esenciales son: solidez, flotabilidad, estabilidad y navegabilidad.

CASCO. — Es el cuerpo de un buque, sin contar su arboladura, superestructuras, máquinas, ni pertrechos.

Los materiales que se emplean para su construcción son: madera, hierro y acero (a veces mezclados con cobre y aluminio), plástico, goma, cemento, etc.

OBRA VIVA Y OBRA MUERTA. — Obra viva es la parte del casco contada desde la quilla a la línea de flotación en máxima carga.

Obra muerta es la parte de casco contada desde la línea de flotación en máxima carga hasta la borda. Normalmente, se entiende por obra muerta todo lo que está por encima de la línea de flotación en máxima carga, si bien lo construido sobre la cubierta principal se llama superestructuras.

PROA. — La parte delantera del buque, que abre camino en las aguas. Es la parte hacia la que generalmente se navega. También indica dirección, ejemplo: *avistar por la proa, poner proa a tal sitio, llevar la misma proa que*..., etc. También se entiende por proa el tercio delantero del buque suponiendo el buque dividido en tres partes: proa, centro y popa.

Atendiendo a su forma la proa puede ser: *recta* (la que es vertical), *lanzada* (la más usada actualmente y que es inclinada hacia adelante), *de violín, de gota de agua o de bulbo* (por la forma que lleva su obra viva), *redonda*, etc.

POPA. — Se trata de la parte posterior del buque. También es afinada al objeto de que los filetes de agua no formen remolinos y actúen eficientemente en la hélice y el timón.

Asimismo indica dirección, y por su forma puede ser *llana, redonda, de crucero* (la que es más saliente abajo que arriba), *cuadra* o *cuadrada* (que termina en una forma plana llamada *espejo*), etc.

COSTADO. — Cada una de las partes en que queda dividido el casco por un plano longitudinal-vertical. Por lo tanto hay dos costados: el de estribor y el de babor.

BANDA. — Cada una de las mitades en que divide al buque un plano longitudinal-vertical (de proa a popa). La parte central del buque por donde pasa dicho plano imaginario se llama *crugía.*

Hay dos bandas: estribor y babor.

No confundir banda con costado. Un objeto puede estar colocado en la banda de babor o de estribor sin estar en ninguno de los costados.

ESTRIBOR. — La parte derecha del buque mirándolo de popa a proa y colocado el observador en crugía. También indica acción, dirección o situación, v. gr.: *timón a estribor, aquel barco viene por estribor,* etc.

BABOR. — La parte izquierda del buque mirándole de popa a proa estando el observador colocado en crugía. También indica acción, dirección o situación.

AMURA. — Partes delanteras de los costados que al converger hacia la roda forman la proa. También indican dirección, ejemplo: *tal barco está por la amura de Er. o Br., el viento viene por la amura de Er. o de Br.* Hay dos amuras: la de babor y la de estribor.

ALETAS. — Partes posteriores de los costados que convergen y cierran el casco por atrás formando la popa. Lo de llamarse aleta a esa parte del casco tiene el origen en que en los barcos antiguos, a cada lado de la popa tenían unos salientes en forma de aletas horizontales que servían para distintos menesteres como llevar pesos ligeros, y dependiendo de su forma y de su cometido tomaban nombres específicos como *aleta llana, revirada, de culo de mona, de los tambores,* etc.

DIMENSIONES PRINCIPALES: ESLORA, MANGA Y PUNTAL. — *Eslora* es la longitud de un buque. Hay varias clases de esloras:

Eslora total. — Es la distancia entre las perpendiculares trazadas por los puntos más salientes de proa y de popa.

Eslora entre perpendiculares. — Es la distancia entre las perpendiculares trazadas a la superficie de flotación de máxima carga en verano. La de proa trazada por el interior de la roda, y la de popa por la cara interior del codaste popel (fig. 1). Es considerada como oficial en la mayor parte de las naciones.

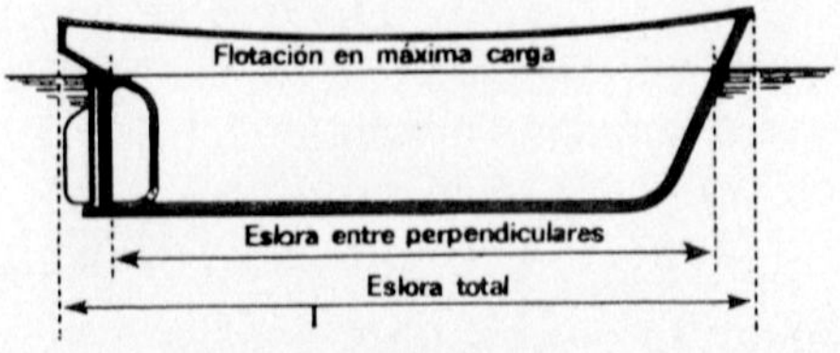

Fig. 1

Eslora en la flotación. — Es la longitud de una superficie de flotación determinada.

Eslora de arqueo. — Es la que sirve para determinar el arqueo de un buque, y que depende del reglamento que se va a aplicar para hallar el mismo.

Hay otras esloras como la *de registro*, la *de clasificación*, la *de francobordo*, la *de construcción*, etc., que no es necesario detallar.

MANGA. — Es la mayor anchura del casco tomada en la cuaderna maestra.

Manga en el medio. — Es la tomada sobre la cuaderna media.

Manga máxima en la flotación. — Es la mayor anchura de la superficie de flotación correspondiente.

Manga de arqueo. — Es la empleada para arquear el buque, etc.

PUNTAL. — Es la altura del buque, y corresponde a la distancia medida verticalmente en la cuaderna del medio, entre la cara superior de la quilla y la línea recta del bao de la cubierta principal, que es la que une las partes superiores de unión de la cubierta con el bao.

Puntal de arqueo y *puntal de construcción* son medidas empleadas en dichas operaciones.

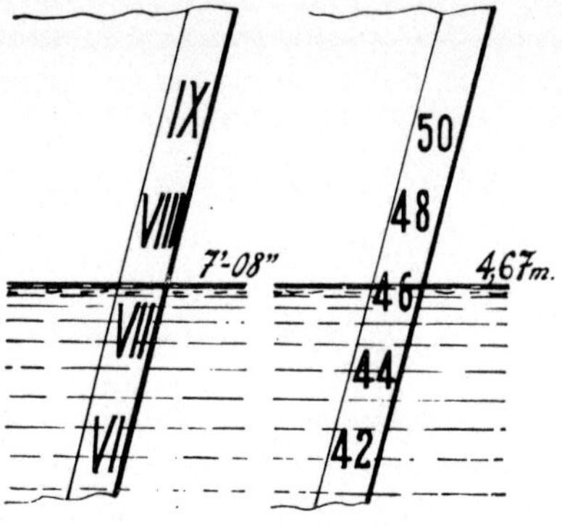

Fig. 2

CALADOS. — Se llama calado a la distancia vertical desde el canto bajo de la quilla hasta la superficie de flotación del buque.

Hay *calado a proa, calado a popa, calado medio, calado en el medio,* etc.

Calado medio es la semisuma de los calados a proa y a popa.

Calado en el medio es el calado en la parte central del buque. Si el calado medio no coincide con el calado en el medio, existe un quebranto o un arrufo.

Para medir los calados se emplean las escalas de calados, que van pintadas en pies o decímetros en ambos lados de proa y de popa, y algunas veces en la mitad del casco cuando la eslora es grande, sirviendo para valorar el quebranto o el arrufo.

Se lee la línea de flotación que pasa por los cantos inferiores de las cifras (fig. 2).

También se denomina calado a la profundidad de agua en un determinado lugar, v. gr.: este puerto tiene un calado de 12 metros.

Diferencia de calados es la existente entre los calados de proa y de popa.

QUILLA. — Es la columna vertebral del esqueleto del buque. Es la pieza central e inferior de un buque, que de proa a popa, sirve de base y afianzamiento a las cuadernas y cuerpo del buque. Generalmente es la primera pieza que se coloca en la construcción de un buque. Puede ser de diferentes materiales y estar formada de una o varias piezas unidas (fig. 6).

En los buques metálicos la quilla es *horizontal* y está formada por una traca de planchas gruesas de acero unidas a tope con soldadura o unidas por remaches en forma de tingladillo. En algunos barcos, para reforzar esta quilla horizontal, va otra traca de planchas encima y pegada a la quilla que se llama *sobrequilla.* En el centro a crujía y encima va otra serie de planchas reforzadas que van colocadas en sentido vertical formando una quilla vertical unida a la horizontal mediante angulares.

Para aminorar los balances los barcos llevan en los pantoques una especie de quillas por la parte de fuera del barco y con una inclinación de unos 45° que se las llama *quillas de balance* (fig. 6).

En los barcos de mucha eslora, como en los petroleros, la quilla viene a estar paralela a la flotación y entonces se denomina *quilla a nivel,* sin embargo en otros barcos, como en los remolcadores, al objeto de que el barco cale mucho más a popa la quilla es *inclinada.*

Falsa quilla o *zapata* es una pieza de madera dura que se une a la quilla en los buques de madera para protección de la misma en casos de varada o entrada en dique.

ORZA Y SUS CLASES. — Es una pieza suplementaria más o menos plana y en sentido longitudinal-vertical, acoplada, ya sea fija o móvil, en la parte baja y central del casco, usada para dar más estabilidad, direccionalidad y contener la deriva. Es usada generalmente en los buques de vela.

Hay orzas de varias clases:

De sable: que se desplaza vertical y gradualmente por una cajera (fig. 3).

De pivote: la que va sujeta al casco por un pivote, que permite abatirla al girar sobre el mismo en casos necesarios, como al acercarse a playas, fondos de poco calado, etc. (fig. 4).

Fija: es la que va sujeta y firme al casco. Presenta el inconveniente al acercarse el buque a lugares de poco fondo, varaderos, etc. (fig. 5).

Generalmente las orzas fijas en su parte inferior y en forma aerodinámica presentan un abultamiento de hierro o de plomo para darle mayor estabilidad al yate.

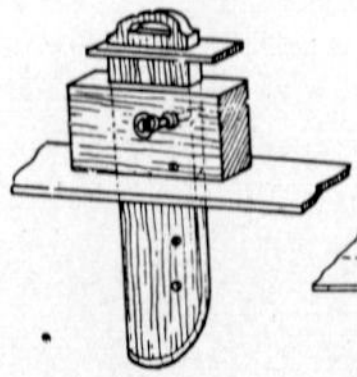

Fig. 3

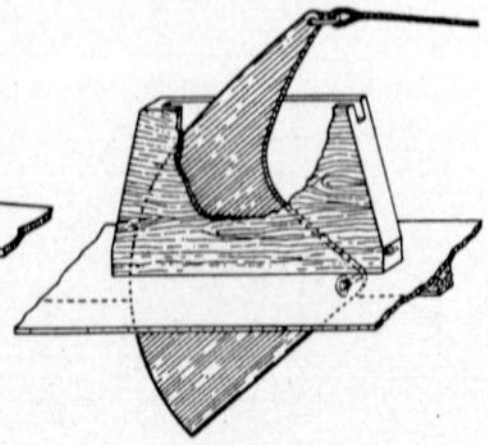

Fig. 4

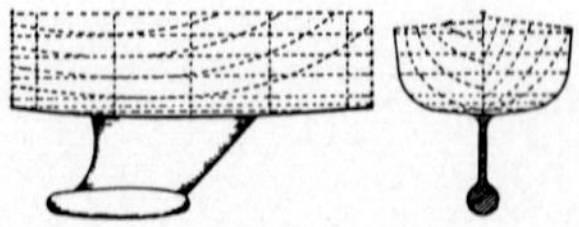

Fig. 5

RODA. — Pieza de igual sección que la quilla, que empalmada a ésta en dirección vertical o inclinada, de forma recta o curva, remata el casco en la parte de proa (fig. 6).

BRANQUE. — Es la pieza de unión entre la roda y la quilla, si bien es equivalente a roda.

ALEFRIZ. — Es un rebaje regular que se hace en la quilla, roda y codaste para encastrar en ellos los cantos o terminaciones de las distintas tablas que forman el forro.

TAJAMAR. — Tablón que en los buques de madera prolonga el lanzamiento de la proa y que sirve para el afianzamiento de las trincas y barbiquejos del bauprés y también como soporte del mascarón.

ESPEJO. — Parte del forro de popa, plana o casi plana. También se llama espejo al forro de la parte de las amuras, si bien normalmente se entiende por espejo el de popa. Su denominación viene de que en dichas partes del forro se reflejan los motivos de variación de la superficie iluminada del agua.

ESCUDO. — Es prácticamente equivalente a espejo. Se llamaba escudo porque llevaba bastantes adornos alrededor del nombre y de la matrícula del barco.

CODASTE. — Pieza unida a la quilla en su parte posterior, y que es donde, en forma vertical o inclinada, termina la popa. Generalmente es donde va sujeto el timón (fig. 6). Si el barco lleva hélice, donde está sujeta la bocina, o sea la parte de proa, toma el nombre de *codaste proel,* y la parte de popa donde va sujeto el timón toma el nombre de *codaste popel* (fig. 6).

BOCINA PARA EL EJE PORTAHÉLICES. — Bocina es el revestimiento metálico con que se guarnece un orificio, en este caso, el de la salida del eje portahélice. Normalmente se entiende por bocina del eje el orificio por donde sale.

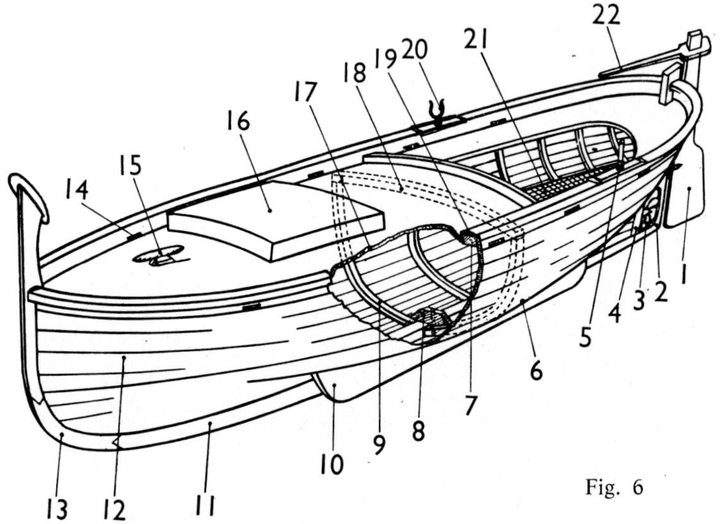

Fig. 6

1. Timón. 2. Codaste popel. 3. Hélice. 4. Codaste proel. 5. Tolete. 6. Pantoque. 7. Regala. 8. Varenga. 9. Cuaderna. 10. Quilla de balance. 11. Quilla. 12. Forro. 13. Roda. 14. Imbornal. 15. Cornamusa. 16. Tapa de escotilla. 17. Cubierta. 18. Bao. 19. Tapa de regala. 20. Chumacera. 21. Cámara. 22. Caña

PANTOQUE. — Parte curvada del forro o carena, que une la vertical de los costados con la casi horizontal del fondo del buque (fig. 6).

CUADERNAS. — Son las costillas del esqueleto. Son piezas más o menos curvas, que afirmadas simétricamente a ambos lados de la quilla, marcan la forma que han de tener los costados (figs. 6, 7 y 8).

BULÁRCAMAS. — Viene a ser una cuaderna reforzada. Cada seis o más cuadernas o bien donde hay más necesidad de una resistencia estructural se intercala una bulárcama sobre la que descansan los durmientes de baos más importantes, por ejemplo, los baos que aguantan la resistencia y peso de los baos cortados por la abertura de una escotilla (fig. 8).

BAOS. — Piezas transversales con cierta curvatura, que uniendo las cuadernas simétricas de estribor y babor, sirven para sostener las diferentes cubiertas. Algo así como las viguetas de los pisos en las casas. La curvatura, en pequeño grado, es para que la forma de la cubierta desaloje el agua y los líquidos hacia los costados, aparte de su mayor resistencia estructural (figs. 6 y 7).

DURMIENTES. — Son piezas colocadas horizontalmente, ligadas a las cuadernas y sobre las que descansan los baos (fig. 7).

TRANCANIL. — Pieza que de proa a popa une los extremos de los baos (fig. 7). Toma el nombre de la cubierta o superestructura a que per-

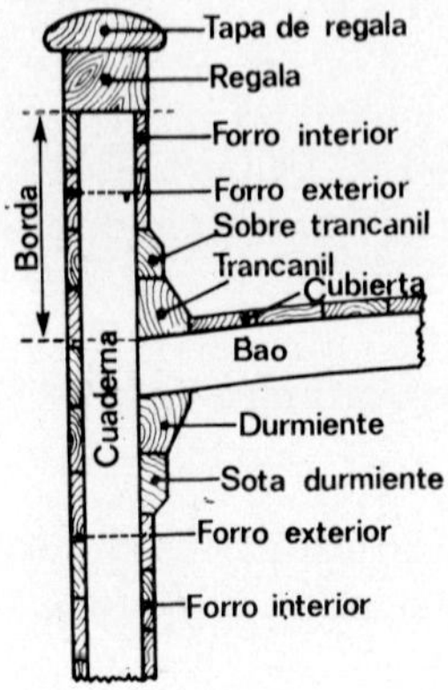

Fig. 7

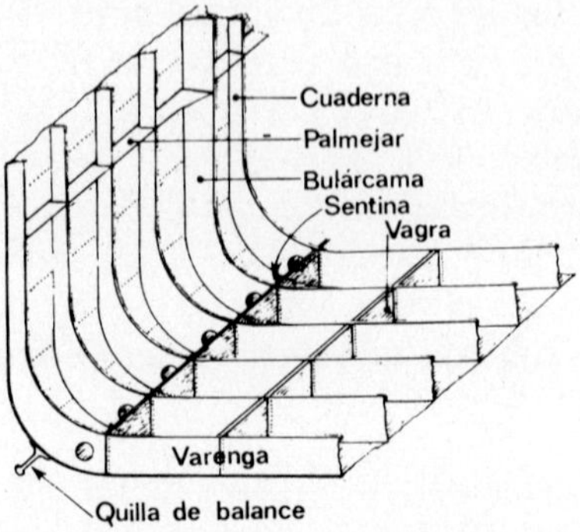

Fig. 8

tenece: *trancanil de la cubierta principal, trancanil de la toldilla, trancanil del puente,* etc.

PUNTALES. — Son maderas o barras verticales que sirven para aguantar baos y por lo tanto el peso de las cubiertas.

Se llama también puntales a las plumas de carga.

VAGRAS. — Son planchas colocadas verticalmente y paralelas a la quilla vertical reforzando así las varengas (fig. 8). Se emplean en los buques metálicos.

VARENGAS. — Son piezas transversales colocadas verticalmente sobre la quilla, que sirven para reforzar la unión de las cuadernas (fig. 6). En los buques metálicos la misma varenga hace de cuaderna en la parte baja del buque (fig. 8).

PALMEJARES. — Son maderos o planchas colocadas horizontalmente a lo largo de los costados, hechas firmes a las cuadernas y forro del buque para reforzamiento de las cuadernas (fig. 8).

BORDA. — Parte superior del costado de un buque. Viene a ser la parte de costado comprendida entre la cubierta y la regala, y suele confundirse con ésta (fig. 7).

La expresión *arrojar por la borda* viene a ser arrojar por el costado, o sea arrojar por encima de la tapa de regala al mar.

REGALA. — Pieza longitudinal, que cubre las cabezas de los reveses de las ligazones y forma la parte superior de la borda con la que a veces se confunde como equivalente (fig. 7). Por encima de ella está la *tapa de regala.*

CUBIERTAS. — Son los pisos o suelos del barco. Se construyen de tablas de madera o planchas de acero, o bien tablas de madera sobre las planchas metálicas. Las maderas o planchas van unidas a tingladillo o a tope, calafateadas o soldadas, o unidas por remaches. Van sujetas a los baos.

Puede haber en un barco varias cubiertas, que se denominan con respecto a su situación: *alta, baja, primera o principal, del entrepuente, del castillo, del alcázar,* etc.

La cubierta principal es la más resistente, suele limitar con la borda, y es la más importante desde el punto de vista de su resistencia estructural.

CANDELEROS. — Son barras de hierro o de madera colocadas verticalmente para formar barandillas, aguantar pasamanos o toldos, etc.

PASAMANOS. — Piezas de madera, cable, cabo, etc., que sujetas a candeleros o a mamparos sirven para asirse o de protección.

FORROS EXTERIOR E INTERIOR. — El *forro exterior* está formado por hiladas paralelas de planchas metálicas o de madera, que a partir de la quilla y fijándose a las cuadernas forman el casco. Si son de madera y van montadas se llama *tingladillo.* Si van con cubrejuntas se llama *forro a tope.*

El *forro interior* cubre las cuadernas por el interior (fig. 7).

MAMPAROS. — Son los tabiques de un barco. Pueden ser longitudinales o transversales y su finalidad es formar compartimentos. Hay también *mamparos estancos,* cuya finalidad es hacer compartimentos estancos al objeto de asegurar la flotabilidad del buque aparte de contribuir a su resistencia estructural. Casi todos los buques tienen a proa un *mamparo de colisión* cuyo objeto es evitar la inundación del buque a causa de un abordaje.

PUERTAS ESTANCAS. — Son puertas en los mamparos estancos que cierran herméticamente y que han sido sometidas a unas pruebas de presión, así como los mamparos, para asegurarse de su estanqueidad (fig. 9).

PORTILLOS. — Aberturas, generalmente de forma circular, que se practican en los costados del buque o en los mamparos de las superestructuras para dar luz y ventilación, según se actúe con la portilla, donde va embutido un grueso cristal para permitir el paso de la luz y evitar el paso de agua. Aparte de la portilla, va una tapa ciega para quitar la luz y dado el caso de rotura del cristal evitar la inundación (fig. 10).

En las partes más altas de los barcos y donde los golpes de mar actúan con menos intensidad son de forma más o menos rectangular y de mayor tamaño.

La portilla y la tapa ciega se hacen firmes mediante tornillos de charnela con tuercas de mariposa.

IMBORNABLES. — Son agujeros practicados en el forro exterior a la altura del trancanil para dar salida al agua de la cubierta (fig. 6).

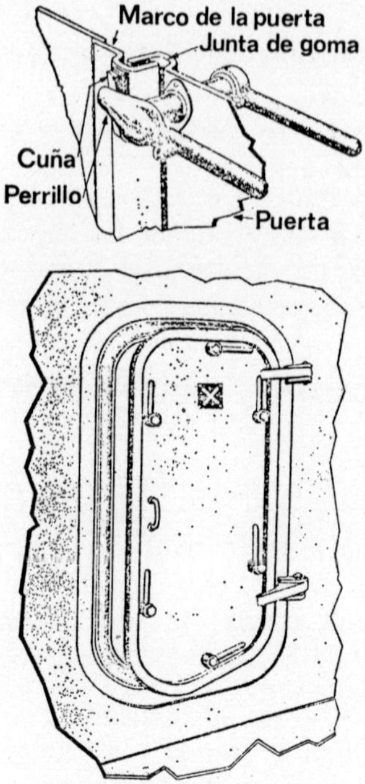

Fig. 9. *Puerta estanca*

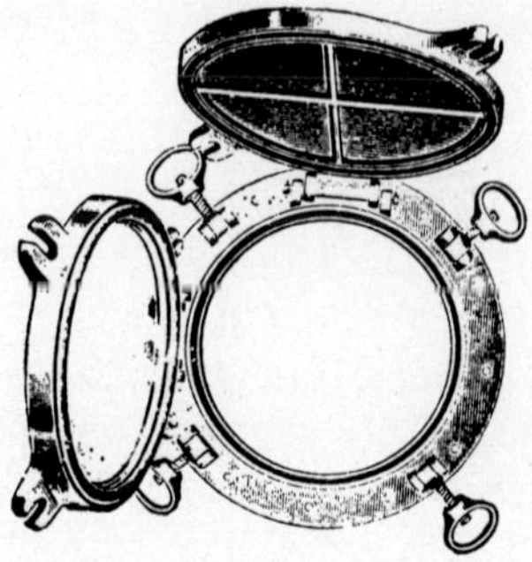

Fig. 10

ESCOBENES. — Son los conductos que van desde la cubierta al costado para dar paso a las cadenas de las anclas y para alojar a éstas durante la navegación. Suelen ser circulares y metálicos, así como reforzados lo mismo que su sujeción a la cubierta y al casco por estar sujetos a fuertes esfuerzos y desgastes (fig. 82).

Algunos barcos llevan un escobén a popa y en crujía, y sirve para dar paso a una cadena con ancla o a cabos o cables de amarre.

FOGONADURAS. — Aberturas circulares practicadas en las cubiertas por donde se da paso a los palos tomando el nombre del palo respectivo.

También se llama fogonaduras a los orificios practicados en las cubiertas para dar paso a la chimenea, al eje del cabrestante, a bombas, etc.

ESCOTILLAS. — Aberturas, generalmente rectangulares, practicadas en las cubiertas para establecer comunicación entre los distintos departamentos del buque y facilitar el paso de mercancías o personal.

De proa a popa toman la denominación de la bodega a que pertenecen: *escotilla de la bodega dos, de la tres,* etc.

BRAZOLAS. — En torno a las escotillas hay unos rebordes altos, que circundan la boca escotilla, que se llaman brazolas.

Las brazolas tienen por objeto evitar la entrada de agua en la bodega a la vez que reforzar la boca de escotilla (fig. 11).

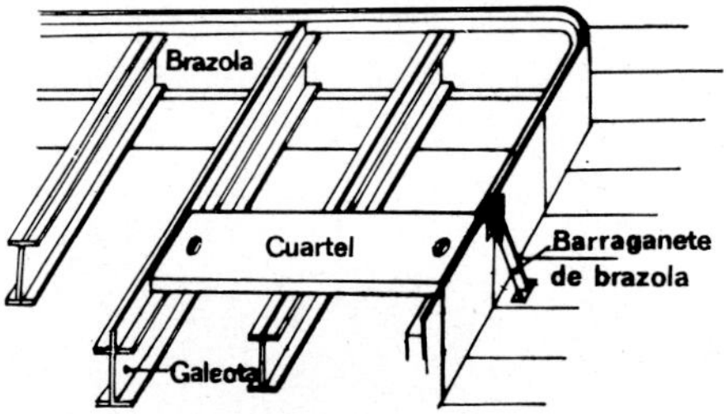

Fig. 11

Como refuerzo de las brazolas de trecho en trecho va en los barcos metálicos un angular vertical que se llama *barraganete de brazola.* A veces va un poco tumbado en forma de puntal lo mismo que los barraganetes que aguantan la borda y la regala (fig. 11).

GALEOTAS. — Son piezas fuertes de acero en forma de I que son móviles y que sirven para aguantar los tablones *(cuarteles)* para tapar la escotilla. Las galeotas van apoyadas en las brazolas. Algunas de las galeotas llevan en su parte superior central un saliente de 3 ó 4 centímetros que sirve para separar una fila de otra de cuarteles (fig. 11).

CUARTELES. — Tablas de madera o aluminio de forma rectangular, que en sus extremos llevan unos rebajes en forma de asa para poderlas manejar y que puestos encima de las galeotas sirven para cerrar la escotilla (fig. 11).

BITAS. — Piezas de hierro o de madera, fijadas fuertemente a la cubierta en sentido vertical, generalmente apareadas, que tienen por objeto encapillar o afirmar los cabos (fig. 12).

Fig. 12

Fig. 13

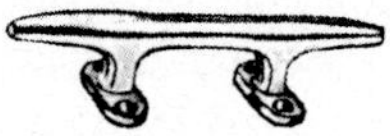
Fig. 14

GATERAS. — Son orificios circulares u ovalados practicados en diferentes partes de la regala para el paso de los cabos de amarre.

CORNAMUSAS. — Trozos de madera o de metal en forma de T, que firmes en cualquier parte del buque, sirven para amarrar cabos, drizas, etc. (figs. 13 y 14).

LUMBRERAS. — Escotillones sobre cubierta o tambuchos cubiertos con cristal para dar luz y ventilación a las cámaras, salas de máquinas u otros departamentos interiores.

BODEGAS. — Son compartimentos destinados a la carga. Las bodegas se clasifican de proa a popa y suelen estar divididas por las diferentes cubiertas en *entrepuentes* que se numeran de arriba hacia abajo: primer, segundo o tercer entrepuente. El fondo se llama *plan.*

CALAS. — Son las partes más bajas del interior de un buque. En ellas suelen ir los tanques de agua y de combustible, así como los tanques de lastre.

SENTINAS. — En los buques de madera son las partes interiores bajas donde se van depositando las aguas que se filtran por los costados o bien los derrames de líquidos. En los barcos metálicos son los espacios interiores bajos a la altura del pantoque (fig. 8). Tienen por objeto el almacenar el agua que se filtra procedente de baldeos de las bodegas para después ser achicada con bombas. Las planchas de unión de las varengas con las cuadernas van perforadas para que los líquidos evacuen a la caja de achique o pozo de sentina de la bodega. Dicho pozo está conectado por una tubería con la bomba de achique que suele estar en la sala de máquinas.

VÁLVULAS DE TOMAS DE MAR. — Son válvulas de fondo que comunican directamente el interior del buque con el agua del mar. Normalmente se las llama *Kingstons* en honor a su inventor. Sirven para descarga e inundación. Llevan una rejilla exterior para impedir la entrada de cuerpos que la obstruyan, y se cierra de fuera hacia dentro. Se manejan por medio de un volante y los asientos son cónicos. Se complementan con una segunda válvula para caso de que no se pueda cerrar la principal.

Las tomas de agua de mar se utilizan normalmente para refrigeración de los motores, así como para dar servicio a las tuberías de contraincendio y de baldeo. Asimismo, se han utilizado para inundar el buque en caso de incendio en aguas poco profundas al objeto de reflotarlo después.

TUBERÍAS Y CHUPONES DE ACHIQUE. — Una red de tuberías de achique se extiende por todos los bajos del buque, conectadas normalmente con los pozos de sentina. Estas tuberías van conectadas a la bomba de achique que lleva un vástago que aspira y que se le llama *chupón,* si bien se entiende como tal el extremo de cada tubería donde va instalado un chupón de cebolla provisto de orificios que hacen de colador para que no penetren cuerpos extraños en la tubería y en la bomba y ésta se obture.

CÁMARAS Y CAMAROTES. — *Cámara* es un departamento destinado a comedor de jefes y oficiales. En un barco puede haber varias cámaras, y toman el nombre de las personas a que están destinadas: *cámara del Capitán, cámara de Oficiales de Puente, cámara de Oficiales de Máquinas.*

En el barco también se llama *cámara de máquinas* a la sala de máquinas, y *cámara frigorífica* al compartimento usado para la conservación de víveres.

En los barcos pequeños o botes, la cámara es el espacio a popa donde toman asiento los pasajeros, o bien la caseta fija que se usa para resguardarse.

Camarotes. — Son las habitaciones de los barcos destinadas a dormitorios.

CASETA. — Es un pequeño departamento erigido sobre cubierta destinado a varios usos de donde le viene el nombre. Así, se llama *caseta de gobierno* donde está la rueda del timón, la aguja náutica, el radar, la giroscópica, etc., o sea desde donde se gobierna el barco. *Caseta del timón* o *timonel* donde va la rueda de gobierno del timón y el timonel. *Caseta de radiotelegrafía* donde van los aparatos de comunicación radiotelegráfica.

TAMBUCHO. — Pequeña caseta o cierre en la cubierta superior erigida para resguardar la abertura de una bajada. Si tiene tapa corrediza recibe el nombre de *tapacete.*

BAÑERA. — Cámara abierta en las embarcaciones menores, donde generalmente va instalada la caña o rueda del timón.

BALANDRO. — Se le llama a una embarcación que lleva una vela mayor y una trinqueta que a veces se llama foque, si bien la palabra balandro corresponde al aparejo empleado (fig. 50).

Entre los balandros más conocidos pueden estar los *Snipe, Star, Flying, Dutchman, Dragón, Super Mistral, Comet, Finn, Flying Junior,* etc.

Balandro Marconi

Fig. 15

Yol

Fig. 16

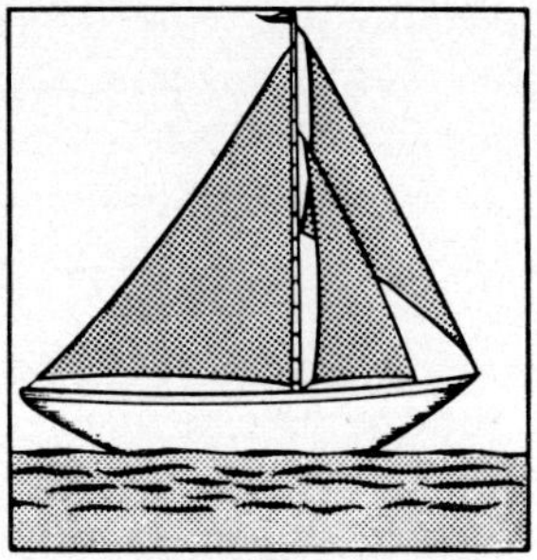
Cuter Marconi

Fig. 17

CUTER. — Del inglés *cutter,* embarcación muy apropiada para navegar, tiene mucha manga del centro para proa y muy estrecha hacia popa y arbola un solo palo y bauprés; lleva una vela mayor y dos foques, también puede arbolar escandalosa y trinqueta.

En los cuter más modernos, aparejados con velas Marconi, el casco es más fino y no llevan bauprés (fig. 17).

YOL. — Del inglés *yawl*. Es una embarcación de dos palos, mayor y mesana. También se denomina yol al aparejo. Es muy parecido al *queche* con la vela de mesana más pequeña (fig. 16).

Capítulo 2

ARBOLADURA

ARBOLADURA. — Es el conjunto de palos, masteleros, vergas y perchas de un buque.

Actualmente el buque de vela apenas existe. Incluso los yates a vela, que son el último vestigio de la navegación a vela, llevan un motor auxiliar y su arboladura no se sujeta a normas fijas que anteriormente tenían cada tipo de barcos.

1. Tope o galleta
2. Moco vertical
3. Mastelerillo
4. Tamborete
5. Cruceta
6. Mastelero
7. Cofa
8. Palo macho
9. Fogonadura
10. Mecha
11. Carlinga
12. Cubierta
13. Quilla

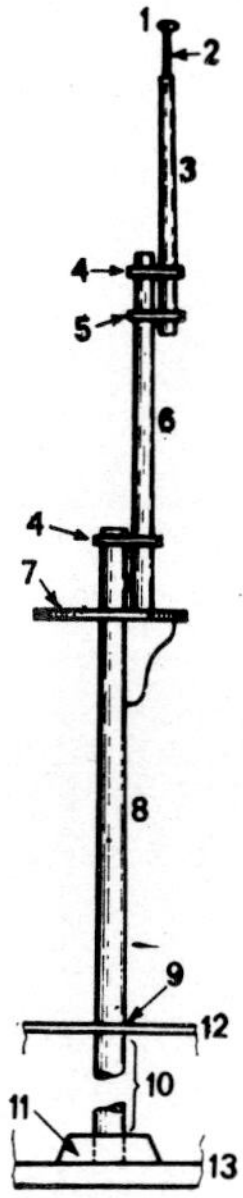

Fig. 18

CARLINGA. — Asiento sólido donde descansa la extremidad inferior de un palo o asta de bandera llamada *mecha* (fig. 18).

PALOS. — Son los mástiles de madera, hierro o acero que, colocados verticalmente en el plano longitudinal de una embarcación, sirven para sostener las vergas, picos, botavaras, puntales y demás elementos para largar las velas o mover la carga, así como para sostener las entenas, izar las banderas, etc.

Los nombres que reciben los palos son: *bauprés*, el que sale de la proa, más o menos inclinado por encima de la roda. *Trinquete*, el que se encuentra arbolado más cerca de la proa. *Mayor* y *mesana*, los dos siguientes hacia popa y por este orden (fig. 19).

Cuando los palos están en posición completamente vertical se dice que están *en candela*, y cuando se muestran algo inclinados hacia popa se dice que tienen *caída*.

En los yates, donde normalmente el palo más alto está a proa, éste recibe el nombre de palo mayor y el otro de mesana.

PALO MACHO; MASTELEROS Y MASTELERILLOS. — Cuando por su longitud un palo no ha podido ser construido de una sola pieza la parte más baja se llama *palo macho,* que penetra en las cubiertas para afirmarse en alguna de ellas o, normalmente, en la sobrequilla. La pieza inmediata superior al palo macho se llama *mastelero* y la parte siguiente y más alta se llama *mastelerillo* (fig. 19).

Tanto los masteleros como los mastelerillos reciben el nombre correspondiente a su vela o verga, así tendremos: *mastelero mayor* o *de gavia, de velacho, de sobremesana, mastelerillo de juanete de proa, de perico, de sobre de proa, de sobre mayor,* etc.

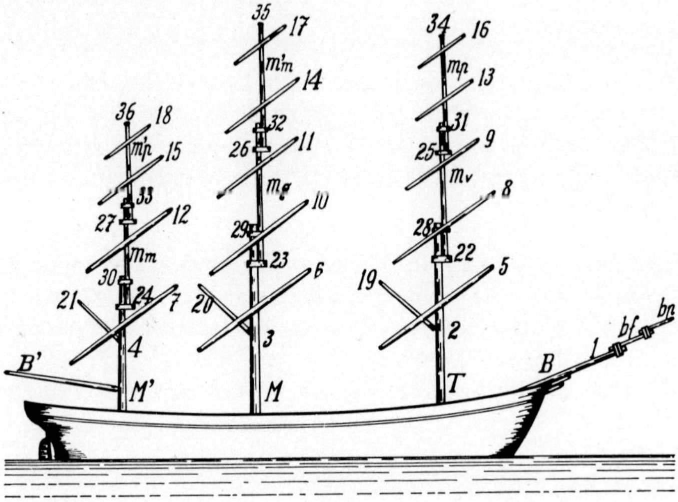

Fig 19

PALOS: B, bauprés; T, trinquete; M, mayor; M', mesana. PALOS MACHOS: 1, del bauprés; 2, del trinquete; 3, de la mayor; 4, del mesana. MASTELEROS: m_v, mastelero de velacho o de proa; m_g, mastelero de gavia o mayor; m_m, mastelero de mesana o de popa. BOTALONES: b_f, botalón de foque; b_p, botalón de petifoque. MASTELERILLOS O MASTELEROS DE JUANETE: m_p, mastelerillo de proa; m'_m, mastelerillo mayor; m'_p, mastelerillo de perico o de popa. VERGAS MAYORES: 5, trinquete; 6, mayor; 7, seca; 8, verga de velacho bajo; 9, verga de velacho alto. VERGAS DE GAVIA: 10, gavia baja; 11, gavia alta; 12, verga de sobremesana. VERGAS DE JUANETE: 13, juanete de proa; 14, juanete mayor; 15, perico. VERGAS DE SOBREJUANETE: 16, sobrejuanete de proa o sobre de proa; 17, sobrejuanete mayor o sobre mayor; 18, sobreperico. PICOS: 19, pico cangrejo trinquete; 20, pico cangrejo mayor; 21, pico de la cangreja. COFAS: 22, cofa de trinquete o de proa; 23, cofa mayor; 24, cofa de mesana. CRUCETAS: 25, cruceta de proa; 26, cruceta mayor; 27, cruceta de mesana. TAMBORETES MAYORES: 28, tamborete de proa; 29, tamborete mayor; 30, tamborete de mesana. TAMBORETES DE GAVIA: 31, tamborete de velacho; 32, tamborete de gavia; 33, tamborete de sobremesana. GALLETAS: 34, galleta de proa; 35, galleta mayor; 36, galleta de mesana o de popa. B' botavara

BAUPRÉS. — Palo que sale de proa en mayor o menor ángulo con respecto al horizonte y sirve para marear los foques y afirmar los estays del trinquete (fig. 19).

BOTALONES Y MOCO. — Botalón es una pecha que afirmaba al bauprés, prolonga a éste y sirve para afirmar los foques o petifoques (fig. 19).

También existen los *botalones de gavia* y *botalones mayores,* que sirven para prolongar la gavia y las vergas del trinquete y mayor respectivamente.

Moco es un palo que suele llevar en uno de los extremos una boca de cangreja y se adapta verticalmente en la cabeza del bauprés y sirve, con el otro extremo, de guía a los cabos que aseguran los botalones de foque o petifoques (fig. 47).

COFAS. — Son mesetas afirmadas en lo alto de los palos. Su función es la de facilitar a dicha altura la estancia de las personas que tienen que manejar velas o vergas y también para permanencia de los serviolas. Antiguamente se usaban para desde ellas combatir al enemigo con armas arrojadizas (figs. 18 y 47).

CRUCETAS. — Son armazones fuertes de hierro o de madera que cruzan los palos de babor a estribor, colocados a diferentes alturas y que sirven para sujetar el mastelero o mastelerillo, facilitar la maniobra de las velas altas, y afirmar los obenques que sirven para la sustentación del palo.

En los yates, las crucetas se reducen a unos refuerzos situados a diferentes alturas en los palos y que sirven para afirmar en ellos los obenquillos (fig. 18).

VERGAS. — Son perchas, que aseguradas en su punto medio y en sentido perpendicular a los palos o masteleros, sirven para fijar o envergar las velas.

Reciben el nombre del palo o mastelero en que van y la sujeción de su punto central es de tal forma que las permite girar en sentido vertical y horizontal. Su parte central se llama *cruz,* sus extremos *penoles* y el resto *cuerpo* (fig. 19).

PICO. — Es una percha que se une al palo por su cara de popa. Su posición es inclinada y se une al palo mediante una *boca* (el otro extremo se llama pena) o mediante un perno. Sirve para envergar la vela cangreja o bien para llevar izada la bandera a son de mar (fig. 19).

BOTAVARA. — Es una percha colocada en forma horizontal a poca altura de la cubierta. Uno de sus extremos va unido al palo correspondiente mediante una boca de cangrejo o mediante un pinzote y un tintero. Sirve para envergar y soportar las velas cangrejas o Marconi (fig. 19).

Capítulo 3

CABOS Y NUDOS

CABOS. — Se denominan así todas las cuerdas empleadas a bordo fabricadas con cualquier clase de materiales textiles o metálicos.

Los materiales más usados en su fabricación son cáñamo, abacá, esparto, coco, lino de Nueva Zelanda, yute, palma, fibras sintéticas y alambres de acero, aunque a estos últimos se les suele llamar *cables.*

Varias fibras torsionadas dan origen a la formación de la *filástica.* Varias filásticas torsionadas o trenzadas dan origen al *cordón* y varios cordones colchados o trenzados forman el *cabo.*

El nombre de los cabos depende de su mena o de su empleo. Por su mena podemos citar: El *meollar,* que es un cabo delgado formado por tres o cuatro filásticas. La *piola,* que está formada con cuatro filásticas y que su mena varía de 8 a 16 milímetros. *Merlín,* que es algo más delgado que la piola, entre 3 y 8 milímetros, y usado normalmente en costuras. *Vaivén,* cabo de tres cordones colchados a la derecha y de tres a siete filásticas cada uno; su mena es de 45 a 50 milímetros y se usa para ligaduras de obenques y gazas. *Guindaleza,* cabo de tres o cuatro cordones colchados de izquierda a derecha y en su interior va un *alma* colchada de derecha a izquierda y cuyo objeto es rellenar el hueco dejado entre los cordones. *Calabrote,* cabo grueso compuesto de nueve cordones colchados de tres en tres; su mena varía de 100 a 800 milímetros.

CHICOTE. — Nombre con que se designa el extremo de un cabo o cable (fig. 20).

SENO. — Se trata del arco o curvatura que forma el cabo entre los extremos que lo sujetan, bien cuando trabaja, bien cuando se manipula con él (fig. 20).

COBRAR UN CABO. — Equivale a recoger un cabo o tirar hacia sí de un cabo recobrándolo.

ARRIAR. — Es aflojar un cabo, cable o cadena. *Arriar en banda* es soltarlo totalmente. *Arriar lo que pida* es ir soltando el cabo a medida que pida.

TOMAR VUELTA. — Es dar vuelta a un cabo en una bita, cornamusa, barandilla, etc., al objeto de sujetarle.

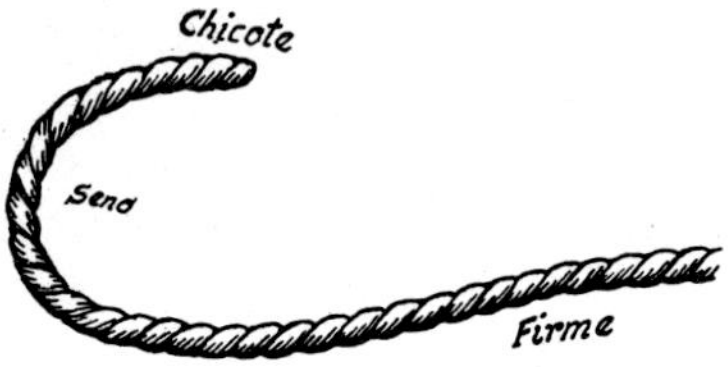

Fig. 20

Fig. 21

HACER FIRME. — Equivale a afirmar un cabo mediante nudos o vueltas de tal manera que quede sujeto y no se mueva.

AYUSTAR CABOS. — Es unirlos mediante nudos o costuras.

LIGADAS. — Es un conjunto de vueltas de un cabo delgado sobre otro más gordo o sobre un alambre al objeto de unirlos, formar cocas o gazas o bien, como en el caso de las costuras de alambre, de protección (figs. 22 y 23).

Fig. 22
Ligada abotonada

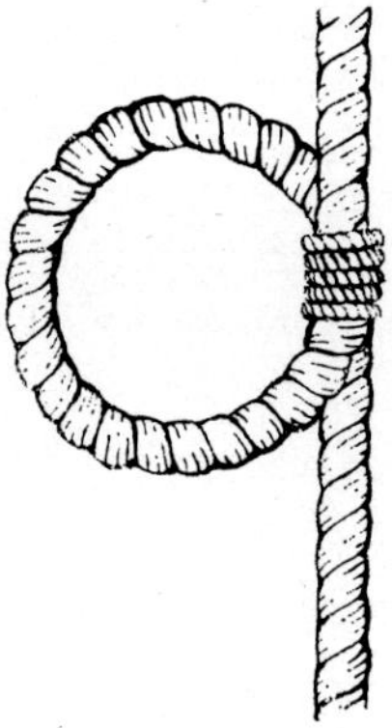

Fig. 23
Ligada de cruz

Fig. 24
Piña sencilla

GAZA. — Es una especie de ojo, anillo u óvalo que se hace en el chicote de un cabo y que sirve para hacer firme el cabo o enganchar algo en él. En la figura 30 se ve la forma de iniciarla.

PIÑA. — Es una especie de nudo tejido en el chicote de un cabo. Se hace al objeto de que no se descolche el cabo o bien para hacer firme el cabo en un cáncamo o ranura. Son usadas también en las guías dando peso al chicote y con ello direccionalidad (fig. 24).

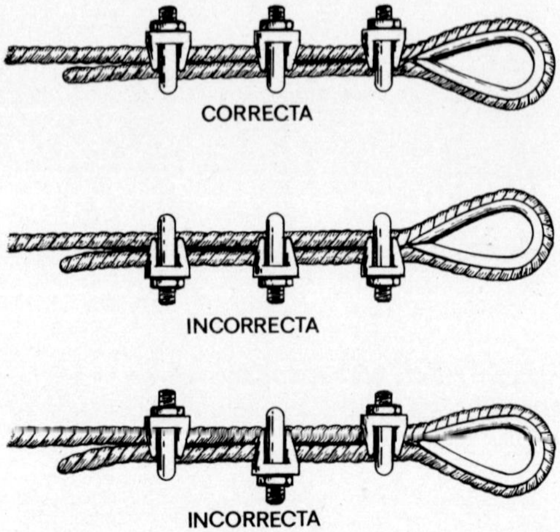

Fig. 25 *Forma de hacer una gaza de alambre con perrillos*

NUDOS Y VUELTAS. — Son formas que han de tomar los cabos para unirlos o para hacerlos firmes a cualquier sitio. Hay infinidad de nudos, pero los empleados en faenas marineras han de presentar dos cualidades fundamentales: sencillez, tanto para hacerlos como para deshacerlos, y fortaleza, en el sentido de firmeza.

COTE O MALLA. — Vuelta que se forma pasando el chicote de un cabo alrededor del firme y por dentro del seno (fig. 21).

Fig. 26

Fig. 27

Fig. 28

MEDIO NUDO. — Se hace formando con el chicote un seno sobre el firme y pasándolo luego por el seno formado (fig. 26).

NUDO LLANO. — Véanse las figuras 27 y 28. Su objeto es unir dos cabos o los dos extremos de un cabo. Reúne las condiciones de ser muy fuerte y que no se deshace, pues cuanto más trabajo hace más se azoca, no se aprieta y se quita fácilmente.

AS DE GUÍA. — Se dispone como indica la figura 29, y su objeto es formar una gaza sin hacer costura y poder encapillar un cabo, o bien en caso de rotura de la gaza hacer una de emergencia.

Fig. 29

Fig. 30

Fig. 31

AHORCAPERRO. — Se trata de pasar el seno del cabo por un as de guía, con lo que queda en posición de correr a lo largo del mismo (fig. 31). Existen varias clases.

MARGARITA. — Sirve para acortar provisionalmente un cabo y también se puede utilizar para que no trabajen ciertas partes del mismo por estar delicadas. Hay varias clases de margaritas (fig. 32).

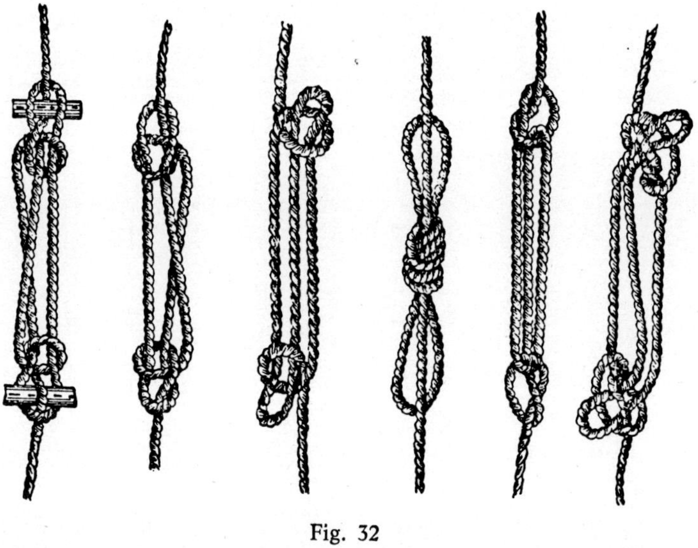

Fig. 32

VUELTA MORDIDA. — Muy utilizada para hacer firme el cabo a una percha, candelero, etc. (fig. 33).

BALLESTRINQUE. — Es un nudo muy usado en forma de vuelta mordida, fácil de deshacer (fig. 36).

VUELTAS DE GANCHO. — Se emplean para unir un cabo a un gancho (fig. 34).

Fig. 33.
Vuelta mordida

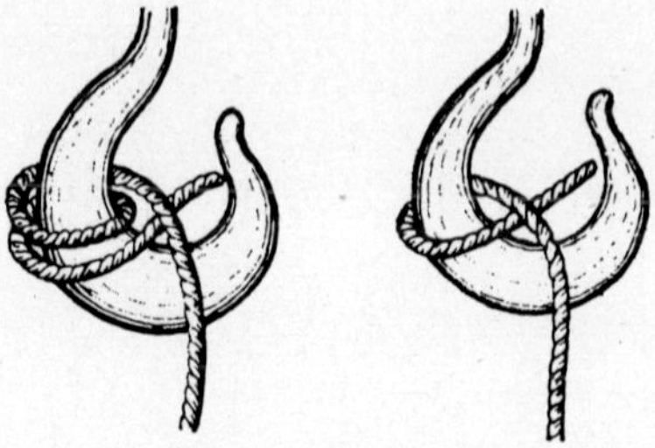

Fig. 34. *Vueltas de gancho*

Fig. 35
Vuelta de rezón

VUELTAS DE REZÓN. — Muy usada en entalingar anclas o rezones (fig. 35).

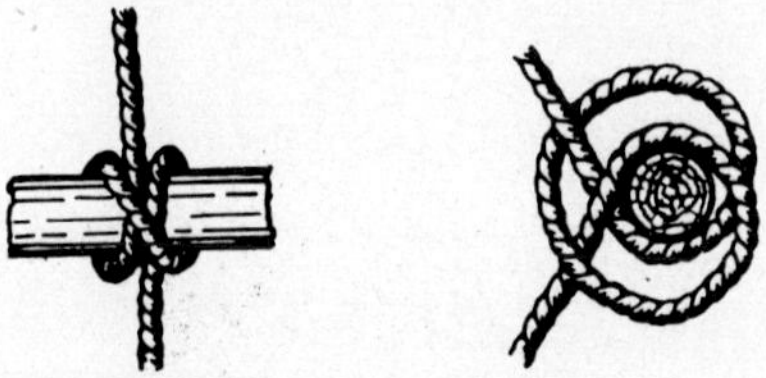

Fig. 36. *Ballestrinque*

NUDO DE PESCADOR. — Se hace con dos medios nudos (fig. 37) uno en cada chicote y se azocan. Es muy práctico para unir dos cabos de poca mena. Muy usado por los pescadores en los aparejos.

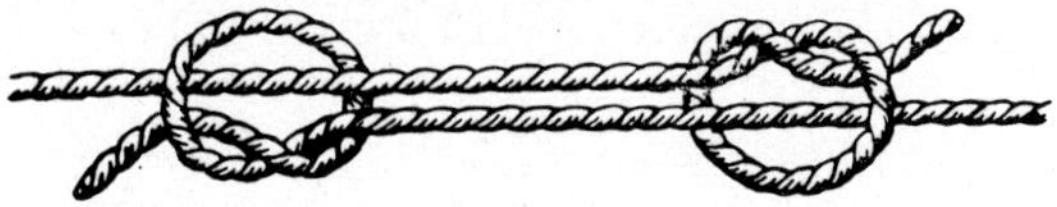

Fig. 37

NUDO ORDINARIO. — En uno de los chicotes se hace un medio nudo y el otro chicote se pasa apareado en sentido contrario como en la figura 37 A-1. En la 2 se ve el nudo azocado o apretado.

Este nudo se usa para unir cabos de bastante mena, pues es muy fuerte y se deshace con facilidad. Para mayor seguridad se da una ligada a los chicotes como se ve en la figura 37 A-3.

Fig. 37 A

NUDO DE RIZO. — Es igual que un nudo llano, sólo que uno de los chicotes se pasa por seno. (Fig. 37 B.)

AS DE GUIA POR SENO o BALSO POR CHICOTE. — Se dobla el cabo por su seno dando un cote como se ve en la figura 37 C *a*), y se pasan ambos chicotes por dentro del seno (fig. 37 C *b*).

Fig. 37 B

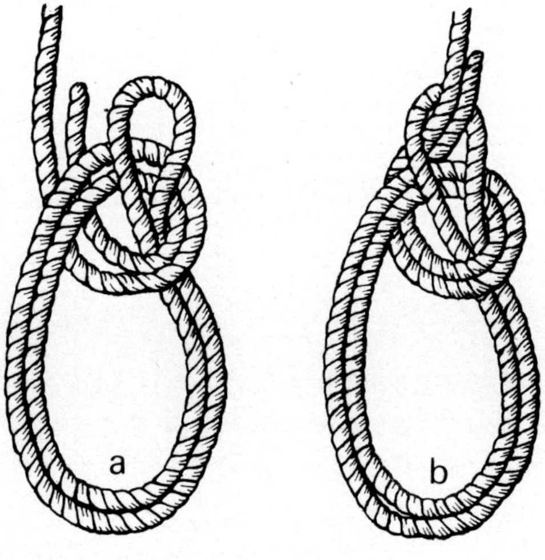

Fig. 37 C

GRUPO. — Es el nombre de un nudo que sirve para unir dos cabos gruesos. Hay varias clases de grupos entre los que citaremos el *grupo sencillo de calabrote* que se representa en la fig. **37 D.**

El *grupo doble de calabrote*, figura 37 E, se empieza formando un seno *s* cruzando el chicote *c* sobre el firme *f*. El otro chicote *c'* se pasa por debajo del firme *f*, por encima del chicote *c*, por debajo del seno *s*, por encima del firme *f'* y por debajo del seno *s*.

Fig. 37 D

Fig. 37 E

NUDO DE TEJEDOR. — Se forma un seno con un cabo. Se pasa el chicote del otro cabo por el seno y luego alrededor del chicote y firme del primer cabo, y se pasa por debajo del firme del segundo cabo para que quede mordido el chicote al azocarse el nudo (fig. 37 F).

Fig. 37 F

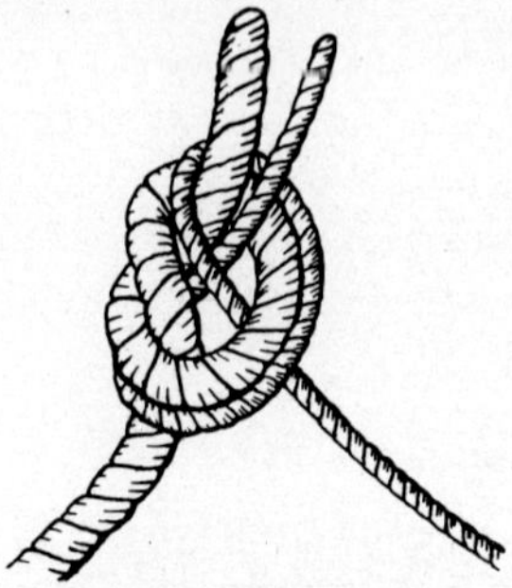

Fig. 37 G

UNION DE CABOS DE DISTINTA MENA. — Se aparean los cabos y con ambos juntos se hace un *medio nudo* o *malla* (fig. 37 G).

NUDO DOBLE O LASCA. — En la figura 37 H se representan las dos maneras de hacerlo. Se usa para que el cabo no se vaya, o no pase, por el cáncamo, agujero, argolla u otro orificio por el que se maneja.

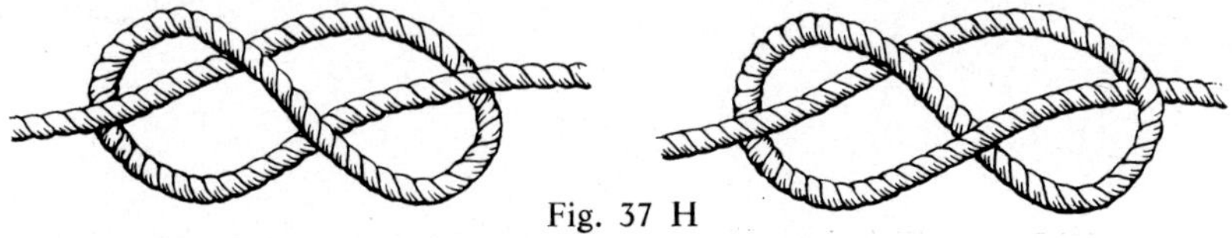

Fig. 37 H

CONSEJOS PARA EL CUIDADO Y USO DE LOS CABOS. — Sabida es la expresión de que «en un barco no hay más cuerdas que las de los relojes», es decir que son cabos con sus diferentes nombres. A continuación detallamos algunos cuidados para su conservación y uso.

Estibarlos en lugares secos, frescos y ventilados.

Evitar cocas, para lo que torsionaremos el cabo hacia el lado contrario al que las ha tomado. Procurar que el cabo no trabaje siempre en la misma dirección de torsión.

Evitar el contacto o proximidad con productos químicos, especialmente ácidos o álcalis, pues simplemente los vapores que desprenden perjudican los cabos. Asimismo les perjudican los aceites y pinturas.

Invertir los chicotes para que, en lo posible, el uso los desgaste por igual.

Evitar las rozaduras, vueltas agudas y el arrastrarlos por superficies sucias.

No añadir grasa a un cabo de manila. Su lubricación de fábrica es la adecuada.

Cuando han de estar firmes un período largo protegerlos en los lugares de roce forrándolos con arpillera, cuero, plástico, etc. Un buen sistema es el pasarlos por un tubo de plástico, especialmente las gazas. En las gazas ha de hacerse antes de confeccionarlas.

Evítese el uso de pastecas o cuadernales pequeños (inadecuados al tamaño del cabo), porque el desgaste es grande y llegan a romperse las fibras o hilos.

Un nudo reduce la resistencia a la rotura de un cabo en un 50 %. Los empalmes son más fuertes que los nudos. Si un cabo está roto córtese y empálmese.

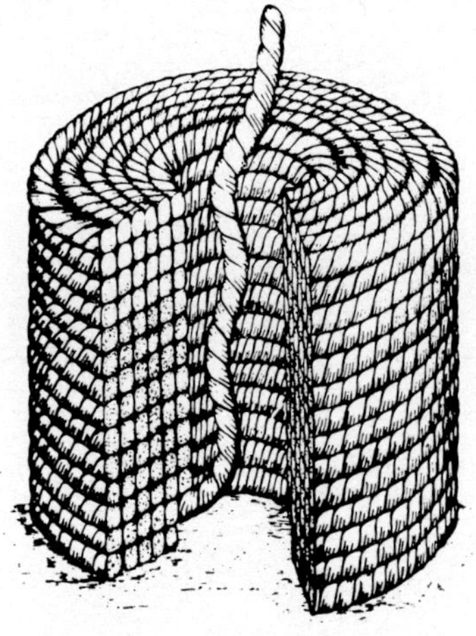

Fig. 38

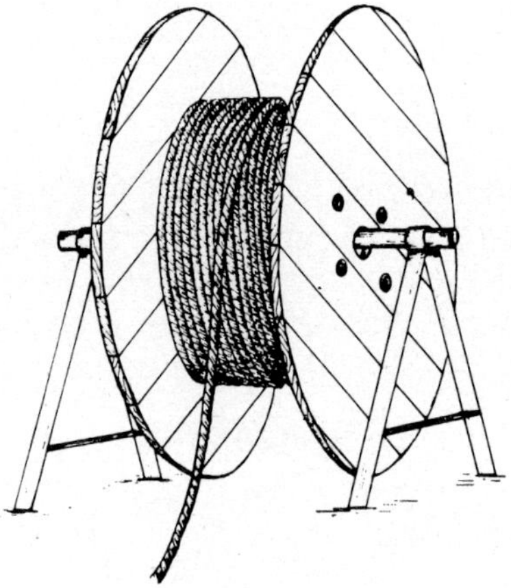

Fig. 39

Los cabos, especialmente los de fibra natural, se encojen con la humedad, cosa a tener en cuenta en caso de dejarlos fijos y tensos, pues llegan a romperse o a provocar averías.

En lugares muy fríos, donde los cabos mojados llegan a helarse, hay que usar alambres (cables) pues parten con facilidad.

La medida de los cabos se da por su circunferencia. Para tomar dicha medida es mejor hacerlo con una cinta metálica, de tela o de papel, que con un calibre.

El trabajo de carga de un cabo será entre 1/8 y 1/5 de su resistencia a la rotura.

Para desenrollar una muela (bobina o rollo) de cabo (fig. 38), quítese la funda, póngase la muela sobre su parte plana de forma que quede el chicote interior en la parte baja. Sáquese dicho chicote por el centro, hacia la parte superior, y tírese de él. El hacerlo de otra forma significaría la formación de cocas.

CONSEJOS PARA CABLES O ALAMBRES. — En términos marinos, alambre es equivalente a cable de acero.

La lubricación de los cables es muy necesaria. Límpiense antes de engrasarlos. La grasa debe ser lo suficientemente fluida para que penetre en el trenzado y lo suficientemente sólida para que no se deslice.

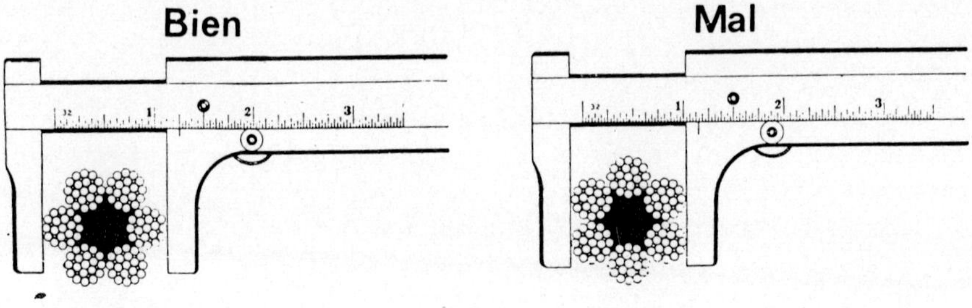

Fig. 40

Hay muchas clases en el mercado. Mientras que el galvanizado alarga la vida a un cable le reduce la resistencia en un 10 %. Los cables galvanizados son usados normalmente en la jarcia firme.

Hay que evitar en ellos cocas, descolchamientos, sobrecargas, vueltas muy cerradas, estrechonazos, malos empalmes, mal engrase, arena o polvo en la grasa, excesivo calor, ácidos y usarlos de tamaño inapropiado.

La medida de un cable o alambre viene dada por su diámetro medido con un calibre en las crestas del trenzado (fig. 40).

Véase en la figura 39 la forma de bobinar o desembobinar un cable en un carrete.

Capítulo 4

MOTONERIA Y APAREJOS

MOTONES. — Son poleas o garruchas por donde pasan los cabos y sirven para cambiar la dirección del movimiento de éstos. Reciben el nombre de motones cuando sólo tienen una roldana. Si tienen dos o más se les llama *cuadernales*. Pueden ser de diferentes materiales, entre ellos madera, acero o hierro y plástico.

Un motón está formado por: el *cuerpo* o *caja,* que lleva una abertura llamada *cajera, d*onde se aloja la roldana, que es una rueda con un rebaje o canal alrededor, que es donde se aloja el cabo y gira sobre un perno fijo a las caras laterales de la caja o *quijadas.* Estas quijadas llevan unos rebajes para la sujeción de la gaza que sirve para afirmar el motón, si bien actualmente este sistema no se usa, pues ha sido sustituido por un herraje en forma de horquilla sujeto a las quijadas y atravesado también por el perno (fig. 41).

El espacio entre la roldana y la parte alta interior de la cajera se denomina garganta.

Las dimensiones de los motones se dan por la longitud del cuerpo o caja y ésta por la mena del cabo.

Hay muchas clases de motones: *motón de gancho,* el que en su gaza u horquilla de hierro lleva un gancho, *motón de gancho doble,* que lleva un par de ganchos en posición opuesta y que al cerrarse parecen un eslabón, *motón giratorio,* cuyo gancho le permite girar, *motón fijo,* el que está fijo en un punto, etc.

PASTECAS. — Son motones herrados o totalmente de hierro que presentan una abertura tipo visagra en una de sus caras laterales y que al abrirla da la facilidad de meter o sacar el cabo por seno sin que haya que pasarlo por chicote (fig. 41).

VIGOTAS. — Especie de motones sin roldana, redondos, y con dos o más agujeros por donde pasan los cabos *acolladores* para tesar las jarcias.

TENSORES. — Un tensor es una combinación de dos tornillos con rosca invertida y un cuerpo de unión que sirven para unirlos, y al roscarlos producir una tensión. Los hay de diferentes tipos para distintas aplicaciones: *de cuerpo abierto y de cuerpo cerrado, de doble ojo, de doble gancho, de gancho y ojo, de gancho disparador*, etc. (fig. 41).

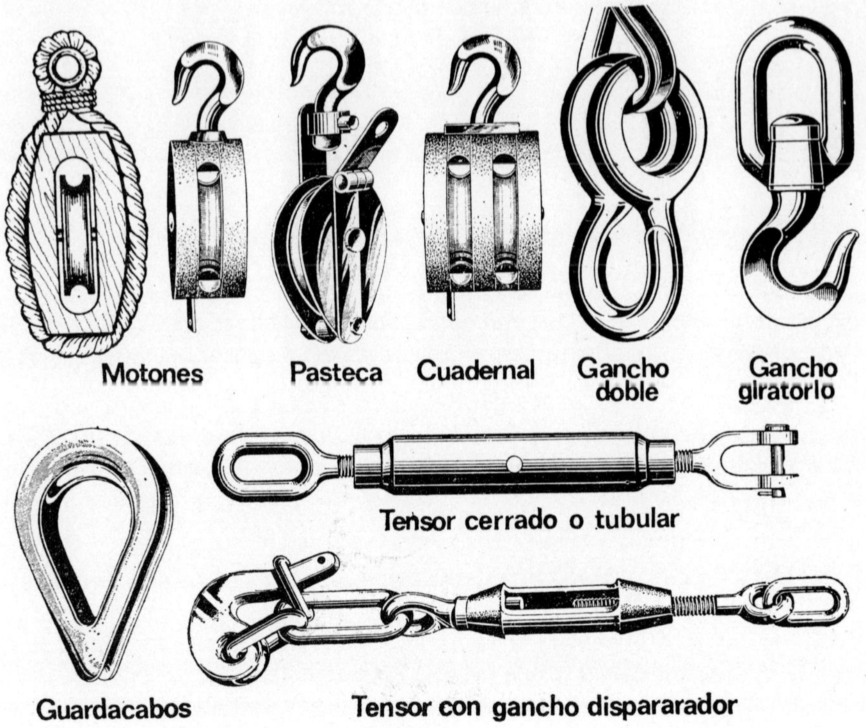

Fig. 41

GUARDACABOS. — Es una especie de anillo, la mayoría de las veces en la forma del ojal de una gaza, acanalado para ajustársele un cabo o cable y que sirven de protección a dicho cabo o cable (fig. 41).

GRILLETES. — Piezas metálicas en forma generalmente de U con un orificio en cada extremo, uno de ellos roscado, por donde pasa un perno.

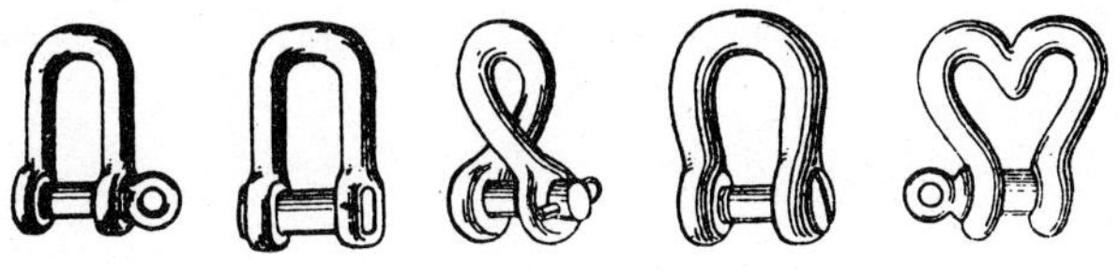

Fig. 42

Sirven para unir cabos, cadenas, etc. Hay diferentes tipos de grilletes (figs. 42 y 43).

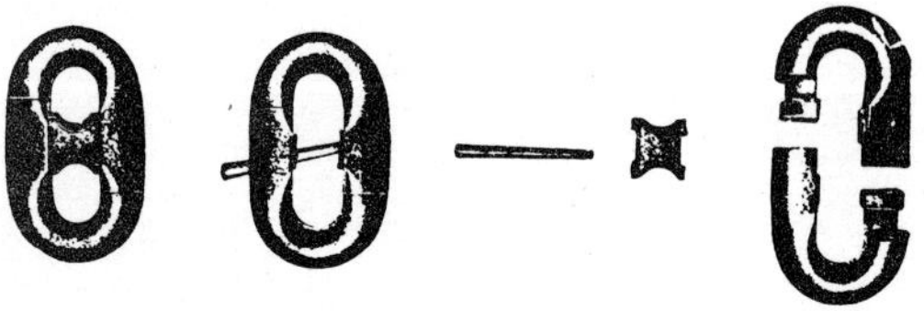

Fig. 43

También se denomina grillete a cada división de cadena de 25 metros de longitud.

PIE DE GALLO. — Se llama a la figura que adopta un cabo que está sujeto por sus chicotes y tenso de un punto central de su seno. También se denomina pie de gallo a una puntada triangular que se da provisionalmente a un roto de una vela o para sujetarla momentáneamente a una verga o vaina.

GANCHOS. — Son piezas de metal en forma más o menos circular, abiertas, que sirven para prender o colgar cosas. Hay infinidad de tipos. Entre los más diferenciados podemos citar el *gancho de pluma de carga, el gancho doble, el giratorio, el de grúa, el de gavilán o disparador,* etc. (figs. 34 y 41).

GARRUCHOS. — Aros o anillos de madera o metálicos que se deslizan a lo largo del palo, de una botavara, de una verga, etc., y que son muy útiles para envergar las velas. En los yates modernos tienen una forma de C o de T que se deslizan por una especie de carril (fig. 45).

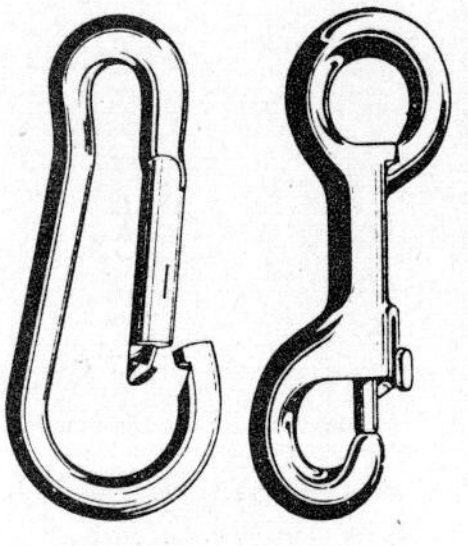

Fig. 44

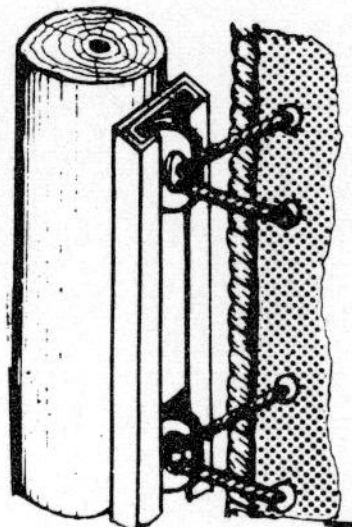

Fig. 45

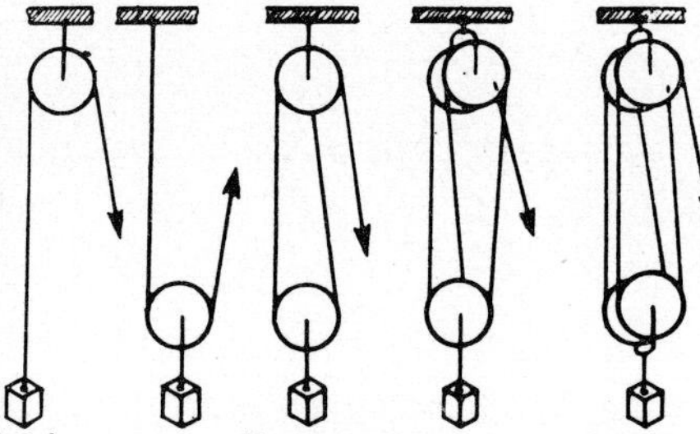

Fig. 46

MOSQUETONES. — Son anillos de diferentes formas que sirven para unir las velas a los cables, como en el caso de los stays y darlas facilidad de deplazarse por ellos. Asimismo, sirven para unir las banderas a sus drizas, unir dos cabos, etc. (fig. 44).

APAREJOS: SU CLASIFICACIÓN. — Son sistemas compuestos por dos motones o cuadernales o por un motón y un cuadernal, uno de ellos fijo y el otro móvil y con un cabo guarnecido por ambos. Sirven para una multiplicación de potencia y son muy útiles y usados en los buques. Véase figura 46.

El *tecle* es simplemente un motón fijo.

El *lanteón* es un motón móvil.

El *palanquín* es un aparejo compuesto por dos motones, uno fijo y el otro móvil. Teóricamente aumenta la potencia al doble; en la práctica es menos, pues hay que descontar los rozamientos.

Aparejo de combés es el que tiene un cuadernal fijo y un motón móvil con el arraigado en el motón.

Aparejo real es el constituido por dos cuadernales estando el arraigado firme en el cuadernal fijo. Estos cuadernales pueden ser de dos o más cajeras.

Existen más clases de aparejos que son el resultado de diferentes combinaciones de los anteriormente reseñados.

Capítulo 5

JARCIAS FIRME Y DE LABOR

JARCIAS FIRME Y DE LABOR. — Jarcia es el conjunto de cabos, alambres y aparejos de un buque. Se divide en *jarcia firme* y *jarcia de labor.*

Jarcia firme o muerta es la que consituyen los cabos y cables siempre fijos y que bien tesos sirve de sujeción a la arboladura, como *stays, burdas, obenques, barbiquejos, mostachos,* etc.

*Jarcia de labor es l*a movible, que se emplea en aparejos, amantillos, amantes, drizas, bozas, ostas, cargaderas, aparejos, etc.

OBENQUES. — Cabos gruesos de cáñamo o alambre con que se sujeta un palo o mastelero desde su cabeza a la cubierta o a la cofa correspondiente por una y otra banda (fig. 47).

STAYS. — Cabos o cables que sujetan a un palo o mastelero en la dirección de proa para que no se caiga hacia popa (fig. 47).

BURDAS. — Cabos o cables que sujetan los masteleros a la borda o a la regala. Su punto de apoyo en la borda o regala es más hacia proa o más hacia popa de los obenques (fig. 47).

BARBIQUEJOS. — Cada uno de los cabos gruesos o cadenas que sujetan el bauprés desde dos o tres puntos de éste a unas groeras, agujeros o cáncamos existentes en el tajamar (fig. 47).

MOSTACHOS. — Son las cadenas, cabos o alambres, que sujetan al bauprés partiendo de los mismos puntos que los barbiquejos pero hacia las amuras (fig. 47).

DRIZAS. — Cabos que se utilizan para suspender vergas o velas. Pueden ser cabos o aparejos y toman el nombre de la vela correspondiente. También se llaman drizas a los cabos usados para izar banderas y gallardetes (fig. 47).

AMANTILLOS. — Cable, cabo o aparejo que sirve, sujeto a los penoles de las vergas, perchas o botavaras, para suspenderlas y que tomen la inclinación deseada.

AMANTE. — Es un cabo que sirve para suspender pesos del extremo de una verga o percha. En los barcos de carga es un alambre que laborea por una roldana que está sujeta en la cabeza de la pluma o puntal y que virado por medio de una maquinilla sirve para las operaciones de carga y descarga.

BRAZAS. — Son cabos firmes a los penoles de una verga para hacerla girar horizontalmente y orientarla con respecto al viento. A la operación de cobrar o arriar las brazas se le llama *bracear.*

Fig. 47

1. Estay de trinquete. 2. Estay mayor. 3. Estay de mesana. 4. Estay de velacho. 5. Estay de gavia. 6. Estay de sobremesana. 7. Nervio del foque. 8. Barbiquejo. 9. Bauprés. 10. Vientos del moco. 11. Obenques del trinquete. 12. Obenques del mayor. 13. Obenques del mesana. 14. Obenquillos. 15. Ruedas del trinquete. 16. Driza de bandera. 17. Cofas. 18. Mostacho. 19. Masteleros del trinquete. 20. Vergas de trinquete. 21. Botavara. 22. Verga de velacho. 23. Verga de gavia. 24. Verga de sobremesana. 25. Moco. 26. Botalón.

CARGADERAS. — Cabos o aparejos usados para cargar las velas.

OSTAS. — Son cabos, cables o aparejos que se hacen firmes en los picos de las cangrejas y las sujetan para que no den balances. En las plumas o puntales de carga se usan con el mismo objeto, es decir: que no se muevan o no giren en sentido horizontal.

ESCOTAS. — Cabos afirmados en los puños de escota de las velas y sirven para orientarlas. La *escota de la botavara* es un cabo o aparejo que sirve para orientarla.

Capítulo 6

VELAMEN

VELAS. — Son superficies confeccionadas de lona, paño u otra materia y que, debidamente envergadas, sirven para aprovechar la fuerza impulsora del viento. Al conjunto de velas se le llama *velamen.*

El color empleado en las velas normalmente es el blanco. El color rojo es usado en los botes salvavidas, color asociado al estado de peligro.

Los cuidados con las velas son parecidos a los de los cabos que reseñamos en el capítulo de los mismos.

CLASIFICACIÓN DE LAS VELAS: DE CUCHILLO, REDONDAS. —

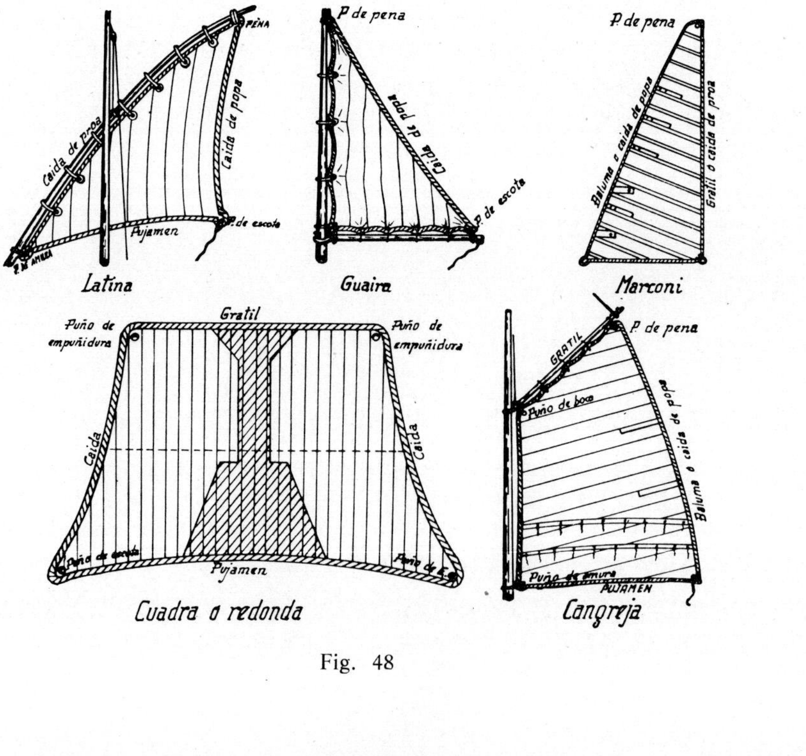

Fig. 48

Por su forma se han clasificado en sentido general en: de *cuchillo* y *redondas*.

Las *velas de cuchillo* tienen tres o cuatro lados y son de forma triangular o trapezoidal y van dispuestas en la dirección proa-popa. Entre ellas podemos citar el foque, la latina, la guaira, la bermudiana, la Marconi, la cangreja, etc. (fig. 48).

Las *velas redondas* son de forma de trapecio. Se extienden por ambos lados del palo con superficies semejantes, o sea que van cruzadas al palo, por lo que también se las conoce como *velas de cruz* (fig. 48). También se las llama *velas cuadras* por su forma rectangular.

PUÑOS. — Son los picos o vértices de una vela. Una vela puede tener tres o cuatro puños según sea triangular o trapezoidal: *puño de pena,* en las triangulares el puño más alto y en las trapezoidales el alto de la baluma (fig. 48); *puño de escota,* se trata del puño donde va sujeta la escota; *puño de amura,* es el que va sujeto a la coz de la botavara y en los foques el que va sujeto al stay en su parte inferior; *puño de boca,* es el que va sujeto cerca de la boca de cangrejo en las velas cangrejas (fig. 48).

TABLA DE GRÁTIL. — Pieza, generalmente de madera, de aluminio y, actualmente de plástico, en el puño de pena de las velas Marconi o bermudianas, para ayudar, juntamente con los sables, a que se mantenga plana la parte alunada de aquéllas, correspondiente a la baluma o caída de popa (fig. 48).

CAÍDA DE GRÁTIL. — Se trata de la parte de la vela que queda a lo largo del palo o del stay, y que queda entre los puños de pena y de amura (fig. 48).

PUJAMEN. — Orilla inferior de una vela (fig. 48).

BALUMA. — Lado o caída de popa de una vela (fig. 48).

ALUNAMIENTO. — Curva de la relinga del pujamen en las velas cuadras, generalmente hacia el grátil. Las modernas velas Marconi o bermudianas tienen alunamiento en la caída de proa y en el pujamen, para formar el bolso de la vela. Este alunamiento a veces es muy pronunciado para aumentar la superficie de la vela y entonces hay que aguantarlo mediante sables.

COLA DE PATO. — Cuando se hace una vela muy embolsada el alunamiento del pujamen toma una forma convexa llamada *alunamiento a cola de pato.*

LIGERA IDEA DE LA CONSTRUCCIÓN DE LAS VELAS. — Las velas están formadas por tiras de paño cosidas fuertemente. Estas tiras son de tejido de algodón que no estira ni encoje con los cambios de humedad. La anchura normal de estas tiras en España es de 50 centímetros. Las velas de poliester están formadas por cintas de un metro o una yarda. El éxito de las velas de poliester o terylene ha sido general por sus cualidades de duración, resistencia e impermeabilidad, así como la facilidad de estirado y el menor volumen. El nylón es usado por su elasticidad en los balones.

Las tiras en las velas cruzadas o redondas se colocan en sentido vertical y en las de cuchillo pueden ir paralelas al grátil o al pujamen (fig. 48).

En los sitios donde trabaja más la vela lleva unos refuerzos llamados *dados* como ocurre en los puños. Las costuras son dobles con hilo fuerte, una por cada cara y las orillas de las velas llevan dobladillos, *vainas,* que son refuerzos. Estas orillas van cosidas a un cabo o beta llamado *relinga,* que en los ángulos rodea a un guardacabos.

De trecho en trecho y en sentido horizontal y paralelo a la botavara correspondiente, las velas llevan cosidas unas *fajas de rizos* cuyo objeto es hacerlas firmes a la botavara para disminuir el velamen (tomar rizos). En los yates ya no se usan los rizos, sino que la botavara gira por un sistema mecánico y recoge la vela deseada.

En el grátil, pujamen y fajas de rizos se coloca una hilera de *ollaos,* que son una especie de agujeros para pasar cabos y que están reforzados por una especie de guardacabos de latón.

Los paños del balón se cortan en forma de huso y al coser varios de ellos e hincharse por el viento van tomando su característica esférica.

DIFERENTES VELAS DE LOS YATES. — *Cangreja,* que es una vela de cuchillo de cuatro lados, de forma trapezoidal y que su parte superior (grátil) toma un ángulo de unos 45° (fig. 49).

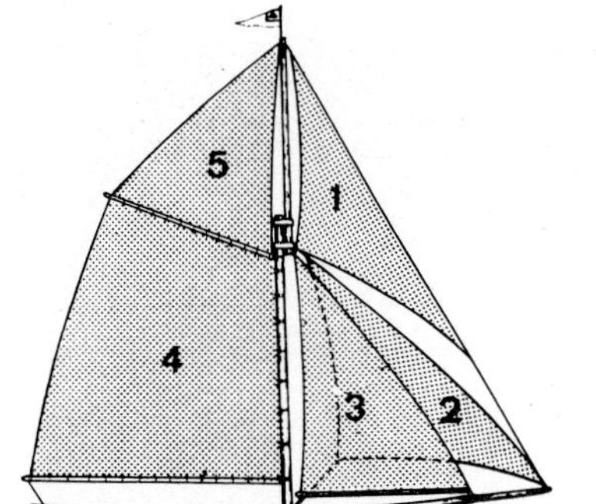

Fig. 49.

1. Foque volante. 2. Foque. 3. Trinqueta. 4. Cangreja. 5. Escandalosa.

Guaira, vela triangular (fig. 48).

Marconi, vela triangular con mucho alunamiento (fig. 48).

Escandalosa, vela triangular que se larga por encima de la cangreja en el espacio que queda entre el palo o mastelero y el pico de la cangreja (fig. 49).

Foques, velas triangulares que se largan entre el stay y el trinquete. El *foque volante* es el que se desliza por el stay de galope. La *trinqueta* es otra especie de foque y que suele ir envergada en una botavara que sale del stay (fig. 49).

Balón o spinnaker, es un foque doble con mucho bolso y que al hincharse toma forma esférica. Es utilizado en las empopadas.

La *vela redonda* o *cuadra* también es usada en los yates cuando llevan el viento en popa (fig. 48).

CABOS DE LABOR DE LAS VELAS. — La vela *cangreja* lleva dos amantillos, dos drizas (una de pico y otra de boca), una osta, una escota y una cargadera.

La vela *guaira* lleva un amantillo, una osta, una cargadera y dos escotas.

La vela *Marconi* lleva un amantillo, una osta, una cargadera y dos escotas.

La vela *redonda* lleva dos amantillos, cuatro ostas, dos cargaderas y dos escotas.

La *escandalosa* lleva dos escotas, una driza, dos cargaderas y dos amuras.

Los *foques* llevan una driza, una cargadera y dos escotas.

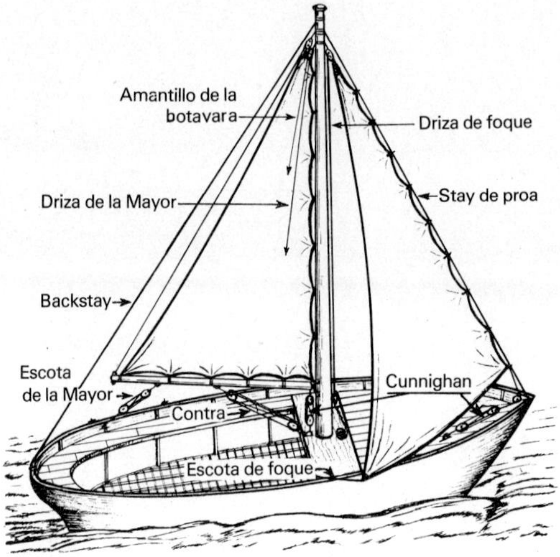

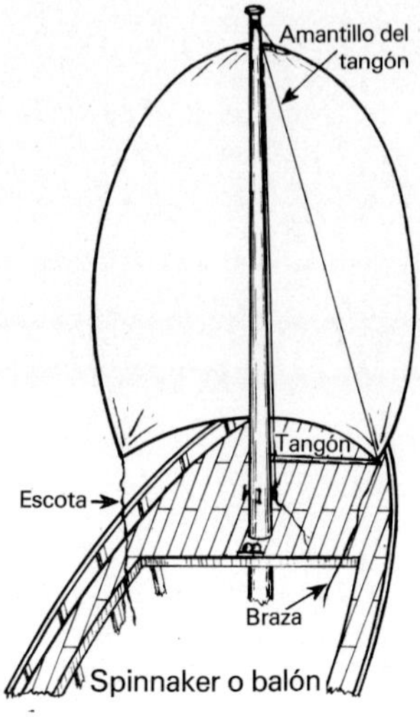

Spinnaker o balón

Capítulo 7

APAREJOS Y CLASIFICACION DE YATES

PRINCIPALES TIPOS DE APAREJOS DE YATE. — El aparejo es el conjunto de velas, palos, vergas y jarcias de un buque, en este caso de un yate.

Los aparejos más usados por los yates son: *dingui, balandro, cuter, queche, yol, pailebote* y *Wishbone.*

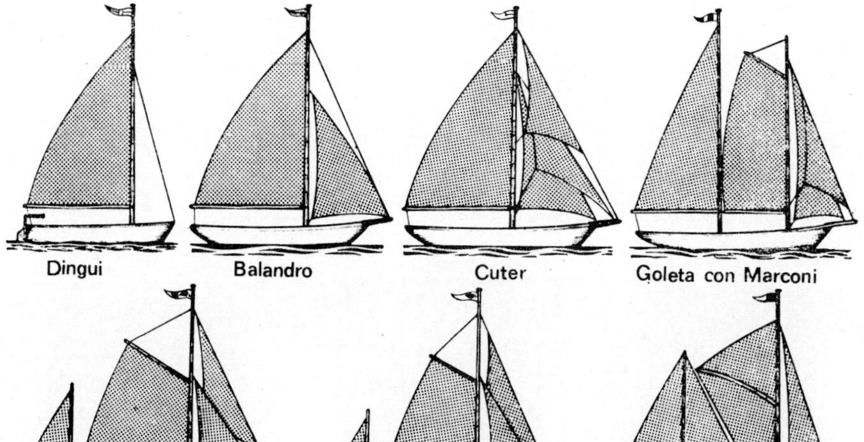

Fig. 50

El *Dingui* es un pequeño balandro con aparejo Marconi. Lleva un solo palo bastante a proa y una sola vela tipo Marconi.

El *Balandro* arbola un palo con o sin botalón e iza una mayor y una trinqueta a veces llamada foque. Puede izar varios foques normales y volantes y también el balón o *spinnaker*.

El *Cuter* arbola un palo con o sin botalón e iza una mayor, una trinqueta y uno o más foques. Es un balandro con foques.

El *Queche* arbola dos palos y botalón, el mesana bastante a popa. Iza mayor, mesana, trinquetilla y foques.

El *Yol* es una embarcación de dos palos y botalón. Es parecido al queche. Se distingue de éste en que la vela mesana es más pequeña. Iza mayor, mesana, trinquetilla y foques.

El *Pailebote* es una goleta pequeña. Arbola trinquete mayor y botalón, e iza mayor, mesana y dos foques, y a veces escandalosa.

El *Wishbone* es un aparejo que se caracteriza por llevar una botavara doble de línea parabólica a fin de que la vela no corte el viento, es decir, que evita que haya mucho *derrame,* o sea que evita que el viento resbale sobre la vela.

Todos los yates mencionados anteriormente pueden llevar cangreja o vela Marconi, si bien la vela cangreja está en desuso.

CLASIFICACIÓN DE YATES. — Para participar en regatas los yates se clasifican en grupos a los de iguales o parecidas características al objeto de que en la competición tenga el máximo valor la destreza y preparación de la dotación.

Factores muy importantes para su clasificación son el casco y las velas, si bien hay regatas en que participan de diversos tipos (más o menos similares) y que se les aplica una fórmula de compensación de tiempos para la clasificación definitiva.

Atendiendo a su tamaño se clasifican para mayores o menores recorridos pudiendo ser de regata corta: de ida y vuelta o de triángulo, en lagos, bahías y puertos; y de regata larga llamada *crucero.*

A) YATES DE UN SOLO CASCO Y DE MÁS DE UN CASCO. — Los más usados son de un solo casco, pero últimamente han ido apareciendo yates de dos o tres cascos unidos fuertemente entre sí con cierta separación para aumentar la estabilidad transversal. Los de dos cascos se llaman *catamaranes* y los de tres *trimaranes.*

Hay catamaranes ligeros y catamaranes de crucero y una modalidad de estos cataramanes la constituyen los llamados *patines a vela,* que están formados por dos flotadores simétricos unidos, en los que se requiere gran habilidad, pues no llevan timón y los movimientos evolutivos se hacen cambiando el tripulante de posición.

B) MONOTIPOS Y DE FÓRMULA. — Los monotipos son yates de regatas construidos con arreglo a unos planos determinados y con un reglamento de medidas, a fin de que todos los pertenecientes a su clase sean teóricamente iguales, y puedan competir sin otra ventaja que la habilidad de su tripulación. Las embarcaciones de cada clase llevan en la vela mayor el distintivo de la misma y un número de orden dentro de ella.

Los hay de muchos modelos que han sido admitidos internacionalmente y podemos citar el Star, Dragón, Finn, Flying Junior, Flying Dutchman, Vaurien, 470, Soling, Alisio, Pampero, etc. (figs. 51 a la 62).

Los *yates de fórmula* no están sometidos a unos planos determinados como los monotipos, sino que su clasificación se hace aplicando los valores de su medición a una fórmula cuyo resultado es en metros, y así los yates de fórmula se clasifican en series de metros.

C) CRUCEROS, CLASES DE ROYAL OCEAN RACING CLUB. CLASE C. — Los yates de crucero por responder a exigencias de regatas entre puertos o largas navegaciones han de tener, aparte de un mínimo de condiciones de navegabilidad, seguridad y flotabilidad, unas condiciones de habitabilidad para poder vivir en ellos durante las travesías.

Los Clubs y Asociaciones Internacionales importantes organizan regatas para fomentar la navegación de cruceros. Una de estas asociaciones como antigua y de gran prestigio es la Royal Ocean Racing Club de Inglaterra (R.O.R.C.), que se preocupó de buscar fórmulas para poder participar yates de diferentes construcciones, dimensiones y aparejos.

Últimamente se cuida de la aplicación de normas y reglamentos la «Unión Internacional de Cruceros», aplicando las clases de la International Offshore Rule (I.O.R.), que son las que mencionamos a continuación y que agrupa a los yates de crucero en seis clases, teniendo en cuenta los factores que intervienen en su velocidad:

Clase I. De 23 pies hasta 70 pies.
Clase II. De 29 pies hasta 33.
Clase III. De 25,5 pies hasta 29.
Clase IV. De 23 pies hasta 25,5.
Clase V. De 21 pies hasta 23.
Clase VI. De 14,5 pies hasta 21.

Clase C. Cuando el R.O.R.C. consideraba como mínima la medida de 24 pies, la «Unión Nationale des Croiseurs» de Francia creó la clase «Arqueo C», que abarcaba a los yates entre 16 y 24 pies de eslora, clase ya en desuso porque la I.O.R. tiene clases inferiores como hemos reseñado.

D) FÓRMULAS MÁS CORRIENTES DE COMPENSACIÓN. — Actualmente existe la fórmula de compensación de tiempos en las regatas de yates de crucero llamada International Offshore Rule, que ha sido aceptada universalmente desde 1970.

Esta fórmula, fusión de las fórmulas inglesas y americanas, divide a los yates de crucero en seis clases, que ya hemo reseñado, con lo que permite correr juntos a barcos de distintas formas y edades, y el Rating por la fórmula de arqueo da un factor de corrección de tiempos para compensar el tiempo real. El tiempo real se compensa también por distancia y por edad.

E) GRANDES YATES. — Los grandes yates son barcos de vela, que pueden o no estar destinados a yates. Normalmente son barcos de las marinas de guerra o dedicados a escuelas estatales y que son costeados por los Estados ya que su mantenimiento es muy costoso.

En este capítulo podemos reseñar al «Juan Sebastián Elcano» de España, el chileno «Esmeralda», el italiano «Americo Vespuccio», el argentino «Libertad», el portugués «Sagres», el francés «L'etoile», etc.

F) SAIL TRAINING ASSOCIATION LIMITED. — Es una asociación inglesa fundada en 1955 para proporcionar la práctica de la vela a jóvenes de ambos sexos comprendidos entre los 16 y 20 años.

Tiene construidos barcos tipo Schooners con las aportaciones de los socios y donaciones de empresas.

G) SERIES OLÍMPICAS. — La primera vez que las regatas a vela fueron incluidas oficialmente en un programa de Juegos Olímpicos data de 1908 en Londres. Sucesivamente y en varias capitales del mundo fueron incluidas las regatas de diferentes clases de monotipos en los Juegos Olímpicos y últimamente las series que predominan son:

Fig. 51. *Dragón*

Fig. 52. *Star*

Fig. 53. *Finn*

El Dragón. — Monotipo proyectado por el célebre ingeniero noruego Anker en 1929, elegido clase olímpica en 1948 y 1952. El distintivo de esta clase es una D negra, y sus características son: eslora 8,60 m.; manga 1,95 m.; calado 1,20 m.; aparejo de balandro Marconi (fig. 51).

El Star. — Creado por el ingeniero naval americano Gardner, sus características más importantes son: gran supeficie de velamen que le permite alcanzar grandes velocidades, facilidad en las evoluciones y rápida arrancada; la orza es fija y se distingue por una estrella roja de cinco puntas; eslora 6,90 m.; manga 1,73 m.; calado 1,05 m.; aparejo de balandro Marconi (fig. 52).

El Finn. — Monotipo proyectado por Rickard Sarby para las Olimpiadas de 1952 en Helsinki. Sus características principales son: el palo va sin jarcia alguna y puede girar alrededor de su eje mediante un cojinete. La botavara se une al palo a través de un agujero practicado en él, de proa a popa, o sea que no tiene tintero, pinzote, ni boca. Poco peso; eslora 4,50 m.; manga 1,51 m.; calado (con la orza) 0,85 m. (fig. 53).

Fig. 54.
Flying Junior

Fig. 55.
Flying Dutchman

Fig. 56. *«420»*

El 5.0.5. — Diseñado por John Westell en 1953; sus características principales son: amuras abriendo en abanico, compartimentos estancos laterales, rápido, facilidad en la evolución, su distintivo es 5.0.5.; eslora 5,03 m.; manga 1,90 m.; puntal 0,18 m.

El Flying Dutchman. — Designado como serie olímipca para 1960 y

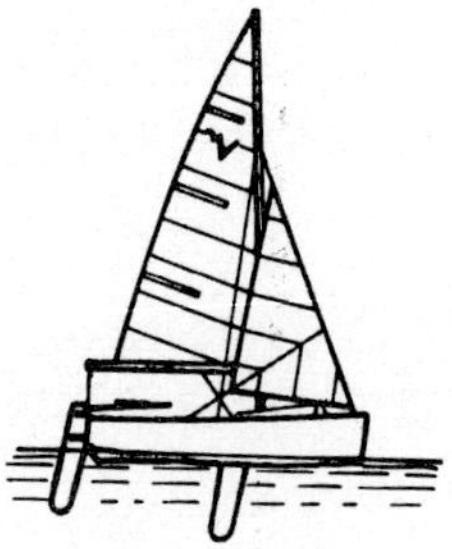

Fig. 57. *Vaurien*

Fig. 58. *Snipe*

Fig. 59. *Super Mistral*

1964. Su distintivo son las letras FD; es de manejo difícil y por ello de gran competición, especial para campeonatos olímpicos (fig. 55).

H) OTRAS SERIES. — Podemos citar el Requín, el Belouga, Grondín, Aile, Chat, Vilefranche, Mínino de la mancha, Loup, Pacific, Plongeon, Tornado, Chatou, Pampero, Super Mistral, Faraman, Alisio, Soling, Fireball, Flying Junior, etc., pero entre todos ellos merecen especial mención el Snipe y el Vaurien.

El Snipe. — Que tuvo su origen en Sarasota en 1931 en una asamblea de la «Florida West Coast Association», que acordó crear una pequeña embarcación de regatas que pudiera transportarse fácilmente en un remolque y cuya eslora no excediese de 16 pies y con una superficie vélica de 100 pies cuadrados. Lo diseñó el ingeniero naval Crosby y lo bautizó con el nombre de «snipe» (becada). Tuvo gran éxito por sus cualidades de rápido, mari-

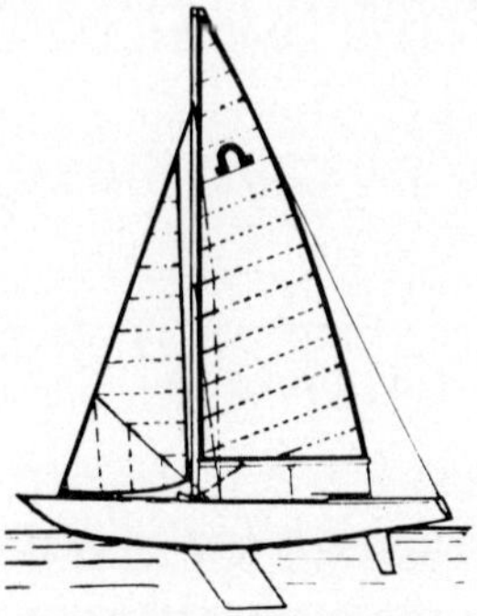

Fig. 60. *Soling*

Fig. 61. *«470»*

Fig. 62. *Alisio*

nero, fácil de maniobrar, económico, ligero, etc. Hoy existen en el mundo más de 30.000. En España fue adoptado como clase oficial por la Federación Española de Clubs Náuticos. Eslora total 4,72 m.; manga 1,52 m.; calado sin orza 0,15 m.; peso 205 kilogramos; superficie vélica 9,80 m^2; aparejo de balandro Marconi (fig. 58).

El Vaurien. — Actualmente es el monotipo más difundido. Fue diseñado en 1952 por Jean-Jacques Herbulot a requerimiento del Centro Náutico de Glénans (Francia), que trató de encontrar un velero pequeño de poco peso y para dos personas. La gran aceptación de este velero posiblemente haya sido por su precio, y actualmente se calcula que haya más de 35.000 unidades. Su eslora es de 4,08 m.; manga 1,47 m.; puntal 0,10 m.; peso 85 Kg.; superficie de velamen 8,10 m^2 (fig. 57).

Capítulo 8

DEFINICIONES

BARLOVENTO. — Cuando se toma como referencia un lugar, parte por donde se recibe el viento.

En un velero que recibe el viento en popa cerrada el costado de barlovento es el opuesto al que lleva la botavara de la vela mayor, o el costado opuesto a donde está la mayor parte del velamen extendido.

SOTAVENTO. — Tomando como referencia un lugar, parte hacia donde va el viento.

AMURADO A ESTRIBOR. — Equivale a recibir el viento por la amura de estribor.

AMURADO A BABOR. — Equivale a recibir el viento por la amura de babor.

CEÑIR. — Equivale a navegar recibiendo el viento con el menor ángulo posible desde la proa. Viene a ser aproximadamente navegar a cuatro cuartas (fig. 63).

ORZAR. — Disminuir el ángulo de la proa con el viento (caer hacia el viento).

PUNTEAR. — Es orzar todo lo que se pueda para aprovechar el viento cuando éste es escaso. Es ir ciñendo lo máximo posible.

BOLINEAR. — Es cobrar o halar de las bolinas del aparejo para navegar de bolina o ciñendo.

BARLOVENTEAR. — Es ir ganando terreno en contra de la dirección del viento, es decir navegar con el menor ángulo posible con el viento: ciñendo.

Barloventear, bolinear, puntear y ceñir son acepciones muy similares.

BORDADA. — Equivale a cada uno de los tramos recorridos por un buque de vela navegando de bolina, es decir, ciñendo.

BORDO. — Costado exterior de un buque, desde la superficie del agua hasta la borda o hasta la tapa de regala. El buque mismo; de ahí vienen las expresiones *ir a bordo, estar a bordo, recibir a bordo,* etc. También equivale a bordada.

VOLTEJEAR. — Barloventear, en su acepción de navegar de bolina en bordos sucesivos y continuados para ir hacia la parte de donde sopla el viento.

BORDEAR. — Dar bordos o bordadas. Navegar por las inmediaciones de la costa.

ARRIBAR. — Caer a sotavento, haciendo que la proa se aleje de la dirección del viento. Arribar es también llegar a puerto, si bien es llegar a un puerto o bahía, que no estaba previsto en el itinerario, a causa de mal tiempo o por otras razones imprevistas al iniciarse el viaje.

DERIVAR. — Abatir, caer a sotavento, aunque comúnmente se aplica cuando este efecto es producido por la acción de una corriente marina. *Estar a la deriva* equivale a estar sin gobierno, a merced de los elementos.

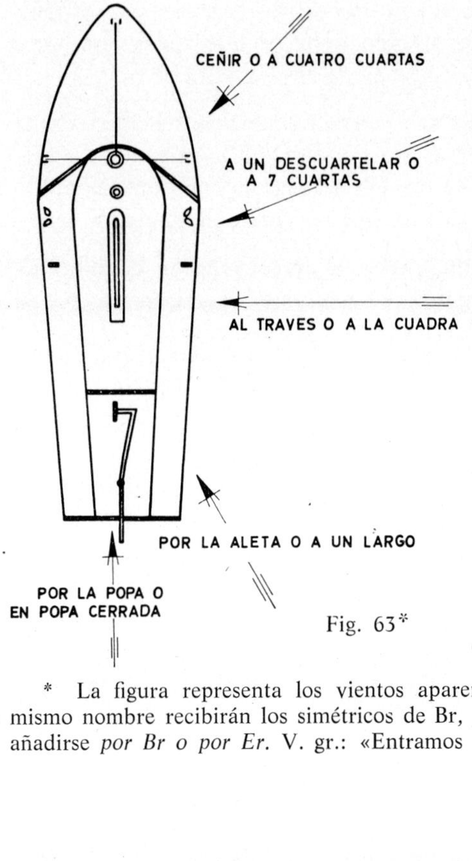

Fig. 63*

CAER. — Abatir, en la acepción de separarse del buque hacia sotavento del rumbo pretendido.

Refiriéndose al viento o a la mar, caer es calmar en todo o en parte.

EN POPA. — Cuando se navega recibiendo el viento por la popa (fig. 63).

EMPOPADA. — Equivale a navegar en popa cuando el viento sopla con bastante fuerza.

A LA CUADRA. — Es navegar con el viento de través, es decir a ocho cuartas o sea, a 90° (fig. 63).

A UN DESCUARTELAR. — Consiste en navegar recibiendo el viento en un ángulo de 78,7° desde la proa, o lo que es igual, a siete cuartas (fig. 63).

* La figura representa los vientos aparentes recibidos por la banda de Er. El mismo nombre recibirán los simétricos de Br, por lo que si se quiere concretar deberá añadirse *por Br o por Er.* V. gr.: «Entramos en puerto ciñendo por Br....»

RECIBIR EL VIENTO POR LA ALETA. — Cuando se recibe el viento a doce cuartas, o sea a 45° a contar desde la popa (fig. 63).

POR LA AMURA. — Es recibir el viento a cuatro cuartas, 45° desde la proa (fig. 63).

El número de grados que se ha dado es como referencia, pues todas estas formas de navegar tienen un sector, cuyo punto central es el indicado anteriormente.

MONTAR. — En términos marinos es remontar o rebasar un obstáculo. También se usa para indicar que se ha pasado a la altura de un cabo o punto de la costa. También es navegar barloventenado, es decir, navegar de bolina en bordos sucesivos y continuados.

ESCORAR. — Es la acción de tumbar o inclinar el buque, que puede ser por acción del viento, de las olas o a causa de la colocación desimétrica de los pesos.

GUIÑADA. — Es una desviación momentánea del rumbo.

ABATIR. — Desplazarse el barco hacia uno de sus costados por la fuerza de los elementos. También es bajar algo o hacer que un objeto tome más inclinación.

ACUARTELAR. — Presentar más al viento la superficie de una vela de cuchillo, llevando su puño hacia barlovento y cazándola si es preciso a esta banda, para que la proa caiga hacia la otra. Se suele emplear esta maniobra cuando la proa no cae bien en las viradas que se hacen por avante.

TRASLUCHAR. — Es cambiar la escota de una vela de cuchillo de una banda a otra. Se suele hacer cuando se navega en popa, o sea que la vela al cambiarla de banda recibe el viento por la otra cara.

BOGAR. — Ir avante. Impulsar la embarcación hacia delante.

CIAR. — Ir atrás o impulsar al barco hacia atrás.

REMOLCAR. — Tirar de otra embarcación arrastrándola.

NAVEGAR EN CONSERVA. — Navegar en compañía de dos o más buques. En la antigüedad tratábase de un convenio entre dos o más buques mercantes para defenderse contra ataques de piratas o para socorrerse en caso de accidente u otra causa cualquiera. Cuando intervienen buques de guerra se llama *convoy*.

Capítulo 9

EMBARCACIONES Y APARATOS DE SALVAMENTO

BOTES SALVAVIDAS. — Se denomina así a las embarcaciones menores que llevan los buques y cuyo objeto principal es utilizarlas en caso de emergencia.

El Convenio Internacional para la Seguridad de la Vida Humana en la Mar exige que estas embarcaciones vayan provistas de cajas estancas o flotadores que las hagan prácticamente insumergibles aun en las peores circunstancias. Han de estar constantemente equipadas con los medios para navegar y de supervivencia, y han de estar estibadas de forma que puedan ser arriadas con rapidez y seguridad aun en los casos más desfavorables.

El medio de propulsión puede ser remo, vela, motor o hélice movida por pedales.

El número de personas para las que está capacitado un bote salvavidas se halla dividiendo su volumen en metros cúbicos por 0,283.

Las embarcaciones de recreo de eslora inferior a 22 metros no están obligadas a llevar botes salvavidas y las de mayor eslora de 22 metros llevarán uno o más botes salvavidas o de servicio con capacidad suficiente para acomodar a todas las personas que se hallen a bordo.

Las de eslora inferior a 22 metros, si no llevan botes, tendrán aparatos flotantes capaces para todas las personas a bordo, pudiendo sustituirlos por aros salvavidas, a razón de uno por cada dos personas.

Los botes salvavidas han de reconocerse periódicamente, así como sus instalaciones y enseres, y las dotaciones han de hacer prácticas periódicas de funcionamiento y conservación.

EQUIPO DE LOS BOTES SALVAVIDAS. — Deberán llevar:

Un juego de remos más dos de repuesto.

Juego y medio de toletes u horquillas.

Un bichero.

Dos juegos de espiches.

Un achicador y dos baldes.

Timón y caña.
Dos hachas.
Un farol y dos cajas de cerillas en recipiente estanco.
Un ancla flotante.
Uno o más palos con velas de color naranja.
Una aguja náutica.
Dos bozas.
Cuatro litros de aceite vegetal o animal para amainar el oleaje.
Un recipiente estanco con alimentos.
Un recipiente con agua (tres litros por persona).
Un silbato o señal sonora.
Un botiquín de urgencia.
Bengalas y un espejo de señales de día.

BOTES METÁLICOS, DE MADERA Y PLEGABLES. — Ya hemos dicho que los botes se hacen de diversos materiales. Hasta la actualidad, los más usados han sido los de madera, pero ya van siendo suplantados por los metálicos, más baratos de coste y conservación y más ligeros, y también por los de plástico o poliester.

Los botes plegables han tenido poca aceptación porque la ventaja de ocupar menos espacio es superada por la desventaja de su solidez y resistencia.

NOMENCLATURA DE LAS DISTINTAS PARTES DE UN BOTE. — Como esto fue estudiado en títulos anteriores y a principios de este capítulo Véase la figura 6 que representa las partes más importantes de un bote.

BALSAS SALVAVIDAS. — Las balsas salvavidas son flotadores destinados a sostener sobre el agua un cierto número de personas en caso de emergencia.

Pueden ser *rígidas* o *insuflables* y estar fabricadas de distintos materiales: madera, corcho con lona, metálicas, caucho, plástico, etc.

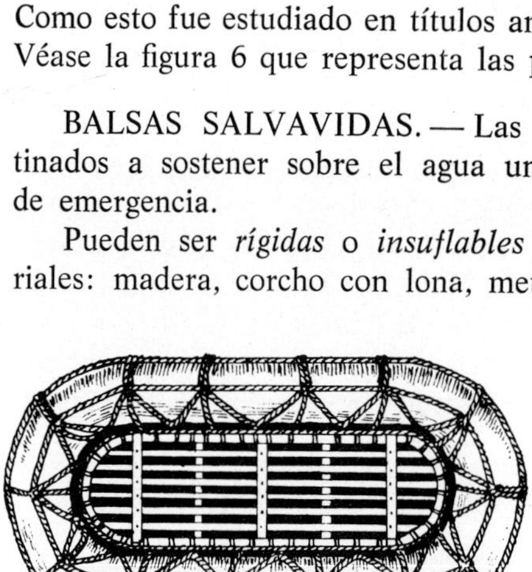

Fig. 64

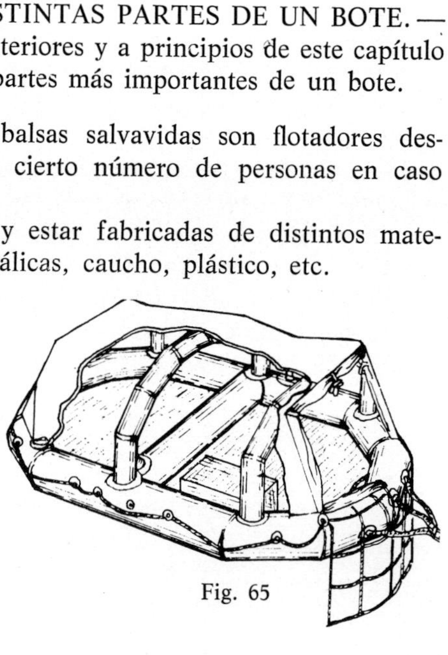

Fig. 65

Las *rígidas, actualmente* en desuso por ocupar mayor espacio que las insuflables y reunir peores servicios, han de tener, lo mismo que éstas, las características exigidas de estabilidad, flotabilidad (con cajas de aire estancas), no pesar más de 180 kilos, tener dispositivos para destrincarse automáticamente si el barco se hunde, llevar bozas para ser remolcadas, llevar luz a base de pilas activadas por agua de mar, llevar los compartimentos estancos para alimentos y medios de supervivencia en la mar y llevar guirnaldas afirmadas alrededor de su perímetro exterior (fig. 64).

Las *insuflables* tienen la especial característica de ser hinchadas por un gas concentrado en unas botellas y que no debe ser nocivo. Llevan una capota para proteger a los ocupantes de la intemperie (fig. 65).

ESTIBA DE BOTES Y BALSAS. — El Convenio Internacional para la Seguridad de la Vida Humana en la Mar obliga a que los botes y balsas salvavidas deben ir estibados de forma tal que permitan su fácil utilización en caso de emergencia aún en desfavorables condiciones de escora y asiento del buque, y en lugares de fácil acceso para las personas.

Los medios para el arriado de botes como plumas, pescantes, grúas u otros dispositivos, estarán libres de obstáculos y listos para su rápido funcionamiento.

Las balsas estarán trincadas de forma fácil de destrincar y con un presostato que actúe automáticamente en caso de hundimiento del buque.

PESCANTES Y SU DESCRIPCIÓN. — Son armaduras o dispositivos montados en distintas partes del buque para suspender, izar o arriar anclas, botes, portalones, etc.

Si nos referimos a los de izar o arriar botes, son piezas de hierro, a modo de brazos, de diversas formas, que por medio de aparejos y movidos a mano o con chigres sacan los botes de su estiba para arriarlos o los izan para colocarlos en ella.

Los más corrientes son los *pescantes radiales,* que representa la figura 66, que giran en unos tinteros y son accionados a mano. Para sacar o meter el bote en su estiba primeramente se suspende por medio de los aparejos y después hay que sacarlo o meterlo primero de una parte (de proa o de popa) para poder sacar o meter la otra haciendo una especie de movimiento en zig-zag.

Los *pescantes cuadrantales* se accionan por unas manivelas (fig. 66) que hacen que el tornillo los desplace hasta tomar la inclinación necesaria. Tienen la ventaja de no tener que suspender el bote pues al ir echando el pescante fuera, teniendo firmes las tiras de los aparejos, el arco del sector dentado hace suspender el bote a la vez que va basculando el pescante.

Los *pescantes de gravedad* son enteramente mecánicos y pueden manejar botes más pesados. Los pescantes se desplazan por unos carriles inclinados que hacen bascular los pescantes (fig. 66) y para arriar el bote se necesita un solo hombre que afloja el freno y los pescantes se deslizan por gravedad.

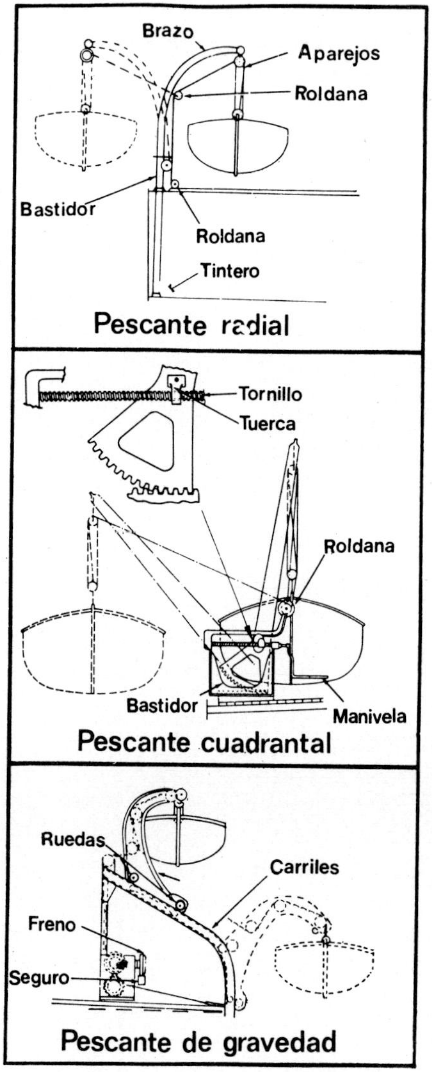

Fig. 66. *Tres clases de pescantes*

El mismo cable que iza el bote iza los pescantes. El izarlos se hace por medio de chigres eléctricos, no siendo necesarios para arriarlos.

CALZOS Y CUÑAS, BRAGAS, FAJAS. — Estos elementos son necesarios para estiba y maniobra del bote.

Los *calzos y cuñas* son trozos de madera o metálicos sobre los que descansa el bote amoldados a las formas del casco, quilla y pantoque. Los calzos pueden ser fijos o rebatibles por bisagras.

Una vez que el bote descansa en sus calzos se trinca por medio de cabos, cables o cadenas tensados por tensores hechos firmes en cáncamos fijos en cubierta o en los calzos.

Las bragas o eslingas son trozos de cable o cadena hechos firmes a la quilla y casco del bote con unos eslabones grandes o gazas con guardacabos donde se encapillan los ganchos de los aparejos para suspender el bote.

Normalmente los botes llevan dos eslingas, una a proa y otra a popa, para ser suspendidos por pescantes. Si han de ser suspendidos por una pluma o puntal, se unen estas dos eslingas por una central y de ella es de donde se suspende el bote.

Fajas son cintas de lona o bien cable forrado que se dan cruzadas por fuera de los botes cuando estos van suspendidos de los pescantes, al objeto de que queden trincados. Estas fajas son hechas firmes a las cabezas de los pescantes y por el otro extremo a tensores con ganchos disparadores.

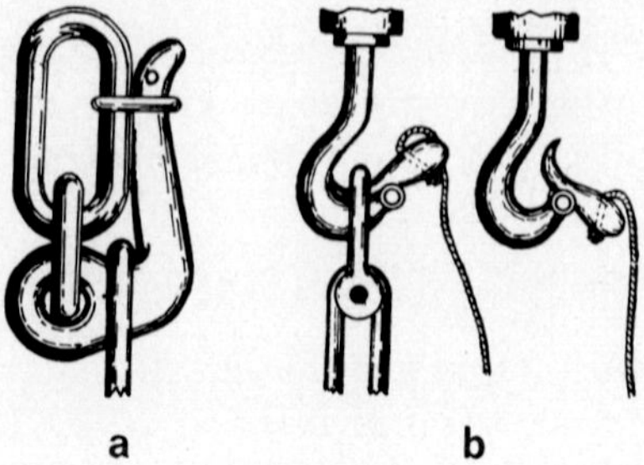

Fig. 67

GANCHOS DISPARADORES. Refiriéndose a los botes salvavidas son ganchos que llevan los cuadernales de los aparejos que cuelgan suspendidos los botes y que pueden ser accionados manualmente o bien automáticos (fig. 67). Estos últimos zafan automáticamente al flotar el bote en el agua (figura 67 b).

APARATOS DE SALVAMENTO: GUINDOLAS, ROSCAS Y CHALECOS SALVAVIDAS. — Aparte de los botes existen otros aparatos, como los que mencionamos a continuación, útiles a modo personal de los tripulantes, rápidos de utilizar, seguros y obligatorios.

Guindolas son flotadores de corcho o de un producto sintético generalmente redondos y forrados de lona, que van sujetos a distintos lugares de la obra muerta del buque, listos y a mano para arrojarlos al mar en caso de «hombre al agua».

Al aro va unido por una rabiza de metro y medio de largo un recipiente provisto de fosfuro de calcio que se enciende al contacto con el agua. Este recipiente va sujeto por un lado a la rabiza que le une al aro y por otro va firme al barco, de tal manera que al tirar para arrojarle se abre un agujero para que penetre el agua.

Fig. 68

Al combustionar el fosfuro de calcio el náufrago puede ver su situación: de día por el humo que despide y de noche por la luz.

Las guindolas llevan otro cabo de unos 20 metros que sirve para sujetarlas al barco cuando se arrojan, si se cree necesario.

Esta clase de guindolas con luz pueden ser de distintos tipos y ha de llevarse dos por barco como mínimo. Se las suele llamar guindolas con luz Holmes por ser éste uno de los primeros inventores de dichos aparatos.

Roscas o aros salvavidas son las guindolas sin luz (figura 68), y la forma de encapillarse un aro es ponerle flotando verticalmente, introducir primero un brazo, después la cabeza y luego el otro brazo, y nunca por los pies pues la flotabilidad del aparato nos colocaría cabeza abajo. Para evitar equivocarse y por más comodidad hay unas guindolas salvavidas en forma de herradura, con lo que es fácil introducir el cuerpo por la parte abierta.

CHALECOS SALVAVIDAS. — Los hay de diferentes modelos y los reglamentarios son los autorizados por la Subsecretaría de la Marina Mercante y que debidamente han satisfecho las pruebas de mantenimiento a flote durante el tiempo y con el peso reglamentarios.

Los más corrientes son los de corcho, que últimamente se ha reemplazado por productos sintéticos. También los hay insuflables que llevan el aire comprimido en una pequeña botella, que se perfora en caso de necesidad llenando las bolsas de que está provisto el chaleco.

Todos ellos van sujetos al cuerpo por medio de cinturones, generalmente de lona, y el cuidado más importante es que dichos cinturones vayan apretados, pues en caso de permanecer varias horas en el agua y a merced del oleaje, si estuvieran flojos, originarían rozaduras y heridas, que en contacto con el agua salada serían causa de grandes sufrimientos e incluso de la muerte.

Todo buque debe llevar por lo menos un chaleco salvavidas por cada persona que vaya a bordo.

Toda persona a bordo debe conocer la forma de colocarse el chaleco salvavidas y su funcionamiento.

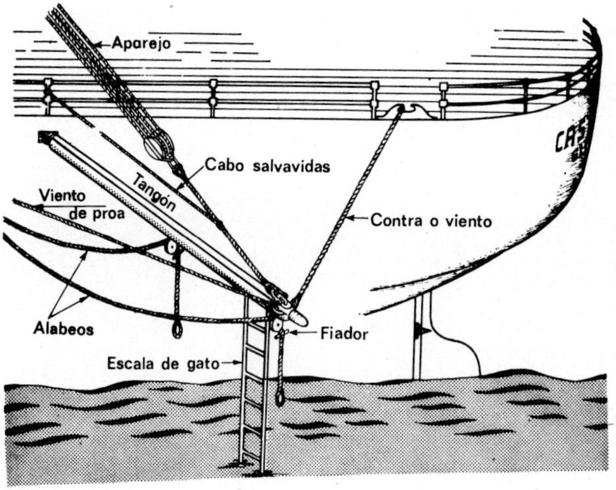

Fig. 69

TANGONES DE AMARRE DE BOTES. — Son perchas de madera o metálicas colocadas horizontalmente en el costado de los buques para amarrar los botes en puerto o fondeadero. Navegando van abatidos al costado y trincados y las partes o accesorios más importantes de que constan están representados en la figura 69. Tienen por objeto el que los botes no estén amarrados al costado del barco donde se producirían averías a causa del oleaje.

Capítulo 10

TIMONES Y APARATOS DE GOBIERNO

TIMONES: DESCRIPCIÓN DE LAS DIFERENTES PARTES DEL TIMÓN ORDINARIO Y DEL COMPENSADO. — Timón es una plancha o pala de madera o metálica colocada en posición vertical que gira alrededor de un eje, colocada a popa de las embarcaciones, y que sirve para el gobierno de los buques.

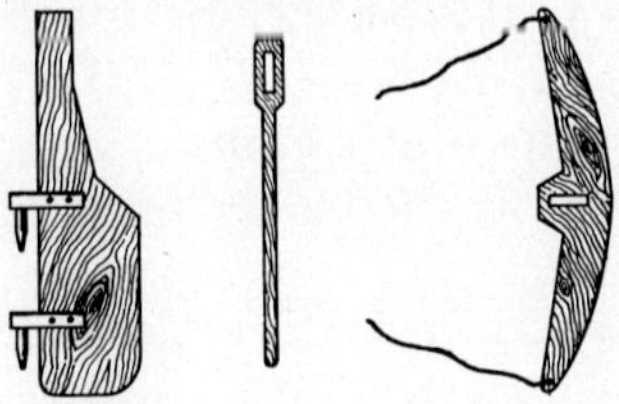

Timón *Cañas*

Fig. 70

El tamaño de los timones va de acuerdo con el tonelaje del barco y con la velocidad y formas de la obra viva.

Pueden ser de formas muy variadas y de líneas diversas (actualmente aerodinámicas) pero podemos diferenciar dos clases muy señaladas: los ordinarios y los compensados. *Ordinario* es el que toda la parte de la pala está a popa del eje de giro (figs. 70 y 71) y *compensado* cuando la pala está a ambas partes del eje (figs. 72, 73 y 74).

La parte superior del timón se llama *mecha* en la que se hace firme la caña o el sector que la hace girar. Esta mecha atraviesa el casco por un agujero que se llama *límera.*

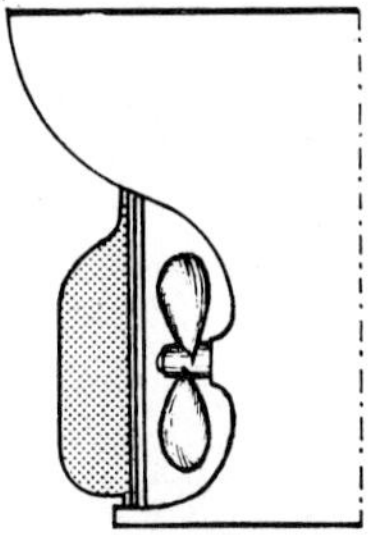

Fig. 71

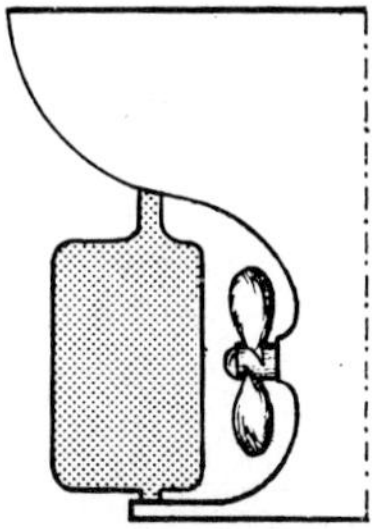

Fig. 72

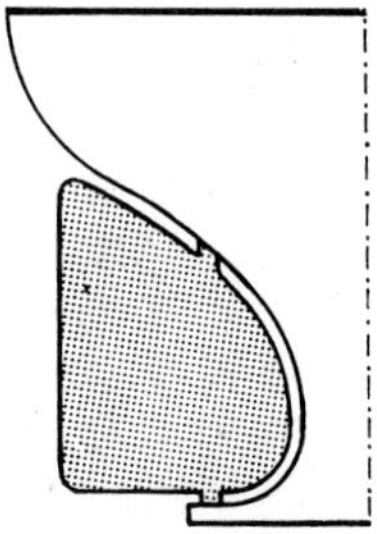

Fig. 73

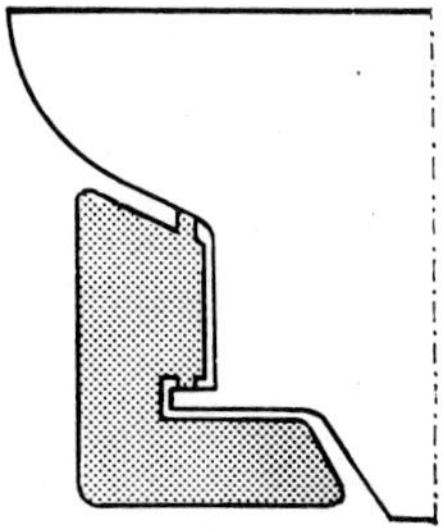

Fig. 74

El timón descansa y gira sobre unos goznes o *machos* que van firmes en el codaste, las hembras van firmes en el timón (a veces es al revés, los machos van en el timón y las hembras en el codaste).

En los timones compensados se necesita mucho menos esfuerzo para moverlos dependiendo del *grado de compensación.*

El grado de compensación es la relación entre el area que queda a proa del eje y el área total de la pala. Suele ser menor que un cuarto.

SERVOMOTORES Y TELEMOTORES. — Servomotor es un aparato multiplicador de esfuerzos. Uno de los lugares donde se aplica en los barcos grandes es para mover el timón. El servomotor del timón está intercalado entre la rueda (normalmente llamada timón) y el timón propiamente dicho.

Los servomotores pueden ser de vapor, eléctricos, hidráulicos, y electrohidráulicos.

El servomotor de vapor está basado en una válvula reversible accionada por la rueda de gobierno y que según se actúe hacia una u otra banda comunica vapor a uno de los dos cilindros que actúan en una u otra dirección, moviendo el sector embutido en la mecha del timón (fig. 75). y con ello el timón hacia una u otra banda.

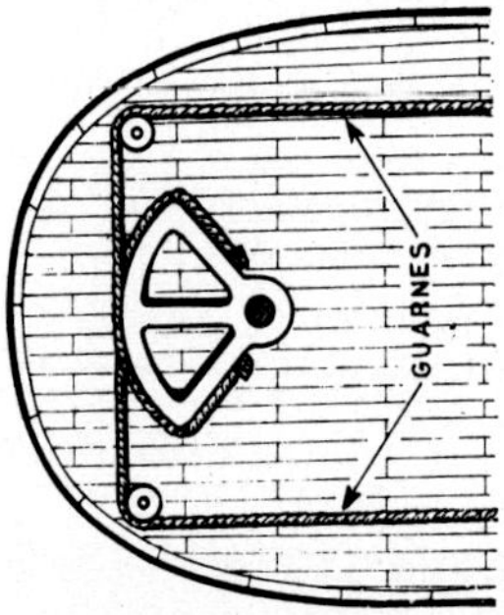

Fig. 75

Los servomotores eléctricos están basados en motores eléctricos reversibles y que multiplican su potencia a base de ruedas dentadas o accionando sobre sinfines.

Los servomotores hidráulicos consisten básicamente en una bomba rotativa de pistones colocada en el puente, accionada por un conjunto de engranajes multiplicador, que hace comunicar la presión hidráulica por tuberías a dos cilindros colocados a ambos lados de la caña o sector del timón moviéndola en el sentido deseado.

Los telemotores son servomotores manejados a distancia y las ventajas sobre éstos está en el sistema de transmisión.

GUARNES. — Son los cabos o cadenas que sujetan y manejan la caña del timón. También se les llama *guardines* (fig. 75).

Capítulo 11

ANCLAS Y APARATOS DE FONDEO

ANCLA: PARTES DE QUE CONSTA. — El ancla es un instrumento de hierro o acero pesado y fuerte, en forma de arpón o anzuelo doble, que unido al extremo de un cabo, cadena o cable firme al buque, y arrojado al agua, sujeta el buque al fondo.

El ancla consta de las partes siguientes: *Arganeo,* que es un eslabón o grillete que une el ancla a la cadena.

Caña. — La parte que va desde el arganeo a la cruz.

Cruz. — La parte que une la caña con los brazos.

Brazos. — Las dos partes del ancha que parten de la cruz hacia las uñas.

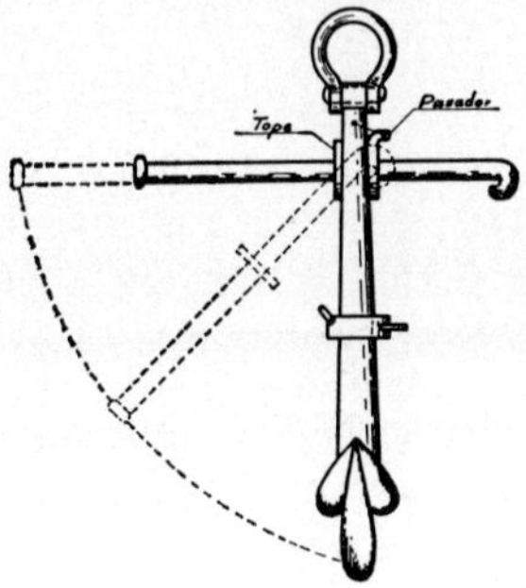

Fig. 76

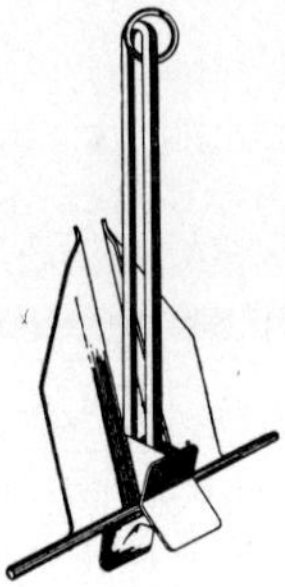

Fig. 77

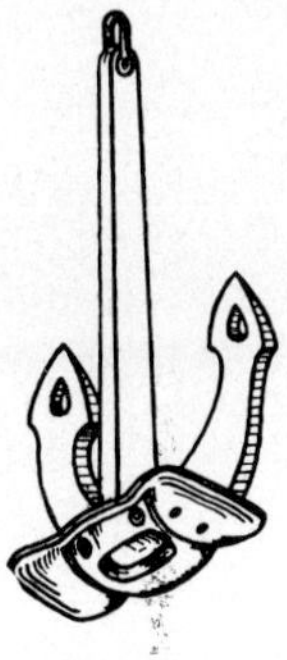

Fig. 78

Uñas. — Los extremos de los brazos. Las uñas terminan en los *picos de loro* o *de papagayo.*

Mapa. — La parte casi plana de las uñas. Los bordes que forman las uñas se llaman *pestaña* y *orejeta.*

En las anclas de cepo, el *cepo* es la parte que forma cruz en la caña, que antiguamente era de madera y fijo y ahora es metálico y rebatible (figs. 76 y 85), y se afirma con un pasador.

DIFERENTES TIPOS DE ANCLAS. — Hay muchas clases de anclas. Las más usadas actualmente son las de patente tipo Hall y para yates y barcos pequeños las de tipo Damforth (figs. 76, 77, 78 y 79).

Las de patente presentan la maniobra de estiba a bordo mucho más fácil, pues permiten introducir la caña en el escobén, donde quedan trincadas. Aparte del arganeo constan de dos piezas fundamentales: la caña y la pieza de los brazos que puede abrir a cada lado de la caña unos 40° al girar sobre el perno que une las dos piezas.

Hay otros tipos de anclas, si bien basados en las anteriormente citadas, y que son propias de barcos o artefactos específicos, como dragas, cableros, boyas, balizas, etc., y que presentan más ventajas en el trabajo a desempeñar que en su estiba.

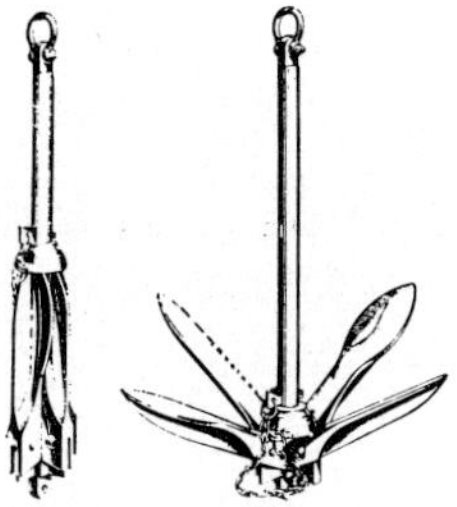

Ancla plegable

Fig. 79

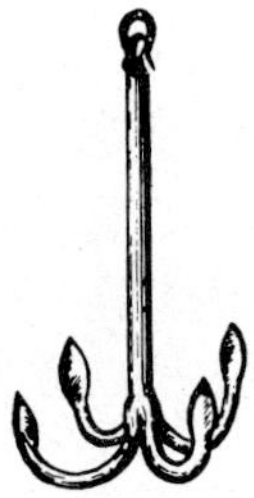

Rezón

Fig. 80

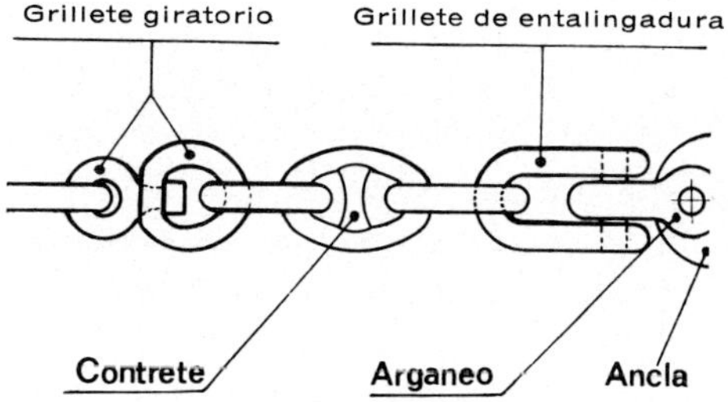

Fig. 81

REZONES. — Ancla pequeña de cuatro brazos terminados con uñas (fig. 80). Es propia de embarcaciones menores. Hay una especie de rezón, que en vez de terminar en uñas termina en garfios y que sirve para rastrear, que se llama *arpeo* y si es pequeño se llama *grampín.*

CADENAS. — Son un conjunto de eslabones unidos, generalmente de acero, y de diversos usos a bordo, si bien las más importantes son las de las anclas. Los eslabones son de forma elíptica y pueden o no llevar contrete. Las de las anclas normalmente llevan contrete que es un travesaño en el centro del eslabón que sirve para aumentar la resistencia, para que no se deformen los eslabones y para que los dos eslabones que van dentro no se monten al tomar vueltas la cadena y no se mancornen.

Las cadenas en las anclas son construidas en longitudes de 25 metros. Esta división se la llama *grillete* y los grilletes van unidos por un eslabón (grillete) de ayuste o de unión. En el extremo del primer grillete de cadena y cerca del arganeo del ancla lleva la cadena un grillete giratorio al objeto de eliminar las vueltas (fig. 81).

La acción de unir el ancla con la cadena se llama *entalingar* y al grillete de unión *grillete de entalingadura.* El otro extremo va unido a un cáncamo, a veces con un gancho disparador, en la caja de cadenas; a esta unión se le llama *malla.*

ESTOPORES. — Son piezas de hierro moldeado colocadas en la cubierta del castillo de los buques, que van sujetando la cadena eslabón por eslabón a medida que se va virando, al objeto de que no se pueda escapar en caso de fallo de los aparatos de virar. Actualmente están en desuso.

MORDAZAS. — Son mecanismos instalados en el castillo, fijos a la cubierta, que sirven para hacer firme la cadena del ancla impidiendo que escape cuando hace grandes esfuerzos y que estos esfuerzos no afecten al cabrestante o molinete.

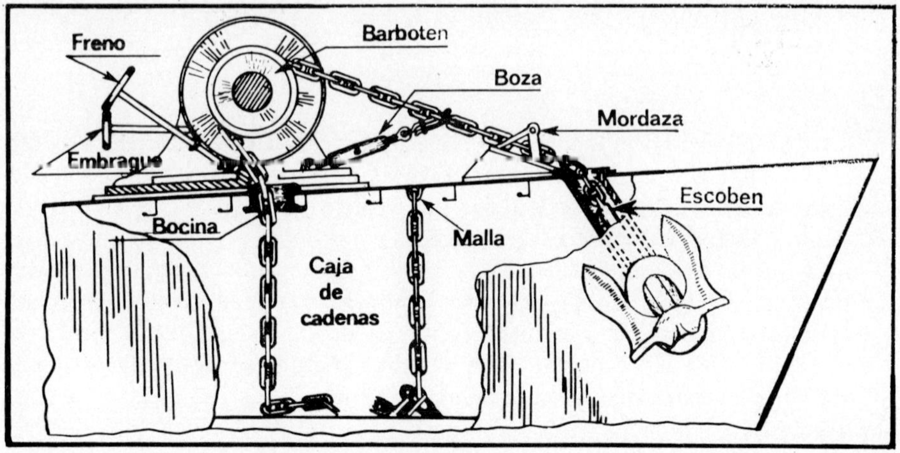

Fig. 82

Hay también mordazas para cables y cabos, y las de las cadenas consisten en dos piezas moldeadas de acuerdo con la forma de los eslabones, sujetas a cubierta, y que se cierran y muerden la cadena al actuar en un sinfín de pasos invertidos (fig. 82).

Como mordazas se suelen emplear bozas de cadena con gancho disparador.

INSTALACIÓN DE LAS ANCLAS A BORDO. — Las anclas van instaladas a bordo según el tipo. Las más usadas actualmente y que no tienen cepo quedan empotradas, una vez viradas, en unos *nichos* que van en los costados y que son continuación del escobén (fig. 208) o bien van sujetas al hacer tope las uñas en el costado (fig. 82).

Las de cepo, o van estibadas en unos calzos sobre cubierta a la que se han izado con un pescante de gata, que se engancha en un grillete que lleva el ancla en la caña, o bien sujetas horizontalmente a la borda, figuras 83 y 84.

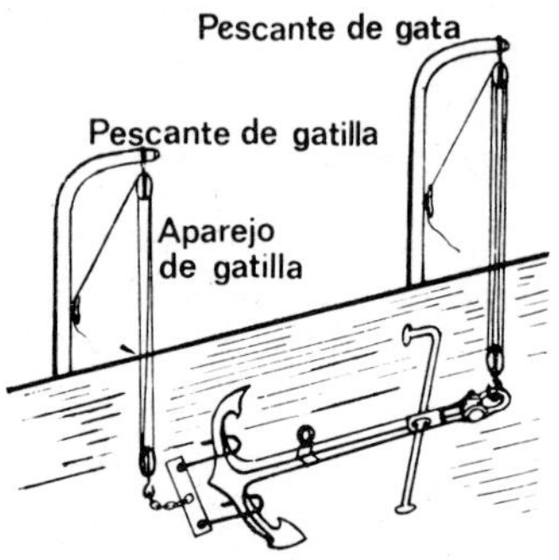

Fig. 83

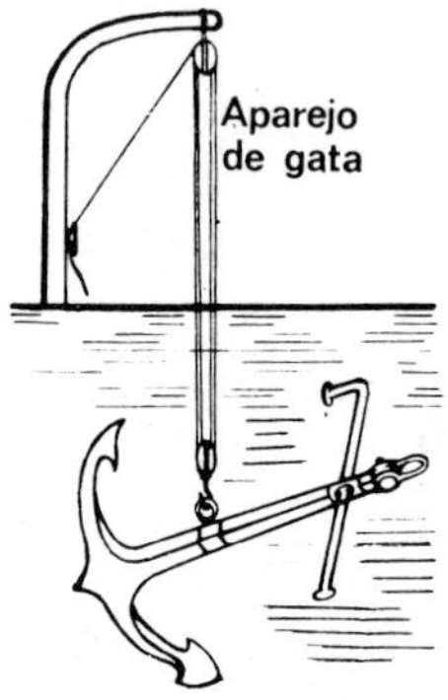

Fig. 84

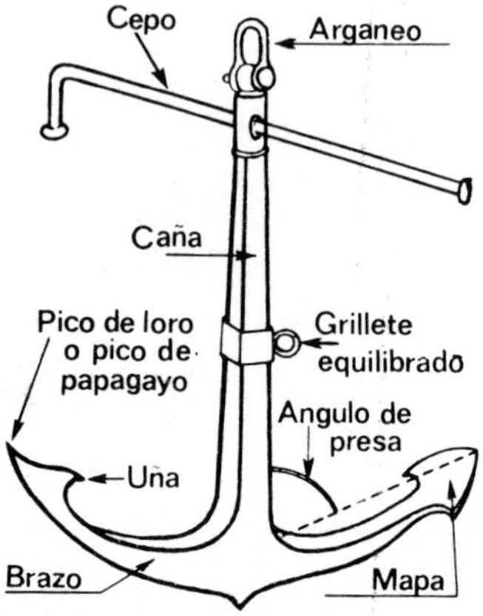

Fig. 85

APARATOS DE FONDEO Y AMARRE: MOLINETES DE VAPOR Y ELÉCTRICOS. CABRESTANTES. CHIGRES. — Los molinetes son máquinas de levar cadenas accionadas por vapor o electricidad. Suelen llevar tambores (cabiroles) para cobrar cabos.

La pieza fundamental en los molinetes para virar cadena es el *barbotén*, que es una corona con unas muescas o moldes donde se encastran o se acoplan los diferentes eslabones de la cadena. El barbotén se embraga al giro del molinete para virar el ancla o se desacopla y queda firme al freno para que el eje pueda girar y mover los cabiroles para virar cabos.

Los molinetes pueden ser movidos a vapor o eléctricamente siendo los primeros más rápidos y potentes, y si su uso se está extinguiendo es porque van desapareciendo los barcos de vapor.

CABRESTANTE. — Es una máquina que su eje de giro es vertical. Normalmente es movida por un motor eléctrico (en principio se movían a mano accionando sobre unos brazos o palancas que se acoplaban en unas cajeras llamadas *bocabarras*). Hay cabrestantes que en su parte inferior llevan un barbotén para virar cadenas.

Los cabrestantes tienen la ventaja de ocupar menos espacio que los molinetes y la desventaja de tener sólo un cabirol.

CHIGRES. — Son maquinillas con eje de giro horizontal, movidos eléctricamente o a vapor y empleadas en los movimientos de carga o para los pescantes de botes. Llevan un tambor central donde se hace firme el cable y donde se va arrollando, y en los extremos del eje llevan cabiroles al objeto de poderlos usar para manejar cabos.

Capítulo 12

DESPLAZAMIENTO

DESPLAZAMIENTO: SUS CLASES. — El principio de Arquímedes dice que todo cuerpo que flota desaloja (desplaza) un volumen de agua cuyo peso es igual al peso del objeto o cuerpo flotante. Por lo tanto, en un buque que flota ocurrirá que el peso del agua desalojada por la parte del buque sumergida (obra viva) es igual al volumen de la obra viva por la densidad del agua. Este peso del buque se denomina *desplazamiento*, que viene expresado en toneladas métricas.

El desplazamiento de un buque varía según sea su estado de carga.

El desplazamiento puede ser: *Desplazamiento en rosca,* que es el peso del buque completamente descargado, sin combustible, agua, pertrechos, dotación, repuestos, ni efecto de consumo alguno, es decir: el desplazamiento del buque al terminar su construcción.

Desplazamiento en lastre: cuando el buque está sin carga pero listo para navegar, es decir: con combustible, agua, pertrechos, dotación, víveres, etc.

Desplazamiento máximo o *desplazamiento total* es cuando el buque está cargado totalmente (lo máximo permitido) y listo para navegar.

Desplazamiento standard para los buques de guerra.

Desplazamiento en superficie e inmersión para los submarinos.

LÍNEAS DE MÁXIMA CARGA. — Son trazos horizontales que parten de una línea vertical, figura 86, y que corresponden al calado en las máximas cargas permitidas según la estación del año, zona y clase de agua.

Estas líneas se establecieron por seguridad para la navegación, y están reglamentadas internacionalmente. Van pintadas a ambos costados del buque y en el centro de la eslora.

El disco Plimsoll y la línea horizontal que lo atraviesa son los puntos base para trazar las demás líneas de máxima carga. Todas las líneas tienen sus medidas reglamentarias y que no reseñamos para no hacerlo demasiado extenso.

Los buques de guerra llevan las líneas de la forma que indica la figura 87.

FRANCOBORDO. — Es la distancia vertical medida sobre el costado del buque y en la medianía de su eslora entre la líneas correspondientes de máxima carga y la línea que corresponde a la cubierta principal o de su cubierta superior, entendiéndose como tal la cubierta que posee medios de cierre.

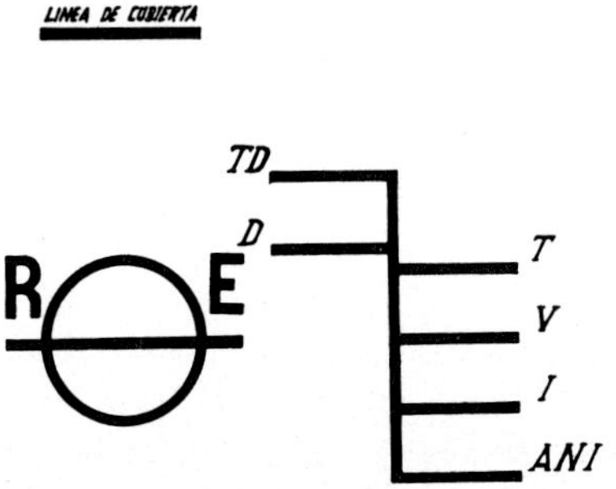

Fig. 86

RE = Registro Español. TD = Trópico dulce. D = Agua Dulce. T = Trópico. V = Verano. I = Invierno. ANI = Atlántico Norte Invierno.

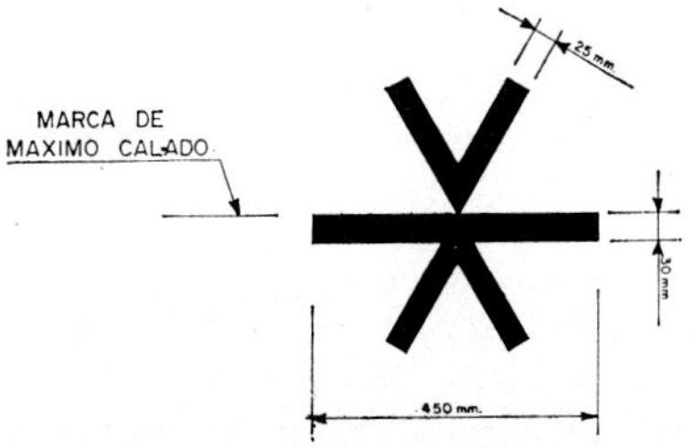

Fig. 87. *Marca de desplazamiento máximo para los buques de guerra.*

El francobordo equivale a la reserva de flotabilidad para seguridad del buque en la mar. La línea de la cubierta de francobordo va también señalizada en los barcos de carga encima del disco Plimsoll (fig. 86).

ARQUEO: TONELADA DE ARQUEO. — Se denomina arqueo al volumen o capacidad de un buque. También se denomina *registro*.

El arqueo se expresa en toneladas Moorson. Cada tonelada Moorson equivale a 2,83 metros cúbicos, igual a 100 pies cúbicos.

Arqueo $= \dfrac{E \times M \times P \times Ca}{2{,}83}$ donde E = eslora, M = manga, P = puntal y Ca = coeficiente de afinamiento. E, M y P expresados en metros.

Arqueo bruto. — Es el volumen total de los espacios de un buque. También se denomina *Registro Total* (R. T.) o *Registro Bruto* (R. B.).

Arqueo neto. — Es el volumen de los espacios cerrados de un buque que pueden aprovecharse comercialmente.

Capítulo 13

ESTABILIDAD Y FLOTABILIDAD

Recordaremos aquí unos conocimientos matemáticos y de mecánica que han de usarse para estudiar la estabilidad.

TRIGONOMETRÍA. — Es la ciencia que trata del estudio de los triángulos y la relación existente entre los lados y ángulos del triángulo. Sólo se estudiará aquí la relación entre los lados y ángulos de un triángulo rectángulo, o sea, el triángulo que tiene un ángulo recto (un ángulo de 90°), figura 88.

Las relaciones que se necesitan en este estudio son *seno, coseno y tangente.* El ángulo en A se designa con la letra griega θ (theta).

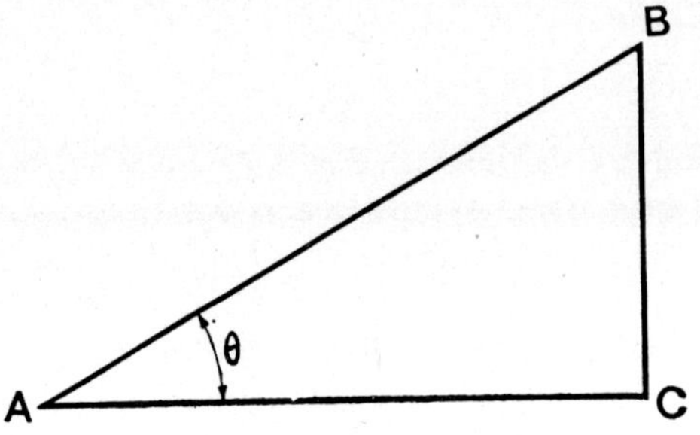

Fig. 88

Tabla de senos y cosenos de los ángulos

Angulo	Seno	Coseno
0°	0	1,000
10°	0,174	0,985
20°	0,342	0,940
30°	0,500	0,866
40°	0,643	0,766
50°	0,766	0,643
60°	0,866	0,500
70°	0,940	0,342
80°	0,985	0,174
90°	1,000	0

El *seno* del ángulo θ es igual a la relación del lado del triángulo opuesto al ángulo θ dividido por la hipotenusa: seno $\theta = \frac{BC}{AB}$.

Fácilmente es deducible que al aumentar el ángulo θ la relación entre

BC y AB es mayor hasta llegar a la unidad cuando el ángulo vale 90° (véase valores reales, tabla figura 88). Obsérvese que el seno de 30° es la mitad que el seno de 90° y que el seno de 0° es cero.

El *coseno* es igual a la relación entre el cateto adyacente al ángulo θ y la hipotenusa: coseno $\theta = \frac{AC}{AB}$. Al aumentar el ángulo θ la proporción entre AC y AB disminuye llegando a cero al valer θ 90°. Obsérvese en la tabla de valores reales, figura 88, que el coseno de 60° es la mitad del valor que tiene a 0° que es la unidad.

La *tangente* del ángulo θ es la relación entre el cateto opuesto al ángulo θ y el adyacente: tangente $\theta = \frac{BC}{AC}$; de ahí se puede deducir que el valor de la tangente pasa de cero, al valer θ 0°, a infinito, al valer θ 90°.

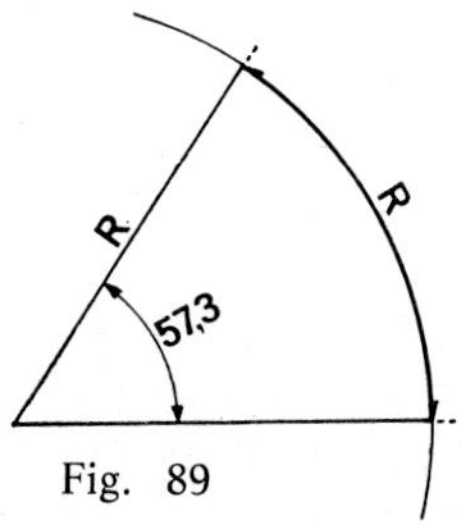

Fig. 89

Otro valor que se encuentra en trigonometría es el «*radián*», que es igual a un ángulo de 57,3°. Su valor viene determinado por el ángulo que abarca un arco de longitud igual a la del radio (fig. 89).

DENSIDAD. — Densidad de un cuerpo es la relación entre la masa y el volumen del cuerpo: $d = \frac{m}{v}$. Generalmente, se toma la *densidad relativa,* es decir, comparada a la de un volumen igual de otro cuerpo tomado como tipo.

La densidad de los cuerpos varía con la temperatura y la de los gases también con la presión; por ello se ha tomado como tipos el agua destilada a la temperatura de 4 °C, y el aire a la temperatura de 15 °C. y a la presión de 760 mm.

Así cuando decimos que la densidad del plomo es 11,35 quiere decir que un volumen determinado de plomo pesa 11,35 veces lo que pesaría ese mismo volumen de agua destilada a la temperatura de 4 °C. O bien, cuando decimos que el agua del mar de Alborán tiene de densidad 1,368 quiere decir que un litro, por ejemplo, de dicha agua pesa 1.368 gramos.

El *peso* del objeto se halla multiplicando el volumen por la densidad: $P = V. d.$

Cuando un objeto flota en un líquido, su peso es igual al peso del volumen del líquido desplazado, y dicho peso es igual al volumen del líquido desplazado por su densidad.

Si un objeto flota, es lógico que lo hace porque su densidad es menor que la del líquido sobre el que se mantiene flotando.

FUERZA. — Es empuje o tracción, que aplicada a un cuerpo, produce un movimiento en la dirección que ésta se aplica. La fuerza más común es la de la gravedad, que actúa sobre todos los cuerpos produciendo el efecto que se llama peso, y por eso las fuerzas se suelen expresar en unidades de peso: tonelada, kilo, libra, etc.

Si sobre un cuerpo actúa una serie de fuerzas paralelas y en la misma dirección, dichas fuerzas pueden substituirse por una sola equivalente a la suma de todas ellas y aplicada en un punto que produzca el mismo efecto, figura 90. Para impedir el movimiento, o sea, para mantener el cuerpo inmóvil, hace falta otra fuerza igual y de sentido contrario que anule la primera.

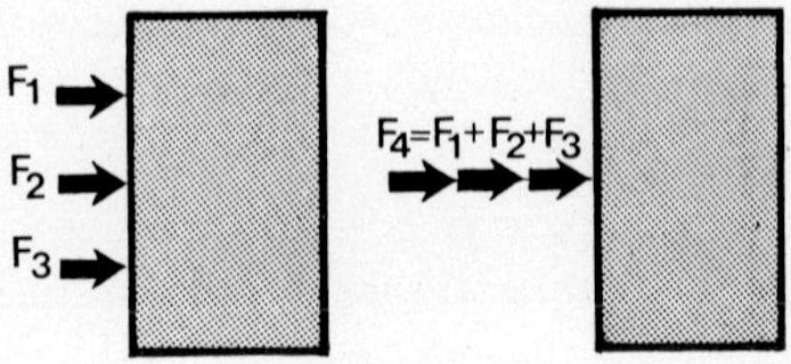

Fig. 90

MOMENTOS. — Si consideramos a dos personas de pesos iguales sentadas a igual distancia y a cada lado de un balancín, veremos que dicho balancín está equilibrado. Pero si una de ellas se aleja del punto de apoyo más que la otra, el balancín se inclina bajando la parte de balancín donde se ha desplazado la persona, o sea, que su peso ha ejercido más fuerza al tener más brazo de palanca.

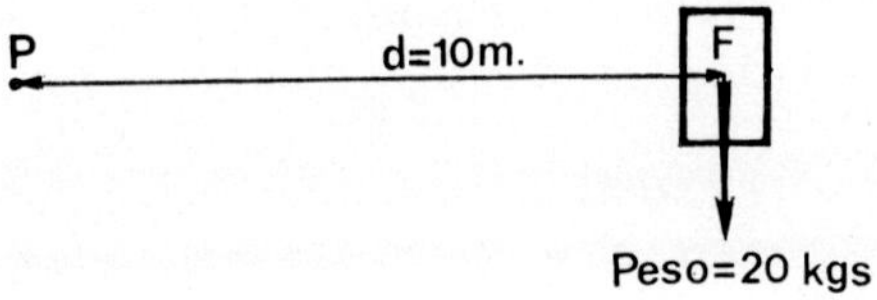

Fig. 91. Mto = 20 × 10 = 200 kgs — metro

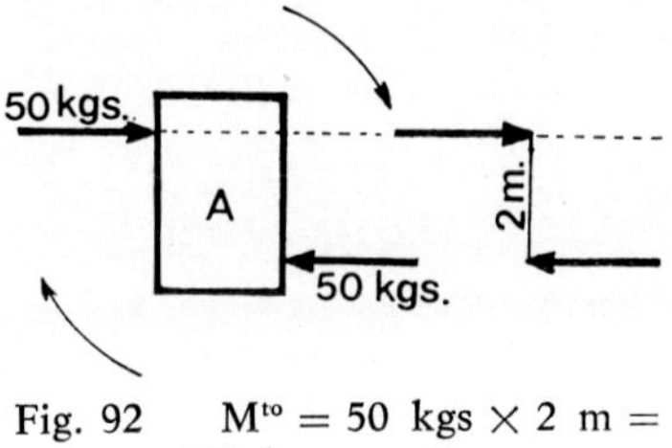

Fig. 92 Mto = 50 kgs × 2 m = 100 kgs — metro

De ahí que además del valor de una fuerza y su dirección hay que tener en cuenta su punto de aplicación. El efecto producido por dicha fuerza se llama «*momento*» y es igual al valor de la fuerza multiplicado por la distancia al punto o al eje con relación al cual deseamos hallar su efecto. Es la tendencia de una fuerza a producir rotación respecto al punto o eje de que se trate (fig. 91).

La distancia que la separa del punto o eje se llama *brazo de palanca.* La fuerza se expresa, como hemos dicho, en unidades de peso (toneladas, kilogramos, libras, etc.), y el brazo de palanca en unidades de longitud (metros, pies, pulgadas, etc.).

Si las fuerzas que tienden a producir rotación en un sentido las queremos anular con otras iguales y de sentido contrario, las tendremos que aplicar en el mismo punto para que el conjunto esté en equilibrio, pues si las aplicamos en distinto punto originaremos un par de fuerzas que tienden a hacer girar el objeto (fig. 92).

El momento es igual al producto de una de las fuerzas por la distancia entre ellas (fig. 92). Téngase en cuenta que hemos dicho distancias entre ellas, no distancia entre los puntos de aplicación.

CENTRO DE GRAVEDAD. — Sabemos que es el punto de aplicación de la resultante de todos los pesos que componen el objeto. Si las distintas partes que componen el objeto tuvieran la misma densidad el centro de gravedad coincidiría con el centro geométrico, pero si tratamos de un barco tendríamos que obtener el punto de aplicación de su centro de gravedad mediante momentos con relación a cualquier punto (fig. 93).

Sumamos todos los momentos y el total lo dividimos por el peso total para hallar la distancia del centro de gravedad al punto que hemos tomado como referencia. Una vez hallado el centro de gravedad hallamos los momentos respecto a él, tanto los de los pesos que harían girar en el sentido del reloj, como los de los que lo harían en sentido contrario y nos daría iguales resultados, quedando un momento resultante igual a CERO (fig. 93).

Momento de A respecto a P =	10 × 4 =	40	kgs.-metro
Momento de B respecto a P =	10 × 8 =	80	kgs.-metro
Momento de C respecto a P =	20 × 16 =	320	kgs.-metro
Totales	40	440	

$$\frac{440}{40} = 11 \text{ metros}$$

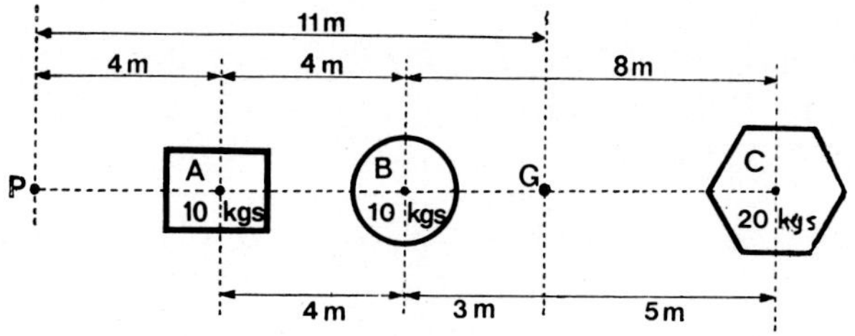

Fig. 93

luego el centro de gravedad G dista 11 metros del punto P.

Comprobación:	Sentido del reloj:	Sentido contrario:
Momento de A respecto a G = 10 × 7		70
Momento de B respecto a G = 10 × 3		30
Momento de C respecto a G = 20 × 5	100	
Totales	100	100

Momento resultante 100 — 100 = 0

VARIACIÓN DEL CENTRO DE GRAVEDAD. — Al cambiar de sitio cualquier elemento de un sistema de pesos, varía de posición el centro de gravedad de dicho sistema.

Por la razón expuesta anteriormente de los momentos, la variación del centro de gravedad será directamente proporcional al valor del peso y a la distancia a que se traslade, e inversamente proporcional al peso total del sistema: $GG' = \frac{d}{P}$. (fig. 94).

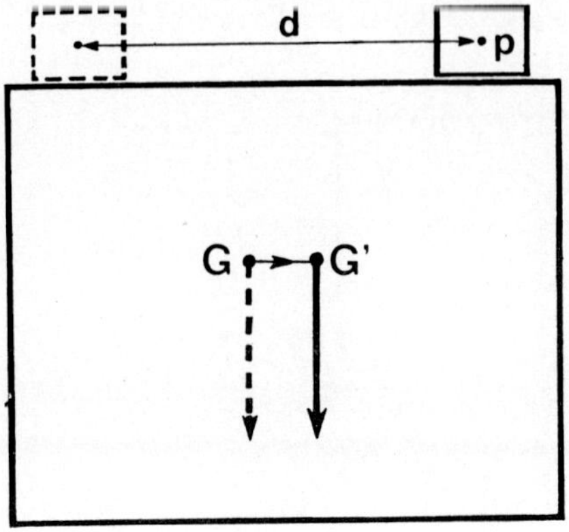

Fig. 94

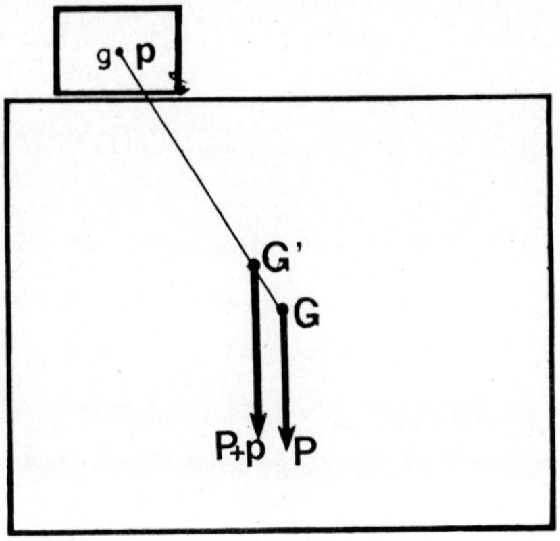

Fig. 95

La variación de la posición G se efectúa en dirección paralela a la del movimiento del peso y en el mismo sentido.

Variación del centro de gravedad al cargar un peso. — Cuando se añade un peso a un sistema de pesos, el nuevo centro de gravedad puede hallarse tomando los momentos del sistema antiguo más el momento del peso añadido y dividiendo la suma por el peso total actual.

Es lo mismo que si inicialmente lo cargásemos en G, con lo que la posición de G no varía, y después lo trasladáramos al lugar que ocupa. Entonces la variación de G sería: $GG' = \frac{p \cdot gG}{P + p}$. (fig. 95).

Variación del centro de gravedad al descargar un peso. — Al retirar un peso de un sistema de pesos, el nuevo centro de gravedad puede hallarse tomando los momentos del sistema antiguo menos el momento del peso quitado y dividiendo el resto por el peso actual.

EQUILIBRIO DE LOS CUERPOS FLOTANTES: PRINCIPIO DE ARQUÍMEDES. — El principio de Arquímedes dice que *todo cuerpo sumergido en un líquido recibe de éste un empuje de abajo hacia arriba igual al peso del volumen desalojado.*

Debemos considerar que el peso del cuerpo es igual al volumen por su densidad y que la fuerza del empuje o flotabilidad es igual al volumen del líquido desalojado por su densidad.

Para que exista equilibrio entre estas dos fuerzas han de ser iguales, luego: Peso = Flotabilidad, o sea: Volumen del cuerpo por su densidad = Volumen de la parte sumergida del cuerpo por la densidad del líquido.

Lógicamente, en casos de cuerpos flotantes, el volumen de la parte sumergida del cuerpo es menor que el volumen total, luego para mantener la igualdad la densidad del cuerpo tiene que ser menor que la del líquido.

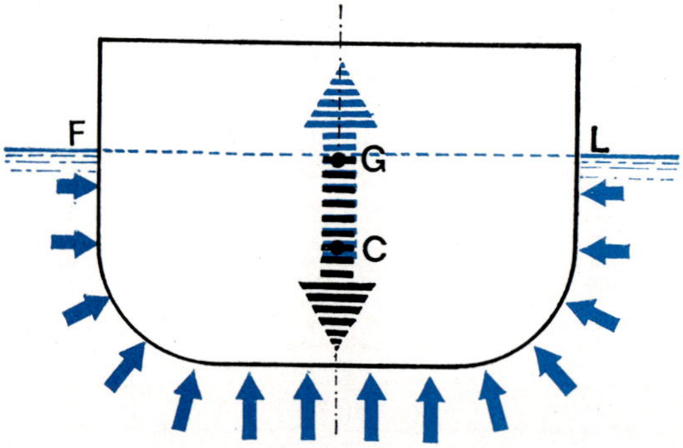

Fig. 96

Si fueran las densidades iguales el volumen tendría que ser el mismo y entonces el cuerpo quedaría sumergido en la capa líquida correspondiente sin tendencia a flotar ni a hundirse. (Se dice capa líquida correspondiente porque a cada profundidad corresponde una densidad).

Si la densidad del cuerpo es mayor que la del agua, lógicamente el cuerpo se hunde. Si en su descenso la dentidad del líquido llega a igualar la densidad del cuerpo, dicho cuerpo se queda en la capa correspondiente. Tratándose del agua se dice que «quedó flotando entre dos aguas».

Para que un cuerpo flotante (en este caso un barco) se mantenga en equilibrio estable es necesario que el centro de carena, es decir: el centro del peso de agua desalojada (zona que corresponde a la obra viva del barco, o bien fuerza ascendente de flotabilidad) esté en la misma vertical que el centro de gravedad (fig. 96) y que el centro de gravedad esté por debajo del *metacentro.*

Flotabilidad. — La presión ascendente que ejerce el agua sobre el barco para empujarlo fuera del agua o fuerza de empuje se llama *flotabilidad,* y es igual al peso del agua desplazada por la carena del buque.

Desplazamiento. — Es el peso del barco. Es igual al peso del agua desalojada. Ya sabemos que el peso del agua o líquido desalojado es igual a su volumen por su densidad.

Centro de carena. — Es el centro de empuje ascendente o centro de la fuerza de flotación. Se designa con la letra C (fig. 96).

Centro de gravedad. — Es el punto de aplicación de la resultante de todas las acciones de gravedad sobre las distintas partículas de que se compone el buque o cuerpo. Se designa con la letra G (fig. 96). Téngase en cuenta que como los diferentes elementos que constituyen un barco tienen densidades diferentes el centro de gravedad, generalmente, no coincide con el centro geométrico.

Altura del centro de gravedad sobre la quilla. — Es la distancia vertical desde el canto bajo de la quilla «Q» al centro de gravedad «G». Es de suma importancia conocer este valor que inicialmente, con el barco en lastre, es hallado mediante las pruebas de estabilidad y cuyo dato lo da la casa constructora. Posteriormente lo hallaremos nosotros para cada estado de carga.

FUERZAS QUE ACTÚAN SOBRE UN BARCO. — Cuando un barco está flotando en aguas tranquilas y sin moverse, sólo hay dos grupos de fuerzas que actúan sobre él: el empuje o flotabilidad y la gravedad. Ya hemos dicho también que el peso es igual al empuje y que los centros de carena y gravedad deben hallarse en la misma vertical y por debajo del metacentro.

Otras fuerzas pueden tomar acción sobre el buque como son:

Empuje del viento.

Acción de las olas.

Efecto del timón al meterlo a una banda.

Traslado de pesos.

Carga o descarga de pesos, etc.

Estas influencias dan lugar a momentos de escora del buque que pueden dar origen a escoras momentáneas o permanentes. Si el barco es estable, condición imprescindible para la navegación, tiende a recobrar el equilibrio contrarestando estas influencias consideradas como normales en la navegación. Esta tendencia de recobrar el equilbrio se llama *«estabilidad»* y esta estabilidad es un momento que tiende a restablecer el equilibrio del buque. Ese momento se llama *«momento de adrizamiento»*.

MOMENTO DE ADRIZAMIENTO. — Un buque adrizado (fig. 97) tiene su línea de flotación FL. Si lo escoramos por una fuerza externa al buque, la línea de flotación pasa a ser F' L' y el centro de carena pasa de C a C'. (El centro de gravedad G no se ha movido porque no ha habido alteración de pesos en el conjunto del barco)·

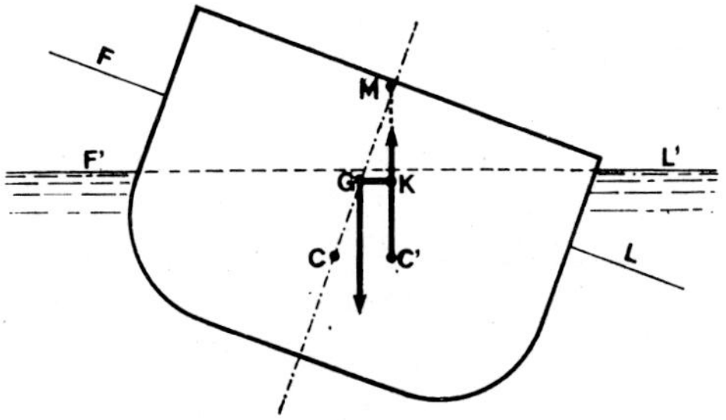

Fig. 97

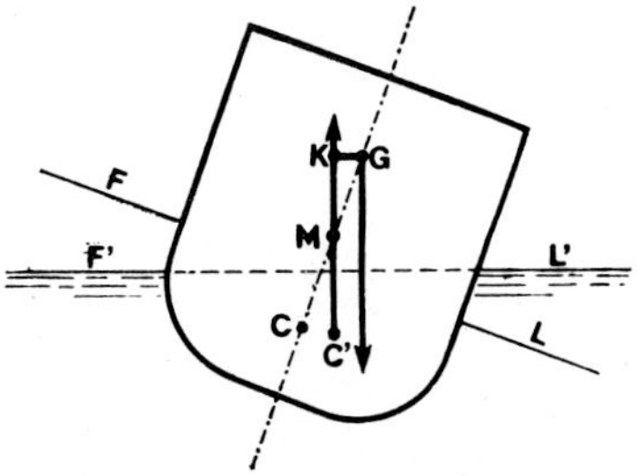

Fig. 98

Vemos que las fuerzas de gravedad y flotabilidad ya no actúan en la misma vertical (fig. 97) y que hay un «momento de adrizamiento» representado por dos fuerzas iguales, peso y empuje, y por el brazo GK (brazo de adrizamiento), es decir: Momento adrizamiento = Peso por GK. De esta fórmula deducimos que el momento de adrizamiento depende de GK ya que el peso no varía, o sea que la estabilidad se puede hallar por el valor del brazo de adrizamiento para cada ángulo de escora.

Ahora observamos la figura 98 y veamos que al escorarse el barco el centro de gravedad G queda situado de tal forma que el momento creado tiende a escorarle más. El buque era inestable en su posición inicial de adrizamiento. Este momento se denomina «momento escorante». Véase que el metacentro está por debajo de G.

Si el centro de gravedad coincidiera con el metacentro no habría par de adrizamiento ni de escora y la estabilidad sería indiferente. Quedaría el cuerpo flotando en cualquier posición.

Estabilidad inicial. — Es la tendencia del buque a adrizarse por sí mismo cuando los ángulos de escora son pequeños (hasta unos 7°).

Con el fin de determinar la estabilidad inicial ha sido necesario establecer el concepto de «metacentro» del que hemos hablado anteriormente, que es el punto de intersección de las líneas ascendentes del empuje: intersección de la fuerza de empuje a 0° y la fuerza de empuje al escorarse el barco un ángulo pequeño. Véase figura 99, si bien en ella se ha exagerado el ángulo de escora para aclarar conceptos.

Obsérvese en la figura que, lógicamente, el centro de carena C se ha desplazado y que la intersección de las fuerzas ascendentes de empuje dan el punto M.

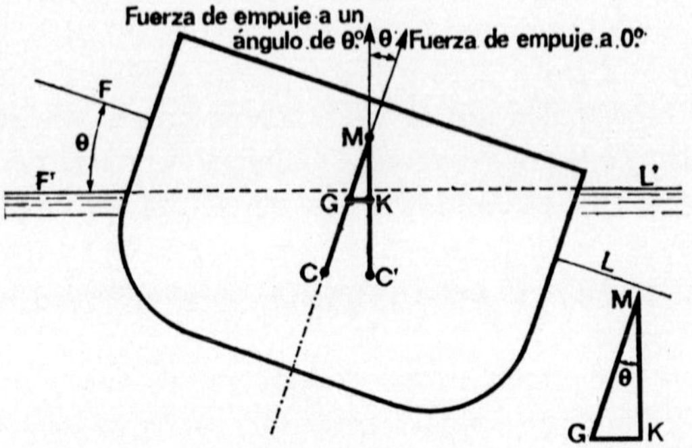

Fig. 99

Al ir escorando sucesivamente el barco, el centro de carena va desplazándose, y al ir cortando la fuerza de empuje con la fuerza de empuje inmediatamente anterior da un nuevo metacentro. De ahí las trayectorias de M, y C. expresadas en la figura 100.

Para cada forma de barco y cada estado de carga varían las formas y trayectorias de las curvas metacéntricas y de carena.

Altura metacéntrica. — La distancia entre el centro de gravedad y el metacentro (GM) se denomina altura metacéntrica.

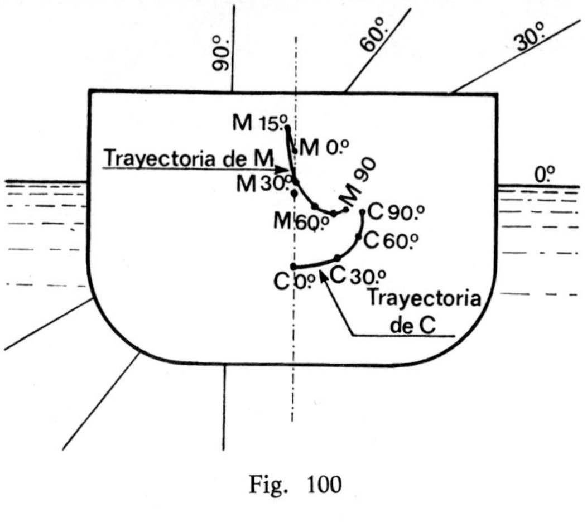

Fig. 100

Téngase en cuenta que esta altura metacéntrica, si bien la tomamos como referencia para sucesivas figuras y ejercicios, no es cierta más que para la estabilidad inicial (prácticamente hasta escoras de 7°), ya que para mayores inclinaciones el metacentro se desplaza fuera del plano diametral del buque (fig. 100).

No obstante, esta altura metacéntrica inicial nos indica que si es grande, el momento de adrinazamiento es grande, ya que en el triángulo de la figura 99, Momento = Peso × GK y GK = GM × seno θ; luego Momento = = Peso × GM seno θ. De ahí que los barcos con GM grande tienen la estabilidad inicial grande, se resisten al balance y la recuperación del mismo es rígida o brusca. Por el contrario, los barcos de poca altura metacéntrica son suaves y lentos en su balanceo y se dice que se «duermen» por su lentitud en recuperarse de una escora (escora momentánea producida por agentes externos al barco).

Hemos dicho que cuanto más grande sea la altura metacéntrica, más estabilidad tiene el buque, luego vemos que si bajamos el centro de gravedad (por ejemplo cuando cargamos el buque) la altura metacéntrica aumenta. Va sin decir que para bajar el centro de gravedad hay que cargar pesos por debajo del centro de gravedad del buque.

Curva de estabilidad. — Los proyectistas de buques, mediante procedimientos matemáticos, calculan los momentos para ángulos sucesivos de escora y los reflejan en una curva llamada de estabilidad. Téngase en cuenta que para cada estado de carga del buque corresponde una curva de estabilidad.

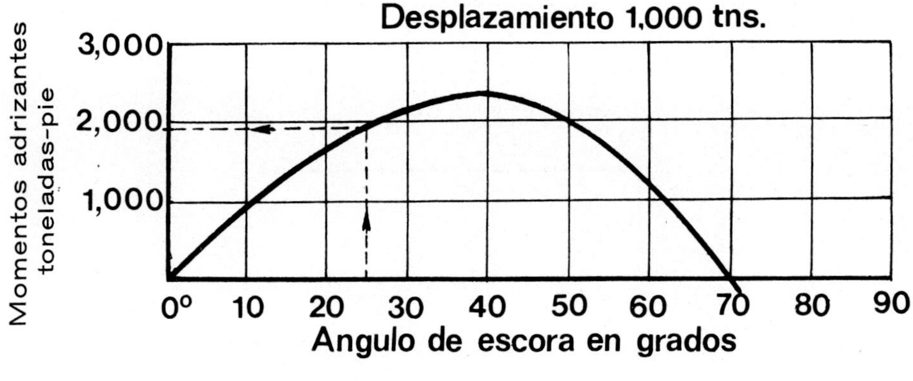

Fig. 101

De la observación de esta curva podemos sacar varias conclusiones: En el caso representado en la figura 101, vemos que los momentos de adrizamiento aumentan gradualmente hasta llegar a un máximo de 40° de escora, a partir del cual comienzan a perder valor hasta llegar a 70° que el valor del momento es cero, y que a partir de esa escora de 70° los momentos son negativos.

Se pueden sacar más conclusiones como margen de estabilidad, estabilidad inicial, estabilidades dinámicas, reserva de estabilidad, etc., y que no referimos aquí por no hacer complicado y extenso este tratado.

El momento de adrizamiento para escora de 25° da 1.900 toneladas-pie.

Si los momentos de adrizamiento se van dividiendo por el desplazamiento del buque nos va dando una curva que es la de los brazos adrizantes GK, pues ya dijimos que Momento = P × GK; luego $GK = \frac{\text{Momento}}{P}$, (fig. 102).

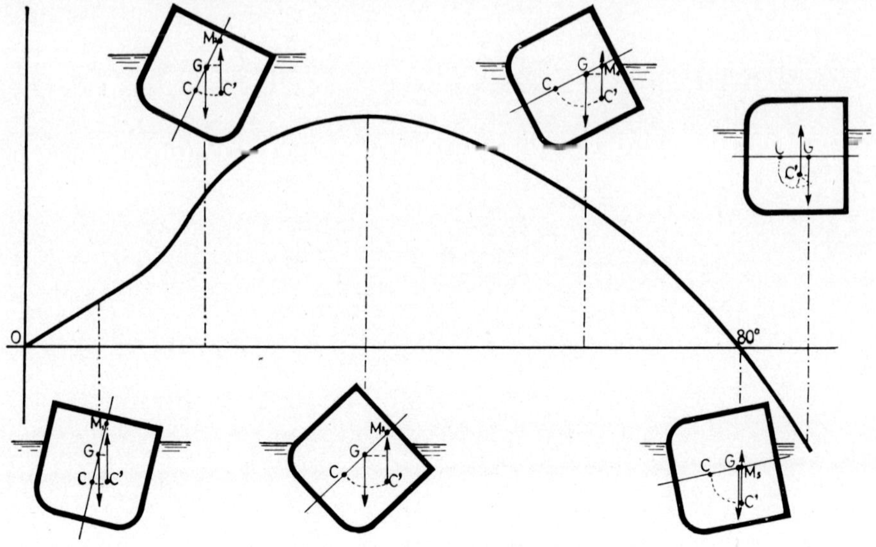

Fig. 102. *Representación gráfica de varias escoras del barco correspondiendo a los valores de la curva de brazos adrizantes*

Calado. — Curva de desplazamientos. Lógicamente, a medida que aumenta el calado aumenta el desplazamiento, o sea, la obra viva del buque, es decir, que a medida que se vaya metiendo carga en un buque va aumentando su calado.

Con los datos de calado y desplazamiento se diseña una «curva de desplazamientos», en la que al entrar con uno de los datos nos da rápidamente su correspondiente.

Reserva de flotabilidad. — Tomando como referencia a la cubierta principal y estanca, el puntal es la distancia vertical desde la quilla a dicha cubierta, figura 103, o lo que es igual, a la suma del calado máximo y el francobordo. Luego francobordo es la distancia desde la línea de flotación a máxima carga a la cubierta principal en la parte central del buque.

El francobordo es una medida aproximada de la reserva de flotabilidad, y puede expresarse como el *volumen* correspondiente a la obra muerta (obra muerta referida a la parte del buque estanca y que no está sumergida), como el *peso* equivalente a ese volumen de agua, o como *tanto por ciento* respecto al total.

Basado en que para navegar con seguridad es necesario una reserva de flotabilidad se obligó a que los barcos mercantes y de guerra llevasen unas líneas de máxima carga pintadas en sus costados y de las que hemos hablado en otro capítulo.

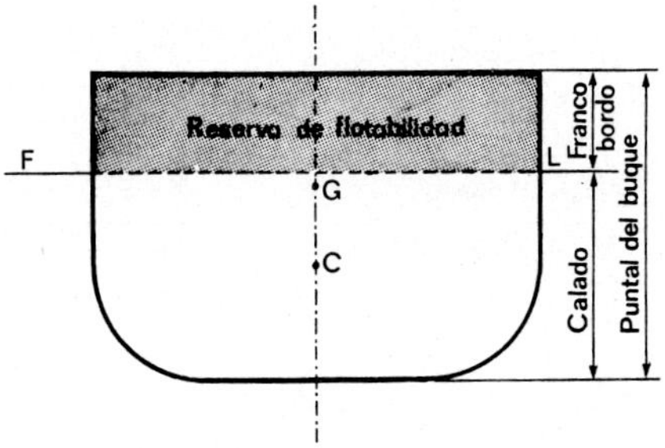

Fig. 103

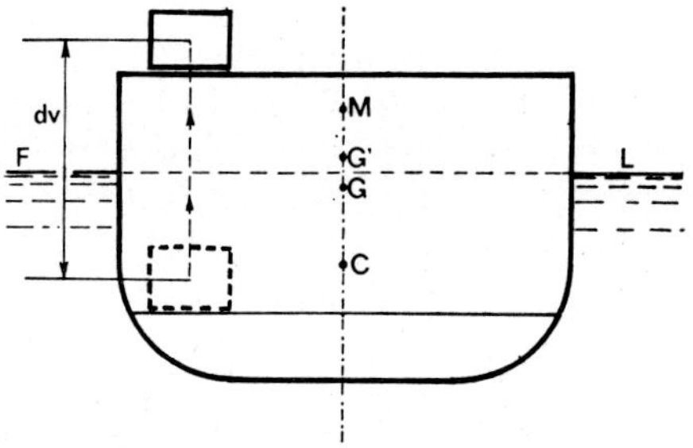

Fig. 104

EFECTOS DE LOS TRASLADOS VERTICALES Y HORIZONTALES DE PESOS EN LA ESTABILIDAD TRANSVERSAL.

Traslado vertical. — En la figura 104 el centro de gravedad del buque se eleva verticalmente a *G'* la distancia de: $GG' = \frac{p \times d}{P}$ donde *P* es el desplazamiento, *p* el peso trasladado y *d* la distancia.

Como el peso trasladado estaba a bordo no ha variado el calado y consecuentemente tampoco el centro de carena y por lo tanto el metacentro (M), pero sí ha disminuido la altura matecéntrica GM quedando reducida a G'M, luego el momento de adrizamiento ha disminuido al variar su brazo de adrizamiento, pues si escoramos el barco (fig. 105) vemos que si antes era GK ahora es G'K'.

Por el contraro, si el movimiento vertical hubiera sido bajando el peso el brazo adrizante habría aumentado y por ello su momento de adrizamiento. Véanse representados los momentos en la curva de estabilidad de la figura 101.

Traslado horizontal de pesos. — Suponiendo al buque adrizado, figura 106, el centro de carena C y el centro de gravedad G están en el plano

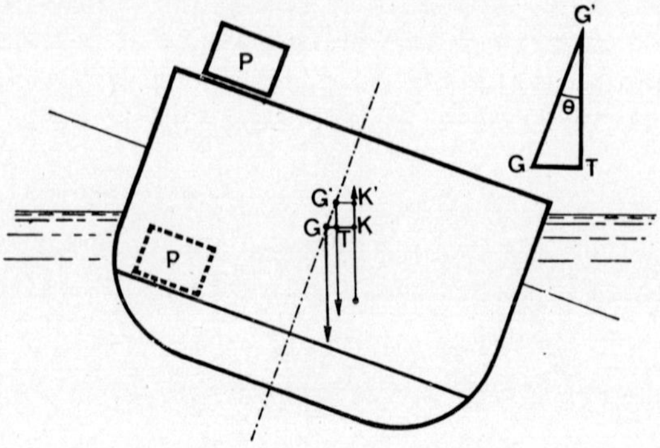

Fig. 105

diametral. Si trasladamos un peso que está a bordo el G se desplaza del plano diametral y por consiguiente el barco se escora y el centro de carena C se desplaza hasta estar en la misma vertical que G (fig. 107).

Desplazamiento del centro de gravedad $GG' = \frac{p \times d}{P}$.

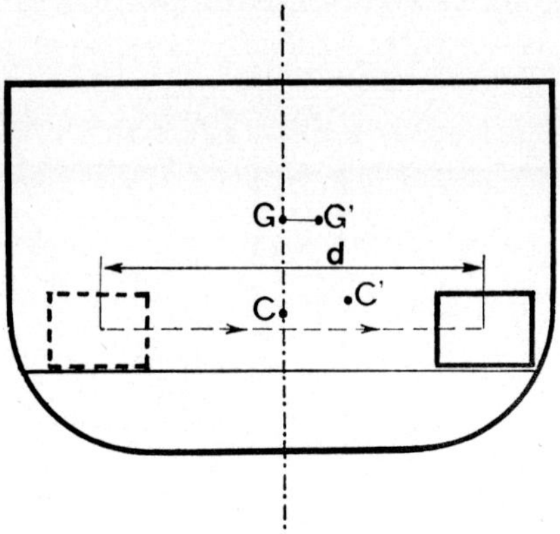

Fig. 106

Una vez trasladado el peso en sentido transversal, la escora adquirida queda como permanente, ya que, como hemos dicho, el nuevo centro de carena C' y el nuevo centro de gravedad G' han quedado en la misma vertical.

Partiendo de esta nueva posición (escorado el buque) vemos que si escoramos el buque momentáneamente (por ejemplo por una ola) el G' sigue donde estaba pero el C' pasa al C" y vemos que el brazo de adrizamiento es G'K' que es menor que el que hubiera tenido si el centro de gravedad hubiera permanecido en el punto del plano diametral G, o sea G'K' < GK, luego el momento de la nueva estabilidad inicial es menor que el que el

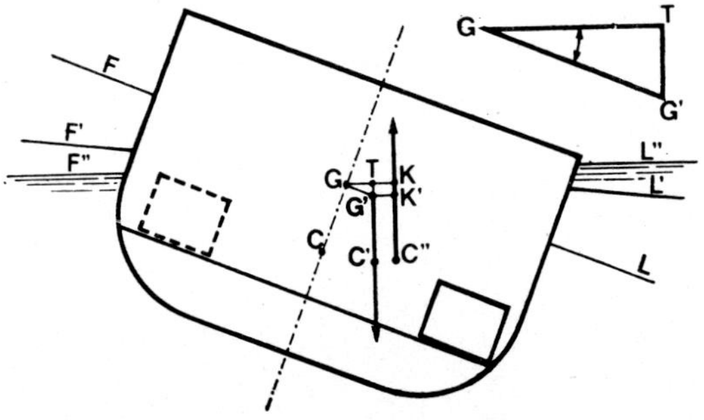

Fig. 107

barco tenía cuando estaba adrizado. En el triángulo GTG' podemos resolver sus valores por trigonometría porque conocemos el ángulo en G y el valor GG′ (fig. 107).

Traslado diagonal de pesos. — Como se ve en las figuras 108 y 109, hay que considerar en este traslado los dos movimientos de los que hemos hablado anteriormente: el *movimiento vertical* y el *movimiento transversal.*

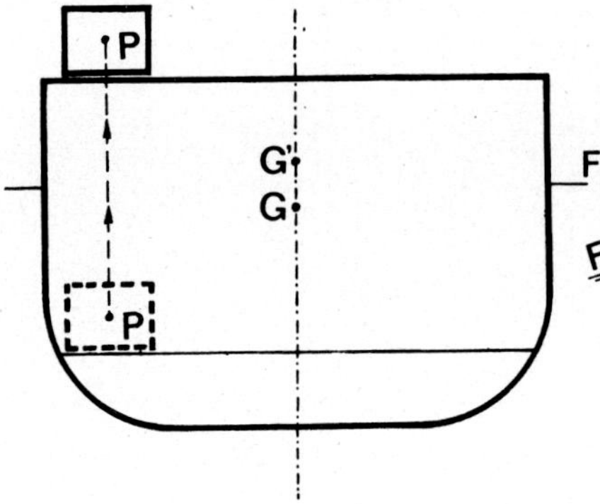

Fig. 108

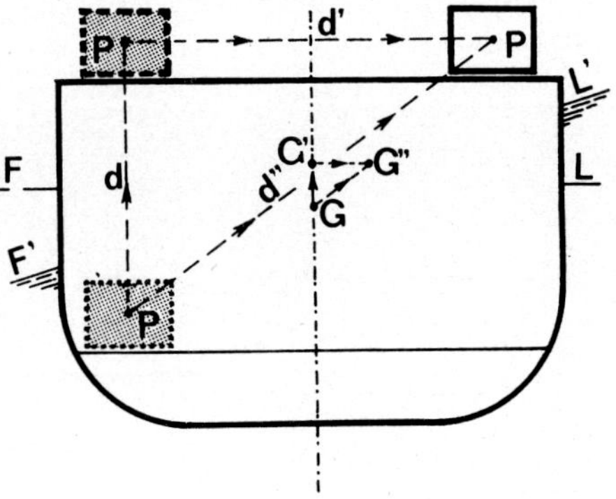

Fig. 109

Ası que primero hallamos los efectos sobre GM al trasladar el peso verticalmente y con los nuevos datos podremos determinar el efecto de la componente horizontal del traslado.

MOVIMIENTOS DE CABEZADA. — Son los movimientos de un buque en sentido longitudinal (de proa a popa) a causa de recibir la mar (oleaje del mar) por cualquier marcación que no sea la del través.

Lógicamente los movimientos de cabezada serán mayores cuanto menor sea el ángulo (a partir de la proa o de la popa) con que se recibe el oleaje y dependiendo asímismo de la altura de las olas y de la longitud del buque.

Lo que origina estos movimientos es la inercia de adaptación de la carena al nivel de las aguas.

Estos movimientos producen más efecto a la resistencia estructural del buque y son más molestos que los transversales, pero éstos pueden producir corrimientos de carga con más facilidad que los longitudinales y provocar situaciones de estabilidad crítica. Por todo ello es aconsejable antes de hacerse a la mar trincar todos los útiles y carga sujetos a movimientos por los balances o cabezadas.

PANTOCAZOS. — Cuando las ondulaciones del agua hacen que el barco quede al aire en sus partes de proa o popa y la velocidad del barco no esté acompasada a la de las olas (cosa que ocurre con proa a la mar), la parte del barco que ha quedado al aire cae pesadamente sobre el agua produciéndose el golpe a encontronazo acompañado generalmente de ruido y vibraciones. Estos golpes se llaman pantocazos.

Repetimos que los pantocazos pueden ser en la parte de proa y en la parte de popa a lo largo de los pantoques, si bien los de proa son más tenidos en cuenta ya que son los más frecuentes y donde más efectos producen por varias razones, entre ellas citaremos que porque ante un fuerte oleaje lo recomendable es poner proa a la mar (capear el temporal) con lo que las direcciones de velocidades de las olas y del buque son contrarias, chocando el agua con más fuerza y con más frecuencia. Segundo, la hélice, a manera de tornillo y por su aspiración del agua, hace que sea más difícil que la popa salga del agua, y tercero que al caer la popa sobre el agua participa de una abertura que ha hecho el buque en su traslación hacia proa, lo que hace que el pantocazo en la parte de popa sea suave y muchas veces desapercibido.

En caso de ir popa a la mar la violencia es menor e incluso, si se llega a acompasar la velocidad de las olas y la del barco, no llega a haber pantocazos.

El ir popa a la mar, ya hemos dicho en otra parte del libro, no es recomendable en casos de tiempos duros, si bien a efectos de pantocazos sería recomendable para evitar las resistencias estructurales a que someten al buque.

De lo dicho anteriormente se deduce que el capear un temporal debe hacerse con la menor velocidad posible (se entiende con la velocidad necesaria para mantener un buen gobierno del buque y que no pueda atravesarse al oleaje).

También se puede sacar en conclusión que los pantocazos serán menos intensos cuanto menos plano sea el fondo del buque en sus extremidades ya que ofrecerán menos resistencia al impacto de penetración en el agua.

Sobre los efectos en las resistencias estructurales del buque, recuérdese lo que se dijo de quebranto y arrufo.

ASIENTO. — La escora o inclinación en sentido transversal se mide en grados: valor de la inclinación del buque con respecto a la vertical, y las inclinaciones en el sentido proa-popa se miden por la diferencia de calados entre proa y popa. Esta diferencia de calados es lo que se llama *asiento.*

Si el calado de popa es mayor que el de proa se dice que el barco está «apopado» tantos pies, pulgadas, decímetros, centímetros, etc., y si el calado de proa es mayor que el de popa se dice que está «aproado» tantos pies, etc.

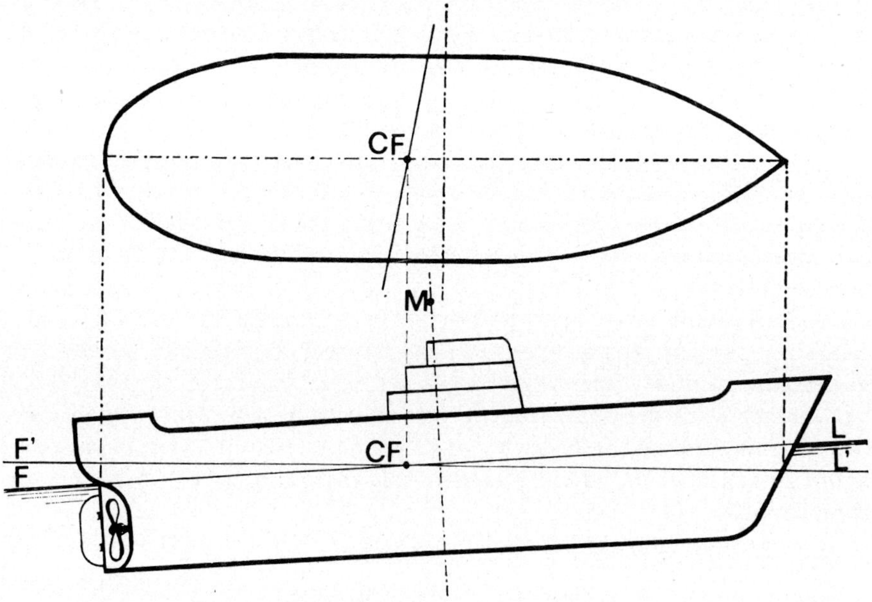

Fig. 110

Centro de flotación. — Al inclinarse un buque longitudinalmente lo hace girando sobre un eje que pasa por el centro de gravedad del plano de flotación. Dicho centro se llama «centro de flotación» (fig. 110).

Obsérvese que el centro de flotación no tiene porqué estar en la vertical del centro de gravedad ni coincidir con él.

Si cargamos un peso en la vertical del centro de flotación no se altera la diferencia de calados, es decir: el asiento.

Cambio de asiento. — Se puede definir como cambio en la diferencia que hay entre los calados de proa y de popa. Es decir que podemos cargar o descargar pesos en un barco de tal manera que el asiento no varíe (cuando los momentos de aproar y apopar el buque son iguales) e incluso no varía si trasladamos pesos vertical o transversalmente siempre que el momento que hacían de aproar o apopar el buque donde estaban sea igual al momento que hacen una vez trasladados, pues aunque produzcan escora no producen diferencia de calados. Así como no se produce cambio de asiento suando se carga o descarga en la vertical del centro de flotación CF.

Sin embargo en un traslado longitudinal de pesos variará el asiento, puesto que variará el momento respecto al plano vertical que pasa por el eje de flotación.

Ejemplos:

Posición	*Calado a proa*	*Calado a popa*	*Asiento*	*Cambio de asiento*
Inicial	10'—00"	10'—00"	Cero	—
Dos	9'—06"	10'—06"	12" a popa	12" a popa
Tres	11'—00"	9'—00"	24" a proa	36" a proa
Cuatro	10'—09"	9'—03"	18" a proa	6 " a popa
Cinco	9'—07"	10'—05"	10" a popa	28" a popa

ESTABILIDAD LONGITUDINAL. — Es la tendencia de un buque a oponerse a un cambio de asiento, o sea la oposición a una inclinación en el sentido longitudinal del buque.

Lo mismo que sucede para la estabilidad transversal podemos decir que para ángulos de inclinación longitudinal pequeños la *estabilidad longitudinal inicial* es la altura metacéntrica longitudinal GM' (llamando M' al metacentro longitudinal).

CAMBIO DE ASIENTO POR UN TRASLADO DE PESOS. — En la práctica hay ya efectuados los cálculos (reflejados en unos planos o tablas para cada buque) que indican el momento necesario para cambiar el asiento una pulgada o un centímetro. Si trasladamos un peso ya sabemos que el momento es peso por distancia, luego dividiendo este momento por el momento necesario para que el asiento varíe una pulgada o un centímetro nos dará la variación de asiento por dicho traslado.

$$\text{Cambio de asiento} = \frac{\text{p x d}}{\text{M}^{\text{to}} \text{ para variar una pulgada (o 1 cm.)}}$$

Ejemplo: En un barco cuyo momento para variar el asiento una pulgada es 6 toneladas-metro trasladamos 25 toneladas hacia popa una distancia de 4,8 metros. Los calados iniciales son 10'—02" a proa y 11'—01" a popa. Hallar los nuevos calados.

$$\text{Cambio de asiento} = \frac{25 \text{ x } 4{,}8}{6} = 20''$$

Es decir que la proa levanta 10" y la popa se hunde 10", o sea los calados serán:

10'—02"	11'—01"
10"—	10"+
9'—04" a proa y	11'—11" a popa.

CAMBIO DE ASIENTO POR CARGA O DESCARGA DE PESOS. — Ya hemos dicho que añadiendo o quitando pesos de la vertical del centro de flotación, o bien cargando o descargando pesos cuyos momentos con respecto a CF para aproar y apopar el barco queden compensados, no hay cambio de asiento aunque haya cambio de calados.

Por ello, cuando se carga o descarga pesos hay que tener en cuenta dos efectos: cambio de calados y cambio de asiento. Para el primero consideramos que la carga o la descarga la hacemos en el CF, y para el cambio de asiento consideramos además el traslado del peso de CF a su posición final.

VARIACIÓN DE GM AL CARGAR O DESCARGAR PESOS. — Podemos suponer que inicialmente los cargamos o descargamos en G con lo cual GM no varía, sólo varía el desplazamiento P que será en + ó − p.

Posteriormente lo trasladaremos de G a su posición final y en su traslado ya sabemos de que se efectúa un desplazamiento de G a G′: $GG' = \frac{p \times d}{P \pm p}$.

CARENAS LÍQUIDAS. — Aunque fuera de programa, por la utilidad del conocimiento de los efectos que producen las carenas líquidas, hablaremos someramente de ellas.

En todo buque existen diferentes compartimentos para contener líquidos: agua, gasolina, gasoil, aceites, etc., y también, debido a averías o vías de agua, hay veces que ciertos compartimentos quedan inundados parcial o totalmente por líquidos.

Cuando dichos compartimentos están totalmente llenos, el centro de gravedad de los mismos no varía aunque el barco balancee o cabecee. Es como si fueran compactos, macizos. Pero si el compartimento está lleno parcialmente el líquido no encuentra obstáculo para moverse de un lado para el otro. A este líquido se dice que tiene «superficie libre» y al líquido de ese compartimento se le conoce como «carena líquida».

Al escorarse el buque (fig. 111), vemos que el centro de gravedad de la cuña de agua *g* se traslada a *g′* luego G pasa a G′ lo que reduce el brazo de adrizamiento, pero ese nuevo G′ no es estable, pues el agua, lógicamente, no se está quieta si el barco se mueve por su inercia a recuperar su adrizamiento.

A cada ángulo de escora hay un desplazamiento distinto de *g* y depende asimismo del ancho de la superficie libre en cada caso. Luego la pérdida de estabilidad transversal va en función del ancho de la superficie libre, y para la pérdida de estabilidad longitudinal de la longitud de la superficie libre.

Más o menos ocurre cuando por una avería o vía de agua o líquido se

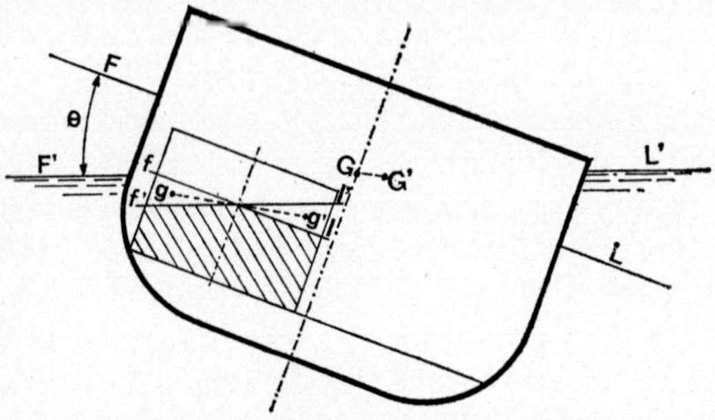

Fig. 111

ha inundado parcialmente un compartimento, sólo que teniendo en cuenta que el peso de líquido entrado ha hecho también variar la posición de G.

La inundación de un compartimento por una vía de agua producirá, según su situación, un aumento de calado, un cambio de asiento, una escora y una variación de estabilidad.

De ahí que se aconseje llevar en un barco las menos superficies libres posibles.

En caso de tener superficies libres y de temerse una falta de estabilidad acusada proceder a achicar dichos compartimentos. De no poder achicarlos por ser vías de agua grandes o averías sin posible solución, efectuar transvases en tanques, aligerar pesos altos, lastrar el buque, trasvasar líquidos a compartimentos más bajos o inundar totalmente dichos compartimentos con superficies libres siempre que no implique quedarse sin reserva de flotabilidad.

Capítulo 14

RESISTENCIAS AL MOVIMIENTO DE LOS BUQUES

RESISTENCIAS QUE SE OPONEN AL MOVIMIENTO DE LOS BUQUES. — Como sabemos por física, los fluidos, entre otras propiedades, tienen viscosidad, cohesión y rozamiento entre sus moléculas. Como los medios en los que se desenvuelve el barco son el agua y el aire existirán unas resistencias que habrá que vencer por medio de una fuerza determinada para que el barco adquiera una velocidad determinada.

Debido a que el funcionamiento del propulsor origina unas perturbaciones en la estabilidad del líquido (a no ser en un velero) y, por lo tanto, nuevas resistencias, hay que distinguir entre la resistencia efectiva del buque y la resistencia con propulsor. Estudiemos algunas de las resitencias más importantes.

Resistencia de fricción o rozamiento. — Es la resistencia más importante. Es la que oponen los filetes o moléculas de agua a la carena del buque en movimiento, o sea, la reacción de la masa de agua al movimiento del buque.

Claro está que la resistencia de fricción es proporcional a la «superficie» de la carena y a la «velocidad» del buque.

Aumenta proporcionalmente casi al cuadrado de la velocidad, por ello que se hable de «velocidad económica» de un buque, pues, al tratar de aumentar la velocidad tenemos que aumentar la potencia para vencer, entre otras, la resistencia de fricción, y el consumo para generar esa potencia aumenta en proporción del cubo de la velocidad.

La resistencia de fricción equivale al 80 % de la resistencia total.

Resistencia directa. — Llamada también «resistencia de formación de remolinos» es la originada por las masas de agua que al paso del buque han pasado del estado de reposo al de movimiento, en la mayoría de los casos originando remolinos. Es decir, que para haber originado esos remolinos de agua en movimiento ha habido un gasto de cierta cantidad de energía.

Para reducir esos remolinos, y por lo tanto la resistencia directa, se da al casco unas líneas de agua eliminando irregularidades y bruscas curvaturas, y dando afinamiento a las salidas de los filetes de agua, no sólo al casco, sino también a todos los componentes bajo el agua, como timón, arbotantes de hélice, quillas de balance, etc. La sabia Naturaleza nos lo demuestra en la forma de los peces y de ahí que se hayan adoptado actualmente, dentro de lo posible, las líneas de gota de agua, de pez, de corte transversal de ala de pájaro, así como que a la proa se le haya dotado de bulbo.

La resistencia directa aumenta su valor con el cuadrado de la velocidad aproximadamente, y viene a ser de 1/20 a 1/10 de la resistencia de fricción.

Resistencia por formación de olas. — La formación de olas se debe a la velocidad mayormente y a la forma de la carena. De las diferentes olas las más diferenciadas son las «divergentes» y las «transversales».

Al alcanzar el barco cierta velocidad se forman en la proa unas olas *divergentes* normalmente llamadas «bigotes» que vienen a tener un ángulo de 40° con el plano diametral, y a popa, debido a la depresión que se produce al avanzar la carena, se forman otras dos series de olas divergentes menores que las de proa.

Se achaca la formación de las olas divergentes de proa al choque de la carena con las moléculas de agua haciendo que se eleven.

Por otro lado hay una formación de olas llamadas *transversales* de dirección contraria al movimiento del buque (fig. 112).

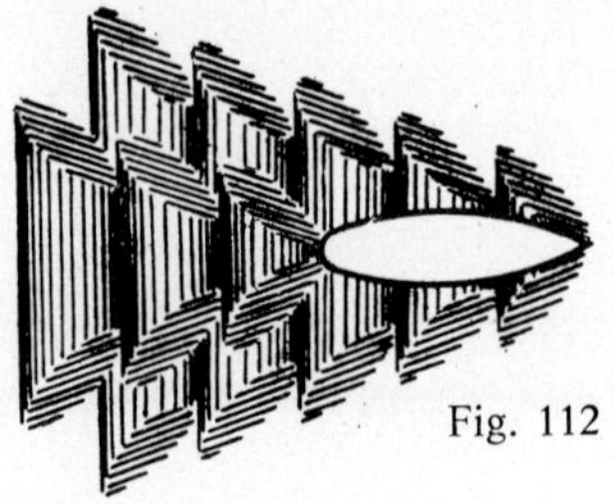

Fig. 112

Las olas transversales se originan al romper a su paso (la carena) la estabilidad de la presión en las diferentes capas de agua.

La dimensión de estas olas es proporcional a la velocidad y su formación implica un gasto de energía cuyo equivalente es la *resistencia por formación de olas.*

Resistencia por el aire. — Lógicamente, el aire ofrece a la obra muerta del barco una resistencia que irá en proporción de la obra muerta y de la velocidad del buque. Si el aire se convierte en viento entrará en función también su velocidad y dirección respecto a la dirección y velocidad del buque.

Resistencia por la propulsión. — Las hélices aspiran el agua (corriente de aspiración) y la lanzan seguidamente hacia atrás (corriente de expulsión). La depresión originada por la hélice hace que sea equilibrada por aguas próximas a la carena que rozando a la misma se trasladarán a la hélice, o sea aumentando la resistencia de fricción y originando una resistencia a la marcha del buque.

Asimismo, la hélice perturba la dirección de los filetes líquidos, perturba la formación de olas y forma remolinos. Esta resistencia depende del número de hélices, de su posición y de su forma.

Resistencias accidentales. — Podemos citar entre ellas el estado del mar, suciedad del casco, corrientes de agua, aguas poco profundas, diferentes densidades del agua, orillas o canales estrechos, etc.

INFLUENCIA DE LA SUCIEDAD DEL CASCO. — Sabemos que un buque tiene que entrar periódicamente (promedio de una vez al año) en dique seco o varadero para, entre otras cosas, limpieza de su casco.

A pesar de que se da a las carenas una mano de pintura antioxidante y otra antiincrustante sus efectos son limitados, y según las aguas donde haya estado navegando aparecen en el casco oxidaciones, vegetaciones e incrustaciones que hacen rugosa la superficie de la carena, lo que hace aumentar la resistencia de fricción.

El valor de esta resistencia puede llegar hasta reducir 1/10 la velocidad del buque al año de haberse carenado, si bien, como hemos dicho, depende mucho de las aguas donde haya navegado. De muchos es conocido el efecto antiincrustante de las aguas de la ría de Huelva, parte de ellas han sido utilizadas en los lavaderos de minerales de las minas de cobre y piritas.

Capítulo 15

HELICES

HÉLICES. — Hélice es el elemento propulsor de una embarcación equipada con un motor o máquina.

Se llama *curva hélice* a la descrita por un punto, que simultáneamente se traslada horizontal y verticalmente sobre la superficie de un cilindro (fig. 113). Si extendemos la superficie cilíndrica vemos que la curva hélice aparece como hipotenusa de un triángulo rectángulo, y los catetos son los desplazamientos horizontal y vertical del punto citado. Si en lugar de un punto hiciéramos desplazarse una línea, nos daría origen a una *superficie helicoidal* (fig. 113) y si de esa superficie helicoidal, tomamos unas porcio-

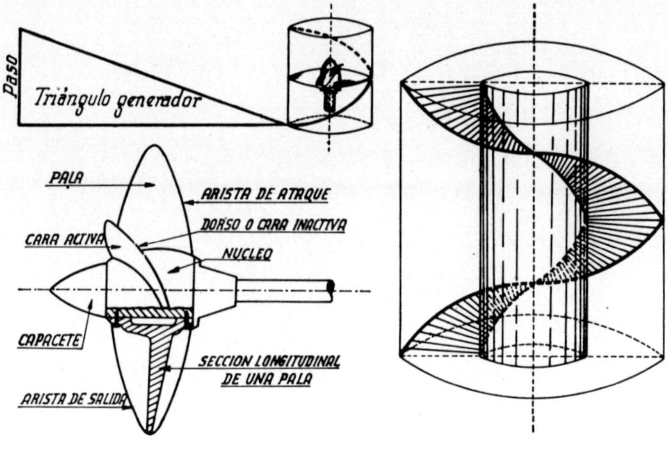

Fig. 113

nes llamadas palas y las colocamos en un núcleo firme y con una inclinación conveniente obtendremos el propulsor hélice, o simplemente la hélice.

Las palas roscan en el seno de la masa líquida a manera de un tornillo y tienen un cierto espesor para su debida resistencia.

Las hélices pueden estar formadas de dos o más palas.

PASO. — Es lo que avanzaría, teóricamente, una hélice al dar una vuelta. Es decir, que si roscara en un medio sólido el paso sería la medida del cateto de la figura 113, pero como rosca en un medio líquido, al apoyarse en él se produce un resbalamiento de la masa de agua. El buque no avanza el paso teórico y la pérdida de avance se llama *retroceso.*

DIAMETRO. — Es el correspondiente al del cilindro generatriz, (fig. 113), o lo que es igual a dos veces la distancia desde el centro del núcleo hasta el extremo o punta de la pala.

PASO VARIABLE. — Hélice de paso variable es en la que las caras activas de sus palas no son superficies helicoidales, es distinto el paso en cada punto de dichas superficies.

PASO MULTIPLE. — Es el de aquellas hélices en que las palas no forman una sola pieza con el núcleo y que mediante un mecanismo se puede variar el paso a voluntad (fig. 114).

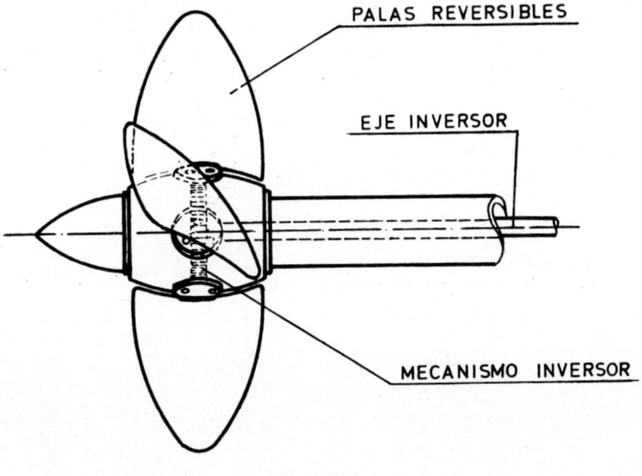

Fig. 114

HÉLICES DE VELOCIDAD. — Son las construidas para girar a muchas revoluciones y sus características son de mucho paso y poco diámetro. Muy usadas en fuera-bordas y lanchas rápidas.

HÉLICES DE ARRASTRE. — Son las de poco paso y mucho diámetro. Usadas en barcos pesados de poca velocidad y mucho desplazamiento: gabarras, barcos mercantes, etc.

ELECCIÓN DEL TIPO DE HÉLICE ADECUADO A UNA EMBARCACIÓN DETERMINADA. — La elección del tipo de hélice adecuado a una embarcación determinada, es una labor en la que hay que tener en cuenta muchos factores, tales como: fin a que se ha de destinar la embarcación, tipo de embarcación, potencia y revolución del motor, forma de la obra viva del casco, tonelaje, etc.

Generalmente la elección del tipo de hélice conveniente se lleva a cabo tras practicar pruebas con distintos tipos de hélices, llegando después a la conclusión de la hélice que le va mejor al tipo de casco experimentado, teniendo en cuenta velocidad pretendida, rendimiento del motor, etc.

CAVITACIÓN. — Las palas de la hélice expulsan el agua, y el vacío que deja este agua en la cara activa de la pala, lo vienen a ocupar nuevas moléculas de agua. Cuando la velocidad periférica excede de ciertos límites, el agua es expulsada con más rapidez que el agua que la reemplaza y se forma en la cara activa de la pala, sobre todo en la parte periférica, un vacío denominado *cavitación*. Este fenómeno hace disminuir el rendimiento de la hélice y provoca fuertes vibraciones.

FUERZAS GENERADAS POR LA ROTACIÓN DE LA HÉLICE EN LA MARCHA AVANTE Y EN LA MARCHA ATRAS. — Véase páginas del capítulo 22.

Capítulo 16

PROPULSION POR EL VIENTO

PROPULSIÓN POR LA ACCIÓN DEL VIENTO. — La fuerza motriz del viento es conocida y aplicada desde muy antiguo. Una masa de aire animada de cierta velocidad representa una energía, y esa energía aplicada en las velas, en el caso de los barcos, origina el movimiento de éstos.

El valor de esta fuerza propulsora es muy difícil de determinar, pues depende de muchos factores entre los que podemos citar: fuerza del viento, dirección con que incide el viento en las velas, forma de sujeción de las velas al buque, altura del centro vélico, tamaño y forma de las velas.

CENTRO VÉLICO. — Como definición podría valer lo del punto de aplicación de la resultante de todas las fuerzas de viento que actúan sobre las velas, sin olvidar las fuerzas de viento que actúan sobre la obra muerta del buque.

En la práctica el hallar el punto de aplicación de esa resultante es sumamente difícil, pues, aunque el centro vélico de una vela suele estar determinado por su centro geométrico, al llevar varias velas y no recibir el viento claro para todas ellas hay que tener en cuenta los solapes (si los hay), con lo que complicaría el hallar el centro vélico de la superficie de vela que recibe viento sin datos exactos ni fijos, ya que la dirección del viento no suele mantenerse fija ni su intensidad constante, así como que la vela no es un plano.

Por los efectos se suele llegar a la conclusión de su posición y partiendo de que por lógica al arriar una vela que está a proa el centro vélico se traslada hacia popa, o bien que al arriar una vela alta el centro vélico desciende.

EFECTO DEL VIENTO SOBRE LAS VELAS. — Supondremos para nuestro estudio la vela como una superficie perfectamente plana que está representada por la recta AB (fig. 115). CD representa la resultante de todas las componentes del viento sobre la vela y su magnitud. La fuerza CD la podemos descomponer en la CE sobre el plano de la vela, y la CF normal a ella. La primera resbala sobre la vela sin producir efecto y se llama derrame, y la segunda representa el efecto útil del viento.

El punto de aplicación C, de la componente CF, toma el nombre de centro vélico, que en el caso de una vela coincide con el centro de gravedad de dicha vela.

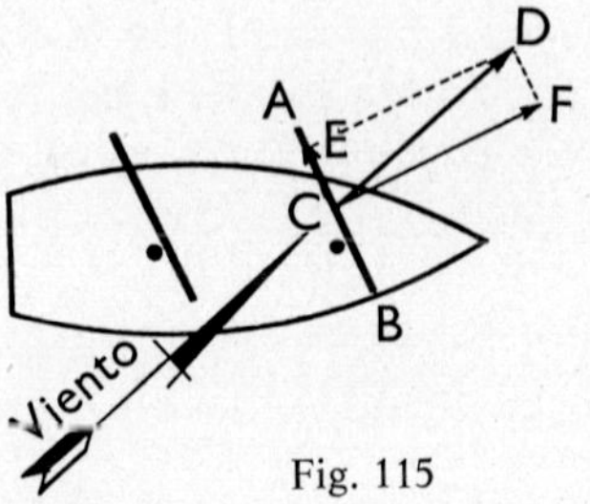

Fig. 115

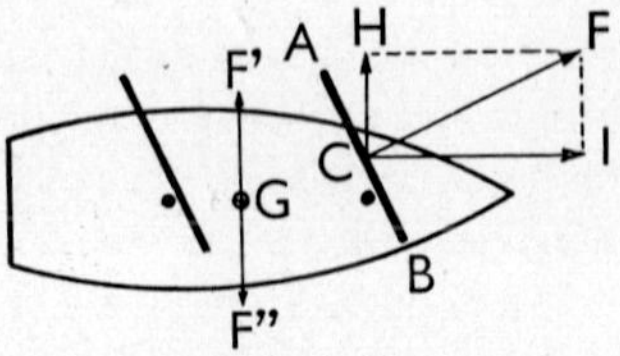

Fig. 116

La componente CF (fig. 116) se puede descomponer en otras dos: CH y CI, dirigidas en el sentido del través y de la proa, respectivamente. La CH tiende a desplazar el barco de través produciendo el *abatimiento* y a su vez, y por estar el centro vélico más alto que el centro de gravedad de la embarcación, produce una escora. Si el centro vélico está más a proa o a popa del centro de gravedad de la embarcación, produce una caída de la proa hacia una u otra banda, que se suele compensar con el timón. Para demostrarlo y en el caso de la figura, apliquemos al centro de gravedad del bote G, dos fuerzas iguales y contrarias F′ y F″ paralelas a CH y de igual intensidad a CH. La F′ representa el abatimiento y el par formado por las fuerzas F″ y CH representa el efecto de caída.

Resumiendo lo antedicho vemos que la acción del viento sobre el velamen produce los efectos siguientes:

1. La fuerza de propulsión CI en el sentido de la proa y que hace navegar a la embarcación.
2. La fuerza de abatimiento GF′.
3. Un par de evolución.
4. Un par de escora.

La fuerza de propulsión aumentará a medida que aumente el ángulo formado por la dirección del viento y el plano de la vela.

El par de evolución será tanto mayor cuanto menor sea el ángulo que forme el plano de la vela con la dirección de la quilla.

El abatimiento se mide por el ángulo formado por la prolongación de la línea proa-popa y la estela, o lo que es lo mismo, el ángulo que forma el rumbo aparente con el rumbo verdadero.

ORIENTACIÓN DEL APAREJO SEGÚN LA DIRECCIÓN DEL VIENTO. — La orientación del aparejo debe ser tal que el viento incida en las velas consiguiendo el mayor efecto útil para la velocidad del barco.

Después de varias demostraciones se llega a la conclusión de que *el aparejo debe orientarse en la bisectriz del ángulo que forma la dirección del viento* (por donde se recibe) *con la dirección de la proa del buque.*

Por otra parte no hay que olvidar que, dependiendo de la forma del casco y del tipo de aparejo, hay un sector a cada banda a partir de proa de 40 a 60 grados por el que no debemos recibir el viento, ya que el barco con vientos próximos a la proa no hace avante.

También hay que tener en cuenta que con vientos duros no interesa que las velas porten al máximo en evitación de escoras, aproamientos o roturas en el aparejo.

Las maneras de navegar a la vela son:

Ciñendo. — Equivale a navegar recibiendo el viento con el menor ángulo posible desde la proa. Viene a ser aproximadamente navegar a cuatro cuartas (fig. 63). También se dice: *ir navegando con viento por la amura.*

A un descuartelar. — Consiste en navegar recibiendo el viento entre la ceñida y el través, es decir a siete cuartas, o sea a 78° desde la proa aproximadamente.

A la cuadra. — Es navegar con el viento de través, es decir a ocho cuartas, o sea, a 90° desde la proa.

A un largo. — Es cuando se recibe el viento entre el través y la aleta. Normalmente no hay mucha diferencia entre navegar a un largo y *por la aleta,* que equivale a navegar a doce cuartas.

En popa. — Ello mismo lo dice: recibiendo el viento por la popa.

Generalmente se tiene la impresión de que la forma más conveniente para navegar es la de viento en popa, sobre todo como la manera de sacarle más rendimiento al viento con respecto a la velocidad, pero no es así (excepto para los veleros de velamen simple), ya que las velas reciben menos viento porque se solapan e incluso los foques no llegan a recibir ninguno, las guiñadas son muy frecuentes porque es difícil el gobierno, y si se aproa el buque navega menos. La forma más favorable para navegar es recibir el viento por la aleta.

Capítulo 17

ACCION DEL TIMON

TIMÓN. — Como ya hemos dicho, está formado por una pieza plana llamada *pala* que toma distintas posiciones de giro sobre su eje llamado *mecha,* que es una pieza más larga, generalmente vertical, sujeta a la pala y que descansa en su parte inferior en un tintero del codaste popel o en hembras, y que su parte superior penetra a bordo por un orificio llamado *limera.* En su extremo superior se hace firme la caña. La caña en barcos mayores consiste en un sector movido mediante sistemas de rueda, tambor y guardines o bien mediante servomotores.

Hay diferentes tipos de timones (figs. 71 a la 74) como resultado de buscar el modo de aumentar la capacidad de gobierno de los buques, evitar resistencias al agua y ser más manejables.

En los timones compensados se considera dividida la pala en dos partes denominadas *pala proel* y *pala popel.* Se denomina grado de compensación a la relación entre el área de la pala proel y el área total de la pala del timón, que oscila entre 0,15 y 0,30.

ACCIÓN DEL TIMÓN EN LA MARCHA AVANTE. — Mientras el timón está a la vía, tanto en la marcha avante como en la marcha atrás, lo único que hace es aumentar la resistencia a la marcha por su rozamiento con el agua.

Si ponemos la pala del timón formando un ángulo con el plano longitudinal (fig. 117) los filetes de agua presionan sobre la parte activa del timón suponiendo que con una fuerza resultante P. La fuerza P la podemos descomponer en la Pn y la V. La fuerza V se pierde a lo largo del timón.

En el centro de gravedad G podemos aplicar dos fuerzas iguales y paralelas a la Pn y de sentido contrario + Pn y — Pn. La + Pn la descomponemos en P′ y P″. La P′ hace que el buque pierda velocidad y la P″ hace desplazar la embarcación hacia el lado opuesto a que se ha metido el timón.

La Pn y la — Pn forman un par evolutivo que hace girar al barco.

La Pn viene a ser aplicada un poco más a proa que el centro geométrico de la pala del timón y la — Pn hemos dicho que la hemos aplicado en el centro de gravedad G. Si estos dos puntos, como generalmente ocurre, no están a la misma altura habrá un efecto de escora, que lo más normal será hacia la banda contraria a la que se ha metido el timón porque generalmente está más alto el centro de gravedad.

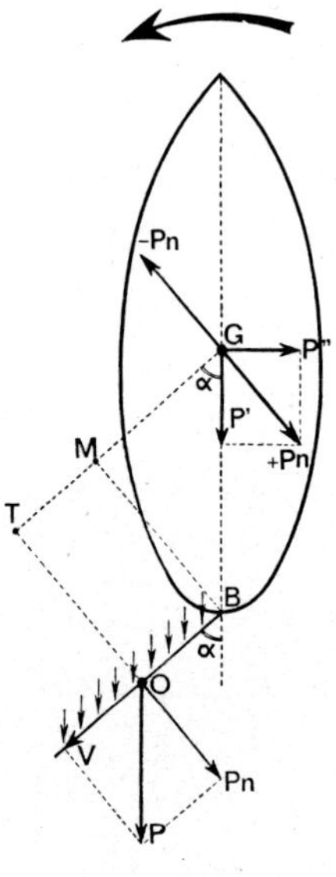

Fig. 117

Resumiendo: ha habido cuatro efectos importantes al meter a una banda el timón en la marcha avante:

1. Pérdida de velocidad.
2. Desplazamiento del barco hacia la banda contraria a la que se ha metido el timón.
3. Giro evolutivo del barco hacia la banda donde se ha metido el timón.
4. Escora, generalmente hacia la banda opuesta a la que se ha metido el timón.

MOMENTO DE EVOLUCIÓN Y ÁNGULO DE TIMÓN QUE LO HACE MÁXIMO. — Ya hemos visto en la figura 117 que el par Pn y — Pn origina un momento denominado de evolución. Su valor es $M^{to} = Pn \cdot GM$ (despreciamos MT porque en la realidad es muy pequeño comparado con GM).

$$\text{Pero } GM = GB \cos \alpha = \frac{\text{Eslora}}{2} \cos \alpha.$$

$$M^{to} = Pn \frac{E}{2} \cos \alpha$$

Pn, según lo demostrado por Jöessel, es igual a $\dfrac{41{,}35 \cdot S \cdot V^2 \text{ sen } \alpha}{0{,}2 + 0{,}3 \text{ sen } \alpha}$

donde Pn = resultante de la presión normal a la pala del timón en Kgrs.
S = superficie de la pala en m^2.
V = velocidad del buque en m/s.
α = ángulo que forma la pala con el plano longitudinal.

Sustituyendo Pn por su valor queda:

$$M^{to} = \frac{41{,}35 \,.\, S \,.\, V^2 \,.\, E \,.\, \text{sen}\ \alpha \cos \alpha}{0{,}4 + 0{,}6\ \text{sen}\ \alpha}$$

dando valores en dicha fórmula a α nos viene a dar que el momento es el máximo cuando el ángulo del timón es de 36°.

ACCIÓN DEL TIMÓN EN LA MARCHA ATRÁS. — Supongamos una resultante P de todas las fuerzas de los filetes líquidos que inciden en la pala del timón al meterle a una banda (figura 118). Dicha fuerza la dividimos en la Pn y la V. La V se pierde a lo largo del timón. Aplicamos en el centro de gravedad G dos fuerzas paralelas e iguales a la Pn y de sentido contrario la + Pn y la — Pn con lo que el equilibrio no varía. La + Pn la descomponemos en P′ y P″. La P′ resta velocidad en la marcha atrás y la P″ hace desplazar el barco hacia la banda donde se ha metido el timón.

La Pn con la — Pn forman el par de fuerzas evolutivo que hace girar la proa hacia la banda contraria a la que se ha metido el timón.

Los efectos evolutivos del timón en la marcha avante y en la marcha atrás son contrarios con la pala metida a la misma banda.

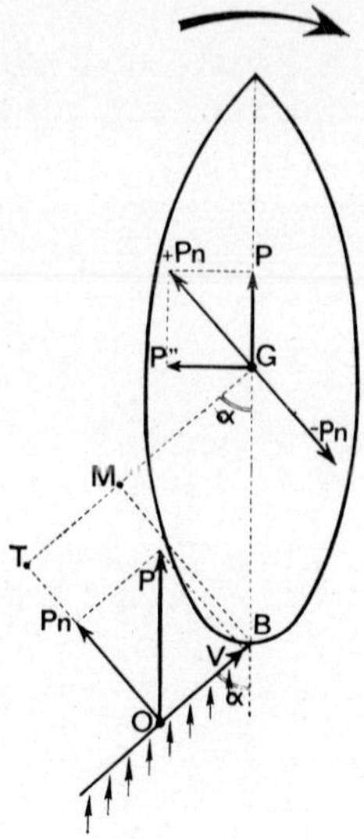

Fig. 118

La intensidad de la acción en la marcha atrás es muy inferior a la de la marcha avante. Esto es debido a unas contrapresiones por vacíos que no vamos a detallar aquí.

En los barcos de una hélice y destrógira ya vimos que la presión lateral de las palas y la fuerza de expulsión hacían caer la proa a Er, a veces con tal fuerza que aun metiendo todo el timón a Er no dominamos la proa. Ahora, si se trata de que caiga la proa a Er, meteremos el timón (en la marcha atrás) a Br. y sumaremos todos los efectos de la hélice y del timón cayendo la proa rápidamente a Er.

Téngase en cuenta que marcha atrás quiere decir navegando hacia atrás.

ESCORA PRODUCIDA AL METER EL TIMÓN. — Generalmente, las fuerzas que intervienen en la evolución no están a la misma altura, es decir, en el mismo plano horizontal, y por ello producirán, entre otros, un efecto de escora.

En la figura 117 observamos a vista de pájaro que el par del momento de evolución Pn — Pn hace girar al barco hacia donde se ha metido el timón, pero si observamos ese par de fuerzas por la popa (fig. 119) vemos que no están en el mismo plano, así como que el centro de gravedad G está más alto que el punto O de la aplicación de Pn, cosas que ocurren generalmente.

Vemos que dicho par de evolución origina una escora hacia donde se ha metido el timón. Esta escora es en el primer momento de meter el timón y que poco después se anula y queda superada por las componentes transversales de la propulsión y de la resistencia de la carena, que producen efectos contrarios y muy superiores en valor.

Por otra parte nos queda la fuerza P″ que hacía que el barco se desplazase hacia la banda contraria a la que se había metido el timón, que con la fuerza Rc (resultante de la resistencia de la carena cuya aplicación se le calcula a media altura de la carena) forma un par de escora a cuyo efecto también se le suma el de la fuerza centrífuga (fig. 120).

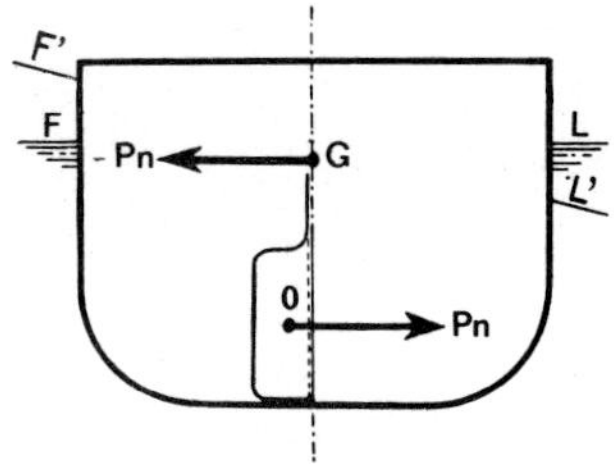

Fig. 119

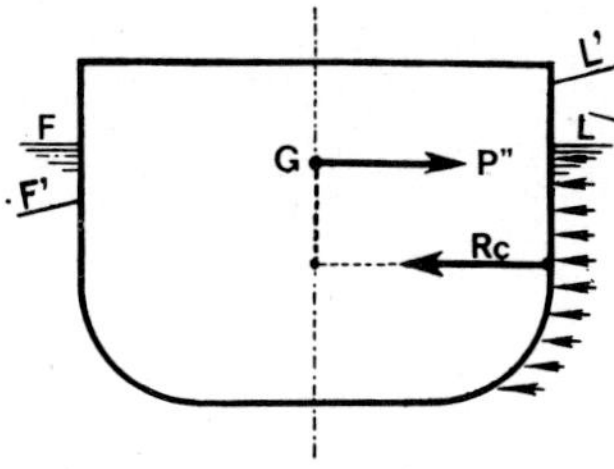

Fig. 120

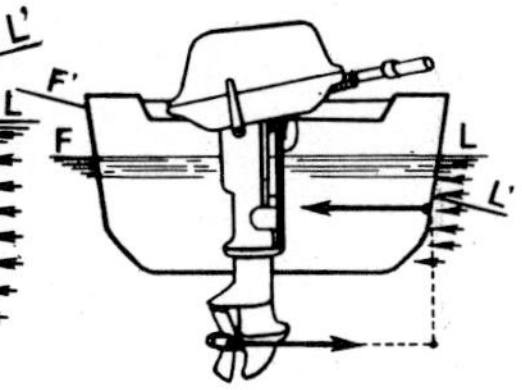

Fig. 121

Esta escora es mayor cuanta mayor sea la velocidad y menor el radio de rotación.

Se puede dar el caso en que no se produzca escora ya que depende de la posición del centro de gravedad, o que la escora sea hacia el interior, como los submarinos en superficie, debido a que la posición de G es más baja que la del punto de aplicación de las fuerzas que intervienen en la evolución.

En los fuera-borda y barcos similares en los que la hélice hace de timón habremos observado que la escora es hacia el interior llegando a ser algunas veces alarmante y peligrosa dependiendo del ángulo de timón y de la velocidad del motor. Esto es debido al par escorante que forman la fuerza de avance del tornillo de la hélice y la resistencia que opone el agua a la carena (fig. 121).

EFECTOS EVOLUTIVOS COMBINADOS DE LA HÉLICE Y DEL TIMÓN. — Los factores que intervienen en el gobierno de un buque son:

1. El timón.
2. Las corrientes del propulsor (de aspiración y de expulsión).

3. La acción de las palas de la hélice (presión lateral de las palas).
4. La corriente de arrastre.

La corriente de arrastre es la corriente por rozamiento originada por la fricción del agua con la carena; también se llama corriente o estela del buque.

Esta corriente participa del movimiento del buque, en el mismo sentido que éste, siendo su velocidad de 1/5 a 1/10 de la del buque.

Por ser una corriente superficial, aumenta la densidad del medio en que se mueven las palas altas y perjudica la acción del timón.

La presión lateral de las palas, debido a que las palas altas actúan en un medio menos denso que las bajas, hace caer la popa a Er. en la marcha avante y la popa a Br. en la marcha atrás si la hélice es destrógira (paso a la derecha), y al contrario si la hélice es levógira (paso a la izquierda).

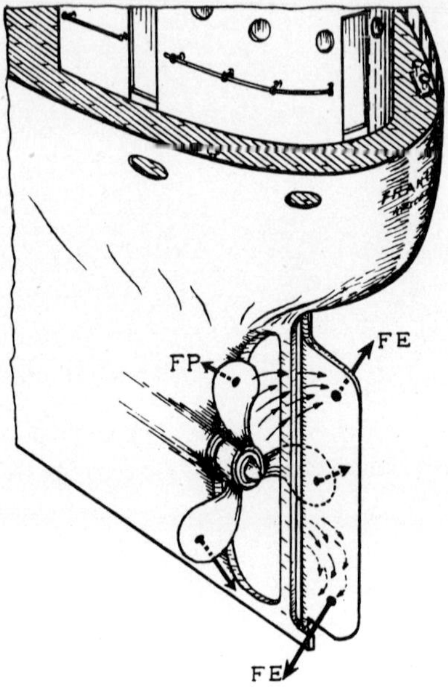

Fig. 122. FP = Presión lateral de las palas.
FE = Fuerza o corriente de expulsión

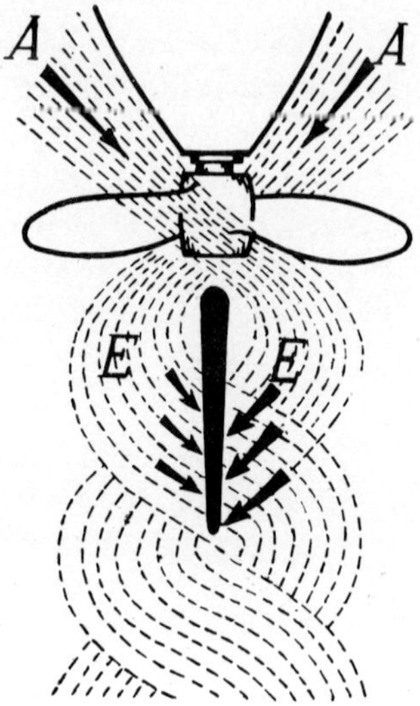

Fig. 123. *Corrientes de aspiración y de expulsión*

La corriente de aspiración aumenta la acción del agua sobre el timón en los casos de buque avante y hélice avante y buque atrás y hélice atrás, y disminuye dicha acción en buque avante y hélice atrás y en buque atrás y hélice avante (fig. 123).

La corriente de expulsión hace caer la popa a Br. tanto en la marcha avante como en la marcha atrás, luego la proa hacia estribor (fig. 123).

El timón metido a una banda, en virtud de la acción de los filetes líquidos que inciden sobre su pala inclinada, tiende a llevar la proa, en la marcha avante, hacia el lado que se ha metido el timón; y en la marcha atrás hacia el lado contrario de donde está metido el timón (figs. 117 y 118).

El timón hace su mayor efecto al formar un ángulo de 36° con la línea proa-popa. En los fueraborda la hélice hace de timón y en ese caso no cuenta lo de los 36° pero no es conveniente aumentar mucho más dicho ángulo en velocidades altas.

Dados los factores anteriormente citados y teniéndoles en consideración con diferentes velocidades, sentidos iguales u opuestos de buque y hélice, así como si la hélice es de paso a la derecha o a la izquierda, obtendríamos una serie de combinaciones y resultados que serían muy extensos para los fines a que este libro está destinado, enumerando a continuación los más útiles.

GOBIERNO DE LOS BUQUES. — En el gobierno de los buques de una hélice pueden presentarse los siguientes casos (con hélice destrógira).

1. Buque avante y hélice avante.
2. Buque atrás y hélice atrás.
3. Buque avante y hélice atrás.
4. Buque atrás y hélice avante.

FP = Presión lateral de las palas.
FA = Fuerza o corriente de aspiración.
FE = Fuerza o corriente de expulsión.
FT = Fuerza o acción del timón.
V = Velocidad.

O = Cero.
M = Media.
T = Toda.
Er = Estribor.
Br = Babor.

1. — *Buque avante y hélice avante*

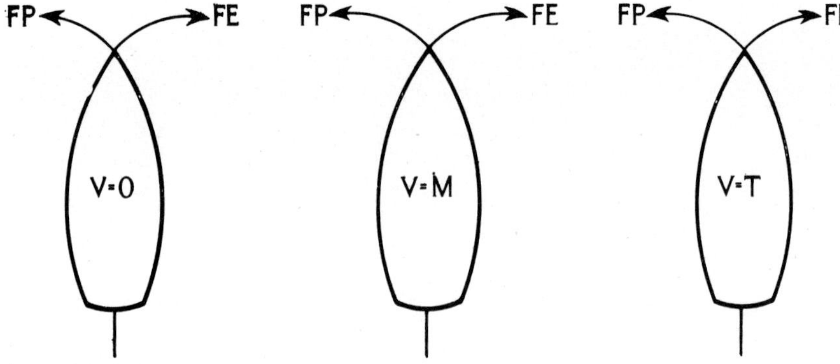

FE > FP. Proa lenta a Er.

FE = FP. A la vía como va.

FP > FE. Proa a Br.

Fig. 124

2. — *Buque atrás y hélice atrás*

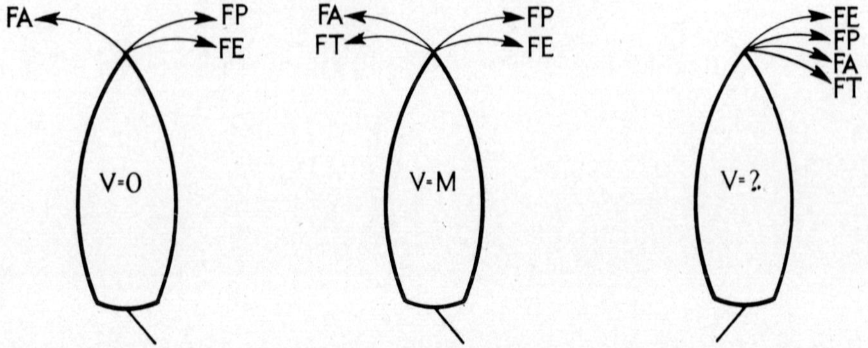

FE + FP > FA.
Proa a Er.

FT + FA > FE + FP.
Proa a Br.

Todas las fuerzas hacen caer el barco a Er.

Fig. 125

3. — *Buque avante y hélice atrás*

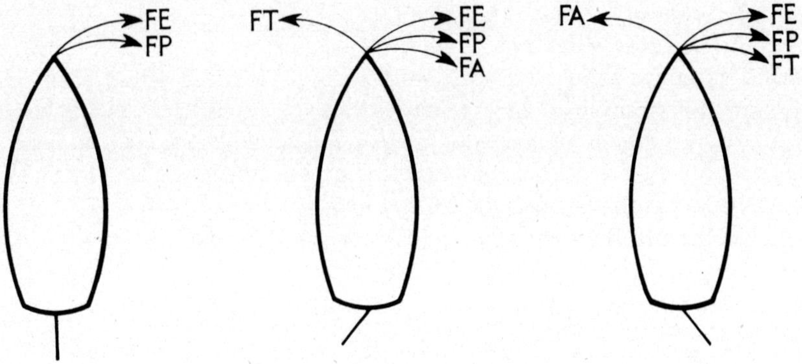

FE y FP.
Proa a Er.

FT > FE + FP + FA
Proa a Br.

FT + FE + FP > FA.
Proa a Er. rápida.

Fig. 126

4. — *Buque atrás y hélice avante*

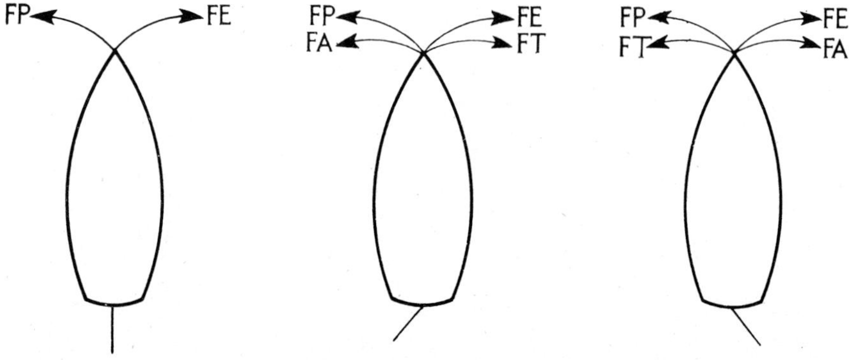

No se sabe

FP + FA > FE + FT
Proa lenta a Br.

FE + FA > FP + FT
Proa lenta a Er.

Fig. 127

En los buques de dos hélices, la una es destrógira y la otra levógira, y se pueden presentar los casos siguientes:

1. Buque avante y las dos avante.
2. Buque atrás y las dos atrás.
3. Buque avante y las dos atrás.
4. Buque atrás y las dos avante.
5. Una hélice avante y la otra atrás.

En cualquiera de los cuatro primeros casos, se contrarrestan los factores de gobierno de ambas hélices y el buque únicamente obedece al timón, y respecto al 5.° caso y otras combinaciones que se pueden hacer, la proa cae siempre hacia la banda de la hélice que cía.

En los buques de tres hélices, los factores de gobierno resultan de la combinación de los dos casos antes detallados.

CURVA DE EVOLUCIÓN: SUS DIFERENTES FASES. — Se denomina curva de evolución a la trayectoria que describe el centro de gravedad de un buque al meter el timón α grados a una banda.

Podríamos dividir la curva en tres fases: una *inicial* o *de maniobra,* otra *variable* o intermedia, y otra *uniforme.*

Las tres fases están representadas en la figura 128. En la posición 1 se mete el timón a Br. y en ese momento hay en función las siguientes fuerzas: la fuerza de propulsión P a la que se opone la resistencia Rc que el agua opone a la carena; la fuerza P′ que introduce un retardo a la marcha del buque (véase fig. 128); la P″ que hace que el buque se desplace hacia Er. por lo que la curva adquiere una deflexión hacia fuera; y el par Pn — Pn cuyo momento de evolución hace caer la proa hacia Br.

En la posición 2 (fase variable), vemos que la trayectoria de G ha pasado a ser hacia la banda donde está metido el timón, ya que el momento evolutivo ha alcanzado su máximo valor para el ángulo de timón que hemos metido. La resultante de todas las resistencias ha pasado más a popa del centro de gravedad y de ahí que se forme el ángulo δ con la tangente a la curva en ese punto.

En el punto 3 el barco se encuentra ya metido en la fase de la curva uniforme en la que el momento evolutivo permanece constante, así como el ángulo δ. El centro de gravedad se encuentra describiendo una circunferencia.

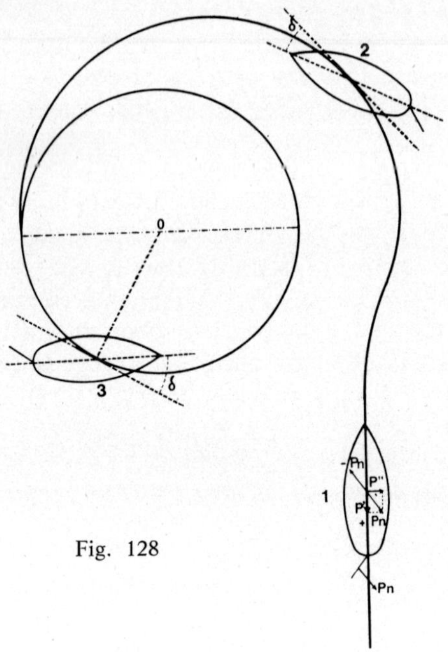

Fig. 128

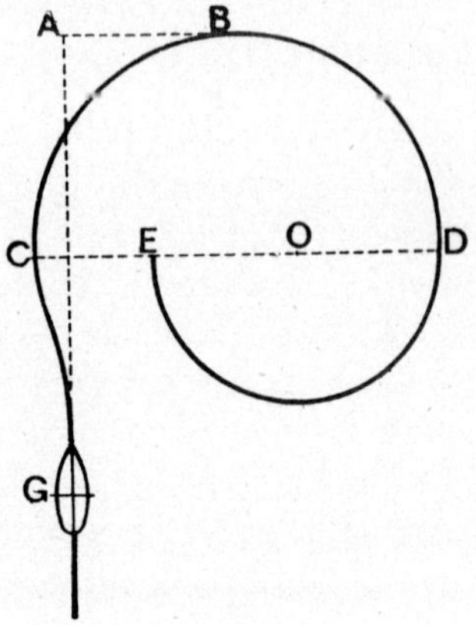

Fig. 129

De la observación de la curva deducimos que el primer período o fase corresponde a la parte rectilínea de la curva de evolución y comprende el tiempo que se tarda en meter el timón a una banda. El 2.º período o variable corresponde a un cambio de rumbo de 180º y comprende desde el momento en que la curva empieza a adquirir la inflexión hacia fuera hasta que se inicia el movimiento circular. El 3.º o uniforme empieza en el momento en que el buque empieza a describir la circunferencia con movimiento uniforme.

Características de la curva de evolución. — Las características de una curva de evolución son las siguientes: *avance, diámetro táctico* o *de evolución, radio táctico* o *de evolución, diámetro de giro* o *de rotación, radio de giro* o *de rotación* y *traslado lateral* (fig. 129).

Avance es la distancia entre el punto G, origen de la evolución, y el A, que es la proyección del punto B que es el más alejado de la curva sobre la línea de rumbo inicial. Este avance suele ser de cinco a seis veces la eslora y se puede definir como el espacio necesario para que la proa evolucione.

Diámetro táctico o de evolución. — Es la distancia CD y que viene a ser de 4 a 5 esloras.

Radio de evolución o *radio táctico.* — Es la distancia OC, o sea, la distancia desde el centro del círculo en el período uniforme al punto de inflexión inicial del período variable.

Diámetro y *radio de giro* ED y OD respectivamente son el diámetro y radio de la circunferencia descrita en el período uniforme.

Traslado lateral es lo que ha ganado o avanzado el centro de gravedad hacia la banda hacia la que se ha metido el timón, o sea en la dirección del través primitivo. Véase que al principio de la curva ese traslado lateral era negativo.

PUNTO GIRATORIO. — Si bien depende de muchos factores la situación del punto sobre el que gira el barco al hacer maniobras con el timón y máquina, se puede tomar como regla general el que dicho punto esté situado a 1/3 de eslora a contar desde la proa. Es muy importante tener en cuenta este punto para las maniobras dado que el rabeo de la popa durante la evolución puede dar origen a que toque en algún obstáculo produciéndose daños de mucha consideración como son los que se hacen en timón y hélices.

Capítulo 18

CUIDADOS DEL CASCO — DEFINICIONES

CALAFATEO. — Calafatear un barco es tapar las juntas, rajas, rendijas o costuras de las tablas de los fondos, costados o cubiertas en los barcos de madera con estopa bien apretada o restos de algodón, aplicando después brea caliente.

El calafateo tiene por objeto conseguir la estanqueidad, y se procede de la siguiente manera: En principio, especialmente en las embarcaciones construidas con maderas a tope, se biselan los cantos superiores de las tablas, antes o después de puestas, al objeto que al quedar firmes a las cuadernas o baos, dejen abiertos unos perfiles triangulares, rectangulares o trapezoidales, donde se alojará la estopa o algodón embutido a presión y la brea caliente.

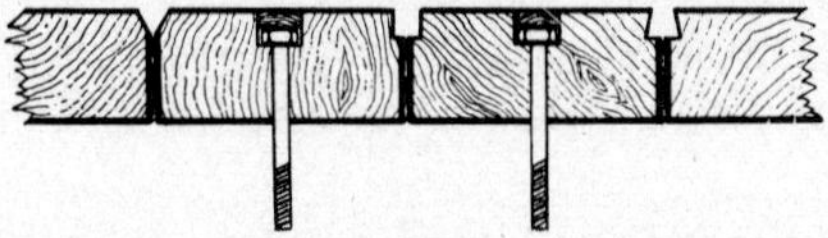

Fig. 130. *Tres formas de rebajes para el calafateo*

En la figura 130 se representan tres diferentes perfiles para alojamiento del calafateado.

La estopa o algodón se retaca manual o mecánicamente y posteriormente se recubre con brea derretida. Después se cepilla o se lija al objeto de que presente una superficie lisa.

El calafateado en la construcción no presenta grandes dificultades, pero sí un calafateo secundario, ya que el retacado parcial representa un resquebrajamiento de la parte sana, que a veces pierde la estanqueidad.

Actualmente hay productos que eliminan la mayor parte del trabajo del calafateo tradicional. Son líquidos de tipo goma plástica, que se vierten en las aberturas reseñadas en la figura 130 y que después se solidifican conservando un buen grado de elasticidad.

CUIDADOS NECESARIOS PARA LA CONSERVACIÓN DEL CASCO. — Daremos una somera explicación a un capítulo tan extenso e importantísimo en el que entran las diferentes conservaciones de los cascos de diferentes materiales.

Periódicamente el barco ha de entrar en dique seco o en varadero al objeto de un reconocimiento, limpiado y pintado del casco timón y hélices.

Reconocimiento. — Una vez el casco en seco observamos, dependiendo del material de que esté compuesto, las reparaciones a que ha de ser sometido: reposición o substitución de remaches y planchas, reparación de abolladuras, enderezamiento de quillas, codastes, etc., observación del desgaste de las planchas por el óxido (calibrado del espesor que hoy en día se hace mediante sondadores electrónicos), reposición de electrógenos corroidos por la acción galvánica, calafateo o retacado de las planchas y remaches, reconocimiento de las válvulas de fondo así como de las aspiraciones de bombas, transmisores de sondas eléctricas y sónares, reconocimiento de las hélices y del timón, de las cadenas y anclas, etc.

Limpieza. — Dependiendo, como siempre, del material de que está construido el casco se le limpiará de incrustaciones y óxidos con las herramientas apropiadas: rasquetas, piquetas, cepillos metálicos, picadoras eléctricas o neumáticas, picado a base de chorro de arena sintética, cepillos eléctricos, etc., para posteriormente pasar a la fase de pintado.

El óxido es un gran enemigo a combatir en los barcos metálicos. Los elementos más responsables de producirse el óxido son el oxígeno y el ácido carbónico a los que facilitan el acceso la humedad y el agua, sobre todo la salada.

En los cascos de plástico o plastificados, así como los de madera, la limpieza se simplifica procediendo a la misma con cepillos y detergentes, y cuando las capas de pintura han adquirido un considerable grosor, especialmente en los de madera, se rascan facilitando el rascado con una lamparilla de gas o soplete de tipo fontanero.

Pintado. — Una vez picado, rascado y cepillado el casco, se procede a la aplicación de las diferentes capas de pintura. La primera será la mano de *antioxidante* o anticorrosiva, que pueden ser dos, que aisla la chapa del agua, y después la mano de *anti-incrustante* que impide la adherencia de moluscos, algas, etc.

La pintura suele venir de fábrica de dos formas: preparada y lista para su uso, y sin mezclar sus ingredientes para hacerlo poco antes de su uso.

El tiempo necesario de oxidado de la pintura, antes de ser cubierta por otra mano, viene especificado en la etiqueta.

Aprovechando el tema del pintado, daré ciertos consejos a tener en cuenta:

1. No se debe pintar las juntas o frisas de goma que existen en portillos, portas, tapas de tanques, etc., porque se endurece la goma y pierde la elasticidad, con lo que se pierde el ajuste de cierre.

2. No pintar letreros ni numeraciones, ya que tienen su misión y a veces muy importante.

3. No pintar tornillos ni tuercas, ni aparatos o elementos de metal, así como roldanas, ejes o jarcia móvil.

4. No cambiar de color sin haberlo tomado en consideración, ya que el color tiene su significado especialmente en tuberías y conducciones.

5. No pintar sobre superficies sucias, especialmente de grasas, o húmedas, ya que la pintura no agarrará.

6. No aplicar capas gruesas de pintura, ya que no secarán bien, se volverán rugosas y adquirirán polvo y suciedad.

7. Se deben dar los brochazos en forma paralela, no haciendo cruces. En las superficies verticales el deslizamiento de la brocha debe ser horizontal para que los surcos que producen los pelos de la brocha queden cubiertos al escurrirse la pintura hacia abajo por la acción de la gravedad.

8. Nunca dejar sin cubrir con pintura antioxidante (minio) lo rascado y cepillado, ya que la lluvia o simplemente la humedad de ambiente anulará todo el trabajo de rascado.

9. Cuando se está picando o pintando obsérvese la dirección del viento para no perjudicar con el polvo lo recién pintado, y también para picar en lugares donde no lleguen rociones de agua salada muy favorecedores de la extensión del óxido.

10. Es aconsejable el pintado a pistola, eléctrica o por aire comprimido, porque la pintura cubre más uniformemente y penetra mejor en las porosidades.

11. El usar disolventes o secantes en la pintura no es aconsejable a no ser por necesidad imprescindible, ya que destruyen muchas de las propiedades que el fabricante ha dado a la pintura.

12. El limpiado de brochas, rodillos, pinceles y demás utensilios empleados en el pintado se puede efectuar con alcohol, gasolina, keroseno (petróleo), aguarrás o incluso para algunas pinturas con agua, pero téngase en cuenta el alto grado de combustibilidad que tienen estos líquidos (excepto el agua, claro). Airéese bien los pañoles de pinturas, límpiese y tápense todos los recipientes de materias inflamables. Recuérdese que estopas o trapos impregnados de combustibles sometidos a temperaturas altas *llegan a combustionar espontáneamente.*

NORAYS. — Piezas, generalmente de hierro, afirmadas en los muelles para hacer firmes las amarras de los buques (fig. 131). Los hay de muchas formas si bien las características generales son las mismas: más anchura en la parte superior para que no se zafen los cabos, y su forma cilíndrica en la parte inferior para que la gaza se acople en su forma curva y sufra los mínimos rozamientos.

BOYAS. — Cuerpos flotantes que pueden ser de diferentes materiales y formas y que sujetas al muerto, que existe en el fondo, por medio del *orin-*

que, sirven para amarrar los buques, indicar peligros, canales, etc. (fig. 134). Pueden ser luminosas o ciegas.

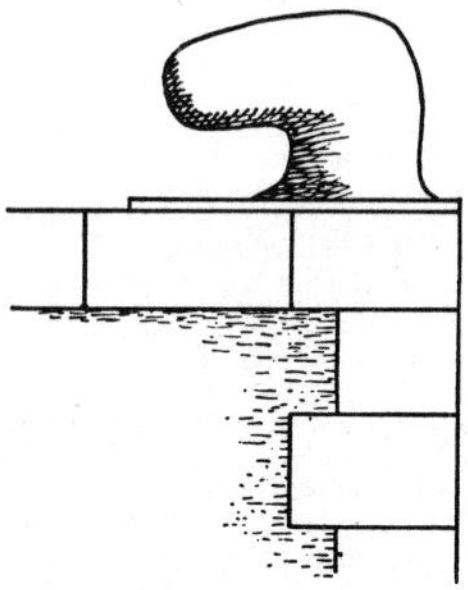

Fig. 131

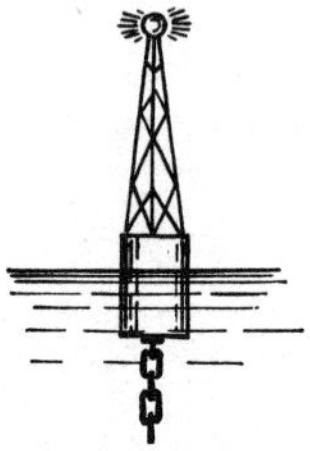

Fig. 132

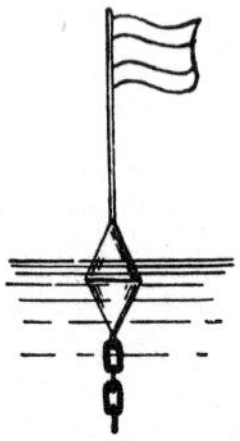

Fig. 133

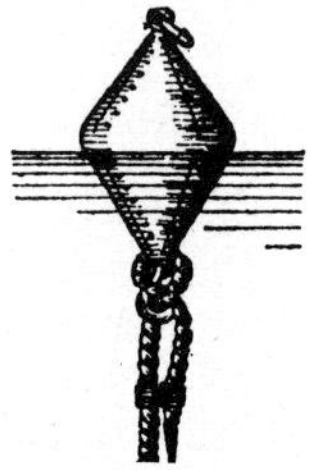

Fig. 134

BALIZAS. — Marcas o señales fijas o flotantes, luminosas o no, de construcción compacta o esqueleto, de formas y colores de acuerdo con su significado y que sirven para indicar restos de naufragios, entradas en puertos, canales, etc. (figs. 132 y 133).

En la práctica las boyas y balizas vienen a tener el mismo significado, si bien habría que hacer la diferencia en que las boyas sirven para amarrar los barcos y las balizas para balizamientos, es decir, indicaciones de peligros, canales, naufragios, acotamientos, etc.

MUERTOS. — Bloques de hierro, piedra, cemento, anclas, etc., que descansan o están firmes en el fondo. A estos muertos es donde van sujetas las boyas o balizas por medio de cadenas o cabos.

Normalmente se dice amarrar a un muerto, si bien esta operación se hace muy raras veces, pues implica amarrar directamente al muerto que está debajo del agua. Lo que se hace normalmente es amarrar a la boya sujetada por el muerto. Se suele amarrar directamente al muerto en casos de que el barco vaya a estar mucho tiempo amarrado como en caso de desguace.

MANIOBRA

Capítulo 19

ACCION DEL VIENTO

INFLUENCIA DEL VIENTO Y LA CORRIENTE EN LA MANIOBRA DE UN BUQUE. — Durante la navegación y especialmente durante las maniobras se han de tener en cuenta los efectos sobre el barco del viento y de la corriente.

Sabemos que el viento actúa sobre la obra muerta del barco y si el barco es de vela y las lleva desplegadas su influencia es mucho mayor.

Para considerar el efecto del viento sobre el barco habría que hallar un centro vélico de todas las superficies de la obra muerta sobre las que actúa el viento, donde se aplicaría la resultante de todas las fuerzas, y después tener en cuenta la intensidad y el punto de aplicación de dicha fuerza con respecto al centro de gravedad del buque para poder deducir teóricamente su efecto. Ello indica que según la distribución de las superestructuras y del velamen el efecto del viento será distinto para cada caso.

Por otra parte, a efectos de caer la proa hacia el viento (orzar) o a favor del viento (arribar), dependerá también de la obra viva, pues, lógicamente, abatirá más fácil la parte del barco que tenga menos calado porque ofrece menos resistencia en el agua. Por ello es muy importante para el que manda el barco conocer los efectos del viento para diferentes estados de carga y de asiento.

Debido a las infinitas situaciones o combinaciones que se pueden hallar para un mismo barco al tener en cuenta su obra muerta, su obra viva, dirección e intensidad del viento y de las corrientes, número de hélices y espacio para la maniobra, es imposible dar reglas generales para atracar y desatracar, pero sí podemos aconsejar el ir pegados al muelle cuando el viento tiende a desatracarnos e ir separados cuando el viento nos aconche, si bien no es aconsejable el ir muy separados, pues al quedar el buque parado frente al lugar de atraque iniciará una arrancada progresiva hacia el muelle que daría origen a un fuerte golpe sobre éste y por ende a averías. Como recursos para evitar golpes sobre los muelles tendremos (aparte de las defensas) el ancla y los efectos de la hélice y del timón.

La corriente, como movimiento de una masa de agua en una dirección determinada, actúa sobre la obra viva del buque transportándola en dicha dirección.

Lógicamente, cuanto mayor sea la obra viva mayor efecto producirá sobre ella la corriente.

Si la corriente viene de proa activa más los filetes de agua que inciden en la pala del timón y facilitan la maniobra de gobierno. Por el contrario, si la corriente viene de popa dificulta la maniobra con el timón.

Las cartas náuticas reflejan las corrientes con su dirección e intensidad, por lo que es fácil contrarrestar sus efectos durante la navegación al combinarla con la velocidad y rumbo efectivo a seguir por el barco. Más complicado es maniobrar con las corrientes de mareas y ríos donde se habrán de tener en cuenta los horarios e intensidad.

Tanto en las maniobras como en la navegación habrá que tener en cuenta, conjunta o separadamente, los efectos del viento y de las corrientes de los que se puede sacar partido en la mayoría de los casos.

VIENTO: su fuerza. — El viento es el aire en movimiento. La causa que provoca que el aire se mueva es la temperatura. Veamos:

El sol calienta la atmósfera y la tierra y lo hace en forma desigual a causa de que los rayos solares inciden en la esfera terrestre con distintos ángulos, en distintos lugares e incluso con distintos ángulos en los mismos lugares al ir recorriendo la tierra los distintos puntos de la eclíptica. Por otra parte, los rayos solares inciden en diferentes cuerpos (agua dulce, agua salada, tierra de diferentes composiciones, hielo, nieve, etc.) y a diferentes distancias (nivel del mar y diferentes alturas de montañas). Asimismo, la nubosidad obstaculiza el calentamiento del aire por igual en la atmósfera.

Al calentarse por desigual, el aire que se ha calentado más aumenta el volumen y se hace más ligero tendiendo a colocarse encima de las capas de mayor densidad, lo que origina una corriente ascendente y otra corriente de aire más frío y más denso que va a ocupar el lugar que dejó el aire más caliente.

Normalmente se conoce por viento la dirección horizontal del aire y éste se origina al haber diferentes presiones en distintos puntos de la tierra, moviéndose de las altas a las bajas presiones.

La dirección del aire es modificada principalmente por el movimiento de la tierra y por el rozamiento con las diferentes formas que presenta la orografía del terreno.

La velocidad o intensidad va de acuerdo con el gradiente barométrico y es modificada sustancialmente por la orografía del lugar.

Una demostración palpable de que el origen del viento es la temperatura la tenemos en las *brisas de mar y tierra: durante el día,* al calentarse superficialmente la tierra por los rayos del sol más de prisa que el mar, se origina una pequeña baja sobre la costa que da origen a una corriente de aire del mar hacia tierra llamada *virazón.* Por el contrario, durante la noche la tierra se enfría más de prisa que el mar y sucede lo contrario, dando origen a una corriente de aire llamada *terral.* A escala local también se originan vientos entre los valles y las montañas, y a escala continental los vientos llamados *monzones.*

La dirección del viento se expresa por el punto cardinal de la rosa de los vientos, de donde sopla, o en grados si la rosa se considera dividida en 360°.

La velocidad del viento viene medida por el anemómetro y está clasificada según la escala del almirante irlandés Francis Beaufort y que se detalla en el capítulo de Meteorología.

ROLAR. — Ir el viento variando sucesivamente de dirección.

CAER. — Refiriéndose al viento, es cuando va disminuyendo de intensidad.

CALMAR. — Disminuir la fuerza del viento o de la mar, sea total o parcialmente. Se usa a veces como verbo activo al referirse a chubascos y otras causas que calman el viento o la mar.

RECALMAR. — Disminución repentina y momentánea de la fuerza del viento, para continuar posteriormente con la intensidad anterior.

RACHA. — Ráfaga o movimiento violento del aire y por lo general de poca duración.

CONTRASTE. — Cambio repentino del viento a la parte opuesta o casi opuesta a la que estaba soplando y que generalmente adquiere entonces gran violencia.

CHUBASCO. — Nube oscura y compacta empujada por fuertes vientos y que según se resuelva da origen a distintas clases de chubasco: de agua, de nieve, de granizo, de viento, etc.

DIFERENCIA DE CALADOS MÁS CONVENIENTE PARA NAVEGAR CON UNA EMBARCACIÓN A VELA. — En todo buque es conveniente llevar una diferencia de calados, siendo mayor el de popa.

La diferencia viene dada por muchos factores y en los barcos de vela, principalmente, por el de la intensidad y lugar por donde se recibe el viento.

Yendo algo apopados nos gobernará mejor la embarcación porque la superficie activa de la activa del timón es mayor. Asimismo, cuando navegamos con vientos duros y tenemos que ceñir, es conveniente que la proa vaya airosa para que remonte las olas con más defensa y embarque menos agua.

En las embarcaciones menores se suele conseguir esta diferencia de calados con la colocación del personal más a proa o más a popa.

En caso de tener que gobernar con popa a la mar conviene que vaya el barco en calados iguales o algo aproado para evitar que las olas remonten la embarcación por la popa.

ESTIBA DE PESOS. — Es la colocación conveniente de pesos en un buque. Estibar un buque es una operación que tiene por objeto repartir los pesos que forman su carga o lastre de manera tal, que sin padecer la estructura del buque, tenga éste suficiente estabilidad, y además, tenga también buenas condiciones marineras para navegar en cualquier circunstancia de viento y de mar.

La estiba de pesos en un barco de carga es muy complicada y de mucha responsabilidad, pues el oficial encargado de la misma ha de tener en cuenta la estabilidad del buque, el asiento más idóneo para la navegación, la compatibilidad o incompatibilidad de las diferentes mercancías, los distintos destinos y la disponibilidad de espacios para embarque de diferentes mercancías en diferentes puertos, así como ir distribuidas convenientemente para que las operaciones de carga y descarga se hagan por el mayor número de bodegas en aras de la rapidez y por ende de la economía.

Es de entender que para lo que está este libro destinado no hace falta desarrollar cada uno de los puntos antes reseñados y sí recordar que los diferentes pesos o mercancías han de estar debidamente trincados antes de salir a la mar, siendo los pesos más propensos a moverse cuanto más altos estén, pues los balances y cabezadas de un barco pueden representarse como movimientos de un péndulo al revés.

LASTRADO. — El lastrado tiene por objeto aumentar la estabilidad de una embarcación, aumentar el calado para disminuir la acción del viento y de la mar sobre el casco, contrarrestar la escora por la fueza del viento sobre las velas o aumentar el calado para que la hélice vaya más sumergida.

Como la finalidad principal es la de aumentar la estabilidad, el peso debe ir colocado en la parte más baja del buque y debe estar bien sujeto o firme para evitar corrimientos.

El lastre o peso puede ser de diferentes formas, tamaños y materiales: piedra, arena, lingotes de hierro, plomo u otros metales, lingotes de cemento, agua en los tanques, etc.

La expresión «ir en lastre» significa ir sin carga comercial.

Capítulo 20

MANIOBRAS CON LAS VELAS

DAR LA VELA CON VIENTO BONANCIBLE. — El dar la vela significa el darla e izarla debidamente de acuerdo con la dirección a que se quiera salir.

La maniobra dependerá del espacio de que dispongamos para hacerla y de la dirección del viento con respecto a la dirección de salida.

Si el yate está aproado al viento habrá que dar primero el foque acuartelándolo a la banda contraria a la que se quiere caer. Abrirá la proa, cazaremos el foque de acuerdo con la dirección de salida y maniobraremos con el timón dando después la mayor.

Si el yate está popa al viento y se quiere salir ciñendo habrá que dar la mayor para que el bote caiga de orzada, actuando con el timón. Al ir cayendo la proa hacia el viento se izará y cazará el foque para detener la caída y quedarnos a rumbo.

Estos casos reseñados corresponden al barco parado en el agua sin estar sujeto a ancla, boya, muelle o cualquier amarra. Si el barco estuviera amarrado se abrirá la proa o la popa con el bichero para después izar las velas convenientemente.

DAR LA VELA CON VIENTOS FUERTES. — La forma viene a ser la misma que con vientos flojos con la salvedad que habrá que dar poco trapo, cazar poco las velas o tomar rizos de acuerdo con la intensidad del viento para evitar caídas bruscas, abordajes a muelles o a embarcaciones o simplemente perder el control del gobierno.

De acuerdo con el espacio de maniobra y la dirección de salida con respecto al viento se tomarán las precauciones debidas, ya que si hay que salir ciñendo habrá que tener en cuenta las bordadas para hacerlas virando por avante o en redondo y llevar el ancla lista por si fuera necesario utilizarla.

Con vientos fuertes hay que procurar que las velas no *flameen,* pues los gualdrapazos de la vela y los vaivenes de las botavaras pueden causar averías y herir a los tripulantes.

SALIR A LA VELA ESTANDO FONDEADOS. — Normalmente, el barco estará aproado al viento y entonces pueden ocurrir dos casos: que la salida sea hacia el viento o a favor del viento. A continuación detallamos tres casos:

Figura 135. 1. Cobra amarra anclote por amura opuesta a la salida, timón a la banda de salida.
2. Anclote a pique, zarpa anclote, acuartela trinquete y cambia timón.
3. Bote aproado a la salida, caza trinquete y larga y caza mayor.

Si el viento abre por la banda opuesta a la salida hay que caer a la buena, y se procederá así:

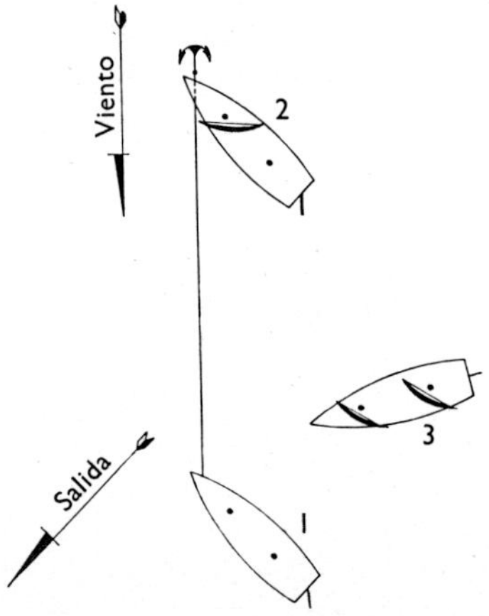

Fig. 135

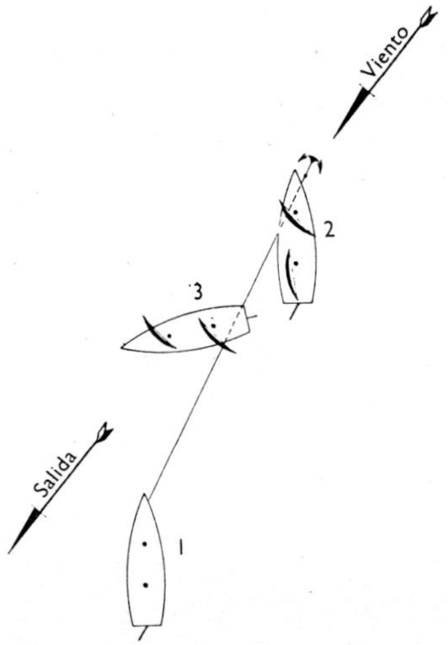

Fig. 136

Figura 136. 1. Cobra amarra y anclote como en el caso anterior.
2. Anclote a pique, zarpa anclote, larga y caza las velas con timón a la banda de salida.
3. Con el bote aproado a la salida, cambiar el timón para aguantar la caída.

Caer a la buena equivale a caer a favor del viento.
Si el viento abre por la banda de la salida hay que caer a la mala. Véase:

Figura 137. 1. Cobra amarra de anclote por la aleta opuesta a la salida, timón a la banda contraria.

2. Anclote a pique, zarpa anclote, acuartela trinquete y cambia timón.
3. Bote aproado a la salida, caza trinquete, larga y caza mayor.

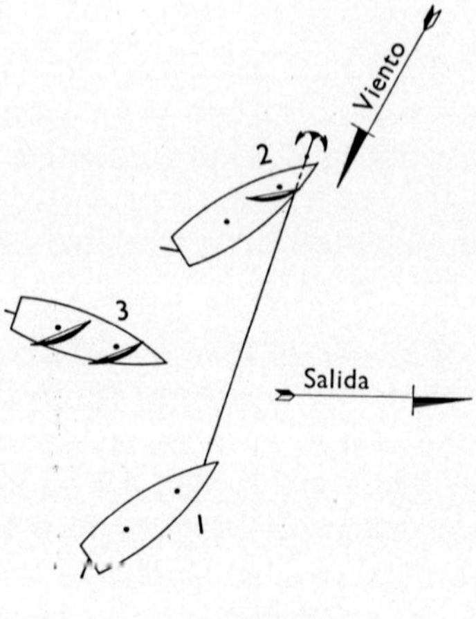

Fig. 137

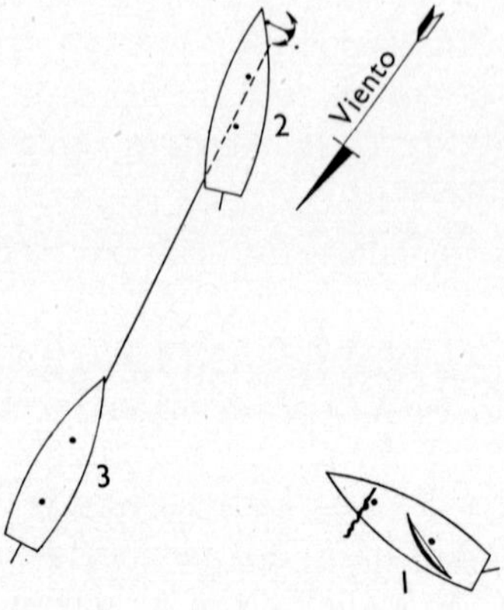

Fig. 138

Si el barco estuviera fondeado con dos anclas levaremos primero la que trabaje menos y después procederemos como se ha detallado anteriormente. Si trabajasen las dos por la proa se virarán ambas hasta que zarpe la que tiene menos cadena. Si estuviéramos fondeados a barbas de gato se virará primeramente de una hasta tenerla a bordo filando de la otra si fuera necesario y procediendo a virarla después. Si estuvieran las anclas una a la entrante y otra a la vaciante se cobrará la que no trabaje arriando la otra según pida y una vez que zarpe se virará la que trabaja.

FONDEAR A LA VELA. — Se representa un caso en la figura 138. En la posición

1. Próximo al fondeadero, salta escota trinquete, caza la mayor al medio y timón de orza.
2. Bote aproado al viento y poca arrancada, carga mayor, timón a la vía, fondo anclote, arpeo o rezón, fila cadena.
3. Una vez filada la suficiente cadena afirmarla y abozarla.

En el caso de acercarse al lugar de fondeo ciñendo es aún más sencillo, teniendo en cuenta el abatimiento.

Normalmente se fondeará con proa al viento (a no ser que el viento sea de poca intensidad y el yate lleve poca arrancada) para lo que se arriará el trapo necesario con la antelación suficiente y teniendo en cuenta el abatimiento para llegar al punto de fondeo.

Si hubiera corriente habrá que tenerla también en cuenta.

La cantidad de cadena que conviene arriar es de tres a cuatro veces la profundidad del agua y se ha de ir arriando lentamente según vaya pidiendo al ir el barco con arrancada hacia atrás pues si se deja salir mucha cadena de golpe puede caer sobre el ancla dando origen a que tome vueltas y el ancla después garree.

En el momento de dar fondo es conveniente que el barco haya iniciado la arrancada hacia atrás. Con ello el ancla quedará en una posición más conveniente de agarre y la cadena quedará mejor tendida y sin montar en el ancla.

El fondeo con dos cadenas por la proa, a barbas de gato y una a la entrante y otra a la vaciente viene detallado más adelante.

LEVAR EL ANCLA CUANDO ESTA MUY AGARRADA. — Lo normal, cuando el ancla no se puede virar a bordo, es que esté enganchada en una roca o piedra, aunque también puede estarlo en otra ancla o cadena. En este caso se virará y arriará varias veces y a la vez, con la máquina o las velas, se cambiará la posición del barco con respecto al punto de fondeo para que al llamar con distintos ángulos y en diferentes posiciones quede clara y se pueda virar a bordo. Si no zarpara así, habrá que desengrilletarla y balizarla convenientemente para posterior recuperación por buceadores.

En caso de tomar vueltas la cadena con la de otra ancla fondeada se procederá de una forma similar a como se explica más adelante en la pregunta «Zafar vueltas a las cadenas».

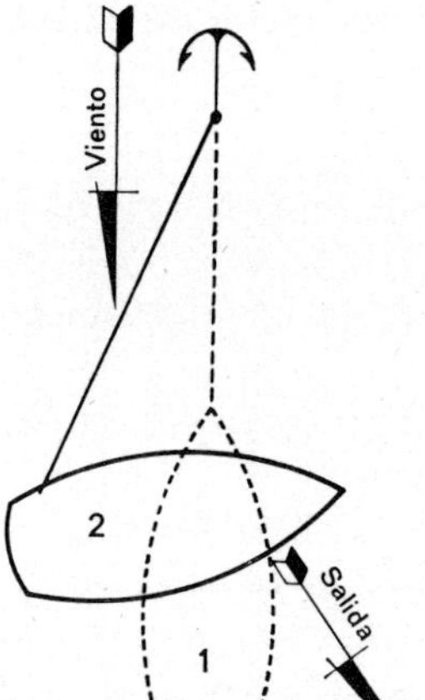

Fig. 139

CAER SOBRE UNA BANDA DETERMINADA. — Para caer hacia una banda determinada (Br. o Er.), estando aproado el buque al viento izaremos el foque cazándolo a la banda contraria a la que se quiera caer con lo que abatirá la proa hacia dicha banda.

Si la embarcación estuviera parada, como el barco inicialmente tomará arrancada hacia popa, meteremos la pala del timón a la misma banda que el foque para facilitar la caída.

Si estuviera fondeado y pudiéramos manejar la cadena o la amarra del ancla cobraremos dicha amarra desde la banda contraria hacia la que se pretende caer en la forma de la figura 139.

DISPOSICIÓN DEL TIMÓN AL DAR LA VELA EN CASO DE HABER CORRIENTE. — Se pueden dar muchos casos o combinaciones del viento y la corriente, pues pueden venir de la misma dirección o de distinta así como dominar uno u otro.

Normalmente al hablar de corriente a efectos de tenerla en cuenta será de bastante importancia como la de los ríos o las de las mareas en pasos angostos, y la proa estará de cara a la corriente por lo que el timón estará a la vía si el rumbo a seguir es el de proa a la corriente. Si la salida ha de ser a favor de la corriente y dado que al dar las velas del barco no tiene arrancada inicial hacia proa, sino que lo hará hacia popa, habrá que meter la pala del timón hacia barlovento (o sea: hacia la banda contraria a la que se va a caer) y una vez que las velas den arrancada hacia proa se cambiará hacia la banda de caída.

Si el viento y la corriente trabajan en direcciones opuestas y domina la corriente se izará primero el foque si la dirección de salida es ciñendo, o se izará primero la mayor, con el timón hacia la banda de caída, si la salida es a favor de corriente.

De todas formas el timón, inicialmente, actúa con poco efecto, ya que el barco aún no tiene arrancada. De haber mucha corriente es la que actuará sobre el timón.

DIFERENTES FORMAS DE NAVEGAR SEGÚN SE RECIBA EL VIENTO. — Véase figura 63.

Por la amura o ciñendo. — Es cuando la dirección del viento forma un ángulo de 4 cuartas (45°) aproximadamente con la dirección de la proa. También se llama *navegar de bolina* porque para disminuir el ángulo de la proa con el viento es necesario halar de las bolinas.

A un descuartelar. — Consiste en navegar con el viento abierto de la proa 7 cuartas (78,7°). Es una posición intermedia entre ceñir y navegar de través.

A la cuadra o de través. — Es llevar el viento por el través, es decir: abierto 8 cuartas (90°). Con vientos duros y sobre todo racheados no es aconsejable navegar de través.

Por la aleta y a un largo. — Son dos términos casi equivalentes. A un largo viene a ser navegar con el viento a partir de las 10 cuartas hacia popa (112°) y por la aleta es a 12 cuartas (135°).

En popa. — Es cuando se navega con el viento aproximadamente por la popa. Si es exactamente por la popa, o sea a 16 cuartas (180°), se llama *en popa cerrada.* Las velas, para aprovechar el viento a lo máximo, van abiertas una a cada banda «a orejas de mulo».

Para efectos de los Reglamentos de Abordajes o Regatas, cuando el viento se lleva por la popa, se considera barlovento el costado opuesto donde va la botavara de la mayor o el costado opuesto a donde está la mayor parte del velamen extendido.

TOMAR RIZOS. — Los rizos son pedazos de cabo delgado hechos firmes en las velas que sirven para ferrar (recoger) una parte de ellas al pasarlos por los ollados y hacerlos firmes con nudos.

El tomar rizos en las velas, o sea disminuir su superficie, se hace cuando el viento es duro y se teme que su fuerza cause averías en los palos o en la jarcia.

Para tomar rizos se arrían las drizas de boca y pico a fin de que la vela descienda lo necesario para poderlos tomar sobre la botavara.

La vela lleva varias fajas de rizos a diferentes alturas paralelas a la botavara, y los nudos de los rizos afirmados se harán a un costado u otro de la botavara alternativamente para cada faja de rizos.

Las velas de los yates modernos no llevan rizos, pues para disminuir la superficie de la vela se hace girar la botavara y la vela se enrolla en la misma.

Para tomar rizos navegando es conveniente aproarse al viento dejando la vela casi flameando.

SISTEMAS MECÁNICOS PARA TOMAR RIZOS. — Como hemos dicho, en los yates modernos, la botavara tiene un sistema mecánico en su extremo junto al palo consistente en una rueda dentada con perrillos y una manivela, y que actuando sobre ellas da vueltas la botavara sobre su eje y va enrollando la vela. La función de los perrillos sobre la rueda dentada es que en cualquier momento queda trincada y no se desvira.

Hay otro sistema consistente en un tornillo sin fin cuya finalidad es la misma: la de hacer girar la botavara sobre su eje.

Estos sistemas mecánicos sólo son aconsejables para velas finas de poco peso y de pequeño o mediano tamaño.

CARGAR Y MAREAR VELAS CON BUEN Y MAL TIEMPO. — Cargar una vela es recogerla, para lo que primeramente habrá que *desahogarla o apagarla* arriando sus escotas. Posteriormente se arrían las drizas y se va recogiendo cuidando de que no caiga fuera de la borda y se moje.

Con viento duro hay que tratar de que al arriar la escota no se haga totalmente (no arriarla en banda) para que la vela se quede con viento. De lo contrario pegará fuertes gualdrapazos al quedarse flameando y se hará peligrosa, así como la botavara.

Los foques pueden arriarse de las drizas sin haber arriado las escotas.

En caso de peligro porque el barco no recupera la estabilidad habrá que largar totalmente aunque se pierda la vela o haya averías de menor cuantía.

Tener en cuenta que al ir arriando las velas los efectos del oleaje se acusan más y el conservar la vertical para las personas, máxime con la cubierta mojada, se hará más difícil.

Marear velas. — Es orientarlas convenientemente para sacarles el mayor rendimiento.

Lógicamente el mayor rendimiento irá supeditado a las circunstancias del momento, por lo que en caso de mal tiempo habrá que cazarlas de manera que no pongan en peligro la seguridad del buque.

ENVERGAR Y DESENVERGAR VELAS. — Envergar es la operación de sujetar la relinga del gratil o caída de una vela a su verga respectiva, a su nervio, stay, palo o botavara mediante ligadas, garruchos, anillos de hierro, etc.

Desenvergar es quitar las velas de las vergas, perchas o palos.

Capítulo 21

MANIOBRAS EN LA NAVEGACION

VIRAR POR AVANTE. — Equivale a cambiar de amura pasando la proa por el viento. Figura 140.

1. Salta escota de trinquete y caza mayor al medio, timón de orza poco a poco.

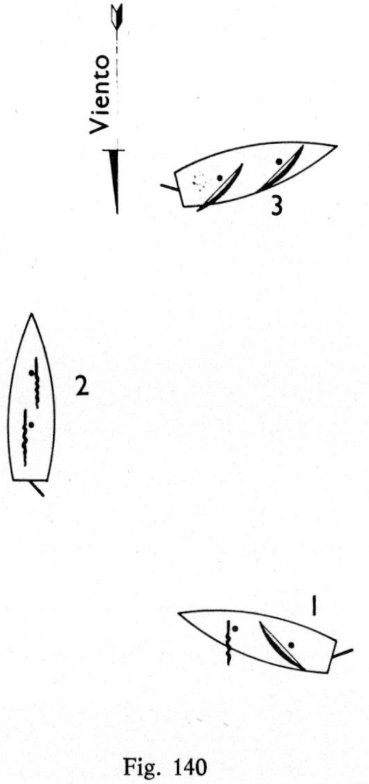

Fig. 140

2. Viento *a fil de roda,* arría y cambia mayor. El trinquete se habrá cambiado antes. Si en esta operación el buque se queda quieto, se abre el trinquete con la mano o remo y se mete el timón a Er.

3. Cuando el viento se abre lo suficiente para ceñir por la nueva amura, se larga y caza ambas velas y se cambia el timón para aguantar la caída.

Lógicamente, para virar por avante el barco llevará arrancada y en caso de que la maniobra falle por falta de arrancada habrá que ponerlo a navegar nuevamente e iniciar la maniobra, o bien, si se ha quedado con el viento a fil de roda, acuartelar el trinquete (foque) y meter el timón de arribada para que caiga la proa hasta que tomen viento las velas para salir ciñendo.

VIRAR POR REDONDO. — Consiste en cambiar de amura pasando la popa por el viento. Figura 141.

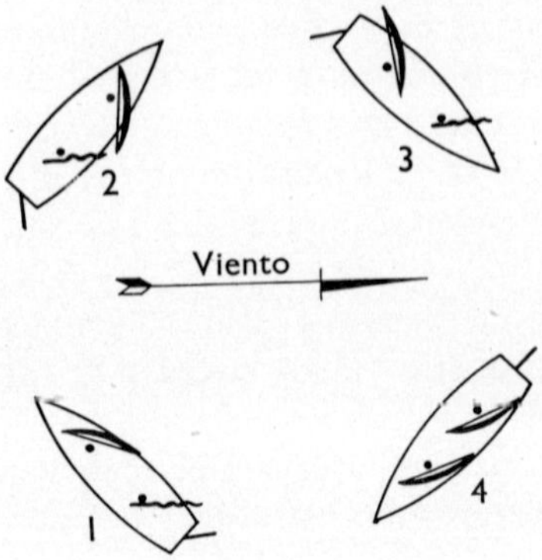

Fig. 141

1. Caza trinquete al medio y salta escota de la mayor, timón de arribada.

2. El bote ha caído seis cuartas, arría y cambia mayor.

3. Viento de popa, caza mayor y salta escota trinquete.

4. El bote está ciñendo por la nueva amura, caza trinquete, cambia timón para aguantar caída.

VENTAJAS E INCONVENIENTES DE ESTAS VIRADAS. — La virada por avante presenta las siguientes ventajas: no se pierde barlovento, se efectúa en poco espacio, es más rápida y no es peligrosa.

El mayor inconveniente que presenta la virada por avante es que cuando los vientos son flojos el barco no lleva la suficiente arrancada para poder efectuar la maniobra. También con vientos muy duros y mar gruesa, que obligan a caer siempre la proa de arribada, habrá que optar por virar en redondo.

La virada en redondo presenta la ventaja de poderla hacer con viento flojo, pero presenta los inconvenientes de pérdida de barlovento, necesita más espacio que la virada por avante, y resulta peligrosa con vientos fuertes, pues al cambiar el viento de banda la botavara lo hace bruscamente, lo que puede originar averías en las burdas u obenques y herir a los tripulantes. Por otra parte queda en dos posiciones de la virada atravesado el barco a la mar, lo que siempre es un riesgo que hay que evitar.

En las viradas los yates de orza rebatible la llevarán arriada y los de orza de sable o de pivote la llevarán calada.

En resumen: siempre se debe virar por avante a no ser por imperativos de las circunstancias.

MANIOBRA CON CHUBASCOS Y VIENTOS DUROS. — La experiencia aconseja que antes de salir a la mar se deben adquirir los conocimientos suficientes sobre la costa en que se navega, vientos, corrientes, situación meteorológica, etc., y tomar las precauciones con respecto a las seguridades que nos ofrece el barco en que navegamos. Pero si aún así nos encontramos en dificultades una vez en alta mar, deberemos tener en cuenta que, aunque nuestra primera reacción sea encontrar refugio en tierra, la costa que intentamos ganar reúna condiciones ventajosas de fácil acceso y refugio, ya que una costa rocosa o acantilada que no esté a sotavento es mucho más peligrosa que el alta mar. Por otra parte, hay que tener en cuenta la dirección, fuerza y tendencia del viento y de la mar, ya que el querer llegar precipitadamente a puerto o a la costa puede ser causa de que el barco zozobre.

Un buque está en mejores condiciones de aguantar malos tiempos cuando recibe la mar por la proa; por lo tanto un velero navegando irá ciñendo (a la capa).

En *los veleros* es aconsejable reducir superficie útil en el velamen para que no escore demasiado el barco y para evitar zozobrar o daños en la arboladura o velamen.

Los pesos se alojarán a popa para que la proa remonte con mayor facilidad las olas.

La gente se sentará en el plan, las escotas bien templadas y menos cazadas que en buen tiempo y listas para arriarlas en banda en caso necesario.

Evitar, con viento duro y racheado, el que las velas se queden sin viento, pues al coger viento de nuevo podría dar la voltereta la embarcación.

Si nos interesa acercarnos a la costa, al mismo tiempo que estar capeando el temporal, navegaremos ciñendo por la banda opuesta a la que se encuentra la costa.

El navegar de popa al viento, con la vela de proa, también sería aconsejable, si bien es más peligroso.

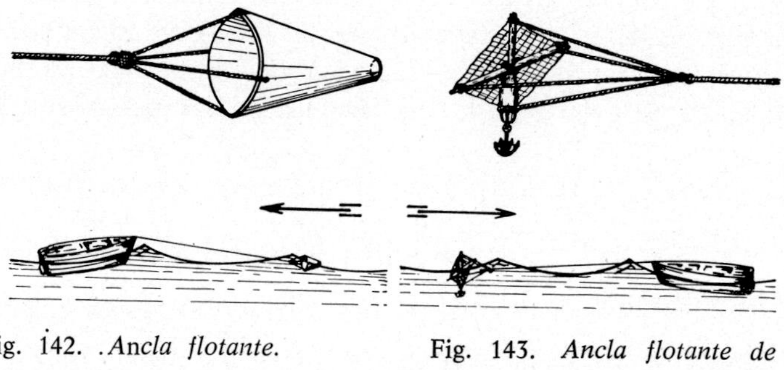

Fig. 142. *Ancla flotante.* Fig. 143. *Ancla flotante de fortuna.*

También se puede capear el temporal con un ancla flotante, figuras 142 y 143, ayudada, a ser posible, con una vela en la popa que ayude a mantener la proa de cara al viento.

En una embarcación de motor lo más aconsejable es mantenerse a la capa, para lo que se reducirá la velocidad del motor de manera que sea suficiente para que la embarcación no pierda el gobierno, aunque no avance, y recibir la mar y el viento por la amura que nos convenga.

El poner popa al viento es peligroso ya que gobierna mal la embarcación y a veces al acompasarse o ganar la velocidad de las olas a la del barco, las olas se montan por la popa originando el hundimiento de la embarcación.

La mayoría de las embarcaciones deportivas a motor van apopadas por el peso del mismo, apopándose más al llevar velocidad, lo que hace que, al tener más obra muerta a proa, traten de atravesarse al viento. Por ello para capear un mal tiempo con cierta seguridad es muy útil el uso del ancla flotante.

Como precaución general, navegando con malos tiempos, ponerse el chaleco salvavidas.

REMEDIAR LA FALTA DE DRIZAS, STAYS Y OBENQUES. — La rotura de drizas se remedia cambiándolas por nuevas, pero si no se tienen habrá que hacer un empalme teniendo en cuenta que no debe hacerse en el trozo de cabo que ha de laborear por roldanas, ya que no pasaría por la cajera correspondiente y la maniobra de dicha vela estaría limitada. En todo caso es conveniente invertir el cabo para que laboree la parte menos desgastada y cargar las velas para reponer o reparar las drizas.

Un cuidado que ha de tomarse con las drizas, y en general con todos los cabos de fibra natural, es que debido a la humedad se encogen, por lo que se ponen muy tesos y algunos faltan, por lo que cuando se mojan hay que lascarles un poco, así como cuando se secan y se aflojan hay que cobrarles (tesarles).

Cuando faltan los stays (cabos, generalmente metálicos, que sujetan los palos para que no se caigan hacia popa) habrá que arriar las velas para que no trabajen los palos mientras se prepara el aparejo que sustituya el stay averiado.

Si son obenques habrá que navegar de forma que trabajen los del costado que no estén rotos mientras se sustituyen o reparan, tesándolos nuevamente mediante un aparejo.

DISPOSICIONES QUE DEBEN TOMARSE SI SE RINDE EL PALO MAYOR. — Normalmente en un bote, la desarboladura del palo mayor corresponde a quedarse sin velamen por ser el único que tiene. Si el velero es de mayor porte y tiene más palos (trinquete, mesana, etc.), se seguirá con el resto del velamen mientras no se repare.

La primera disposición que habrá de tomarse será de aclarar la cubierta recogiendo el velamen y cortando o destrincando la jarcia inútil. Posteriormente, habrá que tratar de reparar o empalmar el palo mediante fuertes ligadas o refuerzos, o bien aprovechar los trozos más largos para arbolar una vela de fortuna.

AVERÍAS EN EL TIMÓN. — Las averías pueden producirse en la transmisión o en el timón propiamente dicho.

Las averías que se producen en la transmisión (rueda, guardines, caña, cables o cabos de transmisión, roldanas, etc.), son más sencillas de reparar por estar al alcance de la mano, y podemos reemplazar dichas piezas o repararlas. Pero si las averías están en el timón, por encontrarse éste sumergido, su solución es más difícil y normalmente imposible por la carencia de medios y repuestos, y por la dificultad que entraña el agua y el estado de la mar.

Normalmente, se procede a armar un timón provisional, que bien puede ser un remo, bichero, percha, tabla o madera, hechos firmes en la popa (en crujía) por medio de un estrobo o ligada.

GOBERNAR CUANDO NAVEGANDO A VELA EL BUQUE PIERDE EL TIMÓN. — Compensando de una manera continua los efectos de las velas y conociendo bien las reacciones del barco se puede, más o menos, mantener el rumbo. Ya sabemos que al cazar las velas de proa el barco arriba, y al cazar las velas de popa el barco orza. Se puede hacer firme el foque y cazando o acuartelando en mayor o menor grado la mayor se puede hacer que la proa caiga a Br. o a Er.

Otra forma es provocar el «frenado» en la banda hacia la que se quiere caer mediante el hecho de sumergir por la aleta correspondiente cualquier objeto sujetándolo a bordo.

CAPEAR. — Es aguantar un temporal proa o amura a la mar para no atravesarse y que las olas rompan contra el costado o den la vuelta a la embarcación.

Para aguantarse proa a la mar hay que llevar cierta arrandada para que no falte el gobierno, y en un velero para ir avante habrá que ir ciñendo. Al ir ciñendo con poca arrandada el barco abatirá mucho, con lo que las olas que vienen por la amura de barlovento rompen antes de llegar a la amura en el remanso que se forma debido a que el barco va abatiendo.

Capear en un velero por una u otra banda dependerá de hacia dónde vaya abatiendo, pues habrá que alejarse de los peligros.

Para capear habrá que quitar trapo o dejar sólo el imprescindible para que la embarcación pueda gobernar. Hay yates que llevan velas de capa, que son velas de pequeña superficie.

MAREAR UN BUQUE QUE ESTÁ A LA CAPA. — Consiste en aguantarse ciñendo sin ir prácticamente avante.

Si el barco tiene tendencia a orzar (aproarse a la mar) habrá que lascar escota de la mayor (o de la vela de capa), o bien cazar más el foque.

Si el barco tiene tendencia a arribar habrá que amollar (aflojar) escota de foque o cazar más la vela mayor o la de capa.

Habrá momentos en que el barco cogerá arrancada. Al cambiar las velas de posición perderá arrancada, e incluso parará y tomará arrancada hacia atrás. Al cambiar nuevamente la posición de las velas volverá a tomar arrancada, etc. La acción de orientar las velas para sacarles el rendimiento deseado, en este caso el aguantarse ciñendo, se llama «marear».

MANIOBRA EN LOS CONTRASTES. — Ya sabemos que el *contraste* es un cambio repentino del viento a la dirección opuesta o casi opuesta.

Lógicamente, al cambiar repentinamente el viento a dirección opuesta, la arboladura sufrirá la suma de la velocidad del barco y la del viento, por lo que si no se maniobra rápidamente puede llegar a desarbolar el barco. Como las velas estarán acolchadas contra los palos y las jarcias, habrá que hacer arribar el buque acuartelando o arriando el foque según convenga y actuando con el timón.

Los contrastes se pueden prever, pues tienen sus signos precursores: caída de intensidad del viento, cambio de dirección de las nubes, aparición de mar en dirección opuesta, y cambios de temperatura, humedad y olor del viento. Si se prevé el contraste hay que reducir trapo o quedarse a palo seco para evitar averías.

Capítulo 22

EFECTOS EN EL GOBIERNO DEL BUQUE

CORRIENTES GENERADAS POR LAS HÉLICES. — Al ponerse en movimiento una hélice se originan dos corrientes: la de *aspiración* y la de *expulsión*.

Corriente de aspiración. — En la marcha avante, el agua es atraída de proa hacia popa produciendo una corriente paralela y junta a las formas de la obra viva en la parte del casco, especialmente en la parte de popa (fig. 123). Esta corriente no produce efectos evolutivos, es decir, no afecta al gobierno del buque.

Con la hélice en marcha atrás la corriente de aspiración, lógicamente, va de popa hacia proa. Tampoco afecta al gobierno del buque.

Corriente de expulsión. — El agua atraída al ser «cortada» por las palas de la hélice que gira, toma un movimiento de rotación y a la vez es expulsada, lo que origina la corriente de expulsión.

Esta corriente, por tanto, no se desplaza inicialmente paralela a las formas del barco, sino que lo hace oblícuamente (figs. 122 y 123).

En la misma figura podemos observar que en una hélice destrógira, yendo avante, el agua es expulsada por las palas bajas sobre la parte baja del timón. Debido a que la parte baja del timón suele ser más ancha que la parte alta, y debido a que las palas bajas trabajan en aguas más profundas, y por lo tanto más densas, la fuerza producida por la corriente de expulsión en la parte de Er. es mayor que en la de Br., por lo que la popa caerá a Br., o sea, la proa a Er.

En la marcha atrás el agua de la expulsión choca contra la bovedilla de Er. y contra las partes bajas del codaste popel. Por tener más superficie de choque a Er. y por la forma de la bovedilla, generalmente es mayor la fuerza producida en Er. por la corriente de expulsión lo que hace que la popa caiga a Br., o sea: la proa a Er.

En los barcos de dos hélices, una destrógira y otra levógira, estos efectos se compensan cuando las dos van avante o las dos van atrás.

EFECTOS DE LAS HÉLICES Y EL TIMÓN EN EL GOBIERNO; CASOS DE BUQUE PARADO Y BUQUE EN MOVIMIENTO; BUQUE DE UNA O DOS HÉLICES. — En el gobierno de los buques de una hélice, pueden presentarse los siguientes casos:

1. buque avante y hélice avante;
2. buque atrás y hélice atrás;
3. buque avante y hélice atrás;
4. buque atrás y hélice avante.

En el capítulo 17 detallamos en las figuras dichas combinaciones con hélice destrógira.

En los buques de dos hélices, la una es destrógira y la otra levógira, y se pueden presentar los casos siguientes:

1. buque avante y las dos avante;
2. buque atrás y las dos atrás;
3. buque avante y las dos atrás;
4. buque atrás y las dos avante;
5. una hélice avante y la otra atrás.

En cualquiera de los cuatro primeros casos se contrarrestan los factores de gobierno de ambas hélices y el buque únicamente obedece al timón, y respecto al 5.° caso, y otras combinaciones que se pueden hacer, la proa cae siempre hacia la banda de la hélice que cía.

En los buques de tres hélices, los factores de gobierno resultan de la combinación de los dos casos antes detallados.

EFECTOS DE LA ESCORA EN EL GOBIERNO. — Un buque de propulsión mecánica escorado con el timón a la vía, tiene tendencia a caer hacia el costado donde está escorado porque la parte de obra viva es mayor en la banda hacia la que está escorado y, por lo tanto, ofrece más resistencia al agua que el otro costado que va más emergido. Habrá que compensar el efecto de la escora metiendo unos grados de timón hacia la banda contraria.

Tratándose de un velero, al escorarse por la fuerza del viento, el choque del agua contra la amura de sotavento, debido a que va abatiendo sobre dicho costado y a que el plano inclinado de dicha amura cierra la salida de las aguas, hará orzar al barco.

EFECTOS DEL ASIENTO EN EL GOBIERNO. — Ya hemos dicho que en circunstancias normales es conveniente navegar con el barco algo apopado, pues los efectos del timón y de la hélice son mayores por trabajar en aguas más densas.

Si el barco está aproado, el buque obedece peor al timón, pues el timón y la hélice van menos sumergidos y trabajan en aguas de menos densidad. Si el barco cabecea por el oleaje, mayor razón para que el timón pierda su efecto al salir del agua.

Ocurre lo mismo en los veleros.

INFLUENCIA DEL POCO FONDO EN EL GOBIERNO Y EN LA VELOCIDAD DEL BUQUE. — La poca profundidad en las aguas obstaculiza el normal desenvolvimiento de las aguas desplazadas por la obra viva del barco, lo que hace aumentar la presión sobre la misma, por lo que la resistencia es mayor, es decir, disminuye la velocidad.

Por otra parte, al estar sometida la carena a mayores presiones, el efecto del timón será menor por la proporción que tiene sobre las mismas, luego el barco gobernará peor.

La influencia del fondo será mayor cuanto menos profundidad haya y cuanto mayor sea la obra viva del barco.

Capítulo 23

ATRACADAS Y DESATRACADAS

ATRACADAS Y DESATRACADAS. — *Atracar* es arrimar el buque al muelle, a otro buque (abarloarse) o a cualquier otro lugar. *Desatracar* es lo contrario, o sea, separarse.

Ante la infinidad de casos distintos que se pueden presentar, algunos de los cuales presentamos más adelante; el que manda un barco, antes de la maniobra, tendrá que hacerse una composición de lugar para armonizar los diferentes factores de que tiene conocimiento, y otros que se pueden presentar. Reseñaré algunos así como ciertos complementos de la maniobra.

Antes de comenzar la maniobra se habrá avisado al personal de máquinas para que prepare las mismas para la maniobra.

Los medios propios con que se cuenta son: máquina, timón, anclas y cabos, y como elementos ajenos, a los que muchas veces se les saca partido, el viento y la corriente.

Hay que tener en cuenta el espacio disponible para efectuar las maniobras y espacio en el lugar de atraque.

Llevar listas las guías, puestas las defensas y listos y claros los cabos.

Dirigirse al lugar de atraque con poco arrancada y con un ángulo de atraque de 20° a 30° en circunstancias normales, o con ángulo suficiente para que sea primero la amura la que atraque, recordando que los elementos vitales de gobierno están a popa (hélice y timón) y que cualquier avería en ellos es de graves consecuencias.

Tener en cuenta el tiempo muerto necesario para que la máquina invierta el sentido de marcha.

Prever fallos de máquina o rotura de cabos.

Cuidar de que la hélice no atrape los cabos que estén en banda.

Prever la maniobra de salida, para lo que puede interesar atracar por un costado u otro, así como fondear el ancla.

Recordar que el costado más conveniente para atraque es el de Br. para buques de una sola hélice, porque al dar atrás la popa cae a Br. con lo que atraca al cerrar el ángulo con que nos hemos acercado al muelle.

El punto pivote sobre el que gira el barco por el efecto del timón está aproximadamente a 1/3 de eslora contado a partir de la proa.

Las órdenes al timonel y a la máquina han de ser repetidas por el timonel y el telégrafo o personal de máquinas para que el mando sepa que se han entendido.

Cuando hay viento y/o corriente contar con sus efectos o con la resultante de ambos.

El viento actuará más en la parte del barco que tenga más obra muerta y la corriente en la parte del barco que tenga más obra viva.

Tomar enfilaciones visuales de referencia con puntos fijos en tierra para saber lo que hace el barco, pues el pequeño oleaje da sensaciones erróneas.

Las maniobras de abarloarse a otro barco son iguales que las de atraque a un muelle, pero se habrán de extremar los cuidados porque las averías que se pueden producir suelen ser de mayor consideración.

Cuando se actúe con máquina estando sobre cabos hacerlo inicialmente con poca y una vez tesos los cabos ir aumentando máquina gradualmente.

Una vez atracados las amarras no deben quedar nunca sobre las maquinillas o molinetes. Hay que hacerlas firmes en las bitas.

Colocar las rateras en los cabos.

Colocar la escala debidamente amarrada y firme para evitar accidentes y que esté bien iluminada durante la noche. Tener a mano una guindola salvavidas.

Las maniobras con dos hélices quedan muy simplificadas, pues con una avante y otra atrás en una proporción aproximada de atrás toda y avante dos tercios puede ciabogar un buque, estando parado, prácticamente en un punto.

EFECTO DE LAS ESTACHAS EN LA MANIOBRA. — En la fig. 144

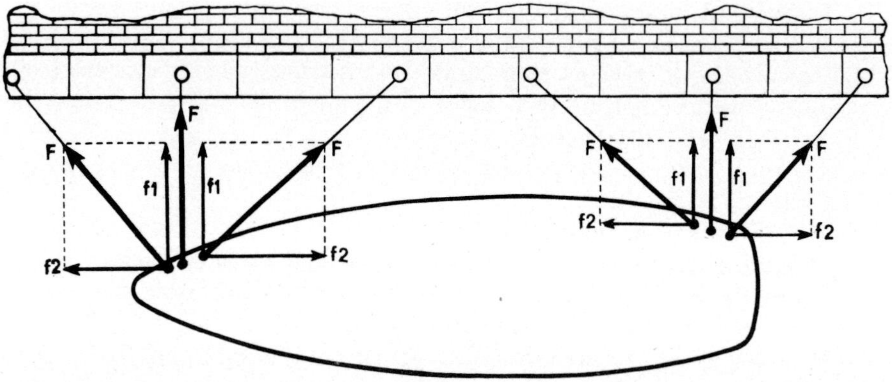

Fig. 144

hemos descompuesto las fuerzas F (fuerzas que se producen al virar los cabos o al aguantarlos porque el buque lleva movimiento) en las fuerzas f_1 y f_2 estudiándolas solamente en el plano horizontal, vemos que:

El largo de proa atraca la proa e imprime al buque movimiento hacia avante.

El spring de proa atraca la proa e imprime al buque movimiento hacia atrás.

El largo de popa atraca la popa e imprime al buque movimiento hacia popa.

El spring de popa atraca la popa e imprime al buque movimiento hacia proa.

Los traveses atracan de través al barco.

Téngase en cuenta que las fuerzas que atracan la proa hacen desatracar la popa y viceversa.

REGLAS GENERALES PARA ATRACAR A UN MUELLE UN BUQUE DE PROPULSIÓN MECÁNICA CON MAR Y VIENTO EN CALMA.— En este caso, la regla de oro es que se hará la maniobra SIN NINGUNA PRISA porque no hay causas que nos apremien.

Recordar todas las recomendaciones hechas al principio de este capítulo.

Véanse las figuras 145 y 146.

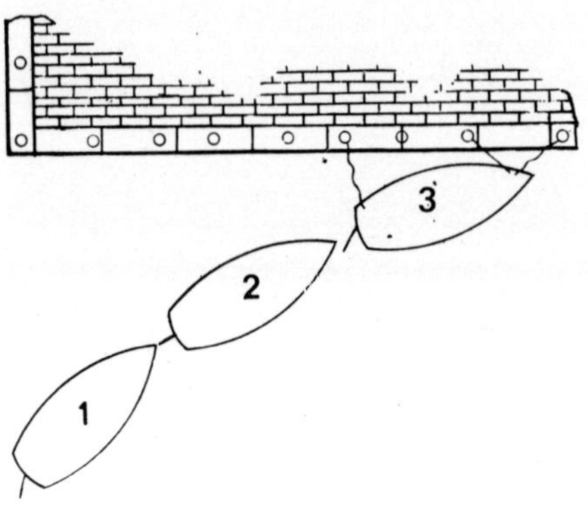

Fig. 145. *Atraque por Br. con proa hacia dentro*

1. Timón a Er. para cerrar ángulo con el muelle. 2. Timón a la vía con poca arrancada. 3. Timón a Er., máquina atrás para parar arrancada. Dar los cabos y atracar.

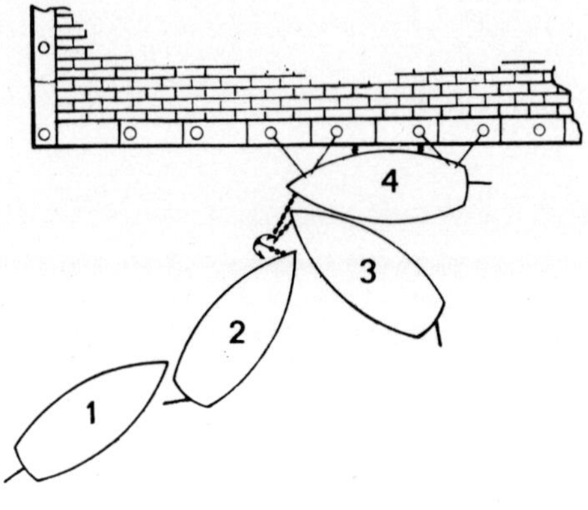

Fig. 146. *Atraque por Er. con proa a la salida*

1. Poca arrancada. 2. Timón a Br. y fondo Br. para hacer cabeza, arriar poca cadena. Poca avante para ciabogar. 3. Parar máquina, dar los cabos al muelle e ir filando cadena según pida. 4. Una vez amarrados y firmes los cabos virar la cadena a bordo.

ATRACAR FONDEANDO UN ANCLA. — Ya hemos dicho que el fondear el ancla puede ser por la utilidad en la maniobra de atraque o en previsión de ser útil en la maniobra de desatraque, por ejemplo, cuando el viento nos aconche por venir del través contrario al del muelle (figs. 147 y 148).

Cuando se fondea con ancla hay que acercarse con un ángulo mayor al muelle, pues aunque dejemos la cadena en banda siempre trabaja algo de spring y la popa cae hacia el muelle más rápido que lo normal, lo cual es peligroso. Habría que compensar dicha caída con máquina avante y timón a la banda contraria a la del ancla fondeada.

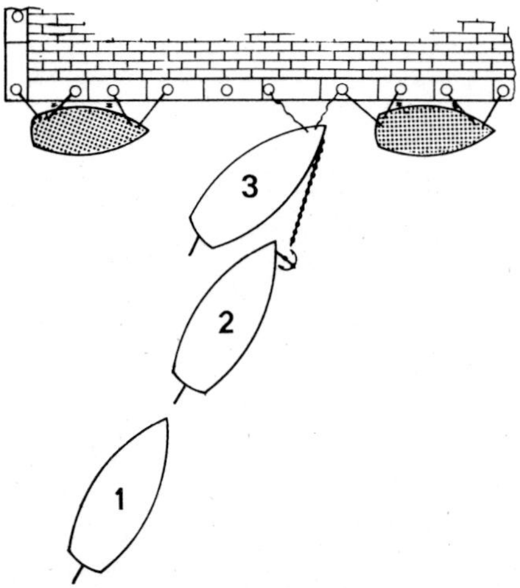

Fig. 147. *Atraque con ancla con proa hacia dentro.*

1. Poca arrancada avante. 2. Fondo Er. fila cadena. 3. Aguanta cadena, máquina atrás para parar arrancada, dar los cabos y acercar la Pp. con máquina y timón.

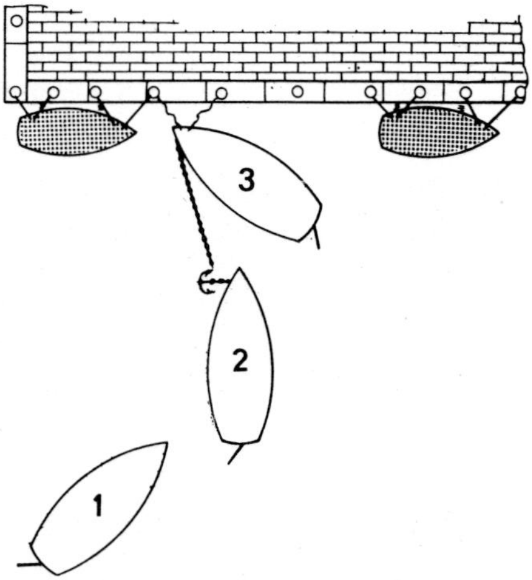

Fig. 148. *Atraque con ancla con proa hacia la salida.*

1. Cayendo a Br. con timón y poca arrancada. 2. Fondo Br., timón a Br. fila cadena. 3. Aguanta cadena, parar arrancada y dar cabos para atracar con máquina y timón filando cadena si fuera necesario.

ATRAQUE CON ANCLA EN ESPACIO REDUCIDO, CON VIENTO Y SIN VIENTO. — Lo vemos representado en las figuras 149 y 150. En el primer caso, que es el más complicado, pondremos proa al viento y al lugar de atraque. En la posición 2 fondearemos con poca arrancada y en la posición 3 pararemos el barco, daremos largo y spring de proa y con máquina avante y timón a Er. atracaremos la popa.

DESATRACAR SIN Y CON ANCLA FONDEADA. — Las figs. 151, 152 y 153 representan formas típicas de desatracar con viento y mar en calma un barco o yate de bastante porte, ya que las embarcaciones menores se pueden separar del muelle con el remo o bichero y virar el anclote a mano por la amura o por la aleta según convenga.

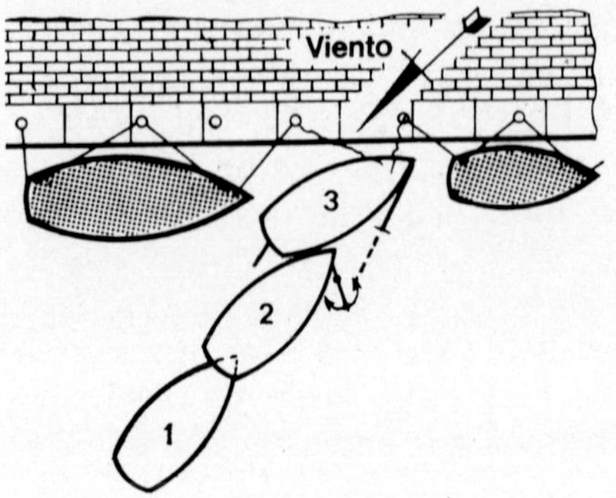

Fig. 149. *Atraque con viento de tierra en espacio reducido.*

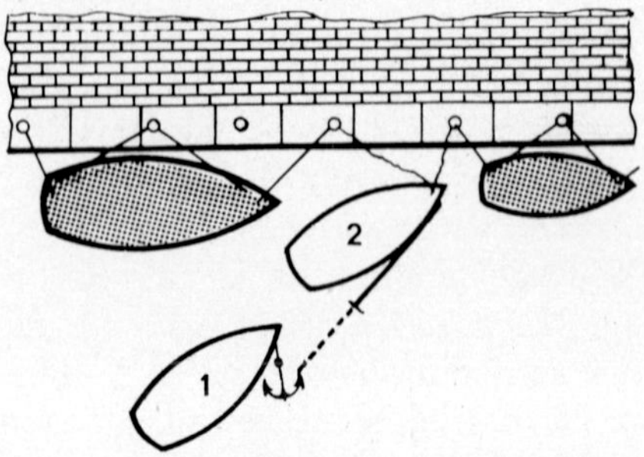

Fig. 150. *Atraque con ancla y sin viento en espacio reducido.*

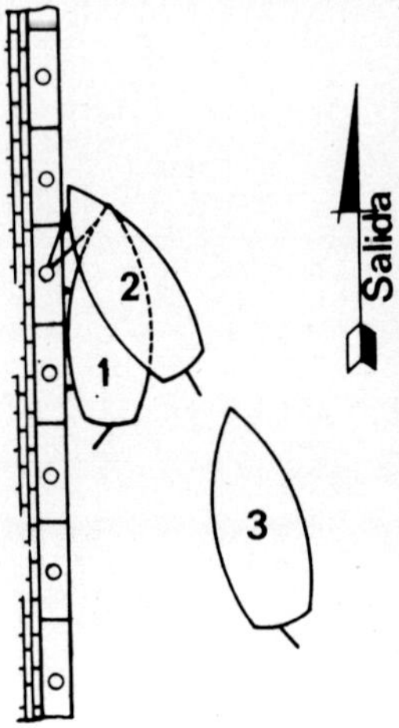

Fig. 151. Largar todo menos spring de proa, todo el timón a Br., máquina avante. 2. Larga spring, timón a la vía, toda atrás. 3. Máquina avante y timón a Er. para caer hacia la salida.

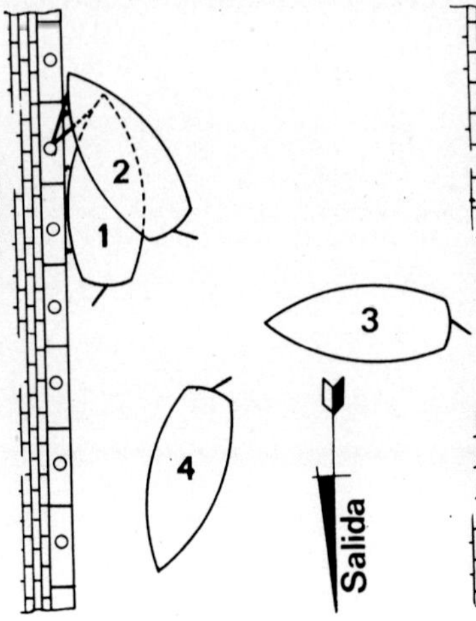

Fig. 152. Largar todo menos spring de proa, todo el timón a Br., máquina avante. 2. Todo el timón a Er., largar spring, máquina atrás. 3. Todo el timón a Br., máquina avante. 4. Poniendo proa a la salida.

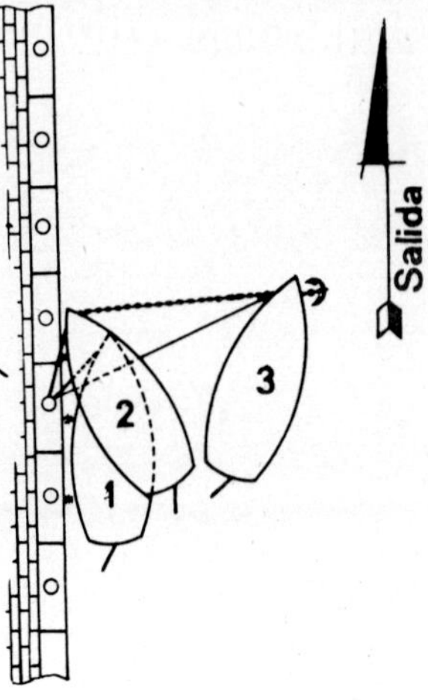

Fig. 153. Larga todo menos spring de proa, timón a Br., máquina avante. 2. Vira cadena y arría spring. 3. Larga spring, vira ancla a bordo, aproarse a la salida.

ATRACAR Y DESATRACAR CON VIENTO PARALELO O PERPENDICULAR AL MUELLE. — A continución se detallan unas cuantas figuras con las principales combinaciones teniendo en cuenta que el viento puede venir de proa o de popa, que venga de aleta o amura, que venga paralelo al muelle y que venga de tierra o de la mar perpendicular al muelle.

Al combinar estos ocho casos con el costado que queramos que quede atracado al muelle, con la diferente intensidad del viento y/o de la corriente y con la dirección de salida nos da una inmensidad de casos que sería imposible reseñar. Véanse figuras 154, 155, 156, 157, 158, 159, 160 y 161.

Ya hemos dicho que conviene navegar con calado mayor a popa que a proa, por lo que navegando la proa abate normalmente más que la popa (depende también de la situación de la obra muerta), y estando parados depende más de dónde está situada la parte mayor de obra muerta. Si es por corriente abatirá más la parte donde haya más obra viva. Estas consideraciones no son determinantes, ya que cada barco tiene sus tendencias propias porque tiene superestructuras diferentes que hacen de vela, así como obras vivas diferentes por sus líneas de agua.

Las maniobras de atraque y desatraque con corriente, como ésta es generalmente paralela al muelle, son similares a las de con viento paralelo al muelle, si bien hay que evitar el atraque con corriente de popa porque el barco gobierna mal.

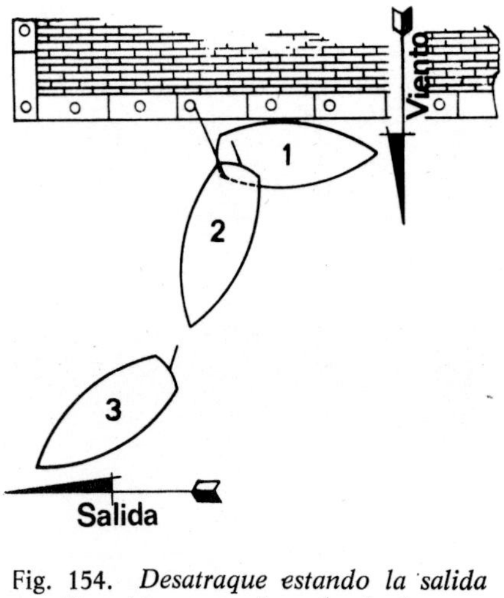

Fig. 154. *Desatraque estando la salida en dirección contraria a la de la proa.*

1. Se cambia el largo de popa a la aleta de Er, se larga todo menos el largo de popa, el viento nos llevará a la posición 2, donde largaremos el largo y con timón a Er. y máquina pondremos proa a la salida.

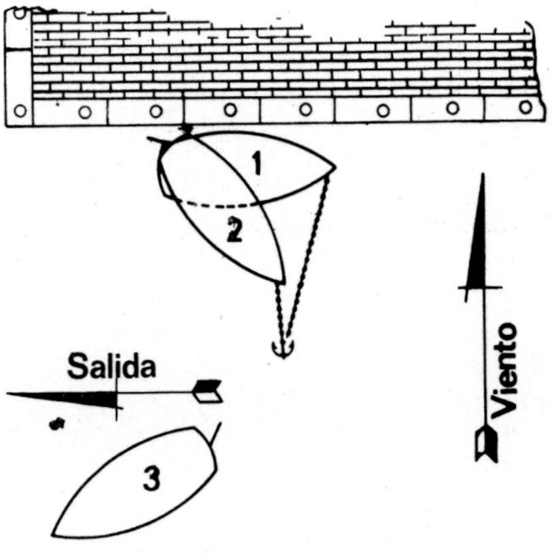

Fig. 155. *Desatraque con viento de fuera y salida hacia la popa teniendo fondeada un ancla.*

1. Larga todo, colocar defensas en la aleta de Br. y virar cadena. 2. Seguir virando cadena ayudados con máquina y timón a Er., una vez que zarpe con máquina y timón aproar a la salida.

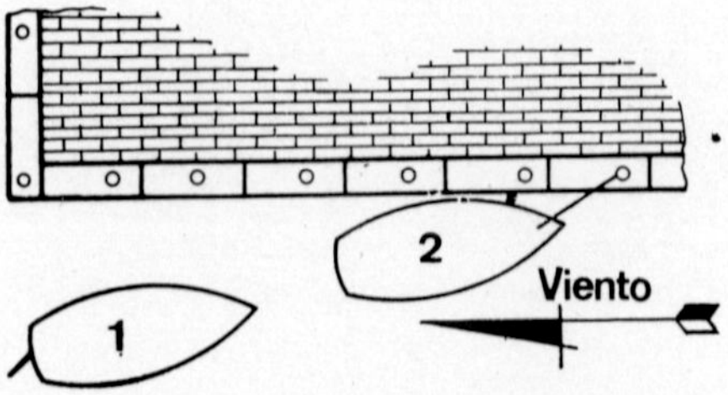

Fig. 156. *Atraque con viento paralelo al muelle.*

1. Acercarse al muelle llevando el viento un poco por la amura, el viento nos atracará. 2. Parar arrancada y dar primero el largo de proa.

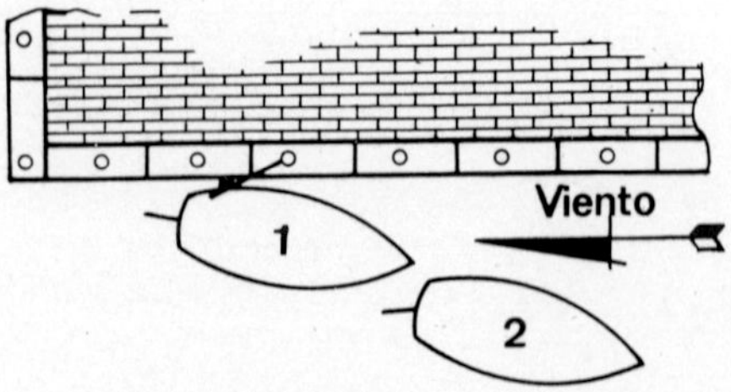

Fig. 157. *Desatraque con viento de proa paralelo al muelle.*

1. Largar todo menos el spring de popa con lo que abrirá la proa. Una vez abierta largar spring y dar avante con timón a la vía.

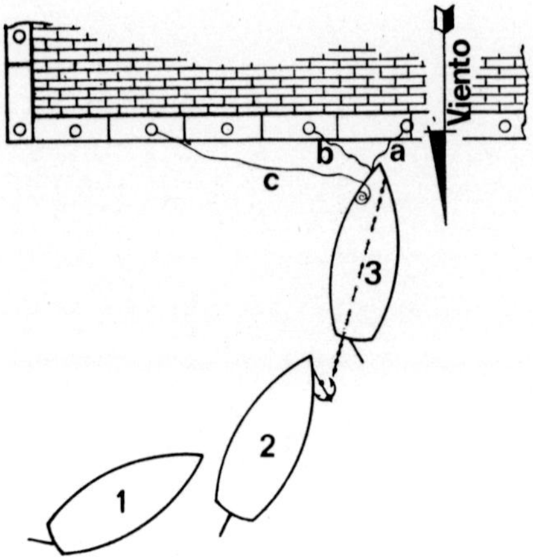

Fig. 158. *Atraque con viento fuerte de tierra perpendicular al muelle.*

1. Timón a Br. para caer hacia el viento. 2. Fondo Er., fila cadena. 3. Aguanta cadena, dar cabos de proa y dar cabo c para pasarle a popa, virar cabo c y ayudar al atraque con máquina y timón a Er. una vez hecho firme el spring.

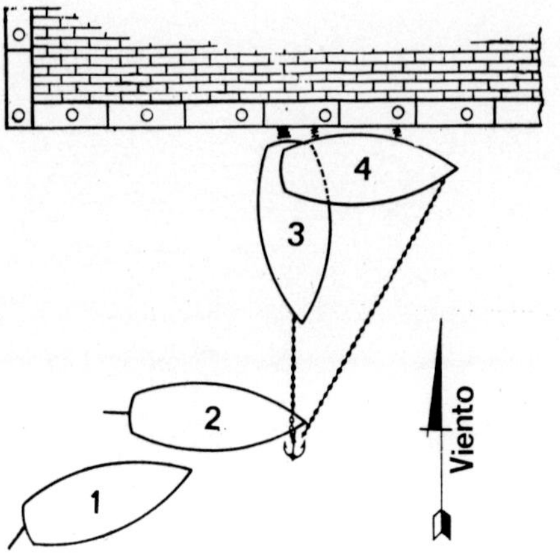

Fig. 159. *Atraque con viento fuerte de fuera perpendicular al muelle.*

1. Timón a Er. para aguantar abatimiento. 2. Fondo Er., y parar arrancada, fila cadena hasta quedar la popa cerca del muelle. 3. Aguanta cadena, colocar defensas, dejar que descanse la popa e ir filando cadena para quedar en la posición 4, y dar los cabos.

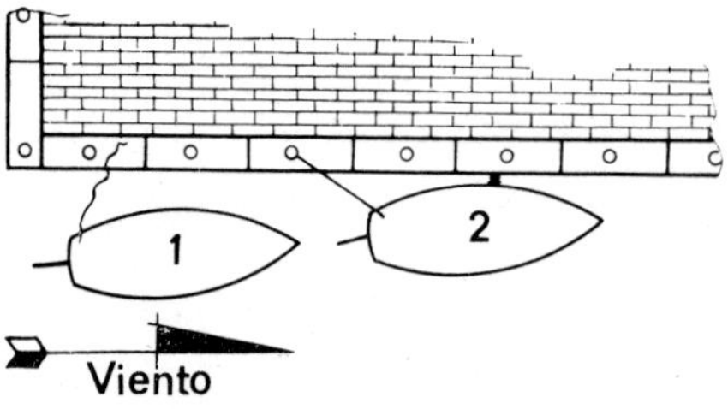

Fig. 160. *Atraque con viento paralelo al muelle y de popa.*

1. Hay que acercarse al muelle con poca arrancada y paralelo, dar el largo de popa al muelle y parar arrancada. 2 Hacer primero firme el largo de popa.

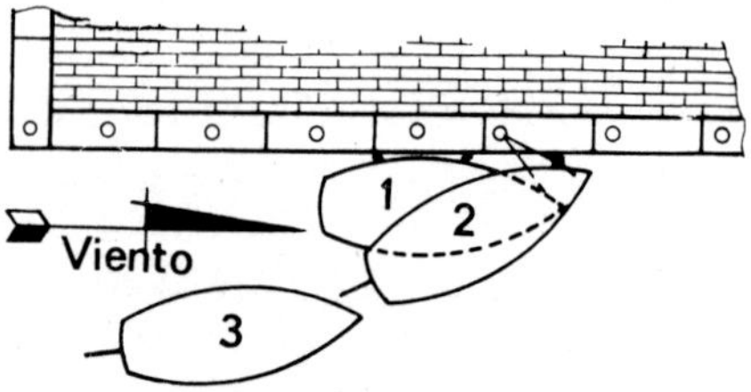

Fig. 161. *Desatraque con viento paralelo al muelle y de popa.*

1. Largar todo menos el spring de proa, el barco abrirá de popa por efecto del viento. 2. Máquina atrás y larga spring.

ATRACAR Y DESATRACAR CON VIENTO DE AMURA O ALETA DE DENTRO O DE FUERA. — Véanse las figuras 162 al 169, si bien los casos debidos a la intensidad del viento son innumerables.

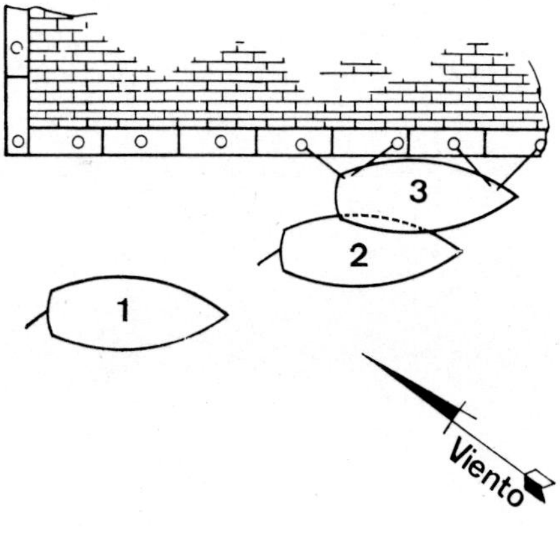

Fig. 162. *Atraque con viento por la amura de fuera.*

1. Con poca arrancada y paralelo al muelle con timón compensando la caída. 2. Parar arrancada y el viento nos aconchará al muelle para quedar en la posición 3 en que daremos primero el largo de proa y después los demás cabos.

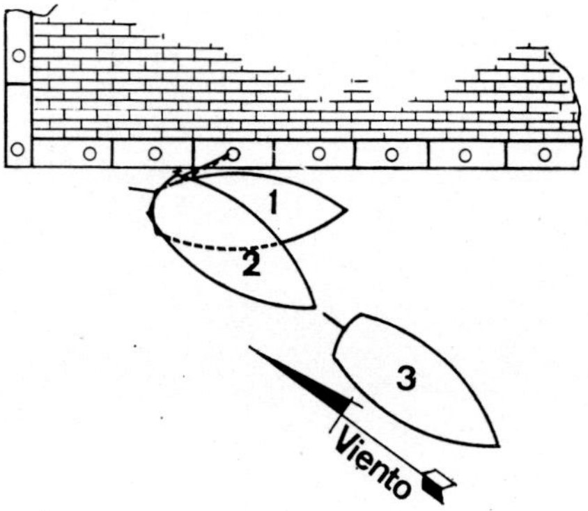

Fig. 163. *Desatraque con viento de la amura de fuera.*

1. Largar todo menos spring de popa, máquina atrás con lo que abrirá la proa. 2. Larga spring y máquina avante.

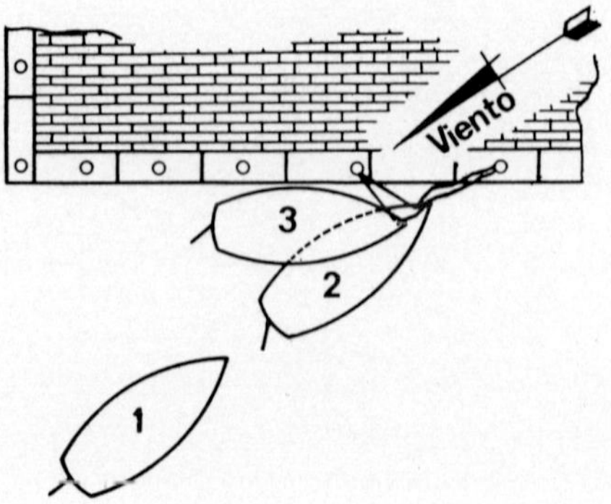

Fig. 164. *Atraque con viento por la amura de dentro.*

1. Poner proa al viento. 2. Parar arrancada y dar largo y spring. Dar avante con timón a Er. para que nos atraque la popa. 3. Dar los demás cabos.

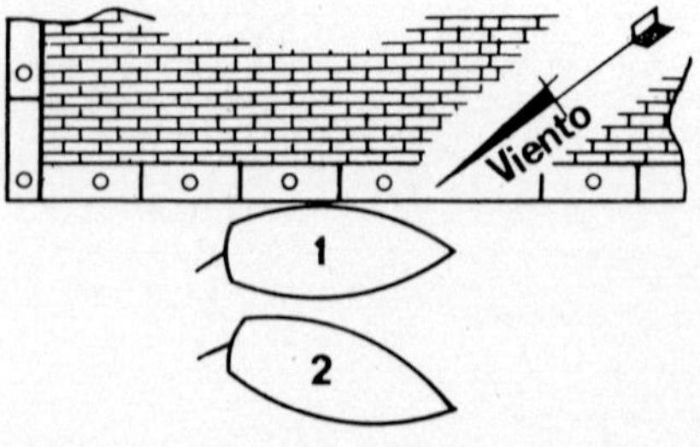

Fig. 165. *Desatraque con viento por la amura de dentro.*

1. Larga todo, timón a Er. poca avante. 2. Una vez abiertos del muelle gobernar hacia la salida.

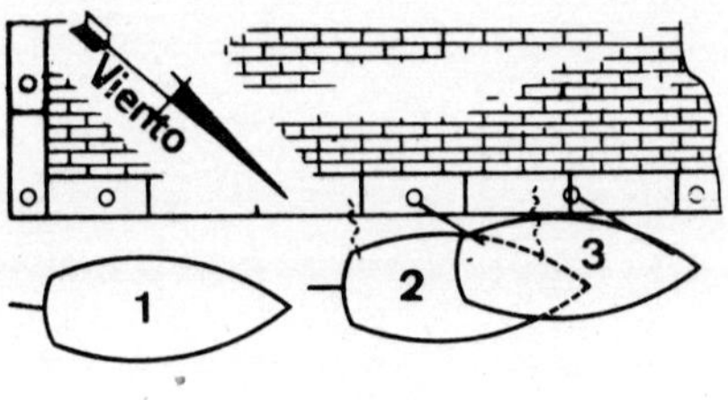

F.g. 166. *Atraque con viento por la aleta de dentro*

1. Ir paralelo al muelle y muy próximos. 2. Parar arrancada y dar con rapidez el largo de popa y después el spring de proa. 3. Al ir avante por el viento los cabos largo de popa y spring de proa nos atracarán el barco. Dar el resto de los cabos.

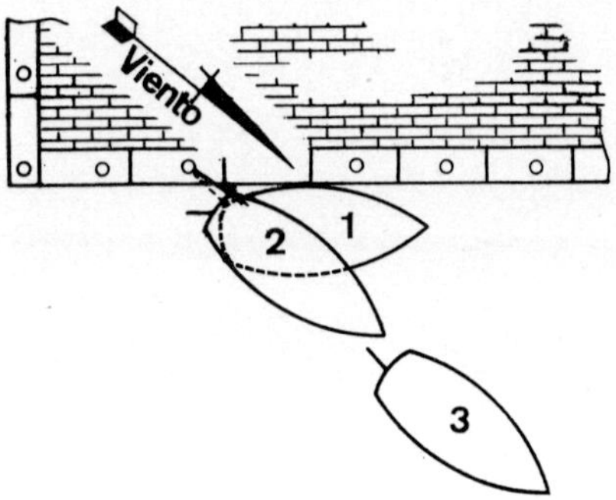

Fig. 167. *Desatraque con viento por la aleta de dentro.*

1. Dejar solo el largo de popa, el viento nos desatracará. 2. Largar largo de popa, timón a Er., máquina avante y abocar a la salida.

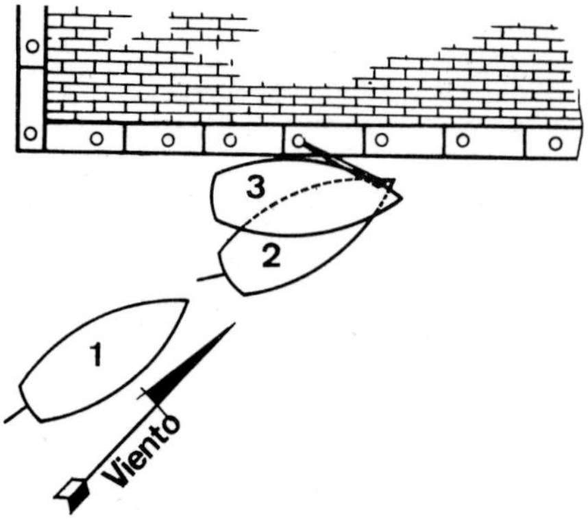

Fig. 168. *Atraque con viento por la aleta de fuera.*

1. Tratar de llevar el viento lo más por la popa posible. 2. Máquina atrás para parar la arrancada y dar primero el spring de proa. El viento nos atracará la popa hasta quedar en la posición 3 en que daremos el resto de los cabos.

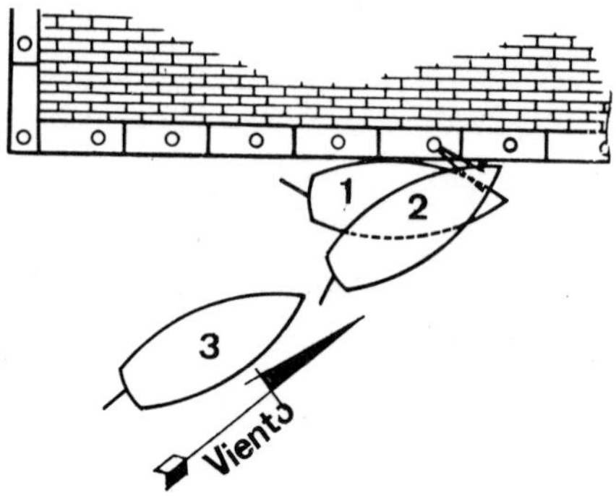

Fig. 169. *Desatraque con viento por la aleta de fuera.*

1. Largar todo menos spring de proa. Todo el timón a Br. y máquina avante para desatracar la popa. 2. Larga spring, timón a Er., máquina atrás. 3. Con máquina y timón poner proa a la salida.

AMARRAR DE PUNTA O AMARRAR DE POPA CON UNA O DOS ANCLAS. — Véanse las figuras 170 y 171.

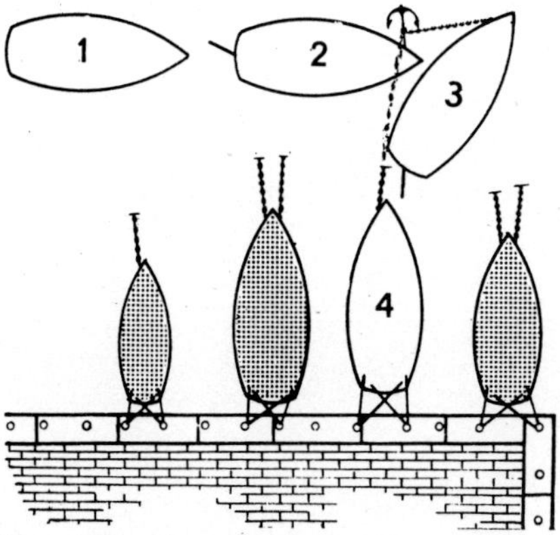

Fig. 170. *Amarre de punta con un ancla.*

1. Se navega paralelo al muelle con poca arrancada y libre de las cadenas de los otros barcos. 2. Fondo Br., timón a Br., fila cadena, máquina atrás. 3. Aguanta cadena, timón a Er., fila cadena, parar máquinas, dar amarras. 4. Afirmar amarras y tesar cadena.

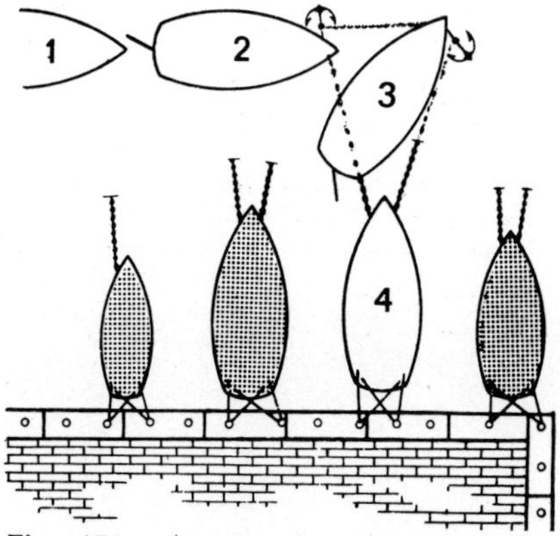

Fig. 171. *Amarre de punta con dos anclas.*

1. Se navega paralelo al muello con poca arrancada y libre de las cadenas de los otros barcos. 2. Fondo Br., timón a Br., fila cadena, parar arrancada. 3. Aguanta cadena de Br., fondo Er., timón a Er., máquina atrás, fila cadenas, parar máquina y dar amarras. 4. Afirmar amarras y tensar cadenas.

ATRACADAS Y DESATRACADAS DANDO UNA CODERA A UN MUERTO. — Normalmente, la codera (generalmente la de popa, porque a proa tenemos el ancla) se da con un bote después de atracar para ser utilizada en la maniobra de desatraque. Si hay que darla para el atraque véanse figuras 172 y 173.

El que se den las coderas después de atracado es porque si el viento nos abate no nos da tiempo a darlas y corremos el peligro de que se enreden en la hélice o nos entorpezcan la maniobra. Donde se suelen dar antes de atracar es en los cargaderos y con buen tiempo para que al ir cobrando los cabos dados al cargadero se vayan aguantando las coderas para llegar a atracar suavemente y no producir averías. Véanse figuras 172 a la 177.

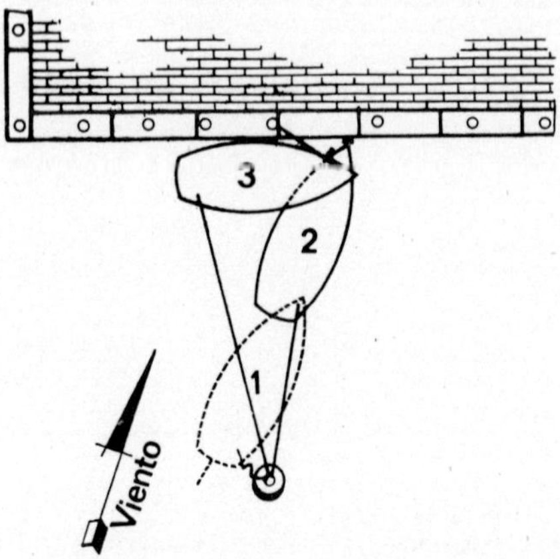

Fig. 172. *Atraque con una codera.*
1. Parada la arrancada se da la codera. 2. Se aguanta la codera para atracar la proa suavemente. Se va arriando codera para que atraque la popa. Si el barco es pequeño se da la codera por el centro o dos coderas a la misma boya para que formando una pata de gallo se acerque el barco al muelle paralelamente.

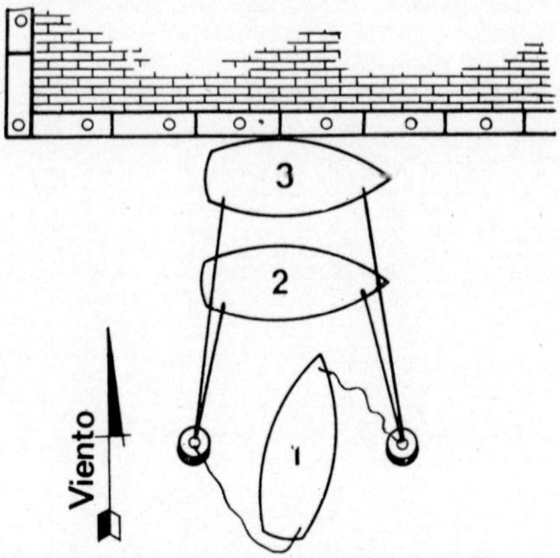

Fig. 173. *Atraque con dos coderas y viento de fuera.*
1. Llevar el viento por la popa, parar arrancada y dar las dos coderas por Er. 2. El viento nos va abatiendo, ir arriando de las dos coderas hasta quedar atracado en 3.

Las coderas generalmente se usan en barcos grandes, y cuando el barco está atracado con ellas dadas, son de cable al objeto de que al estar arriadas se vayan al fondo y no obstaculicen el paso de otras embarcaciones entre el barco y las boyas. El estar con ellas dadas es en previsión de poderlas virar rápidamente en caso de levantarse mal tiempo o fuerte resaca.

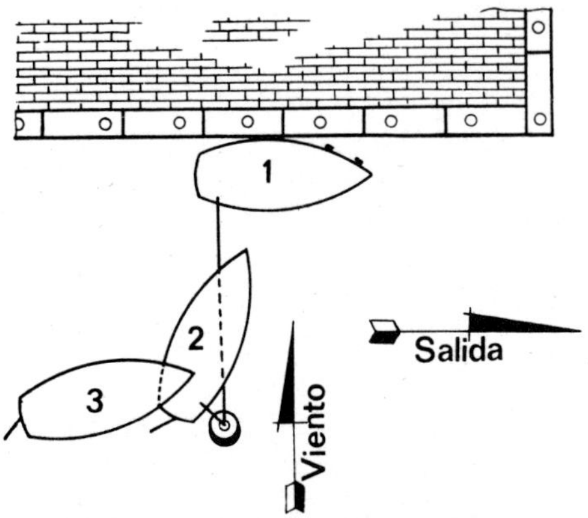

Fig. 174. *Desatraque con una codera.*

1. Con defensas en la amura de Br. largar todo y cobrar codera. 2. Largar codera, timón a Br. máquina atrás. 3. Timón a Er. y máquina avante para abocar a la salida.

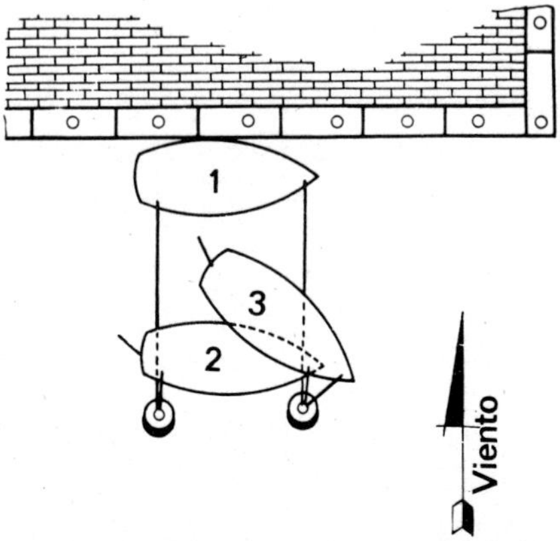

Fig. 175. *Desatraque con dos coderas.*

1. Largar todo y cobrar las dos coderas. 2. Largar codera de popa. 3. Largar codera de proa y máquina avante para abocar a la salida.

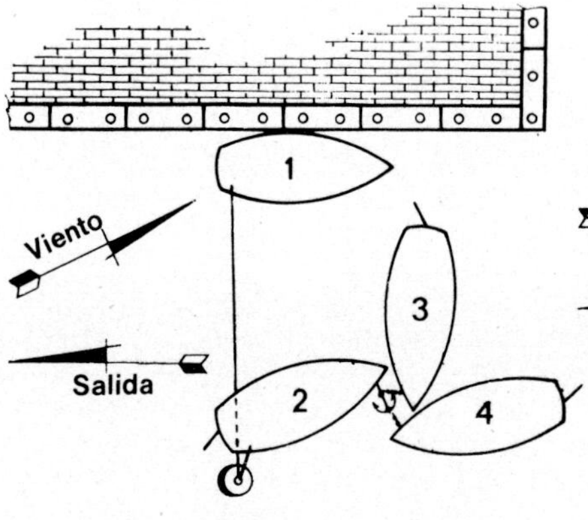

Fig. 176. *Desatraque con la codera de popa con viento fuerte por la aleta y salida hacia el viento.*

1. Larga todo menos codera, máquina atrás para contrarrestar el viento, cobrar codera. 2. Fondo Er., larga codera, timón a Er., parar máquina. El viento nos hará ciabogar sobre el ancla. 4. Vira el ancla y abocar a la salida.

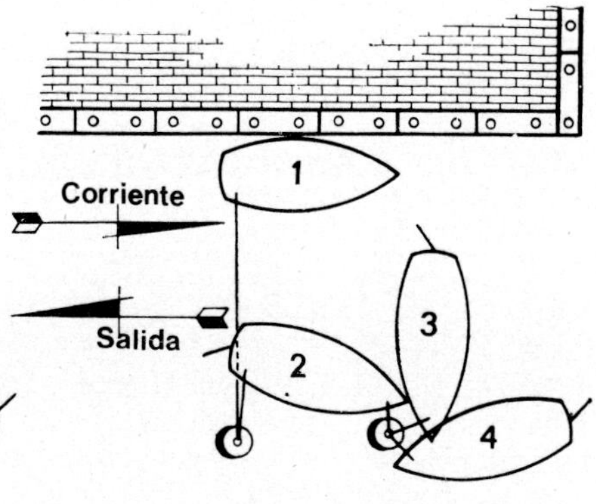

Fig. 177. *Desatraque con dos coderas, con corriente y salida hacia la corriente.*

1. Larga todo menos coderas, máquina atrás para contrarrestar el efecto de la corriente, vira coderas. 2. Larga codera de popa, timón a Er., parar máquina. La corriente nos ciabogará y abocará a la salida. 4. Larga codera de proa y máquina avante.

MANIOBRAS DE ATRAQUE Y DESATRAQUE DE VELEROS. — Se exponen a continuación dos casos de atraque y desatraque y algunos consejos.

Dependiendo de donde se reciba el viento, así como de su intensidad, al igual que teniendo en cuenta el lugar de atraque, se llevará más o menos vela.

Se dejará caer el ancla o anclote si se considera útil tanto para el atraque como para el desatraque.

La aproximación se hará a poca velocidad.

El éxito de la maniobra estriba en calcular bien, teniendo en cuenta: el viento y la corriente, el momento en que se debe ir cargando el aparejo para llegar sin ninguna arrancada al muelle, el que disponemos de ancla y timón para contrarrestar efectos, el tener un cabo a mano para aguantar la arrancada sobre el muelle si llevase más de la necesaria.

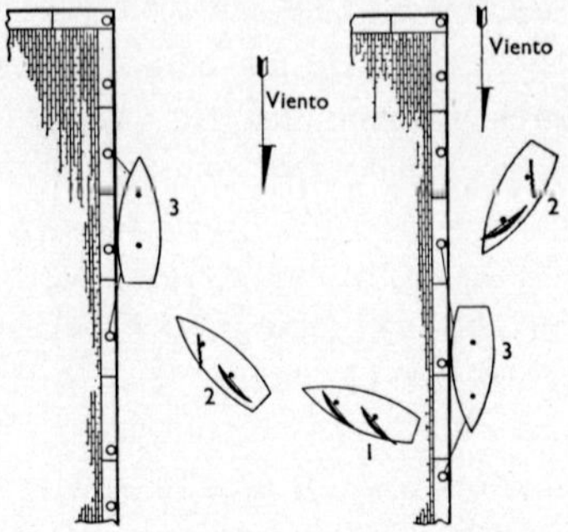

Fig. 178. *Atraques.*

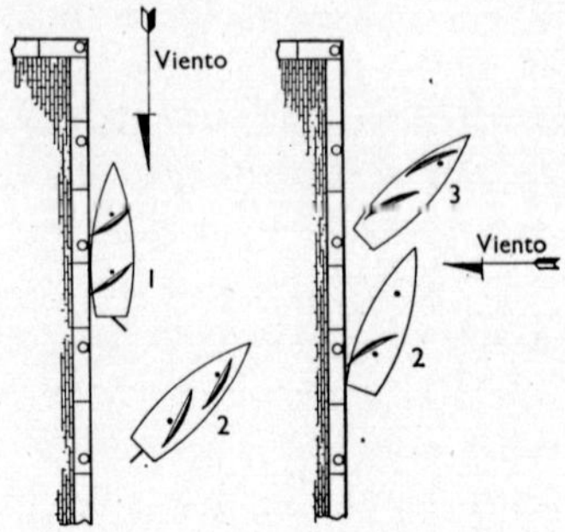

Fig. 179. *Desatraques.*

Para desatracar y si el viento es de tierra, aprovecharemos desde el primer momento su efecto con las velas; si el viento es del costado de la mar, aprovecharemos el ancla o nos separaremos del muelle por mediación de un bichero o remo, y una vez separados, o abierta la proa convenientemente para recibir el viento, izaremos las velas más útiles.

Capítulo 24

DAR Y LARGAR AMARRAS

DAR Y LARGAR AMARRAS. — Al ir acercándose el buque al muelle se llevan preparados en cubierta los diferentes cabos en adujas claras, así como guías, bozas, hacha, grilletes de diferentes tamaños, etc.

Hay veces, más bien en barcos de gran porte, que los cabos se dan al muelle por medio del bote de los amarradores. En este caso, la gaza irá provista de una guía para que cuando se acerque el bote al muelle cobren el cabo, por mediación de ella, los amarradores que están en el muelle. Por tratarse de bote a remo o de poca potencia de motor, cosa que a veces les imposibilita el remolcar el cabo, se arriará sobre el bote una cantidad de seno de cabo conveniente para que al irse hacia el muelle vaya arriando cabo sobre el agua.

Otra forma de dar los cabos es directamente sobre el muelle valiéndonos de unos cabos más finos llamados guías, «sisgas» o «guivelains» que llevan en su extremo una piña o un saquito de cuero con plomo o arena al objeto de darle direccionalidad e inercia. Se ha de avisar al muelle antes de largar las guías lastradas para evitar herir a los amarradores.

«Sirga» equivale a sisga y «guivelain» es la pronunciación de la orden inglesa *give a line* (da o dad un cabo).

Los barcos grandes suelen llevar fusiles lanzacabos que alcanzan mucha distancia lanzando sus guías muy finas a las que se ayustan otras más fuertes que se hacen firmes al cabo, evitando así que las finas se rompan al remolcar la amarra.

Una vez que los amarradores tienen el extremo de la guía se hace firme en la amarra el otro extremo (no se hace firme antes porque generalmente se suele fallar en el lanzamiento de guías y entonces se lanzan otras guías de respecto con lo que evitaremos el afirmar y zafar guías de las amarras), y según vayan halando los amarradores iremos arriando la amarra hasta que la encapillen en el noray. Después la viraremos convenientemente con el molinete, cabrestante o maquinillas hasta quedar tesa. Después se aboza y se afirma a la bita.

Una observación muy importante a tener en cuenta con los cabos de popa es que no deben estar arriados en banda mientras esté en función la hélice, o lo que es lo mismo: no se debe mover la máquina cuando hay cabos en banda por la popa, ya que las corrientes de aspiración los suelen llevar a ser atrapados por la hélice.

El hacha que teníamos preparada puede ser útil en un momento de urgencia de tener que cortar algún cabo, los grilletes para dar retenidas, hacer ayustes de emergencia, etc., y las guías o sisgas de respeto porque se suelen partir, caer al agua o no llegar al muelle a la primera que las lanzamos.

A fin de facilitar el largar amarras sin necesidad de amarradores, hay veces que se pasan los cabos al noray por seno, o sea que los dos extremos están firmes a bordo, con lo que a la hora de largar amarras sólo hace falta largar un chicote y cobrar del otro.

Para *largar amarras* se arriarán de a bordo para que los amarradores puedan desencapillarlas de los norays, y posteriormente se cobrarán a bordo adujándolas claras o bobinándolas en sus carreteles.

Forma de largar la guía a mano. — Se aduja la guía en vueltas de unos 50 centímetros de diámetro. Un chicote de la guía se hace firme a la gaza del cabo o a cualquier parte del barco para que no se nos vaya. Se toman seis u ocho adujas, de la parte donde está la piña, con la mano derecha y otras tantas con la izquierda. Se da impulso a las de la mano derecha y se largan y casi al mismo tiempo las de la izquierda. Figura 180.

Fig. 180

Hay que tener en cuenta el viento y el movimiento del barco y también el avisar a las personas que estén en el muelle para que estén atentas a coger la guía y no producirlas contusiones con la piña.

ENCAPILLAR Y DESENCAPILLAR ESTACHAS EN UN NORAY QUE TENGA OTRAS AMARRAS DADAS. — Es tan sencillo como importante el saber encapillar las estachas en los norays, pues han de quedar claras para poderlas largar en cualquier momento y no entorpecer el desamarre de otros barcos.

Las gazas hay que pasarlas por debajo y por dentro de las gazas hechas firmes, y después encapillarlas. Después de encapillarlas es cuando se larga la guía. Figura 181.

Para desencapillar hágase la operación totalmente al contrario, es decir, se largará la primera la última estacha que se ha hecho firme.

ABOZAR UN CABO. — Es hacerle firme en un punto de su seno por medio de una boza al objeto de que uno de los chicotes quede libre para maniobrar con él o hacerle firme en una bita o cornamusa.

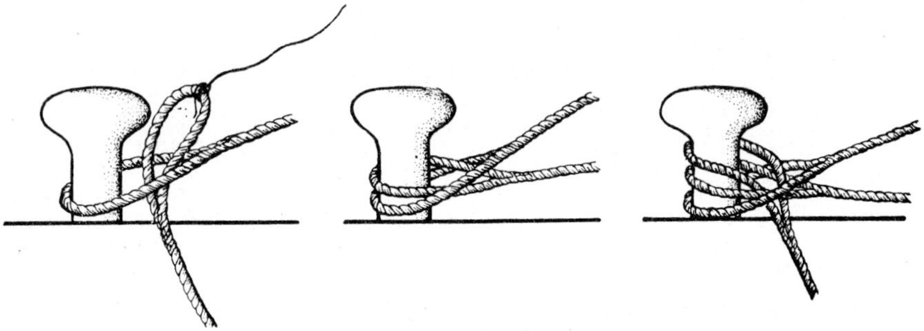

Fig. 181

Una boza es un trozo de cabo o cadena de unos dos metros de largo con uno de sus extremos hecho firme en un gancho o cáncamo. Con el otro extremo o chicote, a base de vueltas mordidas, se hace firme el seno del cabo o cable quedando libre el otro extremo del cabo o cable abozado.

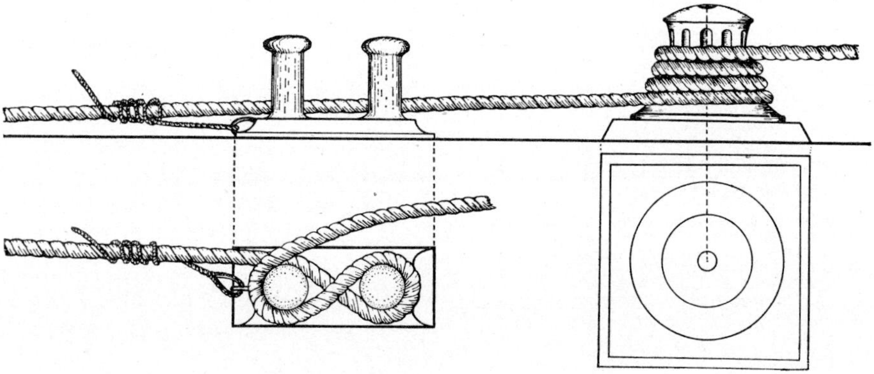

Fig. 182

Así, cuando viramos un cabo con el cabrestante o maquinilla para hacerlo firme en la bita, y no se nos vaya una vez que esté teso, lo abozamos y así podemos sacarle del cabirol y pasarlo a firme. Figura 182. Posteriormente, largamos la boza y la dejamos clara para su uso posterior.

Las bozas de cabo generalmente se utilizan para abozar cabos de fibra vegetal o sintética y las bozas de cadena para cables de acero.

TOMAR VUELTAS A UNA BITA. — Las bitas, que son generalmente

verticales y de forma apareada, tienen por objeto el afirmar los cabos en el buque.

Como se ve en la figura, la forma de tomar vueltas a una bita es en forma de ochos empezando por la bita más lejana al firme del cabo y empezando a dar dichas vueltas por la parte baja y continuando las vueltas en forma de ocho juntas o azocadas. Al final de las vueltas, que suele ser suficiente con 4 ó 5 para que el cabo no se vaya, se suele dar una vuelta mordida para más confianza, pero nunca se debe rematar el afirmado metiendo en la bita la gaza final del cabo (si es que la tiene), pues en caso de apretarse y tener que lascar (por cualquier circunstancia) nos obligaría a cortar la gaza para poder arriar cabo, con lo que nos ocuparía un tiempo a veces apremiante y la pérdida de la gaza confeccionada.

Los cables se afirman de semejante manera que los cabos, pero debido a que su resbalamiento sobre la bita es mucho mayor y su acoplo en las vuelta es mucho menor se suelen dar unas ligadas a las vueltas con filásticas y se dan 2 ó 3 vueltas más que si fueran cabos.

Al largar de la maquinilla, una vez abozado el cabo, para hacerle firme en las bitas, hay que procurar no meterse dentro de las cocas o senos, pues cualquier lasconazo o rotura de la boza haría que quedásemos atrapados y arrastrados hasta el extremo de perder la vida, especialmente tratándose de cables o alambres.

TENDER UNA CODERA. — Ya hemos visto que las coderas son cabos de través dados a larga distancia a boyas o a otro muelle por el costado contrario al muelle donde estamos atracados, y cuya finalidad es aguantar el barco cuando hay tiempos duros de fuera y no golpee contra el muelle. También se usan como cabos de auxilio para desatracar.

El tender la codera se hace generalmente con el auxilio de una embarcación menor, de la misma forma que para llevar las amarras al muelle: adujando mucho seno del cabo dentro del bote para ir largándolo según vaya el bote navegando hacia el lugar o boya de amarre.

Las coderas han de ser generalmente de alambre (cable), pues tienen la ventaja de que cuando no son necesarias están arriadas, o sea en el fondo del puerto, con lo que no molestan el paso de otros barcos.

Para hacer firme la codera a la boya es conveniente llevar grilletes grandes para que no se mancornen con los esfuerzos y a la hora de largar no haya dificultades en sacar los pernos.

También se dan las coderas por seno, al objeto de no necesitar bote a la hora de largarlas.

DAR UN CALABROTE. — Un calabrote es un cabo muy grueso que generalmente está hecho con tres estachas acolchadas. Su longitud varía, pero generalmente oscila entre 15 y 25 metros. Sus extremos están rematados con gazas protegidas con guardacabos. A una de ellas va unido un estrobo fuerte de alambre que es el que se encapilla en el noray. Por el otro guardacabo se pasa por seno un alambre fuerte y se vira hasta quedar tenso.

El objeto de estas fuertes amarras es darlas en puertos de mucha resaca o con tiempos duros, y a su conveniencia de resistencia va unida la condición de elasticidad.

Los calabrotes se suelen confeccionar con trozos de estachas. En algunos puertos se alquilan, ya que su utilidad es constante en determinados mue-

Fig. 183

lles donde hay mucha resaca o que están poco abrigados. Son muy utilizados en los amarres de punta en casos de que el barco va a estar quieto bastante tiempo, por ejemplo, esperando carga o esperando su desguace; entonces los calabrotes se dan por las aletas, figura 183.

La forma de hacerlos firmes a tierra es: una vez hecho firme el chicote de un alambre en la gaza del calabrote, se pasa el seno de dicho alambre por el noray y se vira el alambre con lo que el calabrote se va acercando al noray. Al estar el estrobo de alambre que lleva el calabrote en su gaza a la altura del noray se encapilla. Se larga el alambre y se cobra el otro cable pasado por seno en la otra gaza del calabrote. Se tesa y afirma.

Los calabrotes de poca mena se les llama *calabrotillos.*

AMARRAR Y DESAMARRAR DE UN MUERTO. — Se entiende amarrar o desamarrar a la boya que sujeta el muerto, puesto que el muerto está en el fondo y al que se sujeta por medio de cabo o cadena la boya o baliza.

Para amarrar a una boya se gobernará, a ser posible, proa o casi proa al muerto y al viento, y llevando al viento por la amura acercarnos por barlovento del muerto a poca velocidad (el acercarnos por barlovento del muerto es para que el mismo viento nos aproxime). Figura 184.

Quedar parados poco antes de llegar la proa a la altura del muerto y llevar un bichero o remo para enganchar la boya o separarnos de ella evitando el abordarla.

Amarrar a la boya con nudos marineros o con grilletes. Un método útil es pasar el chicote por seno, es decir: pasar el chicote de la amarra por el cáncamo o grillete de la boya y hacerlo firme en la embarcación, con lo que al desamarre no hace falta tocar a la boya.

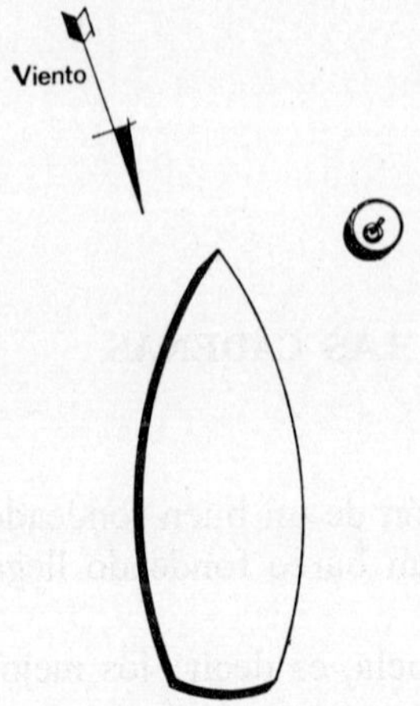

Fig. 184

Una vez amarrados se lasca cabo convenientemente para quedarnos a la distancia deseada.

Para *desamarrar* de un «muerto» se hará la operación contraria.

En barcos de cierto porte y cuando van a estar mucho tiempo amarrados a la boya el amarre se hace con la cadena, por lo que hay que desengrilletar el ancla y ser auxiliados con una embarcación pequeña. Creo no es el caso de explicar esta operación.

PROTECCIÓN A LAS AMARRAS CONTRA EL ROCE. — Normalmente se deterioran por el uso, así como por la humedad y el sol, pero el mayor deterioro lo sufren cuando están dadas y rozan al moverse el barco, especialmente en puertos de resaca o de mucho tránsito donde nos llega el oleaje producido por el paso de los barcos.

Normalmente hay dos puntos clave donde más sufren los cabos de amarre: en sus gazas, al rozar en los norays, en las bitas o con los grilletes de ayuste, y en la parte de los cabos que roza en las gateras y cornamusas.

Para evitar los roces se forran los puntos de contacto con lonas, sacos o cuero, habiendo tenido la precaución, al dar las amarras, de hacerlo por lugares que no presenten cantos vivos al contacto.

Una forma de proteger las amarras, especialmente de yates, es con tubos de plástico flexible o goma (trozos de manguera de plástico o de goma). Se pasa el cabo por el interior del trozo de manguera y en el caso de la gaza se ha de pasar antes de hacerla.

Capítulo 25

FONDEAR Y LEVAR. — VUELTAS DE LAS CADENAS

ELECCIÓN DE FONDEADERO. — La elección de un buen fondeadero es de suma importancia, ya que la seguridad de un barco fondeado llega a depender de él.

Los lugares donde mejor queda agarrada un ancla, es decir: los mejores *tenederos* son los de arena fina y dura, fango compacto, arena fangosa y similares.

En las cartas viene reseñado con la inicial correspondiente la clase de fondo: A = arena, F = fango, P = piedra, etc., y por las líneas isobáticas dibujadas podremos hallar el gradiente, cosa a tener muy en cuenta, pues aunque el fondo sea bueno si tiene mucha pendiente hay facilidad de que el ancla zarpe o garee. En los derroteros se indican los fondeaderos más convenientes y también en las cartas vienen señalizados con un ancla.

Otra circustancia a tener en cuenta para elegir fondeadero es los vientos reinantes y corrientes de la zona que pueden afectar en gran manera la calidad del tenedero.

Son malos tenederos los de piedra, los que están en declive y los de fondo duro.

El fondo arcilloso es bastante bueno, si bien cuando el ancla garrea es difícil que vuelva a agarrar porque resbala. Hay que levarla, limpiarla y volverla a fondear.

El fondo fangoso blando presenta el inconveniente que si se ha estado mucho tiempo fondeado el ancla se ha enterrado demasiado y puede presentar inconvenientes al virarla por haber aumentado la resistencia.

FONDEAR. — Es afirmar una embarcación al fondo mediante anclas o pesos y su amarra o cadena correspondiente. Se considera también fondear como el hecho o maniobra de dejar caer el ancla con su correspondiente cadena o cabo entalingados.

Antes de fondear hay que preparar las anclas para dicha maniobra llevándolas listas sobre el freno o sobre la boza. Si el ancla sale bien desde el escobén sólo hará falta aflojar el freno o destrincar la boza para que el ancla caiga al fondo, pero para mayor seguridad se suele llevar apeada, o sea se lleva a la pendura, que viene a ser colgada cerca del agua. Para ello se embragará el molinete con el barbotén, se destrincarán bozas y se aflojarán frenos, se arría cadena con el molinete y cuando el ancla esté a la pendura se apretará el freno y se desembragará el molinete, y así tendremos el ancla apeada lista para dar fondo al aflojar el freno.

El ancla debe llevarse también lista para fondear siempre que se entre o salga de puerto o se navegue en canales o pasos estrechos, pues cualquier fallo de máquina hará necesaria su utilización.

Cuando la profundidad es grande suele llevarse a la pendura uno o dos grilletes, de acuerdo con la profundidad, para que al caer, sobre todo en fondo duro, no sufra el ancla.

FORMA Y VELOCIDAD PARA FONDEAR. — Teniendo en cuenta el viento y la corriente (siempre haciendo caso al que domine la situación) se ha de ir proa a él y al fondeadero con poca arrancada dando marcha atrás y fondeando con arrancada hacia atrás, ayudando a parar el barco con la máquina cuando haya salido suficiente cadena.

Cuando fondeemos con viento o corriente por la popa (obligados por causa de espacio, etc.) lo haremos con poca arrancada avante, ayudando a parar la arrancada con máquina atrás cuando haya salido suficiente cadena.

No ha de llegar la cadena a pegar estrincotes, pues podría faltar.

El objeto de buscar la inclinación de la cadena hacia donde nos vamos a quedar fondeados es para que el ancla no tenga que girar lo que haría, posiblemente, el que zarparan sus uñas, siendo más recomendable el fondear con arrancada hacia atrás, pues con arrancada hacia avante la cadena tocará y rozará la roda o el pantoque al quedar tesa.

El llevar cierta arrancada es para que el ancla al tocar fondo se incline y haga caer las uñas para que penetren en él y también para que la cadena no caiga sobre el ancla y queden las uñas sin *morder* el fondo.

Antes de afirmar la cadena ha de haberse templado, generalmente se hace aprovechando la arrancada, para saber que ha agarrado bien y que no hay montones de cadena sin tender en el fondo.

RELACIÓN ENTRE EL FONDO Y LA CANTIDAD DE CADENA FILADA. — La cantidad de cadena que debe dejarse salir oscila entre tres y cuatro veces la profundidad del lugar del fondeo. Cuando hay mal tiempo o mucha corriente o efecto de marea será de cinco y seis veces el fondo.

Veamos la teoría simple del fondeo en la figura 185, donde podremos observar que la tracción total de viento y corriente está representada por la fuerza T que la descomponemos en F y V. La fuerza F es la tracción de la cadena y la fuerza V hace que se aproe el barco.

Llevamos la fuerza F a la caña del ancla sin tener en cuenta la catenaria ni el peso de la cadena y la consideramos resultante de las componentes horizontal F_1 y la vertical F_2 y vemos en los triángulos iguales que:

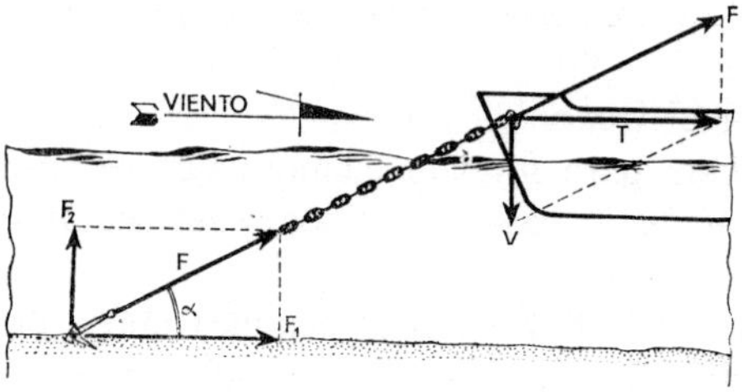

Fig. 185

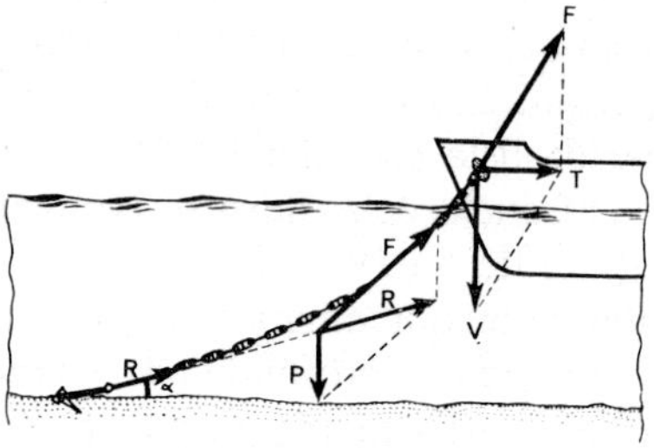

Fig. 186

$$F_2 = F \text{ coseno } (90^\circ - \alpha) = F \text{ sen } \alpha$$
$$\text{y } F_1 = F \cos \alpha$$

de donde si $\alpha = 90^\circ$ $\begin{cases} F_2 = F \\ F_1 = 0 \end{cases}$ o sea que el ancla garrea porque $F_1 = 0$

Si $\alpha = 0^\circ$ $\begin{cases} F_1 = F \\ F_2 = 0, \end{cases}$ o sea que es cuando el tiro del ancla absorbe toda la tracción, es decir que la mejor situación de fondeo es cuando el ángulo α es 0° o próximo a 0°.

Esta demostración es aproximada, pues el ángulo α valdría 0° en función de la catenaria correspondiente que se formaría en función de la tracción y peso que soporta el barco y en función del peso de la cadena, figura 186, estudio que es ajeno a las finalidades de este texto.

FONDEO A LA GIRA. — Es sencillamente el fondear con un ancla por la proa, o sea, que el barco puede *girar* libremente sobre dicha ancla quedando orientada la proa hacia el viento, hacia la corriente o hacia el factor resultante viento-corriente. Este desplazamiento del barco alrededor del ancla se llama borneo.

Este procedimiento es el más generalizado, sencillo y ventajoso, ya que es más rápido el fondeo y levado de un ancla, si bien presenta el inconveniente de que al bornear ocupa más espacio. Véase fondeo a la vela, página 20-3.

ORINCAR UN ANCLA. — Ya hemos dicho que el orinque es el cabo o cadena que sujeta la boya o baliza al muerto, luego orincar un ancla es unir el ancla a una boya, boyarín o flotador.

El objeto de orincar el ancla es señalizar el lugar donde se encuentra fondeada y en caso de faltar la cadena poder recuperarla. Actualmente, su uso se limita a indicar dónde está fondeada el ancla para que otros barcos no fondeen en el mismo lugar y se enreden las cadenas o anclas sobre todo en los amarres de punta.

Y digo que está en desuso el orincar el ancla porque hay que partir de la base que las anclas no se pierden tan fácilmente, pues para eso se reconocen sus ayustes y eslabones en cada entrada periódica en dique seco o varadero, y porque casi siempre presenta dificultades y extorsiones el virar un ancla orincada, ya que suele venir el cabo del orinque con vueltas en la cadena lo que hace que muchas veces haya que cortar el orinque y perder el boyarín.

Por otra parte, al fondear habremos tomado una situación de fondeo y en caso de perder el ancla llamaríamos a un par de buceadores que con la situación reseñada no tardarían en localizarla.

El cabo del orinque tiene que tener una longitud mayor que la profundidad en la pleamar de dicho lugar y ha de ser lo suficientemente ligero para que su peso no hunda el boyarín y lo suficientemente resistente para cobrar el ancla a bordo cuando se trate de anclas de poco peso.

AGUANTAR UN MAL TIEMPO AL ANCLA. — El oleaje obliga a la proa a dar socolladas, lo que puede dar origen a la rotura de la cadena, del escoben, de las bozas o del molinete. Para evitar los efectos de los socollazos hay que arriar suficientemente la cadena para que la catenaria haga de amortiguador.

Con muy mal tiempo hay que prever la rotura de la cadena o el garreo del ancla, y para evitarlo hay que ayudar a la cadena con poca máquina avante o incluso media avante y aguantar así hasta que amaine el temporal. La cadena estará vigilada para hacerse cargo de la intensidad con que trabaja y las posibilidades de rotura o garreo. Asimismo, se comprobará la situación del buque por enfilaciones, demoras, distancias radar, sondas y demás referencias, fondeando la otra ancla si fuera necesario y filando ambas cadenas para aguantar con las dos.

GARREO: FORMAS DE EVITARLO. — Garrear el ancla es no quedarse quieta y firme en el fondo.

El garreo se puede producir por diferentes causas: no agarrar el ancla por ser fondo duro y no penetrar en el mismo; fondo demasiado blando y el ancla va abriendo camino; fondo arcilloso en el que el ancla ha zarpado, se encuentra sucia y no giran las uñas debidamente; la cadena ha caído sobre el ancla obstaculizándola a clavarse en el fondo; estar el ancla encepada, que es lo mismo anterior pero con el ancla de cepo; no haber fondeado con suficiente cadena; a causa de la fuerza de un temporal.

Normalmente se evita el garreo: cambiando de fondeadero si el que habíamos elegido no era apropiado; filando más cadena; fondeando la otra ancla y filando de las dos cadenas; aguantándonos con máquina avante.

Para conocer si el barco garrea se tomarán situaciones constantemente por enfilaciones, demoras, distancias radar o telemétricas, sondas, etc. También se nota el garreo en que alternativamente la cadena da lasconazos: se pone tesa y forma seno en cortos intervalos de tiempo. Sobre fondo duro o de piedra la cadena produce pequeños ruidos en el escobén cuando el ancla garrea.

Si la cadena rompe se nota porque pende verticalmente.

LEVAR. — Es cobrar el ancla mediante la cadena o amarra.

Para esta operación se embraga el molinete (se embraga el barbotén al molinete), se zafan bozas, estopones y trincas, se afloja el freno del barbotén y se comienza a virar con el molinete.

Al ir virando se irá viendo hacia dónde llama la cadena y cómo tira, para ayudar con la máquina dando atrás o avante según llame por la popa o por la proa y dependiendo de la fuerza con que llame, evitando resistencias al molinete.

Al llamar vertical se dice que *llama a pique* y en el momento que sale el ancla del fondo se dice que *zarpó*. Al estar estibada en el escobén se dice *arriba y clara* si es que viene sin dificultades, y una vez virada se procede a afirmarla con el freno del barbotén (rueda con cajeras donde van estibándose los eslabones para virarlos) y con las bozas y estopones. Posteriormente se desembraga el barbotén del moliente. (Fig. 82).

Sabemos que la cadena está dividida en grilletes, que son longitudes de cadena de 25 metros unidas por grilletes de ayuste. Con la campana de proa se irán anunciando los que van saliendo al ras del agua, lo mismo que al fondear los que van entrando en el agua, dando tantas campanadas como grilletes. Al zarpar el ancla del fondo se dará un repique de campana.

Los grilletes en las cadenas se llevan marcados de diferentes maneras, siendo las más corrientes las de colores correspondiendo a cada número un color, si bien la más segura es la de ir marcados con unas vueltas de alambre en el contrete del eslabón que corresponde al número de grilletes contando los eslabones a partir del de ayuste. Se marcará el número antes y después, es decir: si corresponde el grillete número tres irán marcados los contretes del eslabón tres a contar desde los unidos al de ayuste por uno y otro lado. Además de estas marcas duplicadas en cada grillete van pintados los eslabones correspondientes, es decir en este caso tres por cada lado del de ayuste, con pintura clara o de color blanco para ser contados más fácilmente y destacarse de noche o con poca visibilidad.

FONDEAR DOS ANCLAS POR LA PROA. — El objeto de fondear las dos por la proa (fig. 187) es para tener más seguridad en el fondeo, si bien un ancla debe ser suficiente, pero puede haber algún eslabón de la cadena que no esté en buenas condiciones y podría faltar quedándonos al garete.

Se fondea así cuando hay o se prevé mal tiempo o bien cuando se sospecha que no es muy bueno el tenedero, siempre y cuando la dirección del viento es más o menos constante, pues de otro modo al bornear tomarían vueltas las cadenas.

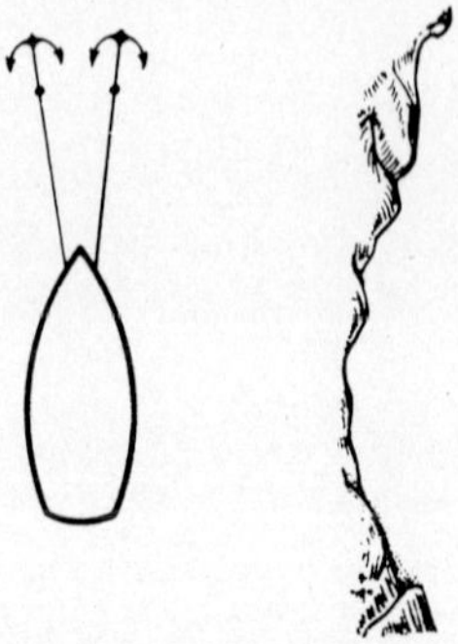

Fig. 187. *Los dos por la proa.*

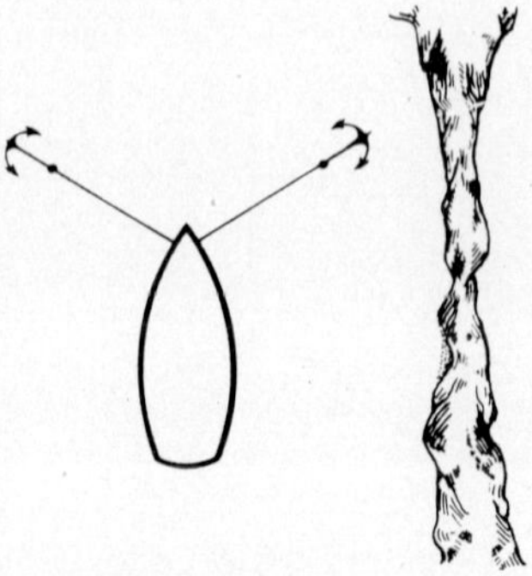

Fig. 188. *A barbas de gato.*

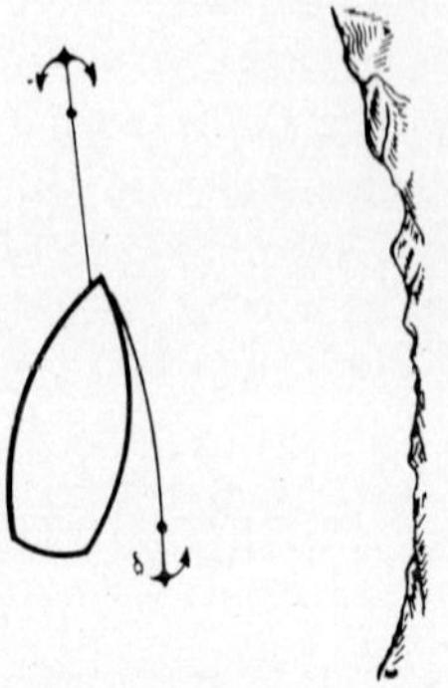

Fig. 189. *Una a la entrante y otra a la vaciante.*

Las anclas se han de dejar caer muy próximas para que trabajen paralelas o casi paralelas. La forma de fondearlas es casi la misma que para fondearlas a barbas de gato, solamente que caen muy cercanas ambas y en vez de llevar el viento de través hay que llevarlo por la amura o casi por la proa.

FONDEAR A BARBAS DE GATO. — La ventaja de fondear a barbas de gato es, el de necesitar menos espacio para caso de borneo, por ello se utiliza en bahías pequeñas o lugares relativamente estrechos o restringidos.

Ha de tratarse de que el barco quede fondeado con la misma longitud en ambas cadenas, con proa al viento y trabajando las dos por igual, para lo que haremos la maniobra de la figura 190.

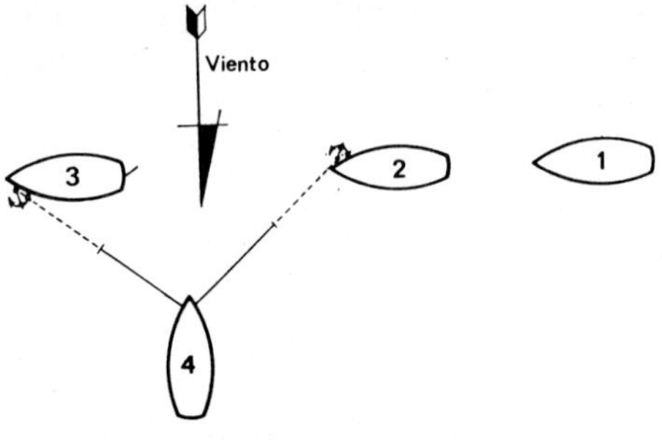

Fig. 190

En la posición 2, llevando el viento por el través, o en sus cercanías, fondeamos el ancla de Er., filamos cadena con timón a Br. para compensar el tiro de la cadena (aunque la tengamos en banda) y seguimos con arrancada hasta la posición 3, que fondeamos el ancla de Br., momento que aguantamos cadena de Er. Timón a Er. y máquina atrás. Embragamos el ancla de Er. para cobrar algo de cadena y vamos filando Br. hasta quedar igualadas ambas cadenas y formando un ángulo de 120° aproximadamente.

Se puede fondear a barbas de gato lo mismo llevando el viento por Br. que por Er.

Por demostraciones veríamos que el tiro de cada cadena trabajando abiertas 120° es igual al tiro de una cadena llamando por la proa. Es decir, que para aguantar una tensión originada por viento o corriente y que nos venga desde proa estando fondeados a barbas de gato, las dos cadenas trabajan cada una lo mismo que si tuviéramos una por la proa solamente.

Veríamos también que la distancia entre los dos puntos de fondeo es igual a 1,75 veces la longitud de una de las cadenas, o sea que si queremos fondearnos, por ejemplo, con 4 grilletes de cadena en cada ancla, la distancia entre los dos puntos de fondeo será de 4 × 1,75 = 7 grilletes.

FONDEAR UNA A LA ENTRANTE Y OTRA A LA VACIANTE. — Este sistema de fondeo se usa donde los vientos o las corrientes actúan alternativamente. Lo más común es usarle donde actúan las corrientes de marea y en lugares estrechos o limitados.

La forma de fondear será normalmente con la proa a la corriente, fondeando un ancla y dejándonos ir atrás filando cadena hasta doble número de grilletes que vayamos a dejar en cada cadena. Fondear la otra y posterior-

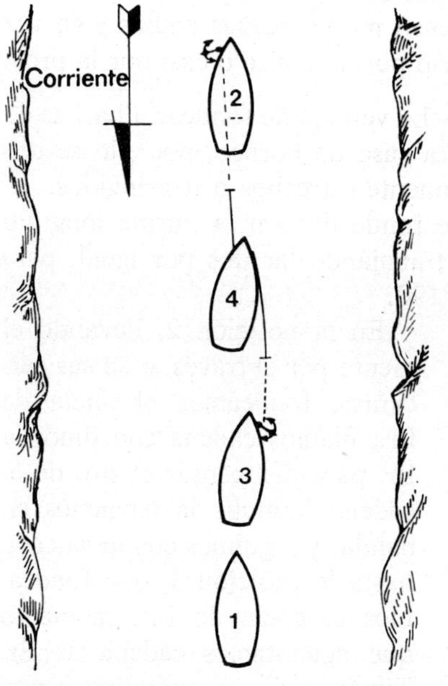

Fig. 191

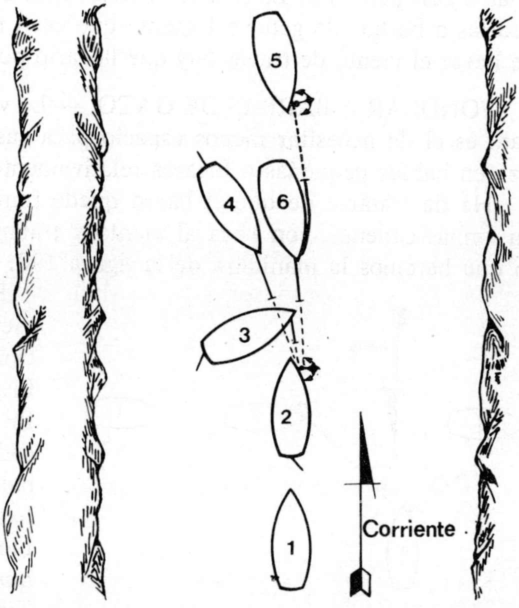

Fig. 192

mente virar la primera filando de la segunda hasta quedar igualadas las cadenas. Figura 191.

Si por necesidad hay que fondear la primer ancla con popa a la corriente se hará según indica la figura 192.

LEVAR ESTANDO FONDEADO CON DOS ANCLAS. — Si están las dos por la proa se levan ambas simultáneamente.

Si están a barbas de gatos se empieza a levar el ancla que no trabaja, figura 193. a).

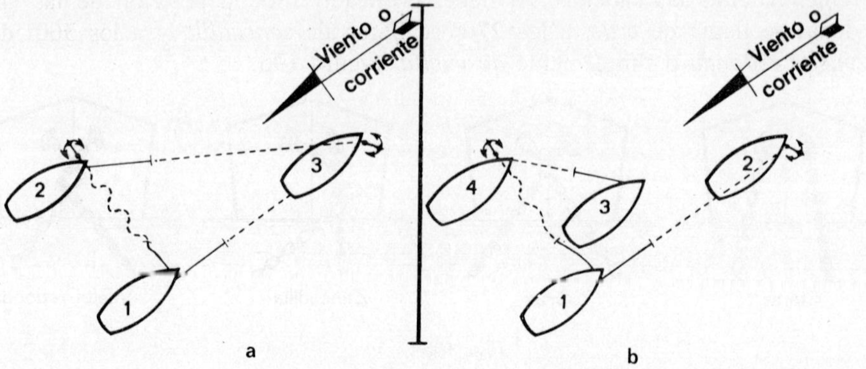

Fig. 193

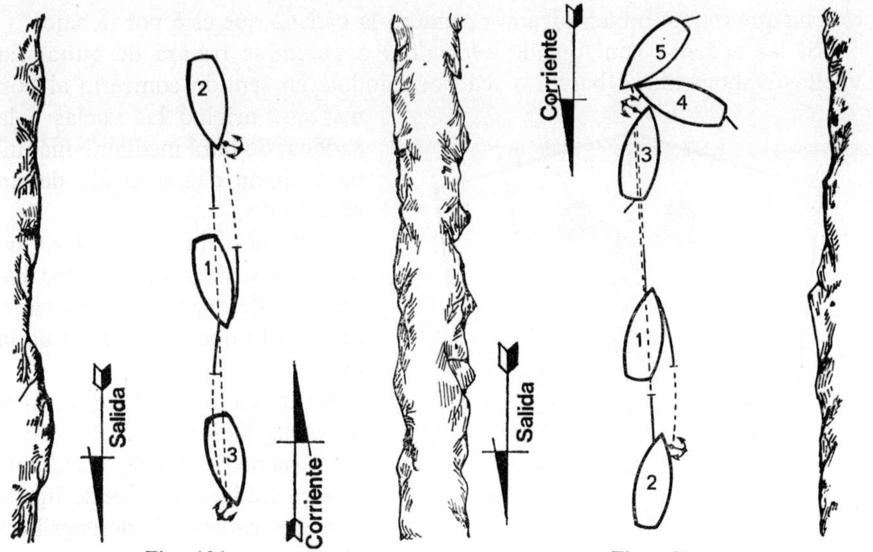

Fig. 194

Fig. 195

Si estuviéramos obligados a virar el ancla que trabaja tendremos que contrarrestar el efecto del viento y de la corriente con máquina y timón cuando haya zarpado dicha ancla. Figura 193. b).

Si están una a la entrante y otra a la vaciante se empieza por levar el ancla que no trabaja (fig. 194) y si la salida está contraria a la corriente se borneará haciendo cabeza con la segunda ancla antes de zarpar (fig. 195).

VUELTAS DE CADENA: CRUZ, ZANCADILLA Y VUELTA. — El estar fondeado con dos anclas implica el riesgo de que al bornear el barco tomen vueltas las cadenas. Al haber borneado 180° la posición de las cadenas se llama de *cruz,* a los 270° se llama de *zancadilla* y a los 360° de *vuelta redonda* o simplemente *de vuelta.* Figura 196.

Fig. 196

ZAFAR VUELTAS A LAS CADENAS. — Si las cadenas tienen *cruz* se aclararán borneando el barco con máquina y timón hacia la banda de la cadena que monte o bien levando primero la cadena que esté por debajo.

Si las cadenas han tomado *zancadilla* o *vuelta* se tratará de quitar las vueltas ciabogando el barco, o sea borneándole en sentido contrario al borneo que originó las vuelas a la cadena. Se hará mediante máquina y timón o con ayuda de un remolcador.

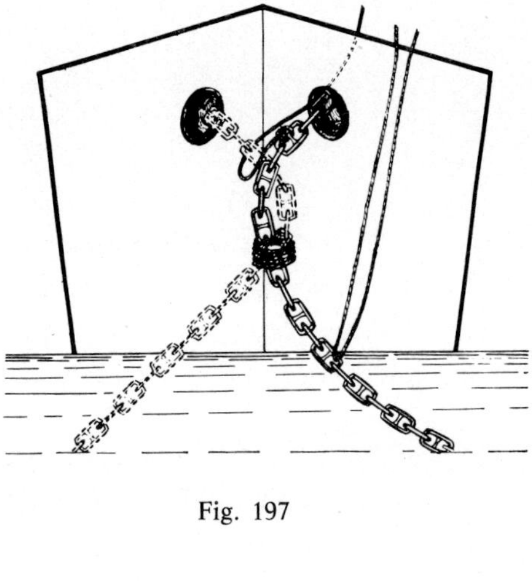

Fig. 197

Si no hubiera remolcador y no se pudiera bornear el barco habrá que desengrilletar una cadena para lo que haremos lo de la figura 197.

Se trinca la cadena que se va a desengrilletar, generalmente la que menos trabaja, mediante una retenida y una fuerte ligada a la otra cadena. Se desengrilleta el eslabón del grillete correspondiente habiéndole hecho firme antes a un cabo que se ha pasado alrededor de la otra cadena tantas vueltas en sentido contrario como las que haya que quitar de la cadena. Se vira de dicho cabo o cable y se irán zafando las vueltas. Se engrilleta la cadena nuevamente. Se quitan las ligadas y retenidas.

Si las cadenas han tomado vueltas bajo el agua habrá que virarlas hasta que queden al aire libre para poder trabajar en ellas.

Si esta operación fuera imposible habría que picar o desengrilletar una cadena y filarla por ojo, habiendo tomado antes la precaución de balizarla y anotado la situación exacta del lugar para posteriormente recuperarla.

Esta operación de filar por ojo una cadena por haber tomado vueltas no suele dar resultado porque al virar la otra lo más probable es que venga enganchada.

ACLARAR UN ANCLA QUE VENGA ENCEPADA.— Se entiende por ancla encepada cuando la cadena viene con vueltas en el cepo.

Si viene claro el grillete equilibrado se engancha en el aparejo de gata y virándole se iza el ancla hasta el pescante. Ya en él se pasa por el arganeo una estacha que se trinca al pescante. Se arria el aparejo de gata y se zafa el gancho de gata quedando el ancla suspendida por la estacha del arganeo. Por medio de ganchos de aclarar y utilizando el cabrestante y retenidas se van quitando las vueltas.

Si por cualquier causa hubiera necesidad de desentalingar la cadena (zafar el cable o cadena del arganeo del ancla), cuando el ancla esté suspendida del grillete equilibrado, habrá que abozar antes el ancla para que al desentalingarla no se caiga al agua.

Si al ir a afirmar el gancho de gata vemos que el grillete equilibrado no está libre se enganchará en un estrobo en el lugar que ocupa el grillete equilibrado y se procederá como se ha dicho. Véase figura 83.

ARRANCAR EL ANCLA DEL FONDO. — Cuando hay dificultades en que el ancla zarpe, cosa que se nota al no poder virarla el cabrestante, es que el ancla se ha enganchado en algún objeto duro ya sea en una piedra o roca ya en algún saliente o foso de fondo compacto y duro. Entonces habrá que virar y desvirar varias veces la cadena a la vez que ir adoptando el barco distintas posiciones para que el ancla llame con distintas direcciones y con diferentes ángulos.

Si fuera imposible la recuperación del ancla, cosa poco probable, habrá que desengrilletarla y balizarla, para que personal especializado (buzos) pueda rescatarla.

En este capítulo puede considerarse también el que el ancla se haya enganchado en otra cadena de otro barco y al virarla venga montada por la otra cadena. Habrá que virar lo más arriba posible, pasar una retenida por seno a la cadena que monta, arriar la nuestra y una vez clara virarla a bordo y largar la otra cadena.

FILAR POR OJO UNA CADENA. — Cuando por cualquier circunstancia haya que filar por ojo una cadena, es decir: largarla totalmente, hay que tener en cuenta que el extremo de la cadena está hecho firme en la caja de cadenas y habrá que desengrilletarlo.

Normalmente no se fila por ojo toda la cadena sino los grilletes imprescindibles desengrilletando el de ayuste correspondiente, pues siempre será mejor dejar en el fondo el mínimo de cadena posible.

Se balizará para posible recuperación, por lo que se tendrá en cuenta la profundidad del lugar para el cabo de la boya o flotador dándole algo más largura que lo marcado en la carta como fondo.

Se arriará la cadena con un cabo o cable de acuerdo con su peso y se hará despacio al objeto de que caiga suavemente y no se entierre, o bien para que no se rompa el cabo de la baliza. A la vez, dicho cable puede servir para recuperarla.

CIABOGA. — La palabra ciaboga viene del hecho simultáneo de ciar y bogar a la vez. Su origen es de maniobrar con los remos bogando los de una banda y ciando los de la otra al objeto de girar la embarcación.

La ciaboga es muy útil especialmente cuando hay limitación de espacio para girar, siendo en barcos de dos o cuatro hélices muy fácil de efectuar dando las hélices de una banda avante y las de la otra banda atrás. Habrá que tener en cuenta que para ciabogar teóricamente en un punto media máquina avante con la máquina de una banda corresponde aproximadamente a toda máquina atrás con la hélice de la obra banda.

La ciaboga en barcos de una sola hélice (normalmente destrógira: de paso a la derecha) se hará con hélice y timón. Daremos avante con todo el timón a una banda; cuando tome arrancada daremos atrás; al parar la arrancada cambiaremos el timón a la otra banda; al tomar arrancada hacia atrás daremos avante; al parar la arrancada cambiaremos el timón para caer hacia la banda pretendida, y así cuantas veces sean necesarias.

No olvidar que: 1.° Con hélice de paso a la derecha la presión lateral de las palas facilita la caída hacia Er. tanto en la marcha avante como en la marcha atrás, por lo que siempre será más fácil ciabogar hacia Er.

2.° Las actuaciones con la máquina han de ser de potencia al iniciar la ciaboga para que el barco reaccione e inicie su caída, así como para parar las arrancadas.

La ciaboga se diferencia del borneo en que para bornear se emplean cabos o anclas y para ciabogar no.

REVIRAR HACIENDO CABEZA SOBRE EL ANCLA. — Si el barco no está fondeado daremos fondo al ancla del costado donde menos grados tengamos que bornear, y si hay que revirar 180° recordemos que si la hélice es destrógira borneará mejor hacia Er., luego fondearemos Er.

La cantidad de cadena que hay que dejar salir depende de la profundidad y de la clase de tenedero, pero normalmente se filará solamente la necesaria para que el ancla no garree.

Al *hacer cabeza* sobre el ancla daremos poca avante con timón a la banda de la cadena fondeada y una vez tesa la cadena aumentaremos máquina si es necesario, con lo que la fuerza de expulsión en el timón nos hará caer la popa hacia el lado contrario al del ancla fondeada y la cadena al trabajar de spring hará caer la proa hacia la banda deseada, sumándose así las dos fuerzas.

Al estar próximos al rumbo pretendido pararemos y viraremos la cadena dando atrás si fuera necesario.

Si el barco está fondeado viraremos cadena hasta dejar la imprescindible para que el ancla no garree y procederemos la maniobra como anteriormente se ha indicado.

ATRACAR EN ESPACIOS REDUCIDOS FONDEANDO UN ANCLA. Recordemos que el ancla es útil para atracar y para desatracar. En este caso haremos la maniobra de atraque en espacio reducido, pero si queremos desatracar de ese mismo espacio también nos será muy útil el tener un ancla fondeada.

El objeto primordial de fondear para atracar en un espacio reducido es sujetar la proa en un momento determinado para evitar el abordaje. Asimismo, sujetar el barco si hay vientos o corrientes.

Una vez sujeta la proa, filando la cadena necesaria para hacer cabeza, podremos dominar la situación porque la popa la podemos sujetar (orientar) con la máquina y timón.

En la figura 149, con la proa al viento en la posición 2 fondeamos Er., filamos cadena hasta acercarnos al muelle. En la posición 3 aguantamos cadena y damos cabos al muelle especialmente un spring. Con timón a Er. y máquina avante rabearemos la popa para que atraque. No olvidarse de las defensas y de filar cadena para atracar si es necesario.

La maniobra sin viento, véase la figura 150.

1. Fondo Er., fila cadena con poca arrancada.
2. Aguanta cadena, parar arrancada con máquina si es necesario, y dar cabos de amarre. Colocar defensas. Virar los cabos y atracar.

ATRACAR DE PUNTA, FONDEANDO DOS ANCLAS, ENTRE DOS BUQUES FONDEADOS DE IGUAL FORMA. — Es amarrar de punta entre dos barcos amarrados de punta.

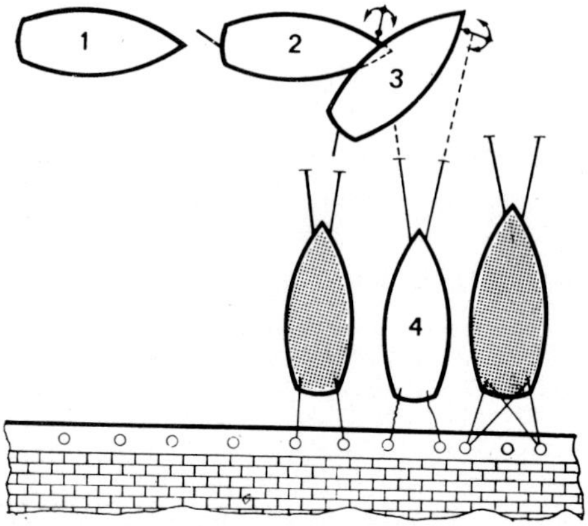

Fig. 198

La maniobra está representada en la figura 198 y en todo caso habrá que tener en cuenta los vientos y corrientes del lugar.

Iremos paralelos al muelle y en la posición 2 con poca arrancada y al estar la proa cerca del través del amarradero fondearemos el ancla de fuera, meteremos el timón para bornear y filaremos cadena según el espacio y la forma de llamar las cadenas de los otros barcos para no engancharlas. En la posición 3 dejaremos caer la otra ancla aguantando la primera, cambiaremos el timón y daremos atrás hasta acercar la popa al muelle filando cadenas según pida. Daremos los cabos al muelle con un bote si fuera necesario. Una vez en la posición 4 haremos firmes las amarras y viraremos las anclas hasta quedar templadas.

Capitulo 26

HOMBRE AL AGUA.—MANIOBRAS CON LOS BOTES

HOMBRE AL AGUA.— Cuando este accidente ocurra, hay que tener en cuenta que el éxito del rescate dependerá en gran manera de la previsión, serenidad y rapidez de la tripulación del barco.

El que haya visto caer al hombre al agua, y que muchas veces no será el que manda o el que gobierna la embarcación, gritará «hombre al agua por Br.» o por Er. al mismo tiempo que arrojará el objeto u objetos flotantes más a mano que encuentre: guindolas, salvavidas, maderas, etc., cerca del náufrago para que pueda asirse.

Si es de noche echarle una guindola con luz, también objetos flotantes que, iluminados con los focos, nos servirán de referencia en caso de no ver al náufrago.

Los gritos de «hombre al agua por Br. o por Er.» son para que se entere el resto de la dotación del accidente y si el accidentado los oye le serán de gran confianza y aliento. Al accidentado es muy útil hacerle saber que se le ha visto caer y que se procederá a su rescate.

Normalmente se dice que se parará la máquina y que se meterá el timón hacia la banda por la que se ha caído el náufrago para evitar la succión de la hélice, si bien lo de parar la máquina no suele ser efectivo porque para cuando se ha logrado parar la hélice el náufrago ha sobrepasado la popa. Es el náufrago el que ha de tratar inmediatamente de separarse del buque para que no sea atraído por las hélices, si bien la reacción inmediata suele ser la contraria: el aferrarse al casco, cosa generalmente imposible y peligrosa.

La dotación tratará de no perder de vista al náufrago, cosa que ocurre con frecuencia al menor oleaje existente, ya que la cabeza o parte de ella que es lo que sobresale del agua no destaca ni por su volumen ni por su contraste en color, siendo de mucha ayuda como referencia los objetos flotantes arrojados.

Si hay barcos en las proximidades se les informará inmediatamente del accidente: por radioteléfono, izando la bandera O del Código Internacional de Señales y dando como mínimo seis pitadas cortas.

MANIOBRA DE RECOGIDA SEGÚN SE VEA O NO AL HOMBRE.— Si el náufrago está a la vista se maniobrará con máquina y timón convenientemente para acercarse a él con poca arrancada a ser posible llevando el viento por la amura contraria a la banda por donde se va a recoger al náufrago. O sea, que hay que recoger al náufrago por sotavento. El objeto es de que el abatimiento no aleje al barco del náufrago, y por otra parte el náufrago no sufrirá golpes y se recogerá mejor por sotavento.

Si no se ve al náufrago hay cuatro métodos de volver a pasar por el lugar donde se cayó el náufrago:

1.° *El de inversión de marcha* dando toda máquina atrás que parará el buque e iniciará la arrancada hacia atrás (fig. A). Normalmente este método no resulta porque no se conserva el rumbo y hay que maniobrar con máquina avante y timón.

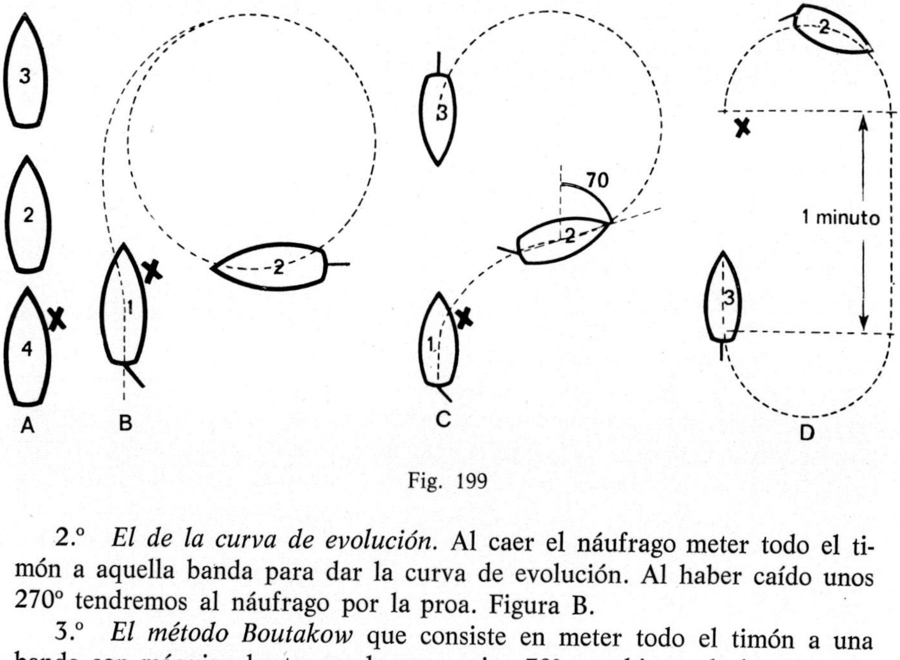

Fig. 199

2.° *El de la curva de evolución.* Al caer el náufrago meter todo el timón a aquella banda para dar la curva de evolución. Al haber caído unos 270° tendremos al náufrago por la proa. Figura B.

3.° *El método Boutakow* que consiste en meter todo el timón a una banda con máquina hasta que la proa caiga 70°, cambiar toda la caña a la otra banda y quedarse navegando a rumbo opuesto. El barco volverá a pasar por donde perdió al tripulante. Figura C.

En todo caso si se dispone de botes se tendrán listos para arriarlos por si fueran necesarios.

4.° *Método del minuto.* Se considera útil para el caso de perder de vista al náufrago al hacer la evolución y consiste en mantenerse a rumbo opuesto durante un minuto. Después se meterá toda la caña a la misma banda de antes y al quedar al rumbo primitivo (al que se navegaba cuando se cayó el náufrago) se aminorará la velocidad. El náufrago aparecerá por la proa o muy cerca de la misma.

PRECAUCIONES AL RECOGER AL HOMBRE CUANDO LA MAR ES MUCHA. — Si la mar es mucha habrá que colocar el barco a barlovento del náufrago para tratar de dar socaire a la maniobra de recogida. Se arriarán chicotes de cabos o estachas para que se agarre el náufrago. Se colocarán escalas y redes en el costado. Se calmarán las rompientes arrojando aceites o grasas. Se pondrán palletes o colchonetas al costado para evitarle golpes al náufrago. En caso de estar el náufrago inconsciente, tendrá que arrojarse alguna persona al agua, debidamente equipada, para rescatarle.

Si el oleaje fuera tal que fuera imposible rescatarle, se arriará una balsa salvavidas con alimentos idóneos y personal si fuera necesario para aguantar en ella a que pase el temporal. El barco deberá pedir auxilio a otros barcos con mejores medios de rescate como puede ser un mercante con una red izada con sus plumas.

Si se ha recogido a bordo practicarle la respiración artificial si fuera necesario y/o reanimarle secándole, arropándole, dándole infusiones calientes de té, manzanilla, leche, etc., pero no alcoholes.

ARRIADO E IZADO DE BOTES EN LA MAR EN TODAS LAS CIRCUNSTANCIAS. — Para el arriado e izado de los botes es conveniente hacerlo por la banda de sotavento y llevando el buque algo arrancada, sobre todo si el bote es de motor, que le evitará los bandazos totalmente perjudiciales para la maniobra y seguridad del bote.

Al tener el bote suspendido en el pescante se comprobará que están puestos los espiches, que haya suficientes medios a bordo para aguantar una emergencia, como alimentos y útiles de navegación, que lleve el personal puesto el salvavidas, que lleve medios de comunicación el bote con el barco: banderas, scott, radio, etc., que lleve bicheros, vela o útiles para improvisar la navegación a vela.

Se darán unas trapas o retenidas por largo desde la proa y popa del bote para aguantarle al costado.

Al arriar el bote su dotación irá agarrada a los cabos salvavidas que van hechos firmes al nervio que une las cabezas de los pescantes y procurará con bicheros o remos que el bote no golpee en el costado.

Se largará siempre primero el aparejo de popa, después el de proa. Se largará el cabo de popa y por último el de proa.

Para el izado se hará la misma maniobra en sentido inverso.

El uso de aceites para evitar las rompientes presenta una gran desventaja porque al engrasarse las partes del barco y aparejos se hacen resbaladizos y difíciles de manejar.

Tanto el izado como el arriado se hará solamente con la dotación del bote embarcada. Las demás personas deberán embarcar y desembarcar por escalas o redes, a no ser en caso de necesidad o de fuerza mayor.

Si el bote es de motor se ha de poner en marcha antes de que el bote toque el agua.

MANIOBRAS PARA QUE ATRAQUE UN BOTE AL COSTADO EN TODAS LAS CIRCUNSTANCIAS. — Lo fundamental es que el bote atraque por sotavento, especialmente en caso de mal tiempo. El barco preparará defensas, así como el bote, y retenidas para que cuando llegue el bote al costado tenga donde hacerse firme.

Si el bote ha de atracarse a una escala ha de procurar el personal de su dotación de no quedarse debajo de ella pues el oleaje provocaría el accidente. La escala es de los peores lugares para mantenerse atracado en caso de mal tiempo. Aguantarse separado con los remos o bicheros.

Con mal tiempo el bote debe acercarse al barco, si está fondeado, por la aleta de sotavento llevando puestas las defensas y listos los bicheros o remos para evitar el aconchamiento contra el barco. Llevar poca arrancada al acercarse al atraque, pero la suficiente para que el bote gobierne.

Con mal tiempo no se pueden dar normas concretas de atraque siendo la pericia, destreza y sentido común fundamentales para hacer en cada momento la maniobra más aconsejable.

Capítulo 27

MANIOBRAS CON MAL TIEMPO

PRECAUCIONES QUE DEBEN TOMARSE NAVEGANDO CON MAL TIEMPO; TRINCAS DE MAR; PRECAUCIONES CON LAS ANCLAS; DISMINUCIÓN DE VELOCIDAD. — Normalmente antes de salir de puerto se ha de arranchar el barco *a son de mar,* lo que significa que todo debe estar en orden, sujeto, cerrado, estibado y trincado. No obstante en caso de mal tiempo se suelen reforzar las trincas para evitar roturas o accidentes: una triste cuña de madera mal apretada ha sido causa de hundirse barcos, pues dio origen a que los golpes de mar zafaran el encerado y penetraran en la escotilla, que posteriormente no se pudo cerrar a causa del mal tiempo, yéndose el buque a pique por inundación.

Las mismas precauciones se han de tomar con todos los enseres de a bordo antes de salir a la mar pues la falta de previsión suele dar objeto a grandes destrozos en vajilla, aparatos eléctricos, muebles, etc.

Las anclas, aparte de los frenos del barbotén, han de ir aseguradas por estopones, mordazas, bozas o trincas, pues muchas se han ido por ojo al ir sobre el freno y ser aflojado por los golpes de mar o vibraciones.

Dependiendo del estado de la mar y del lugar por donde se recibe se aconseja reducir la velocidad especialmente cuando el tiempo viene de proa, pues los pantocazos hacen sufrir mucho la estructura del buque y los golpes de mar que embarcan en cubierta pueden causar averías. También la máquina suele sufrir acelerones, pues al cabecear el barco saca las hélices del agua en todo o en parte y, si bien suelen llevar acoplados reguladores automáticos de revoluciones, las diferencias de presión del eje propulsor son acusadas en los cojinetes y chumaceras.

Si la mar viene por la popa no olvidarse que son mucho más traidores los golpes de mar y que si la velocidad de una ola que remonta la borda se acompasa con la velocidad del barco puede provocar el hundimiento de éste al no desahogar el peso del agua embarcada. De ahí que se aconseje el capear los temporales, que no es otra cosa que aguantar proa a la mar con poca máquina o con máquina suficiente para gobernar esperando que amaine el temporal.

MODO DE EVITAR EL SINCRONISMO. — Sincronismo es la identidad de frecuencia o fase entre dos fenómenos periódicos, o bien el hecho de ser solidarios o simultáneos los movimientos de dos o más aparatos: en este caso el período del balance del buque y el período de la ola.

Al entrar en sincronismo las olas y el buque va aumentando el balance llegando a ser peligroso y pudiendo provocar la voltereta del barco.

El método más rápido para romper ese sincronismo es variar el rumbo actuando con mucho timón y mejor si a la vez se varía la velocidad.

NAVEGAR CON MAR GRUESA DE PROA O DE POPA. — Ya hemos dicho en este mismo capítulo que si se recibe la mar gruesa de proa ha de ser con poca máquina para evitar los pantocazos y también el embarque de agua por los golpes de mar. Habrá que tratar de mantener a toda costa la proa frente a la dirección del oleaje pues el que se atraviese el barco a las olas puede ser de fatales consecuencias.

Si la mar gruesa viene por la aleta o por la popa ha de procurarse que no se acompase la velocidad de las olas con la del buque y a ser posible que sea mayor la del buque para que no embarque agua por la popa. Hemos dicho que esta forma de navegar no es recomendable porque siempre habrá crestas de olas embarcando agua sobre cubierta, y no digamos si se trata de una embarcación con cámaras o espacios abiertos. El mantener el gobierno será más difícil que con proa a la mar, desventaja que entraña el que el barco se atraviese al temporal.

CAPEAR UN TEMPORAL. — Es aguantar el temporal proa o casi proa a él hasta que amaine el tiempo y se pueda navegar sin riesgos.

De tratarse de un barco con propulsión mecánica se aguantará proa a la mar con poca máquina al objeto de que los pantocazos sean débiles y no produzcan averías, así como los golpes de mar se reciban con menos fuerza y embarquen menos agua.

La máquina dará la potencia suficiente para gobernar bien y no perder la proa al temporal. Cualquier otra forma de recibir el temporal es mucho más peligrosa y traidora.

De ser el barco de vela se aguantará ciñendo. Normalmente, si se puede, se dá una vela de capa, que es un foque izado en lugar de la mayor y que a la vez suele hacer de timón. Se ha de buscar una posición de equilibrio con las velas para que se navegue abatiendo sin ir avante.

De ser el viento de tal intensidad que no se puede aguantar ninguna vela, se aguantará a la capa con un ancla flotante, o bien habrá que ponerse a correr el temporal.

CORRER EL TEMPORAL. — Si el temporal es tan fuerte que el buque no puede aguantarse capeando, tendrá que ponerse a navegar popa o aleta al tiempo lo que se llama *correr el temporal.*

Para dar la popa al temporal habrá que prepararse para hacerlo trincando lo mejor posible todo lo expuesto a moverse, pues al recibir la mar de través el barco dará grandes bandazos.

Se ha de procurar ejecutar la maniobra lo más rápidamente posible para que el barco esté atravesado a la mar el menor tiempo.

En los temporales se observa que de vez en cuando viene una serie de olas más grandes que las otras. Se las suele llamar *las tres Marías* porque suele coincidir con el número de tres. Habrá que tenerlo en cuenta para intentar dar la popa al temporal inmediatamente después de recibir a la tercera o última ola de esta serie.

Si el buque es de vela habrá que llevar las menos velas posibles de acuerdo con la intensidad del viento, y las más aconsejables serán los foques y las de proa.

Una vez popa a la mar el barco comenzará a *correr el temporal* y habrá que tratar de que el barco no dé grandes guiñadas pues los golpes de mar en la aleta ayudarían a orzar al buque y atravesarse a la mar.

Hay que procurar que la velocidad de las olas no se acompase con la del barco por el peligro que encarna el llevar la cresta de la ola montada en cubierta.

ANCLA FLOTANTE: CONSTRUCCION Y EMPLEO. — Consiste en un saco de lona de forma troncocónica (fig. 142), con un aro de refuerzo, y que suele llevar unido al aro un flotador en su parte superior y un peso o lastre en su parte inferior para que dicho aro se mantenga en posición vertical y sumergido. Van unidas a él cuatro pernadas que rematan en una gaza donde se hace firme el cabo. El otro vértice del cono lleva una abertura por la que da salida al agua, que le da direccionalidad.

El ancla flotante se puede improvisar a bordo con unos remos o maderas, lona o arpillera, cabos y un rezón o hierro como lastre utilizándola como indica la figura 143.

EMPLEO DEL ACEITE. — El aceite ha sido usado desde muy antiguo para calmar las olas, si bien lo que hace es calmar o evitar las rompientes.

La capa o película de aceite obstaculiza que el viento disgregue las partículas superficiales del agua y forme las rompientes.

El aceite se derrama en pequeñas cantidades por la proa. Un sistema es meter estopa empapada de aceite en un saco y llevarlo sumergido por la proa. El saco irá soltando el aceite lentamente.

Para mejor aprovechamiento de sus efectos en caso de aguantar el temporal con ancla flotante se amarra dicho saco con estopa impregnada de aceite hacia la mitad del cabo que sujeta el ancla.

Capítulo 28

REMOLQUES

REMOLQUES: DIFERENTES TIPOS. — El remolque es la línea de cabo, cable, cadena, o combinación de los anteriores, que une a remolcador con remolcado. La mena del remolque ha de ir en consonancia con el tonelaje del remolcado y con la mar y viento en que se va a desarrollar la operación de remolque.

El remolque de *alambre* o *cable de acero* es usado para puertos o en aguas llanas esclusivamente, ya que al no tener elasticidad, por fuerte que sea, llega a romperse en cualquier entrechonazo. Hay remolcadores que los usan, incluso para mal tiempo y en alta mar, pero con un chigre automático de remolque.

Los cabos de *manila* tiene las propiedades de elasticidad y flotabilidad idóneas y son los más recomendables para remolques medianos, ya que para remolques de gran resistencia tendrían el problema de ser de mucha mena y difíciles de manejar.

Los de *fibra sintética* como los de polipropileno son hoy en día más usados que los de manila y tienen la ventaja sobre ellos de ser con la misma mena más resistentes.

La combinación *cadena-manila* es más recomendable para los remolques de tipo medio teniendo en cuenta que la manila (o fibra sintética) ha de tener como mínimo la mitad de la longitud del remolque y ésta no ser menos de 180 metros, aunque la mejor distancia es la de entre crestas de olas o un múltiplo de ésta.

La combinación *cadena-cable* es la más idónea para barcos grandes y el peso de la cadena, e incluso a veces con el ancla, es para amortiguar los estrechonazos supliendo la falta de elasticidad del cable y de la cadena.

La combinación *cable-calabrotillo* es muy usada para remolques en puerto.

Para barcos pequeños (yates) el cabo de manila o de fibra sintética es el más recomendable, sin olvidarse de la distancia entre crestas de olas o bien de 150 metros, pues cualquier estrechonazo causado por el oleaje, en caso del mal tiempo, puede hacer faltar la amarra de remolque o el lugar (bita, mástil, escotilla, etc.) donde está hecho firme.

DAR Y TOMAR REMOLQUE. — En las operaciones en que intervienen remolcadores las maniobras están facilitadas por la práctica y los medios de que disponen. Los problemas surgen en alta mar, a veces con mal tiempo, y cuando hay poca experiencia o pocos medios.

El remolcador irá a colocarse a barlovento si abate menos que el remolcado, y a sotavento si abate más. Esta no es regla fija, y su objeto es que para largar la guía, esta posición es favorable y en caso de que el remolcado abata más el remolcador siempre tendrá más fácil la maniobra de acercarse por amplitud de campo de maniobra.

Ha de tratar de quedarse con el mismo rumbo del remolcado, teniendo, lógicamente, cuidado de no colisionar. (Esta norma también puede variarse de acuerdo con las circunstancias de tiempo y abatimiento).

La guía inicialmente la dará el remolcador pero el remolcado estará listo para darla él, pues a veces está en condiciones más ventajosas por el viento y nunca está de más el que sobren guías. En caso difícil de conseguir dar la guía, el barco que esté a barlovento, la amarrará a un flotador y la dejará ir a la deriva hacia el otro barco. De otra forma lo hará el remolcador de la manera que indican las figuras 200 A y B.

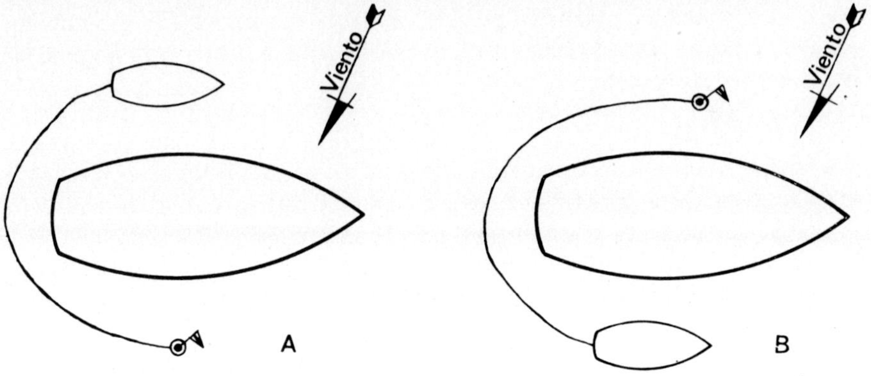

Fig. 200. *De la forma A si abate más el auxiliado que el flotador y de la manera B si abate más el flotador que el buque auxiliado.*

Primeramente se dará una guía fina a la que se unirá un cabo más fuerte para unir a éste la estacha o cable de remolque.

Si hay buen tiempo y se usa un bote para llevar el remolque al otro barco, se arriará al bote y se estibará en adujas claras la mayor parte del remolque y desde el bote se irá largando según pida al ir hacia el otro buque.

Una vez hecho firme el remolque hay que templarlo LENTAMENTE, ya que por ganar un minuto podríamos perder horas al faltar el remolque por un estrechonazo. Asímismo se irán aumentando las revoluciones LENTAMENTE al igual que cuando haya que parar, pues si lo hiciéramos de golpe podría abordarnos el remolcado.

Cuando se vaya a parar, el remolcado, si tiene gobierno, meterá el timón hacia la banda contraria a la que caiga el remolcador para evitar el abordaje.

En todos los cambios de rumbo o velocidad, avisar al remolcado para que colabore con sus posibilidades y poner y hacer las señales previstas en el Reglamento Internacional de Señales.

LONGITUD DEL REMOLQUE. — Ya hemos dicho que con mar bella cualquier longitud es buena, como la usada por los remolcadores en puerto, e incluso el remolque se puede hacer abarloado, pero en alta mar aunque haya buen tiempo, ha de hacerse con distancia larga, que depende del tamaño de los barcos y del oleaje, procurando que coincidan al mismo tiempo remolcador y remolcado en las crestas o senos de las olas. Una distancia standard es la de 100 brazas y lo de llevar largo el remolque en alta mar aunque haga buen tiempo es con previsión a que en cualquier momento puede saltar mal tiempo.

En lugares de poco fondo, bahías, canales, etc., hay que tratar de navegar con la menor catenaria posible para que no se enrede el remolque en rocas, boyas, etc., o bien para que los cambios de rumbo se puedan hacer en menor espacio.

TENDER REMOLQUES CON BUEN TIEMPO. — El dar el remolque con buen tiempo es de suma facilidad porque no hay peligro en la aproximación llegando a poder estar los dos buques abarloados, o bien con la ayuda de un bote en el que se adujará la mayor parte del remolque para ir largándolo según lo pida al irse hacia el otro buque.

Los remolcadores en puerto, protegidos por defensas, se suelen abarloar al barco para tomar los cabos.

De todas formas, tanto con buen o mal tiempo, para dar remolque la primera operación es poner a mano, tanto en remolcador como en remolcado, todos los útiles previsibles de ser usados: guías de mano, fusil lanzacabos, cabos mensajeros, cabos de remolque, grilletes de distintos tipos y tamaños, navajas, hacha, soplete, martillo, pasadores, filásticas, etc.

TENDER EL REMOLQUE CON MAL TIEMPO. — En mar profunda y con mal tiempo el remolque más aconsejable para barcos grandes es el de cable con cadena. En barcos pequeños no es necesario dar la cadena, cuyo objeto es eliminar riesgos de rotura por estrechonazos, que se evitan dando más largo el remolque.

El remolque de *cable-cadena* consiste en desengrilletar el ancla, la que quedará sujeta al barco, y una vez hecho firme el cable a la cadena por mediación de un grillete idóneo, se arriará por el escobén o mejor por el alavante de proa (gatera que llevan algunos barcos en la proa y en crugía).

El barco remolcado va filando (arriando) cadena con ayuda del molinete hasta alcanzar la distancia deseada, que en caso de mal tiempo entre cable y cadena será como mínimo 180 metros o la distancia entre crestas o senos de olas o múltiplo de la misma.

Una vez arriada ha de hacerse firme la cadena con mordazas y bozas, así como con los frenos del molinete.

A veces se deja el ancla, que cuando está tendido el remolque quedará en las cercanías de la mitad, al objeto de aumentar la catenaria, que hará la función de amortiguador de los estrechonazos a que esté sujeto el remolque por el oleaje del mal tiempo.

La maniobra de acercarse al remolcado ha de hacerse de acuerdo con las circunstancias teniendo en cuenta el abatimiento la dirección del viento y corriente, las ventajas e inconvenientes de hacerlo por sotavento a barlovento, la necesidad de acercarnos a menos distancia por no tener fusil lanzacabos, etc.

Durante la maniobra de acercamiento no se ha demostrado de una forma concreta que sea recomendable el usar aceite, fuel-oil o petróleo, pues remolcador y remolcado abatirán más que el aceite, y por otra parte los cabos impregnados de aceite son mucho más difíciles de manejar.

Tanto remolcador como remolcado deberán tener listo el remolque para largarlo (o cortarlo) en caso de emergencia.

AFIRMADO DEL REMOLQUE. — Los buques remolcadores llevan su gancho de amarre situado en el centro de la eslora o en sus proximidades, es decir: cerca o en la vertical del centro de gravedad para facilitar las maniobras. Este gancho disparador facilita de una manera muy simple el largado del remolque.

En los demás barcos se hace firme el remolque, generalmente, en las bitas de popa, si bien ha de tenerse en cuenta que, debido a que van a soportar un elevado esfuerzo, es conveniente que el cabo, además, se afirme en otros puntos resistentes como palos, escotillas o bancadas de maquinillas.

En el remolcado se hace firme en la parte de proa. Si se ha dado con cadena, ya hemos dicho que se afirmarán bien los frenos del molinete y se pondrán las mordazas y bozas. Si fuera de cabo o cable se hará firme en las bitas de proa, teniendo en cuenta que si no ofrecen seguridad se tomarán vueltas al palo, bocas de escotilla o bancada del molinete.

Durante toda la navegación, tanto en remolcador como en remolcado, habrá una persona vigilando la situación del remolque, observando la tensión, los roces, las mordazas y bozas y lista para largarle o cortarle en caso de emergencia, y para avisar al mando de cualquier incidencia.

Las señalas visuales usadas entre remolcados y remolcado suelen ser:

Virar: Dando giros con la mano derecha en sentido de las manecillas del reloj.

Parar: Manos en alto con las palmas abiertas o movimiento horizontal de la mano.

Afirmar: Brazos en alto cruzados con los puños cerrados.

Arriar: Mover la mano derecha de arriba hacia abajo con la palma abierta.

Despacio: Mover las manos lentamente de arriba hacia abajo con las palmas abiertas.

Indicar dirección: Dejar el brazo y mano extendidas en la dirección que se quiere indicar.

GOBERNAR REMOLCANDO; REMOLQUE ABARLOADO. — Citaremos aquí algunos cuidados a tener en cuenta por los dos barcos, si bien cada situación implica unas características peculiares.

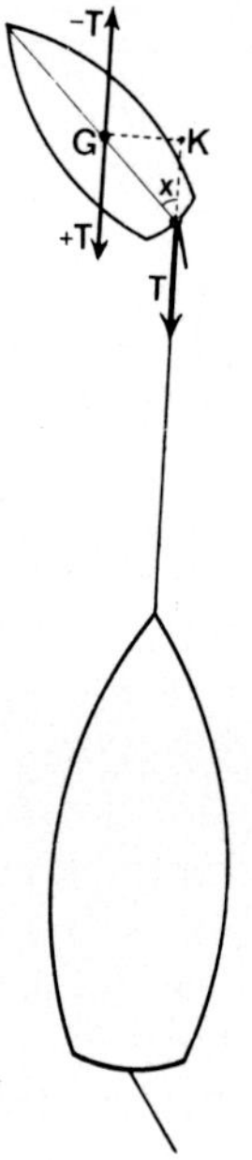

Fig. 201

El remolcador, preparado como tal, lleva el remolque hecho firme en el gancho disparador, que está colocado cerca del centro de gravedad del barco, con lo que la tensión del remolque no impide gran cosa los movimientos evolutivos. No sucede así en los que el remolque está hecho firme en la popa, llegando a veces, cuando viene atravesado el tiempo y el abatimiento del remolcado es mayor que el del remolcador, a que no le es fácil caer hacia sotavento porque no le deja el tiro del remolque fig. 201. (el par T, - T se opone a la evolución del remolcador), debiendo parar o quitar revoluciones para que el seno del remolque quede en banda y poder cambiar de rumbo.

El remolcador, asimismo, ha de tener en cuenta que, aunque aparentemente el remolcado le sigue aguas, en los cambios de rumbo algo pronunciados el remolcado acorta camino, es decir, sigue una derrota caída hacia el cambio de rumbo, pues le obliga el cabo de remolque y esto ha de tenerlo en cuenta el remolcador en caso de doblar un cabo o salvar un escollo para tomarse el resguardo conveniente. También ha de tener en cuenta los efectos sobre el remolcado del viento, de la mar y de las corrientes.

El remolcador es el responsable de la derrota a seguir, y por ello tendrá en cuenta que los cambios de rumbo han de ser con poco ángulo de timón y que la curva de evolución ha de estar de acuerdo con la longitud del remolque.

El remolcado ha de gobernar tratando de seguir aguas al remolcador, es decir: pasar por donde él ha pasado.

Como al caer el remolcador a una banda la dirección del remolque, es decir: la fuerza de tracción, no coincidirá con su crugía, el remolcado debe meter su timón hacia la banda contraria a la que ha caído el remolcador para así ir buscándole la popa.

En los remolques abarloados se tendrá en cuenta la maniobra del conjunto como si se tratara de un solo barco con las cortapisas de los efectos evolutivos según donde esté colocado el remolcador, que en este caso (para aguas tranquilas) la situación más apropiada sería la de popa, pero como no es posible (si el remolcador no está acondicionado) el hacerle firme por la popa para empujar, se hará firme por la aleta del remolcado, es decir: el remolcador llevará la mayor parte del remolcado (más que la mayor parte la mayor resistencia) en su amura, con lo que podrá más fácil gober-

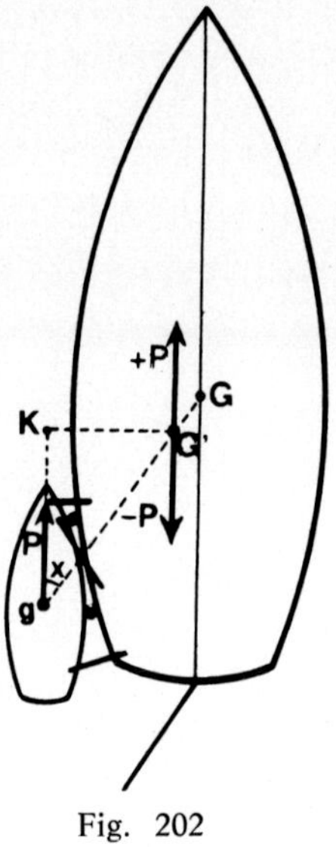

Fig. 202

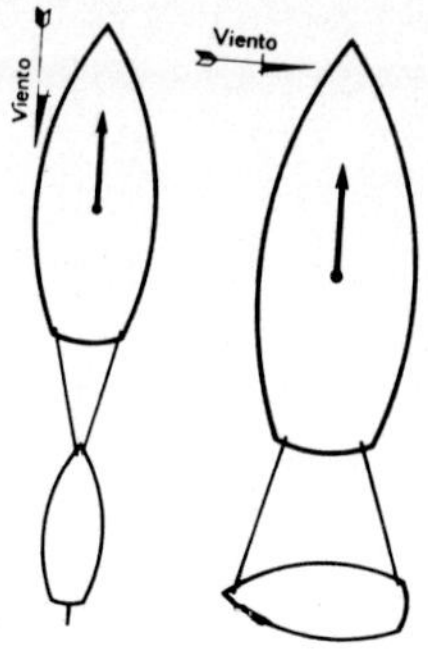

Fig. 203

nar, ya que cualquier otro lugar (excepto el de popa) presenta cuanto más a proa más dificultades para el dominio del conjunto.

En todo caso el remolcado ayudará a compensar el desequilibrio en el gobierno metiendo la caña a la banda en que está el remolcador (fig. 202). Este desequilibrio está ocasionado por el momento creado por el par de fuerzas P, - P. En los remolques abarloados no olvidarse de colocar buenas defensas.

A veces en alta mar ha habido que auxiliar a un barco que ha perdido el timón, es decir, tiene máquina pero no tiene gobierno. Con mala mar el remolque por la proa se ve dificultado sobremanera al atravesarse el remolcado por el efecto del oleaje o del viento. Entonces la solución ha sido que el remolcador (buque auxiliador) ha hecho de timón llevando la derrota el auxiliado (fig. 203).

REMOLQUE CON MAL TIEMPO. — Se han de extremar los cuidados procurando que el cabo de remolque sea lo suficientemente fuerte y elástico para que no se rompa en los estrechonazos, o bien habrá que alargar la distancia. Ha de ser fuerte también el lugar donde va hecho firme. Ha de montarse una guardia permanente para observar el cabo y su forma de trabajo, y se ha de estar preparado para, en caso de rotura, parar la máquina del buque remolcador para no atrapar el cabo con la hélice.

Asimismo han de estar preparados, remolcador y remolcado, para cortar el remolque si fuera necesario, pues con mal tiempo uno de ellos puede irse al fondo arrastrando al otro. Los remolcadores al efecto, llevan un gancho disparador y no tienen necesidad de cortar el cabo de remolque.

En caso de muy mal tiempo es aconsejable, si se está en alta mar o el abatimiento del remolcado es hacia el mar adentro, largar el remolque y aguantar el temporal hasta que amaine, volviendo a tomar nuevamente el remolque.

Capítulo 29

INUNDACION Y ACHIQUE

INUNDACIÓN Y ACHIQUE: SERVICIO GENERAL. — Generalmente, en todo barco, especialmente en los grandes, hay una red de tuberías, a veces duplicada, que comunican entre sí todos los compartimentos del barco, especialmente los tanques, abriendo las correspondientes válvulas.

En esta red hay intercaladas una o más bombas que se hacen funcionar tanto para inundar como para achicar.

Si se tratara de *inundación* (de un tanque, compartimento, e incluso hundimiento del barco para salvarle de un incendio o impedir su propagación) abriríamos las válvulas de fondo, llamadas comúnmente por su denominación inglesa *kingstons.* Estas válvulas principales dan paso a toda la red, y a cada departamento le corresponde otra válvula, que al abrirla le ponemos en comunicación.

Las inundaciones de tanques se suelen hacer para aumentar la estabilidad o para adrizar o escorar el barco.

Cuando el compartimento a inundar está por encima del nivel de la flotación hará falta auxiliarse con la bomba insertada en la red, caso que suele ocurrir para llenar los tanques de proa o de popa (Peaks).

Esta misma red o instalación de bombas y tuberías entre los distintos compartimentos del barco se puede usar, y de hecho en muchos barcos es la misma, para achicar y trasegar líquidos entre los diferentes tanques.

El centro neurálgico de esta red está en la sala de máquinas. En muchos casos lleva unida la red de achique de sentinas, cuyo uso es periódico.

Las bombas de esta red están movidas por motores acoplados, por vapor o por electricidad.

Aparte de estas instalaciones fijas para inundación y achique, el barco lleva bombas portátiles que varían en diseño y en potencia, desde las manuales para embarcaciones pequeñas hasta las eléctricas sumergibles, pasando por las motobombas de todo tipo.

Esta red de tuberías y bombas está acondicionada para usarla en la extinción de incendios.

CIERRE DE PUERTAS ESTANCAS. — Las puertas estancas, practicadas en mamparos estancos para facilitar los accesos a bodegas u otros departamentos, han de estar cerradas en circuntancias de peligro, navegación con niebla o chubascos, atraques y desatraques, incendio, mal tiempo, etc.

Estas puertas están provistas de frisas de goma, y sus trincas, generalmente accionadas por palomillas o volantes enroscados, han de estar bien afirmadas para su mejor estanqueidad (fig. 9).

Las frisas de goma NUNCA serán pintadas, pues la goma se endurece y pierde la flexibilidad, lo que equivale a no adaptarse para quedar hermético el cierre de las puertas (portas), portillos o escotillas.

APUNTALAMIENTO DE MAMPAROS EN CASO DE INUNDACIÓN DE UN COMPARTIMENTO. — El apuntalamiento, en general, consiste en la colocación de soportes en estructuras que están debilitadas por desgaste o a causa de averías.

Para apuntalar hace falta madera, sierra, cuñas, clavos.

Hay que elegir o colocar buenos puntos de apoyo.

No intentar corregir las deformaciones ya ocasionadas. El objeto del apuntalamiento es el de impedir el que las deformaciones aumenten, pero no el de corregirlas, porque podría dar lugar a roturas mayores.

Colocar más refuerzos que los que nos parezcan suficientes.

Al inundarse un compartimento, lógicamente, el líquido presiona sobre la paredes (mamparos) de dicha vasija, y la presión total dependerá de la altura del líquido y de la superficie del mamparo. También influirá la presión adicional al moverse el barco y de si el compartimento inundado está en comunicación con la mar, pues entonces la presión será la de la altura desde el nivel del mar al punto que queramos hallar, aunque el compartimento esté parcialmente inundado (fig. 204).

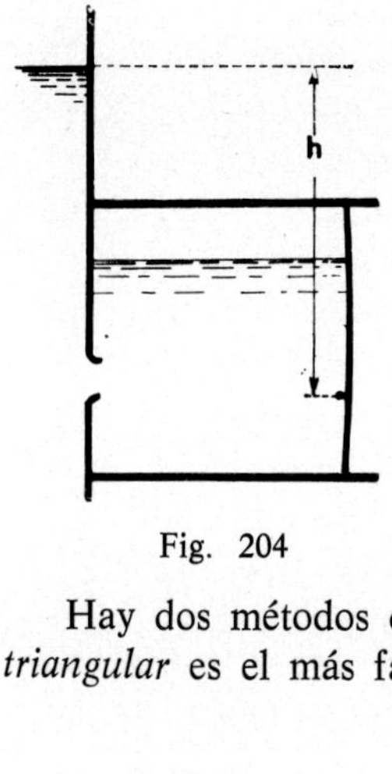

Fig. 204

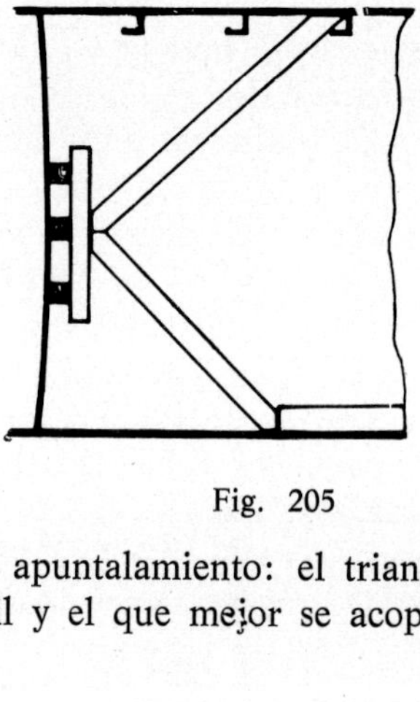

Fig. 205

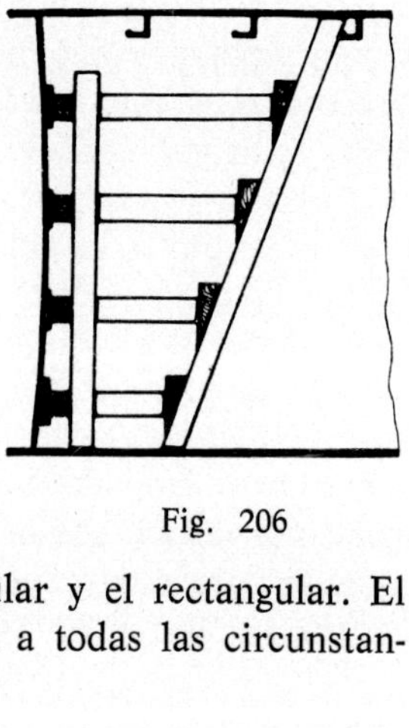

Fig. 206

Hay dos métodos de apuntalamiento: el triangular y el rectangular. El *triangular* es el más fácil y el que mejor se acopla a todas las circunstancias (fig. 205). El método *rectangular* distribuye mejor la presión, pero es más complicado y le afectan más las vibraciones siendo menos seguro (fig. 206).

Los apuntalamientos han de estar vigilados durante toda la navegación, pues en cualquier momento pueden necesitar ajustar cuñas o más refuerzos.

Si algún puntal se le ve ceder hay que retirarse rápido, pues puede saltar en cualquier momento.

MODO DE CONTENER LA ENTRADA DE AGUA. — La entrada de agua puede ser por diferentes lugares, a diferentes alturas bajo el nivel del mar y ser la vía de agua de distintas formas y dimensiones.

La vía de agua en una tubería se repara con zunchos (fig. 207), bajo los que se ha puesto una frisa de lona o goma con albayalde, o bien dando ligadas bien acolchadas con filásticas, alambre, esparadrapo, cinta aislante, vendas impregnadas en pintura o albayalde, o cualquier cinta de tejido.

La importancia de las vías de agua en el casco dependen de su profundidad bajo el nivel del mar y de su dimensión. También dependen algo de lo asequible que sea el lugar por donde se han producido.

La profundidad podremos a veces evitarla o reducirla aproando, apopando o escorando el buque según convenga mediante el achique, inundación o trasiego de líquidos en tanques o compartimentos.

Si la vía es de pequeñas dimensiones se taponará con cuñas o tapones al efecto, y a ser posible desde fuera hacia adentro. También se puede usar telas, lonas y *parches* (fig. 207), que están formados por una plancha de

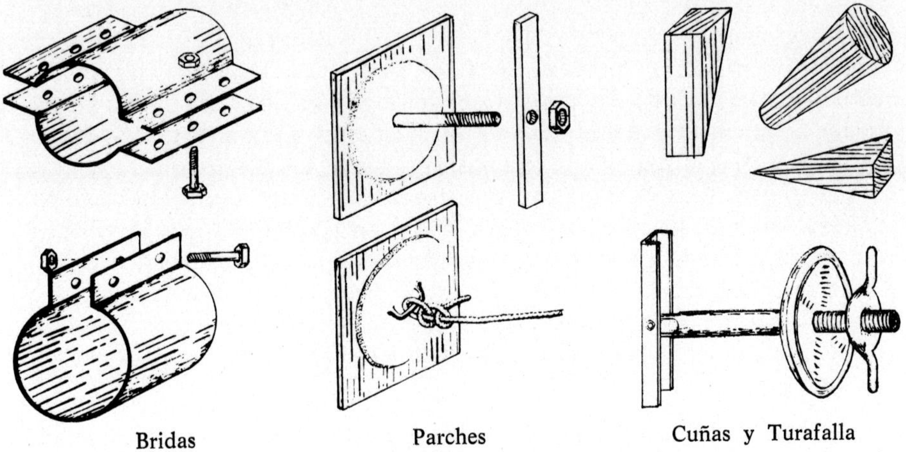

Bridas Parches Cuñas y Turafalla

Fig. 207

goma y otra de acero. Estos parches pueden colocarse por el interior pero apuntalándolos.

Si la vía es de dimensiones mayores se taponará con mantas, lonas enrolladas en un alma de alambre o madera, almohadas, colchones, etc., a ser posible introducidos desde fuera.

El *pallete de colisión,* que es una pieza de lona grande reforzada con listones de madera o pletinas de acero (fig. 208), va afirmado con cuatro retenidas para ser manejado a distancia. Generalmente, se coloca una vez inundado el compartimento correspondiente y después de colocado se achica dicho compartimento, porque si lo tratamos de colocar antes, cuando el agua está entrando, la succión no nos dejaría.

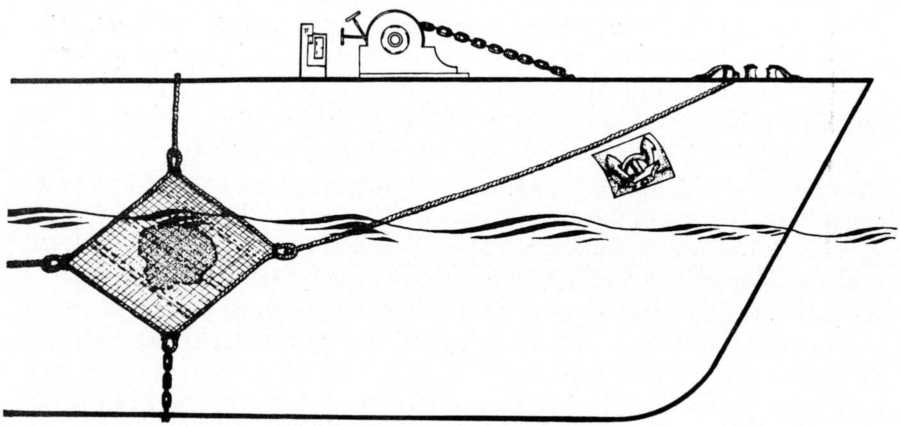

Fig. 208

Podríamos taponar la vía de agua por medio de *cofferdams,* que consisten en unos cajones de madera o acero sin tapa con una frisa gruesa en los bordes de la parte abierta y que es la parte que se va a aplicar hacia la vía de agua. Seguidamente se apuntalan y sujetan dichos cajones.

Las *encajanodas* de cemento, que consisten en una especie de cajones sujetos y apuntalados alrededor de la vía de agua y que después se rellenan con cemento rápido en fraguar. Antes de proceder a la encajonada de cemento se habrá reducido la vía de agua al mínimo. El cemento rápido se mezclará con arena en proporciones iguales aproximadamente.

En el capítulo de abordajes se amplían los sistemas de taponamiento de vías de agua.

DIFERENTES TIPOS DE BOMBAS DE ACHIQUE. — Desde el momento en que se produce una vía de agua hay que actuar rápidamente con los medios de achique existentes a bordo, sondando constantemente para apreciar si es mayor o menor el agua que entra que la que se achica.

Hay muchas clases y tipos de bombas según marcas y fabricantes, pero los sistemas están basados en:

Bomba o bombas *de achique principal*, que están unidas al colector general y que, generalmente, son *centrífugas*. Están constituidas por una caja cilíndrica abierta por la parte donde aspira y por la parte donde sale el líquido expulsado y en su interior gira una rueda de paletas dispuestas en forma conveniente y movida por medio de vapor, motor de explosión, motor eléctrico e incluso a mano en los barcos pequeños.

Además de este servicio principal suele haber otro *secundario*, que sirve para extraer el agua o líquidos acumulados en las sentinas. Es de menor capacidad que el servicio principal y sus bombas son, generalmente, del tipo de *émbolo buzo*. Se llaman *bombas de doble efecto* porque extraen el agua en las dos fases de su movimiento alternativo.

En las cámaras de máquinas y para su achique se pueden emplear las *bombas centrífugas principales de los condensadores* abriendo la comunicación con las sentinas y cerrando la del exterior. Son de gran capacidad.

Las *bombas portátiles*, movidas por motor de gasolina o gas-oil, con sus correspondientes boquiles para acople de mangueras, son de gran utilidad por la facilidad de instalarlas en cualquier compartimento.

Hay unos diseños de bombas portátiles americanas, japonesas y rusas en las que el motor, la bomba y el tanque de combustible forman un conjunto compacto fácil de trasladar, de pequeñas dimensiones y de gran potencia de achique. Son utilizadas también para extinguir incendios, pues su presión de descarga llega a los 7 y 8 kgs./cm.^{2} CUIDADO CON LA VENTILACIÓN DE LOS LOCALES DONDE SE INSTALAN PARA FUNCIONAR MOTO-BOMBAS DE GAS-OIL O GASOLINA PORQUE PRODUCEN *CO* EN SU COMBUSTIÓN.

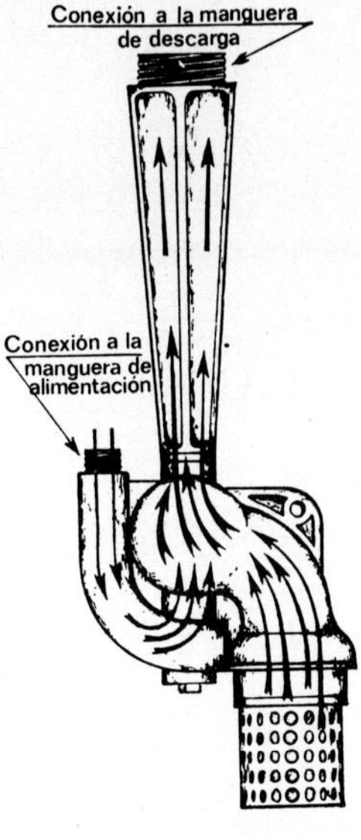

Fig. 209

Los *eyectores,* fijos o portátiles (fig. 209), están provistos de dos orificios roscados, uno para la manguera de alimentación y el otro para la de descarga. En la parte inferior llevan un codo con un orificio protegido por una canasta de chapa perforada por el que entra el líquido que se va a achicar.

Las *bombas eléctricas sumergibles* están movidas por un motor de 5 H.P. y están compuestas por un cuerpo de fundición de bronce dividido interiormente en tres cámaras: una para el motor eléctrico rodeada de

una cámara para refrigeración, que es por donde circula el líquido achicado; otra de estanqueidad de la cámara del motor eléctrico; y otra destinada al alojamiento de la bomba y que lleva un manguito con rosca para acople de un filtro o una manguera.
En el otro extremo lleva otro acople para manguera. Su capacidad oscila entre 32 y 40 tons./hora dependiendo de la altura de expulsión.

Estas bombas son muy útiles en cualquier industria y también se usan intercaladas en mangueras para aumentar la presión de bombeo.

Las *bombas de achique a mano* son utilizadas en barcos pequeños. Hay en el mercado de muy distintos tipos y diseños.

Capítulo 30

DEL INCENDIO A BORDO

INCENDIO A BORDO. — Veamos su fundamento y con ello el modo de proceder para extinguirlo.

Teoría del fuego. — De los diferentes experimentos y estudios realizados se llega a las conclusiones siguientes:

1.ª La reacción química llamada COMBUSTIÓN no puede tener lugar a menos que las SUSTANCIAS COMBUSTIBLES desprendan vapores en cantidad suficiente para que se forme una mezcla inflamable con el aire situado en las proximidades de las mismas.

2.ª Los vapores se inflaman espontáneamente al alcanzar una determinada temperatura específica para cada combustible (TEMPERATURA DE IGNICIÓN).

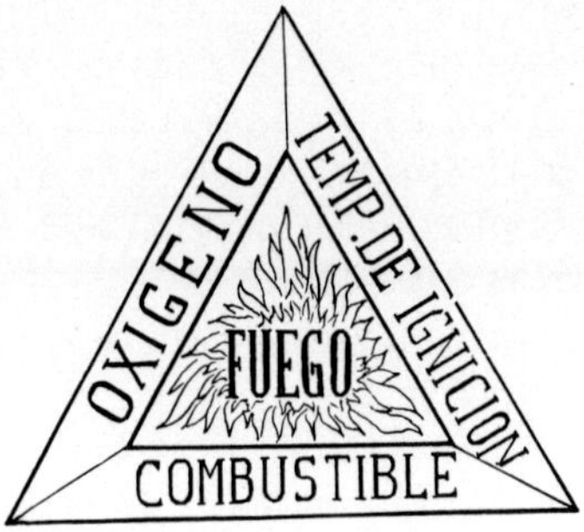

Fig. 210

3.ª Para que la combustión se produzca los gases deben estar en presencia del OXÍGENO, puesto que sin este gas no podría verificarse la reacción química denominada «oxidación», que, a fin de cuentas, es la causa primaria de la combustión.

En resumen: para que tenga lugar el proceso de combustión se requiere normalmente que concurran simultáneamente los tres factores siguientes: combustible, temperatura y oxígeno.

Estos tres factores pueden asimilarse a los tres lados del triángulo representado en la figura 210, lo que nos permite establecer una regla de que no puede producirse el fuego a menos que se unan los tres lados del denominado TRIÁNGULO DEL FUEGO.

Observaciones: Las llamas, el humo y el calor son fenómenos que acompañan a las reacciones químicas que dan lugar al fuego.

Otras reacciones son las que se producen al combinarse el carbono (C) y el hidrógeno (H) de los combustibles con el oxígeno del aire, dando lugar al monóxido y dióxido de carbono (CO y CO_2) y vapor de agua.

El monóxido de carbono es un gas tóxico, incoloro, inodoro e insípido, que con una concentración de 0,2 % por volumen puede causar la muerte en 30 minutos. Al ponerse en contacto con una masa de aire puro puede dar origen a una explosión (grisú), por lo que no se deben abrir puertas, ventanas o escotillas de golpe en un compartimento que haya fuego. El CO penetra a través de las máscaras de gases ordinarias.

El dióxido de carbono (CO_2) es menos peligroso que el CO, es incoloro, inodoro e insípido. No es tóxico pero ocasiona molestias: dolores de cabeza y vómitos. Es más pesado que el aire y penetra a través de las máscaras de gases ordinarias.

Para que una sustancia combustible se inflame no es necesario calentarla totalmente, basta con calentar parte de ella y se inicie la producción de vapores. Una vez iniciado el fuego, éste irá calentando el resto del combustible e irá propagándose.

Una vez conocido el fundamento del fuego podremos atacarlo eliminando uno o más factores del triángulo.

Ampliaremos lo expuesto diciendo que los incendios se dividen en tres clases: «A», «B» y «C».

Los incendios de clase «A» (Alfa) son los producidos por sustancias sólidas como madera, carbón, lona, papel, cabos, etc., y el método más eficaz de extinguir esta clase de incendios es el de enfriamiento, generalmente por agua (a ser posible agua dulce, pues el agua salada deteriora metales y útiles). Dicha agua debe arrojarse extendida para enfriar con la menor cantidad la mayor superficie, si bien habrá que arrojar bastante cantidad por tratarse de materiales porosos.

Asimismo, evitar las corrientes de aire y tener en cuenta que esta clase de incendios desprenden cantidad de óxido de carbono, por lo que en lugares cerrados deben usarse máscaras anti-gas tipo OBA (fig. 211), o MSA, (fig. 212).

El método de sofocación da buen resultado cuando se ataca el incendio en un principio.

Los incendios de clase «B» (Bravo) son los producidos por sustancias combustibles líquidas, semilíquidas o gaseosas cuya combustión se verifique solamente en la superficie de las mismas, como gas-oil, gasolina, aceites, grasas, pinturas, alcohol, butano, propano, etc. Se diferencian de los anteriores en que la combustión en estas sustancias se produce únicamente en la superficie, por lo que para extinguirlos debemos reducir la temperatura de la superficie *(enfriamiento)* para que no sigan generando vapores, o impedir que los vapores emitidos se pongan en contacto con el oxígeno *(sofocación)*.

El método de enfriamiento en los barcos pequeños es prácticamente imposible, ya que carecen de instalaciones para producir niebla (de agua) o espuma, y porque en pocos momentos el calor irradiado a sustancias combustibles (ya que pocas embarcaciones de recreo son metálicas) originaría nuevos focos productores de gases.

Por ello, el mejor método es el de la sofocación (en barcos pequeños), cubriendo totalmente la superficie incendiada con vapor o gas inerte, con una manta de espuma, con polvo, con telas húmedas o con arena, logrando evitar la mezcla de los vapores combustibles con el oxígeno. De ahí la obligación de llevar uno o varios extintores de anhídrico carbónico o CO_2.

Fig. 211. *Equipo O.B.A.* (Oxygen Breathing Apparatus).

El cartucho contiene productos químicos que absorben el CO_2 y el vapor de agua de la respiración, regenerando el aire en circuito cerrado. El cartucho dura normalmente una hora. Substituirlo en atmósfera pura.

Fig. 212. *Máscara anti-gas M.S.A.*

Hay cartuchos para cada gas. La duración del cartucho depende de la concentración de gas: un par de horas aproximadamente. No es recomendable para lugares de poco oxígeno donde se usará con lámpara de seguridad. El aire se purifica al pasar por el cartucho y el de exhalación se expulsa a la atmósfera por la mascarilla.

Los extintores a base de polvo finísimo (generalmente de bicarbonato de sosa) llevan asimismo un gas inerte, CO_2 o nitrógeno, que sale mezclado con el polvo.

Al utilizar extintores en lugares cerrados debe usarse la máscara anti-gas.

Los incendios de clase «C» (Charlie) son los producidos por instalaciones o equipos eléctricos *en función*, es decir, que si no estuviesen en función serían de las clases «A» o «B».

Para sofocar esta clase de incendios debemos prescindir del método de enfriamiento, pues correríamos el riesgo de electrocutarnos, aparte de que se producirán nuevos cortocircuitos al lanzar agua sobre los aparatos eléctricos. El mejor método es usar el anhídrido carbónico o el polvo seco.

Indudablemente que la mejor manera de sofocar un incendio de clase «C» es desconectar la energía, con lo que al no estar los aparatos en función se trataría de un incendio clase «A» o «B» y podríamos usar más medios para sofocarlo.

CONSEJOS PRÁCTICOS. — No abrir de golpe los accesos a compartimentos incendiados, pues si existe monóxido de carbono en el interior puede producir una explosión al ponerse en contacto brusco con el aire del exterior.

No debe penetrarse en lugares cerrados en que existe un incendio sin tener en cuenta la existencia de monóxido o bióxido de carbono, por lo que deberán usarse máscaras anti-gas tipo OBA.

No olvidar que los gases de exhaustación de los motores de combustión interna contienen una gran cantidad de monóxido de carbono, por lo que nunca deben ponerse en marcha en lugares cerrados sin que el tubo de escape evacue en el exterior (esto se indica por la puesta en marcha de bombas portátiles para extinguir incendios o achicar compartimentos).

Al abrir un compartimento incendiado no ponerse frente a la abertura, pues podría producirse una explosión o bien salir llamas o gases nocivos.

Si se considera que es imposible sofocar el incendio y sobre todo si existe riesgo de explosión, se debe abandonar el barco sin ninguna dilación ni duda. Muchas personas han perecido carbonizadas o han resultado con graves quemaduras por desconocer los riesgos de explosión, así como la situación de los combustibles a bordo.

MEDIDAS PARA PREVENIR LOS INCENDIOS. — Se toman desde su planificación y después durante su construcción, como situación de los combustibles, conducciones, bombeos, materiales de construcción, intalaciones para sofocar incendios, aislamiento de compartimentos dedicados a almacenar combutibles, indicaciones y señales de peligro de incendios, etc.

Pero las medidas más importantes en la prevención de incendios están relacionadas directamente con la disciplina y conocimiento de la dotación en lo que al fuego se refiere, ya que frecuentemente se observa que un porcentaje muy alto de la dotación desconoce el conjunto de medios de que dispone el barco para sofocar los incendios, o bien, desconoce el manejo de los mismos. Se recomiendan ejercicios periódicos con los que se mantienen in mente las instrucciones de manejo de los equipos.

El riesgo principal del incendio a bordo proviene de los carburantes, por ello se ha de tener en cuenta que durante su manipulación no debe existir en las proximidades llama alguna ni foco de elevada temperatura, como la del tubo de escape de un motor que ha estado funcionando.

Debido a que ciertos gases, especialmente el de gasolina, son más pesados que el aire, se acumulan en las partes bajas de la embarcación, que son las que peor ventilación y limpieza tienen, ha de tenerse en cuenta la buena ventilación y limpieza. Asimismo, en las partes bajas se acumulan líquidos inflamables, que suelen provenir de pérdidas en la conducción del carburante, de aceites, grasas, etc.

Otro gas que ha dado origen a graves incendios es el butano, que suele llevarse para uso en la cocina o baños, por una instalación deficiente, por poca ventilación donde se usa, o por descuido en el cierre de las llaves.

Estos gases, como hemos dicho, combustionan en presencia de una llama, de un foco de alta temperatura, o bien en contacto de cualquier chispa eléctrica como las producidas por cortocircuitos, separación de los cables de las bujías de un motor en marcha, colectores de motores de arranque o dinamos en marcha, malos contactos en los bornes de la batería, etc., incluso por descargas de electricidad estática de ciertos aparatos de radio y magnetófonos.

Ciertos materiales como grasas animales, aceites vegetales, carbón, algodones y trapos impregnados de aceite o pintura, fibras vegetales empapadas en grasas, víveres ensacados, etc., al estar apilados y durante un proceso lento de oxidación, llegan a alcanzar una temperatura igual a la de ignición por lo que combustionan ESPONTÁNEAMENTE. De ahí que se debe extremar el cuidado y limpieza en los pañoles de pinturas donde es muy frecuente ver abandonados trapos o estopa impregnados de diluyentes, grasas, etcétera.

En lo que respecta a los compartimentos de máquinas y calderas, ya hemos dicho antes que por ser compartimentos bajos hay que mantenerlos bien ventilados y limpios así como las sentinas. Evitar cualquier derrame de combustible. Que la refrigeración del motor funcione normalmente para evitar focos de calor, que pueden producirse por radiación, conducción o convección.

Un incendio en la sala de máquinas no debe combatirse con agua más que en un caso extremo, ya que el agua más a mano sería la salada, con lo que destruiríamos o pondríamos fuera de servicio muchas piezas. Asimismo, al arrojarla a conducciones eléctricas podríamos ser atacados por una descarga al hacer el agua de conductor.

El método de *sofocación* podríamos llevarlo a la práctica estancando la zona incendiada o atacando el fuego con extintores de espuma, gas inerte, vapor de agua, etc., evitando que los vapores se pongan en contacto con el oxígeno.

El método de *enfriamiento* empleando agua en forma de niebla.

Hay que evitar la propagación del incendio a las sustancias combustibles situadas alrededor del mismo. Hay que impedir la afluencia de nuevos combustibles al foco del incendio o a sus proximidades, y hay que evitar la propagación de los vapores a otros puntos del buque, cerrando puertas o aberturas, parando ventiladores, cerrando válvulas, etc.

CAUSAS MÁS FRECUENTES QUE PRODUCEN LOS INCENDIOS. Entre las más frecuentes está la de las chispas por cortocircuitos, por lo que ha de vigilarse la instalación eléctrica evitando que haya trozos de líneas al desnudo. Asimismo, las chispas pueden producirse en dinamos o alternadores, o bien decargas de electricidad estática. Estas chispas, en un medio ambiente propicio, como son los gases combustibles, dan origen inmediato al incendio o a la explosión.

Otras causas frecuentes son las colillas, trabajos de soldadura, machetes eléctricos, materias fermentadas, trapos o estopas impregnados de grasas o aceites, las chispas de la chimenea y el uso de cerillas que no sean de seguridad.

MANIOBRAR CON FUEGO A BORDO. — Lo más lógico es que la parte incendiada del buque quede a sotavento para no dar facilidades al fuego en su propagación.

Si el viento fuera de menor velocidad que la que puede alcanzar el buque debe ponerse popa a la mar y acompasar la velocidad del buque con la del viento (esto lo veríamos porque el humo subiría vertical), y así suprimiríamos el tiro del fuego, facilitando las operaciones de extinción.

Si el incendio surgiera en puerto pediremos auxilio a otras embarcaciones y a las diferentes autoridades y estaremos a las órdenes del Capitán del Puerto, pues al haber intereses de terceras personas que pueden ser dañados y al objeto de evitar daños mayores puede dar la orden de hundir el buque o sacarlo fuera del puerto.

FONDEAR CON FUEGO A BORDO. — Lógicamente, y como hemos dicho anteriormente, se ha de fondear tratando de dejar la parte del buque incendiada a sotavento al objeto de impedir la propagación y facilitar la extinción del fuego, si bien en barcos pequeños esto es en teoría, pues a poca propagación que haya tenido el fuego no se puede hablar de sotavento o barlovento.

Lo que sí se puede tener en cuenta es que ante la imposibilidad de extinguir el fuego hay que proceder al hundimiento de la embarcación y en dicho caso procuraremos hacerlo donde haya un calado no mayor del que cubra el buque, pues será más fácil para reflotarlo en aguas poco profundas.

EXTINCIÓN DE INCENDIOS. — Los tres pasos básicos en la lucha contra el incendio son: *Localización, confinamiento* y *extinción.*

A. 1. *Localización,* es decir: dónde está el fuego (no tiene por qué coincidir el lugar donde está el fuego con la salida del humo).

2. Qué se está quemando.

3. Qué extensión tiene el fuego.

4. Qué combustibles hay en las inmediaciones, tanto alrededor como encima y debajo.

5. Qué comunicaciones, vientos y corrientes existen que puedan facilitar la propagación del fuego.

6. Sacar la conclusión del mejor medio para extinguir el fuego teniendo en cuenta la estabilidad y seguridad del barco.

B. *Confinamiento,* es decir: aislamiento, para lo que tendremos en cuenta que el calor se transmite de tres formas: por *radiación* en todas las direcciones, por *conducción* a través de sólidos, líquidos y gases al estar en contacto sus moléculas, y por *convección,* que consiste en que porciones de líquidos y gases que son calentados a una mayor temperatura que el resto de sus masas llegan a ser más ligeros en peso (de menor densidad) y se trasladan hacia arriba dentro de otras masas más frías. Estos gases calientes pueden ser, y a menudo son, llevados por corrientes de aire a encender combustibles a cierta distancia.

El confinamiento o aislamiento, es decir: poner el fuego bajo control, es eliminar todo tipo de conducción con los materiales de sus proximidades, para lo que cerraremos el paso del fuego taponando conductos, cerrando puertas, portillos, parando ventiladores, cortando tuberías de combustible, refrescando y humedeciendo a su alrededor.

C. *Extinción,* en la que comúnmente se emplea el método de enfriamiento. El agente más empleado es el agua y en forma de niebla mediante boquiles al efecto. La niebla tiene la ventaja sobre el chorro de agua de que estropea menos las mercancías u objetos, de que no es conductora de la electricidad y, aunque no es recomendable, se puede emplear para combatir fuegos clase «C», y de que enfría mucha más superficie que el chorro. Por otra parte la niebla, por el calor del fuego se convierte en vapor y el vapor desaloja el aire del fuego, con lo que le aísla del oxígeno, imprescindible para la combustión. Otra ventaja es que la cortina de niebla protege a los

FORMA EN QUE ACTUAN LOS DISTINTOS AGENTES EXTINTORES

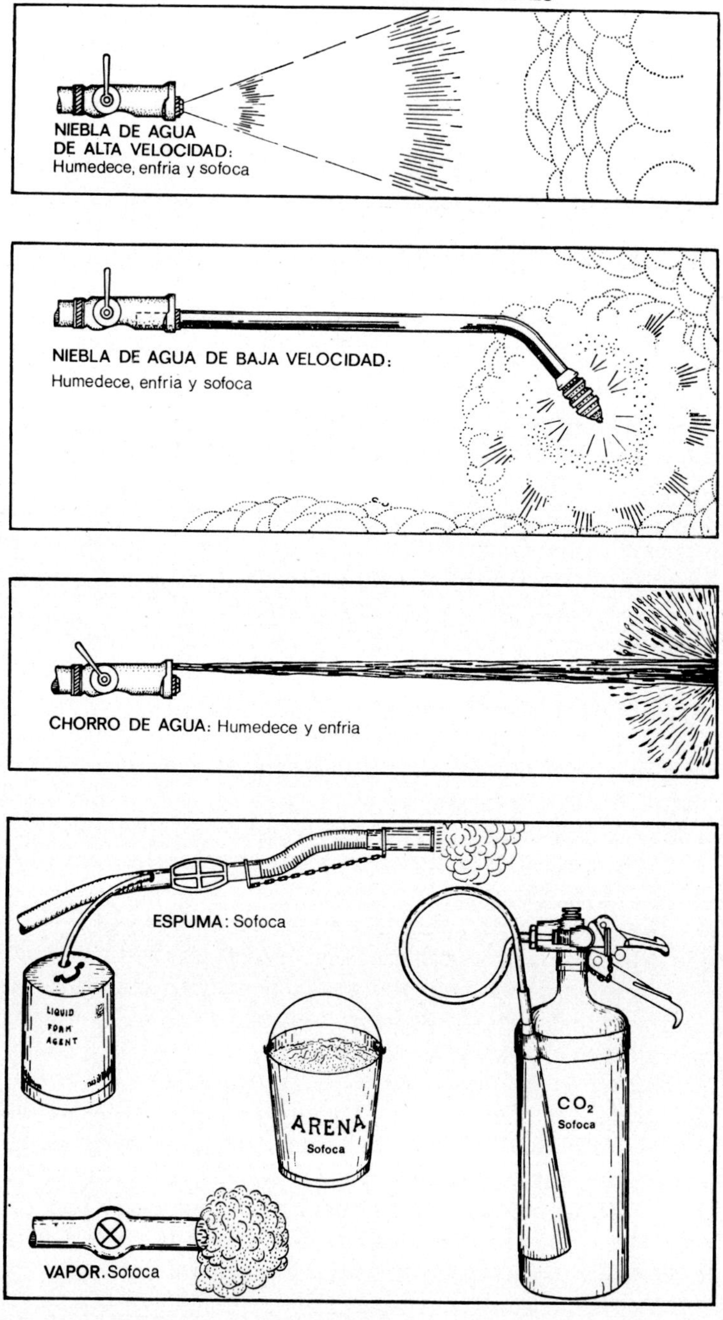

Fig. 213

que extinguen el fuego y pueden acercarse al foco sin peligro, si bien deben ir protegidos con máscaras anti-gas, trajes de asbesto, guantes, etc.

Otro agente es el vapor, que se usa como sofocación, y del que se suele disponer en barcos grandes movidos a vapor.

La espuma es generalmente usada en incendios de combustibles líquidos. Su función es aíslar la superficie del líquido del oxígeno. Se produce al añadir a la corriente de agua de la manguera polvos secos o líquido productor de espuma (véase fig. 213). Téngase en cuenta que la espuma es conductora de la electricidad.

TABLA DE DEFENSA CONTRA INCENDIOS

COMBUSTIBLE	CLASE DE FUEGO	MAGNITUD	AGENTES EXTINTORES
Maderas, ropas, mercancías sólidas, etc.	A	Pequeña	1. Niebla de baja velocidad 2. Chorro de agua 3. Extintores de CO_2 o polvo seco 4. Espuma
		Grande	1. Niebla de alta velocidad 2. Chorro de agua 3. Espuma 4. CO_2 (sistemas fijos)
Equipos eléctricos y de radio	C	Pequeña	1. Desactivar los circuitos 2. Extintores port. de CO_2 o polvo seco 3. Niebla de alta velocidad
		Grande	1. Desactivar circuitos afectados 2. Extintores port. de CO_2 o polvo seco 3. Niebla de alta velocidad 4. Espuma
Pinturas, líquidos inflamables	B	Pequeña	1. Extintores port. de CO_2 o polvo seco 2. Niebla de baja velocidad 3. Espuma
		Grande	1. Sistemas fijos de CO_2 2. Niebla de alta velocidad 3. Espuma 4. Sistema de aspersión 5. Vapor

COMBUSTIBLE	CLASE DE FUEGO	MAGNITUD	AGENTES EXTERIORES
Explosivos	A	Pequeña	1. Inmersión en agua 2. Refresco con agua 3. Chorro de agua
		Grande	1. Inmersión en agua 2. Refresco con agua 3. Chorro de agua
Gasolina y petróleo	B	Pequeña	1. Extintores port. de CO_2 o polvo seco 2. Niebla de baja velocidad 3. Espuma 4. Niebla-Espuma 5. Sistemas fijos de niebla
		Grande	1. Espuma 2. Niebla-Espuma 3. Niebla de alta velocidad 4. Aspersión con niebla 5. Sistemas fijos de CO_2 6. Sistemas de aspersión con agua 7. Cortinas de agua
Fuel oil y Diesel oil	B	Pequeña	1. Extintores port. de CO_2 o polvo seco 2. Niebla de baja velocidad 3. Espuma
			1. Espuma 2. Niebla-Espuma 3. Niebla de alta velocidad 4. Sistemas fijos de CO_2 5. Vapor
Bombas incendiarias	A	......	1. Arrojar por la borda 2. Chorro de agua 3. Niebla de alta velocidad 4. Arena 5. Inmersión en agua
Películas, celuloide, etc.	A	......	1. Inmersión en agua 2. Chorro de agua 3. Niebla de alta velocidad

El CO_2 almacenado en los clásicos extintores de mano o bien en botellas e instalaciones fijas.

El polvo seco almacenado en extintores portátiles, y que generalmente está basado en el bicarbonato sódico.

La arena o tierra fina es otro de los agentes usados para la sofocación de incendios, si bien es el agente de menor uso en los barcos.

En las páginas 30-9 y 30-10 se representa una tabla de defensa contra incendios y la forma en que actúan los distinos agentes extintores.

Los agentes extintores han sido numerados por orden de preferencia para su empleo.

El agua y la espuma son conductores de la electricidad. DESCONECTAR CIRCUITOS.

Capítulo 31

DEL ABORDAJE

ABORDAJE. — Es el impacto de un barco contra otro barco, si bien también se considera abordaje todo choque violento contra cuerpos flontantes o muelles, y últimamente en derecho marítimo entran dentro del abordaje los daños producidos a terceros por la resaca de las hélices.

Las causas del abordaje, en un porcentaje muy alto, son achacadas a fallos humanos: la negligencia y la falta de observación del Reglamento de Abordajes. Otras causas son los fallos mecánicos o averías en máquinas, telégrafo de máquinas-puente, servo del timón, timón o hélices. Las circunstancias de niebla, cerrazón o mal tiempo ayudan a las causas pero no lo son, porque los cuidados en tales circunstancias están previstos y reglamentados. La causa de fuerza mayor es definida como la fuerza superior de los elementos, como rayos, fuerte temporal, hielos imprevistos.

MEDIDAS A TOMAR DESPUÉS DE UN ABORDAJE. — Inmediatamente hay que hacerse cargo de la situación investigando la gravedad de las averías que se han producido y así poder tomar decisiones que pueden ser de suma trascendencia.

No se deberá intentar, sin tener elementos de juicio, separar los dos barcos, ya que, a veces, uno de ellos está aguantado en el otro y si se separase se hundiría, o bien al estar empotrado hace de tapón a la vía de agua. Dar tiempo y ponerse de acuerdo con el mando del otro buque para poder separarse una vez que se hayan tomado las medidas de estanqueidad, apuntalamiento y achique necesarias.

Se localizarán las averías y vías de agua y se sondarán los compartimentos constantemente hasta tener la certeza del alcance de los daños.

Si hay riesgo de hundimiento se mandará al personal de a bordo usar los chalecos salvavidas y alistar los botes y balsas salvavidas para un posible abandono.

Tratar de tomar todos los datos para dictaminar la causa que originó el abordaje, tales como: si las luces de ambos alumbraban reglamentariamente, si se hicieron las señales previstas en el Reglamento de Abordajes, si las dotaciones estaban ebrias, si se cambiaron los rumbos indebidamente, etc.

Es obligación del Capitán o Patrón prestar ayuda, dar su nombre y el del barco, dar el nombre de la Compañía donde está asegurado, puerto de matrícula, puerto de donde viene y a dónde se dirige, esperar hasta que el otro barco no necesite ayuda, tomar nota de los daños recibidos por el otro barco, su dotación y pasaje, así como de los propios.

Pedir auxilio por radio, si fuera necesario, y comunicar con el armador y seguro por si aconsejan tomar otras medidas, así como con la Autoridad de Marina del puerto donde se va a arribar.

Anotar en el Diario de Navegación horarios, acaecimientos y averías.

Formular, dentro de las 24 horas siguientes a la llegada a puerto, el correspondiente parte a la Autoridad de Marina, no sin antes asesorarse del armador, del seguro o de personas expertas en estos eventos.

VÍAS DE AGUA. — Las vías de agua se pueden producir por diferentes causas, como: abordaje, varada, desgaste de remaches, holguras en las prensas de los ejes de las hélices, oxidación y desgaste de las chapas, falta de calafateo en lo barcos de madera, etc.

Según la dimensión así las medidas a tomar y también según el lugar (fácil o difícil de acceso), la forma y profundidad bajo el nivel del mar.

Se llaman vías de agua cuando las aberturas, agujeros o perforaciones se han producido bajo la línea de flotación, pero no hay que olvidar los orificios abiertos por encima de dicha línea, ya que al variar el asiento del buque o a causa del estado del mar pueden convertirse en importantes vías de agua.

En el capítulo de inundaciones e incendios fue tratado lo referente a taponamiento de las vías de agua.

PALLETE DE COLISIÓN. — Consiste en un paño, lona o encerado, debidamente reforzado, incluso con listones de madera o pletinas de acero (fig. 208) de dimensiones acordes con las de la vía de agua, y que va reforzado con una relinga quedando formadas cuatro gazas en los cuatro ángulos o puños, a las que van unidos cuatro cabos para manejarlo convenientemente.

Uno de los cabos, como indica la figura, ha de pasarse por debajo de la quilla y suele ser de cadena o estar lastrado para que forme catenaria.

Para poderlo dar es conveniente que el compartimento esté inundado, porque si no la succión no nos permitiría acoplar el pallete. Una vez colocado, se procede al achique del compartimento y la succión le acoplará bien a la vía de agua.

Antiguamente, el pallete de colisión, de unos dos a tres metros de lado, lo llevaban confeccionado. Actualmente, de considerarlo útil, se improvisa con lonas, mantas o toldos.

TURAFALLA. — Es un disco de fieltro, lona, goma u otro material similar, atravesado por un eje roscado y que en su extremo lleva un brazo articulado, o sea rebatible. Dicho brazo rebatible, una vez plegado, puede pasar por el orificio de la vía de agua y una vez que haya pasado se pone en forma de T, y se enrosca la tuerca o palomilla que desplaza y aprieta el disco de fieltro, que suele estar reforzado por un disco metálico (fig. 207).

TAPONAMIENTO DE VÍAS DE AGUA DESDE EL INTERIOR. — La clase de vía de agua y el lugar, si es de fácil o difícil acceso, condicionarán la mayor o menor facilidad de su taponamiento.

Si la vía de agua es en forma de agujero se procederá con cuñas y tapones de madera blanda y sin pintar, y de diferentes tipos y tamaños (fig. 207), calafateando los huecos entre ellas con estopa o trapos.

Si la vía de agua es grande se emplearán mantas; colchonetas o almohadas enrolladas en cuñas o puntales de madera para darles rigidez, si bien que, cuando la vía de agua es grande, la entrada de agua dificultará enormemente el taponamiento desde el interior. (Recordar que se puede variar el asiento de un buque mediante lastrado, deslastrado o traslado de pesos para reducir la presión de entrada de agua).

Si la vía de agua es debida a fisuras o grietas en la unión de planchas se procederá con cuñas o a calafatear rebabando los perfiles de unión o al calafateo con estopa sobre todo cuando el casco es de madera.

Si la vía de agua es por agujero, debido al debilitamiento de las planchas, se taponará el orificio con cuñas y se procederá al refuerzo del trozo de plancha afectado con una cajonada de cemento.

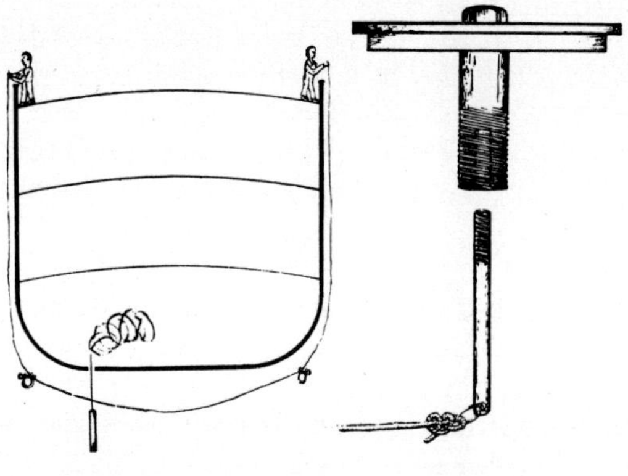

Fig. 214

Una forma de taponar una vía de agua desde el interior es usando las turafallas, y otra, si bien puede considerarse desde el exterior, es procediendo como se especifica en la fig. **214**, sacando por el orificio una varilla roscada amarrada a un cabo fino, recogida por una honda, que lleva unos contrapesos, pasada por quilla. Dicha varilla se unirá roscada al parche preparado. Se arriará el conjunto y se cobrará del cabo que está unido a la varilla, con lo que el parche se acoplará al orificio, procediendo después a hacele firme desde el interior mediante tuercas o soldadura.

TAPONAMIENTOS DE PÉRDIDAS EN TUBERÍAS. — La conducción de los diferentes líquidos o gases a los distintos departamentos de un barco se hace por medio de instalaciones de tuberías. Estas instalaciones, debido a la oxidación, averías o desajustes, muy a menudo en barcos viejos, dan origen a pérdidas, que dependiendo de su magnitud o de la clase de líquido o gas, pueden ser catastróficas.

La forma más usual de repararlas es cerrando la válvula correspondiente al tramo de instalación afectado y taponando el agujero o vía de la pérdida mediante palletes de cuero, goma, lona, metal blando, amianto, etc., aprisionados por zunchos o bridas (fig. 207).

Si la pérdida fuera por juntas de tuercas o empalmes se procederá a apretarlos o a dar unas ligadas bien acolchadas e impregnadas con albayalde o pintura.

Para el parcheo de tuberías con cuñas de madera blanda ha de tenerse en cuenta que la parte de cuña que penetra en el tubo reduce la sección de paso por lo que han de cortarse. Una vez introducidas, se sujetarán con ligaduras o zunchos. La misma madera ayudará a la sujeción, pues al mojarse se hincha.

Al objeto de facilitar el conocimiento del servicio de cada instalación de tuberías y también para considerar riesgos en las reparaciones se han adoptado colores para cada servicio, ya sea pintados a franjas, ya en su totalidad incluidas las válvulas, si bien se está adoptando el sistema de ir escrito lo que conducen, porque la luz artificial o bien la luz roja de alumbrado de emergencia cambia los colores.

Algunos de los colores más importantes usados en las tuberías son:

Para	la	conducción	de	agua salada	:	verde
»	»	»	»	» dulce	:	azul
»	»	»	»	aceite	:	amarillo
»	»	»	»	vapor	:	aluminio
»	»	»	»	petróleo	:	negro
»	»	»	»	gas-oil	:	rojo
»	»	»	»	aire	:	gris.

ENCAJONADAS. — Son recipientes en forma de caja sin fondo (el fondo lo compone la parte afectada), construidos alrededor de una vía de agua y que debidamente apuntalados se rellenan de cemento para taponar la entrada de agua, reforzar sus proximidades o ambas cosas a la vez.

Normalmente, cuando se aplica una encajonada se ha cortado total o casi totalmente la entrada de agua, porque si no el cemento no fraguaría aunque fuera cemento rápido. Si se ha cortado la entrada de agua y la situación no apremia es conveniente añadir arena al cemento, limpiar la pintura y óxido de la parte afectada y soldar algunas varillas, alambres o clavos en la parte firme donde se va a echar el cemento con lo que al fraguar la unión es mucho más resistente.

Normalmente, las encajonadas ocupan la anchura de entre cuadernas, y las formas de las mismas sujetan el bloque de cemento una vez fraguado.

AVERÍAS EN LOS TIMONES. — Las averías más frecuentes suelen ocasionarse en los guardines o sea en las transmisiones de la caña al timón. Normalmente son roturas de cables o cadenas y ha de solucionarse sustituyendo con respetos las partes rotas o ayustando mediante costuras, grilletes o perrillos.

Las averías en timones de buques grandes son complicadas, dependiendo de la clase de servomotores, piezas y circuitos averiados, si bien estos barcos tienen gobierno auxiliar y gobierno a mano. Si la avería ha sido en la parte de la pala del timón, en los tinteros o en sus machos, hembras o mecha, la reparación es complicada, y si hace mal tiempo prácticamente imposible, teniendo que recurrir a un timón de fortuna o a pedir remolque.

TIMONES DE FORTUNA. — Al faltar el timón, ha de armarse otro provisional o de fortuna para seguir navegando. Lógicamente, la facilidad de armarlo irá de acuerdo con los medios de que dispongamos a bordo y con el tonelaje del barco.

Si el barco es pequeño nos podrá servir un remo, una tabla, un trozo de puerta, mesa, etc., que hecho firme a popa mediante un estrobo o cabo y manejado a mano nos ayudará a alcanzar el puerto más cercano. También colocando una vela nos podrá hacer de timón.

Si el barco es de mayor porte recurriremos a la unión de tablones o cuarteles afirmados a popa y manejados con aparejos hacia las bandas, o bien dos frenos o rastras hechos con cuarteles, barriles u otros objetos, uno por cada banda, y a ser posible por la popa, y que al arriarlos y tocar en el agua harán de freno haciendo caer la proa hacia la banda donde se ha arriado. El arriado e izado de estas rastras se hará, si es posible, con las maquinillas.

Si es un velero, el timón de fortuna se podrá hacer con sus perchas, palos o vergas e incluso las velas harán de timón sabiéndolas manejar.

Capítulo 32

DE LA VARADA

VARADA: VARADA VOLUNTARIA; DISPOSICIONES A TOMAR ANTES Y DESPUÉS DE LA VARADA. — Varada es el hecho de tocar fondo la embarcación. Puede ser intencionada o fortuita, o sea: voluntaria e involuntaria.

Las varadas voluntarias, incluidas las que se hacen en dique o varadero, son intencionadas y se hacen para evitar males mayores. Podemos citar las que se hacen para evitar el hundimiento del barco, para salvar la dotación y pasaje o para salvar la carga, siendo el primero de los casos la base de los demás, ya que si no hay peligro de hundimiento tampoco lo habrá para el personal o para la carga.

La varada voluntaria es una resolución a tomar por el mando y ello implica la responsabilidad de saberla tomar justificadamente y a tiempo.

Se elegirá el lugar más idóneo, considerado así el de lecho más blando, más aplacerado y más resguardado, huyendo de la costa rocosa y fondos de piedra. El objeto de que sea aplacerada es para que al varar el buque quede asentada la mayor parte de la quilla y la misma cama no le deje atravesarse. Para ello se entrará con el buque apopado tras de haber efectuado un traslado de pesos si ello fuera necesario y posible.

Antes de varar es conveniente fondear un ancla o rezón por la popa que nos será útil para que el barco no se nos atraviese y para virarla cuando queramos reflotar.

Se entrará perpendicular a la playa y con cierta arrancada si el fondo es de arena o fango para que el barco quede afirmado en la cama o brecha practicada. Si es posible, se entrará con la marea baja para aprovechar en la salida el efecto del reflujo de marea.

Después de estar varado se templa el cabo del ancla fondeada por la popa y se dan cabos a la playa desde la popa a estacas clavadas o hechos firmes con anclotes para que hagan de antitravesantes. Asimismo se afirmará la proa.

Posteriormente se afirmará el barco con puntales, cabos, anclas, etc., según los medios de que se disponga, para que no se escore, y dependiendo del tonelaje y averías sufridas así como del estado de la mar. Se procederá a efectuar las reparaciones posibles y necesarias para su reflote.

Las embarcaciones menores se virarán hacia tierra mediante rodillos o traviesas de madera.

VARADA INVOLUNTARIA. — La varada involuntaria se debe a varias causas: al acercarse a fondear en bajos fondos, al garreo de las anclas, a faltar las cadenas, falta de visibilidad y acción de las corrientes, costas mal balizadas, errores en las cartas, cambios de fondos por corrientes submarinas que acumulan arena, temporal, etc., si bien el 80 % de las varadas involuntarias corresponden a fallos humanos.

La varada, tanto intencionada como casual, plantea tres problemas a tener en cuenta: el de poner de nuevo el buque a flote, el de la resistencia del casco y el de la estabilidad.

1.ª Para poner de nuevo el buque a flote ha de tenerse en cuenta que antes de dar atrás hay que haber reconocido las averías producidas, ya que el dar atrás con una vía de agua importante significaría provocar posteriormente el hundimiento. Si se ha varado en arena o fango y las hélices están tocando fondo, al dar atrás amontonarían arena y fango alrededor del casco lo que dificultaría el reflote. Asimismo, se ha de tener en cuenta si se han taponado las conducciones de agua de refrigeración de máquinas.

Hay veces que aun subiendo la marea el barco no reflota porque la cama hace de ventosa y habrá que rabear el barco con máquina y timón antes de dar atrás, o se trasladarán pesos y transvasarán líquidos.

Si se teme que al subir la marea el buque sea empujado cada vez más hacia tierra por la resaca o por el tiempo, o bien que se atraviese, se lastrará o se cargarán pesos al objeto de que se aguante quieto en espera de auxilio, de que el temporal amaine o cambie, o en espera de tomar cualquier otra determinación.

Se procederá a un exhaustivo reconocimiento del casco, procediendo al taponamiento de vías de agua y achique, así como al reconocimiento del fondo donde está varado el barco y sus cercanías.

Se usarán botes para llevar anclas y cadenas a fondearlas por la popa para virarlas cuando se intente salir.

2.ª La resistencia del casco es otro factor a tener en cuenta, ya que si se ha varado en pleamar al ir bajando la marea aumentará el arrufo y si se ha varado en el centro del barco, el quebranto, por lo que habrá que trasladar pesos o achicar tanques y aligerar carga.

3.ª Dependiendo del lugar donde descansa el buque, la estabilidad que ha quedado disminuida, puede llegar a un estado crítico con el efecto de la marea menguante, pudiendo llegar a dar la vuelta o escorarse lo suficiente para que entre agua por las escotillas a los interiores. Este es un efecto muy propenso a producirse en los veleros de orza fija.

A la varada involuntaria normalmente se la llama *embarrancada.*

BUQUE VARADO EN LA COSTA HABIENDO QUEDADO EN SECO. Se entiende que después de varar ha ido bajando la marea y el barco ha quedado en seco, por lo que, para que no se escore, al ir bajando la marea habrá que apuntalarlo aprovechando el quedar en seco para reparar las averías al aire libre.

Por otra parte, ha podido quedar en seco una lancha rápida que con la inercia de su velocidad y con un asiento apropiado haya podido remontar directamente la playa.

BUQUE VARADO EN FONDO FANGOSO. — Ya hemos dicho que las dificultades que nos puede presentar un fondo fangoso son la de obturar las entradas de agua de refrigeración de la máquina y la de hacer de ventosa al intentar reflotar el buque. Por el contrario, la ventaja importante que pesenta es la de no producir averías.

Por ello, una de las precauciones es la de parar las máquinas o usarlas lo imprescindible reservándolas para el momento del reflotamiento ayudándolas con anclas fondeadas por la popa, trasladando pesos y trasvasando líquidos para cambiar de asiento y anular el efecto de ventosa, o rabear el barco para abrir la cama. Asimismo, tener en cuenta la marea y aligerar carga si fuera necesario.

BUQUE VARADO EN FONDO ROCOSO Y SIN VÍAS DE AGUA. — Si la varada ha sido de proa en zona rocosa de mucha pendiente o gradiente y no hay vías de agua; se dará rápidamente marcha atrás vigilando los daños, estancando los compartimentos afectados y sondando y controlando los mismos por si se produjeran vías de agua.

Como los daños habrán sido en la proa, la parte menos vital de la obra viva, podremos navegar sin grandes riesgos hasta el puerto más cercano.

Si la varada fuera en fondo rocoso y aplacerado habrá que proceder al traslado de pesos o echazón de carga, así como achique de tanques o combustibles para que al salir no originemos vías de agua. En todo caso tendremos en cuenta la marea.

SEÑALES DE AUXILIO. — Las señales de auxilio vienen detalladas en el «Reglamento para prevenir los abordajes en la mar», y pueden ser acústicas, luminosas, sonoras y electrónicas.

Al pedir auxilio por radio se ha de dar la situación y facilitar cuantos datos soliciten para que los equipos de salvamento vengan dotados debidamente. Estos datos pueden ser: averías y dimensiones, clase de fondo, medios necesarios, condiciones meteorológicas, clase de carga a bordo, recomendaciones para el salvamento del personal por tierra, riesgos, estado de las máquinas, timón, etc.

RELATO DE LOS ACONTECIMIENTOS. — Aparte de haber comunicado con los propietarios del buque y de la carga, con la compañía aseguradora y con cuantas personas o autoridades interesadas, el Capitán o Patrón hará un minucioso relato de los acaecimientos en el Diario de Navegación: latitud, longitud, hora de varada, comunicaciones y mensajes, personas o entidades que colaboraron, condiciones meteorológicas, sondas, averías, calados, medidas que se tomaron para reflotar el buque, etc., y que a la llegada a puerto deberá consignar en la protesta que rendirá a la Autoridad de Marina.

Capítulo 33

DEL SALVAMENTO

SALVAMENTO: REFLOTAR UN BUQUE VARADO APROVECHANDO LA MAREA. — El salvamento consiste en la actividad dirigida a sacar a un buque, personas o cosas del peligro inminente, o simplemente previsible, en que se encuentran en el mar.

El salvamento puede ser obligatorio o facultativo. El primero es el realizado en virtud de la obligación que tiene todo capitán y dotación de acudir con sus embarcaciones en auxilio de cualquier persona o buque en peligro incurriendo en responsabilidad penal si no lo hicieran. El segundo es el realizado voluntariamente o a petición del armador o capitán y generalmente bajo contrato. Este segundo se entiende más bien por auxilio.

Hay que diferenciar entre salvamento y auxilio, entendiéndose por salvamento cuando las circunstancias corresponden a una situación desesperada, y por auxilio cuando supone una ayuda a quien se encuentra en difícil situación.

Bien; antes de proceder a pedir auxilio habremos evaluado nuestra situación, y en caso de poder reflotar el buque aprovechando los efectos de la marea, prepararemos todo para intentarlo antes de la pleamar, debiendo aligerar pesos si fuera necesario, y una vez taponadas las vías de agua y haber procedido al achique. Viraremos las anclas dadas por la popa, simultáneamente a cuando demos atrás con la máquina, para ayudarla. Estaremos listos con las bombas de achique por si al salir de la varada aumentan las entradas de agua.

Si hemos de pedir auxilio tendremos todo el material listo para ser usado cuando se acerque el otro barco, que puede ser remolcador o no, y le comunicaremos detalladamente nuestra situación.

El barco que trata de auxiliar fondeará o no según las circunstancias de mar, viento, potencia de máquinas y medios, véanse fig. 215 b) y c). En la figura 215 c) le vemos fondeado para que el viento y la mar no le abata durante la operación de dar cabos, y también para hacer más fuerza en el remolque ayudando a la máquina al virar simultánemente las anclas.

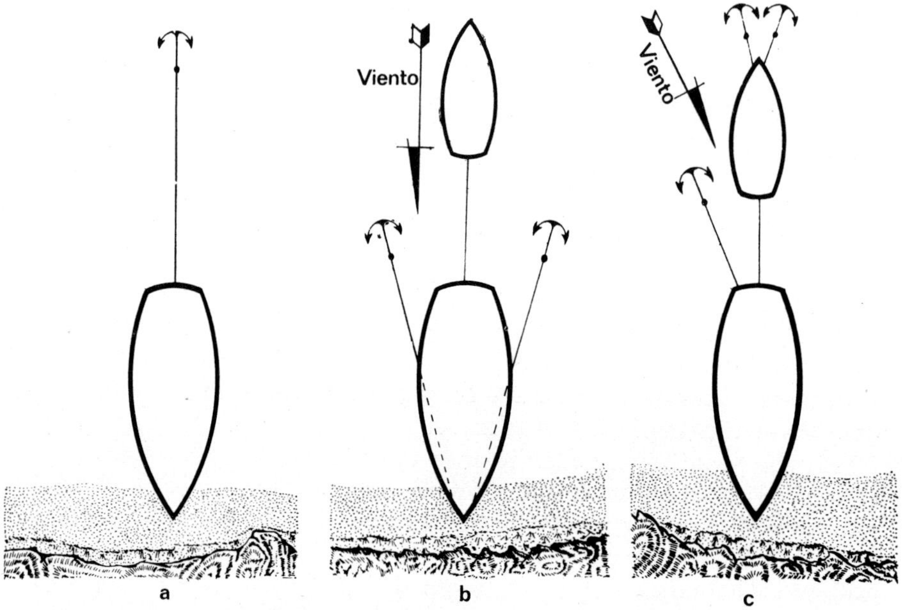

Fig. 215

Debido al viento y corrientes suele ser difícil el dar los cabos y se procederá como se explicó en el capítulo de remolques.

SALVAMENTO DE LA DOTACIÓN DE UN BUQUE SINIESTRADO EN ALTA MAR. — Si la mar no está agitada no habrá grandes dificultades en acercarse e incluso abarloarse al buque siniestrado, si bien hay que entender que si hay que salvar la dotación es que el barco se está hundiendo, pues si no se hunde se procederá a remolcarlo. Si el barco se está hundiendo debemos permanecer a ciertas distancia, arriar los botes salvavidas por sotavento para ir a recoger los náufragos, que nadarán alejándose de su barco para evitar la succión al hundirse.

Dependiendo de las circunstancias, nos mantendremos a mayor o menor distancia y a barlovento o sotavento del buque siniestrado, ya que no es lo mismo un barco que se hunde que un barco incendiado o con explosivos.

De todas formas hemos de recordar las conveniencias de llevar en el bote chalecos salvavidas, recoger a los náufragos por sotavento, tanto del bote como en el barco y proceder a los cuidados sanitarios adecuados.

Asimismo anotar en el Diario de Navegación todas las circunstancias y sucesos para dar el correspondiente parte a la Autoridad de Marina a la llegada a puerto.

TRANSBORDO DE PERSONAS CUANDO LA MAR IMPIDE ABARLOARSE A UN BUQUE. — En alta mar, salvo casos excepcionales de mar bella, es imposible abarloarse a otro buque sin peligro de averías, y se procederá a su traslado como hemos dicho anteriormente, o sea recogiéndolos con nuestros botes salvavidas, o si ellos vienen en los suyos izarlos por sotavento, aunque lo más lógico es que si están en peligro de hundimiento hayan tenido dificultades en su arriado.

En caso de no poder arriar los nuestros, se procederá a facilitar a los náufragos balsas y salvavidas, comida, etc., para que se aguanten flotando hasta que amaine el temporal o reciban ayuda más idónea como del helicóptero o buques preparados al efecto. También les daremos resguardo con el barco y arrojaremos aceite para evitar las rompientes.

En los barcos con plumas o puntales se procede a izar a los náufragos con ellos y mediante redes, pues las olas herirían e incluso matarían a las personas contra el costado al intentar subir por escalas, redes o cabos.

En embarcaciones pequeñas será desde ellas directamente como se procederá a recoger a los náufragos.

Capítulo 34

ABANDONO DEL BUQUE

ABANDONO DE BUQUE. — En caso real de abandono de buque suele haber un desconcierto y se apodera del personal el pánico y la desesperación.

Como medida de precaución, y especialmente para personas ajenas a la dotación, deberá instruirse a toda persona, al embarcar para una navegación, de los elementos de salvamento a bordo, de su funcionamiento, de la manera de colocarse un salvavidas, del uso y lugar de estiba de las guíndolas salvavidas, del puesto a ocupar y camino a seguir para el abandono al objeto de no entorpecer el paso del personal.

La orden de abandono la da el mando del buque ante un riesgo inminente de hundimiento, pérdida, explosión, etc.

El abandono del buque podríamos considerarlo en tres periodos: *últimos momentos a bordo, abandono de buque* y *permanencia en el agua.*

En los *últimos momentos a bordo,* que podríamos llamar de *preparación para el abandono del buque,* hay que tratar, si no nos lo indican, de orientarnos respecto a rumbo y distancia a la tierra más próxima. 2. Ponerse el chaleco salvavidas perfectamente amarrado. 3. Destrincar en cubierta todo lo que pueda flotar. 4. Habituallarse, si es posible de agua y alimentos antes de abandonar el buque. 5. En tiempo fresco o frío estimular la circulación de la sangre con movimientos de brazos, flexiones de piernas y profundas inspiraciones. 6. No perder la calma y actuar con serenidad.

Abandono de buque. — No se pueden dar normas exactas sobre la forma de abandonar el buque porque depende de las circunstancias de cada caso, pero sí daré algunas normas generales a practicar en lo posible:

1. Se abandonará el buque totalmente vestidos, con alguna prenda de cabeza y descalzos, pero conservando los calcetines si son de color negro u oscuros.
2. Abandonar el barco por la banda de barlovento para alejarse de

él, pues abatirá más que nosotros. Con mal tiempo lo haremos por sotavento y por amura o aleta para que los golpes de mar no nos atrapen contra el costado.

3. No saltar si el costado es muy alto. Descolgarse por cabos, escalas, mangueras, redes, etc.

4. Saltar al agua *siempre de pié* con las piernas juntas y el cuerpo derecho. El chaleco salvavidas bien sujeto y si se salta de una altura considerable saltar con una mano agarrando el salvavidas para que no nos golpee la barbilla (si es salvavidas rígido) y con la otra mano tapándose la nariz.

5. Si el barco está rodeado de combustible en llamas habrá que bucear, cosa que se hace mejor sin salvavidas, o bien mover los brazos en sentido circular barriendo el líquido inflamable de la superficie del agua.

6. Alejarse del barco para evitar la succión en el momento del hundimiento y por si hubiera incendio o explosiones.

Permanencia en el agua.

1. No gastar energías y actuar son serenidad.

2. Los tiburones no suelen atacar si no hay pérdidas de sangre o si lo que flota se mueve. Les atraen las cosas blancas, por ello hay que nadar sin levantar espuma y evitar llevar cosas que brillen como anillos, relojes, etc.

3. Los náufragos deben mantenerse unidos para prestarse ayuda, tratando de no gastar energías inútilmente. Mover las piernas y brazos para evitar que se entumezcan pero sin hacer grandes esfuerzos. Cubrirse la cabeza para evitar insolaciones. Estar orientado y tener preparadas señales o trapos para llamar la atención al paso de otro barco.

Recordar las señales para pedir auxilio, entre ellas la de último recurso que es, el subir y bajar lentamente los brazos en cruz.

SUPERVIVENCIA EN LA MAR. — Largo capítulo que depende de las circunstancias del momento y lugar. Anotaré algunas observaciones que pueden ser útiles en la mayoría de los casos y suponiendo que estemos en un bote o balsa.

Navegaremos por el lugar del naufragio al objeto de recoger náufragos y objetos flotantes que nos puedan ser útiles para la supervivencia en la mar, como ropas, lonas, cabos, remos, tablas, etc.

Las raciones de agua se repartirán de acuerdo con la existencia y circunstancias.

Durante las primeras 24 horas, si es necesario, no hará falta repartir agua porque tenemos reservas y porque el estado del organismo no la retendría.

Cubrir los cuerpos con toldos o lonas para evitar las inclemencias del tiempo.

Evitar hacer esfuerzos para no perder agua por el sudor.

En tiempo de calor, durante el día humedecer la ropa pero que esté seca durante la noche.

No gastar las señales ni víveres inútilmente.

Conservar una disciplina familiar.

INSTRUCCIONES A LA TRIPULACION PARA EL USO DE CHALECOS SALVAVIDAS. — Todos los barcos están obligados por el Convenio Internacional para la Seguridad de la Vida Humana en la Mar a llevar, en un tanto por ciento superior a las necesidades, determinada cantidad de material de salvamento entre ello los salvavidas, y exige que todo personal que embarque sea instruido para que se familiarice con el manejo y utilidad de dicho material.

En los barcos de pasaje obliga a hacer simulacros de abandono al menos una vez por semana para todo el personal a bordo.

Obliga, asimismo, a llevar en camarotes, pasillos y lugares bien visibles, carteles con dibujos e instrucciones del manejo de salvavidas y lugares de su estiba, así como lugar y camino a seguir para llegar al bote o balsa que corresponde a cada uno.

Hay variados modelos de chalecos salvavidas pero los podemos dividir en dos grupos: *los rígidos* o *chalecos de flotabilidad propia* y *los inflables.* Los rígidos llevan en las partes delanteras y en la espalda trozos fijos de corcho o material flotante, los hinchables llevan una botellita de aire comprimido o CO_2 que al perforarla, tirando de una rabiza, hincha el chaleco. También se pueden hinchar con la boca.

Todos tienen la forma de chalecos, o sea que hay que pasar los brazos por los agujeros correspondientes y después proceder a sujetar el chaleco mediante las cintas de tela reforzada, unas que lo sujetan al cuerpo y otras que pasando por la entrepierna evitan que el chaleco se salga por la cabeza.

SUPERVIVENCIA EN LA MAR. — En realidad empieza en el momento que sabemos que hay que abandonar el buque, pues desde ese momento hemos de tenerlo en cuenta para tratar de aprovisionarnos de útiles que después nos sean necesarios.

Hay que tener en cuenta que la permanencia en contacto directo con el agua, aun en las mejores circunstancias, debilita y mata en unas cinco horas promedio.

Son muy útiles las prendas de abrigo, especialmente alguna con que cubrir la cabeza; asimismo el chaleco salvavidas, agua, alimentos, una navaja, útiles para pescar y para hacer señales, etc., cosas que, si bien deben llevarlas los botes y balsas salvavidas, nunca estará de más el que, si tenemos ocasión, las llevemos también nosotros.

Daré a continuación un resumen de recomendaciones a tener en cuenta para en caso de abandono de buque:

Una vez en el agua separarse del barco para evitar la succión al hundirse. Si el barco está incendiado nadar hacia barlovento y si está incendiada la superficie habrá que bucear y salir a respirar agitando el agua de la superficie girando las manos sobre la cabeza.

Si se sospecha la existencia de tiburones permanecer en movimiento pero sin hacer demasiada espuma pues el color blanco les atrae, así como la sangre, que en caso de hemorragia deberá ser contenida lo antes posible.

Todo marino, e incluso todo el mundo, debería saber nadar. De todas formas ha de tenerse en cuenta que el cuerpo humano flota por sí solo y que la mayoría de la gente que se ahoga no es porque pese más que el agua sino porque se asusta y traga agua.

En los botes y balsas de salvamento se ha de observar una disciplina rígida para evitar el vuelco, embarcando de uno en uno, y posteriormente para el orden en el reparto de comida y acatamiento de las órdenes del jefe del grupo.

Si no se dispone de vela se improvisará una con lona o prendas de vestir y remos o palos para ayuda en la navegación.

La pérdida de agua en los tejidos o deshidratación es el mayor problema en caso de un largo período de subsistencia. Los botes y balsas salvavidas van dotados de equipos para el desalinizado del agua de mar, de lonas para recoger el agua de lluvia, de alambiques solares y de algunas latas de agua.

Para perder la mínima cantidad de agua por el sudor y la orina ha de tratarse de hacer los menores esfuerzos posibles y permanecer inmóviles, reservándose de los rayos del Sol con toldo o lonas, alijerarse de prendas pero no de la gorra, beber el agua lentamente. La ingestión de agua salada es más perjudicial que no beber nada. El jugo de los peces también requiere agua para su aprovechamiento por ser rico en substancias protéicas, luego no debe ingerirse si no es como alimento.

Si no se dispone de agua (un promedio de 750 grs. diarios) se deberá comer muy poco y evitando alimentos salados como pescados desecados o jamón.

Los botes y balsas van provistos de raciones de emergencia envasadas en latas, que no deberán consumirse hasta haber agotado las posibilidades de conseguir alimentos naturales. Durante el primer día en el agua se tratará de no comer nada.

Se utilizarán los sedales y anzuelos para pescar, recordando que no se debe comer mucho pescado si no hay agua abundante. El jugo, sangre y carne de las tortugas es un alimento excelente.

La ropa es elemental para la protección contra el calor y el frío. Se puede mojar la ropa para evitar el calor procurando no dormir con ella si está húmeda. Los calcetines, y con ello los pies, deberán estar secos. En caso de hormigueo en las extremidades hacer ejercicios para estimular la circulación de la sangre.

MODO DE CONSTRUIR Y ARRIAR UNA BALSA. — Suponiendo que es en caso de abandono, con la premura de la emergencia y los riesgos inherentes de mal tiempo, incendio, etc., no es tan fácil hacerlo ni tampoco el arriarla, pero usando la lógica y los conocimientos que todos poseemos llegaremos a la conclusión de que necesitaremos cuerpos flotantes y medios para unirlos.

Como cuerpos flotantes en un barco podremos encontrar madera y recipientes vacíos: cuarteles, tablas, cajas, puertas, armarios, botalones, perchas, vergas, masteleros, etc., y bidones, barricas, pipas, petacas, etc.

Como medios de unión todos los cabos, alambres, tornillos, clavos, puntas, grilletes, etc.

Para echar una balsa al agua serán necesarios medios mecánicos o humanos, o ambos a la vez, y si éstos no son suficientes aguardar a que el barco se hunda y que la balsa quede flotando.

Como también sabemos, la balsa será mucho más útil si la podemos dotar de medios de propulsión (velas, remos, motores fueraborda, etc.) y de medios de subsistencia: alimentos, agua, ropas, útiles de pescar, aguja náutica, radio de emergencia, y cientos de cosas más que puedan estar a nuestro alcance en los últimos momentos de permanencia en el buque.

EMBARCO EN LOS BOTES SALVAVIDAS CON BUEN O MAL TIEMPO. — Indudablemente que el embarco de personal con buen tiempo se hará sin grandes dificultades, si bien en un caso de abandono, el nerviosismo, el desorden y la falta de energía y dotes de mando del encargado del bote o balsa ha originado a veces verdaderos desastres.

Con buen tiempo, los botes pueden arriarse con cierto número de náufragos embarcados, o bien recibirlos por los portalones, escalas de gato, redes, cabos colgados de los costados, etc., estando el bote o balsa al costado del buque. Si se han de recoger del agua se izarán por el costado del bote o balsa si bien haciéndolo ordenadamente, sin recargar el bote y teniendo en cuenta la estabilidad haciendo sentar o tumbarse en el plan a los embarcados.

Con mal tiempo las dificultades aumentan progresivamente. Empiezan en el arriado de los botes que suelen deshacerse contra el costado por los bandazos del barco y por el oleaje, especialmente en el costado de barlovento. En casos de mar gruesa el embarco se hará saltando al agua y del agua al bote o balsa. La recogida de los náufragos se hará en lo posible por la popa y manteniendo el bote proa a la mar. El mando actuará implantando una disciplina férrea, ya que el ansia de salvarse hará cometer a los náufragos las mayores imprudencias. Se embarcarán de uno en uno para no poner en peligro la estabilidad del bote y nunca más de los permitidos, permaneciendo los demás agarrados a las guirnaldas o regala del bote y flotando en el agua hasta que sean recogidos por otros o relevados por los embarcados.

PASAR A REMO LAS ROMPIENTES. — Las rompientes son el resultado de deshacerse las olas en espuma y agua por la influencia del viento o en las proximidades de la costa. La cresta de la ola al doblarse sobre sí misma forma un túnel de agua de corta duración, que al deshacerse y comprimir el aire encerrado produce el estruendo del oleaje, figura 216.

Pasar las rompientes es una operación peligrosa, que se hará en caso de extrema necesidad y después de haber estudiado el mejor lugar para efectuarla.

Hay que tener en cuenta, antes de decidirnos a atravesar las rompientes, el buscar el lugar más idóneo, que puede ser el más resguardado, si bien en los recodos se originan unos remolinos por la corriente que harán que el bote se atraviese y dé la voltereta. Los remolinos sin tierra próxima indican la existencia de bajos.

Durante la marea creciente son mayores las rompientes, con la ventaja de que la translación del agua nos ayuda en velocidad al ir hacia tierra. Por el contrario en manera menguante son menores las rompientes con la desventaja de que la translación del agua nos retiene la embarcación.

Debemos praparar la embarcación aumentando sus condiciones de flotabilidad y para evitar la entrada de agua en los golpes de mar, para lo que aligeraremos la embarcación de pesos no imprescindibles, cubriremos los espacios abiertos y procuraremos que la parte de la embarcación que quede mirando al mar sea la más airosa.

Lo más fundamental es mantener, a toda costa, la embarcación proa o popa a la mar procurando que no se atraviese; de ahí que el buen manejo de los remos y el timón sea tan importante.

1.° Si se dispone el atravesar las rompientes proa a la mar irá el bote un poco apopado (no mucho porque una rompiente grande puede dar al bote la vuelta completa). Se irá hacia tierra ciando, pero se bogará cuando se acerque el golpe de mar de la rompiente aguantando la proa vertical y haciendo que pase lo más rápido posible la rompiente para que embarque la menor cantidad de agua. Después se ciará rápido, y así sucesivamente.

2.° Si se han de pasar con la popa hacia la mar ha de ir la popa airosa. Se ciará al acercarse el golpe de mar bogando inmediatamente que lo haya pasado, aprovechando el intervalo entre rompientes, repitiendo esta maniobra cuantas veces sea necesario.

Los botes con espejo no son recomendables para este sistema.

3.° Ayudados por un ancla flotante, o por un rezón, ancla, lingote o piedra fondeados.

El ancla flotante nos irá ayudando a conservar la dirección de la proa. El fondeo de rezones, lingotes o piedras tiene por objeto ir filando cabo con mayor o menor velocidad, según conveniencia, para acercarnos a tierra. Tiene la ventaja de ayudar a conservar la dirección de la proa y aprovechar el cabo para salir nuevamente si es necesario, y la desventaja de que cuando hay corrientes o vientos locales oblícuos nos ponen oblícuos a las rompientes, caso en que tendríamos que picar (cortar) el cabo.

Las mayores rompientes son las más afuera, siendo cada vez menores al ir consumiendo el mar su energía.

VARAR LOS BOTES EN LA PLAYA. — Ya hemos dicho que deben ir verticales a la playa proa o popa a las rompientes. El personal estará listo para saltar a tierra tan pronto toque la quilla en la arena y a prestarse a empujar el bote para ponerlo a seco aprovechando el empuje de las crestas de las olas.

Si la playa es muy acantilada atravesaríamos la embarcación en el último momento, antes de haber tocado tierra, para que las crestas de las olas nos varen el bote de costado, si bien, la maniobra más aconsejable en la primera.

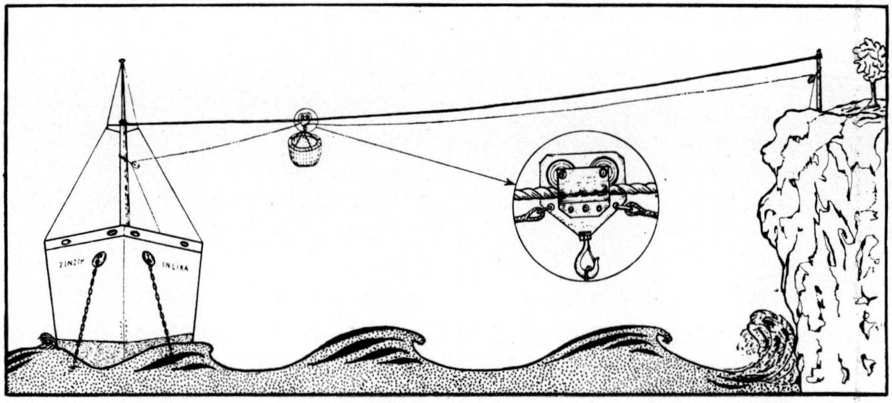

Fig. 216

DESEMBARCO EN UNA COSTA CUANDO NO SIENDO ABORDABLE CUENTA CON RECURSOS DE SALVAMENTO Y CASO EN QUE ESTÉ DESPROVISTA DE ELLOS. — En caso de desembarcar con recursos en la costa habrá que seguir las indicaciones de los de tierra que son los que saben de los recursos de que disponen. Ellos enviarán cabos por medio de cohetes o lanzacabos, nos indicarán para cobrar, arriar y hacerlos firmes, generalmente en el punto más alto del barco y con suficiente resistencia (palos, puente, etc.), y nos pasarán un andarivel (fig. 216) con el que se hará el traslado de personal.

Este caso de andarivel es muy propio para barcos grandes embarrancados próximos a la costa, pues los barcos pequeños embarrancados, aparte de no tener altura para sujetar el cabo por donde se desplaza el andarivel, serán destrozados por el oleaje en poco tiempo. Tendrán que salvarse las personas flotando y nadando hacia el lugar más idóneo que les será indicado desde tierra, o bien sujetarse a los cabos y medios lanzados desde tierra que serán virados hacia el lugar más protegido.

Las señales para indicar que se vire, se arríe, se pare o se haga firme y que los marinos conocen perfectamente por su expresiva claridad, se harán con los brazos o bien por megáfonos portátiles.

En caso de que la costa esté desprovista de medios de auxilio ha de tomarse la decisión de abandonar el buque en el último momento, pues a veces el barco permanece a flote mientras la dotación desaparece o se estrella contra las rocas.

Ha de tratarse de mantenerse alejado de las rompientes mientras no se conozca la costa, especialmente si se espera la llegada de auxilio, ya sea porque se haya comunicado con tierra o porque hayamos sido avistados. Arrojar todo el aceite posible para amainar las rompientes. Tratar de nadar para acercarse a la costa por sotavento de las rocas.

Actualmente son muchos los marinos salvados por los helicópteros, por lo que es fundamental llevar radio en los yates y conocer las frecuencias y horarios de trabajo de las estaciones costeras para solicitar auxilio.

REGLAMENTOS Y SEÑALES

Capítulo 35

REGLAMENTO INTERNACIONAL PARA PREVENIR LOS ABORDAJES, 1972 *

PARTE A. — GENERALIDADES

Regla 1

Ambito de aplicación

a) El presente Reglamento se aplicará a todos los buques en alta mar y en todas las aguas que tengan comunicación con ella y sean navegables por los buques de navegación marítima.

b) Ninguna disposición del presente Reglamento impedirá la aplicación de reglas especiales, establecidas por la autoridad competente para las radas, puertos, ríos, lagos o aguas interiores que tengan comunicación con alta mar y sean navegables por los buques de navegación marítima. Dichas reglas especiales deberán coincidir en todo lo posible con lo dispuesto en el presente Reglamento.

c) Ninguna disposición del presente Reglamento impedirá la aplicación de reglas especiales establecidas por el Gobierno de cualquier Estado en cuanto a utilizar luces de situación y señales luminosas o señales de pito adicionales para buques de guerra y buques navegando en convoy o en cuanto a utilizar luces de situación y señales luminosas adicionales para buques dedicados a la pesca en flotilla. En la medida de lo posible, dichas luces de situación y señales luminosas o señales de pito adicionales serán tales que no puedan confundirse con ninguna luz o señal autorizada en otro lugar del presente Reglamento.

d) La Organización podrá adoptar dispositivos de separación de tráfico a los efectos de este Reglamento.

e) Siempre que el Gobierno interesado considere que un buque de construcción o misión especial, no pueda cumplir plenamente con lo dispuesto en alguna de las presentes Reglas sobre número, posición, alcance o sector de visibilidad de las luces o marcas, y sobre la disposición y ca-

* En vigor desde el 15 de julio de 1977.

racterísticas de los dispositivos de señales acústicas, sin perjudicar la función especial del buque, dicho buque cumplirá con aquellas otras disposiciones sobre número, posición, alcance o sector de visibilidad de las luces o marcas, y sobre la disposición y características de los dispositivos de señales acústicas, que su Gobierno haya establecido como normas que representen el cumplimiento lo más aproximado posible de este Reglamento respecto a dicho buque.

Regla 2

Responsabilidad

a) Ninguna disposición del presente Reglamento eximirá a un buque, o a su propietario, al Capitán o a la dotación del mismo, de las consecuencias de cualquier negligencia en el cumplimiento de este Reglamento o de negligencia en observar cualquier precaución que pudiera exigir la práctica normal del marino o las circunstancias especiales del caso.

b) En la interpretación y cumplimiento del presente Reglamento se tomarán en consideración todos aquellos peligros de navegación y riesgos de abordaje y todas las circunstancias especiales, incluidas las limitaciones de los buques interesados, que pudieran hacer necesario apartarse de este Reglamento, para evitar un peligro inmediato.

Regla 3

Definiciones generales

A los efectos de este Reglamento, excepto cuando se indique lo contrario:

a) La palabra «buque» designa a toda clase de embarcaciones, incluidas las embarcaciones sin desplazamiento y los hidroaviones, utilizadas o que puedan ser utilizadas como medio de transporte sobre el agua.

b) La expresión «buque de propulsión mecánica» significa todo buque movido por una máquina.

c) La expresión «buque de vela» significa todo buque navegando a vela siempre que su maquinaria propulsora, caso de llevarla, no se esté utilizando.

d) La expresión «buque dedicado a la pesca» significa todo buque que esté pescando con redes, líneas, aparejos de arrastre u otros artes de pesca que restrinjan su maniobrabilidad; esta expresión no incluye a los buques que pesquen con curricán u otro arte de pesca que no restrinja su maniobrabilidad.

e) La palabra «hidroavión» designa a toda aeronave proyectada para maniobrar sobre las aguas.

f) La expresión «buque sin gobierno» significa todo buque que por cualquier circunstancia excepcional es incapaz de maniobrar en la forma exigida por este Reglamento y, por consiguiente, no puede apartarse de la derrota de otro buque.

g) La expresión «buque con capacidad de maniobra restringida» significa todo buque que, debido a la naturaleza de su trabajo, tiene reducida su capacidad para maniobrar en la forma exigida por este Reglamento y, por consiguiente, no puede apartarse de la derrota de otro buque.

Se considerará que tienen restringida su capacidad de maniobra los buques siguientes:

I) buques dedicados a colocar, reparar o recoger marcas de navegación, cables o conductos submarinos;

II) buques dedicados a dragados, trabajos hidrográficos, oceanográficos u operaciones submarinas;

III) buques en navegación que estén haciendo combustible o transbordando carga, provisiones o personas;

IV) buques dedicados al lanzamiento o recuperación de aeronaves;

V) buques dedicados a operaciones de dragado de minas;

VI) buques dedicados a operaciones de remolque que por su naturaleza restrinjan fuertemente al buque remolcador y su remolque en su capacidad para apartarse de su derrota.

h) La expresión «buque restringido por su calado» significa un buque de propulsión mecánica que, por razón de su calado en relación con la profundidad disponible de agua, tiene muy restringida su capacidad de apartarse de la derrota que está siguiendo.

i) La expresión «en navegación» se aplica a un buque que no esté ni fondeado, ni amarrado a tierra, ni varado.

j) Por «eslora» y «manga» se entenderá la eslora total y la manga máxima del buque.

k) Se entenderá que los buques están a la vista uno de otro únicamente cuando uno pueda ser observado visualmente desde el otro.

l) La expresión «visibilidad reducida» significa toda condición en que la visibilidad está disminuida por niebla, bruma, nieve, fuertes aguaceros, tormentas de arena o cualesquiera otras causas análogas.

PARTE B. — REGLAS DE RUMBO Y GOBIERNO

Sección I. — CONDUCTA DE LOS BUQUES EN CUALQUIER CONDICION DE VISIBILIDAD

Regla 4

Ambito de aplicación

Las reglas de la presente Sección se aplicarán en cualquier condición de visibilidad.

Regla 5

Vigilancia

Todos los buques mantendrán en todo momento una eficaz vigilancia visual y auditiva, utilizando asimismo todos los medios disponibles que sean apropiados a las circunstancias y condiciones del momento, para evaluar plenamente la stuación y el riesgo de abordaje.

Regla 6

Velocidad de seguridad

Todo buque navegará en todo momento a una velocidad de seguridad tal que le permita ejecutar la maniobra adecuada y eficaz para evitar el abordaje y pararse a la distancia que sea apropiada a las circunstancias y condiciones del momento.

Para determinar la velocidad de seguridad se tendrán en cuenta, entre otros, los siguientes factores:

a) En todos los buques:

I) el estado de visibilidad;

II) la densidad de tráfico, incluidas las concentraciones de buques de pesca o de cualquier otra clase;

III) la maniobrabilidad del buque, teniendo muy en cuenta la distancia de parada y la capacidad de giro en las condiciones del momento;

IV) de noche, la existencia de resplandor, por ejemplo, el producido por luces de tierra o por el reflejo de luces propias;

V) el estado del viento, mar y corriente, y la proximidad de peligros para la navegación;

VI) el calado en relación con la profunidad disponible de agua.

b) Además, en los buques con radar funcionando correctamente:

I) las características, eficacia y limitaciones del equipo de radar;

II) toda restricción impuesta por la escala que esté siendo utilizada en el radar;

III) el efecto en la detección por radar del estado de la mar y del tiempo, así como de otras fuentes de interferencia;

IV) la posibilidad de no detectar en el radar, a distancia adecuada, buques pequeños, hielos u otros objetos flotantes;

V) el número, situación y movimiento de los buques detectados por radar;

VI) la evaluación más exacta de la visibilidad que se hace posible cuando se utiliza el radar para determinar la distancia a que se hallan los buques u objetos próximos.

Regla 7

Riesgo de abordaje

a) Cada buque hará uso de todos los medios de que disponga a bordo y que sean apropiados a las circunstancias y condiciones del momento, para determinar si existe riesgo de abordaje. En caso de abrigarse alguna duda, se considerará que el riesgo existe.

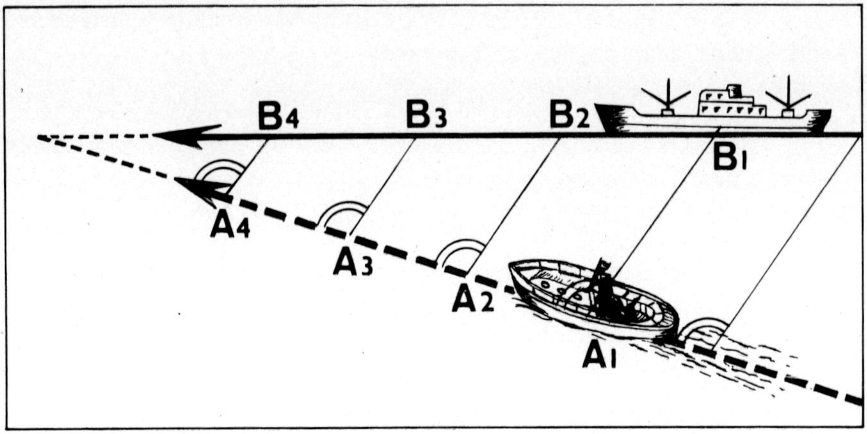

Fig. 217. La marcación no varía. Hay riesgo de abordaje.

b) Si se dispone de equipo radar y funciona correctamente, se utilizará en forma adecuada, incluyendo la exploración a gran distancia para tener pronto conocimiento del riesgo de abordaje, así como el punteo radar u otra forma análoga de observación sistemática de los objetos detectados.

c) Se evitarán las suposiciones basadas en información insuficiente, especialmente la obtenida por radar.

d) Para determinar si existe riesgo de abordaje se tendrán en cuenta, entre otras, las siguientes consideraciones:

I) Se considerará que existe el riesgo, si la demora o la marcación de un buque que se aproxima no varía en forma apreciable (fig. 217).

II) En algunos casos, puede existir riesgo aun cuando sea evidente una variación apreciable de la demora, en particular al aproximarse a un buque de gran tamaño, a un remolque o a cualquier buque a muy corta distancia.

Regla 8

Maniobras para evitar el abordaje

a) Si las circunstancias del caso lo permiten, toda maniobra que se efectúe para evitar un abordaje será llevada a cabo en forma clara, con la debida antelación y respetando las buenas prácticas marineras.

b) Si las circunstancias del caso lo permiten, los cambios de rumbo y/o velocidad que se efectúen para evitar un abordaje serán lo suficientemente amplios para ser fácilmente percibidos por otro buque que los observe visualmente o por medio del radar. Deberá evitarse una sucesión de pequeños cambios de rumbo y/o velocidad.

c) Si hay espacio suficiente, la maniobra de cambiar solamente de rumbo puede ser la más eficaz para evitar una situación de aproximación excesiva, a condición de que se haga con bastante antelación, sea considerable y no produzca una nueva situación de aproximación excesiva.

d) La maniobra que se efectúe para evitar un abordaje será tal que el buque pase a una distancia segura del otro. La eficacia de la maniobra se deberá ir comprobando hasta el momento en que el otro buque esté pasado y en franquía.

e) Si es necesario, con objeto de evitar el abordaje o de disponer de más tiempo para estudiar la situación, el buque reducirá su velocidad o suprimirá toda su arrancada parando o invirtiendo sus medios de propulsión.

Regla 9

Canales angostos

a) Los buques que naveguen a lo largo de un paso o canal angosto se mantendrán lo más cerca posible del límite exterior del paso o canal que quede por su costado de estribor, siempre que puedan hacerlo sin que ello entrañe peligro.

b) Los buques de eslora inferior a 20 metros o los buques de vela no estorbarán el tránsito de un buque que sólo pueda navegar con seguridad dentro de un paso o canal angosto.

c) Los buques dedicados a la pesca no estorbarán el tránsito de ningún otro buque que navegue dentro de un paso o canal angosto.

d) Los buques no deberán cruzar un paso o canal angosto si al hacerlo estorban el tránsito de otro buque que sólo pueda navegar con seguridad dentro de dicho paso o canal. Este otro buque podrá usar la señal acústica prescrita en la Regla 34 d) si abriga dudas sobre la intención del buque que cruza.

e) I) En un paso o canal angosto, cuando únicamente sea posible adelantar si el buque alcanzado maniobra para permitir el adelantamiento con seguridad, el buque que alcanza deberá indicar su intención haciendo sonar la señal adecuada prescrita en la Regla 34 c) I). El buque alcanzado dará su conformidad haciendo sonar la señal adecuada prescrita en la Regla 34 c) II) y maniobrando para permitir el adelantamiento con seguridad. Si abriga dudas podrá usar la señal acústica prescrita en la Regla 34 d).

II) Esta Regla no exime al buque que alcanza de sus obligaciones según la Regla 13.

f) Los buques que se aproximen a un recodo o zona de un paso o canal angosto en donde, por estar obstaculizada la visión, no puedan verse otros buques, navegarán alerta y con precaución, haciendo sonar la señal adecuada prescrita en la Regla 34 e).

g) Siempre que las circunstancias lo permitan, los buques evitarán fondear en un canal angosto.

Regla 10

Dispositivos de separación de tráfico

a) Esta Regla se aplica a los dispositivos de separación de tráfico adoptados por la Organización.

b) Los buques que utilicen un dispositivo de separación de tráfico deberán:

I) navegar en la vía de circulación apropiada, siguiendo la dirección general de la corriente de tráfico indicada para dicha vía;

II) en lo posible, mantener su rumbo fuera de la línea o de la zona de separación de tráfico;

III) normalmente, al entrar en una vía de circulación o salir de ella, hacerlo por sus extremos, pero al entrar o salir de dicha vía por sus límites laterales, hacerlo con el menor ángulo posible en relación con la dirección general de la corriente del tráfico.

c) Siempre que puedan, los buques evitarán cruzar las vías de circulación, pero cuando se vean obligados a ello, lo harán lo más aproximadamente posible en ángulo recto con la dirección general de la corriente del tráfico.

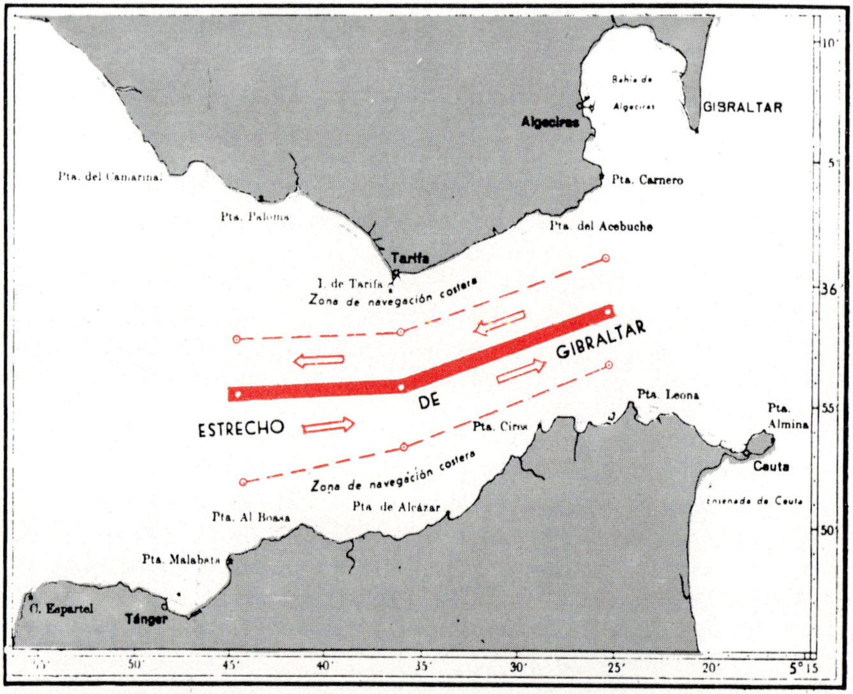

Fig. 218. Disposición de separación de tráfico del estrecho de Gibraltar. Estos dispositivos vienen reseñados en las cartas de navegación.

d) Normalmente, las zonas de navegación costera no serán utilizadas por el tráfico directo que pueda navegar con seguridad en la vía de circulación adecuada del dispositivo de separación de tráfico adyacente.

e) Los buques que no estén cruzándola no entrarán normalmente en una zona de separación, ni cruzarán una línea de separación, excepto:

I) en caso de emergencia para evitar un peligro inmediato;

II) para dedicarse a la pesca en una zona de separación.

f) Los buques que naveguen por zonas próximas a los extremos de un dispositivo de separación de tráfico, lo harán con particular precaución.

g) Siempre que puedan, los buques evitarán fondear dentro de un dispositivo de separación de tráfico o en las zonas próximas a sus extremos.

h) los buques que no utilicen un dispositivo de separación de tráfico, deberán apartarse de él dejando el mayor margen posible.

i) Los buques dedicados a la pesca no estorbarán el tránsito de cualquier buque que navegue en una vía de circulación.

j) Los buques de eslora inferior a 20 metros, o los buques de vela, no estorbarán el tránsito seguro de los buques de propulsión mecánica que naveguen en una vía de circulación.

Sección II. — CONDUCTA DE LOS BUQUES QUE SE ENCUENTREN A LA VISTA UNO DE OTRO

Regla 11

Ambito de aplicación

Las reglas de esta Sección se aplican solamente a los buques que se encuentren a la vista uno del otro.

Regla 12

Buques de vela

a) Cuando dos buques de vela se aproximen uno al otro, con riesgo

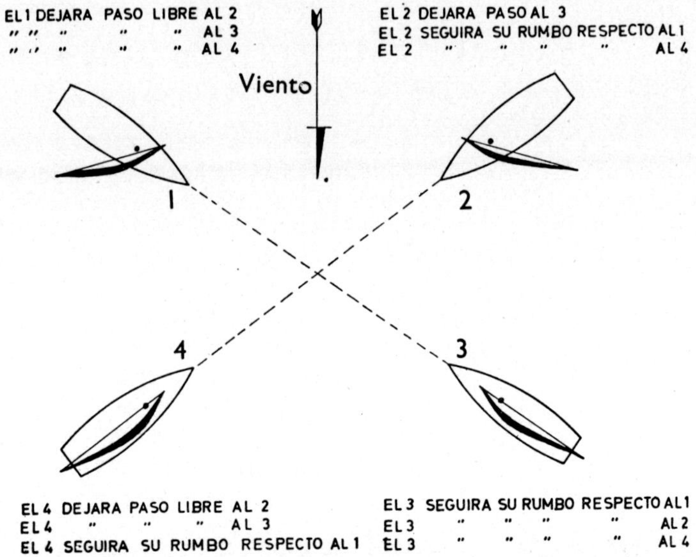

Fig. 219

de abordaje, uno de ellos se mantendrá apartado de la derrota del otro, en la forma siguiente:

I) Cuando cada uno de ellos reciba el viento por bandas contrarias, el que lo reciba por babor se mantendrá apartado de la derrota del otro. Figura 219.

II) Cuando ambos reciban el viento por la misma banda, el buque que esté a barlovento se mantendrá apartado de la derrota del que esté a sotavento. Figura 219.

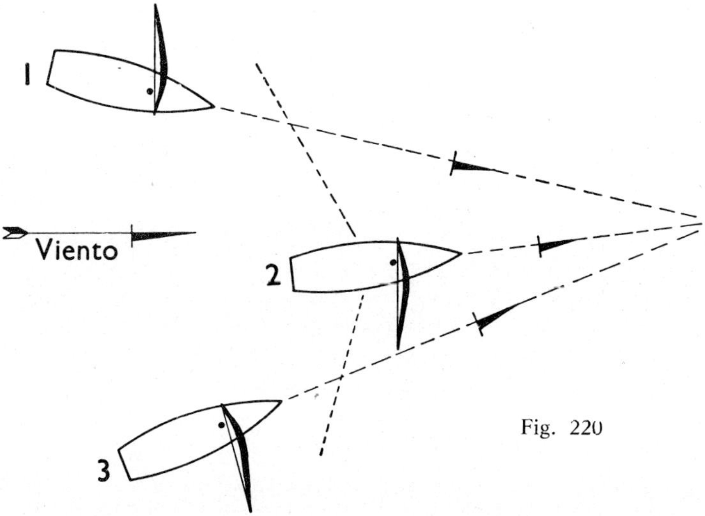

Fig. 220

En la figura 220 los veleros 1 y 3 se acercan al 2 por más a popa de dos cuartas de su través, luego le dejarán libre de acuerdo con la regla 13.

III) Si un buque que recibe el viento por babor avista a otro buque por barvolento y no puede determinar con certeza si el otro buque recibe el viento por babor o estribor, se mantendrá apartado de la derrota del otro.

b) A los fines de la presente Regla se considerará banda de barlovento la contraria a la que se lleve cazada la vela mayor, o en el caso de los buques de aparejo cruzado, la banda contraria a la que se lleve cazada la mayor de las velas de cuchillo.

Regla 13

Buque que «alcanza»

a) No obstante lo establecido en las Reglas de esta Sección, todo buque que alcance a otro se mantendrá apartado de la derrota del buque alcanzado. Figuras 221 y 223.

b) Se considerará como buque que alcanza a todo buque que se aproxime a otro viniendo desde una marcación mayor de 22,5 grados a popa del través de este último, es decir, que se encuentre en una posición tal

Fig. 221

respecto del buque alcanzado, que de noche solamente le sea posible ver la luz de alcance de dicho buque y ninguna de sus luces de costado. Figura 221.

c) Cuando un buque abrigue dudas de si está alcanzando o no a otro, considerará que lo está haciendo y actuará como buque que alcanza.

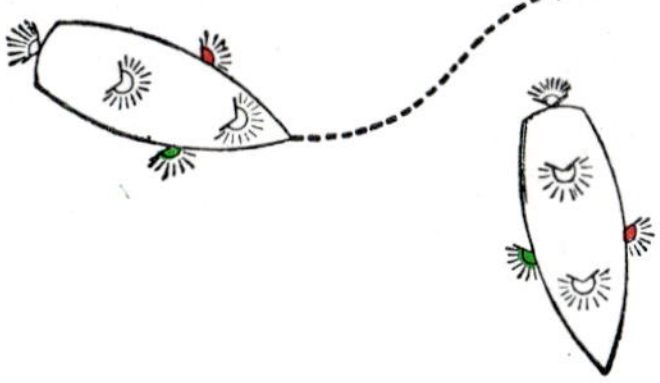

Fig. 222

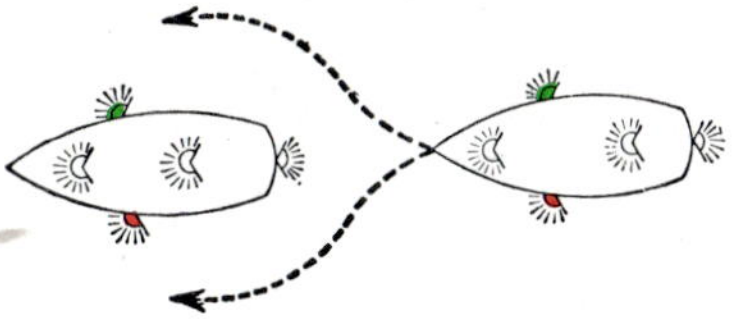

Fig. 223

d) Ninguna variación posterior de la marcación entre los dos buques hará del buque que alcanza un buque que cruza, en el sentido que se da en este Reglamento, ni le dispensará de su obligación de mantenerse apartado del buque alcanzado, hasta que lo haya adelantado completamente y se encuentre en franquía.

Regla 14

Situación «de vuelta encontrada»

a) Cuando dos buques de propulsión mecánica naveguen de vuelta encontrada a rumbos opuestos o casi opuestos, con riesgo de abordaje, cada uno de ellos caerá a estribor de forma que pase por la banda de babor del otro. Figura 224

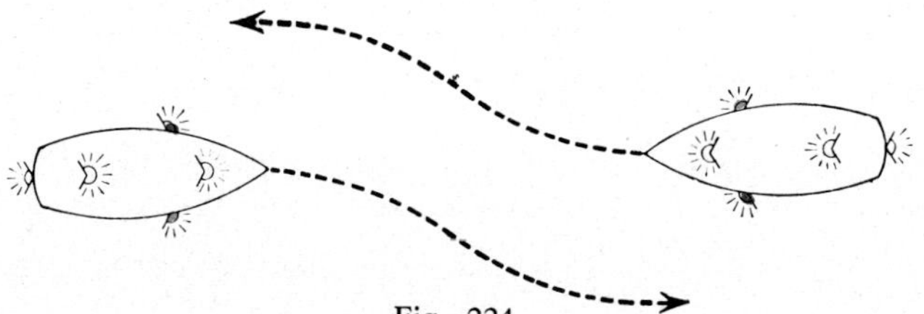

Fig. 224

b) Se considerará que tal situación existe cuando un buque vea a otro por su proa o casi por su proa de forma que, de noche, vería las luces de tope de ambos palos del otro enfiladas o casi enfiladas y/o las dos luces de costado, y de día, observaría al otro buque bajo el ángulo de apariencia correspondiente.

c) Cuando un buque abrigue dudas de si existe tal situación, supondrá que existe y actuará en consecuencia.

Regla 15

Situación «de cruce»

Cuando dos buques de propulsión mecánica se crucen con riesgo de abordaje, el buque que tenga al otro por su costado de estribor se man-

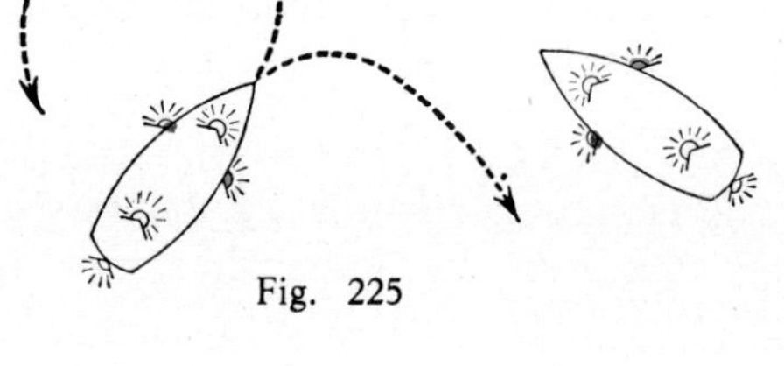

Fig. 225

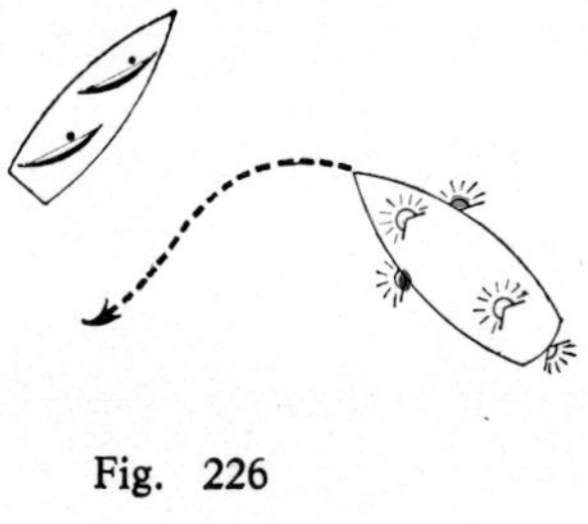

Fig. 226

tendrá apartado de la derrota de este otro y, si las circunstancias lo permiten, evitará cortarle la proa. Figura 225.

Regla 16

Maniobra del buque que «cede el paso»

Todo buque que esté obligado a mantenerse apartado de la derrota de otro buque, maniobrará, en lo posible, con anticipación suficiente y de forma decidida para quedar bien franco del otro buque.

Regla 17

Maniobra del buque que «sigue rumbo»

a) I) Cuando uno de los dos buques deba mantenerse apartado de la derrota del otro, este último mantendrá su rumbo y velocidad.

II) No obstante, este otro buque puede actuar para evitar el abordaje con su propia maniobra, tan pronto como le resulte evidente que el buque que debería apartarse no está actuando en la forma preceptuada por este Reglamento.

b) Cuando por cualquier causa, el buque que haya de mantener su rumbo y velocidad se encuentre tan próximo al otro que no pueda evitar el abordaje por la sola maniobra del buque que cede el paso, el primero ejecutará la maniobra que mejor pueda ayudar a evitar el abordaje.

c) Un buque de propulsión mecánica que maniobre en una situación de cruce, de acuerdo con el párrafo a) II) de esta Regla, para evitar el abordaje con otro buque de propulsión mecánica, no cambiará su rumbo a babor para maniobrar a un buque que se encuentre por esa misma banda, si las circunstancias del caso lo permiten.

d) La presente Regla no exime al buque que cede el paso, de su obligación de mantenerse apartado de la derrota del otro.

Regla 18

Obligaciones entre categorías de buques

Sin perjuicio de lo dispuesto en las Reglas 9, 10 y 13:

a) Los buques de propulsión mecánica, en navegación, se mantendrán apartados de la derrota de:

i) un buque sin gobierno;
ii) un buque con capacidad de maniobra restringida;
iii) un buque dedicado a la pesca;
iv) un buque de vela.

b) Los buques de vela, en navegación, se mantendrán apartados de la derrota de:

i) un buque sin gobierno;
ii) un buque con capacidad de maniobra restringida;
iii) un buque dedicado a la pesca.

c) En la medida de lo posible, los buques dedicados a la pesca, en navegación, se mantendrán apartados de la derrota de:

i) un buque sin gobierno;
ii) un buque con capacidad de maniobra restringida.

d) i) Todo buque que no sea un buque sin gobierno o un buque con capacidad de maniobra restringida evitará, si las circunstancias del caso lo permiten, estorbar el tránsito seguro de un buque restringido por su calado, que exhiba las señales de la Regla 28.

ii) Un buque restringido por su calado navegará con particular precaución teniendo muy en cuenta su condición especial.

e) En general, un hidroavión amarado se mantendrá alejado de todos los buques y evitará estorbar su navegación. No obstante, en aquellas circunstancias en que exista un riesgo de abordaje, cumplirá con las Reglas de esta Parte.

Sección III. — CONDUCTA DE LOS BUQUES EN CONDICIONES DE VISIBILIDAD REDUCIDA

Regla 19

Conducta de los buques en condiciones de visibilidad reducida

a) Esta Regla es de aplicación a los buques que no estén a la vista uno de otro cuando naveguen cerca o dentro de una zona de visibilidad reducida.

b) Todos los buques navegarán a una velocidad de seguridad adaptada a las circunstancias y condiciones de visibilidad reducida del momento. Los buques de propulsión mecánica tendrán sus máquinas listas para maniobrar inmediatamente.

c) Todos los buques tomarán en consideración las circunstancias y condiciones de visibilidad reducida del momento al cumplir las Reglas de la Sección I de esta Parte.

d) Todo buque que detecte únicamente por medio del radar la presencia de otro buque, determinará si se está creando una situación de aproximación excesiva y/o un riesgo de abordaje. En caso afirmativo maniobrará con suficiente antelación, teniendo en cuenta que si la maniobra consiste en un cambio de rumbo, en la medida de lo posible se evitará lo siguiente:

I) un cambio de rumbo a babor, para un buque situado a proa del través, salvo que el otro buque esté siendo alcanzado;

II) un cambio de rumbo dirigido hacia un buque situado por el través o a popa del través.

e) Salvo en los casos en que se haya comprobado que no existe riesgo de abordaje, todo buque que oiga, al parecer a proa de su través, la señal de niebla de otro buque, o que no pueda evitar una situación de aproximación excesiva con otro buque situado a proa de su través, deberá reducir su velocidad hasta la mínima de gobierno. Si fuera necesario, suprimirá su arrancada y en todo caso navegará con extremada precaución hasta que desaparezca el peligro de abordaje.

PARTE C. — LUCES Y MARCAS

Regla 20

Ambito de aplicación

a) Las Reglas de esta Parte deberán cumplirse en todas las condiciones meteorológicas.

b) Las Reglas relativas a las luces deberán cumplirse desde la puesta del sol hasta su salida, y durante ese intervalo no se exhibirá ninguna otra luz, con la excepción de aquellas que no puedan ser confundidas con las luces mencionadas en este Reglamento o que no perjudiquen su visibilidad o carácter distintivo, ni impidan el ejercicio de una vigilancia eficaz.

c) Las luces preceptuadas por estas Reglas, en caso de llevarse, deberán exhibirse también desde la salida hasta la puesta del sol si hay visibilidad reducida, y podrán exhibirse en cualquier otra circunstancia que se considere necesario.

d) Las Reglas relativas a las marcas deberán cumplirse de día.

e) Las luces y marcas mencionadas en estas Reglas cumplirán las especificaciones del Anexo I de este Reglamento.

Regla 21

Definiciones

a) La «luz de tope» es una luz blanca colocada sobre el eje longitudinal del buque, que muestra su luz sin interrupción en todo un arco de horizonte de 225 grados (20 cuartas), fijada de forma que sea visible desde la proa hasta 22,5 grados a popa del través de cada costado del buque. Figura 227.

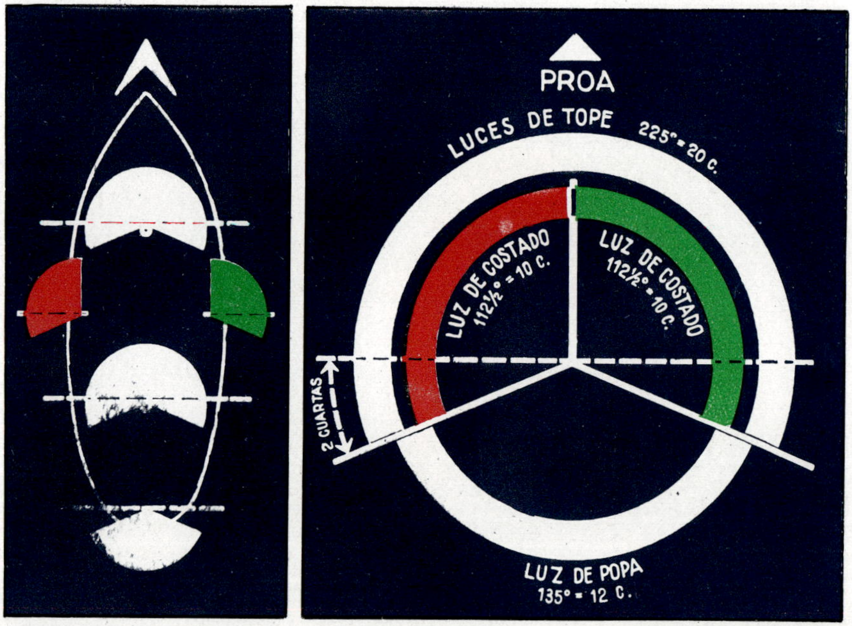

Fig. 227. Colores y sectores de las luces de un barco de propulsión mecánica.

b) Las «luces de costado» son una luz verde en la banda de estribor y una luz roja en la banda de babor que muestran cada una su luz sin interrupción en todo un arco de horizonte de 112,5 grados (10 cuartas), fijadas de forma que sean visibles desde la proa hasta 22,5 grados a popa del través de su costado respectivo. En los buques de eslora inferior a 20 metros, las luces de costado podrán estar combinadas en un solo farol llevado en el eje longitudinal del buque.

c) La «luz de alcance» es una luz blanca colocada lo más cerca posible de la popa, que muestra su luz sin interrupción en todo un arco de horizonte de 135 grados (12 cuartas), fijada de forma que sea visible en un arco de 67,5 grados contados a partir de la popa hacia cada una de las bandas del buque. Figuras 227 y 228.

d) La «luz de remolque» es una luz amarilla de las mismas características que la «luz de alcance» definida en el párrafo c) de esta Regla.

Fig. 228. Buque en movimiento, visto de popa (Regla 21, c)

e) La «luz todo horizonte» es una luz que es visible sin interrupción en un arco de horizonte de 360 grados.

f) La «luz centelleante» es una luz que produce centelleos a intervalos regulares, con una frecuencia de 120 o más centelleos por minuto.

Regla 22

Visibilidad de las luces

Las luces preceptuadas en estas Reglas deberán tener la intensidad especificada en el Anexo I, de modo que sean visibles a las siguientes distancias mínimas:

a) En los buques de eslora igual o superior a 50 metros:

— luz de tope, 6 millas;
— luz de costado, 3 millas;
— luz de alcance, 3 millas;
— luz de remolque, 3 millas;
— luz todo horizonte blanca, roja, verde o amarilla, 3 millas.

b) En los buques de eslora igual o superior a 12 metros, pero inferior a 50 metros:

— luz de tope, 5 millas; pero si la eslora del buque es inferior a a 20 metros, 3 millas;
— luz de costado, 2 millas;
— luz de alcance, 2 millas;
— luz de remolque, 2 millas;
— luz todo horizonte blanca, roja, verde o amarilla, 2 millas.

c) En los buques de eslora inferior a 12 metros:

— luz de tope, 2 millas;
— luz de costado, 1 milla;
— luz de alcance, 2 millas;
— luz de remolque, 2 millas;
— luz todo horizonte blanca, roja, verde o amarilla, 2 millas.

Regla 23

Buques de propulsión mecánica, en navegación

a) Los buques de propulsión mecánica en navegación exhibirán:

I) una luz de tope a proa;

II) una segunda luz de tope, a popa y más alta que la de proa, exceptuando a los buques de menos de 50 metros de eslora, que no tendrán obligación de exhibir esta segunda luz, aunque podrán hacerlo;

Fig. 229. Buque de propulsión mecánica en movimiento, de eslora igual o superior a 50 m, visto de proa (Regla 23)

Fig. 230. Buque de propulsión mecánica en movimiento, de eslora < a 50 m, visto por estribor

III) luces de costado;

IV) una luz de alcance.

b) Los aerodeslizadores, cuando operen en la condición sin desplazamiento, exhibirán, además de las luces prescritas en el párrafo a) de esta Regla, una luz amarilla de centelleos todo horizonte.

Fig. 231. Embarcación que muestra una luz blanca en vez de la de popa (Regla 23 c)

Fig. 232. Pequeña embarcación de propulsión mecánica vista de proa.

c) Los buques de propulsión mecánica de eslora inferior a 7 metros y cuya velocidad máxima no sea superior a 7 nudos, podrán, en lugar de luces prescritas en el párrafo a) de esta Regla, exhibir una luz blanca todo horizonte. Estos buques, si es posible, exhibirán también luces de costado. Figuras 231 y 232.

Regla 24

Buques remolcando y empujando

a) Todo buque de propulsión mecánica cuando remolque a otro exhibirá:

I) en vez de la luz prescrita en la Regla 23 a) I), dos luces de tope a proa en línea vertical. Cuando la longitud del remolque, medido desde la popa del buque que remolca hasta el extremo de proa del remolque, sea superior a 200 metros, exhibirá tres luces de tope a proa, según una línea vertical. Figuras 233 y 234;

II) luces de costado;

III) una luz de alcance;

IV) una luz de remolque en línea vertical y por encima de la luz de alcance;

V) una marca bicónica en el lugar más visible cuando la longitud del remolque sea superior a 200 metros.

Fig. 233. Buque de propulsión mecánica que remolca a otro (Regla 24, a) I) Longitud del remolque < a 200 metros

b) Cuando un buque que empuje y un buque empujado esten unidos mediante una conexión rígida formando una unidad compuesta, serán considerados como un buque de propulsión mecánica y exhibirán las luces prescritas en la Regla 23.

c) Todo buque de propulsión mecánica que empuje hacia proa o remolque por el costado exhibirá, salvo en el caso de constituir una unidad compuesta:

Fig. 234. Buque de propulsión mecánica y longitud de remolque superior a 200 m (Regla 24, a) I)

I) en lugar de la luz prescrita en la Regla 23 a) I), dos luces de tope a proa en una línea vertical;

II) luces de costado;

III) una luz de alcance.

d) Los buques de propulsión mecánica a los que sean de aplicación los párrafos a) y c) anteriores, cumplirán también con la Regla 23 a) II).

e) Todo buque u objeto remolcado exhibirá:

I) luces de costado;

II) una luz de alcance;

III) una marca bicónica en el lugar más visible, cuando la longitud del remolque sea superior a 200 metros.

f) Teniendo en cuenta que cualquiera que sea el número de buques que se remolquen por el costado o se empujen en un grupo habrán de iluminarse como si fueran un solo buque:

I) un buque que sea empujado hacia proa, sin que llegue a constituirse una unidad compuesta, exhibirá luces de costado en el extremo de proa. Figura 235;

Fig. 235. Remolcador empujando (Regla 24 c) y 24 f) I)

II) un buque que sea remolcado por el costado exhibirá una luz de alcance y, en el extremo de proa, luces de costado.

g) Cuando por alguna causa justificada, no sea posible que el buque u objeto remolcado exhiba las luces prescritas en el párrafo e) anterior, se tomarán todas las medidas posibles para iluminar el buque u objeto remolcado, o para indicar al menos la presencia del buque u objeto que no exhiba las luces.

Regla 25

Buques de vela en navegación y embarcaciones de remo

a) Los buques de vela en navegación exhibirán:

I) luces de costado;

II) una luz de alcance.

b) En los buques de eslora inferior a 12 metros, las luces prescritas en el párrafo a) de esta Regla podrán ir en un farol combinado, que se llevará en el tope del palo o cerca de él, en el lugar más visible.

c) Además de las luces prescritas en el párrafo a) de esta Regla, los buques de vela en navegación podrán exhibir en el tope del palo o cerca

Fig. 236. Buque de vela en movimiento

Fig. 237. Velero con las luces potestativas roja y verde (Regla 25, c)

de él, en el lugar más visible, dos luces todo horizonte en línea vertical, roja la superior y verde la inferior, pero estas luces no se exhibirán junto con el farol combinado que se permite en el párrafo b) de esta Regla. Figura 237.

d) I) Las embarcaciones de vela de eslora inferior a 7 metros exhibirán, si es posible, las luces prescritas en el párrafo a) o b) de esta

Fig. 238. Buque navegando a vela y propulsión mecánica simultáneamente (Regla 25, e)

Regla, pero si no lo hacen, deberán tener a mano para uso inmediato una linterna eléctrica o farol encendido que muestre una luz blanca, la cual será exhibida con tiempo suficiente para evitar el abordaje.

II) Las embarcaciones de remos podrán exhibir las luces prescritas en esta Regla para los buques de vela, pero si no lo hacen, deberán tener a mano para uso inmediato una linterna eléctrica o farol encendido que muestre una luz blanca, la cual será exhibida con tiempo suficiente para evitar el abordaje.

e) Un buque que navegue a vela, cuando sea también propulsado mecánicamente, deberá exhibir a proa, en el lugar más visible, una marca cónica con el vértice hacia abajo.

Regla 26

Buques de pesca

a) Los buques dedicados a la pesca, ya sea en navegación o fondeados, exhibirán solamente las luces y marcas prescritas en esta Regla.

b) Los buques dedicados a la pesca de arrastre, es decir, remolcando a través del agua redes de arrastre u otros artes de pesca, exhibirán:

Fig. 239. Buque de pesca, de día, arrastrando redes u otros dispositivos a través del agua (Regla 26, b) I)

Fig. 240. Buque de arrastre de eslora > 50 metros (Regla 26 b) I), II) y III)

I) dos luces todo horizonte en línea vertical, verde la superior y blanca la inferior, o una marca consistente en dos conos unidos por sus vértices en línea vertical, uno sobre el otro; los buques de eslora inferior a 20 metros podrán exhibir un cesto en lugar de esta marca;

II) una luz de tope a popa y más elevada que la luz verde todo horizonte; los buques de eslora inferior a 50 metros no tendrán obligación de exhibir esta luz, pero podrán hacerlo. Figuras 240 y 241;

III) cuando vayan con arrancada, además de las luces prescritas en este párrafo, las luces de costado y una luz de alcance.

c) Los buques dedicados a la pesca que no sea pesca de arrastre, exhibirán:

Fig. 241. Buque de pesca, de noche, con arrastre de redes u otros dispositivos a través del agua menor de 50 metros de eslora (Regla 26, b) II) y III)

Fig. 242. Pesqueros, en movimiento, sin redes de arrastre, con dispositivos extendidos a una distancia igual o inferior a 150 metros vistos de noche y de día (Regla 26, c) I y III)

Fig. 243. Pesqueros en movimiento, sin redes de arrastre, con dispositivos extendidos más de 150 metros vistos de noche y de día (Regla 26, c) I, II y III)

I) dos luces todo horizonte en línea vertical, roja la superior y blanca la inferior, o una marca consistente en dos conos unidos por sus vértices en línea vertical, uno sobre el otro. Figura 242; los buques de eslora inferior a 20 metros podrán exhibir un cesto en lugar de esta marca;

II) cuando el aparejo largado se extienda más de 150 metros medidos horizontalmente a partir del buque, una luz blanca todo horizonte o un cono con el vértice hacia arriba, en la dirección del aparejo. Figura 243;

III) cuando vayan con arrancada, además de las luces prescritas en este párrafo, las luces de costado y una luz de alcance.

d) Todo buque dedicado a la pesca en las inmediaciones de otros buques dedicados también a la pesca podrá exhibir las señales adicionales prescritas en el Anexo II de este Reglamento.

e) Cuando no estén dedicados a la pesca, los buques no exhibirán las luces y marcas prescritas en esta Regla, sino únicamente las prescritas para los buques de su misma eslora.

Regla 27

Buques sin gobierno o con capacidad de maniobra restringida

a) Los buques sin gobierno exhibirán:

I) dos luces rojas todo horizonte en línea vertical, en el lugar más visible. Figura 245;

II) dos bolas negras o marcas similares en línea vertical, en el lugar más visible. Figura 244;

Fig. 244. Buque sin gobierno, de día (Regla 27, a) II)

Fig. 245. Buque sin gobierno parado, de noche

Fig. 246. Buque sin gobierno en movimiento, de noche (Regla 27, a) III)

III) cuando vayan con arrancada, además de las luces prescritas en este párrafo, las luces de costado y una luz de alcance. Figura 246.

b) Los buques que tengan su capacidad de maniobra restringida, salvo aquellos dedicados a operaciones de dragado de minas, exhibirán:

I) tres luces todo horizonte en línea vertical, en el lugar más visible. La más elevada y la más baja de estas luces serán rojas y la luz central será blanca;

Fig. 247. Cablero parado, de noche

← Fig. 248. Cablero de día navegando

Fig. 249. Buque levando una boya, de día y fondeado.

Fig. 250. Cablero en movimiento, de noche

II) tres marcas en línea vertical en el lugar más visible (de día). La más elevada y la más baja de estas marcas serán bolas y la marca central será bicónica;

III) cuando vayan con arrancada, además de las luces prescritas en el apartado I), luces de tope, luces de costado y una luz de alcance. Figura 250;

IV) cuando estén fondeados, además de las luces o marcas prescritas en los apartados I) y II), las luces o marcas prescritas en la Regla 30; figura 249.

c) Todo buque dedicado a una operación de remolque que le impida apartarse de su derrota exhibirá, además de las luces prescritas en el apartado b) I) y las marcas prescritas en el apartado b) II) de esta Regla, las luces o marca prescritas en la Regla 24 a).

Fig. 251. Dragaminas de noche (Regla 27 f). De día, las tres luces verdes del palo y de las vergas se sustituyen por bolas negras

d) Los buques dedicados a operaciones de dragado o submarinas, que tengan su capacidad de maniobra restringida, exhibirán las luces y marcas prescritas en el párrafo b) de esta Regla y, cuando haya una obstrucción, exhibirán además:

I) dos luces rojas todo horizonte o dos bolas en línea vertical, para indicar la banda por la que se encuentra la obstrucción;

II) dos luces verdes todo horizonte o dos marcas bicónicas en línea vertical para indicar la banda por la que puede pasar otro buque;

III) cuando vayan con arrancada, además de las luces prescritas en este párrafo, luces de tope, luces de costado y una de alcance;

IV) cuando los buques a los que se aplique este párrafo estén fondeados, exhibirán las luces prescritas en los apartados I) y II) en lugar de las luces o marca prescritas en la Regla 30.

e) Cuando debido a las dimensiones del buque dedicado a operaciones de buceo resulte imposible exhibir las marcas prescritas en el párrafo d) de esta Regla, se exhibirá una señal rígida representando la bandera «A» del Código Internacional, de altura no inferior a un metro. Se tomarán medidas para garantizar su visibilidad en todo el horizonte.

f) Los buques dedicados a operaciones de dragado de minas, además de las luces prescritas para los buques de propulsión mecánica en la Regla 23, exhibirán tres luces verdes todo horizonte o tres bolas. Una de estas luces o marcas se exhibirá en la parte superior del palo de más a proa, o cerca de ella, y las otras dos una en cada uno de los penoles de la verga de dicho palo. Estas luces o marcas indican que es peligroso para otro buque acercarse a menos de 1.000 metros por la popa o a menos de 500 metros por cada una de las bandas del dragaminas. Figura 251.

g) Las embarcaciones de menos de 7 metros de eslora no tendrán obligación de exhibir las luces prescritas en esta Regla.

h) Las señales prescritas en esta Regla no son las señales de buques en peligro que necesiten ayuda. Dichas señales se encuentran en el Anexo IV de este Reglamento.

Regla 28

Buques de propulsión mecánica restringidos por su calado

Además de las luces prescritas en la Regla 23 para los buques de pro-

Fig. 252. Buques de propulsión mecánica restringidos por su calado, de día y de noche

pulsión mecánica, todo buque restringido por su calado podrá exhibir en el lugar más visible, tres luces rojas todo horizonte en línea vertical, o un cilindro si es de día.

Regla 29

Embarcaciones de práctico

a) Las embarcaciones en servicio de practicaje exhibirán:

I) en la parte superior del palo de más a proa, o cerca de ella, dos luces todo horizonte en línea vertical, siendo blanca la superior y roja la inferior;

II) cuando se encuentren en navegación, además, las luces de costado y una luz de alcance. Figura 253;

Fig. 253. Embarcación de práctico, de propulsión mecánica, en movimiento (Regla 29, a) I y II)

Fig. 254. Embarcación de práctico de propulsión mecánica fondeada Regla 29, a) III)

III) cuando estén fondeadas, además de las luces prescritas en el apartado I), la luz, luces o marca de fondeo. Figura 254.

b) Cuando no esté en servicio de practicaje, la embarcación de práctico exhibirá las luces y marcas prescritas para las embarcaciones de su misma eslora.

Regla 30

Buques fondeados y buques varados

a) Los buques fondeados exhibirán en el lugar más visible:

I) en la parte de proa, una luz blanca todo horizonte o una bola negra si es de día. Figuras 255 y 257;

II) en la popa, o cerca de ella, y a una altura inferior a la de la luz prescrita en el apartado I), una luz blanca todo horizonte. Figura 256.

Fig. 255. Buque fondeado, de eslora < a 50 m, de noche (Regla 30, b))

Fig. 256. Buque fondeado, de eslora > a 50 m, de noche (Regla 30, a) I y II)

b) Los buques de eslora inferior a 50 metros podrán exhibir una luz blanca todo horizonte en el lugar más visible, en vez de las luces prescritas en el párrafo a) de esta Regla. Figura 255.

Fig. 257. Buque fondeado, de día (Regla 30, a) I)

c) Los buques fondeados podrán utilizar sus luces de trabajo o equivalentes, para iluminar sus cubiertas. En los buques de 100 metros de eslora o más, la utilización de las mencionadas luces será obligatoria.

d) Además de las luces prescritas en los párrafos a) o b) de esta Regla, un buque varado exhibirá, en el lugar más visible:

I) dos luces rojas todo horizonte en línea vertical. Fig. 258;

II) tres bolas en línea vertical. Figura 259.

Fig. 258. Buque varado, de noche, de eslora < a 50 m. Si es de mayor eslora de 50 metros llevará otra luz blanca a popa (Regla 30, a) II)

e) Las embarcaciones de menos de 7 metros de eslora, cuando estén fondeados o varadas en un lugar que no esté dentro ni cerca de un paso o canal angosto, fondeadero o zona de navegación frecuente, no tendrán obligación de exhibir las luces o marcas prescritas en los párrafos a), b) o d) de esta Regla.

Fig. 259. Buque varado, de día (Regla 30, d) II)

Regla 31

Hidroaviones

Cuando a un hidroavión no le sea posible exhibir luces y marcas de las características y en las posiciones prescritas en las Reglas de esta Parte,

Fig. 260. Hidroavión sin gobierno (Regla 27, a)

exhibirá luces y marcas que, por sus características y situación, sean lo más parecidas posible a las prescritas en las Reglas anteriores.

Fig. 261. Hidroavión en movimiento por el agua, presentando el costado de estribor (Reglas 21 y 23)

PARTE D. — SEÑALES ACUSTICAS Y LUMINOSAS

Regla 32

Definiciones

a) La palabra «pito» significa todo dispositivo que es capaz de producir las pitadas reglamentarias y que cumple con las especificaciones del Anexo III de este Reglamento.

b) La expresión «pitada corta» significa un sonido de una duración aproximada de un segundo.

c) La expresión «pitada larga» significa un sonido de una duración aproximada de 4 a 6 segundos.

Regla 33

Equipo para señales acústicas

a) Los buques de eslora igual o superior a 12 metros irán dotados de un pito y de una campana, y los buques de eslora igual o superior a 100 metros llevarán además un gong cuyo tono y sonido no pueda confundirse con el de la campana. El pito, la campana y el gong deberán cumplir con las especificaciones del Anexo III de este Reglamento. La campana o el gong, o ambos, podrán ser sustituidos por otro equipo que tenga las mismas características sonoras respectivamente, a condición de que siempre sea posible hacer manualmente las señales sonoras reglamentarias.

b) Los buques de eslora inferior a 12 metros no tendrán obligación de llevar los dispositivos de señales acústicas prescritos en el párrafo a) de esta Regla, pero si no los llevan deberán ir dotados de otros medios para hacer señales acústicas eficaces.

Regla 34

Señales de maniobra y advertencia

a) Cuando varios buques estén a la vista unos de otros, todo buque de propulsión mecánica en navegación, al maniobrar de acuerdo con lo autorizado o exigido por estas Reglas, deberá indicar su maniobra mediante las siguientes señales emitidas con el pito:

— una pitada corta para indicar: «caigo a estribor»;

— dos pitadas cortas para indicar: «caigo a babor»;

— tres pitadas cortas para indicar: «estoy dando atrás».

b) Todo buque podrá complementar las pitadas reglamentarias del párrafo a) de esta Regla mediante señales luminosas que se repetirán, según las circunstancias, durante toda la duración de la maniobra:

I) el significado de estas señales luminosas será el siguiente:

— un destello: «caigo a estribor»;

— dos destellos: «caigo a babor»;

— tres destellos: «estoy dando atrás»;

II) la duración de cada destello será de un segundo aproximadamente, el intervalo entre destellos será de un segundo aproximadamente y el intervalo entre señales sucesivas no será inferior a 10 segundos;

III) cuando se lleve, la luz utilizada para estas señales será una luz blanca todo horizonte visible a una distancia mínima de 5 millas, y cumplirá con las especificaciones del Anexo I.

c) Cuando dos buques se encuentren a la vista uno del otro en un paso o canal angosto:

I) el buque que pretenda alcanzar al otro deberá, en cumplimiento de la Regla 9 e) I), indicar su intención haciendo las siguientes señales con el pito:

— dos pitadas largas seguidas de una corta para indicar: «pretendo alcanzarle por su banda de estribor»;

— dos pitadas largas seguidas de dos cortas para indicar: «pretendo alcanzarle por su banda de babor»;

II) el buque que va a ser alcanzado indicará su conformidad en cumplimiento de la Regla 9 e) I) haciendo la siguiente señal con el pito:

— una pitada larga, una corta, una larga y una corta, en este orden.

d) Cuando varios buques a la vista unos de otros se aproximen, y por cualquier causa alguno de ellos no entienda las acciones o intenciones del otro o tenga dudas sobre si el otro está efectuando la maniobra adecuada para evitar el abordaje, el buque en duda indicará inmediatamente esa duda emitiendo por lo menos cinco pitadas cortas y rápidas. Esta señal podrá ser complementada con una señal luminosa de un mínimo de cinco destellos cortos y rápidos.

e) Los buques que se aproximen a un recodo o zona de un paso o canal en donde, por estar obstruida la visión, no puedan ver a otros buques, harán sonar una pitada larga. Esta señal será contestada con una pitada larga por cualquier buque que se aproxime, que pueda estar dentro del alcance acústico al otro lado del recodo o detrás de la obstrucción.

f) Cuando los pitos estén instalados en un buque a una distancia entre sí superior a 100 metros, se utilizará solamente uno de los pitos para hacer señales de maniobra y advertencia.

Regla 35

Señales acústicas en visibilidad reducida

En las proximidades o dentro de una zona de visibilidad reducida, ya sea de día o de noche, las señales prescritas en esta Regla se harán en la forma siguiente:

a) Un buque de propulsión mecánica, con arrancada, emitirá una pitada larga a intervalos que no excedan de 2 minutos.

b) Un buque de propulsión mecánica en navegación, pero parado y sin arrancada, emitirá a intervalos que no excedan de 2 minutos, dos pitadas largas consecutivas separadas por un intervalo de 2 segundos entre ambas.

c) Los buques sin gobierno o con su capacidad de maniobra restringida, los buques restringidos por su calado, los buques de vela, los buques dedicados a la pesca y todo buque dedicado a remolcar o a empujar a otro buque, emitirán a intervalos que no excedan de 2 minutos, tres pitadas consecutivas, a saber, una larga seguida por dos cortas, en lugar de las señales prescritas en los apartados a) o b) de esta Regla.

d) Un buque remolcado o, si se remolca más de uno, solamente el último del remolque, caso de ir tripulado, emitirá a intervalos que no excedan de 2 minutos, cuatro pitadas consecutivas, a saber, una pitada larga seguida de tres cortas. Cuando sea posible, esta señal se hará inmediatamente después de la señal efectuada por el buque remolcador.

e) Cuando un buque que empuje y un buque que sea empujado tengan una conexión rígida de modo que formen una unidad compuesta, serán considerados como un buque de propulsión mecánica y harán las señales prescritas en los apartados a) o b) de esta Regla.

f) Un buque fondeado dará un repique de campana de unos 5 segundos de duración a intervalos que no excedan de un minuto. En un buque de eslora igual o superior a 100 metros, se hará sonar la campana en la parte de proa del buque y, además, inmediatamente después del repique de campana, se hará sonar el gong rápidamente durante unos 5 segundos en la parte de popa del buque. Todo buque fondeado podrá, además, emitir tres pitadas consecutivas, a saber, una corta, una larga y una corta, para señalar su posición y la posibilidad del abordaje a un buque que se aproxime.

d) Un buque varado emitirá la señal de campana y en caso necesario la de gong prescrita en el párrafo f) de esta Regla y, además, dará tres golpes de campana claros y separados inmediatamente antes y después del repique rápido de la campana. Todo buque varado podrá, además, emitir una señal de pito apropiada.

h) Un buque de eslora inferior a 12 metros no tendrá la obligación de emitir las señales antes mencionadas pero, si no las hace, emitirá otra señal acústica eficaz a intervalos que no excedan de 2 minutos.

i) Una embarcación de práctico, cuando esté en servicio de practicaje, podrá emitir, además de las señales prescritas en los párrafos a), b) o f) de esta Regla, una señal de identificación consistente en cuatro pitadas cortas.

Regla 36

Señales para llamar la atención

Cualquier buque, si necesita llamar la atención de otro, podrá hacer señales luminosas o acústicas que no puedan confundirse con ninguna de las señales autorizadas en cualquier otra de estas Reglas, o dirigir el haz de su proyector en la dirección del peligro, haciéndolo de forma que no moleste a otros buques.

Regla 37

Señales de peligro

Cuando un buque esté en peligro y requiera ayuda, utilizará o exhibirá las señales prescritas en el Anexo IV de este Reglamento.

Parte E. — EXENCIONES

Regla 38

Exenciones

Siempre que cumplan con los requisitos del Reglamento Internacional para prevenir los abordajes en el mar de 1960, los buques (o categorías de buques) cuya quilla haya sido puesta, o se encuentre en una fase análoga de construcción, antes de la entrada en vigor del presente Reglamento, quedarán exentos del cumplimiento de éste, en las siguientes condiciones:

a) La instalación de luces con los alcances prescritos en la Regla 22, hasta cuatro años después de la fecha de entrada en vigor del presente Reglamento.

b) La instalación de luces con las especificaciones sobre colores prescritas en la Sección 7 del Anexo I, hasta cuatro años después de la fecha de entrada en vigor del presente Reglamento.

c) El cambio de emplazamiento de las luces como consecuencia de la conversión de las medidas del sistema imperial al métrico, y de redondear las medidas, exención permanente.

d) I) El cambio de emplazamiento de las luces de tope en los buques de eslora inferior a 150 metros, como consecuencia de las especificaciones de la Sección 3 a) del Anexo I, exención permanente.

II) El cambio de emplazamiento de las luces de tope en los buques de eslora igual o superior a 150 metros, como consecuencia de las especificaciones de la Sección 3 a) del Anexo, I, hasta nueve años después de la fecha de entrada en vigor del presente Reglamento.

e) El cambio de emplazamiento de las luces de tope como consecuencia de las especificaciones de la Sección 2 b) del Anexo I, hasta nueve años después de la fecha de entrada en vigor del presente Reglamento.

f) El cambio de emplazamiento de las luces de costado como consecuencia de las especificaciones de las Secciones 2 g) y 3 b) del Anexo I, hasta nueve años después de la fecha de entrada en vigor del presente Reglamento.

g) Las especificaciones de las señales acústicas prescritas en el Anexo III, hasta nueve años después de la fecha de entrada en vigor del presente Reglamento.

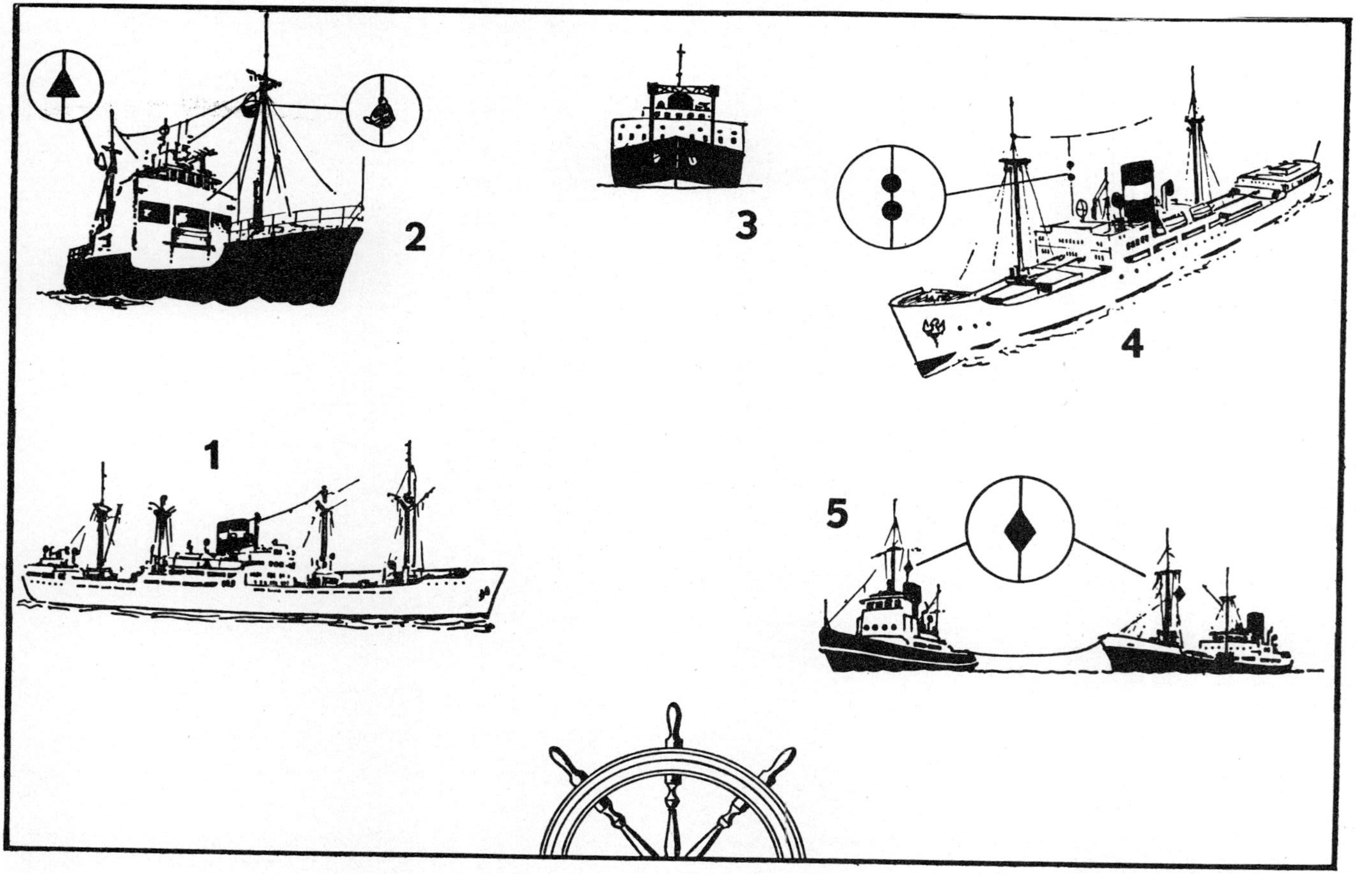

Fig. 262

EXPLICACIÓN DEL DIAGRAMA DE LA FIGURA 262

Supongamos que no hay alteración en la demora con respecto a los barcos 1, 2, 3 y 5, que nuestro buque es de propulsión mecánica, y que nos encontramos al timón de la parte inferior del diagrama.

Respecto al n.º 1. — Seguiremos a rumbo (Regla 17). No obstante, estaremos atentos, por si fuera necesario, en último momento, maniobrar para evitar el abordaje (Regla 17, a) II).

Respecto al n.º 2. — Debemos gobernar. Se trata de un barco menor de 20 metros de eslora y que remolca un dispositivo desplegado de más de 150 metros. Caeremos a babor indicándolo con dos pitadas cortas (Reglas 18, a) III), 26, c) I) y II) y 34, a).

Respecto al n.º 3. — Debemos gobernar cayendo a estribor e indicándolo con una pitada corta (Reglas 14 y 34). El n.º 3 también hará la misma maniobra.

Respecto al n.º 4. — Debemos mantenernos libres de él. Es un buque sin gobierno (Regla 18 a) I).

Respecto al n.º 5. — Debemos gobernar. Se trata de un remolcador cuya longitud de remolque excede de los 200 metros. Caeremos a estribor indicándolo con una pitada corta (Reglas 34 a) y 24 a) V).

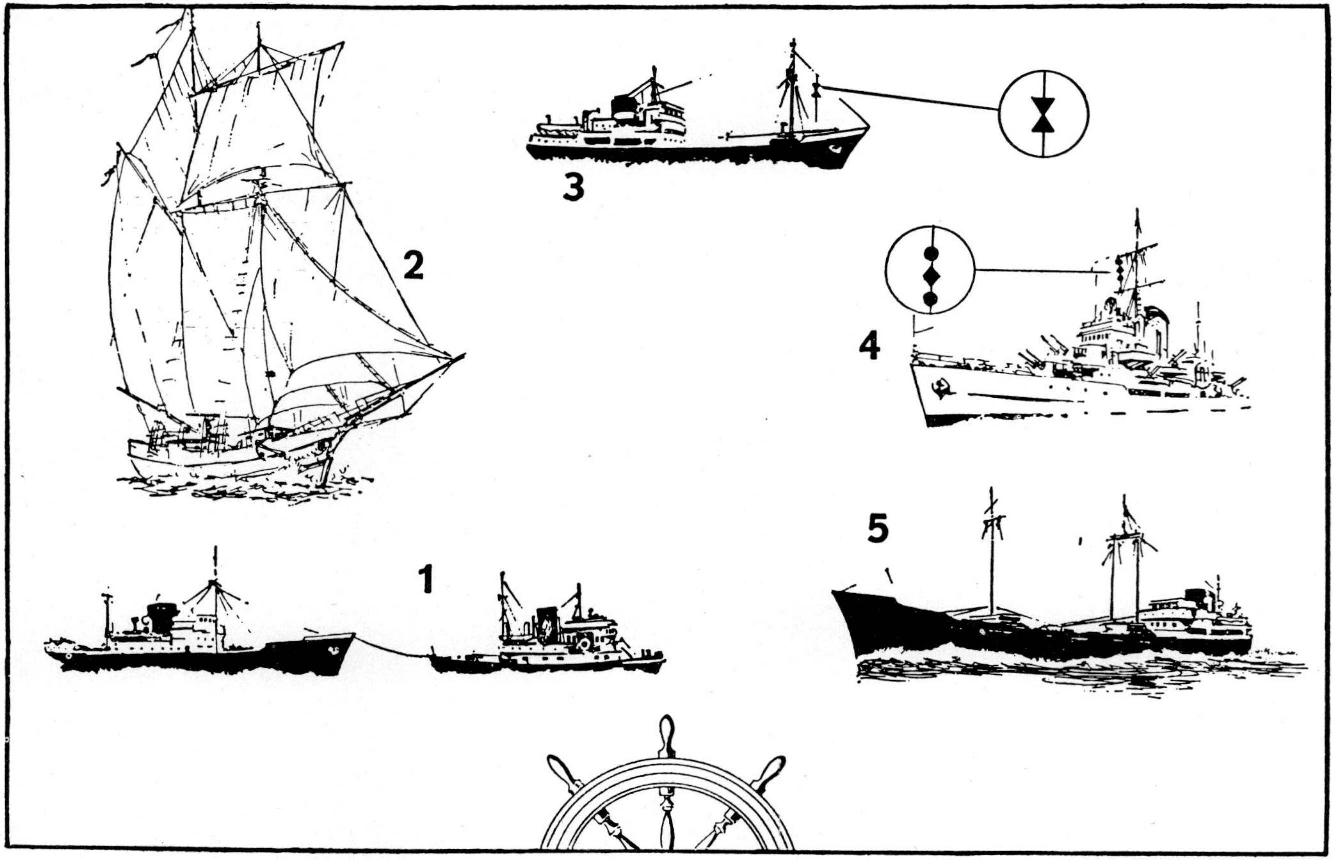

Fig. 263

EXPLICACIÓN DEL DIAGRAMA DE LA FIGURA 263

Supongamos que no hay alteración en la demora con respecto a los barcos 1, 2, 3 y 5, que nuestro buque es de propulsión mecánica, y que nos encontramos al timón de la parte inferior del diagrama.

Respecto al n.º 1. — Seguiremos a rumbo; el remolcador debe gobernar (Regla 15). No lleva señales de buque de capacidad de maniobra restringida. No obstante estaremos atentos por si fuera necesario, en último momento, maniobrar para evitar el abordaje (Regla 17, b).

Respecto al n.º 2. — Deberemos gobernar por ser un barco velero. Caeremos a babor indicándolo con dos pitadas cortas (Reglas 18, a) IV y 34, a).

Respecto al n.º 3. — Seguiremos a rumbo, si bien, en caso necesario y para librar los dispositivos de pesca, estamos obligados a gobernar. En tal caso caeremos a babor indicándolo con dos pitadas cortas (Reglas 18, a) III y 34, a).

Respecto al n.º 4. — Debemos separarnos de su derrota. Es un barco ocupado en fijar o recoger cables submarinos o boyas. Caeremos a estribor indicándolo con una pitada corta (Reglas 18, a) II y 34, a).

Respecto al n.º 5. — Caeremos a estribor indicándolo con una pitada corta (Reglas 15 y 34, a).

ANEXO I

POSICION Y CARACTERISTICAS TECNICAS DE LAS LUCES Y MARCAS

1. Definición

La expresión «altura por encima del casco» significa la altura sobre la cubierta corrida más elevada.

2. Posición y separación vertical de las luces

a) En los buques de propulsión mecánica de eslora igual o superior a 20 metros, las luces de tope deberán ir colocadas de la siguiente forma:

I) la luz de tope de proa, o la luz de tope si sólo lleva una, estará situada a una altura no inferior a 6 metros por encima del casco, pero si la manga del buque es superior a 6 metros, la luz irá colocada a una altura sobre el casco no inferior a la manga; sin embargo, no es necesario que dicha luz vaya colocada a una altura sobre el casco superior a 12 metros;

II) cuando se lleven dos luces de tope, la de popa deberá estar por lo menos 4,50 metros más alta que la de proa.

b) La separación vertical de las luces de tope de los buques de propulasión mecánica deberá ser tal que, en todas las condiciones normales de asiento, la luz de popa sea visible por encima y separada de la luz de proa, cuando se las observe desde el nivel del mar y a una distancia de 1.000 metros a partir de la roda.

c) En un buque de propulsión mecánica de eslora igual o superior a 12 metros, pero inferior a 20 metros, la luz de tope deberá estar colocada a una altura sobre la regala no inferior a 2,50 metros.

d) Un buque de propulsión mecánica de menos de 12 metros de eslora, podrá llevar su luz más elevada a una altura inferior a 2,5 metros sobre la regala. Pero si se lleva una luz de tope, además de luces de costado y luz de alcance, dicha luz de tope deberá estar por lo menos 1 metro más alta que las luces de costado.

e) Una de las dos o tres luces de tope prescritas para los buques de propulsión mecánica dedicados a remolcar o empujar a otros buques, irá colocada en la misma posición que la luz de tope de proa de un buque de propulsión mecánica.

f) En toda circunstancia, la luz o luces de tope irán colocadas de forma que queden claras y más altas que las restantes luces y obstrucciones.

g) Las luces de costado de los buques de propulsión mecánica irán colocadas a una altura por encima del casco, no superior a las tres cuartas partes de la altura de la luz de tope de proa. No deberán estar tan bajas que se interfieran con las luces de cubierta.

h) Si las luces de costado van en un solo farol combinado, cuando lo lleve un buque de propulsión mecánica de eslora inferior a 20 metros, irá colocado a una distancia no inferior a 1 metro por debajo de la luz de tope.

i) Cuando las Reglas prescriban dos o tres luces colocadas según una línea vertical, irán separadas de la siguiente forma:

I) en buques de eslora igual o superior a 20 metros, las luces irán colocadas con una separación no inferior a 2 metros, estando la más baja de dichas luces a no menos de 4 metros por encima del casco salvo cuando se exija una luz de remolque;

II) en los buques de eslora inferior a 20 metros, las luces irán colocadas con una separación no inferior a 1 metro, estando la más baja de dichas luces a no menos de 2 metros por encima de la regala, salvo cuando se exija una luz de remolque;

III) cuando se lleven tres luces, irán separadas a distancias iguales.

j) La más baja de las dos luces todo horizonte prescritas para un buque de pesca dedicado a la pesca, estará colocada a una altura por encima de las luces de costado no inferior al doble de la distancia que exista entre las dos luces verticales.

k) Si se llevan dos luces de fondeo, la de proa no irá a menos de 4,5 metros por encima de la de popa. En los buques de eslora igual o superior a 50 metros, la luz de fondeo de proa no estará a menos de 6 metros por encima del casco.

3. Posición y separación horizontal de las luces

a) Cuando se prescriben dos luces de tope para un buque de propulsión mecánica, la distancia horizontal entre ellas no será menor que la mitad de la eslora del buque, pero no será necesario que exceda de 100 metros. La luz de proa estará colocada a una distancia de la roda del buque, no superior a la cuarta parte de su eslora.

b) En los buques de eslora igual o superior a 20 metros, las luces de costado no se instalarán por delante de la luz de tope de proa. Estarán situadas en el costado del buque o cerca de él.

4. Detalles sobre emplazamiento de las luces indicadoras de dirección en buques dedicados a operaciones de pesca, dragado o submarinas

a) La luz indicadora de la dirección del aparejo largado desde un buque dedicado a operaciones de pesca, tal como prescribe la Regla 26 c) II), estará situada a una distancia horizontal de 2 metros como mínimo y 6 metros como máximo de las dos luces roja y blanca todo horizonte. Dicha luz no estará colocada más alta que la luz blanca todo horizonte prescrita en la Regla 26 c) I) ni más baja que las luces de costado.

b) Las luces y marcas que deben exhibir los buques dedicados a operaciones de dragado o submarinas para indicar la banda obstruida y/o la banda por la que se puede pasar con seguridad, tal como se prescribe en la Regla 27 d) I) y II), irán colocadas a la máxima distancia horizontal que sea posible, pero en ningún caso a menos de 2 metros de las luces o marcas prescritas en la Regla 27 b) I) y II). En ningún caso la más alta de dichas luces o marcas estará situada a mayor altura que la más baja de las tres luces o marcas prescritas en la citada Regla 27 b) I) y II).

5. Pantallas para las luces de costado

Las luces de costado deberán ir dotadas, por la parte de crujía, de pantallas pintadas de negro mate y que satisfagan los requisitos de la Sección 9 del presente Anexo. Cuando las luces de costado van en un farol combina-

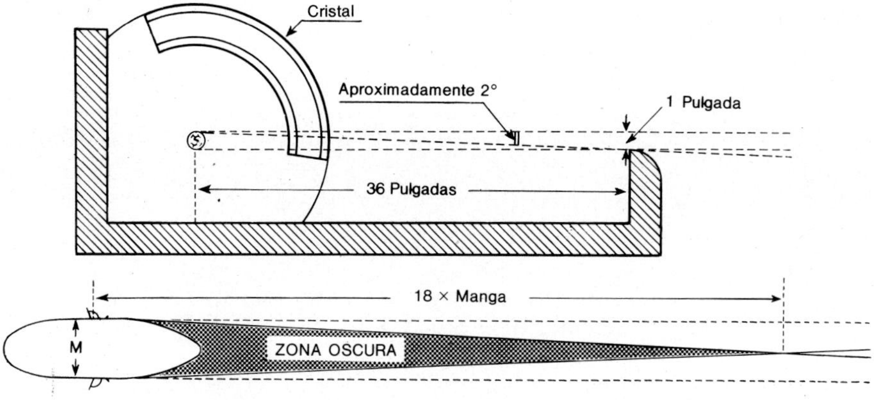

Fig. 264. Instalación y características de las pantallas.

do y utilizan un filamento vertical único con una división muy fina entre las secciones verde y roja, no es necesario instalar pantallas exteriores.

6. Marcas

a) Las marcas serán negras y de las siguientes dimensiones:

I) la bola tendrá un diámetro no inferior a 0,6 metros;

II) el cono tendrá un diámetro de base no inferior a 0,6 metros y una altura igual a su diámetro;

III) el cilindro tendrá un diámetro mínimo de 0,6 metros y una altura igual al doble de su diámetro;

IV) la marca bicónica estará formada por dos conos, como los definidos en el apartado II) anterior, unidos por su base.

b) La distancia vertical mínima entre marcas será de 1,5 metros.

c) En buques de eslora inferior a 20 metros se podrán utilizar marcas de dimensiones más pequeñas, pero que estén en proporción con el tamaño del buque, pudiendo reducir también en proporción, la distancia que las separa.

Los apartados 7, 8, 9, 10 y 11 de este Anexo no se reseñan por ser detalles técnicos de construcción y que deben ser aprobados por la autoridad competente del Estado en que esté matriculado el buque.

12. Luz de maniobra

No obstante lo dispuesto en el párrafo 2 f) de este Anexo (sobre de que la luz o luces de tope irán colocadas claras de otras luces y obstrucciones), la luz de maniobra (la complementaria de las pitadas) descrita en la Regla 34 b) irá colocada en el mismo plano longitudinal que la luz o luces de tope y, siempre que sea posible, a una distancia vertical mínima de 2 metros por encima de la luz de tope de proa, a condición de que vaya a una altura de no menos de 2 metros por encima o por debajo de la luz de tope de popa. En los buques que sólo lleven una luz de tope, la luz de maniobra, si existe, irá colocada en el sitio más visible, separada no menos de 2 metros en el sentido vertical de la luz de tope.

ANEXO II

SEÑALES ADICIONALES PARA BUQUES DE PESCA QUE SE ENCUENTREN PESCANDO MUY CERCA UNOS DE OTROS

1. Generalidades

Las luces aquí mencionadas, que se exhiban en cumplimiento de la Regla 26 d), deberán colocarse en donde sean más fácilmente visibles. Deberán ir con un mínimo de separación de 0,9 metros, pero a un nivel más bajo que las luces prescritas en la Regla 26 b) I) y *c*) I) (luces verticales verde y blanca, y roja y blanca respectivamente). Las luces deberán ser visibles en todo el horizonte a una distancia mínima de una milla, si bien tendrán un alcance inferior al de las luces prescritas por dichas Reglas para buques de pesca.

2. Señales para pesca de arrastre

a Los buques dedicados a la pesca de arrastre, utilizando aparejo de fondo o pelágico, podrán exhibir:

I) al calar sus redes:
dos luces blancas en línea vertical;

II) al cobrar sus redes:
una luz blanca sobre una luz roja en línea vertical;

III) cuando la red se ha enganchado en una obstrucción:
dos luces rojas en línea vertical.

b) Todo buque dedicado a la pesca de arrastre en pareja podrá exhibir:

I) de noche, un proyector encendido a proa en la dirección del otro buque que forma pareja;

II) los buques dedicados a la pesca de arrastre en pareja, al calar o cobrar sus redes, o cuando sus redes se hayan enganchado en una obstrucción. podrán exhibir las luces prescritas en el apartado 2 a) anterior.

2. Señales para pesca con artes de cerco con jareta

Los buques dedicados a la pesca con artes de cerco con jareta, podrán mostrar dos luces amarillas en línea vertical. Estas luces emitirán destellos alternativamente, cada segundo, con idéntica duración de encendido y apagado. Unicamente se podrán exhibir estas luces cuando el buque esté obstaculizado por su aparejo de pesca.

ANEXO III

DETALLES TECNICOS DE LOS APARATOS DE SEÑALES ACUSTICAS

No se reseña este Anexo por ser detalles técnicos de dichos aparatos.

ANEXO IV

SEÑALES DE PELIGRO

1. Las señales siguientes, utilizadas o exhibidas juntas o por separado, indican peligro y necesidad de ayuda:

a) un disparo de cañón, u otra señal detonante, repetidos a intervalos de un minuto aproximadamente;

b) un sonido continuo producido por cualquier aparato de señales de niebla;

c) cohetes o granadas que despidan estrellas rojas, lanzados uno a uno y a cortos intervalos;

d) una señal emitida por radiotelegrafía o por cualquier otro sistema de señales consistentes en el grupo . . . — — — . . . (SOS) del Código Morse;

e) una señal emitida por radiotelefonía consistente en la palabra «Mayday»;

f) la señal de peligro «NC» del Código Internacional de Señales:

g) una señal consistente en una bandera cuadrada que tenga encima o debajo de ella una bola u objeto análogo;

h) llamaradas a bordo (como las que se producen al arder un barril de brea, petróleo, etc.);

i) un cohete-bengala con paracaídas o una bengala de mano que produzca una luz roja;

j) una señal fumígena que produzca una densa humareda de color naranja;

k) movimientos lentos y repetidos, subiendo y bajando lentamente los brazos hacia los lados;

l) la señal de alarma radiotelegráfica, que consiste en una serie de 12 rayas, de cuatro segundos cada una, emitidas en un minuto. El intervalo entre rayas es de un segundo. Esta señal hace que actúen las autoalarmas de los buques que van provistos de ellas;

m) la señal de alarma radiotelefónica, que consiste en dos tonos transmitidos alternativamente sobre períodos de 30 segundos a un minuto;

n) señales transmitidas por radiobalizas de localización de siniestros.

2. Está prohibido utilizar o exhibir cualquiera de las señales anteriores, salvo para indicar peligro y necesidad de ayuda, y utilizar cualquier señal que pueda confundirse con las anteriores.

3. Se recuerdan las secciones correspondientes del Código Internacional de Señales, del Manual de Búsqueda y Salvamento para Buques Mercantes y de las siguientes señales:

a) un trozo de lona de color naranja con un cuadrado negro y un círculo, u otro símbolo pertinente (para identificación desde el aire);

b) una marca colorante del agua.

Capítulo 36

LUCES Y SEÑALES MARITIMAS

VIGILANCIA EN LA MAR DE DÍA Y DE NOCHE. —La vigilancia navegando ha de ser plena y constante con la observancia del Reglamento Internacional para prevenir los abordajes en la mar.

La seguridad está en saber lo que hay que hacer en cada momento, por lo que habrá que ser precavido con respecto a cualquier situación que se pueda presentar.

No olvidarse, en caso de gobernar a otro buque, de las señales fónicas, pues es cosa muy común el no utilizarlas, lo cual va en contra de lo dictaminado.

Durante la noche se reduce la visibilidad y el ver antes o después las luces de un barco dependerá de si el alcance de sus luces es mayor o igual al reglamentario.

Observar el barómetro y el termómetro para que los tiempos no nos pillen desprevenidos y recibir partes meteorológicos.

No entretenerse en conversaciones con el timonel u otras personas ajenas a la responsabilidad que entraña el estar de guardia en el puente de un barco.

Comprobar el funcionamiento de las luces propias cada media hora, así como procurar que ninguna otra luz obstaculice la visibilidad de las reglamentarias.

Usar prismáticos que facilitarán el alcance y la visión.

Observar el comportamiento del buque, de sus aparatos de gobierno y de todo lo que puede afectar a la seguridad del buque y sus tripulantes, así como todos los aconteceres en el horizonte.

VIGILANCIA EN TIEMPO DE NIEBLA. — Es de todo marino conocido el gran riesgo que implica el navegar con niebla. Actualmente el radar ha disminuido los grandes riesgos que ello implica. No obstante la niebla es aún causante de graves accidentes.

El buen conocimiento de la situación, tráfico, corrientes y costa, y la veteranía ayudarán en gran manera a afrontar esta situación sin riesgos.

En la navegación con baja visibilidad o niebla ha de reducirse la velocidad, emitir las señales fónicas reglamentarias, poner a proa serviolas, reforzar la vigilancia en el puente, y parar cuando cualquier otra señal de un buque se oiga a proa del través.

Al reducir la velocidad navegando en niebla ha de tenerse en cuenta las corrientes, especialmente si se está frente a desembocadura de ríos, pues la deriva puede ocasionarnos la embarrancada. En estos casos es recomendable fondear o navegar con un grillete de cadena arriado para que el ancla nos avise del poco fondo.

Recordar que las nieblas en tiempos calimosos permanecen pegadas a la costa, lo cual dificulta la visibilidad de las luces y señales de faros y boyas, así como que a las luces blancas las hace verse de un tinte rojizo.

En la niebla es difícil precisar la demora de donde procede la señal sonora de otro barco. Un sistema bastante eficaz es escuchar con un megáfono trococónico o un cartón en dicha forma aplicado al oído.

En derrotas cruzadas al tráfico, como sería la de Algeciras-Ceuta con respecto al tráfico del Estrecho, lo más conveniente es navegar en sentido del tráfico (en este ejemplo hacia levante) hasta que se despeje la niebla, o si la niebla se ha establecido antes de comenzar el viaje desistir de él.

LUCES Y SEÑALES MARÍTIMAS. — Al objeto de ayudar al navegante desde muy antiguo se crearon las luces y señales marítimas. Pueden ser diurnas, nocturnas y de niebla. Las hay visuales, sonoras y electromagnéticas o electrónicas. Detallaremos las luces y señales marítimas más importantes:

Faros. — Son torres fijas en la costa, bajos e islas. De día se diferencian unos de otros por su color y forma de las edificaciones, ejemplo: torre redonda a franjas horizontales blancas y negras, y de noche por las apariencias de su luz, ejemplo: grupo de 3 destellos blancos cada 10 segundos. En este grupo entran los faros aéreos o aerofaros.

Farolas. — Son faros de menor potencia de luz fijos en los extremos de los espigones de los muelles y rompeolas y bajos próximos a los puertos y sirven para indicar la boca de éstos, las cabezas de los muelles y la situación de escollos próximos a la costa.

Buques faros. — Son embarcaciones al efecto en los que va instalada una torre que hace de faro. Son muy comunes en los mares del Norte de Europa Occidental y entre los marinos son conocidos con el nombre de *chatas.* Van dotados de bocinas de niebla y algunos de radiofaros y radar. Indican más bien rutas marítimas de tal manera que navegando con mala visibilidad se hace de chata a chata para asegurar la situación.

Marcas. — Son edificaciones en sitios estratégicos de la costa (pueden ser torres) que sirven para situarse e identificar la costa. Dado que no tienen luz, son mejores marcas los faros.

Balizas fijas y flotantes. — Las balizas fijas son pilares o estacas de mampostería o armadura metálica situados en aguas poco profundas y que sirven para indicar canales o señalizar bajos.

Boyas. — Son balizas, normalmente de menos altura, y que disponen de luz aunque de corto alcance. Muy usadas en la señalización de canales y naufragios. Su luz, normalmente, es de destellos y de color verde en las boyas que hay que dejar por estribor al entrar en los puertos, y de color rojo en las que hay que dejar por babor. Las boyas dedicadas a señalizar naufragios llevan por lo general color verde si bien también se usan las de luz blanca.

Señales acústicas. — Pueden ser aéreas o submarinas. Las *aéreas* son las producidas por el pito o silvato, la sirena, la bocina, el tifón, la campana y el gong, e incluso por cañones y explosivos.

Las *submarinas* son las producidas por un oscilador sonoro accionado eléctricamente o por una campana accionada por aire comprimido, por electricidad o por acción de las olas.

Radiofaros. — Son estaciones situadas nomalmente en los faros que emiten señales de radio que recibidas por los receptores de a bordo sirven para situarse.

Las luces y señales habría que dividirlas también en vigiladas y no vigiladas. Las vigiladas normalmente son los faros, farolas y buques faros, y las no vigiladas las boyas y balizas. Esto es importante tenerlo en cuenta, pues es frecuente el que una boya se apague y permanezca así varios días, posibilidad que se habrá de tener presente para no crearnos incertidumbres. También hay que tener en cuenta que las señales que no son fijas pueden trasladarse especialmente a causa de un temporal.

APARIENCIA DE LAS LUCES: PERÍODO Y FASE, SECTORES, ALCANCE GEOGRÁFICO Y LUMINOSO. — Las luces para ayuda de la navegación presentan distintas características luminosas para la distinción entre unas y otras. Las distintas apariencias son el resultado de la combinación del período, fase y color.

Período es el intervalo de tiempo al cabo del cual una luz que no es fija vuelve a tomar los mismos aspectos en el mismo orden.

Fases son los diversos aspectos que toma en el transcurso de un período.

Color. — Los colores más utilizados son: blanco, rojo y verde.

Con respecto al período y fase hay que hacer las advertencias de que en la práctica pueden resultar algo diferentes de los reseñados en el libro de faros debido al desgaste de los mecanismos, que a gran distancia o debido a la bruma los destellos parecen menores que lo normal, que las luces blancas e incluso las verdes con tiempos neblinosos pueden presentar un tinte rojizo, que las luces de color en tiempos fríos pueden presentar un color blancuzco debido al hielo depositado en sus cristales, que las luces situadas a mucha altura son más oscurecidas por las nubes que las que tienen poca elevación, y que las demoras de las luces y el límite de sus sectores son contados de 0° a 360° a partir del Norte en el sentido de las agujas del reloj tomados desde la mar, es decir que a partir del faro son las demoras opuestas.

Sectores. — Los sectores de una luz a diferentes colores, que abarcan un arco de horizonte determinado, tienen por objeto la señalización de bajos o peligros (rojo) o libertad de ellos (verde).

Las demoras asignadas a los límites de sectores no son de fiar. Se han de comprobar marcando el faro.

Véase lo relatado en la página 55-1 respecto al libro de Faros y el texto explicativo inserto en las páginas de información varia de dicho libro.

Alcance geográfico. — *Alcance geográfico* es la mayor distancia a la cual puede avistarse una luz en función de la curvatura de la Tierra y de las elevaciones del foco luminoso y del observador.

Alcance luminoso. — Es la distancia máxima a que puede hacerse visible una luz. Depende de la potencia de la luz, de la visibilidad meteorológica en el momento de la observación, de la duración de los destellos, etc.

IDENTIFICACIÓN DE FAROS, NORMAS PRÁCTICAS. — Al aparecer una luz se observará su apariencia. Tomaremos referencia de su período, fase y color, y dado que partiremos de una situación del barco estimada buscaremos en la carta las luces más próximas a nuestra posición. Entraremos con ellas en el libro de Faros y confrontaremos las apariencias y alcances identificando la luz con la que presenta las mismas características.

Lo mismo haremos si se trata de día con las características visuales: forma de la edificación, alturas, colores, etc.

BUQUES-FARO, BOYAS LUMINOSAS Y SEÑALES MARÍTIMAS. — Véase lo descrito sobre ellos en este capítulo y su identificación es la misma que la reseñada anteriormente.

Capítulo 37

REGLAMENTO DE POLICIA DEL PUERTO

PUERTO. — Es un lugar abrigado en la costa, donde los barcos pueden permanecer al abrigo de los malos tiempos, o bien durante sus operaciones de carga, descarga, aprovisionamiento, etc. Suelen estar defendidos por escolleras, rompeolas, diques o contradiques y en su interior existen muelles, varaderos, diques secos, instalaciones de aprovisionamiento de combustibles y agua, etc., para los diferentes servicios de los barcos.

Los extremos en las entradas de los puertos suelen estar señalados de noche con luces rojas y verdes, de tal manera que al entrar debe coincidir la roja del extremo del espigón con la roja del barco y la verde con la verde. Lógicamente a la salida será verde con roja y roja con verde. Lo mismo sucede con el color de las luces de las boyas en los canales de acceso.

CAPITÁN DE PUERTO. — Es la Autoridad cuya jurisdicción y mando se extiende en los puertos y muy especialmente desde el borde de los muelles hasta el punto saliente a la mar con todas las conchas, calas y ensenadas que hubiera en el intermedio, haya o no haya población.

El cargo de Capitán de Puerto es anejo al de Comandante o Ayudante Militar de Marina, así como el de Director Local de Navegación y Pesca Marítima; cargos vinculados en la misma persona en aras de una economía y mayor eficacia y rendimiento del servicio, por lo que como única Autoridad se extiende desde el borde de los muelles, playas y orillas del mar, hasta el límite de las aguas territoriales. Es el encargado de la policía general de los puertos y fondeaderos a su cargo, así como de diferentes funciones preventivas, ejecutivas y jurisdiccionales, que en diferentes leyes, el Estado le confiere.

Entre otras funciones citaremos las de: movimiento general de embarcaciones, entradas, salidas, fondeos, atraques, desatraques, remolques y auxilios, inscritos, pesquerías, almadrabas, vigilancia del litoral, botaduras, abanderamientos y matriculación de embarcaciones, despachos, protestas, arribadas, dotaciones de los buques, prácticos, exámenes de diferentes titulaciones, permisos de las diferentes clases de pesca, Juzgado de Instrucción, alistamiento, hallazgos, etc.

REGLAMENTO DE POLICÍA DEL PUERTO. — La palabra *policía*, en este caso, significa: orden, limpieza, funcionamiento, reglamentación.

Para el cumplimiento de estos preceptos sobre el buen orden y policía de los puertos, existe en cada uno de ellos un reglamento de policía aprobado por la Dirección General de Navegación, y que si bien no es el mismo por el carácter específico de cada puerto, en su mayor parte coincide como en los siguientes términos:

1. Es obligatorio tomar práctico para la entrada a todos los buques mayores de 50 toneladas de Registro Bruto, debiéndole solicitar izando la bandera «G» del Código Internacional de Señales o indicando tal bandera por señales fónicas o destellos, debiendo aminorar la velocidad y esperar a la entrada sin obstaculizarla.

En algunos puertos, especialmente donde hay rías o en los que su navegación presenta dificultades, es obligatorio tomar práctico también a la salida.

2. Los buques que salen tienen preferencia a los que entran. En las entradas de puertos y canales se navegará por la derecha, observando lo prescrito en el art. 9 del Código Internacional para prevenir los abordajes en la mar.

3. Todo buque que entra en un puerto debe arbolar la bandera nacional y si es en puerto extranjero, además, la de Sanidad y la de la nación que visita en el palo de proa y verga de estribor.

4. El capitán del buque, si su entrada en el puerto no es frecuente, debe visitar al Capitán de Puerto al objeto de manifestarle sus incidencias del viaje, que pueden ser sobre tiempos, luces, sucesos de otro tipo, etc.

5. Obedecer las órdenes del Capitán de Puerto e indicaciones del práctico.

6. No fondear o pararse en lugares que intercepten el paso, así como tender amarras a través del puerto.

7. Rendir parte de entrada a la Autoridad de Marina.

8. Colocar defensas en los costados al atracar.

9. No dejar anclas ni balizas en los lugares donde se ha estado fondeado.

10. Colocar rateras en las amarras.

11. Afirmar bien planchas y escalas y de noche que estén bien iluminadas.

12. Observar limpieza en el barco y en los muelles.

13. Dejar las escalas de los muelles libres.

14. No arrojar basuras al agua.
15. Reforzar amarras en caso de temporal.
16. No vaciar en el agua residuos de gas-oil, fuel, aceites, trapos, comidas, desperdicios, etc. Deberá solicitarse medio y permiso de la Autoridad de Marina.
17. No disparar armas de fuego.
18. No fumar en las bodegas de los barcos.
19. No pescar, bañarse ni rastrear el fondo.
20. Solicitar permiso del Capitán del Puerto para salir, cambiar de atraque o de fondeadero, ir a varadero, etc.
21. No extraer arena, piedras, etc., sin el correspondiente permiso.
22. Pasar la visita de Sanidad y Aduanas.
23. Despachar el buque para salir a la mar.
24. Está prohibido lastrar o deslastrar tanques sin la debida autorización.
25. La carga o descarga de substancias inflamables o explosivas deberá ser solicitada de la Autoridad al objeto de tomar las precauciones necesarias.
26. Prestar auxilio y los medios de que se disponga a otros barcos o a tierra, si lo solicitan.
27. Ningún buque debe quedar abandonado por su tripulación, debiendo permanecer a bordo al menos un tercio de su dotación para casos de emergencia.
28. Observar la Ley de Hallazgos, etc.

Capítulo 38

CODIGO INTERNACIONAL DE SEÑALES

CÓDIGO INTERNACIONAL DE SEÑALES. — Es un código formado por un conjunto de banderas y normas acordado por los países del mundo para comunicarse entre sí los diferentes barcos, estaciones de señales y semáforos. El Código Internacional de Señales se ha hecho con la intención de proporcionar medios de comunicación, especialmente en los casos relacionados con la seguridad de la navegación y de las personas, en particular cuando surgen dificultades con el idioma. Se puede utilizar para transmitir por todos los medios de comunicación incluidos Radiotelefonía y Radiotelegrafía.

La organización actual que asume las funciones con respecto a este Código es la OCMI (Organización Consultiva Marítima Intergubernamental), una de las doce agencias especializadas de las Naciones Unidas.

Consta de 26 *banderas* (de ellas la A y la B cornetas y las 24 restantes cuadras), de 10 *gallardetes numéricos*, de tres *gallardetes repetidores* y de un *gallardete característico* llamado de *inteligencia* que izado a media driza indica que se ha visto la señal y a tope que ha sido comprendida, pág. 38-2.

Los gallardetes repetidores, terminados en punta, permiten repetir la misma bandera o gallardete numérico una o más veces en el mismo grupo, con lo cual se ahorra el tener varios juegos de banderas.

El Código Internacional de Señales, que es obligatorio llevar en los buques, consta en primer lugar de 10 capítulos dedicados a la explicación del uso de las señales por banderas, por destellos con el alfabeto Morse, por sonidos con los símbolos Morse, a la voz, por radiotelefonía, por radiotelegrafía y por banderas de mano, e incluye el alfabeto Morse y el significado de las señales de una sola bandera que detallamos más adelante. Posteriormente tiene ocho secciones dedicadas a: 1. Peligro-emergencia. 2. Accidentes-averías. 3. Ayudas a la Navegación-navegación-hidrografía. 4. Maniobras. 5. Varios. 6. Meteorología-tiempo. 7. Comunicaciones. 8. Reglamento Sanitario Internacional. Al final lleva unas tablas complementarias, índices, y una Sección Médica en 15 capítulos con tres tablas: una con las partes del cuerpo

BANDERAS DEL CÓDIGO INTERNACIONAL DE SEÑALES

BANDERAS ALFABÉTICAS

NUMERALES

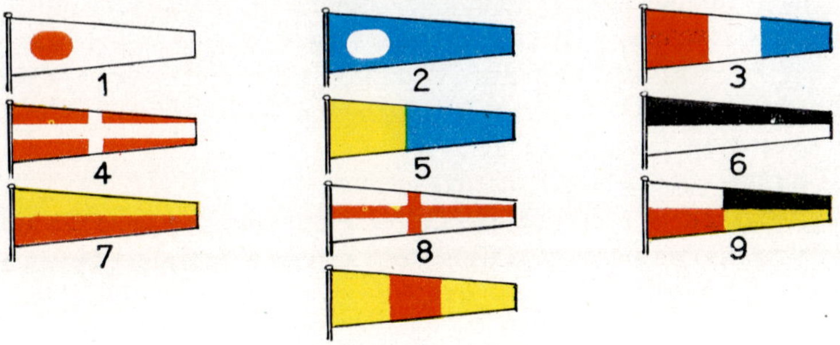

REPETIDORES

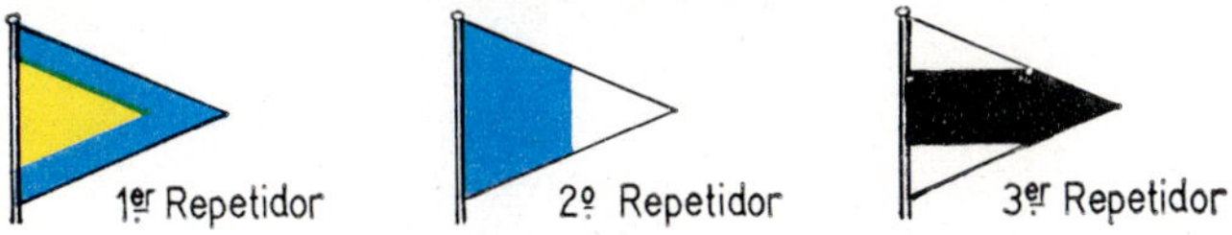

GALLARDETE CARACTERISTICO

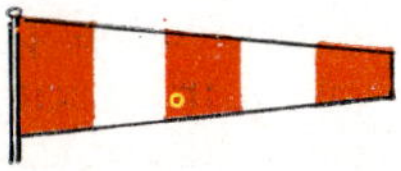

humano, otra con una lista de las enfermedades más comunes y otra con una lista de medicamentos.

SEÑALES DE UNA SOLA BANDERA EN LA MAR Y EN PUERTO. — A continuación se detalla el significado de las banderas del Código por sí solas y que pueden hacerse por cualquier método de señales:

A. Tengo buzo sumergido; manténgase bien alejado de mi y a poca velocidad.
B. Estoy embarcando, descargando o transportando mercancías peligrosas.
C. Afrmación «Sí», o «El significado de los grupos debe interpretarse en sentido afirmativo».
D. Manténgase separado de mí; estoy maniobrando con dificultad.
E. Caigo a estribor.
F. Tengo avería; póngase en comunicación conmigo.
G. Necesito páctico. Cuando se hace por barcos pesqueros trabajando próximos en los bancos de pesca, significa: «Estoy cobrando las redes.»
H. Tengo práctico a bordo.
I. Caigo a babor.
J. Tengo incendio y llevo a bordo mercancías peligrosas; manténgase bien alejado de mí.
K. «Deseo comunicar con usted», o «invitación para transmitir». Esta señal hecha para guiar embarcaciones menores que transportan personas o tripulaciones en peligro significa: «Este es el mejor lugar para desembarcar.»
L. Pare su buque inmediatamente.
M. Mi buque está parado y sin arrancada.
N. Negación «No», o «El significado del grupo anterior debe ser interpretado en sentido negativo». Esta señal se hará solamente por señales visuales o acústicas. La señal será No cuando se transmita a voz o por radio.
O. ¡Hombre al agua!
P. *En puerto.* Todo el personal debe regresar a bordo por tener el buque que hacerse a la mar.
En la mar. Puede ser usada por barcos pesqueros para significar: «Mis redes se han enganchado en una obstrucción.»
Q. Mi buque está «sano» y pido libre plática.
R. «Recibido» o «He recibido su última señal».
S. Estoy dando atrás. Esta señal hecha para guiar embarcaciones menores que transporten personas o tripulaciones en peligro significa: «Extremadamente peligroso desembarcar aquí.»
T. Manténgase alejado de mí. Estoy pescando al arrastre en pareja.

U. Se dirige usted hacia un peligro.
V. Necesito auxilio.
W. Necesito asistencia médica.
X. Suspenda usted lo que está haciendo y preste atención a mis señales.
Y. Estoy garreando.
Z. Necesito remolcador. Cuando se hace por barcos pesqueros trabajando próximos en los bancos de pesca, significa: «Estoy cobrando las redes.»

ALFABETO MORSE

1. *Letras.*

A	.—	N	—.
B	—...	O	———
C	—.—.	P	.——.
D	—..	Q	——.—
E		R	.—.
F	..—.	S	...
G	——.	T	—
H	....	U	..—
I	..	V	...—
J	.———	W	.——
K	—.—	X	—..—
L	.—..	Y	—.——
M	——	Z	——..

2. *Números.*

1	.————	6	—....
2	..———	7	—.—...
3	...——	8	———..
4	....—	9	————.
5	.....	0	—————

3. *Puntuación.*

Punto decimal .—.—.—
Guión o raya —...—
Paréntesis antes y después de las palabras —.——.—
Letras mayúsculas o subrayado ..——.—
Raya oblícua —..—.

Tabla de señales de salvamento

I. Señales de desembarco destinadas a guiar a las embarcaciones menores que transportan personas o tripulaciones en peligro.

	SEÑALES MANUALES	SEÑALES LUMINOSAS	OTRAS SEÑALES	SIGNIFICADO
De día	 Movimiento **vertical** de una bandera blanca o de los brazos.	 O disparo de una señal de estrellas verdes.	— · — O transmisión de la letra **K** del Código mediante un aparato que produzca señales luminosas o sonoras.	**Este es el mejor lugar para desembarcar.**
De noche	 Movimiento **vertical** de una luz o llama blanca.	 O disparo **de una señal** de estrellas verdes.	— · — O transmisión de la letra **K** del Código mediante un aparato que produzca señales luminosas o sonoras.	

Podrá darse una señal de referencia (Indicación de dirección) colocando una luz blanca o llama fijas y a un nivel inferior con relación al del observador en la dirección que se quiera indicar.

	SEÑALES MANUALES	SEÑALES LUMINOSAS	OTRAS SEÑALES	SIGNIFICADO
De día	 Movimiento **horizontal** de una bandera blanca o de los brazos extendidos horizontalmente.	 O disparo de una señal de estrellas **rojas.**	· · · O transmisión de la letra **S** del Código mediante un aparato que produzca señales sonoras o luminosas.	**Extremadamente peligroso desembarcar aquí.**
De noche	 Movimiento **horizontal** de una luz o llama blanca.	 O disparo **de una señal** de estrellas **rojas.**	· · · O transmisión de la letra **S** del Código mediante un aparato que produzca señales sonoras o luminosas.	
De día	 **1.** Movimiento **horizontal** de una bandera blanca seguido de **2.** Su colocación en tierra y **3.** De dirigir una segunda bandera blanca en la dirección a indicar.	 **1.** O disparar una señal de estrellas **rojas** verticalmente y **2.** Una señal de estrellas **blancas** dirigida al mejor lugar de desembarco.	**1.** O transmisión de la letra del Código **S** (...) seguida de la **R** (. — .), que significan que existe un lugar mejor de desembarco para **la** embarcación en peligro **más hacia la derecha** de la dirección que trae la embarcación. **2.** O transmisión de la letra del Código **S** (...) seguida de la letra **L** (. — . .) del Código, significando que existe un lugar mejor de desembarco más hacia la **izquierda** de la dirección que trae la embarcación.	**Extremadamente peligroso el desembarcar aquí. En la dirección indicada se encuentra el lugar más adecuado para el desembarco.**
De noche	 **1.** Movimiento **horizontal** de una luz o llama blanca **2.** Seguido de su colocación en tierra y **3.** Llevando otra luz o llama blanca **en** la dirección que se quiere indicar.	 **1.** O disparar una señal de estrellas **rojas** verticalmente y **2.** Una señal de estrellas **blancas** dirigida al mejor lugar de desembarco.	**1.** O transmisión de la letra del Código **S** (...) seguida de la **R** (. — .), que significan que existe un lugar mejor de desembarco para la embarcación en peligro más hacia **la derecha** de la dirección que trae la embarcación. **2.** O transmisión de la letra del Código **S** (...) seguida de la letra **L** (. — . .) del Código, significando que existe un lugar mejor de desembarco más hacia la **izquierda** de la dirección que trae la embarcación.	

II. Señales que se emplearán en relación con la utilización de los dispositivos de salvamento que tengan su base en la costa.

	SEÑALES MANUALES	SEÑALES LUMINOSAS	OTRAS SEÑALES	SIGNIFICADO
Señales de día	 Movimiento **vertical** de una bandera blanca o de los brazos.	 O disparo de una señal de estrellas **verdes.**		**En general: AFIRMATIVO.** **De modo particular:** **"Hemos cogido la guía".** **"Se ha hecho firme la rabiza de la polea del andarivel."** **"Hay un hombre embalsado en el salvavidas del transportador."** **"Virar."**
Señales de noche	 Movimiento **vertical** de una luz o llama blanca.	 O disparo de una señal de estrellas **verdes.**		
Señales de día	 Movimiento **horizontal** de una bandera blanca o de los brazos extendidos horizontalmente.	 O disparo de una señal de estrellas **rojos.**		**En general: NEGATIVO.** **De modo particular:** **"Largar amarras".** **"Basta, virar."**
Señales de noche	 Movimiento **horizontal** de una luz o llama blanca.	 O disparo de una señal de estrellas **rojos.**		

III. Respuestas de las estaciones de salvamento o unidades marítimas de salvamento a las señales de socorro emitidas por un buque o una persona.

Señales De día		 Señal de humo **naranja.**	 O combinación de luz y señal sonora (luz detonante), consistente en tres señales simples lanzadas a intervalos de aproximadamente un minuto.	**Os vemos.** **Se os prestará auxilio lo más pronto posible.** (La repetición de estas señales tiene el mismo significado.)
Señales de noche		 Cohete de estrellas **blancas**, consistente en tres señales simples lanzadas a intervalos de un minuto aproximadamente.		

Caso de ser necesario, las señales de día pueden igualmente ser emitidas de noche y las nocturnas de día.

IV. **Señales que se emplearán por los aviones que efectúan servicio de vigilancia y salvamento para dirigir un buque hacia un avión, un buque, o una persona en peligro.**

MANIOBRAS REALIZADAS POR UN AVION EN EL ORDEN QUE SE EXPRESA			SIGNIFICADO
 **1.** El avión describe, por lo menos, un círculo alrededor de la embarcación.	 **2.** El avión **cruza**, a baja altura, la derrota de la embarcación bastante cerca de la proa, al mismo tiempo que aumenta y disminuye la potencia de los motores o variando el paso de la hélice.	 **3.** El avión seguirá la dirección que quiera indicarle a la embarcación.	**Que el avión pretende dirigir a un buque hacia un avión o embarcación en peligro.** (La repetición de estas maniobras tiene el mismo significado.)
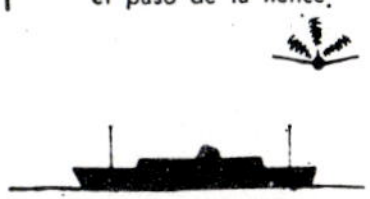 El avión **cruza**, a baja altura, la estela de la embarcación cerca de la popa, aumentando y disminuyendo la potencia de los motores o variando el paso de la hélice.			**Que ya no es necesaria la ayuda pedida a la embarcación.** (La repetición de estas maniobras tiene el mismo significado.)

Capítulo 39

REGLAMENTO DE BALIZAMIENTO *

REGLAMENTO PARA EL BALIZAMIENTO DE LAS COSTAS ESPAÑOLAS. — Las reglas de balizamiento resumidas a continuación se refieren (con excepción de los faros) a todas las señales fijas y flotantes que sirven para indicar: *a*) márgenes y ejes de los canales navegables, *b*) peligros naturales, *c*) naufragios, *d*) puntos de recalada y de interés para el navegante. Las boyas de amarre y otras referencias naturales no dependen del balizamiento.

Estas señales pueden ser: boyas, balizas, torretas y espeques, y su identificación depende de la forma y color de la parte flotante (no de su cuerpo), y también por la forma de una marca de tope que llevan en su parte superior, (fig. 267). Las marcas de tope pueden ser: cono, cilindro, dos conos unidos por la base o por el vértice, cruz, X y T.

Fig. 266. De noche hacia puerto

* Este reglamento estará en vigor hasta la sustitución de las marcas por las del nuevo «Sistema A» ya en vigor. Se calcula para el año 1982.

SISTEMAS DE BALIZAMIENTO. — Existen dos sistemas de balizamiento: sistema LATERAL y sistema CARDINAL. El lateral es el único empleado en nuestras costas y se emplea para balizar canales, entradas de puerto, etc., indicando los peligros con relación a la ruta a seguir.

El cardinal es utilizado por otras naciones que tienen muchos escollos o peligros aislados en sus costas e indican la orientación del peligro o escollo con respecto a la boya que lo señala en la dirección de uno de los cuatro puntos cardinales importantes.

SISTEMA LATERAL. — La posición de las señales está determinada para la ruta que ha de seguir el navegante *viniendo de la mar* hacia puerto o hacia la embocadura de un río, de un canal, bahía, etc.

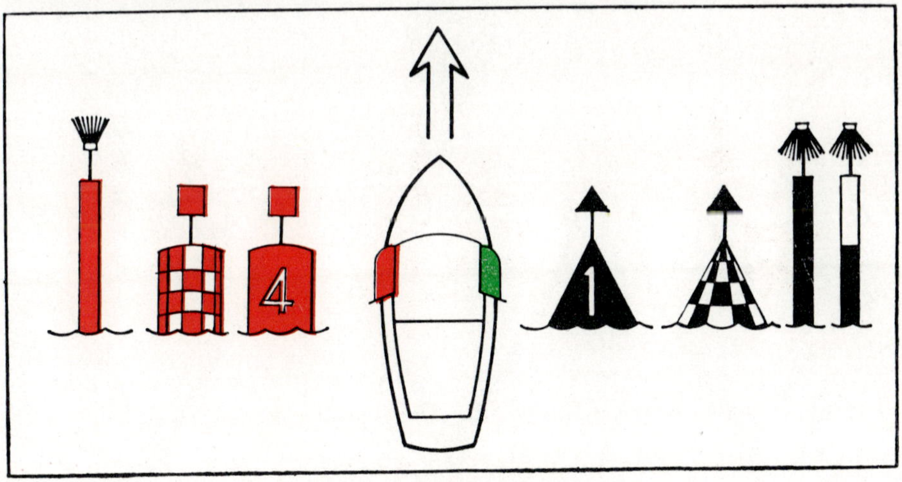

Fig. 267. De día hacia puerto

Señales a dejar por estribor, figura 267.

- *Forma*: conos o espeques.
- *Color*: negro o damero negro y blanco (en el caso de espeques negro o negro con la parte superior blanca).
- *Marca de tope*: cono negro con la punta hacia arriba o escoba con apariencia de cono con la punta hacia arriba en caso de espeque.
- *Número o letra*: impar.
- *Luz*: verde (fija, de destellos u ocultaciones en grupos de número impar), figura 267.

Señales a dejar por babor, figura 267.

- *Forma*: cilíndrica o espeque.
- *Color*: rojo o damero rojo y blanco en caso de cilíndricas.
- *Marca de tope*: cilindro rojo o escoba con apariencia de cono con la punta hacia abajo en caso de espeques.
- *Número de letra*: par.
- *Luz*: roja (fija o de destellos u ocultaciones en grupos de número par), figura 267.

Es fácil recordar que a la entrada de noche los colores de las luces de las boyas deben coincidir con los colores de las luces de los costados (verde con verde y roja con roja), y de día negro con estribor (verde) y rojo con babor (roja).

No olvidar que a la salida los colores serán contrarios (rojo con verde y verde con rojo).

MARCAS DE BIFURCACIÓN

Canal principal a la derecha, figura 268.

Forma: esférica o espeque.
Color: fajas horizontales rojas y blancas.
Marca de tope: un cilindro rojo (en caso de espeque bola y cilindro rojos).

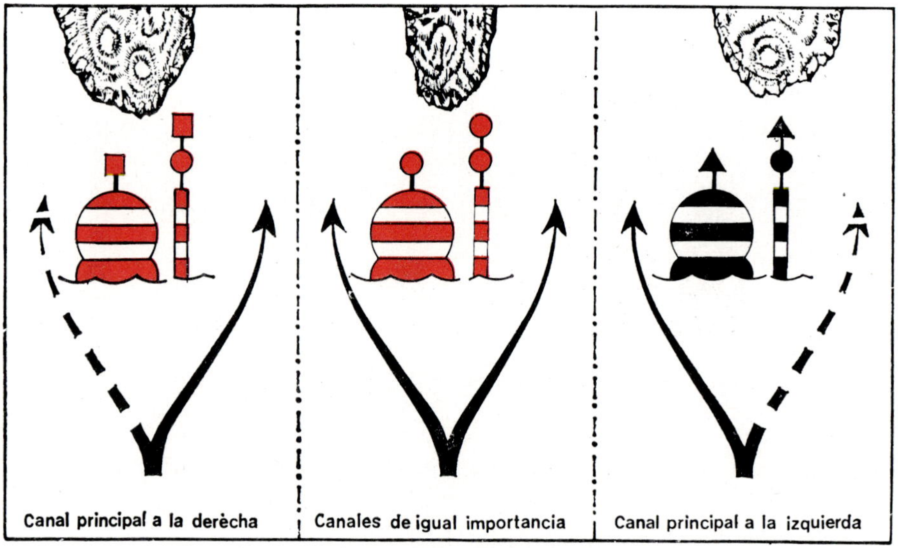

Fig. 268. Marcas de bifurcación

Canal principal a la izquierda, figura 268.

Forma: esférica o espeque.
Color: fajas horizontales negras y blancas.
Marca de tope: cono negro con vértice hacia arriba (en caso de espeque esfera y cono negros).

Canales de igual importancia, figura 268.

Forma: esférica o espeque.
Color: fajas horizontales rojas y blancas.
Marca de tope: una esfera roja (en caso de espeque dos esferas rojas superpuestas).

MARCAS DE CONFLUENCIA

Salida de un canal principal a la derecha, figura 269.

Forma: esférica o espeque.
Color: fajas horizontales rojas y blancas.
Marca de tope: una T roja (en caso de espeque una esfera y una T rojas).

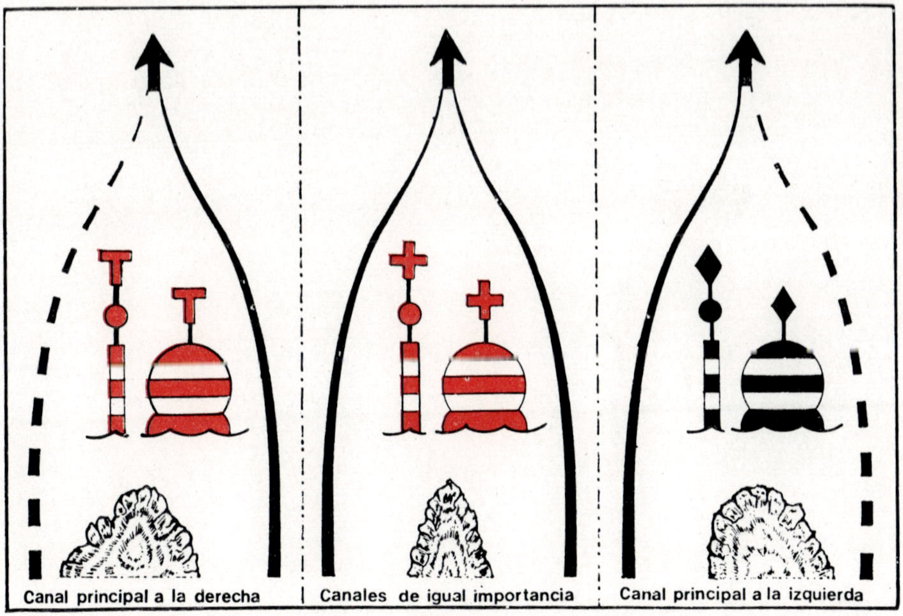

Fig. 269. Marcas de confluencia

Salida de un canal principal a la izquierda, figura 269.

Forma: esférica o espeque.
Color: fajas horizontales negras y blancas.
Marca de tope: dos conos negros unidos por su base (en caso de espeque una esfera y dos conos unidos por su base negros).

Salida de canales de igual importancia, figura 269.

Forma: esférica o espeque.
Color: fajas horizontales rojas y blancas.
Marca de tope: una cruz roja (en caso de espeque una esfera y una cruz rojas).

Las luces para boyas de bifurcación y confluencia pueden ser verde o roja lo más distintas de las luces próximas.

SEÑALES DE CENTRO DE CANAL
Fig. 270

Marca de tope: dos conos unidos por el vértice.

Forma: cilíndrica con castillete.

Color: fajas verticales rojas y blancas.

Luz: destellos reguladores rojos.

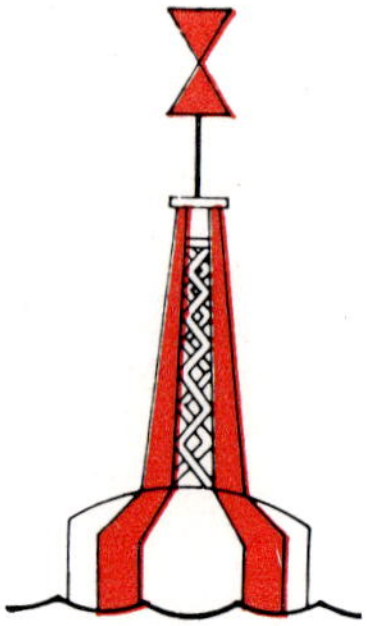

Fig. 270

SEÑALES DE PELIGRO AISLADO
Fig. 271

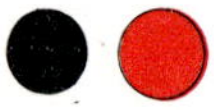

Marca de tope: esfera negra o roja.

Forma: esférica o espeque.

Color: anchas fajas horizontales negras y rojas separadas por una estrecha faja blanca.

Luz: destellos o grupos de destellos blancos o rojos.

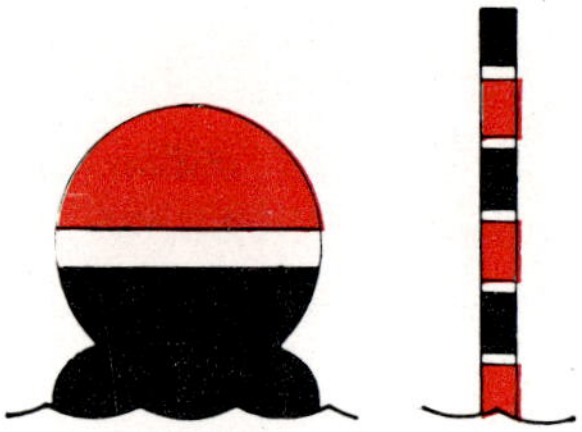

Fig. 271

SEÑALES DE PELIGRO AVANZADO EN LA COSTA

Marca de tope: indeterminada.
Forma: a elegir.
Color: negro.

Luz: blanca o verde de destellos.

SEÑALES DE RECALADA
Fig. 272

Marca de tope: X.

Forma: cilíndrica con castillete.

Color: fajas verticales negras y blancas.

Luz: destellos aislados blancos.

Fig. 272

SEÑALES DE NAUFRAGIO. — Son boyas verdes y han de dejarse a estribor o babor o bien indiferentemente de acuerdo con la figura 273. Las boyas llevan un barco semihundido pintado en negro y una doble uve en blanco y escrita la palabra «naufragio». Son cónicas y si hay que dejarlas por estribor viniendo de la mar llevan un tope cónico verde. Si es espeque: verde y negra la parte inferior.

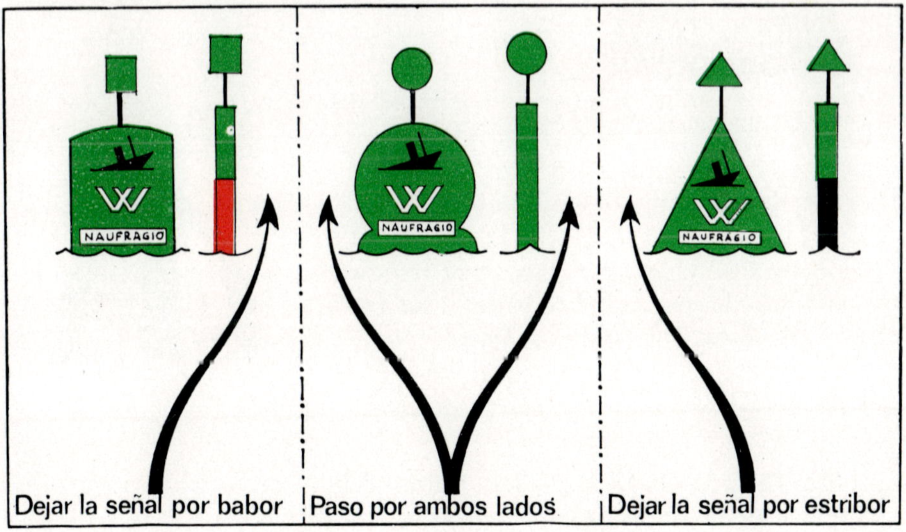

Fig. 273. Señales de naufragio

Si hay que dejarla por babor es cilíndrica y de tope un cilindro. Si es espeque es verde y roja la parte inferior.

Si se puede dejar por una u otra banda la marca es esférica verde con un tope esférico. Si es espeque, pintado totalmente de verde.

SEÑAL DE CUARENTENA. — Cónica de huso y de color amarillo (fig. 274).

Fig. 274

SALIDA DE COLECTORES O CANALIZACIONES

Cónica o de huso de color amarillo la parte superior y de negro la inferior (fig. 275).

Fig. 275

ZONA DE EJERCICIOS MILITARES.—Cónica o de huso y de color blanco con fajas azules en forma de cruz a vista de pájaro y con las letras Z. P. (Zona Peligrosa) (fig. 276).

Fig. 276

SISTEMA CARDINAL. — Las balizas del sistema cardinal están colocadas a partir del peligro señalizado en las orientaciones de los cuatro puntos cardinales más importantes: Norte, Sur, Este y Oeste, por lo que con ver la boya (no es necesario más que una) se sabe hacia donde demora el peligro.

Las marcas de tope consisten en dos conos separados y colocados de la forma que indica la figura 277.

Los colores van en franjas negras y blancas o rojas y blancas dispuestas horizontalmente. Las negras y blancas van en las boyas del Norte y Oeste y las rojas y blancas van en las boyas del Sur y Este tomando como referencia el lugar del peligro.

Luz. — Cuadrante Norte: blanca en grupos de 3 destellos o 3 ocultaciones. Cuadrante Este: roja (o en su defecto blanca) de 3 destellos o 3 ocultaciones. Cuadrante Sur: roja (o en su defecto blanca) de 2 o 4 destellos o de 2 o 4 ocultaciones. Cuadrante Oeste: blanca de 2 o 4 destellos o de 2 o 4 ocultaciones.

SISTEMA CARDINAL PARA NAUFRAGIOS. — Se emplea sólo en el Este o en el Oeste según la figura 278. Son iguales que las otras pero pintadas de verde así como sus marcas de tope, la uve doble, la palabra «naufragio» y el barco semihundido.

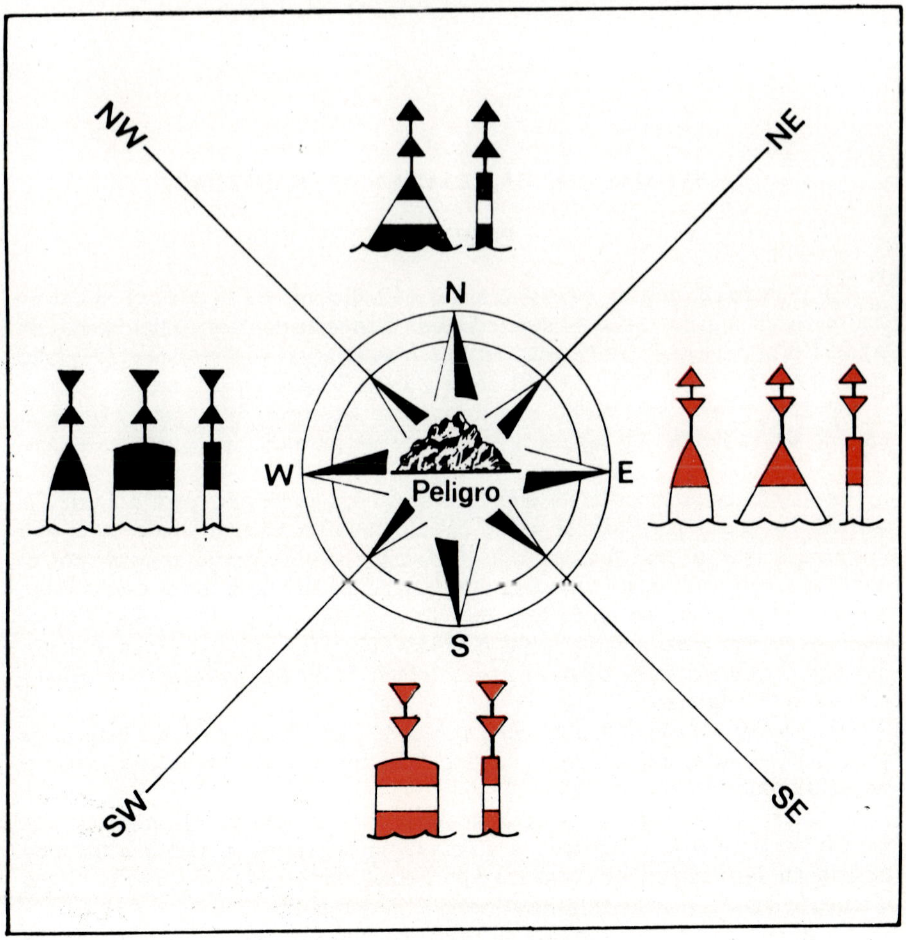

Fig. 277. Sistema cardinal

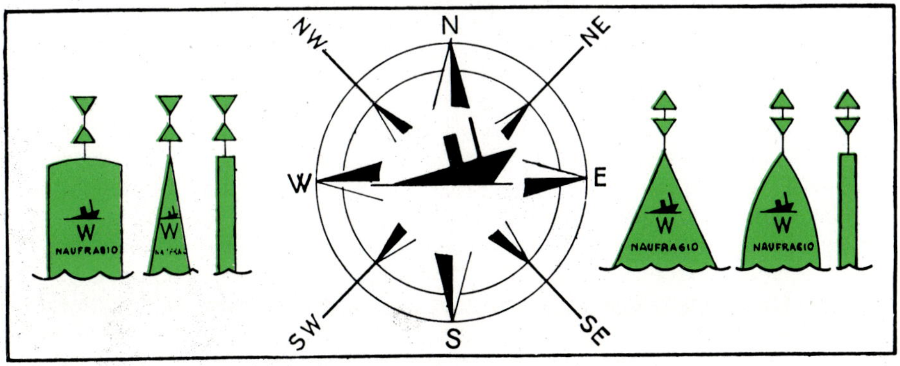

Fig. 278. Sistema cardinal para naufragios

SISTEMAS DE BALIZAMIENTO MARITIMO

PROLOGO

En 1975 había más de treinta sistemas de balizamiento en todo el mundo y sus reglas en muchos casos se contradecían. Esta situación entrañaba riesgos de confusión al navegante, sobre todo en lo referente a los «peligros nuevos», tales como naufragios recientes, que aún no estaban reflejados en las cartas.

Algunos países eran partidarios de utilizar las luces rojas para marcar el costado de babor de los canales y otros, por el contrario, para marcar el costado de estribor.

Otra diferencia muy importante existía en los principios para colocar las marcas. La mayor parte de los países ha adoptado un sistema lateral en el que las marcas indican los costados babor y estribor de la derrota a seguir por el navegante, referenciados a una dirección convenida. Mientras, otros países están a favor del principio de un sistema de marcas cardinales en el que los peligros son marcados por una o varias boyas o balizas colocadas en los cuadrantes definidos por el compás (rosa náutica) y que indican dónde se encuentra el peligro con respecto a la marca.

Al cabo de los años hubo muchas tentativas para eliminar estas divergencias y en 1936, en Ginebra, se llegó a confeccionar un acuerdo internacional que no fue ratificado.

Al final de la segunda guerra mundial muchos países encontraron destruidas sus ayudas a la navegación y adoptaron las reglas de Ginebra tratando de adoptar las condiciones locales a los equipos disponibles, lo que dio origen a importantes diferencias entre los distintos balizamientos.

La mayor parte de los países de América del Norte y del Sur han continuado en favor del «rojo a estribor» y a emplear solamente un sistema de balizamiento lateral.

En 1965 la Asociación Internacional de Señalización Marítima (AISM) encargó a una comisión internacional estudiar el problema y presentar una solución. No se llegaba a un acuerdo por querer mantener los equipos existentes para evitar gastos, por no estar de acuerdo en las luces rojas para marcar el costado de babor o el costado de estribor, y por la continuación de las reglas laterales y cardinales.

Una serie de naufragios acaecidos en el Paso de Calais en 1971 y en una de las rutas de un dispositivo de separación de tráfico, y la imposibilidad de marcarlos de una manera comprensible rápida, obligó a tomar una determinación, y teniendo en cuenta la oposición para una unificación completa se decidió establecer dos sistemas de reglas: el uno preveía la utilización del color rojo para marcar el costado de babor de los canales y prescribía el empleo de combinaciones de marcas laterales y cardinales; el otro preveía la utilización del color rojo para marcar el costado de estribor de los canales y prescribía el empleo de marcas laterales.

Los dos conjuntos de reglas serán designados como:

Sistema A. — Sistema Combinado Cardinal y Lateral (rojo a babor).

Sistema B. — Sistema únicamente lateral (rojo a estribor).

Las reglas del «Sistema A» han sido aprobadas por la OCMI (Organización Consultiva Marítima Internacional) y su empleo conviene particularmente a Europa, Africa, India, Australia y a ciertas aguas del continente asiático.

Las reglas del «Sistema B» están en vías de preparación y se cree que serán adoptadas al balizamiento de las costas de América del Norte y del Sur y de ciertos países de Asia.

El principio esencial del Sistema A es que todos los tipos de marcas puedan ser utilizados en combinación. El navegante puede fácilmente determinar si una marca es lateral, cardinal o si es otra marca, mediante la observación de sus características rápidamente identificables.

Las *marcas laterales* emplean los colores rojo y verde de día y de noche para designar, respectivamente, el costado de babor y el costado de estribor de los canales por referencia al nuevo «sentido convencional». Este sentido es fácil para el navegante al tener en cuenta la disposición de las luces del barco.

Las *marcas cardinales* indican que las aguas más profundas de la zona donde se encuentra colocada la marca están en el cuadrante que lleva el nombre de la marca. Las marcas cardinales se distinguen de día por su marca de tope consistente en dos conos y por su color amarillo y negro, y de noche por su luz blanca de destellos muy rápidos o rápidos (luz centelleante).

Las reglas preveen otras dos categorías de marcas que constituyen ayudas a la navegación y que son de luces blancas con un ritmo característico que no puede ser confundido con el ritmo de destellos rápidos o muy rápidos de las marcas cardinales:

— La primera es la *marca de peligro aislado* que va colocada sobre un peligro rodeado de aguas navegables.

— La segunda es la *marca de aguas navegables.* Esta marca está rodeada también de aguas navegables, pero no indica un peligro. Esta marca de aguas navegables se puede usar para indicar la medianía de los canales o como marca de recalada.

Las marcas especiales difieren de las marcas precedentes en el sentido de que estas marcas no son principalmente destinadas a la ayuda de la navegación, sino que sirven para indicar una zona o una configuración particular cuya naturaleza exacta está determinada en la carta u otro documento náutico. Estas marcas son amarillas con, en caso de llevarlas, una marca de tope amarilla en forma de «X». Si está equipada con luz, ésta será amarilla.

El último concepto nuevo de estas reglas es el de «nuevo peligro», que es aquél que aún no está señalado en los documentos náuticos, por ejemplo, un naufragio reciente.

La *marca de nuevo peligro* consiste en duplicar la marca normal hasta que la información náutica de dicho peligro ha sido suficientemente divulgada. La marca colocada en doble puede estar equipada con un reflector-radar emitiendo la letra «W» (Wreck = naufragio).

Las nuevas marcas del Sistema A están siendo puestas en servicio desde abril de 1977, siguiendo un programa ordenado para asegurar que los Servicios Hidrográficos puedan efectuar las modificaciones en sus cartas.

En vigor en España desde el 16 de septiembre de 1977 por Real Decreto del M.O.P. 2391/1977, B.O.E. n.º 222.

SISTEMA «A»

SISTEMA COMBINADO CARDINAL Y LATERAL

(ROJO A BABOR)

1. GENERALIDADES

1.1. Ambito de aplicación

El presente sistema se aplica (con la excepción de faros, luces de sectores, luces y marcas de enfilación, buques-faro y boyas gigantes) a todas las marcas fijas y flotantes que sirven para indicar:

1.1.1. Los límites laterales de los canales navegables.

1.1.2. Los peligros naturales y otros obstáculos tales como los naufragios.

1.1.3. Otras zonas o configuraciones importantes para el navegante.

1.1.4. Los peligros nuevos.

1.2. Tipos de marcas

El sistema de balizamiento comprende cinco tipos de marcas que pueden emplearse combinadas.

1.2.1. Las marcas laterales cuyo empleo está asociado al de un sentido convencional de balizamiento, generalmente utilizadas para canales bien definidos. Estas marcas indican los lados de babor y estribor de la ruta a seguir.

1.2.2. Las marcas cardinales cuyo empleo está asociado al del compás del navío y que indican dónde puede el navío encontrar aguas navegables.

1.2.3. Las marcas de peligro aislado señalando los peligros aislados de extensión limitada alrededor de las cuales las aguas son navegables.

1.2.4. Las marcas de aguas navegables indicando que en torno a tales marcas las aguas son navegables (por ejemplo, marcas de centro del canal).

1.2.5. Las marcas especiales que no tienen por objeto principal el de ayudar a la navegación, sino que indican una zona o una configuración mencionada en los documentos náuticos.

1.3. Método empleado para caracterizar las marcas

La significación de la marca está determinada por uno al menos de los caracteres siguientes:

1.3.1. De noche — color y ritmo de la luz.

1.3.2. De día — color, forma, marca de tope.

2. MARCAS LATERALES

2.1. Definición del sentido convencional de balizamiento

El sentido convencional de balizamiento puede ser definido, allí donde sea necesario, de una de las dos formas siguientes:

2.1.1. Es el sentido general que sigue el buque que viene de alta mar cuando se aproxima a un puerto, a un río, a un estuario o a una vía navegable, o

2.1.2. En otras zonas es un sentido definido en detalle por las autoridades competentes después de consultar con los países vecinos. En principio, conviene que este sentido siga los contornos de los continentes en el sentido de las agujas del reloj.
En todos los casos, el sentido convencional debe ser indicado en los documentos náuticos apropiados.

2.2. Descripción de las marcas laterales

2.2.1. Babor.

Color:	Rojo
Forma (boyas): . .	Cilíndrica, castillete o espeque
Marca de tope (en su caso):	Un solo cilindro rojo
Luz (cuando la marca está dotada de ella):	
Color:	Rojo
Ritmo:	Cualquiera

2.2.2. Estribor.

Color:	Verde ([a])
Forma (boyas): . . .	Cónica, castillete o espeque
Marca de tope (en su caso):	Un cono verde con la punta hacia arriba

([a]) Cuando por razones excepcionales una autoridad considera que el color verde no es satisfactorio, puede utilizarse el color negro.

Luz (cuando la marca está dotada de ella):

Color:	Verde
Ritmo:	Cualquiera

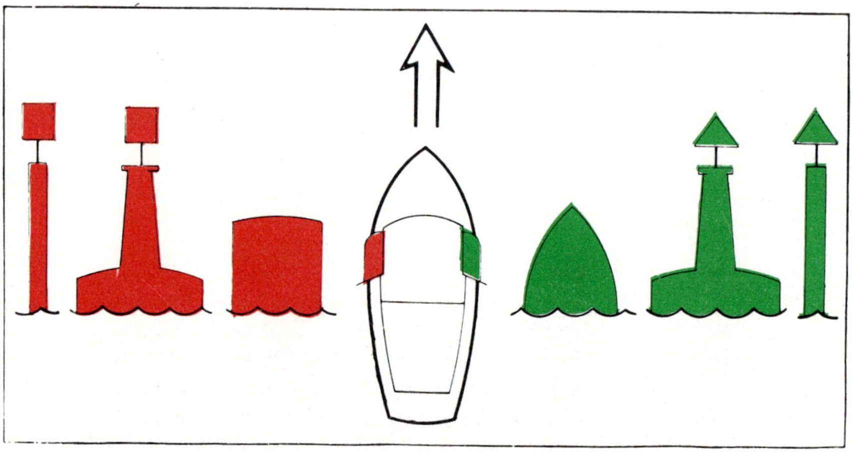

Fig. 279. Marcas laterales de día, entrando

2.2.3. Allí donde las marcas de babor o de estribor no sean identificables por su forma cilíndrica o cónica, deben, cuando ello sea posible, llevar la marca de tope apropiada.

2.2.4. Numeración o letras. Si las marcas de las márgenes del canal están identificadas por números o por letras, la sucesión de números o de letras seguirá el sentido convencional de balizamiento.

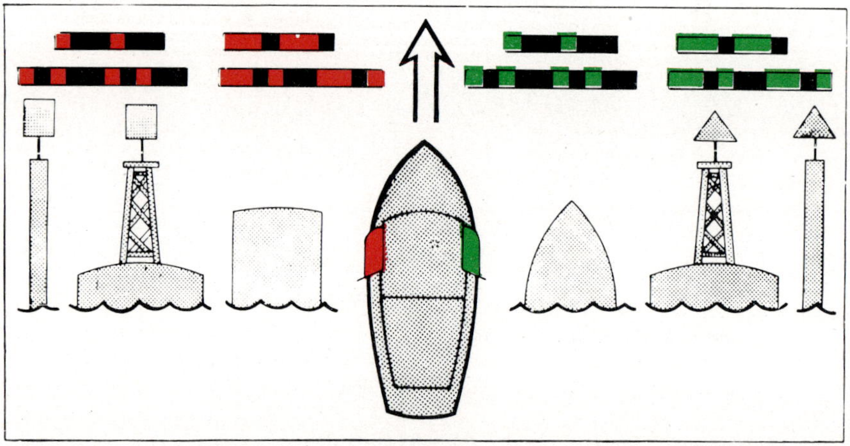

Fig. 280. Luces de marcas laterales, entrando

3. MARCAS CARDINALES

3.1. Definición de los cuadrantes y de las marcas

3.1.1. Los cuatro cuadrantes (Norte, Este, Sur y Oeste) están limitados por las orientaciones verdaderas NO-NE, NE-SE, SE-SO, SO-NO, cuyo origen es el punto a señalar.

3.1.2. Una marca cardinal recibe el nombre del cuadrante en el que está colocada.

3.1.3. El nombre de una marca cardinal indica que conviene pasar, en relación con la marca, por el cuadrante que lleva este nombre.

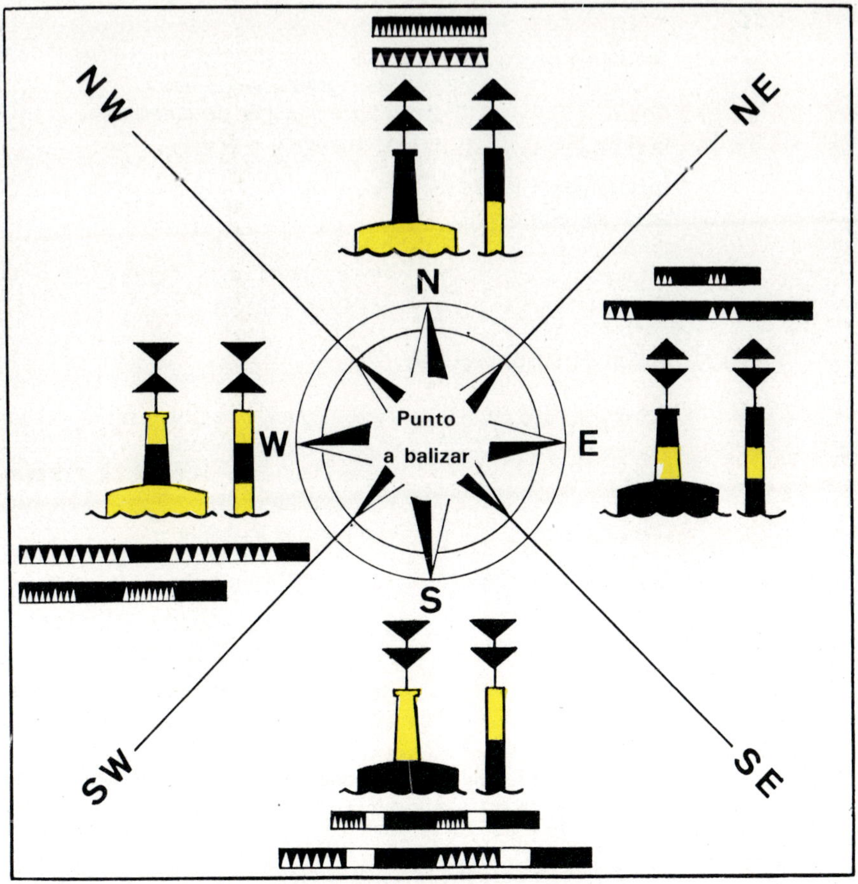

Fig. 281. Marcas y luces cardinales

3.2. Utilización de las marcas cardinales

Una marca cardinal puede ser utilizada, por ejemplo:

3.2.1. Para indicar que las aguas más profundas se encuentran en el cuadrante que tiene el nombre de la marca.

3.2.2. Para indicar de qué lado de un peligro se encuentran las aguas navegables.

3.2.3. Para llamar la atención sobre una configuración particular de un canal, como un codo, una confluencia, una bifurcación o la extremidad de un banco.

3.3. Descripción de las marcas cardinales

3.3.1. Marca de cuadrante Norte.

Marca de tope ([b]): . .	Dos conos negros superpuestos, con las puntas hacia arriba
Color:	Negro encima de amarillo
Forma:	Castillete o espeque
Luz (cuando está dotada de ella): . . .	
Color:	Blanco
Ritmo:	De destellos muy rápidos ([c]) o de destellos rápidos ([d])

3.3.2. Marca de cuadrante Este.

Marca de tope ([b]): . .	Dos conos negros superpuestos, opuestos por la base
Color:	Negro con una faja ancha horizontal amarilla
Forma:	Castillete o espeque
Luz (cuando está dotada de ella):	
Color:	Blanco
Ritmo:	3 destellos muy rápidos cada 5 segundos, o 3 destellos rápidos cada 10 segundos

([b]) La marca de tope constituida por dos conos es la característica distintiva más importante de día de las marcas cardinales. Conviene que esta marca de tope se utilice siempre que se pueda y que su tamaño sea el mayor posible, estando cada cono separado claramente del otro.

([c]) Destellos muy rápidos, o sea una luz que produce 120 ó 100 destellos por minuto.

([d]) Destellos rápidos, o sea luz que produce 60 ó 50 destellos por minuto.

3.3.3. Marca de cuadrante Sur.

Marca de tope (b): . .	Dos conos negros superpuestos, con las puntas hacia abajo
Color:	Amarillo encima de negro
Forma:	Castillete o espeque
Luz (cuando está dotada de ella):	
Color:	Blanco
Ritmo:	6 destellos muy rápidos + 1 destello largo (e) cada 10 segundos, o 6 destellos rápidos + 1 destello largo (e) cada 15 segundos

3.3.4. Marca de cuadrante Oeste.

Marca de tope (b): . .	Dos conos negros superpuestos, opuestos por el vértice
Color:	Amarillo con una faja ancha horizontal negra
Forma:	Castillete o espeque
Luz (cuando está dotada de ella):	
Color:	Blanco
Ritmo:	9 destellos muy rápidos cada 10 segundos, o 9 destellos rápidos cada 15 segundos

4. MARCAS DE PELIGRO AISLADO

4.1. Definición de las marcas de peligro aislado

Una marca de peligro aislado es una marca erigida o fondeada sobre un peligro aislado rodeado de aguas navegables.

4.2. Descripción de las marcas de peligro aislado

Marca de tope (f): . .	Dos esferas negras superpuestas
Color:	Negro con una o varias fajas anchas horizontales rojas
Forma:	Castillete o espeque

(e) Destello largo, o sea una duración de la luz de 2 segundos como mínimo.

(f) La marca de tope constituida por dos esferas superpuestas es la característica distintiva más importante de día de toda marca de peligro aislado. Conviene que esta marca de tope se utilice siempre que se pueda y que su tamaño sea el mayor posible, estando cada esfera separada claramente de la otra.

Luz (cuando está dotado de ella):
Color: . . . Blanco
Ritmo: . . . Grupos de dos destellos

Fig. 282. Marcas y luces de peligro aislado

5. MARCAS DE AGUAS NAVEGABLES

5.1. Definición de las marcas de aguas navegables

Las marcas de aguas navegables sirven para indicar que las aguas son navegables alrededor de la marca. Estas marcas pueden también utilizarse para indicar una recalada si ésta no está indicada por una marca cardinal o lateral.

5.2. Descripción de las marcas de aguas navegables

Fig. 283. Marcas y luces de aguas navegables

Color: . . . . Fajas verticales rojas y blancas
Forma: . . . . Esférica, castillete o espeque con una marca de tope esférica
Marca de tope (en su caso): Una sola esfera roja

Luz (cuando está dotada de ella):
Color: . . . . Blanco
Ritmo: . . . . Isofase, de ocultaciones o un destello largo (e) cada 10 segundos

6. MARCAS ESPECIALES

6.1. Definición de las marcas especiales

Estas marcas no tienen por objeto principal ayudar a la navegación sino que indican una zona especial o una configuración mencionada en los documentos marítimos apropiados, por ejemplo:

6.1.1. Marcas de las estaciones de adquisición de datos oceánicos Sistema de Adquisición de Datos Oceanográficos (SADO).
6.1.2. Marcas de separación de tráfico donde el balizamiento clásico del canal puede prestarse a confusión.
6.1.3. Marcas para indicar los depósitos de materiales.
6.1.4. Marcas para indicar las zonas utilizadas por los ejercicios militares.
6.1.5. Marcas para indicar la presencia de cables o de tuberías.
6.1.6. Marcas para indicar las zonas reservadas al recreo.

6.2. Descripción de las marcas especiales

Color: . . . . Amarillo
Forma: . . . . A elegir, pero que no se preste a confusión con las marcas para ayuda a la navegación
Marca de tope (en su caso): . . . . . . Una marca de tope en forma de X amarilla

Fig. 284. Marcas especiales

Luz (cuando está dotada de ella):	
Color:	Amarillo
Ritmo:	Cualquiera, excepto los señalados en las secciones 3, 4 ó 5

6.3. Otras marcas especiales

Además de las marcas especiales enumeradas en el párrafo 6.1. y descritas en el 6.2., pueden ser establecidas otras por la Administración responsable para adaptarse a circunstancias excepcionales. Estas marcas no se prestarán a confusión con las marcas que proporcionan informaciones relativas a la navegación y serán publicadas en los documentos náuticos apropiados, poniéndose en conocimiento de la Asociación Internacional de Señalización Marítima tan pronto como sea posible.

7. PELIGROS NUEVOS

7.1. Definición de peligros nuevos

La expresión «peligro nuevo» se utiliza para designar los obstáculos descubiertos recientemente que no están todavía indicados en los documentos náuticos. Los peligros nuevos comprenden los obstáculos naturales, como bancos de arena o escollos, o los peligros resultantes de la acción humana, tales como naufragios.

7.2. Señalización de los peligros nuevos

7.2.1. Los peligros nuevos se balizan conforme a las presentes reglas. Si el Servicio responsable estima que el peligro es particularmente grave, al menos una de las marcas utilizadas se duplicará tan pronto como sea posible.

7.2.2. Las luces de todas las marcas empleadas para este caso tendrán el ritmo centelleante rápido o centelleante correspondiente al tipo de la marca cardinal o lateral.

7.2.3. La marca que se coloque duplicada será en todos sus aspectos idéntica a su pareja.

7.2.4. Una de las dos marcas colocada en doble puede ser una baliza radar codificada según la letra «W» dando una señal de 1 milla marina de longitud en la pantalla de radar.

7.2.5. La marca duplicada puede ser retirada cuando el Servicio responsable estime que la información concerniente a este nuevo peligro ha sido suficientemente difundida.

NOTAS EXPLICATIVAS

Las notas que siguen tienen por objeto ayudar a los que, estudiando las normas, desearían algunos comentarios sobre los principios en que se fundan.

Su numeración corresponde a la del mismo apartado de las Reglas.

2.2. Descripción de las marcas laterales

De día, la forma de una boya es tan importante como su color. La forma de las boyas es, donde es posible, cilíndrica a babor y cónica a estribor. Donde la boya no presenta la forma cilíndrica o cónica especificada, es decir donde se emplea una boya de espeque o de castillete, se la debe dotar de una marca de tope de la forma y color adecuados (cilindro rojo o cono verde).

Está prevista una pequeña excepción de la regla: la del empleo del negro en lugar del verde como color de estribor. El negro puede ser empleado por un Servicio de Señalización Marítima cuando lo estime necesario para mejorar la visibilidad. En la práctica, no se hará uso a menudo de esta excepción.

Una manera de compensar la disminución del alcance de las luces verde y roja es la de utilizar marcas cardinales con la luz blanca en los puntos importantes, tales como los recodos, en los canales balizados según el sistema lateral. Las marcas cardinales pueden también sustituir a las actuales boyas de bifurcación y boyas de bancos del centro de canal que han sido suprimidas en las nuevas reglas del sistema lateral.

3.3. Descripción de las marcas cardinales

Las señales cardinales no tienen una forma distintiva. Son normalmente boyas de castillete o de espeque. Están siempre pintadas en fajas horizontales amarillas y negras y su marca de tope característica en forma de doble cono es negra.

Puede recordarse la disposición de los colores considerando la disposición de las marcas de tope para determinar la posición de la faja negra o de las fajas negras.

Conos con la punta hacia arriba: Faja negra encima de la faja amarilla.
Conos con la punta hacia abajo: Faja negra debajo de la faja amarilla.
Conos opuestos por la base: Fajas negras encima y debajo de una faja amarilla.
Conos opuestos por el vértice: Faja negra entre dos fajas amarillas.

Las luces de las marcas cardinales tienen unas apariencias que pueden parecer complicadas sin una explicación previa del principio en que se basa su asignación. Fundamentalmente los ritmos son todos centelleantes, calificados de «muy rápidos» o «rápidos» según la cadencia de las apariciones de luz. Una luz centelleante «muy rápida» es una luz en la que los destellos aparecen con una cadencia de 120 ó de 100 destellos por minuto. Una luz centelleante «rápida» es una luz en la que los destellos aparecen con una cadencia de 60 ó de 50 destellos por minuto.

Aunque los ritmos «centelleantes muy rápidos» sean más evidentes y por esta razón habitualmente preferidos, pueden ser algunas veces difíciles de realizar técnicamente. Se puede entonces emplear en su lugar una luz «centelleante rápida» que puede también servir para establecer una diferencia entre dos marcas cardinales del mismo nombre situadas a poca distancia una de la otra.

Las apariencias utilizadas para las marcas cardinales serán las siguientes:

Norte: Centelleante continua muy rápida o rápida.
Este: Tres destellos muy rápidos o rápidos seguidos de un período de oscuridad.
Sur: Seis destellos muy rápidos o rápidos seguidos inmediatamente de un destello largo seguido de un período de oscuridad.
Oeste: Nueve destellos muy rápidos o rápidos seguidos de un período de oscuridad.

La norma de tres, seis o nueve destellos se retiene fácilmente en la memoria si se asocia a la idea de una esfera de reloj. El destello largo definido como una aparición de luz de duración al menos igual a dos segundos sirve simplemente para evitar que los grupos de tres o de nueve destellos (muy rápidos o rápidos) puedan ser confundidos con un grupo de seis destellos. La duración de la secuencia completa varía, pero no es necesario recordarlo.

4.2. Descripción de las marcas de peligro aislado

La marca de tope compuesta por dos esferas negras y la apariencia de dos destellos de luz blanca, así como la forma de castillete o espeque de estas boyas son características de las marcas de peligro aislado que se asocian estrechamente con las marcas cardinales.

5.2. Descripción de las marcas de aguas navegables

Las marcas de aguas navegables tienen una forma muy diferente de las boyas destinadas a señalar un peligro.

Estas marcas son esféricas o tienen, como variante, la forma de castillete o de espeque con una marca de tope constituida por una sola esfera roja. Están pintadas de rayas verticales (rojas y blancas) y no de fajas horizontales. Cuando están dotadas de una luz, esta luz es blanca con la apariencia isofase, de ocultaciones aisladas o de destellos largos.

6.2. Descripción de las marcas especiales

Las marcas especiales son siempre amarillas y si están dotadas de luz, esta luz es igualmente amarilla. Se puede, en caso necesario, dotar a estas señales de una marca de tope amarilla en forma de «X». Para evitar la posibilidad de confundir el amarillo y el blanco cuando la visibilidad es reducida, las luces de las marcas especiales no deben mostrar ninguno de los ritmos empleados por las luces blancas.

La forma de las boyas especiales no debe oponerse a la de las marcas cuyo papel principal es el de ayuda a la navegación. Esto significa por ejemplo: Que una boya especial colocada a babor de un canal puede ser cilíndrica pero no cónica. Las marcas especiales pueden también, a fin de precisar su significado, llevar letras o cifras

ENFILACIONES

Se utilizan para marcar la parte profunda de un canal navegable, independientemente de cualquier balizamiento de sus márgenes. El cruce con otro buque, dentro de la enfilación, se hará dejándole por babor.

Color del sopore: Aluminio claro o blanco.

Marca de tope: Rombo, en color aluminio claro u otro que destaque mejor sobre el fondo.

Forma: Tan destacada como sea posible.

Número o letra: Cuando se encuentran varias en un mismo canal se diferenciarán con letras o números, empezando desde la mar.

Alumbrado: *Las luces serán blancas y los ritmos de tal forma que mientras aparezcan dos destellos en la luz anterior, dure encendido el destello de la posterior.*

No obstante, en el caso de que las luces blancas puedan restar eficiencia a la enfilación, podrán emplearse luces *rojas* o *verdes* en cada una o en las dos luces, según las circunstancias lo aconsejen. Véase figura 284 A.

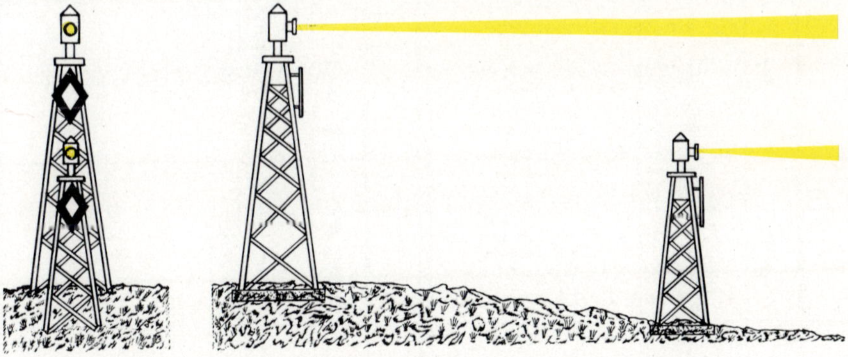

Fig. 284. A

REGLAMENTO DE SEÑALES VISUALES DE TEMPORAL Y PUERTO

Este Reglamento fue aprobado para el uso por los Semáforos, Vigías, Atalayas y otros observatorios que comuniquen con los buques. El Instituto Hidrográfico de la Marina lo tiene editado completo. En las láminas de las páginas 39-23 y 39-24 se detallan los conceptos más importantes.

Comprende Señales de Temporal, Señales de Puertos, Señales de Vigías a Comandantes de Marina y Prácticos, Señales de Vigías y Prácticos a los buques, Señales de Altura del Agua, Señales de Marea y Señales de Dragas.

Las marcas usadas son banderas, gallardetes, bolas, cilindros y conos de medidas estipuladas.

La derecha e izquierda se entiende vista desde el buque que entra en puerto.

Las marcas de día son de color negro y de noche luces de color rojo, blanco y verde.

Son preferentes las señales que se refieren a peligro.

SEÑALES DE TEMPORAL

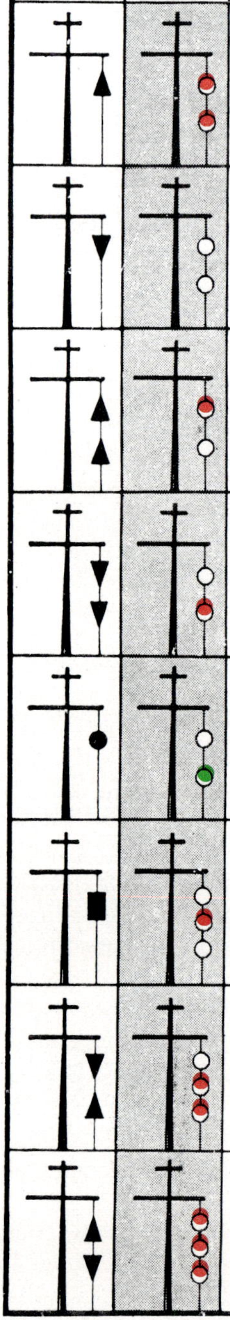

SEÑAL: DIA	SEÑAL: NOCHE	SIGNIFICADO
		Temporal que empieza con viento del 4.º cuadrante (NW).
		Temporal que empieza con viento del 3.er cuadrante (SW).
		Temporal que empieza con viento del 1.er cuadrante (NE).
		Temporal que empieza con viento del 2.º cuadrante (SE).
		Viento fuerte de cualquier dirección.
		Tormenta local o temporal de pequeña intensidad. Prohibido el barqueo.
		Temporal de mediana intensidad. Cerrado el puerto para barcos pesqueros y de mediano tonelaje.
		Huracán. Puerto cerrado en absoluto.

SEÑALES DE PUERTOS

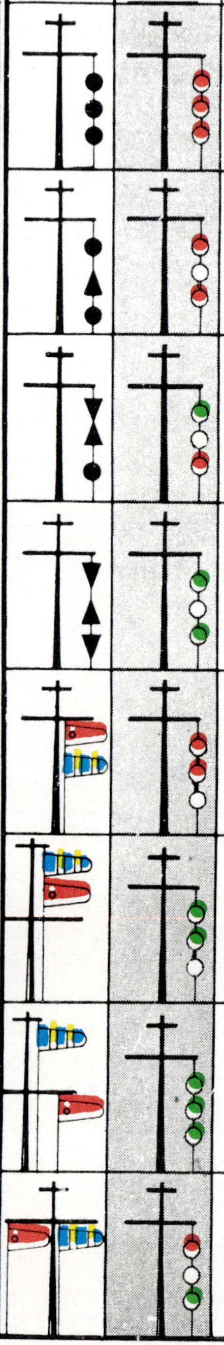

SEÑAL: DIA	SEÑAL: NOCHE	SIGNIFICADO
		Sucesos graves: Prohibición absoluta de entrada.
		Circunstancias normales: Prohibida la entrada.
		Circunstancias normales: Prohibición de entrada y salida.
		Circunstancias normales: Prohibición de salida.
		La barra no puede ser abordada.
		No es prudente aguantarse en el fondeadero, deben los buques hacerse a la mar.
		Pueden los buques entrar o salir según que sea vista esta señal desde fuera o desde dentro.
		Prohibida la salida del puerto hasta que se arríe esta señal por razones de orden interior.

SEÑALES DE VIGIAS Y PRACTICOS A BUQUES

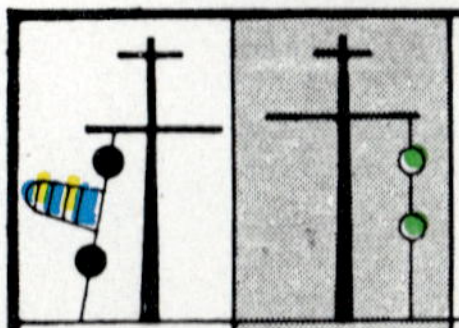	*Aguántese en la boca. El práctico lo abordará oportunamente.*
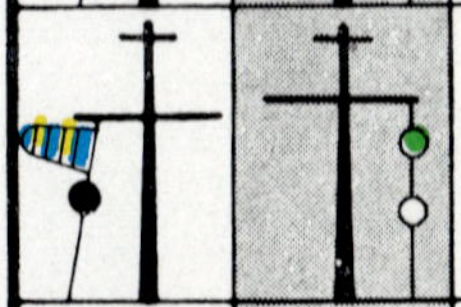	*El práctico va en demanda de Vd.*
	*El estado de la barra no permite salir al práctico.*
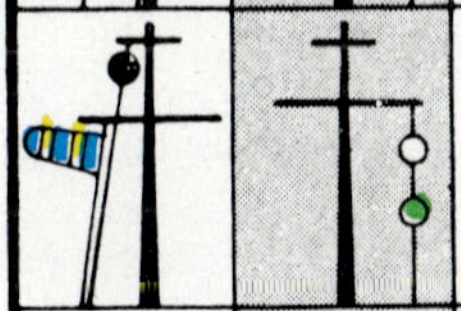	*Hay buques de salida.*
	*Vista desde fuera del puerto indica entrada franca.*
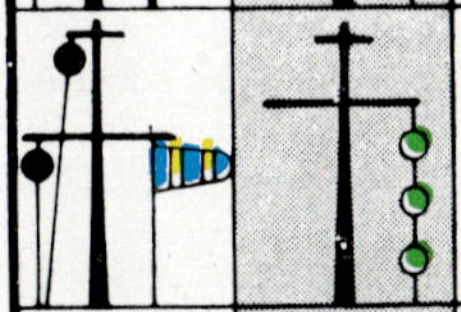	*Vista desde dentro del puerto indica salida franca.*
	*Siga las indicaciones que le hará el practico desde su embarcación.*
	*Prohibida la entrada a toda clase de barcos excepto los pesqueros.*
	*Peligro en vuestra derrota. Bengalas verde y roja.*

SEÑALES DE ALTURA DEL AGUA

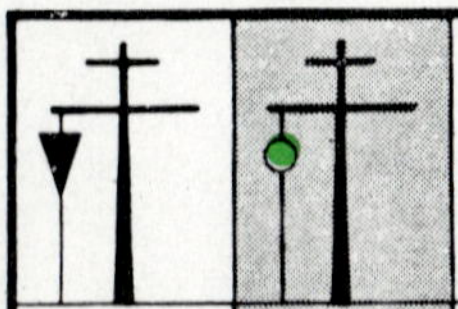	*Altura del agua igual a una unidad. (2 decimetros).*
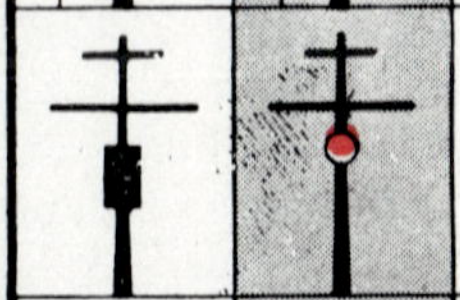	*Altura del agua igual a cinco unidades. (1 metro).*
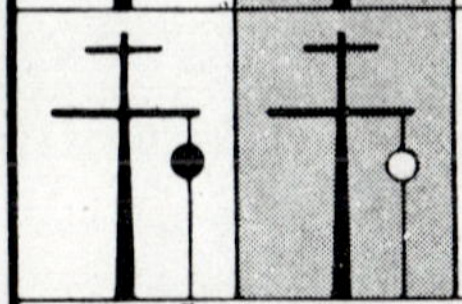	*Altura del agua igual a veinticinco unidades. (5 metros).*

SEÑALES DE MAREA

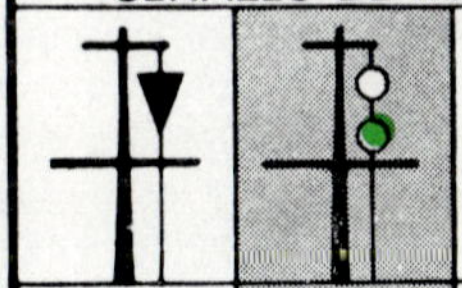	*Marea menguante.*
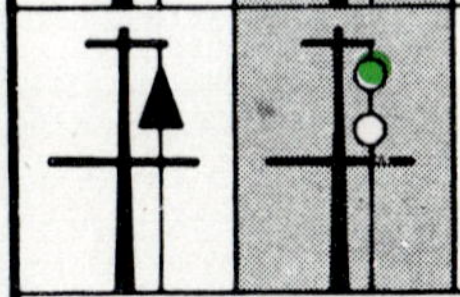	*Marea creciente.*

SEÑALES DE DRAGAS

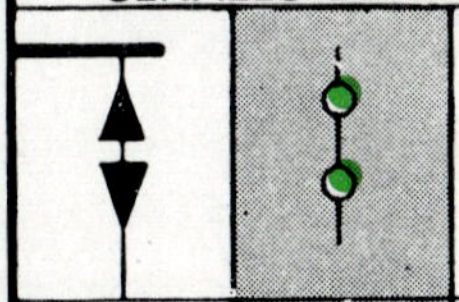	*Libre navegación por la derecha de la draga.*
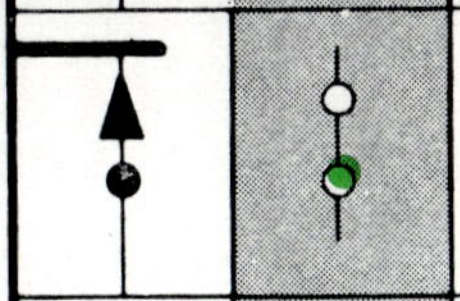	*Libre navegación por la izquierda de la draga.*
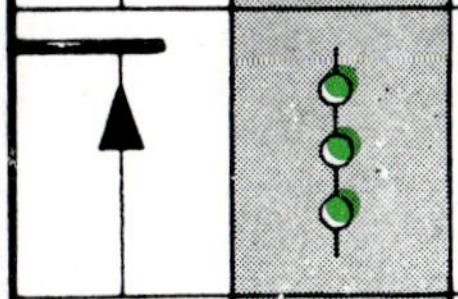	*Libre navegación por la derecha y por la izquierda de la draga.*
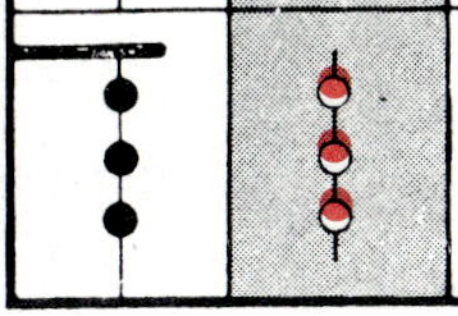	*Navegación prohibida por los dos lados de la draga.*

Capítulo 40

REGLAMENTO DE REGATAS

El Reglamento de Regatas es aplicable a las embarcaciones que están regateando o que tienen intención de regatear; las demás embarcaciones gobernarán y se atendrán a la aplicación del Reglamento Internacional para prevenir los abordajes en la mar.

Dado que este Reglamento en su totalidad sólo será interesante a los que vayan a dedicarse a regatear o a los que tienen que organizar regatas, sólo se detallarán los datos más relevantes haciendo resaltar *en cursiva* los puntos más importantes, ya que aún así, quedará sobrecargado el texto que al patrón de yate, como tal, le sea de utilidad. Cualquier aclaración la podrá solicitar de un club náutico o de la Federación Española de Vela domicialada actualmente en Juan Vigón 23, Madrid-3.

Regata. — Un yate está en *regata* desde la señal de preparación que le corresponda hasta que *termina* y queda libre de la línea y *balizas* de llegada, o se retira, o hasta que la prueba ha sido *anulada, aplazada* o *suspendida* mientras no se estipule lo contrario.

Salir. — Un yate *sale,* cuando una vez dada la señal de salida, cualquier parte de su casco, tripulación o equipo cruza por primera vez la línea de salida hacia el recorrido y en dirección de la primera baliza.

Terminar. — Un yate *termina* cuando cualquier parte de su casco, tripulación o equipo en posición normal, cruza la línea de llegada procedente del lado del recorrido y desde la dirección de la última baliza.

Orzar. — Alterar el rumbo hacia el viento hasta ponerse proa a él.

Virar por avante. — Un yate está *virando por avante* desde el momento en que cae más allá de proa al viento hasta que *arriba,* si navega de bolina hasta hacer un rumbo de *ceñida,* si no navega de bolina, hasta un rumbo en que la mayor porte.

Arribar. — Alterar el rumbo abriéndose del viento hasta que el yate comience a *virar por redondo.*

Virar por redondo. — Un yate empieza a *virar por redondo* desde el momento en que, con el viento en popa, el pujamen de su vela mayor cruza la línea de crujía del yate, y completa su *virada por redondo* cuando dicha vela porte en la otra bordada.

De una bordada. — Un yate está de una bordada, excepto cuando se halla *virando por avante* o *en redondo.* El yate está en la bordada (estribor o babor) correspondiente a su banda de *barlovento.*

Ceñir. — Un yate está *ciñendo* cuando navega contra el viento en el menor ángulo que le sea posible mantenerse ventajosamente para ganar *barlovento.*

Libre a popa. Libre a proa. Comprometidos. — Un yate está *libre a popa* de otro cuando su casco y equipo en posición normal se encuentran por detrás de una línea imaginaria proyectada de través desde el punto más a popa del casco y equipo en posición normal del otro. El otro yate se halla *libre a proa* o si, aunque uno de ellos se halle *libre a popa,* un yate intermedio está *comprometido* con ambos. Los términos *libre a popa, libre a proa* y *comprometidos* solamente se aplican a yates en bordadas opuestas cuando están sujetos a la regla 42: montar o pasar balizas y obstáculos.

Sotavento y *barlovento.* — Banda de *sotavento* de un yate es aquella en que lleva, o llevaba si está *orzando* proa al viento, su vela mayor. La banda opuesta es la de *barlovento.*

Cuando ninguno de los dos yates en la misma bordada esté *libre a popa,* el que esté en el lado de *sotavento* del otro, es el yate de sotavento. El otro es el yate de *barlovento.*

Rumbo debido. — El *rumbo debido* es cualquier rumbo que pueda hacer un yate después de la señal de salida, en ausencia de otro yate o yates afectados, para terminar lo más pronto posible. El rumbo que lleva un yate antes de *orzar* o *arribar* es presumiblemente, pero no necesariamente, el *rumbo debido* de ese yate. No hay rumbo debido antes de la señal de salida.

Baliza. — Es cualquier objeto señalado en las Instrucciones de Regata que el yate tiene que montar o dejar por una banda prescrita.

Cualquier parte natural de una baliza cuenta como ella, incluyendo la bandera, el asta de bandera, botavara o bote izado, pero excluyendo sus elementos de fondeo o cualquier objeto accidental o temporalmente unido a la baliza.

Obstáculo. — Un obstáculo es cualquier objeto, incluidas embarcaciones en movimiento, de tamaño suficiente para requerir de un yate cuando se halle a no menos de una eslora del mismo, a una alteración substancial de su rumbo para pasarlo por una u otra banda, o cualquier objeto al que solamente se pueda dejar por una banda, incluyendo una boya cuando el yate en cuestión no pueda pasar con seguridad entre ella y un bajo u objeto que señale.

Anulación. — *Prueba anulada* es aquélla que el Comité de Regata decide que no se vuelva a correr nuevamente.

Aplazamiento. — *Prueba aplazada* es aquélla que no comenzó a la hora fijada y que se puede correr en cualquier momento que lo decida el Comité de Regata.

Suspensión. — *Prueba suspendida* es aquélla que el Comité de Regata declara nula en cualquier momento después de la señal de salida y que puede volver a correr a discreción del Comité de Regata.

La Federación Española de Vela entiende: *a*) Por *regata,* aquella competición que puede comprender una o varias *pruebas,* la suma de cuyos resultados arroja la clasificación de la *Regata*; *b*) Por *prueba*, aquella competición que sola o junto con otras, determinará la clasificación de una *Regata*.

SEÑALES UTILIZADAS. — A no ser que se prescriba otra cosa por la Autoridad Nacional o por las Instrucciones de Regata se emplearán las siguientes banderas del Código Internacional de señales:

Gallardete de inteligencia. — Significa aplazamiento: un minuto después de arriarse, 15 minutos si se iza sobre una bola o disco, horas si se iza sobre el gallardete numérico correspondiente, si se larga sobre la letra «A» significa el aplazamiento de un día para las pruebas no empezadas.

Letra «B». — Señal de protesta; significa que el yate que la iza tiene intención de protestar.
«*L*». — Significa «Venid al alcance de mi voz» o «Síganme».
«*M*». — Señal de baliza.
«*N*». — Todas las pruebas quedan suspendidas.
«*N sobre X*». — Suspensión y nueva salida.
«*N sobre el primer repetidor*». — Todas las pruebas quedan anuladas.
«*P*». — Se saldrá dentro de cinco minutos.
«*R*». — Hay que efectuar el recorrido en sentido inverso.
«*S*». — Efectuen el recorrido acortado, si está izada en la línea de partida. Si se iza en la línea de llegada indica terminen la prueba, y si se iza cerca de una baliza significa que hay que *terminar* entre la embarcación del Comité y la baliza.

EVITACIÓN DE ABORDAJES. — Un yate con derecho de paso que no haga un intento razonable para evitar un abordaje del que resulten daños de consideración, puede ser descalificado de la misma forma que el otro yate (art. 32).

YATE CON DERECHO DE PASO QUE CAMBIA DE RUMBO. — Cuando un yate deba mantenerse libre de otro, el yate con derecho de paso no debe alterar su rumbo de modo que impida al otro mantenerse separado; de forma que obligue al otro yate a una mayor alteración de rumbo para mantenerse libre; o de forma que obstaculice al otro mientras se mantiene separado, a excepción de lo permitido por la regla 38-1 de un yate con derecho de paso que orza después de la salida, y cuando asuma el *rumbo debido* para *salir* a menos que sea yate que vuelve a salir.

REGLAS FUNDAMENTALES EN LA MISMA BORDADA Y EN BORDADAS OPUESTAS. — En la misma bordada: 1. El *yate de barlovento* se mantendrá separado del *yate de sotavento*. 2. El yate *libre a popa* se mantendrá separado del yate *libre a proa*. 3. El yate que establece un *compromiso* a *sotavento* desde *libre a popa* dará al yate de barlovento espacio y oportunidad bastante para que se mantenga separado, y mientras exista ese compromiso el yate de sotavento no hará un rumbo más aproado al viento que su *rumbo debido*.

En bordadas opuestas la regla fundamental es que un yate *amurado* por babor se mantendrá separado de un yate *amurado por estribor*.

DERECHOS Y LIMITACIONES A ORZAR ANTES Y DESPUÉS DE LA SALIDA. — Vienen expresados en los art. 40 y 38 respectivamente. Véase:

Yate con derecho de paso que orza antes de salir. — Antes de que un yate haya salido y esté libre de la línea de salida, cualquier *orzada* por su parte que obligue a otro yate a cambiar de rumbo para evitar un abordaje debe efectuarse lentamente y de tal manera que el *yate de barlovento* tenga sitio y oportunidad para mantenerse separado, pero el yate de sotavento no orzará más allá del rumbo de ceñida a no ser que el timonel del yate de barlovento (mirando al través desde su posición normal) esté a popa del palo del yate de sotavento.

Yate con derecho de paso que orza después de la salida. — Después de que ha salido y está libre de la línea de salida, un yate *libre a proa* o un yate de sotavento puede orzar cuando quiera, excepto que: Un yate de sotavento no hará un rumbo más aproado al viento de su rumbo debido mientras exista un compromiso.

RUMBO MÁS ARRIBADO DEL DEBIDO. — Un yate que esté en un tramo del recorrido con el viento libre no hará un rumbo más arribado de su *rumbo debido* cuando esté claramente dentro de una distancia igual a tres veces su propia eslora de un yate de sotavento o de un yate libre a popa que lleve un rumbo para pasarle a sotavento.

CAMBIO DE BORDADA:

1. Un yate que esté *virando por avante* o por *redondo* se mantendrá separado de un yate en una bordada.

2. Un yate no virará por avante o por redondo para colocarse en una posición que le dé derecho al paso, a no ser que lo haga a suficiente distancia de un yate en *una bordada,* para permitir a este último mantenerse separado sin tener que empezar a enmendar su rumbo hasta después de que la virada por avante o por redondo ha sido completada.

3. Un yate que vira por avante o por redondo asume la responsabilidad de llevar al ánimo del Comité de Regata que completó su virada por avante o por redondo, de acuerdo con la regla 41-2.

4. Cuando dos yates están los dos virando por avante o los dos virando por redondo al mismo tiempo, el que esté por la banda de babor del otro deberá mantenerse separado.

REGLAS DE EXCEPCIÓN, MONTAR BALIZAS Y OBSTÁCULOS, COMPROMISOS. — Vienen expresadas en los arts. 42 y 43 y debido a su extensión y de la sola utilidad para los que se van a dedicar a regatas no se reproducen aquí.

Asimismo no se reflejan los textos referentes a yates que vuelven a salir, fondeados o varados, protestas, descalificaciones y apelaciones, etc., por entender que sobrecargan el texto y conocimientos que un Patrón de Yate debe poseer si no se dedica a regatear, y que en caso contrario deberían ser ampliados con todos los artículos del Reglamento Internacional de Regatas.

ASTRONOMIA NAUTICA
Y NAVEGACION

Capítulo 41

ESFERA TERRESTRE

ESFERA TERRESTRE. — La forma de la Tierra considerándola lisa (sin la corteza terrestre) es prácticamente una esfera. Hasta hace pocos años se la ha considerado como un «geoide» o bien como un «elipsoide» de revolución, que es el generado por el giro de una elipse alrededor de su eje menor, o sea que resulta una esfera achatada o «aplanada» en los polos. Este aplanamiento se le ha considerado en 21,4 kilómetros en cada polo al dar como medidas del diámetro mayor (ecuatorial) 12.756,5 kilómetros y de su diámetro menor (polar) 12.713,7 kilómetros.

Actualmente, por fotografías de satélites artificiales, se ha comprobado que la forma de la Tierra es más bien un «ovoide», es decir, una esfera con un aplanamiento en la parte Sur y un abultamiento en el polo Norte, parecida (exagerando) a una pera o a una gota de agua.

De todas formas, para efecto de cálculos de navegación, cartas marinas o para estudios sin mayor trascendencia se la considera una esfera, ya que su irregularidad es muy pequeña en comparación con sus dimensiones.

LÍNEAS PRINCIPALES DE LA ESFERA TERRESTRE: *Eje y Polos, Ecuador y Paralelos, Meridiano, Primer Meridiano, Trópicos, Círculos Polares.*

Eje y Polos. — El eje de la Tierra Pn-Ps (fig. 285) es el diámetro alrededor del cual gira. Al extremo superior de este diámetro se le denomina Polo Norte y al extremo inferior Polo Sur.

Ecuador. — Si dividimos la superficie de una esfera en dos partes iguales cada una de ellas llevaría una circunferencia máxima. El Ecuador es una circunferencia máxima perpendicular al eje de la Tierra. Divide a ésta en dos partes iguales llamadas *hemisferios:* Hemisferio Norte la superior y Hemisferio Sur la inferior. En la figura 285 EE'.

Paralelos. — Son circunferencias menores paralelas al Ecuador. Hay infinitos paralelos, pero merecen especial atención los separados del Ecuador y de los Polos 23°—27' (valor de la declinación máxima del sol = 23°—27').

Los separados del ecuador 23°—27' se llaman trópicos: *Trópico de*

Cáncer el del hemisferio Norte y *Trópico de Capricornio* el del hemisferio Sur.

Los separados 23°—27′ de los Polos se llaman círculos polares: *Círculo Polar Ártico* el del Norte, y *Círculo Polar Antártico* el del Sur. (Hablando con propiedad debieran llamarse circunferencias.)

Meridianos. — Los meridianos Pn-Ps-Pn son circunferencias máximas que pasan por los Polos, por lo que son perpendiculares al Ecuador.

Hay infinitos meridianos, pero destacaremos dos que se usan frecuentemente: el *Meridiano del lugar* y el *Meridiano de Greenwich* o *Primer meridiano.*

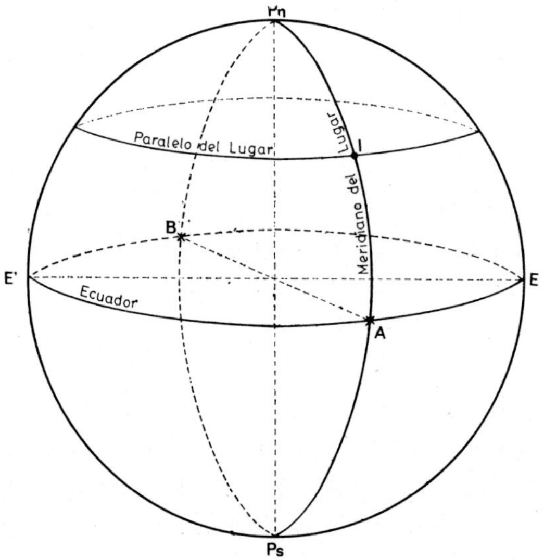

Fig. 285

Meridiano del lugar. — Ya hemos dicho que hay infinitos meridianos, es decir: uno para cada lugar. El meridiano que pasa por el punto donde nos hallamos se llama «meridiano del lugar» (de igual forma hay un paralelo que pasa por el lugar).

En la figura 285 el meridiano que pasa por el lugar 1 está dividido por la línea de los polos en dos semicircunferencias: la Pn-A-Ps llamada *meridiano superior* y la Ps-B-Pn llamada *meridiano inferior* o *antimeridiano.*

Normalmente nos referimos al meridiano superior, si bien, como veremos más adelante, el tiempo se cuenta a partir del meridiano inferior (meridiano de zona inferior), aunque para aclarar las horas se pone AM (antimeridian) o PM (post meridian). Ejemplo: las 10 — 00 AM son las 10 — 00 horas de la mañana y las 10 — 00 PM son las 10 de la noche, o sea las 22 — 00 horas.

Primer meridiano. — Al objeto de tomar punto de partida u origen de las longitudes se adoptó universalmente el meridiano que pasaba por el observatorio de Greenwich (Inglaterra), por lo que se llama indistintamente «Primer Meridiano», «Meridiano de Greenwich» o «Meridiano Cero» (figura 286).

Normalmente se habla de la parte superior del Primer Meridiano y cuando se habla de su parte inferior y para evitar confusiones se dice del meridiano de los 180°.

Como cualquier meridiano divide a la esfera en dos hemisferios llamándose Oriental el que queda al Este y Occidental el que queda al Oeste.

LATITUD Y LONGITUD DE UN PUNTO DE LA ESFERA TERRESTRE. — Todo punto en la superficie terrestre tiene una situación que viene determinada por su latitud y longitud. Estas medidas se dan en arco y equivalen a las medidas de los ángulos 1 y 2 si partiéramos del centro de la Tierra y con repecto al plano del Ecuador, empezando a contar desde el meridiano de Greenwich, y respecto al plano del meridiano del lugar.

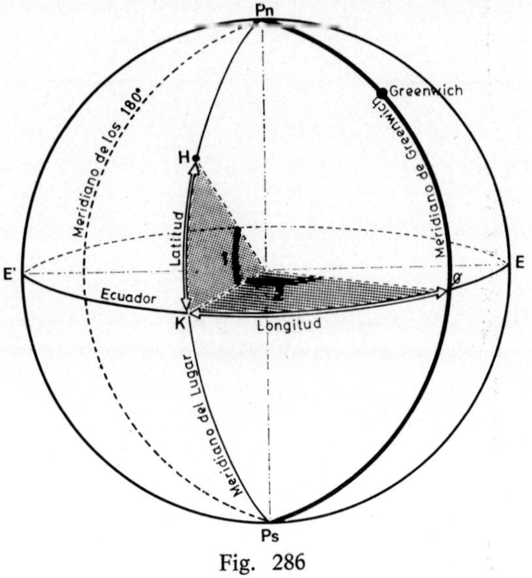

Fig. 286

Latitud. — Es el arco de meridiano del lugar contado desde el Ecuador hasta el paralelo del lugar, o simplemente hasta el lugar. Su símbolo es l. o lat. En la figura 286 KH.

La latitud se mide a partir del Ecuador y puede ser Norte o Sur según el hemisferio donde se mida, y nunca valdrá más de 90°.

A las latitudes Norte se les da el signo + y a las latitudes Sur el signo — a efectos de cálculos.

Todos los puntos situados en el Ecuador tienen la latitud cero. Los Polos tienen latitud 90°.

La latitud media de dos puntos es la semisuma algebraica de sus latitudes, por ejemplo: El punto A tiene $l = 40°$ N y el punto B $l = 20°$ N, la latitud media de A y B es $\frac{40 + (20 +)}{2} = 30 + = 30°$ N. 2.° ejemplo: La latitud de C = 30° N y la latitud de D = 40° S, la latitud media de C y D es $\frac{30° + (40° -)}{2} = 5° - = 5°$ Sur.

Longitud. — Es el arco de Ecuador contado desde el meridiano de Greenwich hasta el meridiano del lugar.

Se cuenta de 0° a 180° Este u Oeste según esté a derecha o izquierda del Primer Meridiano. Se representa por L. L_E = Longitud Este, L_W = Longitud Oeste.

Para los cálculos las L_E son negativas (—) y las L_W son positivas (+).

Los puntos que están en el mismo meridiano tienen la misma longitud. La longitud de Greenwich es cero.

El punto de intersección del Primer Meridiano con el Ecuador tiene de latitud y longitud cero (fig. 286).

SITUACIÓN DE UN PUNTO DE LA TIERRA POR LATITUD Y LONGITUD. — Conocidos los valores de latitud y longitud de un punto podemos situarlo en la Tierra fácilmente: a partir del meridiano de Greenwich y sobre el Ecuador llevamos el valor de la longitud hacia la derecha o izquierda según sea Este u Oeste. Sobre el punto que nos dé levantaremos el meridiano del lugar y sobre él, hacia arriba o hacia abajo según sea la latitud Norte o Sur, llevaremos el valor de la latitud y ello nos dará la situación del punto.

En las cartas haremos prácticamente lo mismo, pero nos será más fácil, ya que tomaremos la carta de la zona en que está el punto y partiendo de las escalas marginales de latitud y longitud trazaremos el meridiano y paralelo del lugar y la intersección será la situación del punto.

La latitud y longitud se llaman coordenadas terrestres.

DIFERENCIA DE LATITUD Y LONGITUD ENTRE DOS LUGARES. La *diferencia de latitud* entre dos lugares (Δl) es la medida de arco de un meridiano entre los paralelos de dichos lugares. Matemáticamente, es la diferencia algebraica de las dos latitudes. Ejemplos: 1.° $l_A = 40°$ N y $l_B = 25°$ N, la diferencia es $+ 40° - (25° +) = 15°$; 2.° latitud de C = 40° N y latitud de D = 25° S, la diferencia es $+ 40° - (25° -) = 65°$; 3.° La latitud de E = 40° S y la latitud de F = 25° S, la diferencia es $- 40° - (25° -) = 15°$.

En la figura 287 se representan las diferencias de l. entre H y M y entre H y N.

La diferencia de longitud (ΔL) entre dos lugares es la distancia en arco de Ecuador entre los meridianos que pasan por dichos lugares. Es la diferencia algebraica de sus longitudes. Ejemplos: $L_A = 38°$ W y $L_B = 26°$ W, la diferencia es $+ 38° - (26° +) = 12°$; longitud de C = 38° W y longitud de D = 26° E, la diferencia de longitud entre C y D es $38° - (26° -) = 64°$.

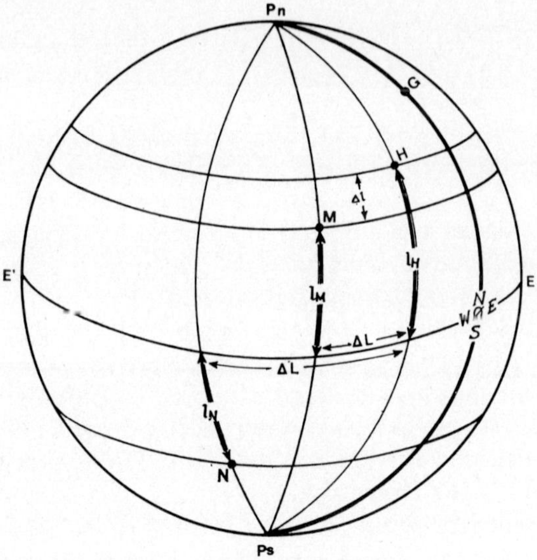

Fig. 287

En la figura se representan las diferencias de longitud ΔL entre H y M y entre H y N.

Ejemplos completos de diferencias de latitud y longitud entre el punto H y los puntos M y N.

Sit. de H $\begin{cases} l = 35° - 38'N \\ L = 20° - 52'W \end{cases}$

Sit. de M $\begin{cases} l = 25° - 42'N \\ L = 75° - 26'W \end{cases}$

Sit. de N $\begin{cases} l = 30° - 26'S \\ L = 92° - 37'W \end{cases}$

$l_H = 35° - 38'N$ $\quad L_H = 20° - 52'W$

$l_M = 25° - 42'N(-)$ $\quad L_M = 75° - 26'W(-)$

$\Delta l = 9° - 56'$ $\quad \Delta L = 54° - 34'$

$l_H = 35° - 38'N +$ $\quad L_H = 20° - 52'W +$

$l_N = 30° - 26'S - (+)$ $\quad L_N = 92° - 37'W + (-)$

$\Delta l = 66° - 04'$ $\quad \Delta L = 71° - 45'$

Capítulo 42

ASTROS - SISTEMA SOLAR - ESTRELLAS

ASTROS. — Son cuerpos celestes que pueblan el firmamento y que se mueven con arreglo a ciertas leyes. Se clasifican en estrellas, planetas, satélites y cometas.

Las estrellas tienen luz propia y, a causa de la gran distancia a que se encuentran, aparentemente no se mueven y están en la misma posición relativa entre ellas, pero tienen movimiento propio.

Con resperto a la Tierra tienen un movimiento aparente de rotación de una vuelta cada día, pero la que da la vuelta sobre su eje es la Tierra.

La estrella que mayor influencia tiene sobre la Tierra es el Sol.

Los planetas son astros que carecen de luz propia y reflejan la de las estrellas; en el sistema solar reflejan la del Sol. Tienen movimientos propios dentro del sistema a que pertenecen.

Los planetas del sistema solar en orden de distancia al Sol de menos a más son: Mercurio, Venus, la Tierra, Marte, Júpiter, Saturno Urano, Neptuno, Plutón y X. Este último descubierto últimamente.

Los planetas se distinguen de las estrellas en que su luz es fija y en las estrellas es centelleante.

Los satélites son astros sin luz propia y se mueven alrededor de los planetas. La Tierra tiene de satélite a la Luna.

Los cometas son astros con órbitas muy excéntricas y que sólo se suelen ver en la parte de su trayectoria cercana a la Tierra.

EL SISTEMA SOLAR. — Este sistema, cuyo centro es la estrella llamada Sol (cada estrella forma un sistema), está formado por el Sol, que describe una pequeña órbita de 280 millas de diámetro y que no se tiene en cuenta a efectos prácticos, por 10 planetas conocidos mencionados anteriormente, por 32 satélites conocidos de los que la Tierra tiene uno: la Luna, Marte tiene dos, Júpiter doce, Saturno diez, Urano cinco y Neptuno dos, por miles de planetas menores o asteroides y por multitud de cometas (fig. 288).

Los planetas se mueven alrededor del Sol de acuerdo con las siguientes leyes de Kepler:

1.ª «La órbita de cada planeta es una elipse teniendo el Sol en uno de sus focos». De ella se deduce que el Sol se encuentra en el plano de las órbitas de todos los planetas, aunque todas las órbitas no estén en el mismo plano.

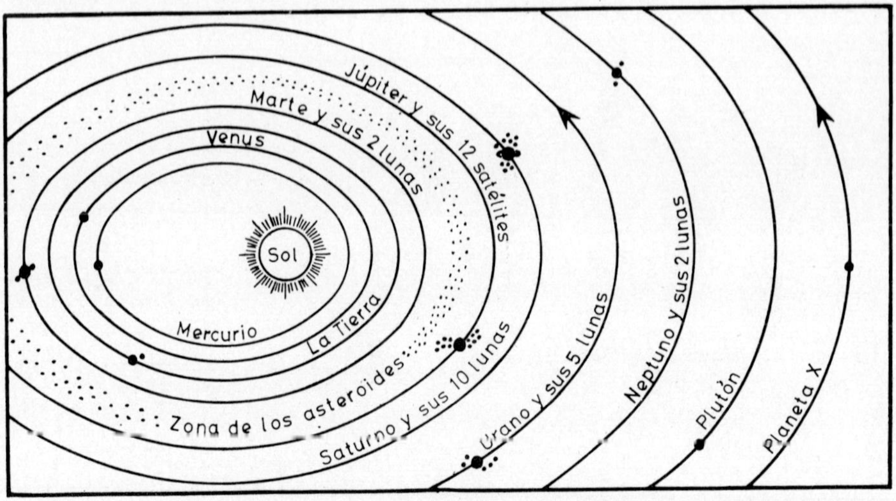

Fig. 288. Sistema solar y sus órbitas

2.ª «Los radio-vectores que unen al Sol con el planeta barren áreas iguales en tiempos iguales». De ella se deduce que la velocidad de traslación del planeta en su órbita no es uniforme, puesto que los radio-vectores son diferentes, siendo dicha velocidad máxima en el *perihelio* (mínima distancia del Sol) y mínima en el *aphelio* (máxima distancia del Sol).

3.ª «Los cuadrados de los tiempos empleados por los planetas en cumplir una revolución alrededor del Sol son proporcionales a los cubos de los semiejes mayores de sus órbitas».

El movimiento de todos los planetas y de casi todos los satélites es de Oeste a Este y todo el conjunto del sistema solar se traslada hacia la estrella Vega a la velocidad de unos 20 km por segundo.

Los planetas utilizados para la navegación son cuatro: Venus, Marte, Júpiter y Saturno.

La Luna, único satélite de la Tierra y único utilizado en la navegación, sigue las leyes de Kepler con respecto a la Tierra y tiene un movimiento de rotación alrededor de su eje de una vuelta por cada vez que recorre su eclíptica, por lo que se la ve siempre la misma cara. El sentido de giro sobre su eje y el de traslación es de Oeste a Este.

FASES DE LA LUNA. — La Luna es una esfera que está iluminada por el Sol. Como el Sol ilumina a una mitad de ella, al ir recorriendo la eclíptica alrededor de la Tierra, esa mitad iluminada la vamos viendo de distintas formas llamadas *fases.*

En la figura 289 al estar la Luna en la posición 1, en conjunción con el Sol, se verá desde la Tierra como un disco oscuro (de día no suele verse nada) y esta fase se llama *Luna nueva* o *cambio de Luna.*

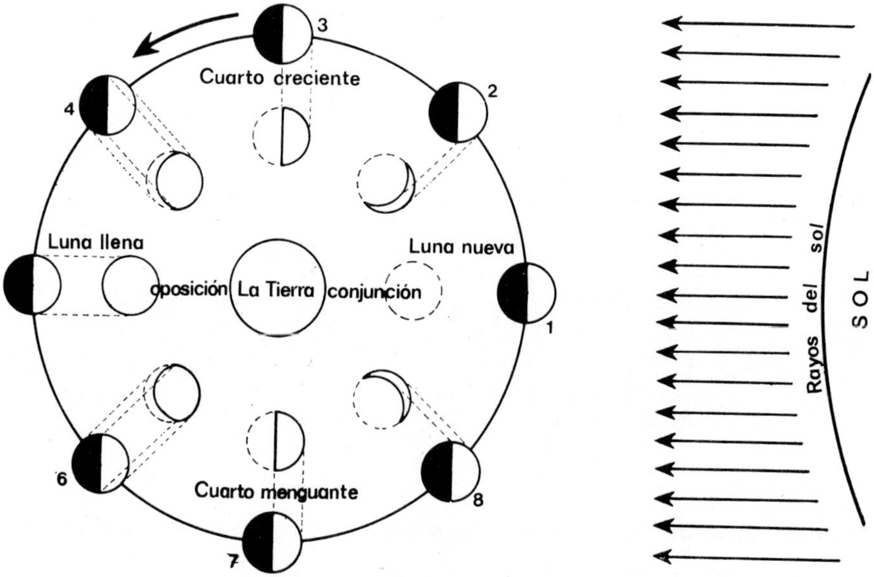

Fig. 289

Cuando está en la posición 2 (pasados unos 3 días) nos presenta una parte iluminada en forma de huso.

Pasados otros 3 días la Luna se encuentra en la posición 3, que forma con la Tierra y el Sol un ángulo recto, viéndose la parte iluminada como medio disco. Se dice que la Luna está en fase de *Cuarto creciente.*

Una semana más tarde se encuentra en la posición 5, donde se la ve toda iluminada, fase que se llama *Luna llena.*

A partir de la Luna llena va decreciendo la superficie iluminada y en la posición 7 vemos desde la Tierra que la Luna está medio iluminada, fase que se llama *Cuarto menguante.* Se ve la mitad iluminada igual que en el cuarto creciente, pero la mitad contraria. En el cuarto creciente tiene forma de D y en el cuarto menguante de ᗡ. Cuando la Luna crece tiene la forma de D y cuando la Luna decrece tiene la forma de C, por eso se dice que «la Luna miente».

Sigue decreciendo la parte iluminada hasta volver a la posición de conjunción 1, que no será la misma figura que la representada porque cada astro ha ido recorriendo su eclíptica.

La luna tarda en recorrer su eclíptica 27,5 días, pero para volver a estar en conjunción tarda 29,5 días porque la Tierra ha ido recorriendo su eclíptica. En la parte interior de la figura se representan las fases.

EL SOL. — Es la estrella más cercana a la Tierra (distancia 150 millones de km), es de tipo medio y de ella recibimos la luz y el calor. Es de forma esférica y su diámetro es 109 veces mayor que el de la Tierra. Su color es amarillo y se calcula una temperatura en superficie de 5.800 grados.

Está formado por varias capas gaseosas y por el núcleo central. La *fotosfera,* que envuelve la parte interna del Sol, es la superficie visible. Envolviendo la fotosfera se halla la *atmósfera solar,* en la que se distinguen dos zonas distintas: la *cromosfera* y la *corona.* En la cromosfera se producen las llamadas *protuberancias,* que son enormes masas de gases incandescentes que se elevan a miles de kilómetros.

El Sol describe aparentemente una gran elipse inclinada con respecto a la normal del Ecuador, 23° — 27′. De ahí la separación de los trópicos del Ecuador y la separación de los círculos polares de los Polos.

El Sol tarda (aparentemente) en recorrer esa elipse un año trópico. De acuerdo con la distancia a que se encuentra de la Tierra va decreciendo su diámetro; dicha circunstancia viene reflejada diariamente en el Almanaque Náutico. El Sol tiene una rotación sobre su eje cuyo período es de 25 días aproximadamente.

ESTRELLAS. — Como ya dijimos son astros de luz propia. Hay millones de ellas de las que vemos una pequeña parte debido a las enormes distancias a que se encuentran.

Las estrellas se hallan clasificadas en el cielo desde muy antiguo en agrupaciones llamadas *constelaciones,* y de acuerdo con su brillo aparente están clasificadas en orden decreciente según una escala escogida arbitrariamente. El brillo puede ser fijo y variable. Esta variación puede ser de un modo regular o irregular. El color de la luz normalmente es blanco, si bien hay azuladas, amarillas y anaranjadas a causa de la tempertura de su superficie.

Tiene sus movimientos propios, así como dijimos del Sol, pero por estar tan lejos parecen inmóviles y a efectos prácticos dichos movimientos no se tienen en cuenta.

La situación de las estrellas viene determinada por sus coordenadas celestes.

Su magnitud es difícil determinarla con exactitud, pero muchas de ellas son más grandes que el Sol, así tenemos a Antares que se la considera 450 veces mayor.

LA POLAR. — Es una estrella de segunda magnitud, pero de gran importancia para la navegación (en el hemisferio Norte) debido a que se encuentra muy cerca del Polo Norte Celeste.

Pertenece a la constelación de la *Osa menor.*

Sirve también para hallar rápidamente la latitud, ya que observando su altura y aplicándola una corrección por horario local nos da la latitud en que nos encontramos. Esta corrección es debida a que al no encontrarse en el mismo Polo Norte Celeste va describiendo un paralelo en la esfera celeste y según nuestra posición con respecto a dicho paralelo así será la corrección a aplicar a la altura sextantal observada, para que el valor sea el de la altura del verdadero Polo Norte Celeste, que equivale a la latitud del lugar en que la hemos observado.

MODO DE RECONOCER LA POLAR. — Hay dos formas usuales para su reconocimiento a simple vista. La primera y más fácil es partiendo de la Osa Mayor o Carro y que consiste en prolongar cinco veces la distancia entre las estrellas Dubhe y Merak, que son las que cierran la trasera del carro, hacia la parte de arriba del mismo (fig. 290).

Como la esfera celeste va girando aparentemente (la que gira es la Tierra) llega un momento que la Osa Mayor o Carro se oculta bajo el horizonte parcial o totalmente y entonces no tenemos referencia de partida, por lo que tenemos que utilizar el segundo método, que consiste en partir de la constelación de Cassiopea, que se encuentra, con respecto al Polo Norte Celeste, casi opuesta a la Osa Mayor. Tomando las cinco estrellas más importantes de ella que forman una W la Polar se encuentra hacia el lado abierto de la W (fig. 290)). Recordar que la Polar sólo se puede ver si el observador está en el hemisferio Norte.

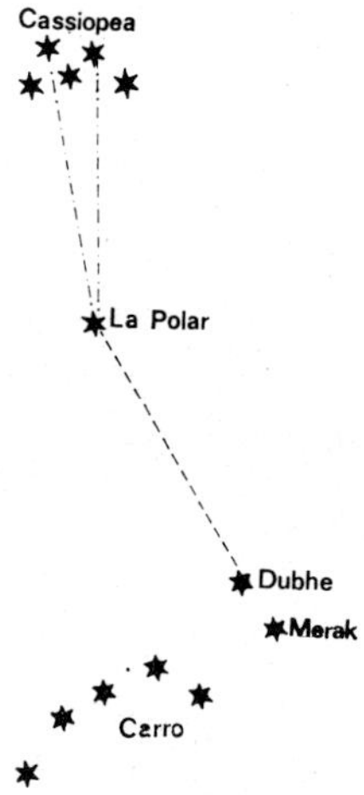

Fig. 290

Capítulo 43

MOVIMIENTOS DE LA TIERRA Y DE LOS ASTROS

MOVIMIENTOS DE LA TIERRA. — Los dos movimientos importantes de la Tierra son: el de *rotación* y el de *traslación*. Tiene otros como los de precisión de equinoccios y nutación que no vamos a desarrollar aquí.

El movimiento de rotación es el que experimenta la Tierra sobre su eje girando una vuelta cada 24 horas solares. Este movimiento también se llama «Diurno» porque a él se deben los días y las noches. Lo hace de Occidente a Oriente, lo que hace aparentar que los demás astros se mueven de Oriente a Occidente.

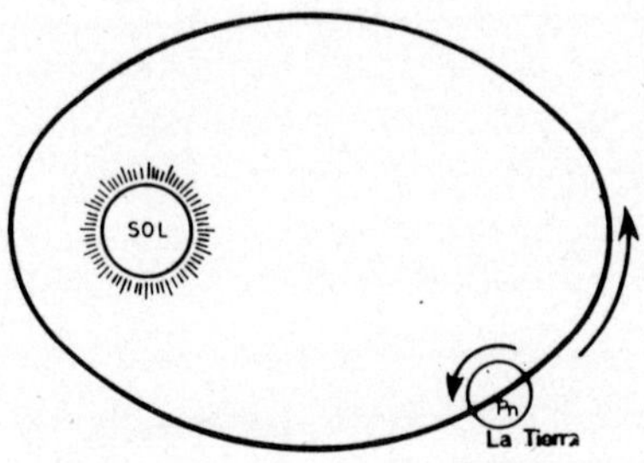

Fig. 291

Este movimiento, contrario a las agujas del reloj para un observador colocado en el Polo Norte, se llama «directo» a efectos de estudios de Astronomía.

Uno de los muchos efectos a causa de la rotación de la Tierra es la dirección NE de los vientos alisios en el hemisferio Norte y la dirección SE de dichos vientos en el hemisferio Sur. Los vientos alisios, producto del caldeamiento del aire en la región intertropical, irían hacia el Norte o Sur, respectivamente, si no fuera por la rotación de la Tierra.

Los puntos situados en el Ecuador son los que tienen mayor velocidad (465 metros por segundo) y dicha velocidad de rotación va disminuyendo a medida que se van considerando puntos más cercanos a los Polos donde la velocidad es cero.

El movimiento de traslación es el que tiene la Tierra recorriendo su elipse alrededor del Sol que ocupa uno de sus focos. La Tierra hace el recorrido de esta elipse en 365 días $^1/_4$ aproximadamente. Ese cuarto es el que da origen al año bisiesto cada cuatro años.

El recorrido de la elipse lo hace en el sentido contrario a las manecillas de un reloj (directo) mirando la elipse desde el Polo Norte Celeste.

Ambos movimientos, el de rotación y el de traslación, los hace la Tierra simultáneamente (fig. 291).

El movimiento de traslación de la Tierra por su elipse da origen a las estaciones y por ende a las zonas generales de climas al incidir los rayos solares con distintos ángulos sobre la Tierra.

MOVIMIENTO APARENTE DE LOS ASTROS. — Al observar el firmamento lleno de estrellas nos hacemos a la idea de que su forma es esférica y que dichas estrellas (prescindiendo de su distancia, que a simple vista no observamos) las suponemos fijas en dicha esfera celeste, que aparenta girar alrededor de la Tierra.

Al observarlos continuamente, vemos que cada uno de ellos va describiendo una órbita circular, mayor o menor, paralela al Ecuador Celeste.

Al observar la Polar vemos que prácticamente no se mueve, por lo que allí suponemos el Polo Norte Celeste, por donde pasa el imaginario eje celeste alrededor del cual gira la esfera celeste.

Vemos que el movimiento de giro es de Oriente a Occidente. A este movimiento relativo (ya que la que gira es la Tierra en sentido contrario) se llama «movimiento aparente».

MOVIMIENTO PROPIO DE ALGUNOS ASTROS. — Ya hemos visto que los astros pertenecientes al sistema solar tienen movimientos propios, lo mismo que las estrellas que aparecen fijas en el firmamento, pero que debido a las grandísimas distancias a que se encuentran es difícil determinar

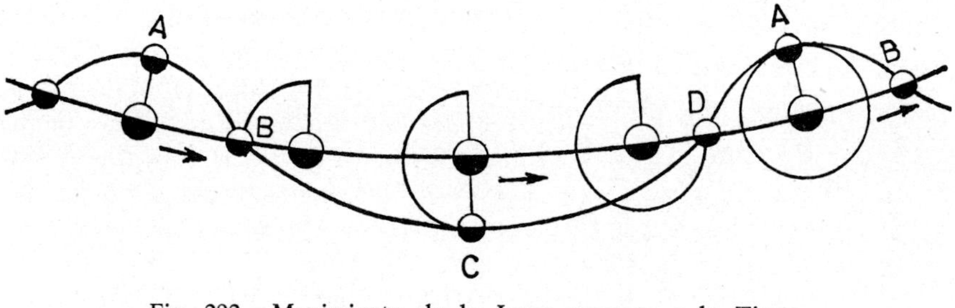

Fig. 292. Movimiento de la Luna respecto a la Tierra

sus movimientos, pues no tenemos puntos fijos conocidos de referencia, ya que el Sol cuyos movimientos propios se conocen obstaculiza de día la visión de las estrellas. No obstante, se dan como determinados para todas ellas los movimientos de rotación y traslación dentro de sus galaxias.

Los movimientos de los astros descubiertos en el sistema solar están estudiados, aunque no por completo, y en todos ellos hay dos movimientos regulares: el de rotación sobre su eje y el de traslación en una elipse alrededor del Sol, ocupando éste uno de sus focos. Giran en sentido directo, es decir: de Occidente a Oriente en sus dos movimientos simultáneos (fig. 288).

MOVIMIENTO APARENTE DEL SOL. — La Tierra recorre una elipse alrededor del Sol y éste ocupa uno de sus focos, pero aparentemente es el Sol el que recorre la elipse. Que es elipse está muy demostrado al observar el diámetro del Sol, que aumenta o disminuye según se acerque o se separe de él la Tierra al recorrer la elipse.

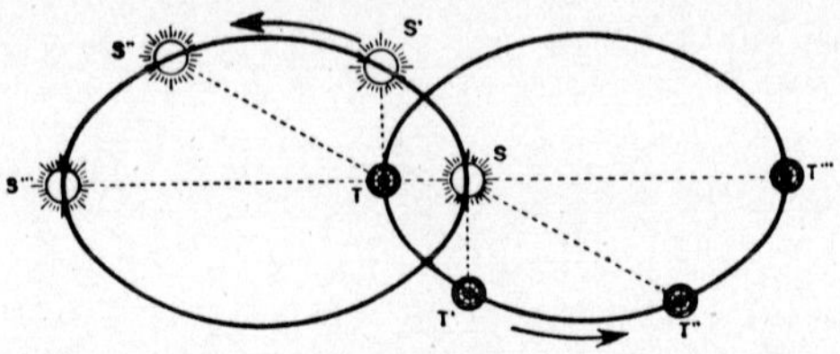

Fig. 293

En la figura 293 vemos que invirtiendo las posiciones relativas juntamente con las distancias, considerando que la Tierra no se mueve y es el Sol el que lo hace, la elipse S'S''S'''S es igual a la que recorre la Tierra T'T''T'''T.

En esa elipse que aparentemente recorre el Sol, llamada eclíptica, y que la Tierra ocupa uno de sus focos se llama *línea de los apsides* la S-SS''' que une los puntos *apogeo* y *perigeo;* apogeo es el más alejado de la Tierra y perigeo el más cercano.

Este movimiento aparente del Sol al suponerlo recorriendo la «eclíptica» no modifica en nada los efectos dependientes de las posiciones de ambos astros.

ECLÍPTICA. — Ya hemos dicho que al observar el Sol y no precisar nuestro movimiento da la sensación de que el Sol es el que recorre la Eclíptica.

La Eclíptica se ve representada en la figura 294, donde se ve la elipse, que recorre la Tierra, inclinada respecto al Ecuador de la esfera terrestre y al Ecuador de la esfera celeste, donde se representa reflejado el Sol, 23° — 27'. Esa inclinación de la elipse que recorre la Tierra da origen a la inclinación de la Eclíptica, como se ve en la figura. También está representado en el centro el Sol verdadero y en la Eclíptica el Sol aparente al objeto de estudiar las posiciones de la Tierra y sus estaciones de acuerdo con cada una de ellas.

Al ir recorriendo la Tierra durante el año su elipse, inclinada aparentemente, el Sol es el que recorre su Eclíptica proyectada en la esfera celeste, también inclinada, alcanzando su máximo valor (23° — 27′) en los Trópicos. Esta es la máxima declinación que alcanza el Sol correspondiendo a las fechas de 21 de junio en el hemisferio Norte y 21 de diciembre en el hemisferio Sur.

Repetimos que es la Tierra la que recorre su elipse inclinada, pero al suponerla fija el que recorre la Eclíptica inclinada es el Sol. De ahí que el Sol va teniendo distinta declinación cada día según se encuentre en los distintos puntos de la Eclíptica. Esta declinación del Sol, así como la de los demás astros viene reflejada en el Almanaque Náutico. La del Sol, Luna y planetas horariamente, y la de las estrellas anualmente, pues se considera fija.

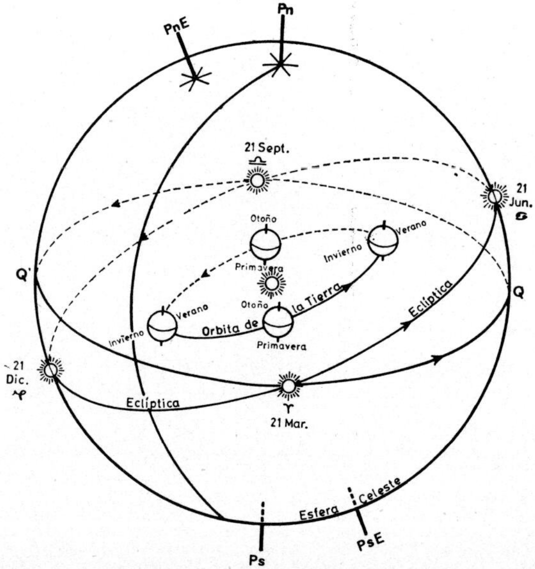

Fig. 294. Estudio de las estaciones según el Sol real y el Sol aparente

Por otra parte, debido a esa inclinación, los rayos del Sol inciden en la Tierra con ángulo distinto cada día (dos veces al año son iguales, cuando sube y cuando baja en el recorrido de la Eclíptica) y caen verticalmente en los puntos de la tierra cuya latitud en ese momento es igual a la declinación del Sol. Como las declinaciones máximas del Sol al recorrer su Eclíptica son 23° — 27′ N y 23° — 27′ S no habrá más puntos que los comprendidos entre estas latitudes que reciban los rayos solares verticalmente (dos veces al año) y de ahí la zona intertropical.

Cuando la declinación del Sol es cero (dos veces al año: el 21 de marzo y el 23 de septiembre) el que recibe los rayos verticalmente es el Ecuador y los días son iguales a las noches en cualquier punto de la Tierra. En el Ecuador siempre son los días iguales a las noches. En las figuras 294 y 295 se representa a la Tierra recibiendo los rayos solares cuando la declinación del Sol es cero, cuando su declinación es Norte y cuando su declinación es Sur, al objeto de estudiar los arcos diurnos y nocturnos de cada lugar en esas posiciones del Sol respecto a la Tierra.

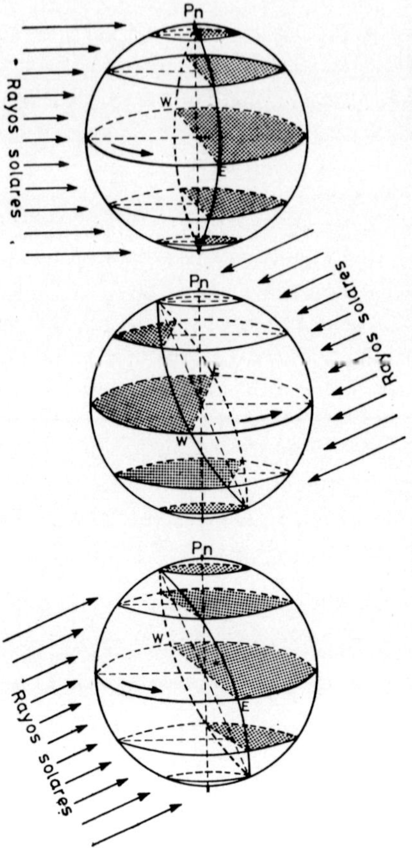

Fig. 295

Si el Sol tiene declinación cero ya hemos dicho que los días y las noches son iguales en todos los puntos de la Tierra y lo vemos en la figura 295, pues cualquier punto recorre, al girar la Tierra sobre su eje, medio paralelo de día y medio paralelo de noche.

Si la declinación es Norte, en el hemisferio Norte los días son más largos que las noches y en el hemisferio Sur las noches más largas que los días, aumentándose esta diferencia a medida que se aumenta la latitud del lugar o a medida que la declinación Norte del Sol es mayor.

En la figura 295 se ve que cerca del polo Norte el día es continuo y cerca del polo Sur la noche es continua (de ahí que en los puntos de los Polos hay un día de medio año de duración y una noche de otro medio.

Si la declinación del Sol es Sur ocurre todo lo contrario (fig. 295).

La zona eclíptica o Zodíaco es una faja de 17 grados de anchura, que tiene a la Eclíptica por línea central y en ella están comprendidas las órbitas de todos los planetas. Está dividida en 12 signos o partes de unos 30° de longitud cada una. Los signos del Zodíaco reciben los nombres de las constelaciones con las que coincidían hace unos 2.000 años en que el Sol pasó frente al punto vernal (primavera) de la constelación Aries (actualmente, debido al movimiento de la precesión de los equinoccios, el punto vernal, Aries, coincide con la constelación de Piscis).

Los nombres de los 12 signos del Zodíaco son: Aries, Tauro, Géminis, Cáncer, Leo, Virgo, Libra, Escorpión, Sagitario, Capricornio, Acuario y Piscis.

ESTACIONES. — Todo el mundo sabe que son cuatro: Primavera, Verano, Otoño e Invierno. Vienen determinadas por los cuatro puntos de la Eclíptica: Aries, Cáncer, Libra y Capricornio (fig. 294).

Durante las dos primeras la declicación es del mismo signo que la latitud del lugar, y en las dos segundas es de signo contrario. Esto ha de observarse, ya que las estaciones no coinciden en los dos hemisferios sino que están desfasadas seis meses.

Hagamos el estudio para el hemisferio Norte y con la figura 294.

Primavera. — Del 21 de marzo al 21 de junio. Al estar el Sol en Aries, 21 de marzo, empieza a tomar declinación Norte aumentando su valor hasta llegar a Cáncer donde alcanza su máximo valor, 23° — 27′ N y que es cuando el día de luz es el más largo del año y empieza el verano.

Verano. — Del 21 de junio al 23 de septiembre, tiempo durante el cual el Sol va perdiendo declinación Norte y el día va perdiendo diferencia con respecto a la noche hasta que el 23 de septiembre queda con declinación cero y el día es igual a la noche. El Sol ha recorrido desde Cáncer a Libra.

Otoño. — Del 23 de septiembre al 21 de diciembre, tiempo durante el cual el Sol ha ido aumentando su declinación Sur hasta alcanzar su máxima, 23° — 27′ S en Capricornio. Los días han ido siendo menores que las noches hasta llegar a un máximo de diferencia el 21 de diciembre.

Invierno. — Del 21 de diciembre al 21 de marzo, período en que el Sol va perdiendo su declinación Sur y los días perdiendo su diferencia con respecto a las noches hasta el 21 de marzo en que son iguales y que la declinación del Sol vuelve a ser cero al estar en Aries.

ORTOS Y OCASOS. — El instante en el que un astro aparece en la línea del horizonte se llama *orto* (aparente) y el momento en que desaparece del horizonte se llama *ocaso* (aparente).

El orto verdadero de los astros se verifica más tarde que el orto aparente, ya que hay que tener en cuenta las correcciones de semidiámetro (para Sol y Luna), de refracción de la luz y de depresión de horizonte por elevación del observador sobre el nivel del mar. El ocaso verdadero se hallará restando al ocaso aparente dichas correcciones.

Refiriéndonos al Sol, el orto es el momento en que aparece su limbo superior y ocaso es el momento en que desaparece del horizonte (hora de arriado de bandera). En ambos casos, el disco del Sol está bajo el horizonte, luego el centro está por debajo del horizonte la medida del semidiámetro. Estas, la refracción de la luz y la depresión del horizonte, que hacen que veamos antes de tiempo su limbo superior en el orto y que sigamos viendo más tiempo el Sol en su ocaso son las razones de que este orto y ocaso sean *aparentes,* luego, para que sean verdaderos hay que añadir el semidiámetro, el valor de la refracción y la corrección por depresión de horizonte, que vienen a ser por término medio 16′ el semidiámetro, 34′ la refracción con atmósfera normal y la depresión de horizonte 4′ para una elevación del observador de 5 metros. Es decir, que en el orto y ocaso aparentes la altura del Sol es negativa cincuenta y tantos minutos de arco.

En las tablas náuticas entrando con latitud del lugar y declinación del Sol nos da una diferencia de horario, que sumado o restado a las horas del orto u ocaso aparente nos da las horas de los ortos y ocasos verdaderos. Hay otra tabla que directamente nos da las horas del orto y ocaso verdaderos.

En el Almanaque Náutico viene la hora civil de Greenwich a que se verifica el orto y ocaso aparentes en cada latitud en días alternos. Esa hora civil de Greenwich se puede considerar de lugar, pues la variación por longitud es despreciable y entonces habrá que pasarla a hora legal o a hora oficial según la que llevemos en el reloj. Para ello le aplicamos la longitud en tiempo para pasar a Greenwich y después la zona para tener la hora legal. Si hay adelanto o retraso oficial se lo sumaremos o restaremos para tener la hora oficial. Véase páginas 43-8 y 43-9.

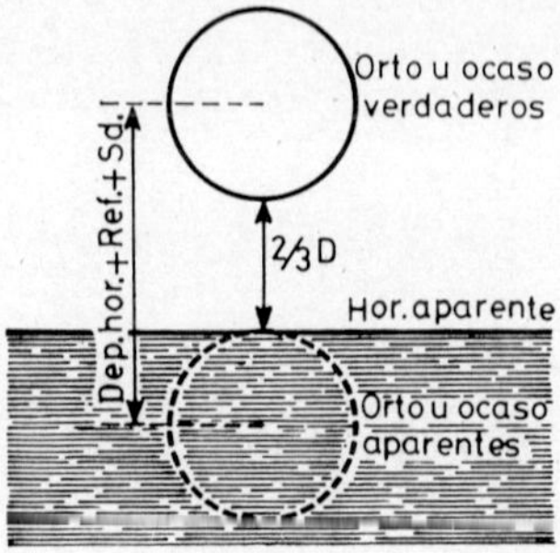

Fig. 296

Prácticamente, el Sol viene a estar en su orto u ocaso al estar su limbo inferior elevado sobre el horizonte los 2/3 de su diámetro (fig. 296).

Ejemplo: El día 15 de diciembre de 1977, estando en latitud = 40° — 00′ N y longitud = 36° — 30′ W, hallar los ortos y ocasos aparentes y verdaderos estando el observador a 5 metros de altura y habiendo en el lugar una hora de adelanto vigente.

Del Almanaque Náutico entrando pág. 43-8 con l = 40° N el día 15 de diciembre nos da el orto a las 07^h — 15^m y el ocaso a las 16^h — 36^m (de la pág. 43-9).

Hcl. orto =	07 h — 15 m		Hcl. ocaso =	16 h — 36 m	
Lt. =	2 h — 26 m	+	Lt. =	2 h — 26 m	+
HcG. orto =	09 h — 41 m		HcG. ocaso =	19 h — 02 m	
Zona =	2	+ (—)	Zona =	2	+ (—)
Hora legal =	07 h — 41 m		Hora legal =	17 h — 02 m	
Adelanto vig. =	1 h		Adelanto vig. =	1 h	
H. ofi. orto ap. =	08 h — 41 m		H. ofi. ocaso ap. =	18 h — 02 m	

Para hallar el ocaso verdadero: Del A. N. tenemos semidiámetro

TU	SOL: S D 16′,3 — P M G: 11ʰ 55ᵐ,2 — h G ☉	Dec	LUNA ◐ Edad: 4ᵈ,3 S D 16′,1 — P H E { 4ʰ: 59′,0 12ʰ: 58′,7 20ʰ: 58′,4 — P M G: 16ʰ 34ᵐ R.° 50ᵐ — h G ☾	Dif	Dec	Dif
	° ′	° ′	° ′		° ′	
0ʰ	181 15,9	−23 14,9	120 7,1	89	−10 23,9	94
1	196 15,6	15,1	134 35,0	90	14,5	95
2	211 15,3	15,2	149 3,0	91	−10 5,0	95
3	226 15,0	15,3	163 31,1	92	− 9 55,5	95
4	241 14,7	15,5	177 59,3	93	46,0	96
5	256 14,4	15,6	192 27,6	93	36,4	96
6	271 14,0	−23 15,7	206 55,9	94	− 9 26,8	97
7	286 13,7	15,9	221 24,3	95	17,1	97
8	301 13,4	16,0	235 52,8	96	− 9 7,4	98
9	316 13,1	16,1	250 21,4	96	− 8 57,6	97
10	331 12,8	16,3	264 50,0	98	47,9	99
11	346 12,5	16,4	279 18,8	98	38,0	98
12	1 12,2	−23 16,5	293 47,6	99	− 8 28,2	99
13	16 11,9	16,6	308 16,5	99	18,3	99
14	31 11,6	16,8	322 45,4	101	− 8 8,4	100
15	46 11,3	16,9	337 14,5	101	− 7 58,4	100
16	61 11,0	17,0	351 43,6	102	48,4	100
17	76 10,7	17,1	6 12,8	102	38,4	101
18	91 10,4	−23 17,3	20 42,0	103	− 7 28,3	100
19	106 10,1	17,4	35 11,3	104	18,3	101
20	121 9,8	17,5	49 40,7	105	− 7 8,2	101
21	136 9,5	17,6	64 10,2	105	− 6 58,1	102
22	151 9,2	17,7	78 39,7	106	47,9	102
23	166 8,9	17,9	93 9,3	107	37,7	101
24	181 8,6	−23 18,0	107 39,0		− 6 27,6	

Latitud	Crepúsculos Náutico	Crepúsculos Civil	Salida Sol	Salida Luna Hora	Salida Luna R.°	Puesta Luna Hora	Puesta Luna R.°
°	h m	h m	h m	h m	m	h m	m
60 N	7 3	7 59	8 57	11 25	20	21 56	81
58	6 55	48	40	20	22	22 0	79
56	49	38	25	16	24	4	76
54	43	29	13	12	26	7	74
52	37	21	8 2	9	27	10	72
50	32	7 13	7 52	11 5	30	12	71
45	20	6 57	31	10 58	33	18	67
40	10	44	15	53	35	23	64
35	6 1	32	7 0	48	37	27	61
30	5 52	22	6 48	43	40	30	60
20	36	6 3	27	35	44	36	56
10 N	20	5 46	6 9	28	48	41	53
0	5 3	29	5 51	22	50	46	49
10 S	4 44	5 11	34	16	53	51	46
20	4 21	4 50	5 15	9	56	22 56	43
30	3 52	26	4 53	10 1	60	23 2	39
35	34	4 11	40	9 56	63	5	37
40	3 11	3 53	25	51	66	9	34
45	2 41	30	4 8	45	68	14	31
50	1 56	3 1	3 45	38	72	19	28
52	1 29	2 46	35	35	73	21	26
54	0 45	28	22	31	75	24	24
56	—	2 6	3 8	27	77	26	23
58	—	1 37	2 52	22	80	30	20
60 S	—	0 50	2 32	9 17	83	23 33	19

TU	♈ P M G: 18ʰ 22ᵐ,8 — h G ♈	VENUS: −3,4 P M G: 11ʰ 16ᵐ — h G ♀	Dec	MARTE: −0,4 P M G: 3ʰ 25ᵐ — h G ♂	Dec	JUPITER: −2,3 P M G: 0ʰ 35ᵐ — h G ♃	Dec	SATURNO: +0,7 P M G: 4ʰ 37ᵐ — h G ♄	Dec
	° ′	° ′	° ′	° ′	° ′	° ′	° ′	° ′	° ′
0ʰ	83 32,2	191 7,3	−22 4,0	308 37,6	+20 20,0	351 11,5	+23 8,8	290 26,6	+12 33,1
1	98 34,6	206 6,4	4,5	323 40,1	20,1	6 14,3	8,8	305 29,1	33,1
2	113 37,1	221 5,5	5,0	338 42,6	20,2	21 17,2	8,8	320 31,5	33,1
3	128 39,5	236 4,6	5,4	353 45,1	20,4	36 20,0	8,8	335 34,0	33,2
4	143 42,0	251 3,7	5,9	8 47,6	20,5	51 22,8	8,9	350 36,5	33,2
5	158 44,5	266 2,8	6,4	23 50,1	20,6	66 25,6	8,9	5 39,0	33,2
6	173 46,9	281 1,9	−22 6,9	38 52,6	+20 20,8	81 28,5	+23 8,9	20 41,4	+12 33,2
7	188 49,4	296 1,0	7,3	53 55,1	20,9	96 31,3	8,9	35 43,9	33,2
8	203 51,9	311 0,1	7,8	68 57,6	21,0	111 34,1	8,9	50 46,4	33,2
9	218 54,3	325 59,2	8,3	84 0,2	21,2	126 36,9	8,9	65 48,9	33,3
10	233 56,8	340 58,3	8,7	99 2,7	21,3	141 39,8	8,9	80 51,3	33,3
11	248 59,3	355 57,4	9,2	114 5,2	21,4	156 42,6	8,9	95 53,8	33,3
12	264 1,7	10 56,6	−22 9,7	129 7,7	+20 21,5	171 45,4	+23 8,9	110 56,3	+12 33,3
13	279 4,2	25 55,7	10,1	144 10,3	21,7	186 48,2	9,0	125 58,8	33,3
14	294 6,6	40 54,8	10,6	159 12,8	21,8	201 51,1	9,0	141 1,3	33,3
15	309 9,1	55 53,9	11,0	174 15,3	21,9	216 53,9	9,0	156 3,7	33,3
16	324 11,6	70 53,0	11,5	189 17,8	22,1	231 56,7	9,0	171 6,2	33,4
17	339 14,0	85 52,1	12,0	204 20,4	22,2	246 59,5	9,0	186 8,7	33,4
18	354 16,5	100 51,2	−22 12,4	219 22,9	+20 22,4	262 2,4	+23 9,0	201 11,2	+12 33,4
19	9 19,0	115 50,3	12,9	234 25,4	22,5	277 5,2	9,0	216 13,7	33,4
20	24 21,4	130 49,4	13,3	249 28,0	22,6	292 8,0	9,0	231 16,1	33,4
21	39 23,9	145 48,5	13,8	264 30,5	22,8	307 10,9	9,0	246 18,6	33,4
22	54 26,4	160 47,6	14,2	279 33,0	22,9	322 13,7	9,0	261 21,1	33,5
23	69 28,8	175 46,7	14,7	294 35,6	23,0	337 16,5	9,1	276 23,6	33,5
24	84 31,3	190 45,8	−22 15,1	309 38,1	+20 23,2	352 19,3	+23 9,1	291 26,1	+12 33,5
Dif.	—	− 9	− 5	+25	+ 1	+28	0	+25	0

VIERNES, 16 DE DICIEMBRE DE 1977

TU	SOL: SD 16',3 — PMG: 11h 55m,7 — hG ☉	Dec	LUNA ◐ Edad: 5d,3 SD 15',9 — PMG: 17h 24m — hG ☾	Dif	Dec	Dif
0^h	181° 8',6	−23° 18',0	107° 39',0	108	− 6° 27',6	103
1	196 8,3	18,1	122 8,8	108	17,3	102
2	211 8,0	18,2	136 38,6	108	− 6 7,1	102
3	226 7,7	18,3	151 8,4	110	− 5 56,9	103
4	241 7,4	18,4	165 38,4	110	46,6	103
5	256 7,1	18,5	180 8,4	111	36,3	103
6	271 6,8	−23 18,7	194 38,5	111	− 5 26,0	103
7	286 6,5	18,8	209 8,6	112	15,7	103
8	301 6,2	18,9	223 38,8	112	− 5 5,4	104
9	316 5,9	19,0	238 9,0	114	− 4 55,0	103
10	331 5,6	19,1	252 39,4	113	44,7	104
11	346 5,3	19,2	267 9,7	115	34,3	103
12	1 5,0	−23 19,3	281 40,2	115	− 4 24,0	104
13	16 4,7	19,4	296 10,7	115	13,6	104
14	31 4,4	19,5	310 41,2	116	− 4 3,2	104
15	46 4,1	19,6	325 11,8	117	− 3 52,8	104
16	61 3,8	19,7	339 42,5	117	42,4	104
17	76 3,4	19,8	354 13,2	118	32,0	104
18	91 3,1	−23 19,9	8 44,0	118	− 3 21,6	104
19	106 2,8	20,0	23 14,8	119	11,2	104
20	121 2,5	20,1	37 45,7	119	− 3 0,8	104
21	136 2,2	20,2	52 16,6	120	− 2 50,4	105
22	151 1,9	20,3	66 47,6	121	39,9	104
23	166 1,6	20,4	81 18,7	120	29,5	104
24	181 1,3	−23 20,5	95 49,7		− 2 19,1	

LUNA PHE: 4h: 58',1; 12h: 57',8; 20h: 57',5 — R.° 47m

Latitud	Puesta Sol	Crepúsculos Civil	Crepúsculos Náutico	Salida Luna Hora	R.°	Puesta Luna Hora	R.°
°	h m	h m	h m	h m	m	h m	m
60 N	14 53	15 50	16 47	11 45	17	23 17	78
58	15 10	16 2	16 54	42	20	19	75
56	25	12	17 1	40	22	20	74
54	37	21	7	38	24	21	72
52	48	29	13	36	26	22	70
50	15 58	37	18	35	27	23	68
45	16 19	16 53	30	31	30	25	65
40	36	17 6	40	28	33	27	62
35	16 50	18	50	25	36	28	60
30	17 2	28	17 58	23	38	30	57
20	23	17 47	18 15	19	41	32	53
10 N	42	18 4	31	16	44	34	50
0	17 59	22	18 48	12	48	35	47
10 S	18 16	18 40	19 7	9	51	37	44
20	35	19 0	29	5	55	39	40
30	18 57	25	19 58	11 1	59	41	37
35	19 10	40	20 17	10 59	60	42	35
40	25	19 58	20 40	57	62	43	33
45	19 43	20 21	21 10	53	66	45	29
50	20 6	20 50	21 56	50	69	47	26
52	16	21 5	22 23	48	71	47	25
54	29	23	23 8	46	73	48	24
56	43	21 45	—	44	75	49	22
58	20 59	22 15	—	42	77	50	20
60 S	21 20	23 4	—	10 40	79	23 52	17

TU	♈ PMG: 18h 18m,9 — hG ♈	VENUS: −3,4 PMG: 11h 18m — hG ♀	Dec	MARTE: −0,5 PMG: 3h 21m — hG ♂	Dec	JUPITER: −2,3 PMG: 0h 31m — hG ♃	Dec	SATURNO: +0,7 PMG: 4h 34m — hG ♄	Dec
0^h	84° 31',3	190° 45',8	−22° 15',1	309° 38',1	+20° 23',2	352° 19',3	+23° 9',1	291° 26',1	+12° 33',5
1	99 33,8	205 44,9	15,6	324 40,7	23,3	7 22,2	9,1	306 28,5	33,5
2	114 36,2	220 44,0	16,0	339 43,2	23,4	22 25,0	9,1	321 31,0	33,5
3	129 38,7	235 43,1	16,5	354 45,7	23,6	37 27,8	9,1	336 33,5	33,5
4	144 41,1	250 42,2	16,9	9 48,3	23,7	52 30,6	9,1	351 36,0	33,6
5	159 43,6	265 41,3	17,4	24 50,8	23,9	67 33,5	9,1	6 38,5	33,6
6	174 46,1	280 40,4	−22 17,8	39 53,4	+20 24,0	82 36,3	+23 9,1	21 41,0	+12 33,6
7	189 48,5	295 39,4	18,2	54 55,9	24,1	97 39,1	9,1	36 43,4	33,6
8	204 51,0	310 38,5	18,7	69 58,5	24,3	112 42,0	9,2	51 45,9	33,6
9	219 53,5	325 37,6	19,1	85 1,0	24,4	127 44,8	9,2	66 48,4	33,6
10	234 55,9	340 36,7	19,6	100 3,6	24,6	142 47,6	9,2	81 50,9	33,7
11	249 58,4	355 35,8	20,0	115 6,2	24,7	157 50,4	9,2	96 53,4	33,7
12	265 0,9	10 34,9	−22 20,4	130 8,7	+20 24,9	172 53,3	+23 9,2	111 55,8	+12 33,7
13	280 3,3	25 34,0	20,9	145 11,3	25,0	187 56,1	9,2	126 58,3	33,7
14	295 5,8	40 33,1	21,3	160 13,8	25,1	202 58,9	9,2	142 0,8	33,7
15	310 8,3	55 32,2	21,7	175 16,4	25,3	218 1,7	9,2	157 3,3	33,7
16	325 10,7	70 31,3	22,2	190 19,0	25,4	233 4,6	9,2	172 5,8	33,8
17	340 13,2	85 30,4	22,6	205 21,5	25,6	248 7,4	9,2	187 8,3	33,8
18	355 15,6	100 29,5	−22 23,0	220 24,1	+20 25,7	263 10,2	+23 9,3	202 10,8	+12 33,8
19	10 18,1	115 28,6	23,5	235 26,7	25,9	278 13,1	9,3	217 13,2	33,8
20	25 20,6	130 27,7	23,9	250 29,2	26,0	293 15,9	9,3	232 15,7	33,8
21	40 23,0	145 26,8	24,3	265 31,8	26,2	308 18,7	9,3	247 18,2	33,8
22	55 25,5	160 25,9	24,7	280 34,4	26,3	323 21,5	9,3	262 20,7	33,9
23	70 28,0	175 24,9	25,1	295 36,9	26,4	338 24,4	9,3	277 23,2	33,9
24	85 30,4	190 24,0	−22 25,6	310 39,5	+20 26,6	353 27,2	+23 9,3	292 25,7	+12 33,9
Dif.	—	− 9	− 4	+26	+ 1	+28	0	+25	0

del Sol 16,3, de las tablas náuticas n.º 14 entrando con altura aparente 0° nos da refracción 34,8′ y en la tabla 29 con altura del observador nos da depresión aparente 4′. Sumando estos valores nos da 55′ = $3^m - 40^s$.

H. of. or. ap. =	08 h — 41 m	H. of. oca. ap. =	18 h — 02 m
Correc. total =	3 m — 40 s +	Correc. total =	3 m — 40 s —
H. of. or. ver. =	08 h — 44 m — 40 s	H. of. oca. ver. =	17 h — 58 m — 20 s

CREPÚSCULOS. — Son los intervalos de tiempo en que sin verse el Sol hay luz o claridad. El crepúsculo puede ser matutino o vespertino, según sea antes de la salida o después de la puesta del Sol.

Hay tres clases de crepúsculos: el *civil,* el *náutico* y el *astronómico.*

El civil dura desde que el Sol tiene una altura negativa de 6° hasta que sale o desde que se pone hasta qque tiene menos 6° de altura.

El náutico, que comienza o termina al tener el Sol 12° de depresión. Su duración es el doble del civil aproximadamente.

El astronómico, que comienza o termina cuando el Sol se encuentra 18° por debajo del horizonte. Tiene una duración del triple del civil aproximadamente.

La mejor hora para tomar alturas de las estrellas es la comprendida entre el crepúsculo náutico y el crepúsculo civil, cuando la línea del horizonte está bien definida y el firmamento lo suficientemente oscuro para ver claras las estrellas.

El Almanaque Náutico da en días alternos la hora de comienzo de los crepúsculos náutico y civil. Las horas que vienen en el Almanaque son horas civiles en Greenwich que habría que corregirlas por longitud, pero que como es tan poca la diferencia se toman como horas civiles del lugar. Recuérdese que la hora civil del lugar hay que pasarla a hora legal u hora oficial, que son a las que están ajustados los relojes, igual que hicimos en los ortos y ocasos.

La duración de los crepúsculos varía según la latitud del lugar y la declinación del Sol. Los crepúsculos más cortos se efectúan en los lugares que tienen la misma latitud que declinación tiene el Sol y los más largos en los puntos que tienen de latitud 90° menos la declinación del Sol (latitud y declinación de igual signo).

ZONAS Y CLIMAS. — Al estudiar los paralelos destacábamos los del Ecuador, Cáncer, Capricornio y Círculos polares. Estos paralelos, a excepción del Ecuador, dividen a la Tierra en cinco zonas (fig. 297).

Zona tórrida, que es la comprendida entre los Trópicos. Se llama así porque en ella (no por igual) es alta la temperatura. Se debe a que es la parte en la que inciden más verticalmente los rayos solares durante todo el año.

Dos zonas templadas, una en el hemisferio Norte y otra en el hemisferio Sur. Comprendidas, respectivamente, entre el Trópico de Cáncer y el Círculo Polar Ártico y entre el Trópico de Capricornio y el Círculo Polar Antártico. En ellas la temperatura es moderada, no dándose los extremos de frío o calor.

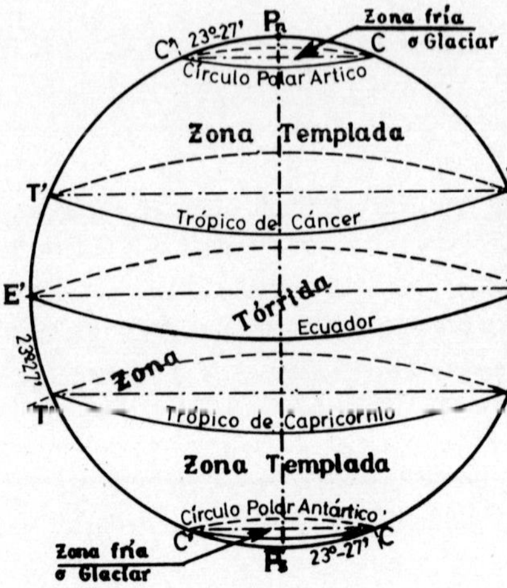

Fig. 297

Dos zonas frías o glaciares, que corresponden a los casquetes polares, desde los círculos polares hasta los polos, y donde se registran los fríos más intensos debido a que cuando reciben, que no reciben siempre, los rayos solares es de forma muy oblicua. Amplias partes de estas zonas están cubiertas continuamente por el hielo.

La causa de que existan estas zonas es la oblicuidad de la Eclíptica y, aunque están definidas en sentido general como se ha descrito, los climas de estas zonas no son homogéneos, pues varían en gran forma de un lugar a otro de la zona a causa de la forma de los continentes, configuración de las tierras y mares, corrientes, vientos, etc.

Capítulo 44

SEXAGESIMALES. MEDIDA DEL TIEMPO

OPERACIONES CON SEXAGESIMALES. — Son sexagesimales las unidades que tienen por base el número 60 como los grados y las horas. Un grado tiene 60 minutos y un minuto tiene 60 segundos. Una hora tiene 60 minutos y un minuto tiene 60 segundos. Obsérvese que la pronunciación de minutos y segundos es la misma para arco y para tiempo, pero se escriben de distinta forma, v. gr.: Un grado 20 segundos 7 minutos de arco = $1^\circ - 20' - 07''$. Una hora veinte minutos siete segundos = = $1^h - 20^m - 07^s$.

Suma. — Se ponen las cantidades unas debajo de otras de manera que se correspondan las unidades de los diferentes órdenes y se empieza sumando por las del primer orden de la derecha. Como cada 60 unidades de éstas corresponden a una unidad de orden superior, si la suma es mayor de 60 la convertimos en unidades de orden superior sumándolas en su columna correspondiente (generalmente es una operación de memoria).

Ejemplos:	28° — 30′ — 15″	4 h — 59 m — 31 s	6° — 49′ — 58″
	41° — 51′ — 49″	7 h — 00 m — 29 s	21° — 32′ — 20″
			7° — 57′ — 52″
	70° — 22′ — 04″	12 h — 00 m — 00 s	36° — 20′ — 10″

Resta. — Puestas las cantidades en el orden indicado anteriormente se restan los grupos del mismo orden teniendo en cuenta que cuando el número de minutos o segundos del minuendo es menor que el del sustraendo se le suma 60 quitando una unidad de la cantidad del orden superior en el minuendo.

Ejemplos: Restar 5° — 20′ — 32″ de 14° — 35′ — 20″ y 14 h — 20 m — 30 s de 20 h — 22 m — 45 s.

14° — 35′ — 20″	→ 14° — 34′ — 80″	20 h — 22 m — 45 s
— 5° — 20′ — 32″	→ 5° — 20′ — 32″	— 14 h — 20 m — 30 s
9° — 14′ — 48″	9° — 14′ — 48″	6 h — 02 m — 15 s

Multiplicación. — Se multiplica el factor por cada grupo teniendo en cuenta de convertir los resultados al orden superior si son mayores de 60.

Ejemplos:

$$\begin{array}{r} 4\,h - 20\,m - 10\,s \\ \times\ 5 \\ \hline 20\,h - 100\,m - 50\,s = 21\,h - 40\,m - 50\,s \end{array} \qquad \begin{array}{r} 20^\circ - 48' - 36'' \\ \times\ 7 \\ \hline 145^\circ - 40' - 12'' \end{array}$$

División. — Se empiezan a dividir las cifras del orden superior y los restos se convierten en unidades del orden inmediato inferior, sumándolas, una vez multiplicadas por 60, a las que había. Se dividen por el divisor y el resto se convierte en unidades del orden inferior siguiente, sumándolas a las que había y volviendo a dividirlas. El resto (en los segundos) se sigue dividiendo y nos dará décimas de segundo en el cociente.

Ejemplos: $9^\circ - 26' - 08'' : 4 = \frac{9^\circ}{4} = 2^\circ$ y resta 1°; $1^\circ \times 60 = 60'$; $60' + 26' = 86'$

$\frac{86'}{4} = 21'$ y restan $2' = 120''$

$120'' + 08'' = 128''$; $\frac{128''}{4} = 32''$

luego el resultado de la división es: $2^\circ - 21' - 32''$

TRANSFORMACIÓN DE ARCO EN TIEMPO Y VICEVERSA. — Partiendo de la base de que la Tierra da una vuelta completa sobre su eje de rotación cada 24 horas, es fácil deducir que cualquier punto de la Tierra (excepto los dos de los Polos) describe una circunferencia completa (360°) cada 24 horas.

luego si 360° —— 24^h de donde $T^h = \frac{24 \times g^\circ}{360}$; $T^h = \frac{g^\circ}{15}$
g° —— T^h

Como 15 es la cuarta parte de 60, multiplicamos a ambos (divisor y cociente) por 4 y queda $T^h = \frac{4 \times g^\circ}{60}$, o lo que equivale a multiplicar el número de grados por 4 y rebajarlos la especie. Los segundos de arco serán décimas de segundo de tiempo al rebajarlos de especie, o sea al dividirlos por 60.

Ejemplo: Convertir en tiempo $45^\circ - 26' - 39''$

$$\begin{array}{r} 45^\circ - 26' - 39'' \\ \times\ 4 \\ \hline 181^\circ - 46' - 36'' \end{array}$$

y rebajando la especie $= 181^m - 46{,}6^s = 3^h - 01^m - 46{,}6^s$.

2.º ejemplo: Convertir 89° — 24′ — 36″ en tiempo

$$\begin{array}{l} 89^{\circ} - 24' - 36'' \\ \qquad\qquad \times 4 \\ \hline 357^{\circ} - 38' - 24'' \end{array}$$

y rebajando la especie = $357^{m} - 38{,}4^{s} = 5^{h} - 57^{m} - 38{,}4^{s}$

Para pasar de tiempo a arco sabemos que:

24^{h} —— 360°
T^{h} —— g°

de donde $g^{\circ} = \dfrac{T^{h} \times 360}{24}$; simplificando queda: $g^{\circ} = \dfrac{T^{h} \times 60}{4}$

o lo que es igual $g^{\circ} = \dfrac{T^{h}}{4} \times 60$, o sea que para pasar de tiempo a arco se divide por 4 el tiempo y se aumenta la especie.

Ejemplo: Convertir $2^{h} - 25^{m} - 30^{s}$ en arco.
$2^{h} - 25^{m} - 30^{s} : 4 = 145^{m} - 30^{s} : 4 = 36^{m} - 22{,}5^{s}$ y aumentando la especie queda: $36^{\circ} - 22' - 30''$.

2.º ejemplo: Convertir $7^{h} - 20^{m} - 30{,}5^{s}$ en arco.
$7^{h} - 20^{m} - 30{,}5^{s} : 4 = 440^{m} - 30{,}5^{s} : 4 = 110^{m} - 07{,}62^{s}$ y aumentando la especie queda: $110^{\circ} - 07' - 37{,}2''$.

OBSERVACIÓN: Al convertir arco en tiempo hemos multiplicado por 4 y dividido por 60, lo que equivale a dividir por 15, y al convertir tiempo en arco hemos dividido por 4 y multiplicado por 60, lo que equivale a multiplicar por 15.

Las conversiones se pueden hacer por este método según la habilidad que se tenga en la práctica de multiplicar o dividir por 15, y conviene tener en la memoria a efectos de comprobación mental de las operaciones que:

$$\begin{array}{l} 1^{h} = 15^{\circ} \\ 1^{m} = 15' \\ 1^{s} = 15'' \end{array} \quad \text{y que} \quad \begin{array}{rcl} 360^{\circ} & = & 24^{h} \\ 15^{\circ} & = & 1^{h} \\ 1^{\circ} & = & 4^{m} \\ 1' & = & 4^{s} \end{array}$$

NOTA. — En los Almanaques Náuticos y otros libros de navegación existen tablas de conversión de arco en tiempo y viceversa.

MEDIDA DEL TIEMPO. — Partiendo, sin más averiguaciones, de que la Tierra gira sobre su eje con movimiento uniforme y tomando al Sol verdadero como referencia para considerar un día como el tiempo que tarda en pasar el Sol frente al meridiano del lugar dos veces consecutivas, se ve que los días no son iguales, cosa que se explica en la segunda ley de Kepler, pues el Sol verdadero no recorre la Eclíptica con movimiento uniforme. En la figura 298 se ve que si las áreas S y S' son iguales el arco de Eclíptica AB es distinto que CD, luego en el sector CD, como la Tierra gira sobre su eje hacia Oriente con velocidad uniforme y allí va más lento el traslado aparente del Sol, los rayos de éste incidirán en el meridiano tomado como referencia antes que cuando esté recorriendo el sector de Eclíptica AB.

Por ello se tuvo que tomar como referencia para medir el tiempo un Sol imaginario llamado «Sol Medio» que recorriera aıcos iguales en tiempos iguales (fig. 298).

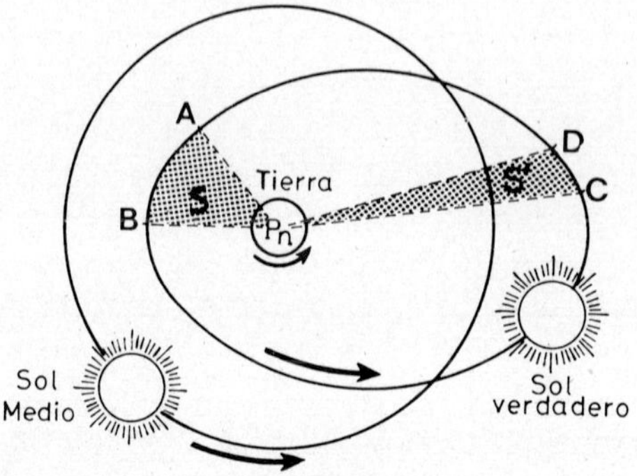

Fig. 298

El *día civil* o *día medio* es el intevalo de tiempo entre dos pasos sucesivos del Sol Medio frente al meridiano del lugar.

Obsérvese en el Almanaque Náutico que el paso del Sol verdadero por el Meridiano de Greenwich, y por ende en cualquier meridiano, no coincide generalmente con las 12 — 00 horas de tiempo medio.

El día medio se divide en 24 horas, la hora en 60 minutos y el minuto en 60 segundos.

El día se empieza a contar cuando el Sol medio pasa por el meridiano inferior, es decir: a media noche. A efectos del reloj, el día empieza a contarse cuando el Sol Medio pasa por el meridiano inferior central de la zona en que estamos, como veremos más adelante.

TIEMPO UNIVERSAL. — Al objeto de no tener cada lugar de distinta longitud una hora distinta a qué referirnos se tomó una hora base que es la contada en el meridiano de Greenwich llamada de *Tiempo Universal* (T.U.) o bien *Hora civil en Greenwich* (HcG).

A ella están referidas las horas tabuladas en el Almanaque Náutico y de ella hay que partir para los distintos cálculos y horarios. A ella están ajustados también los cronómetros de a bordo, fundamentales para la observación de los astros para hallar la situación geográfica del observador.

HORA CIVIL, LEGAL Y OFICIAL. — *Hora civil del lugar* (HcL) es el tiempo que hace que pasó el Sol Medio frente al meridiano inferior del lugar.

Como es del lugar entra en función la longitud del mismo, luego hay que tomar como referencia al meridiano Cero o meridiano de Greenwich.

Se cuenta de 0 a 24 horas y como la mayoría de los relojes sólo tienen o marcan 12 horas hay veces que hay que especificar si se cuenta desde el meridiano inferior o superior; ejemplo: las $07^h - 15^m$ de la mañana se pueden expresar por Hcl = $07^h - 15^m$ o bien Hcl = $07^h - 15^m$ Am, es decir a partir del antimeridiano. Las $07^h - 15^m$ de la tarde se pueden expresar por las $19^h - 15^m$ o por $07^h - 15^m$ Pm (post meridiam) o pasado el meridiano superior.

Hora legal. — Al objeto de no tener en cada lugar de distinta longitud una hora diferente, se dividió la superficie esférica de la Tierra en 24 husos horarios o zonas horarias de 15°, o sea de una hora de longitud de manera que todos los lugares dentro de cada huso tuvieran la misma hora llamada *Hora legal* (Hz), con lo que sólo hay que cambiar la hora en el reloj al pasar de un huso a otro.

En la figura 299 están representados los diferentes husos horarios. Téngase en cuenta que los grados representados marcan la longitud del meridia-

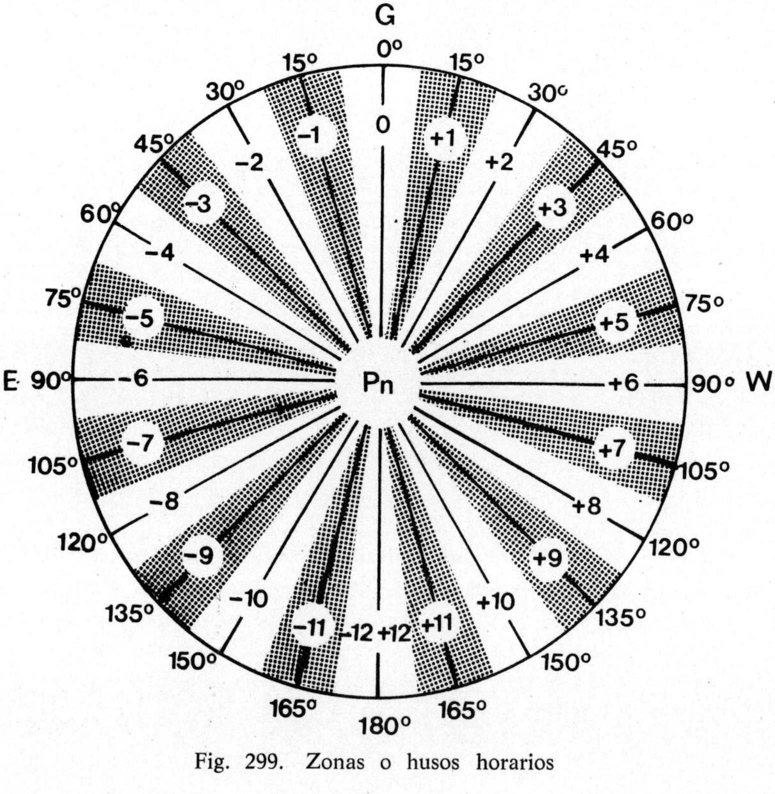

Fig. 299. Zonas o husos horarios

no central, luego la zona horaria abarca 7,5° a cada lado de ese meridiano. Así la zona + 3 abarca desde los 37° — 30′ W hasta los 52° — 30′ W.

Obsérvese también que los de longitud Oeste tienen signo + y los de longitud E tienen signo —, porque para pasar de la hora legal de la zona a la hora legal de Greenwich hay que sumar o restar las zonas según ese signo. No confundir que al pasar de HzG a Hzl si es hacia el W habrá que restar y si es hacia el E habrá que sumar, pues los lugares más al W tienen menos horario y los del E de Greenwich tienen más.

Obsérvese también que el huso correspondiente al meridiano de los 180° se ha puesto en una mitad —12 y la otra mitad +12. Los horarios de los lugares de la zona situados en distintas mitades se diferencian en 24 horas, es decir, en un día fecha.

Estos husos, en algunos casos, no se ciñen extrictamente a lo que marcan sus meridianos respectivos, pues a veces queda una pequeña parte de un país fuera de ellos y se considera que dicha parte pertenece al huso principal. Ejemplo, parte de Galicia está en el huso +1 pero se considera comprendida en el huso 0 como el resto de España peninsular.

Hora Oficial. — Es la establecida por el Gobierno de un país por razones económicas o por unificación de horarios nacionales o internacionales. Se diferencia de la legal en números enteros. Así en España llevamos una hora de adelanto con respecto a la legal y a veces dos, luego Ho = Hz + + Adelanto o — atraso. La hora legal en Greenwich, como estamos en el huso 0 será la misma que la hora legal de la península y con respecto a la hora Oficial será menor en Greenwich en las horas que llevemos de adelanto.

En el Almanaque Náutico viene una relación de las horas oficiales que rigen en los diferentes países del Mundo.

RELACIONES ENTRE ESTAS HORAS. — La relación más fácil entre las tres clases de horas es a través de la hora de Greenwich, si bien pueden relacionarse entre sí. Veamos: llamando A_o al adelanto o atraso oficial, Z a la zona o huso y Lt a la longitud en tiempo, tenemos que:

$$\text{Hol} = \text{Hz} \pm A_o \left\{ \begin{array}{l} \text{HcG} = \text{Hol} \pm A_o \pm Z \\ \text{HcG} = \text{Hcl} \pm \text{Lt} \end{array} \right\} \begin{array}{l} \text{Hcl} = \text{Hol} \pm A_o \pm Z \mp \text{Lt} \\ \text{Hol} = \text{Hcl} \pm \text{Lt} \mp A_o \mp Z \end{array}$$

$$\text{Hzl} = \text{Hol} \mp A_o \left\{ \begin{array}{l} \text{HcG} = \text{Hcl} \pm \text{Lt} \\ \text{HcG} = \text{Hzl} \pm Z \end{array} \right\} \begin{array}{l} \text{Hcl} = \text{Hzl} \pm Z \mp \text{Lt} \\ \text{Hzl} = \text{Hcl} \pm \text{Lt} \mp Z \end{array}$$

Capítulo 45

MAREAS

MAREAS. — Se conocen por mareas los movimientos alternativos del nivel del agua del mar. Cuando alcanza su nivel superior se llama pleamar, y en su nivel inferior se llama bajamar.

Refiriéndonos a la marea en su movimiento vertical se dice que la marea es *creciente* o que *sube* y *menguante* o que *baja*. Si nos referimos a su movimiento horizontal o *corriente de marea* se dice *flujo* o *marea entrante*, y *reflujo* o marea saliente o vaciante. Cuando la marea está parada en su nivel más alto se llama *repunte de marea.*

Es un movimiento periódico ya que se repite a intervalos de tiempo iguales, llamándose el tiempo entre dos bajamares o dos pleamares *período* (figura 300).

NIVEL MEDIO. — Es el nivel que tendrían las aguas del mar si no existiera el fenómeno de las mareas.

Las mareas se producen por las atracciones que ejercen, sobre la capa de agua que recubre la Tierra, las masas del Sol y la Luna. Los demás astros, debido a sus grandes distancias a la Tierra, prácticamente no ofrecen atracciones.

La influencia de la Luna es aproximadamente 2,3 veces mayor que la del Sol a pesar de ser su volumen 26 veces menor, ya que la atracción es inversamente proporcional al cubo de las distancias.

AMPLITUD DE LA MAREA, o *carrera de la marea* es la diferencia de altura entre los niveles de la pleamar y de la bajamar, fig. 301, a), o lo que es lo mismo: la diferencia que existe entre la sonda de la pleamar y la sonda de la bajamar.

La amplitud varía para un mismo lugar en función de las posiciones del Sol y la Luna respecto a la Tierra, llegando a su máximo valor cuando los dos astros están en línea recta con la tierra (sicigias), o sea, cuando se encuentran en conjunción o en oposición (luna nueva o luna llena) (fig. 301), y entonces es cuando las mareas se llaman *vivas*. En cambio cuando la Luna se halla en cuarto creciente o en cuarto menguante (que es cuando el Sol y la Luna forman un ángulo recto con la Tierra) las atracciones se contrarrestan al máximo y dan lugar a las *mareas muertas*.

Dentro de estas mareas vivas y muertas existen dos que corresponden a

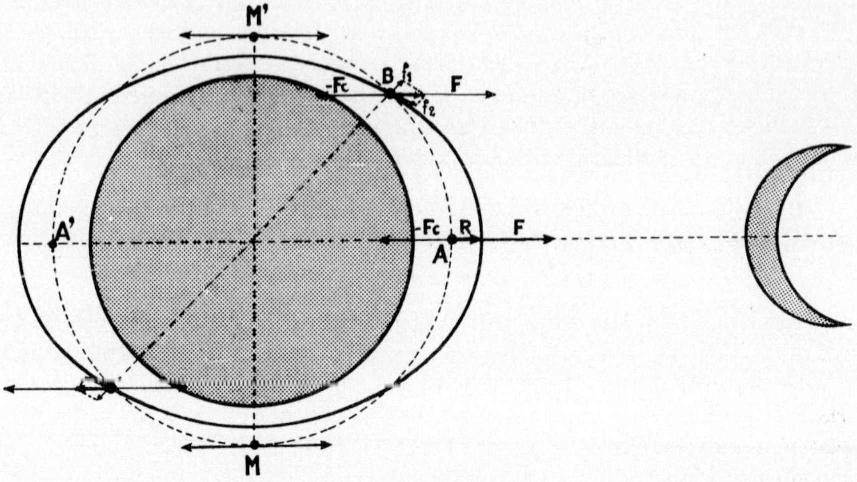

Fig. 300. *Fenómeno de las mareas según Newton.* Vista la Tierra desde el polo, R es igual a la resultante de la fuerza de atracción F menos Fc fuerza negativa que aplicamos en todas las moléculas de la capa de agua que recubre la Tierra. En B la resultante la descomponemos en f_1 y f_2 teniendo que la f_1 tiende a disminuir la acción de la gravedad y la f_2 que tiende a desplazar las moléculas del agua. En M y M′ la resultante es cero, lo que hace descender el nivel del agua. De ahí la formación de la elipsoide de revolución acuosa.

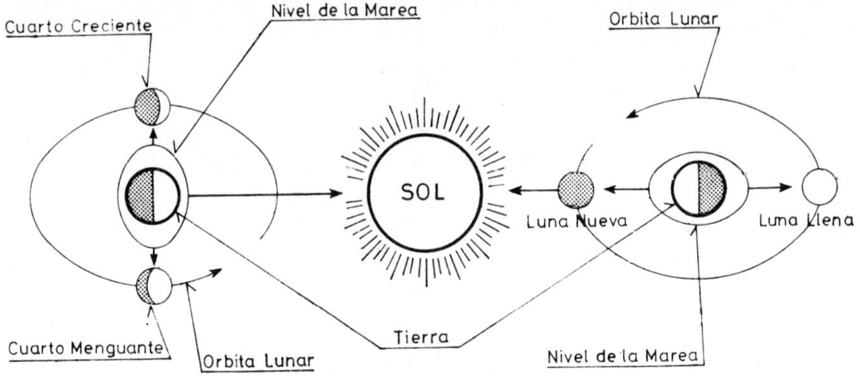

Fig. 301

las de Primavera y Otoño (sicigias equinociales) que son las más vivas del año, y dentro de las mareas muertas las más acusadas son las correspondientes a los solsticios (comienzo de las estaciones de verano e Invierno).

Como la Luna gira en torno a la Tierra describiendo una elipse, uno de cuyos focos lo ocupa la Tierra, y como la Luna tarda 29 días 12 horas y 44 minutos (mes lunar) en recorrer dicha elipse, resulta que la distancia varía y que cada 14 días y pico pasa del punto más próximo al más alejado de la Tierra (el punto más próximo se llama *perihelio* y el más lejano *afelio*). De ahí otro factor a tener en cuenta en la amplitud de la marea, aparte de los de las declinaciones del Sol y de la Luna, de la acción de los vientos, corrientes, variación de la presión atmosférica, topografía costera, etc.

ALTURA DE LA MAREA. — Altura de la marea en un día cualquiera es lo que se eleva el agua en la pleamar, de ese día, por encima del nivel medio, o lo que se deprime en la bajamar por debajo del nivel medio.

CORRIENTES DE MAREA. — Lógicamente, al variar el nivel de las aguas, se originan unas corrientes que se han de tener muy en cuenta cuando se navega en las proximidades de la costa o en bahías, rías y puertos. En las rías estas corrientes aumentan en las bajadas de marea (reflujo) o disminuyen en las subidas (flujo) según el cauce y caudal del río. Varían también por la configuración geográfica y por las condiciones metereológicas del momento. En los puertos también varían según su emplazamiento.

EDAD DE LA MAREA. — Hemos dicho que las mareas vivas son en la época de las sicigias, pero la mayor pleamar se observa varias mareas más tarde de que el Sol, la Luna y la Tierra estén en posición astronómica de sicigias. Este retraso se llama edad de la marea. Varía de unos lugares a otros de 0 a 48 horas.

UNIDAD DE ALTURA y COEFICIENTE DE MAREA. — Se llama *unidad de altura* al valor alcanzado por el agua sobre el nivel medio en la pleamar que tiene lugar en la sicigia media, es decir: sin declinación y a sus distancias medias.

El coeficiente de la marea o *céntimo de la marea* es la relación que existe entre la altura un día cualquiera y la unidad de altura. Es un factor dado en las tablas del Anuario de Mareas para cada día. Varía de 0,20 a 1,20.

Multiplicando la unidad de altura por el coeficiente de marea nos dará un valor que sumado o restado al nivel medio nos dará la altura de la pleamar o de la bajamar.

ESCALAS DE MAREAS. — Son escalas que se colocan en lugares abrigados de los puertos para saber la diferencia de los niveles del agua a causa de las mareas.

MAREÓGRAFOS. — Son aparatos registradores basados en un flotador, que mediante unas conexiones y poleas, transmite a un papel registrador las diferentes alturas de las mareas en las diferentes horas y fechas.

ESTABLECIMIENTO DE PUERTO. — Aparentemente las pleamares tendrían que efectuarse en el momento de pasar la luna por el meridiano del lugar; sin embargo no es así, sino que experimentan un retraso de más de 36 horas debido a que la atracción de la Luna tiene que vencer la inercia de las aguas, la cohesión de las moléculas líquidas y la resistencia al desplazamiento del fondo.

Este espacio de tiempo, que suele variar poco en diferentes días y para el mismo punto, se llama *intervalo* y este intervalo calculado en los días de sicigias se llama «*Establecimiento de puerto*».

El establecimiento de puerto (Ep) es particular para cada lugar y puede variar considerablemente entre dos puertos relativamente cercanos.

El establecimiento de puerto es también la diferencia entre la hora civil de la pleamar en alta mar y la hora civil de la pleamar en puerto.

Formula de Laplace para hallar las horas de las mareas. — Sabemos que:

Ep = H.c.Pl. puerto — H.c.Pl. alta mar
H.c.Pl. puerto = H.c.Pl. alta mar + Ep.
pero H.c.Pl. alta mar = H.c. paso ☾. + C.S. y p.
Sustituyendo: H.c.Pl. puerto = H.c.p. ☾ .l. + C.S. y p. + Ep.
C.S. y p. = Corrección por semidiámetro (S. ☾) y paso que lo da la tabla
Ep. = Establecimiento de puerto que lo da el Anuario de Mareas para cada puerto.

La hora civil del paso de la Luna por el lugar se halla con la hora civil del paso de la Luna por Greenwich, que viene dada en el Almanaque Náutico, corrigiéndola de la parte proporcional del retardo (que lo da el Almanaque para 24 horas). La corrección por retardo y longitud será + ó — según que el lugar esté al W o al E del meridiano de Greenwich.

Sumando o restando 12 h + R°/2 obtendremos la pleamar posterior o anterior, y sumando o restando 6 h + R°/4 obtendremos la bajamar posterior o anterior, (*mareas semidiurnas*), si bien en ciertos puertos hay *mareas diurnas*, es decir, una pleamar y una bajamar al día lunar como en los de los golfos de Méjico y Tonkín y en Europa Copenhague, y *mareas de tipo mixto* con dos pleamares y dos bajamares al día pero de distinta amplitud, como en algunos puertos del Pacífico y de las Antillas. En Portmouth y Southamton se verifican dos pleamares casi seguidas y en el Havre el repunte de la pleamar dura hora y media.

SONDA EN LA BAJAMAR ESCORADA. — La bajamar escorada es la mayor bajamar de todas las épocas y corresponde a las sicigias mínimas, cuando el Sol y la Luna está en el plano del Ecuador y a su menor distancia de la Tierra.

Las sondas en las cartas españolas vienen referidas a esta bajamar escorada cuyo coeficiente es 1,20.

Las cartas inglesas vienen referidas a un coeficientes de 0,94.

Las cartas francesas vienen referidas a un coeficiente de 1,20.

De ahí tenemos la forma de hallar la sonda en la pleamar o bajamar a partir de la sonda en la carta:

S.pl. = S.c. + U.1,20 + U.C.
S.bj. = S.c. + U.1,20 — U.C.
de donde sonda en un momento dado = S.c. + U.1,20 + x, pero x = U.C. cos. α
S.m. = S.c. + U.1,20 + U.C. cos. α

Por otra parte tenemos que en recorrer 360° para llegar a la próxima pleamar el radio de la circunferencia tarda 12 horas lunares y para α un intervalo (I) lunar. Figura 301, a).

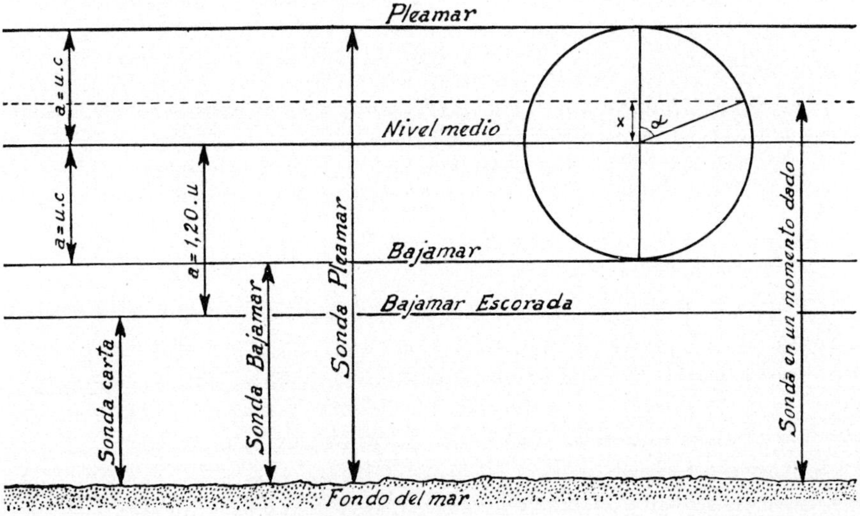

Fig. 301. a)

Para 360° —— 12 h. ☾
Para α —— I ☾

Despejando: $\alpha = \dfrac{360° \cdot I ☾}{12} = 2.I$ ☾

luego S.m. = S.c. + U.1,20 + U.C. cos. 2.I ☾ (el signo + de U.C. cos. 2.I ☾ es algebraico ya que el coseno de α puede ser positivo o negativo).

HALLAR LAS HORAS Y SONDAS DE LAS PLEAMARES Y BAJAMARES POR MEDIO DEL ANUARIO DE MAREAS. — Supongamos Cádiz el día 12 de diciembre de 1976.

Buscamos la fecha en las páginas correspondientes a dicho puerto y nos da:

H.c. 1.ª Pl.	05 26	Altura 2,94 m
1.ª Bajamar	11 37	» 0,81 m
2.ª Pleamar	18 00	» 2,68 m
2.ª Bajamar	23 48	» 0,99 m

Si restamos las diferentes alturas tendremos las amplitudes de la marea entre las diferentes pleamares y bajamares, y si restamos los horarios tendremos la duración de las diferentes crecientes o vaciantes.

Las alturas expresadas se sumarán al valor de las sondas de las cartas españolas para obtener las sondas en las pleamares o bajamares.

Las horas corresponden al huso 0 y para obtener la hora oficial hay que sumar el adelanto vigente.

Para hallar la sonda en un momento dado, por ejemplo a las 09-45 horas de ese día en Cádiz restamos 11 h 37 m — 05 h 26 m = 06 h 11 m; 11 h 37 m — 09 h 28 m = 02 h 09 m; y 2,94 m — 0,81 m = 2,13 m y entrando en la tabla, que está en las páginas finales del Anuario de Mareas, con duración de la creciente 06 h 11 m y 02 h 09 m en la columna de 06 h 15 m al llegar a la altura de 02 h 09 m seguimos horizontalmente esa línea para que al llegar a la tabla conjunta de amplitud y al hacer intercesión con la columna de 02 h — 09 m (interpolando si hace falta) nos da un valor de 0,6 m que sumados a los de la bajamar a que nos hemos referido (0,6 + 0,81 = = 1,41 m) nos da un valor, que sumado a la sonda de la carta en el lugar del puerto de Cádiz que nos interesa, nos dará la sonda en ese lugar a las 09 h 45 m del día 12 de diciembre de 1976.

Ejemplo inverso: En un lugar del puerto de Cádiz cuya sonda en la carta es de 12,24 metros queremos saber a qué hora del día 12 de diciembre de 1976 en la primera creciente tendremos una sonda de 14 metros.

Hora 1.ª bajamar	11 37	Alt. 0,81 m	14,00 m
H. siguiente Pl.	18 00	» 2,68 m	— 12,24 m
	06 23	1,87 m	1,76 m

Entrando en la tabla con amplitud de la marea 1,87 m, bajamos en la columna hasta encontrar el valor 1,76 m, seguimos la horizontal hacia la izquierda hasta la intercesión con la columna de la duración de la creciente 06 h 23 m y nos da un intervalo de 05 h 45 m (son valores aproximados ya que habría que hacer una serie de interpolaciones que en la práctica no son de tener en cuenta).

Sumando 05 h 45 m o la hora de la primera bajamar del día, 11 h 37 m, nos da la hora 17 h 22 m en que la sonda en ese lugar de la carta de Cádiz sería de 14 m.

Obsérvese que en el ejemplo se puso hora de día y en creciente, ya que de noche (de madrugada) había otra hora con la misma sonda, y se dijo en creciente porque en vaciante también hay otra hora distinta a la de la solución en que la sonda sería de 14 metros. Para hallar la de la hora en la creciente de la madrugada hubiéramos partido de la última bajamar del día anterior.

En las páginas posteriores del Anuario de Mareas viene la forma de hallar las mareas por el método de Laplace para puertos que no están en el Anuario, así como para puertos secundarios.

Capítulo 46

DEL MAGNETISMO

MAGNETISMO, POLOS DE UN IMÁN. — Magnetismo es la propiedad que tiene el imán de atraer o repeler ciertos metales.

Los polos de un imán se llaman Norte y Sur y al estar suspendido y con facilidad de giro se orienta hacia los respectivos polos magnéticos de la Tierra, que no coinciden con los geográficos.

Se llaman polo Norte y polo Sur, respectivamente, a las partes del imán que se orientan hacia el polo Norte o polo Sur magnéticos aunque los polos del mismo nombre se repelen, pero desde siempre se han denominado así.

Los imanes comerciales, para distinguir los polos, llevan pintado de rojo el polo Norte y de azul el polo Sur.

Lo polos del imán están localizados cerca de sus extremos, ya que es donde más se manifiesta el magnetismo. Entre estos dos polos hay una zona neutral de intensidad nula o casi nula.

Los imanes pueden ser naturales o artificiales. El imán natural más importante es el mineral llamado *magnetita,* que es el óxido ferroso-férrico. Los imanes artificiales son trozos de hierro o acero normalmente, que han adquirido la propiedad del imán por inducción. Si esta inducción la conservan indefinidamente se llaman imanes permanentes y si la pierden imanes temporales.

Los imanes tienen ciertas propiedades entre las que destacaremos las siguientes: Los polos de distinto nombre se atraen y los polos de igual nombre se repelen. Si se aproxima un imán a una varilla de hierro, ésta se induce de forma que se crea un polo Norte en ella en la parte que está junto al polo Sur del imán y viceversa. Un imán pierde su magnetismo al calentarse. La fuerza ejercida por un polo magnético sobre otro varía inversamente proporcional al cuadrado de las distancias. Si el imán tiene forma de varilla y le partimos, cada uno de los trozos se convierte en un nuevo imán.

El espacio donde tiene influencia un imán se llama campo magnético. En cada punto de ese campo la fuerza del magnetismo tiene una intensidad y una dirección determinada.

MAGNETISMO DE LA TIERRA. — La tierra se comporta como un gran imán esférico permanente. Las causas de este magnetismo aún no están determinadas, sólo se conocen sus efectos y variaciones.

Conocimiento importante es la *declinación magnética* de cada lugar, que es el ángulo que forma el meridiano magnético de cada lugar con el meridiano geográfico. También se conoce la variación de dicha declinación y tanto la declinación como su variación vienen reflejadas en las cartas náuticas.

Hemos hablado de meridiano magnético al referirnos a las líneas que unen o se dirigen hacia los polos magnéticos, pero ha de tenerse en cuenta que dichos meridianos no son regulares, sino que son líneas más o menos curvas y sin simetricidad alguna, lo que quiere decir que la dirección de un imán no indica que esté señalizando exactamente los polos magnéticos. Se considera meridiano magnético de un lugar a la dirección que tomaría un imán en ese lugar sin más influencias que el magnetismo terrestre.

Los polos magnéticos de la Tierra están situados en latitud 71° N y longitud 96° W (bahía de Hudson) el polo Norte y en latitud 73° Sur y longitud 156° E el polo Sur.

Hay que tener en cuenta que el imán de la Tierra no actúa como un imán de barra en el que la intensidad aumenta al acercarse a los polos.

AGUJA MAGNÉTICA. — Es un imán o una serie de imanes acondicionados debidamente, que sirve para orientarnos. La aguja magnética se llama *brújula, aguja náutica* y *compás* siendo los dos últimos términos los más usados en la mar.

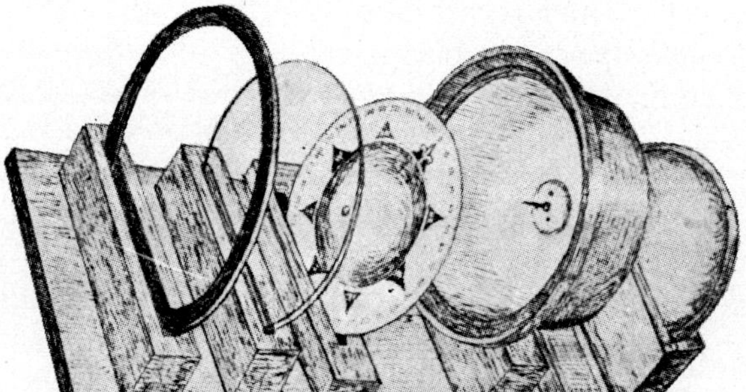

Fig. 302. Diferentes partes de un compás

Basados en que la aguja señala el Norte magnético se ha instalado adecuadamente al objeto de sacar el máximo rendimiento a sus cualidades de *sensibilidad* y *estabilidad*.

La aguja náutica, que es la que más vamos a usar, está constituida básicamente (fig. 302), de: una serie de *imanes* colocados en la parte inferior de un disco de material muy ligero, llamado *rosa*, donde van grabados los 360° del horizonte.

El conjunto de imanes y rosa tiene en su centro una hendidura o sombrerete en forma cónica llamada *chapitel* en cuyo vértice lleva alojada una piedra dura o un zafiro cuyo objeto es evitar los rozamientos y desgaste con el *estilo* al descansar en él.

El estilo es la parte metálica dura y afilada en la que descansa el conjunto de rosa e imanes. Este conjunto, para tener estabilidad, tiene que tener su centro de gravedad más bajo que el punto de apoyo.

El estilo está firme al *mortero*, que es una caja metálica circular con una *tapa de cristal* que cierra herméticamente su parte superior. Este mortero lleva unas *líneas de fe* que coinciden con las líneas de proa y de popa del barco una vez instalado a bordo.

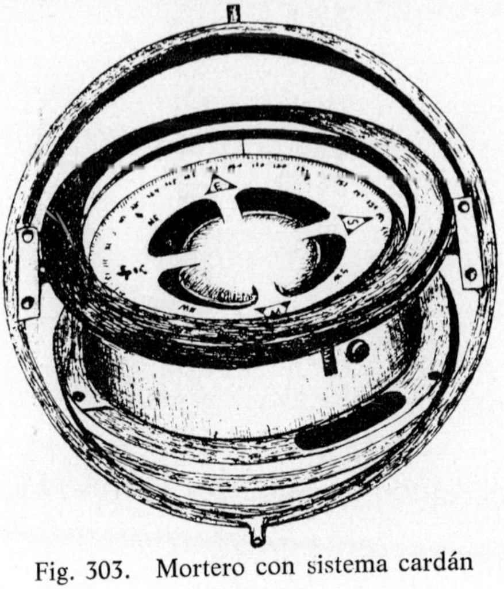

Fig. 303. Mortero con sistema cardán

El mortero va colocado en la *bitácora*, que es un armario de madera, latón o metal no magnético, o bien de plástico, de forma cilíndrica y que va fijo, generalmente en crujía. La bitácora tiene dos objetos principales: sujección del mortero y alojamiento de imanes y masas de hierro dulce para compensar los desvíos de la aguja.

El mortero descansa sobre un sistema cardán, sistema que permite que la aguja permanezca horizontal en balances o cabezadas, y este sistema, a veces, va sujeto a la bitácora mediante muelles o amortiguadores para evitar las trepidaciones del barco producidas por motores o por el oleaje.

En la bitácora se alojan los imanes longitudinales y transversales, compensadores del *desvío semicircular*, las esferas o cilindros compensadores del *desvío cuadrantal*, los imanes compensadores del *desvío de escora* y la *barra* Flinders.

La parte superior de la bitácora se llama *cubichete*, que sirve para proteger al mortero. El cubichete lleva un ventana de cristal para permitir las lecturas en la rosa y lleva también unos alojamientos para instalar unos faroles para iluminar la rosa durante la noche llamados lantias. Actualmente las agujas se iluminan electricamente.

La rosa o *rosa de los vientos*, así llamada por estar representados en ella las direcciones de los mismos, está dividida en 360°. Pueden estar numerados de 0 a 360 (sistema circular) o de 0 a 90 a partir del Norte y del Sur hacia el Este y Oeste (sistema cuadrantal). En la actualidad se usa solamente el sistema circular de 0° a 360° en el sentido de las manecillas del reloj, sistema que simplifica cálculos y muchos errores. El sistema cuadrantal es conveniente conocerlo (se detalla más adelante), pues hay agujas aún con sistema cuadrantal. Si en algún ejercicio se presenta algún rumbo o viento denominado en sistema cuadrantal es aconsejable convertirlo a circular para evitar confusiones.

Las agujas náuticas pueden ser secas o con líquido, siendo más usadas éstas últimas por las ventajas que presentan sobre las primeras.

Ambas clases constan de los mismos elementos a excepción del flotador y del líquido que llevan las líquidas. El flotador hace cuerpo con la rosa haciendo disminuir su peso con lo que el rozamiento del estilo con el chapitel es mínimo.

Otra ventaja sobre las secas es que el líquido, composición de agua y alcohol, hace de amortiguador de las oscilaciones de la aguja quedando orientada en menos tiempo.

Últimamente, en la mayoría de los barcos, la aguja ha sido sustituida por el *girocompás* o «aguja giroscópica» dejando reducida la aguja a un respeto para en caso de fallo del girocompás. Las ventajas del girocompás sobre la aguja magnética, al indicar el Norte verdadero, son muchas.

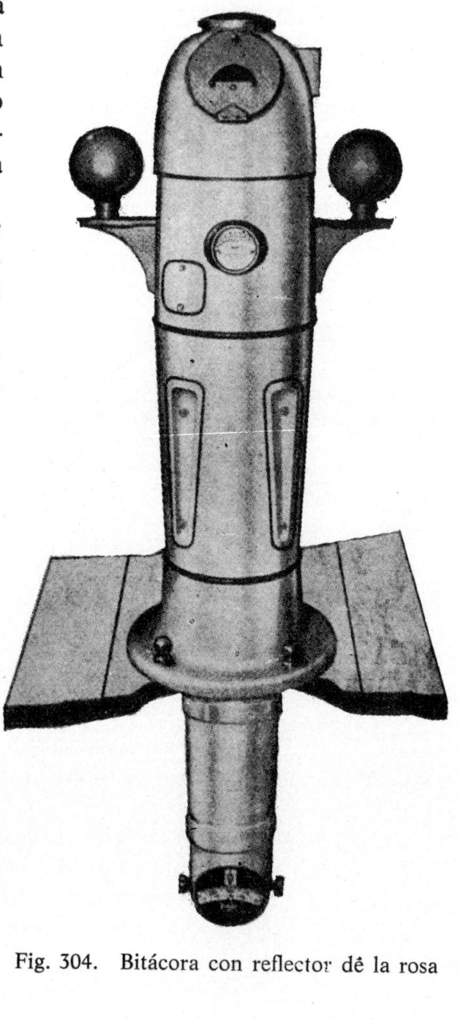

Fig. 304. Bitácora con reflector de la rosa

CUIDADOS QUE HAY QUE TENER CON LA AGUJA. — Dada la gran importancia que la aguja tiene para la navegación han de observarse con ella los máximos cuidados. Muchos barcos han embarrancado o se han perdido a causa de un estado deficiente de la aguja. Enumeraremos algunos de los cuidados a tener en cuenta:

1. Protegerla con el cubichete y funda mientras no se use. Asimismo protegerla contra el calor, pues ya dijimos que el calor excesivo hace perder magnetismo a los imanes.

2. Alejar de su instalación imanes o metales magnéticos que pueden alterar su orientación e imantación. Se debe llevar a tierra durante la carga si ésta se efectúa con gruas provistas de electroimanes. Asimismo el timonel y personal que permanezca cerca de ella no ha de llevar llaves, hierros, navajas o imanes en los bolsillos.

3. Evitar golpes o trepidaciones fuertes.

4. Cuidar de la limpieza y engrase de la suspensión cardán.

5. No desmontar la aguja para repararla si no se es práctico en ello, especialmente las líquidas que han de quedar montadas sin burbujas en el mortero.

6. Compensar la aguja siempre que difieran los desvíos de los reseñados en la tablilla de desvíos de su última compensación.

7. Las conducciones eléctricas hacen de electroimanes al estar en fase de trabajo. Antes de hacer nuevas instalaciones en sus proximidades se ha de tener en cuenta.

8. Observar continuamente su comportamiento después de las tormentas, pues las descargas eléctricas la han podido descompensar o variar su magnetismo.

9. Después de haber estado el barco inmovilizado durante meses en un astillero o muelle hay que compensar la aguja.

DECLINACIÓN MAGNÉTICA. — Ya dijimos que la aguja se orienta con el meridiano magnético del lugar, que generalmente no coincide con el meridiano geográfico, y que el ángulo formado por estos dos meridianos, o sea, el ángulo que forma la dirección Norte-Sur de la aguja con el meridiano geográfico se le llama *declinación magnética.* También se la llama *variación local* y en las cartas extranjeras viene como *variación.* Nosotros la representaremos por dm.

La declinación magnética puede ser hacia el E en más o hacia el W en menos (fig. 305), y se denomina NE cuando es + y NW cuando es —.

Si la aguja, por ejemplo, señala hacia el rumbo 010° verdadero quiere decir que marca 10° más de la cuenta (caso de que la aguja sólo esté influenciada por el imán de la Tierra) y diríamos que la dm. de esa aguja es 10° NE (+). Si la aguja marcase el 350° verdadero diríamos que esa aguja tiene dm. 10° NW (—) porque marca 10 grados de menos.

Recuérdese que la declinación NE es + y la declinación NW es — que quiere decir que el meridiano magnético está inclinado con respecto al verdadero hacia la derecha o izquierda respectivamente.

El valor de la declinación magnética es distinto para cada lugar de la

Tierra pero igual para todos los barcos en el mismo lugar. Viene representada en las cartas náuticas, así como su variación anual, que puede ser cre-

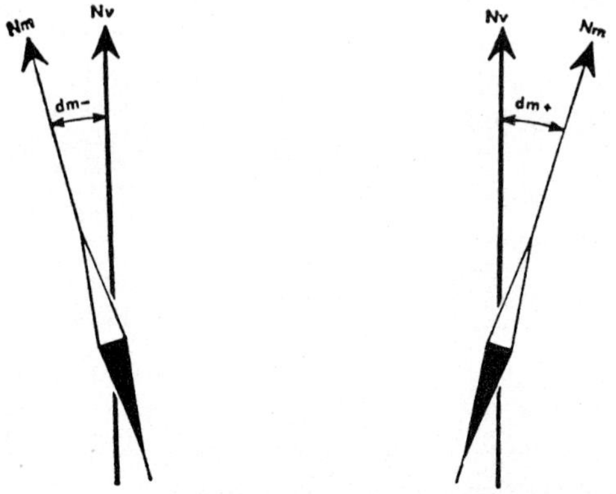

Fig. 305

ciente (incremento anuo) o decreciente (decremento anuo) con respecto al valor absoluto de la dm. En la fig. 305 Nm = Norte magnético y Nv = Norte verdadero.

OBTENCIÓN DE LA DECLINACIÓN MAGNÉTICA. — Para hallar la declinación magnética de una aguja ha de llevarse la aguja a tierra a un lugar sin otras influencias magnéticas que la de la Tierra, y donde tengamos un punto verdadero de referencia, o sea una demora verdadera. La diferencia entre la demora de aguja y la demora verdadera de ese punto tomado como referencia será la dm en ese lugar, que será + o — según marque más o menos que la verdadera.

La manera de obtener la declinación magnética a partir de una carta bastará con mirar la que está señalada en la misma y corregirla por el incremento o decremento anuo, ya que en la carta viene reseñada la dm para un año determinado y junto viene la variación anual.

Tanto la dm como su variación vienen en todas las cartas náuticas señaladas en los meridianos o bien junto a su título. Si la carta abarca mucha extensión viene reseñada en varios lugares por lo que en caso de quererla hallar para un lugar fuera de ellos habrá que interpolar.

1.er ejemplo: En una carta náutica del año 1940 nos señala una declinación magnética de 12° — 25′ NW y un decremento anuo de 8′. Calcular la dm para el año 1978.

Años transcurridos 1978-1940 = 38
Variación en 38 años = 38 × 8′ = 304′ = 5° — 04′
dm para 1940 = 12° — 25′ NW
Corrección = 5° — 04′ NW

dm para 1978 = 7° — 21′ NW, o sea prácticamente 7° NW

2.° ejemplo: En una carta de 1960 encontramos dm = 1° — 38′ NE y decremento anuo 9′. Calcular la dm para 1978.

Diferencia en años = 1978-1960 = 18 años
Corrección = 18 × 9′ = 162′ = 2° — 42′
dm en 1960 = 1° — 38′ NE
Corrección = 2° — 42′ —

dm en 1978 = 1° — 04′ NW, o sea prácticamente 1° NW

Repetimos: La declinación magnética en un lugar es la misma para todos los buques (mejor dicho para todas las agujas) sin depender de hacia donde esté orientada la proa.

DESVIO; TABLILLA DE DESVIOS. — Los buques, así como los utensilios, instalaciones y carga, si son metálicos y no antimagnéticos, cosa normal, son magnetizados temporalmente por inducción al estar sometidos a la influencia de las líneas magnéticas del imán permanente que es la Tierra, tomando polarización en sus extremos, según dijimos anteriormente. Al convertirse estos objetos, y el barco si es metálico, en imanes temporales, la aguja se ve influenciada por ellos produciéndola un desfase con respecto al meridiano magnético.

Ese ángulo formado entre la dirección de la aguja y la dirección del meridiano magnético se llama *desvío.*

Al cambiar de rumbo el barco en ese mismo lugar, desaparecen las imantaciones temporales que antes tenían los objetos y el barco y se convierten en otros imanes temporales de valor diferente (en ciertas posiciones puede ser equivalente), que producen a la aguja un desvío de distinto valor. Eso puede ocurrir a cada rumbo por lo que con la proa puesta a los diferentes rumbos (360) puede dar origen a que la aguja tenga 360 desvíos diferentes.

Resumiendo: El desvío está producido por la inducción magnética del barco como conjunto y en el mismo lugar cada barco y cada rumbo puede tener diferentes desvíos. Cosa diferente de la dm que siempre tiene el mismo valor en un lugar para todos los barcos y todos los rumbos.

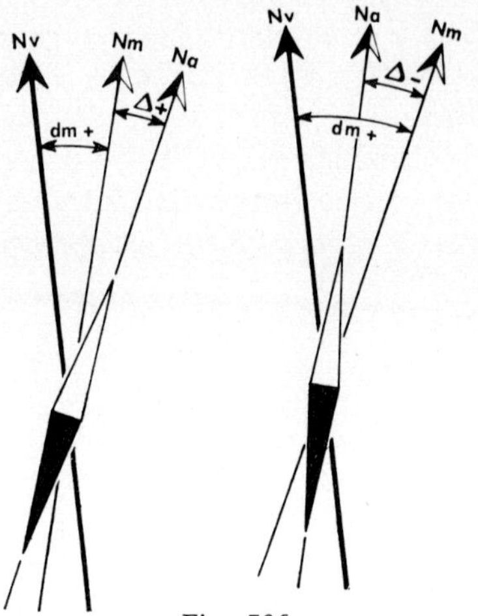

Fig. 306

El desvío se representa por la letra griega Δ y puede ser positivo o negativo según sea hacia el NE o hacia el NW (igual que la dm).

Aunque ya dijimos que la declinación magnética es el ángulo formado con el meridiano o línea magnética del lugar, a efectos de comprensión y dibujo supondremos que la aguja señala el Norte magnético cuando no esté afectada por el desvío y así podemos representar tres Nortes: Norte verdadero, Norte magnético y Norte de aguja, que es en definitiva el que nosotros la vemos señalar y así se ven representados en la fig. 306.

Los hierros dulces son más rápidamente afectados por el magnetismo terrestre que los hierros duros o aceros y también pierden antes que éstos su imantación, por ello cualquier modificación de la estructura metálica de un barco o de sus equipos puede influir en la aguja. También el estar quieto el barco en la misma dirección durante mucho tiempo adquiere un magnetismo más permanente que proporcionará diferentes valores a los desvíos.

La compensación de estos desvíos, cosa que no trataremos en este libro, tiene por objeto reducirlos al mínimo por medio de los imanes alojados en la bitácora. La relación detallada de todos los desvíos a los diferentes rumbos es lo que se llama *tablilla de desvíos,* que se ha de tener a mano en el puente o en el cuarto de derrota para comprobación de la aguja.

Esta tablilla de desvíos es fácil hallarla en cualquier momento siempre que tengamos determinado en demora, verdadera o de aguja, un punto lejano y haciendo bornear el barco tomaremos a cada rumbo una demora de dicho punto. Si la demora es verdadera restaríamos de la verdadera la de aguja y nos daría la corrección total compuesta por dm y por Δ. Como la declinación magnética nos la da la carta el resto es el desvío. Así actuaríamos a cada rumbo hasta completar la tablilla de desvíos. Si la demora del objeto lejano es magnético restando de la magnética la de aguja nos daría el Δ.

También se puede componer la tablilla de desvíos por demoras a los astros, especialmente del Sol y de la Polar, por comparación con un girocompás y por demoras recíprocas. $Dv = Da + Ct$. $Da = Dm + \Delta$. $Ct = dm + \Delta$.

Capítulo 47

RUMBOS - ROSA DE LOS VIENTOS

RUMBO: SUS CLASES. — Rumbo es el ángulo formado por la proa con el meridiano del lugar. Según sea el meridiano a que nos referimos el rumbo será verdadero, magnético o de aguja; o sea, que rumbo es la dirección en la que navega el buque. También se entiende por rumbo la línea recta trazada en una carta de un punto a otro y que indica la dirección que ha de seguir el barco.

El rumbo se cuenta y se expresa en el sentido de las manecillas de un reloj de 0°, que es el Norte a 360° que vuelve a ser el Norte, o bien de 0 a 90° si se indica en sistema cuadrantal, cosa en deshuso.

Al girar la posición del barco la aguja permanece orientada hacia el Nor-

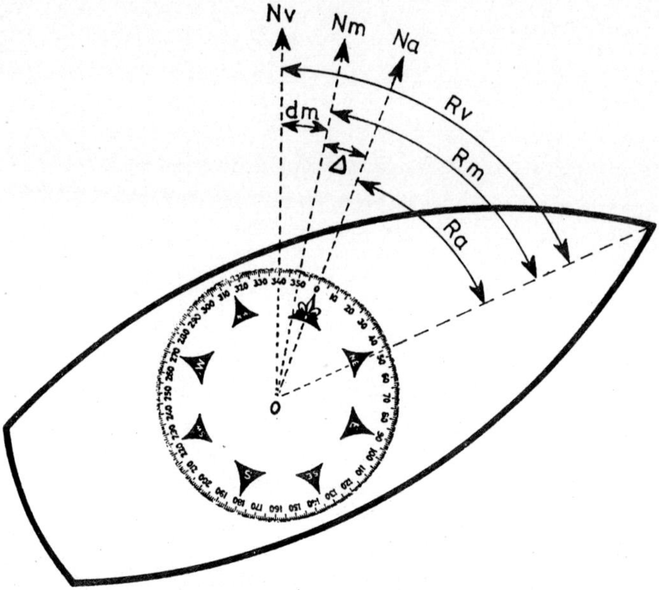

Fig. 307. Clases de rumbos

te de aguja y el mortero, que está firme a la bitácora y ésta al barco también gira con el barco lo que hace que la línea de fe marcada en la proa del mortero indique, con respecto a la rosa, el ángulo que forma la proa con respecto a la rosa, o sea, con respecto al Norte de la aguja. Este rumbo indicado por la rosa es el *rumbo de aguja* (Ra). Pero como la aguja está afectada por la dm y por el Δ el rumbo de aguja no coincidirá generalmente con el rumbo verdadero.

Si la aguja no estuviera afectada por el Δ que la produce el barco estaría orientada hacia el Norte magnético (Nm) y el rumbo que nos daría la línea de fe sería el magnético.

De ahí las tres clases de rumbos que especificamos a continuación:

Rumbo verdadero. — Es el ángulo que forma la dirección de la proa con el meridiano verdadero del lugar. Este meridiano es el representado en las cartas náuticas.

Rumbo magnético. — Es el ángulo que forma la dirección de la proa con el meridiano magnético del lugar. Se diferencia del rumbo verdadero en la declinación magnética.

Rumbo de aguja. — Es el ángulo formado por la dirección de la proa con la línea norte Sur de la aguja. Se diferencia del verdadero en la corrección total (dm + Δ), y se diferencia del magnético en el Δ. Los vemos representados en la figura 307.

En la práctica los usados continuamente son el verdadero y el de aguja.

ROSA DE LOS VIENTOS. — La *rosa de los vientos* o *rosa náutica* es la representación gráfica del horizonte dividido en grados para orientarse. Le viene el nombre de rosa de los vientos porque antes de conocer la aguja tomaban como referencia las direcciones de los vientos conocidos y de ahí que en las primeras rosas sólo estuvieran dibujadas las direcciones de los vientos. Después se acopló la aguja y se dividió regularmente, como indicamos a continuación, dando como resultado las 32 cuartas o rumbos de que consta.

Se trazó la línea N-S que divide a la rosa u horizonte en dos partes iguales: oriental y occidental. Al trazar otro diámetro vertical a éste en el punto medio, que va de E a W, quedaron señalados los *cuatro puntos cardinales* o *rumbos cardinales,* Norte (N), Sur (S), Leste (E) y Oeste (W) y dividido el horizonte en *cuatro cuadrantes* de 90º, que se denominan: *primero* al comprendido entre el Norte y el Leste, *segundo* al comprendido entre el Sur y el Leste, *tercero* desde el Sur al Oeste y *cuarto* desde el Norte al Oeste.

Estos cuatro cuadrantes se dividen por la mitad y dan origen a los cuatro rumbos *cuadrantales* o *laterales* y queda dividido el horizonte en *ocho octantes* cada uno de los cuales vale 45º. Los rumbos cuadrantales son denominados *Nordeste* (NE), *Sudeste* (SE), *Sudoeste* (SW) y *Noroeste* (NW).

Cada octante se divide en dos partes de 22° — 30′ dando origen a *ocho rumbos colaterales* u *octantales* cuya denominación es: *Nornordeste* (NNE), *Lesnordeste* (ENE), *Lessueste* (ESE), *Sursureste* (SSE), *Sursudoeste* (SSW), *Oessudoeste* (WSW), *Oesnoroeste* (WNW) y *Nornoroeste* (NNW).

Fig. 308. Rosa de los vientos

Se subdividieron éstos en dos partes iguales dando origen a las cuartas, que se denominan empezando por el cardinal o lateral más próximo seguido de la palabra cuarta y a continuación el lateral o cardinal hacia donde se cuenta. Ejemplo: la cuarta comprendida entre el E y el ENE se dice «leste cuarta al NE».

Así queda la rosa dividida en 32 partes, o sea que cada cuarta vale 11° — 15′ de arco.

Las palabras leste en vez de este, nordeste, sudeste, sudoeste, noroeste, etc., deben su origen a la más fácil pronunciación, y el escribir la letra W para designar el Oeste se debe a influencia inglesa, pues en inglés es West. Así se lleva muchos años escribiéndose aunque también se escribe con O.

A continuación se expresan los 32 rumbos de la rosa con el número de orden que les corresponde en cada cuadrante y con su equivalencia en grados cuadrantal y circularmente reseñados.

N.°	Abreviaturas	Rumbos	Valores Cuadrantal	Valores Circular
		PRIMER CUADRANTE		
0	N	*Norte*	00° — 00′	000°
1	N ¼ NE	Norte cuarta al Nordeste .	11° — 15′	011° — 15′
2	NNE	Nornordeste	22° — 30′	022° — 30′
3	NE ¼ N	Nordeste cuarta al Norte .	33° — 45′	033° — 45′
4	NE	*Nordeste*	45° — 00′	045° — 00′
5	NE ¼ E	Nordeste cuarta al Este .	56° — 15′	056° — 15′
6	ENE	Lesnordeste	67° — 30′	067° — 30′
7	E ¼ NE	Leste cuarta al Nordeste .	78° — 45′	078° — 45°
8	E	*Leste*	90° — 00′	090°
		SEGUNDO CUADRANTE		
0	S	*Sur*	00° — 00′	180° — 00′
1	S ¼ SE	Sur cuarta al Sueste . .	11° — 15′	168° — 45′
2	SSE	Sursureste	22° — 30′	157° — 30′
3	SE ¼ S	Sueste cuarta al Sur . .	33° — 45′	146° — 15′
4	SE	*Sueste*	45° — 00′	135° — 00′
5	SE ¼ E	Sudeste cuarta al Este . .	56° — 15′	123° — 45′
6	ESE	Lesueste	67° — 30′	112° — 30′
7	E ¼ SE	Leste cuarta al Sueste . .	78° — 45′	101° — 15′
8	E	*Leste*.	90° — 00′	90° — 00′
		TERCER CUADRANTE		
0	S	*Sur*	00° — 00′	180° — 00′
1	S ¼ SW	Sur cuarta al Sudoeste . .	11° — 15′	191° — 15′
2	SSW	Sursudoeste	22° — 30′	202° — 30′
3	SW ¼ S	Sudoeste cuarta al Sur . .	33° — 45′	213° — 45′
4	SW	*Sudoeste*	45° — 00′	225° — 00′
5	SW ¼ W	Sudoeste cuarta al Oeste .	56° — 15′	236° — 15′
6	WSW	Oessudoeste	67° — 30′	247° — 30′
7	W ¼ SW	Oeste cuarta al Sudoeste .	78° — 45′	258° — 45′
8	W	*Oeste*	90° — 00′	270° — 00′
		CUARTO CUADRANTE		
0	N	*Norte*	00° — 00′	000° — 00′
1	N ¼ NW	Norte cuarta al Noroeste .	11° — 15′	348° — 45′

2	NNW	Nornoroeste	22° — 30′	337° — 30′
3	NW ¼ N	Noroeste cuarta Norte . .	33° — 45′	326° — 15′
4	NW	*Noroeste*	45° — 00′	315° — 00′
5	NW ¼ W	Noroeste cuarta al Oeste .	56° — 15′	303° — 45′
6	WNW	Oesnoroeste	67° — 30′	292° — 30′
7	W ¼ NW	Oeste cuarta al Noroeste .	78° — 45′	281° — 15′
8	W	*Oeste*	90° — 00′	270° — 00′

La rosa de los vientos se ha dejado para indicar de donde vienen éstos, y es poco frecuente usar las cuartas. Para rumbos se ha dividido la rosa en 360 grados contados en dos formas:

Rumbos por grados, que va quedando como única y va de 0 a 360° en el sentido de las manecillas de un reloj. Se indican diciendo solamente el número de grados y su valor siempre se considera positivo.

Rumbos por cuadrantes, que van de 0 a 90° que se cuentan a partir del Norte o Sur hacia el Este y Oeste. Se indican primero diciendo el punto cardinal Norte o Sur desde donde se cuentan, seguidamente el número de grados y después el punto cardinal Leste u Oeste hacia donde está la proa (fig. 309), por lo que al intervenir en operaciones de rumbos se consideran con signo + los del primer y tercer cuadrantes y con signo menos los del segundo y cuarto cuadrantes. Se aconseja convertir los rumbos cuadrantales en circulares para evitar confusiones.

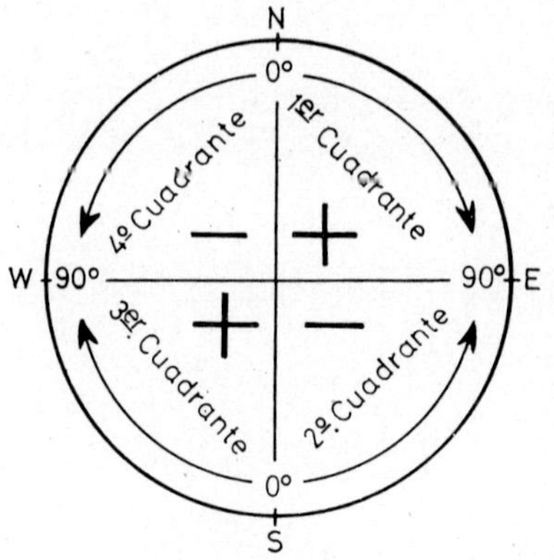

Fig. 309

CONVERSIÓN DE RUMBOS CUADRANTALES EN CIRCULARES Y VICEVERSA. — Para convertir *cuadrantales en circulares* tenemos que el primer cuadrante es igual para los circulares, sólo que los circulares se expresan con tres cifras. Ejemplo: N65E = 065°.

El valor de los expresados en el segundo cuadrante se restan de 180°. Ejemplo: S42E = 180° — 42° = 138°.

El valor de los expresados en el tercer cuadrante se suman a 180°. Ejemplo: S22W = 180° + 22° = 202°.

El valor de los expresados en el cuarto cuadrante se restan de 360°. Ejemplo: N25W = 360° − 25° = 335°.

De circulares a cuadrantales. — De 000° a 090° pertenecen al primer cuadrante y se expresan con los mismos números en dos cifras entre las letras N y E. Ejemplo: 076° = N76E.

De 090° a 180° pertenecen al segundo cuadrante. Se restan de 180° y se colocan entre el S y el E. Ejemplo: 145°; 180° − 145° = S35E.

De 180° a 270° pertenecen al tercer cuadrante. Se les resta 180° y se colocan entre el S y el W. Ejemplo: 197°; 197° − 180° = S17W.

De 270° a 360° pertenecen al cuarto cuadrante. Se restan de 360° y el resto se coloca entre el N y el W. Ejemplo: 323°; 360° − 323° = N37W.

PASAR DE RUMBO DE AGUJA A RUMBO MAGNÉTICO Y VICEVERSA. — Sabemos que el rumbo de aguja es el rumbo magnético menos el Δ (fig. 307), $Ra = Rm - \Delta$ luego $Rm = Ra + \Delta$.

En la práctica sabemos lo que señala la aguja y por la tabla de desvíos sabemos el valor del desvío para ese rumbo que le aplicaremos según las fórmulas anteriores y obtendremos el resultado.

Ejemplo 1. Hallar el rumbo de aguja sabiendo que el rumbo magnético = 175° y el desvío para ese rumbo es 5° NW.

Rm = 175°	cuadrantal Rm = S05E —
Δ = 5° — (+)	Δ = 5° — (+)
Ra = 180°	Ra = S

Ejemplo 2. Hallar el rumbo magnético sabiendo que el rumbo de aguja es 182° y el desvío 7° NW.

Ra = 182°	Ra = S02W
Δ = 7° —	Δ = 7° NW —
Rm = 175°	Rm = S05W

ABATIMIENTO. — Frecuentemente el barco no sigue la trayectoria que indica la proa debido a los efectos del viento y/o corriente. El barco se desplaza hacia babor o estribor del rumbo verdadero sin haber variado la dirección de la proa (fig. 310), dando como resultado una trayect ria llamada *rumbo verdadero efectivo* (Rve). La diferencia en ángulo entre el (Rve) rumbo verdadero efectivo, y el rumbo verdadero es el *abatimiento*. Lo representaremos por Ab. Luego $Ab = Rve - Rv$.

El abatimiento puede ser hacia estribor, dándole el signo +, o hacia babor que se le da como negativo y signo −. Suele tener gran valor en los buques de vela, pues normalmente navegan con vientos del costado. En los buques de propulsión mecánica, el viento y la corriente les afecta en mayor o menor grado según su superestructura y estado de calados.

El abatimiento, ya hemos dicho, se debe principalmente al viento y a la corriente, pero también lo producen en menor grado el oleaje, la escora, las irregularidades en la simetría de la obra viva, la presión lateral de las palas en buques de una sola hélice, etc.

En la resultante del rumbo verdadero efectivo entran dos componentes: la dirección y velocidad del barco y la dirección y velocidad del elemento o elementos que producen el abatimiento. Como para cada barco afectará más o menos, no hay relación de intensidad del viento o corriente con el abatimiento, aunque la intensidad y dirección de la corriente afecta casi en todo su valor. Por ello en cada barco hay que hallar, prácticamente en cada estado de carga, lo que nos afecta el viento en cada una de sus intensidades y marcaciones. Para resolver los problemas hay que dibujar los vectores correspondientes y hallar la resultante. En la práctica, en lo que se refiere al viento, se calcula «a ojo marinero».

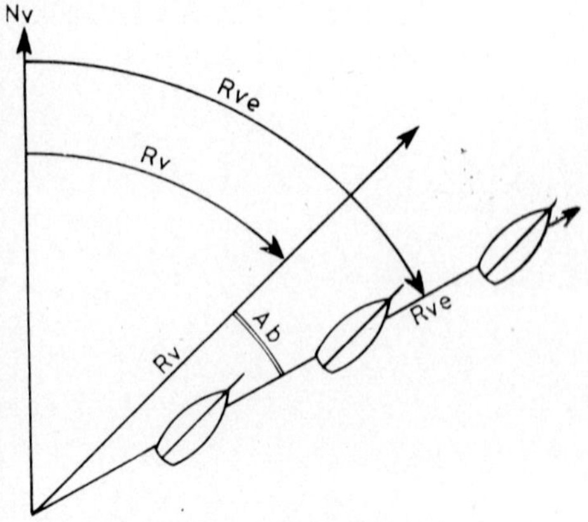

Fig. 310

Ejemplos:

1.° Hallar el abatimiento, velocidad y rumbo verdadero efectivo en un barco que navega al 110°v. con 12 nudos en una corriente de dirección NE de velocidad horaria 4 nudos.

Solución: Rumbo verdadero efectivo = 095°. Velocidad horaria efectiva, 14′ (véase fig. 311). Abatimiento = 15° babor o 15° —.

2.° Hallar el rumbo verdadero efectivo sabiendo que Ra = S35E, dm = 8 NW, Δ = = 5 NE y Ab = 6° estribor.

Rv = Ra + dm + Δ + Ab

Ra	=	S35E —
dm	=	8 —
Δ	=	5 +
Ab	=	6 +
Rve	=	S32E

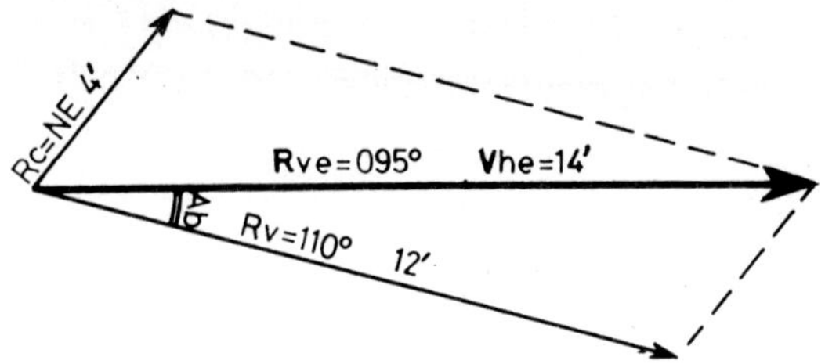

Fig. 311

3.° Hallar el abatimiento, rumbo verdadero efectivo y velocidad del buque sabiendo que Rv = 095°, Vh = 10 nudos y que navegamos sometidos al efecto de una corriente de dirección Norte e intensidad 3′, y con un viento S75W de intensidad de abatimiento 3′.

Primero se hace la resultante del viento y de la corriente (fig. 312) y después con la resultante y el rumbo verdadero del buque y su velocidad hallamos la resultante final que da Rve = 077°, Vhe = 13,2 nudos y Ab = 18° —.

Forma de hallar el abatimiento. — Ya hemos dicho una forma, que es la de hallar la resultante de los vectores de las intensidades del buque y de

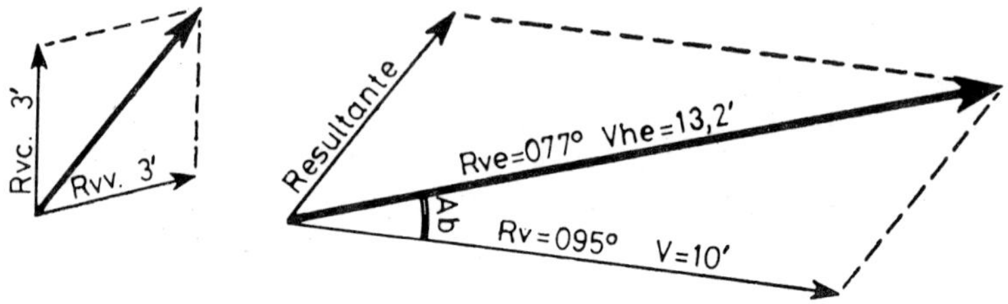

Fig. 312

los elementos, pero la más práctica y real es la de hallar el abatimiento por situaciones consecutivas del barco comparando la segunda con la que teníamos que haber estado en caso de no haber abatimiento, con lo que nos dará el ángulo de abatimiento y la dirección y velocidad horaria de la causa que lo produce.

En la figura 313, hallada la situación observada So_1 seguimos navegando para encontrarnos en la situación estimada Se_2 pero nos encontramos en la situación observada So_2, luego el abatimiento es el ángulo Ab y la causa lleva la dirección $Se_2 - So_2$ cuya intensidad horaria será esa distancia dividida por el espacio de tiempo.

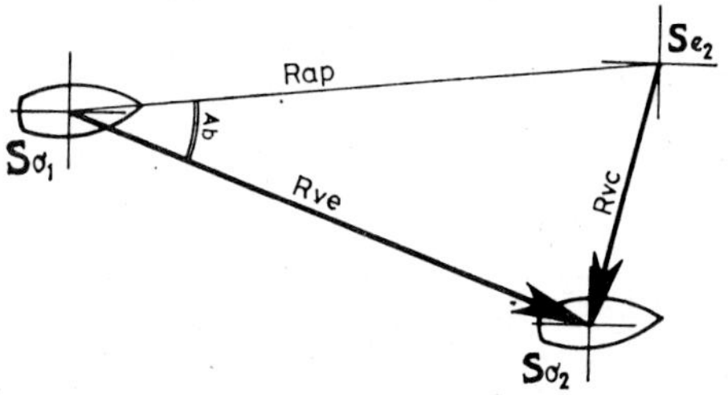

Fig. 313

Forma de corregir el abatimiento. — Una vez conocido el abatimiento habrá que tenerlo en cuenta para contrarrestarlo poniendo un rumbo que será corregido de abatimiento. Si el abatimiento es a estribor (+) habrá que corregir el rumbo hacia babor y si el abatimiento es hacia babor (—) habrá que sumarlo al rumbo para anularlo. Aquí vale la regla «de la carta al timón al revés la corrección».

Por ejemplo, si para desplazarnos de un lugar a otro hemos de llevar Rv = 087° y tenemos un abatimiento de 5° a babor (—) tendremos que decir al timonel que lleve rumbo 092°, o sea, 087° + 5° = 092°.

Si no sabemos el abatimiento, pero sabemos la dirección e intensidad horaria del viento y/o corriente lo haremos por vectores. Si tenemos que ir de S a S_1 (fig. 314), y durante el trayecto vamos a tener una corriente de dirección e intensidad conocidos, trazaremos el vector de la corriente en el punto S (vector horario). Desde el extremo de ese vector haciendo arco con la velocidad del buque Vb cortaremos a la línea de derrota entre los dos puntos y nos dará un vector que será el rumbo verdadero aparente y que una vez corregido hay que dar al timonel para seguir la trayectoria deseada.

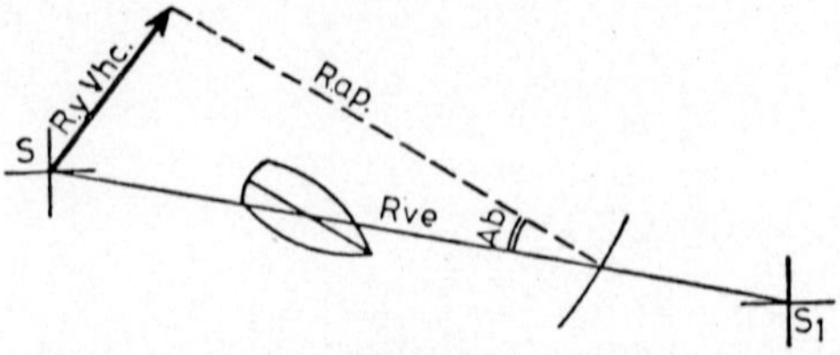

Fig. 314

PASAR DE RUMBO DE AGUJA A RUMBO VERDADERO. — Hay que partir de la fórmula $Rv = Ra + dm + \Delta$ (fig. 307), luego para pasar de rumbo de aguja a rumbo verdadero no hay más que sumar algebráicamente al de aguja la declinación magnética y el desvío. La anterior fórmula equivale a $Rv = Ra + Ct$; corrección total = Ct = dm + Δ; o bien $Rv =$ = Rm + *dm*, ya que Rm = Ra + Δ.

Ejemplo: Estando navegando en un lugar al Ra = 137°, dm = 9° NW y Δ = 2° NE, hallar rumbo verdadero circular y cuadrantal.

Ra = 137°	Ra = 137°	Ra = S43E —
dm = 9° —	Ct = 7° —	dm = 9° —
Δ = 2° +	——	Δ = 2° +
——	Rv = 130°	——
Rv = 130°		Rv = S50E

CORRECCIÓN TOTAL. — Ya hemos dicho que la corrección total es la suma algebráica de la dm y el Δ; *Ct = dm +* Δ.

En la práctica es muy usada ya que los datos que tenemos más a mano y que más manejamos son el rumbo verdadero y el rumbo de aguja.

Si tomamos la demora de la Polar para hallar el error de la aguja nos da el valor de la corrección total y si tenemos que dar el rumbo al timonel tendremos que pasar de Rv a Ra aplicando la Ct, que por ciento, en este caso habría que restarla algebráicamente: Ra = Rv − Ct; «de la carta al timón al revés la corrección».

PASAR DE RUMBO VERDADERO A RUMBO DE AGUJA. — Ya hemos dicho que la fórmula básica es la de $Rv = Ra + dm + \Delta$ o Rv = = Ra + Ct, luego Ra = Rv − Ct, luego habrá que restar algebráicamente la Ct del Rv.

Ejemplo: Hallar el rumbo de agua en los sistemas circular y cuadrantal del Rv 327° sabiendo que la dm = 13° NW y el Δ = 5° NE.

Rv = 327°	Rv = 327°	Rv = N33W	Rv = N33W —
dm = 13° — (+)	Ct = 8° — (+)	dm = 13° — (+)	Ct = 8° — (+)
Δ = 5° + (—)	——	Δ = 5° + (—)	——
——	Ra = 335°	——	Ra = N25W
Ra = 335°		Ra = N25W	

Capítulo 48

DEMORAS Y MARCACIONES

DEMORA, MARCACIÓN Y AZIMUT. — Es la línea de la visual, dirigida a un objeto o a un punto, referenciada a la rosa. Es decir, que a la vez que se dirige la visual por las pínulas de la alidada (fig. 315), hay que leer en la rosa el punto que coincide con esa línea. Eso equivale a decir que la demora tomada es el ángulo que forma la visual con la línea Norte-Sur de la rosa.

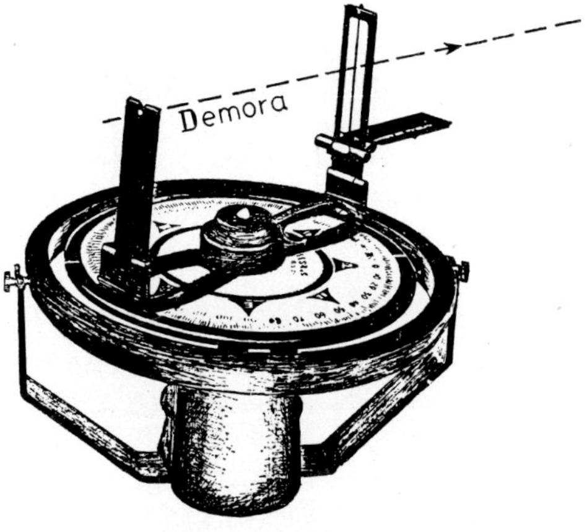

Fig. 315

Esa demora será de aguja ya que a ella la hemos referenciado y si esa aguja tiene errores, cosa normal, habrá que corregir la demora de esos errores si queremos que sea verdadera, o sea, que habrá que aplicarle la dm y el Δ.

Si esa demora de aguja quisiéramos convertirla en demora magnética habrá que referirla a la línea Norte-Sur magnética.

Así que hay tres clases de demoras: *verdadera* (Dv) que es la referida al Norte verdadero, *magnética* (Dm) (usada prácticamente sólo en casos de compensación) referida al Norte magnético, y *de aguja* (Da) referida al Norte de la aguja (fig. 316).

$$Dv = Da + dm + \Delta \ldots\ldots Dv = Da + Ct$$
$$Dm = Da + \Delta$$
$$Da = Dv - dm - \Delta \ldots\ldots Da = Dv - Ct$$

Obsérvese que las fórmulas son similares a las de los rumbos.

Las demoras, igual que los rumbos, se cuentan de 0° a 360° en el sentido de las manecillas de un reloj (sistema circular, que es el más usado) y de 0° a 90° partiendo del Norte o Sur hacia el Leste u Oeste (sistema cuadrantal) y entonces, a efectos de operaciones o cálculos, se les aplicará el sig-

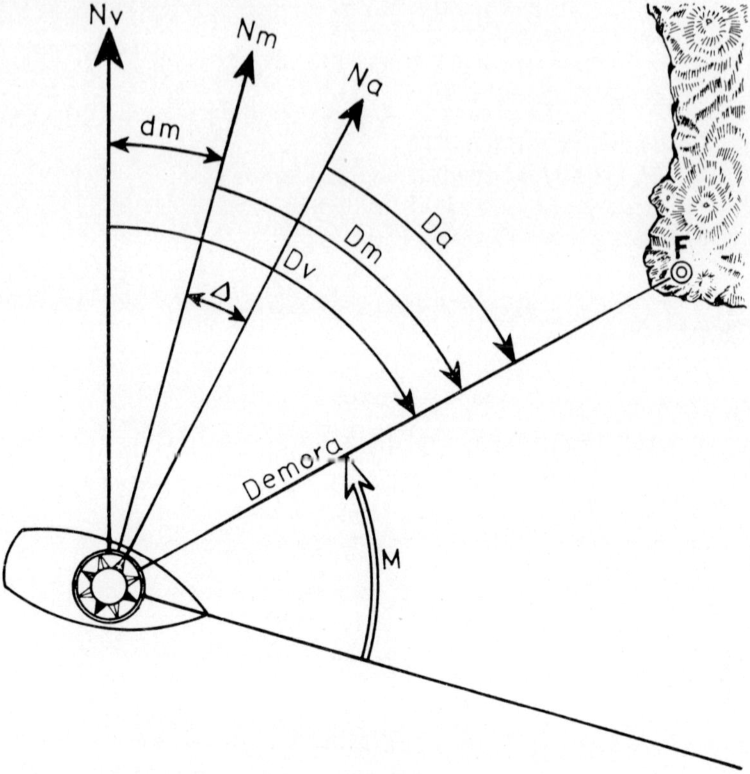

Fig. 316

no + a las del primer y tercer cuadrantes y el signo — a las del 2.° y 4.°.

Vuelvo a insistir en la conveniencia de convertir las cuadrantales a circulares a efectos de comodidad y evitar confusiones.

AZIMUT. — Viene a equivaler a demora sólo que se emplea para astros. Ejemplo: «el Sol demora por el 125°» se entiende pero debe decirse «azimut del Sol 125°».

Los azimuts de los astros se hallan por medio de una alidada azimutal (fig. 315), donde se enfila con las pínulas al astro si no está muy elevado sobre el horizonte, y cuando está elevado se actúa sobre un prisma o un espejo al objeto de reflejar la imagen del astro en la rosa y poder tomar su lectura. Aparte de este prisma y espejo las alidadas llevan unos filtros para ponerlos cuando se marca el Sol al objeto de no perjudicar la vista.

La alidada, generalmente, va sujeta a un anillo circular, antimagnético, que es el que se coloca sobre el mortero y que gira concéntricamente con la rosa para orientar la alidada en la dirección deseada. Debido a ese anillo graduado de 0° a 360° dicha alidada se la conoce también por *círculo de marcar.*

El azimut se representa por Z, habiendo tres clases de Z: Zv, Zm y Za.

MARCACIÓN. — Es el ángulo contado desde la línea de proa hacia la demora o visual del objeto (fig. 316).

La marcación se cuenta de O° hacia cada banda hasta los 180°, o bien, de 0° a 360° a partir de la proa en el sentido de las manecillas de un reloj, y entonces son siempre con signo positivo.

Si se cuentan de 0° a 180° hacia cada banda se consideran con signo positivo (+) las contadas hacia estribor, y de signo negativo (—) las contadas hacia babor.

La marcación se representa por M, y más adelante se detalla la relación que tiene con el rumbo y con la demora.

PASAR DE DEMORA DE AGUJA A VERDADERA. — De la fig. 316 podemos sacar la fórmula principal que es $Dv = Da + dm + \Delta$, que equivale a decir $Dv = Da + Ct$.

Al igual que para los rumbos tenemos otras fórmulas secundarias derivadas de ésta que son:

$$
\begin{aligned}
Dv &= Dm + dm \\
Da &= Dv - dm - \Delta = Dv - Ct \\
Da &= Dm - \Delta \\
Dm &= Da + \Delta \\
Dm &= Dv - dm
\end{aligned}
$$

Ejemplos: Habiendo tomado la demora de aguja de un faro 215° hallar las demoras verdadera y magnética en los sistemas circular o cuadrantal sabiendo que dm = 7° NW y Δ = 5° NE.

Da = 215°	Da = S35W + ...	Da = 215°	Da = S35W +
Ct = 2° —	Ct = 2° —	Δ = 5° +	Δ = 5° +
Dv = 213°	Dv = S33W	Dm = 220°	Dm = S40W

CONVERSIÓN DE MARCACIONES EN DEMORAS Y RELACIÓN ENTRE DEMORA, RUMBO Y MARCACIÓN. — En la fig. 316 vemos la relación que existe entre demoras, marcaciones y rumbos y tenemos que: $R = D - M$; $D = R + M$; $M = D - R$.

Los rumbos y las demoras se han de corresponder, o sea, que si queremos hallar el rumbo de aguja ha de ser por medio de la demora de aguja, pues de lo contrario habría que tener en cuenta la dm y el Δ.

Aparentemente estas fórmulas no coinciden con el dibujo pero hay que tener en cuenta que en la figura la marcación es hacia babor, luego es negativa. Si la marcación se da en sentido circular la solución es la misma como veremos en el siguiente ejemplo, que lo vamos a referenciar al de la figura dando como Demora verdadera del faro 062°, marcación = 43° babor (o sea, 317° en el sistema circular), Da = 034°, dm = 15° NE, Δ = 13° NE, Rv = 105° y Ra = 077°.

Rv = Dv — M
Rv = 062° — (43° —) = 105°

Ra = Da — M
Ra = 034° — (43° —) = 077°

Dv = Rv + M
Dv = 105° + (43° —) = 062°

M = Dv — Rv
M = 062° — 105° = 43° — (a babor)

Da = Ra + M
Da = 077° + (43° —) = 034°

M = Da — Ra
M = 034° — 077° = 43° — (a babor)

Actuando con la marcación en sistema circular:

Rv = 062° — 317° = — 255° = 105°
Ra = 034° — 317° = — 283° = 077°
Dv = 105° + 317° = 422° = 062°
Da = 077° + 317° = 394° = 034°
M = 062° — 105° = 43° — = 317°
M = 034° — 077° = 43° — = 317°

El mismo ejemplo con rumbos y demoras en sistema cuadrantal:

Rv = N62E — (43° —) = S75E
Ra = N34E — (43° —) = N77E
Dv = S75E + (43° —) = N62E
Da = N77E + (43° —) = N34E
M = N62E — S75E = 43° —
M = N34E — N77E = 43° —

MODO DE OBTENER LA DEMORA SIN ALIDADA. — Los buques pequeños no suelen tener agujas en puntos altos y abiertos al horizonte para poder tomar demoras con alidadas y entonces se han de valer para tomarlas poniendo proa al punto deseado. En ese momento la demora coincidirá con el rumbo de aguja: Da = Ra, que habrá que pasarla a verdadera aplicando la corrección total para ese rumbo.

Lógicamente, con este sistema no se podrán tomar demoras simultáneas a dos o más puntos diferentes, pues habrá que poner proa a cada uno de ellos, dependiendo la exactitud de la situación de la rapidez con que se haga.

No hay que olvidarse de que para cada rumbo hay que aplicar su correspondiente corrección total para pasar la demora a verdadera.

MODO DE OBTENER LA CORRECCIÓN TOTAL POR LA POLAR. — Hemos ido viendo la importancia que tiene la corección total de la aguja y que por ello hay que comprobarla navegando dos o más veces al día por medio del Sol, de otros astros, por enfilaciones o demoras, o por la Polar.

En alta mar lo más fácil es hallarla por el azimut del Sol (cosa de la que no trataremos en este texto) o por el azimut de la estrella Polar.

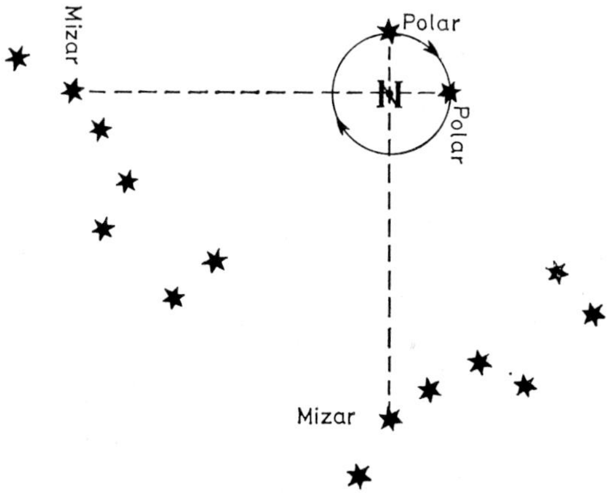

Fig. 317

Ya dijimos que la estrella Polar está próxima al polo Norte llegando a tener un error máximo de 2 grados en más o en menos, ya que describe un pequeño círculo alrededor del polo, (fig. 317), lo que hace que el cálculo de la Ct por la Polar sea aproximado pero muy práctico para una comprobación rápida del funcionamiento de la aguja.

Al tomar el azimut (demora) se hará con la aguja y aplicando la fórmula de Zv = Za + Ct, Ct = Zv − Za. Como consideramos prácticamente que la Polar está en el Norte verdadero el Zv = 0 luego queda Ct = − Za, es decir que la corrección total es el azimut de aguja con signo contrario. Así, por ejemplo, si el azimut de aguja obtenido de la Polar es N10E, o sea, 010° la corrección total es − 10°.

Hay dos situaciones en que el azimut de la Polar coincidirá con el Norte verdadero y no habrá error en la corrección total. Estas situaciones serán cuando la Polar pasa frente al meridiano superior del lugar y cuando pasa frente al meridiano inferior del lugar. Prácticamente esto ocurre cuando la Polar y la estrella Mizar, que es la segunda de la vara del Carro u Osa Mayor están en posición vertical, o sea, que una está frente al meridiano superior del lugar y la otra frente al meridiano inferior del lugar porque el polo Norte está entre ellas, si bien, cerca de la Polar. Véase figura 317.

Al ir girando la Tierra (o aparentemente la esfera celeste) veremos que al estar la referida enfilación abierta 90° o 270° alcanza el error de la Polar su máximo valor que viene a ser de 2 grados.

Cuando la línea Mizar-Polar esté paralela al horizonte y la Polar esté a la derecha el azimut de la Polar será 002°, o sea, N02E y si está a la izquierda será 358° o N02W y habrá que aplicar la fórmula de la siguiente manera: Ct = 002 – Za o Ct = 358° – Za.

La forma exacta de hallar la Ct en cada momento por el azimut verdadero de la Polar viene detallada en el Almanaque Náutico y que por no pertenecer al programa de este texto no detallamos aquí.

MODO DE HALLAR LA CORRECIÓN TOTAL CON UNA ENFILACIÓN. — Las enfilaciones son dos puntos a distinto nivel cuya demora conocemos. Vienen representados en las cartas, por lo que la demora o enfilación será verdadera.

Aplicando la fórmula de Dv = Da + Ct, o sea, Ct = Dv – Da tendremos la Ct para el rumbo al que hemos tomado la Da.

Si esa enfilación la tomamos con la proa a los distintos rumbos de la aguja tendremos la corrección total a los diferentes rumbos.

A veces, en la carta viene la demora verdadera contada desde la enfilación hacia la mar y nosotros la demora de aguja que tomamos lo hacemos desde la mar hacia tierra por lo que habría que sumar al valor de la enfilación 180°. De todas formas el error se nota enseguida.

Capítulo 49

CORREDERAS - SONDADORES

CORREDERA. — El instrumento usado para medir la distancia recorrida en el agua, y por ende la velocidad del buque, se llama *corredera.*

Hay varias clases y tipos de correderas y entre las más usadas actualmente están la *mecánica* o de patente y la *eléctrica.*

La *corredera mecánica* consiste en una hélice (fig. 318), que va sujeta a un cabo que le une a un cuentarrevoluciones hecho a base de engranajes.

Fig. 318

Entre la hélice y el contador se intercala un volante, cuyo objeto es compensar las alteraciones momentáneas por medio de su inercia.

Una vez fuera de puerto se arría por la popa la hélice quedando el contador sujeto a bordo. Este contador marca la distancia navegada y, a veces, para facilitar su lectura, tiene repetidores eléctricos en el puente.

El error de este tipo de correderas es muy pequeño, pues han sido ajustadas recorriendo distancias conocidas como son las *Bases Medidas Oficiales.*

El contador va montando en un pie que le facilita los movimientos horizontales, para cambios de rumbo y balances, y verticales, en caso de cabezazadas. Lleva tres agujas indicadoras de las que una da una vuelta cada milla navegaba pudiendo apreciarse en la esfera las centésimas de milla; otra totaliza las millas de 0 a 100 y una tercera que totaliza las centenas de millas.

El cabo empleado es trenzado y su longitud oscila entre los 70 y 140 metros, dependiendo su longitud de la velocidad del buque.

La *corredera eléctrica* «Sal-Marine» pertenece al grupo de las que funcionan por presión. Consiste en un *tubo Pitot,* que sobresale por debajo de la quilla unos 30 centímetros y que tiene un orificio sometido a la presión dinámica del agua (al navegar el buque) y también a la presión hidrostática según la profundidad. Más a proa va un orificio o *Kingston* que comunica sólo la presión hidrostática. El receptor de presiones colocado próximo a los orificios mide la diferencia entre las presiones recibidas por ambos conductos y actúa sobre una excéntrica y ésta sobre una varilla que transmite,

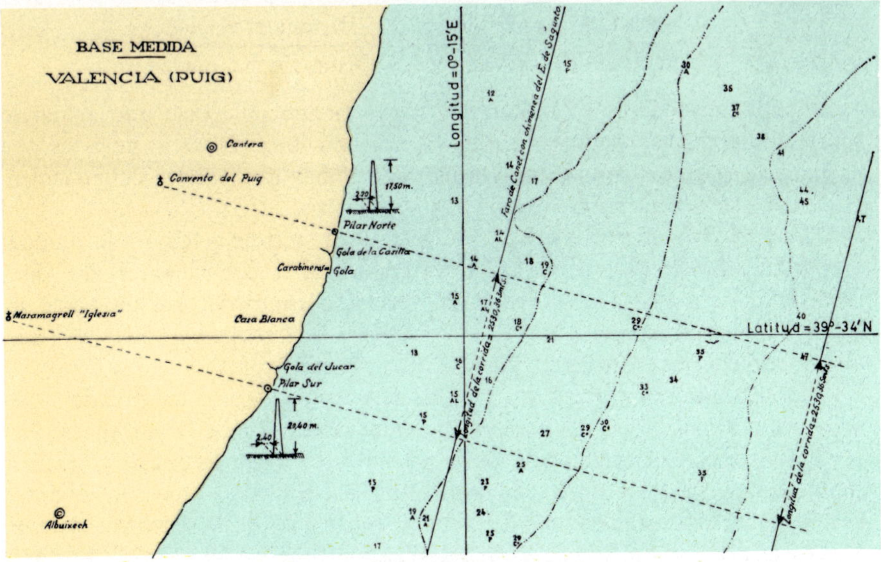

Fig. 319

por medio de un reostato y un voltímetro, a una escala graduada en nudos la velocidad instantánea del buque.

Otro tipo de corredera eléctrica llamada Forbes, consiste en un tubo de unos 40 centímetros con dos orificios, uno a proa y otro a popa, por donde pasa el agua. Dentro del tubo va una pequeña hélice que gira al ser accionada por el agua, su eje, conectado a una magneto origina una corriente que, conectada a un voltímetro con una escala graduada en nudos, nos indica la velocidad instantánea del buque.

La corredera eléctrica «Sal-Selvyn» está basada en los mismos principios que la Sal-Marine, pero con una mayor sensibilidad.

El contador de revoluciones de la hélice o *tacómetro* es un elemento valioso para deducir la velocidad del buque.

Levantada una curva con velocidades y revoluciones podremos determinar la velocidad en base de éstas, si bien habrá una diferencia de estar el casco limpio o sucio.

Las corrientes marinas hay que tenerlas en cuenta si queremos saber la velocidad efectiva del buque.

COEFICIENTES DE LA CORREDERA. — El ajustar la corredera consiste en hallar la relación entre la velocidad verdadera y la velocidad marcada por la corredera, o lo que es lo mismo entre la distancia verdadera y la distancia marcada por la corredera. A esta relación se la llama *coeficiente de corredera*:

$$K = \frac{\text{Velocidad verdadera}}{\text{Velocidad de corredera}} = \frac{\text{Distancia verdadera}}{\text{Distancia de corredera}}.$$

Algunas correderas eléctricas llevan un mando de ajuste que actuando sobre él se consigue hacer coincidir lo real con lo que marca, pero las que no pueden ajustarse, entre ellas las mecánicas, hay que valerse del coeficiente de corredera para hallar los valores verdaderos.

El coeficiente de corredera puede ser mayor, menor o igual a la unidad.

Al multiplicar lo que marca la corredera por el coeficiente K nos dará la velocidad verdadera o la distancia verdadera recorrida, así, un barco en el que la corredera marca 20 millas recorridas y el coeficiente es 1,1 la distancia verdadera recorrida es $20 \times 1{,}1 = 22$ millas.

El coeficiente de corredera se ha de comprobar de vez en cuando, pues sufre variación debido a los desgastes, oxidaciones, etc., de la corredera.

Para calcular el coeficiente ha de ser en lugares de distancias conocidas como por ejemplo las Bases Medidas Oficiales (fig. 319), que son medidas exactas entre dos enfilaciones. En España existen las de Ría de Ares y la de San Jorge próximas a Ferrol, la de Stay-Priegue cerca de Vigo, la de Valencia (Puig), cerca de Cartagena la de Terrosa-Palomas, Castro Urdiales, Rota-Chipiona y la de Zahara de los Atunes en la provincia de Cádiz, la de San Lorenzo-Quintres cerca de Gijón y la de la Isleta en Gran Canaria.

Se hace el recorrido a un rumbo perpendicular a las líneas de enfilación que son paralelas, y dividiendo la distancia entre ellas por el tiempo transcurrido desde que se cruza una hasta que se cruza la otra nos dará la velocidad. Habiendo tomado las lecturas de la corredera en ambos momentos nos dará la distancia por corredera y dividiendo esta distancia por el tiempo nos dará la velocidad de corredera. Dividiendo la velocidad del barco por la velocidad de corredera nos dará el coeficiente, que será igual a dividir la distancia real por la distancia de corredera.

UNIDADES DE LONGITUD EMPLEADAS EN LA MARINA. — La unidad base es la *milla marina* que equivale a la longitud de un arco de Ecuador terrestre (o de círculo máximo) de un minuto de ángulo. En números redondos equivale a 1.852 metros.

La milla se divide en 100 *cables*, o sea, que cada uno vale 185,2 metros.

Cada cable tiene algo más de 100 *brazas*. Cada braza vale 1,83 metros, lo que equivale a 6 pies, igual a 2 yardas.

La milla tiene algo más de 2.000 *yardas*. Cada yarda mide 0,914 metros, o sea, 3 pies, igual a media braza.

La medida de longitud de cadena se llama *grillete* que equivale a 25 metros.

La braza se emplea especialmente en medidas de profundidades en las cartas inglesas y americanas. En las españolas viene en metros.

SONDADORES, ESCANDALLOS. — Son aparatos para medir la profundidad de las aguas, es decir: para medir la sonda.

Hay varios tipos de sondeadores y entre ellos podemos citar el *escandallo de mano*, el *escandallo de presión* y el *sondador eléctrico*.

El escandallo de mano, que se compone del *escandallo* propiamente dicho, que es un cono de plomo con una cavidad en su parte inferior rellena de sebo a fin de que se adhieran en él las partículas del fondo y así conocer su naturaleza, y la *sondaleza*, que es un cabo fino, firme al escandallo, que va marcado en metros por medio de piola o cintas de diferentes colores.

La forma de sondar con el escandallo de mano es: si el barco está parado se arriará verticalmente y cuando se note que ha tocado fondo se leerá la medida mediante las marcas de la sondaleza. Si el barco está en movimiento avante se arrojará hacia proa al objeto de que cuando toque fondo el escandallo se halle en la vertical del que sonda y no cometa errores en la lectura.

El escandallo de presión o *mecánico* consiste en un plomo con una cavidad en la que va alojado un tubo, cerrado por un extremo y el otro por un émbolo aguantado por un muelle. Al ir contrayéndose el muelle por la presión el émbolo desplaza un índice o indicador que queda detenido marcando la profundidad en una escala.

En la base del plomo existe otra pequeña cavidad para alojar el sebo y conocer la naturaleza del fondo.

La sondaleza es de cable de acero que puede ser virada en un carretel por medio de una manivela, o bien eléctricamente.

Este sondador tiene la ventaja sobre el de mano, de que se pueden efectuar lecturas correctas aunque el barco esté en movimiento.

El sondador eléctrico puede ser *sonoro* y *ultrasonoro.*

El sondador eléctrico sonoro está basado en la velocidad del sonido en el agua: 1.500 metros por segundo y sus principales elementos son: emisor, receptor y contador de intervalos entre la emisión del sonido y la recepción del eco.

El emisor es un oscilador o un martillo eléctrico que golpea el casco produciendo un sonido. El receptor recoge el eco por micrófonos, lo amplifica y lo envía a un circuito. La energía producida hace encender una lámpara que ilumina un disco que gira a velocidad uniforme y que hace de mediador de intervalos (tiempo de ida y vuelta al fondo del sonido). El disco deja ver un rayo de luz en la escala frente a la profundidad que señala y también otro rayo de luz en el momento de emisión cuando la profundidad es cero. Marcará cero en la escala pero equivale a la profundidad de la quilla, profundidad que habrá que sumar a la marcada por el sondador si el cero de la sonda no está ajustado al calado del barco.

El sondador eléctrico ultrasónico emplea frecuencias de sonido elevadas no audibles y que su propagación es rectilínea con lo que evita la recepción de ecos reflejados en otros lugares que no sea el fondo, cosa que en los sonoros no se podía evitar dando lugar a errores en las lecturas.

Está basado en las vibraciones de una membrana en contacto con el agua al ser accionada por la contracción de cristales de cuarzo en un circuito eléctrico. Esa misma membrana, al ser accionada por el eco, produce una pequeña corriente que después de amplificada se transmite al indicador.

Tanto el sonoro como el ultrasonoro pueden ser a la vez *registradores* en un papel cuadriculado y grabado en profundidades y tiempos.

Capítulo 50

CARTAS NAUTICAS

CARTAS NÁUTICAS. — Las cartas náuticas son planos o mapas utilizados para la navegación. En ellas vienen representadas porciones de la superficie terrestre con todos los datos útiles al navegante para efectuar la travesía con seguridad, como son: contorno de la costa, faros, boyas, declinaciones magnéticas, corrientes, bajos, sondas, calidad de los fondos, etc., así como los meridianos y paralelos correspondientes.

Las cartas náuticas se conocen también como *hidrográficas, marinas* y *de navegación.*

La forma más exacta de representación de la Tierra sería la esférica, pero ello representa la imposibilidad de almacenar las cartas de ese tipo, y por ello se recurrió a la representación en superficies planas, lo que entraña cierta deformación de la realidad, pues la esfera no es desarrollable en un plano.

Los dos tipos de cartas que se utilizan actualmente en los barcos son las *mercatorianas* para la navegación loxodrómica y las *gnomónicas* para la derrota ortodrómica completadas por las mercatorianas. Normalmente las únicas usadas son las mercatorianas.

Proyección mercatoriana. — Es la que está basada en la proyección cilíndrica desarrollada (fig. 320). En ella quedan los meridianos como rectas paralelas y a igual distancia unos de otros. Los paralelos también quedan representados por rectas paralelas, pero la distancia entre ellos se va espaciando más conforme se van separando del Ecuador. Esta diferencia la podemos comprobar en cualquier carta mirando la separación de los paralelos o las escalas de latitud situadas en los mágenes derecho e izquierdo. Las escalas aumentan en función de la secante de la latitud.

El cilindro ecuatorial de la figura 320 *a*) se sustituye por una serie infinita de ellos al objeto de reducir dimensiones, fig. 320 *b*) y en la fig. 320 *c*) vemos que la parte de meridiano AB ha quedado aumentada solamente en la AB′ y no en la A″B″. Estas *latitudes aumentadas* están tabuladas para cada grado en las tablas náuticas llamadas «tablas de estima» y que utilizaremos para los cálculos.

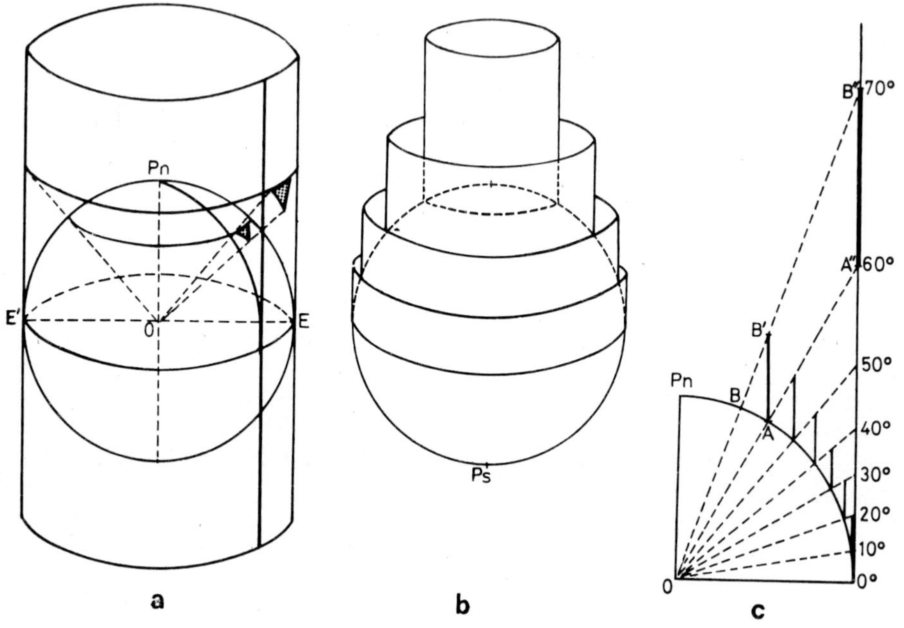

Fig. 320. Proyección mercatoriana

Proyección gnomónica. — Si continuásemos proyectando latitudes sobre los cilindros veríamos que los polos no los podríamos representar y las latitudes altas debido a su aumento originarían problemas de espacio para su representación por lo que hemos de valernos de la representación gnomónica, que consiste en proyectar superficies terrestres en planos tangentes en un punto. Si este punto fuera un polo (fig. 321), veríamos que los meridianos quedarían representados por rectas radiales con centro en el polo y distanciadas ángulos iguales, y los paralelos por circunferencias concéntricas aumentando su separación a medida que se distancian de los polos.

Si el plano fuera tangente en un punto del Ecuador (fig. 322), los meridianos serían paralelos distanciados cada vez más entre ellos a medida que se separan del punto de tangencia y los paralelos serían curvas hiperbólicas que aumentan su separación a medida que se alejan del punto de tangencia.

Si el punto de tangencia estuviera en cualquier otro punto los meridianos serán rectas convergentes hacia el punto de proyección del polo y los paralelos curvas de tipo parabólico.

Por ello hay tres clases de gnomónicas: polares, ecuatoriales y horizontales.

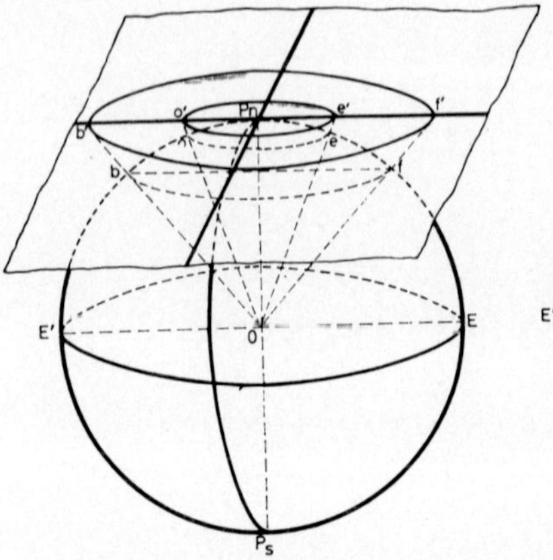

Fig. 321. Gnomónica polar

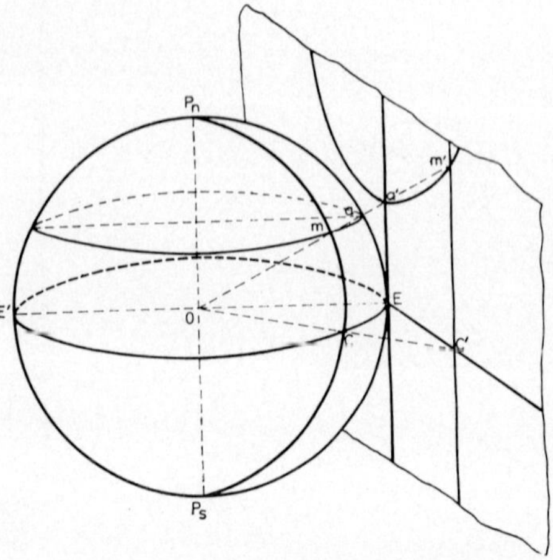

Fig. 322. Gnomónica Ecuatorial

En las cartas españolas las sondas y las elevaciones vienen dadas en metros. Las sondas están referidas a la mayor bajamar o bajamar escorada y las elevaciones al nivel medio de la mar. Debajo del título vienen ciertas observaciones sobre la declinación magnética, escala, etc., que son muy importantes.

En España están editadas por el Instituto Hidrográfico de la Marina, Cádiz, que tiene depósitos en las Comandancias de Marina de Barcelona, Bilbao y La Coruña, siendo agentes casi todas las Comandancias de Marina.

En los Avisos a los Navegantes aparecen las correcciones a las cartas, que deberán hacerse a mano para tenerlas al día.

ESCALA DE LAS CARTAS. — Escala es la relación entre la magnitud representada y la real, es decir que si la escala es 1/2 quiere decir que la magnitud representada es la mitad que la real.

Se expresa en base a la unidad y por ello en el numerador figura siempre la unidad cuando la magnitud representada es menor que la real como ocurre en las cartas náuticas.

Para las cartas náuticas la escala viene dada por la relación del radio de la esfera imaginaria con la que se ha representado la carta y el radio de la Tierra, es decir: escala $= \frac{r}{R}$, y dando a r el valor de 1 si encontramos una escala de 1/10.000 quiere decir que el radio de la Tierra es 10.000 veces mayor que el radio de la esfera con la que se ha representado la carta.

LUCES

	Posición de una luz
L.	Luz
Fo.	Faro
Aero	Aerofaro
	Baliza luminosa
	Buque faro
	Luces de enfilación
	Sectores luminosos
F.	Luz fija
Oc.	Luz de ocultaciones
D.	Luz de destellos
Alt.	Luz alternativa
Gp.Oc.	Luz de grupos de ocultaciones
Gp.D.	Luz de grupos de destellos
F.D.	Luz fija y de destellos
F.Gp.D.	Luz fija y grupos de destellos
Ct.	Luz centelleante
Mo.	Luz de señales Morse

BOYAS Y BALIZAS

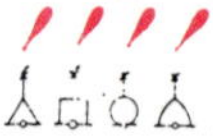	Boyas luminosas
	Boya de recalada
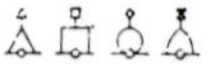	Boyas con marcas de tope
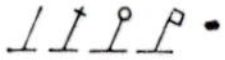	Balizas flotante
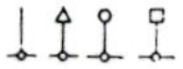	Balizas fijas

PELIGROS

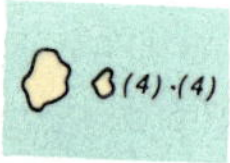	Roca que siempre vela (altura referida al nivel medio)
	Roca o bajo fondo que cubre y descubre (altura referida al nivel de reducción de sondas)
	Roca a flor de agua al nivel de reducción de sondas
	Roca siempre cubierta y peligrosa
	Sonda de una roca aislada y peligrosa
+	Roca sumergida no peligrosa
	Peligro sumergido con sonda determinada por la rastra hidrográfica
	Arrecife de coral
	Naufragio varado
	Naufragio del que solo velan los palos
	Naufragio sobre el que se sondan menos de 20 metros
	Naufragio sobre el que se sondan más de 20 metros
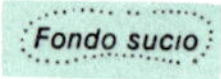	Fondo sucio
	Dunas submarinas
	Escarceos
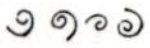	Remolinos
	Algas, hierbas marinas

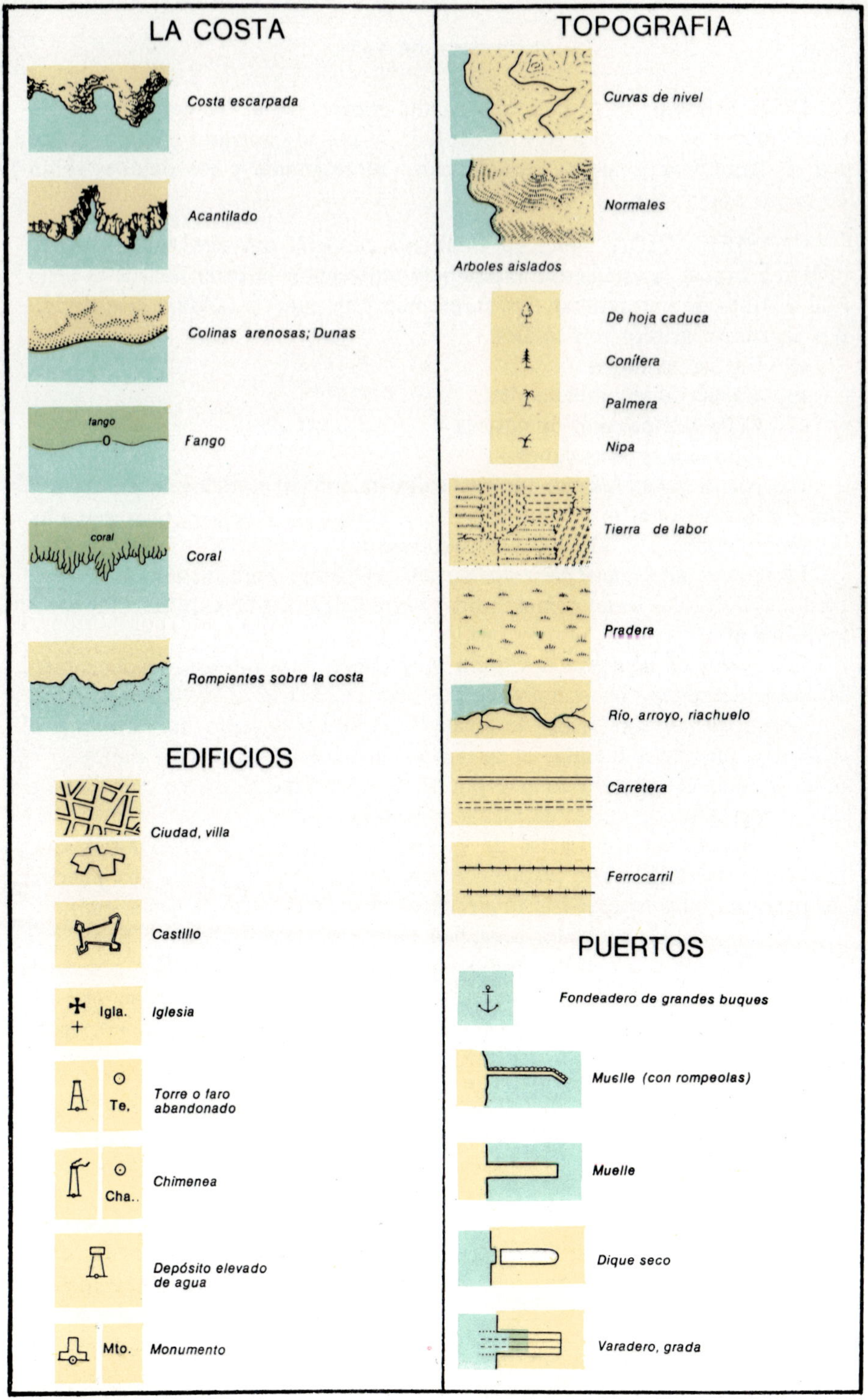
LA COSTA
Costa escarpada
Acantilado
Colinas arenosas; Dunas
fango
0
Fango
coral
Coral
Rompientes sobre la costa
EDIFICIOS
Ciudad, villa
Castillo
Igla.
Iglesia
Te.
Torre o faro abandonado
Cha..
Chimenea
Depósito elevado de agua
Mto.
Monumento
TOPOGRAFIA
Curvas de nivel
Normales
Arboles aislados
De hoja caduca
Conífera
Palmera
Nipa
Tierra de labor
Pradera
Río, arroyo, riachuelo
Carretera
Ferrocarril
PUERTOS
Fondeadero de grandes buques
Muelle (con rompeolas)
Muelle
Dique seco
Varadero, grada

De lo expuesto se deduce que cuanto mayor sea el denominador de la escala mayor es la superficie representada, y por el contrario, cuanto menor sea el denominador menor será la parte representada y los detalles serán de mejor apreciación.

CLASIFICACIÓN DE LAS CARTAS SEGÚN LA ESCALA. — Atendiendo a buscar la escala apropiada para representar la extensión de la zona que se trata de cartografiar, las cartas náuticas pueden considerarse divididas en cuatro grupos principales:

a) Cartas generales.
b) Cartas de arrumbamiento.
c) Cartas de navegación costera.
d) Aproches y Portulanos.

Las *cartas generales* son las que abarcan una gran extensión de costa y mar y están destinadas a la navegación oceánica. Su escala es muy pequeña oscilando entre 1/30.000.000 y 1/3.000.000.

Las *cartas de arrumbamiento* son las utilizadas para distancias de tipo medio. Sus escalas están comprendidas entre 1/3.000.000 y 1/200.000 aproximadamente.

Las *cartas de navegación costera*, que sirven para navegar reconociendo la costa, tienen escalas comprendidas entre 1/200.000 y 1/50.000.

Los *Aproches* son cartas de escala 1/25.000 o de cifra muy próxima a ella, cuya misión es facilitar al navegante la aproximación a los puntos o a otros accidentes geográficos que por su importancia requieren más detalle que el representado en las de escala 1/50.000.

Los *Portulanos* son cartas de escalas superiores a la 1/25.000 y que muestran con detalle una pequeña extensión de costa y mar, como pueden ser puertos, radas, ensenadas, fondeaderos, freus (salientes de costa, etc.).

Las cartas, normalmente, se suelen llamar de *punto menor* o punto pequeño a las que representan grandes extensiones como las cartas generales y las de arrumbamiento, y de *punto mayor* o de punto grande a las que representan porciones menores como las de navegación costera, aproches y portulanos.

DETALLES QUE SE APRECIAN EN LAS CARTAS. — La interpretación de los detalles y símbolos que se encuentran en una carta, y que no son pocos, es importantísima, pues ello entraña la seguridad del barco y de la dotación.

Hay aproximadamente un millar de signos y abreviaturas empleados en las cartas. En las págs. 50-5 y 50-6 se representan algunos de ellos.

La naturaleza del fondo viene indicada por las siguientes abreviaturas: A = arena, F = fango, L = lodo, Arc = Arcilla, Co = cascajo, Go = guijarro, P = piedra, R = roca, Rso = rocoso, Gr = greda, Cl = coral, Md =

= madrépora, Vc = volcánico, Esca = Escoria, Ost = ostra, E = Esponja, Alg = algas, f = fino, g = grueso, bdo = blando, d = duro, b = blanco, n = negro, az = azul, v = verde, am = amarillo, r = rojo, p = pardo, gr = gris, cl = claro, o = oscuro, etc.

NORMAS Y CUIDADOS CON LAS CARTAS. — 1. Tenerlas actualizadas habiendo puesto al día las correcciones.

2. Ante la inseguridad de no estar actualizada una carta, se deberá desechar y reponer. El barco y la dotación son de un valor infinitamente mayor que el de una carta.

3. Evitar escribir o trazar rumbos con tinta o con lapiceros duros que al borrarlos pueden desaparecer datos o detalles de la carta.

4. Evitar dobleces que pueden suponer la deformación o rotura de la carta.

5. Mirar las flechas de edición para corregir las declinaciones magnéticas y las correcciones publicadas en los Avisos a los Navegantes.

6. Conservar las cartas en lugares planos debidamente catalogadas para facilidad y rapidez en su uso.

PORTULANOS. — Ya hemos dicho que los portulanos son cartas con escalas superiores a 1/25.000. Son las cartas de más detalle, que abarcan una pequeña extensión de tierra y mar.

A veces, dentro del marco de una carta de navegación costera, se inserta a mayor escala una representación de un lugar, puerto, fondeadero, bahía, isla, etc., que por su menor importancia no se le ha dedicado un portulano aparte; a este portulano dentro de otra carta se le llama *cartucho*.

Capítulo 51

MANEJO DE LAS CARTAS

COMPAS Y TRANSPORTADOR. — Son dos útiles imprescindibles en el manejo y utilidad de las cartas.

El compás de dibujo, que todos sabemos como es, se utiliza para trazar circunferencias, tomar distancias y situar puntos.

El transportador, confeccionado actualmente de plástico transparente, se usa para transportar ángulos y trazar rumbos. Puede ser de forma circular, semicicular, rectangular y triangular. Los más usados son el rectangular y el triangular. El rectangular lleva grabados 180° y la numeración de los 360°, pues la forma de contar los grados depende de la posición que le coloquemos sobre la carta. Se ha de poner sobre un meridiano o sobre un paralelo, o bien, en una posición paralela a ellos. En su parte central y en el centro de la medición de ángulos lleva un agujero por donde se pasa un hilo, con un nudo para que no se escape, que sirve para prolongar la medición del ángulo fuera del contorno del transportador.

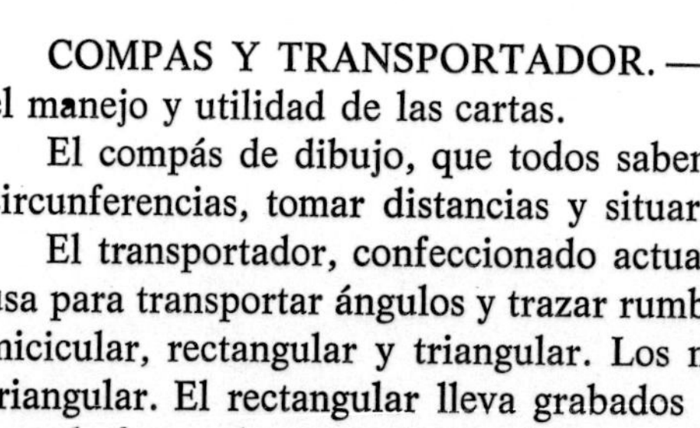

Fig. 325. Transportador

El transportador triangular, aún poco desarrollado su uso en España, consiste en un cartabón (normalmente se usan dos) donde están representados los 360° en dos semicircunferencias concéntricas. Es de manejo más fácil y más seguro que el transportador corriente y con ayuda de otro cartabón o regla sirve de reglas paralelas pudiendo transportar ángulos o líneas de una parte de la carta a otra sin ninguna limitación.

HALLAR LA LATITUD Y LONGITUD DE UN PUNTO SITUADO EN LA CARTA. — En la figura 326 tenemos representado el rompeolas de un puerto y vamos a hallar la latitud y longitud de su extremo. En los márgenes superior e inferior de la carta están representadas las longitudes y en los márgenes derecho e izquierdo las escalas de las latitudes; luego para hallar la latitud y la longitud del extremo del rompeolas tendríamos que trazar, a partir de dicho punto, una recta paralela al paralelo que cortase cual-

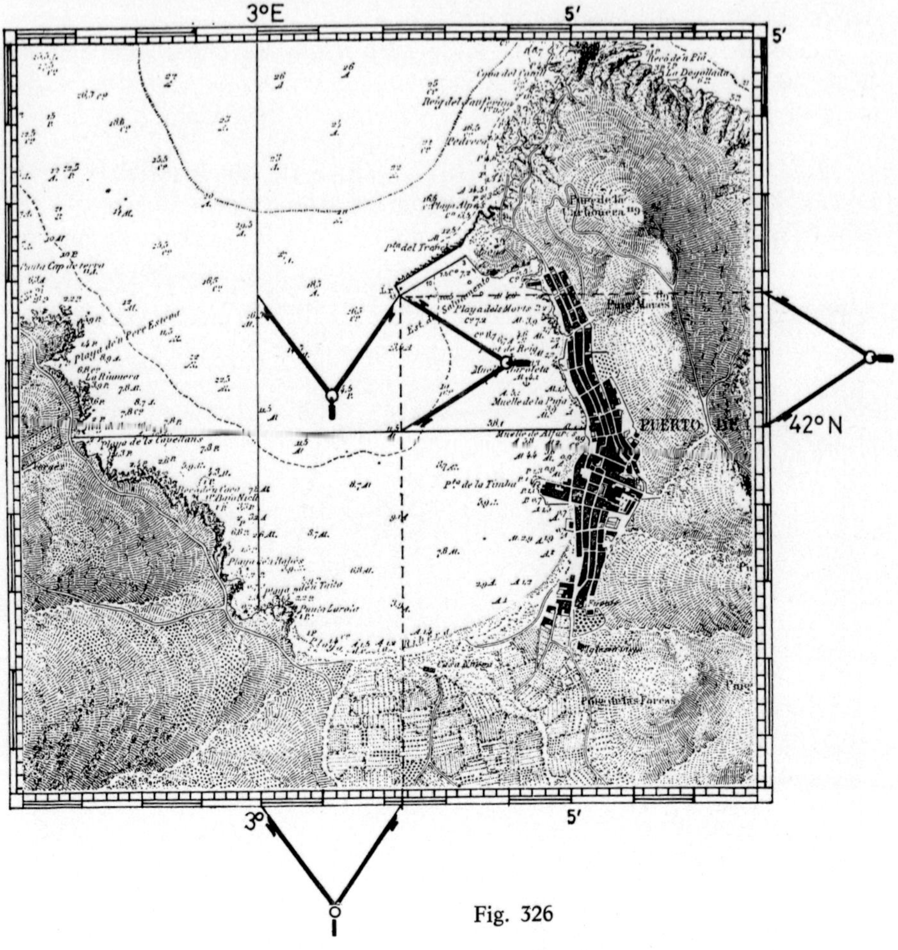

Fig. 326

quiera de las escalas de los costados, y otra paralela al meridiano que nos cortaría en cualquiera de las escalas de la longitud, con lo que solamente tendríamos que leer el resultado en dichas escalas.

Pero más rápido y más práctico es hacer centro en dicho punto con un compás y tangentear al meridiano y paralelo más próximos llevando las aberturas del compás a las escalas correspondientes.

En la fig. 326 la latitud y longitud del extremo del muelle-rompeolas del puerto nos da l = 42° — 01,7′N y L = 3° — 02,3′E.

SITUAR EN LA CARTA UN PUNTO DE COORDENADAS CONOCIDAS. — Se actuará de manera opuesta a la anterior, es decir: se tomarán los valores de las coordenadas en las escalas correspondientes y se llevarán paralelamente sobre el meridiano y paralelo más próximos y allí donde se corten esa será la situación del punto.

Como en el caso anterior no hace falta trazar las líneas, sino que se llevan las aberturas del compás. A veces se aprovechan los cantos del transportador para hacer de líneas paralelas y facilitar la operación.

DESDE UN PUNTO EN LA CARTA TRAZAR UN RUMBO Y UNA DISTANCIA. — Se coloca el transportador paralelo a los meridianos o paralelos de manera que el agujero o punto de origen de la medición de ángulos

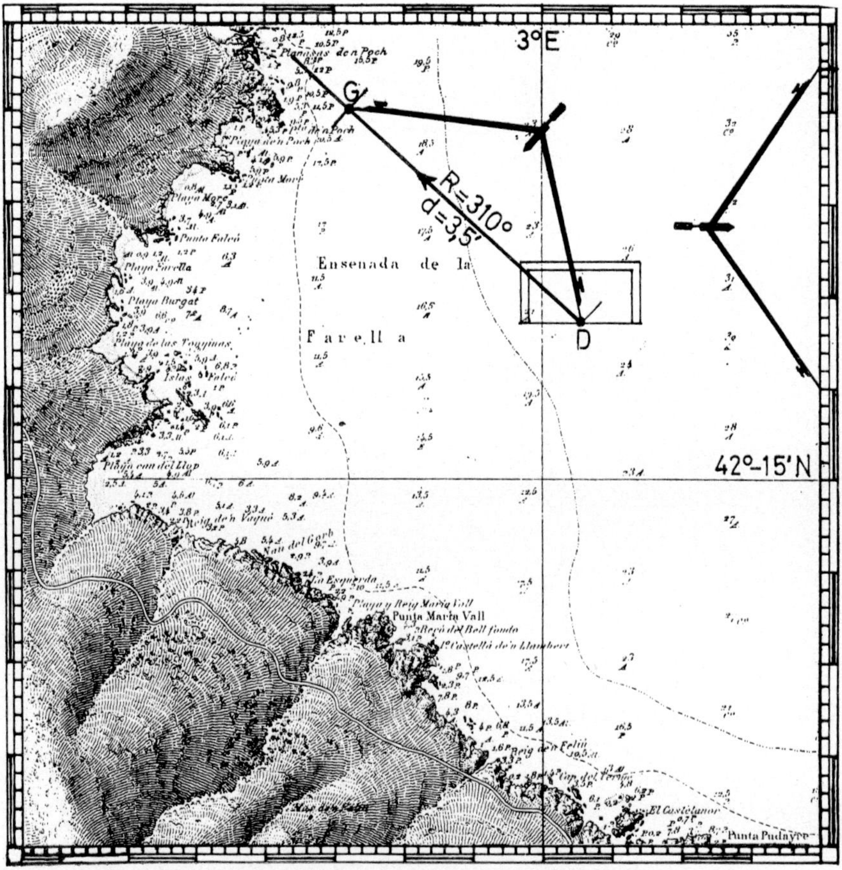

Fig. 327

coincida con el punto de partida. Se trazará la línea de rumbo y sobre ella, a partir del punto, se llevará la distancia. En el caso de la figura 327, se trata de llevar 3,5 millas al rumbo 310° y a partir del punto D.

La distancia se tomará siempre en las escalas de las latitudes sabiendo que una milla equivale a la medida de un minuto de dichas escalas.

La forma de tomar dichas distancias en las escalas de latitudes es calculando a ojo la latitud intermedia entre los puntos extremos de la recta de distancia donde va a quedar dibujada y a esa altura se toma media distancia hacia arriba y media hacia abajo, es decir, el compás quedará abierto media distancia hacia arriba y media hacia abajo del punto de latitud intermedia.

Hay que advertir que los rumbos en las cartas son verdaderos, por lo que los rumbos de aguja o magnéticos han de convertirse en verdaderos.

HALLAR EL RUMBO Y LA DISTANCIA ENTRE DOS PUNTOS. — Es el caso inverso del anterior. Se unen los puntos con una recta o con el hilo del transportador. Se coloca el transportador en el punto de partida paralelo a los meridianos y paralelos coincidiendo el agujero o punto de partida de medición de ángulos con el punto de partida y así leeremos el rumbo en la graduación del transportador.

Se toma la distancia con el compás y su abertura se lleva a medir en la escala de latitudes pero se ha de medir media abertura hacia arriba y media hacia abajo de la latitud intermedia de los dos puntos. Lo de calcular la latitud intermedia se hace a ojo y con la práctica no se cometen errores. Ya se dijo que esto de medir la distancia refiriéndonos a la escala de latitud media entre los puntos que se mide es debido a que la escala de latitudes está construida de forma que sus divisiones van aumentando de tamaño a medida que se aleja del Ecuador y no son iguales a una latitud que a otra. Véase cualquier carta.

HACER RUMBO PARA PASAR A UNA DISTANCIA DADA DE LA TIERRA. — Esta operación es muy frecuente en la navegación costera, pues para librar bajos, rocas, lugares de poco fondo o tomar un margen de seguridad se dan rumbos a pasar a X distancia de un punto determinado.

Tomando con el compás la distancia en la escala de latitudes a una altura promedio del lugar donde se va a trazar dicha distancia, y haciendo centro en el punto o en la costa, trazaremos un arco con el radio de la distancia. En la figura 328 se quiere pasar a 2 millas de la tierra más saliente partiendo de la situación de A.

Desde el lugar de partida trazaremos una tangente al arco dibujado y ese será el rumbo verdadero a seguir. Dicho rumbo será medido con el transportador de la forma acostumbrada.

También se puede hallar el intervalo de tiempo que tardaremos en llegar al punto de tangencia dividiendo la distancia entre la velocidad del buque.

Una vez hallado por la carta el rumbo verdadero habrá que pasarlo a Ra para dárselo al timonel. Ya sabemos que Ra = Rv − Ct. Recordar: «De la carta al timón al revés la corrección».

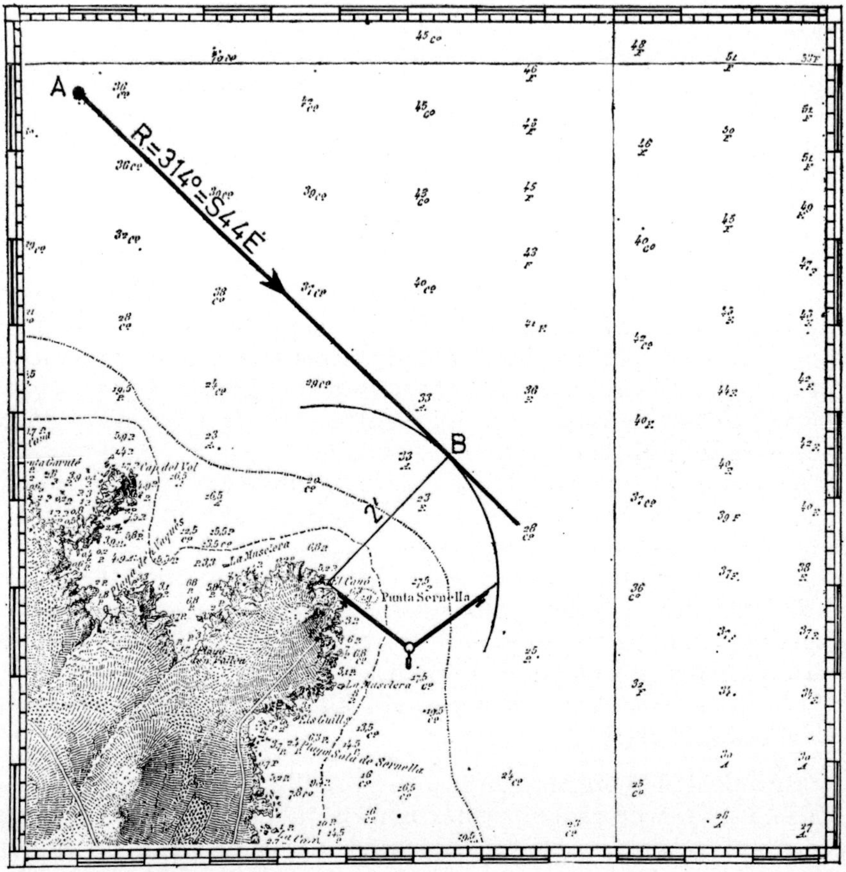

Fig. 328

Capítulo 52

NAVEGACION COSTERA

NAVEGACIÓN COSTERA. — Se llama así a la navegación que se hace a la vista de la costa y tomando referencias a puntos conocidos de la misma, que están presentados en las cartas.

Esta navegación es sencilla pero de mucha responsabilidad, pues los riesgos cerca de la costa son mayores que en alta mar. Al lado de la costa hay muchos peligros que hay que conocer y manejar: bajos, corrientes, mareas, barcos, movimientos de arenas y fangos que no pueden precisar las cartas, etcétera. Se recomienda no fiarse de las apariencias, pues la vista muchas veces engaña, sobre todo en las distancias. La dirección del oleaje en la superficie del agua engaña muchas veces en la apreciación de la velocidad, rumbo efectivo y abatimiento, y la seguridad está en hallar constantemente situaciones por demoras, marcaciones, radar, enfilaciones y referencias estudiando bien la carta y tomando precauciones respecto a los peligros.

Han de comprobarse los instrumentos con que se navega, pues incluso las cartas no son unos documentos de fe, ya que es imposible hallar las sondas de todos los puntos del fondo y, por otra parte, éste puede variar en pocas fechas debido a corrientes o mareas que arrastren fango o arena. Asimismo, pueden variar el color de las luces debido a nieblas o humos y su período por desajuste de aparatos, si bien es cosa no muy frecuente.

Recordad que «LOS ERRORES DEL MARINO LOS PAGA ÉL MISMO».

SITUACIÓN POR DOS DEMORAS SIMULTÁNEAS A DOS PUNTOS DE LA COSTA. — Esta es posiblemente la situación más segura si los errores de la aguja están bien determinados.

Hay que tener en cuenta que las demoras tomadas desde el barco o puntos de la costa hay que convertirlas en las opuestas para trazarlas sobre la carta, pues en el barco se toma el visual (demora) hacia la costa y en la carta se representa esa visual (demora) desde la costa hacia el barco. Luego habrá que sumar o restar 180° a las demoras tomadas.

Por otra parte, la demora o visual tomada será sobre la aguja y habrá que convertirla en demora verdadera sumándola la corrección total.

Otra observación es que se ha de procurar que los puntos de la costa elegidos para tomar las demoras abran 90° o lo más próximo posible para que el cruce de las dos demoras sea en ángulo lo más recto posible. Cuanto más agudo sea el ángulo de corte más sujeta a error estará la situación hallada.

Habrá de anotarse la hora en que tomamos las demoras para saber que a tal hora estábamos en tal situación.

Se habla de demoras simultáneas aunque no se toman en el mismo instante, pues si no hay dos personas con dos agujas no se pueden tomar simultáneas, pero se ha de procurar que el intervalo de tiempo entre ambas sea el mínimo para que el error sea el mínimo, ya que el barco se sigue moviendo cuando está navegando.

Las demoras simultáneas pueden ser dos o más, cuantas más mejor.

Ejemplo: A 10-00 horas tomamos demora de aguja del punto $A = 144°$ y Da del punto $B = 225°$, Ct = 10 NW. Hallar la situación.

Da de A = 144°	Da de B = 225°
Ct = 10° —	Ct = 10° —
Dv de A = 134°	Dv de B = 215°
180° +	180° —
Dv opuesta de A = 314°	Dv opuesta de B = 035°

Colocamos el trasportador en los referidos puntos (fig. 329) y trazamos las demoras verdaderas opuestas. El lugar de cruce S será la situación a 10 — 00 horas.

SITUACIÓN POR DOS MARCACIONES SIMULTÁNEAS A DOS PUNTOS DE LA COSTA. — La situación por marcaciones es igual a la situación por demoras, ya que las marcaciones se convierten en demoras a base del rumbo.

Ejemplo: Navegando a Ra = 125° tomamos marcación del punto A = 30° babor, y marcación del punto B = 40° estribor, dm = 12NW y △ 3NE. Hallar la situación.

dm = 12° —	Ra = 125°	Ra = 125°
△ = 3° +	M de A = 30° —	M de B = 40° +
Ct = 9° —	Da de A = 095°	Da de B = 165°
	Ct = 9° —	Ct = 9° —
	Dv de A = 086°	Dv de B = 156°
	180 +	180 +
	Opuesta = 266°	Opuesta = 336°

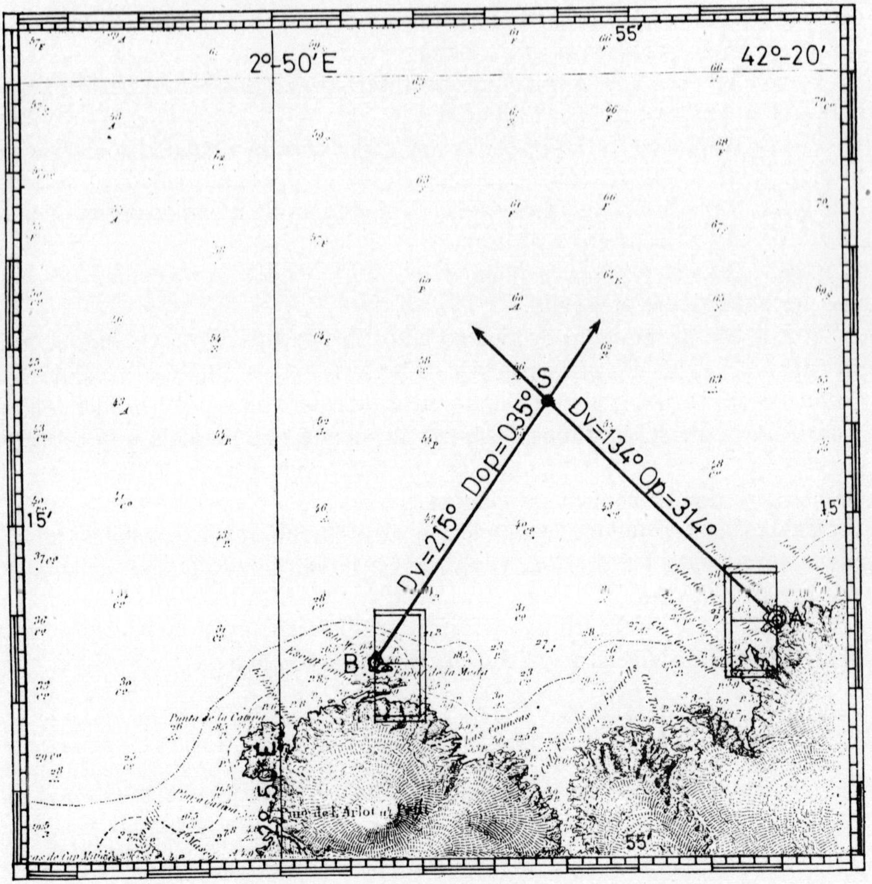

Fig. 329

Trazando estas demoras opuestas desde los puntos A y B nos darán la situación donde se corten.

SITUACIÓN POR DOS DEMORAS NO SIMULTÁNEAS A DOS PUNTOS DE LA COSTA CONOCIENDO EL RUMBO Y VELOCIDAD A QUE NAVEGA EL BUQUE. — Se actuará como sigue:

1.° Se traza la primera demora.

2.° Se traza a partir del primer punto (puede hacerse en cualquier punto de la primera demora) el rumbo y la distancia navegados.

3.° Se traza la segunda demora.

4.° Por el extremo de la distancia llevada sobre la recta del rumbo se traza una paralela a la primera demora que corte a la segunda y el lugar de corte será la situación en la que estamos.

Es conveniente que las demoras se corten lo más posible en ángulo recto para que el error posible sea mínimo.

Si queremos conocer la situación en que estábamos cuando tomamos la primera demora invertiremos el rumbo desde la situación hallada y llevaremos hacia atrás la distancia navegada y obtendremos la situación en el momento de tomar la primera demora.

La distancia navegada la hallaremos multiplicando la velocidad del buque por el intervalo navegado.

Si durante el intervalo de tiempo entre la toma de las dos demoras hubiéramos navegado a varios rumbos se hará de forma análoga, llevando las distancias navegadas y rumbos uno detrás de otro a partir del primer punto y por el extremo de la última distancia se trazará una paralela a la primera demora que cortará a la segunda en un punto que será la distancia en el momento de tomar la segunda demora.

Esta situación hallada está sujeta a errores debidos a corrientes, abatimientos desconocidos o a una variación en la velocidad efectiva del buque durante el intervalo.

Cuando el abatimiento es conocido se llevarán sobre el primer punto rumbo verdadero efectivo y distancia navegada efectiva.

Ejemplo: El día 2 de diciembre de 1977 navegando por el Sur de la isla Terceira tomamos a 10-00 horas Da. de Punta S. Diogo 020°. Seguimos navegando a Ra = 093° y a velocidad de 8 nudos hasta las 10-15 horas que tomamos Da del faro Punta San Antonio = 328°. Hallar la situación a 10-15 horas sabiendo que el Δ para ese rumbo es 7° +. Seguimos navegando y a 10-24 horas ponemos Ra = N68E y tomamos Da de Punta San Pedro N01W y a 10-31 horas Da. de Punta Misterio N29E, Δ para este último rumbo 5° +. Hallar la situación a 10-31 horas.

En la carta de la fig. 330, vemos que la dm = 17° — 45′ para el año 1964 decreciendo 5′ anuales. Hallamos la dm para 1977 que será: 1977 — 1964 = 33 años. 33 × 5′ = 165′ = 2° — 45′.

dm (1964) = 17° — 45′ NW	dm = 15° —
Corrección = 2° — 45 —	Δ = 7° +
dm (1977) = 15° — 00′ NW	Ct = 8° —

Ra = 093°	Da S. Diogo = 020°	Da Punta S. Antonio = 328°
Ct = 8° —	Ct = 8° —	Ct = 8° —
Rv = 085°	Dv = 012°	Dv = 320°
	180 +	180 —
	Opuesta = 192°	Opuesta = 140°

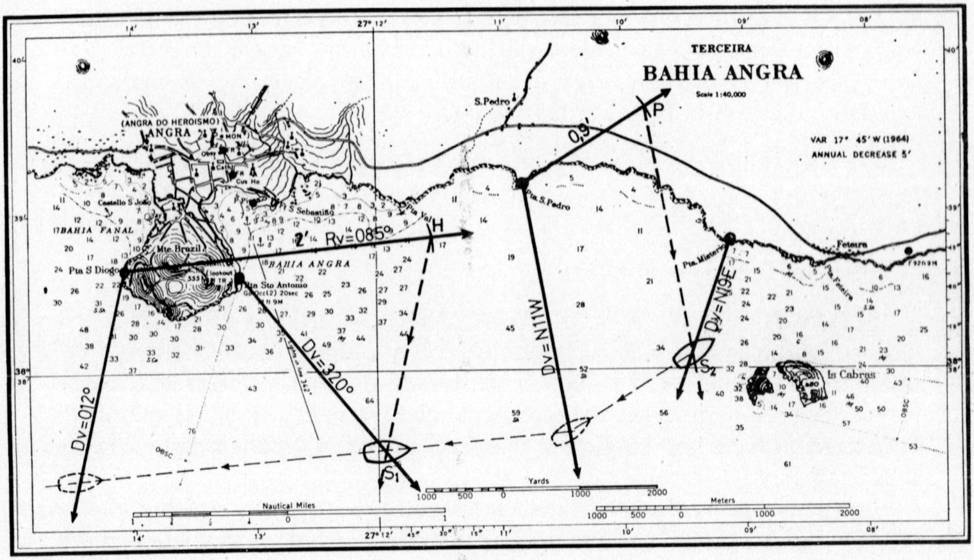

Fig. 330

A partir de la Punta S. Diogo trazamos la demora a 192° y el rumbo 085° sobre el que llevamos la distancia navegada que es: $10^h - 15^m - 10^h - 00^m =$ $= 15$ minutos. $0{,}25 \times 8 = 2$ millas.

En el punto H, que es el extremo de la distancia navegada, trazamos una paralela a primera demora y trazamos la demora opuesta desde el cabo Santo Antonio. El punto de corte será la situación a las 10 horas 15 minutos, que medida en las escalas es: $l = 38° - 37' - 30''$ N y $L = 27° - 11' - 55''$ W.

Seguimos navegando y a $10^h - 24^m$ cambiamos a Ra = N68E y hay que fijarse que a este nuevo rumbo hay otro desvío luego será otra la Ct.

dm = 15° —	Ra = N68E	Da Punta S. Pedro = N01W
Δ = 5° +	Ct = 10° —	Ct = 10°—
Ct = 10° —	Rv = N58E	Dv = N11W
		Opuesta = S11E

Da Punta Misterio = N29E
Ct = 10° —

Dv = N19E
Opuesta = S19W

A partir de Punta S. Pedro trazamos su demora opuesta y el rumbo N58E sobre el que llevamos la distancia navegada en el intervalo desde las $10^h - 24^m$ hasta las $10^h - 31^m = 7^m$; $0{,}11 \times 8 = 0{,}9$ millas. A partir del extremo P trazamos una paralela a la demora tomada a Punta S. Pedro y trazamos la opuesta a la demora de Punta Misterio y donde se corten será la situación a las $10^h - 31^m$, que medida en las escalas de la carta da: $l = 38^\circ - 38' - 07''$ N y $L = 27^\circ - 09' - 28''$ W.

SITUACIÓN POR DOS MARCACIONES NO SIMULTÁNEAS A DOS PUNTOS DE LA COSTA CONOCIENDO EL RUMBO Y VELOCIDAD A QUE NAVEGA EL BUQUE.— Se convierten las marcaciones en demoras y se opera como en el caso anterior.

SITUACIÓN POR DOS DEMORAS NO SIMULTÁNEAS A UN PUNTO. — Trazamos en la carta las dos demoras al punto y también a partir del punto una recta del rumbo que hemos llevado durante el intervalo y sobre la que llevamos la distancia navegada en dicho intervalo. En el extremo de la distancia trazamos una paralela a la primera demora y donde corte a la segunda allí será la situación.

Esta recta de rumbo para llevar la distancia y luego llevar sobre ella la primera demora puede trazarse desde cualquier punto de la primera demora si se ha escogido el punto o faro como punto de partida es sólo por ser un punto determinado.

Un sistema práctico de situarse por dos demoras no simultáneas a un punto es tomar la hora cuando el faro está abierto cuatro cuartas = 45° desde la proa y volver a tomar la hora cuando el faro o punto de la costa está por el través (se entiende de la misma banda) o sea 90°. La distancia navegada en el intervalo es la distancia a que nos encontramos del faro, que equivale a la distancia mínima a que vamos a pasar del faro con ese rumbo.

Ejemplo: Navegando por la costa Norte da la isla Terceira tomamos a $21^h - 00^m$ Da del faro aéreo de Villa Nova 263°. Seguimos navegando a Ra = 308° y a $21^h - 39^m$ tomamos otra demora del mismo aerofaro = 215° Ct = 10°— Velocidad del buque 10 nudos. Hallar la situación. A $21^h - 48^m$ cambiamos de rumbo al 282° de la aguja Ct = 12°— y a $22^h - 07^m$ marcamos al faro Punta Rua Longa a cuatro cuartas por babor. A $22^h - 39^m$ le marcamos por el través. Hallar la distancia a que estamos del faro de Punta Rua Longa.

1.ª Da Villa Nova	= 263°	Ra = 308°	$21^h - 39^m$
Ct	= 10°—	Ct = 10°—	$- 21^h - 00^m$
1.° Dv	= 253°	Rv = 298°	39^m; 0,65 × 10 = 6,5 millas

2.ª Da Villa Nova = 215°

Ct = 10°—

2.ª Dv = 205°

Trazamos las dos demoras sobre el faro y también el Rv y sobre él llevamos la distancia navegada en el intervalo 6,5 millas; trazamos la paralela a la primera demora y el punto de corte con la segunda demora será la situación a $21^h - 39^m$: S_2 en la figura 331.

Seguimos navegando hasta las $21^h - 48^m$, o sea $0,15 \times 10 = 1,5$ millas y ponemos $Rv = 282° - 12° = 270°$ hasta las $22^h - 07^m$ que tomamos la marcación de 45° babor del faro Punta Rua Longa. A $22^h - 39^m$ le marcamos al través, o sea a 90° babor, al Sur, luego:

$$\begin{array}{r} 22^h - 39^m \\ -\ 22^h - 07^m \\ \hline 32^m \end{array}$$

32^m; $0,53 \times 10 = 5,3$ millas navegadas en el intervalo desde estar el faro abierto cuatro cuartas y el estar abierto ocho cuartas, luego distancia al faro al estar a ocho cuartas 5,3 millas, que es la situación S_4.

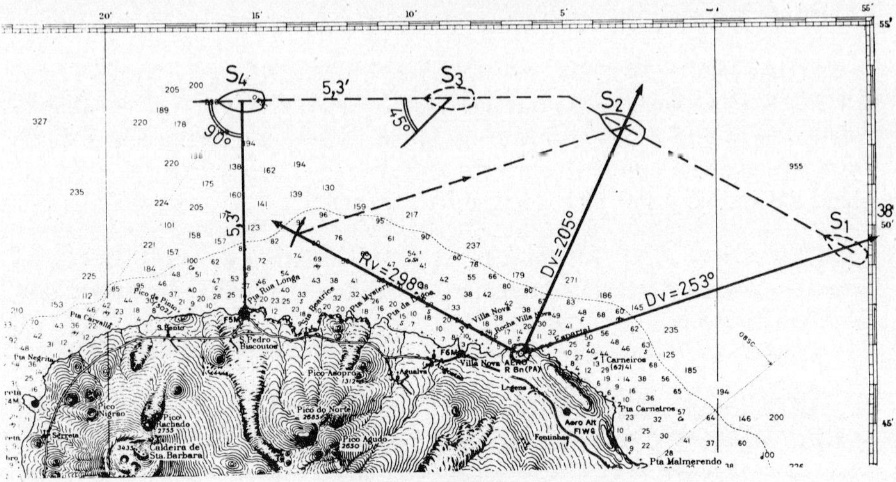

Fig. 331

SITUACIÓN POR LAS TABLAS. — En las Tablas Náuticas hay una para hallar la situación por dos demoras o marcaciones de un mismo punto sabiendo rumbo y distancia navegados en el intervalo.

Se entra en las tablas con las dos marcaciones, por lo que si se han tomado demoras habrá que convertirlas en marcaciones, y las tablas dan dos valores *F* y *f*. Multiplicando *F* por la distancia navegada en el intervalo se obtendrá la distancia a que el buque se halla del punto en el momento de la segunda marcación, y multiplicando la distancia navegada en el intervalo por el valor *f* se obtendrá la distancia mínima a que el buque pasará o ha pasado del punto marcado si se hace el mismo rumbo.

Ejemplo: Navegando a Ra = 015° se tomó a $09^h - 15^m$ Da de A = 050° y a $11^h - 00^m$ se tomó Da de A = 095°, Ct = 12° —. Hallar la situación sabiendo que el barco anda 12 nudos.

1.ª Da de A = 050°	2.ª Da de A = 095°	$11^h - 00^m$
Ra = 015°	Ra = 015°	$- 09^h - 15^m$
1.ª M = 35° Er.	2.ª M = 80° Er.	Intervalo = $1^h - 45^m$

2.ª Da de A = 095°
Ct = 12° —

2.ª Dv de A = 083°

1,75 × 12 = 21 millas.

Entrando en las tablas con las dos marcaciones nos da F = 081 y f = 0,80.
21 × 0,81 = 17 millas, que es la distancia al punto A en el momento de tomar la 2.ª demora. La situación a $11^h - 00^m$ será al 263° de A y a 17 millas.
21 × 0,80 = 16,8 millas, que es la distancia mínima a que pasaremos del punto A.

SITUACIÓN POR DOS MARCACIONES NO SIMULTÁNEAS A UN PUNTO. — Ya hemos dicho que por medio de las tablas podemos hallar la distancia al punto en el momento de tomar la segunda marcación, o bien, como hemos dicho anteriormente, las marcaciones se convierten en demoras a base del rumbo y se actúa como se ha explicado.

SITUACIÓN POR MARCACIÓN Y DISTANCIA A UN PUNTO. — Convertiremos la marcación en demora verdadera y trazando la opuesta desde el faro llevaremos la distancia sobre ella y nos dará la situación.

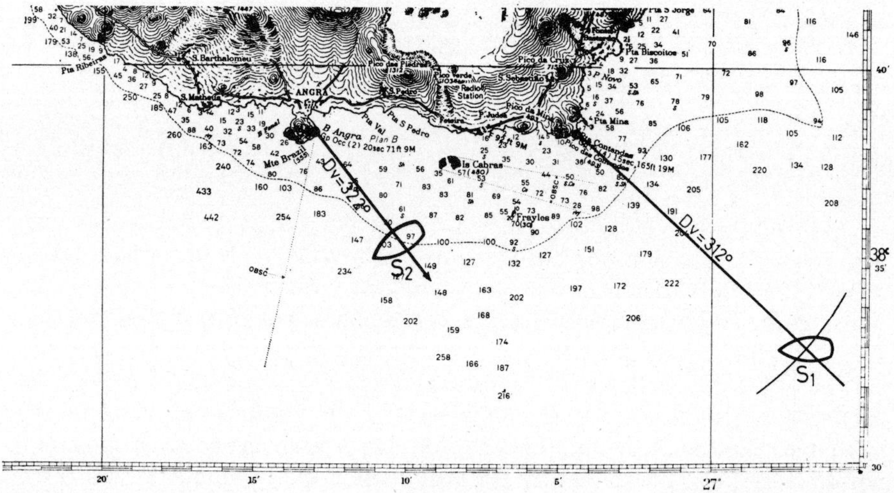

Fig. 332

Ejemplo: Navegando a Ra = 276° tomamos marcación de Punta Contendas 45° Er. (fig. 332) y distancia radar 8 millas. Hallar la situación sabiendo que la dm = 15° NW y el Δ = 6° NE.

dm = 15° NW	Ra = 276°	Rv = 267°
Δ = 6° +	Ct = 9° —	M = 45° Er.
Ct = 9° —	Rv = 267°	Dv = 312°
		180° —
		Opuesta = 132°

Trazamos a partir del faro Punta Contendas la demora opuesta 132° y tomando con el compás en la escala de latitudes la distancia de 8 millas la llevamos sobre ella y donde corte el arco trazado con el compás ésa es la situación: el punto S_1.

Con una sola marcación o demora no podemos determinar la situación, pues solamente sabremos que estamos en un punto de esa visual y por ello hay que conocer la distancia.

La distancia se puede hallar por telémetro, radar, altura sextantal de un punto o faro cuya altitud sobre el nivel del mar es conocida, etc. En el libro de Tablas Náuticas existe una en la que entrando con ángulo sextantal y altura del punto nos da la distancia.

SITUACIÓN POR MARCACIÓN A UN FARO QUE APARECE EN EL HORIZONTE. — En este caso tenemos una demora y una distancia. La demora es la visual referida a la rosa y la distancia viene dada en las Tablas Náuticas entrando con la elevación sobre el nivel del mar del ojo del observador y con la altura del faro, que viene en el libro de Faros.

También se puede hallar con la tabla de distancias al horizonte entrando dos veces: una con la elevación del observador y otra con la elevación del faro que nos da el alcance geográfico. Sumando el alcance geográfico y la distancia al horizonte del observador nos dará la misma distancia que en la tabla de la página 52-10.

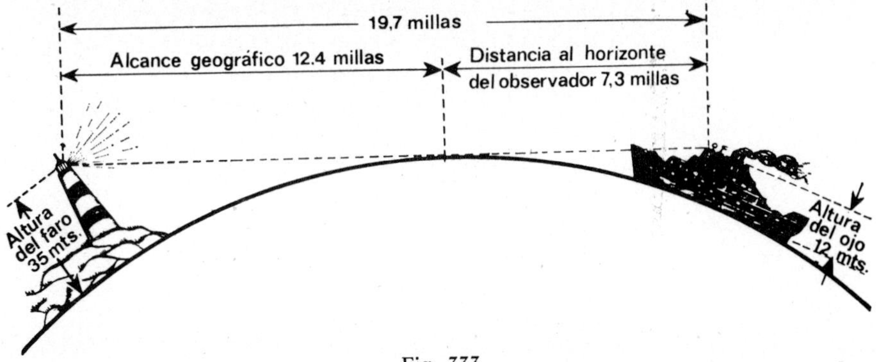

Fig. 333

T A B L A

PARA LA DETERMINACION DEL ALCANCE GEOGRAFICO DE UNA LUZ

Altura del foco	ELEVACIONES DEL OBSERVADOR SOBRE EL NIVEL DEL MAR												
	0	**2**	**3**	**4**	**5**	**7**	**8**	**12**	**15**	**19**	**21**	**25**	**30**
Metros	*Millas*	*Millas*	*Millas*	*Millas*	*Millas*	*Millas*	*Millas*	*Millas*	*Millas*	*Millas*	*Millas*	*Millas*	*Millas*
0	0	3,0	3,6	4,2	4,6	5,5	6,2	7,2	8,1	8,8	9,5	10,4	11,4
1	2,1	4,1	5,7	6,3	6,7	7,6	8,3	9,3	10,2	10,9	11,7	12,6	13,6
2	3,0	5,9	6,5	7,1	7,6	8,4	9,2	10,1	11,0	11,8	12,5	13,3	14,3
3	3,6	6,5	7,2	7,8	8,3	9,1	9,8	10,8	11,7	12,4	13,1	14,0	15,0
4	4,2	7,1	7,8	8,3	8,8	9,7	10,4	11,4	12,2	13,0	13,7	14,6	15,5
6	5,1	8,0	8,7	9,3	9,7	10,6	11,3	12,3	13,1	13,9	14,6	15,5	16,5
8	5,9	8,8	9,5	10,0	10,5	11,4	12,1	13,1	13,9	14,7	15,4	16,3	17,3
10	6,6	9,5	10,2	10,7	11,2	12,1	12,8	13,8	14,6	15,4	16,1	17,0	18,0
15	8,1	11,0	11,7	12,2	12,7	13,5	14,3	15,3	16,1	16,9	17,6	18,4	19,4
20	9,3	12,2	12,9	13,5	13,9	14,8	15,5	16,5	17,3	18,1	18,8	19,7	20,7
25	10,4	13,3	14,0	14,6	15,0	15,9	16,6	17,6	18,4	19,2	19,9	20,8	21,8
30	11,4	14,3	15,0	15,5	16,0	16,9	17,6	18,6	19,4	20,2	20,9	21,8	22,8
35	12,3	15,2	15,9	16,5	16,9	17,8	18,5	19,5	20,3	21,1	21,8	22,7	23,7
40	13,1	16,1	16,7	17,3	17,8	18,6	19,4	20,3	21,2	22,0	22,7	23,5	24,5
45	13,9	16,9	17,5	18,1	18,6	19,4	20,2	21,1	22,0	22,8	23,5	24,3	25,3
50	14,7	17,6	18,3	18,9	19,3	20,2	20,9	21,9	22,7	23,5	24,2	25,1	26,1
55	15,4	18,4	19,0	19,6	20,1	20,9	21,6	22,6	23,5	24,2	24,9	25,8	26,8
60	16,1	19,0	19,7	20,3	20,7	21,6	22,3	23,3	24,1	24,9	25,6	26,5	27,5
65	16,8	19,7	20,4	20,9	21,4	22,2	23,0	24,0	24,8	25,6	26,3	27,1	28,1
70	17,4	20,3	21,0	21,5	22,0	22,9	23,6	24,6	25,4	26,2	26,9	27,8	28,8
75	18,0	20,9	21,6	22,2	22,6	23,5	24,2	25,2	26,0	26,8	27,5	28,4	29,4
80	18,6	21,5	22,2	22,7	23,2	24,1	24,8	25,8	26,6	27,4	28,1	29,0	30,0
85	19,2	22,1	22,8	23,3	23,8	24,7	25,4	26,4	27,2	28,0	28,7	29,6	30,5
90	19,7	22,7	23,3	23,9	24,4	25,2	25,9	26,9	27,8	28,5	29,2	30,1	31,1
95	20,3	23,2	23,9	24,4	24,9	25,7	26,5	27,5	28,3	29,1	29,8	30,6	31,6
100	20,8	23,7	24,4	24,9	25,4	26,3	27,0	28,0	28,8	29,6	30,3	31,2	32,2
125	23,2	26,2	26,8	27,7	27,9	28,7	29,5	30,4	31,3	32,1	32,8	33,6	34,6
150	25,5	28,4	29,1	29,6	30,1	30,9	31,7	32,7	33,5	34,3	35,0	35,8	36,8
175	27,5	30,4	31,1	31,7	32,1	33,0	33,7	34,7	35,5	36,3	37,0	37,9	38,9
200	29,4	32,3	33,0	33,6	34,0	34,9	35,6	36,6	37,4	38,2	38,9	39,8	40,8
250	32,9	35,8	36,5	37,0	37,5	38,3	39,1	40,0	40,9	41,7	42,4	43,2	44,2
300	36,0	38,9	39,6	40,2	40,6	41,5	42,2	43,2	44,0	44,8	45,5	46,5	47,4
350	38,8	41,7	42,4	42,9	43,4	44,3	45,0	46,0	46,8	47,6	48,3	49,2	50,2
363	39,5	42,4	43,1	43,7	44,2	45,0	45,7	46,7	47,6	48,3	49,0	49,9	50,9

Esta forma de situarse no suele ser exacta y se puede prestar a errores de importancia, pues de día no se aprecia el momento en que aparece la parte superior del faro, y de noche es imprescindible que el alcance luminoso del faro (viene en el libro de Faros) sea mayor que la suma del alcance geográfico y de la distancia al horizonte del observador (fig. 333). Por otra parte, hay veces que el alcance luminoso del faro queda reducido por niebla, nieve, hielo, bruma, etc., y si el horizonte no está determinado no sabremos si el foco de luz aparece tangenteando el horizonte o cuando nos hallamos más cercanos.

Si vamos viendo el resplandor del faro antes de aparecer la luz sobre el horizonte es buen síntoma para podernos fiar de la situación.

SITUACIÓN POR DEMORA Y SONDA. — En las cartas, como hemos dicho, vienen reseñadas las sondas, especialmente cerca de la costa y en los lugares de poca profundidad, por lo que tomando simultáneamente una demora y la sonda correspondiente podremos determinar en la carta la situación trazando la demora y encontrando el punto en esa línea que coincida con el valor de la sonda.

Esta forma de situarse no es de fiar cuando se hace en desembocaduras de ríos o en lugares de movimientos de arenas por mareas o corrientes, pues puede haber variación con respecto a lo que marca la carta.

Las líneas que unen los puntos de igual profundidad se llaman *isobáticas* o veriles de sondas y simplemente con una observación cuidadosa del sondador se puede determinar la situación, especialmente cuando se van cruzando isobáticas de perfiles sinusoidales muy acusados, cuando el gradiente (inclinación) del fondo es muy destacado o aprovechando sondas de fosas o de bajos.

En la figura 332 está resuelto el problema de haber tomado Dv del faro Santo Antonio = 322° y sonda 100 metros, dándonos la posición S_2.

El valor de la sonda puede coincidir con una línea isobática, con un valor de sonda aislado en la carta, o entre isobáticas, caso en que habrá que interpolar.

En las sondas habrá que tener en cuenta las mareas, aplicando la corrección correspondiente, especialmente cuando tienen mucha amplitud.

SITUACIÓN POR DOS ENFILACIONES. — Este caso se presenta difícilmente con enfilaciones construidas siendo más fácil darse con accidentes geográficos naturales. Es más frecuente ir a buscar el corte de las dos enfilaciones que coincidir con ellas yendo navegando. Los pescadores de bajura suelen ir, sin necesidad de carta, a puntos de pesca determinados por enfilaciones en la costa, que pueden ser casas con árboles, faros con picos de montaña, rocas con postes o chimeneas, luces con faros, etc.

Para situarse con dos enfilaciones no necesitamos aguja. Prolongaremos en la carta las líneas de las enfilaciones y donde se corten será la situación.

Ejemplo: Navegando por la costa Sur de la isla Pico del archipiélago de las Azores nos encontramos en la enfilación de Punta Feteira y el Monte Piedade y en la enfilación de Punta Ribeiras y el pico más alto de la Caldeira de Santa Bárbara. Prolongamos las enfilaciones (fig. 334) y nos da la situación en el punto S_1.

SITUACIÓN POR UNA DEMORA O MARCACIÓN Y UNA ENFILACIÓN SIMULTÁNEAS. — Una vez prolongada la recta de la enfilación trazaremos la demora verdadera del punto marcado siendo la situación en el punto de corte. Se ha de procurar, como hemos dicho en otros casos, que las demoras se corten lo más verticalmente posible para reducir errores.

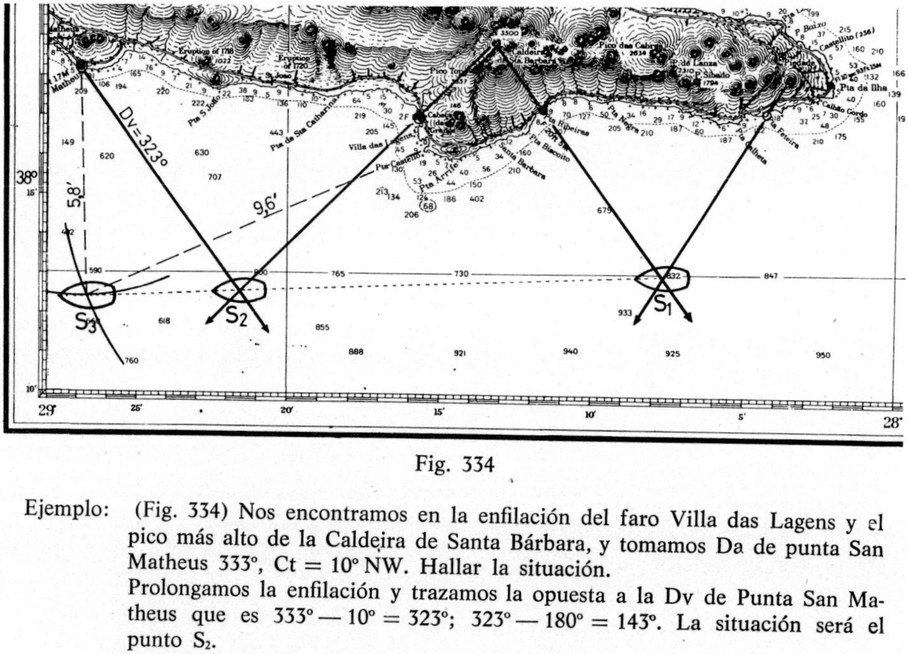

Fig. 334

Ejemplo: (Fig. 334) Nos encontramos en la enfilación del faro Villa das Lagens y el pico más alto de la Caldeira de Santa Bárbara, y tomamos Da de punta San Matheus 333°, Ct = 10° NW. Hallar la situación.
Prolongamos la enfilación y trazamos la opuesta a la Dv de Punta San Matheus que es 333° — 10° = 323°; 323° — 180° = 143°. La situación será el punto S_2.

SITUACIÓN POR DISTANCIA A DOS PUNTOS DE LA COSTA. — Tomamos las distancias con el compás y haciendo centro en los puntos correspondientes trazamos los arcos que se cortarán en un punto que será la situación.

Ejemplo: Distancia al faro de Punta San Matheus 5,8 millas y distancia a Punta Castello 9,6 millas. Hallar la situación.
Trazamos los arcos correspondientes y nos da la situación en el punto S_3 (fig. 334).

Capítulo 53

LOXODROMICA - NAVEGACION POR ESTIMA

NAVEGACIÓN POR ESTIMA. — En alta mar la situación se halla por medio de los astros (si bien hoy en día hay otros medios electrónicos), pero como a veces no podemos efectuar observaciones astronómicas nos tenemos que valer de la *navegación por estima* para conocer con cierta exactitud el lugar donde nos encontramos en un momento determinado.

La navegación por estima consiste en hallar la situación del buque en un momento determinado partiendo de un punto de salida y sabiendo los rumbos y distancias a que se ha navegado.

Esta situación se llama *estimada,* lo que indica su poca fiabilidad, si bien la mayoría de las veces coincide con la situación real, y se hace siempre que no podamos situarnos por demoras a puntos de la costa, por observaciones astronómicas o por radiodemoras.

Si los intervalos en que se ha navegado por estima son cortos y si se han tenido en cuenta abatimientos y corrientes, la situación estimada puede ser exacta, pero si se han ido acumulando situaciones por estima durante varios días pueden haberse sumado los errores y resultar una situación distante de la real.

Hay dos formas de hallar la situación estimada: gráficamente sobre la carta o analíticamente auxiliándonos de las tablas de estima.

La forma gráfica ya la conocemos y consiste en llevar sobre la carta correlativamente, por medio del transportador y el compás y a partir del punto de salida, los diferentes rumbos y las distintas distancias navegadas.

Analíticamente es, como veremos más adelante, hallar las coordenadas del punto de llegada partiendo de las coordenadas del punto de salida y sumando algebraicamente a éstas los cambios experimentados en latitud y longitud.

DERROTA LOXODRÓMICA: ECUACIÓN DE LA LOXODRÓMICA. — La derrota o línea loxodrómica es aquella curva que trazada en la superficie esférica terrestre forma ángulos iguales con los meridianos que atraviesa, o sea: la que recorre el buque sin cambiar el rumbo.

La distancia más corta entre dos puntos de la superficie esférica es el arco de círculo máximo (circunferencia máxima) comprendido entre los dos puntos (derrota ortodrómica), pero como este arco, salvo en los casos de ser el Ecuador o un meridiano, forma ángulos desiguales con todos los meridianos que atraviesa, para navegar por círculo máximo debidamente tendríamos que ir cambiando constantemente el rumbo, lo cual es incómodo y poco ventajoso en distancias cortas y de ahí el que en la mayoría de los casos se navegue por *línea loxodrómica* (de *loxos* = oblicuo y *dromos* = carrera).

La línea loxodrómica, excepto en los casos en que el barco sigue los rumbos E, W, N y S, es una línea espiral que termina en los polos (fig. 335).

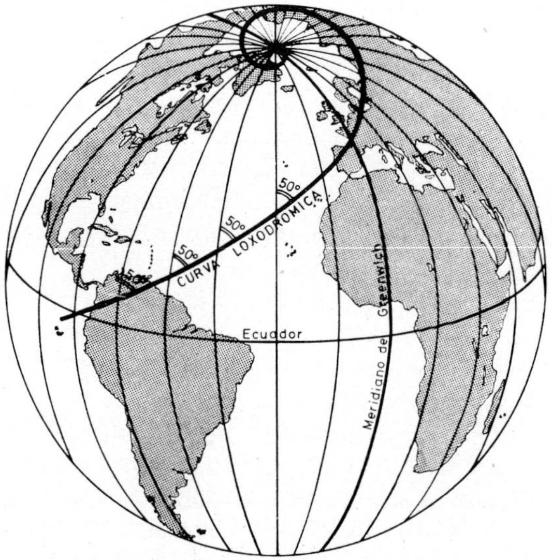

Fig. 335

En la figura 336, que representa un trozo de carta mercatoriana, donde la línea curva loxodrómica se representa por una recta *EAB,* que foma ángulos iguales con los meridianos, el rumbo por *R,* la latitud aumentada por *la,* por *Lo* la longitud de la loxodrómica en el punto que corta al Ecuador, por *L* la longitud de A y por *L'* la longitud de B, tenemos que:

$$L = Lo + AM$$

pero en el triángulo AME tang de $R = \frac{AM}{EM}$, pero EM = la, luego tang de $R = \frac{AM}{la}$ de donde AM = la tang de R, y sustituyendo *L = Lo + la tang de R* ①, que es la ecuación de la loxodrómica.

Si quisiéramos saber el rumbo exacto para ir de A a B lo deduciríamos de la figura partiendo del triángulo ABC en donde tang de $R = \frac{BC}{AC} =$

$= \frac{L' - L}{l'a - la}$, es decir tang de R $\frac{\Delta L}{\Delta la}$ ②

Discusión de estas dos fórmulas. — Haciendo en la primera $l = 0$ queda $L = Lo$, punto de corte de la loxodrómica con el Ecuador.

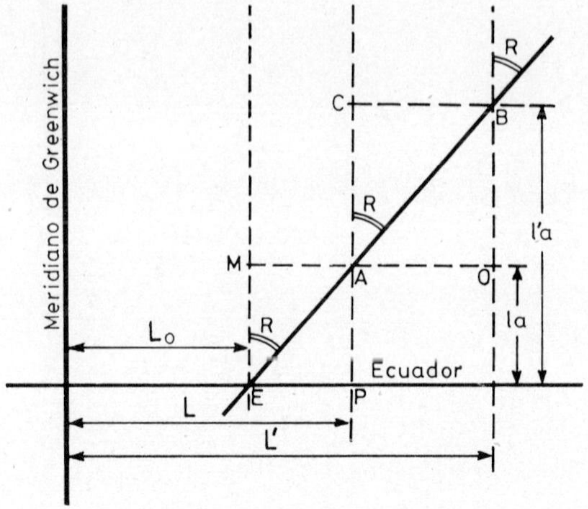

Fig. 336

Haciendo $l = 90°$, la $= \infty$, L $= \infty$, luego la loxodrómica llega a los Polos en infinito número de espiras.

Haciendo R = 0, L = Lo, el buque recorre el meridiano, luego los meridianos son loxodrómicas.

Haciendo en ② R = 90°, $\Delta la = 0$, el buque recorre el Ecuador o un paralelo, luego el Ecuador y los paralelos son líneas loxodrómicas.

Si en ② incrementamos L′ o L en 360° no se alteran las coordenadas de los dos puntos y sin embargo obtendremos infinitos valores para el R. Luego entre dos puntos pasan infinitas loxodrómicas. Entre esas infinitas loxodrómicas hay dos que van directamente de un punto a otro sin verificar una espira completa: una hacia Oriente y otra hacia Occidente.

DIFERENCIA EN LATITUD Y APARTAMIENTO Y DIFERENCIA EN LONGITUD. — Todo rumbo trazado, a excepción del N, S, E y W, forma un ángulo con el meridiano, por lo que toda distancia llevada sobre el rumbo puede ser considerada como la hipotenusa de un triángulo rectángulo cuyos catetos son la diferencia en latitud y el apartamiento.

Obsérvese que se llama apartamiento a un cateto y no diferencia en longitud, ya que este triángulo (fig. 337) corresponde a una superficie terrestre que por pequeña se considera plana y que el cateto corresponde a un arco de paralelo. Este apartamiento habrá que convertirlo en diferencia en longitud que se mide en el Ecuador.

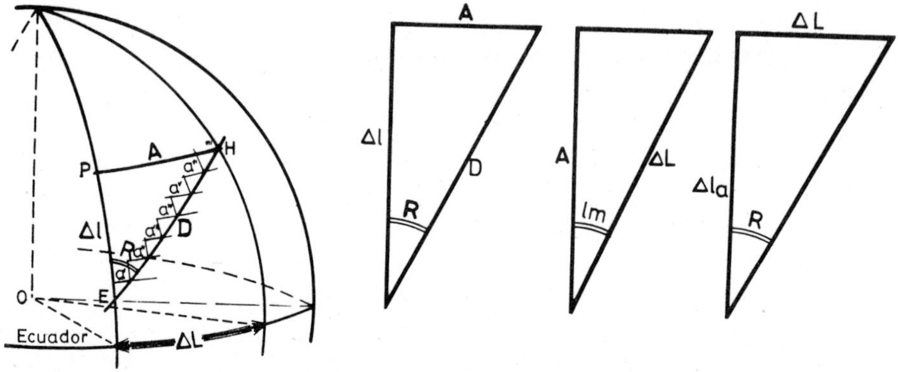

Fig. 337

En la figura 337 se representa el triángulo EHP, en el que R es el rumbo, EH = D = distancia, EP = Δl = diferencia en latitud y PH = A = apartamiento.

De este triángulo llamado *triángulo de estima* sacamos las fórmulas

$$l = D \text{ coseno de } R \quad , \quad A = D \text{ seno de } R$$
$$A = \Delta l \text{ tang de } R \;..\; y \quad D^2 = \Delta l^2 + A^2$$

Para saber la diferencia de longitud que hemos contraído habrá que convertir A en ΔL, para lo que emplearíamos la fórmula ΔL = A sec l, siendo l la latitud del paralelo. Pero no hemos recorrido ese paralelo sino que hemos ido cortando paralelos y hemos ido contrayendo distintos apartamientos (fig. 337). La suma de esos apartamientos a + a' + a'' + a'''... sería mayor que A, por lo que tomamos un apartamiento promedio entre los puntos de salida y llegada, lo que equivaldría a poner en función en la fórmula una latitud promedio entre los puntos de salida y llegada, es decir una latitud media quedando la fórmula

$$\Delta L = A \text{ sec } l_m.$$

Si aplicamos la fórmula de la loxodrómica para los puntos de llegada y salida tenemos:

$$L' = Lo + l'a \text{ tang } R$$
$$- L = Lo + la \text{ tang } R \quad \text{y restando nos da}$$

$$L' - L = \Delta la \text{ tang } R, \text{ o sea } \Delta L = \Delta la \text{ tang } R$$

Las fórmulas anteriormente expuestas vienen tabuladas en las tablas de estima y gráficamente las podríamos representar como resolución de los tres triángulos de la figura 337.

MANEJO DE LAS TABLAS DE ESTIMA. — Con las fórmulas de estima se han confeccionado las tablas de estima en las que entrando con tres de los cuatro elementos *(rumbo, distancia, diferencia en latitud* y *apartamiento)* nos da el valor del cuarto.

Constan de 45 páginas encabezadas cada una por un rumbo del 1° al 45° y al pie de dichas páginas están los restantes rumbos hasta el 89° por ser inversos los valores de los catetos en ángulos complementarios.

Aparte de estos dos rumbos por página están reseñados los restantes rumbos hasta el 359° según sus equivalencias, ejemplo: los valores para el rumbo 025° son los mismos que para los rumbos 155°, 205° y 335°.

Para los rumbos que vienen al pie de las páginas vemos que están invertidos los encabezamientos de Δl y A con respecto al A y Δl de los rumbos que encabezan las páginas.

Pongamos unos ejemplos para ver cómo se manejan:

1.° Navegando al rumbo verdadero 132° una distancia de 75 millas, hallar la diferencia en latitud y el apartamiento.

Con 132° como rumbo y 75 como distancia nos da Δl = 50,2 y A = 55,7.

2.° Con latitud media 22° y apartamiento = 55,7 hallar la ΔL.

Se toma 22° como rumbo y 55,7 como Δl y en la columna D nos da 60,1 que es la ΔL, osea 1° — 00,1′.

3.° Conociendo las diferencias en latitud = 2° — 25′S y en longitud = 3° — 45′ W entre los puntos de salida y llegada, hallar el rumbo y la distancia directos siendo 31° la latitud media.

Con 31° como rumbo y 3° — 45′ = 225′ como D en la columna Δl nos da 192,9 que es el apartamiento.

Con Δl = 145′ y con A = 192,9 corresponde un R = 53° y D = 241,5 millas. Como la Δl ha sido Sur y la ΔL Oeste el rumbo será S53W y expresado en circular 233°.

Pondremos ahora un ejemplo con varios rumbos y distancias para lo que se recomienda hacer el tipeo que se detalla, aconsejando, para no confundirse, anular con un guión los espacios que no se van a utilizar.

Ejemplo: Estando a 8^h — 00^m en l = 32° — 05′ N y L = 7° — 23′ W seguimos navegando a Rv = 075°. A 10^h — 00^m ponemos Rv = 132°. A 11^h — 30^m ponemos Rv = 087° y a 13^h — 00^m Rv = 264°. Hallar la situación estimada a 16^h — 00^m sabiendo que la velocidad del buque es de 12 nudos.

$10^h - 00^m$	$11^h - 30^m$	$13^h - 00^m$	$16^h - 00^m$
$- 8^h - 00^m$	$- 10^h - 00^m$	$- 11^h - 30^m$	$- 13^h - 00^m$
2^h	$1^h - 30^m$	$1^h - 30^m$	3^h
$2 \times 12 = 24$	$1{,}5 \times 12 = 18$	$1{,}5 \times 12 = 18$	$3 \times 12 = 36$

Rv	D	Δ l		A	
		N	S	E	W
N75E	24	6,2	—	23,2	—
S48E	18	—	12	13,4	—
N87E	18	0,9	—	18	—
S84W	36	—	3,8	—	35,8
		7,1	15,8	54,6	35,8
			7,1	35,8	
			8,7	18,8	

Entrando con lm = 32° como rumbo y 18,8 como Δl nos da D = 22,1 que es la diferencia en longitud.

Situación de salida	l = 32° — 05′ N	L = 7° — 23′ W
	Δ l = 8,7 S	ΔL = 22,1 E
Situación a $16^h - 00^m$	l = 31° — 56,3′ N	L = 7° — 00,9′ W

PROBLEMA DIRECTO E INVERSO. — El *problema directo* es el de: dada la situación de partida, el rumbo y la distancia navegados, calcular la situación de llegada. Lo hemos visto en el ejemplo anterior.

El problema inverso consiste en: dadas las situaciones de llegada y de salida hallar el rumbo y la distancia navegados. El rumbo y la distancia así hallados se llaman *Rumbo directo (Rd)* y *Distancia directa (Dd).*

Ejemplo: Situación de salida l = 35° — 32′ N y L = 1° — 26′ W; situación de llegada l = 33° — 20′ N y L = 2° — 31′ W. Calcular el rumbo directo y la distancia directa.

Primero se hallan las Δl y ΔL

l′ = 33° — 20′ N	L′ = 2° — 31′ W
— l = 35° — 32′ N	L = 1° — 26′ W
Δ l = 2° — 12′ S = 132′ S	Δ L = 1° — 05′ W = 65′ W

Entrando en las tablas con lm = 34,5° como rumbo y 65′ como D nos da 53,5 como A.

Entrando con Δl = 132′ y con A = 53,5 nos da R = 22° y D = 142.

El rumbo será S22W y la distancia 142 millas.

CASOS PARTICULARES EN LA ESTIMA. — En el rumbo directo N o S el barco recorre un meridiano y no se contrae apartamiento, luego no hay diferencia en longitud y la distancia navegada es igual a la diferencia en latitud que contraemos.

Si el barco lleva rumbo E u W recorre un paralelo; toda la distancia navegada es apartamiento y no se contrae diferencia en latitud. Dicho apartamiento se convertirá en ΔL entrando en las tablas con la latitud como R y el A como Δl, dándonos la distancia que es la ΔL.

En el problema inverso, si la latitud de llegada es igual a la de salida es que se ha recorrido un paralelo. El rumbo ha sido E u W y la distancia navegada se hallará convirtiendo la ΔL en A, que es igual a la distancia navegada.

Si la longitud de llegada es igual a la de salida se ha recorrido un meridiano y la diferencia en latitud es la distancia navegada.

PROBLEMA DE ESTIMA NAVEGANDO A UN SOLO RUMBO. — Ya lo hemos reseñado anteriormente, pero vamos a repetirlo poniendo otro ejemplo:

Navegando a Ra = N65E y a velocidad de 12 nudos, hallar la situación después de haber navegado 6 horas, sabiendo que la situación de salida fue l = 28° – 45′ N y L = 7° – 01′ W y que la Ct = 7NW.

Ra = N65E
Ct = 7° –

Rv = N58E $6^h \times 12 = 72$ millas de distancia

Entramos en las tablas con rumbo 58° y D = 72 y nos da Δl = 38,2 y A = 61,1.

Entrando con lm = 29° como R y 61,1 como Δl nos da una D = 70 que es la ΔL.

Situación de salida	l = 28° — 45′ N	L = 7° — 01′ W
	Δ l = 38,2′ N	ΔL = 1° — 10′ E
Situación de llegada	l = 29° — 23,2′ N	L = 5° — 51′ W

PROBLEMA NAVEGANDO A VARIOS RUMBOS. — Ya está explicado, pero volveremos a repetirlo con otro ejemplo:

Partiendo de l = 13° – 17′ N y L = 23° – 32′ W navegamos durante 2 horas a Ra = S25E, Δ = 5° +; durante otras 2 horas a Ra = S38E, Δ = 3° + ; 34 millas al Ra = S40W, Δ = 5°–; y 26 millas al Ra = S32W, Δ = 3° –. Velocidad del buque 10 nudos y dm = 12° NW.

Ra = S25E —	2.° Ra = S38E —	3.° Ra = S40W +	4.° Ra = S32W +
Ct = 7° —	Ct = 9° —	Ct = 17° —	Ct = 15° —
Rv = S32E	2.° Rv = S47E	3.° Rv = S23W	4.° Rv = S17W

Rv	D	Δl		A	
		N	S	E	W
S32E	20	—	17,0	10,6	—
S47E	20	—	13,6	14,6	—
S23W	34	—	31,3	—	13,3
S17W	26	—	24,9	—	7,6
		—	86,8	25,2	20,9
				20,9—	
				4,3	

Entrando con lm = 12,5° y A = 4,3 como Δl nos da D = 4,4, que es la ΔL.

Situación de salida l = 13° — 17′ N L = 23° — 32′ W
Δ l = 1° — 26,8 S Δ L = 4,4 E

Situación de llegada l = 11° — 50,2 N L = 23° — 27,6 W

PROBLEMA DE ESTIMA CON ABATIMIENTO. — Cuando el buque navega con abatimiento y éste se conoce, hay que corregir el rumbo de abatimiento y con el rumbo efectivo entrar en las tablas. Rve = Rv + Ab.

Recordad que los abatimientos hacia estribor tienen signo positivo y los abatimientos a babor lo tienen negativo.

PROBLEMA DE ESTIMA CON CORRIENTE. — La situación de estima, cuando se navega en el seno de una corriente, se puede hallar de dos maneras: *gráficamente*, hallando el rumbo y velocidad efectivos (cosa que se explicó anteriormente) y *por medio de las tablas de estima,* haciendo un rumbo más con el de la corriente y llevando una distancia a ese rumbo equivalente a la navegada por la corriente durante el intervalo.

Ejemplo: El día 25 de julio de 1979 al ser $12^h — 30^m$ y en situación l = 1° — 15′ S y L = 0° — 26′ E se pone Rv = 345°, velocidad del buque 12 nudos y se navega con una corriente de Rv = S25E y de intensidad horaria 3 millas. Dos horas más tarde salimos del efecto de la corriente y se pone Rv = 350° navegando así durante siete horas y media, momento en el que entramos en una zona de corriente de Rv = S30W y de intensidad horaria 4 millas, por lo que ponemos Rv = 007°, navegando así durante 5 horas. Hallar la situación a las $05^h — 00^m$ del día 26 de julio.

2 × 12 = 24 7,5 × 12 = 90 5 × 12 = 60
2 × 3 = 6 5 × 4 = 20

Rv		D	△l N	△l S	A E	A W
N15W		24	23,2	—	—	6,2
S25E	Corr.	6	—	5,4	2,5	—
N10W		90	88,6	—	—	15,6
N07E		60	59,6	—	7,3	—
S30W	Corr.	20	—	17,3	—	10
			171,4	22,7	9,8	31,8
			22,7—			9,8—
			148,7			22,0

Situación de salida $l = 1^\circ - 15'S$ $L = 0^\circ - 26'E$

$\Delta l = 2^\circ - 28'7$ N $\Delta L =$ 22'W

Situación a 05 h — 00 m: $l = 1^\circ - 13'7$ N $L = 0^\circ - 04'0$ E

Véase en este caso que como la lm = 0, o sea, el Ecuador, el A = ΔL.

Capítulo 54

NAVEGACION DE ESTIMA EN LA CARTA

NAVEGACIÓN DE ESTIMA EN LA CARTA: DETERMINACIÓN DEL PUNTO DE ESTIMA CUANDO SE HA NAVEGADO A UN SOLO RUMBO. — Cuando se está en las proximidades de la costa o en situaciones de fondos sucios (con bajos) es conveniente para seguridad el ir trazando las derrotas gráficamente sobre la carta, ya que en ella están representados los peligros.

La forma de determinar el punto de estima cuando se ha navegado a un solo rumbo la hemos reseñado anteriormente, no obstante volvemos a repetir:

Se sitúa el punto de salida sobre la carta que podrá hacerse por una de las diferentes maneras explicadas anteriormente, y a partir de ese punto, con ayuda del transportador, trazamos el rumbo verdadero (la derrota) llevando sobre él la distancia navegada en el intervalo. Esta distancia, ya hemos dicho, se llevará con el compás tomándola en la escala de latitudes y promediándola a la altura de la latitud media de los puntos de salida y llegada (el cálculo de la latitud de llegada se hace a ojo, pues no hay mucha diferencia a efectos de tomar la abertura del compás).

El punto que marque el extremo de la distancia llevada sobre el rumbo será la situación de llegada.

DETERMINACIÓN DEL PUNTO DE ESTIMA CUANDO SE HA NAVEGADO A VARIOS RUMBOS. — Se halla de la misma forma que hemos explicado en el punto anterior, llevando los rumbos y distancias correlativa y sucesivamente. El punto donde termine la última distancia será la situación de llegada.

EFECTO DEL ABATIMIENTO EN EL RUMBO VERDADERO; MODO DE CORREGIR EL ABATIMIENTO. — Esta pregunta quedó reflejada en lo referente a abatimiento, no obstante repetiremos que el abatimiento lleva signo positivo cuando es hacia Er y negativo cuando es hacia Br.

Para corregir el abatimiento basta restar algebraicamente al rumbo su valor. Ejemplo: Si hemos de llevar un rumbo verdadero efectivo de 125° y el abatimiento es 5° a Br habrá que restar algebraicamente 5° – de 125°; 125° – (5° –) = 125° + 5° = 130°. Habrá que poner Rv = 130°. Si queremos comprobarlo aplicamos el abatimiento al rumbo que nos ha dado y nos tiene que dar el rumbo verdadero efectivo que queremos efectuar: 130° – 5° = 125°.

Hay que hacer la observación que la corrección del abatimiento producido por el viento se hace a ojo marinero, ya que los efectos sobre cada barco en distintas situaciones de carga, soplando con diferentes intensidades y con distintos ángulos, son imposibles de determinar con exactitud. No ocurre lo mismo con los efectos de las corrientes que están más determinadas, tanto en dirección como en fuerza, y que su efecto es prácticamente el mismo para todos los barcos.

EFECTO DE LA CORRIENTE EN LA ESTIMA Y SU CORRECCION. Ya vimos anteriormente el efecto que hace la corriente en la estima. Si no la hemos tenido en cuenta nos encontraremos con una situación real distinta de la estimada y si la hemos tenido en cuenta, es como si el barco hubiera navegado un rumbo más, que es el rumbo de la corriente, y una distancia más, que es la que ha recorrido la corriente durante el tiempo que nos ha estado afectando.

El contrarrestar el efecto de la corriente se explicó en la pregunta de abatimiento, no obstante, volvemos a repetirlo.

Se traza desde el punto de partida la derrota que ha de seguir el barco y el vector de la corriente, es decir: su rumbo y velocidad horaria. Con la abertura del compás igual a la velocidad del buque hacemos centro con una de sus puntas en el extremo del vector horario de la corriente y con la otra punta del compás cortamos la derrota. Uniendo el extremo del vector de la corriente con el punto de corte nos dará una línea que es el rumbo verdadero aparente a que hay que poner el barco para seguir la derrota trazada.

Se habla de contrarrestar o corregir el efecto de la corriente pero en la práctica sólo se corrige el efecto en cuanto al ángulo de abatimiento o de deriva que nos produce, y no en cuanto a la velocidad que nos quita o que nos aumenta. La razón práctica es simplemente económica, pues si la corriente nos resta velocidad para contrarrestar dicha pérdida tendríamos que aumentar las revoluciones de la máquina y sabemos que el aumento de velocidad va en proporción del cubo del consumo, y si el efecto de la corriente nos hace andar más no es normal el que se reduzcan las revoluciones. De todas formas si el efecto de la corriente es en contra y su efecto podría poner en peligro el barco, lógicamente, será más recomendable forzar un poco la máquina que perder el barco.

Los efectos de la corriente han sido causa de muchos naufragios, por lo que han de tenerse muy en cuenta las especificaciones que vienen en las cartas acerca de las intensidades de las corrientes, así como tener presentes los horarios de mareas y su amplitud, especialmente cuando se navega frente a desembocaduras de rías, cerca de playas o en lugares de poco fondo. Aconsejable el irse situando constantemente por demoras a puntos de la costa y si ello no es posible o hay duda de la situación poner rumbo más abierto (separarse de la costa).

DETERMINAR EL RUMBO E INTENSIDAD HORARIA DE LA CORRIENTE CONOCIENDO SIMULTÁNEAMENTE UNA SITUACIÓN VERDADERA Y UNA SITUACIÓN ESTIMADA. — Lógicamente, para saber lo que nos ha afectado la corriente tendremos que comparar una situación real y una estimada. La situación real la hemos podido hallar por referencias a puntos de la costa o por observaciones astronómicas y si no coincide con la estimada es que ha habido una fuerza (viento, corriente, guiñadas o equivocación en el rumbo del timonel) que nos ha desviado de la derrota.

Si ha sido por la corriente la dirección de la recta trazada desde la situación estimada a la observada será el rumbo de la misma, y la distancia entre las dos situaciones dividida por el intervalo que hemos navegado con corriente será su intensidad horaria.

Para saber lo que verdaderamente nos ha afectado la corriente habrá que partir de una situación real y a partir de ella llevar la derrota estimada hasta el momento en que hallemos la segunda situación verdadera. Hay que tener en cuenta que durante este intervalo hallamos navegado con la misma corriente, en rumbo e intensidad, pues de lo contrario el resultado sería erróneo.

Ejemplo: Navegando de Cádiz a Alicante y en las proximidades del Estrecho de Gibraltar ponemos Rv = 120°. A 10 h — 00 m nos situamos por demoras simultáneas a los faros de Trafalgar y Tarifa observando que estamos metidos en la zona de corriente del Estrecho. A 11 h — 30 m nos situamos por demoras a Tarifa y Punta Cires dándonos l = 35° — 56′0 N y L = 5° — 37′0 W. La situación estimada si no hubiera habido corriente sería l = 35° — 57° 0 N y L = 5° — 42'5′ W. Hallar el rumbo e intensidad horaria de la corriente.

Situación estimada	l = 35° — 57′0 N	L = 5° — 42′5 W
Situación observada	l = 35° — 56′0 N	L = 5° — 37′0 W
	Δl = 1′0 S	ΔL = 5,5 E

Entrando en las tablas de estima con 36° como R y 5,5 como D nos da Δl = A = 4,45.

Entrando con Δl = 1′ y A = 4,45 nos da un rumbo de S77E y D = 4,5; 4,5 : 1,5 = 3 millas de intensidad horaria.

EJERCICIOS

EJERCICIOS PRACTICOS DE EXAMEN. — Antes de pasar a los ejemplos hay que señalar que el examen de navegación se suele hacen en la carta n.° 105 R del Estrecho de Gibraltar editada por el Instituto Hidrográfico de la Marina y que se ha de llevar al examen, así como los útiles de Tablas Náuticas, Anuario de Mareas, transportador, lápiz, pluma o bolígrafo, goma y regla. También se recomienda haber practicado sobre dicha carta con varios ejemplos antes de acudir al examen.

En el texto del examen nos podemos encontrar con abreviaturas como estas:

A = apartamiento
Ab o ab = abatimiento
Ct = corección total
Da = demora de aguja
dm = declinación magnética
Dv = demora verdadera
Dv/o = demora opuesta a la verdadera
Δ = desvío
Δl = diferencia en latitud
ΔL = diferencia en longitud
h = horas
H.bj. = hora de la bajamar
H.pl. = hora de la pleamar
Hrb o HRB = hora reloj bitácora
I = intervalo
Ihc = intensidad horaria de la corriente
l = latitud
L = longitud
m = minutos
M. o marc. = marcación
Ra = rumbo de aguja
Rc = rumbo de la corriente
Rd = rumbo directo

Re = rumbo de estima
Rv = rumbo verdadero
Rva = rumbo verdadero aparente
Rvc = rumbo verdadero de la corriente
Rve = rumbo verdadero efectivo
Vh = velocidad horaria
Vb. o Vhb. = velocidad horaria del buque
Vhe. o Vbe. = velocidad horaria efectiva o velocidad del buque efectiva
Vl = variación local
Vm = velocidad de máquinas
Za = azimut de aguja
Zv = azimut verdadero

1.er EJERCICIO. — El día 22 de diciembre de 1978, navegando en demanda del Estrecho de Gibraltar con Ra = 138° tomamos a 22 h — 00 m Da de la estrella Polar 008° y simultáneamente Da de Trafalgar 028° y sonda en la carta 100 metros, Velocidad del buque 12 nudos. A 22 h — 40 m tomamos Da de Tarifa 090° y Da de C.° Espartel 187°. Averiguada la corriente que nos afecta y teniéndola en cuenta damos rumbo a pasar a 5 millas al Sur de Tarifa. Desvío para este nuevo rumbo 5,5° —. Al estar al Sur de Tarifa ponemos Ra = 074°, Δ para este rumbo 6,5° —. A 00 h 15 m del día 23, tomamos marcación de Tarifa 129° Br y marcación de Punta Carnero 46° Br. Teniendo en cuenta la nueva corriente se da rumbo a pasar a 2 millas al Norte de Punta Almina, desvío 5,5° —. Al estar al 349° verdaderos de la luz verde de la boca de entrada de Ceuta y fuera del efecto de la corriente se pone proa a la boca del puerto de Ceuta. Se pide:

1. Rumbo e intensidad horaria de la corriente al situarnos por Tarifa y Espartel.
2. Rumbo de aguja para pasar a 5 millas al Sur de Tarifa.
3. Hora al estar al Sur de Tarifa.
4. Situación a 00 h — 15 m del día 23.
5. Rumbo de aguja para pasar a 2 millas al Norte de Punta Almina.
6. Situación al estar al 349° de la luz verde de Ceuta.
7. Hora de llegada a la boca del puerto de Ceuta.

Dv * Polar = 000°	Ra = 138°	Da Trafalgar = 028°
Da * Polar = 008° + (—)	Ct = 8° —	Ct = 8° —
Ct = 8° —	Rv = 130°	Dv Trafalgar = 020°

Nos situamos por demora y sonda y la situación es 1 = 36°-03',0N y

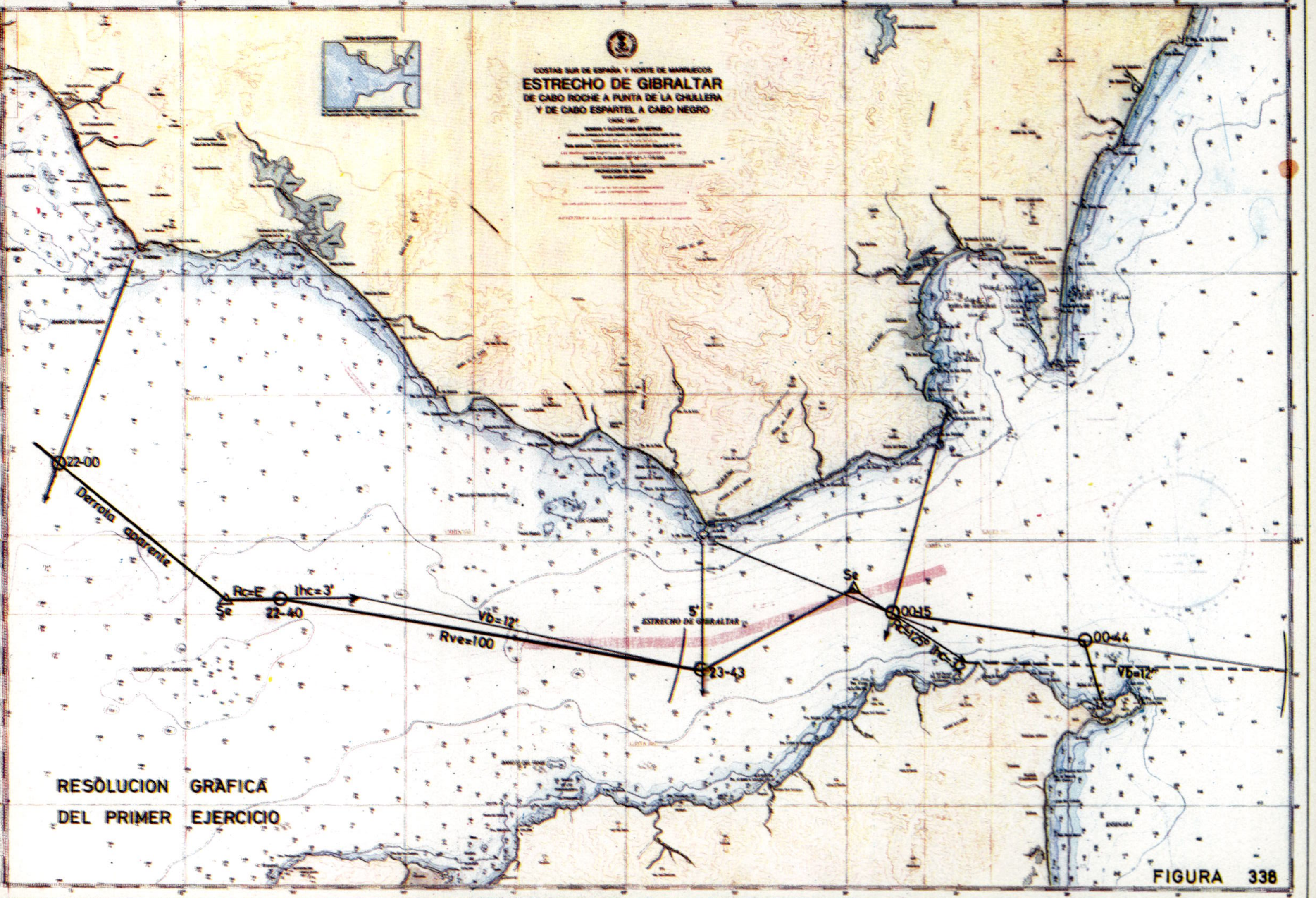
COSTAS SUR DE ESPAÑA Y NORTE DE MARRUECOS
ESTRECHO DE GIBRALTAR
DE CABO ROCHE A PUNTA DE LA CHULLERA
Y DE CABO ESPARTEL A CABO NEGRO
22-00
Derrota aparente
Rc=E
Se
Ihc=3'
22-40
Vb=12'
Rve=100
5'
ESTRECHO DE GIBRALTAR
23-43
Se
00-15
00-44
Vb=12'
RESOLUCION GRAFICA
DEL PRIMER EJERCICIO

FIGURA 338

L = 6°-05'7W. Véase resolución gráfica (fig. 338).

Con el rumbo 130° y la distancia correspondiente a navegar 40 minutos a 12 nudos que es de 8 millas hallamos una situación estimada en la carta.

Da Tarifa =	090°	Da Espartel =	187°
Ct =	8° —	Ct =	8° —
Dv Tarifa =	082°	Dv Espartel =	179°

Nos situamos con estas dos demoras (para trazarlas en la carta las convertiremos en las opuestas) y nos da una situación verdadera que se encuentra 2 millas más al E de la situación estimada, luego si en 40 minutos la corriente nos ha echado 2 millas hacia el Este la intensidad horaria de la corriente es de 3 millas y el rumbo 090°. ①

Situamos el punto que corresponde a 5 millas al Sur de Tarifa y unimos la situación verdadera de las 22-40 con dicho punto. Ese será el rumbo verdadero efectivo a seguir, luego tendremos que corregir el rumbo de la derrota del efecto de la corriente y nos dará Rv = 103°. La corrección total es Vl = 6,5 — y el Δ = 5,5 —, luego la Ct = 12 — para darla al timón es 12 +, luego el Ra = 103 + 12 = 115°. ②

La velocidad efectiva con la corriente es de 15 nudos y la distancia desde las 22-40 hasta el Sur de Tarifa es 15,8 millas, luego tardaremos 1 h-03 m en llegar al Sur de Tarifa, es decir: a las 23 h-43 m. ③

Al estar al Sur de Tarifa ponemos Ra = 074° y la corección total es de 13 — luego el Rv = 061°. Trazamos la derrota en la carta y llevamos la situación estimada hasta las 00-15 del día 23, hora en que tomamos las marcaciones de Tarifa y Punta Carnero:

Rv =	061°	Rv =	061°
M Tarifa =	129° —	M P Carnero =	46° —
Dv Tarifa =	068° —	Dv P Carnero =	015°
Dv Tarifa =	292°		

Con estas demoras verdaderas hallamos la situación a 00 h-15 m que es l = 35°-57',4N y L = 05°-27',9W, ④ y comparando esta situación con la estimada nos indica que ha habido una corriente del 125° y de intensidad horaria de 3,2 millas.

Trazamos la derrota a pasar a 2 millas al Norte de Punta Almina y contrarrestando la nueva corriente pondremos rumbo verdadero aparente 092° que aplicándole la nueva Ct = 12° — nos dará Ra = 104°. ⑤

Trazamos la demora verdadera desde la luz verde de Ceuta y nos corta a la derrota en l = 35° — 56',3 N y L = 05° — 19',2 W. ⑥

Desde la situación a 00 — 15 hasta la de estar al 349° de la luz verde de Ceuta había 7,2 millas que a una velocidad efectiva de 14,7 nudos nos da un tiempo de 29 minutos, que sumados a las 00 — 15 nos da las 00 h — 44 m.

De esta situación a la boca del puerto hay una distancia de 2,5 millas que a la velocidad de 12 nudos tardamos 12 minutos aproximadamente, luego la hora de llegada a la boca del puerto de Ceuta será las 00 h — 56 m del día 23 de diciembre de 1978. ⑦

2.° EJERCICIO. — El día 8 de noviembre de 1980 salimos de Algeciras a la hora de la segunda pleamar con dirección a Tanger. Una hora más tarde al tomar Da de Punta Carnero = 340°, Ct = 10 NW y Da de Punta de Europa = 035° ponemos rumbo y velocidad para estar a 2 millas al Sur de Tarifa hora y media más tarde, sabiendo que hay una corriente de Rv = N71E y de intensidad horaria 3 millas abatiéndonos el viento del Sur 10 grados. Ct = 8° —.

Al estar al Sur de Tarifa ponemos Ra = 246°, Ct = 10 — y una hora más tarde tomamos Da de Tarifa = 053°, marcación de Punta Malabata 47° babor y marcación de Punta Ksár 130° babor. Calma el viento y ponemos rumbo a la luz verde del puerto de Tanger teniendo en cuenta la corriente última hallada.

Se pide: 1.° Hora oficial de salida de Algeciras sabiendo que el adelanto vigente es de 1 hora.

2.° Rumbo de aguja para pasar a 2 millas al Sur de Tarifa y velocidad de máquinas.

3.° Situación a 18 h — 24 m.

4.° Rumbo e intensidad horaria de la segunda corriente.

5.° Rumbo de aguja para llegar a la luz verde del puerto de Tánger.

6.° Hora oficial de llegada a la boca del puerto.

Resolución:

Buscamos en el libro de Mareas Algeciras y nos dice que las pleamares se efectúan 30 minutos antes que en el puerto Patrón, que es Ceuta. Buscamos Ceuta y la hora de la segunda pleamar el 8 de noviembre de 1980.

8 nov. 2.ª pleamar en Ceuta =	14 h-24 m	
Diferencia Algeciras =	30 m	menos
2.ª pleamar Algeciras =	13 h-54 m	
Adelanto vigente =	1 h	+
H. oficial 2.ª pl. Algeciras =	14 h-54 m, que es la hora de salida ①	

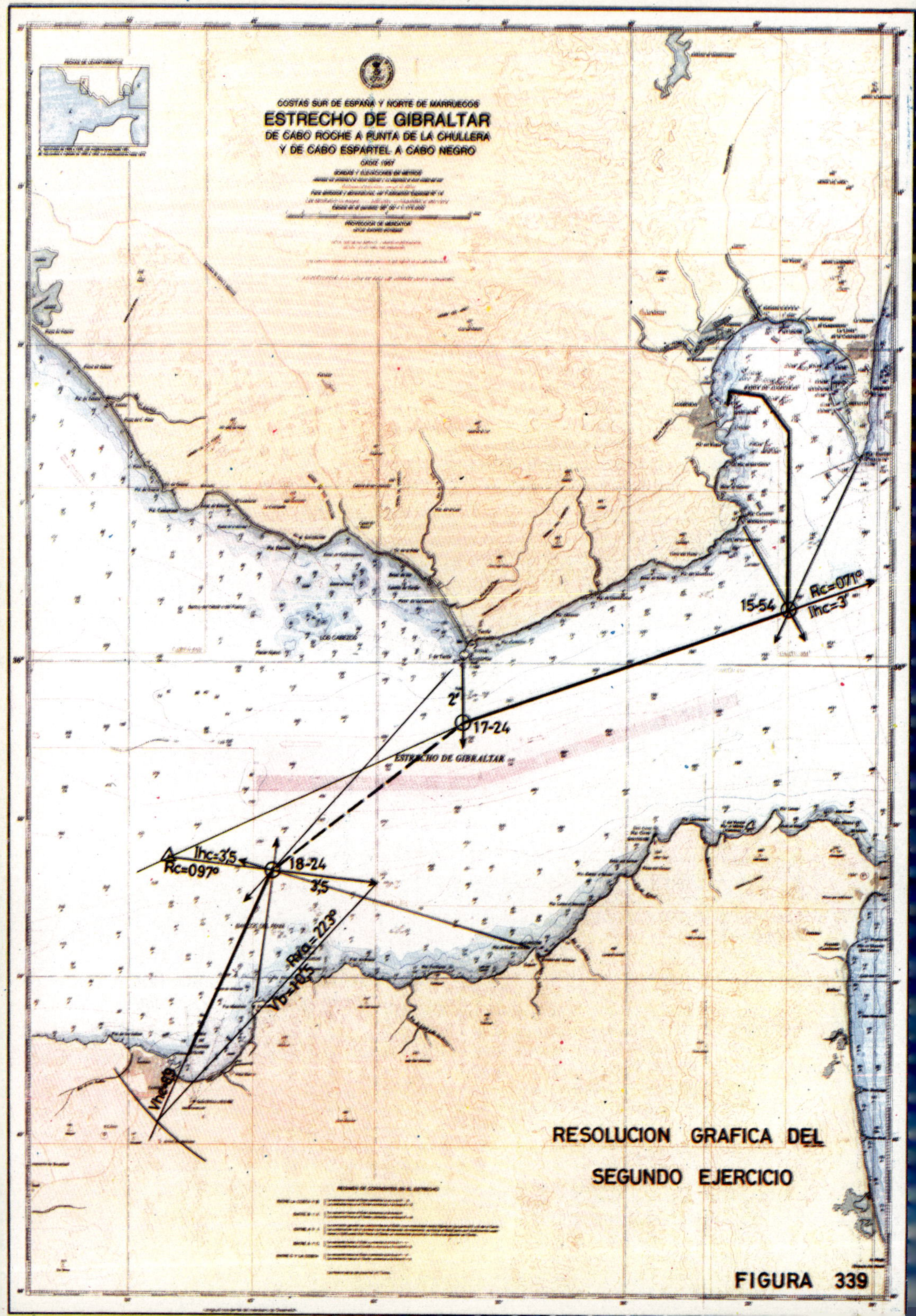

COSTAS SUR DE ESPAÑA Y NORTE DE MARRUECOS
ESTRECHO DE GIBRALTAR
DE CABO ROCHE A PUNTA DE LA CHULLERA
Y DE CABO ESPARTEL A CABO NEGRO
CADIZ 1957
ESTRECHO DE GIBRALTAR
15-54
Rc=071°
Ihc=3'
2'
17-24
18-24
Ihc=3'5
Rc=097°
3'5
Rvb=223°
Vb=10'5
Vhc=6'9
RESOLUCION GRAFICA DEL
SEGUNDO EJERCICIO

FIGURA 339

Una hora más tarde tomamos:

Da Punta Carnero =	340°	Da Punta Europa =	035°
Ct =	10° —	Ct =	10° —
Dv Punta Carnero =	330°	Dv Punta Europa =	025°
	180° —		180° +
Opuesta =	150°	Opuesta =	205°

Con estas demoras opuestas para trazar en la carta nos situamos, y desde dicha situación trazamos la derrota a pasar a 2 millas por el Sur de Tarifa que nos da Rv = 251°. Véase resolución gráfica (fig. 339).

Trazamos el rumbo y la intensidad de la corriente y vemos que es opuesta al rumbo a seguir, o sea que el efecto de la corriente se reduce a restarnos 3 nudos de velocidad.

Como nos preguntan el rumbo de aguja para pasar a 2 millas al Sur de Tarifa teniendo en cuenta un abatimiento, convertiremos el Rv en Ra y contrarrestaremos el abatimiento con 10° a babor:

Rv = 251°
Ct = 8° — (+). De la carta al timón al revés la corrección

Ra = 259°
10° — para corregir el abatimiento.

Ra = 249° corregido de abatimiento. ②

Como hay que recorrer hasta Tarifa 11,3 millas en hora y media, o sea, a velocidad horaria efectiva de 7,5 y la intensidad de la corriente es de 3 millas en sentido contrario, habrá que poner la máquina a régimen de 10,5 nudos ② para que la velocidad efectiva sea de 7,5.

Llegamos a estar a 2 millas al Sur de Tarifa a las 17 h — 24 m.

Ponemos Ra = 246°, o sea, 236° verdaderos, pero para trazar la derrota de estima tendremos en cuenta que el viento nos abate 10° a estribor, luego el rumbo de estima será el 246°. Sobre él llevamos 10,5 millas que es la velocidad de máquinas y nos dará una situación estimada una hora más tarde de estar al Sur de Tarifa.

A dicha hora nos situamos por una demora y dos marcaciones:

Da Tarifa = 053°
Ct = 10° —
Dv Tarifa = 043°
180° +
Opuesta = 223°

Ra = 246°
Ct = 10° —
Rv = 236°
Marc Malabata = 47° —
Dv Malabata = 189°
180° —
Opuesta = 009°

Rv = 236°
Marc de P Ksár = 130° —
Dv de P Ksár = 106°
180° +
Opuesta = 286°

Al situarnos con estas demoras nos da l = 35° — 53′,4 N y L = 05° 44′,1 W. ③

Comparando esta situación con la estimada nos da lo que nos ha afectado la corriente de rumbo 097° y de intensidad horaria de 3,5 millas. ④

Calma el viento y contrarrestando el efecto de la corriente, que ya es conocida, trazamos rumbo a la luz verde de la entrada a Tanger. El rumbo verdadero aparente que nos resulta contrarrestando la corriente es 223°, al que aplicándole la Ct = 10 —, con signo contrario por ser de la carta al timón, nos da 233°. ⑤

Desde allí a la boca de Tanger hay 6,6 millas y la velocidad horaria efectiva que nos ha salido es de 8,9, luego tardaremos 44 minutos, que sumados a las 18 h — 24 m nos da la hora de llegada a Tanger: las 19 h — 08 m. ⑥

3er. EJERCICIO. — A 2200 horas del día 4 de febrero de 1982 nos encontramos en la enfilación de Punta de Europa con Punta Carnero y tomamos Da de Punta Europa 253°,5. Ponemos Ra = 219° con velocidad de 10 nudos. A 22 — 05 marcamos a Punta Europa a cuatro cuartas y a 22 — 15 a ocho cuartas. Al tener a Punta Carnero por el través entramos en una zona de corriente de Rvc = 100° y de intensidad horaria 2′,5 millas; desvío para el nuevo rumbo = 7° NW. Ponemos rumbo para pasar a 2 millas al Sur de Tarifa. Al estar a 2 millas al Sur de Tarifa ponemos Rv = W; Ct = 11° —; rumbo de la corriente 090° e intensidad 3 millas, y navegamos así una hora. Al ser las 01 — 22 del día 5, y habiendo bajado la intensidad de la corriente a 2 millas, ponemos rumbo para pasar a 2 millas de Trafalgar. A 02 — 52 deja de existir la corriente y con viento fresco de Levante, que nos abate 10° ponemos rumbo para entrar en Barbate.

Se pide:

1. Situación a 20 — 00 horas.
2. Ra para pasar a 2 millas de Tarifa.
3. La hora al estar al Sur de Tarifa.
4. Ra para pasar a 2 millas de Trafalgar.

5. Ra para entrar en Barbate.
6. Hora de llegada a la boca del puerto de Barbate.

Resolución:

Al decir que estamos en la enfilación es que estamos a levante de Punta Europa, y como nos dan en ese momento una demora de aguja podremos hallar una Ct.:

Dv de la enfilación = 243,5°
Da de Punta Europa = 253,5° — luego Ra + Ct = Rv = 209°

Ct = 10° —

No sabemos el punto de partida pero a las 22 — 05 y a las 22 — 15 marcamos a 4 y 8 cuartas a Punta de Europa. Ya sabemos que si no hay viento ni corriente la distancia navegada entre las marcaciones de 4 y 8 cuartas a un mismo punto es la distancia a que nos encontramos de dicho punto: en este caso hemos navegado 10 minutos a 10 nudos = 1,6 millas. De esta situación llevamos con rumbo opuesto las 2,4 millas que hemos navegado desde las 20 — 00 horas y tendremos el punto de partida que es l = 36° — 08′,0 N y L = 05° — 17′,3 W. ①

Seguimos navegando hasta tener a Punta Carnero por el través, y vemos que hemos navegado 3,6 millas, o sea, 22 minutos. Son las 22 — 37.

En este último punto hemos de dar rumbo de aguja a pasar a 2 millas de Tarifa compensando la corriente de rumbo 100° e intensidad 2,5 millas. Trazamos la composición de fuerzas y nos da rumbo verdadero aparente 257°, pero nos piden rumbo de aguja, luego le restaremos algebraicamente la Ct.

Para hallar la Ct hemos de tener en cuenta que la variación local en la carta es para el año 1979, luego hay que actualizarla con el decremento anuo:

Vl de la carta para 1979	= 6° — 23′NW	Δ =	7° —
Decremento 6′ por 3 años =	18′	Vl =	6° —
Vl para el año 1980	= 6° — 05′NW	Ct =	13° —

Rva = 257°
Ct = 13° — (+) «De la carta al timón al revés la corrección»

Ra = 270° ②

Hasta el Sur de Tarifa tenemos que recorrer 13,4 millas a una velocidad efectiva de 7,7, o sea, una hora y 45 minutos, que sumados a las 22 — 37 nos da las 00 — 22 del día 5 de febrero. ③

Desde el Sur de Tarifa ponemos Rv = 270° con una corriente de Rv = E, que nos resta 3 nudos, luego navegamos a 7 nudos una hora, o sea, hasta las 01 — 22.

Allí tenemos una corriente de Rv = E y de intensidad 2 millas, luego trazamos el vector de la corriente y con la velocidad de 10′ cortamos la derrota que hemos hecho para pasar a 2 millas de Trafalgar, dándonos una velocidad efectiva de 8,3 y Rva = 300°. Le restamos la Ct y nos da Ra = 311°. ④

A 02 — 52, es decir, hora y media más tarde, luego hemos llevado sobre la derrota efectiva 12,45 millas, deja de existir la corriente y ponemos rumbo a Barbate compensando el abatimiento de 10° babor, luego:

Rumbo v a Barbate =	016°	
Abatimiento =	10° —	(+)
Rumbo v efectivo =	026°	
Ct =	11° —	(+)
Ra =	037° ⑤	

Como de allí a Barbate hay 5,6 millas a 10 nudos son 34 minutos, que sumados a las 02 — 52 nos da las 03 — 26. ⑥

4.° EJERCICIO. — Navegando a Ra = S43E, Δ = 1,5 —, velocidad horaria del buque (Vhb) = 10 nudos, a hora reloj bitácora (Hrb) = 10 — 00, se toma distancia radar a Trafalgar y se continúa navegando. A Hrb = = 10 — 30 se toma distancia radar a Punta Paloma, obteniéndose la misma que anteriormente había a Trafalgar.

A Hrb = 11 — 00 se marca Tarifa a 58° Br.

A Hrb = 11 — 30 se entra en zona de corriente desconocida y se pone Ra = 077°, Δ = 0,5 NW.

A Hrb = 12 — 00 se obtiene marcación de Punta Cires = 39° Er y marcación de Tarifa = 87° Br.

Desde la situación obtenida se da rumbo al pasar a 3 millas de Punta Europa, Δ = 1,5 NW. Al estar al E de Punta Europa cesa la corriente y se navega a los siguientes rumbos verdaderos y distancias: Al E 10 millas; al S75E 8 millas; al N80E 12 millas; al S50E 10 millas; al N36E 8 millas; al N45E 7 millas.

Se pide:
1.º Distancia a Trafalgar a las 10 — 00.
2.º Situación a 10 — 30.
3.º Rumbo de la corriente y su intensidad.
4.º Ra para pasar a 3′ de Punta Europa.
5.º Situación final y hora reloj bitácora.

Resolución:

La resolución de la entrada de este ejercicio es geométrica, así como la de muchos que se pueden presentar. Véase resolución gráfica (fig. 340).

Empezaremos hallando el rumbo verdadero a que navegamos que será el Ra corregido de la Ct. Sabemos por la carta que la Vl = 6,5 — y el Δ = 1,5 —, luego la Ct = 8 —

$$\begin{aligned} Ra &= S43E - \\ Ct &= \ \ 8 - \\ \hline Rv &= S51E = 129^\circ \end{aligned}$$

Navegamos media hora, desde las 10 — 00 hasta las 10 — 30, o sea 5 millas y tomamos distancia de Punta Paloma igual a la distancia que habíamos tomado a Trafalgar. Como no nos dicen la distancia, lo que haremos es trasladar el faro de Trafalgar por rumbo y distancia navegados. Una vez trasladado le uniremos con Punta Paloma y como nos dicen que las distancias a ambos han sido las mismas, trazaremos la mediatriz de la recta de unión de los faros, y en uno de los puntos de la mediatriz estaremos.

Posteriormente nos dicen que tomamos una marcación de Tarifa, luego si trasladamos por rumbo y distancia la mediatriz en la que nos encontrábamos y hallamos la demora correspondiente a la marcación de Tarifa, nos podemos situar como si se tratara de 2 demoras no simultáneas.

Una vez situados navegamos hacia atrás y tendremos el punto de partida. Veamos:

La mediatriz nos da una demora de 199°, que trasladamos a Rv = 129°, distancia 5 millas que hemos navegado en media hora.

$$\begin{aligned} \text{Rv} &= 129^\circ \\ \text{Marcación de Tarifa} &= \ \ 58^\circ - \\ \hline \text{Dv de Tarifa} &= 071^\circ \end{aligned}$$

Nos situamos con esta demora y con la mediatriz trasladada y nos da en l = 35° — 56′,9 N y L = 05° — 48′,0 W, luego media hora antes, a las 10 — 30, será l = 36° — 00′,0 N y L = 05° — 52′,7 W. ② Si llevamos la situación media hora atrás tendremos la situación de partida y distancia a Trafalgar que es de 8,7 millas. ①

Nos situamos por rumbo y distancia a 11 — 30 y de allí hasta las 12 — 00 llevamos la situación por estima, con rumbo de aguja 077° y 5 millas, o sea:

Rv = 070° por tener Ct = 7° —

Rv = 070°	Rv = 070°
Marc. Punta Cires = 39° +	Marc. Tarifa = 087° —
Dv. Punta Cires = 109°	Dv. Tarifa = 017° — = 343°

Nos situamos con estas dos demoras y unimos la situación estimada con la observada para hallar el valor de la corriente, y nos da Rc = 070° e Ihc = 4′. ③

Con el vector de la corriente y a partir de él con la velocidad de 10 nudos cortamos a la derrota a pasar a 3 millas de Punta Europa, dándonos un rumbo verdadero aparente de 055° que con la corrección total nos da un Ra = 063° ④ y Vh efectiva de 13,9 nudos, lo que hace que estemos al E/v. de Punta Europa a las 13 — 28 horas.

De allí navegamos por estima y sin corriente, por las tablas:

		△l		A	
Rv	d	N	S	E	W
E	10	—	—	10	—
S75E	8	—	2,07	7,13	—
N80E	12	2,08	—	11,82	—
S50E	10	—	6,43	7,66	—
N36E	8	6,47	—	4,70	—
N45E	7	4,95	—	4,95	—
	55	13,50	8,50	46,86	—
		8,50 —			
		5,00			

Con latitud media 36° y con A = 46,86 nos da una ΔL = 79′,6 = = 1° — 19′,6.

Situación al E/v de P Europa	l = 36°-06′,6N	L = 05°-13′,3W
	△l = 5′ N	△L = 1° 19′,6E
Situación final	l = 36°-11′,6N	L = 03°-53′,7W ⑤

Como hemos navegado 55 millas a 10 nudos nos da 5 horas y media, que sumadas a las 13 — 28 nos da las 18 — 58. ⑤

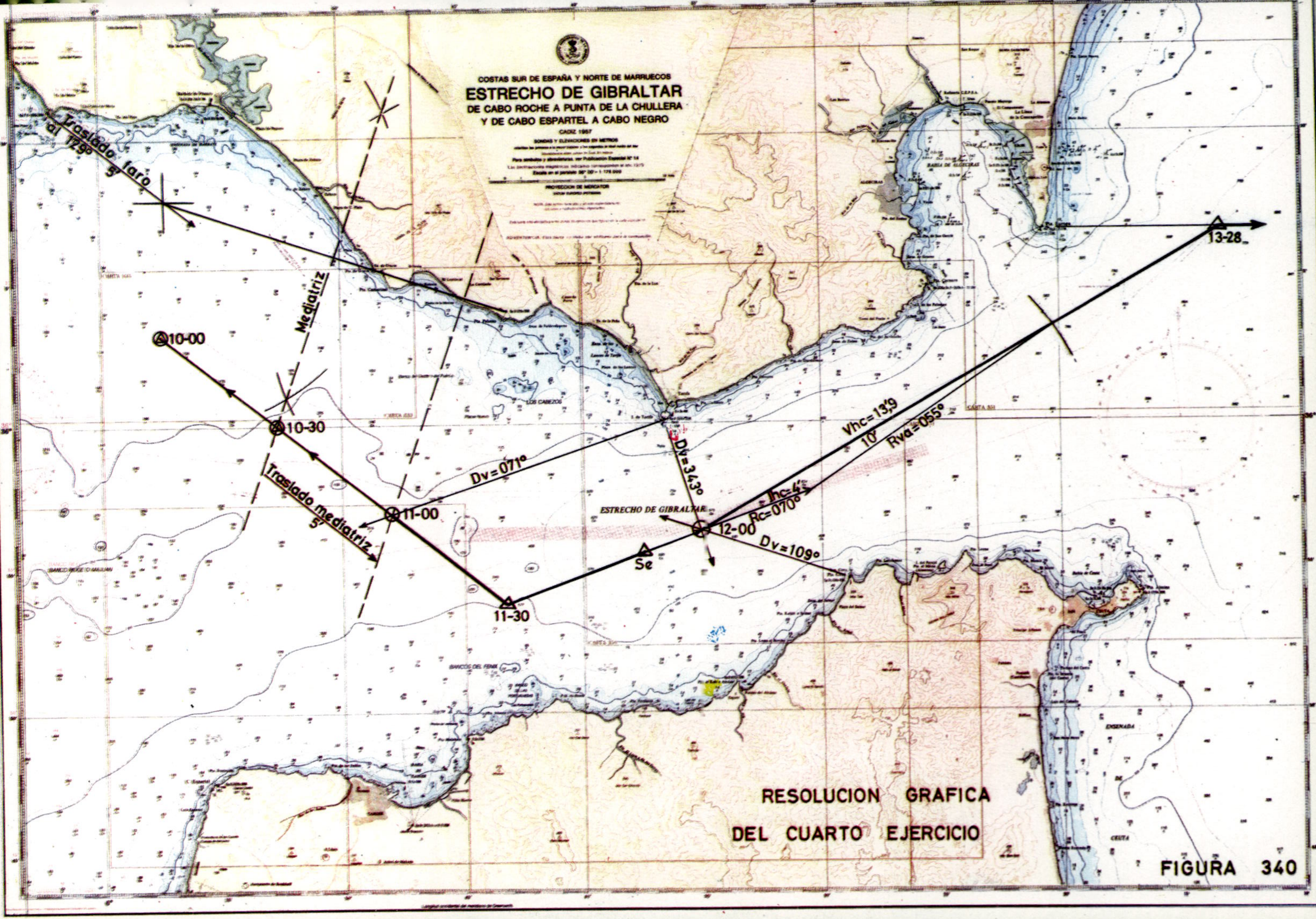

RESOLUCION GRAFICA
DEL CUARTO EJERCICIO

FIGURA 340

5.° EJERCICIO. — El día 11 de noviembre de 1980, navegando en demanda del Estrecho al Ra = 050°. Vb = 12 nudos, Za de la estrella Polar (supuesta en el Polo) = N1OE.

A Hrb = 11 — 37 Da de Cabo Espartel = 090°.

A Hrb = 12 — 02 Marcación de Cabo Espartel = 90° Er.

Situados entramos en zona de corriente desconocida, que en principio suponemos de dirección N60E e Ihc = 3 millas; y teniéndola en cuenta damos rumbo a 3 millas de Punta Cires; desvío = 2° NW.

A Hrb: 13 — 42 obtenemos simultáneamente Da de Punta Cires = 189° y Da de Tarifa 311°.

Situados y teniendo en cuenta la corriente real deducida de las situaciones anteriores, damos rumbo a 3 millas de Punta Europa; desvío = 2° —.

Cuando Punta de Europa demora al NW verdadero rectificamos para proceder a Ceuta y llegar a dicho puerto en el momento de la pleamar inmediata; desvío = 1 NE.

Se pide:

1. Situación a Hrb = 12 — 02 y a 13 — 42 horas.
2. Rumbos de aguja que navegamos.
3. Rumbo de la corriente e Ih. de la misma.
4. Ultima velocidad del propulsor.
5. Sonda a la llegada a Ceuta en un lugar de sonda en la carta = 12 metros.
6. Sonda en el mismo lugar a las 19 — 00 horas.

Nota: Muy parecido a este ejercicio se puso uno en exámenes en Barcelona en noviembre de 1976.

Resolución:

Azimut verdadero de la Estrella Polar = 000°	Ra = 050°.
Azimut de aguja de la Estrella Polar = 010° + (—)	Ct = 10° —
Ct = 10°NW	Rv = 040°

Da Espartel a 11-37 = 090°	Marc de Espartel a 12-02 = 90° +
Ct = 10° —	Rv = 040°
Dv Espartel a 11-37 = 080°	Dv de Espartel a 12-02 = 130°

Intervalo navegado = 12 — 02 menos 11 — 37 = 25 minutos; 25 m a 12 nudos = 5′.

Trasladamos la primera demora a 5′ al Rv = 040° y trazamos la segunda con lo que hallamos una situación: 1 = 35° — 50′,2 N y L = 05° 59′,5 W. ① Véase resolución gráfica (fig. 341).

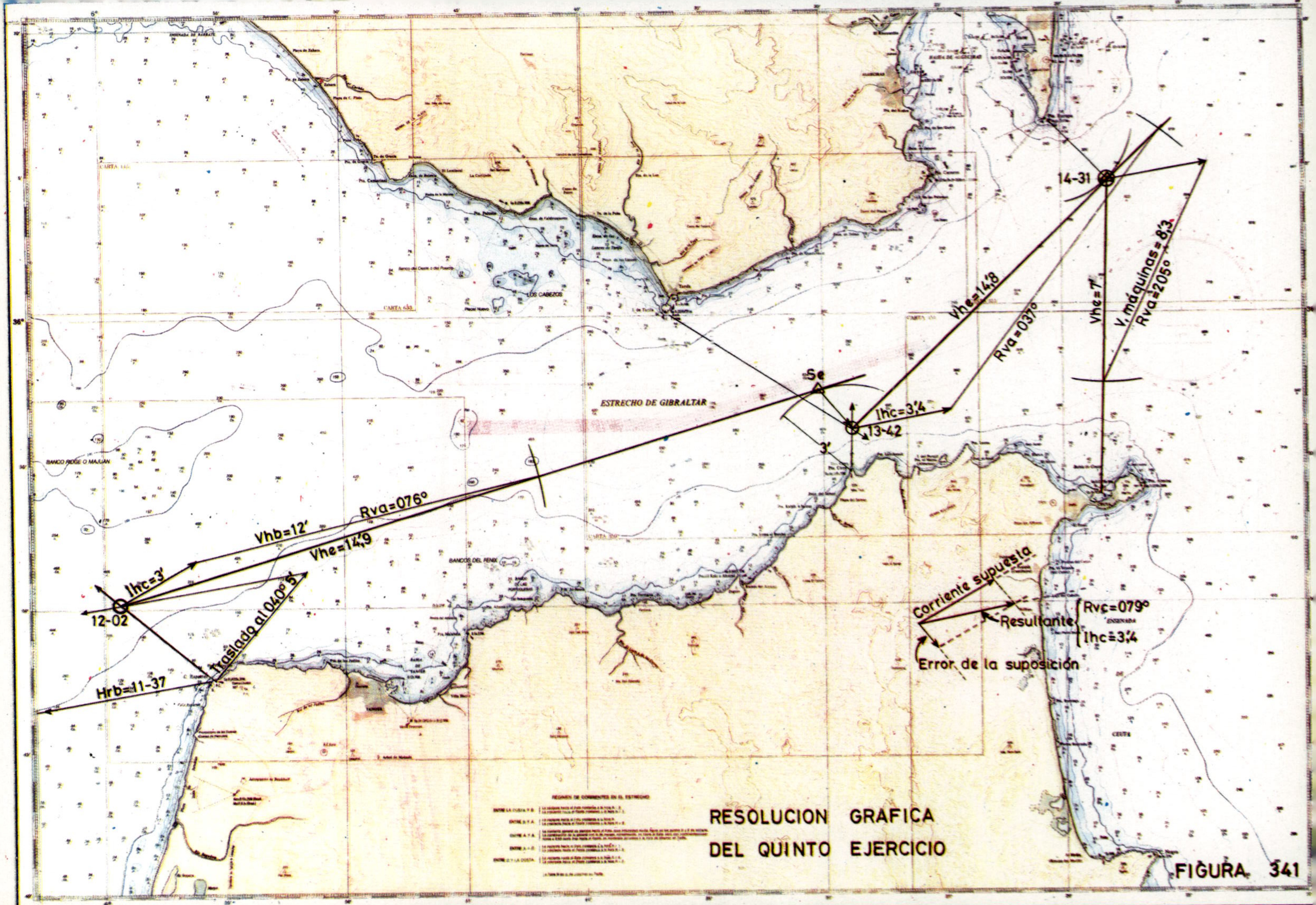

RESOLUCION GRAFICA DEL QUINTO EJERCICIO

FIGURA 341

Desde aquí trazamos la derrota a pasar a 3 millas de Punta Cires. Trazamos el vector de la corriente supuesta, y con la velocidad del buque cortamos dicha derrota dándonos Rva = 076° al que le aplicamos la Ct y nos dará el Ra:

dm o Vl para 1979 =	6°-30′,0 —	Rv =	076°
Corrección para 1980 =	6′,0 +	Ct =	8° — (+)
Vl =	6°-24′,0 —	Ra =	084°
Desvío =	2°-		
Ct (aproximada) =	8° —		

También hemos hallado una velocidad efectiva de 14,9 nudos.

Da de Punta Cires =	189°	Da de Tarifa =	311°
Ct =	8° —	Ct =	8° —
Dv de Punta Cires =	181°	Dv de Tarifa =	303°

Con estas dos demoras hallamos una situación a las 13 — 42: l = 35° 56′,0 N y L = 05° — 28′,8 W. ①

Vemos por esta situación que no estamos en la derrota que pretendíamos, luego la corriente que habíamos supuesto no estaba bien. Hay que hallarla:

Hemos navegado desde las 12 — 02 hasta las 13 — 42 una hora y 40 minutos, que multiplicados por 14′,9 nos da la distancia efectiva navegada: 1,666 × 14′,9 = 24′,83. Llevamos estas millas sobre la derrota y hallamos un punto de estima.

El error de cálculo de la corriente nos ha llevado en una hora 40 minutos desde la situación de estima a la situación verdadera, luego para saber el vector verdadero de la corriente podremos hallarlo de dos formas: Una, hallando la resultante del valor que le dimos a la corriente supuesta y del valor de error hallado como se ve en la resolución gráfica de la página 54-18 (tener en cuenta el trabajar con vectores horarios); y otra, partiendo de la situación de las 12 — 02 con Rv = 076° y velocidad de 12 nudos, con lo que hallaremos una situación estimada. Desde dicha situación estimada hasta la observada nos da un vector que equivale a lo que nos ha afectado la corriente real durante todo el tiempo navegado.

Por ambos procedimientos debe dar lo mismo, y en este caso da una corriente de Rvc = 079° y de intensidad horaria de 3,4 millas. ③

De la situación observada trazamos una derrota a pasar a 3 millas de Punta Europa. Trazamos también el vector de la corriente y con una distancia de 12 millas a partir de él, cortamos la derrota, dándonos rumbo verdadero aparente = 037° y Vhe = 14',8.

El Ra lo hallaremos aplicando al Rv la Ct que es en este caso 8° NW, luego Ra = 045°.

Hasta estar Punta de Europa al NW/v hemos de recorrer una distancia de 12,2 millas, que divididas por la velocidad efectiva de 14,8 nos da un tiempo de 49 minutos, que sumados a las 13 — 42 nos da las 14 — 31.

La hora de la pleamar inmediata en Ceuta son las 16 — 02, luego para llegar a esa hora hemos de recorrer la distancia verdadera efectiva que hay, que son 10,7 millas en 1 hora y 31 minutos, o sea, a une Vhe = 7 millas.

Como tenemos corriente, hemos de trazar el vector de la corriente. El extremo del vector de la corriente lo unimos a las 7 millas que hemos llevado sobre la derrota a Ceuta y nos da un rumbo verdadero aparente = 205° y velocidad del propulsor 8',3. (4)

Si queremos hallar el Ra hemos de aplicarle la Ct, que en este caso es de 5 NW, o sea Ra = 210°.

La altura sobre la Sc de la pleamar es de	0,95 metros
La sonda en la carta es de	12,00 metros
Sonda en la pleamar en el lugar	12,95 metros. (5)

Para hallar la sonda en dicho lugar a las 19 — 00 hallaremos la duración de la vaciante y la amplitud:

Hora de la pleamar	= 16-02	y sonda	= 0,95 metros
Hora de la bajamar	= 21-33	y sonda	= 0,22 metros
Duración de la vaciante	= 5-31	y amplitud	= 0,73 metros

Hora de la bajamar =	21-33
Hora del momento =	19-00
Intervalo =	2-33

Tomemos la tabla del Anuario de Mareas de 1980:

Entrando con el intervalo en la columna de las 5-30 de la duración de la variante encontramos el valor 2-34 que es el más próximo al 2 — 33. Seguimos horizontalmente esa línea hasta encontrarnos en la vertical de la amplitud de la marea correspondiente a 0,73 metros, que en este caso no hay, pero lo conseguimos interpolando entre 0,50 y 1,00 dándonos un resultado de 0,33 aproximadamente.

Si a la sonda en la carta de 12 metros la sumamos 0,33 m tendremos la sonda en ese punto a las 19 — 00 horas = 12,33 metros. (6)

6.º EJERCICIO. — Corresponde al examen de la convocatoria del mes de abril de 1977 y que dice así:

El día 2 de abril de 1977 al ser HRB = 21 h — 00 m y hallándonos en situación estimada l = 36° — 11′,7 N y L = 03° — 46′,3 W nos ponemos al Ra = 227° con velocidad de máquina = 12 nudos; puestos a rumbo se tomó Za de la estrella Polar (supuesta en el Polo) = 007°.

Al ser HRB = 22 h 12 m penetramos en zona de viento y corriente, viento del Sur y corriente de dirección verdadera = 085° e intensidad horaria = 3,0 millas, metiendo en este instante 25° a estribor; abatimiento = 3°; dm = 4°,4 NW, desvío = 0°,6 menos.

Al ser HRB = 23 h 12 m salimos de la zona de corriente, arrumbamos en este momento a un punto «p» de l′ = 36° — 00′,0 N y L′ = 04° — 30′,0 W; abatimiento = 4°; dm = 5° NW; desvío = 1°,5 más.

Después de navegar a distintos rumbos y velocidades y calmado el viento, al ser HRB = 06 h 50 m navegando al Ra = 257° con velocidad de máquinas = 15,0 nudos se tomó marcación del faro de Pta Europa = 63°,5 estribor; desvío = 0°,6 menos; seguimos navegando en las mismas condiciones. Al ser HRB = 07 h 00 m se tomó 2.ª marcación del faro de Pta Europa = = 90° estribor. Situados, dimos rumbo para pasar a 3,0 millas del faro de isla Tarifa; desvío = 0°,6 menos.

Al ser HRB = 08 h 00 m se tomaron simultáneamente: Da del faro de isla Tarifa = 360° y distancia al mismo = 3,1 millas, penetramos en este instante en zona de corriente de dirección e intensidad horaria desconocida, arrumbando a un punto de l = 36° — 02′,0 N y L = 06° — 00′0 W, desvío = 1°,6 más.

Al ser HRB = 08 h 30 m se tomó Da del faro de Pta Paloma = 357°,5 y seguimos igual.

Al ser HRB = 09 h 00 m se tomó 2.ª Da del faro de Pta Paloma = = 062°,5. Situados y teniendo en cuenta la corriente hallada, dimos rumbo a la farola del puerto de Barbate, debiendo llegar al mismo al ser HRB = = 10 h 00 m; desvío = 2°,6 más.

Se pide:

1. Situación estimada a HRB = 23 h 12 m (por tablas).
2. Ra al punto «p» y hora de llegada al mismo.
3. Situación a HRB = 07 h 00 m.
4. Situación a HRB = 08 h. 00 m.
5. Situación a HRB = 09 h 00 m, dirección e intensidad de la corriente (horaria).
6. Todos los rumbos de aguja.
7. Ultima velocidad de máquina.
8. Sonda en un lugar del puerto de Barbate de Sc = 2,0 metros al llegar al mismo (HRB = 10 h 00 m).

Para su mejor comprensión en el desarrollo de la solución vamos a dividir el problema en cuatro partes.

PRIMERA PARTE. — Resolución de un problema de ESTIMA (Directa).

SEGUNDA PARTE. — Resolución de un problema de navegación por ESTIMA (Inversa).

TERCERA PARTE. — Resolución de un problema de navegación costera. Véase resolución gráfica en la fig. 342.

CUARTA PARTE. — Resolución de un problema de marea. Aquí debemos de tener en cuenta, que durante la navegación hay cambio de fecha, o sea, que tomaremos la fecha del 3 de abril de 1977.

PRIMERA PARTE. — En situación estimada l = 36° — 11',7 N y L = 03° — 46',3 W a HRB = 21 h 00 m, navegando a varios rumbos y distancia queremos saber la situación estimada a HRB = 23 h 12 m.

1. Nos dan una Za de la estrella Polar la cual suponemos en el Polo para hallar la Corrección Total.

Zv = 000°
— Za = 007°
Ct = 007° —

2. A HRB = 21 h 00 m nos ponemos a navegar al Ra = 227° hasta HRB = 22 h 12 m.

Ra = 227°	HRB = 2212
Ct = 007° —	HRB = 2100
Rv = 220° = S40W	I = 0112

Distancia navegada: D = I × Vb = 1,2 × 12 = 14,4 millas.

A HRB = 22 h 12 m entramos en zona de viento Sur y en zona de corriente y metemos 25° a estribor navegando hasta HRB = 23 h 12 m.

Rc = N85°E	HRB = 2312
	HRB = 2212
	I = 1 hora

Distancia navegada.

D = I × lhc = 1 × 3′ = 3′
Ra = 227°
025°Er, +

Ra = 252°
Ct = 005°NW —

Rv = 247°
ab = 3°Er, +

Rd = 250° = S70°W

dm = 4°,4NW
Δ = 0°,6 —
Ct = 5°,0NW

Distancia Navegada

D = I × Vb = 1 × 12 = 12 millas

Ahora ya se puede entrar en la Tabla de Estima con cada uno de los rumbos y distancias (dos del buque) (uno de la corriente) para completar la Tabla de Estima.

Se entra en la página del Rumbo 40° (por arriba) y Distancia 14,4.

Se entra en la página del Rumbo 85° (por abajo) y Distancia 3.

Se entra en la página del Rumbo 70° (por abajo) y Distancia 12.

Para estos tres rumbos y distancias obtenemos las diferencias de latitudes y Apartamientos correspondientes, los cuales sumados o restados convenientemente si son de signos opuestos queda los finales indicados. La diferencia de latitud, se aplica con su signo a la latitud de salida y nos dará la latitud de llegada.

R	d	Δl		A	
		N	S	E	W
S40°W	14,4		11,0		9,3
N85°E	3,0	0,3		3,0	
S70°W	12,0		4,1		11,3
		0,3	15,1	3,0	20,6
			— 0,3		— 3
			14,8		17,6

le = 36°11′7N
Δl = 14′8S
l = 35°56′9N

Se calcula la latitud media = 36°.

Por último hay que entrar de nuevo en las Tablas, con latitud media 36° como Rumbo y el Apartamiento 17′6 en la columna de diferencia de latitud. En la columna de la Distancia se encuentra la Diferencia de Longitud 21′7.

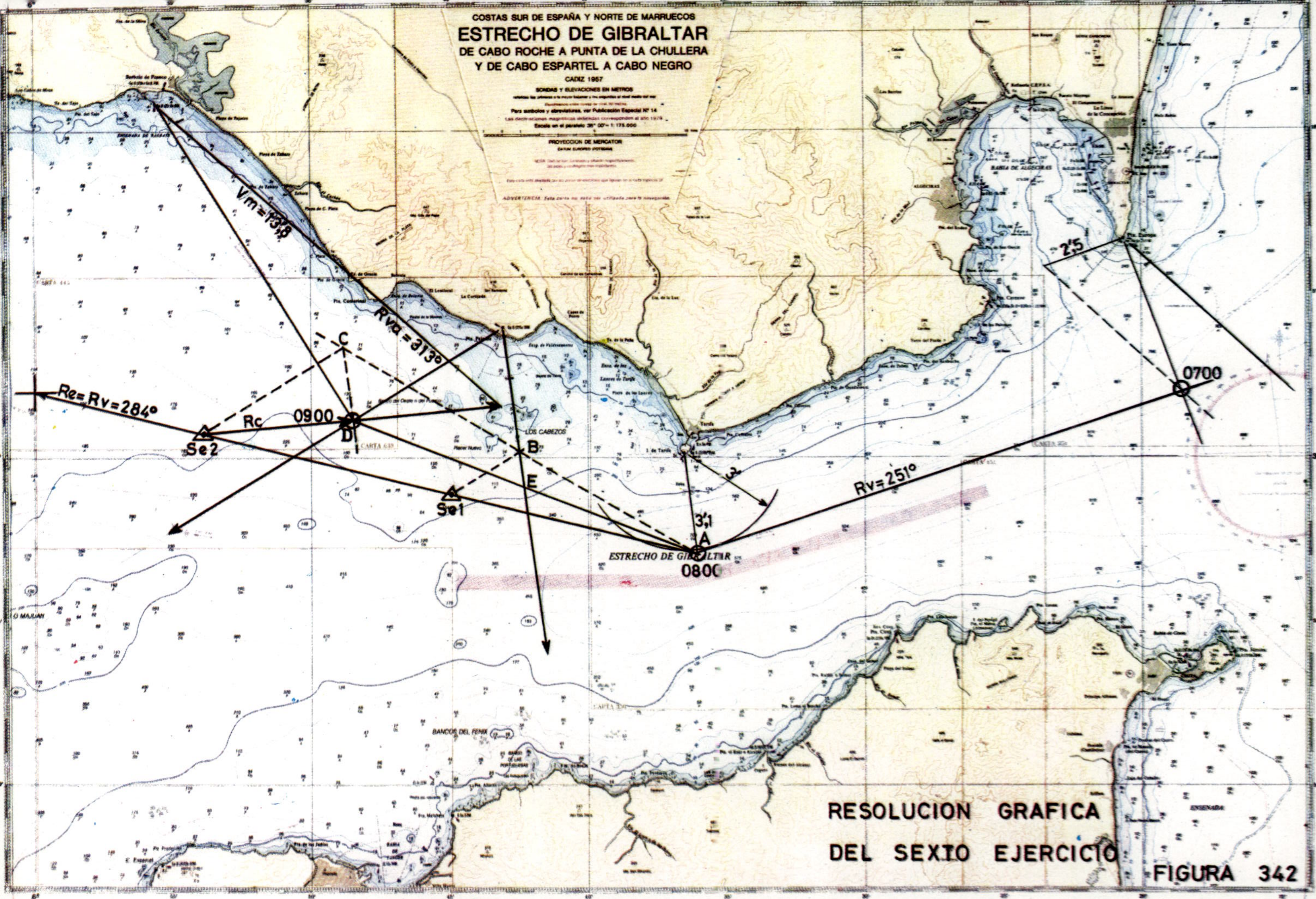

COSTAS SUR DE ESPAÑA Y NORTE DE MARRUECOS
ESTRECHO DE GIBRALTAR
DE CABO ROCHE A PUNTA DE LA CHULLERA
Y DE CABO ESPARTEL A CABO NEGRO
CADIZ 1957
SONDAS Y ELEVACIONES EN METROS
PROYECCION DE MERCATOR
Vm=13'8
Rva=313°
Re=Rv=284°
Rc
0900
D
C
B
E
Se2
Se1
LOS CABEZOS
3'1
3'
A
0800
ESTRECHO DE GIBRALTAR
Rv=251°
2'5
0700
BAHIA DE ALGECIRAS
BANCOS DEL FENIX
RESOLUCION GRAFICA
DEL SEXTO EJERCICIO

FIGURA 342

$$
\begin{aligned}
Le &= 03^{\circ}46'3W \\
\triangle L &= 21'7W \\
\hline
L &= 04^{\circ}08'0W
\end{aligned}
$$

Situación de estima a HRB = 23 h 12 m: l = 35° — 56′,9 N y L = = 04° — 08′0 W.

SEGUNDA PARTE. — Hallar el Ra desde el punto de situación a HRB = 23 h 12 m hasta el punto «p» y la hora de llegada a este punto.

1. Hallamos la diferencia de latitud y la diferencia de longitud entre los dos puntos.

$$
\begin{aligned}
l' &= 35^{\circ}56'9N \\
l' &= 36^{\circ}00'0N \\
\hline
\triangle l &= 3'1N
\end{aligned}
\qquad
\begin{aligned}
L &= 04^{\circ}08'0W \\
L' &= 04^{\circ}30'0W \\
\hline
\triangle L &= 22'0W
\end{aligned}
$$

2. Calculamos la latitud media = 36°.

3. Entramos en las Tablas con latitud media 36° como Rumbo y Diferencia de longitud 22′0 como Distancia. En la columna de diferencia de latitud obtendremos el Apartamiento = 17′8.

4. Con la pareja de valores l = 3′1 y A = 17′8 volvemos a entrar en las Tablas y los valores que más se aproximen nos darán el Rumbo en la página y la distancia navegada en la columna de distancias.

$$
Rd = N\ 80^{\circ}\ W:\ D = 18 \text{ millas}
$$

Cálculo del Ra:

$$
\begin{aligned}
Rd &= N80^{\circ}W \\
ab &= 4^{\circ}\ (—) \\
\hline
Rv &= 276^{\circ} \\
Ct &= 003^{\circ},5 — (+) \\
\hline
Ra &= 279^{\circ},5
\end{aligned}
\qquad
\begin{aligned}
dm &= 5^{\circ},0NW \\
\triangle &= 1^{\circ},5 + \\
\hline
Ct &= 3^{\circ},5NW
\end{aligned}
$$

5. Cálculo de la hora de llegada:

Distancia navegada = 18 millas

$$
t^{m} = \frac{60 \times 18}{12} = 90^{m}
$$

$$
\begin{aligned}
Hrb &= 2312 \\
t &= 0130 \\
\hline
Hrb &= 0042 \text{ (día 3)}
\end{aligned}
$$

TERCERA PARTE. — Problema de navegación costera.

Navegando al Ra = 257°. Hallar la situación verdadera por dos marcaciones simultáneas a HRB = 07 h 00 m.

1. Hallaremos la declinación magnética, con objeto de calcular la corrección total.

1970		dm carta = 7°10'NW
1977	C = 7 años × 7' — = 49' —	c = 49' —
dif = 7 años		dm 1977 = 6°21'NW = 6°,4NW

dm = 6°,4NW
Δ = 0°,6 —
Ct = 7°,0NW

2. Cálculo de la situación a HRB = 07 h 00 m:

Pta EUROPA	Pta EUROPA	HRB = 0700	Ra = 257°
Rv = 250°	Rv = 250°	HRB = 0650	Ct = 7 —
M = 063°,5Er	M = 090°Er	I = 0010	Rv = 250°
Dv = 313°,5	Dv = 340°	$D = \frac{10}{60} \times 15$	
— 180°	— 180°		
Dv/o = 133°,5	Dv/o = 160°	D = 2'5 millas	

Situación a HRB = 0700: l = 36° — 02',0 N y L = 05° — 18',6 W.

3. Cálculo del Ra a pasar a 3 millas del faro de I. Tarifa:

Rv = 251°	dm = 6°,4NW
Ct = 7° — (+)	Δ = 0°,6 —
Ra = 258°	Ct = 7°,0NW
	Ct = 7°NW

4. Situación por demora y distancia simultánea al faro de I. Tarifa:

Da = 360°
Ct = 7° —
Dv = 353° Distancia = 3,1 millas
— 180°
Dv/o = 173°

Situación a HRB = 0800: l = 35° — 57',0 N y L = 05° — 36',1 W.

5. Cálculo del Ra al punto de l = 36° — 02',0 N; L = 06° — 00',0 W.

dm = 7°25′NW	7 años × 7′ — = 49′ —	Rv = 284°
c = 49′ —	dm = 6°,6NW	Ct = 5° — (+)
dmc = 6°36′NW	Δ = 1°,6NE	Ra = 289°
dm = 6°′6NW	Ct = 5° NW	

6. Cálculo de la situación a HRB = 0900 y el Rc e Intensidad horaria de la corriente a partir de HRB = 0800.

Pta PALOMA HRB = 0830	Pta PALOMA HRB = 0900
Da = 357°,5	Da = 062°,5
Ct = 5° —	Ct = 5° —
Dv = 352°,5	Dv = 057°,5
180° —	180° +
Dv/o = 172°,5	Dv/o = 237°,5

Hallamos la distancia navegada entre la situación a HRB = 0800 y la primera demora.

HRB = 0830
HRB = 0800 D = I × Vb = 0,5 × 15′ = 7,5 millas

I = 0030

Hallamos la distancia navegada entre la situación a HRB = 0800 y la hora de la segunda demora:

HRB = 0900
HRB = 0800

I = 1 hora. 1 × 15 = millas de distancia.

Llevamos las distancias estimadas de 7,5 y 15 sobre la derrota trazada al punto que queremos ir, es decir: sobre el Rv = 284°, y vemos que las situaciones estimadas difieren de las demoras a Punta Paloma, luego hemos de averiguar la corriente:

Para ello trazamos una paralela a la segunda demora que partiendo de Se1 corte a la primera demora, en este caso en el punto B. Trazamos una recta que pase por A y B y la prolongamos. Desde Se2 trazamos una paralela a la segunda demora que corte a la recta que pasa por A y por B, y que en este caso lo hace en C.

Hemos conseguido dos triángulos semejantes ASelB y ASe2C en los que ASel es a ASe2 como AB es a AC.

Desde C trazamos una paralela a la primera demora que corte a la segunda demora, y lo hace en el punto D. Unimos D con A y tenemos otros dos triángulos semejantes ABE y ACD en los que AE es a AD como AB es a AC, pero como AB es a AC como ASe1 es a ASe2, AE es a AD como ASe1 es a ASe2 y los puntos E y D están en las correspondientes demoras verdaderas, lo que quiere decir que AD ha sido la derrota verdadera efectiva seguida.

Unimos Se2 con D y tenemos el rumbo de la corriente y su intensidad durante el intervalo, que en este caso es de una hora. Luego Rc = N85E e Ihc = 4,4 millas.

Situación a las 0900: l = 36° — 01′,1 N y L = 05° — 48′,5 W.

7. Cálculo del Ra a la farola roja del puerto de Barbate y la velocidad de máquina para llegar a HRB = 1000.

Unimos el punto D con la farola de Barbate. Trazamos el vector de la corriente de una hora (desde las 0900 a las 1000) a partir del punto D. Unimos el extremo del vector de la corriente con la farola de Barbate y ese será el Rva = 313° y la velocidad de máquinas que hemos de poner para llegar a Barbate a las 1000, que es de 13,8 nudos.

dm = 6°,6NW	Rva = 313°
△ = 2°,6NE	Ct = 4° — (+)
Ct = 4° NW	Ra = 317°

CUARTA PARTE — Cálculo de la Sonda en el momento a la hora de llegada.

H pl Cádiz = 1350	a pl Cádiz = 3,38 m
c = 0020 —	c = 0,80 m —
H pl Barbate = 1330	a pl Barbate = 2,58 m
H bj Cádiz = 0733	a bj Cádiz = 0,28 m
c = 0020 —	c = 0,05 m —
H bj Barbate = 0713	a bj Barbate = 0,23 m —

H pl = 1330	a pl = 2,58	HRB = 1000
H bj = 0713	a bj = 0,23 —	Hbj = 0713
D = 0617	A = 2,35	I = 0247

D = 0617
I = 0247   c = 0,99   Sm = Sc + a . bj + c
A = 2,35   Sm = 2 + 0,23 + 0,99 = 3,2 metros

OBSERVACIONES. — Hay otros procedimientos, que detallaremos a continuación, para hallar el valor de la corriente supuesta, si bien todos están basados en lo mismo: en la proporcionalidad de los lados de los triángulos semejantes.

Segundo procedimiento: En la figura 343 trazamos el rumbo 284° desde el punto A y sobre él llevamos las distancias navegadas por estima, dándonos los puntos Se1 y Se2. Trazamos las dos demoras verdaderas a Punta Paloma.

Si en la resolución anterior empezábamos trazando la paralela a la segunda demora partiendo del punto Se1, en éste empezamos trazando la paralela a la primera demora partiendo de la situación estimada Se2, y nos corta a la 2.ª Dv en C. Unimos C con A. A partir de Se1 trazamos una paralela a la primera demora y nos corta a la recta CA en B. Desde B trazamos una paralela a la segunda demora y nos corta a la primera demora en E. Unimos A con E y prolongamos la recta y nos corta en D a la Segunda demora. Ese punto es la situación a las 0900.

Unimos Se2 con D y ese vector es el valor de la corriente durante el tiempo navegado.

Tercer procedimiento: Lo vemos representado en la figura 344. Partiendo del punto A, y pasando por el faro, trazamos una recta. Sobre ella consideramos que la distancia de A al faro F equivale en proporción al primer espacio navegado, y desde F a C llevamos el segundo espacio navegado en la proporción de distancia del primero (en este caso son iguales por haber sido tiempos iguales).

Hemos trazado el rumbo desde el punto A y sobre él hemos llevado las situaciones estimadas Se1 y Se2. También hemos trazado las dos demoras verdaderas.

Desde C trazamos una recta paralela a la primera demora y corta a la segunda en el punto D, que es la situación verdadera a las 0900. Unimos D con A y esa ha sido la derrota verdadera efectiva que hemos llevado. El punto E es la situación verdadera a las 0830.

Si unimos la situación Se2 con el punto D tenemos el vector de la corriente durante el tiempo navegado.

Cuarto procedimiento: Está representado en la figura 345. Una vez trazadas las demoras y el rumbo de estima, sobre el que hemos llevado las distancias estimadas recorridas, unimos el punto A con el faro.

Pasando por el faro trazamos una recta, más o menos perpendicular a la primera demora, o sea a la demora central, y a ambos lados sobre dicha recta y a partir del faro, llevamos distancias proporcionales a los tiempos navegados, y que en este caso nos dan los puntos S y T. Desde dichos puntos se trazan paralelas a la demora central que cortan a las demoras laterales en C y B. Uniendo B y C nos da una recta dividida por la demora central en partes proporcionales a las distancias recorridas.

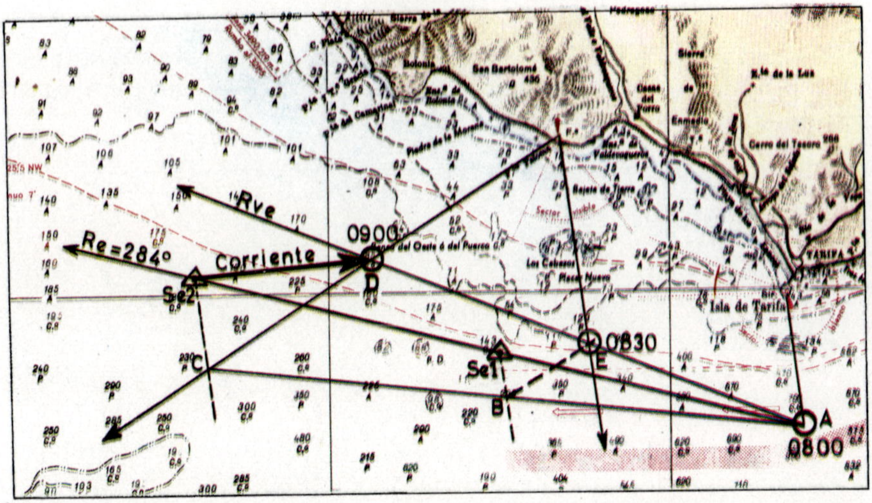

Fig. 343

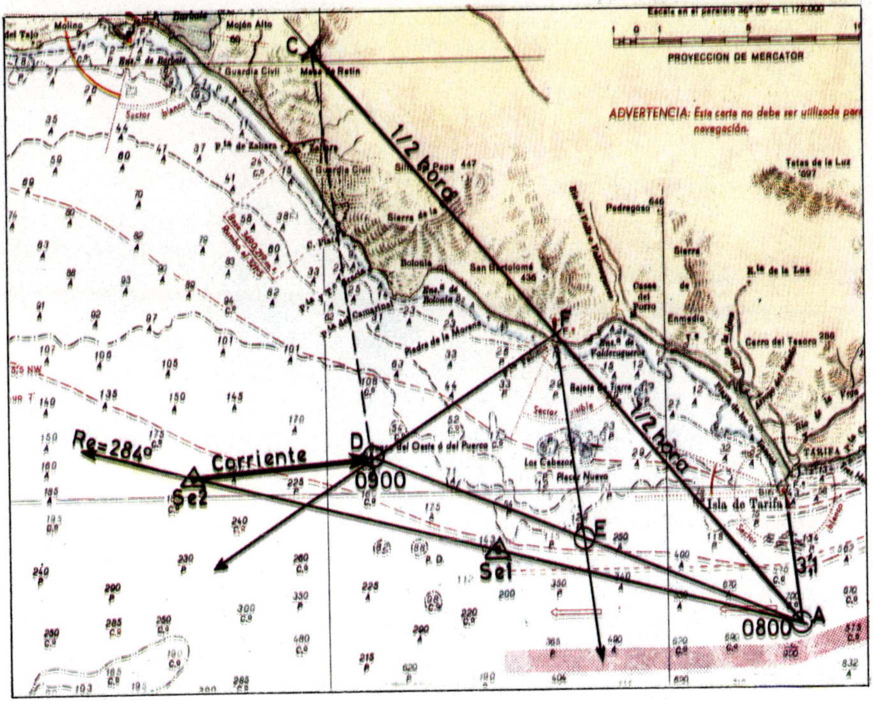

Fig. 344

Trazando una paralela a la recta BC que pase por A tendremos el rumbo verdadero efectivo y las situaciones a las 0830 y 0900 horas.

Si unimos la situación estimada a las 0900 con la situación verdadera, o sea, Se2 con D, nos dará lo que nos ha afectado la corriente en el tiempo navegado.

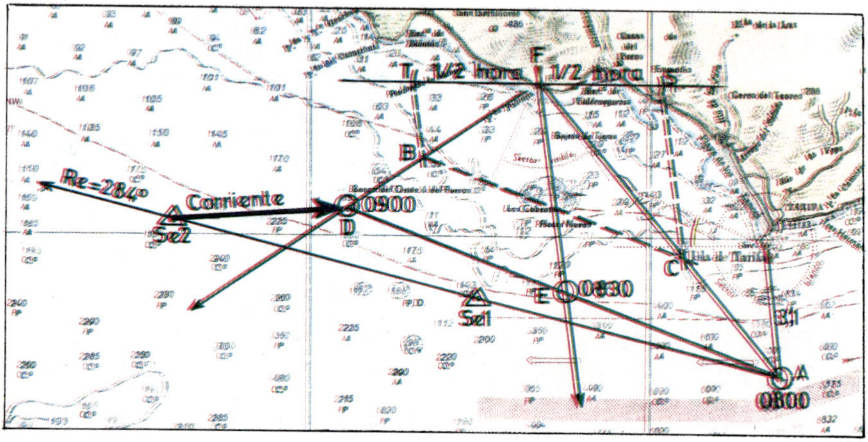

Fig. 345

7.º EJERCICIO. — Situados a Hrb = 1000 en l = 35º — 58′,0 N y L = 05º — 30′,0 W continuamos navegando al mismo rumbo y velocidad. A Hrb = 1030 tomamos Dv de Tarifa = 333º. Seguimos navegando en las mismas condiciones y a Hrb = 1130 tomamos Dv de Punta Paloma = 044º. Se pide averiguar Rv, velocidad del buque y situación a las 1130.

Este cálculo se puede resolver mediante cualquier procedimiento explicado al final del 6.º ejercicio. Hemos optado por el representado en la figura 346 y aparentemente resulta algo complicado si no se cae en unir las prolongaciones de las demoras, pues las demoras son a puntos y en momentos distintos.

Una vez prolongadas las demoras se cortan en el punto T. Unimos A con T. Trazamos una recta que pase por el punto T y sobre ella llevamos, hacia ambos lados de T, distancias proporcionales a los tiempos navegados y nos da los puntos S y G. Por estos puntos trazamos paralelas a la demora central, en este caso la de Tarifa, y nos cortarán a las otras demoras en los puntos C y B. Uniendo C y B nos dará la dirección del rumbo.

Si trazamos una paralela a CB que pase por el punto A tendremos la derrota efectiva seguida por el barco, que en este caso es 278º. El punto

D será la situación a las 1130 horas, que es l = 36° — 00',0 N y L = = 05° — 47',5 W. (Este problema está resuelto con una carta de Datum Madrid); y la distancia entre A y D será la recorrida en hora y media: desde las 1000 a las 1130. Como mide 14,4 millas la velocidad del buque habrá sido de 9,6 nudos.

Esta clase de problema puede ir intercalado en uno más largo, y si nos dieran el rumbo y velocidad del barco se puede intercalar una corriente desconocida que se podrá calcular fácilmente, pues nos la indicaría la diferencia entre la situación estimada y la observada.

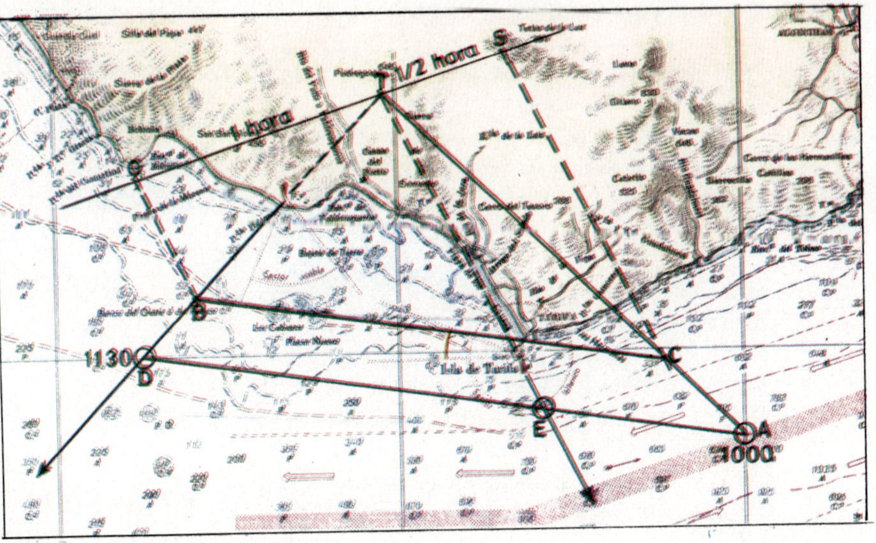

Fig. 346

8.° EJERCICIO. — El Cálculo de Patrones de Yate relativo a la convocatoria de abril de 1978 de la E. O. de Náutica de Barcelona fue el siguiente:

El día 10 de abril de 1978 al ser HRB = 0000 se obtuvo simultáneamente: Da del faro de Punta Carnero = 315°, Da del faro de Punta Europa = 032° y Da de la estrella Polar = N10E (supuesta en el Polo).

A continuación, en zona de corriente desconocida, dimos rumbo para pasar a 2 millas del faro de Isla Tarifa, desvío = 1,5° menos, velocidad = = 10 nudos, con viento del W, abatimiento = 5°.

Al ser HRB = 0106 se obtuvo marcación del faro de Isla Tarifa = 037° a estribor, y a HRB = 0142 Da del faro de isla Tarifa = 356°.

A continuación desde la situación obtenida y teniendo en cuenta la corriente hallada dimos rumbo a un punto situado a 3,8 millas al sur verdadero del faro de Cabo Trafalgar, desvío = 2,5° menos, abatimiento = 3°, y modificamos la velocidad de máquina para llegar a dicho punto a HRB = = 0430.

A HRB = 0415, obtuvimos simultáneamente: marcación del faro de Barbate = 108° a estribor y Da del faro de Cabo Trafalgar = 345°.

Al ser HRB = 0730 en situación: l = 36° — 14′,0 N y L = 06° — 20′,0 W, dimos rumbo a un punto «P» de l = 35° — 12′,0 N y L = 8° — 32′,3 W, teniendo en cuenta la corriente que a partir de este momento es de Rc = S80E e lhc = 2,7 millas y un viento del NW que puestos a rumbo produce 5° de abatimiento, Vl = 8° NW y desvío = 2° menos, velocidad = = 10 nudos.

Una vez alcanzado el punto «P» nos pusimos al Ra = 275°, desvío = 2° menos, Vl = 8° NW, viento del NW, abatimiento = 5°, Rc = S 80° E, e lhc = 2,0 millas. Navegando en estas condiciones durante 4 horas, al cabo de las cuales nos pusimos al Ra = S 10° W, desvío 3° menos, Vl = 8°,5 NW, corriente igual y abatimiento = 0°, navegando a este último rumbo durante 3 horas.

Se pide:

1. Situación a HRB = 0000.
2. Ra para pasar a 2 millas de Tarifa.
3. Situación a HRB = 0142.
4. Rumbo e intensidad de la corriente calculada a HRB = 0142.
5. Ra y V de máquina a partir de HRB = 0142.
6. Situación a HRB = 0415.
7. Ra y V efectiva al dirigirnos al punto «P».
8. Situación de estima final calculada por medio de las tablas de estima y HRB de esta situación.

Resolución:

Este problema puede quedar dividido en tres partes fundamentales, que son: PRIMERA: Problema de Carta Náutica. SEGUNDA: Problema de Estima Inversa y TERCERA: Problema de Estima Directa.

En cuarto al problema de carta, la principal dificultad estriba en averiguar la corriente supuesta, que lo haremos por uno de los métodos explicados en el ejercicio anterior.

Cuando damos rumbo a pasar a una distancia de un punto y sabemos el abatimiento, hemos de compensarlo, luego al hablar de dicho rumbo ha de ser rumbo verdadero corregido de abatimiento. Tal es el caso para hallar la Dv de Tarifa a las 0106 en que la marcación hemos de sumarla al Rv = 251°.

En el problema de estima inversa, una vez hallado por las tablas el rumbo efectivo = S60W, hemos de hacer una composición vectorial de fuerzas con la de la corriente para obtener la velocidad efectiva en función de la velocidad del buque y así poder hallar la hora de llegada al punto «P».

SOLUCIONES:

1. 1 = 36° — 02′,9 N y L = 05° — 22′,5 W.
2. Ra = 259°.
3. 1 = 35° — 56′,3 N y L = 05° — 35°,5 W.
4. Rc = 088° e Ihc = 2,9 millas.
5. Ra = 296° y Vm = 11,3 nudos.
6. 1 = 36° — 06′,5 N y L = 05° — 59′,5 W.
7. Ra = 265° y Hrb = 2330.
8. 1 = 34° — 32′,7 N y L = 09° — 02′,6 W. Hrb = 0630 del día 11 de abril.

Capítulo 55

DERROTEROS, LIBROS DE FAROS Y AVISOS

DERROTEROS: *Su manejo.* — Los libros denominados «Derroteros» son editados en España por el Instituto Hidrográfico de la Marina (Cádiz) y abarcan las costas españolas. El Almirantazgo inglés edita los de todo el mundo.

En estos libros se encuentran datos interesantísimos para los marinos, especialmente en lo referente a reconocimiento de la costa.

En sus primeras páginas hay unos resúmenes de los vientos, climas y demás elementos meteorológicos de las diferentes regiones costeras, así como perturbaciones magnéticas, estaciones de salvamento, estaciones de desratización, de combustibles, de desinfección, etc.

En sus páginas siguientes vienen ordenadamente reflejados cuantos datos presenta la costa y sus inmediaciones, así como puertos, servicios de los mismos, corrientes, enfilaciones, fondeaderos, peligros, balizas, señales especiales de los puertos, etc., intercalando en los diferentes apartados ilustraciones de dibujos o fotografías panorámicas para reflejar los perfiles, alturas y denominaciones.

Sus índices facilitan el hallazgo de la descripción del lugar que nos interese.

LIBROS DE FAROS; SU MANEJO

Faros. — Los faros son focos luminosos colocados sobre edificaciones, generalmente en forma de torre, y los lugares más idóneos de la costa, islas, bajos, espigones, canales, muelles, escolleras, etc, y que sirven de ayuda a la navegación.

En los libros de faros también vienen reseñadas las boyas y balizas, así como las señales de niebla.

Los libros de faros en España los compone y edita el Instituto Hidrográfico de la Marina (Cádiz), y pueden ser también adquiridos en las Comandancias de Marina y en las liberías náuticas.

En su portada viene la parte de costa que abarcan y en sus primeras páginas explican su manejo, así como las abreviaturas, tablas, advertencias y observaciones importantes y muy útiles, algunas de ellas detallamos a continuación.

En los libros de faros también figuran los *aerofaros* próximos a la costa, cuando su haz luminoso es visible desde la mar, y que ayudan a la navegación marítima. Están reseñados en el lugar que les corresponde por su posición geográfica. Su posición y características no suelen ser muy precisas, así como su permanencia de encendido, pero son de gran ayuda para las recaladas, pues su potencia hace ser avistados a mayor distancia que los faros ordinarios.

Las luces *aeromarítimas*, que también vienen reseñadas en los libros de faros, son precisas y de total confianza.

Las luces, según el aspecto que presentan en diversas demoras pueden ser:

a) *Luz ordinaria*, que presenta el mismo color y apariencia en todo el horizonte.

b) *Luz de sectores*, que presenta color o apariencia, o ambas cosas, diferentes en diversos arcos de horizonte.

c) *Luz de dirección*, que presenta más intensidad en un sector pequeño o es visible solamente en ese sector para indicar una determinada orientación.

d) *Luces de enfilación*, que son dos o más luces para precisar una dirección determinada por la línea que las une.

Según el aspecto que presentan en una demora pueden ser:

Abreviatura y denominación	*Descripción*
F. Fija	Luz continua de intensidad variable.
D. De destellos	*a)* Muestra un destello único a intervalos regulares; la luz dura menos que la oscuridad. *b)* Luz continua que a intervalos regulares experimenta un eclipse total; la luz dura menos que la oscuridad.
Gp. D. Grupos de destellos	Muestra a intervalos regulares un grupo de dos o más destellos, que pueden ser diversamente agrupados.
Iso. Isofase	Muestra fases de luz y ocultación sucesivamente, de igual duración ambas, alternando de modo regular.
Oc. De ocultaciones	Luz continua que a intervalos regulares experimenta un eclipse repentino total; la duración de la luz es siempre mayor que la de la oscuridad.
Gp. Oc. Grupos de ocultaciones	Luz que regularmente experimenta dos o más eclipses repentinos, que pueden ser diversamente agrupados.
Ct. Centelleantes	Cuando la duración de la luz y de la oscuridad es muy corta, tienen un mínimo de 40 apariencias por minuto.
Gp. Ct. Grupos de centelleos	Luz centelleante que, a intervalos regulares, experimenta una interrupción cuya duración puede ser menor, igual o mayor que la del centelleo.
Mo. De signos Morse	Muestra fases de luz de diferente duración y agrupadas de forma similar a los signos del alfabeto Morse.
F. D. Fija con destellos	Luz fija que a intervalos regulares experimenta un incremento notable de intensidad.

F. Gp. D. Fija con grupos de destellos	Luz fija que a intervalos regulares experimenta un incremento notable de intensidad por un grupo de dos o más destellos.
Gp. D. y F. De grupos de destellos y fija	Luz de destellos que entre cada grupo de ellos deja ver un período largo de luz de menor intensidad precedido y seguido de un eclipse.

Luces *alternativas* son las que muestran, sucesivamente, en una misma demora, diferente coloración y se denominan anteponiendo a su abreviatura Alt.

Período de una luz es el intervalo de tiempo al cabo del cual una luz que no es fija vuelve a tomar los mismos aspectos en el mismo orden. Los diversos aspectos que toma durante el período son sus *fases*.

Cuando hay bruma, a gran distancia, o cuando se trata de luces de color que no tienen vigilancia (boyas, balizas), en tiempo frío y que hay condensación en sus cristales, los destellos parecen más cortos que los normales y las luces verdes o blancas toman aspecto rojizo (algunas veces las rojas, debido al hielo, toman aspecto blancuzco).

Las alturas de los faros vienen dadas sobre el nivel medio del mar, luego las situaciones por altura angular pueden ser erróneas ya que habría que tener en cuenta la altura de la marea en ese momento.

Las demoras asignadas a los límites de los sectores no se dan con absoluta exactitud, habiendo también un ángulo de indecisión que dependiendo con la distancia nos originarían errores de consideración.

Las demoras de las luces y de los límites de sus sectores son verdaderas, contadas desde el Norte en el sentido de las manecillas de un reloj de 0° a 360° y tomadas desde la mar.

Las páginas del libro de faros están divididas en nueve columnas cuya designación viene detallada en la fig. 357.

MAR MEDITERRANEO — ESPAÑA, costa E. — 21

Número	NOMBRE Y POSICION	Lat. N. — Long. E.	Color de la luz y apariencia Período — Señales de niebla	Elevación sobre el nivel medio del mar — METROS	Alcance — MILLAS	DESCRIPCION — Altura en metros sobre el terreno	OBSERVACIONES	Correcciones — Número del Aviso
456	Boya del río Llobregat. En la desembocadura y a 1.420 metros al 152° de la luz n.° 453.	—	1. *Blanca.* De destellos. 3 seg.	4,3	14	Boya *negra* con castillete.	Luz 0,3 seg., ocult. 2,7 seg.	
			Silbato.	—	—	—	—	
457	Boya. A 990 metros al 080° de la luz n.° 453.	—	1. *Blanca.* De destellos.	5	4	Boya cilíndrica, rematada por tronco de pirámide de base cuadrangular pintada de *negro.*	24 destellos por minuto. Provista de reflector radar. Baliza el dispositivo de amarre y descarga de buques butaneros.	
			Silbato.	—	—	—	—	
461 *E-0400*	PUERTO DE BARCELONA: — **MONTJUICH.** En la ladera de este monte.	41 21,6 2 09,9	1. *Blanca.* Grupos de 2 destellos. 15 seg.	108	30	Edificio de dos pisos de ladrillo *rojo*, coronado por torre cuadrada y sobre ella linterna cilíndrica, con cúpula *plateada.* 13	Luz 0,34 seg., ocult. 3,41 seg.; luz 0,34 seg., ocult. 10,91 seg. Visible del 240° 32′ al 066° 36′ (186° 04′).	
	— Dique del Este: — — Nueva prolongación (en construcción), orientada al 191°							

Fig. 357

ALCANCES. — Entre los diferentes alcances vamos a reseñar los dos más importantes: el *luminoso* y el *geográfico.*

Alcance luminoso es la mayor distancia a que puede verse una luz teniendo en cuenta que el observador debe estar lo suficientemente elevado para que entre él y la luz no se interponga la esfericidad de la tierra. Este alcance está condicionado a la potencia del foco, condiciones meteorológicas o atmosféricas, duración de los destellos, períodos, etc. El alcance reseñado en los libros de faros es el correspondiente al *alcance en tiempo medio.* Por ello dicho dato carece de axactitud pudiendo verse las luces a mayor o menor distancia.

Alcance geográfico. — Dependiendo de la refracción atmosférica y de la curvatura de la tierra, es la mayor distancia a que se puede avistar una luz en función de las elevaciones del faro y del observador, fig. 333.

Forma de identificar una luz. — Partiendo de una situación estimada del buque, sabremos más o menos las luces que tienen que aparecer y en qué demora, pero aún así debemos identificarlas.

Comprobaremos un período de destellos, ocultaciones, etc., a cuanto tiempo corresponde y con el color, período y tiempo, así como con la situación del buque entraremos en el libro de faros donde nos dará la luz de qué se trata. El tiempo se halla con un cronómetro o bien prácticamente apoyando la cara palmar de la muñeca sobre el cuerpo o cualquier otro lugar y dando golpecitos con los dedos partiendo de cero, y haciendo de cada dos golpecitos un segundo.

De día, la identificación de faros, boyas, balizas, etc., será por las características externas que presentan dichas torres y que deberán coincidir con las reseñadas en el libro de faros.

AVISOS A LOS NAVEGANTES. — Con el título de «Avisos a los Navegantes» el Instituto Hidrográfico de la Marina, edita semanalmente unos fascículos con las últimas novedades surgidas de interés para la navegación y que han sido facilitadas por los navegantes, Autoridades marítimas nacionales y extranjeras, Jefes de Obras de Puertos y Señales Marítimas, Marina de Guerra, etc.

Estos avisos tienen por objeto el mantener al día las cartas y publicaciones de dicho Instituto (catálogo, cartas, libros de luces, derroteros, libro de radioseñales, etc.), en aras de una mayor seguridad en la navegación.

Asimismo se incluyen ejercicios de tiro y similares en nuestras costas y avisos extranjeros de mayor interés para los navegantes españoles.

Los «Avisos a los Navegantes» son radiados los días laborables y festivos por las estaciones radionavales de la Marina y las costeras de Cabo Mayor y Puntales, cuyas frecuencias se expresan a continuación, y son un anticipo de la publicación semanal que es gratuita y que los marinos pueden recoger en las diferentes dependencias de Marina.

A efectos de radiación de avisos a los navegantes se divide el litoral español en tres zonas: Zona Norte y Noroeste, Zona Sur y Mediterráneo y Zona de Canarias y Sáhara.

NOTA: El Instituto Hidrográfico distribuye a particulares los «Avisos a Navegantes» mediante suscripción anual, por importe de 600 pesetas.

A_1 Transmisión radiotelegráfica sin modulación en audiofrecuencia.

A_2 Transmisión radiotelegráfica con modulación en amplitud de frecuencia audible. Emisión manipulada.

A_3 Transmisión radiotelefónica con modulación en amplitud por la palabra o por la música.

A_3H. Banda lateral única, portadora completa.

ESTACIONES DE LA COMPAÑIA TELEFONICA NACIONAL ESPAÑOLA

Estación	Frecuencia en kHz y tipo de emisión	Horario G. M. T.	Emisión
Igueldo	1757,5 A3	0150, 0550, 0950, 1350, 1750 y 2150.	Transmiten los Avisos a los Navegantes de interés para la zona Norte y Noroeste.
Cabo Mayor	441 A1 y A2	0050, 0450, 0850, 1250, 1650 y 2050.	
	1740 A3H	0235, 0635, 1035, 1435, 1835 y 2235.	
Gijón	1730 A3 y A3H	0350, 0750, 1150, 1550, 1950 y 2350.	
La Coruña	472 A1 y A2	0310, 0710, 1110, 1510, 1910 y 2310.	
	1748 A3	0105, 0505, 0905, 1305, 1705 y 2105.	
Cádiz	484 A1 y A2	0150, 0550, 0950, 1350, 1750 y 2150.	Transmiten los Avisos a los Navegantes de interés para la zona Sur y Mediterráneo.
	1678 A3	0335, 0735, 1135, 1535, 1935 y 2335.	
Almería	1781 A3 y A3H	0150, 0550, 0950, 1350, 1750 y 2150.	
Cabo Palos	476 A1	0220, 0620, 1020, 1420, 1820 y 2220.	
Palma de Mallorca	450 A1 y A2	0010, 0410, 0810, 1210, 1610 y 2010.	
	1740 A3H	0350, 0750, 1150, 1550, 1950 y 2350.	
Tenerife	472 A1 y A2	0040, 0440, 0840, 1240, 1640 y 2040.	Transmiten los Avisos a los Navegantes de interés para la zona de Canarias y Sahara.
	1720 A3H	0240, 0640, 1040, 1440, 1840 y 2240.	

La estación de Marina de *Madrid (EBA)* emite en las siguientes frecuencias:

A	4261	A_1	
B	6388	A_1	F_1
C	8528,5	A_1	F_1
D	13059	A_1	F_1
E	17018	A_1	F_1

Nota: Las cifras de las frecuencias vienen en kilohercios.

Los Avisos a los Navegantes en la frecuencia *A* a las 2148; en las frecuencias *B, C* y *D* a las 0918, 1003, 1248, 1618, 1703 y 2148; en *E* a las 0918, 1003, 1248, 1618 y 1703.

En las horas 0918, 1248, 1618 y 2148 se emiten en modo A_1 y a las horas 1003 y 1703 en modo F_1 en inglés y en español.

F_1 = Telegrafía con manipulación por desviación de frecuencia, sin modulación por una audiofrecuencia; se emite siempre una de las dos frecuencias.

Base Naval de Rota (AOK) (U.S. Navy) emite en las frecuencias:

A	5917,5	A_1
B	7705	A_1

Emite los Avisos Urgentes a los Navegantes en *A* y *B* al recibirse, al final del primer período de silencio, y los repite al final del siguiente período de silencio para barcos con un solo operador.

Los Avisos a los Navegantes los emite en *A* y *B* a 0800, 1500, 1700 y 2200.

El Ferrol del Caudillo (EBB) emite en las frecuencias:

A	429	A_1
B	7926	A_1

Los Avisos a los Navegantes en *A* y *B* a las 1050, 1350, 1750 y 2250, en inglés y en español para las zonas Norte y Noroeste.

Los Avurnaves se emiten en A_1 en las frecuencias: 429 o 7926; 2720 (de noche) y 6422 (de día).

Cádiz (EBC) emite en:

A	429	A_1
B	7926	A_1

Los Avisos a los Navegantes en *A* y *B* a las 0150, 0950, 1650 y 2150, en inglés y en español para las zonas Sur y Mediterráneo.

Los Avurnaves se emiten en A_1 en las frecuencias: 429 o 7926; 2720 (de noche) y 6422 (de día).

Cartagena (EBD) emite en las frecuencias:

A 429 A_1
B 7926 A_1

Los Avisos a los Navegantes en *A* y *B* a las 0850, 1450, 1850 y 2350, en inglés y en español para las zonas Sur y Mediterráneo.

Los Avurnaves se emiten en A_1 en las frecuencias: 429 o 7926; 2727 (de noche) y 4342 (de día).

Las Palmas (EBK) emite en las frecuencias:

A 429 A_1
B 7926 A_1

Los Avisos a los Navegantes en *A* y *B* a las 0050, 0750, 1550 y 2050, en inglés y en español para las zonas de Canarias y el Sahara.

Los Avurnaves se emiten en A_1 en las frecuencias: 429 ó 7926; 4302, 75 (de noche) y 6444 (de día).

Es importante que estos avisos sean pasados a las publicaciones correspondientes, no solamente a las que usamos normalmente, sino a todas las existentes a bordo en previsión de una ulterior necesidad.

El texto de los «Avisos a los Navegantes» se compone de cuatro partes:

1. La palabra «Aviso» seguida por el número de orden correspondiente al año en curso; letra R y el año.

2. La situación geográfica, expresada en latitud y longitud. Esta situación se da en tres grupos, de los cuales el primero está compuesto por cuatro números, que expresan la latitud en grados y minutos; el segundo grupo está compuesto por cuatro números que indican la longitud, también en grados y minutos; y el tercero está compuesto por dos letras, de las cuales la primera indica la latitud N o S, y la segunda la longitud E u W.

Si en lugar de referirse la situación por latitud y longitud se hace por demora y distancia desde un punto conocido, entonces se compondrá de tres grupos: el primero, indicando la distancia; el segundo, la demora, y el tercero, la referencia.

La situación se debe considerar siempre como aproximada.

3. El texto redactado en forma escueta y precedido por el nombre del mar o costa que comprende la noticia.

4. Hora y fecha en tres grupos: el primero, de cuatro cifras, indicando la hora y minutos; el segundo grupo y el tercero, expresando, respectivamente, el día y el mes.

Cuando no haya avisos para radiar, las estaciones transmitirán en 500

Kc/s, a las horas indicadas, previa «llamada a todos», la frase de: «No hay avisos a los navegantes».

AVURNAVES. — Los «Avurnaves», contracción de «AVisos URgentes a los NAVegantES», son informaciones que por su importancia o por tratarse de peligro inminente revisten carácter urgente, y son radiados, ocasionalmente, por las estaciones radionavales, principales o secundarias, de la Marina.

Serán radiados, tanto en días festivos como laborables, al recibirse, o a los 15 minutos de su recepción si han sido radiados con anterioridad por una estación secundaria. A partir de esa retransmisión serán emitidos nuevamente durante los diez primeros minutos de las 0200, 0800, 1200, 1600 y 2000 horas T.M.G., y serán repetidos, a las horas indicadas, hasta que su información sea incluida en los avisos radiados.

Los Avurnaves tienen un formato parecido a los Avisos, sutituyendo en él la palabra Aviso por Avurnaves. No llevan número de orden, ni letra R, ni el año.

LIBRO DE RADIOSEÑALES. — El Instituto Hidrográfico de la Marina (Cádiz) edita un libro llamado «Radioseñales», que, puesto al día mediante los «Avisos a los Navegantes», facilita al usuario las frecuencias, horarios, situación, secuencias, etc., de las estaciones que dan servicio de radiofaros, radiogoniómetros, estaciones radar, balizas radar, señales horarias, avisos a los navegantes, Consol, Decca, Loran, Omega y servicio médico, para el Océano Atlántico y mares Báltico, del Norte, Mediterráneo, Negro, Rojo y Golfo Pérsico.

METEOROLOGIA Y OCEANOGRAFIA

Capítulo 56

PRESION Y TEMPERATURA

ATMÓSFERA. — La atmósfera, entendiéndose como envolvente de la Tierra, es una mezcla de gases, que incluso llevan en suspensión diversos cuerpos sólidos y líquidos.

Estudiada esta mezcla hasta unos 30 Km de altura nos da una composición de un 78 % del volumen para el *nitrógeno,* un 21 % para el *oxígeno,* casi el 1 % de *argón* y el resto está compuesto por *helio, neón, kriptón, xenón*, etc., y por vapor de agua, factor éste muy importante a tener en cuenta porque su proporción es muy variable y ello influye notablemente en el comportamiento de la atmósfera.

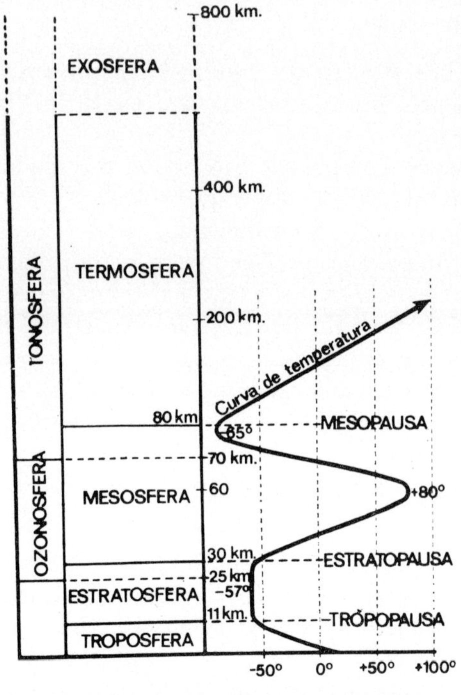

Fig. 358. Capas de la atmósfera

De los cuerpos líquidos que se encuentran en la atmósfera el más importante es el agua en forma de nubes o precipitaciones.

Con respecto a los cuerpos sólidos en suspensión, más frecuentes en las capas bajas, podemos citar el polvo, partículas de sales marinas, residuos de combustiones, cristales de hielo, partículas radiactivas, etc.

Considerada la atmósfera dividida en capas por donde se extienden más o menos uniformemente unas variantes (las dos más importantes son temperatura y conductibilidad eléctrica), obtenemos las siguientes:

Troposfera, que su techo varía desde 8 Km en los polos a 15 Km en el Ecuador. En ella varía mucho la temperatura con respecto a la altitud y es donde se desarrollan los fenómenos que normalmente conocemos por *tiempo* (corrientes de aire, nubosidad, lluvias, etc.).

Estratosfera, que alcanza desde los límites de la troposfera (Tropopausa) hasta los 30 Km de altitud. En ella varía poco la temperatura pero también existen fuertes corrientes de viento.

Mesosfera, capa comprendida entre los 30 y los 80 Km de altitud. En ella la temperatura asciende hasta los 60 Km, donde llega a ser de hasta 80 °C, y disminuye de los 60 a 80 Km alcanzando el mínimo de −60 °C a los 75 Km de altura aproximadamente. También se caracteriza por su gran contenido de *ozono.*

Termosfera, a partir de los 80 Km de altura hasta los 600 Km (punto indeterminado). En ella se eleva gradualmente la temperatura.

Exosfera, capa superior todavía poco conocida.

Si se estudia la alta atmósfera bajo el punto de conductibilidad eléctrica se la considera dividida en dos capas: *ozonosfera,* entre los 25 y 70 Km de altura, e *ionosfera,* desde los 70 en adelante. La ozonosfera, que se caracteriza por su elevado contenido de ozono, y la ionosfera, porque en ella son muy activos los procesos de ionización.

PRESIÓN ATMOSFÉRICA. — Es el peso del aire sobre la superficie de la Tierra. Ese peso es consecuencia de la atracción que ejerce la Tierra sobre la masa de aire que la rodea.

La presión atmosférica en un lugar determinado es el peso, por unidad de superficie, de la columna de aire que gravita sobre dicho lugar.

La presión normal a nivel del mar es de 760 milímetros.

Las líneas que unen los puntos que tienen el mismo valor de la presión en un momento determinado se llaman *líneas isobaras.* En circunstancias iguales, debido a que a presión va de acuerdo con la altura, la presión en puntos con la misma elevación debe de ser igual.

La diferencia de presión entre dos puntos situados al mismo nivel y separados una unidad de distancia se llama *gradiente de presión* o también *gradiente barométrico.*

La presión es la variable principal con que cuentan los meteorólogos para la predicción del tiempo.

EXPERIMENTO DE TORRICELLI. — El físico Torricelli, discípulo de Galileo, llegó a medir la presión atmosférica de la siguiente manera: llenó de mercurio un tubo de un metro de largo aproximadamente. Este tubo cerrado por un extremo y tapado con el dedo por el otro lo invirtió y lo introdujo en posición vertical en una cubeta llena también de mercurio. Al quitar el dedo observó que la columna de mercurio descendió hasta los

76 cm de altura, quedando en la parte superior del tubo una cámara de vacío. Esto es debido a que la presión que ejerce el aire sobre una superficie libre de la cubeta de igual extensión que la sección del tubo es igual al peso o presión que ejerce la columna de mercurio de 76 cm.

Una columna de aire de 1 cm^2 de sección sobre el nivel del mar equilibra el peso de una columna de mercurio de una sección de 1 cm^2 y 760 mm de altura. El peso de esta columna se toma como unidad *atmósfera.*

Esta columna de mercurio tiene un volumen de 76 cm^3 con un peso de 76 $\times$ 13,6 (densidad del mercurio) = = 1.033 gramos = 1 atmósfera.

Lo anterior manifestado no quiere decir que en el mar siempre se halle una presión barométrica de 760 mm, pues la presión varía constantemente debido a las circunstancias del tiempo.

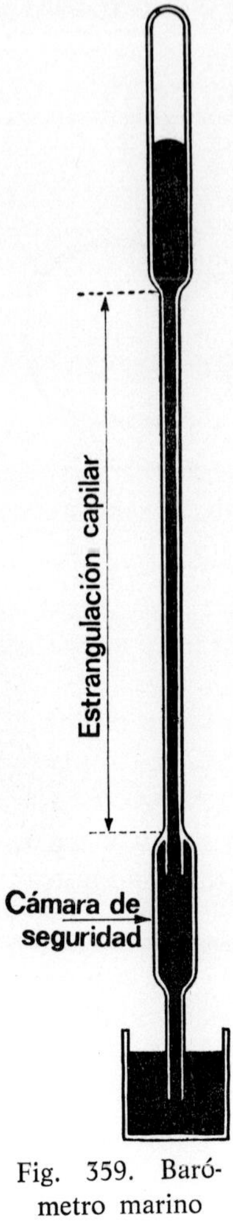

Fig. 359. Barómetro marino

BARÓMETRO: sus clases. — El barómetro es el instrumento para medir la presión atmosférica. Hay dos clases de barómetros: los basados en el experimento de Torricelli, o sea en la columna de mercurio, y los basados en las dilataciones y contracciones de unos tubos o cápsulas vacías que se llaman *barómetros anaeroides.*

El *barómetro de mercurio de cubeta* consta de un depósito o cubeta y de un tubo de vidrio con una escala para su lectura.

Como quiera que el nivel del mercurio al subir o bajar lo hace a expensas del mercurio de la cubeta y el nivel de ésta debe corresponder al cero de la escala, se produce un error en las lecturas que ha de corregirse conservando el nivel constante de la cubeta o compensando el error en la escala de lecturas.

El primer procedimiento consiste en sustituir el fondo de la cubeta por una gamuza que puede subir o bajar por medio de un tornillo. Antes de proceder a la lectura se hará coïncidir, por medio del tornillo, el nivel del mercurio de la cubeta con el cero de la escala de lecturas.

El segundo procedimiento consiste en la compensación en la escala de lecturas de la subida o bajada del nivel de la cubeta. Dicha escala irá compensada en la proporción de la sección del tubo y de la superficie libre del mercurio en la cubeta.

Esta clase de barómetros son sólo usados en los observatorios, ya que su conservación y exactitud de lectura presentan muchas dificultades a bordo de los barcos a causa de sus movimientos, de la influencia de la temperatura, conservación, vibraciones, etc. Actualmente se usa solamente el barómetro anaeroide.

El *barómetro anaeroide* puede ser a tubo curvado de Bourdon (actualmente en desuso) o a base de cápsulas de Vidi.

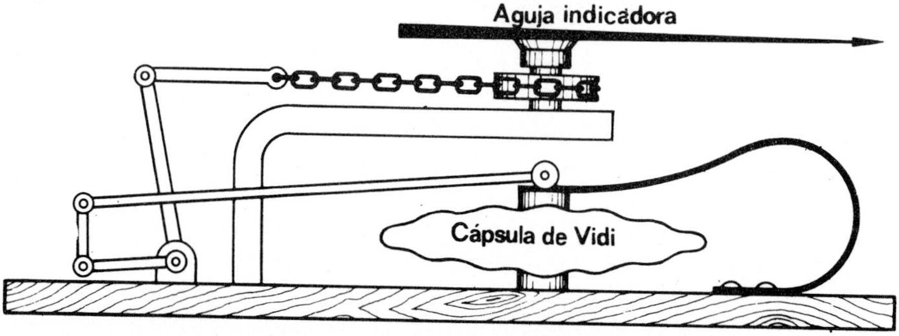

Fig. 360. Barógrafo a base de cápsulas de Vidi

En esta clase de barómetros hay que distinguir tres partes: el órgano sensible o cápsulas, que son cajas metálicas cerradas de superficie ondulada a las que se ha practicado un vacío parcial; el mecanismo amplificador, véase figura 360; y la aguja y escala indicadoras.

El *barógrafo* es un barómetro anaeroide que registra con una plumilla las variaciones de presión sobre un cilindro que va girando accionado por un aparato de relojería. Sobre este cilindro se coloca un papel graduado en milímetros y décimas con las 24 horas de cada uno de los días de la semana y en el que queda registrada la presión en cada momento.

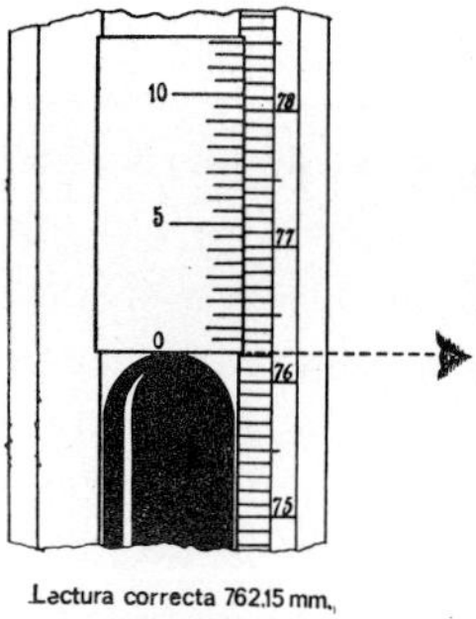

Fig. 361

LECTURA DEL BARÓMETRO. -- Si el barómetro es de mercurio se actúa sobre un tornillo lateral que mueve el nonius para que el borde inferior de dicho nonius coincida con la parte superior de la columna de mercurio, mirándolos horizontalmente (figura 361).

La lectura de los barómetros anaeroides es directa, pues basta leer lo que indica la aguja sobre la escala. Antes de proceder a la lectura es conveniente dar unos golpecitos al barómetro por si la aguja o el mecanismo han quedado algo agarrotados.

La precisión de los barómetros de mercurio es superior a la de los anaeroides.

Las escalas pueden estar diseñadas en *milímetros, pulgadas* o *milibares.*

Durante bastantes años las unidades de presión fueron (y aún son en algunos casos) las de longitud (milímetros o pulgadas). O sea que un *milímetro de mercurio* equivale al peso (presión) de una columna de mercurio de 1 cm.^{2} de sección y 1 mm. de altura, y la *pulgada* equivale a la presión o peso de una columna de mercurio de 1 cm.^{2} de sección y una pulgada de altura.

Como las unidades lineales representaban una incongruencia al medir linealmente una presión o un peso, y como era difícil conjugar estas medidas con las demás magnitudes físicas, se buscó la forma de acoplar al sistema cegesimal (CGS = centímetro, gramo, segundo) la presión, y se denominó la unidad de presión como *baria,* que es la presión ejercida sobre un centímetro cuadrado por una *dina* (fuerza capaz de comunicar a un gramo-masa la aceleración de un centímtero por segundo en cada segundo).

Como el valor de la baria es muy pequeño (un miligramo por cm.^{2} aproximadamente) se usan los múltiplos *bar* y *milibar.* El *bar* equivale a la megadina por cm.^{2} o sea 1 millón de barias, y el *milibar* es la milésima parte del bar, es decir: la presión que ejercen 1.000 dinas por cm.^{2}.

Equivalencias: Presión normal = 760 mm = 1.013,2 milibares = 29,92 pulgadas = 1 atmósfera.

De ahí que: 1 mm = 1,33 milibares = 0,039 pulgadas.
1 mb = 0,75 milímetros = 0,030 pulgadas.
1 pulgada = 25,4 milímetros = 33,86 mb.

PRESIÓN MEDIA DEL NIVEL DEL MAR. — Ya hemos dicho que la presión base es la presión media del nivel del mar, o sea 760 mm o sus equivalentes de 1.013,2 milibares o 29,92 pulgadas.

La presión cambia rápidamente con la altura por lo que es necesario que todas las lecturas tengan la misma base para poder compararlas, y de ahí que las presiones de los mapas del tiempo estén referidas a la presión media del nivel del mar, es decir a cero metros de altitud, a no ser que se exprese lo contrario.

TEMPERATURA. — Es el grado de calor de los cuerpos. En metereología es el estado de calor de la atmósfera.

La temperatura varía por varias causas de las que, en las capas altas, las principales son la compresión y la expansión adiabáticas, es decir, que al ser el aire mal conductor del calor las variaciones de temperatura son adiabáticas, o sea, que al comprimirse aumentan de calor y al expansionarse se enfrían. A nivel del suelo la principal causa es la radiación solar (más bien la radiación que absorben procedente de la Tierra) con las muchas influyentes de humedad, lluvias, nieves, nubes, nieblas, continentes, mares, alturas, vegetación, etc.

A mayor altura corresponde menor temperatura por la razón antes expuesta de que la atmósfera toma el calor de la Tierra previamente calentada por el Sol.

El calor se propaga en la atmósfera por *convección* (ascensión vertical del calor) y por *advección* (transporte de calor por medio de las corrientes atmosféricas horizontales).

La Tierra se calienta por desigual debido a la distinta inclinación con que inciden los rayos solares sobre los distintos puntos de la superficie terrestre. Por otra parte, al recorrer la Tierra la eclíptica va variando la inclinación con que en un mismo lugar se reciben los rayos solares y por lo tanto varía la temperatura de ese lugar. Esta variación presenta un máximo y un mínimo anuales (un año es lo que tarda en recorrer la Tierra la Eclíptica) correspondiendo al verano e invierno del lugar.

Durante la variación diurna hay también un máximo que corresponde aproximadamente de dos a tres horas después de pasar el Sol por el meridiano superior del lugar y una mínima que viene a ser media hora después de salir el Sol.

La variación diurna de la temperatura en el mar o en regiones marítimas es menos acusada que la que se experimenta en las regiones continentales por la lentitud con que el agua pierde o gana calor.

En la atmósfera hay superficies que en un determinado momento tienen la misma temperatura que se llaman *superficies isotermas.* Las *líneas isotermas* o simplemente *isotermas* son las que unen en un mismo momento, a un nivel determinado, los puntos que tienen la misma temperatura.

Temperatura media anual y *temperatura media de un día* en un lugar es la resultante de la semisuma de la máxima y la mínima del año o del día respectivamente.

Gradiente térmico es la variación que experimenta la temperatura en un intervalo de altura. Este intervalo de elevación suele ser de 100 o de 1000 metros. Se considera *gradiente positivo* cuando la temperatura decrece con la altura y *gradiente térmico negativo* cuando la temperatura crece con la altura.

TERMÓMETRO: SUS CLASES. — La temperatura no podemos medirla con nuestros sentidos, pues las sensaciones sólo serían comparativas o relativas, o sea que podríamos decir que un cuerpo está más frío o más caliente que otro pero nunca decir si está dos o tres veces más caliente o tiene tal temperatura.

Los aparatos que miden la temperatura (si bien de una forma indirecta) se llaman *termómetros* y están basados en propiedades físicas de los cuerpos bajo la influencia del calor: dilatación de un líquido, variación de una resistencia eléctrica, variación de la presión de un gas, etc.

El termómetro más común está basado en la propiedad física de la dilatación de ciertos líquidos en función *lineal* de la temperatura.

Se ha tomado para su construcción dos puntos fijos de temperatura que existen invariables en la Naturaleza que son la mezcla de hielo y agua y la de agua y vapor. El resto de la escala se divide en intervalos iguales ya que la dilatación de los líquidos empleados en la construcción de termómetros va en función *lineal* con la temperatura.

La asignación de un valor a esos puntos fijos dio origen a tres escalas termométricas: la Reamur, que está en desuso, la Fahrenheit y la centígrada o de Celsius.

La usada universalmente es la *escala centígrada* o *de Celsius* que da el valor de 0° a la mezcla de hielo-agua (punto de fusión del hielo) y el valor de 100° a la mezcla agua-vapor (punto de ebullición del agua).

La *escala Fahrenheit* aún se usa en los países sajones y da el valor de 32° al punto de fusión del hielo y el valor de 212° al punto de ebullición del agua.

Para pasar de una escala a otra partimos de la proporción de $\frac{C}{100}$ como $\frac{F-32}{180}$ de donde $C = \frac{100}{180}(F-32)$ y $F = \frac{180}{100}C+32$ y simplificando $C = \frac{F-32}{1{,}8}$ y $F = 1{,}8\,C + 32$.

Hay otra escala, la de Kelvin, que tiene la ventaja de no utilizar temperaturas negativas, pues parte del *cero absoluto*, o sea que en dicha escala el 0° es el −273° C.

Los termómetros más comunes consisten en un tubo capilar de vidrio, al que se le ha practicado el vacío, ensanchado en uno de sus extremos y que forma el depósito donde va el mercurio o el alcohol. Ya sea en el tubo de vidrio o en una pletina anexa va la graduación que permite la lectura fácilmente. En la práctica se usan termómetros que utilizan una escala con unos límites de temperatura acomodados a los límites máximo y mínimo de temperatura en el lugar o de los límites de temperatura para lo que están destinados. Así los termómetros clínicos para tomar la temperatura del cuerpo humano tienen una escala entre los 35° C y 42° C.

Los termómetros de alcohol son los más usados en los países fríos o para temperaturas muy bajas porque el mercurio se solidifica a −39° C.

Existen termómetros ordinarios, termómetros de máxima, termómetros de mínima y termómetros de máxima y mínima.

Termómetros de máxima. — Su objeto es el registrar automáticamente la temperatura más alta alcanzada durante un intervalo de tiempo. Es un termómetro ordinario pero con una estrangulación en la unión con el depósito de forma que cuando sube la temperatura sube la columna por la dilatación, pero si la temperatura baja la columna no pesa lo bastante para vencer el rozamiento que ofrece la extrangulación del tubo, por lo que sólo se contrae el mercurio del depósito quedando la columna de mercurio marcando la temperatura máxima alcanzada (fig. 362).

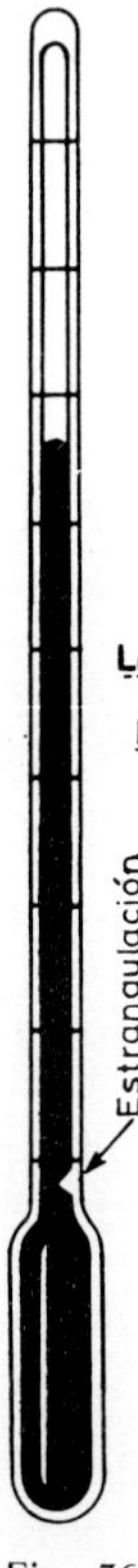

Fig. 362

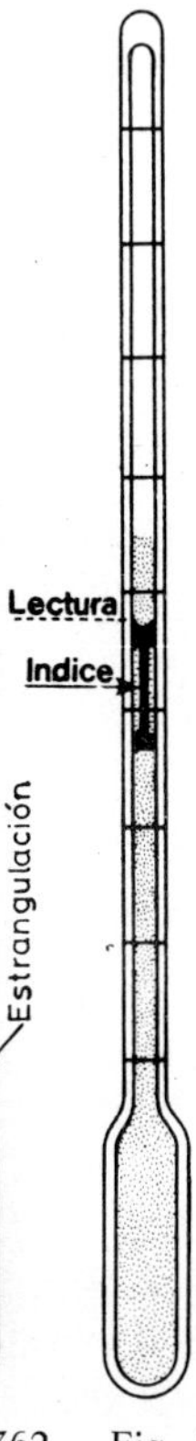

Fig. 363

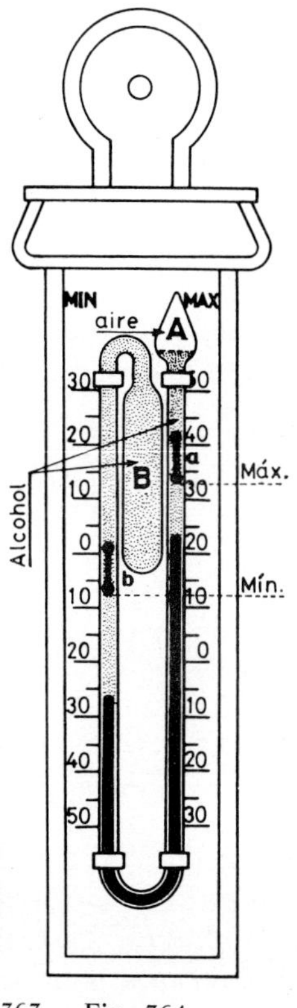

Fig. 364

Una vez efectuada la lectura habrá que sacudir el termómetro para que la columna baje y así poder efectuar posteriores lecturas correctas.

Termómetro de mínima. — Su objeto es registrar automáticamente la temperatura más baja alcanzada en un intervalo de tiempo. En su construcción normalmente se usa el alcohol o el pentano. Lleva un índice metálico esmaltado con superficie cóncava en la parte superior, que al bajar la columna es arrastrado, mientras que cuando el alcohol sube pasa entre la pared interior del tubo y el índice sin arrastrarle. La lectura será la parte superior del índice (fig. 363).

Para lecturas posteriores habrá que llevar el índice (mediante un imán o invirtiendo el termómetro) hasta que coincida con el extremo de la columna de alcohol.

Termómetro de máxima y mínima. Es el ideado para dejar constancia de las temperaturas máxima y mínima que han tenido lugar durante un intervalo de tiempo. Está construido por un tubo en forma de U que termina en dos depósitos. En el interior del tubo va una columna de mercurio que separa el alcohol de los depósitos, uno de ellos lleno totalmente y otro parcial. En los extremos de la columna de mercurio van dos índices metálicos esmaltados que son empujados por el mercurio de tal manera que al subir la temperatura y dilatarse el mercurio y el alcohol de B fluyen hacia A arrastrando el índice *a* sin arrastrar el *b* y cuando baja la temperatura sucede lo contrario (fig. 364).

La lectura se hace en los extremos de los índices más alejados de los depósitos.

El termógrafo o *termómetro registrador* es un aparato que registra de modo continuo la temperatura, y consiste en un termómetro de alcohol de tubo metálico y de sección elíptica o en láminas bimetálicas curvadas, de modo que al dilatarse uno de sus extremos, el que está libre acciona un indicador participando sus movimientos a un amplificador consistente en un juego de palancas y que inscribe constantemente en un tambor, movido por un aparato de relojería, la variación de la temperatura en función del tiempo.

LECTURA DEL TERMÓMETRO. — La lectura se hace directamente haciendo coincidir el nivel del mercurio o alcohol con la raya correspondiente en la escala de graduación, teniendo en cuenta que la visual sea vertical al termómetro en la parte superior de la columna de mercurio o alcohol.

En el termómetro de mínima, la lectura se hace en la parte superior del índice y en los termómetros de máxima y mínima la lectura se hará sobre los extremos de los índices más alejados de los depósitos (figs. 363 y 364).

Los termómetros a bordo han de colocarse en lugares que no estén influenciados por la temperatura de chimeneas, motores électricos, compartimentos y otros focos de calor, procurando que tomen el aire libre a la sombra y a barlovento.

IDEA SOBRE LA PREVISIÓN DEL TIEMPO CON EL BARÓMETRO Y EL TERMÓMETRO. — Es difícil, excepto en casos muy acusados, predecir el tiempo en un lugar solamente con las observaciones del termómetro y el barómetro. Los meteorólogos hacen su predicción con base a un estado general de la atmósfera en un momento dado, una vez que componen el mapa del tiempo con los datos recibidos de las distintas estaciones meteorológicas repartidas por todo el mundo.

No obstante se pueden sacar conclusiones de las observaciones de estos dos instrumentos y también de un tercero llamado *psicrómetro*, que consiste en dos termómetros exactamente iguales uno al lado del otro. Uno de ellos llamado de *bola seca* da la temperatura del aire. El otro de *bola húmeda* indica, por el descenso de la columna, el valor de la evaporación. La bola de este termómetro se mantiene constantemente húmeda por medio de una muselina que la rodea impregnada de agua que recibe de una vasija.

El agua que rodea a este termómetro al evaporarse absorbe una cantidad de calor haciendo bajar su columna. Cuanto más seca esté la atmósfera, mayor será la evaporación y mayor será la diferencia entre los dos termómetros, y cuanto mayor humedad haya en la atmósfera menor será la diferencia.

Entrando en unas tablas al efecto con la lectura del termómetro húmedo y los grados de diferencia entre los termómetros seco y húmedo nos dará la *humedad relativa*.

La atmósfera se considera totalmente seca si la humedad relativa es del

0 %, muy seca si es del 20 %, seca si es del 40%, normal con el 65 %, húmeda con el 80 %, y muy húmeda con el 100 %.

De la observación del barómetro se pueden sacar mejores conclusiones que del termómetro y psicrómetro, veamos:

Observación del barómetro. — Sabemos que la presión media a nivel del mar es de 760 mm o de 1.013 milibares, luego si el barómetro marca más se dice que está *alto* y si marca menos que está *bajo.*

Las oscilaciones del barómetro se consideran pequeñas cuando no pasan de 0,4 mm por hora, son grandes o considerables de 0,6 a 1 mm por hora, y muy considerables de 1,5 a 2 mm por hora. La altura barométrica se considera fija si permanece sin variar durante cinco o seis horas.

Si el barómetro está por encima de su altura media, vientos del polo elevado.

Si el barómetro está por debajo de su altura media, vientos del polo depreso.

Si se mantiene fijo, tiempo fijo.

Si oscila, tiempo incierto.

Si sube, vientos del polo elevado.

Si baja, vientos del polo depreso.

Si desciende lentamente empeoramiento duradero y si el descenso es rápido el empeoramiento del tiempo será breve.

La fuerza de los vientos será moderada si está por encima o por debajo de lo normal de 1 a 10 mm, vientos frescos si está de 10 a 15 mm, y vientos duros si está de 15 a 20 mm.

Todo movimiento moderado de ascenso o descenso anunciará vientos manejables, y todo movimiento brusco, de 4 a 5 mm en cuatro o cinco horas, anuncia mucho viento.

Observación del termómetro. — En las observaciones del termómetro, lo mismo que en las del barómetro, hay que partir de la temperatura media del lugar en la misma fecha y hora que la de la observación. Se considera que el termómetro ha subido o bajado moderadamente cuando difiere en tres o cuatro grados de la misma hora del día anterior, y considerable cuando dicha diferencia llega de seis a ocho.

Si permanece estacionario, tiempo fijo.

Si está por debajo de lo normal, vientos del polo elevado.

Si está por encima de lo normal, vientos del polo depreso.

Si sube, vientos del polo elevado.

Si baja, vientos del polo depreso.

Si el movimiento es brusco, cambio de viento.

En verano una subida considerable anuncia tempestad.

En invierno una bajada considerable anuncia nieves.

Observación del psicrómetro. — Si la diferencia entre la bola seca y la húmeda es superior a la media, vientos del polo elevado.

Si la diferencia entre las bolas seca y húmeda es inferior a la media, vientos del polo depreso.

Vientos tanto más fuertes cuanto más pronunciada sea la indicación con respecto a la media.

Observación simultánea de los tres instrumentos. — En el hemisferio Norte. — Si el barómetro baja, el termómetro sube y hay poca diferencia entre la bola seca y la húmeda, vientos del E, SE, S, SW y W. Si el barómetro sube el termómetro baja, y hay mucha diferencia entre las bolas seca y húmeda, vientos del W, NW N y NE.

En el hemisferio Sur. — Si el barómetro baja, el termómetro sube y hay poca diferencia entre las bolas seca y húmeda, vientos del NW al SE. Si el barómetro sube, el termómetro baja y hay mucha diferencia entre las bolas seca y húmeda, vientos del SE al NW.

Pronósticos deducidos del examen del cielo. — Si bien «tiempo a predecir es exponerse a mentir», la observación del cielo con base en la experiencia da consecuencias provechosas.

Al salir el Sol: un Sol brillante indica buen tiempo. Si hay muchas nubes y desaparecen o disuelven hacia el W a medida que el Sol se eleva puede esperarse buen día. Un Sol en su orto desfigurado, en invierno significa tiempo frío y en verano chubascos. Un cielo rojo al salir el Sol significa lluvias.

Al ponerse el Sol: un Sol rosado, buen tiempo. Si el Sol se pone con cielo anaranjado sin nubes, buen tiempo. Si el Sol se pone tras estrechas bandas de nubes, vientos del W. Si se pone detrás de espesas nubes con horizontes rojo o cobrizo, indica lluvias.

Aspecto del cielo: un cielo azul oscuro indica viento y un cielo azul claro y brillante buen tiempo y calor.

Aspecto de las nubes: nubes ligeras de contornos indecisos, buen tiempo y viento flojo. Nubes espesas con contornos bien determinados, viento fresco, tanto más cuanto más corran y se desfiguren. Pequeñas nubes negras, lluvia. Nubes ligeras que corren delante de masas espesas, vientos y lluvias. Si las nubes superiores corren en dirección contraria al viento reinante, cambio de viento. Las nubes que se agarran a las cumbres de los montes indican vientos o lluvias, y si bajan a los valles buen tiempo. El cielo con cirro-cumulus, cambio de tiempo y lluvias.

Los halos anuncian generalmente lluvias y tiempo revuelto, en verano tempestad.

Las coronas si son estrechas indican lluvia. Si son grandes, buen tiempo.

Las auroras boreales anuncian siempre mal tiempo.

Las estrellas, si centellean y brillan mucho, mal tiempo.

Capítulo 57

LOS VIENTOS

INFORMACIONES METEOROLÓGICAS LOCALES: SU INTERÉS PARA LA NAVEGACION. — El conocimiento de la situación metereológica local o regional en los lugares por donde se ha de efectuar la travesía es de gran importancia, hasta tal punto, que en ocasiones, va en ello la vida de los tripulantes o la pérdida del barco y su cargamento.

La Organización Meteorológica Mundial dispone de más de 9.000 estaciones terrestres, cuatro mil aviones de transporte y militares, cuatro mil barcos civiles y militares, globos sonda, satélites artificiales y boyas automáticas para facilitar las observaciones meteorológicas durante las 24 horas del día a las Centrales meteorológicas. Estos centros de análisis y predicción intercambian entre sí, por medio de una red de comunicaciones, los datos recibidos y confeccionan los mapas del tiempo, que debidamente analizados constituyen la base de la predicción.

En España, el Servicio Meteorológico Nacional emite unos boletines en lenguaje claro, en grafía y en fonía, que facilitan el tiempo presente y previsiones para 12 o 14 horas, y para mayor concreción ha dividido las áreas más frecuentadas por nuestros barcos en 14 zonas (fig. 365).

Dado que los yates, normalmente, van equipados con aparatos de radiotelefonía, a continuación detallamos las estaciones, frecuencias y horarios en tiempo medio de Greenwich (al que se le habrá de sumar el adelanto vigente) de los servicios meteorológicos que se pueden recibir en fonía.

Estos boletines meteorológicos, referidos a las zonas que detallan, comprenden:

1. Avisos de temporal.
2. Estado actual del tiempo.
3. Previsión para las 12 horas siguientes.
4. Avance de previsión para las 24 horas siguientes.

Algunas estaciones de radiodifusión, locales o regionales, suelen repetir estos partes parcial o totalmente.

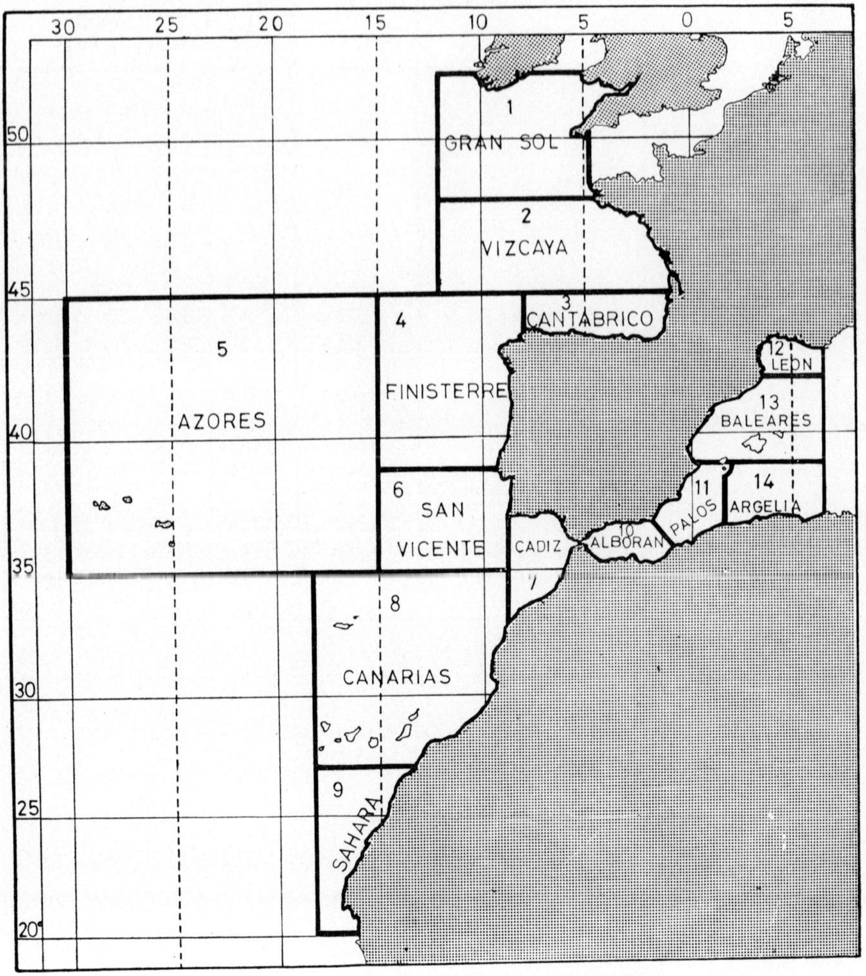

Fig. 365. Zonas para servicios meteorológicos

A continuación se detallan en un cuadro las estaciones actuales con sus frecuencias y horarios, que transmiten partes meteorológicos en A_3H, si bien en el término de dos años la Compañía Telefónica reajustará dicho cuadro para quedar con las estaciones que se detallan a continuación del cuadro referido anteriormente.

Las consultas meteorológicas de los buques a través de las estaciones costeras, se atenderán conectando al buque con el Centro Meteorológico Regional correspondiente mediante radioconferencia. Dicho centro informará adecuadamente del estado del tiempo a nivel local.

Nombre de la estación	Indicativo	Frecuencia	Metros	Horarios en T.M.G.
S. Sebastián Radio	Igueldo Radio	1757,5	170,7	1305 y 1805
Bilbao. Algorta Radio	Algorta Radio	1704	176,1	1210
Cabo Mayor Radio	Cabo Mayor Radio	1740	172,4	0845, 1205 y 1745
Coruña Radio	Coruña Radio	1748	171,6	0803, 1103, 1403, 1903 y 2033
Vigo Radio	Vigo Radio	1698	176,7	1350
Cádiz Radio	Cádiz Radio	1678	178,8	0805, 1205 y 2005
Algeciras Radio	Algeciras Radio	1738	172,6	0905, 1205, 1505 y 1905
Alicante Radio	Alicante Radio	1690	177,5	1205
El Grao Valencia Radio	El Grao Radio	1680	178,6	1033 y 2003
Barcelona Radio	Barcelona Radio	1730	173,4	1210
Palma de Mallorca Radio	Palma de Mallorca Radio	1740	172,4	1305 y 2235
Las Palmas	Las Palmas Radio	1750	171,4	1115, 1515 y 1915
Tenerife Radio	Tenerife Radio	1720	174,4	1303

FUTURA DIFUSION DE BOLETINES METEOROLOGICOS, EN RADIOTELEFONIA, PREVISTA POR LA C.T.N.E.

Emisoras	*Previsión para las zonas de:*	*Frecuencia en kHz.*	*Horas GMT.*
Cabo Machichaco	Gran Sol y Vizcaya	1704	1103, 1733
Cabo Peñas	Cantábrico y Vizcaya	1730	» »
La Coruña	Finisterre y S. Vicente	1748	» »
Cabo Finisterre	Finisterre y S. Vicente	1698	» »
Chipiona	S. Vicente y Cádiz	1700	» »
Tarifa	S. Vicente, Cádiz y Alborán	1678	» »
Cabo Gata	Palos, Argelia y Baleares	1866	» »
Cabo La Nao	Palos, Argelia y Baleares	1690	» »
Barcelona	Baleares y Golfo de León	1730	» »
Cabo Bagur	Baleares y Golfo de León	1740	» »
Las Palmas de G. C.	Canarias y Sahara	1750	» »

A las horas especificadas, los boletines se radiarán en la frecuencia de trabajo previo anuncio en 2182 kHz.

Radio Nacional de España facilita diariamente, al final de los diarios hablados, un boletín del estado de la mar y con un plazo de predicción.

Televisión Española, después de los telediarios, facilita un estado del tiempo y una previsión con el mapa del tiempo correspondiente.

VIENTO: SUS CAUSAS. — El viento no es otra cosa que el aire en movimiento.

El origen es que el Sol calienta desigualmente la Tierra y, por lo tanto, la atmósfera, que es la que recibe, en su mayor parte el calor de la Tierra.

El aire, al calentarse, se dilata y adquiere mayor volumen por lo que su densidad disminuye y por ello tiende a colocarse sobre otras capas de mayor densidad. A mayor densidad corresponde mayor presión y a menor densidad menor presión, luego el aire se desplaza de los núcleos de alta presión a los de baja.

En Meteorología normalmente se considera la *componente horizontal* si bien tiene las tres componentes del espacio.

Si las altas y bajas presiones fueran estáticas los vientos tendrían siempre la misma dirección, si bien estarían afectados por *el movimiento de la Tierra*, por *la fuerza centrífuga de los movimientos circulares del aire*, y por *el rozamiento del aire con la superficie de la Tierra.*

Partiendo de que el aire iría de las altas hacia las bajas presiones habría que representarlo como en la figura 366, pero la fuerza desviadora a causa de la rotación de la Tierra (fuerza geostrófica) hace que el viento discurra paralelamente a las isóbaras con tanta más fuerza cuanto más próximas se encuentren (fig. 367).

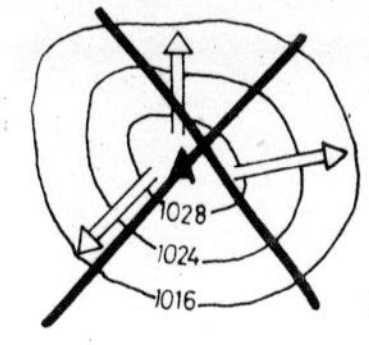

Fig. 366

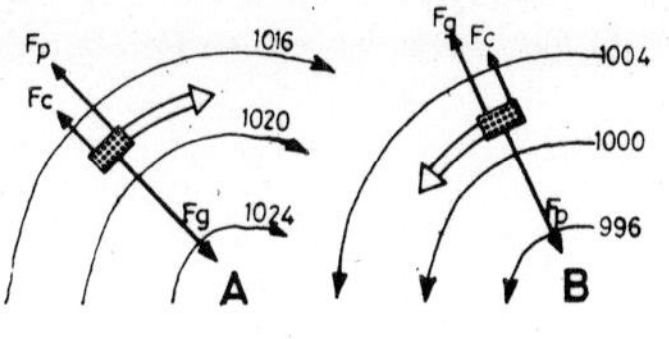

Fig. 367. Equilibrio de las fuerzas Fp (fuerza de la presión), Fc (fuerza centrífuga) y Fg (fuerza geostrófica)

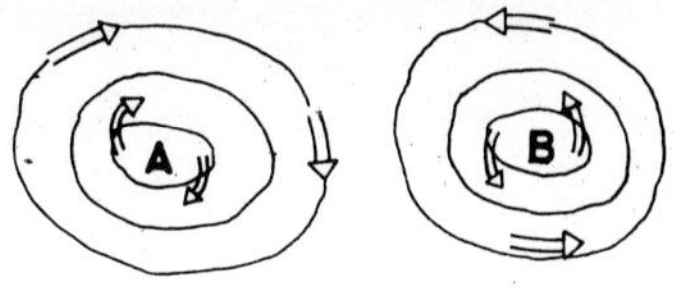

Fig. 368

Si el aire circula en una curva muy cerrada se hace notar la fuerza centrífuga (fig. 368).

El rozamiento del viento en la superficie terrestre origina una pérdida de velocidad y un cambio de dirección hacia dentro en las bajas y hacia fuera en las altas.

La combinación de estas fuerzas da como resultante el que los vientos, poco más o menos sean paralelos a las isóbaras, girando en el hemisferio Norte alrededor de las altas en sentido de las manecillas del reloj y en las bajas en sentido contrario (figs. 367 y 368).

En la figura 369, y para que el lector se haga una idea de los mapas de superficie se representa un corte vertical y planta, así como la dirección del viento, de un anticiclón y de una depresión. Los anticiclones se denominan en España con una A y las depresiones con una B.

La dirección del viento se mide por grimpolas, catavientos o veletas, fáciles de instalar a bordo. En la práctica también se ve la dirección del viento por el humo de la chimenea o por la dirección del oleaje; en el primer caso será dirección aparente del viento y en el segundo dirección verdadera, que pueden o no coincidir según explicaremos más adelante.

La dirección se indica de donde viene con uno de los 32 puntos de la Rosa o bien en grados de 0° a 360°.

La intensidad del viento o su velocidad se mide con los anemómetros, que pueden ser *de recorrido* (a base de cazoletas o de hélice) o *de presión.* Su intensidad se mide en los barcos en nudos (que pueden reducirse a kilómetros fácilmente) por la homogeneidad con la velocidad del barco.

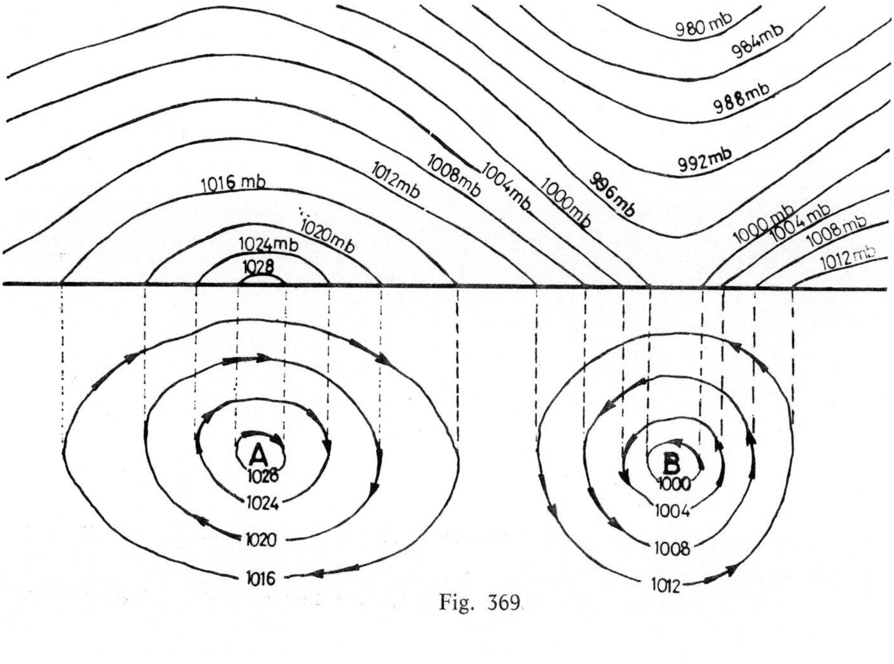

Fig. 369

VIENTO REAL Y APARENTE. — Viento real o verdadero es el que se aprecia en un lugar fijo. En un barco que navega se observa un viento que es aparente o relativo, ya que entran los factores de velocidad y rumbo del buque, por ejemplo: en un barco que navegue al Norte y con 10 nudos con un viento real de componente Norte y 10 nudos observaremos un viento aparente de 20 nudos y de componente Norte (en este caso coincide la dirección real con la aparente). Por lo tanto, el viento aparente es el resultante de los dos vectores de viento real y su dirección y velocidad del buque y su dirección (rumbo).

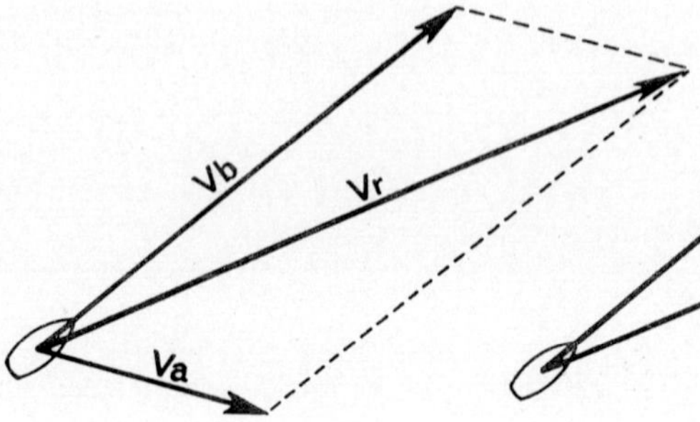

Fig. 370

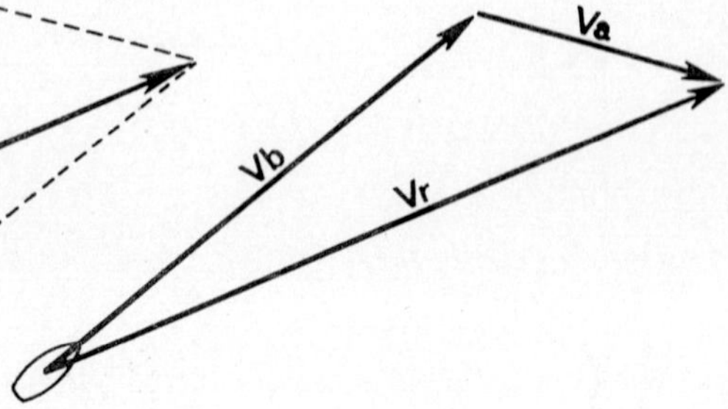

Fig. 371

En la figura 370 se ve que el viento aparente es Va, que la velocidad y rumbo del buque es Vb, y que la diagonal del paralelógramo construido con los anteriores vectores es el viento real Vr.

Como lo más normal en un barco es que conozcamos el viento aparente y deseemos conocer el viento real, dibujaremos (fig. 371) el vector de la velocidad y rumbo del buque Vb, a partir de su extremo dibujaremos el viento aparente Va, y el vector que une el origen de aquél con el final de éste, Vr, será el viento real o verdadero.

ESCALA MARÍTIMA DE LOS VIENTOS. — Universalmente se usa en la mar la escala actualizada del almirante Beaufort y que representamos a continuación:

Grado	Denominación	Velocidad en nudos	Especificaciones
0	CALMA	< 1	La mar está como un espejo.
1	VENTOLINA	1-3	La mar empieza a rizarse.
2	FLOJITO (Brisa muy débil)	4-6	Olas pequeñas que no llegan a romper.

Grado	Denominación	Velocidad en nudos	Especificaciones
3	FLOJO (Brisa débil)	7-10	Olas cuyas crestas empiezan a romper. Borreguillos dispersos.
4	BONANCIBLE (Brisa moderada)	11-16	Olas un poco largas. Numerosos borreguillos.
5	FRESQUITO (Brisa fresca)	17-21	Olas moderadas y alargadas. Gran abundancia de borreguillos y eventualmente algunos rociones.
6	FRESCO (Brisa fuerte)	22-27	Comienza la formación de olas grandes. Las crestas de espuma blanca se ven por todas partes. Aumentan los rociones y la navegación es peligrosa para embarcaciones menores.
7	FRESCACHÓN (Viento fuerte)	28-33	La espuma es arrastrada en dirección del viento. La mar es gruesa.
8	TEMPORAL (Viento duro)	34-40	Olas altas con rompientes. La espuma es arrastrada en nubes blancas.
9	TEMPORAL FUERTE (Muy duro)	41-47	Olas muy gruesas. La espuma es arrastrada en capas espesas. La mar empieza a rugir. Los rociones dificultan la visibilidad.
10	TEMPORAL DURO (Temporal)	48-55	Olas muy gruesas con crestas enpenachadas. La superficie de la mar parece blanca. Visibilidad reducida. La mar ruge intensamente.
11	TEMPORAL MUY DURO (Borrasca)	56-63	Olas excepcionalmente grandes (los buques de mediano tonelaje se pierden de vista. Mar completamente blanca. Visibilidad muy reducida. La navegación se hace imposible.
12	TEMPORAL HURACANADO (Huracán)	64-71	El aire está lleno de espuma y de rociones. La visibilidad es casi nula. Se imposibilita toda navegación.

TRANSFORMACIONES ADIABATICAS. — Son evoluciones de las masas aéreas que ascienden o descienden empleando su propia energía para sus movimientos. Estas evoluciones de las masas de aire están basadas en la variación del volumen en función de la temperatura con una presión constante, la variación de la presión en función del volumen con una temperatura constante, la variación de la temperatura con respecto a la presión con un volumen constante, y demás combinaciones con estos tres factores.

Brisas. — Con este nombre se conocen los vientos locales flojos que soplan en las costas cuando en dichos lugares no existe gradiente de presión, es decir: que no hay viento. Estas brisas se llaman *terrales* y *virazones.*

Los vientos terrales se originan debido a que la tierra se enfría más deprisa que el mar. Durante la noche la tierra pierde por irradiación más calor que la mar, con lo que habrá aire más frío sobre la tierra que sobre el mar. Por ello se crea en el mar una pequeña baja presión relativa al ser menos denso el aire encima de él que el de encima de la tierra, y al crearse un pequeño gradiente de presión hará que el aire se mueva de la tierra hacia mar (terral) (fig. 373).

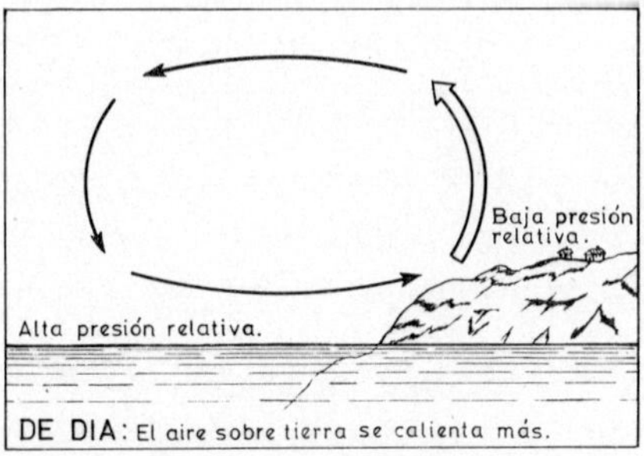

Fig. 372. Virazón

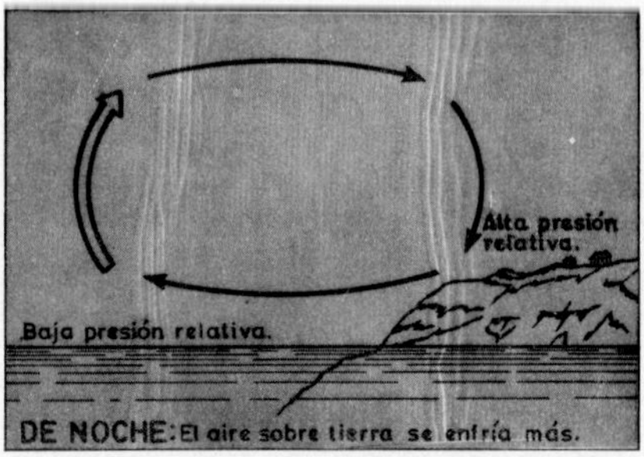

Fig. 373. Terral

Durante el día la tierra se calienta más deprisa que el mar, lo que origina en tierra una pequeña baja presión relativa, creándose un pequeño gradiente de presión del mar hacia tierra haciendo que el aire se mueva en dicha dirección (virazón) (fig. 372).

Este fenómeno de las brisas, lógicamente, es periódico y diario: terrales durante la noche y virazones durante el día, si bien hay una calma entre cada cambio. Cuando hay viento no se hacen sentir las brisas por el predominio del mismo.

Los terrales, dependiendo de la orografía del terreno se dejan sentir todo lo más hasta 20 millas mar adentro y los virazones hasta un máximo de 50 kilómetros tierra adentro.

En las montañas también se desarrollan unas brisas, llamadas orográficas, debido al mayor calentamiento, durante el día, de la parte solana de la montaña que del valle produciéndose una pequeña baja presión relativa en la ladera de la montaña por lo que el aire se moverá hacia ella: *brisa de valle.* Durante la noche ocurre lo contrario a causa de que la ladera se enfría, por la irradiación, más deprisa que el valle y habrá en el valle *brisa de montaña.*

Efecto Föhn. — Debido al obstáculo de una montaña de considerable altura, el viento es obligado a ascender, por lo que el aire se enfría adiabáticamente y si es húmedo da origen a las nieblas orográficas, e incluso a precipitaciones, en la parte de barlovento de la montaña. A partir de la altura del nivel de condensación el aire va siendo, al ascender, más frío y más seco; más frío por haber subido (cada 200 metros en altura viene a perder un grado de temperatura) y más seco por haber dejado la humedad en la nubosidad que se formó en la ladera de barlovento de la montaña. Al estar en la cima de la montaña llega a su mínima temperatura y al ir descendiendo por la ladera de sotavento el aire seco o casi seco se va calentando.

Este efecto del aire que al haber subido por una montaña húmedo y frío desciende por la ladera opuesta seco y caliente (se calienta al bajar a razón de un grado por cada 100 metros aproximadamente) se llama *efecto Föhn.*

VIENTOS PREDOMINANTES EN LAS DISTINTAS REGIONES DEL LITORAL ESPAÑOL. — En los apartados siguientes se da una idea de los vientos dominantes en las regiones mencionadas, si bien hay que hacer la salvedad de que los datos se tomarán como generalidades, pues pueden variar tanto la época del año como la dirección e intensidad.

Hay cuadros climatológicos, para distintos puntos del litoral, que se han confeccionado con datos promedio de los observados durante largas temporadas, y que nos pueden dar idea y previsión de lo que puede acontecer, en cuanto a datos meteorológicos, con cierto porcentaje de seguridad.

El Instituto Hidrográfico de Estados Unidos edita mensualmente los Pilot Chart en los que se refleja, entre otras muchas cosas, los vientos y corrientes, así como sus intensidades y frecuencias.

Es aconsejable, aparte de la consulta a la sección meteorológica del derrotero correspondiente, especialmente para la navegación costera de pequeño tonelaje, como es la deportiva, el consultar con los expertos del lugar, quienes por experiencia nos pueden facilitar una información muy valiosa.

COSTA ENTRE EL BIDASOA Y LA ESTACA DE BARES. — Los vientos más frecuentes en la costa cantábrica y que más afectan al navegante son los de componente Norte, especialmente en verano a causa del anticiclón de las Azores. En invierno son más frecuentes los de componente Sur a causa de las trayectorias de las borrascas que cruzan el Cantábrico.

El régimen de vientos en esta costa ofrece considerables variantes a consecuencia de la complicada configuración y de la existencia de las brisas de tierra y mar y de montaña y valle, siendo en primavera y verano cuando dichas brisas están más desarrolladas.

Los vientos más característicos del Cantábrico son las *galernas*, que son temporales caracterizados por la brusca aparición de vientos violentos que soplan entre el W y el NW.

Es conveniente, en los meses de julio y agosto, estar pendientes de los boletines meteorológicos en los que nos las pueden anunciar, ya que estas galernas se presentan de forma inesperada y son muy peligrosas para la navegación.

Los temporales en esta zona, especialmente en invierno, son del 4.º cuadrante a consecuencia de un mínimo barométrico que se suele localizar sobre las Islas Británicas y mar del Norte.

Los temporales del 3.er cuadrante son más propios de los meses de enero y febrero al estar localizadas bajas presiones al W de las Islas Británicas y altas presiones en el mar Mediterráneo.

Los temporales del W son a causa de la existencia de un anticiclón al Sur de las Azores dándose con más frecuencia los meses de octubre a marzo.

Los temporales del Sur se desarrollan cuando hay una importante depresión en la región de las Azores, si bien estos temporales están frenados por la cadena montañosa de la cordillera cantábrica.

COSTA ENTRE LA ESTACA DE BARES Y EL RIO MIÑO. — Se puede asegurar que durante las dos terceras partes del año reinan los vientos de la parte Norte oscilando entre el NE y el NW, frescos y claros durante el verano y oscuros y achubascados durante el invierno, siendo más constantes desde abril hasta octubre.

Desde noviembre a febrero, la estación mala de esta costa, que a veces dura desde octubre hasta marzo, prevalecen los del tercer cuadrante, que suelen terminar siendo del cuarto.

Los del S y SSW frecuentes en los meses de diciembre a marzo, se cierran en agua, duran apenas 24 horas y saltan al SW donde se detienen más, terminando por el W y WNW.

Los vientos más temibles y frecuentes en esta costa son los SW y NW, que levantan mucha mar. Hay inviernos en que soplan continuamente, predominando desde octubre a febrero los del SW que son duros y tenaces, acompañados de lluvias continuas y gran cerrazón que impide ver la costa.

En medio de un violento chubasco suelen cambiar al NW de donde siguen soplando con fuerza y persistencia, a veces, durante dos semanas. Los NW vienen acompañados de grandes aguaceros, intercalados con claros, que si son grandes indican bonanza y que rolarán los vientos al N y NE.

Los tiempos duros del SSW y WSW llamados *vendavales* se anuncian, generalmente, al aparecer nubarrones por el Sur precedidos de celajería suelta, si bien con tiempo claro y cirro-cúmulos en forma de cielo aborregado se puede esperar también el vendaval, pues antes de 24 horas se habrá entablado viento Sur y el cielo se pondrá encapotado. Si el vendaval es fuerte soplará duro del Sur, con abundantes aguaceros durante un día, y después rolará el viento al SW, donde se afirmará durante dos o tres días, rolando después al W y hasta el NW. Si calma el vendaval y cesa la lluvia y el viento no ha rolado hasta el NE de forma clara, ha de esperarse su vuelta al SW y con fuente intensidad.

También es anuncio de vendaval en invierno empezando con vientos del S cuando aparecen en las jarcias filamentos como telarañas («hilos de la Virgen») en los días claros. Si estas telarañas aparecieran en verano indicarían tiempos neblinosos o de humedad.

De mayo a septiembre, la buena estación de los vientos del Norte, éstos soplan frescos y con gran frecuencia del NNW al NNE con tiempo claro. Los vientos del SW son raros y de corta duración y suelen venir acompañados de neblinas.

A pesar de que en verano predominan los vientos claros de la parte Norte, a veces en la costa se experimentan turbonadas y chubascos. Las turbonadas se forman reinando sobre la costa vientos del ESE, o sea de tierra, a la vez que en la mar reina el SW, que acumula grandes nubes que rechazadas por el E se convierten en turbonadas, que suelen estar acompañadas de truenos y fuerte aguacero. Esto se debe a fuertes contrastes de vientos y ocurren en agosto y septiembre, especialmente cuando el verano ha sido muy caluroso.

En verano, y al E de Finisterre, dominan en general los NE con tiempo claro, si bien no son raros algunos vendavales, sobre todo en el mes de junio.

COSTA DE PORTUGAL. — En toda la costa de Portugal predominan los vientos del NW y del N durante todo el año, sobre todo al Sur de cabo Carvoeiro. Al norte de dicho cabo los vientos que predominan desde noviembre hasta febrero son E, SE y SW.

En la costa del Algarve, desde cabo San Vicente hasta Lagos, los vientos que predominan durante todos los meses del año son los N y NW

De Lagos a Villa Real de San Antonio los vientos son E de noviembre a febrero, SW, y W de marzo a julio, y SW a SE de agosto a octubre.

En esta costa, especialmente en la parte occidental de Portugal, los vientos son en su mayoría provenientes de los sistemas frontales.

Es de notar la línea divisoria que establece el Cabo S. Vicente entre los vientos reinantes en una y otra costa, pues al doblar dicho cabo navegando hacia el Sur los vientos del NW pasan a ser de componente E.

COSTA DEL GOLFO DE CADIZ O SACO DE CADIZ. — En el saco de Cádiz, especialmente en las inmediaciones del Estrecho de Gibraltar dominan los *levantes* y *ponientes.*

Se denomina *levante* al viento de componente E comprendido entre el ENE y el ESE y, aunque suelen soplar en todas las estaciones, predominan en marzo y abril y en julio y agosto.

Los levantes, aparte de por las previsiones del mapa del tiempo, se anuncian de varias maneras: Una ligera bajada del barómetro y una marcada subida del termómetro indican que va a entrar pronto el levante. Una vez establecido éste, vuelve a subir el barómetro. Una marcada subida del barómetro después de entablado el levante anuncia su desaparición.

Si desde Cádiz se ven sobre la sierra de Ubrique y tierras elevadas de Algeciras nubes blanquecinas en forma de algodón en rama muy adheridas a las cimas, es prueba de que reina viento E en la entrada oriental del Estrecho. Si a esta señal se le agrega el calor sofocante y la sequedad propia de este viento, es de esperar que el levante entrará pronto, aun cuando en la bahía de Cádiz reine el poniente.

En las costas de Huelva, o por fuera de la broa de Sanlúcar, es indicio de que reina levante en Cádiz y en el Estrecho, el que el sol a su salida se presenta de un color blanquecino y las tierras calimosas.

En el golfo de Huelva, bastante alejado del Estrecho, los levantes son más flojos y menos duraderos, ya que tardan dos o tres días en recalar y cesan antes que en Cádiz. Entran a recalmones y son precedidos de ventolinas de todas direcciones llamadas *macareos.* Si estas ventolinas o macareos son acompañados de calores sofocantes, es de esperar que el levante dure varios días.

En ciertas poblaciones del golfo de Cádiz, como en San Fernando, anuncian que va a saltar el levante con bastantes horas de antelación los mosquitos que invaden la población.

Son preludio de levante, también, la especial sequedad que se nota a bordo de las embarcaciones y los filamentos como telarañas adheridos a las jarcias.

Lógicamente, el levante corresponde a una alta presión sobre España, a veces reforzado por el efecto de bajas presiones en el norte de Marruecos.

En el río de Sevilla el levante es seco y caliente y en primavera y verano produce una sensación de sofocación muy molesta.

El levante va aumentando de energía a medida que entra en el Estrecho hasta llegar a Tarifa, disminuyendo a partir de allí no llegando a veces a recalar en Cádiz, y mientras que las costas de Cádiz y Huelva no son alcanzadas por el levante, reinan en ellas los virazones, vientos a tener en cuenta especialmente en la navegación a vela.

A veces, el levante que suele establecerse en verano, llega a durar hasta quince días consecutivos y soplando con violencia. Amaina algo a la puesta del sol, cede algo más durante la noche y va aumentando su fuerza a medida que va ascendiendo el sol, llegando a la máxima violencia a medio día.

Los levantes más pertinaces son los que se establecen paulatinamente y no recalan en Cádiz hasta un día o dos después de reinar en el Estrecho. Los que entran repentinamente y con mucha fuerza suelen ser menos duraderos.

En el Mediterráneo los levantes son húmedos y suelen acumular densas nubes en la montañas próximas, pero en Cádiz, Huelva y en la costa del Algarve son muy secos y claros.

Los *ponientes* alternan con los levantes predominando en tiempo sobre éstos, pero soplando con menos intensidad. Son húmedos, vienen acompañados de celajería y ceden a la puesta del sol.

El poniente se anuncia por los relentes que le preceden o por la calma chicha y bruma densa.

Por lo general, antes de establecerse el poniente, afloja el levante y rola el viento al SE, S y SW, notándose una bajada bien marcada en el barómetro. En invierno al pasar el viento al SE el cielo se oscurece y después de uno o dos días pasa al Sur. El cielo se nubla por completo, refresca el tiempo y rola al SW con cerrazón y lluvias casi continuas. Es cuando el barómetro está más bajo y pronto rolará el viento al W.

En invierno los ponientes del SW soplan con mucha fuerza, traen nubarrones y fuertes chubascos de viento y agua y levantan fuertes marejadas. Estos vientos llamados *vendavales,* oscilan entre el SSW y el WSW y su duración no suele pasar de tres días.

Los vendavales son más pertinaces de noviembre a marzo. Los SW de abril y mayo son más moderalos. Lógicamente, estos vientos son los más peligrosos para la navegación en el golfo de Cádiz por abatir las embarcaciones hacia la costa y por la mar gruesa que levantan.

Virazones y terrales. — Ambos son frecuentes en verano en la costa del saco de Cádiz cuando el levante no impera y se dejan sentir con más fuerza en el golfo de Huelva.

El virazón se entabla de nueve a diez de la mañana por el Sur. Va rolando al SSW y SW a medida que el sol asciende. Refresca sensiblemente y alcanza su máxima intensidad durante la mayor fuerza del calor. Con el descenso del sol va rolando al W. y aflojando, quedando en calma a las ocho o nueve de la noche. Después de dos otres horas de calma se inicia la ventolina de tierra (terral) cuya fuerza aumenta con la frescura de la noche, alcanzando su máxima intensidad en la madrugada disminuyendo luego para repetirse el ciclo al día siguiente.

El terral sopla del NE en el golfo de Huelva y del ENE en la bahía de Cádiz, mientras que en la costa de Africa es del ESE.

Los virazones del golfo de Huelva empiezan por el SE y terminan por el NW. Son casi constantes durante el verano, y ocurre a menudo que, mientras en el golfo de Huelva reinan virazones, en Cádiz y en el Estrecho sopla levante y en la costa del Algarve poniente.

ESTRECHO DE GIBRALTAR. — El viento característico del estrecho de Gibraltar es el levante (del ENE al ESE) el cual es particularmente frecuente en marzo y abril y de julio a septiembre. Este viento está ligado a anticiclones en Europa y bajas al Sur o SW de Gibraltar.

Se describió anteriormente los indicios de este viento para la parte del golfo de Cádiz siendo para la parte oriental que el levante se presenta con atmósfera muy húmeda, cerrazón y nubes que se sitúan sobre las elevaciones del Peñón y de las sierras de Estepona y de Bullones. Es señal característica de este viento una nube pegada a sotavento sobre el peñón de Gibraltar.

El poniente le sigue en importancia, si bien más flojo y en algunas ocasiones, en invierno, se sienten los vendavales del SW. Los ponientes se presentan con disminución de nubosidad en las elevaciones y la desaparición de relentes.

COSTA ESPAÑOLA DEL MEDITERRANEO. — Del régimen general de vientos del Mediterráneo occidental se desprende que, debido a las bajas presiones estivales, los vientos que dominan en verano son los del W ocurriendo lo contrario en invierno, si bien en invierno quedan perturbadas estas circulaciones generales al cruzar las borrascas por el Mediterráneo.

En el Mediterráneo son de tener en cuenta los vientos locales, dependientes en la mayoría de los casos de las condiciones orográficas, y que podemos citar los siguientes:

El *siroco*, más conocido en las costas españolas como *leveche*, viento de componente Sur, que se manifiesta extremadamente seco y cálido en verano y de temperatura moderada en invierno, y que suele durar un día o dos, afectando principalmente la costa comprendida entre cabo de Gata y cabo de la Nao. Alcanza su máxima intensidad en Almería y la estación más propicia es la primavera. En estas cosas se suelen presentar las llamadas «nubes coloradas», que son nubes de polvo en suspensión traído por el siroco de las costas africanas. En las Baleares y costa de Gerona suele provenir del SE y se le denomina *xaloc.*

El *mistral,* viento fuerte, frío y seco procedente entre el N y el NW, que en invierno y primavera procede de zonas frías como la meseta y montañas centrales de Francia. Se da desde el valle del Ebro, donde se le denomina «cierzo del NW», hasta el golfo de Génova.

Al mistral se le denomina también *tramontana,* si bien este sentido es más amplio, ya que se emplea para designar a todos los vientos fríos y secos de componente Norte.

El mistral se fortalece cuando en el golfo de León existe una baja que hace que los vientos vengan más fríos con masas de aire ruso-siberiano. Su velocidad media es de 50 nudos, si bien sus rachas más intensas llegan a los 90.

En ciertas ocasiones el mistral llega a afectar a las islas Baleares.

El *levante,* viento que sopla flojo en las islas Baleares y que aumenta su intensidad a medida que se aproxima al Estrecho. Es frecuente en marzo y de julio a octubre. En las costas entre Cabo de Gata y cabo Creus sopla muchas veces en forma de NE.

El *vendaval,* que es el viento que más mar levanta y que proviene del tercer cuadrante. Es de origen depresionario y termina rolando al cuarto cuadrante. Afecta particularmente a la costa de Almería y es de septiembre a marzo cuando son más frecuentes. En Valencia los vendavales más fuertes son del NW, que, algunas veces, si hay baja en el golfo de León, pasan al NE convirtiéndose en temporal.

En la costa gerundense se denomina «gregal» al viento proveniente del NE y «garbí» al de componente SW.

Brisas de mar y tierra. — El 80 o 90 por ciento de los días de verano se manifiestan las brisas de mar y tierra, es decir, virazones y terrales, cuya intensidad depende de: *a*) su dirección coincide con la corriente general de verano, y que es cuando son más fuertes; *b*) si la costa es montañosa y se produce coincidencia con las brisas de valle; *c*) cuando la costa es bañada por una corriente fría marina, y *d*) cuando el interior de la costa está formado por grandes llanuras que favorecen el calentamiento diurno del aire sobre ellas.

VIENTOS DESDE EL ESTRECHO A LAS ISLAS CANARIAS. — En esta zona, en la que dominan los alisios, los vientos que predominan, tanto en invierno como en verano, son los del primer cuadrante, si bien en algunos puntos, como en Tenerife, dichos vientos se ven enmascarados por la influencia de los locales, por las brisas de mar y tierra y por la orografía, dando como resultado un dominio de los vientos del sector E-ENE en las estaciones de invierno y verano, y en segundo lugar los vientos del sector NW-NNW en primavera.

En la costa del Sahara los vientos predominantes son los comprendidos entre el N y el NE y en esta costa son de notar las brisas, especialmente en verano, debido al gran calentamiento que sufre la tierra. Dichas brisas de mar hacen variar la dirección del viento, pues se nota que vientos que por la mañana tienden a rolar al E después de mediodía son practicamente del N.

Capítulo 58

FENOMENOS ACUOSOS Y ELECTRICOS

LA HUMEDAD DEL AIRE. — La fuente principal de la humedad del aire es la superficie de los océanos y mares, de donde se evapora el agua constantemente. También se evapora de los ríos, de los lagos, de las plantas debido a la transpiración, de los animales debido a la respiración, de las nieves, de los glaciares, del suelo, etc. Si el vapor de agua proviene directamente de la nieve o del hielo, dicho proceso, del estado sólido directamente al gaseoso, se llama *sublimación.*

Ya sabemos que la *evaporación* es el nombre dado al proceso físico por el que un cuerpo pasa del estado líquido al gaseoso. La evaporación es favorecida por el viento y por aumento de temperatura.

La evaporación del agua depende de varios factores: 1) de la temperatura del agua; 2) de la temperatura del aire que está en contacto con el agua; 3) de la cantidad de vapor de agua que contiene el aire; y 4) de la velocidad del viento.

En la figura 374 se representa el ciclo del agua en la naturaleza. La evaporación del agua de la tierra da origen a la humedad atmosférica, que se condensa originando las nubes, de donde se precipita en forma de lluvia o nieve. Este agua alimenta los ríos, las plantas, los mares, etc., y por medio de la evaporación vuelve a la atmósfera cerrando el ciclo.

Humedad absoluta y relativa. — La cantidad de vapor de agua contenida en el aire es variable, por lo que si queremos expresar la cantidad de humedad que contiene el aire en un momento dado, lo haremos dando en gramos el peso del vapor de agua contenido en un metro cúbico de aire, o sea: dando la *humedad absoluta.*

El valor de la humedad absoluta puede llegar hasta un límite máximo (el aire está saturado), a partir del cual se condensa en forma de gotitas líquidas o en cristalitos de hielo. En condiciones especiales la humedad puede conservarse en estado gaseoso más allá del límite de saturación, y se dice entonces que el aire está *sobresaturado.*

El límite de saturación depende de la temperatura y prueba de ello es que, por ejemplo, un metro cúbico de aire a —20° C llega a saturarse con 0,9 gramos de vapor de agua y ese mismo aire a 30° C necesita para saturarse 30 gramos de vapor de agua.

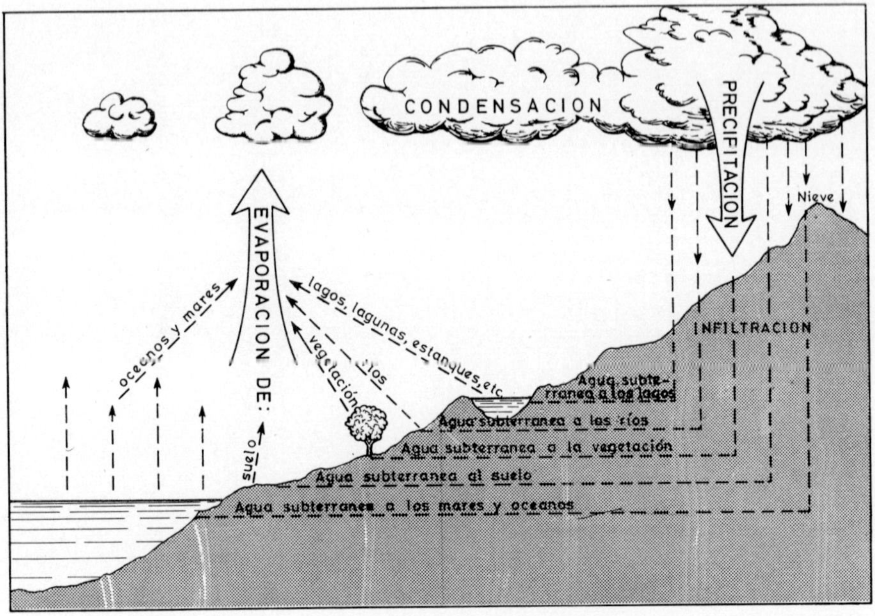

Fig. 374. Ciclo del agua en la Naturaleza.

La humedad relativa es la relación que existe entre la humedad absoluta y la humedad saturante a esa misma temperatura, o sea: el tanto por ciento de vapor que el aire contiene en relación con el que podría contener a la misma temperatura. Dicha relación o cociente puede valer como máximo la unidad, que correspondería a un estado de saturación.

Hemos dicho que a cada temperatura corresponde una cantidad de vapor de agua límite para la saturación, luego a cada cantidad de vapor de agua corresponde una temperatura a la que dicha cantidad se hace saturante. Esta temperatura es la que se llama *temperatura de punto de rocío.* De aquí que si la temperatura de una masa de aire es igual a su punto de rocío, dicha masa de aire está saturada y su humedad relativa es del 100 por 100. Por el contrario, cuanto más distante esté la temperatura de la masa de aire a la del punto de rocío, más seco estará el aire.

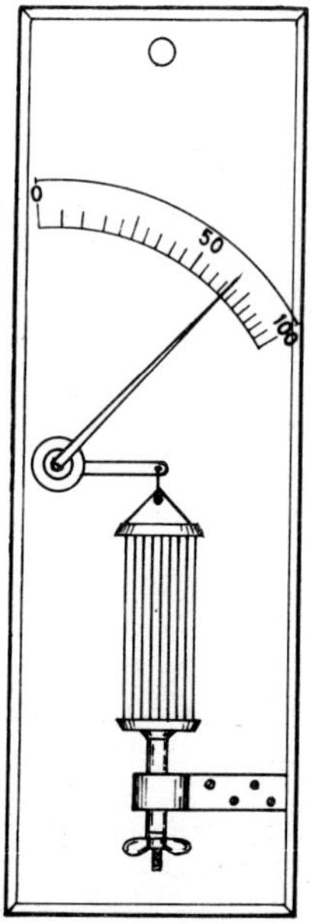

Fig. 375. Higrómetro.

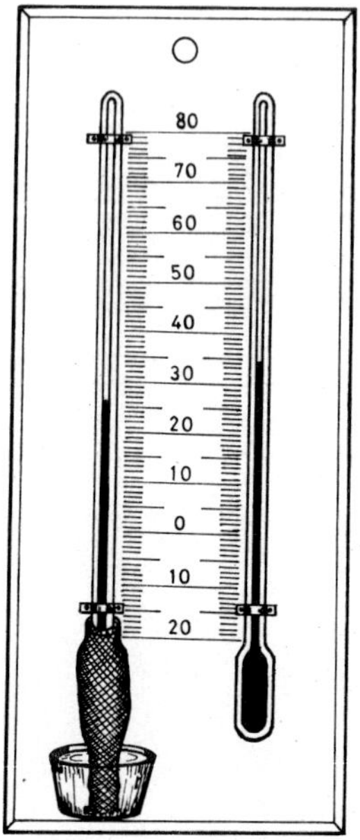

Fig. 376. Psicrómetro

Si el aire se enfría por debajo de la temperatura de punto de rocío, no podrá albergar todo el vapor de agua que contenía anteriormente y el excedente se depositará en forma líquida, o sea, se verificará la *condensación.* Si esta condensación se deposita en superficies da origen al rocío o empañado de cristales, etc. Si es en la atmósfera lo hace en forma de nieblas y nubes.

O sea, que el punto de rocío es la temperatura por debajo de la cual comienza la condensación.

La humedad relativa es lo que verdaderamente interesa en Meteorología, y el aparato que la mide se llama *higrómetro,* que si es registrador se llama *higrógrafo.*

El *higrómetro de absorción* se fundamenta en la propiedad de ciertas sustancias *higroscópicas* de alargarse o acortarse en función de la humedad relativa de ambiente.

Desde muy antiguo son usados unos cuantos cabellos o crines, previamente desengrasados, dispuestos de forma que sus alteraciones en longitud se transmitan a un indicador que se desplaza sobre una escala graduada, figura 375. Este higrómetro se llama vulgarmente *de cabello.*

Hay otras clases de higrómetros basados en laminillas metálicas, unas sensibles a la humedad y otras no, que al estar unidas reflejan una relación de dilatación, que se transmite a un indicador que discurre sobre una escala graduada.

PSICROMETRO. — Es el instrumento para determinar la humedad relativa. Consta de dos termómetros, uno seco que sirve para medir la temperatura ambiente, y otro húmedo o humedecido, que tiene un depósito envuelto en una muselina que siempre está mojada al estar sumergida, por su parte inferior, en un depósito de agua (fig. 376).

El agua que empapa la muselina del termómetro húmedo se va evaporando continuamente, más o menos cuanto menos o más humedad haya en el aire ambiente que la rodea. Si el aire estuviera saturado la evaporación sería nula.

Sabemos que el fenómeno de la evaporación absorbe cierta cantidad de calor para verificar el cambio de estado del agua (de líquida a vapor), calor que proporciona la muselina que envuelve el depósito del termómetro al aire que la rodea, por lo que la temperatura del termómetro húmedo desciende, tanto más cuanto mayor sea la evaporación. Esta temperatura bajará hasta que se establezca un equilibrio entre el calor perdido y el calor recibido del exterior. Lógicamente, la temperatura marcada por el termómetro húmedo será inferior a la temperatura ambiente, excepto cuando no haya evaporación, es decir: cuando el aire esté saturado, en cuyo caso marcarán ambos termómetros lo mismo.

Teniendo en cuenta los distintos datos de, diferencias de temperatura posibles entre los termómetros, calor específico del aire, densidad del aire, calor de evaporación del agua y presión atmosférica, se han elaborado unas tablas psicrométricas para determinar la humedad relativa y el punto de rocío, entrando con la temperatura del termómetro húmedo y la diferencia de temperaturas entre los dos termómetros.

CONDENSACION. NUBES. — *Saturación.* El vapor de agua, uno de los componentes gaseosos de lo que llamamos *aire atmosférico*, está repartido en el aire en proporciones variables en las capas bajas de la atmósfera. Un volumen de aire sólo puede contener hasta determinada cantidad de vapor, y cuando llega a esa cantidad máxima se dice que está *saturado*. Esta cantidad varía de acuerdo con la temperatura: a mayor temperatura más cantidad de vapor puede contener. Si añadiésemos más cantidad de vapor de agua a ese volumen de aire, que está saturado, el vapor sobrante llegaría a condensarse.

Como todos los gases en la atmósfera, el vapor de agua mantiene una tensión o presión (la suma de todas las presiones de los gases atmosféricos es lo que se llama *presión atmosférica*). La relación de esta tensión particular del vapor de agua, en un momento y a una temperatura, y la tensión máxima que ofrecería ese vapor de agua saturado a la misma temperatura se llama *relación de tensión de saturación* o *fracción de saturación.* Si esa relación de tensión la expresamos en tanto por ciento se llama *humedad relativa.*

Si denominamos p a la tensión del vapor a una temperatura, P a la tensión del vapor a la misma temperatura y cuando está saturado, y Hr a la humedad relativa, tendremos que: $Hr = 100 \dfrac{p}{P}$.

La saturación tendría lugar cuando la humedad relativa daría de coeficiente 1, luego $p = P$.

Para llegar a igualar p y P hay dos medios: aumentar el vapor de agua con lo que aumentaría p, o disminuir la temperatura con lo que descendería P, pues ya hemos dicho que P aumenta con la temperatura.

Si una masa de aire tiene p y queremos que llegue a la saturación la aplicaremos frío hasta que llegue a tener una temperatura en la que esté saturada. Esta temperatura es la que se llama *punto de rocío.* Esta temperatura de punto de rocío es punto de partida para la formación de nubes, nieblas y rocío, o sea, que a menor temperatura de la del punto de rocío comienza la *condensación.*

Condensación. — El proceso de transición de un estado del vapor de agua invisible en la atmósfera a un estado líquido y visible se llama *condensación.*

Sublimación. — Si a causa de temperaturas bajo cero grados centígrados el vapor de agua pasa directamente al estado sólido (hielo), el proceso se llama *sublimación.*

Para que la condensación y sublimación ocurran, aparte de los señalado anteriormente, es necesario que haya en la atmósfera innumerables núcleos microscópicos (nucleos de condensación) sobre los que se fijen las pequeñas gotitas de agua. Estos núcleos, normalmente, son de origen terrestre, como de sales, principalmente cloruros, procedentes de la evaporación de rociones de rompientes de agua salada, tormentas de polvo o de arena, restos de combustiones, etc.

NUBES; SU FORMACION. — Una nube es una porción de aire visible por haberse condensado en ella el vapor de agua en pequeñas gotitas, o por haberse sublimado el vapor de agua en pequeños cristalitos, o por haberse congelado las gotitas de agua en forma de esferitas de hielo, o por la mezcla de estos procesos a la vez.

Se dice también que las nubes son *suspensiones coloidales* de agua en la atmósfera, o *aerosoles,* por su similitud con los coloides y soluciones coloidales, ya que están compuestas por grandes cantidades de partículas líquidas y sólidas perfectamente repartidas y suspendidas en el aire.

Al ascender el aire, e ir encontrándose con presiones atmosféricas decrecientes, se expansiona adiabáticamente y, por lo tanto, se enfría. Si llega a enfriarse hasta alcanzar la temperatura del punto de rocío se condensa el vapor de agua que contiene y se forman las nubes.

El ascender el aire se debe principalmente a tres motivos: por la inestabilidad térmica, por la orografía del terreno y por los frentes de aire (figura 377).

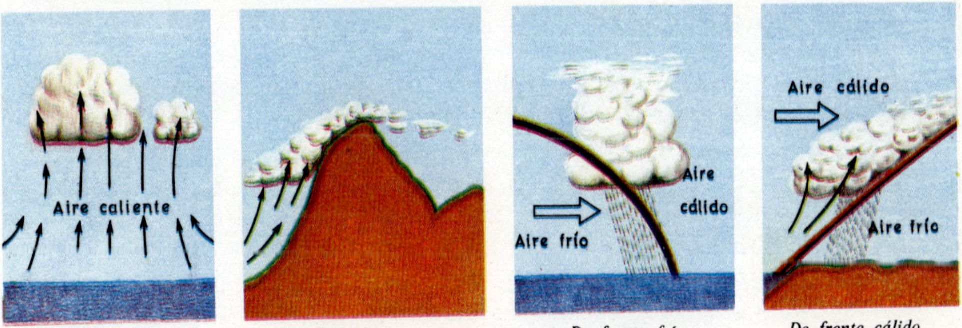

Convectivas *Orográficas* *De frente frío* *De frente cálido*

Fig. 377. Formación de las nubes

a) La inestabilidad térmica en la atmósfera origina corrientes de aire: ascendentes las más calientes y descendentes las más frías. Si las ascendentes llegan a condensarse forman nubes llamadas de *convección*, que generalmente toman la forma de *cúmulos* y a mayor altura *cúmulonimbos*.

b) Al soplar viento contra la ladera de una montaña, ésta le obliga a ascender, y, si llega a enfriarse a la temperatura del punto de rocío, formará nieblas o *nubes orográficas*, que en algunos casos, dependiendo de la altura y humedad, producen precipitaciones en la parte de barlovento de la montaña. Un ejemplo muy frecuente son las del peñón de Gibraltar.

c) Al encontrarse dos masas de aire, una fría o relativamente fría y otra cálida o templada, caso de los frentes fríos o calientes, la más cálida asciende y va disminuyendo su temperatura adiabáticamente, y si llega a condensarse da origen a *nubes frontales*, que suelen ser estratos y que a mayor altura llegan a ser altostratos, cirrostratos y cirros.

ASPECTO DE LAS NUBES. — El aspecto de una nube depende esencialmente de la naturaleza, número y reparto en el espacio de las partículas que la constituyen. Depende también de la intensidad y del color de la luz que la nube recibe del astro que la ilumina, así como de las posiciones relativas del observador y de la fuente de luz con relación a la nube.

Para la descripción de la nube intervienen los factores de: forma, dimensión, estructura, color y luminancia (brillo).

Clasificación de las nubes. — Las nubes están en constante evolución y por ello se presentan en infinidad de formas, si bien se han dividido, atendiendo a su género, en diez clases: Cirros, Cirrocúmulos, Cirrostratos, Altocúmulos, Altostratos, Nimbostratos, Estratocúmulos, Estratos, Cúmulos y Cúmulonimbos.

Cada género puede tener varias especies y cada especie diferentes variedades y particularidades.

A continuación se hace una breve descripción de los diez géneros antes citados y un promedio de altura sobre la tierra a que se presentan de acuerdo con el Atlas Internacional de Nubes.

Cirros. — Nubes separadas en forma de filamentos blancos y delicados o de bancos o de franjas estrechas, blancas del todo o en su mayor parte. Estas nubes tienen un aspecto fibroso (de cabellos) o un brillo sedoso, o ambas cosas. Se encuentran entre los 6.000 y 10.000 metros.

Cirrocúmulos. — Bancos, mantos o capas delgadas de nubes blancas, sin sombras propias compuestas de elementos muy pequeños en forma de glóbulos, de ondas, etc., soldados o no y dispuestos más o menos regularmente; la mayoría de los elementos tienen un diámetro aparente inferior a un grado (lo que equivale, aproximadamente a la anchura del dedo meñique con el brazo extendido). Entre los 6.000 y 10.000 metros.

Cirrostratos. — Velos nubosos transparentes y blanquecinos, de aspecto fibroso (como de cabellos) o liso, que cubren total o parcialmente el cielo y produce, generalmente, fenómenos de halo. Entre los 6.000 y 10.000 metros.

Altocúmulos. — Bancos, mantos o capas de nubes blancas o grises, o a la vez, blancas y grises, que tienen, generalmente, sombras propias, compuestas de losetas, guijarros, rodillos, etc., de aspecto, a veces, parcialmente fibroso o difuso, soldados o no; la mayoría de los elementos dispuestos con regularidad tienen, por lo general, un diámetro aparente comprendido entre uno y cinco grados. Se hallan entre los 2.000 y 5.000 metros.

Altostratos. — Mantos o capas nubosas grisáceas o azuladas, de aspecto estriado, fibroso o uniforme, que cubren por entero o parcialmente el cielo y que presentan partes suficientemente delgadas para dejar ver el Sol, al menos vagamente, como a través de un vidrio deslustrado. Los Altostratos no dan lugar a fenómenos de halo. Entre los 2.000 y 4.000 metros.

Nimbostratos. — Capas nubosas grises, frecuentemente sombrías, cuyo aspecto resulta velado por las precipitaciones más o menos continuas de lluvia o de nieve, las cuales, en la mayoría de los casos, llegan al suelo.

El espesor de estas capas es en toda su extensión suficiente para ocultar completamente el Sol. Vienen a estar entre los 150 y 1.600 metros.

Por debajo de estas capas existen, frecuentemente, nubes bajas desgarradas, soldadas o no con aquellas.

Estratocúmulos. — Bancos, mantos o capas de nubes grises o blanquecinas o a la vez grises y blanquecinas, que tienen casi siempre partes oscuras, compuestas de losas, guijarros, rodillos, etc., de aspecto no fibroso (excepto virga), soldadas o no; la mayor parte de los elementos pequeños dispuestos con regularidad tienen un diámetro aparente superior a cinco grados. Se encuentran entre los 500 y 1.600 metros.

Virga = Regueros de precipitaciónes, verticales u oblicuos, contiguos a la superficie inferior de una nube y que no alcanzan la superficie del suelo.

Estratos. — Capas nubosas generalmente grises, con base bastante uniforme que pueden originar llovizna, prismas de hielo o cinarra. Cuando el Sol es visible a través de la capa, su borde se ve claramente recortado. El Estrato no da lugar a fenómenos de halo, salvo eventualmente a muy bajas temperaturas. Se suelen hallar a menos de 500 metros de altura.

A veces el Estrato se presenta en forma de bancos desgarrados.

Cúmulos. — Nubes separadas, generalmente densas y de contornos bien recortados, que se desarrollan verticalmente en forma de protuberancias, de cúpulas o de torres, cuya región superior protuberosa parece con frecuencia una coliflor. Las partes de estas nubes iluminadas por el Sol son a menudo de una blancura brillante; su base, relativamente oscura, es sensiblemente horizontal. Se hallan entre los 600 y 1.600 metros.

Los Cúmulos están a veces desgarrados.

Cúmulonimbos. — Nube densa y potente, de dimensión vertical considerable, en forma de montaña o de enormes torres. Una parte al menos de su región superior generalmente es lista, fibrosa o estriada, y casi siempre aplastada; esta parte se extiende a menudo en forma de yunque o de amplio penacho. Se encuentran entre los 300 y 1.700 metros de altura.

Por debajo de la base de esta nube, a menudo muy oscura, existen frecuentemente nubes bajas desgarradas, soldadas o no con ella, y precipitaciones, a veces, bajo forma de virga.

PRECIPITACIONES. LLUVIAS. — Hemos dicho que las nubes son suspensiones coloidales. De ahí partió el meteorólogo noruego T. Bergeron para hallar una nueva teoría sobre la condensación y la precipitación.

Al considerar a una nube como una solución coloidal tuvo en cuenta la tendencia constante hacia la autodestrucción a causa de las fuerzas que actúan para provocar una coalescencia (fusión) de las gotitas de agua. Esta tendencia a la fusión es llamada *inestabilidad coloidal.*

Esta tendencia a la fusión hace que las gotitas vayan aumentando de tamaño y al llegar a cierta dimensión la fuerza de la gravedad las haga descender (precipitación). Al descender dentro de la nube capturan a otras con las que se van engrosando. Esta captura puede ser *directa* al encontrárselas en su trayectoria de caída (fig. 378 a), e *indirecta* al anexionarlas, diríamos que por detrás, a causa de que al descender las gotas dejan tras de sí una especie de contrapresión o vacío que lo va a llenar aire condensado del que ciertas gotitas se aproximan y se fusionan con la que desciende (fig. 378 b). Véase en el dibujo que la gotita principal va anexionando las

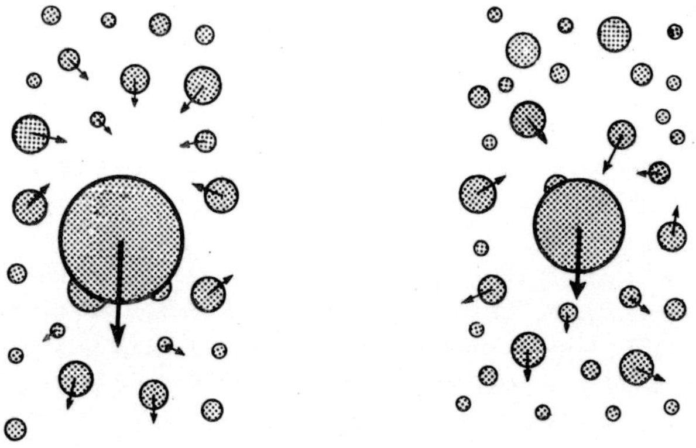

Fig. 378. *a*) Captura directa, *b*) Captura indirecta

gotitas más grandes y las más pequeñas se separan, posiblemente por su mayor flotabilidad y movilidad dentro del pequeño empuje de aire que origina la gota principal en su descenso.

Estas gotas, formadas de una nube en la que sólo ha habido condensación, cuando llegan a tierra, normalmente, son de pequeño tamaño, si bien depende de la temperatura de las capas de aire que atraviesan, pues, a veces no llegan a tierra porque aire cálido ascendente las puede evaporar o reducir de tamaño.

Es más frecuente y más importante que la iniciación de la fusión se haga partiendo de los cristales de hielo que se encuentran en la nube, sublimados o congelados por temperaturas a bajo cero centígrado, sobre los que la tensión de fusión de las gotitas de agua es mayor. Una vez que el cristalito de hielo, anexionándose gotitas de agua, ha llegado a cierto tamaño, la gota comienza a descender y a su paso va engrosándose como hemos detallado anteriormente. Las gotas de esta clase de precipitación (lluvia) llegan a tierra con mayor tamaño que las detalladas anteriormente porque su temperatura es inferior, si bien ello depende de las circunstancias ambientales en que se desarrolle el descenso: temperatura de las capas que atraviesa, corrientes ascendentes, altura de la nube sobre la tierra, grosor de la nube, altura dentro de la nube donde se inició el descenso de la gota inicial, etc.

A temperaturas bajo cero, la condensación, o mejor la sublimación, se efectúa en cristalitos de hielo. Al precipitarse los cristales de hielo se anexionan gotitas de agua humedeciéndose por fuera, lo que facilita la anexión de otros cristalitos de hielo. Si durante su precipitación las temperaturas permanecen alrededor de 0° C llegarán a la tierra en forma de copos de *nieve*. Si la temperatura en la capa de aire próxima a la superficie de la tierra es superior a 3° C los cristales de hielo se derriten y se precipitan en forma de *aguanieve* o lluvia.

Cuando los cristalitos descienden por capas de la nube donde hay gotitas de agua con temperaturas bajo cero, éstas se anexionan y se hielan sobre ellos formando granos de hielo llamado *granizo*.

Si la precipitación se desarrolla con granizos de más de 5 mm de diámetro se llama *pedrisco*.

Cuando la temperatura del suelo desciende por debajo del punto de rocío a causa de la radiación, cosa que ocurre durante noches serenas y despejadas, el vapor de agua, que contienen las capas bajas, se condensa y se precipita en la superficie del suelo o de las plantas en forma de pequeñas gotitas: es lo que se llama *rocío*.

Si la condensación que forma el rocío se efectúa a temperaturas por debajo de 0° C el vapor de agua se sublima pasando directamente del estado gaseoso del vapor de agua al estado sólido de cristales de hielo: es lo que se llama *escarcha*.

Cuando las nieblas están condensadas a temperaturas bajo cero grados y chocan con superficies, obstáculos o montañas, que también están fríos, se depositan en forma de hielo, normalmente a sotavento de dichos obstáculos, formando una capa blanca que se llama *cencelada* o *cenceñada*.

La helada no es una precipitación, sino que es la congelación directa de la humedad el suelo.

CHUBASCOS DE AGUA Y DE VIENTO. — El chubasco es un fenómeno atmosférico que se caracteriza por su corta duración y por las variaciones violentas y rápidas de su intensidad.

Los chubascos, según su naturaleza, pueden ser de agua, de nieve, de viento, de agua y viento, de granizo, etc.

El chubasco de agua es una precipitación procedente de una nube oscura y compacta que viene acompañada de fuertes vientos racheados. El chubasco no va acompañado de aparato eléctrico y truenos; las variaciones de la intensidad y dirección del viento son bruscas; el cielo presenta claros y la lluvia es muy intensa y de poca duración.

Debido a los cambios bruscos de intensidad y dirección del viento que acompaña a los chubascos, éstos pueden ser peligrosos para los veleros. Se pueden prever porque los signos son: nubarrones bajos y oscuros en forma de cumulonimbos que se desplazan con bastante velocidad, que van acompañados de un telón de lluvia y que en la mar que le precede se observan borreguitos por el viento que les acompaña.

El chubasco de viento es un cambio brusco de intensidad y a veces también de dirección del viento y que se presenta con gran frecuencia estando el cielo despejado, resultando entonces peligrosos por la imposibilidad de preverlos con antelación suficiente.

TROMBAS DE AGUA. — Es un pequeño tornado originado por la convergencia de masas de aire frío que acuden a ocupar un lugar determinado, que ha sido previamente calentado y en el que el aire caliente tiende a ascender. Al coincidir debajo de una nube cumulonimbo la parte inferior torsiona formando un cono invertido o embudo que va descendiendo hasta la superficie del mar. Este embudo se va estilizando a medida que va aumentando la velocidad de giro y llega a tomar forma de una manguera (también se llama manga a la tromba), que tiene de 10 a 20 metros de diámetro.

Antes de tocar el agua se origina en la superficie una violenta conmoción giratoria que eleva el agua un par de metros en forma de cono y que se une con el de la nube.

Las trombas duran de 10 a 30 minutos y como los vientos son de gran violencia pueden originar mar gruesa en su alrededor y en su vórtice, en donde también se origina una succión, lo que es peligroso para embarcaciones de pequeño tonelaje.

Algunas trombas no llegan a alcanzar el mar y permanecen suspendidas como si fueran un apéndice de la nube.

En el interior de la tromba hay una gran cantidad de agua: en la parte baja agua salada procedente del mar a causa de la succión, y en el resto de agua dulce (a veces granizo) a causa de la gran condensación, y que en principio se supone alimentada por la nube.

NIEBLA: SUS CLASES. — La niebla es una nube que toca el suelo. Al igual que en las nubes, es el resultado de la condensación del vapor de agua, contenido en la atmósfera, en pequeñas gotitas que permanecen suspendidas en el aire y con una concentración tal que dificultan, en mayor o menor grado, la visibilidad al observador envuelto por ella.

Para la formación de las nieblas, al igual que para las nubes, es necesario que haya en el aire un elevado grado de humedad relativa, que la temperatura haya descendido hasta la del punto de rocío, y que haya suficiente cantidad de núcleos microscópicos sobre los que se efectúe la condensación.

El elevado grado de humedad relativa en el aire puede haberse alcanzado por enfriamiento del aire o por evaporación de agua, o por ambas cosas a la vez, y la suficiente cantidad de núcleos microscópicos por partículas de polvo, de restos de combustiones como carbón y compuestos de sulfuro, de sales marinas procedentes de la evaporación de rociones de agua salada, etc.

La densidad de la niebla varía y por consecuencia directa la visibilidad. Con respecto al alcance de ésta se denominan las nieblas como sigue:

Niebla muy espesa si la visibilidad es inferior a 50 metros.

Niebla espesa si la visibilidad está entre 50 y 200 metros.

Niebla regular si la visibilidad está entre 200 y 500 metros.

Niebla moderada si la visibilidad está entre 500 y 1.000 metros.

Neblina cuando la visibilidad está entre 1 km y 2 kms.

Bruma cuando la visibilidad está entre 2 y 10 kms, distancia ésta que se considera como buena visibilidad.

Hay un estado de opacidad del aire a ras de tierra, que no es causado por gotitas microscópicas, sino que es a causa de la suspensión en el mismo de partículas sólidas de polvo, sales, humos, etc. y que se denomina *calima* o *calina.*

Los principales procesos físicos que originan la saturación son: la evaporación y el enfriamiento, y los tipos de niebla resultantes de cada proceso son:

De la evaporación	Nieblas frontales Nieblas de vapor
Del enfriamiento	Nieblas de advección Nieblas de radiación Nieblas orográficas Nieblas de inversión

Las nieblas de evaporación se originan de dos formas: *a*) Cuando la lluvia procedente de una capa de aire templado cae a través de aire frío, como en una superficie frontal, y se desarrolla una sobresaturación debido a la evaporación de la lluvia cálida dentro del aire más frío, y esta evaporación se condensa en los núcleos microscópicos formando una nube estrato o niebla si la superficie frontal está cerca de la superficie terrestre. A esta niebla se la denomina *niebla frontal.*

b) Cuando una corriente de aire frío incide en una superficie de agua mucho más templada, en la que hay una evaporación intensa, se efectúa una condensación rápida que origina las *nieblas de vapor*. Estas nieblas de vapor suelen ocurrir en otoño, en latitudes medias, en la proximidad de lagos y ríos cuando la superficie del agua está caliente y el aire es frío.

También se observan en regiones cercanas al Artico donde se conocen como *nieblas fumantes* (los aleutianos las llaman «humo del mar Artico») y se producen a consecuencia del aire frío que proviene de hielos o de nieves al incidir en aguas relativamente calientes.

Las nieblas de enfriamiento a causa del descenso de la temperatura del aire ya sea por extracción de calor de él o porque se expansione el aire adiabáticamente:

a) Cuando el aire húmedo se desplaza sobre una superficie más fría, el enfriamiento del aire da origen a una condensación en forma de niebla llamada *niebla de advección*. Esta clase de niebla es la más frecuente en el mar. En la península Ibérica es la más frecuente en los primeros meses del año, cuando el agua está fría y soplan vientos moderados y húmedos de componente Sur. En el Estrecho de Gibraltar y golfo de Cádiz suele haber nieblas de advección en cualquier tiempo del año a causa de que vientos cálidos procedentes del Mediterráneo inciden en aguas frías del Atlántico. Son muy frecuentes en verano en Terranova debido a la corriente fría del Labrador que se dirige hacia el Sur encontrándose con vientos cálidos del Sur cargados de humedad a causa de la corriente caliente del Golfo de Méjico. En invierno se suelen formar esta clase de nieblas en las costas, sobre tierra, al soplar sobre la tierra fría vientos templados procedentes del mar.

b) Cuando el aire húmedo está detenido y en contacto con la tierra, que progresivamente se ha ido enfriando durante la noche, se efectúa una condensación por radiación del frío de la tierra al aire, dando origen a las *nieblas de radiación* o *nieblas terrales*. Estas nieblas, que normalmente se originan durante la noche o de madrugada, si bien se forman sobre la tierra, a veces se trasladan mar adentro unas 10 o 15 millas. Se observan con frecuencia en los valles, en los puertos y en las desembocaduras de los ríos.

c) Cuando el aire sopla contra una montaña, y es obligado a subir, se enfría adiabáticamente y comienza a formarse niebla cuando alcanza una elevación donde el aire se ha enfriado hasta la saturación. Se suelen dar vientos flojos y a estas nieblas se las llama *orográficas* o *de montaña*. Se forman a barlovento de las montañas, habiendo, generalmente, buena visibilidad a sotavento de ellas debido al fenómeno llamado *efecto Föhn*.

d) Cuando en la parte superior de una capa de humedad se origina una inversión de temperatura y debido al enfriamiento, ya sea por turbulencia o evaporación, se forma un estrato o niebla, ésta se llama *niebla de inversión*.

Esta clase de niebla, si bien por la altura a que suele tener lugar (500 o 600 metros) interesa más a los aviadores, en algunos casos puede descender hasta la superficie.

Donde más frecuente se dan esta clase de nieblas es en las regiones tropicales.

Hay otro tipo de nieblas llamadas *de mezcla*, que son resultantes del encuentro de dos clases de corrientes de aire: una fría y otra caliente o templada y húmeda. Al enfriarse la templada y húmeda da origen a una condensación en la parte frontal de la misma. Al navegante le afecta cuando esta parte frontal está sobre el mar como en las oclusiones de los frentes.

Dispersión de las nieblas. — Lógicamente, las nieblas desaparecerán al cesar el efecto que las produce, y si este efecto ha sido la condensación a causa del enfriamiento y la humedad relativa, tan pronto como la temperatura se eleve por encima de la del punto de rocío desaparecerá la condensación.

Esta elevación de temperatura en las nieblas puede efectuarse por discurrir las nieblas en aguas más templadas (se disipan las nieblas de advección), al penetrar la niebla en superficies más templadas o calentar el Sol el terreno donde se producen (se disipan las nieblas de radiación), o soplar aires más cálidos sobre las zonas de evaporación (se disipan las nieblas de vapor y nieblas fumantes). Los cambios de dirección del viento ayudan a disipar las nieblas o a trasladarlas.

El descenso de humedad relativa se consigue también al incidir viento seco en las nieblas, o cuando el viento aumenta considerablemente su intensidad, originando turbulencias al mezclar el aire de la niebla con aire más seco procedente de capas superiores, rompiendo la situación de punto de rocío.

La niebla en la navegación. — La niebla es muy peligrosa para la navegación, tanto en lo que respecta a abordajes como al conocimiento de la situación del barco.

Se puede esperar niebla cuando la temperatura del agua del mar descienda por debajo de la del punto del rocío del aire, y en invierno son de esperar también en, o frente a, las desembocaduras de los ríos.

Para la seguridad de la vida humana en la mar, así como del barco y sus intereses, deberá observarse meticulosamente lo preceptuado en el Reglamento Internacional para prevenir los abordajes en la mar, referente a señales acústicas en visibilidad reducida, reducción de velocidad, aumento de la vigilancia, etc.

En los barcos grandes, no suele ser el caso de embarcaciones de recreo, se pondrán serviolas en la proa y en la popa. También en los puntos altos o en la cofa, donde suelen ser muy útiles en caso de nieblas de poca altura, pues desde lo alto se pueden divisar los palos o las partes altas de otros barcos y de tierra. Téngase en cuenta que las nieblas pueden tener un espesor entre 2 y 300 metros.

Los serviolas, al objeto de determinar mejor los sonidos de otros barcos y su demora, pueden usar simples megáfonos o cartones en forma de troncocono, que aplicados a la oreja facilitan la audición.

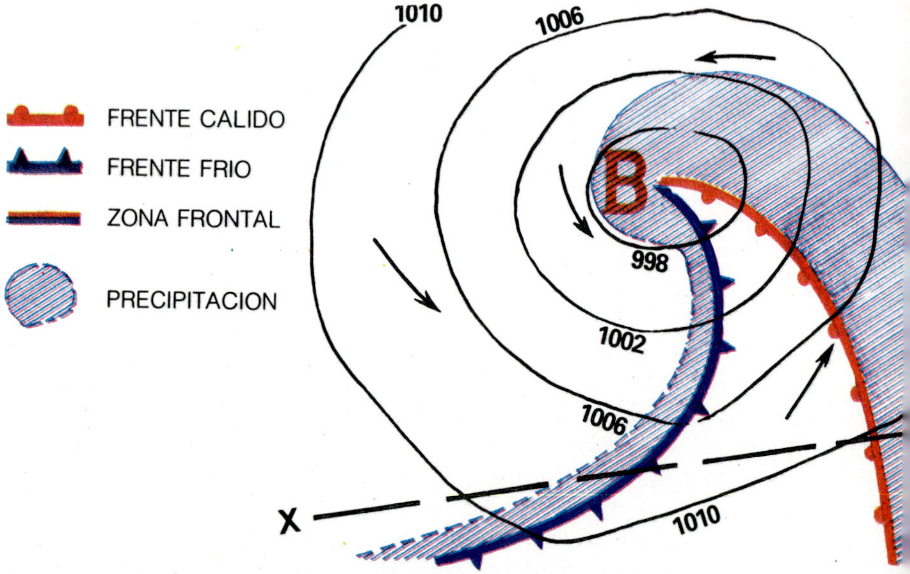
FRENTE CALIDO
FRENTE FRIO
ZONA FRONTAL
PRECIPITACION
1010
1006
B
998
1002
1006
X
1010

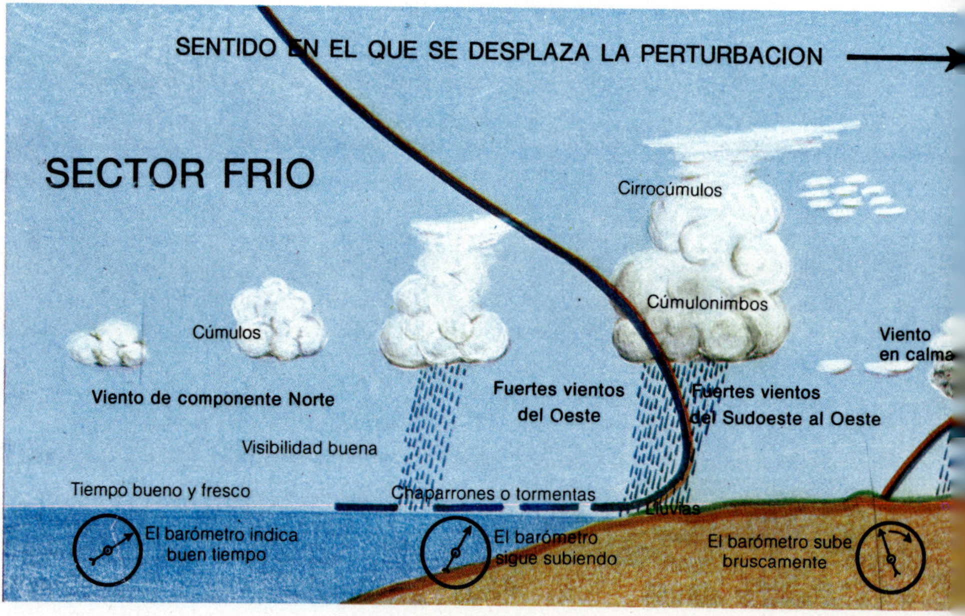
SENTIDO EN EL QUE SE DESPLAZA LA PERTURBACION
SECTOR FRIO
Cirrocúmulos
Cúmulonimbos
Cúmulos
Viento en calma
Viento de componente Norte
Fuertes vientos del Oeste
Fuertes vientos del Sudoeste al Oeste
Visibilidad buena
Tiempo bueno y fresco
Chaparrones o tormentas
Lluvias
El barómetro indica buen tiempo
El barómetro sigue subiendo
El barómetro sube bruscamente

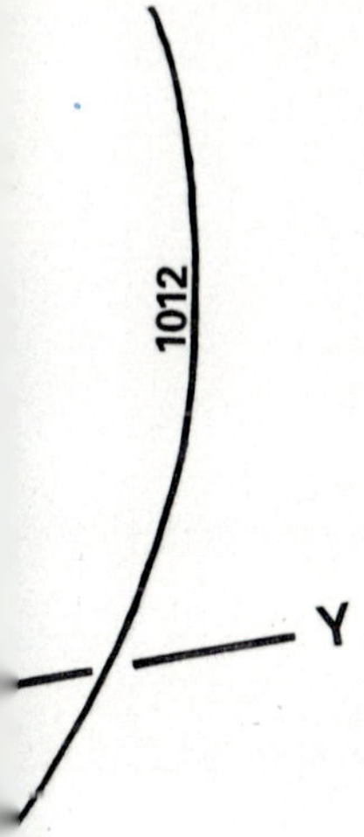

En la parte superior de este esquema se representa por medio de isóbaras alrededor de una baja, y a vista de pájaro, una perturbación en su fase de mayor desarrollo en el hemisferio Norte.

Vemos a la izquierda el frente frío y a la derecha el cálido, así como una zona rayada que corresponde a la zona de lluvias.

Si cortamos esta borrasca por un plano vertical X-Y obtendrémos lo representado en la parte inferior del esquema, en el que podemos observar: las clases de nubes en las distintas posiciones de la borrasca, las zonas frontales, la actuación del barómetro en las distintas posiciones de la borrasca, las distintas clases de tiempo, zonas de lluvias, etc.

Este corte representado puede corresponder al paso de la borrasca por el lugar donde nos encontramos, o sea que el plano vertical X-Y discurra sobre nosotros, con lo que, si sabemos la velocidad de avance de la borrasca, podremos prever la clase de tiempo que tendremos. Si el paso de la borrasca, por encima y con respecto a nosotros, correspondiera a otra situación del plano X-Y, lógicamente, nos daría otra representación.

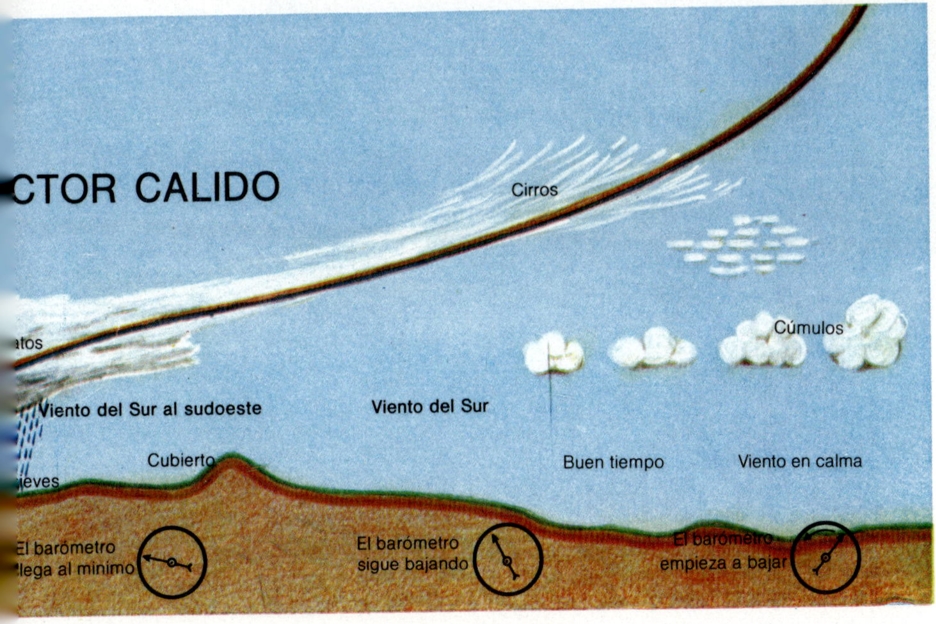

Fig. 379

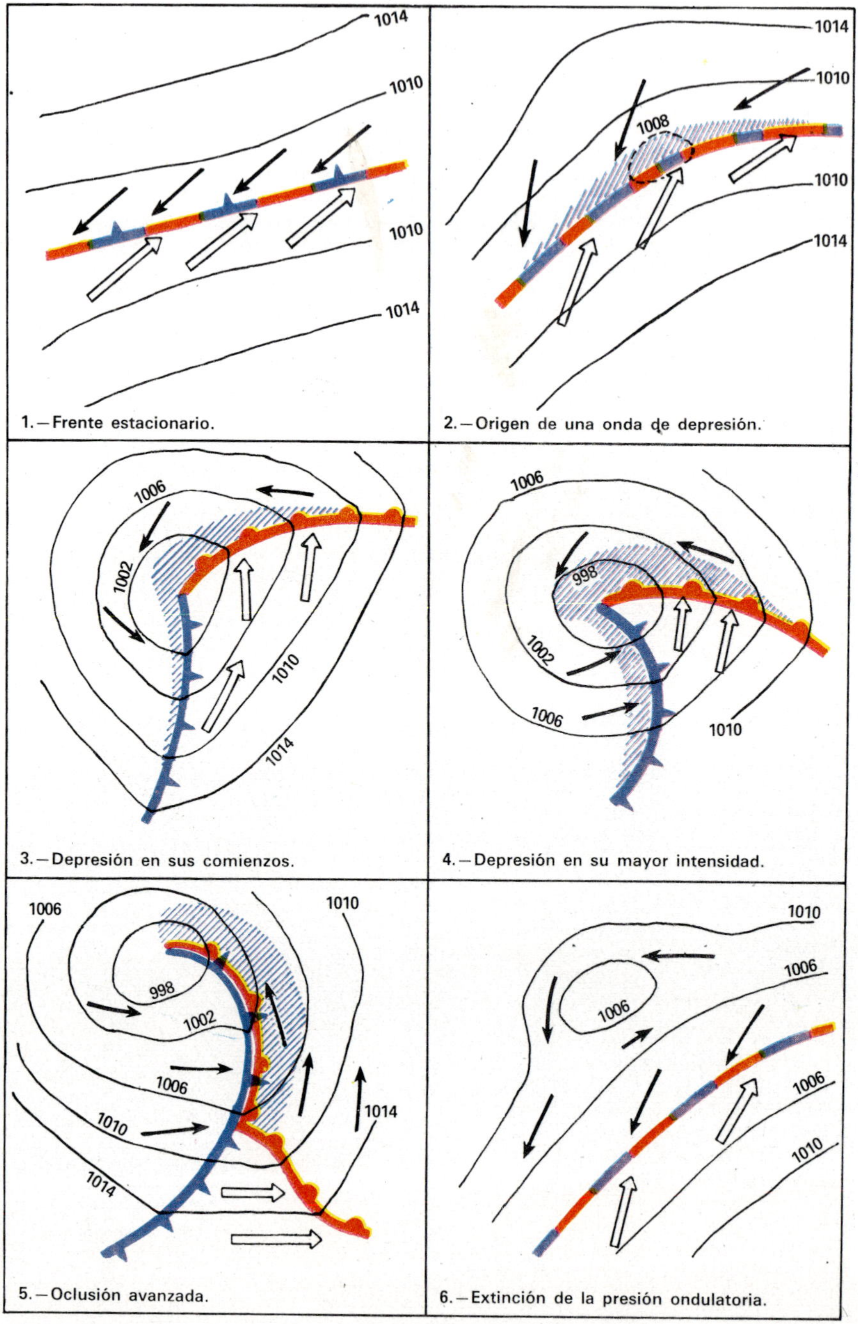

Fig. 380. Esquema de la evolución de una depresión ondulatoria

Los riesgos en la navegación han quedado reducidos con el empleo del radar, si bien el llevar radar no exime del cumplimiento del Reglamento de Abordajes, ya que la información obtenida mediante dicho instrumento puede ser errónea o incompleta, debido a que la detección puede estar afectada por factores meteorológicos, que originan reducción en el alcance por la atenuación de los impulsos al aumentar la humedad o inexactitud en las distancias por la refracción de los mismos.

FENÓMENOS ELÉCTRICOS: SU INFLUENCIA EN LA AGUJA. — En las nubes se establecen cargas eléctricas que pueden alcanzar grandes diferencias de potencial entre dos nubes, entre las nubes y la tierra e incluso entre distintas partes de la misma nube. Estas diferencias de potencial pueden dar lugar en forma de chispas a fuertes descargas eléctricas llamadas *rayos*. El *relámpago* es el fenómeno luminoso que acompaña al rayo.

La caída de un rayo en el barco o en sus proximidades, cosa poco frecuente, puede causar una desviación en la aguja, ya sea temporal o permanente, debido a la influencia magnética que ha podido producir la descarga, y habrá que tenerlo en cuenta comprobando la corrección de la misma.

El fuego de San Telmo, que es una concentración de electricidad estática acumulada en el buque y que tiende a descargarse por los extremos de los palos o vergas produciendo un resplandor en dichos extremos y una explosión sorda, también puede afectar a la aguja, si bien en menor grado que el rayo.

Las auroras boreales que coinciden con tempestades magnéticas también pueden perturbar, si bien en menor grado, el magnetismo de la aguja.

FRENTES. — Comoquiera que los mapas del tiempo están al alcance de todos, ya sea por los periódicos o televisión, ya por clave o por facsímil, daremos aquí algunas aclaraciones útiles sobre ellos.

Estos mapas meteorológicos están representados en base al campo de la presión, es decir: en base a las isóbaras, de las que ya hemos hablado anteriormente. También observamos dibujados en ellos, la mayoría de las veces, los *frentes*.

La atmósfera no es homogénea y está dividida en grandes *masas de aire*, que se diferencian entre ellas, principalmente, en su *humedad* y en su *temperatura*. Estas vastas porciones de atmósfera se mantienen homogéneas dentro de una misma región aérea y en sentido horizontal, si bien al trasladarse fuera de sus regiones de origen, a causa de las leyes de circulación general atmosférica, modifican generalmente sus propiedades. A estas masas de aire, y de acuerdo con sus orígenes o fuentes, se las denomina: ártica (A), polar (P), tropical (T) y ecuatorial (E). Estas cuatro clases de masas de aire se subdividen en marítimas y continentales a excepción de las ecuatoriales, y en cuanto abandonan su región de origen se clasifican en masas frías y masas cálidas, según que su temperatura sea inferior o superior a la del suelo sobre el que circulan, o sea, que este aspecto de frías y cálidas es relativo a la temperatura del suelo sobre el que se mueven.

Las masas de aire frío, generalmente árticas o polares, al descender a latitudes más templadas contactan con superficies más calientes. Las capas que sufren calentamiento provocan una inestabilidad al dar origen a un gradiente vertical de temperatura, que a la vez da origen a nubosidad de tipo de desarrollo vertical (cúmulos y cumulonimbos), a vientos a ráfagas, a precipitaciones en forma de chubascos; todo ello con buena visibilidad. Esta inestabilidad es tanto más acentuada cuanto más humedad tenga la masa de aire.

Las masas de aire cálido proceden de las zonas tropicales o ecuatoriales y su función es estabilizadora, pues al discurrir sobre zonas o suelos más fríos y enfriarse sus capas inferiores hacen disminuir el gradiente térmico vertical, por lo que los vientos serán de intensidad constante y más bien baja, la nubosidad de tipo estratiforme, las precipitaciones en forma de lloviznas o lluvias suaves y continuas y la visibilidad regular o mala.

Si estas dos masas de aire fría y cálida, se ponen en contacto dan origen a una zona donde las propiedades de cada masa se mezclan. Esta zona se llama *zona frontal* y su espesor puede variar de cientos de metros a millares.

La intersección de esta zona frontal, que la consideramos como una superficie, con la tierra es lo que se llama *frente*. Las zonas frontales normalmente están inclinadas debido al giro de la tierra y a las velocidades de las masas de aire (fig. 379).

Los frentes pueden ser fríos y cálidos. Es *frente frío* aquel en que el aire frío desplaza al aire cálido, y *frente cálido* es en el que el aire cálido desplaza al aire frío. *Frente estacionario* se llama al en el que no hay desplazamiento de masas, por lo que es poco activo. El *frente ocluido* (oclusión de la borrasca) se debe a que el frente frío se traslada con más velocidad que el cálido, estrechándole y haciéndole desaparecer (fig. 380 punto 5).

Hay dos clases de oclusiones: en la figura 381 se representa una oclusión de frente frío, ya que el aire que va delante es menos frío que el que va detrás; y en la figura 382 se representa una oclusión de frente caliente, ya que el aire de retaguardia es más cálido que el de vanguardia.

Es de observar en los frentes la cuña de aire frío bajo la masa de aire cálido que asciende. En los frentes cálidos el ascenso del aire es espontáneo e implica condensación, por lo que las nubes abarcan una gran extensión solapándose unas clases de nubes con otras, figura 379, mientras que en los frentes fríos la ascensión del aire es forzada, porque es la cuña de aire frío la que fuerza a elevarse al aire caliente, y las nubes tienen forma de cúmulos o cumulonimbos.

Al reflejar las isóbaras en los mapas del tiempo, se representan los campos de presión y, por lo tanto, los vientos (aspecto dinámico o hidrodinámico), y al representar los frentes, o los límites de separación de las distintas masas de aire, se representa el aspecto termodinámico.

Los frentes fríos en los mapas del tiempo se representan con trazo azul con picos azules triangulares y los cálidos con trazo rojo y sericírculos rojos sobre el trazo.

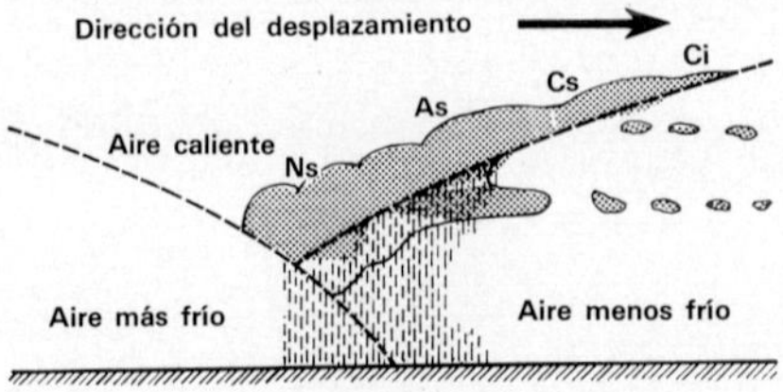

Fig. 381. Oclusión de frente frío

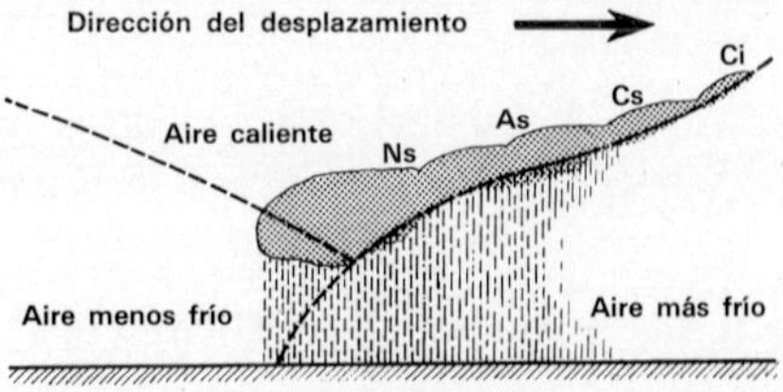

Fig. 382. Oclusión de frente cálido

PREDICCION DEL TIEMPO. — Si bien para predecir el tiempo es necesario un dominio de la teoría y una larga experiencia del predictor, podemos dar algunas indicaciones sencillas, que a la vista de un mapa del tiempo, nos faciliten la interpretación del mismo. Lo de predecir el tiempo es mucho más complicado y se hace en base a un estudio consecutivo de los diferentes mapas del tiempo a cortos intervalos y con un tanto por ciento de probabilidades basado en la experiencia, pero de un mapa del tiempo podemos sacar bastantes conclusiones reales, lógicas y provechosas.

Actualmente en los barcos se puede disponer de información meteorológica, ya sea en forma de boletines y avisos radiados, ya en mapas del tiempo difundidos por clave o por facsímil, y en tierra los difundidos por televisión, periódicos, institutos hidrográficos, capitanías de puerto, etc.

Del estudio de los mapas del tiempo, máxime si se ayudan con las observaciones de instrumentos (barómetro, termómetro, psicrómetro, anemómetro, etc.) y con las de tipo visual como nubes, brillo del sol, dirección del viento, etc., se pueden sacar conclusiones fundamentales.

En la observación de los mapas del tiempo debemos tener en cuenta:

A) *Dirección del viento:* El viento gira en el sentido de las manecillas del reloj alrededor de una presión alta, y en sentido contrario en una baja.

La dirección del viento es el de las isóbaras, si bien cerca del centro de la alta el viento se desvía hacia fuera, formando un ángulo entre 10 y 25 grados (dependiendo de la intensidad de dicha alta), y cerca del centro de las bajas un ángulo hacia dentro de 10 a 20 grados.

B) *Intensidad del viento:* La intensidad del viento va en función del gradiente barométrico. Cuanto más cercanas estén las isóbaras más fuerte será el viento.

C) *Estado de la mar:* Dependerá de la intensidad del viento y del tiempo que ha estado soplando en la misma dirección.

D) *Desplazamiento de los frentes:* Si no hay datos se les puede asignar una velocidad de 20 a 30 nudos y en el hemisferio Norte de dirección de avance hacia el ENE. En el hemisferio Sur hacia el ESE. Si se tienen varias observaciones consecutivas será fácil deducir la velocidad de desplazamiento.

E) *Depresiones secundarias:* Son depresiones que aparecen en la proximidad de las principales, y que a veces se intensifican y llegan a suplantar a la principal. Normalmente se funden con ella.

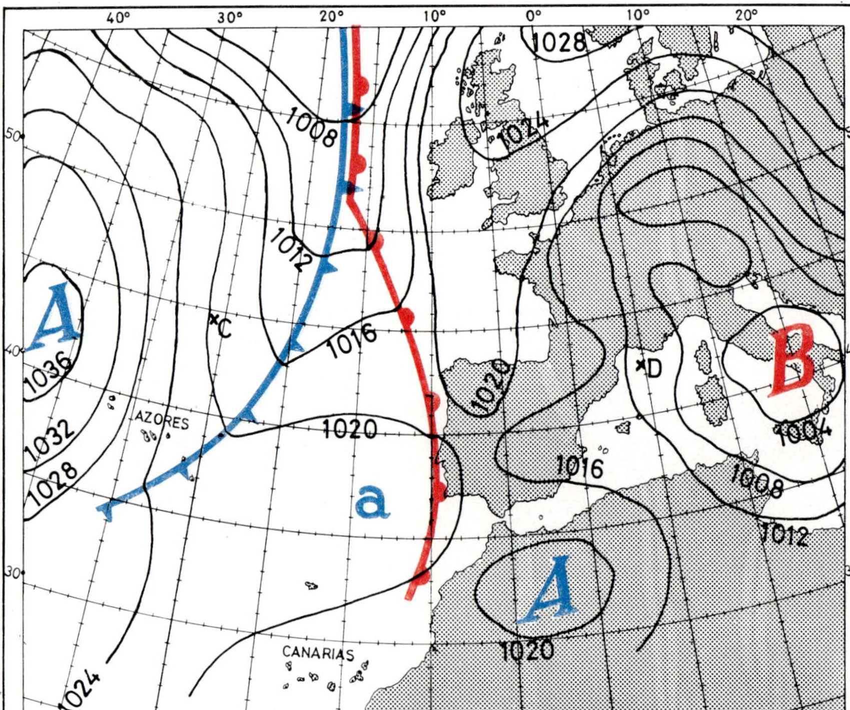

Fig. 383. Situación meteorológica a 12-00 horas del día 15-3-80

F) *Isotermas en V:* En las cercanías de la línea de vértices de las isóbaras en forma de V, y precediéndola, cuando se trata de que corresponden a un frente caliente, habrá lluvias persistentes seguidas de tiempo apacible y nuboso, y cuando se trata de un frente frío habrá turbonadas seguidas de tiempo claro y frío. Si se trata de un frente ocluido habrá mucha nubosidad.

Veamos un ejemplo práctico: en la figura 383 vemos representado el mapa del tiempo previsto para las 1200 horas del día 15 de marzo de 1980. Tomamos dos situaciones, los puntos C y D, sobre las que podremos pronosticar el tiempo siguiente:

Punto C. — Soplarán vientos del NW de 25 a 35 nudos (esta intensidad tan alta se deduce por el largo trayecto de las isóbaras en la misma dirección, lo que se llama «fetch», lo que quiere decir que los vientos soplan en esa dirección desde muy lejos y por ello han ido aumentando en intensidad). Disminución de la nubosidad quedando cúmulos y cumulonimbos con aguaceros ocasionales cada vez menos frecuentes (esto se deduce porque se ve que ya ha pasado el frente representado en la figura y que normalmente se desplaza hacia el E o ENE). Posteriormente el cielo quedará poco nuboso o despejado. La mar debe estar, por la intensidad del viento, con olas de 3 y 4 metros. Posteriormente quedará una mar de fondo entre 5 y 6 metros.

Punto D. — Vientos del NW de 35 a 45 nudos debido a la orografía de Francia que encallejona el viento de esa procedencia, ya que el viento debería ser del Norte y le correspondería una intensidad menor ya que las isóbaras no están muy juntas. La nubosidad será abundante por estar cerca del centro de una baja. La mar estará entre 3 y 4 metros. La tendencia será de que la borrasca se desplace hacia el Este con lo que la corriente de vientos del NW en el Golfo de León disminuirá de fuerza, para posteriormente ser vientos variables. La mar disminuirá rápidamente, quedando una mar de fondo de poca altura por estar dicho lugar a sotavento y relativamente próximo a tierra.

Capítulo 59

EL AGUA DEL MAR Y CORRIENTES MARINAS

EXTENSIÓN DE LOS MARES: IDEA DE LA COMPOSICIÓN DEL AGUA DE MAR. — El agua cubre casi las tres cuartas partes (el 71 %) del globo terrestre y está repartida en forma muy desigual. En el hemisferio Norte llega a cubrir cerca del 60 % y en el hemisferio Sur el 80 %.

En la distribución del agua se pueden observar tres grandes océanos: el Atlántico, el Pacífico y el Indico, comunicados entre sí en el hemisferio Sur, y diez mares de importancia que se adentran en los continentes.

Excepto en costas acantiladas, después de los límites de la tierra hacia el mar, aparecen las playas y el perfil del fondo va inclinándose con un ángulo muy variable, siendo muy pequeño en lo que se llama *plataforma continental.* El límite de esta plataforma se suele tomar como el de 200 metros de profundidad.

Las partes más profundas de los océanos o mares se las llama *fosas* y las partes más elevadas en forma de picos o cumbres y que tienen menos de 15 metros de profundidad se denominan *bajos.*

La mayor fosa conocida está al sur de las Marianas, la de Witjas, con más de 11.000 metros de profundidad.

Las líneas que unen los puntos de igual profundidad se llaman *isobáticas,* dibujadas en las cartas y que normalmente se las llama *veriles.*

Salinidad del agua de mar. — El agua tiene una gran capacidad para disolver muchos cuerpos sólidos y gaseosos y por ello en el agua de mar se pueden encontrar indicios de muchísimas sustancias orgánicas e inorgánicas.

De 100 partes de agua de mar 96,5 son de agua pura y 3,5 de sales en disolución y demás cuerpos.

La cantidad y clase de sales marinas varía de un lugar a otro. En el mar Rojo es del 41 por mil, en el Mediterráneo del 37 por mil y el promedio mundial se considera en un 34,7 por mil.

La proporción de las sales más importantes encontradas en el agua de mar se detalla a continuación:

	Gramos por Kg	Porcentaje de sales
Agua	965,0	——
Cloruro sódico . .	27,1	77,4 %
Cloruro de magnesio .	3,8	10,9 %
Sulfato de magnesio .	1,2	3,4 %
Sulfato cálcico . .	0,8	2,3 %
Sulfato potásico . .	0,4	1,2 %
Carbonato cálcico . .	0,1	0,3 %
Bromuro de magnesio .	0,07	0,2 %
Residuos diversos . .	1,53	4,3 %

La densidad es directamente proporcional a la salinidad e inversamente proporcional a la temperatura, ya que a mayor temperatura la masa ocupa mayor volumen y por lo tanto menor densidad. Oscila entre unos mares y otros de 1,021 a 1,0275, habiéndose tomado como densidad media la de 1,026.

Esta característica física de la densidad es tomada en cuenta, especialmente en los buques de carga, para el cálculo de los desplazamientos, pues un buque con el mismo calado en agua dulce que en agua salada lleva más carga en agua salada y equivale al valor del volumen sumergido por la diferencia de densidad entre las dos aguas.

CORRIENTES MARINAS: SUS CAUSAS. — Son desplazamientos superficiales de grandes masas de agua a través de los océanos y mares. El origen de este traslado se atribuye a varias causas, entre las que destacan tres: diferencia de densidad en las aguas, empuje del viento y desplazamiento de agua por causa de las mareas. El origen de la primera causa se atribuye a la mayor evaporación que existe en las aguas ecuatoriales.

La fuerza de Coriolis, debida a la rotación de la Tierra, desvía la trayectoria de las corrientes hacia la derecha en el hemisferio Norte y hacia la izquierda en el hemisferio Sur, y también se desvían a causa de la configuración del fondo.

En la figura 384 se reproducen las principales corrientes marítimas.

Las corrientes influyen notoriamente en los climas de las regiones que bañan o que pasan cerca, y así España se ve influenciada en su costa atlántica por la corriente del Gulf-Stream, corriente caliente del golfo de Méjico que sale por el estrecho de la Florida, recorre la costa de EE.UU. hasta el cabo Hatteras y allí se desvía hacia las Islas Británicas y Noruega. Una de las ramas se dirige a las costas del Labrador y de Groenlandia y otras vienen a Canarias, costa de Portugal y golfo de Vizcaya.

Esta corriente transporta calor del golfo de Méjico y del trópico, por lo que suaviza los climas de los litorales que baña, entre ellos el de España.

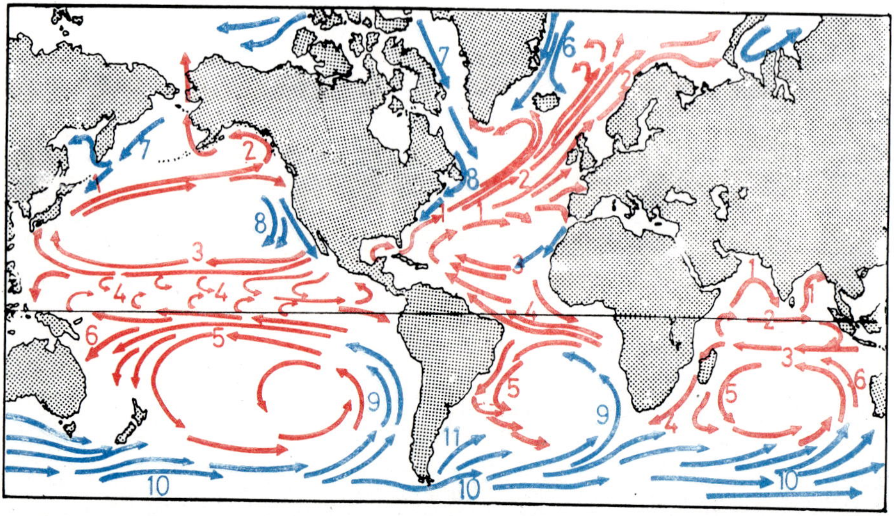

Fig. 384. *Principales corrientes calientes. Océano Atlántico*: 1. Corriente del Golfo o Gulf Stream. 2. C. del Atlántico Norte. 3. C. de Canarias. 4. C. Ecuatorial del Sur. 5. C. del Brasil. *Océano Pacífico*: 1. Corriente Kuro Shío. 2. C. de Alaska. 3. C. Ecuatorial del Norte. 4. Contracorriente Ecuatorial. 5. C. Ecuatorial del Sur. 6. Corriente de Australia. *Océano Indico*: 1. Corriente del Monzón. 2. Contracorriente Ecuatorial. 3. Corriente Ecuatroal del Sur. 4. C. de Mozambique. 5. C. de Madagascar. 6. C. de Australia. *Corrientes frías. Océano Atlántico*: 6. Corriente Oriental de Groenlandia. 7. C. de Tierra de Baffín. 8. C. del Labrador. 9. C. de Benguela. 10. C. del Antártico. 11. C. de las Malvinas. *Océano Pacífico*: 7. C. de Oya Shío. 8. C. de California. 9. C. de Humboldt. 10. C. del Antártico. *Océano Indico*: 10. C. del Antártico.

Casi todas las corrientes engendran unas *contracorrientes* locales o generales que pueden ser de igual o diferente temperatura que la principal, superficiales o submarinas y de menor intensidad.

El sistema de corrientes marítimas superficiales, por el rozamiento de los vientos dominantes en la superficie de los mares, está directamente relacionado con la circulación general de los vientos en la atmósfera.

Para medir las corrientes en su dirección e intensidad se usan los *correntómetros* hechos a base de una hélice y una aguja, anclados en un lugar determinado, y que van registrando las variaciones de intensidad y rumbo de las corrientes.

El rumbo de la corriente se indica hacia donde se desplaza la masa de agua y la velocidad se mide en nudos.

CORRIENTES PREDOMINANTES EN LAS DISTINTAS REGIONES DEL LITORAL ESPAÑOL. — Lo mismo que con los vientos, las corrientes pueden variar de lo que se refleja a continuación, máxime que en las proximidades de las costas españolas son corrientes de poca intensidad que los vientos, las corrientes de marea y la orografía del litoral pueden modificarlas en gran medida, especialmente en intensidad (fig. 385).

COSTA DESDE EL BIDASOA HASTA LA ESTACA DE BARES. — En este trozo de costa las corrientes son de escasa importancia. Lo más general es que a lo largo de esta costa haya una corriente procedente de la corriente general oceánica que entra en el golfo de Vizcaya con componente SE y que a la altura de Finisterre se divide en la componente Sur paralela a la costa de Portugal y la corriente que baña las costas del Cantábrico de componente E, de poca intensidad y que suelen dominarla los vientos reinantes, especialmente en invierno por los temporales de componente W y NW produciendo corrientes de dirección E y SE siendo entonces las corrientes más intensas del año.

Cerca de la costa está afectada por la corriente de las mareas, o sea, que es la resultante de ambas componentes juntamente con la del viento.

COSTA DESDE LA ESTACA DE BARES AL RIO MIÑO. — La corriente general del Atlántico (corriente del Golfo o *Gulf Stream*) al acercarse a las costas de la península y frente al cabo Ortegal se divide en dos ramas: la que penetra en el golfo de Vizcaya y la que se dirige hacia el Sur llamada corriente de Portugal.

Cerca de la costa la corriente es de poca intensidad y es dominada por los vientos reinantes, por lo que conviene navegar con precaución según los vientos foráneos, pues si son del SW o del NW nos puede aconchar sobre la costa.

Con vientos duros del W se experimenta, frente al cabo Finisterre y entre éste y Ortegal, una corriente considerable hacia el E a la que se le atribuyen gran parte de los naufragios ocurridos en esta costa.

Los vientos del NW al SW, si son intensos, suelen producir una sensible subida del nivel de agua en las rías; lo contrario sucede con vientos del NE.

En este trozo de costa son importantes las corrientes de marea. Tal es así que a partir del veril de los 150 metros hacia tierra entre Ortegal y Toriñana el flujo que tira hacia el E y el reflujo hacia el W llegan a alcanzar la velocidad de 2 nudos. En las proximidades de costa conviene consultar el Anuario de Mareas para tener estos efectos en cuenta.

COSTA DE PORTUGAL. — A todo lo largo de la costa W y durante el verano se nota la corriente general de Norte a Sur, llamada corriente de Portugal, y que es una de las ramas en que se divide la corriente general del Atlántico al acercarse a la península frente al cabo Ortegal. Viene a tener una intensidad promedio de medio nudo, si bien la influencia de los vientos es notoria.

Dicha influencia es más intensa en invierno con los temporales del NW y SW sumándole o restándole intensidad respectivamente.

Las corrientes de mareas, debido a la costa y excepto en la desembocadura del Tajo, son nulas o muy pequeñas.

CORRIENTES EN EL SACO DE CADIZ. — La rama de la corriente general de dirección Norte Sur es de poca intensidad, por lo que su dirección varía de acuerdo con la intensidad y dirección de los vientos reinantes. Así los vendavales del SW originan corrientes del NE en la costa africana y corrientes del N y NNW en la bahía de Cádiz, así como corrientes del NW y W en la costa de Huelva y del Algarve. Estas últimas se incorporan a la corriente general al doblar el cabo San Vicente.

Estas corrientes se hacen perceptibles en los puertos de la bahía de Cádiz al hacer subir las aguas de las pleamares por encima de lo nor-

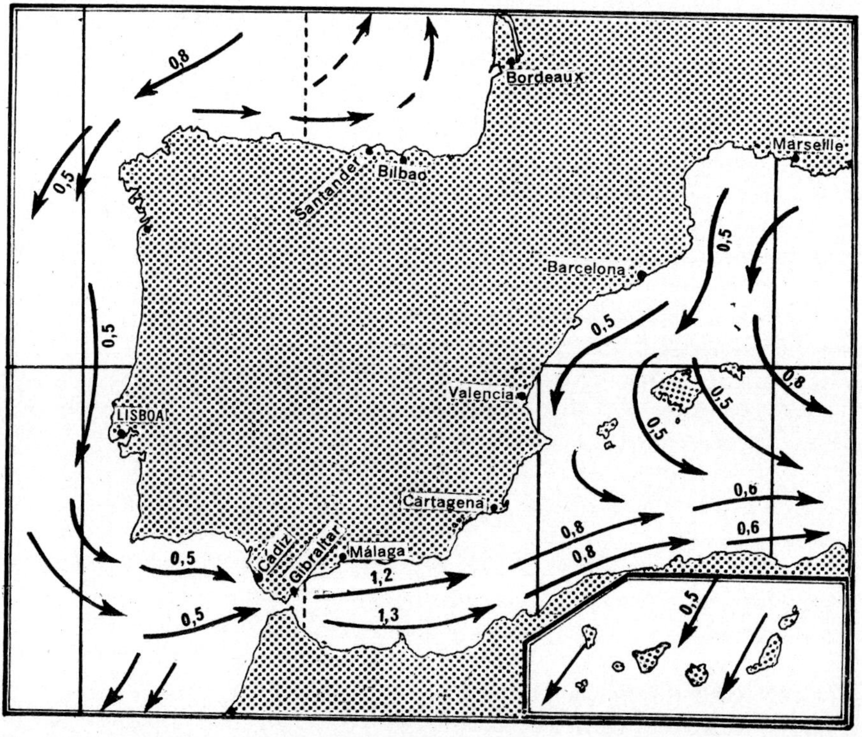

Fig. 385. Corrientes e intensidades más frecuentes en la Península Ibérica y Canarias.

mal, y han de tenerse en cuenta en la navegación, pues sumadas al abatimiento de los vendavales hacen que los barcos deriven hacia la costa de forma peligrosa, ya que cuando los vendavales son duros se puede atribuir a estas corrientes una intensidad horaria de 2 millas.

Después de que los vendavales hayan soplado varios días seguidos, y sobre todo si entran vientos de componente Norte, las corrientes corren hacia el Sur.

La única corriente constante es la del E en las proximidades de la entrada al Estrecho de Gibraltar.

CORRIENTES DEL ESTRECHO. — Esta región es de fuertes corrientes generales y de marea y el movimiento horizontal de las aguas es la resultante. Es difícil hallar unas resultantes de intensidad precisas porque en el movimiento de aguas intervienen variantes debidas a: necesidad de reponer las incesantes pérdidas de agua que, a causa de la evaporación producida por el sol y los vientos, sufre el Mediterráneo y que varían según las estaciones; cantidad de agua que aportan los ríos y lluvias, que también es variable; horarios de mareas; y efectos de los temporales de componente W. Todas estas causas hacen que la corriente principal, que siempre es por el centro del Estrecho y de componente E, varíe de una intensidad de 2 a 4,5 nudos.

En las orillas del Estrecho la corriente sigue la configuración de la costa y hacia el E., si bien con poca intensidad, que llega a anularse en profundidades menores a 40 metros.

COSTAS ESPAÑOLAS DEL MEDITERRANEO. — A 20 millas al E de Gibraltar la corriente es variable si bien predominan las de componente entre el ESE y el ENE que llegan a tener hasta tres nudos de velocidad en los meses de febrero y marzo, pero que su intensidad promedio anual es de 1,5 a 2 nudos, dándose los promedios más altos entre los meses de mayo a octubre.

A lo largo de la costa SE de España la velocidad de la corriente entrante hacia el E es variable, pudiendo estimarse entre 1 y 2 nudos desde Málaga a cabo de Gata y algo menos desde cabo de Gata hasta cabo Palos.

Entre el cabo Palos y el cabo San Antonio, la corriente se divide en dos ramas, una que se dirige al ESE hacia el Sur de las Baleares y otra que sigue al NE entrando en el golfo de Valencia.

En el golfo de Valencia los vientos frescos del NE producen una corriente hacia tierra haciendo elevar las aguas en los puertos y que, al ser desviada por el cabo San Antonio, se dirige hacia el Sur o SE a reunirse con la principal entrante del E, especialmente si al Oeste del cabo hay vientos del W. Cuando hay vientos fuertes del NW en el golfo de Valencia se origina una corriente de dirección SE que también se une a la corriente principal entrante del E.

A todo lo largo de la costa catalana corre una corriente de pequeña intensidad de dirección SW y que se une a la del golfo de Valencia.

En el golfo de León, los vientos fuertes del NW producen corrientes hacia el S y SE que fluyen entre las islas Baleares y entres éstas y Cerdeña, y que posteriormente se unen a la corriente general del E. Con vientos del SE al SW las aguas van hacia el interior del golfo, experimentándose entre las Baleares una corriente N.

CORRIENTES ENTRE EL ESTRECHO Y LAS ISLAS CANARIAS. ? Paralelamente a la costa del noroeste de Africa corre la corriente general hacia el SW y con una intensidad de 1 nudo o menos. Se nota una contracorriente muy próxima a la costa, especialmente cuando soplan vientos del SW.

Entre las islas Canarias y Africa, debido a ser prácticamente un embudo, la corriente SW aumenta la velocidad, que a veces llega a ser de 4 nudos.

Entre las Canarias la más frecuente es la corriente del SW, si bien puede girar al W y WNW entre las islas, sobre todo en verano. Su intensidad oscila entre 0 y 1,2 nudos.

Capítulo 60

OLAS. — ROMPIENTES

OLAS: SU FORMA. — Olas son las ondulaciones de la superficie del agua. La causa principal de la formación de las olas es el viento, que transmite parte de su energía a la superficie del agua por rozamiento. También pueden producir olas los maremotos, las corrientes, las erupciones volcánicas y las mareas.

Al friccionar el aire contra la superficie del agua acelera y monta ciertas partículas de ella sobre otras más estáticas y ahí empieza la pequeña ondulación que a medida que el viento le va comunicando energía va aumentando.

Si la velocidad del viento es mayor que la de las olas el viento transferirá energía a las olas, si son iguales las velocidades no habrá transmisión de energía y si la de las olas es mayor que la del viento las olas transferirán energía al viento al ser empujado por la parte de sotavento de la ola. En este último caso, al ir perdiendo energía, las olas decrecerán de tamaño y se anularán.

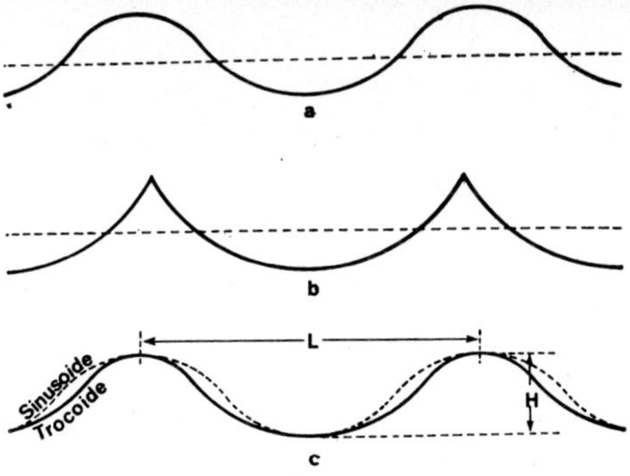

Fig. 386

Salvo excepciones, como en las olas originadas por desniveles de aguas (v. gr. en el estrecho de Gibraltar) o por corrientes, teóricamente la translación sólo afecta al movimiento oscilatorio y no a las partículas líquidas, que como se ve en la figura 387 tienen un movimiento circular volviendo a ocupar el mismo lugar.

La ondulación, y lo mismo el movimiento circular de las partículas, es superficial y a cierta profundidad las aguas están quietas. De ahí que con mal tiempo los submarinos naveguen en inmersión.

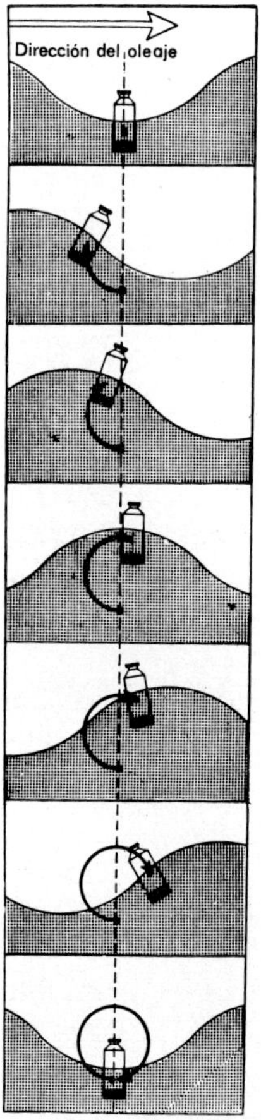

Fig. 387

El perfil de la ola es variable (fig. 386) si bien para un pequeño estudio se considera sinusoide (el verdadero perfil es una trocoide) (fig. 386 *c*).

La parte alta de la ola se llama *cresta* y la parte baja *seno*.

El oleaje puede ser de *mar de viento* y de *mar de fondo* o *tendida*. En la mar de viento las olas son directamente levantadas por él, son de forma aguda, de corta longitud de onda y muchas veces con la cresta rota. La dirección de estas olas coincide con la del viento.

La mar de fondo es la que permanece y se propaga una vez caído el viento y se caracteriza porque su perfil es sinusoidal, sus crestas son redondeadas que no llegan a romper en alta mar, y la longitud de onda es muy larga. La dirección de las olas puede o no coincidir con el viento del momento, pues su dirección depende del viento que las formó.

AMPLITUD, ALTURA Y VELOCIDAD: RELACIONES ENTRE ESTOS TRES ELEMENTOS. *Amplitud* o *longitud de onda* es la distancia que separa dos crestas o dos senos consecutivos.

La altura de la ola es la distancia vertical entre el punto más alto de la cresta y el más bajo del seno.

Velocidad de propagación es la distancia recorrida por una cresta o seno en la unidad de tiempo y que generalmente se expresa en nudos, si bien puede expresarse en metros por segundo o kilómetros por hora.

El tiempo que transcurre entre el paso de dos crestas o dos senos consecutivos por un mismo punto se llama *período*.

De la fórmula de $V \text{ (velocidad)} = \dfrac{L \text{ (longitud)}}{t \text{ (tiempo)}}$ sacamos que $L = V \cdot t$ y $t = \dfrac{L}{V}$.

Si llamados L a la longitud de onda o amplitud, H a la altura, V a la velocidad en nudos y T período en segundos, hay fórmulas conocidas y de gran exactitud que relacionan estos elementos y que representamos a continuación:

$$V = 3 \cdot T; \quad L = 1{,}6 \cdot T^2; \quad H = \frac{L}{13} \quad \text{y} \quad L = 0{,}51 \cdot V \cdot T.$$

La clasificación de la mar según la escala Internacional es la siguiente:

N.º del Código	Denominación	Altura en metros
0	Calma	0
1	Rizada	0 — 0,1
2	Marejadilla	0,1 — 0,5
3	Marejada	0,5 — 1,25
4	Fuerte marejada	1,25 — 2,50
5	Gruesa	2,50 — 4,00
6	Muy gruesa	4,00 — 6,00
7	Arbolada	6,00 — 9,00
8	Montañosa	9,00 — 14,00
9	Enorme	más de 14

Interferencia de olas. — Si se dan diferentes movimientos ondulatorios de distintas características en tamaño y dirección en una misma zona, habrá interferencia de olas, cuyo efecto se traducirá en aumento o disminución en el movimiento resultante según haya concordancia u oposición entre las fases de dichos movimientos.

La dirección del oleaje se denomina de donde viene, al igual que en los vientos, y si hay más de una mar se especificará como en el ejemplo siguiente: mar rizada del Norte y mar tendida del Oeste.

ROMPIMIENTO DE LAS OLAS: SUS CAUSAS Y EFECTOS. — Hay que distinguir entre la rotura de las olas en alta mar y en aguas de poca profundidad. En alta mar las olas romper su cresta al incrementar su altura

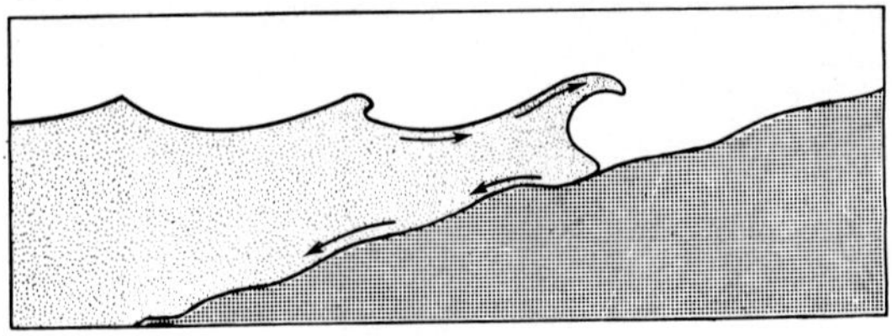

Fig. 388

desproporcionadamente a su base, fig. 386 b, haciéndose inestable. También rompen las olas al encontrarse ondulaciones de distinta dirección. Estas rompientes indican vientos duros, por lo que aumentará el oleaje llegando la mar a arbolar, por lo que los peligros que entrañan más se refieren al estado del oleaje que a la rotura en sí, es decir: según la magnitud de las olas la embarcación no debe atravesarse a la mar para no poner en peligro la estabilidad. Por lo demás es frecuente que el buque embarque agua por los rociones arrastrados por el viento.

El verdadero rompimiento de las olas se produce en aguas de poca profundidad, donde al perder inercia la parte baja de la ola por rozamiento con el fondo, la parte alta sigue su avance y la ola se hace asimétrica y presenta una pendiente muy acusada en la parte de sotavento o parte hacia donde va el movimiento ondulatorio, que hace que las aguas de la parte alta de la ola se derrumben. El movimiento circulatorio del agua se hace de traslación (fig. 388), lo cual entraña un serio peligro para navegar, pues dicho movimiento influye en el gobierno, haciendo a veces perderlo, y que ha de ser proa o popa a las olas según se explicó en otro capítulo. Otro peligro es que las crestas rotas pueden embarcar gran cantidad de agua en embarcaciones de poco porte, con lo que, si la estanqueidad o flotabilidad no son buenas, pueden zozobrar.

ROMPIENTES. — Las rompientes se presentan con gran cantidad de espuma en lugares de poco fondo. Si se producen en una playa grande con gradiente (pendiente) homogéneo y con un oleaje vertical se verán líneas de rompientes paralelas a la playa. Si fueran inclinadas es que hay corrientes. La velocidad de traslación de las aguas será menor a medida que se van acercando a la playa por la pérdida progresiva de inercia.

Cuando se producen rompientes en arrecifes, bajos o barras se presentan en líneas irregulares y ha de tenerse en cuenta que la espuma estará a sotavento de ellos, que las aguas llevan velocidad de traslación y que puede haber remolinos fuertes.

DERECHO MARITIMO

Capítulo 61

ORGANOS DE ADMINISTRACION MARITIMA

MINISTERIO DE DEFENSA. — El decreto 1.558/77 de cuatro de julio en su artículo dos crea el Ministerio de Defensa, integrando a los antiguos Ministerios Militares y señalándole unas funciones y responsabilidades que rebasan el campo estrictamente militar para extenderse al más amplio de la Defensa Nacional.

El Ministerio de Defensa es el órgano de la Administración Central del Estado encargado de la ordenación y coordinación de la política general del Gobierno en cuanto se refiere a la Defensa Nacional, así como de la ejecución de la política militar correspondiente.

La estructura del Ministerio de Defensa comprende.

Uno. — Los órganos de mando y dirección de la cadena de mando militar de cada uno de los tres ejércitos.

Dos. — Los órganos político-administrativos que por su naturaleza no se encuentren encuadrados en la cadena de mando militar.

Tres. — La Dirección General de la Guardia Civil.

Cuatro. — Los órganos de información y relación dependientes directamente del ministro.

Cinco. — Los altos organismos consultivos y de asesoramiento del ministro.

La cadena de mando militar del Ministerio de Defensa estará integrada por los Jefes de Estado Mayor de cada Ejército, por sus Cuarteles Generales respectivos y por los órganos de la Administración Militar dependientes de los mismos.

Misión de la Armada. — La Armada, parte orgánica del Ministerio de Defensa, cuyo mando supremo lo ejerce Su Majestad el Rey, es ante todo y solidariamente con las demás Fuerzas Armadas de la nación, garantía de la unidad e independencia de la Patria, de la integridad de su territorio, de la seguridad nacional y de la defensa del orden constitucional.

Por misión específica tiene los objetivos marítimos de la nación en paz y en guerra, tales como: desarrollar la estrategia naval derivada de la estrategia general o militar de la nación; prever amenazas en el ámbito marítimo; asegurar las comunicaciones marítimas; ser instrumento de la política exterior; proteger los intereses marítimos nacionales; velar por el cumplimiento de las Leyes y Convenios nacionales e internacionales en el ámbito marítimo.

ZONAS MARÍTIMAS. — El espacio marítimo en el que normalmente actuará la fuerza en defensa de los intereses nacionales se organiza en Zonas Marítimas (antes llamadas Departamentos Marítimos y Bases marítimas). El conjunto de Zonas Marítimas constituye la organización permanente del espacio marítimo.

Se entiende por Zona Marítima un amplio espacio de mar controlado y el litoral que comprende, en el que las operaciones navales han de responder a cierta unidad estratégica naval. Incluye también las instalaciones para apoyo operativo y logístico de la Fuerza y los medios precisos para la investigación de la zona, el control del tráfico marítimo y la acción de sus fuerzas, así como el ejercicio de la jurisdicción en la demarcación territorial que establecen las disposiciones jurídico-administrativas del Estado. Son cuatro:

1. *Zona Marítima del Cantábrico*, con cabecera en el Ferrol del Caudillo. Comprende las aguas del Golfo de Vizcaya y las oceánicas frente a la costa noroeste de la Península Ibérica y está apoyada en el litoral limitado por las desembocaduras de los ríos Bidasoa y Miño.

2. *Zona Marítima del Estrecho*, con cabecera en Cádiz. Comprende el saco de Cádiz y el mar de Alborán, y está apoyada en la costa limitada por la desembocadura del río Guadiana y el Cabo de Gata.

3. *Zona Marítima del Mediterráneo*, con cabecera en Cartagena. Comprende las aguas del Mediterráneo occidental, excepto el mar de Alborán, y está apoyada en la costa limitada por el cabo de Gata y el cabo Cerbere, con las Islas Baleares.

4. *Zona Marítima de Canarias*, con cabecera en Las Palmas de Gran Canaria. Comprende las aguas del Oceano Atlántico controlables desde las Islas Canarias y está apoyada en dichas islas.

El grado de los mandos de las Zonas Marítimas del Cantábrico, Estrecho y Mediterráneo será de Almirante de la Armada con la denominación de Capitán General de la Zona Marítima, y el mando de la Zona Marítima de Canarias de Vicealmirante con la denominación de Comandante General de la Zona Marítima.

Todo el territorio nacional, y a efectos relacionados con la Marina de Guerra, está dividido en cinco Demarcaciones Territoriales correspondientes a las cuatro Zonas Marítimas y a la Jurisdicción Central de Madrid, y quedan establecidas como sigue:

a) Zona Marítima del Cantábrico: Comprende las provincias de La

Coruna, Lugo, Orense, Pontevedra, Oviedo, Burgos, Logroño, Santander, Álava, Guipúzcoa, Vizcaya y Navarra.

b) Zona Marítima del Estrecho: Abarca las provincias de Almería (excepto los partidos judiciales de Cuevas de Almanzora, Sorbas y Vera), Cádiz, Córdoba, Granada, Huelva, Jaén, Málaga, Sevilla y Badajoz, plazas de Ceuta y Melilla, islas Chafarinas y de Alborán y peñones de Alhucemas y Vélez de la Gomera.

c) Zona Marítima del Mediterráneo: Se extiende a las provincias de Almería (partidos judiciales de Cuevas de Almanzora, Sorbas y Vera), Albacete, Murcia, Alicante, Castellón de la Plana, Valencia, Barcelona, Gerona, Lérida, Tarragona y Baleares.

d) Zona Marítima de Canarias: Comprende las provincias de Las Palmas y Santa Cruz de Tenerife.

e) La Jurisdicción Central se extiende a las provincias de Cáceres, Ciudad Real, Cuenca, Guadalajara, Madrid, Toledo, León, Salamanca, Zamora, Ávila, Palencia, Segovia, Soria, Valladolid, Huesca, Teruel y Zaragoza.

COMANDANCIAS Y AYUDANTIAS DE MARINA.— El litoral del territorio nacional se divide en Provincias Marítimas, y éstas en Distritos Marítimos. Unas y otras se clasifican según su importancia, estando al mando

DIVISIÓN DEL LITORAL EN PROVINCIAS Y DISTRITOS

PROVINCIAS		DISTRITOS		Límites	Región de pesca
Nombre	Clase	Nombre	Clase		
San Sebastián	1.ª	San Sebastián Pasajes	—	Desde la frontera con Francia hasta Punta Anarri.	
		Guetaria-Orio	2.ª	Desde Punta Anarri hasta punta Saturrarán.	
Bilbao	1.ª	Ondárroa	2.ª	Desde punta Saturrarán a punta Planchagania.	Cantábrica
		Lequeitio	2.ª	Desde punta Planchagania a cabo Ogoño.	
		Bermeo	2.ª	Desde cabo Ogoño a punta Barasorda.	
		Bilbao	—	Desde punta Barasorda a la ensenada de Ontón.	

PROVINCIAS		DISTRITOS		Límites	Región de pesca
Nombre	Clase	Nombre	Clase		
Santander	1.ª	Castro Urdiales	2.ª	Desde ensenada de Ontón a punta Sonabía.	Cantábrica
		Laredo	2.ª	Desde punta Sonabía a paralelo de Montehano.	
		Santoña	2.ª	Desde paralelo de Montehano a cabo Ajo.	
		Santander	—	Desde cabo Ajo a atalaya de San Juan de la Canal.	
		Requejada	2.ª	Desde atalaya de San Juan de la Canal a punta Ruiloba.	
		San Vicente de la Barquera	2.ª	Desde punta Ruiloba a ría de Tina Mayor (límite provincial).	
Gijón	1.ª	Llanes	2.ª	Desde ría de Tina Mayor a cabo de Mar.	Cantábrica
		Ribadesella	2.ª	Desde cabo de Mar a punta de la Isla.	
		Lastres	2.ª	Desde punta de la Isla a punta de la Entornada.	
		Gijón-Musel	—	Desde punta de la Entornada a punta Socampo.	
		Luanco	2.ª	Desde punta Socampo a cabo Peñas.	
		Avilés	1.ª	Desde cabo Peñas a punta del Cogollo.	
		San Esteban de Pravia	2.ª	Desde Punta del Cogollo a Punta de la Vallota.	
		Luarca	2.ª	Desde punta de la Vallota a ría de Ribadeo (límite provincial).	
El Ferrol del Caudillo	1.ª	Ribadeo	2.ª	Desde la ría de Ribadeo a punta Nois.	Noroeste
		Vivero	2.ª	Desde punta Nois a punta de la Estaca de Bares.	
		Santa Marta	2.ª	Desde punta de la Es-	

PROVINCIAS		DISTRITOS		Límites	Región de pesca
Nombre	Clase	Nombre	Clase		
		de Ortigueira		taca de Bares a punta Chirlateira.	
		El Ferrol	—	Desde punta Chirlateira a punta Carboeira.	
La Coruña	1.ª	Sada	2.ª	Desde punta Carboeira a punta de la Torrella.	
		La Coruña	—	Desde punta de la Torrella a punta Saldoira.	
		Corme	2.ª	Desde punta Saldoira a punta Morelo.	
		Camariñas	2.ª	Desde punta Morelo a punta de la Vela (o Cusiñadoiro).	
		Corcubión	1.ª	Desde punta de la Vela a punta Remedios.	
		Muros	2.ª	Desde punta Remedios a isla Quiebra.	
		Noya	2.ª	Desde isla Quiebra a punta Río Sieira.	
Villagarcía de Arosa	1.ª	Santa Eugenia de Ribeira	2.ª	Desde punta Río Sieira a punta Aguiuncho, con la isla de Sálvora.	
		Caramiñal	2.ª	Desde punta Aguiuncho a punta Portomouro.	
		Villagarcía	—	Desde punta Portomouro a arroyo Currás.	Noroeste
		Cambados	2.ª	Desde arroyo Currás a río Umia, con la isla de Arosa.	
		El Grove	2.ª	Desde río Umia a punta Fajilda, con la isla de La Toja.	
Vigo	1.ª	Portonovo	2.ª	Desde punta Fajilda a río Lérez.	
		Marín	1.ª	Desde río Lérez a isla de San Clemente.	
		Bueu	2.ª	Desde isla de San Clemente a punta Mor-	

PROVINCIAS		DISTRITOS		Límites	Región de pesca
Nombre	Clase	Nombre	Clase		
				cejos (con las islas Ons y Onza).	
		Cangas	2.ª	Desde punta Morcejos a punta Domayo.	
		Redondela	2.ª	Desde punta Domayo a río Grila (límite SW. de la caleta de San Fausto).	
		Vigo	—	Desde río Grila a cabo Estay, con las islas Cíes.	Noroeste
		Bayona	1.ª	Desde cabo Estay a punta Orelluda.	
		La Guardia	2.ª	Desde punta Orelluda, por el río Miño, hasta la confluencia con el río Barjas o Troncoso.	
Huelva	1.ª	Ayamonte	1.ª	Desde la frontera portuguesa a punta de la Mojarra.	
		Isla Cristina	2.ª	Desde punta de la Mojarra a río de las Piedras.	
		Huelva	—	Desde río de las Piedras a Torre de la Higuera.	
Sevilla	1.ª	Sanlúcar	1.ª	Desde Torre de la Higuera a El Puntazo.	
		Sevilla	—	Desde Caño del Yeso a Alcalá del Río.	
Cádiz	1.ª	Rota	2.ª	Desde El Puntazo a punta Huete.	
		Pto. Sta. María	1.ª	Desde punta Huete a Caño de La Carraca.	
		Cádiz	—	Desde río Arillo, en el interior de la bahía, a la mitad del muro de defensa del estero del Molino (antigua desembocadura del	Suratlántica

PROVINCIAS		DISTRITOS		Límites	Región de pesca
Nombre	Clase	Nombre	Clase		
				río Arillo en el litoral).	
		San Fernando	2.ª	Desde la mitad del muro de defensa del Estero del Molino a la torre del Puerco, por el litoral, y desde el río Arillo en la bahía, por ésta, al Caño de La Carraca, con todo el Caño de Sancti-Petri.	
		Barbate	1.ª	Desde torre del Puerco a río Zahara.	Suratlántica
Algeciras	1.ª	Tarifa	2.ª	Desde río Zahara a cortijo de Arenillas, en la ensenada del Tolmo.	
		Algeciras	—	Desde cortijo de Arenillas a río Palmones.	
		La Línea	1.ª	Desde río Palmones a punta de la Chullera	
Ceuta	1.ª	Ceuta	—	El litoral de los territorios correspondientes a Ceuta.	
Melilla	1.ª	Melilla	—	El litoral de los territorios correspondientes a Melilla, islas Chafarinas, peñones de Vélez de la Gomera y Alhucemas.	
Málaga	1.ª	Estepona	2.ª	De punta de la Chullera a río Guadalmina.	
		Marbella	1.ª	De río Guadalmina a casa del Fuerte.	
		Fuengirola	2.ª	De casa del Fuerte a punta del Saltillo.	Surmediterránea
		Málaga	—	De punta del Saltillo a Torres Chilches, con la isla de Alborán.	
		Vélez-Málaga	2.ª	De Torre Chilches a Torre Caleta.	
Almería	1.ª	Motril	1.ª	De Torre Caleta a playa	

PROVINCIAS		DISTRITOS		Límites	Región de pesca
Nombre	Clase	Nombre	Clase		
				de la Juana (límite provincial).	
		Adra	2.ª	De playa de la Juana a Cerrillos (puesto de la Guardia Civil).	
		Almería	—	De Cerrillos a cabo de Gata.	
Cartagena	1.ª	Garrucha	2.ª	De cabo de Gata a playa de los Torais.	
		Aguilas	1.ª	De playa de los Torais a punta Calnegre.	
		Mazarrón	2.ª	De punta Calnegre a cabo Tiñoso.	
		Cartagena	—	De cabo Tiñoso a cabo de Palos.	
		San Pedro del Pinatar	1.ª	De cabo de Palos a puesto Guardia Civil de El Mojón (límite provincial).	
Alicante	1.ª	Torrevieja	1.ª	De puesto Guardia Civil de El Mojón a río Segura.	Levante
		Santa Pola	1.ª	De río Segura a cabo de Santa Pola, con la isla de Tabarca.	
		Alicante	—	De cabo de Santa Pola a Torre del Barranco del Agua.	
		Villajoyosa	2.ª	De Torre del Barranco del Agua a Torre Aquiló.	
		Benidorm	2.ª	De Torre Aquiló a punta Albir.	
		Altea	2.ª	De punta Albir a cabo de la Nao.	
		Denia	1.ª	De cabo de la Nao a río Racons o del Molinell (límite provincial).	
Valencia	1.ª	Gandía	1.ª	De río Racons a Gola del Perelló.	Tramontana

PROVINCIAS		DISTRITOS		Límites	Región de pesca
Nombre	Clase	Nombre	Clase		
		Valencia	—	De Gola del Perelló a Gola de la Torre.	
		Sagunto	2.ª	De Gola de la Torre a Gola Cerrada (límite provincial).	
Castellón de la Plana	1.ª	Burriana	2.ª	De Gola Cerrada a río Mijares.	Tramontana
		Castellón	—	De río Mijares a Torre Capicorp, con los islotes Columbretes.	
		Vinaroz	2.ª	De Torre Capicorp a río Cenia (límite provincial).	
Tarragona	1.ª	San Carlos de la Rápita	2.ª	De río Cenia a la Gola Meridional o del Sur del Ebro	
		Tortosa	2.ª	De Gola Meridional del Ebro a cabo del Término.	
		Tarragona	—	De cabo del Término a torrente de Mas Don Pedro (límite provincial).	
Barcelona	1.ª	Villanueva y Geltrú	1.ª	De Torrente de Mas Don Pedro a Torre Barona.	Tramontana
		Barcelona	—	De Torre Barona a punta de San Ginés.	
		Arenys de Mar	1.ª	De punta de San Ginés a río Tordera (límite provincial).	
		San Feliu de Guíxols	2.ª	De río Tordera a riera de Ridaura.	
		Palamós	1.ª	De riera de Ridaura a islas Medas (incluidas).	
		Rosas	1.ª	De islas Medas (excluidas a la frontera francesa.	
Palma de Mallorca	1.ª	Palma de Mallorca	—	De punta de cala Figuera a cabo Pera, con las islas Conejera y Cabrera, y de cala de San Vicente a cala d'es Canonges.	Balear

PROVINCIAS		DISTRITOS		Límites	Región de pesca
Nombre	Clase	Nombre	Clase		
		Alcudia	2.ª	De cabo Pera a cala de San Vicente.	
		Andraitx	2.ª	De cala d'es Canonges a punta de cala Figuera.	
Ibiza	1.ª	Ibiza	—	De cabo de Eubarca a punta de Port Roig; por el E., con las islas menores adyacentes.	
		S. Antonio Abad	2.ª	De cabo de Eubarca a punta de Port Roig; por el W., con las islas menores adyacentes.	Balear
		Formentera	2.ª	Litoral de la isla Espalmador, Espardell e islotes adyacentes.	
Mahón	1.ª	Mahón	—	De cabo Caballería a playa de Son Bou, por el E.	
		Ciudadela	2.ª	De playa de Son Bou a cabo Caballería, por el W.	
Santa Cruz de Tenerife	1.ª	**Sta. Cruz de Tenerife**	—	De punta Teno a punta Montaña Amarilla, por el N.	
		Los Cristianos	2.ª	De punta Montaña Amarilla a punta Teno por el Sur.	
		Sta. Cruz de la Palma	1.ª	Isla de La Palma.	
		S. Sebastián de la Gomera	1.ª	Isla de La Gomera.	
		Hierro	2.ª	Isla del Hierro.	
Las Palmas de Gran Canaria	1.ª	Las Palmas de Gran Canaria	—	De cabo Colorado a punta Tenefe, por el Norte	
		Arquineguin	1.ª	De punta Tenefe a cabo Colorado, por el Sur.	
		Arrecife de Lanzarote	1.ª	Isla de Lanzarote, con las islas e islotes de Graciosa, Montaña Clara, Alegranza, Roque del Este y Roque del Oeste.	
		Puerto del Rosario	1.ª	Islas de Fuerteventura y Lobos.	Canaria

de las provincias marítimas Capitanes de Navío o Capitanes de Fragata con el nombre de Comandante Militar de Marina subordinados a los respectivos Capitanes o Comandantes Generales de las Zonas Marítimas. Son, asimismo, Delegados del Ministerio de Comercio para materias de la competencia de dicho Ministerio.

El mando de los Distritos Marítimos corresponde a los Ayundantes Militares de Marina, Jefes u Oficiales de la Armada, subordinados a los Comandantes de Marina respectivos.

AUTORIDAD DE MARINA. — Tienen jurisdicción propia en la zona de servicios del puerto, de modo permanente, de acuerdo con sus reglamentos y en lo que les es privativo, las autoridades de Marina, Trabajo, Aduanas, Sanidad, Policía Gubernativa y Guardia Civil.

El Ingeniero Director designará los puntos de las zonas de los muelles en que deberán realizarse las operaciones de carga y descarga de mercancías y efectos.

El atraque y amarre de los buques será ordenado por el Capitán de Puerto en los puntos senalados por el Ingeniero Director.

El orden o turno en un muelle viene dado por el orden de llegada a puerto (salvo excepciones), certificando en caso necesario la Autoridad de Marina.

Despachado en la Aduana, se le entregan al Jefe de la nave, o representante, dos talones para que los presente en Sanidad Exterior y a la Autoridad de Marina. En estos talones va consignada por la Aduana la clase de carga. La Autoridad de Marina, al no observar inconveniente por la Sanidad ni por la Aduana, procederá al despacho del buque anotando dicha circunstancia en el Rol.

Desde el borde de los puertos, playas o orillas del mar, hasta el límite de las aguas jurisdiccionales, la única autoridad es la de Marina, que es a la vez Director Local de Navegación y Pesca Marítima, así como Capitán de Puerto.

Entre las facultades conferidas como tal autoridad están las de: Inspector de los servicios de practicajes; imponer multas por infracciones a las Leyes y Reglamentos relacionados con el mar; conceder permiso a los buques para atracar o desatracar; conceder o tramitar expedientes de concesiones en la Zona Marítima Terrestre y en aguas jurisdiccionales; Judiciales y Gubernativas en las aguas de soberanía y a bordo de los buques.

SANIDAD DE PUERTOS, FRONTERAS Y TRANSPORTES. — La defensa sanitaria de puertos, fronteras y vías de comunicación estará reglada por los convenios sanitarios subscritos y ratificados por nuestro país. Su objeto será impedir la recepción en nuestro territorio de las enfermedades infecciosas, así como su transmisión al exterior.

PUERTOS Y FRONTERAS. — La Autoridad sanitaria de un puerto en las capitales de provincia marítimas lo será el Jefe provincial de Sanidad, y en los puertos no capitales de provincia, el Médico de Sanidad Nacional encargado de ese peculiar servicio. El mismo criterio se aplicará en las estaciones sanitarias fronterizas. Serán cometidos de las estaciones sanitarias de puertos y fronteras los siguientes: visitas de inspección a los barcos y expedición de las patentes sanitarias. Servicios sanitarios de Aduanas sobre las mercancías y ganados, en lo que se refiere a la posible transmisión de enfermedades infecciosas por su intermedio. Vigilancia sanitaria de la inmigración y de la emigración. Inspección, desde el punto de vista sanitario, del trabajo en los buques. Vigilancia sanitaria de los servicios y del personal sanitario de la Marina Civil.

Los puertos se clasifican en dos grandes categorías:

A) Puertos abiertos al tráfico internacional, dotados de los medios suficientes para que se pueda aplicar en ellos el régimen que corresponda a cada buque, de acuerdo con los convenios internacionales.

B) Puertos habilitados e inspecciones locales sanitarias, en los que sólo podrán ser admitidos los buques que no precisen imposición de régimen sanitario.

De acuerdo con los Convenios internacionales, un puerto de primera categoría dispondrá de los siguientes elementos:

a) Servicio médico regular para las vigilancias sanitaria de la tripulación y de la población del mismo puerto incluso para la asistencia de accidentes.

b) Consultorio para los marinos de todas las naciones.

c) Material de transporte para los enfermos y locales apropiados para su aislamiento, así como para el de personas sospechosas.

d) Laboratorios bacteriológicos. Servicios de vacunación, estaciones de desinfección y desinsectación.

e) Abastecimiento de agua potable para el puerto y para el suministro de los barcos.

f) Organización permanente para la busca, captura y examen de las ratas.

Las estaciones sanitarias de los puertos y fronteras deberán contar con los medios necesarios para diagnosticar y tratar a la población del puerto, sobre todo en cuanto se refiere a enfermedades infecciosas, tuberculosis y puericultura. Constituirán grandes centros secundarios de Sanidad en relación y bajo la dependencia del Jefe provincial de Sanidad que complementará estos servicios con los del Instituto provincial de Sanidad.

Cuando en un puerto no existan locales apropiados para el aislamiento de los enfermos y la observación de los sospechosos y sean precisas estas medidas de rigor, se enviará el buque objeto de tratamiento al puerto más próximo provisto de estos medios. Para casos de epidemias exóticas se mantendrán dos grandes organizaciones de aislamiento; esto es, dos lazaretos, uno en un puerto del Mediterráneo y otro del Atlántico, convenientemente dotados de medios de hospitalización, observación y desinfección que requieran un régimen contra las pestilencias aplicado en gran escala.

Por el Ministerio de Sanidad, creado el 4 de Julio de 1977, se clasificarán los puertos en estas dos categorías, que podrán ser rectificadas cuantas veces lo aconsejen las necesidades del servicio.

Serán enfermedades de declaración obligatoria las siguientes: Brucelosis, Carbunco bacteridiano, Cólera, Dipteria, Escarlatina, Disentería, Fiebre recurrente, Fiebres tifoideas y paratifoideas, Gripe, Lepra, Meningitis cerebroespinal, Paludismo, Peste, Poliomielitis, Rabia, Reumatismo cardiovascular, Sarampión, Septicemia puerperal, Tifus exantemático, Tracoma y Oftalmía purulenta del recién nacido, Triquinosis, Tuberculosis, Varicela y Viruela.

AUTORIDAD SANITARIA. — Como sabemos, en cada provincia existe un Jefe Provincial de Sanidad, que será la Autoridad sanitaria del puerto cuando coincida dicho puerto con la capital de Provincia. De otro modo, la Autoridad sanitaria del puerto corresponde al médico de Sanidad Nacional designado para este servicio.

Los cometidos de la Autoridad sanitaria respectos a los barcos son:

— visitas de inspección a los buques e inspección de patentes;

— inspección sanitaria de los cargamentos;

— vigilancia sanitaria de la emigración e inmigración;

— inspección del trabajo en los buques y de sus tripulantes bajo el aspecto sanitario.

AUTORIDAD DE ADUANAS. — En España las Aduanas están dirigidas por una Dirección General de Aduanas dependiente del Ministerio de Hacienda.

La Autoridad de Aduanas de cada puerto es el Administrador de Aduanas. Si coincide el puerto con la capital de Provincia corresponde al Administrador Principal, y sino al Administrador Subalterno.

El personal subalterno lo constituyen los inspectores de muelles, vistas, peritos y personal administrativo; la vigilancia está a cargo de la Guardia Civil.

Está encargado de:

— recaudar los derechos arancelarios que tengan que abonar las mercancías;

— fiscalizar la entrada y salida de mercancías;

— hacer cumplir las leyes que al ramo de Hacienda se refieren, especialmente la de represión de contrabando;

— colaborar en el control de comercio exterior, represión de los fraudes comerciales, protección de las marcas de origen, etc.

JUNTAS DE OBRAS DE LOS PUERTOS. — Las Juntas de Obras de Puertos constituyen Delegaciones de la Administración general del Estado, que tienen por objeto administrar e intervenir, bajo la vigilancia e inspección del Ministerio de Obras Públicas, los fondos, y ejecutar las obras y trabajos necesarios en los puertos de interés general a cargo del Estado, en los que acuerde el Gobierno establecer impuestos especiales en las respectivas localidades, con exclusiva aplicación a las obras o servicios del puerto, y con la independencia del presupuesto general del Estado, de conformidad con lo preceptuado en la vigente Ley de Puertos y Reglamento para su ejecución. A más del producto de los impuestos locales, administrarán e invertirán igualmente las Juntas en los obras y servicios del Puerto las subvenciones procedentes del Tesoro y los demás recursos de toda clase de que dispongan.

Las Juntas de Obras de Puertos dependen directamente de la Dirección General de Obras Públicas.

Estará a cargo de las Juntas: la ejecución de las obras de nueva construcción, ampliación, mejora, reparación y conservación de los puertos a su cargo; la dirección y organización de todos los servicios del puerto, así como los de policía y uso público; el establecimiento y explotación de instalaciones, servicios complementarios y especiales de los puertos, previa la autorización del Ministerio de Obras Públicas, como cargaderos especiales, diques de construcción y reparación de buques, varaderos, depósitos comerciales, y en general, cuantos elementos y servicios se consideren necesarios para beneficiar y desarrollar la navegación y el tráfico marítimo, y para facilitar y abaratar la manipulación y expedición de las mercancías.

Las Juntas, salvo las organizadas por disposiciones especiales, se componen de vocales natos y vocales electivos.

En los puertos de capitales de provincia los vocales natos son: Comandante de Marina, Ingeniero Director del Puerto, Administrador de Aduana, Director de Sanidad Marítima, Alcalde, Presidente de la Diputación Provincial, Abogado del Estado, Delegado de Hacienda, Presidente de la Cámara Oficial de Comercio Industria y Navegación, Presidente del Consejo Provincial de Fomento, Presidente de la Cámara Agrícola Provincial y el de la Cámara Minera. Como vocales electivos: Cuatro miembros de la Cámara Oficial de Comercio, un representante de los obreros del puerto, representantes de la Marina Mercante, y dos representantes como máximo de Asociaciones importantes legalmente constituidas y designadas por el Ministerio de Obras Públicas.

En los puertos de localidades que no sean capitales de provincia los vocales natos que componen las Juntas son: Autoridad local de Marina, Ingeniero Director, Administrador de Aduana, Director de Sanidad Marítima, Alcalde, y Presidente de la Cámara Oficial de Comercio, Industria y Navegación. Los vocales electivos serán: Tres miembros de la Cámara de Comercio, un representante de los obreros portuarios, y otro dc las Asociaciones legalmente constituidas y designadas por el Ministerio de Obras Públicas.

En cada Junta habrá un Presidente, un Vicepresidente, y un Vocal interventor, elegidos con las normas establecidas en el vigente Reglamento.

Las atribuciones, deberes, sesiones, y responsabilidades de dichas Juntas y de sus componentes vienen especificadas en el vigente Reglamento.

Capítulo 62

ADMINISTRACION DE LA MARINA MERCANTE

MINISTERIO DE TRANSPORTES Y COMUNICACIONES. — El Real Decreto mil quinientos cincuenta y ocho/mil novecientos setenta y siete, de cuatro de julio, al reestructurar determinados órganos de la Administración Central del Estado, crea en su artículo once el Ministerio de Transportes y Comunicaciones, integrado por la Dirección General de Correos y Telecomunicación, la Delegación del Gobierno en la Compañía Telefónica Nacional de España, la Dirección General de Transportes Terrestres, la Subsecretaría de la Marina Mercante, la Subsecretaría de Aviación Civil y todos los Organismos y Entidades adscritos y vinculados a los órganos anteriormente citados, incluidos la Red Nacional de los Ferrocarriles Españoles, Ferrocarriles de Vía Estrecha y sus correspondientes Delegaciones del Gobierno.

La idea matiz que rige la organización del nuevo Ministerio es la de dar al mismo una unidad indispensable para la realización de una política íntegra de transportes y comunicaciones y de coordinación de los modos y medios que intervienen en el sector y en sus subsectores, de modo tal que no se produzca la acumulación de órganos en el Departamento sin coherencia interna, sino que se dibujen los esquemas necesarios que aseguren que la actuación de los mismos responde a un criterio unitario y una ordenación homogénea.

Bajo la dependencia del Ministro existe un Gabinete, el jefe del cual tiene categoría de subdirector general, encargado de prestarle asistencia en los asuntos que le encomiende.

Este Ministerio abarca las dependencias siguientes:

1. — Subsecretaría de Transportes y Comunicaciones.
2. — Secretaría General Técnica
3. — Dirección General de Infraestructura del Transporte.
4. — Dirección General de Transportes Terrestres.
5. — Subsecretaría de Pesca y Marina Mercante.
6. — Subsecretaría de Aviación Civil.
7. — Dirección General de Correos y Telecomunicación.

8. — Instituto de Estudios de Transportes y Comunicaciones.
9. — Organos delegados (Renfe, Telefónica, Transmediterránea, FEVE).

SUBSECRETARIA DE PESCA Y MARINA MERCANTE. — Como hemos dicho, según el Real decreto 1558 de 1977, este organismo depende del Ministerio de Transportes y Comunicaciones y es el que rige los intereses marítimos de la nación, es decir: la Marina Mercante, la de Pesca y la de Recreo.

En el Real Decreto 615/1978, artículo ocho, leemos:

1. — Corresponde a la Subsecretaría de Pesca y Marina Mercante el ejercicio de las funciones administrativas relativas a la ordenación del transporte marítimo y de la flota mercante pesquera, la protección del medio marítimo y la gestión y tutela de los bienes del dominio público marítimo, la seguridad de la vida en el mar, el salvamento y la ordenación de las actividades pesqueras marítimas.

2. — De la Subsecretaría dependen la Dirección General de Transportes Marítimos y la Dirección General de Pesca Marítima.

Dependerán asimismo del Subsecretario la Inspección General de Buques, la Inspección de Enseñanzas, la Secretaría General, la Subdirección General de Ordenación Marítima y Comunicaciones y la Subdirección General de Seguridad Marítima y Contaminación.

3. — La Inspección General de Buques, con nivel orgánico de Subdirección General, realiza el estudio técnico y autorización de los proyectos de construcción, modificación y reparación de buques mercantes y de pesca, valoraciones, informes de los expedientes de crédito naval y pesquero, inspección de la construcción, arqueo y líneas de máxima carga.

4. — De la Inspección de Enseñanzas, con nivel orgánico de Subdirección General, dependerán las Escuelas Superiores Náuticas y Náutico Pesqueras.

5. — La Secretaría General, con nivel orgánico de Subdirección General, ejerce las funciones de régimen interior de la Subsecretaría, en relación con los órganos centrales del Departamento.

6. — La Subdirección General de Ordenación Marítima y Comunicaciones realiza las funciones correspondientes a la ordenación del tráfico, de la marina deportiva y el registro de la flota mercante y pesquera.

De esta Subdirección depende el Servicio de Comunicaciones.

7. — La Subdirección General de Seguridad Marítima y Contaminación ejerce las competencias relativas a la seguridad en la navegación y la vida humana en el mar, salvamento, el control y evitación de la contaminación del mar y organiza el sistema de lucha contra los derrames y vertidos en el mar.

Dependerá de esta Subdirección el Servicio de Seguridad Marítima.

8. — El actual Fondo Económico de Practicajes conservará su naturaleza de Organismo autónomo y sus actuales competencias y pasará a denominarse Fondo para Estudios Marítimos y de Formación Profesional.

9. — Del Subsecretario dependerá el Instituto Español de Oceanografía.

Su artículo 9 dice:

1. — La Dirección General de Transportes Marítimos ejerce las funciones de ordenación del transporte marítimo y la relación con las Empresas del sector.

2. — De la Dirección General dependerán la Subdirección General de Planificación del Transporte Marítimo y la Subdirección General de Operaciones.

3. — La Subdirección General de Planificación del Transporte Marítimo realiza los estudios de tráficos y mercados y relaciones con Organismos internacionales.

Depende de la Subdirección el Servicio de Economía y Planificación.

4. — La Subdirección General de Operaciones lleva la relación con las Empresas del sector, controla el movimiento de cargas y otorga las concesiones y autorizaciones pertinentes.

Depende de la Subdirección el Servicio de Control de Explotación.

En su artículo 10 consta que:

1. — La Dirección General de Pesca Marítima desarrollará funciones de fomento, control y regulación de las actividades relacionadas con la pesca marítima.

2. — De la Dirección General dependerán las Subdirecciones Generales de Pesca y Cultivos Marinos, de Economía y Planificación y de Relaciones Pesqueras Internacionales.

3. — La Subdirección General de Pesca y Cultivos Marinos ejercerá las funciones relativas al estudio de la explotación y regulación de la pesca, cultivos marinos y de planes pesqueros, marisqueros y piscícolas.

De esta Subdirección depende el Servicio de Pesquerías de Litoral.

4. — La Subdirección General de Economía y Planificación Pesquera realiza el estudio de la explotación, reestructuración de la flota pesquera, estudios generales del sector y comercio pesquero.

De esta Subdirección depende el Servicio de Estudios Económicos y Comerciales.

5. — A la Subdirección General de Relaciones Pesqueras Internacionales corresponde el estudio de las acciones de cooperación internacional, ne-

gociación y relación exterior en materia pesquera, que se canalizarán a través del Ministerio de Asuntos Exteriores y de acuerdo con éste.

De esta Subdirección dependerá el Servicio de Relaciones Permanentes.

Mientras no se lleve a efecto el Real Decreto 2.914/1978, de 1 de diciembre, por el que se estructuran orgánicamente los Servicios Periféricos del Ministerio de Transportes y Comunicaciones, los Comandantes Militares de Marina de las distintas provincias marítimas serán al propio tiempo delegados del Ministerio de Transportes y Comunicaciones, y la Subsecretaría de Pesca y Marina Mercante se comunicará directamente con ellos en asuntos de su exclusiva competencia.

Capítulo 63

MARES Y ZONA MARITIMO-TERRESTRE

LIBERTAD DE LOS MARES. — Las aspiraciones al predominio marítimo ha dado lugar desde muy antiguo a numerosas guerras y polémicas, sobre todo a partir del siglo XVI, si bien en el siglo XI fueron grandes las tentativas de soberanía de mar por genoveses, venecianos y daneses.

Hoy en día, y basado en numerosas conferencias de derecho internacional, así como en diferentes tratados y convenios internacionales, la libertad de navegación es un principio básico e internacional, sobre todo en alta mar, excepto que el buque sea inculpado de algún delito internacional, como de piratería, trata de negros, etc.

En tiempo de guerra este principio se halla subordinado a numerosas trabas que imponen los beligerantes.

Esta libertad en alta mar no suprime el cumplimiento de ciertas normas y reglamentaciones internacionales dictadas como garantía y seguridad de personas y entidades comprometidas en todo lo referente al mar. Entre dichas medidas podríamos citar: El Reglamento Internacional para prevenir los abordajes en la mar, la obligación de asistencia y salvamento, los servicios radiotelegráficos, convenio relativo a líneas de carga, el convenio de seguridad de la vida humana en la mar, los convenios sanitarios para impedir propagación de epidemias, protección de cables submarinos, represión de la piratería, etc.

También está limitada esta libertad de los mares por algunos convenios inspirados en intereses militares o políticos, como son los del canal de Suez, el del Canal de Kiel, el del Mar Negro, etc.

Asimismo el principio de libertad rige para el ejercicio de la pesca en alta mar, aunque en algunos lugares este principio esté limitado al objeto de proteger algunas especies de pescado, como ocurre con la pesca de la ballena azul en el Antártico, que está limitada su pesca a la de la campaña ballenera.

MAR TERRITORIAL: JURISDICCIÓN Y EXTENSIÓN. — Para unión de criterios y de acuerdo con el Derecho Internacional en vigor, y especificadamente con la Convención de Ginebra de 29 de abril de 1958, se dicta la Ley 10/1977 en la que define al «Mar Territorial Español», faja marítima que rodea nuestras costas y que utilizaba diversas denominaciones: «mar litoral», «aguas jurisdiccionales», «aguas españolas», «zona marítima española», «aguas marginales», etc.

Artículo primero. — La soberanía del Estado Español se extiende, fuera de su territorio y de sus aguas interiores, al mar territorial adyacente a sus costas, limitado de conformidad con los artículos siguientes.

Dicha soberanía se ejerce, de conformidad con el Derecho Internacional, sobre la columna de agua, el lecho, el subsuelo y los recursos de ese mar, así como el espacio aéreo suprayacente.

Artículo segundo. — El límite interior del mar territorial viene determinado por la línea de la bajamar escorada, y en su caso, por las líneas de base rectas que sean establecidas por el Gobierno. (De momento las líneas de base son las que unen en bajamar escorada los puntos más salientes de la costa distantes entre sí menos de 12 millas.)

Artículo tercero. — El límite exterior del mar territorial estará determinado por una línea trazada de modo que los puntos que la constituyen se encuentren a una *distancia de 12 millas náuticas* de los puntos más próximos de las líneas de base.

Artículo cuarto. — En relación con los países vecinos se extenderá, salvo pactos en contrario, hasta una línea media en la que todos sus puntos sean equidistantes de los puntos más salientes de las líneas base de ambos países. (Nota del autor: se entiende que la máxima equidistancia sea la de 12 millas.)

Posteriormente dice que esta Ley no afectará a los derechos o situaciones relativos a los espacios marítimos y aéreos de Gibraltar, que se regirán por el tratado de Utrech.

Las islas tienen su propio mar territorial.

Esta soberanía se considera, en tiempo de paz, a todos los aspectos: fiscales, aduaneros, de pesca, sanitarios, de emigración, policía marítima, guerra marítima, contrabando de guerra, investigación, visita de buques, etc.

Algunos países, por no decir la mayoría, a efectos de pesca han establecido unilateralmente otros límites: Perú, Chile, Ecuador, El Salvador, Argentina, Costa Rica, países del Mercado Común (200 millas), Marruecos e Islandia (70), etc. Se espera que España establezca también las 200 millas.

La libertad de tránsito por aguas jurisdiccionales (territoriales) extranjeras en tiempo de paz, si bien sometida a las reglamentaciones de cada Estado y que deben ser de carácter general sin distinción de pabellones, es principio de cortesía admitido internacionalmente, tanto para buques mercantes como de guerra. Se sobreentiende que el paso ha de ser inofensivo, es decir, que no se utilice para realizar actos que atenten a la soberanía del país, al orden público, a la sanidad, a los intereses fiscales, etc. Casi todos los Estados condicionan la travesía de los submarinos por estas aguas a la obligación de navegar en superficie.

Aguas interiores. — Topográficamente hablando, comprenden los espacios de mar enclavados entre las concavidades y fisuras de la costa y que, por su configuración y poca amplitud, acusan la conveniencia de considerarlos en el interior de una línea costera continua. Con la definición de mar territorial las aguas interiores son las que quedan dentro de las líneas base, o sea, las existentes entre islas e islotes próximos al territorio nacional, las de bahías, puertos, radas, aguas que son vías de acceso a puertos interiores y ríos o canales navegables.

Los límites de aguas jurisdiccionales en aguas interiores que afectan a dos o más Estados están fijados en acuerdos entre los países afectados, así tenemos las aguas del río Bidasoa, entre Francia y España, las aguas del Miño entre Portugal y España, etc.

En los ríos que hacen de frontera se suele considerar línea divisoria a la que une los puntos de mayor profundidad del cauce del río.

DOMINIO DE LOS MARES CERRADOS, GOLFOS Y BAHÍAS. — Se denominan mares cerrados a los que tienen unión por uno o más estrechos con el océano.

La jurisdicción de las aguas de dichos mares corresponden a un Estado, cuando posee todas las orillas de dicho mar, y no pueden cerrarse a la navegación cuando sirven de paso a otros mares, como el mar de Mármara.

El dominio de golfos y bahías correponde a un Estado si posee todas sus orillas, y si las orillas pertenecen a dos o más Estados o si la boca de entrada es más del doble de la extensión de las aguas jurisdiccionales las aguas de dichas bahías o golfos se consideran internacionales.

Estrechos. — Se considera sometido un estrecho a la jurisdicción de un Estado cuando posee las dos orillas y la distancia entre las mismas no alcance al doble de la extensión de sus aguas territoriales. Si dicho estrecho sirve de comunicación a un mar cerrado puede cerrarlo a la navegación. Ejemplo, Rusia puede cerrar el estrecho de Kerch, que une el mar de Azof.

ESTRECHOS, CANALES Y RÍOS INTERNACIONALES. — En dichos espacios la navegación viene supeditada a los acuerdos internacionales correspondientes.

Concretamente en el estrecho de *Los Dardanelos*, y de acuerdo con el convenio de Montreaux de 20 de julio de 1936, se reconoce la libertad de paso y navegación, en tiempo de paz, para todos los buques mercantes, de día y de noche, con sólo la obligación de una rápida inspección sanitaria. Si Turquía se encontrase en guerra, existe la libertad de paso, a condición de no ayudar en forma alguna al enemigo. El paso será de día y por donde las autoridades turcas indiquen.

Para los buques de guerra en tiempo de paz, se requiere un aviso por vía diplomática al gobierno turco con quince día de antelación. Se limita el desplazamiento en tránsito a 15.000 toneladas y la cantidad de unidades a nueve. Los submarinos cruzarán el estrecho en superficie, de día, y aisladamente.

Suecia considera el estrecho de Kalmar, entre Suecia y la isla de Oland, como aguas interiores.

Gibraltar y Magallanes son estrechos de libre paso, si bien en caso de guerra, y como dijimos anteriormente no se ha respetado esta libertad.

El Canal de Suez, por el tratado de Constantinopla de 29 de octubre de 1888, debe permanecer libre y abierto al paso a toda clase de barcos, si bien últimamente no se ha respetado.

En el Canal de Panamá Estados Unidos se reservó derechos que vienen a considerar sus aguas como norteamericanas.

El Canal de Kiel es libre de navegación para toda clase de buques, debiendo notificar su paso por vía diplomática con la antelación suficiente.

En ríos internacionales, con navegación natural de entrada o salida al mar, el paso es de igualdad para todos los barcos, si bien se respetan los convenios internacionales para cada río.

Cuando el río hace de frontera entre dos naciones, la línea fronteriza es la que señalan los puntos de mayor profundidad a lo largo de su curso.

Plataforma continental. — La expresión plataforma continental se definió en el convenio de Ginebra de 1958 como «el lecho del mar y el subsuelo de las regiones submarinas adyacentes a las costas o a las islas situadas fuera del mar territorial hasta una profundidad de 200 metros, o más allá de este límite hasta un lugar donde la profundidad de las aguas adyacentes permita la explotación de los recursos naturales de tales regiones o zonas».

Entre dos Estados ribereños colindantes los límites de las plataformas continentales se determinan por acuerdo mutuo, y a falta de éste serán los puntos de una línea media o mediana, salvo que circunstancias especiales justifiquen otra delimitación.

El estado ribereño ejerce unos derechos soberanos sobre la plataforma continental, a fines de explotación de ella y de explotación de sus riquezas naturales, por lo que nadie puede hacer en ella trabajos ni explotaciones sin consentimiento del Estado a que pertenece.

DERECHO DE VISITA. — Es el conjunto de actos por los que un buque de guerra comprueba en la mar la verdadera nacionalidad, carga, destino, personal, etc., de un barco mercante, de pesca o deportivo.

Normalmente la práctica de este *derecho* en alta mar es exclusiva del Estado a que pertenece el pabellón del buque mercante, y en aguas territoriales la competencia es del Estado del que sean aquellas aguas.

Derecho de visita en tiempo de paz. — Generalmente los buques mercantes cuando van navegando no llevan el pabellón izado, si bien, es normal que ante la proximidad de un buque de guerra lo izen (normalmente lo izan y arrían en señal de saludo al que corresponde el buque de guerra), con lo que el llamado *derecho de visita restringido,* que es el conocimiento del pabellón bajo el cual navega, queda cumplimentado.

Por buenas relaciones con un Estado o por instrucciones del mismo para su seguridad se practica el derecho de visita en buques que naveguen bajo su pabellón pudiendo llegar al registro y detención del buque de acuerdo con lo convenido por ambos estados.

La piratería justifica el derecho de visita y captura.

El derecho de visita en defensa del fisco consiste en la facultad que tienen los buques de guerra de reconocer y examinar la carga y personal para impedir la realización de contrabando o hechos que perjudiquen a Hacienda.

Derecho de visita en tiempo de guerra. — Está justificado para defender los intereses de los beligerantes y hacer cumplir a los neutrales, especialmente lo referente a bloqueo y contrabando de guerra, según el Derecho Internacional de Guerra Marítima.

Este derecho, si bien legalmente no se debe practicar en alta mar, de hecho se practica justificándose en que tanto la carga, destino, personal y nacionalidad del buque se desconocen hasta tanto no se ha practicado detenidamente la visita.

La práctica internacional de este derecho es uniforme y suele desarrollarse en tres fases:

1.ª *Detención.* — El buque de guerra con su pabellón arbolado, requiere al buque mercante, por medio de señales del Código Internacional, megáfonos, por otros medios de comunicación o por un disparo sin proyectil, para que se detenga y arbole su pabellón. Caso de no obedecer disparará un cañonazo fuera de puntería y si insistiera en la desobediencia podrá proceder a hacer fuego sobre él.

2.ª *Visita propiamente dicha.* — Detenido el buque, el barco de guerra envía a un oficial, acompañado de varios miembros de la dotación, para que compruebe la verdadera nacionalidad, destino, carga, dotación, pasaje, etc., registrando los distintos departamentos, examinado los distintos documentos: patentes, pasapores, listas de carga, conocimientos de embarque, contratos de fletamento, etc. Se levantará acta de haberse realizado la visita, así como de sus resultados. Se hará constancia en el Diario de Navegación, así como la protesta, por parte del Capitán, si la hubiere, y serán firmados dichos documentos por ambas partes.

Si bien el derecho de visita debe ser ejercido con toda clase de consideraciones para el buque mercante, se ha comprobado en las últimas guerras la no observancia de tales normas, siendo obligado el buque mercante a entrar en un puerto del beligerante, donde ha sido inspeccionado y detenido por la menor sospecha, al objeto de demorar y entorpecer el transporte de cualquier cargamento, por poco presumible que fuera el motivo.

A veces, ante la dificultad de practicar una visita detallada en el lugar de la detención, por dificultades inherentes a la mar, movimiento de carga, etc., se le ordena al buque entrar en un determinado puerto, donde se realiza su inspección.

3.ª *Captura.* — Cuando existen motivos justificados para la captura, el buque de guerra toma posesión del buque incautándole, para lo que embarca una dotación de presa, se arbola el pabellón del buque captor y se entrega el buque a la Autoridad del puerto de arribada.

La captura tiene carácter provisional hasta que esté legitimada la presa, y pueden ser capturados los buque que naveguen con pabellón falso, los buques del enemigo o bien a su servicio, los que presenten documentación falsa, huyan, presenten resistencia a la visita, hagan contrabando bélico, naveguen en convoys del enemigo, se desvíen sin justificación de su ruta prefijada, etc.

LA PERSECUCIÓN CONTINUADA. — Cuando un buque o persona contraviene las leyes dentro del mar territorial de un Estado, puede ser perseguido y capturado en alta mar. A este acto, que se entiende como continuación del derecho de soberanía de las aguas jurisdiccionales, se le llama persecución continuada (en inglés: persecución en caliente).

Esta persecución se extiende a un buque, que estando en mar libre, ha enviado embarcaciones auxiliares y éstas son las que cometen la infracción.

La persecución continuada termina al entrar el infractor en aguas territoriales de otra nación.

LA ZONA MARÍTIMA TERRESTRE. SERVIDUMBRES. — Por el interés que puede tener la ley que define y ordena la Zona Marítimo Terrestre y las servidumbres del litoral costero, reseñamos a continuación la Ley de Costas de 26-4-69.

COSTAS. Ley reguladora.

De los bienes del dominio marítimo y de su uso y aprovechamiento.

Art. 1.º — Son bienes del dominio público sin perjuicio de los derechos legalmente adquiridos:

Uno. — Las playas, entendiéndose como tales las riberas del mar o de las rías formadas por arenales o pedregales en superficie casi plana, con vegetación nula y escasa característica.

Dos. — La zona marítimo-terrestre, que es el espacio de las costas o fronteras marítimas del territorio español que baña el mar en su flujo o reflujo, donde sean sensibles las mareas o las mayores olas en los temporales ordinarios. Esta zona se extiende, asimismo, por las márgenes de los ríos hasta el sitio en que sean navegables o se hagan sensibles las mareas.

Tres. — El mar territorial que ciñe las costas o fronteras del territorio nacional con sus ensenadas, radas, bahías, abras, puertos y demás abrigos utilizables para pesca y navegación.

Cuatro. — El lecho y subsuelo del mar territorial y el del adyacente al mismo hasta donde sea posible la explotación de sus recursos naturales.

Art. 2.º — Las islas formadas o que se formen en el mar territorial, en las rías o en la desembocadura de los ríos hasta donde sean navegables o se hagan sensibles las mareas, pertenecerán al Estado en calidad de bienes patrimoniales, salvo las que sean de propiedad privada o procedan de la desmembración de ésta. En todo caso, sus playas y zona Marítimo-terrestre será de dominio público conforme al artículo anterior.

Art. 3.º — *Uno.* — El uso público de los bienes a que se refiere el art. 1.º se atemperará a lo dispuesto en esta Ley y en los Reglamentos administrativos.

Dos. — El libre uso del mar territorial, ensenadas, radas, bahías y abras se entiende para bañarse, navegar, pescar, embarcar y desembarcar, fondear y otros actos semejantes, si bien dentro de las prescripciones legales y reglas de policía que lo regulen.

Tres. — En el mismo caso se encuentra el uso público de las playas y de la zona marítimo-terrestre, que autoriza a todos a transitar por ellas, bañarse, tender redes, pescar, varar, carenar, reparar y construir embarcaciones, bañar ganado y recoger conchas, plantas y mariscos y cualesquiera otros usos análogos dentro de las prescripciones legales y reglas de policía que lo regulen. Sin embargo, la administración podrá hacer las reservas y otorgar las concesiones que exijan la economía y los intereses públicos y el cumplimiento de los fines de las Corporaciones Locales afectadas.

Art. 4.º. — *Uno.* — Los terrenos de propiedad particular enclavados en las playas y zona marítimo-terrestre y colindantes con esta última o con el mar, estarán sometidos a las servidumbres de salvamento, de paso y de vigilancia litoral.

Dos. — La servidumbre de salvamento recaerá sobre una zona de 20 metros, contados tierra adentro desde el límite interior de la zona marítimo-terrestre. Esta servidumbre supone el uso público de dicha zona, en caso de naufragio o peligro, para varar embarcaciones, depositar restos, efectos o cargamentos y para las operaciones de salvamento.

Tres. — También los buques pesqueros podrán varar en esta zona de servidumbre cuando se vean obligados por el estado del mar, y podrán depositar sus efectos mientras duren las circunstancias del temporal.

Cuatro. — Por los daños causados en los supuestos a que se refieren los párrafos anteriores habrá lugar a indemnización pero solamente hasta donde alcance el valor de los objetos salvados después de satisfacer los gastos de auxilio prestados o de recompensas y ayudas con arreglo a las leyes.

Cinco. — Los propietarios podrán libremente sembrar y plantar en la zona de servidumbre de salvamento, pero no podrán edificar en ella sin obtener las autorizaciones pertinentes.

Seis. — La servidumbre de vigilancia litoral consiste en la obligación de dejar expédita una vía contigua a la línea de mayor pleamar. Su anchura será, generalmente, de 6 metros, salvo en los lugares de tránsito difícil o peligroso, en los que podrá ampliarse en lo que sea estrictamente necesario a juicio del Ministerio de Marina. Se exceptúa de esta servidumbre aquellos lugares en que estén enclavadas instalaciones de carácter militar.

Siete. — La servidumbre de paso, para dejar vías permanentes de acceso a las playas y zona marítimo-terrestre, previa la correspondiente indemnización, recaerá sobre las heredades colindantes o afectadas en la longitud y anchura que demanden su naturaleza y finalidad.

Art. 5.º — *Uno.* — Son del dominio público los terrenos que se unen a la zona marítimo-terrestre por accesiones o aterramientos producidos por causas naturales.

Dos. — Cuando por consecuencia de estas accesiones o por defecto de retirarse el mar, la línea interior que limita la expresada zona avance hacia aquél, los terrenos de la zona marítimo-terrestre que no constituyan playa y no sean necesarios para el uso público se incorporan al patrimonio del Estado, una vez recibidos por el Ministerio de Hacienda, con arreglo a la Ley reguladora de dicho patrimonio y previo el oportuno deslinde. Esta incorporación al patrimonio del Estado no tendrá lugar si cualquier persona demuestra que los terrenos recuperados al mar y formados por accesión se encuentran dentro de los límites de una finca de su propiedad que hubiera pasado al dominio público por invasión del mar.

Tres. — Los terrenos ganados al mar territorial, fuera de los puertos, por obras construidas por el Estado, las Provincias, los Municipios o los particulares competentemente autorizados, serán propiedad de quienes las hubieran llevado a cabo, sin perjuicio de las zonas de servidumbre, de salvamento, de paso y de vigilancia litoral y del dominio público sobre la zona marítimo-terrestre y sobre las playas si las hubiere.

Cuatro. — Cuando estas obras tengan lugar en centros de interés turístico nacional, los realizadores de las mismas, sin perjuicio de las servidumbres públicas antes expresadas, conservarán con respecto a la zona marítimo terrestre y demás bienes de dominio público el derecho a obtener su uso y disfrute de la forma establecida en el art. 21, uno, e), de la Ley 197/1973.

Art. 6.º — *Uno.* — Para la determinación y configuración de los bienes definidos, como de dominio público en los apartados uno y dos del art. 1.º y en el art. 5.º de esta Ley, así como para la incorporación al patrimonio del Estado de los señalados en este último, se practicarán por el Ministerio de Obras Públicas los oportunos deslindes.

Dos. — Estos deslindes se realizarán mediante procedimiento administrativo de oficio o a instancia de parte, en el que deberán ser oídos los Ministerios de Marina, Hacienda, Agricultura, Comercio, Información y Turismo y Vivienda, los Ayuntamientos interesados y, asimismo, y previa notificación personal, los particulares colindantes.

Tres. — La resolución que dicte el Ministerio de Obras Públicas será ejecutiva. La atribución de posesión, consecuencia del deslinde, no podrá realizarse respecto a las fincas o derechos amparados por el art. 34 de la Ley Hipotecaria, aunque sin perjuicio de la facultad de la Administración para ejercer las acciones judiciales pertinentes.

Cuatro. — Dicha resolución podrá ser impugnada en vía contencioso-administrativa y sin perjuicio de que cuantos se estimen lesionados en sus derechos civiles puedan hacerlos valer ante la jurisdicción ordinaria.

Cinco. — El procedimiento para establecer y delimitar las servidumbres a que se refiere el art. 4.º de esta Ley se determinará reglamentariamente.

Art. 7.º — En ninguno de los bienes declarados de dominio público por esta Ley se podrán ejecutar obras de cualquier clase ni establecer aprovechamientos especiales sin la concesión o autorización pertinente.

TÍTULO II

Competencias administrativas en relación con el dominio público.

Art. 8.º — Las autoridades españolas ejercerán, dentro de sus respectivas competencias, en el mar territorial y en la zona adyacente al mismo, las facultades que les reconozca la legislación vigente.

Art. 9.º — Corresponde al Ministerio de Marina: *Uno.* — El ejercicio de la jurisdicción que legalmente le esté atribuida en aguas del mar, ríos navegables, embarcaciones mercantes nacionales o extranjeras que se hallen en puertos, radas, bahías o en cualquier otro punto de la zona marítima española, sin perjuicio de las atribuciones conferidas al Ministerio de Comercio por las Leyes 178/1971, de diciembre, y 93/1972 de 24 de diciembre.

Dos. — La vigilancia de costas y pesca.

Tres. — Los servicios semafóricos oficiales.

Cuatro. — La intervención de las obras, concesión de utilización de la zona marítimo-terrestre y puertos en cuanto se relaciona exclusivamente con la defensa militar, ercepto aquellas zonas incluidas dentro de instalaciones pertenecientes a otros Ejércitos.

Cinco. — Ejercer las competencias que, en relación con la extracción de restos, le confiere le Ley 60/1962, de 24 de diciembre, sobre salvamentos y auxilios marítimos.

Seis. — Ejercer en el mar territorial y zona conjunta las atribuciones que le correspondan, de acuerdo con lo previsto en el art. 8.º

Art. 10.º — Corresponde al Ministerio de Obras Públicas: *Uno.* — La gestión y tutela de los bienes de dominio público relacionados con los apartados primero y segundo del art. 1.º de esta Ley, de los puestos y del alumbrado marítimo y balizamiento y las obras de defensa, saneamiento y ordenación de las costas y playas.

Los dispuesto en el párrafo anterior se entiende sin perjuicio de las facultades atribuidas a los Municipios por la Ley de Régimen Local y, asimismo, de lo dispuesto en el número cuatro del art. 11.º.

Dos. — Otorgar, salvo lo prevenido en los números cuatro y seis del art. 11.º, todas las concesiones de la zona marítimo-terrestre y en las playas, incluso las de extracción de arena y piedras, previo informe favorable del Ministerio de Marina, en cuanto se relacione, exclusivamente, con la defensa militar y oídos el Ministerio de Comercio, cuando afecte a la navegación, a la pesca marítima o a la seguridad de la vida humana en el mar; el de Industria, en las concesiones para instalación de astilleros, muelles para servicios, diques secos y flotantes y varaderos y cualquier otro tipo de establecimientos industriales dependientes de este Ministerio; y, en todo caso, el de Información y Turismo y los Ayuntamientos interesados.

El otorgamiento de concesiones sobre terrenos de la zona marítimo-terrestre y playa, colindantes de montes catalogados como de utilidad pública, requerirán el informe favorable del Ministerio de Agricultura.

Tres. — Otorgar, previo informe favorable de los Ministerios de Marina, Comercio e Industria, cuando los establecimientos sean de la competencia de éste, y del Ayuntamiento interesado, las concesiones para realizar trabajos de dragados y para construir dentro del mar, y con destino al servicio particular o público, muelles, embarcaderos, astilleros. dique flotantes, varaderos y demás obras complementarias o auxiliares de las que existan para el servicio de los puertos, así como aquellas concesiones que impliquen la construcción de obras fijas de cualquier naturaleza.

Cuatro. — Otorgar, previo informe de los Ministerios de Marina, Comercio e Información y Turismo, y de los Ayuntamientos interesados, las concesiones para tomas de agua o para desagues que contengan hidrocarburos o derrame de fábricas o restos de toda clase. El informe del Ministerio de Comercio deberá ser favorable.

Cinco. — Autorizar las obras para la protección contra el mar de las heredades o edificios particulares.

Seis. — Otorgar las concesiones oportunas para facilitar el acceso a las zonas de servicio de los terrenos ganados al mar, previsto en el número tres del art. 5.º.

Siete. — El establecimiento de las servidumbres de paso previstas en el número siete del art. 4.º y su deslinde y demarcación previo informe del Ministerio de Información y Turismo y de los Ayuntamientos interesados.

Ocho. — Cuando el Ministerio de Obras Públicas no estimase aceptable el informe del Ayuntamiento, en los casos en que sea exigible con arreglo a la Ley, deberá comunicarlo al mismo y al Ministerio de la Gobernación y, en cuestiones que afecten a urbanismo, al de la Vivienda. Si no hubiera acuerdo entre estos Ministerios y el de Obras Públicas, la decisión corresponderá al Consejo de Ministros.

Art. 11.º — Corresponde al Ministerio de Comercio, a través de la Subsecretaría de la Marina Mercante: *Uno.* — La gestión y tutela de los bienes del dominio público relacionados en los apartados tres y cuarto del art. 1.º de esta Ley, salvo los dispuesto en el apartado uno del art. 10.º.

Dos. — La competencia en materia de salvamento y la de dictar normas e instrucciones precisas para la seguridad humana en los lugares de baño, salvo las facultades que corresponden al Ministerio de Marina, con arreglo al art. 9.º de esta Ley y lo dispuesto en la Ley 60/1962, de 24 de diciembre.

Tres. — La limpieza del mar territorial, evitando su contaminación por hidrocarburos y otras sustancias y residuos, y aplicar, en su caso, las sanciones correspondientes.

Cuatro. — La gestión y tutela de los bienes de dominio público marítimo-terrestre que determine el Gobierno a efectos del fomento de la pesca.

Cinco. — El otorgamiento, previo informe favorable del de Marina en cuanto se relacione con la defensa Militar, de toda clase de concesiones en el mar territorial, en su lecho y subsuelo y el lecho y subsuelo del mar adyacente al territorial y salvo lo dispuesto en los números tres y cuatro del art. 10.º de esta Ley.

Seis. — El otorgamiento de las concesiones de toda clase de pesquerías, almadrabas, corrales y parques para la cría y propagación de mariscos. Cuando estas concesiones se refieran a las aguas interiores de los puertos o de las zonas marítimo-terrestres y no comprendidas en el número cuatro de este artículo, se requerirá el informe favorable del ministerio de Obras Públicas, oído el Ministerio de Información y Turismo cuando se trate de puntos de la costa de evidente interés turístico.

En el otorgamiento de las concesiones a que se refiere este número será oída la Organización Sindical.

Art. 12.º — En las extracciones submarinas de restos u objetos de interés túrístico, histórico o arqueológico, intervendrán los Ministerios de Educación y Ciencia y Marina, conforme a la Ley 60/1962, de 24 de Diciembre.

Art. 13.º — Lo dispuesto en la presente Ley se entiende sin perjuicio de las competencias legales atribuidas al Ministerio de Agricultura, en relación con la corrección y fijación de dunas y en materia de pesca fluvial y, asimismo, de las que corresponden al Ministerio de Hacienda respecto a la vigilancia fiscal.

Art. 14.º — Las concesiones mineras, así como las de hidrocarburos en las zonas de dominio público definidas en el art. 1.º se regirán por su legislación especial, pero para otorgarlas será preciso el informe favorable de los Ministerios de Marina, Comercio o Obras Públicas e Información y Turismo, según las normas establecidas en los artículos anteriores, reguladoras de sus competencias respectivas y de los Ayuntamientos interesados.

Art. 15.º — El otorgamiento de la concesión no exime a su titular de la obtención de las licencias, permisos y autorizaciones legalmente procedentes.

Art. 16º — Se precisa el informe favorable del Ministerio de Información y Turismo cuando las obras, concesiones o autorizaciones, cualesquiera que sea el Ministerio que las realice u otorgue, afectasen a zonas y centros declarados de interés turístico o se refieran a alojamientos y empresas turísticas.

Art. 17.º — *Uno.* — La policía de moralidad, higiene y salubridad, así como el ornato y limpieza de las playas y lugares de baño, corresponden a los Ayuntamientos en cuya demarcación territorial estén situados.

Dos. — También corresponde a los Ayuntamientos vigilar la observancia en los lugares de baño de las normas generales e instrucciones dictadas por la Subsecretaría de la Marina Mercante sobre el mantenimiento del material de salvamento y demás medidas para la seguridad de las vidas humanas.

Tres. — La explotación de los servicios que puedan establecerse en las playas que, por necesitar instalaciones fijas, no requieran la concesión referida en el apartado dos del art. 10.º, corresponderá al Ayuntamiento, que podrá realizarla por gestión directa o mediante convenio con los particulares, manteniendo, en todo caso, el uso público de la playa.

Art. 18.º — Los informes a que se refiere la presente Ley serán recabados simultáneamente por el órgano que ostente la competencia resolutoria y serán emitidos en el plazo de un mes, pasado el cual se entenderán evacuados en sentido favorable.

Art. 19. — *Uno.* — En las playas en que se produzca o prevea gran concurrencia humana se formularán por el Ministerio de Obras Públicas, de oficio o a requerimiento del Ministerio de Información y Turismo, de las corporaciones o a instancia de particulares interesados, y conjuntamente con los Ministerios de Marina, Comercio, Información y Turismo, Vivienda y Ayuntamiento respectivos, un plan de ordenación general de la playa.

Dos. — Si el Ayuntamiento discrepara del plan propuesto, se estará a lo previsto en el art. 10.º número ocho.

Art. 20.º — El Ministerio de Hacienda informará las condiciones generales que hayan de regir para el otorgamiento de las concesiones o autorizaciones permanentes que impliquen ocupación del dominio público, según se determina en la Ley del Patrimonio del Estado.

Art. 21.º — *Uno.* — Cuando la presente Ley haya previsto la intervención de dos o más Ministerios mediante informes favorables o vinculantes y no existiera acuerdo entre ellos, la decisión corresponderá al Consejo de Ministros. La propuesta pertinente será formulada por el Departamento que podría haber resuelto por sí mismo de no existir la discrepancia, salvo en el supuesto del art. 10.º, párrafo ocho, en que dicha propuesta será realizada por el de la Gobernación.

Dos. — Las solicitudes que presenten los particulares para obtener los permisos, licencias o concesiones a que se refiere el presente Título, se dirigirán a la Autoridad competente, según lo establecido en los artículos anteriores; pero, si hubiese error en ello, el organismo receptor del escrito lo subsanará remitiéndolo al que resulte ser competente y notificándolo al particular.

DISPOSICIONES TRANSITORIAS

Primera. — En el plazo de cinco años desde la promulgación de la presente Ley, el Ministerio de Obras Públicas deberá completar el deslinde y amojonamiento de las playas y de la zona marítimo-terrestre.

Si durante dicho período se solicitare inscripción en el Registro de la Propiedad de bienes o derechos reales situados en las playas y zonas marítimo-terrestre no deslindada, se practicará el asiento que proceda y el Registrador dará cuenta al Ministerio de Obras Públicas del asiento practicado, remitiéndole certificado literal del mismo, circunstancia que se hará constar en la nota extendida al margen del asiento y al pie del título presentado.

Segunda. — Aprobado el deslinde, la Administración deberá ejercitar las acciones reivindicatorias que procedan respecto a los bienes de dominio público.

Si la Administración no ejercitare tales acciones, podrá ser requerida al efecto por las Corporaciones Locales interesadas, y si no lo efectuare en el plazo de seis meses, dichas Corporaciones podrán subrogarse y ejercitarlas en nombre e interés de aquélla.

Los titulares inscritos que se allanaren a las acciones reivindicatorias previstas en esta Ley podrán solicitar la oportuna concesión que legalice su situación, y el Ministerio de Obras Públicas, o el de Comercio, en su caso, la otorgarán salvo en el supuesto de que represente perjuicio notorio para los intereses públicos.

Tercera. — Por la Presidencia del Gobierno se designará una Comisión Interministerial, de la que formarán parte representantes de los Ministerios de Marina, Hacienda, Gobernación, Obras Públicas, Agricultura, Comercio e Información y Turismo y de la Organización Sindical, para establecer la delimitación de zonas de interés pesquero prevista en el número cuatro del art. 11.°.

Capítulo 64

POLICIA Y DISCIPLINA A BORDO

POLICÍA Y DISCIPLINA A BORDO DE LOS BUQUES MERCANTES. — Toda comunidad o agrupación está regida por unas normas de orden y de disciplina que robustecen la autoridad y mando de los encargados de su cumplimiento. En este caso la autoridad del jefe de la nave.

Las normas de policía y disciplina se hacen más necesarias a bordo que en tierra, porque es frecuenta que la nave se encuentre fuera del ámbito de la jurisdicción territorial, si bien el buque es considerado como parte integrante del territorio nacional y, por lo tanto, con las mismas condiciones jurídicas y sociales que la nación cuyo pabellón obstenta.

Los conceptos de policía y disciplina, si bien en muchos casos se yuxtaponen y complementan, podríamos diferenciarlos en que policía equivale a orden público y exige el cumplimiento de los deberes sociales y morales, y disciplina a la observancia y obediencia de las leyes y ordenamientos establecidos.

El conjunto de normas para la convivencia de las personas a bordo de un buque, y para la aplicación de las leyes nacionales e internacionales, está recopilado en la LEY PENAL Y DISCIPLINARIA DE LA MARINA MERCANTE, de 22 de diciembre de 1955 (B. O. del Estado del 25).

LEY PENAL Y DISCIPLINARIA DE LA MARINA MERCANTE, DE 22 DE DICIEMBRE DE 1955 *

TÍTULO PRIMERO
Disposiciones penales.

CAPÍTULO PRIMERO
Disposiciones generales.

Artículo primero. — Las prescripciones del presente título se aplicarán a las acciones y omisiones previstas en él como delito o falta si por conse-

* Por estar abolida la pena de muerte léase en su lugar cadena perpetua. En breve se reformará toda la Ley.

cuencia de las circunstancias en que se hayan realizado no se encontrasen castigadas con mayor sanción en cualquiera otra Ley española vigente.

Los preceptos del Libro primero del Código Penal tienen carácter supletorio en lo que de modo expreso no esté regulado por este Título.

Artículo segundo. — Se estimará como circunstancia de atenuación de la pena el haber precedido inmediato abuso de autoridad por parte del ofendido, y, concurriendo en delito contra la disciplina, podrá rebajarse la que corresponda de uno a dos grados.

La embriaguez no habitual no producirá nunca el efecto de atenuar la pena en los delitos de abandono de servicio, abordaje, naufragio o varada cometidos por miembros de la dotación.

Artículo tercero. — Se establece como pena especial con carácter principal y exclusiva aplicación al personal de la inscripción marítima, la de inhabilitación para mandos de buques, de un mes y un día a seis años.

Cuando corresponda aplicar esta pena, se considerará sin efecto lo dispuesto en el artículo precedente y en los quinto, sexto y séptimo sobre posibilidad de disminuir o elevar la que proceda imponer en atención a las circunstancias que en los mismos se señalan.

La inhabilitación para mandos de buques no eximirá al condenado de tomar el de aquel en que se encuentra enrolado, cuando, por falta de personal titulado, le corresponda hacerlo en virtud de sustitución reglamentaria.

Artículo cuarto. — Los Tribunales, teniendo en cuenta las circunstancias atenuantes y agravantes que concurran, la personalidad del delincuente, el daño producido por el delito y si se cometió en acto de servicio o con ocasión de él, impondrán la pena señalada en la extensión que estimen justa.

En las penas pecuniarias se atenderá también al caudal y situación económica del culpable.

Artículo quinto. — Los Tribunales podrán imponer la pena inmediatamente superior a la señalada por la Ley, en la extensión que estimen justa, cuando aprecien alguna de las circunstancias siguientes:

Primera. Reincidencia.

Segunda. Haber causado el delito perjuicio de consideración al buque, a su carga o a la expedición marítima o haber entorpecido notablemente el viaje.

Artículo sexto. — Los Tribunales tendrán la misma facultad regulada en el artículo anterior cuando se trate de los delitos de robo o hurto no previstos expresamente en este Título y punibles, por tanto, con arreglo al Código Penal común, que se hubieren cometido a bordo de embarcación mercante.

Artículo séptimo. — Cuando no concurran todos los requisitos necesarios para eximir de responsabilidad en sus respectivos casos, o el culpable sea menor de dieciocho años, se impondrá la pena inferior en uno o dos grados.

Artículo octavo. — Las penas impuestas, con indicación de la condena condicional, en su caso, se comunicarán por el instructor, cuando proceda, a los Registros Centrales de Penados y Rebeldes, de los Ministerios de Justicia y Marina, y siempre, si el reo perteneciese a la Inscripción Marítima, a la Comandancia o a Ayudantía de Marina donde se halle inscrito, para la oportuna anotación en su Libreta, que se invalidará cuando concurran los requisitos prevenidos en el Código Penal para la cancelación de antecedentes penales.

CAPITULO SEGUNDO

Delitos contra el derecho de gentes y las leyes y usos internacionales.

SECCIÓN PRIMERA. — *Piratería.*

Artículo noveno. — Constituyen piratería los actos de depredación y violencia contra las personas realizados en el mar o desde él por individuos de la dotación de un buque que se han colocado fuera de la jurisdicción de todo Estado perteneciente a la comunidad internacional y lo emplean indistintamente contra súbditos de uno u otro país, sin tener comisión alguna legítima de guerra.

Artículo diez. — Además de los comprendidos expresamente en la definición del artículo anterior, se penarán como reos del delito de piratería:

a) Los individuos de la dotación de un buque y personas embarcadas en él que faciliten a los de otro el apoderamiento con violencia del primero o el despojo, daño o lesión de las personas que se hallaren a bordo.

b) Los que desde el mar o desde tierra ocasionen, con señales falsas o por otros medios dolosos, el naufragio, varada o encallamiento de un buque con el propósito de atentar contra las personas o cosas que se hallaren a bordo.

Artículo once. — Las penas señaladas en la presente sección son aplicables a los delitos definidos en la misma que se cometieran en el mar o desde él contra aeronaves o aparatos similares.

Artículo doce. — Será castigado con pena de reclusión mayor a muerte el delito de piratería cometido contra españoles o súbditos no beligerantes de otra nación, siempre que se dé alguna de las condiciones siguientes:

Primera. Haberse apresado alguna embarcación al abordaje o haciéndole fuego.

Segunda. Que fuere acompañado de asesinato, homicidio o de alguna de las lesiones designadas en los artículos cuatrocientos dieciocho y cuatrocientos diecinueve y en los números primero y segundo del cuatrocientos veinte del Código Penal común.

Tercera. Haber cometido los piratas cualquiera de los atentados contra la honestidad señalados en el capítulo primero, Título noveno del Libro segundo de dicho Código.

Cuarta. Haber dejado los piratas a alguna persona sin medios de salvarse.

Quinta. En todo caso, el Jefe, Capitán o Patrón pirata.

En los demás supuestos, la pena será de reclusión menor a reclusión mayor.

SECCIÓN SEGUNDA. — *Denegación de auxilio.*

Artículo trece. — Los individuos de la dotación de un buque mercante que no procedan a emplear los medios a su respectivo alcance para el salvamento de náufragos que se encuentren abandonados en el mar o de personas que se hallaren a bordo de un buque o aeronave en peligro de perderse, pudiéndolo hacer sin riesgo para su persona, incurrirán en la pena de prisión menor a prisión mayor.

Se castigará con la pena de arresto mayor a prisión menor al Capitán de un buque que durante la navegación reciba de otro o de una aeronave una señal de socorro y no se dirija con la rapidez posible a prestárselo, a fin de salvar las vidas humanas en peligro, salvo caso de imposibilidad o que, por las circunstancias especiales en que se encuentre o concurran, no sea razonable el hacerlo. Igual pena corresponderá también al Capitán que en las operaciones de auxilio actúe con manifiesta e inexcusable negligencia.

Artículo catorce. — Incurrirán en la pena de arresto mayor a prisión menor el Capitán que a tales efectos, y sin motivo legítimo, no se someta a la requisición de su buque acordada por el del buque en peligro, y el Radiotelegrafista que no cursare o comunicare con la posible urgencia señales o peticiones de socorro que captara, así como cualquier miembro de la dotación o persona en él embarcada que, conociendo la existencia de la demanda de auxilio por parte de otro buque o aeronave en peligro, se callare maliciosamente la noticia o impidiere que tuviese eficacia.

Artículo quince. — Incurrirá en la pena de arresto mayor a prisión menor el Capitán que deje de prestar auxilio para el salvamento de una embarcación o su carga, cuando se trate de buque abordado por el de su mando, y en la de arresto mayor, cuando, en el mismo caso, omita dar a conocer al mando del otro buque que interviene en la colisión el nombre y puerto de matrícula del suyo, el lugar de donde procede y adonde se dirige.

Artículo dieciséis. — Serán condenados a la pena de prisión mayor a reclusión menor los Capitanes de cualquier buque mercante que, encontrándose una boya indicadora de un submarino hundido, no le presten los auxilios indicados en la misma o no den aviso inmediato del hallazgo a las Autoridades más próximas y por el medio más rápido posible.

Artículo diecisiete. — El individuo de la dotación de un buque que, requerido por una Autoridad de Marina en puerto, se niegue a prestar auxilio urgente a otro buque o aeronave que se encuentre en situación peligrosa, sufrirá la pena de arresto mayor.

SECCIÓN TERCERA. — *Infracción de las normas internacionales.*

Artículo dieciocho. — El que a bordo de una embarcación mercante o formando parte de su dotación infligiere malos tratos o despojara de sus vestidos y efectos a heridos, enfermos o náufragos, sufrirá la pena de prisión menor.

Artículo diecinueve. — Será castigado con la pena de suspensión del ejercicio de la profesión marítima de seis meses a tres años y arresto mayor el Capitán de un buque mercante que infrinja las normas internacionales de la guerra marítima en forma que pueda representar algún peligro para los intereses o neutralidad de España.

Artículo veinte. — La rotura o deterioro de los cables submarinos internacionales se castigará con la pena de prisión menor cuando sea intencional.

Si se produce por negligencia o impericia inexcusable, la pena será de arresto mayor.

Artículo veintiuno. — El empleo abusivo de la bandera española, enarbolándola o utilizándola en un buque mercante en cualquier forma ilegítima o sin tener facultad para ello, se castigará con la pena de arresto mayor.

La pena se impondrá en su grado máximo si el culpable es el Capitán o el hecho se realiza fuera de España.

Si el autor directo o por instigación fuera el propietario, el armador, el consignatario o el fletador del buque, se le impondrá, además, la pena de multa de dos mil quinientas a diez mil pesetas.

En la misma forma que prevén los tres párrafos anteriores, se castigará el hecho de arbolar maliciosamente, en vez de la legítima bandera nacional, otra distinta.

Artículo veintidós. — El empleo abusivo de los signos distintos señalados por los Convenios internacionales para los buques hospitales militares, equipados por particulares o Sociedades de socorro oficialmente reconocidas, o a costa de entidades y Estados neutrales, realizado en buques mercantes que no tengan derecho a ello, según las normas en vigor, se castigará con la pena de arresto mayor a prisión menor.

Artículo veintitrés. — El empleo de cualquiera de las señales establecidas por los Convenios o reglamentaciones de carácter nacional o internacional para demandar auxilio en el mar, hecho en un buque mercante a sabiendas de que éste no se encuentra en peligro alguno, será castigado con la pena de arresto mayor a prisión menor.

El uso intencional de cualquier señal susceptible de confundirse con las indicadas se castigará con la pena de arresto mayor.

CAPITULO TERCERO

Delitos contra el orden y la disciplina a bordo

SECCIÓN PRIMERA. — *Sedición.*

Artículo veinticuatro. — Son reos del delito de sedición:

a) Los miembros de la dotación de un buque mercante o personas embarcadas en él que se alzaren colectivamente a bordo contra el Capitán o contra alguno de los Oficiales para oponerse al cumplimiento de órdenes legítimas, para ejercer coacción sobre ellas o para realizar actos de odio o de venganza en sus personas o cosas de su propiedad.

b) Los miembros de la dotación de un buque mercante que, en número considerable en proporción total de los que la integran, abandonen colectivamente la nave en actitud desobediente, coactiva o de represalia para con el Capitán o alguno de los Oficiales.

Artículo veinticinco. — A los responsables que sean miembros de la dotación del buque se les impondrá la pena de prisión mayor en los siguientes casos:

a) Si la sedición se produce en un momento de peligro para la seguridad del buque.

b) Si se produce en el extranjero y adquiere tal relieve y trascendencia que determine la intervención de la Policía o fuerza armada de la nación a que pertenezca el puerto en el que se realice.

c) Si los sediciosos llegan a apoderarse del buque y a ejercer el mando del mismo.

d) Si se lleva a cabo para evitar que la nave emprenda viaje o continúe su navegación normal.

En los demás supuestos, la pena será de prisión menor.

A los sediciosos que no formen parte de la dotación se les impondrá, en los respectivos casos, la pena inmediatamente inferior a la correspondiente a quienes sean miembros de la dotación.

Artículo veintiséis. — Podrá imponerse la pena superior en grado a las establecidas en el artículo anterior a quien aparezca como promovedor o jefe de la sedición.

Artículo veintisiete. — Quedará exento de responsabilidad el sedicioso que depusiere su actitud a la primera intimación que se le haga y el que, comprometido a perpetrar el delito, lo denunciare a sus superiores en tiempo hábil para evitarlo.

Se exceptuan el promovedor o jefe de la sedición, para quienes el deponer su actitud o denunciar el propósito solamente se estimará como circunstancia atenuante, que el Tribunal sentenciador podrá, a su justo arbitrio, considerar como muy calificada a los efectos de la regla quinta del artículo sesenta y uno del Código Penal común.

Artículo veintiocho. — Los individuos de la dotación que no cooperasen con sus superiores para reprimir la sedición serán condenados con las penas de arresto mayor y suspensión del ejercicio de la profesión marítima de un mes y un día a un año.

Artículo veintinueve. — Si durante la sedición, o con motivo de ella, se cometieren otros delitos, éstos serán penados con independencia.

Artículo treinta. — El Capitán culpable de negligencia en reprimir la sedición ocurrida en el buque de su mando será castigado con la pena de inhabilitación especial para mandos de buques.

Sección segunda. — *Insulto a superior o a los mandos del buque.*

Artículo treinta y uno. — El insulto de obra a un superior, que sea Capitán u Oficial del buque, cometido por individuo de su dotación, en acto del servicio o con ocasión de él, será castigado:

Primero. Con la pena de reclusión mayor a muerte si de sus resultas se ocasionare la muerte del superior agredido.

Segundo. Con la pena de prisión mayor o reclusión menor si se produjeran lesiones graves, excepto las comprendidas en el número cuatro del artículo cuatrocientos veinte del Código Penal común.

Tercero. Con la pena de prisión menor si consistiera en actos de violencia o grave intimidación, aunque no se produjeran lesiones o éstas no fueran de las aludidas.

La pena se impondrá en su grado máximo en los supuestos del presente apartado:

a) Si la agresión se verifica a mano armada.

b) Si, como consecuencia de la coacción, accediera el superior a las exigencias de los delincuentes.

c) Si se producen lesiones comprendidas en el número cuatro del artículo cuatrocientos veinte del Código Penal común.

Artículo treinta y dos. — Si el responsable de los hechos prevenidos en el artículo anterior fuese persona extraña a la dotación del buque, sufrirá la pena que le corresponda según él en su grado mínimo.

Artículo treinta y tres. — Las injurias y amenazas al Capitán o cualquier Oficial por un miembro de la dotación que le sea inferior, en acto de servicio o con ocasión de él, se castigarán con la pena de arresto mayor. Si el hecho fuere cometido por persona ajena a la dotación, la pena será de multa en cuantía de dos mil a diez mil pesetas.

Artículo treinta y cuatro. — Cuando los delitos previstos en los artículos treinta y uno y treinta y tres se cometan por tripulantes en la persona de un Contramaestre, se impondrán las penas respectivas en su grado mínimo.

Artículo treinta y cinco. — Los hechos definidos en la presente sección que se cometan fuera de actos de servicio y sin relación con él se penarán de acuerdo con las normas del Código Penal común.

SECCIÓN TERCERA. — *Desobediencia.*

Artículo treinta y seis. — La desobediencia grave en asuntos del servicio a las órdenes legítimas de un superior, cometida a bordo, se castigará:

Primero. Si se realiza por un Oficial respecto a las órdenes del Capitán, con las penas de arresto mayor y multa de mil a tres mil pesetas.

Segundo. Si se realiza por cualquier otro tripulante respecto a órdenes de dicho Capitán o de algún Oficial, con la pena de arresto mayor.

Artículo treinta y siete. — El Capitán de un buque mercante español que en la mar no obedezca a la llamada de un buque de guerra nacional y le constriña a hacer uso de la coacción o la fuerza para detenerle, será castigado con la pena de arresto mayor y multa de mil a veinte mil pesetas.

Artículo treinta y ocho. — La desobediencia grave a las órdenes legítimas del Comandante de cualquier buque de guerra nacional o de otra Autoridad de Marina, realizadas por el Capitán o cualquier otro individuo de la dotación de una embarcación mercante, se castigará con la pena de arresto mayor.

La actitud inobediente y la negligencia grave con relación a las órdenes a que se refiere el párrafo anterior, se castigarán con multa de mil a veinte mil pesetas.

SECCIÓN CUARTA. — *Abuso de autoridad*

Artículo treinta y nueve. — El Capitán, Oficial o Contramaestre que maltratare de obra a un inferior o pasajero de su buque, incurrirá en la pena de arresto mayor y multa de mil a mil quinientas pesetas.

Artículo cuarenta. — Sufrirá la pena de arresto mayor o multa de mil a cinco mil pesetas el Capitán, Oficial o Contramaestre que realice alguno de los actos siguientes:

Primero. Someter a la dotación o pasajeros a incomodidades o restricciones no debidas e innecesarias o hacerles objeto de cualquier vejación notoria.

Segundo. Obligar a trabajar contra su voluntad durante la navegación a los polizones, náufragos recogidos, pasajeros y demás personas ajenas a la dotación que se encuentren a bordo, sin que lo exijan circunstancias extraordinarias de fuerza mayor o peligro para el buque.

Tercero. Exigir coactivamente a los inferiores de la dotación del buque trabajos o servicios a que sea manifiesto que no estén obligados por las Leyes y Reglamentos, por sus respectivos contratos ni por la existencia de las circunstancias a que se refiere el punto anterior.

Cuarto. Impedir el curso de reclamaciones formuladas contra sus actos.

CAPITULO CUARTO

Delitos contra el interés del servicio y los deberes del cargo que se ostenta a bordo

SECCIÓN PRIMERA. — *Abandono de servicio*

Artículo cuarenta y uno. — El abandono de servicio de guardia durante la navegación se castigará:

Primero. Si lo realiza un Oficial, con la pena de arresto mayor.

Segundo. Si lo realiza un tripulante, con la de suspensión del ejercicio de la profesión marítima hasta cuatro meses, o multa de dos mil a cuatro mil pesetas.

Artículo cuarenta y dos. — El que se durmiera o embriagase prestando servicio de guardia durante la navegación sufrirá la pena siguiente:

Primero. Si fuese Oficial, arresto mayor o multa de dos mil quinientas a cinco mil pesetas.

Segundo. Si fuese tripulante, suspensión del ejercicio de la profesión marítima hasta cuatro meses o multa de dos mil a cuatro mil pesetas.

Artículo cuarenta y tres. — El abandono de servicio de guardia en puerto se castigará:

Primero. Si el culpable es Oficial, con pena de multa de mil quinientas a cuatro mil pesetas.

Segundo. Si el culpable es tripulante, con multa de mil a dos mil pesetas.

Cualquier otro abandono de servicio no previsto en el artículo cuarenta y uno ni en los anteriores párrafos del presente, si fuese determinante de daños para el buque, para el cargamento o para cualquier persona embarcada en él, se castigará con multa de mil a mil quinientas pesetas, siempre que el perjuicio sea estimable, a juicio del Tribunal sentenciador.

Sección segunda. — *Abandono de buque.*

Artículo cuarenta y cuatro. — El Capitán que, sin causa justificada, abandone el buque de su mando será castigado:

Primero. Si es durante la navegación, y a consecuencia del abandono se produjera la pérdida del buque o se ocasionara la muerte de alguna persona, a las penas de prisión mayor e inhabilitación para mandos de buques hasta seis años.

Segundo. Si fuere durante la navegación, pero sin las consecuencias mencionadas en el número anterior, a la pena de arresto mayor e inhabilitación para mandos de buques hasta tres años.

Tercero. Si el buque se encontrase en puerto extranjero, a la pena de arresto mayor e inhabilitación para mandos de buques hasta un año.

Cuarto. Si el buque se hallara en puerto español, a la pena de multa de mil a cinco mil pesetas.

Para los efectos de los incisos tercero y cuarto de este artículo se entiende por abandono, no sólo la ausencia del buque con intención de no regresar a bordo, sino la ausencia injustificada por tiempo suficiente para impedir la salida del buque en el día que se hubiese previsto.

Sección tercera. — *Deserción.*

Artículo cuarenta y cinco. — Todo individuo que formando parte de la dotación de un buque mercante español lo abandone sin causa justificada, incurrirá en las siguientes penas:

Primera. Prisión menor, si el abandono se realiza en la mar, durante la navegación.

Segunda. Arresto mayor, suspensión del ejercicio de la profesión marítima hasta tres años y multa de mil a veinte mil pesetas si el abandono se realiza en puerto extranjero.

El abandono se comete, no sólo por la ausencia sin permiso del buque en que se presta servicio, sino también por no presentarse a bordo una vez firmado el contrato de embarque; pero, en este último caso, las penas correspondientes serán las inmediatamente inferiores a las señaladas.

El delito se reputará consumado, en el supuesto del número segundo de este artículo, cuando el Oficial o tripulante se quede en tierra a la salida del buque a la mar, y a los cinco días de ausencia, contados por períodos de veinticuatro horas, a partir del momento en que se dejó el buque, en que terminó el permiso del culpable o desapareció la fuerza mayor que le retenía en tierra, si la nave hubiera permanecido en el puerto durante todo el tiempo.

Cuando el culpable del abandono referido en este segundo inciso se presentara espontáneamente a la Autoridad consular española o, en su defecto, a la marítima del puerto en que se encuentre, una vez salido su buque a la mar, pero antes de transcurridas cuarenta y ocho horas de ello, el hecho constituirá solamente una falta, que se sancionará con arreglo al artículo setenta y siete de esta Ley.

Artículo cuarenta y seis. — La complicidad en el delito previsto en el número segundo del artículo anterior, se castigará con arresto mayor y multa de mil a veinte mil pesetas; pero si se hubiere realizado mediante entrega de dinero, la multa podrá alcanzar el triple de la cantidad recibida, aunque excediese de veinte mil pesetas.

Artículo cuarenta y siete. — El Capitán que admitiera en la dotación del buque de su mando a individuos que hubiesen incurrido en los delitos definidos en los dos artículos anteriores, constándole esta circunstancia, será castigado con la pena de multa de dos mil quinientas a diez mil pesetas.

En igual pena incurrirá si admitiera en las mismas condiciones a desertores de la Marina de Guerra española.

SECCIÓN CUARTA. — *Quebrantamiento de los deberes profesionales.*

Artículo cuarenta y ocho. — Será condenado a la pena de arresto mayor o multa de mil a diez mil pesetas, y en caso de reincidencia a la de inhabilitación para mandos de buques, hasta dos años, al Capitán que:

a) Dejase de emprender la navegación a que estuviese obligado o la demorase una vez que el buque esté en disposición de comenzar el viaje, variase éste o arribase a puerto que no fuera el de destino consignado en la correspondiente documentación; todo ello sin causa justificada.

b) No ocupar la dirección personal de la nave en casos y momentos graves o cuando ello sea obligado por las prescripciones legales y reglamentarias en vigor.

c) Cometiera abusos o faltas de equidad en el ejercicio de sus atribuciones disciplinarias.

d) No adoptara las disposiciones necesarias para el salvamento de pasajeros y tripulantes, en caso de tener que abandonar el buque de su mando por causa justificada de fuerza mayor. Si por consecuencia de esta omisión ocurriera la muerte o lesiones graves de alguna persona, los Tribunales podrán imponer al Capitán culpable la pena inmediatamente superior en grado a las señaladas en este artículo.

Artículo cuarenta y nueve. — El Capitán que omitiere las precauciones y diligencias convenientes para evitar el apresamiento o destrucción por el enemigo del buque que mande será condenado a la pena de inhabilitación para mandos de buques.

Artículo cincuenta. — Incurrirá en la pena de inhabilitación para mandos de buques hasta tres años, y multa de mil a diez mil pesetas, el Capitán que exigiere o admitiere dádivas en consideración a actos en que obre como funcionario público o en representación de la Autoridad.

Artículo cincuenta y uno. — El Capitán culpable de connivencia en la evasión de un sentenciado, preso o detenido cuya conducción o custodia le estuviese confiada, será castigado:

Primero. En el caso de que el evadido se hallare condenado por ejecutoria con alguna pena, con la de prisión menor e inhabilitación para mandos de buques.

Segundo. En los demás casos, con la pena de arresto mayor e inhabilitación para mandos de buques.

Artículo cincuenta y dos. — Será condenado a la pena de multa de mil a cinco mil pesetas el Capitán que:

a) Navegue sin las patentes de navegación o de sanidad o sin tener a bordo el Diario de Navegación, cuando así corresponda.

b) En el caso de tener que abandonar el buque por causa de fuerza mayor, no procure salvar la documentación, libros de a bordo y correspondencia pública que se le hubiere confiado.

Artículo cincuenta y tres. — El Capitán que detenga, abra o destruya la correspondencia postal que se le hubiese confiado, o diere lugar a su extravío por negligencia manifiesta, será condenado a la pena de arresto mayor, inhabilitación para mandos de buques y multa de mil a cinco mil pesetas.

Artículo cincuenta y cuatro. — Incurrirá en la pena de arresto mayor o multa de mil a diez mil pesetas el Jefe de Máquinas que sea culpable:

a) De la carga de válvulas de seguridad o más presión de la señalada en el último certificado de reconocimiento.

b) De irregularidad o negligencia manifiesta en la recepción o aprovechamiento de combustible, en cantidad o calidad, si ello pudiera representar grave daño o algún peligro para el buque o la navegación.

En iguales penas incurrirá el Médico de la dotación de un buque que infrinja gravemente las disposiciones sanitarias, con daño o peligro para la salud de las personas que se hallen a bordo.

Artículo cincuenta y cinco. — Cuando los hechos definidos en el artículo anterior sean cometidos por persona distinta de las que en él se indican, se impondrá la pena de multa de mil a dos mil pesetas.

Artículo cincuenta y seis. — El Capitán que se embriague durante la travesía, con escándalo de la dotación o pasaje, causando algún perjuicio al servicio, será condenado a la pena de arresto mayor o multa de dos mil quinientas a diez mil pesetas.

Si este delito fuere cometido por persona de la dotación distinta al Capitán, la pena será de multa de mil a dos mil pesetas.

Artículo cincuenta y siete. — Quienes siendo miembros de la dotación destruyan los libros, certificados y papeles que constituyan la documentación oficial del buque, su cargamento, tripulación y pasaje, así como cuantos otros tienen que llevarse reglamentariamente por el Capitán u Oficiales, o las disposiciones vigentes ponen a su cuidado y custodia, incurrirán en la pena de multa de mil a cinco mil pesetas.

Artículo cincuenta y ocho. — Los Capitanes y Oficiales de los buques mercantes serán considerados como funcionarios públicos a los efectos de la penalidad en que incurran por los delitos de falsedad que cometan en el ejercicio de sus funciones públicas.

CAPITULO QUINTO

Delitos contra la integridad del buque, abordajes, naufragios, varadas y averías.

Artículo cincuenta y nueve. — El abordaje, el naufragio o la destrucción de un buque realizado intencionadamente en la mar, aun con la anuencia de su propietario o armador, se castigará con la pena de presidio mayor a reclusión mayor.

Si el delito se cometiese por grave negligencia o imprudencia, la pena será de arresto mayor a prisión menor o inhabilitación para mandos de buques.

Artículo sesenta. — El abordaje, naufragio o destrucción de un buque causado intencionadamente en puerto, aun con la anuencia de su propietario o armador, se castigará con la pena de presidio mayor o reclusión menor.

Si el delito se comete por grave negligencia o imprudencia, la pena será de arresto mayor o inhabilitación para mandos de buques hasta dos años.

Artículo sesenta y uno. — La varada producida maliciosamente se castigará con la pena de presidio menor.

Si el delito se cometiese por grave negligencia o por imprudencia, se castigará con la pena de arresto mayor o inhabilitación para mandos de buques hasta dos años.

Artículo sesenta y dos. — La infracción de las medidas de seguridad en la navegación y para prevenir los abordajes que coloquen al buque en situación de peligro, se castigarán con la pena de arresto mayor o multa de mil a cinco mil pesetas, aunque ningún resultado dañoso se produzca.

Artículo sesenta y tres. — Las averías causadas maliciosamente en un buque, aun con la anuencia de su propietario o armador, se castigarán con la pena de arresto mayor a presidio mayor.

CAPITULO SEXTO

Delitos contra la propiedad.

SECCIÓN PRIMERA. — *Baratería y fraudes.*

Artículo sesenta y cuatro. — El Capitán que, aun con la anuencia del propietario o armador, simulase por accidente marítimo la inutilidad del buque de su mando para determinar su venta forzosa, será castigado con la pena de presidio mayor.

En la misma pena incurrirá si la simulación es para vender la carga bajo pretexto de cubrir los gastos de reparación y rehabilitación del buque para seguir el viaje.

Artículo sesenta y cinco. — Los delitos de estafa y apropiación indebida cometidos por el Capitán o individuos de la dotación de un buque mercante con abuso de las funciones que les corresponden y en perjuicio del propietario, armador, cargadores, aseguradores, prestamistas a la gruesa, acreedores o pasajeros serán castigados con las penas inmediatamente superiores en grado a las establecidas para estos delitos en el Código Penal común.

Artículo sesenta y seis. — Las averías, daños o desperfectos que representen un perjuicio superior a cinco mil pesetas, producidos maliciosamente por un miembro de la dotación de un buque mercante en el cargamento del mismo desde que se reciba a bordo hasta que se descargue en el puerto de destino, serán castigados con la pena de arresto mayor a presidio mayor, según su alcance e importancia, a juicio del Tribunal sentenciador.

Artículo sesenta y siete. — La simulación de un accidente marítimo o de una situación de peligro para el buque con objeto de justificar una echazón de la carga, tanto si la misma se lleva efectivamente a cabo como si fuera también ficticia, realizada con intento de defraudar a aseguradores, acreedores u otra cualquier persona, aunque se efectúe por el propietario o con su anuencia y participación, se castigará con la pena de arresto mayor a presidio mayor.

Artículo sesenta y ocho. — Será castigado con la pena de arresto mayor o multa de mil a tres mil pesetas el miembro de la dotación de un buque mercante que haga consumos manifiestamente injustificados de combustible, provisiones o efectos de cargo o cause maliciosamente en ellos merma o deterioro, siempre que el daño producido sea superior a quinientas pesetas.

Con la misma pena se castigará la adulteración de víveres embarcados para su consumo a bordo.

SECCIÓN SEGUNDA. — *Daños.*

Artículo sesenta y nueve. — Serán castigados con la pena de presidio menor siempre que el valor del perjuicio causado exceda de diez mil pesetas, y con la de arresto mayor si fuere inferior pero excediera de quinientas los hechos siguientes:

Primero. La destrucción o deterioro de balizas, boyas luminosas o de otras clases o señales establecidas en el mar para servicio de navegación.

Segundo. La destrucción o deterioro de las establecidas para marcar los lugares en que se encuentran fondeados reglamentariamente artes fijos de pesca.

Tercero. Los daños o averías en los puertos, sus muelles, varaderos, establecimientos y utillajes o en depósitos flotantes o artefactos navales.

Cuarto. Los desperfectos o daños en artes reglamentariamente calados o remolcados por otra embarcación, viveros o parques establecidos dentro del mar.

SECCIÓN TERCERA. — *Polizonaje.*

Artículo setenta. — El que embarque clandestinamente en puerto español con intención de trasladarse a otro extranjero o en uno extranjero para trasladarse a España será castigado con la pena de arresto mayor y multa de mil a veinte mil pesetas.

La complicidad y el encubrimiento en el delito previsto en este artículo se castigarán con las mismas penas; pero si se hubiere realizado mediante la entrega de dinero, la multa podrá alcanzar al triplo de la cantidad recibida por el culpable, aunque excediere de veinte mil pesetas.

Artículo setenta y uno. — El polizón será entregado a la Autoridad de Marina del primer puerto español a que arribe el buque con las diligencias intruidas a bordo para la comprobación del delito y justificación, en su caso, de los gastos de manutención.

Si el buque arribase a puerto extranjero la entrega se hará al Cónsul de España, y si no lo hubiere quedará a bordo el delincuente hasta llegar a puerto en que exista Autoridad competente para la entrega.

Artículo sesenta y dos. — Incurrirá en la pena de arresto mayor o multa de mil a diez mil pesetas el Capitán que consienta el embarque con plaza a bordo de individuos que no estuvieren legalmente contratados o que haga figurar en el rol individuos embarcados que no formen parte de la dotación.

CAPITULO SEPTIMO

Delitos por infracción de la legislación administrativa marítima.

Artículo setenta y tres. — La intrusión en el ejercicio de la profesión de Capitán, Piloto, Patrón o Maquinista de la Marina Mercante se castigará con la pena de prisión menor.

Artículo setenta y cuatro. — Se impondrá la pena de arresto mayor y multa de mil a dos mil quinientas pesetas a quienes, con título que les autorice para mandar buques de cierta clase o en determinada zona, traspasen, en el ejercicio del mando, los límites de la autorización sin causa justificada.

Artículo setenta y cinco. — Será condenado a la pena de arresto mayor o multa de mil a diez mil pesetas el Capitán que:

a) Admita a bordo pasajeros o carga superior a la que permita la seguridad del buque.

b) Emprenda la navegación sin tener a bordo en buen estado el servicio de luces de situación, el material de salvamento, pertrechos, respetos, instrumentos de náutica y demás reglamentario.

c) Abandone o despida injustamente a un tripulante en un puerto extranjero.

d) Desembarque en puerto extranjero miembros de la dotación enfermos o heridos sin cuidar de que queden convenientemente asistidos.

e) Se niegue a repatriar nacionales, teniendo obligación de hacerlo con arreglo a las disposiciones vigentes.

f) Se niegue a conducir detenidos o presos, cuerpos de delito, atestados o documentación y correspondencia oficial, teniendo el deber de hacerlo.

Artículo setenta y seis. — Se impondrá la pena de arresto mayor al miembro de la dotación o pasajero de un buque mercante que introduzca luces o materias inflamables en pañoles o lugares en que haya efectos de fácil combustión, cuya existencia conozca.

CAPITULO OCTAVO

De las faltas y sus penas.

Artículo setenta y siete. — El individuo de la dotación de un buque mercante que, habiéndolo abandonado sin permiso en un puerto extranjero, realizara su presentación en el plazo y forma señalado por el último párrafo del artículo cuarenta y cinco de esta Ley, será castigado con la pena de arresto menor.

Artículo setenta y ocho. — Serán castigados con la pena de arresto menor o multa hasta mil pesetas:

Primero. La infracción de las medidas a que se refiere el artículo sesenta y dos de esta Ley, siempre que por su índole y circunstancias no reúnan las condiciones para ser penada con arreglo al mismo.

Segundo. Los daños previstos en el artículo sesenta y nueve de esta Ley, cuando el perjuicio o desperfecto ocasionado no supere la cuantía de quinientas pesetas.

Tercero. Los consumos injustificados, deterioros, mermas y adulteraciones previstos en el artículo setenta y dos de esta Ley, cuando se hayan ocasionado por negligencia.

Cuarto. Las manifiestas irregularidades e infracciones graves de las disposiciones vigentes relativas al embarque y desembarque de la carga de un buque mercante, cometidas a sabiendas y con negligencia temeraria, por el Capitán y Oficiales del buque.

Quinto. El embarque clandestino en puerto español con intención de trasladarse a otro también español.

Artículo setenta y nueve. — Las penas señaladas en este capítulo para las faltas comprendidas en él son compatibles con las sanciones establecidas, respecto de las mismas, en disposiciones legales o reglamentarias de naturaleza no penal.

TITULO SEGUNDO

Disposiciones disciplinarias

CAPITULO PRIMERO

De las facultades disciplinarias y de su ejercicio.

Artículo ochenta. — Están facultados para corregir, de acuerdo con las normas que se establecen en el presente título, los actos atentatorios a la disciplina, el servicio o el orden a bordo de los buques mercantes o que puedan perturbar el buen régimen de los mismos.

a) Durante la navegación o en puerto extranjero donde no exista Cónsul de España, y respecto de todo el personal embarcado en un buque mercante el Capitán del mismo.

b) Los Cónsules de España en puertos extranjeros, respecto de las cometidas durante la permanencia del buque en aquéllos.

c) Las Autoridades locales de Marina, en cuanto a las cometidas por cualquier persona en aguas o territorios de su jurisdicción.

d) Las Autoridades locales de Marina del primer puerto español de arribo respecto de las cometidas por los Capitanes durante la navegación.

e) El Ministro de Marina, respecto de cualquier clase de personas y lugares.

Artículo ochenta y uno. — Los Capitanes de los buques podrán corregir los actos a que se contrae el artículo anterior, que no tengan un castigo especialmente determinado en esta u otra Ley o Reglamento, con los siguientes correctivos.

A) Para tripulantes:

Primero. Amonestación.

Segundo. Recargo de los servicios de a bordo hasta diez días, en los límites autorizados por las disposiciones laborales vigentes, con destino del aumento del salario que corresponda al Montepío Marítimo Nacional.

Tercero. Multa hasta el importe de cinco días de salario, a descontar del mismo en la cuantía legal autorizada.

Cuarto. Arresto a bordo, fuera de las horas de servicio, de uno a cinco días.

B) Para Oficiales:

Primero. Amonestación privada.

Segundo. Multa de hasta quinientas pesetas.

Tercero. Arresto, en su camarote, fuera de las horas de servicio, de uno a cinco días.

C) Para pasajeros y demás personas extrañas a la dotación que se encuentra a bordo:

Primero. Amonestación privada.

Segundo. Multa de hasta quinientas pesetas.

Tercero. Arresto en el camarote designado por el Capitán hasta cinco días.

Artículo ochenta y dos. — Las Autoridades locales de Marina podrán corregir los actos a que se refiere el artículo ochenta, así como las infracciones de índole gubernativa cuyo conocimiento está atribuido al Ministerio de Marina y se cometan en las aguas de soberanía o zonas marítimas a que se extienda su mando, siempre que no tengan un castigo especialmente determinado en esta u otra Ley o reglamento, con los siguientes correctivos:

A) Para el personal embarcado:

Primero. Amonestación privada.

Segundo. Arresto a bordo de su buque o en tierra de uno a quince días.

Tercero. Multa de hasta mil pesetas.

Cuarto. Desembarque del buque en que preste servicio, sin otro derecho que la restitución al puerto de embarque y el devengo de los haberes perfeccionados hasta el momento.

Esta última sanción no podrá imponerse sino en el supuesto de que el culpable haya sido corregido, dentro de los seis meses precedentes, con dos o más correctivos de arresto o de multa, sin que en ningún caso sea aplicable a los Oficiales.

B) Para el restante personal:

Primero. Amonestación.

Segundo. Arresto hasta quince días.

Tercero. Multa hasta diez mil pesetas.

El Ministro de Marina podrá imponer, además, por las mismas infracciones, hasta veinticinco mil pesetas de multa, debiendo acordarse la que proceda en Consejo de Ministros si hubiese de rebasar la indicada cifra.

Artículo ochenta y tres. — Igualmente dichas Autoridades podrán corregir con la suspensión del ejercicio de la navegación, de uno a sesenta días, a los Patrones de embarcaciones en las que, dentro de un mismo año, se repita la comisión de infracción de contrabando.

Artículo ochenta y cuatro. — Los Cónsules de España en puertos extranjeros tendrán, respecto de las infracciones en el artículo ochenta, las mismas facultades conferidas a las Autoridades locales de Marina en el artículo ochenta y dos, excepto la consignada en el número cuatro de su apartado A).

Artículo ochenta y cinco. — La prohibición de aplicar las correcciones establecidas en el presente Título a los casos en que la infracción de que se trate se halle castigada especialmente en ésta u otra Ley o Reglamento, no comprende a las de naturaleza laboral definidas o que se definan en las Reglamentaciones de Trabajo.

Artículo ochenta y seis. — Los Capitanes de buques o quienes hagan sus veces quedan autorizados para tomar, bajo su responsabilidad, las medidas de policía con carácter extraordinario que, en los casos de peligro o naufragio, estimen necesarias para el buen régimen del buque, las cuales serán cumplidas sin excusa alguna por todos los que se hallaren a bordo, quedando a salvo el ejercicio de las acciones que correspondan con arreglo a las Leyes a los que se crean perjudicados.

Artículo ochenta y siete. — Tanto los Capitanes de buques, como las Autoridades citadas en el artículo ochenta aplicarán, a su prudente arbitrio, salvo en los casos taxativamente marcados en esta Ley, las facultades disciplinarias que respectivamente les están atribuidas, teniendo en cuenta la importancia de la infracción y las circunstancias que en cada una de ellas concurran.

Cada infracción no podrá ser objeto más que de una sola sanción.

Artículo ochenta y ocho. — Toda corrección impuesta por el Capitán deberá ser consignada inmediatamente, con expresión de sus motivos, en el Diario de Navegación o rol, en su caso, haciéndose constar en el asiento la facultad concedida al sancionado para recurrir conforme a los preceptos de esta Ley, el plazo para hacerlo y la Autoridad a quien debe dirigir el recurso.

Todos los extremos del asiento deberán ser leídos al interesado, al que invitará a firmar después de haberlo hecho el Capitán. Si el interesado se negare se hará el propio requerimiento a los dos Oficiales ó tripulantes que designe o, en otro caso, a los dos individuos más antiguos de la dotación que figuren enrolados.

Si el interesado lo solicitare le será entregada copia del asiento de referencia.

Artículo ochenta y nueve. — Cualquier miembro de la dotación, pasajero o persona embarcada que hubiese sido sancionado durante la navegación, podrá recurrir contra la sanción durante los tres días siguiente al de llegada del buque a puerto español o en el que exista Cónsul de España, ante la Autoridad local de Marina o ante dicho Cónsul, respectivamente, y esta Autoridad, sin ulterior recurso y oyendo a las personas que estime preciso para aclarar los hechos resolverá, confirmando la sanción, modificándola o levantándola.

Artículo noventa. — De toda corrección que imponga el Capitán dará cuenta por escrito a la Autoridad local de Marina o Cónsul de España del puerto de llegada.

Artículo noventa y uno. — No obstante lo dispuesto en el artículo ochenta y nueve, aquel que sea sancionado por el Capitán con arresto o recargo en el servicio no podrá negarse a empezar a cumplirlo con el pretexto de que va a entablar recurso, salvo que el Capitán le autorice para aplazarlo.

Artículo noventa y dos. — La Autoridad local de Marina o el Cónsul de España, en su caso, deberán sostener el prestigio de los Capitanes de los buques; pero en caso de probada arbitrariedad, sancionará a éstos con arreglo a sus facultades, de no constituir el hecho delito previsto en la Sección cuarta del capítulo tercero del título primero de esta Ley.

Artículo noventa y tres. — Las correcciones impuestas por las Autoridades locales de Marina serán notificadas a los sancionados en la forma prevenida en el Reglamento de Procedimiento Administrativo del Ministerio de Marina, y contra ellas cabrán los recursos que se especifican en dicho Reglamento, el que regirá en cuanto a plazo para imponerlos y forma de resolverlos.

Artículo noventa y cuatro. — Contra las correcciones impuestas por los Cónsules de España en puertos extranjeros se podrán interponer los mismos recursos señalados en el artículo anterior, que deberán ser remitidos al Ministerio de Asuntos Exteriores para su curso al de Marina.

Artículo noventa y cinco. — Las correcciones impuestas conforme a las disposiciones del presente título al personal de la Inscripción Marítima, se anotarán en sus correspondientes Libretas por el Comandante o Ayudante de Marina del lugar de inscripción, y podrán invalidarse por la Autoridad que impuso el castigo o por la que practicó la anotación, si lo hubieren impuesto los Cónsules o Capitanes de buques a petición de los interesados, y siempre que acredite el transcurso de más de seis meses, contados desde que se terminó de cumplir la sanción, observando buena conducta.

Artículo noventa y seis. — El importe de las multas impuestas por los Capitanes de buques será entregado a la Autoridad local de Marina del primer puerto español de arribo para ser puesto a disposición del Montepío Marítimo Nacional.

La exacción de las multas impuestas por las Autoridades de Marina y la distribución de su importe se ajustará a lo que reglamentariamente se disponga.

La totalidad del importe de las multas impuestas por los Cónsules de España en puertos extranjeros se pondrá a disposición del Ministerio de Asuntos Exteriores, con destino a los fines benéficos que se estime conveniente.

Artículo noventa y siete. — Cuando por insolvencia no se satisfaciere la multa en el plazo que señale la Autoridad que la hubiere impuesto o, en su caso, el Capitán, se sustituirá por el apremio personal de arresto hasta quince días, cuya determinación decidirá la propia Autoridad correcta o la del puerto de llegada cuando hubiere sido impuesta por el Capitán, a proporción de la cuantía de aquélla, sin que en ningún caso pueda exceder, en este último supuesto, de cinco días.

En el caso de que la multa de que se trata figure en el correspondiente artículo de la Ley como sanción alternativa con el arresto, no podrá sustituirse por mayor número de días de privación de libertad que los que señalen en él como límite máximo de dicho arresto.

CAPITULO SEGUNDO

De algunas infracciones contra la disciplina en particular.

Artículo noventa y ocho. — Siempre que no constituya delito o falta, se corregirá por los Capitanes de los buques o Autoridades citadas en el artículo ochenta, en sus respectivos casos, con arresto de uno a diez días, reprensión o multa de cinco a quinientas pesetas:

a) Cualquier actitud desobediente o de resistencia al Capitán u Oficiales de un buque mercante por parte de persona embarcada en él.

b) Los actos contrarios a las normas reglamentarias o a órdenes generales dictadas para el buen régimen a bordo, susceptibles de perturbar el orden durante la navegación, de dañar al buque, sus pertenencias o cosas embarcadas o de causar molestias al pasaje.

c) Las riñas, pendencias e insultos entre los individuos de la dotación, pasajeros y demás personas que vayan a bordo o de unos y otros entre sí.

d) Tomar parte en juegos de azar que no fueren de puro pasatiempo o recreo.

e) Llevar los pasajeros en su equipaje sustancias o aparatos inflamables o peligrosos por cualquier concepto.

Cuando los culpables de estas infracciones sean pasajeros, el arresto no podrá exceder de cinco días.

Artículo noventa y nueve. — Igualmente serán corregidos con amonestación, arresto de uno a quince días o multa de cinco a setecientas cincuenta pesetas, de no constituir el hecho delito o falta:

a) El Oficial que maltrate de obra a otro Oficial.

b) El abandono injustificado del buque en puerto extranjero por tiempo inferior a cinco días, sin implicar la pérdida de aquél a su salida a la mar.

c) El abandono injustificado del buque en puerto español. Si la ausencia fuera por tiempo inferior a veinticuatro horas, el arresto no podrá exceder del doble de este tiempo ni la multa de doscientas cincuenta pesetas.

d) El individuo de la dotación de un buque mercante que, prestando servicio que no sea de guardia durante la navegación, se durmiese o embriagase.

e) Cualquier abandono de servicio que no deba estimarse, por sus circunstancias, constitutivo de delito.

f) La desobediencia en asuntos de servicio que, por su trascendencia y las condiciones en que se comete no se halle comprendida en otros preceptos de la presente Ley.

g) El Médico a que se refiere el último párrafo del artículo cincuenta y cuatro de esta Ley, cuando la infracción de que en el mismo se trata tenga carácter leve.

h) Las injurias o amenazas al Capitán o a cualquier Oficial por un miembro de la dotación que le sea inferior, cuando se produzcan fuera de acto de servicio o sin ocasión de él.

Artículo ciento. — Será corregido por la Autoridad local de Marina o Cónsul de España con represión, multa hasta mil pesetas o arresto de uno a veinte días:

a) El Capitán que deje de arbolar en el buque de su mando la bandera nacional, insignia o contraseña en las ocasiones en que reglametariamente deba hacerse.

b) El Capitán que omita consignar en el Diario de Navegación las peticiones de auxilio que se reciban a bordo y las causas por las que no fueran atendidas.

c) El Capitán que navegase sin los libros y documentos que deba llevar a bordo y no fueren de los comprendidos en el apartado *a)* del artículo cincuenta y dos de la presente Ley.

d) El Capitán u Oficial que cometa cualquiera otra irregularidad, omisión o inexactitud en los libros y documentos oficiales, los emplee abusivamente o sea infiel a su custodia.

e) El individuo de la dotación de un buque que no preste el auxilio a que se refiere el artículo diecisiete de esta Ley cuando no existan las circunstancias de urgencia y peligro necesarias para que el hecho constituya delito.

f) El individuo de la Inscripción Marítima que carezca de la Libreta reglamentaria.

g) El tripulante de embarcaciones de pesca culpable del extravío o deterioro grave del rol, despacho u otros documentos oficiales que deba llevar a bordo.

h) El que sin justificación legítima y sin ánimo de apropiación utilice embarcaciones o artes de pesca que no le pertenezcan.

i) El Patrón de embarcaciones que no tuviera a bordo en estado de eficiencia las luces y material reglamentario en la industria a que se dedique o carezca de la licencia y documentos que deba llevar.

j) El Patrón de embarcación de pesca que navegue sin llevar ostensible y reglamentariamente el nombre y folio de inscripción de la misma.

k) El Patrón de embarcación de pesca que traspase los límites en que estuviere autorizado para ejercer su cargo e industria.

DISPOSICIONES ADICIONALES

Primera. La presente Ley no se aplicará a los tripulantes no españoles de embarcaciones extranjeras, aunque se hallen dentro de las aguas jurisdiccionales de España, mientras el hecho sólo afectara al orden interior del buque y hubieren únicamente participado en él súbditos extranjeros. En estos casos, las Autoridades españolas se limitarán a prestar a los Capitanes y Cónsules del país a que pertenezca el buque los auxilios que soliciten y fueren procedentes, de acuerdo con los Tratados Internacionales.

Segunda. A los efectos de esta Ley se entenderá por Capitán quien efectivamente ejerza el mando del buque, aunque fuere por sustitución y se denomine Patrón o de otra manera.

Son Oficiales quienes, teniendo título o nombramiento de Capitán de la Marina Mercante, Piloto Patrón de Cabotaje o Pesca, Capellán, Médico, Maquinista Naval, Radiotelegrafista, Alumno de Náutica, Máquinas o Radio, desempeñen a bordo los cometidos a los que los respectivos títulos o nombramientos autorizan, y las personas que, por la especialidad de la navegación o industria a que el buque se dedique, sean contratadas para desempeñar a bordo servicios de idéntico rango.

Las restantes personas embarcadas en una nave para prestar a bordo servicios se considerarán meros tripulantes, salvo que expresamente se indique lo contrario. Juntamente con los comprendidos en los dos párrafos precedentes integran la dotación.

Tercera. Son actos de servicio todos aquellos que están obligados a realizar, en relación con los respectivos cargos o plazas que desempeñen a bordo, los miembros de la dotación del buque, con arreglo a las disposiciones legales y reglamentarias que les afecten y a sus contratos de embarque.

Tendrán igual consideración, a los efectos de esta Ley, cuantos actos se refieran a la preparación de un servicio, al curso o cumplimiento de órdenes a él relativas o que se realicen con ocasión o por consecuencia del mismo.

Cuarta. En los lugares visibles de los buques mercantes que designen los respectivos Capitanes se tendrá siempre un ejemplar de la presente Ley para conocimiento y consulta de cuantos vayan a bordo.

DISPOSICIONES FINALES

Primera. Quedan derogados la Ley Penal de la Marina Mercante, el Reglamento de Policía y Disciplina a bordo de los buques mercantes y cuantas disposiciones se opongan al cumplimiento de la presente Ley, que entrará en vigor a los veinte días de su publicación en el *Boletín Oficial del Estado*. Continuarán, sin embargo, en vigor las normas y disposiciones penales o disciplinarias que contengan otras Leyes o Reglamentos reguladores de la navegación y tráfico de los puertos; la Ley de dieciocho de febrero de mil novecientos treinta y dos, y cuantas Leyes y Reglamentos confieren facultades de orden administrativo o gubernativo a la Subsecretaría de la Marina Mercante, Direcciones Generales de Navegación y Pesca Marítima y Autoridades de Marina en cuanto éstas actúen como delegadas de dichos Organismos.

Segunda. Se faculta al Ministro de Marina para dictar las disposiciones necesarias para el cumplimiento de la presente Ley.

Dada en el Palacio de El Pardo a veintidós de diciembre de mil novecientos cincuenta y cinco.

CÓMO DEBE PROCEDERSE EN CASO DE DELITO COMETIDO A BORDO. — El jefe de una nave, Capitán o Patrón, cuando se halle ante un hecho cometido a bordo y que las circunstancias sean o se supongan constitutivas de un delito, practicará, por sí solo y/o por un oficial o persona ajena al supuesto delito, cuantas diligencias crea convenientes en esclarecimiento de los hechos; recibirá declaraciones y citará a cuantos crea oportuno escribiendo cuantos datos sean suministrados; practicará, si fuere necesario, inspección ocular en el lugar o lugares de los hechos; recogerá objetos, envases, medicamentos, cartas, conversaciones, etc., que faciliten el esclarecimiento del culpable, así como tomará fotografías, objetos lisos para tomar las huellas dactilares, etc.

Se tomarán cuantas medidas sean aconsejables de reclusión o seguridad de los inculpados o presuntos responsables de acuerdo con el delito, y se anotarán en el Diario de Navegación horas, hechos y datos de los acaecimientos.

Los presuntos responsables, así como los objetos, datos y declaraciones recogidos, serán entregados a la Autoridad de Marina del primer puerto que arribe el buque o si es en puerto extranjero al Cónsul de España.

En la Ley Penal y Disciplinaria de la Marina Mercante queda indicado que las autoridades de Marina son las competentes para sancionar las faltas o delitos, cualquiera que sea su naturaleza, cometidos a bordo de buques españoles, y de las sanciones que haya impuesto el Capitán o Patrón durante el viaje se deberá dar cuenta a la autoridad de Marina al llegar a puerto.

CÓMO DEBE PROCEDERSE EN CASO DE DEFUNCIÓN. — Entre los diferentes deberes del Jefe de la nave existe el de ejercer función pública en los casos de defunción a bordo.

Como representante a bordo del Estado, en caso de defunción ocurrida a bordo, procederá a formalizar el acta correspondiente que prescriben los artículos 79 y 87 de la Ley de Registro Civil.

Levantará el acta y copias en presencia de familiares y testigos, haciendo constar cuantos más datos posibles, entre los que podemos citar: 1.° Día y hora en que ha ocurrido el fallecimiento. 2.° Lugar o situación del barco. 3.° Nombre, apellidos, naturaleza, estado, edad, domicilio, profseión. 4.° Lo mismo del punto 3.° de sus padres e hijos si los tuviere. 5.° Descripción de la enfermedad o causa que ocasionó la muerte, o síntomas si fuera desconocida. 6.° Si el difunto dejó tetamento, y en caso afirmativo, lugar y notario ante el cual lo hubiera otorgado. 7.° Registrará y custodiará cuantas pertenencias sean del fallecido.

Se hará constancia en el Diario de Navegación tanto del suceso como del acta de defunción.

En caso de que el cadáver presente señales de violencia, hubiera sospechas de la causa de su fallecimiento, o bien cuando una persona desaparezca por haberse caído al mar, procederá a practicar cuantas diligencias estime oportunas para esclarecer los hechos, tales como: testificaciones, antecedentes relativos a la personalidad, amistades y enemistades, comidas, medicamentos, enfermedades, problemas familiares, etc. Se tomarán, si es posible, las huellas dactilares.

El acta de defunción, así como las diligencias practicadas, serán entregadas a la Autoridad judicial de Marina del puerto español a que se arribe, y si fuera en puerto extranjero a la Autoridad Consular, conservando una copia para la Autoridad de Marina del primer puerto español que se toque. Asimismo se dará cuenta a la policía local en puerto extranjero.

El artículo 705 del Código de Comercio dispone que en caso de muerte «el Capitán está autorizado para disponer del cadáver según las circunstancias», siendo aconsejable entregar el cadáver en tierra, donde las Autoridades disponen de mejores medios para averiguar las causas que originaron la muerte. Asimismo es conveniente comunicar por radio con las Autoridades de tierra antes de tomar una decisión con el cadáver.

Síntomas de muerte. — Es importante conocer los síntomas de muerte a toda la dotación y, en general, a toda persona, pues en ello va el poder salvar a personas que aparentemente están muertas. La muerte es descrita como la falta de vida después de la imposibilidad de hacer nada por revivir el cuerpo.

Hay unos signos de muerte, que si bien ayudan a su diagnóstico, no son concluyentes. La falta de pulso y de respiración debe asegurarse durante más de 20 minutos, comprobando con un fonendoscopio o aplicando el oído sobre la parte izquierda del pecho descubierto para comprobar si aún late el corazón, y con la ayuda de un espejo, más frío que la temperatura del cuerpo, aplicado en boca o nariz, comprobar si se empaña por la respiración.

Aun dando negativos los signos anteriores se debe intentar por todos los medios reavivar al paciente hasta que aparezcan síntomas más determinantes de la muerte entre los que podemos citar:

Descenso de temperatura. — Durante las primeras horas después de la muerte, excepto si el cuerpo está en un medio de temperaturas altas, la temperatura descenderá varios grados. Se puede comprobar con un termómetro, a ser posible, aplicado en el recto.

Opacidad en el ojo. — La córnea del ojo pierde su normal transparencia y se vuelve nubosa o lechosa.

Lividez cadavérica. — Manchas irregulares de color rojo-morado, que aparecen en las partes sobre las que descansa el cuerpo, y que se deben a la acumulación de la sangre debido a la gravedad.

Rigidez cadavérica. — Es el endurecimiento de los músculos y pérdida de su flexibilidad, que suele producir la aproximación de las quijadas. Aparece de 1 a 8 horas después de la muerte y dura hasta que comienza la putrefacción. Generalmente empieza en los músculos de la cara continuando hacia los pies, desapareciendo en el mismo orden.

No confundirse con el espasmo muscular que a veces aparece después de un shock eléctrico o en algunos casos de envenenamiento.

Putrefacción. — Esta es una prueba irrefutable de muerte. Aparece después de la rigidez cadavérica, generalmente un día después de la muerte. Es la descomposición de los cuerpos orgánicos al faltarles la vida. Va acompañada de la composición de olores más o menos fétidos.

CUIDADOS CON EL CADÁVER. — Si hubiera medios y personal idóneo se procederá a su embalsamamiento.

Sopesando las diferentes circunstancias: distancia al puerto más cercano, medios de conservación a bordo, espacio, causa y peligrosidad de la permanencia del cadáver a bordo, falta de determinación de la muerte, etc., el jefe de la nave optará por arrojar el cadáver al mar o por llevarlo a puerto.

Se tratará de que el cadáver mantenga una postura normal: boca arriba, piernas estiradas y juntas, brazos a los costados o bien cruzadas las manos sobre el estómago y ojos y boca cerrados.

Se envolverá en una sábana y si se ha de arrojar al mar envuelto en un encerado y con un lastre para que se vaya al fondo mientras se ora rogando al Señor le acoja en su seno.

Si la muerte fue a causa de una enfermedad contagiosa será envuelto en una sábana impregnada de cresol (metil-fenol) al 1 por ciento, tomando medidas de desinfección y aislamiento de parásitos, insectos, etc.

Si el cadáver ha de ser guardado a bordo durante un día o dos, debe ser limpiado, conservado en sitio fresco, aislado, untadas cara y manos con petróleo y si fuera posible metido en cámara frigorífica.

Capítulo 65

DEBERES DEL CAPITAN O DEL PATRON

FORMALIDADES QUE DEBE LLENAR EL PATRÓN Y EL CAPITÁN DE YATE AL DESPACHARSE. LIBROS Y DOCUMENTOS QUE DEBE HABER EN EL YATE. MODO DE LEGALIZARLOS Y LLEVARLOS. A QUÉ AUTORIDADES DEBEN PRESENTARSE. DEBERES DEL CAPITÁN O PATRÓN DE YATE CON LAS AUTORIDADES.

Como anteriormente hemos reseñado las diferentes Autoridades competentes con respecto al barco y su personal, así como sus atribuciones, quedan prácticamente reseñadas las obligaciones que el Capitán o Patrón de Yate tiene para con ellas. No obstante, seguidamente, al reseñar los diferentes documentos y diligencias que se han de efectuar con los mismos, ampliamos la relación del Capitán o Patrón con dichas Autoridades.

ROL.*— El rol es el documento (formato de libro) donde se consignan datos de suma importancia acerca del buque y de su dotación.

Es un formato reglamentario de modelo oficial y está dividido en varios apartados para reflejar en cada uno de ellos los correspondientes datos. Los folios están numerados.

Refleja en primer lugar el nombre, folio y lista de la embarcación, fotografía del barco, dimensiones, propietario y domicilio, número de patente, etcétera.

Características del buque: eslora, manga, puntal, calados, tonelajes, máquina, potencia, astillero y fecha donde y cuando fue construido, modificaciones.

En otro apartado van reflejados los despachos consignando puerto de destino, número de tripulantes y fechas de salida y entrada en los puertos.

Respecto a los tripulantes va consignado el nombre, título, folio de inscripción, destino a bordo.

En diferentes apartados más van reflejados los cambios de nombre y propietarios del buque, reconocimientos de casco, máquinas, aparejos, botes

* Para las embarcaciones de la 4.ª y 5.ª lista, es decir: de tráfico interior y de recreo respectivamente, se llama LICENCIA DE NAVEGACION.

y balsas salvavidas, telegrafía, telefonía, discos de carga, compensación de agujas, seguros de tripulantes y del barco, etc., así como la fecha en que caducan dichos documentos.

A la llegada a puerto se obligatorio presentarlo a la Autoridad de Marina o al Cónsul si es en puerto extranjero, que son quienes comprueban el estado reglamentario de los diferentes documentos. A la salida de puerto, y previo las anotaciones oportunas, será entregado al Capitán o Patrón.

Cuando el jefe de la nave o propietario necesite enrolar o desenrolar tripulantes deberá presentar a la Autoridad de Marina o al Cónsul sus correspondientes libretas de inscripción donde quedarán reflejadas las fechas de embarque o desembarque, así como en el rol. Presentará asimismo contratos de embarque por triplicado y de acuerdo con las reglamentaciones del Ministerio de Trabajo.

Para el despacho, el Patrón o Capitán solicitará salida de puerto indicando destino, carga, dotación, pasaje, combustible, etc., a la Autoridad de Marina. Acompañará, además, las papeletas de Aduana y Sanidad (caso de salir para el extranjero) requisitadas y conformes.

PATENTE DE NAVEGACIÓN. — Es el documento que acredita la nacionalidad del buque y por lo tanto el pabellón bajo el cual navega. La falta de patente, llevarla falsa o doble es causa de confiscación del buque y de la carga.

La patente es expedida por la Subsecretaría de la Marina Mercante, refrendada por el Ministro de Comercio y con el visto bueno del Jefe del Estado, y en ella se reflejan: nombre, tráfico a que se dedica, folio, lista, puerto de matrícula, características de la nave y tonelajes. Es obligatorio para los buques mayores de 20 toneladas.

DIARIO DE NAVEGACIÓN. — Es un libro de formato legislado, foliado y legalizado por la Autoridad de Marina o Cónsul, donde se anotan todos los acaecimientos náuticos, atmosféricos, meteorológicos, así como cualquier observación importante relacionada con el buque, carga, dotación, pasaje, etc., datos que pueden ser útiles posteriormente tanto al Capitán o Patrón como a cualquier Autoridad relacionada con el barco, armador, seguros, tripulantes, pasajeros, carga, etc., incluso para hacer estadísticas y estudios sobre mares, corrientes, naufragios, contaminación de las aguas, etc.

LISTA DE LA DOTACIÓN. — En ella van los nombres y apellidos, folio y trozo de inscripción marítima, nacionalidad y destino que desempeñan a bordo.

LISTA DE PASAJEROS. — En ella se consignan nombres y apellidos, nacionalidad, puerto de embarque y destino, número del pasaporte. Estas listas son exigidas asimismo por las Autoridades de migración.

CERTIFICADOS DE RECONOCIMIENTO. — Expedidos por los inspectores correspondientes y refrendados por la Autoridad de Marina. En ellos consta el estado y circunstancias de cómo se encuetnra el servicio reconocido, reparaciones que convengan efectuarse y validez del certificado. Con respecto a los yates, los más usados son: de casco, de motores, de instrumentos náuticos y de agujas, y de radiotelefonía.

Lo reconocimientos pueden ser *ordinarios* (o periódicos) y extraordinarios. Ordinarios o periódicos son los establecidos por la Ley, y extraordinarios son los que a juicio de la Autoridad de Marina, de su propietario, Capitán o persona interesada se estimen oportunos, tales como después de una varada, abordaje, averías, reclamación de tripulantes, pasajeros, etc.

TABLILLAS DE DESVÍOS. — Para la navegación es necesario conocer el desvío de la aguja a cada rumbo, para que, sumado algebraicamente a la variación local magnética, nos dé la corrección total, que aplicada debidamente al rumbo de aguja o a las demoras nos dé rumbos verdaderos o demoras verdaderas. Estas tablillas u hojas de desvíos son levantadas (redactadas) por personas idóneas (generalmente por Capitanes de la Marina Mercante al efecto) tras las llamadas *compensaciones de agujas* y visadas por la Autoridad de Marina. Variación local magnética = declinación magnética.

MANIFIESTO DE ADUANAS. — Es el documento, establecido por la legislación de Aduanas, en el que van reflejadas todas las mercancías procedentes del extranjero, sean de tránsito, transbordo o para consumo del barco.

A efectos de manifiesto se consideran mercancías procedentes del extranjero las adquiridas en los puertos francos de Ceuta, Melilla e Islas Canarias.

El manifiesto debe estar redactado antes de entrar en las aguas jurisdiccionales de un país (en España a efectos de Aduanas son 6 millas).

La Aduana puede practicar en cualquier momento visitas de fondeo (registro) y sellar las mercancías que crea oportunas, confiscando las no manifestadas. De ellas levantará acta y será de aplicación la Ley de Contrabando y Defraudación.

PROTESTA POR ARRIBADA FORZOSA. — La arribada forzosa es un hecho que tiene lugar cuando ocurren circunstancias que impiden al buque continuar su viaje al puerto de destino y hacen necesario arribar a un puerto, ensenada o refugio para evitar contingencias desfavorables. Puede ser por avería, mal tiempo, falta de víveres, desembarco de enfermos o polizones, etc.

Dentro de las 24 horas el Capitán o Jefe de la nave está obligado a presentar a la Autoridad de Marina y a la de Aduanas una protesta en la que relate las causas que motivaron la arribada.

Esta protesta, debidamente legalizada por la Autoridad de Marina, tiene efectos secundarios muy útiles a efectos de seguros, carga, pasajeros y cualquier persona que tenga intereses en el barco.

LIBROS Y DOCUMENTOS QUE DEBE HABER EN EL YATE. — Indudablemente que alguno depende del porte de la nave, destino a que se dedique y de las instalaciones que lleve, pero los más frecuentemente obligatorios son: Patente de Navegación. Rol. Patente de Sanidad. Certificados de reconocimiento de las diferentes instalaciones. Diario de Navegación. Libretas de Inscripción marítima de la dotación. Pasaportes de los pasajeros. Contratos de embarque. Manifiestos (si toca puertos extranjeros). Póliza de seguro obligatorio de los tripulantes.

Si lleva radiotelefonía: Nomenclátor de las estaciones costeras. Reglamento de radiocomunicaciones. Nomenclátor de estaciones de barcos.

Hay otros libros aconsejables como: Derroteros, almanaque náutico, anuario de mareas, libros de faros, cartas náuticas y útiles de navegación.

ABORDAJE. — El Código de Comercio dice que es un choque violento entre dos embarcaciones, pero esta acepción ha quedado incompleta porque actualmente se juzgan como abordaje los daños producidos por la resaca ocasionada por las hélices, así como los daños producidos por los cabos, puntales y demás aparejos pertenecientes al buque.

El abordaje origina responsabilidades de orden penal y de orden civil.

Las responsabilidades de carácter penal y civil están dispersas en diferentes legislaciones, entre las que podemos citar: Ley penal de la Marina Mercante, Código de Juticia Militar, Código de Comercio, Reglamento de Abordajes, convenios de Bruselas de 1910 y 1952 para buques de distinta nacionalidad, etc.

El abordaje puede ser *fortuito* o *culpable.* Fortuito es el consecuente de unos acaecimientos fuera de la previsión humana, y culpable cuando puede ser imputado a uno de los buques por mala maniobra, culpa, impericia, negligencia, etc.

Es dictaminado por los tribunales del país en cuyas aguas ocurre el abordaje. En España por los tribunales de Marina.

Al ocurrir el abordaje, es obligación primordial auxiliar al otro buque, especialmente a su personal, anotar los hechos y datos al máximo en el Diario de Navegación, comunicar al Capitán de Puerto o Cónsul donde se dirije, comunicar al Seguro, pedir los datos al otro barco, comunicar al propietario.

SEGUROS. — El seguro marítimo es un contrato en el que el asegurador se compromete a indemnizar al asegurado un riesgo a cambio de una prestación llamada *prima.*

El seguro marítimo no es obligatorio, si bien llegará a serlo al menos contra terceros. No obstante la mayoría de las embarcaciones deportivas se encuentran aseguradas particularmente, o bien por mediación de los Clubs náuticos.

El consentimiento por ambas partes del seguro viene reflejado en una *póliza* donde se estipulan todas las cláusulas del contrato: prima, validez, valor de lo asegurado, exenciones, franquicias, etc.

TRIPULACIONES DE EMBARCACIONES DE RECREO. — La Orden del Ministerio de Comercio del 14 de julio de 1964 fija el Cuadro Indicador de las tripulaciones de los buques mercantes y de pesca nacionales, según el grado especial de automatización de los servicios, tonelaje y la particularidad del tráfico a que se dediquen. No hay un Cuadro Indicador para los buques de recreo pero más o menos se podrán atener a los reglamentado sobre los anteriores, haciendo constar la Autoridad de Marina en el rol de cada buque los tripulantes que corresponden, no pudiendo despachar ningún buque que no lleve su tripulación mínima.

Sobre el título exigido para el mando de las embarcaciones de recreo está lo referido en la O. M. de 10 de noviembre de 1965.

Las Autoridades de Marina están facultadas, en caso necesario, para enrolar en destinos subalternos a personal de categoría inmediatamente inferior a las autorizadas.

BANDERA NACIONAL. — Es el signo representativo de la Nación. Izada en un buque representa la nacionalidad del mismo y que está bajo el amparo del pabellón que ostenta, así como de que está sometido a los preceptos y controles de dicho Estado.

La bandena Nacional Española es rectangular con tres listas normales a la vaina. La lista central, color amarillo gualda, es de doble anchura que cada una de las otras dos de color rojo.

La relación entre la longitud y anchura está legislada para cada caso. Véase láminas de las páginas 65-6 y 65-7.

La bandera de los *buques de guerra,* así como de las dependencias militares, lleva el escudo nacional estampado en ambas caras. La longitud de la bandera es vez y media su anchura. Véase lámina de la página 65-6.

La bandera para *buques hospitales,* y según el convenio de Ginebra, es cuadro de color blanco con una cruz roja en el centro, de forma y dimensiones reglamentadas. Se izará a tope en el palo mayor, conservando a popa la Bandera Nacional.

La bandera para *buques del Estado* o a su servicio será de una longitud

ESPAÑA

Buques de reserva Naval

Buques de Guerra, Arsenales, Plazas marítimas, Castillos y fortalezas, Aerodromos, Campamentos y demás dependencias militares

Compañías de Mar y otras del Ramo de Guerra

Mercante

Torrotito

Buques Hospitales

ESPAÑA

Embarcaciones de Sanidad de los Puertos

Embarcaciones del Ejército del Aire

Embarcaciones de Hacienda

Embarcaciones de Vigilancia de la Pesca

Embarcaciones de recreo

Correos Marítimos

igual a vez y media su anchura. En el centro lleva el Escudo Nacional y a ambos lados o debajo y en color azul las iniciales correspondientes.

Los *barcos mercantes* llevan la bandera nacional, de las mismas proporciones de la de los buques de guerra pero sin escudo.

Los *correos marítimos* llevan la bandera nacional con las letras C. M. en azul y de altura un tercio del ancho de la bandera.

La bandera para *buques y embarcaciones de recreo* es la nacional con la Corona del Escudo Nacional estampada en el centro de la franja amarilla y de altura un tercio del ancho de ésta y de anchura proporcionada.

La bandera *de proa o tajamar* (*Torrotito*) es una bandera cuadra, con cuatro cuarteles. El primero y cuarto rojos, con los blasones de los antiguos reinos de Castilla y Navarra, respectivamente; el segundo blanco, con el blasón del antiguo reino de León, y el tercero amarillo, con el de Aragón.

Hay nueve tamaños de banderas y con las medidas reglamentadas, que se usan de acuerdo con la magnitud del barco.

Casos en que debe izarse por obligación o por cortesía. — La bandera se iza a las 8 horas y se arría a la puesta del sol.

Es obligatorio izarla los domingos y festivos en puerto nacional y todos los días en puerto extranjero. En alta mar debe izarse a requerimiento de cualquier barco de guerra. Asimismo es obligatorio llevar izada la bandera en aguas jurisdiccionales extranjeras y en las entradas de puerto, siempre que haya luz para ser reconocida, aunque sea antes del horario de izado o arriado.

Se iza por cortesía ante la presencia de un buque amigo o de la misma nacionalidad. En alta mar ante la presencia de los barcos de guerra.

Navegando se lleva izada en el pico del palo de popa y, al fondear o amarrar el buque, en el asta de popa.

En el palo de proa se iza la bandera nacional del puerto a donde se dirige el barco o de la nación donde nos encontramos.

Saludos con la bandera. — Los buques mercantes, de pesca o de recreo, están obligados a saludar tres veces al estar próximos a un buque de guerra, estando éste en sus aguas jurisdiccionales, en puerto, o ante una fortaleza militar próxima; si bien la costumbre general es de efectuarlo una sola vez. Consiste en arriar la bandera poco antes de estar a la altura del barco o fortaleza y, al recibir contestación al saludo, volverla a izar.

SALVAMENTO. — El auxilio o asistencia a cualquier embarcación o persona que la precisa en la mar es obligatoria para todos los buques.

De la asistencia y salvamento se originan obligaciones civiles de remuneración de servicios (excepto por las personas) que se liquidarán según derecho y por mediación de los Tribunales de Justicia de la Marina. (Véase Ley 60/1962).

LEY 60/1962

DE 24 DE DICIEMBRE, POR LA QUE SE REGULAN LOS AUXILIOS, SALVAMENTOS, REMOLQUES, HALLAZGOS Y EXTRACCIONES MARÍTIMOS

CAPÍTULO I

DE LOS AUXILIOS Y SALVAMENTOS

Artículo primero. — El auxilio y salvamento de los buques de navegación marítima o aeronaves en la mar que se encuentren en peligro, de las cosas que se hallen a bordo, del flete y del precio del pasaje, así como los servicios del mismo género que se presten entre sí los buques de navegación marítima y los de navegación interior, quedan sometidos a las disposiciones siguientes, sin que haya lugar a distinguir entre ambas clases de servicios, ni a tener en cuenta las aguas en que hayan sido prestados.

Artículo segundo. — Todo acto de auxilio o salvamento que haya producido un resultado útil dará lugar a una remuneración equitativa.

No se deberá ninguna remuneración si el socorro prestado no llegase a producir resultados útiles.

La suma que deba pagarse no podrá exceder, en ningún caso, del valor de las cosas salvadas.

La remuneración exigible a consecuencia de las operaciones de auxilio o salvamento corre a cargo del armador del buque o explotador de la aeronave objeto de aquéllas, sin perjuicio del derecho de repetición que pueda corresponderle.

Artículo tercero. — No tendrán derecho a percibir remuneración alguna las personas que hayan tomado parte en las operaciones de socorro, a pesar de la prohibición expresa y razonable de los buques o aeronaves socorridos.

Artículo cuarto. — El remolcador no tendrá derecho a una remuneración por auxilio o salvamento del buque por él remolcado o de su cargamento, sino cuando haya prestado servicios excepcionales que no puedan ser considerados como el cumplimiento del contrato de remolque.

Tampoco se reconocerá derecho a remuneración en los auxilios prestados entre sí por embarcaciones que naveguen o pesquen formando unidad pesquera, pertenezcan o no a un mismo propietario, a menos que se presten en condiciones de excepcional dificultad y riesgo.

Artículo quinto. — Se deberá la remuneración aun en el caso de que el auxilio o salvamento haya tenido lugar entre buques o aeronaves pertenecientes al mismo propietario, salvo lo establecido en el artículo anterior en relación a los buques pesqueros que naveguen o pesquen formando unidad pesquera.

Artículo sexto. — Para fijar el importe de la remuneración se estará a lo convenido entre ambas partes y, en su defecto, a lo resuelto por el Tribunal Marítimo Central.

En igual forma se fijará la proporción en que la remuneración deba repartirse entre los salvadores.

Artículo séptimo. — La tercera parte de la remuneración que se señale como consecuencia de lo dispuesto en el artículo anterior, una vez deducidos los gastos e indemnización por daños y perjuicios, corresponderá al armador del buque o explotador de la aeronave auxiliadores.

En los dos tercios restantes participarán:

Primero. Los componentes de la dotación.

Segundo. Las personas ajenas a la misma que cooperen con ella eficazmente.

Tercero. Los salvadores de vidas humanas, aunque no pertenezcan al buque o aeronave auxiliadores.

Cuando la remuneración tenga lugar en los casos previstos en el último párrafo del artículo cuarto y en el artículo quinto de la presente Ley, el importe de aquélla se reducirá a los dos tercios del premio, correspondiendo íntegramente a la dotación del buque auxiliador.

Los componentes de la dotación participarán del premio en proporción a sus respectivos sueldos bases, si bien el Tribunal podrá modificar esta distribución en beneficio de los tripulantes que hayan contribuido al salvamento con servicios excepcionales.

El Tribunal Marítimo Central, dentro de los límite indicados en este artículo, fijará, en su caso, la participación que corresponda a las personas ajenas a la tripulación y a los salvadores de vidas humanas.

No estará sujeta a las reglas precedentes la distribución de la remuneración que por asistencia o salvamentos se atribuya a los buques armados y equipados especialmente para prestar socorro. En este caso, los derechos de la tripulación se ajustarán a lo establecido en los respectivos contratos de embarque.

Si el buque o aeronave salvadores son extranjeros, la distribución de la remuneración entre el armador y explotador y la tripulación se realizará de acuerdo con la ley nacional del buque o aeronave.

Artículo octavo. — Todo convenio de auxilio y de salvamento estipulado en el momento y bajo el influjo del peligro podrá ser, a petición de una de las partes, modificado por el Tribunal Marítimo Central, si estima que las condiciones estipuladas no son equitativas.

En todos los casos en que se pruebe que el consentimiento de una de las partes ha sido viciado por dolo o engaño, o cuando la remuneración esté por exceso o por defecto, fuera de proporción con el servicio prestado, el convenio podrá ser anulado o modificado por el Tribunal a requerimiento de la parte interesada.

Artículo noveno. — La remuneración se fijará por el Tribunal Marítimo Central, según las circunstancias, tomando por base:

a) En primer término, el resultado obtenido, los esfuerzos y el mérito de los que hayan prestado el socorro, el peligro corrido por el buque o aeronave auxiliado, por sus pasajeros y por su dotación, por su cargamento, por los salvadores y por el buque o aeronave salvador, el tiempo empleado, los gastos y daños sufridos, los riesgos de responsabilidad y de otra clase que hayan corrido los salvadores, y el valor del material expuesto por ellos teniendo en cuenta, en su caso, el destino especial del buque o aeronave que preste auxilio.

b) En segundo lugar, el valor de las cosas salvadas.

Las mismas disposiciones se aplicarán al reparto a que se refiere el párrafo segundo del artículo sexto.

El Tribunal Marítimo Central podrá reducir o suprimir la remuneración en caso de que los salvadores hayan hecho necesario el socorro por su culpa o hayan agravado también culpablemente la situación del buque o aeronave auxiliado o salvado o prolongado arbitrariamente la duración de la operación o se hayan hecho culpables de fraudes, ocultaciones o apropiaciones indebidas de cualquier género.

Artículo diez. — Las personas salvadas no están obligadas al pago de ninguna remuneración.

Artículo once. — La acción para el cobro de la remuneración prescribe a los dos años, a contar del día en que terminaron las operaciones de auxilio o salvamento.

El plazo se interrumpirá por la incoación del oportuno expediente y por las causas previstas en el Código de Comercio.

También se interrumpirá la prescripción cuando el buque auxiliado o salvado no haya podido ser detenido o embargado en aguas españolas o en puertos extranjeros.

Artículo doce. — La presente Ley no afecta a la subsistencia de los Tratados internacionales y Leyes vigentes en España sobre la organización de los servicios de auxilio y salvamento por las Autoridades públicas o bajo su dependencia, y especialmente sobre el salvamento de embarcaciones y artefactos de pesca.

Artículo trece. — Cuando un buque de guerra, aeronave militar o afectos a un servicio público reciban o presten auxilio o salvamento, la remuneración será también fijada según las normas de la presente Ley, y la que corresponda percibir a aquéllos y a su tripulación por el servicio prestado se pondrá a disposición del Ministerio u Organismo de que dependa el buque o la aeronave, la cual proveerá a su equitativa aplicación.

Artículo catorce. — La Autoridad de Marina deberá proveer siempre al salvamento de vidas humanas que se encuentren en peligro en el mar, empleando para ello todos los medios de que disponga, pudiendo a este objeto utilizar toda clase de buques y embarcaciones y ordenar a sus dotaciones la prestación del socorro, así como requerir el auxilio de las Autoridades de otros órdenes. Cuando se trate de evitar la pérdida de una nave en peligro, la Autoridad de Marina apreciará la conveniencia de proceder a su salvamento, utilizando, en su caso, los medios de carácter público u oficial que tenga a su disposición.

CAPÍTULO II

Del remolque en la mar

Artículo quince. — Fuera de los casos en que el remolque constituya auxilio o salvamento, el remolque prestado a un buque que lo pida hallándose en la mar dará derecho a la indemnización de los gastos, daños y perjuicios sufridos como consecuencia del mismo por el buque que efectúe el remolque y el abono de un precio justo por el servicio prestado.

Se exceptúan los remolques que, aun prestados en la mar, tengan únicamente por objeto facilitar la entrada en puerto de un buque que se encuentre en su proximidades, cuando hubiera tarifas establecidas.

Artículo dieciséis. — Para fijar el importe de la retribución se estará a lo convenido entre las partes interesadas y, en su defecto, a lo que resuelva el Tribunal Marítimo Central.

El Tribunal fijará el precio tomando por base los trabajos que haya exigido el remolque, la distancia recorrida y las demás circunstancias concurrentes.

Artículo diecisiete. — El precio del remolque se distribuirá atribuyendo dos tercios al armador del buque remolcador y un tercio a su dotación.

Cuando el servicio fuere prestado por buques dedicados a la industria del remolque, el importe del premio corresponderá íntegramente al armador.

No habrá nunca lugar a remuneración cuando el remolque se preste entre buques que naveguen o pesquen formando unidad pesquera.

Artículo dieciocho. — La prescripción de la acción para el cobro de la retribución por el remolque se regirá por lo establecido en el artículo once.

Cuando en el remolque intervenga un buque de guerra o afecto a un servicio público, se dará a la retribución el destino previsto en el artículo trece.

CAPÍTULO III

De los hallazgos

Artículo diecinueve. — El que encontrase cosas abandonadas en la mar o arrojadas por ella en la costa que no sean producto de la misma mar deberá ponerlas a disposición de la Autoridad de Marina en el plazo más breve posible.

La misma obligación tendrá el que extrajese casualmente cosas hundidas o lo haga inmediatamente después de haberlas descubierto.

Artículo veinte. — Las cosas halladas serán entregadas a su propietario cuando éste comparezca y acredite su derecho de propiedad, previo pago de los gastos y del tercio del valor de las cosas halladas.

Artículo veintiuno. — Si transcurrido el plazo de seis meses establecido en el apartado b) del artículo veintinueve no se hubiese presentado el propietario y el valor en tasación de la cosa no fuese superior a diez mil pesetas, se entregará al hallador, previo pago de los gastos.

Cuando el valor de la tasación fuese superior a diez mil pesetas, el hallador tendrá derecho a esta suma y, además, a una tercera parte del exceso que sobre la misma se haya obtenido en la subasta. El remanente se ingresará en el Tesoro.

Artículo veintidós. — Los preceptos de este capítulo no son aplicables:

Primero. A los buques y aeronaves abandonados en la mar y sus cargamentos.

Segundo. A los efectos arrojados a la mar para aligerar el buque o aeronave en caso de peligro, cuando fueren salvados inmediatamente.

Tercero. A las cosas que, por su naturaleza o por preceptos legales, estén exceptuadas del libre comercio, las cuales se regirán por las disposiciones especiales sobre la materia.

En los casos previstos en los apartados primero y segundo se aplicará lo dispuesto en el capítulo primero.

CAPÍTULO IV

De las extracciones

Artículo veintitrés. — Fuera de los casos de hallazgos y los de recuperación inmediata, la extracción de cosas hundidas en aguas jurisdiccionales españolas requerirá el permiso de la Autoridad de Marina, quien fijará el plazo para realizarlas y las normas a que debe ajustarse.

Artículo veinticuatro. — Los trabajos de exploración, rastreo y localización de cosas hundidas requerirán el permiso de la Autoridad de Marina, quien lo concederá discrecionalmente y sin carácter de exclusiva.

Artículo veinticinco. — La extracción de cosas hundidas dentro de los puertos españoles se regirá por la legislación de puertos.

Artículo veintiséis. — Cuando se trate de cosas hundidas fuera de puerto que puedan constituir un peligro o incomodidad para la navegación o la pesca, la Autoridad de Marina señalará a los propietarios un plazo prudencial para que las extraigan.

Cuando los propietarios no lo verificasen dentro del plazo señalado, o hicieren abandono de las cosas, la Autoridad de Marina podrá proceder a la extracción o remoción de las mismas, sufragándose los gastos con el valor de las cosas extraídas, y si quedara remanente, se ingresará en el Tesoro Público.

Las mismas medidas señaladas en el párrafo anterior podrán ser adoptadas por las Autoridades de Marina en interés de la navegación en caso de notoria urgencia; pero el remanente del valor de las cosas extraídas, una vez deducidos los gastos, se depositará a disposición de los propietarios.

Artículo veintisiete. — Cuando las cosas hundidas no constituyeren un peligro o incomodidad para la navegación o la pesca, la Autoridad de Marina permitirá su extracción y aprovechamiento por sus propietarios.

Artículo veintiocho. — En los casos en que la propiedad pertenezca al Estado y no conviniere al mismo la extracción y aprovechamiento directo, el Ministro de Marina podrá conceder su extracción y aprovechamiento mediante concurso-subasta.

CAPÍTULO V

De los derechos de propiedad de los efectos salvados o hallados

Artículo veintinueve. — Sin perjuicio de lo dispuesto en el párrafo primero del artículo veintiuno, el Estado adquirirá la propiedad de cualquier buque, aeronave u objeto hundido, salvado o hallado cuando su propietario haga abandono de sus derechos o no los ejerza en los plazos siguientes:

a) Buques o restos de buques hundidos, a los tres años del hundimiento.

b) En los demás casos, a los seis meses de la promulgación de los edictos establecidos en el artículo cuarenta y ocho de esta Ley.

c) En cuanto a las aeronaves y sus restos, se observarán las normas y plazos señalados en la Ley de veintiuno de julio de mil novecientos sesenta.

Se interrumpirán estos plazos en el momento en que se solicite la extracción y se inicie éste en el plazo concedido para la misma, volviendo a correr de nuevo si se suspenden los trabajos, o al finalizar los plazos concedidos por la Autoridad competente.

La Autoridad de Marina, una vez adjudicados los efectos, pondrá éstos a disposición de la Hacienda Pública para el debido cumplimiento de las normas establecidas por esta Ley y por las que regulen el Patrimonio del Estado.

Artículo treinta. — La Autoridad de Marina, para evitar la pérdida o destrucción de los buques, aeronaves o efectos salvados o hallados, podrá decidir su venta en pública subasta antes de los plazos de prescripción de la propiedad indicados en el artículo anterior, depositando la parte del valor obtenido que pueda corresponder al propietario a su disposición hasta que éste se presente o su derecho se extinga.

MOTORES MARINOS

Capítulo 66

CLASIFICACION DE LOS MOTORES

MOTORES DE COMBUSTIÓN INTERNA. — El motor de combustión interna es una máquina endotérmica y alternativa, que transforma en energía mecánica, es decir en trabajo útil, la energía del combustible.

Se llaman endotérmicos porque en ellos el calor del interior del cilindro es convertido en la energía necesaria para realizar el trabajo requerido.

Son alternativos porque en el interior del cilindro el pistón es impulsado alternativamente.

CLASIFICACIÓN DE LOS MOTORES. — Los motores pueden clasificarse de varias formas:

I) Según el sistema de encendido del combustible:
  a) Motores de encendido por compresión.
  b) Motores de encendido eléctrico.

II) Según el ciclo operativo:
  a) Motores de cuatro tiempos.
  b) Motores de dos tiempos.

III) Según el sistema de admisión del combustible
  a) Motores de inyección.
  b) Motores de carburación.*

Los motores de encendido por compresión, según el sistema adoptado para el encendido del combustible, se clasifican en:

1. Motores Diesel.
2. Motores semi-Diesel (o de cabeza caliente).

* Carburante: combustible que contiene hidrocarburos.
Carburar: incorporar al aire hidrocarburos para hacerlos combustibles o detonantes, o mezclar los gases o el aire atmosférico con carburantes.

Los motores de encendido eléctrico, según el sistema adoptado, se pueden clasificar en:

1. Motores de encendido por magneto.
2. Motores de encendido por batería y distribuidor (Delco).

TERMINOLOGÍA PARA EL ESTUDIO DE LOS MOTORES ALTERNATIVOS

PUNTO MUERTO SUPERIOR (P.M.S.). — Posición del pistón más próxima a la culata.

PUNTO MUERTO INFERIOR (P.M.I.). — Posición del pistón más alejada de la culata.

DIÁMETRO. — Diámetro interior del cilindro. Expresado generalmente en milímetros.

CARRERA. — Comprende la distancia entre el P.M.S. y el P.M.I., es igual, salvo raras excepciones, al doble del radio de la manivela del eje de cigüeñales. Se expresa generalmente en milímetros.

VOLUMEN TOTAL DEL CILINDRO. — Es el espacio comprendido entre la culata y el pistón cuando éste se encuentra en el P.M.I. Viene expresado, por lo general, en cm^3.

VOLUMEN DE LA CÁMARA DE COMBUSTIÓN. — Está comprendido entre la culata y el pistón cuando éste se halla en el P.M.S. Suele expresarse en cm^3.

RELACIÓN DE COMPRESIÓN. — Se entiende por tal la que hay entre el volumen total del cilindro y el volumen de la cámara de combustión, es decir:

$$RC = \frac{\text{VTC (Volumen total del cilindro)}}{\text{VCC (Volumen de la cámara de combustión)}}$$

MOTORES DIESEL. — Estos motores deben su nombre a su inventor el ingeniero alemán Rudolf Diesel, que presentó sus primeros diseños en el año 1892. La combustión se efectúa debido a la compresión, sin necesidad de chispa eléctrica, a causa de la temperatura que alcanza el aire comprimido en la cámara del cilindro (superior a los 500° C), cuando se le inyecta el combustible finamente pulverizado. Son motores de combustión interna a presión constante.

El motor Diesel es una máquina alternativa y sus órganos principales son: *cilindro, pistón, biela* y *cigüeñal.* Su rendimiento es del 40 por ciento (relación entre el trabajo útil y el equivalente a la energía calorífica del combustible consumido).

Se llaman *tiempos* a las carreras del pistón, sean en un sentido o en otro.

A estos motores se les llama de *combustión interna* porque queman el combustible dentro del cilindro; también se les denómina de *aceite pesado* por el tipo de combustible que emplean.

Su relación de compresión oscila de 16 a 22.

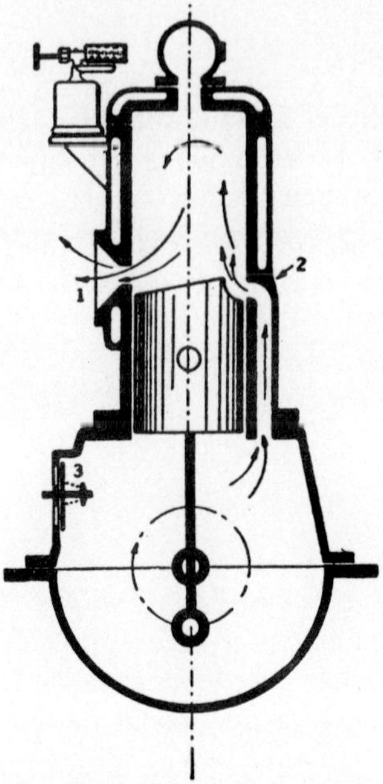

Fig. 389 Motor semi-Diesel

MOTORES SEMI-DIESEL. — Son motores de inyección en los cuales el encendido se obtiene mediante el empleo de una superficie incandescente, por lo que se les denomina también *motores de cabeza caliente.*

Son motores de compresión más baja que los Diesel por lo que la temperatura alcanzada por la compresión no es suficiente para provocar la combustión, siendo necesario para que se efectúe la misma disponer en la culata de una especie de bulbo esférico a una temperatura de 500° C aproximadamente, por lo que el dardo de combustible incide en esta parte, se evapora y se enciende, quemándose a volumen constante. Su rendimiento es del 30 por ciento.

Al ser la presión de inyección baja, los inyectores y bombas no presentan grandes dificultades de proyecto y fabricación (fig. 389).

Su relación de compresión oscila de 12 a 16.

MOTORES DE EXPLOSIÓN. — Son motores de combustión interna a volumen constante, en los que el encendido de la mezcla combustible-aire se efectúa por medio de una chispa eléctrica.

El motor de explosión es también una máquina alternativa que, como el Diesel, quema el combustible en el interior del cilindro.

Su relación de compresión varía de 6 a 10.

DIFERENCIAS ESENCIALES ENTRE ESTOS TIPOS DE MOTORES. — Las diferencias fundamentales son:

MOTORES DE EXPLOSIÓN	MOTORES DIESEL Y SEMIDIESEL
Admisión	
Aspiran la mezcla de aire-gasolina del carburador.	Aspiran y llenan por completo el cilindro con aire puro.

Compresión

Comprimen la mezcla de 6 a 10.	Comprimen el aire de 16 a 22 (Diesel). Comprimen el aire de 12 a 16 (semi-Diesel).

Combustión

Encendido por una chispa en la bujía; *explosión* de toda la mezcla.	Inyección del gas-oil, autoinflamándose por el calor del aire comprimido. La combustión es gradual (Diesel). En los semi-Diesel se efectúa a causa de la temperatura de la cabeza.

Escape

Idéntico en todos ellos

Introducción del combustible. En los motores de explosión, el aire y el combustible son introducidos en la cámara de combustión bajo forma de mezcla gaseosa. La mezcla se efectúa en el carburador, y la regulación de la cantidad de mezcla introducida en el cilindro se obtiene por medio de una válvula de mariposa.

También pueden ser alimentados por inyección, con varias ventajas como la distribución más uniforme de combustible en los diferentes cilindros, y desventajas como la regulación, costosa y complicada, que hace que no estén difundidos esta clase de motores.

En los motores Diesel y semi-Diesel, el aire se introduce en la cámara de combustión a través de conductos, mientras que el combustible se introduce directamente por medio de un inyector. La mezcla aire-combustible se realiza en la cámara de combustión.

Encendido. En el motor de explosión se necesita un sistema de encendido para generar en la cámara de combustión una chispa entre los electrodos de una bujía, al objeto de que la combustión pueda iniciarse.

En los motores semi-Diesel se utiliza la alta temperatura existente en el bulbo esférico o parte caliente de la culata.

Relación de compresión. En los motores de explosión la relación de compresión varía de 6 a 10, salvo casos excepcionales, mientras que en los motores semi-Diesel varía de 12 a 16, y en los Diesel, de 16 a 22.

En los motores de explosión, el límite superior de la relación de compresión está determinado esencialmente por la calidad antidetonante del combustible utilizado; para los motores Diesel y semi-Diesel está determinado, sobre todo, por el peso de la estructura del motor, que aumenta al aumentar la relación de compresión, de un modo especial con grandes cilindradas.

Peso. El motor de explosión a igual cilindrada es menos pesado que el motor Diesel y que el semi-Diesel, ya que funciona a presión considerablemente menor.

NOMENCLATURA DE LAS PARTES PRINCIPALES DE LOS MOTORES. — Las partes principales de un motor quedan representadas esquemáticamente por la sección transversal de la figura 390, siendo comunes a los distintos tipos de motores.

CILINDRO. — Es aquella parte cilíndrica en cuyo interior se verifica la combustión de la mezcla de carburante y en la que se desliza el pistón, en su movimiento alternativo, por lo que sus paredes interiores se hallan cuidadosamente pulimentadas.

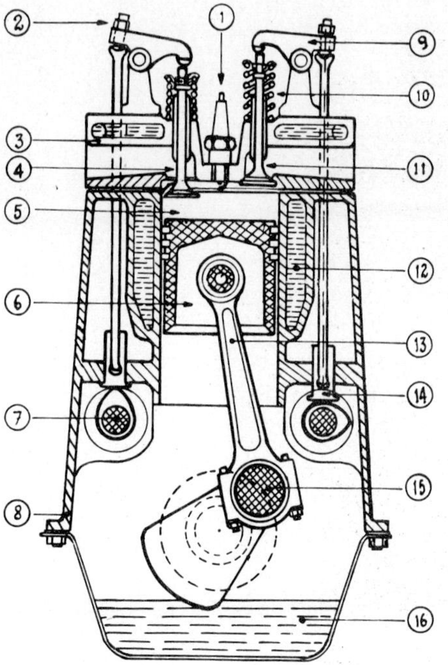

1. Bujía.
2. Tornillo de regulación.
3. Culata.
4. Válvula de aspiración.
5. Cilindro.
6. Pistón.
7. Eje de distribución.
8. Bancada.
9. Balancín.
10. Muelle.
11. Válvula de escape.
12. Refrigerante.
13. Biela.
14. Taqué.
15. Eje cigüeñal.
16. Lubricante.

Fig. 390. Esquema del motor alternativo

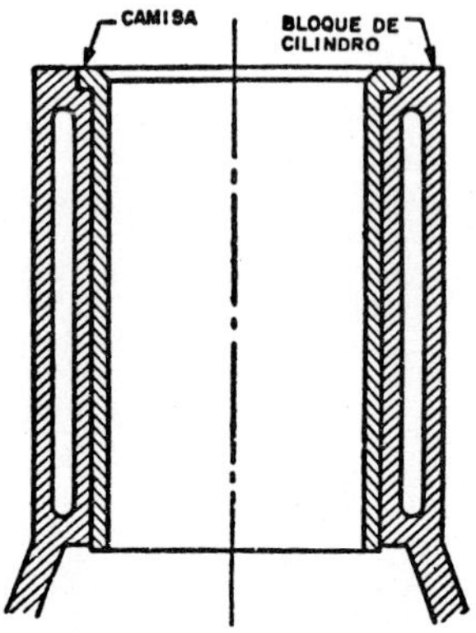

Fig. 391. Camisa seca

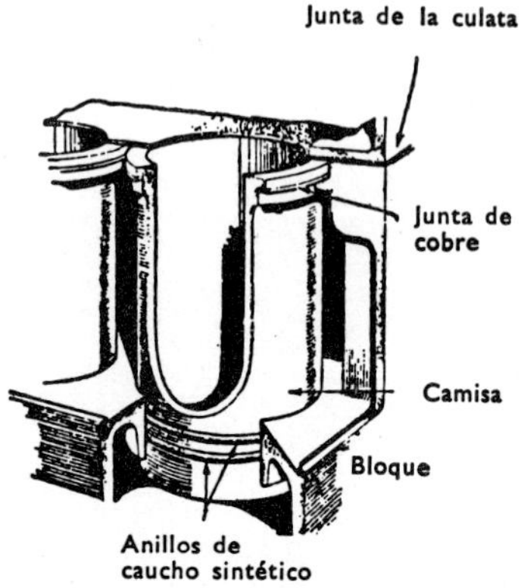

Fig. 392. Camisa húmeda

Como la pared del cilindro sufre un fuerte trabajo debido al roce del pistón contra ella, en la mayoría de los motores se emplean forros o camisas de fundición y dureza especiales. Las camisas pueden ser: *húmedas y secas.*

Camisas húmedas. Son aquellas cuya superficie exterior se halla directamente en contacto con el agua de refrigeración (fig. 392).

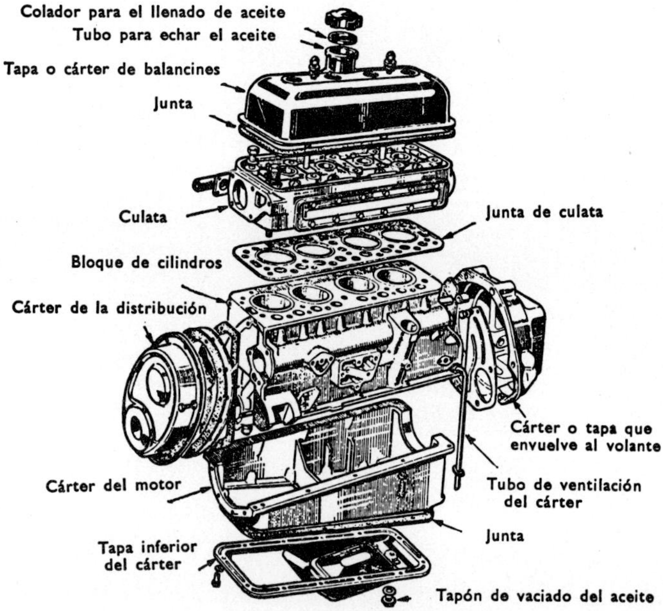

Fig. 393. Despiece del motor

Camisas secas. Este tipo de camisas se hallan insertadas en el cilindro. El agua de refrigeración circula alrededor del exterior del cilindro y no está en contacto con la camisa (fig. 391).

CULATA. — La parte superior del cilindro está cerrada por la culata, que en la mayoría de los casos es una pieza de fundición o aleación especiales; va atornillada al bloque de cilindros. Forma con la parte superior del cilindro la cámara de combustión. Entre la culata y el cilindro se encuentra una junta de cobre o de cobre y amianto que sirve para efectuar un cierre estanco, evitando las pérdidas.

Dispone de unos orificios roscados en los que se atornillan las bujías o inyectores según sean motores de gasolina o Diesel. Existen culatas en las que se hallan alojadas las guías por las que se deslizan las válvulas, llamándose a los motores que llevan esta disposición de *válvulas en cabeza o en culata* (OHV. Over Head Valves) (fig. 393).

PISTÓN. — Es una pieza cilíndrica, generalmente de fundición de hierro o aleaciones de aluminio, que se mueve en el interior del cilindro (fig. 394).

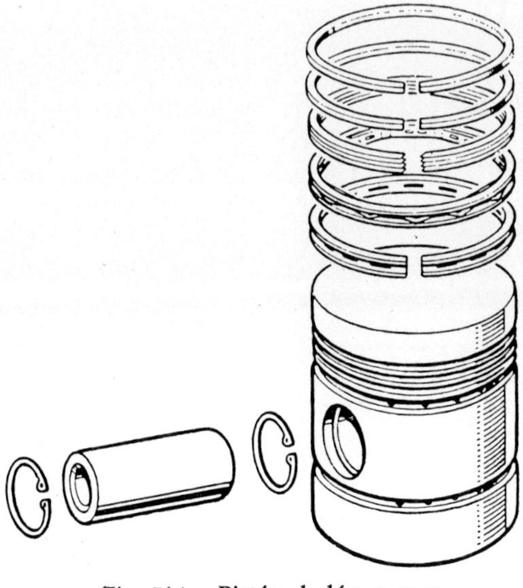

Fig. 394. Pistón, bulón y aros.

Cumple la función de pared móvil comprimiendo la mezcla en la cámara de combustión, transmite a la biela la fuerza motriz generada por la presión del gas. El pistón está constituido por la *cabeza,* que soporta directamente el empuje de los gases y la *faldilla,* que soporta el empuje lateral. La articulación entre pistón y biela se obtiene con un *bulón* o perno que atraviesa el pistón por dos orificios opuestos abiertos en la falda. En la falda existen unas ranuras o regatas donde se alojan los *aros*, que tiene la misión de asegurar la estanqueidad a la presión de los gases y de impedir que el aceite lubricante pase a la cámara de combustión; por lo que los aros de la parte superior se llaman *aros de compresión* y los de la parte inferior *aros de barrido de aceite.*

SEGMENTOS. — Lógicamente, una de las piezas más sujetas a desgaste y deterioro, por el rozamiento y por las altas temperaturas de combustión, son los aros o segmentos de los pistones.

Los segmentos son generalmente de fundición perlítica, cromados, de acero al carbono, de bronce especial o de cuproplomo, según a las clases de funciones a que se vayan a aplicar los pistones en que van montados; de motores; de bombas de aceite, de agua; de compresores; etc.

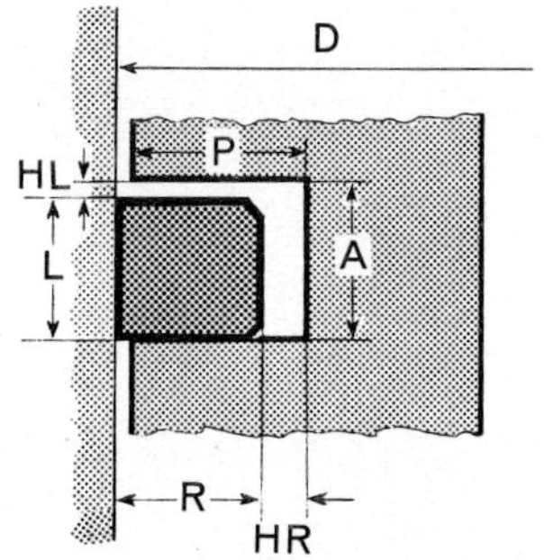

Fig. 395. — Una sección de pistón aro y cilindro.

Las medidas de los aros vienen dadas por: diámetro interior de la camisa o cilindro «D», ancho lateral o altura axial del segmento «L» y grueso radial o espesor del segmento «R». Fig. 395.

En la figura se ve la holgura lateral «HL» que ha de haber entre el lateral del segmento «L» y el ancho «A» de la ranura del pistón, que viene a ser de 0,009 a 0,013 mm. por cada milímetro de ancho en los segmentos de compresión, y de 0,006 a 0,009 mm. por cada milímetro de ancho en los segmentos rascadores o de engrase. Véanse figuras 397, 398, 399 y 400.

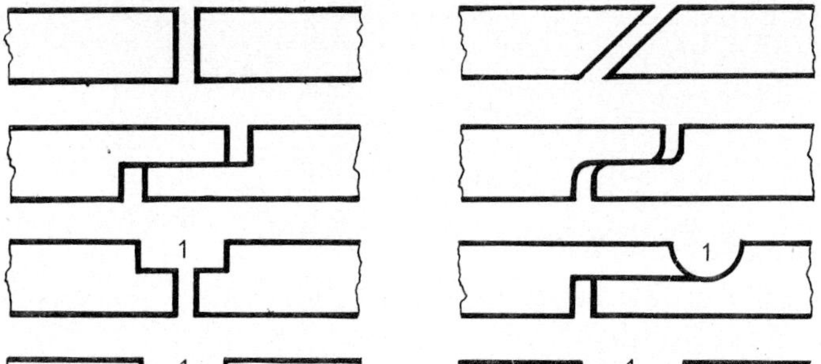

Fig. 396. — Distintos tipos de corte de segmentos. 1: Alojamiento para la chaveta al objeto de que no giren.

La holgura «HR» que ha de haber entre el radial «R» y la profundidad de la ranura del pistón «P» viene a ser de 0,2 mm., como mínimo, por cada 100 mm. de diámetro.

El corte del segmento puede ser de diferentes formas. Algunas de ellas se representan en la figura 396.

Los segmentos suelen llevar grabada la palabra «ARRIBA» O «TOP» en la cara correspondiente para colocarlos debidamente.

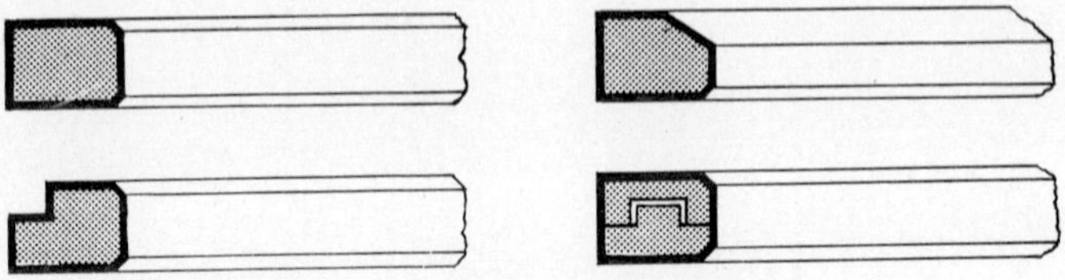

Fig. 397. — Segmentos de compresión.

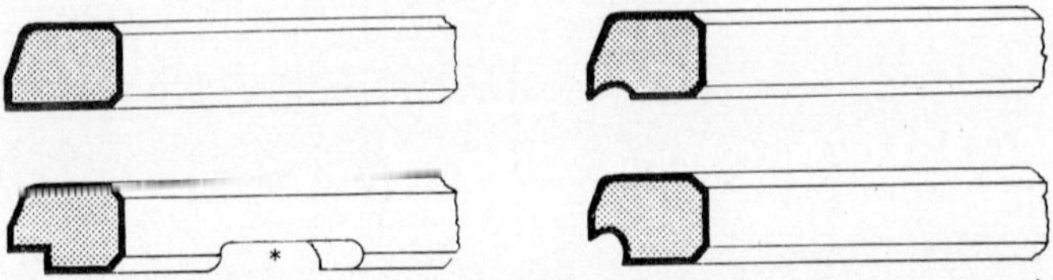

Fig. 398. — Segmentos rascadores.* Paso o calado para la evacuación del aceite.

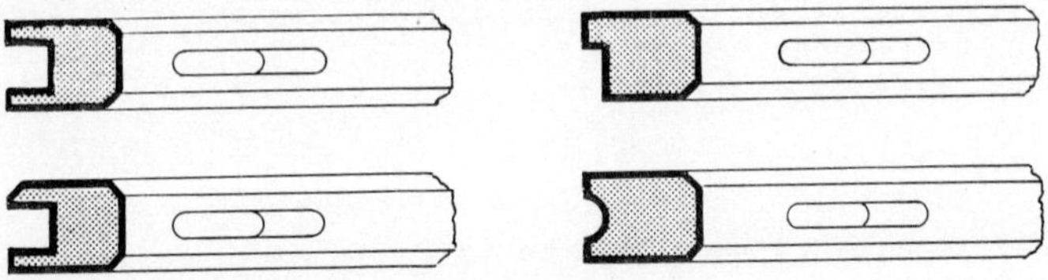

Fig. 399. — Segmentos de engrase.

Fig. 400. — Segmentos de engrase-rascador.

BIELA. — Es el órgano intermedio entre el pistón y el eje del cigüeñal. Está formada por la *cabeza*, que abraza al cigüeñal, por el *pie*, que abraza el bulón, y por la *caña* o *cuerpo*, que une todo el conjunto (fig. 401).

En la cabeza se hallan alojados dos semicojinetes que sirven para que el roce con el codo del cigüeñal sea más suave, estando recubiertos de un metal antifricción. En el pie se aloja un casquillo, generalmente de bronce que cumple la misma función que los semicojinetes en la cabeza de la biela.

El material más usado para bielas es el acero al carbono para motores corrientes y el acero al cromo-níquel o al cromo-molibdeno-vanadio para los demás tipos. También se construyen bielas estampadas en duroaluminio.

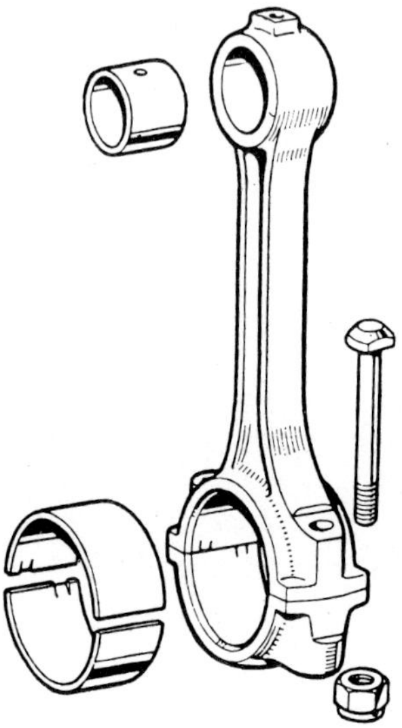

Fig. 401. Biela

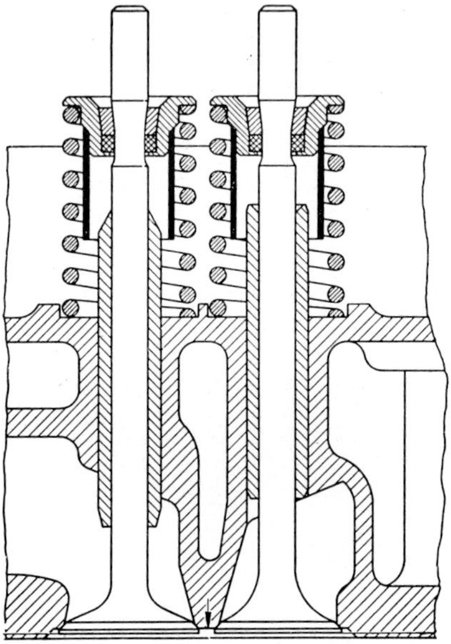

Fig. 402. Válvulas

VÁLVULAS. — Son órganos móviles que permiten la entrada de aire o mezcla carburada necesarios para la combustión y la salida de los gases residuales de la misma (figs. 402 y 404).

Existen dos tipos de válvulas: las de admisión y las de escape. Ambas constan de cabeza y cola o vástago. La cabeza tiene forma de seta, y tapa o abre el orificio de admisión o el escape llamándose este orificio *asiento de válvula.* Para la construcción de las válvulas de escape se utiliza el acero al tugsteno y para las válvulas de admisión un acero menos costoso (de bajo contenido en níquel-cromo).

EJE DE LEVAS O CAMONES. — Tiene la misión de levantar las válvulas de sus asientos cuando el saliente de la leva se aplica contra el rodillo o platillo del empujador correspondiente.

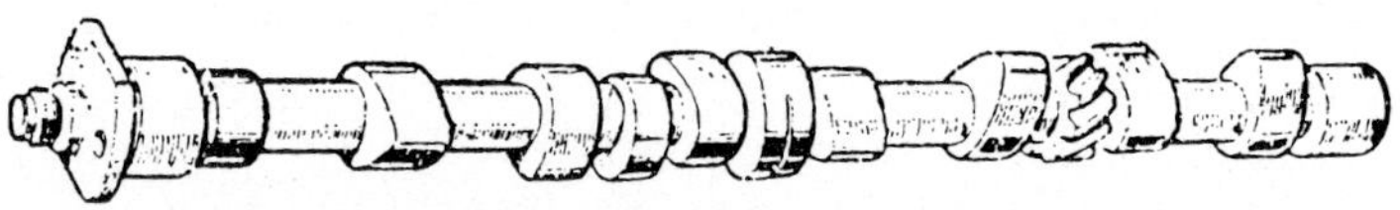

Fig. 403. Eje de levas o camones

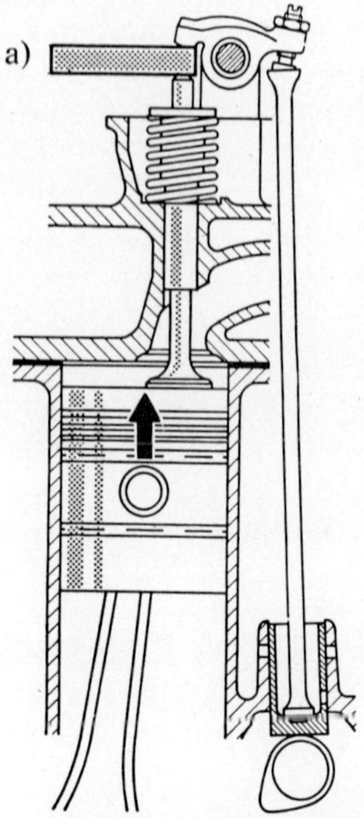

Fig. 404. Mando de las válvulas en cabeza por empujadores y balancines
a) Reglaje de la válvula

El árbol de levas recibe su movimiento desde el eje del cigüeñal, mediante ruedas dentadas o engranajes, debiendo estar conectado con el cigüeñal en una posición determinada, disponiendo de unas marcas en los piñones para su «puesta a punto», ya que las válvulas deben abrirse y cerrarse un número preestablecido de grados antes y después del punto muerto superior o inferior del pistón correspondiente.

El árbol de levas se forja, por regla general, conjuntamente con sus levas en una sola pieza de acero (fig. 403).

Si el árbol de levas se encuentra situado en un costado del motor, se necesitan elementos auxiliares para el accionamiento de las válvulas llamados taqués o empujadores, varillas o balancines (fig. 404).

Si el árbol de levas se encuentra situado en la culata, normalmente actúa directamente sobre las colas de las válvulas (fig. 435).

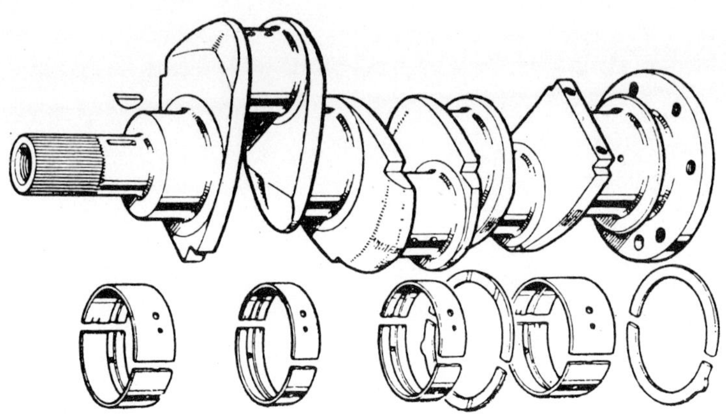

Fig. 405. Cigüeñal y casquillos

CIGUEÑAL. — Se considera como la columna vertebral del motor, ya que es el elemento de enlace de todos los pistones, transforma el movimiento alternativo de los mismos y de las bielas en movimiento circular y transmite éste al árbol propulsor (fig. 405).

Generalmente se construyen de acero forjado de alta calidad y aceros especiales de níquel y cromo-níquel.

Muchos cigüeñales de acero forjado son endurecidos superficialmente por medio de un calentamiento eléctrico de la superficie. También se suelen revestir los muñones con cromo electro-depositado para disminuir el desgaste.

CÁRTER. — Es la parte inferior de la bancada que sirve de depósito cerrado y contiene el aceite para la lubricación del motor. Algunas veces a la bancada se le llama *sobrecárter* o cárter superior. El cárter superior lleva los cojinetes de apoyo del cigüeñal, que queda colgado de aquél y es la pieza donde se apoya el conjunto motor. Véase figura 393 .

El cárter dispone de una boca de llenado y de tapón de vaciado de lubricante. En la parte delantera del motor, y unido al cárter principal, va generalmente, un pequeño cárter para los engranajes de la distribución.

Se construyen generalmente en plancha de hierro estampada o de aleaciones de aluminio.

VOLANTE. — El volante es una rueda pesada de hierro o acero, unida al extremo del cigüeñal, que sirve para regularizar el movimiento de rotación del motor, venciendo con su inercia la compresión y puntos muertos. Sobre el volante del motor se monta la corona dentada para que pueda engranar con el piñón del motor auxiliar de arranque (arranque eléctrico). Lleva unas marcas grabadas que se utilizan como referencia para el reglaje de la distribución y del encendido. Véase la figura 406.

CICLOS DE TRABAJO DE LOS MOTORES DIESEL DE CUATRO Y DE DOS TIEMPOS. — A la sucesión de operaciones que se efectúan en el interior del cilindro y se repiten periódicamente se llama *ciclo operativo.*

Cuando en los motores Diesel el ciclo operativo se realiza en cuatro carreras del pistón se dice que son de *cuatro tiempos,* y cuado se realiza solamente en dos carreras del pistón se les denomina de *dos tiempos.* En los motores de cuatro tiempos se efectúa un ciclo operativo cada dos vueltas del árbol del cigüeñal, y en los de dos tiempos cada vuelta del árbol del cigüeñal.

El ciclo de cuatro tiempos comprende las fases siguientes:

1. Admisión del aire.
2. Compresión.
   Inyección del combustible.

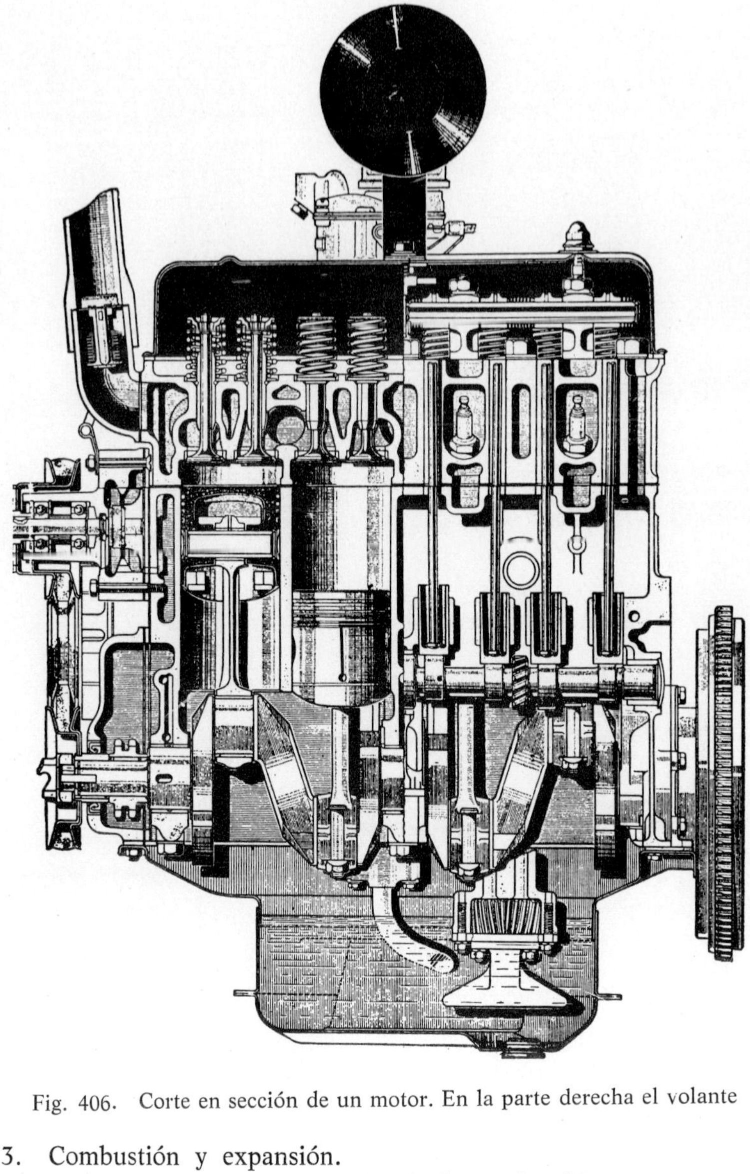

Fig. 406. Corte en sección de un motor. En la parte derecha el volante

3. Combustión y expansión.
4. Escape de los gases residuales de la combustión.

Figuras 407, 408, 409, 410 y 411.

1. ADMISIÓN. — La válvula de admisión se abre muy poco antes de que el pistón llegue al punto muerto superior, y continúa abierta hasta

CICLO DE TRABAJO DEL MOTOR DIESEL DE CUATRO TIEMPOS

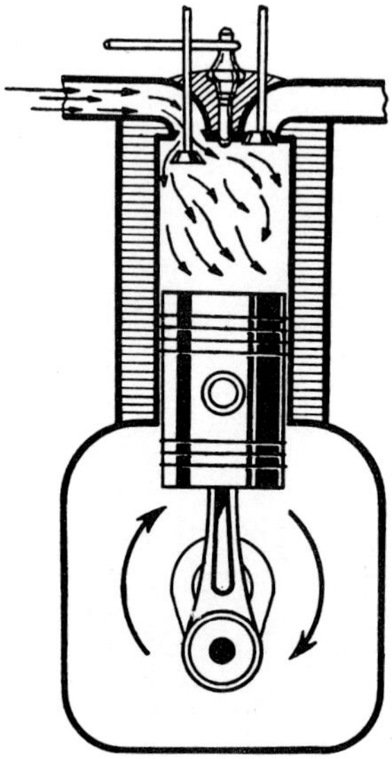

Fig. 407. Tiempo: Aspiración aire

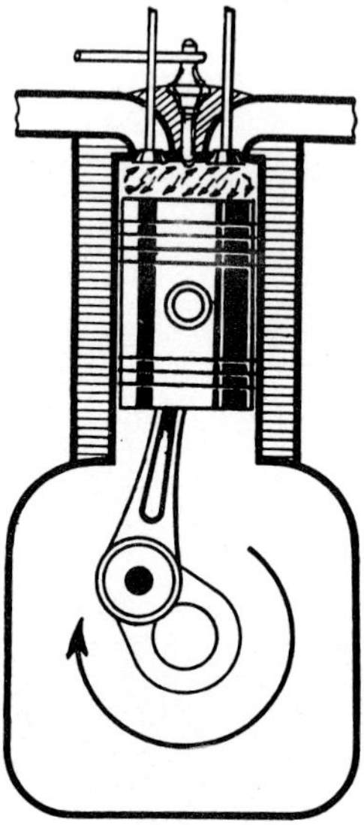

Fig. 408. Tiempo: Compresión

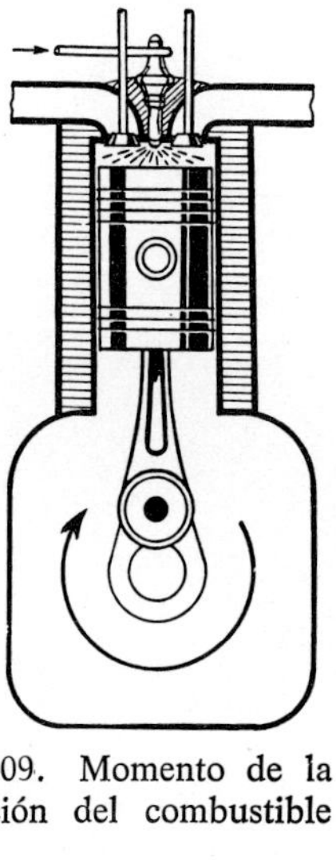

Fig. 409. Momento de la inyección del combustible

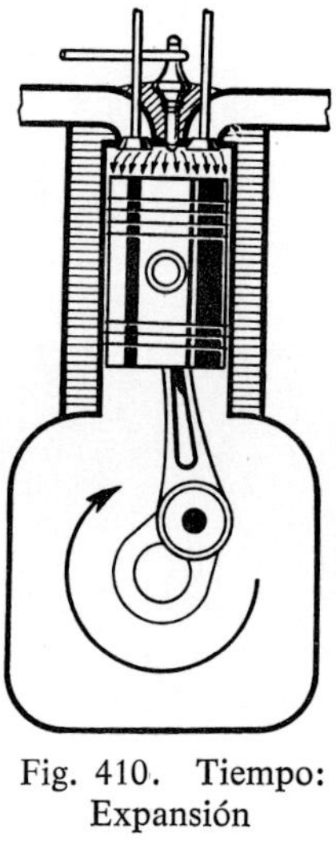

Fig. 410. Tiempo: Expansión

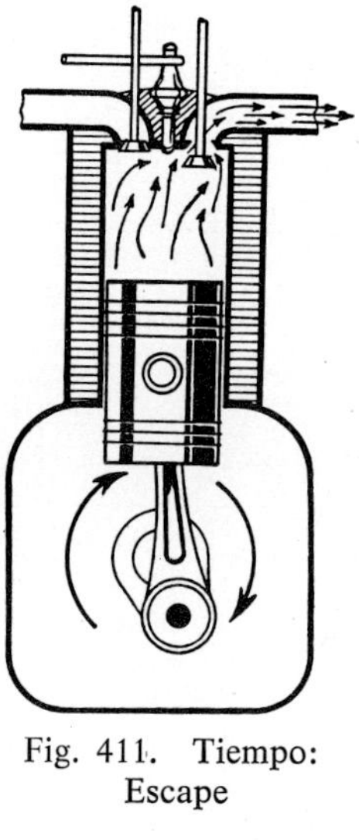

Fig. 411. Tiempo: Escape

que pasa el punto muerto inferior. Ese adelanto y retraso de la admisión permite, gracias a la inercia del aire, obtener una máxima entrada del mismo en el cilindro (fig. 407).

2. COMPRESIÓN. — Cerradas ambas válvulas del cilindro, y al ascender el pistón, el aire es comprimido hasta un valor máximo en la cámara de combustión, originando una gran elevación de temperatura del mismo que permite que el combustible entre en ignición al ser inyectado (fig. 408).

Entre el segundo y tercer tiempos (véase figura 409) es inyectado a presión el combustible.

3. COMBUSTIÓN Y EXPANSIÓN. — Al ser inyectado el combustible y ponerse en contacto con el aire caliente se origina la combustión gradual y como consecuencia aumenta la temperatura y presión, siendo el pistón empujado violentamente hacia abajo originando el tiempo de trabajo o *carrera motriz.* Antes de llegar al punto muerto inferior la válvula de escape se abre evitando con ello fuertes golpes en el cigüeñal (fig. 375).

4. ESCAPE. — En este tiempo del motor la válvula de escape se abre completamente permitiendo la evacuación de los gases residuales de la combustión al exterior, gracias al movimiento ascendente del émbolo. El retraso en el cierre de la válvula de escape sirve principalmente para utilizar la inercia del aire que se encuentra en movimiento en el conducto de admisión (fig. 411).

El ciclo de dos tiempos comprende las fases siguientes en cada cilindro:

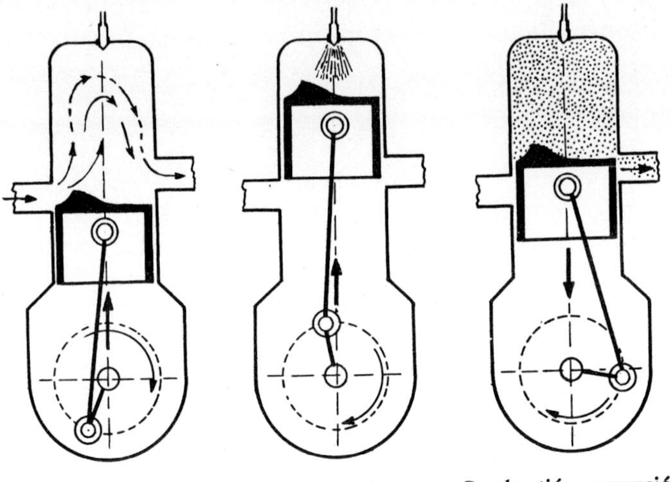

Admisión, compresión y barrido — Inyección — Combustión, espansión y escape

Fig. 412. Ciclo de trabajo, en cada cilindro, del motor Diesel de dos tiempos

1. Admisión del aire - Compresión del mismo.
   Inyección del combustible.
2. Combustión y expansión - Escape.

Figuras 412, 425, 426 y 427.

En la figura 412 se observa en los tres dibujos la visera de orientación o *deflector* en la parte superior del pistón. El objeto de este deflector es evitar que los gases frescos escapen directamente por la lumbrera de escape y evitar que parte de los gases quemados quede en el cilindro sin evacuar. Actualmente, por los inconvenientes que presenta dicha visera para la compresión y por la desproporción de dilatación que presenta el pistón por su desproporción en el material, así como por la falta de propagación regular de la combustión, los pistones de los motores de dos tiempos presentan en su parte superior un ligero abombamiento simétrico. En las figuras 425, 426 y 427 no es necesario el deflector por tratarse de un motor con válvula de escape y bomba de barrido.

1. ADMISIÓN DEL AIRE-COMPRENSIÓN DEL MISMO.—Abierta la galería de admisión penetra el aire llenando el cilindro. Al ascender el pistón comprime el aire en la cámara de combustión, siendo en este momento inyectado el combustible.

2. COMBUSTIÓN - EXPANSIÓN Y ESCAPE. — Al ser inyectado el combustible y ponerse en contacto con el aire caliente se origina la combustión gradual y como consecuencia aumenta la presión y temperatura, siendo el pistón empujado violentamente hacia abajo originando el tiempo de trabajo o *carrera motriz.* Antes de llegar al punto muerto inferior la galería de escape o barrido queda descubierta por el pistón (obsérvese en la figura) al objeto de evitar fuertes golpes en el cigüeñal.

NOTA IMPORTANTE. — No olvidarse que los esquemas representados y la explicación de los ciclos de todos los motores reseñados anteriormente, corresponden a cada cilindro, o sea que por cada revolución del eje motor, en los motores de dos tiempos, se produce *en cada pistón* una carrera útil o de trabajo, y en los motores de cuatro tiempos, cada dos revoluciones del eje motor, o cigüeñal, se produce *en cada pistón* una carrera útil o de trabajo, y los motores pueden tener uno o varios cilindros.

COMPARACIÓN ENTRE EL MOTOR DIESEL DE 2 Y 4 TIEMPOS

Ventajas del motor de 2 tiempos:

a) A igualdad de potencia, menor volumen y peso.

b) Mayor simplicidad de construcción ya que carece de órganos de distribución.

c) Las presiones finales de compresión y combustión son menores, que suelen ser entre 28 y 30 kgs. por cm². Y en el Diesel son de 35 a 40.

Desventajas del motor de 2 tiempos:

a) A igual potencia mayor consumo que los de 4 tiempos.

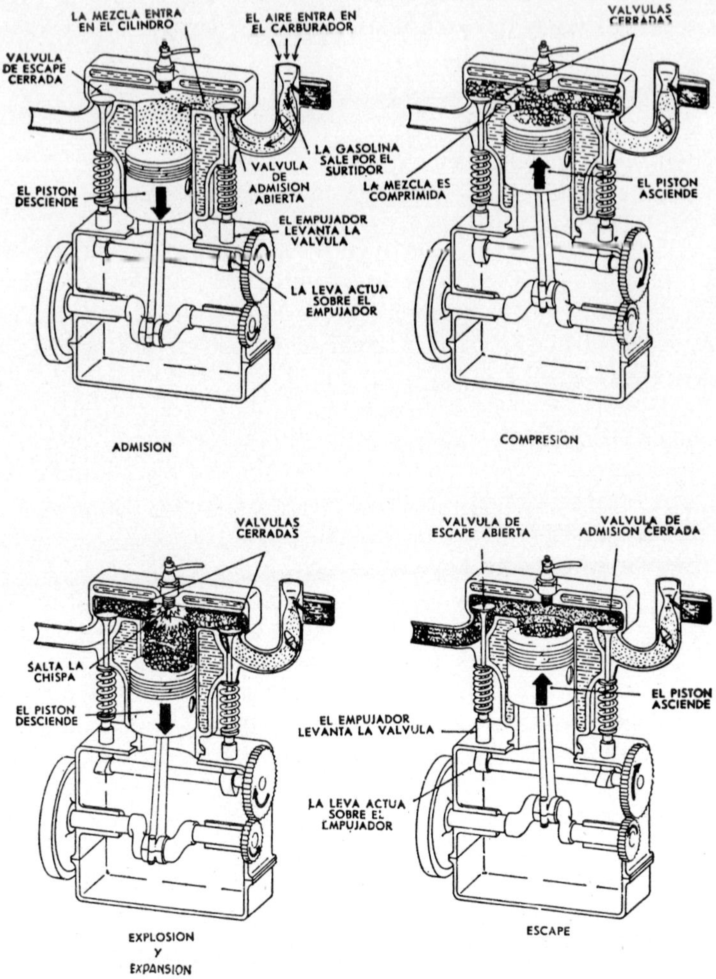

Fig. 413. Ciclo de trabajo del motor de explosión de cuatro tiempos

b) Dejan más restos de suciedad en la combustión, lo que representa más suciedad en el escape.
c) Necesitan de un conjunto de bomba de barrido, tanto intercalada en el tren alternativo como acoplada a un extremo del motor, cuyo arrastre origina pérdidas de potencia.

CICLOS DE TRABAJO EN LOS MOTORES DE EXPLOSIÓN DE 4 Y DE 2 TIEMPOS. — Si el ciclo operativo se realiza en cuatro carreras del pistón se dice que el motor es de *cuatro tiempos,* y cuando se realiza solamente en dos carreras del pistón se le denomina de *dos tiempos.*

El ciclo del motor de explosión de cuatro tiempos comprende las fases siguientes:

1. Admisión de la mezcla carburada.
2. Compresión de la misma.
3. Explosión y expansión.
4. Escape de los gases residuales de la combustión.

1. ADMISIÓN. — En este tiempo se abre la válvula de admisión, pero en lugar de entrar aire solo en el cilindro como en los motores Diesel, lo hace mezclado con gasolina; mezcla que se ha efectuado en el carburador. Esta válvula se cierra al final de la carrera descendente del pistón. Véase figuras 413 y 414.

2. COMPRESIÓN. — En este tiempo se efectúa la compresión de la mezcla carburada, pero a una presión muchísimo menor que en los motores Diesel. Mientras tanto permanecen cerradas las válvulas de admisión y de escape.

La presión de compresión es insuficiente para elevar la temperatura de la mezcla de forma que se produzca su inflamación espontánea (figs. 413 y 415).

3. EXPLOSIÓN Y EXPANSIÓN. — Poco antes de llegar el pistón a su punto muerto superior, salta la chispa en la bujía explotando la mezcla carburada comprimida en el tiempo anterior. Esta chispa es generada por un elemento auxiliar ya sea magneto o batería.

La explosión impele con fuerza el pistón hacia abajo creando el tiempo de trabajo.

Antes de que la carrera del trabajo se complete, comienza a abrir la válvula de escape y los gases de la combustión, que están todavía bajo cierta presión, empiezan a salir (figs. 413 y 416).

4. ESCAPE. — Se abre completamente la válvula de escape y los

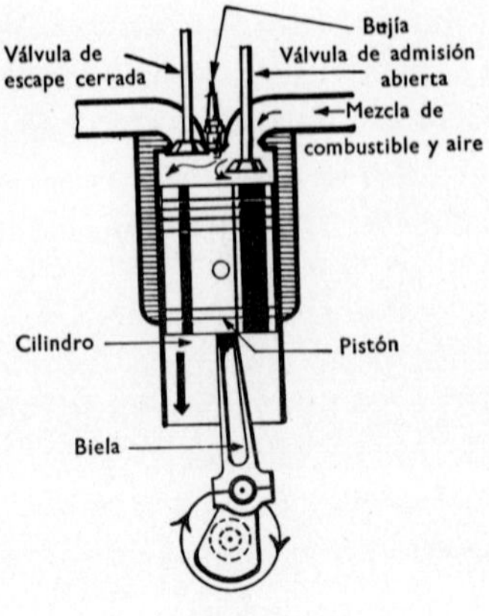

Admisión

Fig. 414

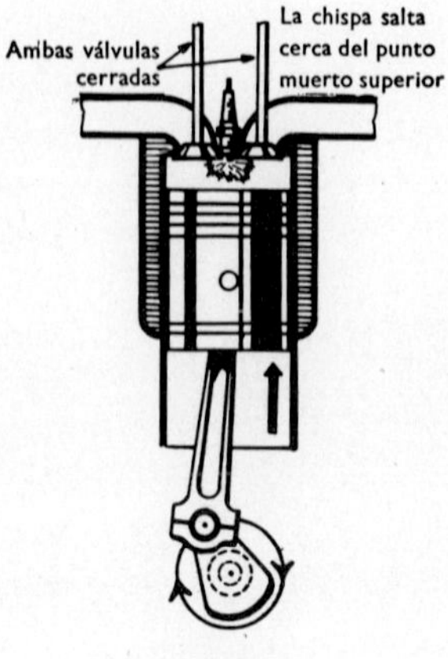

Compresión

Fig. 415

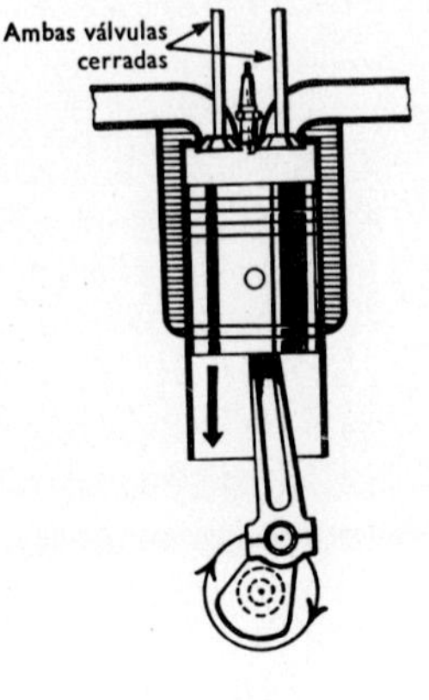

Explosión

Fig. 416

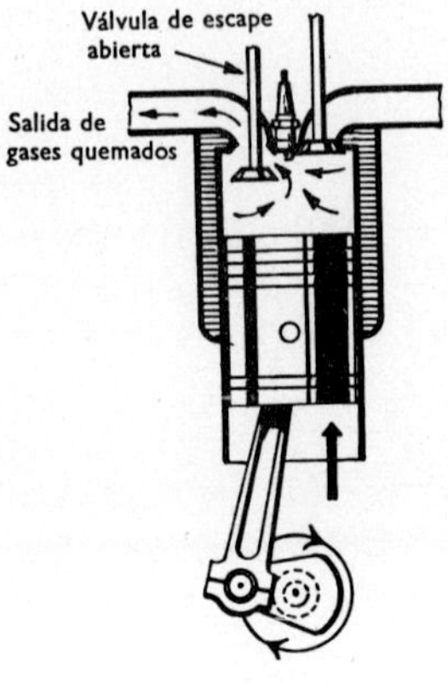

Escape

Fig. 417

gases que se encuentran a una presión superior a la atmosférica se descargan al exterior ayudados por el pistón en su carrera ascendente.

Muy poco antes de llegar el pistón a finalizar esta carrera ascendente se abre la válvula de admisión permitiendo la entrada de aire carburado que ayuda al barrido de los gases quemados, y poco después de pasar el pistón por el punto muerto superior se cierra la válvula de escape, figuras 413 y 417. Este intervalo en que ambas válvulas se encuentran abiertas se le denomina *ángulo de solape.*

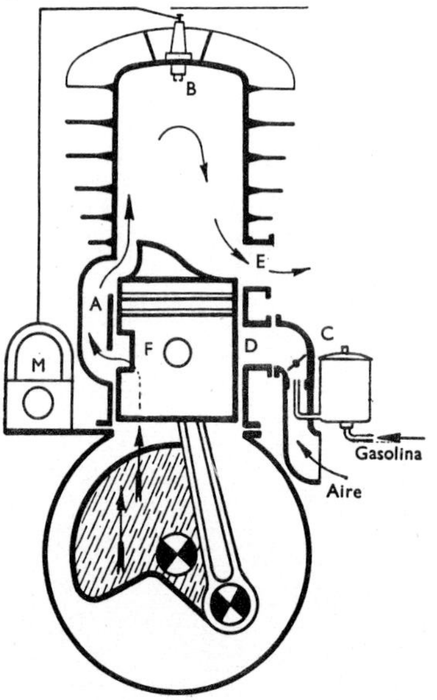

Fig. 418. Motor de explosión de dos tiempos

MOTOR DE EXPLOSIÓN DE DOS TIEMPOS. — En analogía con el motor Diesel de dos tiempos, este motor efectúa en una revolución, en cada cilindro, todas las operaciones que en un motor de explosión de cuatro tiempos se desarrollan en dos.

La válvulas de admisión y de escape son sustituidas, como en el motor Diesel de dos tiempos, por galerías o lumbreras; la bomba de barrido está constituida por la región baja del pistón y el cárter, aunque hay motores que llevan bomba de barrido como en el motor Diesel de dos tiempos.

El ciclo de trabajo en cada cilindro se efectúa de la manera siguiente:

1. Encontrándose la mezcla comprimida en la parte superior del cilindro, se produce por el encendido de la chispa de la bujía, la explosión de la mezcla, cuya fuerza expansiva obliga a descender el pistón, que un poco antes de llegar al punto muerto inferior cierra la entrada D de gases al cárter y descubre la galería de escape E por donde salen la mayoría de los gases a la atmósfera y los que quedan en el cilindro son barridos cuando es descubierta la galería A. Fig. 418.

2. La mezcla, ligeramente comprimida en el cárter, pasa a través de la ventana F del pistón a la galería de admisión A, ayudando parte de esta mezcla al barrido de los gases residuales de la combustión.

Cuando el pistón, desde su punto más bajo, inicia el ascenso, comienza una compresión de los gases en el cilindro, cierra las galerías de escape y admisión E y A respectivamente y descubre la galería D, de admisión de gases frescos al cárter. Poco antes de llegar el pistón al punto muerto superior salta la chispa en la bujía B, comenzando el ciclo siguiente.

CÓMO SE DESARROLLA LA COMBUSTIÓN EN LOS MOTORES DIESEL, SEMI-DIESEL Y DE EXPLOSIÓN

Diesel: Por efecto de la alta temperatura (más de 500° C) que alcanza el aire en el interior del cilindro al ser comprimido, e inyectársele el combustible.

Semi-Diesel: Debido a la alta temperatura de la culata, dada su forma especial, y al incidir el combustible en su parte incandescente.

De explosión: Al saltar la chispa de la bujía, producida por la corriente de la magneto o batería, en la mezcla de combustible.

COMPARACIÓN ENTRE EL MOTOR DE EXPLOSIÓN DE DOS Y CUATRO TIEMPOS

Ventajas del motor de dos tiempos:

a) Mayor simplicidad de construcción, ya que carece de órgano de distribución, y por consiguiente: menor coste de fabricación.

Desventajas del motor de dos tiempos:

a) Menor rendimiento, debido a la pérdida de gas fresco por el escape.
b) Mayor consumo específico.

NOTA IMPORTANTE. — No olvidarse que los esquemas representados y la explicación de los ciclos de todos los motores reseñados anteriormente, corresponden a cada cilindro, o sea que por cada revolución del eje motor, en los motores de dos tiempos, se produce *en cada pistón* una carrera útil o de trabajo, y en los motores de cuatro tiempos, cada dos revoluciones del eje motor, o cigüeñal, se produce *en cada pistón* una carrera útil o de trabajo, y los motores pueden tener uno o varios cilindros.

POTENCIA INDICADA. — Sabemos que la potencia desarrollada por un gas que actúa sobre un émbolo se mide por el producto de la fuerza total que actúa sobre dicho émbolo por la velocidad del mismo en metros por segundo:

$$P_i = F \times V$$

Potencia indicada (Kgm/seg) = Fuerza (en Kgs) por Velocidad (m/seg).

Pero como F = Presión media indicada del gas en Kg/cm^2 por Superficie del émbolo en cm^2:

$$F = p_i \, \pi \left(\frac{D}{2} \right)^2 = p_i \frac{\pi \, D^2}{4} = p_i \; 0{,}7854 \; D^2$$

donde D es el diámetro del émbolo en metros y p_i la presión media indicada en Kg/cm^2 luego

$$P_i = \frac{p_i \cdot \pi \cdot D^2}{4} \times V$$

Pero como V (Velocidad) es igual a la carrera motriz C del pistón en la unidad de tiempo y el pistón puede desarrollar varias carreras motrices en un segundo, (una por cada revolución en los motores de dos tiempos, y una cada dos revoluciones en los de cuatro tiempos):

$V = \frac{C \cdot N}{60}$ siendo N el número de revoluciones por minuto (por eso se divide por 60 para ser revoluciones por segundo).

$$P_i = \frac{p_i \cdot \pi \cdot D^2 \cdot C \cdot N}{4 \cdot 60}$$ que nos dará en Kgm/seg y para un solo pistón.

Si queremos que el resultado nos lo dé en CV y para todo el motor, como un CV = 75 Kgm/seg y un motor puede tener *n* cilindros.

$$P_i \text{ (en CV)} = \frac{p_i \cdot \pi \cdot D^2 \cdot C \cdot N \cdot n}{4 \cdot 60 \cdot 75} = \frac{p_i \cdot \pi \cdot D^2 \cdot C \cdot N \cdot n}{18.000}$$

Si el motor fuera de 4 tiempos como cada carrera motriz se desarrolla cada 2 revoluciones hay que dividir por 2.

$$P_i = \frac{p_i \cdot \pi \cdot D^2 \cdot C \cdot N \cdot n}{4 \cdot 60 \cdot 75 \times 2} = \frac{p_i \cdot \pi \cdot D^2 \cdot C \cdot N \cdot n}{36.000}$$

Si nos dieran como dato la cilindrada de un pistón o la cilindrada total de un motor, quedaría simplificada la fórmula en $\frac{\pi \cdot D^2 \cdot C}{4}$ o $\frac{\pi \cdot D^2 \cdot C \cdot n}{4}$ respectivamente para quedar:

$$P_i = \frac{p \,.\, N \,.\, \text{cilindrada de un pistón} \,.\, n}{9.000} \quad \text{ó} \quad P_i = \frac{p_i \,.\, N \,.\, \text{cilindrada total}}{9.000}$$

Observar siempre al efectuar las operaciones de dicha fórmula que si se actúa con metros p_i debe ser expresado en kgm/m^2.

Véase ejercicios páginas 66-26, 66-27, 66-28 y 66-29.

p_i equivale a la presión media indicada, factor que varía de unos motores a otros, ya que durante la carrera de expansión, los gases empujan al émbolo produciendo trabajo, pero durante la compresión ocurre lo contrario; es decir, lo absorbe, por lo que p_i es un valor medio.

La unidad de potencia es el CV ó C.V. (Caballo de Vapor) o H.P. (Horse Power), que equivale a la potencia necesaria para levantar 75 kgs. un metro y en un segundo. CV = 75 kgm/seg.

La unidad de trabajo llamada caballo-hora es el trabajo desarrollado por una potencia de un caballo durante una hora,

luego caballo-hora = 75 × 3.600 =270.000 kgm.

POTENCIA EFECTIVA O POTENCIA AL FRENO. — La potencia efectiva es suministrada por el eje motor. La *potencia efectiva* es realmente la llamada *al freno*, porque para hallarla debemos disponer de un freno adecuado, entre los que cabe citar el de Prony, que si bien ha quedado anticuado permanece en su fundamento.

Consiste en aplicar una rueda al eje motor, en la que van a hacer fricción unas zapatas conectadas a una palanca en cuyo extremo va un platillo para colocar pesas o un dinamómetro.

Al nivelar la palanca con el peso y partiendo de que peso por su brazo es igual al trabajo absorbido por el freno por el suyo (radio de lal rueda) se puede llegar a saber la cantidad de trabajo realizado por el motor en un determinado tiempo.

La potencia efectiva será menor que la indicada en la cantidad de potencia absorbida por las resistencias pasivas (rozamientos de las partes mecánicas, grupos accesorios conectados como bombas de agua, de aceite, dínamo, etc.).

CUESTIONARIO DE PREGUNTAS Y RESPUESTAS

P. ¿Cómo pueden clasificarse los motores?
R. En motores Diesel (a presión constante) y motores de explosión (a volumen constante).
Todas las clases de motores pueden ser de 2 y de 4 tiempos.
P. ¿A qué se llama Relación de Compresión?
R. A la que existe entre el volumen total del cilindro y el volumen de la cámara de combustión.
P. ¿Cómo se les denomina también a los motores Semi-Diesel?
R. Motores de «cabeza caliente».
P. ¿Qué tipo de máquina es el motor Diesel?
R. Es una máquina alternativa térmica y más concretamente un motor de combustión interna.
P. ¿Cómo se quema el combustible en un motor semi-Diesel?
R. El combustible se quema parte por el calor de la «cabeza caliente» y parte por el calor del aire comprimido.
P. ¿Cómo se quema la mezcla en el motor de explosión?
R. A volumen constante.
P. ¿A qué se llama punto muerto superior?
R. A la posición del pistón más próxima a la culata.
P. ¿A qué se llama tiempos del motor?
R. A las carreras de un pistón sean en un sentido o en otro.
P. ¿Qué es lo que provoca el encendido de la mezcla en un motor de explosión?
R. La chispa que salta entre los electrodos de la bujía.
P. ¿Cómo pueden ser las camisas?
R. Húmedas o secas.
P. ¿Qué es un pistón?
R. Es una pieza cilíndrica que se mueve en el interior del cilindro unida por su parte inferior a la biela.
P. ¿Qué misión tiene el eje de levas o camones?
R. Tiene la misión de abrir y cerrar las válvulas en el momento oportuno.
P. ¿Qué une la biela por sus extremidades?
R. Une el cigüeñal y el pistón.
P. ¿Qué misión tiene el cárter?
R. Cerrar la parte inferior del motor y almacenar el aceite de engrase, excepto en los motores de dos tiempos de explosión y los semi-Diesel de dos tiempos, que no llevan aceite de engrase en el cárter.

P. Cuando el ciclo operativo se realiza en cuatro carreras del pistón, ¿de cuántos tiempos es este motor?

R. De cuatro tiempos.

P. ¿Cuándo se realiza el tiempo de trabajo en un motor de cuatro tiempos?

R. La carrera motriz o de trabajo se realiza en el tercer tiempo.

P. En el motor de dos tiempos, ¿en qué momento se efectúa la carrera motriz o de trabajo?

R. En el tiempo de combustión-expansión.

P. ¿Qué nombre reciben los conductos de admisión y escape en un motor de dos tiempos?

R. Galerías o lumbreras de admisión y escape respectivamente.

P. ¿Qué ventajas tiene el motor Diesel de dos sobre el de cuatro tiempos?

R. A igualdad de potencia, menor volumen y peso. Mayor simplicidad de construcción por carecer de órganos de distribución. Las presiones finales de compresión y combustión son menores.

P. En el período de compresión, ¿cómo están las válvulas de admisión y escape en un motor de explosión de 4 tiempos?

R. Cerradas.

P. ¿A qué se denomina ángulo de solape?

R. Al intervalo en que ambas válvulas se encuentran abiertas.

P. ¿Qué tiempo es en el que el motor expulsa los gases en un motor de 4 tiempos?

R. El cuarto tiempo: el de escape.

P. ¿Cuándo se cierra la válvula de admisión?

R. La válvula de admisión se cierra poco después del final de la carrera descendente del pistón.

P. ¿Cuándo se produce el encendido de la mezcla en un motor de explosión?

R. Al final del tiempo de compresión.

P. En el motor Diesel de dos tiempos, ¿por dónde se efectúa el escape?

R. Por la galería de escape, o por la válvula de escape en culata.

P. ¿En qué proporción se debe mezclar el combustible con el aceite en un motor de dos tiempos de explosión?

R. En la proporción aproximada de 20 a 1.

P. ¿Qué relación existe entre el diámetro y la carrera de un pistón?

R. Aproximadamente la mitad. En los motores de pequeña cilindrada suele ser mayor el diámetro que la carrera.

P. ¿Qué precauciones importantes deben tenerse con el aceite de lubricación?

R. Que se mantenga a su nivel rellenando si es preciso. Cambiarlo cada X horas de funcionamiento y que indique el fabricante del motor.

NO MEZCLAR distintos tipos de aceites, sobre todo EL NORMAL CON EL DETERGENTE.

P. ¿Qué cuidados requieren los filtros de aceite y aire?

R. Limpiarlos y mejor sustituirlos a las horas de funcionamiento que indica el constructor.

P. Si se observa que un motor de explosión no desarrolla la potencia normal. ¿A qué puede atribuirse?

R. Falta de conexión en alguna bujía. Platinos excesivamente abiertos o cerrados. Mezcla carburada pobre. Sucio el carburador o el filtro de combustible. Bomba de gasolina en mal funcionamiento. Bujías engrasadas o en mal estado. (Véase apéndice I de Motores.)

P. Suponiendo haber observado el golpeteo de una biela y ante la necesidad de llegar a puerto, ¿qué se puede hacer?

R. Se procederá a la localización de la biela afectada. Se procederá al desmontaje de la misma e intentar continuar viaje con el resto de los cilindros.

P. Si nos dicen que la relación de compresión de un motor es de 20. ¿De qué motor se trata?

R. De un motor Diesel pues tan alta relación de compresión no la pueden alcanzar los de gasolina (de 6 a 10) ni los semi-Diesel (de 12 a 16).

P. Si el aceite del cárter ofrece un aspecto lechoso, ¿Qué indica?

R. Que tiene agua.

P. Si observamos unas gotas de aceite en la salida del agua de refrigeración de un motor Diesel. ¿A qué puede atribuirse?

R. A una pérdida en el refrigerador del aceite.

P. ¿Qué aparato nos indica la presión del aceite?

R. El manómetro.

P. Si se descubre aceite en el agua de refrigeración, ¿a qué puede ser debido?

R. A haberse quemado la junta de culata o a rotura de la camisa.

P. En un motor Diesel, ¿qué válvulas están más expuestas al deterioro, las de admisión o las de escape?

R. Las de escape, por la temperatura y residuos de los gases quemados.

P. ¿Lleva aceite en el cárter un motor de dos tiempos semi-Diesel?

R. No porque comprimen en el cárter y habría riesgo de arrastre de aceite a la cámara de combustión.

P. ¿Dónde se efectúa la mezcla del aire y el combustible en los motores Diesel y semi-Diesel?

R. En la cámara de combustión.

EJERCICIO 1. — Sabemos que se trata de un motor Diesel de 4 tiempos con una potencia de 30 C.V. a 2.000 rpm. consumiendo a dichas revoluciones 200 grs. por C.V./hora. Necesitamos saber el consumo de un ciclo.

200 grs. × 30 C.V. = 6.000 grs. por hora.

Al ser de cuatro tiempos en 2.000 rpm. se efectúan 1.000 ciclos de trabajo por minuto = 60.000 ciclos/hora.

$$\frac{6.000 \text{ grs.}}{60.000} = 0{,}10 \text{ grs. por ciclo}$$

EJERCICIO 2. — Tenemos que efectuar un crucero de 100 millas, y la embarcación en que vamos a efectuar la travesía consume 20 litros de gas-oil por hora y anda 20 nudos.

Se prevee un tiempo de proa que nos resta 4 nudos de velocidad y durante toda la travesía nos afectará una corriente por la aleta que nos ayudará en un 5 % en el consumo, así como en un nudo en la velocidad.

¿Cuánto combustible debemos tener a la salida si queremos llegar con un 25 % de reserva?

Velocidad efectiva = 20 — 4 + 1 = 17 nudos.

$$\frac{100}{17} = 5{,}88 \text{ horas de travesía.}$$

5,88 × 20 = 117,64 litros

5 % de 117,64 = 5,88 litros ahorrados

117,64 — 5,88 = 111,76 consumidos, que equivalen al 75 % de lo que tenemos que cargar.

111,76 : 0,75 = 149 litros que debemos tener a la salida.

EJERCICIO 3. — Teniendo que realizar un crucero de 150 millas en un yate equipado con un motor Diesel de 80 C.V. de potencia efectiva y que consume 190 grs. CV/hora a una velocidad de 15 nudos. Densidad del combustible 0,85.

¿Cuánto combustible tendremos que llevar a la salida si queremos llegar con una reserva de 40 litros?

Hay que tener en cuenta en este ejercicio que hablamos de peso y de volumen.

80 × 190 = 15,2 kgs. de consumo por hora.

150 : 15 = 10 Horas.

10 × 15,2 = 152 kgrs. consumo total.

40 × 0,85 (densidad del gas-oil) = 34 kgs.
152 + 34 = 186 kgr. o bien 186 : 0,85 = 218,8 litros.

EJERCICIO 4. — Navegando en una embarcación con motor Diesel de un cilindro y de 4 tiempos a 2.500 r.p.m. y sabiendo que nos consume 0,15 grs. de gas-oil por ciclo, que llevamos en los tanques 200 litros y que nos resta de travesía 12 horas. ¿Con cuánta reserva llegaremos?

2.500 : 2 = 1.250 ciclos p.m. = 75.000 ciclos/hora.
75.000 × 0,15 = 11,250 kgs./hora.
11,250 × 12 = 135 kgs. consumo total.
200 l. × 0,85 (densidad) = 170 kgrs.
170 — 135 = 35 kgs. de reserva o sea 35 : 0,85 = 41 litros.

EJERCICIO 5. — Sabiendo que la relación de compresión de un motor es 21 y que el diámetro y carrera del pistón es de 0,28 m y 0,30 respectivamente, hallar el volumen de la cámara de combustión.

$$RC = \frac{\text{VTC (Volumen total del cilindro)}}{\text{VCC (Volumen de la cámara de combustión)}}$$

$$21 = \frac{\pi r^2 \times C + VCC}{VCC} = \frac{3{,}1416 \times 0{,}14^2 \times 0{,}30 + VCC}{VCC};$$

$$21 = \frac{0{,}0184726 + VCC}{VCC}; \; 21 \times VCC = 0{,}0184726 + VCC$$

$$21 \times VCC - VCC = 0{,}0184726$$

$$VCC = \frac{0{,}0184726}{20} = 0{,}00092362 \text{ m}^3 = 923{,}63 \text{ cm}^3$$

EJERCICIO 6. — Calcular la potencia indicada de un motor Diesel de 2 tiempos y 6 cilindros, de dimensiones 108 × 127 a 1.900 rpm. y que tiene una presión media indicada de 5,77 kg/cm².

$$P_i = \frac{p_i \cdot \pi \cdot D^2 \cdot C \cdot N \cdot n}{4 \cdot 60 \cdot 75} =$$

$$= \frac{5{,}77 \cdot 10^4 \cdot 3{,}14 \cdot 0{,}108^2 \cdot 0{,}127 \cdot 1.900 \cdot 6}{4 \cdot 60 \cdot 75} = 170 \text{ CV}$$

Hay que observar que al expresar las medidas en metros la presión media indicada debe ser por $m^2 = 5{,}77 \times 10^4$.

EJERCICIO 7. — Un motor de gasolina de 4 tiempos, cuyos datos son: Dimensiones del diámetro y carrera 77 mm. y 79,5 mm. y potencia indicada 80 C.V. a 5.200 r.p.m. Calcular la presión indicada, sabiendo que tiene cuatro cilindros.

De la fórmula para 4 tiempos despejamos p_i y nos queda:

$$p_i = \frac{P_i \cdot 4 \cdot 60 \cdot 75 \cdot 2}{\pi \cdot D^2 \cdot C \cdot N \cdot n \ 10^4} =$$

$$= \frac{80 \cdot 4 \cdot 60 \cdot 75 \cdot 2}{10^4 \cdot 3{,}14 \cdot 0{,}077^2 \cdot 0{,}0795 \cdot 5.200 \cdot 4} = 9{,}35 \text{ kg/cm}^2$$

Capítulo 67

MOTORES DIESEL

NOCIONES SOBRE INYECCIÓN DE COMBUSTIBLE. — Al estudiar el ciclo de funcionamiento del motor Diesel se observó que solamente aspiraba aire en lugar de mezcla, debiendo inyectársele el combustible al final del período de compresión.

La cantidad de combustible que hay que inyectar debe estar estrechamente relacionada con la potencia a desarrollar por el motor.

Los sistemas de inyección Diesel pueden clasificarse en:

1. Inyección neumática.
2. Inyección mecánica.

INYECCIÓN NEUMÁTICA. — Consiste en mantener en el inyector o pulverizadora aire a una presión de 50 a 70 kilos, y una bomba de combustible, venciendo la presión del aire, introduce en el inyector la cantidad

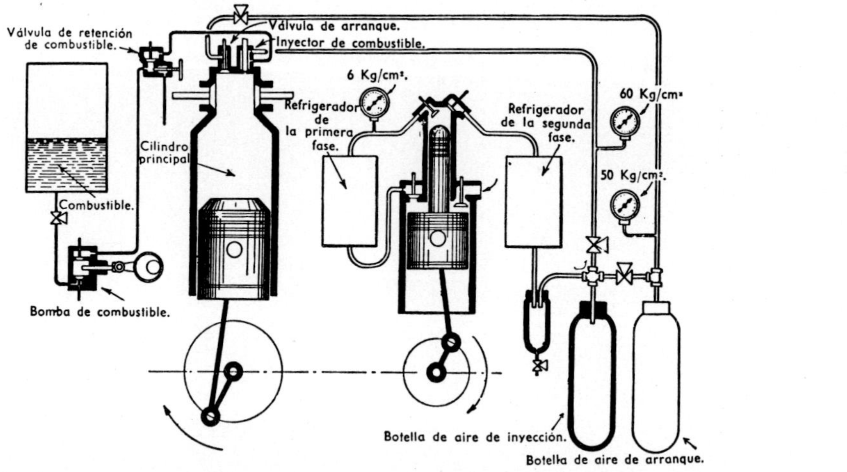

Fig. 419. Esquema de un motor Diesel de cuatro tiempos de «inyección neumática».

exacta de combustible que debe ser inyectado en el interior del cilindro Tanto el compresor como la bomba de combustible están movidos por el motor.

Los inyectores o válvulas pulverizadoras, en las que hay constantemente presión de aire, introducen la mezcla aire-combustible finamente pulverizada en el cilindro. La apertura de estos inyectores o válvulas se efectúa por medio de una palanca, accionada por un camón movido por el eje de camones del motor.

Cuando la presión del aire sea inferior a la debida, se tendrá una mala pulverización, con el consiguiente humo negro en el escape; el humo será blanco-azulado si la presión del aire de pulverización fuera superior a la indicada. Este aire de pulverización solamente tiene la misión de pulverizar, y no tiene ninguna relación con el aire que se emplea en la combustión (fig. 419).

Este sistema tiene las ventajas siguientes:

1. Con presiones de inyección bajas obtiene buena pulverización.
2. Puede usar combustible de difícil encendido y baja calidad.
3. Debido al aire de pulverización obtiene una buena refrigeración en el inyector o pulverizadora.

Por el contrario *tiene los inconvenientes o desventajas siguientes*:

1. Los retrocesos de llama pueden provocar la explosión del inyector o pulverizadora a causa de una baja presión del aire de pulverización.
2. El compresor que se necesita (de varias fases) para el aire de pulverización absorbe una considerable potencia del motor.
3. La complejidad del compresor y accesorios utilizados dan lugar a frecuentes averías, con la consiguiente parada del motor.

En la actualidad está prácticamente en desuso la inyección neumática por sus desventajas con respecto a la «inyección mecánica».

INYECCIÓN MECÁNICA. — En este sistema de inyección, llamado también *inyección directa,* se introduce la carga de combustible en el cilindro a través de un circuito de tubos, por la presión hidráulica que proporciona la bomba de combustible.

Puede utilizarse el sistema de bomba individual, en el cual el combustible es inyectado directamente por una bomba (una por cilindro), que, además de inyectar, mide la cantidad inyectada y determina el momento de inyección, o bien, por el sistema de una sola bomba para todos los cilindros que envía el combustible a un tubo colector de alta presión, de donde el combustible pasa en el momento oportuno a cada cilindro a través de válvulas accionadas mecánicamente.

La presión de inyección de estas bombas está comprendida entre los 300 y 600 kilos, aunque en algunos casos no se sobrepasen los 100, por lo que los agujeros de los inyectores o pulverizadoras son más pequeños que en el sistema de inyección neumática (fig. 420).

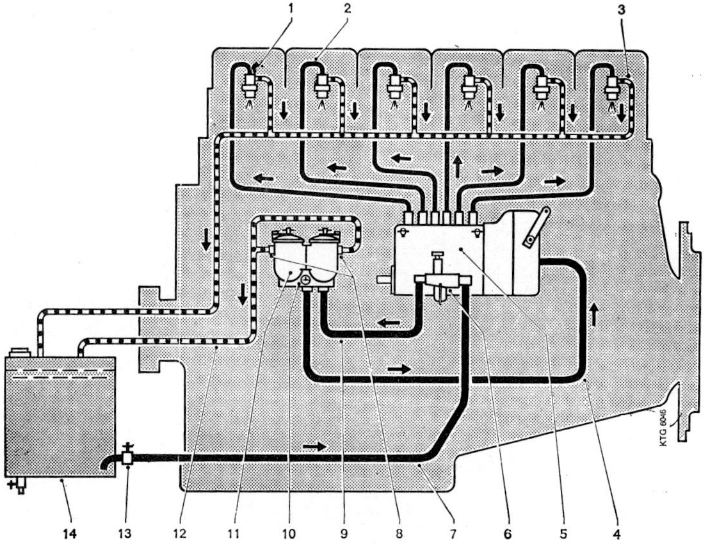

Fig. 420. *Sistema de «inyección mecánica» de un motor Diesel*

1. Inyector; 2. Tubería entre bomba e inyector; 3. Tubería de retorno de inyector a tanque; 4. Tubería entre filtro y bomba; 5. Bomba inyectora; 6. Bomba de alimentación; 7. Tubería de aspiración entre depósito y bomba de alimentación; 8. Válvula de sobrepresión; 9. Tubería entre bomba de alimentación y filtro; 10. Válvula de paso; 11. Filtros de combustible; 12. Tubería de retorno de filtros a depósito; 13. Válvula de cierre paso combustible; 14. Depósito de combustible

Las ventajas de este sistema de inyección son:

1. La presión de inyección la proporciona la misma bomba, por lo que no es necesario el compresor de aire de pulverización.
2. No existen retrocesos de llama que pueden provocar la explosión del inyector.

Desventajas:

1. Dadas las altas presiones de inyección requiere una bomba y pul-

verizadoras de gran precisión y alta calidad de los materiales a emplear en su construcción.

2. Gran facilidad de obstrucción de los agujeros del inyector o pulverizadora, por la coquización del combustible debido a la alta temperatura a que están sometidos.
3. Debido a la alta temperatura a que están sometidos los inyectores hay que dotarlos de una refrigeración adecuada de agua o aceite, con los consiguientes inconvenientes.

BOMBAS DE COMBUSTIBLE; IDEA GENERAL DE SU FUNCIONAMIENTO. — Tanto en un sistema como en otro, estas bombas son siempre de émbolo buzo, llevan válvulas de aspiración y de impulsión, si bien no puede decirse que estas bombas aspiren, porque el tanque de combustible suele ir siempre colocado a mayor altura que la bomba; pueden ser alimentadas por otra bomba auxiliar que trabaja a baja presión y de una capacidad mayor. Esto tiene por objeto asegurar el llenado del cuerpo de la bomba e impedir la entrada del aire. (El aire en los conductos de inyección perturba grandemente a la misma, ya que impide la entrada de combustible en la bomba cuando se comprime y expande.) Ver figuras 421 y 422.

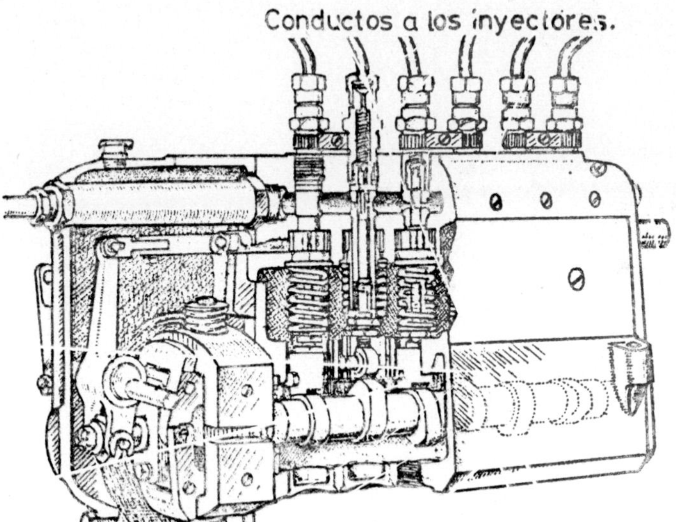

Fig. 421. Bomba de inyección de combustible Bosch de seis cilindros y regulador.

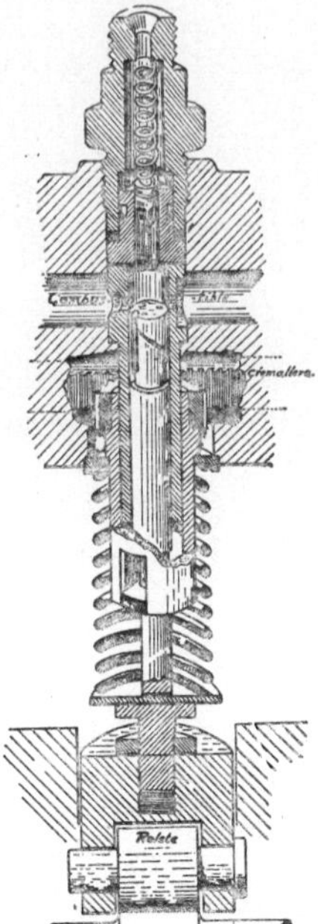

Fig. 422 Elemento de bomba inyectora

El combustible llega a la bomba por un tubo que alimenta el colector; a éste asoman los elementos o émbolos con sus correspondientes válvulas, uno para cada cilindro del motor. Estos elementos o émbolos reciben su movimiento ascendente de un árbol de levas y el retorno o descendente lo efectúan por medio de un muelle; este árbol o eje de levas recibe el movimiento, a través de un engranaje del cigüeñal.

Cuando el émbolo se halla en la posición inferior, el cuerpo de bomba se llena de combustible; cuando el émbolo es levantado por su leva tapa las lumbreras del colector y empuja el combustible a través de la válvula y lo envía por el tubo correspondiente al inyector o pulverizadora por donde sale para quemarse en el cilindro.

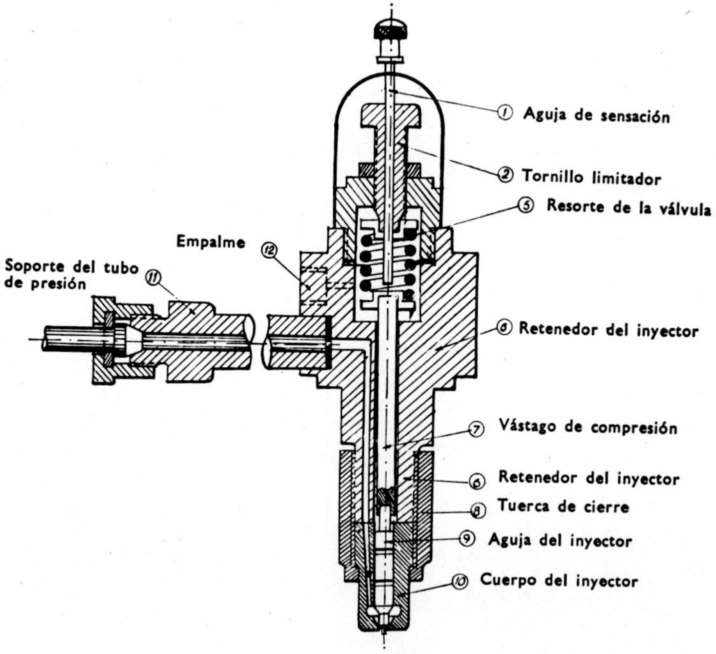

Fig. 423. Inyector o válvula pulverizadora

Para poder variar a voluntad la cantidad de combustible inyectado, el émbolo lleva tallada una ranura vertical y a su lado un rebaje en forma de rampa sesgada.

El cuerpo del émbolo se puede girar a voluntad, de modo que la duración de la inyección es variable, según que la rampa sesgada descubra antes o después el borde de la lumbrera. El movimiento de giro se logra mediante una cremallera que actúa sobre los cuerpos de los émbolos.

INYECTORES O VÁLVULAS PULVERIZADORAS. — Suelen estar compuestos de dos partes distintas: el portainyector y el inyector.

El objeto del inyector es proyectar el combustible en el cilindro, dando al mismo tiempo al chorro una forma que se adapte al contorno de la cámara de combustión.

Hay gran variedad de tipos de inyectores debido a las distintas formas de las cámaras de combustión en los motores Diesel. Reproducimos uno de ellos (fig. 423).

Las toberas de inyección pueden ser *abiertas* o *cerradas*. Se llama abierta cuando no hay medio de interrumpir al paso del combustible por su interior, y la inyección se regula por la bomba de combustible, y son cerradas cuando van provistas de una válvula con resorte y la inyección del combustible se gradúa mecánicamente con levas o hidráulicamente por la presión del combustible.

AJUSTE DE LOS ENGRANAJES QUE ACCIONAN EL ÁRBOL DE LEVAS Y LA BOMBA DE COMBUSTIBLE. — En la figura 424 vemos tres ruedas dentadas: una fija al cigüeñal del motor, que mueve la rueda dentada del árbol de levas, y éste, a su vez, mueve la rueda dentada del eje que mueve la bomba de inyección.

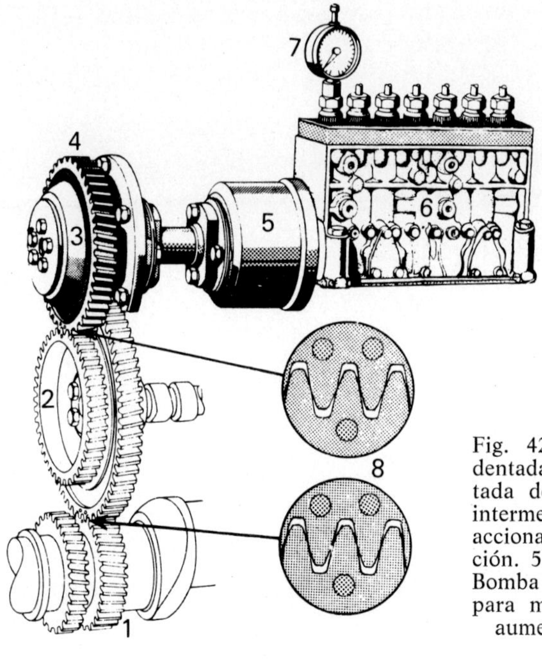

Fig. 424. Distribución: 1. — Rueda dentada del cigüeñal. 2. — Rueda dentada del árbol de levas. 3. — Rueda intermedia. 4. — Rueda dentada para accionamiento de la bomba de inyección. 5. — Regulador de avance. 6. — Bomba de inyección. 7. — Comparador para medición de avance. 8. — Vista aumentada de las marcas de ajuste.

Lógicamente, estas ruedas han de estar ajustadas y conjuntadas para que en el momento preciso se efectúe (pongamos como ejemplo) que el pistón esté en su PMS, el eje de levas haya actuado en las válvulas de admisión y de escape del cilindro correspondiente para que se encuentren cerradas, y la bomba de inyección envíe el combustible a dicho cilindro.

Si bien este ajuste viene de fábrica, y a no ser que se haya desmontado no es necesario tocar, conviene conocer que en un momento determinado, tal como en el que hemos señalado anteriormente (cada X vueltas, según fabricante), deben coincidir las marcas que llevan las ruedas dentadas y que se representan aumentadas en la figura.

Esta distribución puede ser por cadena en vez de por ruedas dentadas.

Por otra parte, al árbol de levas y en su parte opuesta, suelen ir acopladas la bomba de agua, la bomba de aceite y la dinamo (y el eje de la magneto o del distribuidor en los motores de explosión).

BOMBAS DE BARRIDO EN LOS MOTORES DIESEL DE DOS TIEMPOS; SU OBJETO. — La bomba de barrido usada en los motores de dos tiempos es un compresor de baja presión y tiene por objeto expulsar del cilindro los residuos de la combustión y llenarlos con una carga de aire fresco.

Esta bomba debe suministrar un caudal de aire superior al correspondiente a la cilindrada, ya que durante el barrido una parte de aire se pierde por las lumbreras de escape, y puede ser accionada por el mismo motor o por motor independiente (figs. 425, 426 y 427).

Motor Diesel de dos tiempos con bomba de barrido.

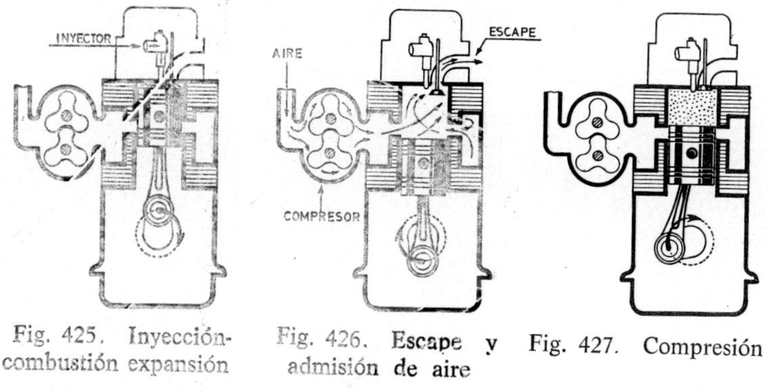

Fig. 425. Inyección-combustión expansión

Fig. 426. Escape y admisión de aire

Fig. 427. Compresión

Existen motores en los que la bomba de barrido, está constituida por la parte baja de los pistones del motor y un diafragma que comunica el cárter con la parte baja de los cilindros.

Las bombas de barrido suelen trabajar a una presión por encima de la atmosférica entre 0,5 y 0,7 kgs.

La presión atmosférica normal viene a ser de 1,033 kgs por cm^2.

Las bombas de barrido pueden ser de elementos rotativos o de pistones.

Actualmente las bombas de barrido son autosoplantes accionadas por los gases de escape.

SISTEMAS DE ENCENDIDO EN LOS MOTORES DIESEL. — Como anteriormente se ha indicado la combustión en los motores Diesel es debida a la alta temperatura que alcanza el aire, fuertemente comprimido, en el interior del cilindro e inyectársele el combustible.

No obstante, si el motor está frío o la temperatura exterior es baja, hay dificultades en el arranque, por no alcanzar el aire comprimido la temperatura necesaria, por lo que se recurre a sistemas auxiliares de precalentamiento. Los sistemas empleados más frecuentemente son: calentadores en el colector de admisión de aire, bujías de incandescencia, y combustibles muy inflamables.

Los *calentadores en el colector de admisión de aire* son muy utilizados en los motores de inyección directa. Éstos facilitan el arranque en frío al calentar el aire antes de pasar al cilindro.

Las *bujías de incandescencia* van colocadas en serie una en cada cilindro y próximas al inyector de combustible, de forma que el chorro del mismo incida sobre el filamento incandescente de las mismas. Estas bujías están alimentadas por corriente eléctrica procedente de acumuladores (figura 428).

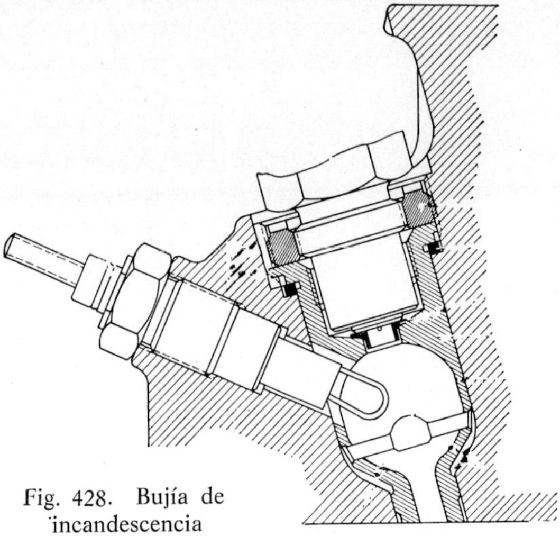

Fig. 428. Bujía de incandescencia

Combustibles muy inflamables, generalmente el éter, se colocan en un algodón en la entrada del filtro de aire, por lo que éste se carga de vapores que se inflaman fácilmente con el poco calor en las primeras compresiones, provocando el encendido del combustible ordinario.

VÁLVULAS DE ASPIRACIÓN Y ESCAPE, ARRANQUE Y SEGURIDAD; SU OBJETO Y FUNCIONAMIENTO. — Las válvulas de *admisión* y *escape* están compuestas de dos partes: la *cabeza* o *plato* que sirve para cerrar el orificio de paso, y la *caña* o *vástago* que sirve para guiar el movimiento alternado de apertura y cierre (fig. 429).

Las válvulas pueden estar situadas en el bloque y se denominan *laterales*, o en la culata y se las denomina *en cabeza*.

El funcionamiento de la válvula de admisión debe ser tal que permita el máximo llenado posible del cilindro; y el de la válvula de escape debe producir la menor contrapresión posible, es decir, la menor resistencia al paso de los gases.

El accionamiento de estas válvulas se realiza por medio de un eje de camones, habiendo algunos casos de accionamiento por trasmisión hidráulica. El eje de camones está dispuesto generalmente en la parte lateral del motor actuando sobre las válvulas por medio de vástagos y balancines.

El material empleado para la construcción de las válvulas de admisión es el acero de bajo contenido en níquel cromo. Su refrigeración se efectúa por el aire aspirado.

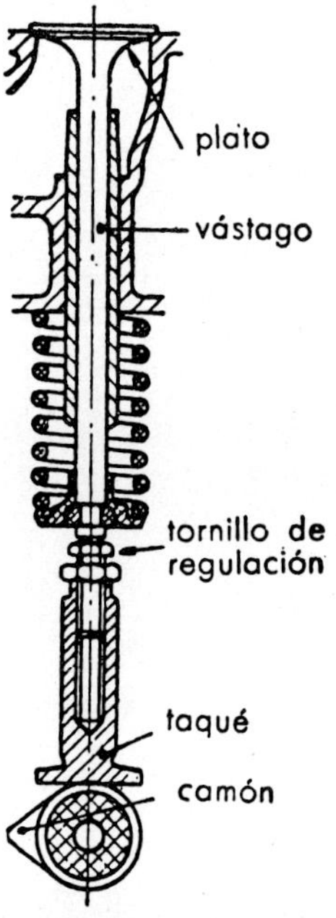

Fig. 429. Válvula y accionamiento

Para la construcción de las válvulas de escape se utiliza el acero al cromo-sicilio. Su refrigeración se efectúa a través de la guía que se encuentra en contacto directo con el agua de refrigeración de la culata.

Las *válvulas de arranque*, utilizadas cuando el arranque del motor es por aire, son generalmente del tipo compensado, abriéndose hacia el interior del cilindro. Están construidas en acero inoxidable, y su accionamiento puede ser automático, mecánico o neumático.

Las *válvulas de seguridad* van colocadas en algunos motores en la culata; su misión principal es abrirse cuando en el interior del cilindro se alcanzan presiones elevadas, ya sean durante la compresión o la combustión, evitando roturas o daños. Podríamos definirlas como válvulas automáticas, de asiento cónico o plano, que se mantienen cerradas por la acción de un muelle.

Estas válvulas, en algunos motores, actúan de descompresores.

REGULACION PRACTICA DE LAS DIFERENTES VALVULAS. — En los motores de cuatro tiempos y en algunos de dos (con válvula de escape), las válvulas son movidas o accionadas por levas o camones con intermedio de palancas o varillas, que se apoyan en su leva o camón respectivo mediante un rolete o taquet.

La regulación de la distribución se reduce a poner los engranajes del árbol de levas o camones y el cigüeñal con arreglo a sus marcas, dejando entre el vástago de la válvula y su varilla correspondiente el huelgo indicado por el constructor (fig. 404). Efectuado el ajuste de los huelgos se comprueba la apertura y cierre de las distintas válvulas girando el motor lentamente.

Estas tolerancias o huelgos tienen por objeto permitir la dilatación de los vástagos de las válvulas debido a la temperatura que alcanzan durante el funcionamiento del motor. La válvula de escape está sometida a una temperatura más elevada que la del cilindro por lo que si el huelgo no fuera suficiente permanecería abierta durante el período de cierre, originando un rápido deterioro de la misma por falta de refrigeración a través del asiento.

Las válvulas de arranque pueden ser reguladas a mano en los motores de pequeña potencia o por árbol de levas en los motores de gran potencia.

Las válvulas de seguridad vienen reguladas de fábrica y marcadas con los kilos de presión, pudiendo variarse el reglaje accionando sobre el muelle.

LUBRICACIÓN DE LOS MOTORES DIESEL. — La finalidad de los aceites de engrase del motor es: evitar el contacto directo entre las partes metálicas en movimiento; ayudar a disipar el calor en el motor; limpiar las piezas que engrasan, y obturar el huelgo existente entre los segmentos o aros y las paredes de los cilindros.

Los cilindros y los pistones deben estar perfectamente lubricados, ya que el rozamiento es muy fuerte en determinados puntos. Aunque el cigüeñal, las bielas, los bulones, los segmentos, los pistones y los cilindros, son la partes más importantes desde el punto de vista de engrase, existen otras que deben de ser convenientemente lubricadas, tales como los vástagos de las válvulas, empujadores, levas y engranajes, así como otras piezas del motor sujetas a rozamiento.

SISTEMAS DE LUBRICACIÓN. — Exiten varias formas de efectuar el engrase en las piezas de un motor, entre ellas tenemos las siguientes:

Lubricación por cucharilla y salpicadura, actualmente casi en desuso, utilizado en motores lentos, consiste en que el aceite, mantenido en el cárter a un nivel adecuado, es recogido por una cucharilla que lleva la cabeza de biela, que lo lanza contra las paredes del cilindro asegurando su engrase, y al mismo tiempo por gravedad lubrica los soportes del eje cigüeñal, engranajes de distribución y demás órganos móviles a través de adecuados canales.

Lubricación forzada que consiste en enviar el aceite, por medio de una bomba que lo aspira de la parte inferior del cárter, y mediante canales y tuberías adecuadas, a los puntos que se han de lubricar (fig. 430).

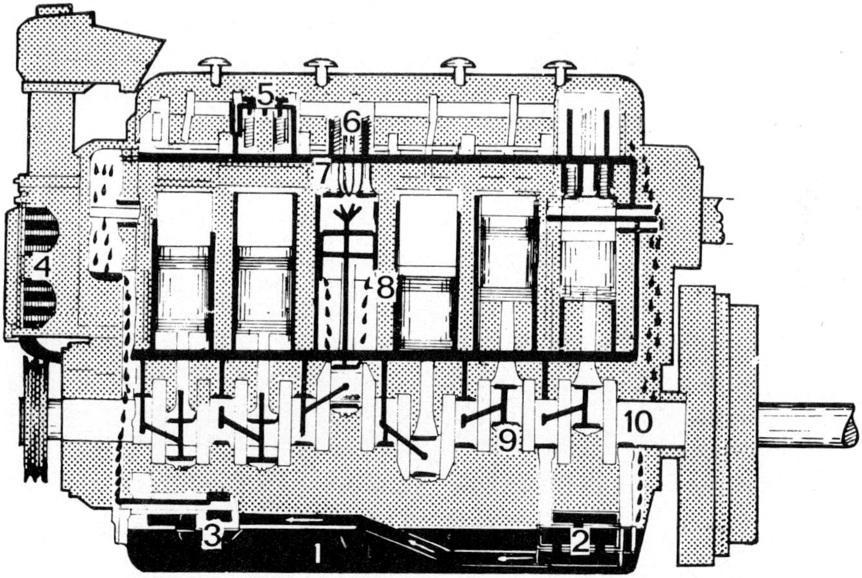

Fig. 430. Esquema de circulación forzada del aceite lubricante
1. Carter. 2. Filtro. 3. Bomba. 4. Enfriador. 5. Balancines. 6. Inyector. 7. Válvulas. 8 Pistones y camisas. 9. Cojinetes de bielas. 10. Cigüeñal.

La lubricación forzada tiene, sobre los demás sistemas, la gran ventaja de asegurar a los distintos órganos, un grado de lubricación proporcional a la velocidad.

Lubricación por dosificación. El aceite contenido en un depósito se introduce en el motor por medio de una bomba dosificadora engrasando todo el motor o parte de él, como por ejemplo, los cilindros de los motores Diesel lentos.

REFRIGERACIÓN DE LOS MOTORES DIESEL. — La refrigeración del motor es necesaria, para mantener la película de lubricante entre el pistón y el cilindro, para que los órganos sometidos a la acción del calor no sufran variaciones exageradas, para que la estanqueidad entre pistón y cilindro sea lo más hermética posible, y para que la resistencia mecánica de los materiales de los distintos órganos se mantenga dentro de unos límites aceptables.

Los fluidos más utilizados para el enfriamiento de los motores son el aire o un líquido, que en la mayoría de los casos es el agua.

A la refrigeración por aire, v. gr., en las motocicletas, se les suele llamar *enfriamiento directo,* y cuando se utiliza un líquido, *enfriamiento indirecto.*

El enfriamiento indirecto puede ser: de circulación *forzada, a presión, por termosifón y evaporativo.*

En el sistema de *circulación forzada* el agua o líquido refrigerante, circula alrededor de las camisas impulsada por una bomba.

Las bombas de refrigeración pueden ser de émbolo o centrífugas. En la figura431se representa una bomba de tipo centrífugo con rotor flexible.

En el sistema de *refrigeración a presión* se aprovecha la característica física del agua de aumentar su punto de ebullición con la presión a que está sometida.

El sistema de *enfriamiento por termosifón* se fundamenta en el hecho de que el peso específico del agua disminuye al ser calentada. Por consiguiente, en un circuito de refrigeración el agua caliente ascenderá y la fría descenderá, estableciendo así las corrientes de convección que conducirán el líquido caliente al radiador u otro aparato de enfriamiento.

La refrigeración por termosifón se emplea únicamente en motores de pequeña potencia.

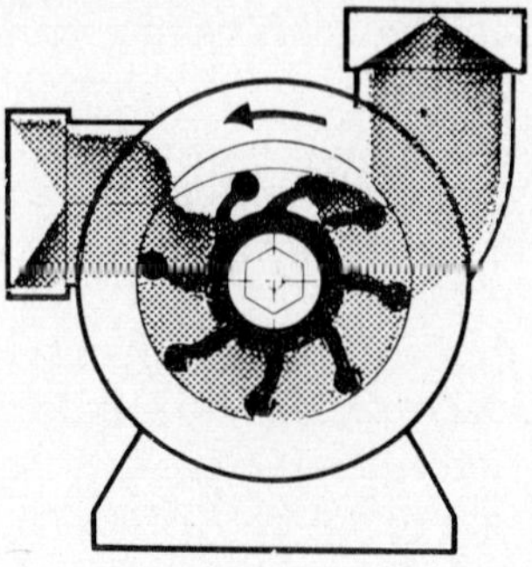

Fig. 431. — **Bomba centrífuga de rotor flexible.**

En el sistema *evaporativo* el líquido refrigerante hierve en la cámara de refrigeración. No requiere bomba ni radiador. Su uso está limitado a motores de pequeña potencia.

Fig. 432. — **Barómetro y termómetro.**

La refrigeración por aire, respecto a la de agua presenta varias ventajas y desventajas.

Entre las *ventajas* podemos citar:

1. No hay fugas de agua, ni conexiones, ni incrustaciones, y hay menos averías en general.
2. No hay congelación alguna.
3. El bloque de cilindros es más sencillo, más ligero y barato.
4. Es más rápido poner el motor a temperatura de funcionamiento.

Desventajas:

La refrigeración es menos efectiva y lo que es peor no es uniforme.

El motor resulta más ruidoso.

ENFRIADORES DE ACEITE. — El aceite, debido a las temperaturas del motor en funcionamiento, se calienta excesivamente y es preciso proceder a su enfriamiento, en algunos motores, para que conserve todas sus cualidades.

Este enfriamiento se puede obtener por aire que es impulsado por un ventilador contra el serpentín de aceite intercalado en el circuito, o bien por mediación de agua que circula bañando el serpentín o placas tubulares por las que circula el aceite.

Entre la entrada y la salida del aceite en el enfriador, existe una válvula de sobrepresión que regula el paso del aceite de acuerdo con su temperatura.

PIRÓMETRO. — Es un instrumento destinado a medir temperaturas muy elevadas. Está basado en el termómetro. Se usa en los motores al objeto de controlar la temperatura máxima de los gases de escape en una determinada potencia de acuerdo con lo indicado por el constructor.

Los hay de muy variados tipos y su fundamento básico está en las diferentes dilataciones de los metales que se emplean en su fabricación.

El pirómetro puede ir colocado en el colector de salida de escape o bien en el colector general y su finalidad es controlar la carga de trabajo correspondiente al 100 por 100 de la potencia.

ARRANQUE DE LOS MOTORES DIESEL. — El arranque de estos motores puede ser: *por aire, eléctrico* y *por inercia.*

El arranque *por aire* consiste en inyectar aire a presión en los cilindros a través de unas válvulas llamadas de arranque. Una vez que el motor gira a la velocidad conveniente se da entrada al combustible. El aire es suministrado por un pequeño compresor que lo acumula en botellas (fig. 433).

En los motores propulsores de barcos todos los cilindros llevan válvulas de arranque, debido a la rapidez de maniobra que se requiere.

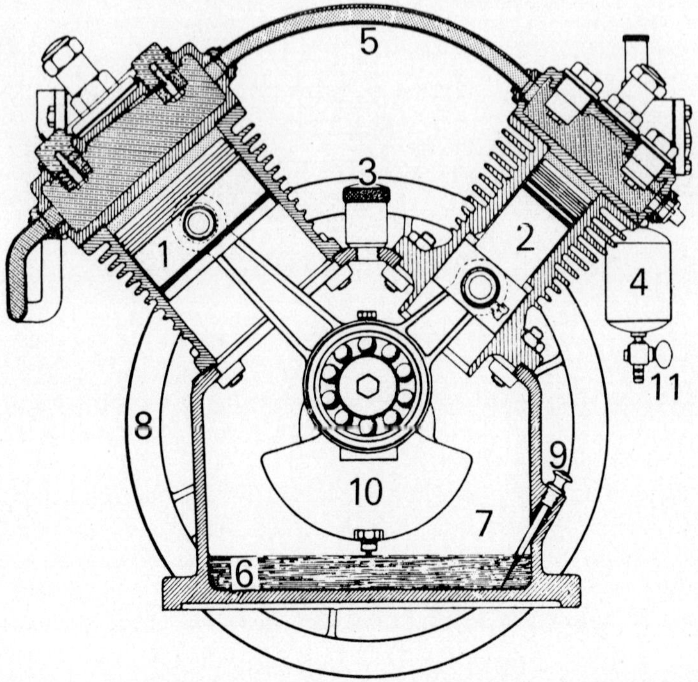

Fig. 433. — 1. — Pistón de baja. 2. — Pistón de alta. 3. — Tapón de carter. 4. — Calderín. 5. — Tubo de comunicación de culatas. 6. — Aceite. 7. — Carter. 8. — Volante. 9. — Varilla de nivel de aceite. 10. — Contrapeso. 11. — Purga.

En el *arranque eléctrico* es utilizado un motor eléctrico que engrana mediante un piñón con una rueda dentada dispuesta sobre el volante del motor. Una vez el motor principal en marcha el piñón debe de nuevo desacoplarse para que el motor eléctrico no sea arrastrado a velocidad demasiado alta (figura 434).

El *arranque por inercia* consiste en embragar el motor propulsor con un volante que gire a gran número de revoluciones. El número de revoluciones varía de 3.000 a 12.000 y se obtiene, bien a mano, o por medio medio de un motor eléctrico.

Además de los sistemas enumerados anteriormente, el arranque puede efectuarse *a mano*, por mediación de un cabo, manivela o pedal. Es empleado en motores de pequeña potencia.

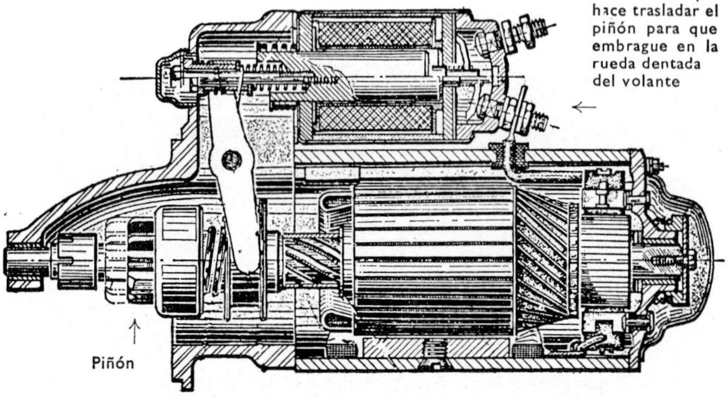

Fig. 434. Motor eléctrico de arranque

INVERSIÓN DE MARCHAS. — La inversión de marchas puede efectuarse por: *inversión del giro del motor,* por *mecanismos externos al motor* y por *hélices de palas reversibles.*

El sistema de *inversión del giro del motor* consiste en variar la posición del eje de levas o camones que actúa sobre las válvulas de admisión y de escape, de manera que el camón que actuaba sobre la válvula de admisión lo haga sobre la válvula de escape, y por el contrario el que actuaba sobre la de escape lo haga en la de admisión. Esta inversión puede efectuarse por «un solo eje con dos juegos de camones» o por «un solo juego de camones en ejes distintos» (fig. 435).

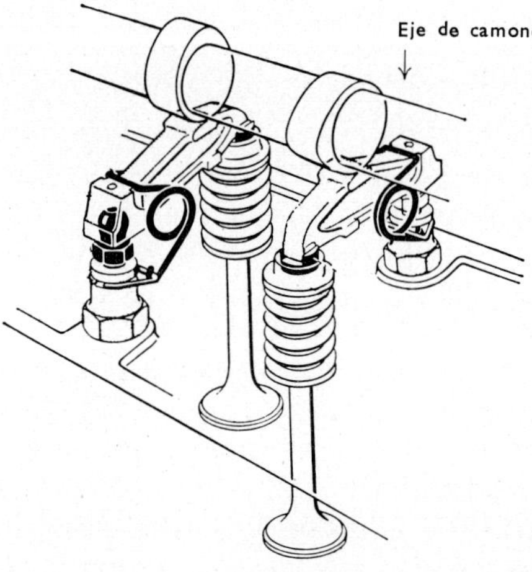

Fig. 435. Mando de válvulas por el eje de camones

Simultáneamente la inyección y el ciclo de trabajo quedarán variados. Para efectuar esta maniobra el motor deberá estar parado completamente.

En los motores Diesel de dos tiempos la inversión de giro del motor se efectúa variando el orden de inyección.

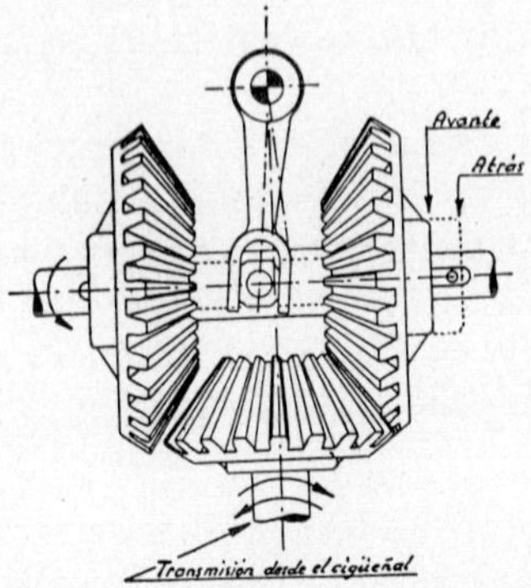

Fig. 436. Mecanismo de inversión de marcha externo al motor.

La inversión de marcha por *mecanismos externos al motor* se efectúa por una combinación de engranajes y embragues (fig. 436).

En el cambio de marcha por *hélice de palas reversibles* la hélice gira siempre en el mismo sentido, y las palas, que no forman una sola pieza con el núcleo, pueden girar en él un determinado ángulo, de forma que las caras activas pueden ser las posteriores o las anteriores, con lo que se consigue la marcha avante o atrás.

El giro de las palas se obtiene por una cremallera accionada por una barra que se desplaza por el interior del eje portahélices (fig. 437).

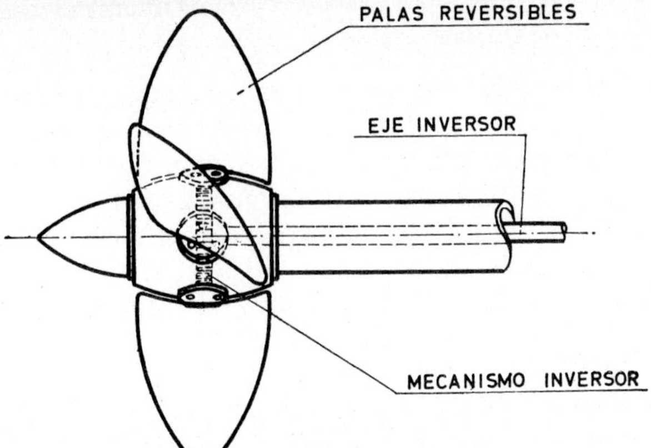

Fig. 437

EMBRAGUES. — Los tipos de embrague más usados en los motores Diesel son:

a) De *fricción* obtenida por el acople mecánico de las superficies de fricción, mediante algún sistema de palanca. Se usa en motores de pequeña potencia.
b) *Neumáticos*, en los que se obtiene el acoplamiento por medio de aire.
c) *Hidráulicos*, que consisten en interponer un mecanismo, entre el motor y el eje propulsor, que está formado por dos turbinas que se transmiten el movimiento de la una a la otra a través de un cuerpo líquido (aceite).
d) *Electromagnéticos*, en los que la acción de acoplamiento es similar a la de un motor eléctrico de inducción.

REGULADORES DE VELOCIDAD. — El regulador de velocidad es el aparato destinado a mantener las revoluciones del motor dentro de los límites convenientes. Éste puede ser de *seguridad* o *de velocidad*.

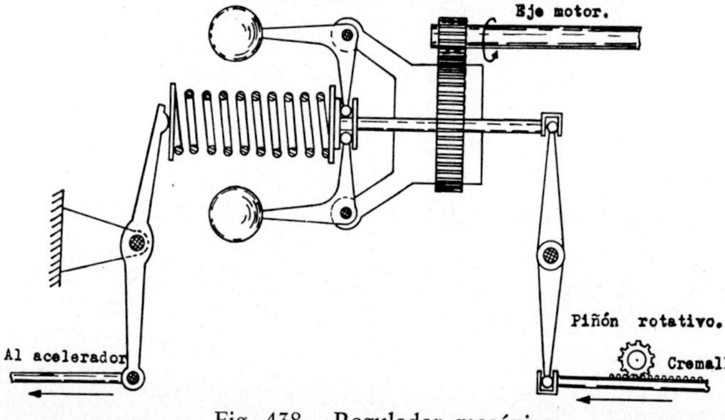

Fig. 438. Regulador mecánico

El primer tipo se utiliza en los motores propulsores de buques, para evitar que puedan producirse excesos de revoluciones del motor, originados por los cabeceos de la embarcación y la momentánea salida de la hélice del agua, por la eventual rotura del eje propulsor o por la pérdida de la hélice. Su conexión con la bomba de inyección ha de estar dispuesta de forma que no impida la libre maniobra de la misma a mano. Este regulador actúa solamente a partir de un cierto número de revoluciones.

En el segundo caso, se utiliza para mantener un número constante de revoluciones proporcional a las variaciones de carga a que se someta el motor. Actúa automáticamente tanto cuando el motor tiende a acelerarse como cuando propende a moderarse. Puede ser: *mecánico, neumático* o *de vacío*, e *hidráulico*.

El regulador *mecánico* está constituido por dos masas centrífugas y un resorte, unidos a la bomba de combustible. Fig. 438 Según que las revoluciones del motor aumenten o disminuyan, las masas se separarán o se acercarán respectivamente; este movimiento, transmitido por mecanismos adecuados, permite aumentar o disminuir la cantidad de combustible e inyectar por la bomba.

El regulador *neumático* o *de vacío* está formado por una membrana de goma o cuero flexible y unos muelles que actúan directamente sobre la cremallera de la bomba de combustible. Utiliza la depresión del aire que se crea en el tubo Venturi intercalado en el conducto de admisión del motor (fig. 439).

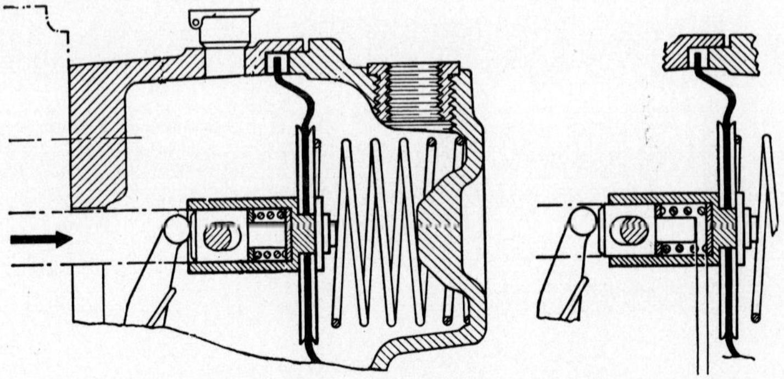

Fig. 439. Regulador neumático o de vacío

El regulador *hidráulico* es un tipo de regulador mixto y consta de unos contrapesos que sólo indican un cambio de velocidad, siendo producidc el trabajo principal por un medio auxiliar (servomotor hidráulico). El movimiento de los contrapesos acciona una válvula piloto que permite dar presión hidráulica al pistón del servomotor, o a la inversa, descargar la presión del mismo (fig. 440).

RELACIÓN AIRE-COMBUSTIBLE. — La relación perfecta viene afectada por varios valores entre ellos: temperaturas de ambiente, temperaturas del colector, presión barométrica, diseño del motor, (especialmente del colector de admisión), volatilidad y calidad del combustible, etc.

No obstante y promediando los valores entre mezclas pobres y mezclas ricas, podríamos dar para la gasolina en 1 gr. de combustible por cada 18 gr. de aire.

Asimismo en los motores Diesel viene a ser la misma proporción de 1 a 18.

Densidad de la gasolina de 0,66 a 0,78

Densidad del gas-oil de 0,85 a 0,88

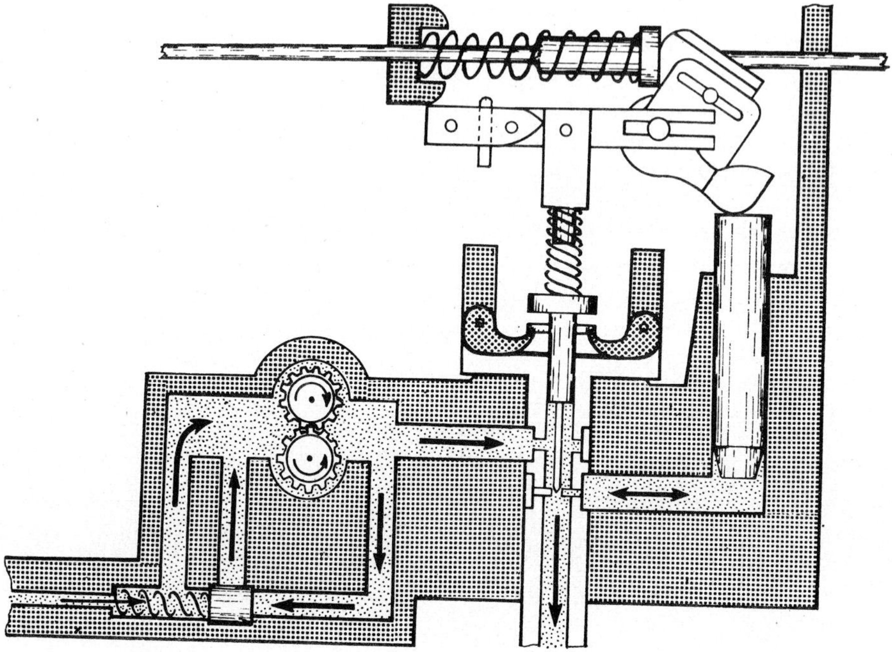

Fig. 440. Regulador hidráulico

Densidad del fuel-oil de 0,95 a 0,97.
Peso del aire: Un litro pesa 1,293 grs.

CONSUMO POR CABALLO/HORA Y RENDIMIENTO DEL MOTOR DIESEL. — El consumo por caballo/hora y para una determinada potencia viene dado por la relación entre el combustible consumido en un determinado tiempo expresado en Kgs. y la potencia constante mantenida por el motor durante dicho tiempo expresado en horas.

$$\text{Consumo C.V./hora} = \frac{\text{Consumo de combustible en Kgs.}}{\text{Caballos efectivos desarrollados} \times \text{tiempo en horas.}}$$

El consumo en un motor Diesel viene a estar entre 160 y 180 grs. por caballo efectivo y hora.

El rendimiento útil de un motor Diesel viene a ser del 40 por 100. Es decir, que el total de la energía contenida en el combustilbe sólo se aprovecha el 40 por 100, perdiéndose el 60 % restante en: el 23 % en la refrigeración, el 36 %, en los gases de escape, y el 1 % en la radiación térmica.

No obstante el motor Diesel es la máquina de energía térmica que más aprovecha el combustible.

CUESTIONARIO DE PREGUNTAS Y RESPUESTAS

P. ¿Cómo pasa el combustible al cilindro en un motor Diesel?
R. A través del inyector.
P. ¿Cómo se clasifican los sistemas de inyección en los motores Diesel?
R. Sistema de inyección neumática y sistema de inyección mecánica.
P. ¿Qué es lo que produce los humos negros en el escape en un motor Diesel de inyección neumática?
R. Una mala pulverización, por la falta de presión de aire en la bomba inyectora. Por falta de compresión o esfuerzos superiores al trabajo normal.
P. ¿Cuándo se efectúa la inyección del combustible en un motor Diesel?
R. Al estar el aire fuertemente comprimido en el interior del cilindro, es decir: al final del tercer tiempo.
P. ¿Por qué se produce la combustión en el motor Diesel?
R. Por la alta temperatura que alcanza el aire comprimido (aprox. 500° C).
P. ¿Qué tipo de émbolo llevan las bombas de combustible?
R. El de émbolo buzo.
P. ¿Cómo se varía la cantidad de combustible a inyectar en el cilindro?
R. Mediante una cremallera que actúa sobre los émbolos buzos de la bomba.
P. ¿De qué partes principales se compone un inyector?
R. Del inyector propiamente dicho y del portainyector.
P. ¿Cuál es el objeto del inyector?
R. Introducir el combustible pulverizado en el interior del cilindro.
P. ¿Qué misión tiene la bomba de barrido en un motor Diesel de dos tiempos?
R. Suministrar el aire necesario para la compresión con una presión mayor que la atmosférica y expulsar mejor los residuos de la combustión.
P. ¿Para qué se utilizan las válvulas de arranque?
R. Para el arranque en los motores que se hace por aire.
P. ¿Cómo pueden ir colocadas las válvulas de admisión y de escape en un motor?
R. Situadas en el bloque (laterales) o en la culata (en cabeza).
P. Partes de que se compone una válvula de admisión.
R. De caña o vástago y cabeza.
P. Aparte de la misión propia de una válvula de seguridad, ¿qué otra misión tiene en algunos motores?
R. Actuar de válvula de descompresión.
P. ¿Qué misión tiene el huelgo o tolerancia entre los vástagos de válvulas y los balancines?

R. Permitir la dilatación de los vástagos de las válvulas.
P. ¿Por qué deben ser lubricados los cilindros y los pistones?
R. Porque el rozamiento, debido a las dilataciones del material, es muy fuerte.
P. ¿Por qué se llama lubricación forzada?
R. Porque se utiliza una bomba para activar la circulación del aceite.
P. ¿Cómo se denomina la refrigeración que utiliza un líquido como medio?
R. Refrigeración indirecta.
P. ¿En qué se fundamenta el enfriamiento por termosifón?
R. En la disminución de peso específico del agua al ser calentada.
P. ¿Cómo se efectúa el arranque en los motores Diesel.
R. Por aire, por motor eléctrico auxiliar, o por inercia.
P. ¿Cómo se efectúa el cambio de marcha por hélice de palas reversibles?
R. Variando por medio de un mecanismo la posición de ataque de las palas.
P. ¿Qué misión tienen los reguladores de velocidad?
R. Mantener el motor dentro de los límites convenientes de revoluciones.
P. ¿Cómo se obtiene el acoplamiento en los embragues neumáticos?
R. Por aire.
P. ¿Cómo está constituido un regulador mecánico?
R. Por dos masas centrífugas y un resorte.
P. ¿Qué aparato nos indica la temperatura de los gases de escape?
R. El pirómetro.

Capítulo 68

MOTORES DE EXPLOSIÓN

CÓMO SE EFECTÚA EL TRABAJO DE LOS GASES EN UN MOTOR DE EXPLOSIÓN. — Véase Capítulo 66.

VALVULAS DE LOS MOTORES DE EXPLOSION DE CUATRO TIEMPOS. — Cada uno de los cilindros de un motor, que funciona con arreglo al ciclo de cuatro tiempos, debe llevar como mínimo una válvula de admisión para permitir la entrada de la mezcla en el cilindro, y una válvula de escape, para que los gases quemados puedan salir al exterior.

El desplazamiento alternante de la válvula se logra, a su debido tiempo, por medio de un camón que gira arrastrado por el eje motor. El camón transmite generalmente el movimiento alterno a las válvulas por medio de órganos intermedios, uno de los más sencillos es un taquet o empujador, que sirve además como regulador del huelgo.

Las válvulas cierran en el asiento de la válvula, que generalmente es una superficie cónica y deben satisfacer las necesidades de: abrir y cerrar en el instante más apto para el mejor desarrollo de las fases del ciclo, efectuar la apertura y cierre con la mayor rapidez posible, y ofrecer la menor resistencia posible al paso del fluido o a los vapores de escape.

Las válvulas de escape pueden alcanzar temperaturas de hasta 750 °C, y por lo tanto deben estar en condiciones de transmitir el calor que reciben al aire o al agua de refrigeración.

Uno de los factores más importantes que acorta la vida de las válvulas es la corrosión, debido mayormente a las malas calidades del aceite y combustibles. (Véase Capítulos 66 y 67, lo referente a válvulas.)

VÁLVULAS EN LOS MOTORES DE DOS TIEMPOS. — En los motores de dos tiempos y en la mayoría de los casos las válvulas están sustituidas por galerías o lumbreras de admisión y de escape. Existen algunos tipos que llevan un sistema combinado de galería de admisión y válvula de escape, que actualmente están en desuso.

RAZONES DE LOS ADELANTOS Y RETRASOS DE LA APERTURA Y CIERRE EN LAS VÁLVULAS DE UN MOTOR. — La apertura y cierre de las válvulas teóricamente se supone que se efectúa al llegar el pistón a los puntos muertos, pero en la práctica el pistón no se encuentra en esos puntos.

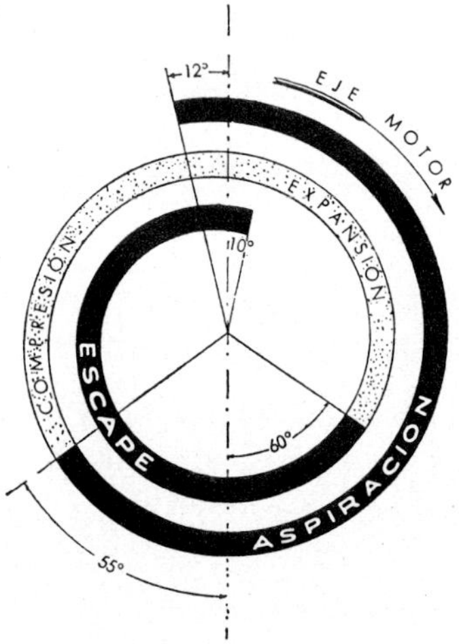

Fig. 441. Diagrama de la distribución de un motor de 4 tiempos

Con el fin de que la válvula de admisión esté completamente abierta en el momento más conveniente para el máximo llenado del cilindro, se adelanta en su apertura con respecto al punto muerto superior (P.M.S.). Este *adelanto* en los motores lentos es menor que en los motores rápidos. El *retraso* al cierre de la misma, poco después del punto muerto inferior (P.M.I.), sirve principalmente para completar el llenado del cilindro utilizando la velocidad de entrada del carburante-aire (fig. 441).

La apertura de la válvula de escape se efectúa con cierto *adelanto* respecto al punto muerto inferior al objeto de aminorar el impacto de la expansión sobre el cigüeñal. El *retraso* en el cierre de la válvula de escape con respecto al punto muerto superior tiene como finalidad, facilitar una evacuación más completa de los gases quemados.

El ángulo en el que las válvulas están simultáneamente abiertas, se llama *ángulo de solape.*

REGULACIÓN PRÁCTICA DE LAS VÁLVULAS. — La regulación de un motor de explosión es mucho más sencilla que la de los motores Diesel, ya que carece de bomba inyectora, inyectores y válvulas de arranque.

Si tenemos un motor de explosión de cuatro cilindros, cuatro tiempos, con válvulas en cabeza y cuyo orden de encendido es 1-3-4-2, el reglaje se efectuará como sigue:

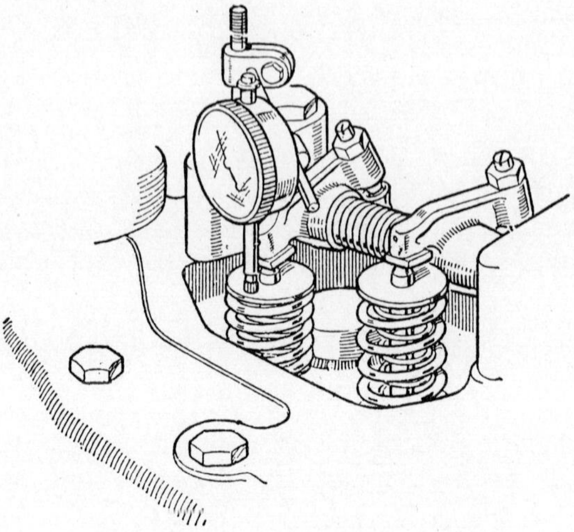

Fig. 442. Reglaje de válvulas mediante calibre de esfera

1. Se hará girar el cigüeñal en el sentido normal hasta que la señal grabada en el volante coincida con el índice del sobrecárter o bloque, y se seguirá el giro hasta que el saliente de la leva correspondiente a la válvula de escape del cilindro número 1 quede apoyada en el empujador, ajustándose el juego de taqué.

2. Si disponemos de un calibre de esfera, se situará sobre la válvula cuando ésta ocupe la posición de abierta, comprobándolo en la forma siguiente:

   a) Giraremos el árbol de levas o camones en sentido normal hasta que el saliente de la leva quede en la posición más próxima a la de máxima apertura, deteniendo el giro y marcando una señal de referencia en el piñón y otra, coincidiendo con la anterior, sobre el cárter.

   b) Anotada la lectura del calibre de esfera, se continuará el giro lentamente hasta que la aguja vuelva a la misma posición (fig. 442).

   c) Sobre el piñón, y en un punto diametralmentre opuesto a la referencia marcada sobre el cárter, se trazará otra y una tercera en el punto medio de la distancia que separa las anteriores.

d) Giraremos el árbol de levas o camones en sentido contrario hasta que la tercera marca coincida con la del volante, y entonces la válvula estará completamente abierta.

3. Terminado el reglaje se montará la cadena de los piñones de la distribución, comprobando el reglaje. En caso necesario se verificará nuevamente el ajuste.

Reglaje de taqués. Giraremos el cigüeñal en el sentido normal hasta que la válvula elegida quede completamente abierta, continuando el giro una vuelta completa para que el empujador se apoye sobre el talón de la leva. Verificaremos el huelgo mediante una galga que se situará entre el extremo del balancín y la cola de la válvula (figs. 404 y 443).

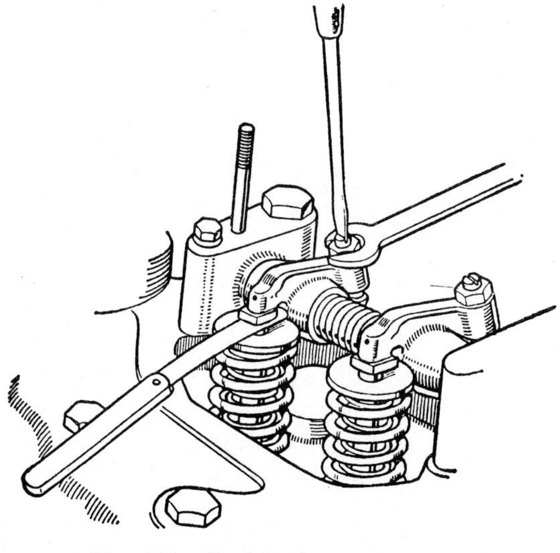

Fig. 443. Reglaje de taqués

Efectuada esta operación se apretará la contratuerca comprobando nuevamente el huelgo indicado por el constructor, y así con las demás válvulas.

El reglaje de taqués ha de hacerse con el motor frío pues de lo contrario ha de tenerse en cuenta la dilatación de la cola de la válvula.

CARBURACION EN LOS MOTORES DE EXPLOSION. — La carburación tiene por objeto preparar la mezcla de aire con gasolina pulverizada. La mezcla se llama *aire carburado* y se prepara debidamente en el carburador. La proporción en que se mezcla suele ser de 10 000 litros de aire por uno de gasolina, aunque es factible obtener mezclas más ricas para el momento del arranque, o para cuando se necesita la máxima potencia del motor. (Peso del aire 1,293 grs. por litro. Densidad de la gasolina de 0,66 a 0,78). O sea una proporción en peso de 18 de aire por 1 de gasolina, es decir; de cada 19 gramos de mezcla 18 deben ser de aire y uno de gasolina.

Si el combustible estuviera aislado sin el cuerpo comburente, que es el oxígeno del aire, no llegaría a inflamarse, y si entrase en el cilindro en forma líquida sería lenta su combustión por presentar poca superficie al contacto del oxígeno, por lo que ha de entrar finamente pulverizado al objeto de que la explosión de la mezcla sea más rápida, cosa más necesaria cuanto más revolucionado sea el motor.

CARBURADOR. — El carburador sirve: *a*) para dosificar el combustible que ha de tener la relación de la mezcla, y *b*) para pulverizarlo mezclándolo homogéneamente con el aire. Sin embargo, esta mezcla no se logra del todo en el mismo carburador; en él se inicia, pero donde alcanza su grado máximo es en las galerías de admisión y en el interior del cilindro por efecto de la temperatura, que convierte esta mezcla en vapor.

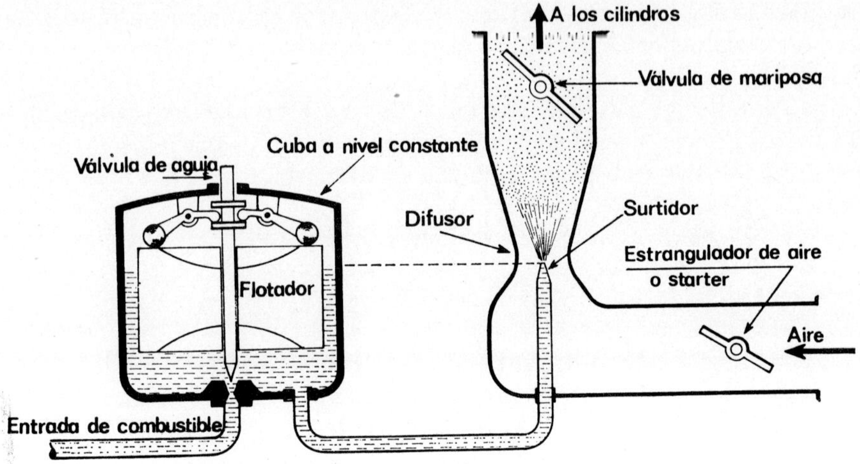

Fig. 444. *Carburador elemental.* Su principal inconveniente es que no suministra una mezcla de proporción constante para cualquier régimen de marcha.

El carburador elemental consta (fig. 444) de una cuba o recipiente y de un cuerpo de carburación con un difusor y un surtidor.

A la cuba llega el combustible por gravedad o por el impulso de una bomba, y se mantiene en ella a nivel constante por medio de una válvula de aguja que es accionada por un flotador.

De la cuba, el combustible pasa al surtidor, que desemboca en la zona de máxima depresión del difusor. La desembocadura del surtidor está unos milímetros más alta que el nivel del combustible en la cuba al objeto de que no salga el combustible en las inclinaciones del carburador o por las trepidaciones del motor. El caudal del surtidor está determinado por su diámetro interior.

Al funcionar el motor y ser aspirado por cualquiera de los cilindros el aire de la atmósfera a través del difusor, produce una depresión que hace que el combustible salga por el surtidor y se mezcle con el aire.

En el cuerpo de carburación vemos dos válvulas de mariposa: una cuyo objeto es regular el paso de la mezcla a los cilindros con lo que se regula la velocidad del motor, y la otra que sirve para estrangular el paso del aire al objeto de conseguir una mezcla más rica, cosa necesaria para poner el motor en marcha cuando está frío (de ahí que en inglés se llame *starter*) o para darle más potencia al motor en un momento determinado.

Este carburador elemental tiene un gran inconveniente y es que no suministra una mezcla de proporción constante para cualquier régimen de marcha, pues cuando la velocidad crece aumenta la depresión en el colector y este cambio de depresión no actúa lo mismo en cuerpos líquidos (el combustible) que en gaseosos (el aire) por lo que varía la proporción de la mezcla, siendo más rica a mayor depresión y más pobre cuando la velocidad disminuye.

De ahí la preocupación constante de los fabricantes de carburadores de conseguir uno que mantenga la proporción de mezcla aunque el motor varíe frecuentemente su régimen de giro. Para ello hay que actuar sobre el aire o sobre el combustible.

Por otra parte los fabricantes también han tratado de conseguir carburadores que proporcionen mezcla pobre en los momentos en que el motor necesite menos potencia al objeto de ahorrar combustible, si bien en las mezclas excesivamente pobres la velocidad de combustión disminuye sensiblemente al igual que en las mezclas excesivamente ricas.

Hemos dicho que para regular una constancia en la mezcla se puede actuar sobre el aire o sobre el combustible. En el carburador Zenith (fig. 445), se actúa sobre el combustible al añadir un segundo surtidor de compensación de consumo constante.

Este surtidor de compensación suministra un caudal constante al depósito de compensación. De dicho depósito parte un surtidor que desemboca junto al otro en la zona de máxima depresión del difusor.

Cuando el motor funciona lentamente los dos surtidores arrojan en el difusor poco combustible, por lo que el depósito de compensación va subiendo de nivel, pero cuando aumenta la velocidad y la aspiración en el difusor es mayor llega un momento que por el surtidor 2 sale más combustible que lo que entra por el surtidor de compensación al depósito de compensación. Entonces el nivel en dicho depósito comienza a bajar y al poco tiempo por el surtidor 2 saldrá una mezcla de combustible-aire siendo mayor la proporción de aire cuanto mayor sea el número de revoluciones del motor, compensando la menor entrada de combustible por el surtidor 2 a la mayor proporción de combustible que entra por el surtidor 1.

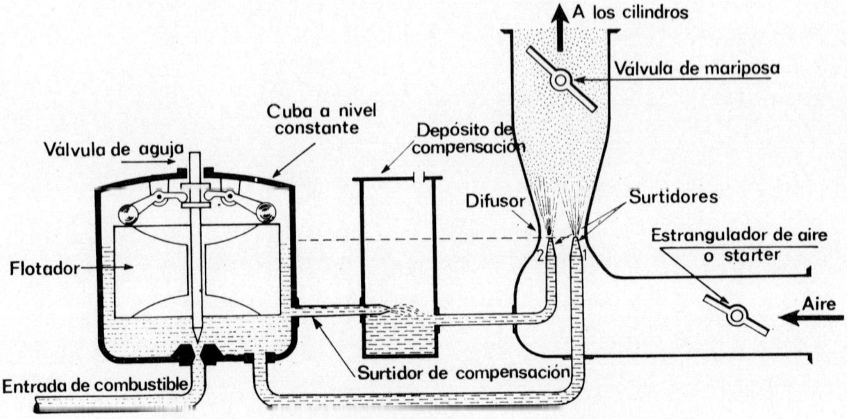

Fig. 445. Carburador con depósito de compensación

Otros carburadores, al objeto de asegurar la marcha lenta o ralentí (pues en la marcha lenta la depresión en el difusor es demasiado débil para asegurar el suministro mínimo de combustible para el 'funcionamiento del motor a ralentí), tienen un tercer surtidor o circuito de abastecimiento que parte del depósito de compensación y desemboca cerca del canto de la mariposa cuando ésta está cerrada, es decir: cuando no está acelerado el motor, y que es dónde hay mayor depresión, arrastrando el combustible suficiente para mantener en marcha el motor a ralentí.

Hay otros modelos de carburadores que han tratado de compensar los efectos de temperatura, altitud (presión atmosférica), altas relaciones de compresión, rapidez en la combustión, etc.

ENCENDIDO EN LOS MOTORES DE EXPLOSION. — El encendido del motor se produce por la chispa que salta entre los electrodos de la bujía y que hace explotar la mezcla. Esta chispa es producida por una corriente de 6000 a 16 000 (se está tratando de llegar a los 20 000) voltios que se obtiene en un dispositivo o generador, que puede ser una magneto, un plato magnético, o un sistema Delco alimentado por una batería de acumuladores.

El sistema de *encendido por magneto* está constituido por dos circuitos eléctricos: un primario y un secundario.

El circuito primario comprende: el generador de corriente, el arrollamientro primario, el interruptor mecánico del primario y el condensador.

El circuito secundario comprende: el arrollamiento secundario, el distribuidor y la bujía (fig. 446).

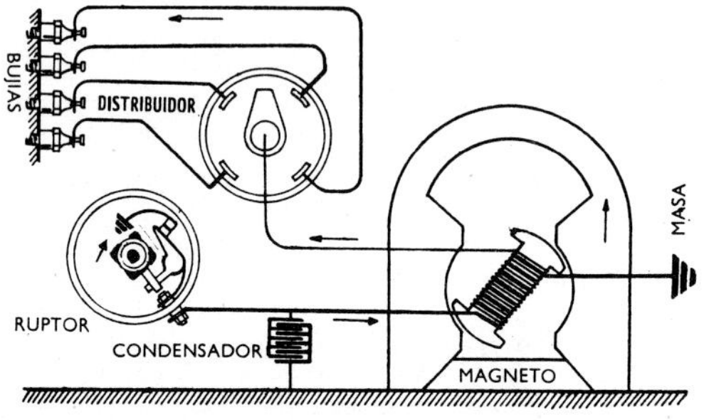

Fig. 446. Esquema de encendido por magneto

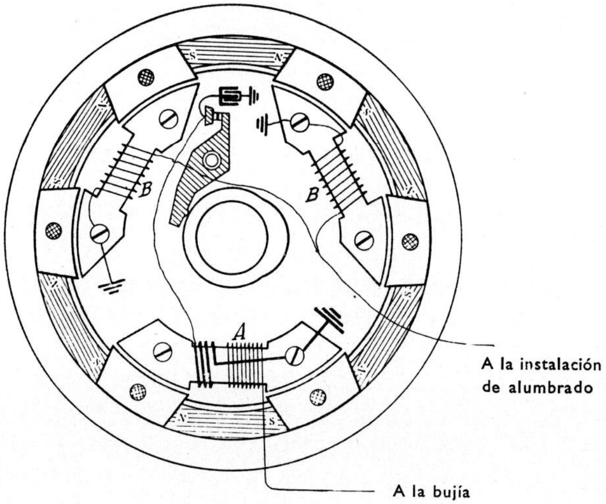

Fig. 447. Esquema de plato magnético

La corriente eléctrica de baja tensión, que se genera en el arrollamiento primario del inducido por rotación entre los imanes, es transformada en alta tensión en el secundario al ser interrumpida por el ruptor y pasa al distribuidor que la reparte a las bujías.

La función del condensador es absorber la corriente de extrarruptura evitando que se quemen los contactos del ruptor (platinos), y al mismo tiempo produce una tensión más elevada en el arrollamiento secundario.

El sistema de encendido por *plato magnético*, muy utilizado en motores de dos tiempos, consta de unos imanes permanentes alojados en el volante del motor, y de un circuito de bobinas (fig. 447).

Al girar el volante, los imanes permanentes que aloja, inducen una corriente en el circuito primario de la bobina A. Dicha corriente pasa al ruptor, que la interrumpe y provoca la de alta tensión en el arollamiento secundario de la misma bobina, y desde ésta a la bujía.

Las bobinas B, señaladas en la figura, constituyen el inducido de un alternador donde se produce la corriente que se aprovecha para la instalación eléctrica.

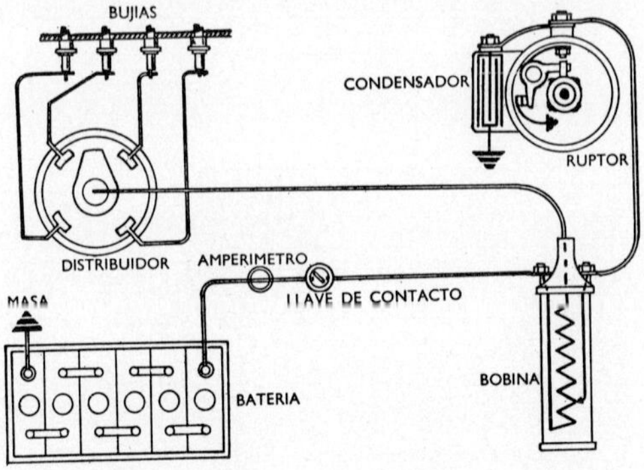

Fig. 448. Esquema de encendido por batería

En el *encendido por batería* la energía eléctrica que se necesita es suministrada por una batería de acumuladores. Esta batería acumula la energía eléctrica que le suministra un generador o dinamo.

Los elementos que componen este tipo de encendido son: batería, bobina, distribuidor, contactos o platinos, condensador y bujías (fig. 448).

La figura nos indica el circuito de encendido básico y el camino recorrido por la corriente de baja tensión desde el acumulador. Supongamos que los contactos del ruptor (platinos) están cerrados, durante este tiempo la corriente recorre el devanado primario de la bobina, esta corriente produce un flujo magnético en el núcleo; al ir girando la leva en el ruptor, llega un momento en que los platinos se abren, interrumpiéndose la corriente primaria y por tanto el flujo magnético tiende a desaparecer, creándose por autoinducción una alta tensión en el secundario, que por medio del distribuidor se reparte en un orden determinado a todas las bujías, entre cuyos electrodos salta la chispa.

En paralelo con los contactos del ruptor (platinos) existe un condensador, cuyas funciones son dos primordialmente: 1.ª) Eliminar el chispeo entre los contactos del ruptor, evitando así el picado y desgaste prematuro de los mismo. 2.ª) Cortar bruscamente la corriente primaria, haciendo que el campo magnético decrezca rápidamente obteniéndose así mayor alta tensión.

La capacidad del condensador debe adaptarse a la inductancia primaria de la bobina. Esta capacidad está comprendida entre 0,18 y 0,35 μ F.

INSTALACIÓN ELÉCTRICA. — Los órganos principales de la instalación eléctrica son: dinamo o generador, batería, motor de arranque, sistema de encendido, sistema de alumbrado y aparatos accesorios como amperímetros, regulador, fusibles, etc.

La *dinamo* o *generador* produce la corriente eléctrica necesaria para la carga de la batería donde se alimenta toda la instalación eléctrica (fig. 449).

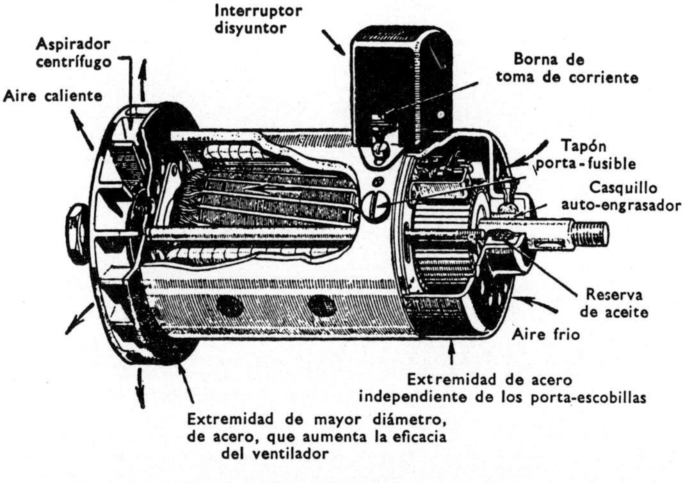

Fig. 449. Dínamo o generador de corriente

La dinamo está compuesta de unas bobinas inductoras, de un inducido o rotor, de un colector, de unas escobillas o carbones, de unas portaescobillas y de un cuerpo o armadura.

El inducido o rotor de la dinamo es accionado por el motor a través de una correa trapezoidal.

La corriente producida por la dinamo es continua.

La *batería*, en el caso que nos ocupa, es el aparato que permite acumular energía eléctrica, producida por la dinamo o generador de corriente, al objeto de su uso posterior: arranque, encendido eléctrico, etc.

La batería está construida por varios acumuladores o celdas electrolíticas. Cada celda comprende un conjunto de placas *(electrodos)* sumergidas en un líquido *(electrolito)* contenido en un recipiente aislante. Las placas negativas y positivas van colocadas alternativamente y separadas por un material aislante. Van enlazadas en paralelo las del mismo signo.

Estas baterías pueden tener 3 ó 6 elementos dando tensiones de 6 y 12 voltios respectivamente.

Los cuidados de la batería consisten en comprobar periódicamente su nivel, añadiendo agua destilada a los elementos cuando está fría. No añadir ácido sulfúrico porque un exceso de éste podría dañar la batería. Los polos deben estar limpios y los bornes bien apretados; después pueden untarse con vaselina pura para evitar la sulfatación.

La comprobación de carga de la batería debe hacerse con un densímetro, sabiendo que cargada viene a medir 1,28 y descargada 1,1 aproximadamente. Para más certidumbre se ha de medir con un amperímetro.

El *motor de arranque* sirve para poner en marcha el motor principal. Recibe la corriente de la batería y está formado por los mismos elementos que una dinamo más un piñón que engrana en una corona dentada que lleva el volante del motor principal. (Véase arranque eléctrico en el Capítulo 67.)

El *sistema de encendido* que está compuesto de los elementos reseñados en el encendido de motores.

El *sistema de alumbrado* consituido por los diferentes elementos de iluminación.

El *amperímetro* que sirve para medir la intensidad de la corriente eléctrica producida por la dinamo, así como la descarga de los accesorios que utilizan la corriente (figura 450).

El *regulador* que es un aparato utilizado para controlar el voltaje y la intensidad de la corriente producida por la dinamo.

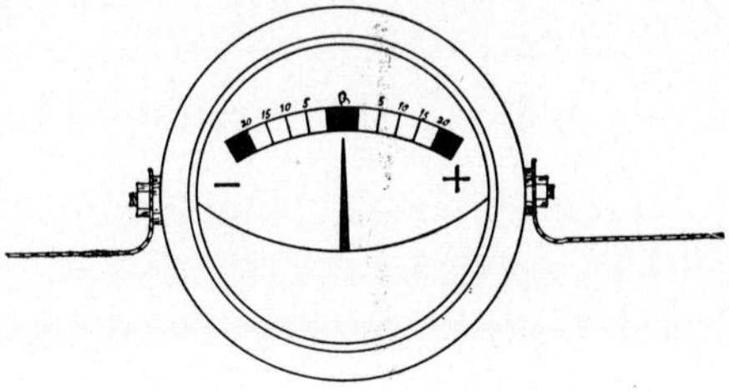

Fig. 450. Amperímetro

ALTERNADOR. — Actualmente se están sustituyendo en muchos casos las dinamos por alternadores debido a su menor peso y volumen, mejor conservación y más rendimiento (sobre todo en velocidades bajas).

Ambas máquinas generan corriente alterna, sólo que en el alternador es rectificada en continua por un conjunto de diodos (electrónicamente), mientras que en la dinamo es rectificada por un sistema mecánico sincronizado colector-delgas (mecánicamente).

Consta, igual que la dinamo, de *rotor* y *estator,* sólo que en el alternador el inducido es la parte fija y la parte móvil es la que porta las bobinas creadoras del magnetismo o imanes permanentes. Por ser estos elementos de menor peso que los del *estator,* el rotor puede alcanzar un mayor régimen de giro, lo que origina un aumento de voltaje.

AVANCE AL ENCENDIDO. — La llama, iniciada por la chispa eléctrica en la bujía, se propaga a velocidad, que depende de la presión, de la temperatura, de la proporción y naturaleza de la mezcla, etc., por lo que necesita cierto tiempo para propagarse por toda la cámara de compresión, y para ganar ese tiempo los mecanismos que han de producir la chispa han de empezar a actuar antes de que el pistón se encuentre en su P.M.S. Este adelanto, expresado en ángulo de giro del cigüeñal, se llama *avance al encendido.*

AUTOENCENDIDO. — Es un fenómeno de encendido espontáneo de toda o parte de la mezcla que se puede verificar en condiciones favorables de presión y temperatura. Puede suceder antes o después de la chispa y ser de parte o de toda la mezcla. Se nota en el motor por su irregularidad de marcha y movimientos convulsivos.

También se origina debido a una excesiva temperatura en la bujía o bien por haber en el interior del cilindro residuos a alta temperatura.

Es fácil de notar el autoencendido, especialmente en los vehículos, que al desconectar la llave de encendido, el motor sigue dando unas cuantas vueltas de forma irregular y haciendo vibrar el vehículo.

La forma práctica de solucionarlo, por la dificultad de desmonte y limpieza de las cámaras de combustión, es: cambio de bujías y recorrer unos pocos kilómetros con gasolina de más alto octanaje. También hay líquidos en el mercado que introducidos en el carburador o en las cámaras de combustión (sencillamente por el hueco de las bujías) ayudan a destruir los residuos.

VÁLVULA DE SEGURIDAD. — Los motores están calculados para girar a un número limitado de revoluciones. Para evitar que el motor pase de este número máximo, ya que se podrían producir desperfectos en el motor, los constructores instalan un cuentarrevoluciones para controlar el régimen de giro del motor. Pero para más seguridad, especialmente en los fueraborda, instalan una *válvula de seguridad* que su función es interrumpir el paso de corriente a una o más bujías en caso de aceleración anormal del motor.

La válvula de seguridad está instalada en contacto con el conducto de aspiración del motor. Al acelerar anormalmente el motor se crea un vacío en este conducto que actúa sobre dicha válvula, y ésta, a la vez, actúa sobre un interruptor que pone en cortocircuito los platinos, con lo que no salta la chispa en las bujías, lo que origina la deceleración del motor.

Estas aceleraciones irregulares se suelen producir al desembragar el motor sin haberle quitado gas, o bien cuando cabecea la embarcación haciendo salir la hélice del agua. (Véase *válvula de seguridad,* pág. 67-8.)

EL DISYUNTOR. — Consiste en un electroimán y una pletina vasculante con un muelle-resorte. Va generalmente sobre la dinamo y actúa de la forma siguiente: Al estar en funcionamiento la dinamo la corriente producida actúa sobre el electroimán que hace que vascule la pletina y cierre el circuito de paso a la batería.

En el momento en el que la dinamo no genere la suficiente corriente eléctrica para mantener (por medio del electroimán y la pletina) cerrado el circuito, el muelle de recuperación vascula la pletina y se interrumpe el circuito con lo que la batería no se descarga a través de la dinamo.

ENGRASE DE LOS MOTORES DE EXPLOSIÓN. — El sistema más generalizado para el engrase de los motores de explosión es el de circulación forzada.

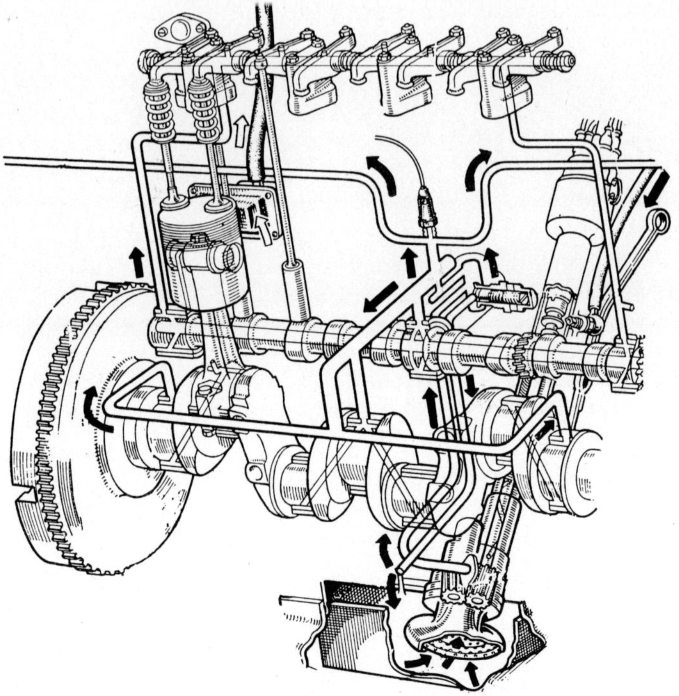

Fig. 451. Esquema de engrase de un motor

El circuito de lubricación está compuesto por una bomba de engranajes que fuerza la circulación del aceite de engrase; un filtro que retiene las impurezas; una válvula de presión; un manómetro, y el circuito correspondiente.

En la figura 451 va representado un sistema de engrase a presión en el que se detalla la instalación para poder seguir con facilidad el circuito.

La bomba aspira el aceite del depósito de aceite normalmente constituido por la parte baja del cárter y lo envía a presión (de 1 a 5 kgs cm^2) al filtro (síganse las flechas) de donde sale depurado a los conductos de reparto. Desde éstos pasa a lubricar los apoyos del cigüeñal y los del árbol de levas o camones y el aceite sobrante sigue por conductos, practicados en los codos del cigüeñal a engrasar los cojinetes de las cabezas de biela. El aceite que rebosa en el primer apoyo del cigüeñal va a engrasar los piñones o engranajes de la distribución. Desde los apoyos del árbol de levas el aceite pasa a engrasar los balancines, ejes y guías de válvulas. El aceite que rebosa en las cabezas de biela salpica y engrasa las paredes de los cilindros y los bulones. Después de efectuar el engrase de las diferentes partes del motor, el aceite cae por gravedad al cárter, cerrando así el circuito.

Existen otros sistemas de engrase menos utilizados y que están reseñados en el Capítulo 67.

En los motores pequeños de explosión de dos tiempos el aceite va mezclado con la gasolina y pasa con ella al cárter, donde por efecto de la pequeña compresión que allí sufre la mezcla, se evapora la gasolina y queda libre el aceite en forma de niebla, engrasando todas las articulaciones.

La duración y el buen funcionamiento del motor dependen mucho del uso de un buen aceite. Una buena norma es reponer el nivel con aceite fresco y limpio, aunque deberá cambiarse todo el aceite después de un determinado número de horas de funcionamiento, indicado por la casa constructora.

REFRIGERACIÓN DE LOS MOTORES DE EXPLOSIÓN. — La refrigeración de estos motores es prácticamente la misma que en los motores Diesel.

La temperatura ideal para que un motor trabaje en las mejores condiciones es aproximadamente la de 85° C, ya que si malo es que se caliente demasiado, también lo es que el agua de refrigeración esté fría.

De las experiencias realizadas se han obtenido los datos siguientes: si el agua de refrigeración está a 40° C el desgaste de los cilindros es cinco veces mayor y el consumo de combustible aumenta en un 20 por ciento a la vez que se pierde el 8 por ciento de la potencia. Con el agua fría a 4° C, el desgaste es 24 veces mayor que el normal, y la pérdida de potencia es del 12 por ciento a pesar de consumir un 30 por ciento más de combustible. De ello se deduce que es conveniente calentar el motor a la temperatura de funcionamiento normal.

En los motores marinos la refrigeración directa con agua del mar es la más sencilla y económica, pero dadas las sales que contiene se forman incrustaciones que implican una mala refrigeración; motivo éste por el que se emplea muy a menudo en los motores marinos un circuito cerrado de agua dulce refrigerado por el agua del mar.

REFRIGERACIÓN CON CIRCULACION POR TERMOSIFÓN. — La circulación del agua se establece por la diferencia entre los pesos específicos del agua (diferencia de densidades entre el agua caliente y la fría).

Este sistema, útil y seguro en instalaciones fijas (calefacción de las casas, etc.), para hacerle más efectivo se le acopla un radiador en la cota más alta del circuito, con lo que al aumentar el enfriamiento del agua, se acelera la circulación.

En barcos, automóviles, etc., está en completo desuso, ya que su instalación ocupa más volumen, y hasta en las calefacciones de las casas se ha adoptado la circulación forzada.

REGULACIÓN DE LA REFRIGERACIÓN. — La temperatura de los diversos órganos del motor hay que mantenerla dentro de unos límites, como hemos observado anteriormente, para lo que se emplea el *termostato* que regula el caudal de agua de circulación.

El *termostato,* basado en la dilatación y contracción que sufren los cuerpos con las variaciones de temperatura, puede ser metálico o de gas. El más usado, el metálico, se intercala en un conducto de la circulación del agua (parte superior del sistema) hacia donde se dirige el agua más caliente, próximo a la culata, y al actuar dicha agua sobre el, se va dilatando o contrayendo (abriendo o cerrando) y, por tanto, regulando el paso de agua.

INVERSIÓN DE MARCHAS EN LOS MOTORES DE EXPLOSIÓN. Al no ser éstos motores reversibles la inversión de marchas se realiza por mecanismos externos al motor (compuestos de cajas de engranajes y embragues), o por hélices de palas reversibles.

(Véase los dos últimos sistemas de inversión de marcha en el Capítulo 67.)

CUESTIONARIO DE PREGUNTAS Y RESPUESTAS

P. ¿Cuál es el factor más importante que acorta la vida de las válvulas?
R. La corrosión o un mal ajuste de las mismas.
P. ¿Para qué se efectúa el adelanto a la apertura de la válvula de escape?
R. Para un barrido más perfecto de los gases quemados.
P. ¿Qué misión tiene el carburador?
R. Dosificar el combustible homogéneamente con el aire.
P. ¿Qué pieza regula el caudal de combustible en el surtidor del carburador?
R. La válvula de mariposa.
P. ¿Dónde se produce la corriente que origina la chispa en la bujía?
R. En la magneto; en un plato magnético; o en un sistema Delco alimentado por una batería.
P. ¿Qué circuitos constituyen una magneto?
R. Un circuito primario y un circuito secundario.
P. ¿Quién suministra la energía eléctrica en el encendido de sistema Delco?
R. Una batería de acumuladores.
P. ¿Para qué sirve la dinamo o generador?
R. Para producir la corriente eléctrica que carga la batería.
P. ¿Dónde va colocado el aceite de engrase en los motores de explosión de dos tiempos?
R. Mezclado con la gasolina.
P. ¿Cuál es la temperatura apropiada en el circuito de agua dulce para que un motor trabaje en las mejores condiciones?
R. Aproximadamente la de 80 grados centígrados.
P. ¿Puede hacerse el cambio de marcha invirtiendo el giro de un motor de explosión?
R. No, porque no son motores reversibles.
P. ¿Cómo se sabrá el orden de encendido de un motor al carecer de marcas en el volante u otras indicaciones?
R. Con el motor parado quitamos las bujías. El orificio del cilindro 1 le tapamos con un corcho u otro material. Al hacer girar lentamente el motor, y llegado el tiempo de la compresión de ese cilindro, nos despedirá el tapón. Colocando seguidamente tapones en el resto de los orificios nos irá dando el orden de encendido.

Con este orden de encendido y tratando de ver, o palpando con el dedo a través del orificio, cuando llega el pistón a su P.M.S. podemos efectuar las marcas en el volante. Con las marcas en el volante, y sabiendo los ángulos de adelanto en el encendido, podremos calcularlo en el volante al dividir 360° por el número de dientes.

P. ¿Cuál es la misión del embrague?

R. Conectar o desconectar gradualmente el motor con el elemento propulsor.

P. Desconectados los cables de las bujías, ¿cómo sabremos cada cable a qué bujía pertenece?

R. En la tapa del distribuidor están numeradas las salidas. Caso de no estarlo actuar como hemos indicado anteriormente para saber el orden de encendido.

P. ¿Qué objeto tiene el reglaje de taqués?

R. Dejar cierta holgura entre los balancines y las colas de las válvulas para permitir las dilataciones.

P. ¿Qué función tiene el colector?

R. El colector de admisión conducir la mezcla carburada a las válvulas de admisión de los diferentes cilindros. El colector de escape conducir los gases quemados uniendo las salidas de las válvulas de escape.
El colector de la dinamo (con las escobillas) recoger y conducir la corriente originada en el inducido.

P. ¿Qué diferencia hay entre el motor eléctrico de arranque y la dinamo?

R. El motor de arranque convierte la energía eléctrica en mecánica y la dinamo convierte la energía mecánica en eléctrica.

P. ¿Qué misión tiene el disyuntor?

R. Evitar que se descargue la batería a través de la dinamo cuando ésta funciona mal o lenta.

P. ¿Quién acopla el piñón del motor de arranque a la corona dentada del volante y quién le desacopla?

R. Al conectar la corriente el electroimán del motor de arranque hace trasladarse el piñón para que engrane en la rueda dentada. Al interrumpir el paso de la corriente el piñón es desacoplado por el muelle de recuperación.

P. ¿Cuándo salta la chispa en las bujías. Al juntarse o separarse los platinos?

R. Al separarse los platinos (ruptor).

P. ¿Qué temperatura del agua de refrigeración es la más apropiada para el motor?

R. Aproximadamente la de 80° C.

P. ¿Qué aparato nos indica la presión del aceite de engrase o del combustible en la inyección?

R. El manómetro.

P. ¿Qué cuidados requieren las baterías?

R. Comprobar periódicamente el nivel del líquido, los polos que estén limpios y los bornes apretados. Mantenerla en buen estado de carga y si no se ha de usar en mucho tiempo, desconectarla y almacenarla en lugar seco y ventilado.

P. ¿Qué cuidado se requiere al conectar los cables de las bujías?

R. Se ha de tener en cuenta la conexión entre los terminales del distribuidor (normalmente numerados) y las bujías, de acuerdo con el orden de trabajo de los cilindros.

P. ¿Cómo se puede averiguar el orden de trabajo de los cilindros en un motor de explosión?

R. Con el motor parado y sacadas las bujías, se tapan los huecos de las bujías con algodones o trapos. Al girar el motor lentamente el efecto de la compresión irá destapando los huecos de las bujías. Empezando por el cilindro número 1, y seguido por los demás, nos dará el orden de encendido u orden de trabajo de los cilindros.

P. ¿Qué precauciones deben observarse con el aceite de lubricación?

R. Cuidar periódicamente de que mantenga su nivel. Cambiarlo a las horas de funcionamiento del motor que indique el fabricante. Que mantenga la presión estipulada.

Capítulo 69

MANEJO DE LOS MOTORES

PRECAUCIONES ANTES DE PONER EN MARCHA LOS MOTORES. Comprobar que no exista ningún objeto que entorpezca el movimiento de las distintas piezas del motor.

Comprobar que las botellas de aire de arranque están cargadas, si el arranque es por aire. De no estarlo, se rellenarán con el compresor auxiliar.

Se comprobará el nivel del combustible en el depósito de aprovisionamiento purgándolo del agua que pudiera contener, cebando el circuito.

Se verificará el nivel de aceite lubricante, rellenando en caso necesario.

Poco antes de arrancar se accionará la bomba de aceite hasta que el manómetro indique presión.

Se comprobará el nivel del agua en el circuito de refrigeración si el sistema es cerrado. En el caso de circuito abierto, si se dispone de bomba auxiliar de agua, se pondrá en funcionamiento antes de arrancar el motor comprobando las presiones de los manómetros, abriendo los grifos de purga en las partes altas del circuito para dar salida al aire que pudiera haber, hasta que salga un chorro continuo de agua.

Se rellenarán todos los engrasadores ordinarios, tanto si son de aceite como de grasa, engrasando también todas las partes necesarias y que no lleven lubricación forzada.

Ante todo será necesario un perfecto conocimiento de los circuitos de aceite, combustible y agua y las posibles combinaciones que se pueden hacer en cada uno de ellos, así como los datos para su regulación, las presiones y temperaturas normales de trabajo y demás instrucciones que da el constructor, que pueden ser muy distintas de un motor a otro y que, por tanto, no pueden reseñarse en una norma general.

Se comprobará el nivel del electrolito en las baterías, añadiendo agua destilada si fuera necesario.

Precauciones para los motores fuera-borda. — Asegurarse de que el motor está desembragado, ya sea por la posición de la palanca de embrague o tirando lentamente del cabo del volante para ver si se mueve la hélice. Comprobar la cantidad de combustible a bordo. Revisar la conexión de los cables de las bujías. Comprobar el nivel del electrolito en la batería. Revisar mandos. Mantener en marcha el motor, sin someterle a trabajo, hasta que se caliente.

COMPRESORES. — Son mecanismos que sirven para comprimir aire u otros gases, y que en el caso de motores de arranque por aire su misión es rellenar con aire comprimido las botellas de arranque.

El aire comprimido, aparte de su misión principal que es el arranque del motor, puede tener otras muchas aplicaciones.

El compresor, figura 433, normalmente va acoplado, por mediación de unas correas que encajan en el volante, a un motor auxiliar, ya sea eléctrico, Diesel o de explosión, si bien hay casos en que se acopla al motor principal.

ARRANQUE. — Los sistemas de arranque adoptados son: *manivela, pedal* o *cuerda, moldes eléctricos auxiliares y aire comprimido.*

Arranque por manivela, pedal o *cuerda.* — Este tipo de arranque es usado en motores de pequeña potencia, consistiendo en hacer girar el motor con los elementos citados.

Arranque por motor eléctrico auxiliar. — Este sistema consiste en hacer girar el motor mediante un motor eléctrico auxiliar alimentado por una batería. Este motor gira al cerrar el circuito eléctrico por un interruptor, obligando a engranar el piñón de que dispone con la rueda dentada del volante del motor principal hasta ponerlo en marcha. Cuando el motor haya arrancado se desconectará el circuito del motor auxiliar quedando éste desacoplado. Mientras el motor principal esté en marcha no se deberá actuar sobre el interruptor del circuito del motor de aranque, ya que esto originaría desperfectos en el piñón y corona dentada. Fig. 434.

Arranque por aire. El aire de las botellas es enviado por un distribuidor a los diversos cilindros obligando a girar al motor a las revoluciones necesarias para su puesta en marcha. Cuando el motor haya arrancado se deberá soltar la palanca del distribuidor, cerrando la válvula pincipal de la botella de aire. Fig. 419.

El aire comprimido a una presión entre 15 y 30 kgs/cm^2 entra en las cámaras de compresión de los distintos cilindros por las válvulas de arranque situadas en la culata.

Deberá mantenerse en marcha el motor para su calentamiento antes de someterle al trabajo, y como la temperatura no será la de trabajo normal, no se someterá el motor a grandes cargas desde el primer momento, sino que se irá aumentando progresivamente. Durante este período la presión del aceite que señala el manómetro será elevada por su mayor densidad hasta que alcance la temperatura normal de funcionamiento.

CONDUCCION DURANTE LA MARCHA. — Se observarán las temperaturas que marquen los termómetros de los distintos circuitos, así como las que se observen al tacto en las partes que no los llevan y que por su importancia es necesario conocer, como son las cámaras de circualción de los cilindros a distintas alturas, válvulas refrigeradas, chumaceras, articulaciones, tapas del cárter y partes de éste cuya temperatura pueda darnos idea de la que tiene el cigüeñal, bielas y cojinetes.

Todas estas observaciones de temperatura se complementan con las presiones que marquen los distintos manómetros. Si no hay defectos en el motor las temperaturas serán normales, si es que la presiones también lo son; toda disminución de presión traerá consigo un aumento de temperatura e inversamente. Luego una deficiencia de la temperatura será corregida llevando la presión a su valor normal; claro es también que ésta depende de la temperatura que ya tenga a la entrada el agua de mar.

El caso de una temperatura menor que la normal se dará cuando un cilindro no trabaje o trabaje menos que los otros, es decir, que se trata de un cilindro que no recibe combustible, recibe poco o no lo quema, luego para que la temperatura vaya a su valor normal habrá que hacer desaparecer ese defecto de combustión. Si, por el contrario, la temperatura local es mayor que la normal, habrá que rebajarla, al menos por el momento, forzando la circulación de agua, si es que el exceso de temperatura está en una parte refrigerada, optando así por el mal menor, ya que el resto de los cilindros del motor tendrá una disminución excesiva de temperatura.

Si el exceso de temperatura está en una biela o una parte del cigüeñal, se forzará la circulación de aceite.

Si en cualquiera de los dos casos se juzga insuficiente esta medida, se reducirá la velocidad del motor o se sacará de trabajo el cilindro afectado de exceso de temperatura, o se procederá a la parada.

Se prestará atención a las indicaciones de los distintos manómetros, no descuidando la depuración regular del aceite y del combustible.

Cuando por cualquier circunstancia ha faltado totalmente la circulación de agua y la instalación dispone de medios para restablecerla rápidamente, procederemos de acuerdo con las circunstancias en que nos hayamos dado cuenta de dicha falta. Puede ocurrir que lo notemos en el mismo momento que falte ésta (por ejemplo: porque hemos visto que el manómetro ha bajado a cero), en cuyo caso no habrá inconveniente en restablecer la circulación inmediatamente, abriendo seguidamente los grifos de purga que tenga el circuito en las partes altas, para dar salida al aire que hubiese podido entrar. Por muy rápidamente que pueda hacerse el restablecimiento de la circulación, se deberá antes reducir la marcha del motor. Cuando no se haya advertido la falta en el momento de ocurrir ésta, como primera medida se reducirá cuanto se pueda la marcha del motor y seguidamente se observará la temperatura en el tubo de descarga del agua de circulación; si no fuera elevada y, si como suponemos, podemos restablecer rápidamente la circulación del agua, deberemos llevar la presión a su valor normal lentamente. Si por el contrario la temperatura fuese elevada, se parará inmediatamente el motor no volviéndose a poner en funcionamiento hasta que la temperatura no vuelva a su valor normal.

En todos los casos no debe someterse el motor a variaciones bruscas de temperatura; todas las alteraciones en la presión del agua se deben hacer gradualmente, pues de no hacerlo pueden presentarse serias averías.

Cuando la presión de aceite baje a cero, deberá pararse el motor. Si la falta de presión no es total, se reducirá la velocidad procediendo más tarde a corregir el defecto.

Se pondrá especial cuidado de que el motor no funcione en las zonas de revoluciones críticas (suelen ir marcadas en rojo en los tacómetros.

Toda la cámara, motor y aparatos auxiliares se mantendrán en perfecto estado de policía.

PARADA DEL MOTOR. — Si el motor es diesel se cortará el suministro de combustible llevando la cremallera de la bomba inyectora a la posición de suministro nulo.

Si el motor fuera de gasolina se interrumpirá el circuito de corriente de encendido mediante el interruptor correspondiente. Una vez efectuada esta operación se cerrará la llave de paso del combustible.

Parado el motor se continuará con las bombas auxiliares de agua y aceite (si es que se dispone de ellas) de acuerdo con las instrucciones para cada motor.

Si el arranque se efectuara por aire, antes de la parada se habrán rellenado las botellas de arranque.

Si se prevee un descenso de temperatura por debajo de cero grados será conveniente vaciar el sistema de refrigeración, dando salida al agua por los grifos de vaciado.

Si el motor ha de quedar parado durante un largo período se procederá a una detenida revisión de todos los órganos, destapando el cárter y comprobando que todos los cojinetes y pernos no presentan ninguna anormalidad.

Se lubricará con aceite el interior de los cilindros. Se limpiarán los distintos filtros dejándolos listos para funcionar.

Si el motor fuera de gas-oil se aprovechará para comprobar inyectores y bomba inyectora.

Si el motor fuera de explosión se limpiarán las bujías comprobándolas.

Se limpiarán los contactos del distribuidor o magneto.

Tanto en los diesel como en los de gasolina si el arranque es eléctrico se desmontará la batería, debiendo recargarla antes de su almacenamiento en un lugar seco y ventilado.

MANIOBRAS DE CAMBIOS DE MARCHA. — En los motores reversibles, como hemos explicado anteriormente, se para el motor y se invierte la inyección y las válvulas de admisión y escape mediante la variación del eje de levas o camones.

En los motores no reversibles el cambio de marcha se efectúa mediante mecanismos externos al motor; y cuando lleva hélice de palas reversibles se acciona sobre un juego de palancas que hacen girar las palas de la hélice.

Teniendo en cuenta que, cuando el barco lleva arrancada, la resistencia del agua no puede inmovilizar inmediatamente la hélice, la maniobra de inversión de marchas no se debe efectuar con precipitaciones, para no causar averías en embragues o en el motor al tratar de invertir la marcha.

AVERÍAS MÁS FRECUENTES EN LOS MOTORES, CUYA REPARACIÓN PUEDE LLEVARSE A CABO EN LA MAR. — Las más frecuentes son:

Condensador quemado. — Comprobar chispa y sustituirlo.

Bujías engrasadas o en mal estado. — Desmontar, limpiar o sustituir.

Tapa del distribuidor agrietada o rota. — Sustituirla.

Contactos (platinos) *quemados.* — Limpiarlos o sustituirlos.

Falta de corriente en las bujías. — Revisar holgura contactos (platinos), bobina, condensador, cables de instalación y bujías. Si es por causa de los *contactos* (platinos) distanciarlos convenientemente.

Carburador obstruido. — Desmontar y limpiar surtidores.

Carburador anegado. — Desmontar tapa y revisar flotador.

Carburador vacío. — Revisar conductos de llegada del combustible, bomba, depósito y filtros.

Refrigeración deficiente. — Revisar conductos y bomba.

Mandos e instalación. — Revisar conexiones.

Véase cuadro de averías anexo, de las que muchas no se pueden reparar en las pequeñas embarcaciones, por carecer de medios y repuestos, así como por las dificultades que ofrece el estado de la mar.

ENTRETENIMIENTO DE LOS MOTORES CUANDO NO ESTÁN EN PERÍODO DE FUNCIONAMIENTO. — Todas las partes de un motor que no estén suficientemente protegidas están expuestas a una corrosión. Durante el funcionamiento del motor la corrosión es mantenida dentro de límites admisibles por el uso de anticorrosivos, pero cuando está fuera de servicio la corrosión es mayor por el ataque del oxígeno, debiendo adoptarse las siguientes medidas:

En el *circuito de engrase* el aceite lubricante contenido en el depósito de aceite o en el cárter, así como en el filtro, debe evacuarse cuando el motor todavía está caliente, y sustituirlo por aceite especial de rodaje (anticorrosivo). Se hará funcionar el motor hasta que alcance la emperatura de servicio para tener la seguridad de que todas las piezas están engrasadas.

En el *sistema de combustible* se vaciarán los depósitos y se limpiarán los sedimentos. Para conservar las tuberías de inyección y de combustible se hará funcionar el motor con una mezcla de gas-oil y aceite anticorrosivo. En los motores de gasolina se mezclará la gasolina con aceite anticorrosivo.

El *sistema de refrigeración* se vaciará por completo cuando el agua esté todavía caliente y se limpiará con agua fresca. Limpiar los sedimentos y obstrucciones, así como reconocer y limpiar la bomba.

En los *cilindros* se inyectará aceite anticorrosivo, dando unas vueltas al motor con objeto de que se engrasen bien aros y camisas.

Tapar las tuberías de *admisión* y *escape*.

En el caso de disponer de baterías, se desconectarán y recargarán antes de proceder a su almacenamiento en un lugar seco y ventilado.

Se hará un engrase general de todas las piezas expuestas a oxidación.

Si el motor es fuera-borda, una vez desmontado de la embarcación se situará en un caballete en posición vertical; se tirará lentamente del asa del arranque manual, varias veces, para hacer salir el agua de la bomba; se efectuará vaciado y limpieza de carburador; se vaciará el depósito de combustible; se lavará toda la superficie del motor con agua dulce para evitar la oxidación por la salitre y se guardará en lugar seco y ventilado.

CUIDADOS PERIÓDICOS DE UN MOTOR. — Normalmente el constructor facilita un libro de instrucciones cuando se adquiere el motor. Si bien algunos cuidados son específicos del motor de que se trate, hay algunos que son comunes y que detallamos a continuación:

Comprobar frecuentemente niveles de aceite de engrase, combustible y agua de refrigeración. El agua de refrigeración, en los motores de circuito cerrado, debe ser dulce con pocas cales o, preferentemente, destilada.

Purgar los filtros de aceite de engrase y de combustible por si existe aire en los circuitos, principalmente antes de arrancar.

Limpiar o sustituir periódicamente los filtros de aceite, combustible, aire y carburador.

Sustituir el aceite de engrase a las horas de funcionamiento indicadas por el constructor.

Si el arranque es eléctrico comprobar las densidades y niveles del electrolito de las baterías.

En los motores de explosión, limpiar o sustituir y reglar ruptor (platinos), así como las bujías.

Limpiar inyectores y sus filtros en los motores Diesel.

Comprobar empalmes de circuitos eléctricos, y pérdidas en tuberías y manguitos de goma.

Comprobar que el local donde esté instalado el motor esté limpio y ventilado. No olvidarse que los gases de escape son venenosos por el óxido de carbono, que pasa desapercibido por ser inodoro e incoloro.

Después del arranque ha de comprobarse permanentemente las presiones en los manómetros y la temperatura en los termómetros.

Si el arranque es por aire comprobar la carga de los depósitos de aire, cargándolos si fuera necesario.

Si ha de permanecer el motor mucho tiempo parado y la refrigeración es de agua de mar, debe eliminarse el agua salada de los circuitos y lavarlos con agua dulce. Si no fuera posible ha de renovarse el agua salada poniendo en marcha el motor periódicamente.

El ajuste del juego de válvulas ha de ser con motor frío. Téngase en cuenta que si el juego es mayor que el indicado, se notará el ruido de taqués, que no es peligroso, pero si por el contrario el juego es menor que el estipulado, hay peligro de que la válvula no cierre bien, lo que podría dar lugar a retorno de llama, deterioro de la válvula o recalentamiento.

Apéndice I de Motores

IRREGULARIDADES DE SERVICIO

Es de gran importancia para el motor suprimir a tiempo cualquier avería que pueda producirse por insignificante que sea.

A continuación se enumeran parte de algunas averías posibles, dándose las indicaciones para averiguar sus causas y el medio para suprimirlas o repararlas.

DURANTE EL ARRANQUE

Avería

El motor no arranca.

Causa	*Reparación*
Batería descargada.	Recargarla o sustituirla.
Bujías engrasadas o sucias.	Limpiarlas o reemplazarlas.
Bujías de incandescencia averiadas.	Sustituirlas.
Falta de combustible.	Abrir válvulas de paso. Purgar circuito de combustible. Limpieza de carburador y filtros de combustible.

Causa	*Reparación*
La bomba de inyección no funciona.	Reemplazarla o limpiarla.
Aire en el sistema de combustible.	Purgar el circuito
Bomba de gasolina no trabaja.	Sustituirla.
Agua en el combustible.	Sustituir el combustible.
En motores Diesel viejos por desgaste de aros de compresión y camisas, o sea: por falta de compresión.	Sustituir aros y/o camisas.

Avería

El motor de arranque no gira o lo hace lentamente.

Causa	*Reparación*
Baterías insuficientemente cargadas.	Cargar o recargar baterías
Bornes de los cables sueltos u oxidados, mala conexión a masa.	Limpiar los bornes, o sustituir conexiones.
Bornes del motor de arranque o las escobillas derivadas a masa.	Eliminar esta derivación.
Escobillas agarrotadas en sus guías, defectuosas o falso contacto con el colector.	Limpiar escobillas o sustituirlas.
Colector del inducido requemado.	Tornear el colector o sustituirlo.
Interruptor de arranque defectuoso.	Reparar o cambiar el interruptor.

Avería

El motor de arranque gira, pero el piñón no engrana.

Causa	*Reparación*
El piñón o la corona dentada están muy sucios o defectuosos.	Limpiar el piñón o la corona dentada; si es preciso, limar rebabas o sustituirlos.

Avería

El motor de arranque gira hasta que el piñón engrana, pero luego queda parado.

Causa	*Reparación*
Baterías insuficientemente cargadas.	Cargar o recargar baterías.
La presión de las escobillas sobre el colector es insuficiente.	Limpiar las escobillas y, si es preciso, cambiar los muelles.
La caída de tensión entre el motor de arranque y las baterías es muy grande.	Revisar las conexiones y cables.
Puede existir agua en la cámara de compresión procedente del sistema de refrigeración.	Desmontar bujía o inyector y probar si gira el motor y expulsa agua. Este síntoma indica haber quemado la junta de culata.

Avería

El motor de arranque no se desconecta al soltar el interruptor.

Causa	*Reparación*
Interruptor de arranque defectuoso.	Reparar o cambiar el interruptor de arranque.

Avería

El piñón no se desengrana de la corona después de arrancar el motor.

Causa	*Reparación*
Avería en el motor de arranque.	Desmontar el motor de arranque, examinarlo y repararlo.

Causa	*Reparación*
La corona dentada del volante está deteriorada.	Limar las rebabas de los dientes.

Avería

El motor detona.

Causa	*Reparación*
Uno o varios cilindros fallan irregularmente.	Limpiar inyectores y tuberías de inyección. Limpiar bujías. Comprobar apertura del disyuntor (platinos). Limpiar distribuidor (tapa Delco). Limpiar y fijar bien cable de distribuidor a bujías y mirar continuidad. Muelle de alguna válvula roto.
Uno o varios cilindros sobrealimentados.	Revisar inyector correspondiente.

Avería

El motor cabecea (o cabalga).

Causa	*Reparación*
Fuera de puesta a punto del encendido.	Poner a punto el motor.
Carburador sucio.	Limpiar carburador.
Falta de encendido o combustión en uno o dos cilindros.	Mirar bujía o inyector del cilindro correspondiente.

Avería

El motor se para después de algunas revoluciones a pesar de que el dispositivo de arranque está bien.

Causa	*Reparación*
Suministro de combustible interrumpido a causa de la tubería cerrada o el depósito vacío.	Abrir la válvula de cierre del depósito o llenar de combustible.

Causa	*Reparación*
La bomba de inyección no suministra combustible o sólo lo hace insuficientemente por estar el filtro sucio, o estar averiada la bomba.	Limpiar el filtro de combustible. Evacuar el aire del sistema de combustible, o desmontar y comprobar la bomba de inyección.
El motor no comprime porque las válvulas no cierran bien.	Verificar holgura de válvulas y muelles de las mismas, sustituyendo los mismos en caso de rotura.
Aire en el sistema de inyección.	Purgar el sistema de inyección.

DURANTE EL FUNCIONAMIENTO

Avería

Las revoluciones y la potencia del motor disminuyen.

Causa	*Reparación*
Tubería de presión no hermética.	Apretar la tubería de presión o sustituirla en caso de rotura.
Las válvulas de presión de la bomba de inyección no herméticas. (En vacío el motor no funciona con regularidad.)	Desmontar, comprobar y limpiar las válvulas de presión.
La aguja de un inyector agarrotada. (Se notará un fuerte ruido con el motor en marcha.)	Localizar el inyector defectuoso aflojando la tubería de combustible, por lo que nos disminuirá el ruido. Desmontar y limpiar el inyector defectuoso y en caso necesario sustituirlo.
Juego de válvulas desajustado o muelles rotos.	Ajustar las holguras o sustituir los muelles.
Filtros de combustible o de aire muy sucios.	Limpiarlos.

Causa	*Reparación*
Tuberías de gases de escape y silencioso sucios, originando una excesiva contrapresión de gases de escape.	Limpiar tuberías o silencioso.
Combustible inapropiado.	Reemplazarlo por el debido.
Elemento de la bomba de inyección agarrotado.	Desmontar la bomba, revisarla y comprobarla.
Segmentos desgastados o quemados. Camisas desgastadas.	Reemplazarlos. Reemplazarlas.

Avería

El motor golpea (localizando el ruido en la parte superior).

Causa	*Reparación*
El inyector gotea o la aguja queda clavada, por lo que la presión de inyección es anormal.	Localizar inyector defectuoso, desmontar, limpiar y comprobar.
El comienzo de inyección de combustible no está bien o se ha desplazado.	Controlar el comienzo de inyección o verificar la puesta a punto.

Avería

El motor golpea (localizando el ruido en la parte inferior).

Causa	*Reparación*
Puede haberse fundido un cojinete de las bielas o del cigüeñal.	Desmontar las tapas de inspección del cárter, revisando las muñequillas de las bielas.

Avería

Humos de escape azulados.

Causa	*Reparación*
El aceite de lubricación es quemado a causa de unos segmentos de pistón agarrotados, rotos o desgastados, o camisas desgastadas o deformadas.	El motor debe ser desmontado y reparado.

Causa	*Reparación*
Juego demasiado grande en las guías de válvulas.	Desmontar culata y sustituirlas.
Excesivo nivel de aceite.	Ponerlo a su nivel.

Avería

Humos de escape blancos.

Causa	*Reparación*
Culata o camisas con grietas o poros por los que pasa el agua.	Desmontar la culata, verificándola. Examinar las camisas de los cilindros. Si es preciso cambiar la culata o la camisa dañada.
El cilindro no tiene bastante compresión; el inyector trabaja mal, de modo que el combustible no se quema por completo.	Comprobar la compresión en los cilindros o localizar el inyector que falla. Si es preciso desmontar la culata y controlar la hermeticidad de las válvulas, esmerilándolas si presentan asientos defectuosos. Controlar el comienzo de inyección del combustible.

Avería

Humos de escape negros.

Causa	*Reparación*
El motor aspira poco aire.	Limpiar el filtro de aire.
Inyector defectuoso, puede gotear combustible.	Localizarlo y repararlo.
Las válvulas no son herméticas.	Desmontar culata y esmerilarlas.
Comienzo de inyección de combustible no es correcto o se ha desplazado.	Controlarlo o verificar la puesta a punto.

Avería

Temperatura del agua del sistema de refrigeración demasiado alta.

Causa	*Reparación*
Sistema de refrigeración sucio.	Limpiarlo.
Bomba de agua gastada (paletas gastadas o rotas).	Sustituirla.
Correa trapezoidal de la bomba de agua mal tensada.	Tensar la correa.
Termostato averiado.	Desmontar termostato y comprobarlo en un recipiente con agua caliente observando si efectúa su apertura a la temperatura indicada. En caso de no estar en condiciones, sustituirlo.

Avería

Presión del aceite demasiado baja.

Causa	*Reparación*
Aceite lubricante demasiado fluido.	Sustituirlo por el tipo adecuado.
Nivel de aceite bajo.	Reponerlo.
Mezcla del aceite lubricante con combustible, disminuyendo su densidad.	Controlar la hermeticidad de las tuberías de combustible para que no exista ningún paso del mismo al aceite de lubricación. Sustituirlo.
Manómetro de aceite defectuoso.	Revisar y reparar manómetro.
Válvula de sobrepresión de la bomba de aceite pierde.	Desmontar, limpiar y controlar la válvula de sobrepresión.
Bomba de aceite desgastada.	Sustituirla.
Holgura entre los engranajes de la bomba de aceite.	Desmontarla y repararla.

Causa	*Reparación*
Holguras demasiado grandes en los cojinetes de bancada y bielas.	Desmontar el motor y repararlo.
Filtro de aceite muy sucio.	Sustituirle.

Avería

El motor se para

Causa	*Reparación*
Depósito de combustible vacío.	Llenar el depósito y purgar el aire en la conducción de combustible.
Filtro de combustible obstruido.	Limpiar el filtro de combustible y, si es preciso, cambiar el cartucho filtrante.
Bomba inyectora contiene aire.	Purgar el aire en la misma.
Ventilación del depósito de combustible o de la tubería de fuga obstruidas.	Limpiar o abrir ventilación al depósito de combustible pues al estar cerrados la bomba no puede succionarlo.
Avería en los órganos móviles por escasez de aceite.	Desmontar el motor y repararlo.
En motores con dispositivo de paro: Temperatura del agua de refrigeración demasiado elevada.	Localizar el exceso de temperatura, o revisar el dispositivo de paro.

Avería

La batería se descarga.

Causa	*Reparación*
Batería en mal estado.	Sustituirla.
Cables de la batería corroídos o rotos.	Limpiarlos o sustituirlos.

Causa	*Reparación*
Regulador de la dinamo averiado.	Repararle o sustituirle.
Dinamo averiada.	Repararla o sustituirla.

Avería

La dinamo no carga.

Causa	*Reparación*
Correa de transmisión floja.	Tensarla.
Dinamo floja en su soporte.	Afianzarla.
Circuito cortado.	Localizar y corregir fallo.
Escobillas gastadas.	Sustituirlas.
Colector sucio o quemado.	Limpiarle o rectificarle.
Circuito interno dinamo averiado.	Comprobar circuito.

Avería

Lámparas pierden intensidad o se funden.

Causa	*Reparación*
Masa defectuosa, conexiones flojas, carga batería baja, lámparas de diferente tipo.	Apretar conexiones, cargar batería, cambiar lámparas.

Apéndice II de Motores

BREVE INFORMACIÓN DE LOS MOTORES FUERA-BORDA

Poco hay que añadir sobre el fundamento general de este tipo de motores, ya que la diferencia con los de tipo convencional estriba en el diseño e instalación.

Son motores generalmente de dos tiempos, muy revolucionados y que forman un solo cuerpo con la transmisión.

Van montados fuera del casco, a popa o en una banda, aunque lo más corriente sea lo primero. Se sujetan al casco mediante abrazaderas y tornillos que permiten desmontarlo fácilmente. Pueden manejarse a distancia o bien directamente por medio de una palanca que lleva el cuerpo del motor.

Tiene dos ejes principales de giro. Uno de elevación y otro direccional. El primero permite elevar el conjunto propulsor y sacarlo del agua, así como evitar averías al tocar fondo o varar. El segundo permite girar al motor hacia uno u otro lado gobernando la embarcación sin necesidad de timón.

Debe estar instalado de tal forma que no esté muy alto para evitar deslizamiento de la hélice ni muy bajo que su arrastre produzca pérdida de velocidad, así como con una debida inclinación para que no haga aproar o apopar demasiado la embarcación.

Las principales piezas de que se compone un fuera-borda vienen señaladas en la figura 452.

La lubricación, como generalmente son motores de dos tiempos, se efectúa por aceite que se usa mezclado con el carburante y que suele ser en la proporción de 1 a 20.

El escape desemboca bajo el agua para evitar el ruido y los humos.

La refrigeración suele ser forzada y por agua de mar, impulsada por una bomba centrífuga.

Para efectuar el arranque se seguirán las instrucciones del constructor pero las indicaciones generales son:

Abrir el paso del combustible.

Llenar el carburador actuando la bomba de mano o pipeta.

Comprobar que el motor está desembragado.

Cerrar el aire para que la mezcla sea más rica.

Se cerrará el circuito eléctrico de arranque o se tirará del cabo adujado en el volante.

Una vez el motor en marcha se esperará que alcance una temperatura próxima a la de funcionamiento.

Abrir el aire.

Cuidados en el motor fuera-borda cuando está fuera de servicio

1. Hacer funcionar el motor en un depósito de pruebas, o en la misma embarcación, a medio gas y con la palanca de cambios en punto muerto.
2. Inyectar aceite antioxidante en la toma de aire del carburador, hasta que el motor se pare. Esto lubricará las partes internas del motor, mientras esté guardado.
3. Si el motor estuvo funcionando en agua salada, las operaciones anteriores se harán en agua dulce, para evitar la oxidación por las sales marinas.
4. Una vez parado se situará en un caballete en posición vertical, quitando la carcasa.
5. Se accionará lentamente y repetidas veces el arranque manual, con objeto de hacer salir el agua de la bomba.
6. Vacíese y límpiese la cuba del carburador, filtro y líneas de combustible.
7. Desmóntese la hélice limpiando y lubricando el eje propulsor.
8. Sustituir el aceite lubricante de la caja de cambios.
9. Limpiar y lubricar todas las partes expuestas a oxidación.
10. Revisar, limpiar y ajustar contactos de bujías y platinos.
11. Si dispone de arranque eléctrico desconéctese y recárguese la batería, almacenándola en lugar seco y ventilado.
12. Desmóntese motor de arranque y dinamo, revisando colector de inducido y cambiando escobillas si fuera necesario.

Averías más frecuentes

El motor no arranca. — Revisar existencia combustible, racores de conexión, tuberías, carburador, estrangulador de aire, agua en el combustible, filtro, cables de bujías, bujías engrasadas o defectuosas, contactos de la magneto o distribuidor, carga de batería, fusibles, contacto y palanca de arranque.

El motor pierde potencia y se calienta. — Reglaje del carburador inadecuado; reglaje de encendido desajustado; combustible sucio o con agua; mezcla de aceite y combustible desproporcionada; sistema de refrigeración no funciona correctamente por rejilla-filtro obstruida o turbina bomba de agua en mal estado.

NOMENCLATURA DE LAS PARTES PRINCIPALES DE QUE SE COMPONE UN MOTOR FUERA-BORDA

Fig. 452

1. Condensador
2. Conjunto de bobinas
3. Parte superior carcasa
4. Polea puesta en marcha
5. Volante
6. Tornillo de sujeción
7. Cojinetes de biela
8. Cámara de descompresión
9. Seguro bulón del pistón
10. Biela
11. Bulón de pistón
12. Válvula de descompresión
13. Bujía.
14. Junta carcasas
15. Carcasa inferior motor
16. Culata
17. Pistón
18. Aros de pistón
19. Palanca cambio marchas
20. Bloque motor
21. Salida agua refrigeración
22. Escape
23. Eje cambio
24. Recubrim. tubo escape
25. Conexión palanca cambio
26. Defensa tubo escape
27. Tubo entrada de agua
28. Amortig. tubo escape
29. Eje cambio
30. Salida escape
31. Rejilla entrada de agua
32. Entrada de agua
33. Hélice
34. Eje propulsor
35. Retén eje propulsor
36. Cojinete eje propulsor
37. Talón de codaste
38. Corona
39. Plato
40. Piñón béndix
41. Tir. man. puesta marcha
42. Filtro de aire carburador
43. Registro
44. Junta de goma
45. Palanca de baja velocidad
46. Motor de arranque
47. Cojinetes cigüeñal
48. Cierre frontal de carcasa
49. Carburador
50. Boya
51. Palanca de alta velocidad
52. Junta de goma
53. Automático estrangulador aire
54. Cigüeñal
55. Conexiones eléctricas
56. Asidero
57. Seguro elevación motor
58. Tuerca
59. Amortiguador
60. Soportes superiores motor
61. Soporte de popa
62. Fijador ángulo inclinac.
63. Soportes infer. motor
64. Carcasa bomba de agua
65. Turbina bomba
66. Árbol de transmisión
67. Cojinetes piñón ataque
68. Piñón de ataque
69. Embrague
70. Cojinete eje propulsor
71. Tornillo carcasa cambio
72. Tornillo drenaje cárter
73. Cárter cambio
74. Piñones cambio marchas
75. Palanca de cambio

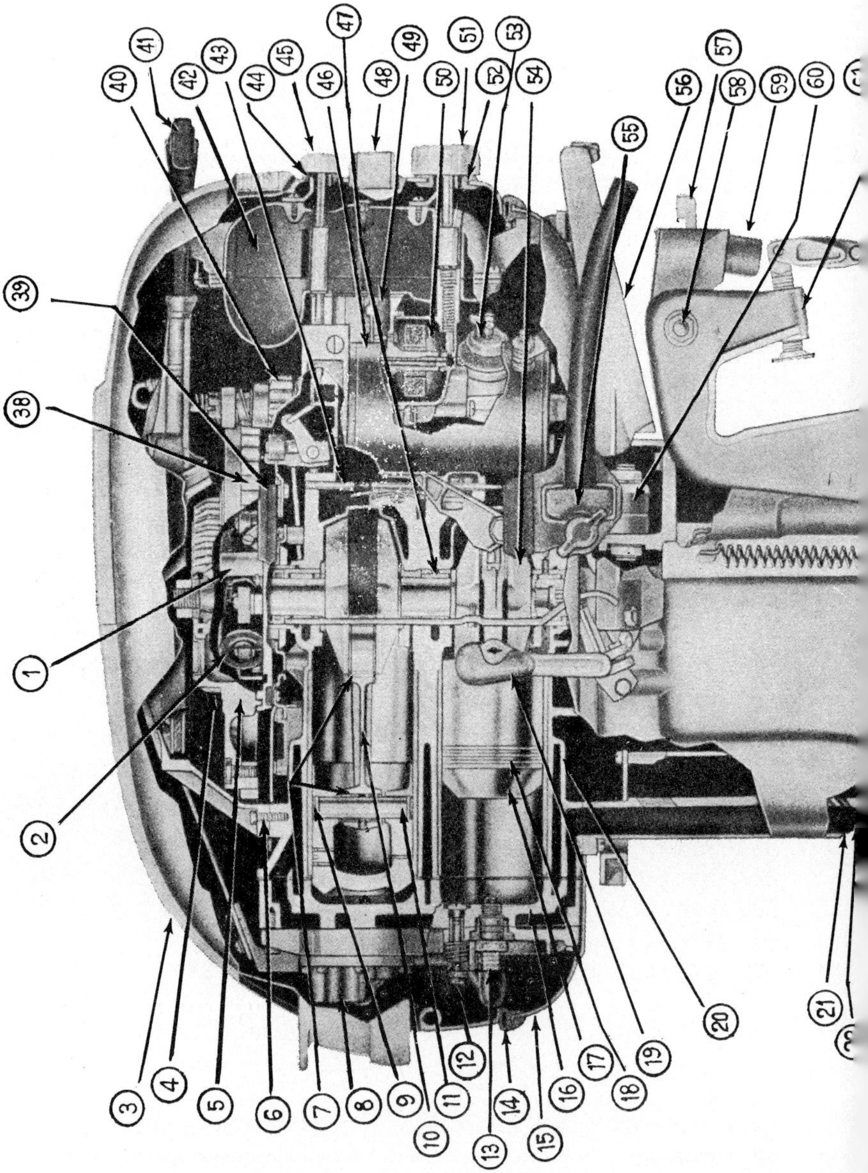
1
2
3
4
5
6
7
8
9
10
11
12
13
14
15
16
17
18
19
20
21
38
39
40
41
42
43
44
45
46
47
48
49
50
51
52
53
54
55
56
57
58
59
60

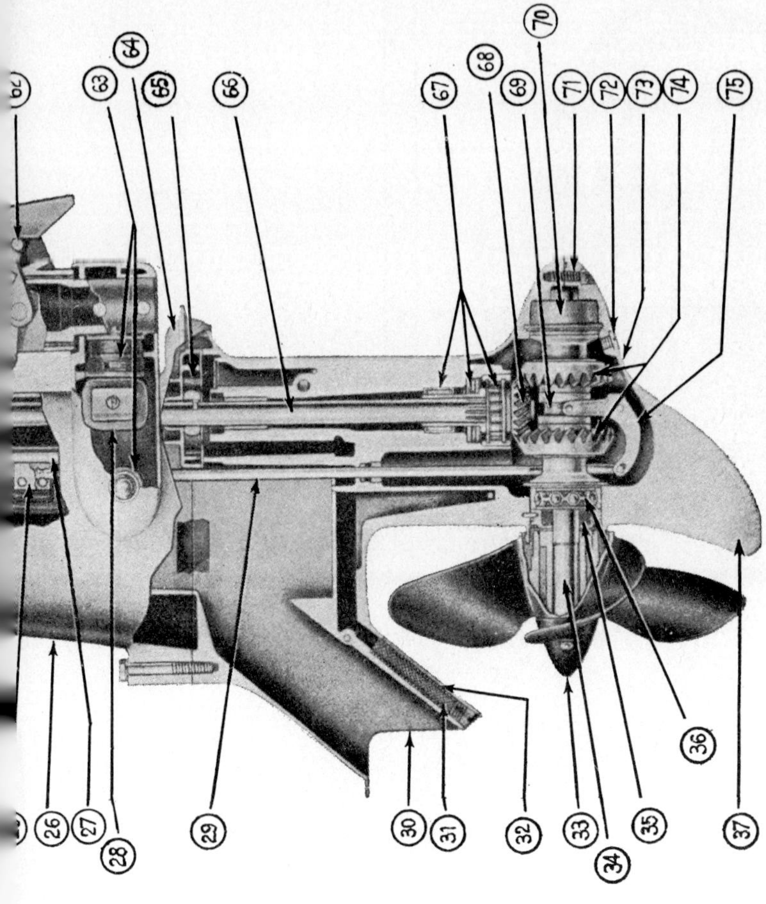
63
64
65
66
67
68
69
70
71
72
73
74
75
26
27
28
29
30
31
32
33
34
35
36
37

Fig. 452

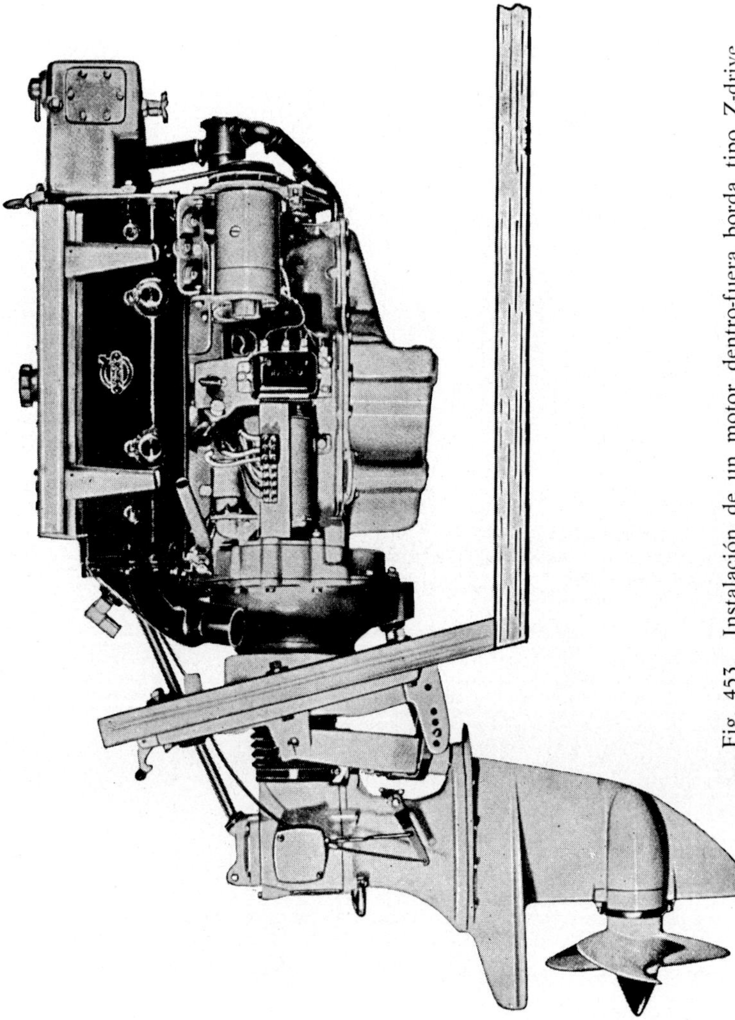

Fig. 453. Instalación de un motor dentro-fuera borda tipo Z-drive

El motor vibra o «cabecea». — Hélice doblada; mal reglaje del carburador; cabos, trapos u objetos extraños en el eje de la hélice.

El motor funciona correctamente pero no impulsa a la embarcación. — Pasador de sujección de la hélice flojo; hélice doblada o rota; pérdida de hélice o mal acoplo del embrague.

MOTORES DENTRO-FUERA BORDA (TIPO Z-DRIVE)

Se llaman dentro-fuera borda porque parte de la instalación va dentro del casco y parte va fuera (fig. 453).

El motor, colocado en la parte interior, va unido a través del espejo de la embarcación al conjunto propulsor. Esta unión es estanca y lleva una articulación que permite elevar la parte propulsora con objeto de evitar averías al varar o transportar la embarcación.

El manejo del motor es a distancia.

Al ser un motor del tipo convencional, su funcionamiento y conservación son análogos a los de los motores explicados en el Capítulo 67.

MOTORES CON TURBOPROPULSOR

Actualmente se está introduciendo este tipo de propulsión, cuya principal característica es la sustitución de la hélice tradicional por una turbina.

El motor va instalado en el interior del casco y la turbina asoma en el espejo, y termina en una tobera de salida del chorro que actúa como timón.

A pesar de que no se han solucionado en su totalidad los inconvenientes que presenta este medio de propulsión, reúne las siguientes ventajas:

Mayor potencia y velocidad por H P.

Ausencia de cavitación por no llevar hélice.

Carece de timón, actuando como tal la tobera de la turbina.

Máxima seguridad en la práctica de los deportes náuticos.

Ausencia de embrague en el motor.

La turbina carece de mecanismos complicados.

La bomba de agua queda suprimida.

Permite navegar con un mínimo de calado.

La inversión de marcha se obtiene invirtiendo la tapa de la tobera.

Obtiene una rápida parada al invertir la salida del chorro.

MOTOR WANKEL

Es un motor de piston rotativo. Con el movimiento del pistón rotativo se forman cámaras de volumen variable en las que se realiza el proceso de trabajo.

Este motor está compuesto de una parte fija externa cuya superficie interior es epitrocoidal y en la cual gira un rotor de tres lóbulos con movimiento planetario. Durante el movimiento, los vértices de los tres lóbulos se mantienen constantemente en contacto con la superficie interior de la parte fija.

El movimiento rotativo del eje está originado por el piñón solidario al mismo que gira en el engranaje excéntrico interno fijo a una de las caras del rotor. Para una revolución del eje motor, el rotor efectúa un tercio de revolución. El rotor, además de girar, adquiere un movimiento de traslación alrededor del eje motor por estar montado como una cabeza de biela sobre un codo de cigüeñal (fig. 454).

Los tres espacios que se forman entre las tres caras del rotor y la superficie epitrocoidal del estátor aumentan y disminuyen dos veces por vuelta, lo que se aprovecha para realizar un ciclo de cuatro tiempos.

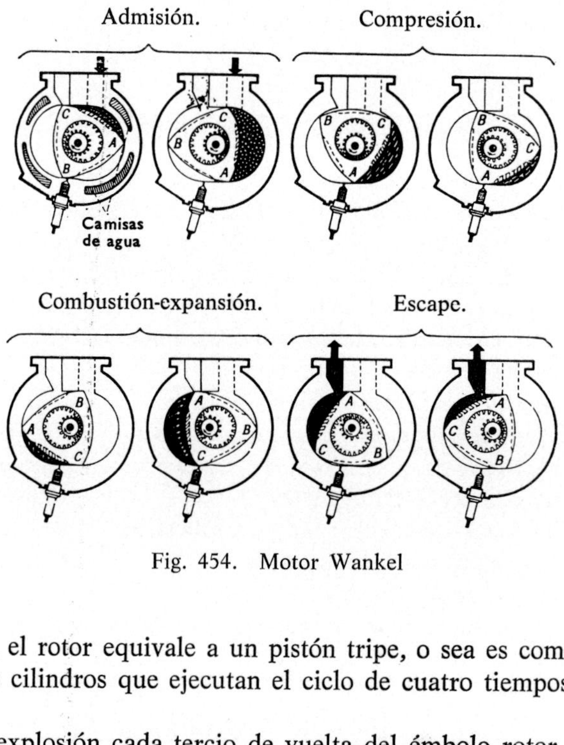

Fig. 454. Motor Wankel

Así, pues, el rotor equivale a un pistón tripe, o sea es como si fuera un motor de tres cilindros que ejecutan el ciclo de cuatro tiempos en una sola vuelta.

Hay una explosión cada tercio de vuelta del émbolo rotor. Los tiempos del ciclo ocurren siempre en el mismo sitio del estátor, lo que origina problemas en la refrigeración.

El engrase de los lóbulos, para el roce de los segmentos laterales y del vértice, se realiza añadiendo aceite a la gasolina al igual que en los motores de dos tiempos.

La chispa de la bujía salta en una pequeña cámara.

Las ventajas que presenta esta clase de motor son: menor peso y espacio que su equivalente de pistones, mayor sencillez mecánica, suavidad de funcionamiento, puede usar combustibles de baja calidad.

Las dificultades que presenta su fabricación son: la refrigeración y la estanqueidad.

FÓRMULA PARA HALLAR LOS H.P. FISCALES

Motores de 2 tiempos (Fuera-borda)

H.P. fiscales $= 0{,}11\ (0{,}785\ D^2\ R)^{0,6} \times N.$

Motores de 4 tiempos

H.P. fiscales $= 0{,}08\ (0.785\ D^2\ R)^{0,6} \times N.$
D = Diámetro en cms.
R. = Carrera en cms.
N = Número de cilindros.

CUESTIONARIO DE PREGUNTAS Y RESPUESTAS

P. En el caso de que la presión de aceite baje a cero, ¿qué debe hacerse?
R. Se parará el motor inmediatamente intentando averiguar las causas.
P. ¿Qué ocurriría si estando funcionando el motor principal accionáramos el motor auxiliar de arranque?
R. Podrían originarse desperfectos en el piñón y la corona dentada.
P. ¿En qué motores se utiliza el arranque por manivela, pedal o cuerda?
R. En los motores de pequeña potencia.
P. ¿Qué mecanismo hace girar el motor eléctrico de arranque?
R. El interruptor que cierra el circuito.
P. ¿Qué cuidados deberán observarse una vez en marcha el motor y antes de someterlo a trabajo?
R. Dejar que se caliente paulatinamente, observando que las presiones de aceite de engrase y temperatura de agua de circulación sean normales dentro del régimen de marcha.
P. ¿Cómo deberá estar un motor cuando se vaya a efectuar el arranque?
R. Desembragado y preparado para su puesta en marcha.
P. ¿Por qué marcará una presión elevada el manómetro de aceite cuando el motor esté frío?
R. Por la mayor densidad del aceite.
P. Toda disminución de presión de aceite y deficiencia de refrigeración, ¿qué originará en el motor?
R. Un recalentamiento.
P. ¿Cómo deberá mantenerse la cámara, motor y aparatos auxiliares?
R. En perfecto estado de policía.
P. ¿Cómo se parará un motor Diesel?
R. Cortando el suministro de combustible, pasando la cremallera de la bomba inyectora a la posición de suministro nulo.
P. ¿Qué deberá hacerse en el caso de que se prevea un descenso de temperatura por debajo de 0° C, estando el motor parado?
R. Vaciar el sistema de refrigeración.
P. ¿Cómo se efectúa el paro en un motor de explosión?
R. Interrumpiendo el circuito de corriente de encendido.
P. ¿Qué deberá hacerse antes de la parada de un motor si el arranque es por aire y la carga de aire es por sí mismo?
R. Comprobar el estado de las botellas y rellenarlas si es necesario.
P. ¿Qué cuidados deberán observarse después de la parada definitiva?
R. Revisar todos los órganos, limpiarlos y engrasarlos.

P. En los motores reversibles, ¿cómo se efectúa la inversión de marcha?
R. Invirtiendo la distribución en los motores preparados para tal fin.
P. Si la bomba de agua de refrigeración no suministra el suficiente caudal de agua, ¿a qué puede atribuirse y qué debe hacerse?
R. Circuito de refrigeración obstruido o con pérdidas. Paletas de la bomba rotas o desgastadas. Si la bomba es de pistón: mala regulación de las válvulas o la empaquetadura del pistón en mal estado. Obstrucción en las tomas de agua.
Se deben revisar las tomas, circuito y bombas.
P. ¿Dónde van colocadas las válvulas de arranque?
R. En la culata del motor en los motores de arranque por aire.

EJERCICIOS PRÁCTICOS

Teniendo una embarcación con un motor de 60 C.V. que consume 160 grs. caballo/hora. ¿Cuántos litros de combustible nos harían falta para navegar 3 días sabiendo que la densidad del combustible es de 0,85?

60 × 160 = 9.600 grs. = 9,6 Kgs. 9,6 × 72 = 691,2 Kgs.
691,2 : 0,85 = 813,18 litros.

Teniendo una existencia de combustible de 45 litros en los tanques de almacén, necesitamos saber para cuántas horas de navegación tendremos, contando con un motor de 30 C.V. y un consumo de caballo/hora de 160 grs. Densidad del combustible 0,82.

160 × 30 = 4.800 grs/hora = 4,8 Kgs/hora.
4,8 : 0,82 = 5,85 litros/hora.
45 : 5,85 = 7,69 horas = 7 h 41 m.

Un motor desarrollando una potencia constante de 500 C.V. ha consumido durante 20 horas 1.900 litros de combustible de una densidad de 0,87. Se pide el consumo por caballo/hora

500 × 20 = 10.000 1.900 × 0,87 = 1.653 Kgs.
1.653 : 10.000 = 0,1653 Kgs. = 165,3 gramos por C.V./hora.

¿Cuánto combustible necesitará un barco para un viaje de 100 millas, sabiendo que lleva un motor Diesel de 4 tiempos, 4 cilindros, potencia efectiva 90 C.V. a 600 r.p.m., consumo por ciclo y cilindro 0,3 gramos y velocidad horaria del yate 10 millas?

100 : 10 = 10 horas. 600 × 60 = 36.000 r.p.h.

Al ser de cuatro tiempos y 4 cilindros en cada revolución hay dos cilindros que consumen, luego cada revolución consume 0,3 × 2 = 0,6.

36.000 × 0,6 = 21.600 grs/hora.
21,6 Kgs/hora × 10 = 216 Kgs. de consumo durante el viaje.

Un barco con un motor Diesel, que consume 165 grs. por caballo efectivo/hora y que desarrolla una potencia de 60 C.V., tiene en sus tanques 500 litros de combustible de densidad 0,85. Calcular cuánto tiempo tardaría en consumir dicho combustible.

165 × 60 = 9.900 grs/hora = 9,9 Kgs.
500 litros × 0,85 = 425 Kgs.
425 : 9,9 = 42,929 horas = 42 h. 55 m. 44 s.

En una embarcación, equipada con un motor de 60 C.V. y cuyo consumo por caballo efectivo y hora es de 165 grs. con velocidad de 10 nudos, pretendemos hacer una viaje de 150 millas y que a la llegada nos sobren 30 litros de combustible. ¿Cuánto combustible hemos de tener a la salida sabiendo que la densidad es de 0,85?

165 × 60 = 9.900 grs. = 9,9 Kgs. 150 : 10 = 15 horas.
15 × 9,9 = 148,50 Kgs. 148,5 : 0,85 = 174,7 litros
174,7 + 30 = 204,7 litros de combustible debemos tener a la salida.

Salimos a navegar en una embarcación con un motor de 50 C.V. con los dos tanques de combustible llenos. Al regresar a puerto después de 21 horas de navegación sondamos los tanques y la sonda nos señala uno vacío y el otro con una sonda de 20 cm. de combustible.

Sabiendo que los tanques tienen unas medidas de 50 cm. de ancho por 70 cm. de largo y 40 cm. de alto, hallar el consumo por caballo efectivo/hora sabiendo que la densidad del combustible es de 0,85.

50 × 70 × 40 = 140.000 cm^3.
140.000 × 2 = 280.000 cm^3.
50 × 70 × 20 = 70.000 $cm.^3$
280.000 — 70.000 = 210.000 cm^3 gastados.
210.000 × 0,85 = 178.500 grs.
178.500 : 21 = 8.500 grs/hora.
8.500 : 50 = 170 grs. de consumo por caballo/hora.

Hallar el combustible inyectado en cada cilindro por ciclo de trabajo en un motor Diesel de 340 C.V. de 2 tiempos y con 4 cilindros, sabiendo que consume en una hora a 1.000 r.p.m. 60 Kgs. de combustible.

1.000 × 60 = 60.000 r.p.h.
60.000 grs. : 60.000 = 1 gramo por revolución.
Como es de dos tiempos y cada pistón trabaja una vez por revolución y tiene 4 cilindros 1 : 4 = 0,25 grs. por cada cilindro y ciclo de trabajo.

Un motor Diesel de 4 tiempos y dos cilindros a 750 r.p.m. consume 20 litros por hora, hallar el consumo por ciclo de trabajo en cada cilindro, sabiendo que la densidad del combustible es de 0,85.

20 × 0,85 = 17 Kgs = 17.000 grs.
750 × 60 = 45.000 r.p.h.
17.000 : 45.000 = 0,377 grs. por cada ciclo y cilindro, pues a cada revolución, al ser de cuatro tiempos y dos cilindros, hay un sólo pistón que trabaja.

HIGIENE NAVAL
Y
PRIMEROS AUXILIOS

Capítulo 70

HIGIENE DEL BUQUE

EL BUQUE BAJO EL PUNTO DE VISTA SANITARIO. — Un buque debe ser concebido sanitariamente tanto en lo que se refiere a la carga como a su dotación, e incluso a su seguridad. Por ello la sanidad empieza al concebirlo en los planos, dónde deben estar reflejadas las instalaciones, capacidades, comunicaciones, ventilación, calefacción, etc.

El Reglamento orgánico de Sanidad exige que para que un buque pueda ser abanderado o matriculado debe ser previamente reconocido a fin de comprobar si reúne las condiciones higiénicas necesarias para el tráfico a que piensa dedicarse, principalmente en lo que afecta a departamentos, ranchos, locales para pasaje, tripulantes, víveres, depósitos de agua, ganado, mercancías, etc., y este reconocimiento se lleva a cabo por la Dirección de Sanidad del puerto donde se haya de efectuar la matrícula o bien donde se construye.

El resultado del reconocimiento se consigna en acta por triplicado, siendo un ejemplar para la Autoridad de Marina, otro para el interesado, y otro para archivar en la dependencia sanitaria respectiva.

En el acta se consigna si el buque es o no apto por sus condiciones sanitarias, y en caso negativo las deficiencias que deben corregirse.

El barco está sujeto a una serie de legislaciones que van desde las que afectan a su construcción, hasta las de contaminación. Citaremos algunas: Ventilación, sistema de instalaciones para el agua dulce, iluminación, calefacción, cubicaje de los distintos departamentos, sistema de evacuación de aguas residuales, basuras, alimentos, desinsectación, desratización, desinfección, contaminaciones por humos, basuras, petróleos, aceites, animales, cargamentos, etc.

Es decir: la Sanidad no sólo abarca la conservación del estado sanitario satisfactorio del buque, sino también la protección contra las enfermedades y accidentes.

CONDICIONES HIGIÉNICAS QUE DEBEN REUNIR LOS DISTINTOS DEPARTAMENTOS DEL BUQUE. — Un barco debe ser inspeccionado sistemáticamente en su totalidad a efectos sanitarios. Estas inspecciones son en defensa de la salud y contra gérmenes, animales e insectos portadores de enfermedades.

En sentido general todo el barco debe estar limpio, pero especialmente se deben extremar la limpieza en los lugares donde se almacenan o manipulan los alimentos, así como los utensilios relacionados con la comida.

Si bien cada clase de barco presenta un tipo de dificultades para su mantenimiento en buen estado de policía y limpieza, daré unos consejos generales dignos de tener en cuenta.

Los tanques dedicados a agua dulce, aparte de su conservación y limpieza, deben estar herméticamente cerrados y su contenido renovado regularmente.

Los víveres almacenados en gambuzas deben ser removidos a menudo para evitar anidamientos de ratas, ratones, cucarachas, hormigas y otros parásitos. Evitar la oxidación de los envases metálicos por la humedad y falta de ventilación. Las latas abiertas deben ser consumidas o guardadas en frigorífico. Las verduras y frutas son propensas a pudrirse y por ello deben ser observadas y removidas.

Los cabos y trapos almacenados son lugares idóneos para ratas, ratones y cucarachas.

La limpieza de las bodegas depende mucho de la clase de carga que se transporte. Ha de tenerse especial cuidado con las sentinas, que por su situación y almacenamiento de aguas sucias o humedades son propicias para refugio de roedores y gérmenes. Su limpieza y conservación es fundamental incluso para la seguridad del buque. Debe ser observada la existencia en ellas de eyecciones de ratas o ratones.

La cocina, por el calor, suciedad de humos y grasas y restos de alimentos, es un foco de cucarachas. Asimismo las despensas y cantinas. Los utensilios de cocina y comedores han de ser objeto de una extremada limpieza.

Los imbornales atascados, así como todo el sistema de evacuación de aguas residuales, son focos de putrefacción, mal olor e infección.

La basura, que debe ser almacenada en recipientes cerrados, es otro foco de ratas, ratones cucarachas, etc.

La máquina, y especialmente sus lugares bajos y sentinas, deben estar bien ventilados por la acumulación de gases, que pueden ser tóxicos o explosivos.

La limpieza, completada con una buena ventilación e iluminación, nos protege contra muchas enfermedades y accidentes.

VENTILACIÓN. — Los distintos departamentos del barco deben estar dotados de la ventilación suficiente y adecuada a la función a que están destinados. Es un verdadero problema dar con una solución completa, pues hay que tener en cuenta la humedad, el oxígeno contenido en el aire, polvo y substancias nocivas, especialmente los gases, que deben ser eliminados lo más pronto posible, pues incluso peligra la integridad física del buque. Asimismo hay que tener en cuenta la dificultad que presenta el buque para su ventilación normal al estar parte de él sumergido.

La ventilación puede ser *natural* y directa mediante puertas, portillos, ventanas, mangueras, escotillas, etc., si bien actualmente, en la mayor parte del buque es *artificial* o forzada por ventiladores, inyectores y extractores. Estos ventiladores, inyectores y extractores, e incluso aparatos de aire acondicionado, van unidos a un sistema de tuberías que conducen el aire natural o acondicionado a los distintos departamentos, o bien extraen el aire viciado de los mismos.

En los departamentos dedicados a habitabilidad se considera que debe ser renovado el aire a razón de un cuarto a un metro cúbico por persona y minuto, dependiendo de la cantidad de ocupantes, olor, humo, sudor, y otras circunstancias.

En los compartimentos de máquinas y cocinas, debido al calor y a la acumulación de gases es necesario una ventilación más abundante.

Los compartimentos que han estado cerrados o en los que se sospecha la existencia de gases nocivos o explosivos deben ser ventilados antes de entrar en ellos.

Cierta clase de cargas absorben oxígeno y desprenden gases tóxicos o inflamables, así como en los tanques por descomposición de los residuos. La pintura fresca desprende, asimismo, gases tóxicos. Se deben tomar todas las precauciones cuando se baje o se entre a un lugar donde se sospeche la existencia de gases tóxicos o explosivos. Mucho cuidado con los lugares y sus proximidades donde estén o hayan estado funcionando motores de combustion interna. No entrar solo y quedarse alguien vigilando fuera del departamento. El que entra debe llevar una lámpara de seguridad e ir amarrado a un cabo salvavidas, así como usar máscara antigás. La práctica de llevar una vela encendida que avisa al apagarse de la falta de oxígeno no es recomendable ante la mínima sospecha de haber gases explosivos. El oxígeno existe en el aire en la proporción del 21 por ciento. La llama se apaga al reducirse el oxígeno al 16 por ciento, límite que empieza a ser peligroso.

CALEFACCION. — Hay varios sistemas de calefacción: de agua, eléctrica, de aire, de vapor, y de aire acondicionado. Los de carbón y petróleo están en deshuso por lo sucios y los riesgos que entrañan de incendios e intoxicaciones.

Los sistemas de radiadores de agua, de aire y de vapor suelen ser centrales y conectados a los distintos departamentos por tuberías.

La finalidad de la calefacción es mantener dentro de unos límites la temperatura para comodidad del personal y para mejor mantenimiento o funcionamiento de aparatos tales como motores e instrumentos electrónicos.

La calefacción debe ser tal que no impida la evaporación de agua por los poros de la piel, cosa que ocurre cuando la humedad es excesiva, ni que acelere la evaporación en grado extremo que quede la piel deshidratada.

ILUMINACIÓN. — Es esencial una iluminación adecuada para comodidad de la vista y seguridad, e incluso está comprobado que para una buena moral psicológica.

La mala iluminación ha sido causa de muchos accidentes, especialmente en las salas de máquinas.

Puede ser *natural* aprovechando la luz del día que penetra por puertas, ventanas, portillos, escotillas, etc., y *artificial,* generalmente eléctrica, dimanante de generadores o acumuladores.

La intensidad necesaria varía según para la clase de trabajo o actividad a realizar. Es menos necesaria para comer que para leer. La intensidad se varía con los diferentes watages de las bombillas o con el número de ellas.

Hay que evitar a los ojos el resplandor de las bombillas, especialmente de las potentes y de los tubos fluorescentes.

CONTROL DE RATAS. — Las ratas en los barcos, muy frecuentes por cierto, constituyen no sólo una molestia, sino un peligro para la carga y alimentos, y una amenaza para la salud por las enfermedades que propagan singularmente un tipo de tifus por vía alimentos contaminados y la peste bubónica vía mordeduras o pulgas.

Para eliminarlas el mejor sistema es el de la desratización, pero este método aparte de lo engorroso resulta caro. Por ello hay que evitarlas colocando rateras (discos metálicos colocados verticalmente) en los cabos de amarre, si bien pueden llegar a bordo por las escalas y entre la carga. A bordo hay que eliminarlas por medio de rateras (trampas), por raticidas (de venta en el mercado), evitando desperdicios o restos de comida de los que se alimentan.

Si ha caído una rata en una ratera, dicha ratera debe ser desinfectada o hervida, pues el olor evita el que caigan más. Es conveniente cambiar de cebo. Cuando se usan raticidas hay que tener en cuenta que las ratas van a morir a veces lejos del raticida y hay que tratar de quitarlas. A veces se localizan por el hedor que desprenden.

Para conocer si existen ratas a bordo deben ser observados los lugares poco frecuentados por la dotación, carreteles, trapos, etc., tratando de encontrar senderos o deposiciones de las mismas (similares o algo más pequeñas que las pepitas de aceitunas y de color oscuro).

DESINFECCIÓN, DESRATIZACIÓN Y DESINSECTACIÓN. — Estas operaciones son mucho más efectivas por la fumigación, que consiste en expander en un medio cerrado una cierta cantidad de gases al objeto de eliminar organismos nocivos o infecciosos.

Uno de los mejores gases es el del ácido cianhídrico, que suele venir preparado, o bien se consigue mezclando al 50 por ciento cianuro sódico y ácido sulfúrico. Se le suele añadir gases lacrimógenos para que su presencia sea detectada al entrar en un compartimento fumigado y que no ha sido debidamente ventilado.

El buque es sometido a estas operaciones por imposición de la Autoridad sanitaria o bien a solicitud del jefe de la nave o propietario.

Son llevados a efecto por personal y material de las estaciones sanitarias habilitadas al efecto, que vigilarán la inyección del gas en los departamentos, durante el tiempo que están los departamentos bajo la acción de los gases y durante su ventilación.

Antes de la fumigación se habrán tomado las precauciones de asegurarse de que a bordo no quede ninguna persona y de que se hayan descargado las mercancías y alimentos susceptibles de contaminación por el gas. Durante la fumigación se pondrá vigilantes y carteles para que no se acerquen al barco personas ni embarcaciones. Se pondrán rateras de disco (fig. 476 en cabos y cadenas y se hará con el buque fondeado o separado del muelle.

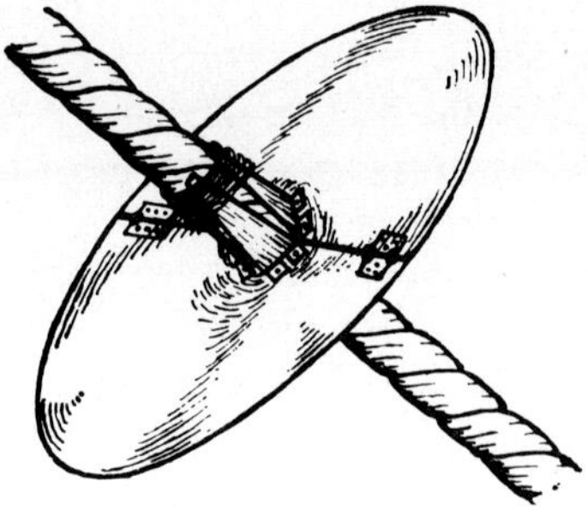

Fig. 476. Ratera de disco

La permanencia del gas será como mínimo de dos horas y la ventilación de una hora como mínimo. Las colchonetas deben ser aireadas durante 24 horas.

De haberse efectuado las anteriores operaciones se extiende certificado, conforme a modelo oficial, que será valedero por seis meses, prorrogables por otro mes si el buque no procede de puertos sucios o sospechosos.

PATENTE DE SANIDAD. — Es un documento que llevan los buques y sirve para que las Autoridades del puerto de llegada se informen del estado sanitario de los países de procedencia y escalas. La patente es *limpia* si no consta enfermedad alguna pestilencial en los puertos donde se ha tocado, o *sucia* en caso contrario.

En los puertos nacionales se expide por los Directores de Sanidad Exterior, previa solicitud del Capitán, y debe efectuarse en el momento más inmediato a la salida del buque, perdiendo su validez a las 48 horas de continuar en puerto. Sirve para un solo viaje.

Actualmente y debido a la facilidad de comunicaciones con los distintos países no se suele exigir, si bien el Capitán, al llegar a puerto, determinará el estado sanitario del barco, llenando y remitiendo a la Autoridad sanitaria del puerto una «Declaración Marítima de Sanidad», refrendada por el médico a bordo, si es que lo tiene. El Capitán y el médico facilitarán cualquier información suplementaria que les requiera la Autoridad sanitaria respecto a condiciones sanitarias durante el viaje.

Continuamente y por tratados internacionales se van facilitando las tradicionales exigencias y así, en un barco de pasaje facilitarán el desembarco de los pasajeros comunicando por radio el Capitán a la Autoridad sanitaria, de 12 a 24 horas antes de la llegada, los requisitos de: 1) Tener doctor a bordo. 2) No haber tocado puertos que tengan o sean sospechosos de enfermedades cuarentenables. 3) No llevar a bordo pájaros o loros. 4) Estar libres de ratas. 5) Estar en condiciones sanitarias. 6) No haber sospechas de enfermedades contagiosas a bordo.

El Reglamento de Sanidad Exterior exige que los buques de cabotaje internacional y de altura que pretenden entrar en un puerto español, a la vista de él y en el tope del palo trinquete o en sitio bien visible, deben izar una bandera amarilla (la «Q»), la cual debe ser mantenida hasta recibir la orden de libre plática.

Si a bordo hay alguna novedad sanitaria, o el buque procede de puerto sospechoso o infecto, deberá izar roja debajo de la amarilla, lo cual significa que pide visita médica a bordo. Realizada ésta se arrían las dos banderas si el buque es admitido a libre plática, o solamente la roja si hay casos de enfermedades infecciosas o insólita mortandad de ratas.

Si las enfermedades se dieran en los últimos cinco días, se izará bajo la bandera amarilla, una bandera a cuadros negros y amarillos.

Estas señales se emplean sólo de día, pues durante la noche se usa una luz blanca debajo de otra roja, separadas entre sí dos metros como máximo.

Se prohíbe toda comunicación con el barco mientras tenga tales señales, quedando solamente exceptuados los prácticos y remolcadores en casos necesarios. Durante la permanencia en los puertos, los capitanes tienen el deber de poner en conocimiento del Director de la Estación Sanitaria las alteraciones que se hayan producido en la salud de los tripulantes y pasajeros. Asimismo, deberán observar cuantas instrucciones les dé en relación con la higiene de la Bahía.

Arribadas y escalas. — El buque que por sus arribadas o escalas toque en un puerto sucio por enfermedad pestilencial, debe fondear lo más lejos posible de tierra y de los demás barcos, tomando el Capitán todas las precauciones en evitación de contagio, tales como impedir el dormir en cubierta, así como la salida del barco de los que hayan de regresar de tierra. El agua no se tomará de tierra más que en caso imprescindible, tomando la menor cantidad posible y esterilizándola o hirviéndola inmediatamente. Si durante la estancia del barco en puerto se presentase algún caso de enfermedad pestilencial, se desembarcará inmediatamente al enfermo, desinfectando el lugar, ropas y utensilios que usaba el enfermo.

A los efectos de comunicación con tierra, no se considerará que un buque hace escala en un puerto, cuando se limiten sus operaciones al desembarque de pasajeros, sus equipajes y correspondencia.

Los organismos de Sanidad Marítima están centralizados en una Dirección General de Sanidad Marítima, que forma parte del Ministerio de Sanidad y Seguridad Social.

El litoral marítimo está dividido en varios distritos sanitarios dotados de estaciones sanitarias de primera o segunda clase. Vigo y Mahón son estaciones sanitarias especiales por contar con lazaretos preparados para las cuarentenas.

Capítulo 71

EL AGUA POTABLE

EL AGUA. — Es uno de los servicios más importantes desde el punto de vista sanitario. Prescindiendo de su condición de líquido vital y alimento que influencia en sumo grado la condición biológica de los individuos, su mayor importancia es su influencia directa sobre la salud.

El agua por las diferentes procedencias y por ser un gran disolvente es vehículo de la mayor parte de elementos inertes y animados pudiendo contener gérmenes productores de las más variadas enfermedades, especialmente gastrointestinales: disentería, cólera, fiebre tifoidea, paratifus, colibacilosis, etc., por lo que es de tener en cuenta su pureza y que esté libre de gérmenes y bacterias ofensivas para la salud, si bien son cuidados obligados para los diferentes organismos de Sanidad Pública de cada país. Al personal de a bordo más bien compete la conservación, abastecimiento y el evitar su contaminación o descomposición.

Debido a la industrialización y a la civilización moderna, se puede decir que no hay aguas sin contaminación, incluso las de los manantiales, por lo que todas las aguas han debido ser tratadas (potabilizadas) para su uso como bebida. La ciencia moderna ofrece métodos satisfactorios para la descontaminación, pero deben ser usados y controlados desde su origen hasta su consumo.

En la mayoría de los países las conducciones, y por lo tanto las tomas en los muelles, están sanitariamente acondicionadas, pero si ofrecieran alguna duda, el agua será clorada a bordo como posteriormente indicaremos.

En la construcción de un buque debe tenerse en cuenta el aislamiento de las tuberías, instalaciones y tanques dedicados al agua dulce de cualquier otra instalación al objeto de la no contaminación.

Como cualidades fundamentales que debe reunir el agua dulce citaremos:

1.° — No debe contener gérmenes de enfermedades, tales como fiebre tifoidea, disentería, cólera, etc., ni parásitos como cestodes, trematodes y nematodes, ni substancias tóxicas, ni exceso de sales (el agua de buena calidad lleva de 0,15 a 0,50 grs. de substancias minerales por litro).

2.º — Que sea insípida o casi insípida, sin sabor desagradable por gases disueltos o presencia y descomposición de microorganismos.

3.º — Que sea clara, cristalina, sin turbiedades (producidas por substancias minerales, organismos e impurezas) y completamente inodora.

4.º — Que tenga suficiente cantidad de gases atmosféricos en disolución (de 25 a 50 centímetros cúbicos de gas por litro) y la necesaria proporción de sales.

CARACTERES FÍSICOS. — El agua es un cuerpo líquido, inodoro, incoloro e insípido, si bien en grandes cantidades toma un color azul-verdoso y su sabor lo tiene a los desinfectantes con que se la ha tratado.

Tiene afinidad con diversos cuerpos y disuelve muchas substancias, especialmente sales, ácidos y bases. Refleja y refracta la luz. Se solidifica con el frío y se evapora con el calor. A presión de 760 mm. cristaliza a 0 grados y hierve a 100º.

Existe en la naturaleza en los tres estados: sólido, líquido y gaseoso. En las altas montañas y en las regiones polares se encuentra sólida; en los ríos, lagos, mares, etc., se encuentra líquida; y en la atmósfera se encuentra gaseosa.

Destilada y a la temperatura de 4º, que es cuando mayor peso y menor volúmen adquiere, se toma como unidad base, así como sus puntos de 0 y 100 grados de la congelación y ebullición.

El agua ocupa las tres cuartas partes de la superficie del globo terrestre. Es aprovechada en la industria como fuente de energía, vapor, riegos, etc.

CARACTERES QUÍMICOS. — El agua es un compuesto estable si bien puede descomponerse por la acción de cuerpos ávidos de algunos de sus elementos como el fluor, cloro, bromo, carbono, silicio, fósforo, ácidos, etc.

Se compone de 2 volúmenes de hidrógeno y uno de oxígeno, o sea 11,19 por ciento en peso de hidrógeno y 88,81 de oxígeno. Su fórmula química es H_2O. En estado de pureza no conduce la electricidad, pero a pocas sales que contenga se vuelve conductora. Se encuentra en el hombre, en los animales, en los vegetales e incluso en los minerales, en proporciones que pueden ser hasta del 92 por ciento.

Un litro de agua potable debe tener menos de 0,6 grs. por litro de sales disueltas entre las que podemos citar: sulfato cálcico, bicarbonatos de estroncio, potásico, sódico, cálcico, magnesia ferroso, cloruro sódico, fosfato alumínico, fluoruro sódico.

Hay aguas minerales que son medicinales.

PROPIEDADES BIOLÓGICAS. — Es indispensable para la vida de las células, porque la materia viva precisa del agua para conservar sus propiedades. En el hombre se encuentra en una proporción del 60 por ciento.

Su función es la de disolvente, transportando las substancias solubles y eliminando los residuos. Efectúa una función química liberando los iones H y OH.

De acuerdo con la pureza y diversas propiedades hay diferentes clases de agua: de mar, oxigenada, destilada, apirógena, aromática, potable, etc.

MÉTODOS DE DEPURACIÓN DEL AGUA SUSCEPTIBLES DE SER EMPLEADOS A BORDO. — *La decantación* consiste en dejar reposar el líquido para que vayan depositándose las impurezas en el fondo y posteriormente transvasar el agua a otro tanque tratando de no remover los restos depositados. Este método no ofrece garantías sanitarias por no eliminar los gérmenes patógenos ni las bacterias.

Filtración. — Este método consiste en hacer pasar el agua a través de un filtro cuyos poros deben ser pequeños, con lo que la operación es lenta y no es de total garantía sanitaria por lo que no es práctica en los buques. El agua resultante debe ser tratada con sales por haber sido eliminadas casi en su totalidad.

Procedimientos químicos. — En las instalaciones grandes y después de la decantación y sedimentación favorecida por los aditivos de alumbre, cal o sulfato sódico, que hacen de coagulantes, el agua se filtra por capas de grava y arena donde los coagulantes forman una capa gelatinosa que retiene las bacterias. Posteriormente se añaden substancias que actúan como venenos para las bacterias y gérmenes como el cloro, ozono, sulfato de cobre, permanganato potásico, etc.

A bordo este procedimiento no se puede realizar por su complejidad, quedando resumido a la adición al agua de cloro en la proporción aproximada de 3 grs. por tonelada, o bien tratándola con productos exclusivamente preparados y que existen en el mercado.

Ebullición. — Que consiste en eliminar los gérmenes por el calor, manteniendo durante 15 a 20 minutos el agua hirviendo, o bien hervirla 3 veces durante 4 minutos.

El agua así obtenida es conveniente airearla, pues debido a que durante la ebullición ha perdido muchas sales y gases resulta algo indigesta.

CONSERVACION DEL AGUA A BORDO. — El cloro es el producto químico mejor para desinfectar el agua, y de acuerdo con los riesgos de contaminación y conservación, se mezcla con el agua en las proporciones adecuadas para la eliminación de bacterias y gérmenes patógenos. Si se ha tratado con poca cantidad se llega a percibir poco su sabor, especialmente cuando está fría.

Si el agua se ha tomado de conducciones debidamente sanitizadas el trabajo a bordo consiste en el cuidado de que no se contamine y la conservación de conducciones y tanques.

Si procede de una planta potabilizadora de a bordo (conversión del agua salada en dulce mediante vaporización y licuación), como carece de sales, debe ser tratada al objeto de que sirva para beber, sobre todo si se ha de usar durante un tiempo prolongado.

No se debe tomar agua dulce para beber de los lagos, ríos, canales, etc., si no hay posibilidad de examinarla y potabilizarla a bordo.

El consumo promedio por persona y día suele ser de 100 litros (3 para beber, 20 para preparación y servicios de cocina, y 75 para aseos y limpiezas) si bien en algunos barcos puede ser reducida dicha cantidad por tener instalaciones de agua salada para duchas, baños, retretes, etc.

En caso de estar o existir sospecha de que el agua dulce en el barco está contaminada se procederá a desinfectar el sistema total (tuberías, tanques, bombas, etc.), usando el cloro en la proporción aproximada de 50 gramos por tonelada (para la potabilización sólo se necesitan 3 grs. por tonelada aproximadamente).

Se procederá a hacer circular por todo el sistema (si bien las instalaciones deben estar llenas a rebosar) el agua así tratada para que llegue a todos los rincones de la instalación y después de unas 4 horas se desalojará. Se rellenará con agua potable teniéndola al menos 15 minutos y se evacuará nuevamente con lo que el sistema queda listo para embarcar agua potable.

La congelación del agua no mata las bacterias por lo que el hielo, si no procede de agua tratada, no debe dar ninguna garantía.

Como hemos dicho, la mayoría de los barcos tienen otra instalación de agua salada independiente totalmente de la del agua dulce, que por ello mismo no hace falta cuidados especiales para con ella, pues, si bien a veces se lleva almacenada en tanques para lastre o bien para los servicios si se prevee la navegación o estancia del barco en aguas de poco fondo, sucias o fangosas, se usa para retretes, extinción de incendios, limpieza de cubiertas, etc.

VACIAMIENTO DEL AGUA SOBRANTE. — Existe un sistema de tuberías que desemboca en el exterior del buque para el desahogue del agua procedente de sumideros, lavabos, fregaderos, lavadoras, duchas, bañeras, etc., de los diferentes servicios de limpieza, que deberá estar instalado totalmente sin conexión con el sistema de toma, almacenamiento y circulación del agua dulce para evitar contaminaciones.

Normalmente este servicio de descarga de aguas sucias funciona constantemente, a no ser que el buque se encuentre infectado, en cuyo caso las autoridades de Sanidad Exterior exigen que la evacuación de las aguas sucias se hará después de haber sido desinfectadas. Asimismo prohíbe la descarga de aguas de lastre si se han tomado en puertos sospechosos o contaminados.

Capítulo 72

ENFERMEDADES «CUARENTENABLES»

LAS ENFERMEDADES LLAMADAS «CUARENTENABLES» POR EL REGLAMENTO SANITARIO INTERNACIONAL. — La Organización Mundial de la Salud sólo reconoce seis enfermedades cuarentenables: *peste, cólera, fiebre amarilla, viruela, tifus* y *fiebre recurrente.*

Por el reglamento Sanitario Internacional las administraciones sanitarias están obligadas a comunicar a la Organización Mundial de la Salud, dentro de las 24 horas de haber sido informadas de: áreas locales que se han convertido en áreas locales infectadas; del diagnóstico de la enfermedad ocurrida en el área local confirmado por examen de laboratorio; información complementaria sobre origen y tipo de la enfermedad; número de casos y defunciones; medidas anti-propagación y medidas profilácticas aplicadas; de existir peste de roedores, número de ellos examinado y número de ellos que se hayan encontrado infectados; cuantas vicisitudes relativas a enfermedades, contaminaciones, medidas y observaciones relacionadas con dichas enfermedades.

La O. M. S. transmitirá a todas las administraciones sanitarias, lo más pronto posible, toda la información epidemiológica que haya recibido.

PESTE. — El período de incubación de la peste se fija en SEIS días.

El agente que causa la peste es la *Pasteurella pestis* o bacilo de Yersin. Es un cocobacilo del que se conocen tres variedades. Entre las ratas la infección pestosa se contagia directamente por canibalismo e indirectamente por medio de las pulgas. Las pulgas al chupar la sangre de un animal infectado, ingiere microorganismos que se multiplican y que posteriormente transmiten al hombre. También hay otros roedores como conejos, ratones, liebres, ardillas, etc., que son portadores de la peste, que en este medio es difícil controlar por estar sueltos en el campo. El hombre puede contagiarse al ser mordido por ellos, o bien al despellejar o manipular dichos animales.

La forma más frecuente es la *peste bubónica* o *ganglionar* (si bien no hay que restarle importancia a la *peste neumónica*).

Los síntomas son: fiebre, escalofríos, vómitos, mal estado en general, dolores osteomusculares, cefaleas, voz temblorosa, vértigo, conjuntivitis, aspecto de ebrio, sudoración profunda y fétida (olor a paja podrida).

Los ganglios más afectados son los inguinales, axilares y cervicales. A veces en la zona de la picadura se forma una lesión necrótica, negruzca y dolorosa (carbunco pestoso) abriéndose el bubón, que supura la pus y queda una lesión de tipo ulceroso.

El tratamiento se basa en la administración de antibióticos, sueros, tónicos cardiorespiratorios y antitérmicos, y transfusiones.

Las medidas profilácticas y rigurosas son: vacunación, desinfectación, desratización, aislamiento del enfermo, limpieza y eliminación o alejamiento de pulgas y portadores de las mismas.

CÓLERA. — El período de incubación del cólera se fija en CINCO días.

Es una enfermedad infecciosa producida por el *Vibrio comma* (bacilo vírgula) que invade los intestinos. El medio de propagación y contaminación es por las aguas infectadas y por contagio directo con los enfermos. Se halla en las heces y las moscas lo pueden transportar de las heces de los enfermos a los sanos.

Hay regiones donde esta epidemia es constante como Ban Gladés, Pakistán, Sudeste Asiático, China, Indonesia, etc., donde los brotes aumentan con las estaciones húmedas.

Los síntomas son: dolores abdominales y diarreas cada vez más frecuentes, heces de grumos blancos parecidos a granos de arroz, vómitos, sed, piel arrugada, baja temperatura (puede llegar a 32° C) que es un síntoma muy característico, los ojos se hunden, sudor viscoso, calambres, etc. Esta enfermedad es más peligrosa en los menores de 50 años que en los mayores.

El tratamiento se basa en baños calientes, administración de sueros salinos hipertónicos y adrenalina.

Las medidas preventivas son: vacunación, lavarse las manos con jabón, hervir los alimentos, especialmente las verduras o bien tratarlas con cloro, beber agua clorada o hervida, desinfectar ropas contaminadas, desinfección de utensilios y deyecciones de los enfemos.

FIEBRE AMARILLA. — El período de incubación de la fiebre amarilla es de SEIS días.

La fiebre amarilla o tropical es una enfermedad infecciosa y epidémica, y en algunos países tropicales de África y América es endémica. Es producida por un virus llamado *virus amarillo*. Su habitat está en los enfermos y es transmitida por la hembra de mosquitos del género *Stegomyia* especialmente por el *Aedes Aegypti*.

A causa de las toxinas bacterianas la fiebre aumenta las combustiones intraorgánicas debido a perturbar la termorregulación del organismo, que por la respiración cutánea, sudoración y vasodilatación periférica, es mantenida en el cuerpo a una temperatura constante.

Los síntomas son: ictericia (por la que recibe el nombre de amarilla), escalofríos, taquicardia, sequedad de la piel y mucosas, delirio, sed, orina anormal y más oscura debido a la fiebre, que puede elevar la temperatura hasta 44° C en cuyo caso el paciente puede llegar a morir por destrucción del tejido nervioso.

El tratamiento se basa en la aplicación de sulfamidas, antibióticos y antitérmicos.

La profilaxis consiste en la vacunación, la desinsección con insecticidas para protegernos de las picaduras de mosquitos, o por medio de telas metálicas o mosquiteros.

VIRUELA. — El período de incubación de la viruela es de CATORCE días.

Enfermedad infectocontagiosa, producida por *un virus filtrable* muy resistente. Puede transmitirse directamente o a través de insectos u objetos.

Los síntomas son: fiebre alta, escalofríos, vómitos, cefaleas, convulsiones, dolores en las extremidades, disnea, erupción rosada parecida al sarampión. Posteriormente aparecen máculas, pápulas y después vesículas primero elevadas y después deprimidas. Primero aparecen en la cara alrededor de párpados y nariz y después se extienden por todo el cuerpo. El enfermo despide un olor insoportable.

El tratamiento se basa en la sulfamidoterapia para aliviar las molestias cutáneas.

La profilaxis consiste en la vacunación, higiene y limpieza de todo lo que haya tenido contacto con los enfermos.

TIFO o TIFUS. — El período de incubación del tifus es de CATORCE días.

Hay varias clases de tifus, pero el más importante es el *tifus exantemático,* que es una enfermedad infeccioso-contagiosa, que existe con carácter endémico en varias regiones del mundo. Es de gran mortalidad. Está causada por la *Rickettsia prowarecki,* tipo de bacteria que se cultiva como el virus, y que se transmite por el piojo. El piojo se infecta del enfermo y a partir del quinto día se vuelve infectante, al parecer por las deposiciones que deja alrededor de la picadura que suelen estar llenas de rickettsias a las que las personas al rascarse facilitan el camino.

Los síntomas son: durante los dos o tres primeros días intenso dolor de cabeza, fiebre alta, escalofríos, estado de decaimiento en general. Al cuarto día aparecen exantemas (erupciones cutáneas) que se inician en el tronco y van a las extremidades, respetando la cara y el cuello. Las manchas son pequeñas y rojizas que se vuelven azuladas. Delirio, stupor, el pulso llega a 125 o más y falla el sistema circulatorio.

El tratamiento es a base de sueroterapia, vacunoterapia y en especial antibióticos (aureomicina y tetraciclina) acompañados de antitérmicos.

Profilaxis. — Vacunación, eliminación de los piojos con insecticidas antiparasitarios, desinfección de ropas y vestidos, aislamiento de los enfermos.

FIEBRE RECURRENTE. — El período de incubación de la fiebre recurrente se ha fijado en OCHO días.

Es una enfermedad infecciosa transmitida por garrapatas, chinches y piojos. Es causada por algunas espiroquetas del género *Borrelia* singularmente por el espirilo de Obermeir.

Los síntomas son: fiebre alta, cefaleas (dolores de cabeza), vómitos y lo que la caracteriza es la aparición de nuevo de fiebre alta cuando se pensaba curada (de ahí el nombre de recurrente).

El tratamiento es a base de antitérmicos, antipiréticos y antibióticos.

Profilaxis. — Eliminación de parásitos, aseo corporal y aislamiento de enfermos.

Capítulo 73

HEMORRAGIAS - INCONSCIENCIA

HEMORRAGIAS: ARTERIAL Y VENOSA; TRATAMIENTO DE URGENCIA. — Se llama *hemorragia* a la salida de sangre de su cauce correspondiente (arterias y venas). Las hemorragias pueden ser *internas* o *externas.* En los casos de hemorragias internas es poco lo que se puede hacer por un accidentado si no se poseen suficientes conocimientos médicos e instrumental adecuado, y dado que lo que se pretende en este libro es dar alguna información para aplicar en casos en que no se disponga de personal cualificado, lo trataremos someramente.

La causa de una hemorragia es la rotura total o parcial de uno o más vasos sanguíneos, es decir: una herida. Toda herida puede traer consigo cuatro consecuencias y que hay que evitar: infección, shock traumático, dolor, y hemorragia.

Las hemorragias las podemos dividir de acuerdo con las clases de vasos sanguíneos en: arteriales, venosas y capilares.

Hemorragias arteriales. — El color de la sangre es rojo vivo, brota de la herida con energía y a impulsos debido al bombeo del corazón. Hay que reducirla lo más rápidamente posible.

Hemorragias venosas. — El color de la sangre es rojo oscuro y mana de la herida de forma continua.

Hemorragias capilares. — El color de la sangre es más o menos vivo según la proporción de vasos arteriales y venosos lesionados.

Cuando la sangre sale en gran cantidad por haber sido roto un vaso arterial o venoso de algún calibre, es preciso detener inmediatamente la salida de aquélla, pues de no cesar la pérdida se produciría una anemia incompatible con la vida por faltar el vehículo o medio que utiliza el organismo para llevar el oxígeno que recoge del aire atmosférico en los pulmones, hasta lo más profundo de los tejidos donde están las células, que también necesitan respirar para seguir viviendo. La pérdida de sangre es un factor importantísimo en la producción del shock, del que hablaremos posteriormente.

Tratamientos de urgencia. — En las *hemorragias arteriales,* que por su gravedad deben ser atajadas urgentemente, se puede proceder de dos maneras:

1.ª *Compresión manual.* — Puede hacerse directamente sobre la herida y con la suficiente presión hasta hacer cesar la hemorragia o bien sobre las arterias principales detalladas en la figura 479.

Hay que tratar de comprimir las arterias contra las partes planas de los huesos y en los lugares donde son más superficiales.

2.ª *Contención provisional con vendajes o torniquetes.* — Este procedimiento es útil solamente a las heridas en los miembros. Es preciso ligar el miembro por encima de la herida lo suficientemente fuerte para suprimir la circulación de la sangre en dicho miembro.

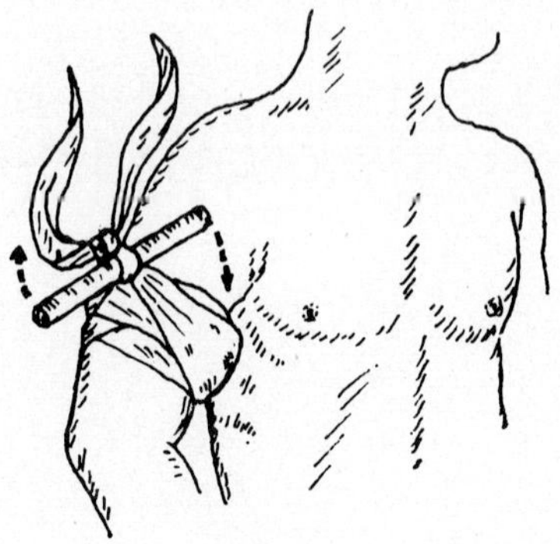

Fig. 477. Torniquete improvisado

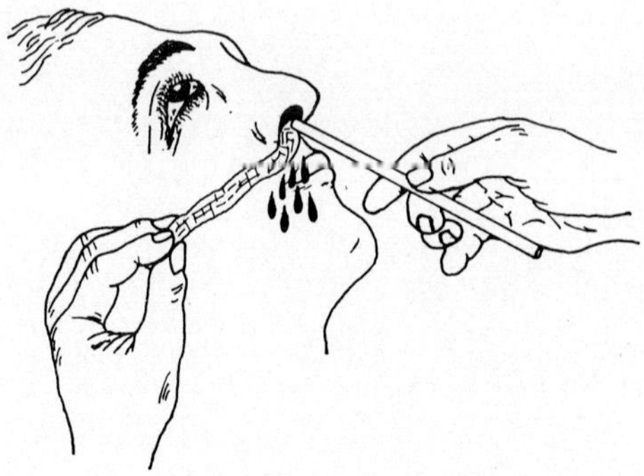

Fig. 478. Manera de taponar las fosas nasales en caso de hemorragia.

El sistema más práctico es aplicar una venda de goma, ancha, arrollada en varias vueltas y en una zona ancha. De no tener venda se aplicará una goma gruesa dándola varias vueltas para que, al aplastar la arteria contra los músculos, suprima la circulación (fig. 477).

En caso de no haber vendas ni gomas ha de procederse a la aplicación de torniquetes confeccionados con pañuelos, cabos, ropa u otros elementos, tratando de no hacerlo directamente sobre la piel si son delgados o rígidos; se ha de poner alguna ropa debajo, u otros materiales, como algodón, toallas, etc.

Como hemos dicho éstas son formas provisionales de contener la hemorragia, por lo que se ha de tener en cuenta que una venda, tubo de goma o torniquete NO DEBE ESTAR COLOCADO MAS DE TRES HORAS.

El torniquete hay que aplicarlo lo más próximo a la herida y en la parte del lado del corazón.

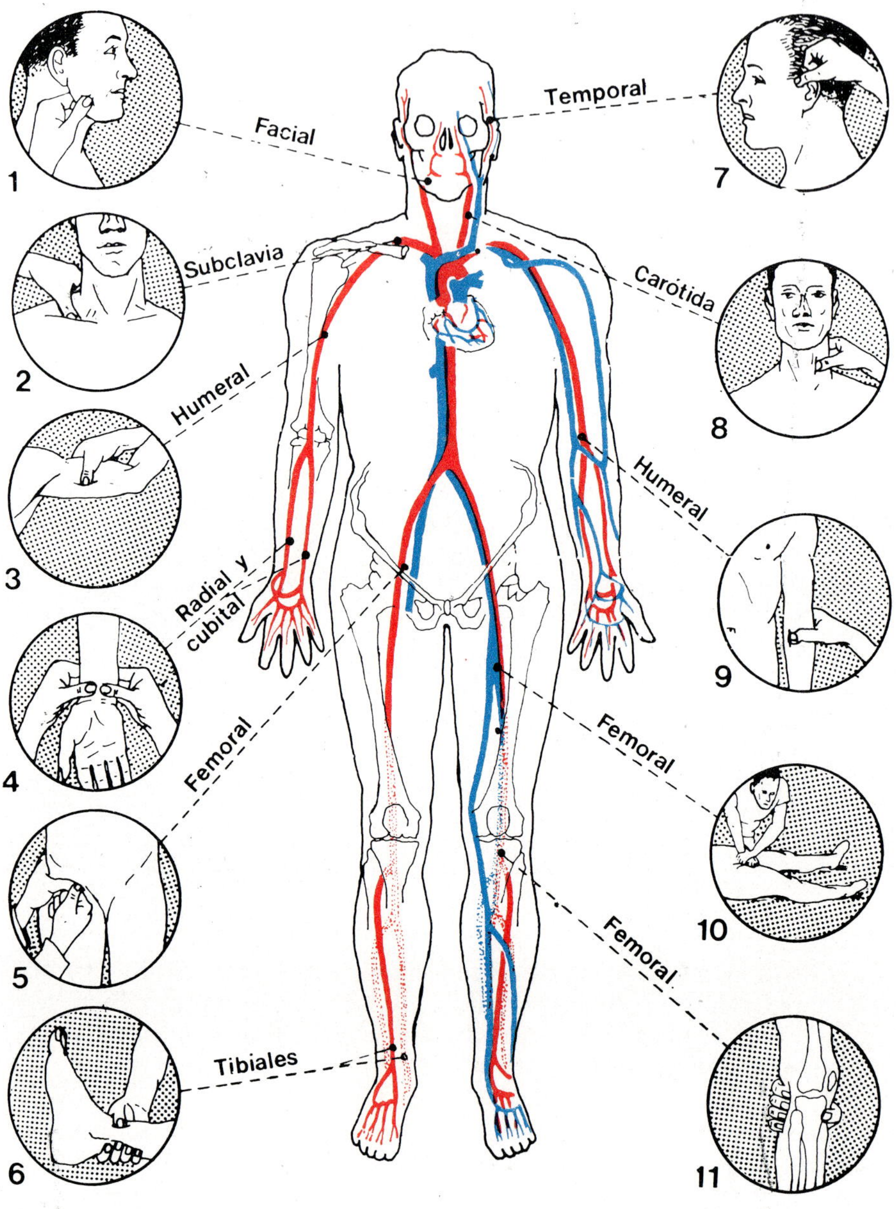

Fig. 479. Compresión de las arterias: 1. La facial contra el maxilar inferior. 2. Subclavia por encima de la clavícula. 3. Humeral contra el húmero. 4. Radial y cubital contra el radio y entre cúbito y radio. 5. Femoral en la ingle comprimiéndola con el puño. 6. Tibiales anterior y posterior contra la tibia. 7. Temporal superficial contra el temporal. 8. Carótida contra las vértebras cervicales. 9. Humeral contra el húmero. 10. Femoral contra el fémur. 11. Femoral en el hueco poplíteo.

La aplicación de un torniquete no es muy recomendable a no ser en casos extremos, como en el caso de un miembro seccionado o si la arteria seccionada es importante. Su aplicación origina mucho dolor y si se mantiene más de tres horas es posible que produzca gangrena. Una medida que calma mucho el dolor de la aplicación del torniquete es la aplicación de hielo a lo largo del miembro afectado, teniendo en cuenta que no debe aplicarse directamente sobre la carne porque produciría quemaduras. La aplicación del hielo produce una anestesia y disminuye la necesidad de oxígeno de los tejidos permitiendo retrasar la intervención del cirujano hasta seis, ocho o doce horas.

Hemorragias venosas. — Colocar el miembro afectado en posición elevada con respecto al resto del cuerpo. Sin tocar la herida, tratar de cerrarla con los dedos, presionando los bordes de la misma, o comprimir la región herida con un vendaje apropiado.

Hay que tener presente que no existan prendas de vestir que opriman los miembros por encima de la herida, pues dificultan el regreso de la sangre venosa al corazón y facilitan la hemorragia (todo lo contrario en el caso de hemorragia arterial).

Hemorragias capilares. — No tienen gran importancia y muchas veces se detienen expontáneamente al formarse coágulos. De no ser así se seguirán las indicaciones para hemorragias venosas reseñadas anteriormente.

En las heridas poco graves, que sangran, puede hacerse un taponamiento metiendo gasa apretada en la cavidad de la herida, colocando encima algodón estéril y una venda fuertemente apretada, tratando de mantener el miembro elevado más alto que el corazón. Cuando la presión del vendaje ocasione dolor y la hemorragia haya sido detenida se va quitando vueltas a la venda.

Transfusiones. — Cuando las heridas han provocado una pérdida sensible de sangre, esta pérdida debe ser reparada mediante transfusiones intravenosas y que las debe hacer un facultativo, ya que es necesario que sea del mismo grupo sanguíneo o bien del grupo O, o bien, si el receptor es del grupo AB puede recibir de cualquier grupo. También hay transfusiones de plasma, que es sangre privada de sus glóbulos.

Las transfusiones pueden ser directas de dador a receptor, o indirectas de dador-frasco-receptor, bien seguidamente o con posterioridad a la extracción.

PRINCIPALES CAUSAS QUE PRODUCEN LA PÉRDIDA DE CONOCIMIENTO; TRATAMIENTO DE URGENCIA. — La pérdida de conocimiento o inconsciencia corresponde a un estado del individuo en que no se da cuenta de sus acciones, sus movimientos son involuntarios, llega a perder la sensibilidad e incluso la movilidad y también a alterar las funciones de respiración, circulación y otras.

Puede ser parcial o total. En la pérdida de conocimiento parcial puede llegar a mascullar palabras y responder con sentido común a alguna pregunta, pero cuando es total no responde a nuestras preguntas ni a la provocación de dolor.

Las causas que producen la pérdida de conocimiento son numerosas, pero las más comunes son: alcoholismo, debilidad, asfixia por inmersión, asfixia por inhalación de gases nocivos, hemorragias, intoxicaciones, insolación, exposiciones prolongadas al frío o al calor, uremia (deficiente secreción de orina), epilepsia, shock traumático, shock eléctrico, etc.

SÍNTOMAS. — En una *lipotimia* o *desmayo* llamado también «mareo», como los que ocurren al permanecer en locales cerrados con aire viciado, son: cara pálida, náuseas, sensación de vértigo y desmayo. Se conserva la respiración y el pulso algo debilitados.

En un estado de *coma* el accidentado parece estar dormido conservando la respiración y circulación.

En el *síncope,* que es cuando se pierde bruscamente el conocimiento, como en una descarga eléctrica, se paraliza la respiración, color azulado en los labios, gran palidez, el pulso desaparece por haberse paralizado el corazón.

En los *shocks* de traumatizados o quemados los síntomas son: piel fría, estado de semiinconsciencia, pulso muy débil y rápido y sudor frío.

TRATAMIENTO DE URGENCIA. — Una norma general sería acostar al accidentado de lado para que en caso de vómitos no le dificulten la respiración, acostarle de forma que la cabeza quede más baja que el cuerpo para favorecer la irrigación cerebral, aflojarle o quitarle las vestiduras, limpiarle la boca y evitar que la lengua le impida respirar tirando de ella si fuera necesario, si tiene dentadura postiza quitársela, en caso de síncope excitarle mediante cachetes en las mejillas o dándole a oler amoníaco u otro olor fuerte y penetrante, no darle a ingerir alimentos o bebidas mientras esté sin conocimiento y cortar las hemorragias en la forma indicada.

El tratamiento antes de saber las causas de la pérdida de conocimiento puede estar basado en la observación del pulso y del color de la cara: Si *la cara está roja y el pulso es fuerte* aplicarle compresas frías en la cabeza o una bolsa de hielo, arroparle el cuerpo y que permanezca quieto. Si *la cara está pálida y el pulso es débil* puede ser debido a debilidad, hambre, frío, cansancio o a shock; si no hay hemorragia aplicarle un pañuelo empapado en amoníaco o alcoholes aromáticos. Si *la cara tiene color azulado y hay carencia de pulso y respiración o son muy débiles* hacerle la respiración artificial o inyectarle cardiazol o coramina.

Si la causa está determinada aplicarle el remedio idóneo a la misma: Si es intoxicación aplicarle el antídoto correspondiente; si ha sido por exposición al frío aplicarle calor; si por un shock traumático de dolor aplicarle morfina; si el accidentado está agitado y lleva mucho tiempo sin orinar (uremia) sondarle; si es asfixia por inmersión practicarle la respiración artificial; si es por alcoholismo darle a oler amoníaco; si presenta convulsiones (movimientos espasmódicos y desordenados) procurar que no se muerda la lengua colocándole entre los dientes un pañuelo, un corcho u otro objeto blando.

En todo caso el tratamiento ha de ser rápido, pues la falta o disminución de irrigación en el cerebro puede dar origen a lesiones permanentes e incluso a la muerte.

Capítulo 74

EL ACCIDENTE A BORDO

EL ACCIDENTE A BORDO. — El accidente a bordo es consecuencia del riesgo que entraña en sí la instalación en un espacio reducido de las innumerables piezas, máquinas y utensilios necesarios para el funcionamiento del barco, a lo que se une el medio ambiente del mar, que a veces ocasiona al barco movimientos incontrolables. Por ello, el accidente más frecuente a bordo se suele presentar en forma de contusión, herida, fractura o esguince.

El personal de a bordo está expuesto constantemente a heridas y, subsiguientemente, a infecciones por tratarse casi siempre de heridas sépticas. Los antibióticos pueden atajar y dominar casi todas las contaminaciones microbianas. Una de las que escapa es la del tétanos, enfermedad solapada en su aparición, casi inaccesible en su tratamiento y para la que preventivamente se usa la vacuna antitetánica, y cuando el individuo no está vacunado contra dicha enfermedad se le aplicará gammaglobulina y vacunación.

CONTUSIONES (golpes). — Las contusiones producen hemorragias internas cuya importancia depende, más que de la violencia con que se han producido, del lugar donde se han producido.

Cuando la contusión ha sido superficial los tejidos toman un color morado o anaranjado porque la sangre derramada en el interior va empapándolos. En estos casos basta con un simple vendaje y dejar en reposo el miembro correspondiente hasta que la sangre vaya siendo absorbida.

Las contusiones en la cabeza producen a veces la pérdida del conocimiento a causa de la conmoción cerebral al recibir el golpe. Si se recobra el conocimiento enseguida y al pasar la mano no se aprecia sensación alguna de que el hueso se haya hundido, puede no haber fractura, pero puede haber una fisura que se puede localizar mediante radiografía. Aparecerá el hematoma (chichón) y cuya hinchazón puede extenderse a las regiones próximas como a la cara. En todo caso, estos traumatismos deben atenderse con reposo absoluto y observación durante 48 horas.

No se permitirá tomar más que líquidos en pequeña cantidad y se vigilará la presencia de vómitos y náuseas (en cuyo caso no se dará nada de beber), y si se observa que el pulso baja y hay alteración de consciencia (como no recordar cómo ocurrió) debe ser evacuado lo más pronto posible al hospital.

Si continúa sin conocimiento es posible que, además de la lesión exterior, haya una lesión cerebral, y en cuanto a su traslado, si existen vómitos, debe pensarse en un riesgo de asfixia, por lo que se vigilarán la boca y faringe procurando no se obstruyan con restos de comida.

Si la contusión ha sido en el tórax y de gran importancia, generalmente hay rotura de costillas, y en estos casos el lesionado puede llegar a toser sangre, debido a que los extremos astillados de las costillas lesionan el pulmón. El tratamiento de urgencia consiste en aplicar un vendaje a ser posible de esparadrapo para inmovilizar lo más posible al tórax. El accidentado, sobre todo si tose sangre, debe permanecer sentado y en reposo. Se le administrarán calmantes de tos como codeína o similares. Debe ser alimentado únicamente con líquidos.

Las contusiones en el abdomen no son importantes por la lesión que pueden producir en la piel o parte exterior, sino por las lesiones en las vísceras y órganos huecos: vejiga, hígado, riñones, bazo, estómago, intestinos, etc.

El dolor suele ser intensísimo, el vientre se pone duro, muy dolorido al tocarlo, y con frecuencia el lesionado está frío, suda, los rasgos del semblante se descomponen, el pulso es rápido y pequeño, la respiración acelerada.

En algunos casos se presenta el shock, similar al colapso pero con características propias. El shock aparece al haber habido una pérdida brusca y considerable de sangre, ya que el órgano motor de la circulación (corazón) falla al tener que adaptarse al bombeo de una cantidad inferior de sangre. Este fallo es el shock.

Así como la pérdida de sangre en una hemorragia externa es fácil de calcular, en un derrame interior es solamente presumible, y hay veces que se presume haya habido una hemorragia interna y lo que hay es una parálisis de los vasos (arterias, venas, venas capilares) y cuyo resultado es el mismo que el de una hemorragia, porque el corazón se encuentra con la masa de sangre reducida, falla y se produce el shock, tal como ocurre en las quemaduras.

Lo importante es reponer la sangre que se calcula perdida. Si no se dispone de sangre se aplicarán soluciones de dextran o macrodex, o bien suero fisiológico o glucosado de forma intravenosa y gota a gota. La vigilancia del pulso es un índice para saber cuándo alcanzamos la normalidad, así como la toma de la presión arterial.

El deseo de orinar es un buen síntoma de recuperación, pues mientras el organismo está en shock se defiende procurando perder la mínima cantidad de líquido reduciendo la función del riñón. Por ello no hay que abrigar mucho a los que presenten shock ni darles tónicos cardíacos pues al corazón no le pasa nada.

HERIDAS Y SU TRATAMIENTO. — Con el nombre de traumatismos se conoce a las lesiones producidas por acción de agentes mecánicos, físicos o químicos y podemos dividirlos en *contusiones* o traumatismos cerrados y *heridas* o traumatismos abiertos; o sea que la herida es una lesión traumática con discontinuidad de la piel, o sea con abertura exterior.

Las heridas, según el agente que las produce, pueden llamarse *punzantes* (producidas por agujas, clavos, estiletes, astillas, etc.), *incisas* (producidas por instrumentos cortantes: cuchillos, machete, chapa afiladas o finas, etc.) y *contusas* (que tienen bordes irregulares y magullados producidas por objetos contundentes romos y sin aristas).

Hay otras denominaciones de acuerdo con la causa originaria (por arma de fuego, por mordedura de animales, por asta de toro, etc.), así como de acuerdo con su extensión y profundidad (leve, grave, superficial, profunda).

Toda herida supone una destrucción de tejidos y formación de una abertura o hueco, por lo que los peligros más inmediatos son: *hemorragia* e *infección.*

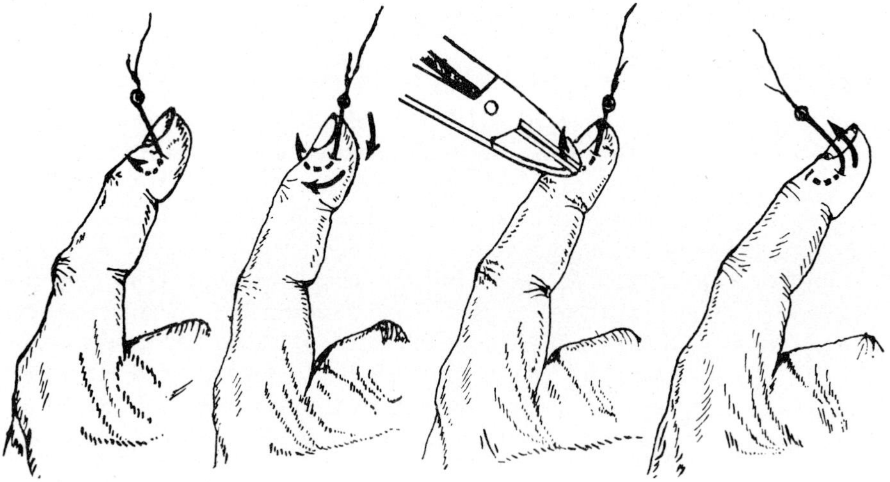

Fig. 480. Forma de quitarse un anzuelo clavado profundamente

De las hemorragias ya hemos dicho su tratamiento y de la infección diremos que es la consecuencia del excelente medio de cultivo para los gérmenes que presenta una herida. Los gérmenes necesitan un tiempo para profundizar en los tejidos y adaptarse al nuevo medio para desarrollarse y reproducirse. Este tiempo está calculado en unas 6 horas, período en el que ha debido procederse a la cura y en el que ha podido contaminarse la herida pero no infectarse.

Las heridas presentan tres síntomas: *dolor* (debido a la irritación de las terminaciones nerviosas y cuya intensidad dependerá de la sensibilidad de la región afectada y de la clase y extensión de la herida); *hemorragia* (arterial, venosa o capilar); y *separación de los bordes de la herida* debido a la elasticidad de la piel y tejidos.

Tratamiento. — Ante un herido tendremos en cuenta los peligros de infección, shock traumático y hemorragia.

Para evitar la infección partamos de la base de que toda herida está contaminada e incluso infectada por el agente sucio que la produjo o por la contaminación del lugar en que se produjo el accidente teniendo que llegar a veces hasta el tratamiento antitetánico si el lugar u objeto han estado en contacto con ganado o animales.

Procederemos a la limpieza y lavado de las manos del que va a realizar la cura y a la desifección de los instrumentos que se van a utilizar, y posteriormente a la desinfección de la herida y sus proximidades utilizando alcohol, yodo, mercromina, agua oxigenada o simplemente con agua y jabón, así como a la extracción de cuerpos extraños. Posteriormente se procederá al aislamiento de la herida cubriéndola mediante compresas, gasas, vendas, etcétera.

Para evitar el shock traumático por la intensidad del dolor los medios más corrientes son analgésicos: (aspirinas, okal, optalidón, etc.). Si los dolores son muy grandes se llegaría a la aplicación de calmantes de tipo morfina.

Para evitar las hemorragias véase lo expuesto en el capítulo 73.

REGLAS GENERALES PARA PRACTICAR LAS CURAS. — Hay unos cuidados generales a aplicar en la cura de todas las heridas, especialmente si son abiertas, y que vamos a reseñar:

1.º Desinfección del material que se ha de utilizar en la cura. — Los instrumentos metálicos se pueden desinfectar *flameándolos,* o sea, sometiéndolos a la acción de la llama, o bien mojándolos en alcohol y encendiéndolos. Los instrumentos cortantes se sumergerán unos minutos en alcohol pues la acción de la llama les podría perjudicar el filo. Las jeringuillas y agujas se hervirán. Las gasas y compresas estarán asépticas, o en caso contrario habrá que hervirlas.

2.º Desinfección de las manos. — Se lavarán con agua caliente y jabón y se sumergerán en una solución de sublimado o alcohol, procurando no tocar después objetos presumiblemente contaminados.

3.º Limpiar la herida y sus proximidades con agua oxigenada, alcohol o mercurocromo, extrayendo los cuerpos extraños de la herida. A veces es necesario afeitar el pelo alrededor de la herida.

4.º Cura y cubrimiento de la herida, aplicando pomadas antisépticas y compresas, gasas y vendas esterilizadas para aislar la herida evitando contaminaciones.

5.º Enviar el herido al médico. Si no hubiera posibilidad de atención médica y hubiera motivos para sospechar de una infección de tétanos se aplicará gammaglobulina antitetánica.

6.º Se practicará la cura periódicamente. Puede ser cada 24 horas.

FRACTURAS. — Son roturas de huesos, y por lo general resultado de traumatismos. Son frecuentes en los barcos debido al medio en que se trabaja y a sus movimientos. En una fractura no hay que considerar sólo la rotura ósea, sino también el resto de lesiones vasculares, nerviosas y musculares.

Hay fracturas *cerradas* y fracturas *abiertas.* Las fracturas cerradas son las que no tienen conexión con el exterior, y fracturas abiertas las que la tienen; el hueso puede o no sobresalir de la herida (fig. 481 c y d).

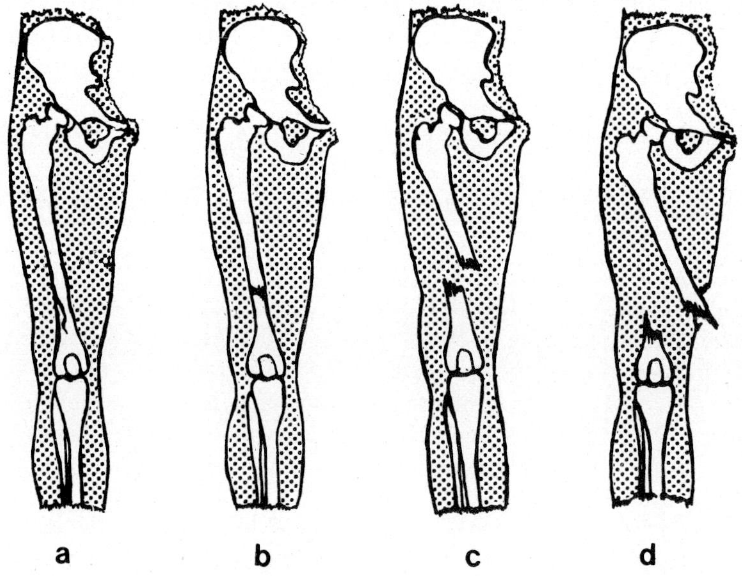

Fig. 481. a) Fractura incompleta. b) Fractura completa. c) Fractura cerrada. d) Fractura abierta.

También pueden ser *completas* o *incompletas.* Completas son cuando la línea de rotura abarca todo el espesor del hueso y lo divide en dos o más fracmentos, y las incompletas son las que la rotura no abarca toda la sección del hueso (fig. 481 a).

SINTOMAS DE LAS FRACTURAS. — *Dolor intenso.* Al hacer una exploración y llegar al punto donde se ha roto el hueso el dolor es muy agudo. También se puede notar una crepitación por el roce de los extremos del hueso fracturado.

2. *Hinchazón* en el lugar de la fractura.
3. *Deformación* del miembro afectado.
4. *Movilidad anormal.*
5. *Pérdida del movimiento o de potencia* del miembro afectado.
6. *Los síntomas proporcionados por el examen radiológico.*

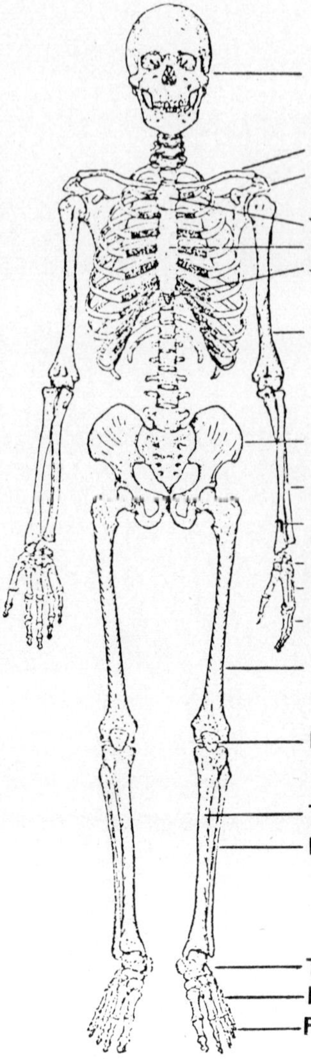

Fig. 482. El esqueleto

TRATAMIENTO. — Como norma general EVITAR MOVER AL PACIENTE. Quitarle las ropas de la parte herida con manejos cuidadosos o bien cortándola.

El tratamiento de las fracturas ha de hacerse por personal facultativo. De carecer de él se improvisará una entablillado habiendo procurado antes desinfectar la herida, si ha sido fractura abierta, aplicar sulfamidas en polvo y cubrirla con gasas esterilizadas (fig. 483). Posteriormente se procederá a la evacuación del accidentado tratando de la inmovilización de las partes afectadas.

Si la fractura es abierta hay que parar la hemorragia mediante presión digital en la arteria correspondiente o aplicando un torniquete.

El shock se puede presentar si la fractura es de un hueso grande o afecta a una zona amplia. Habrá que evitarse colocando al accidentado acostado sobre la espalda (a no ser que sea la parte afectada), arropado y caliente sin emplear medios artificiales como botellas de agua caliente, etc., y con

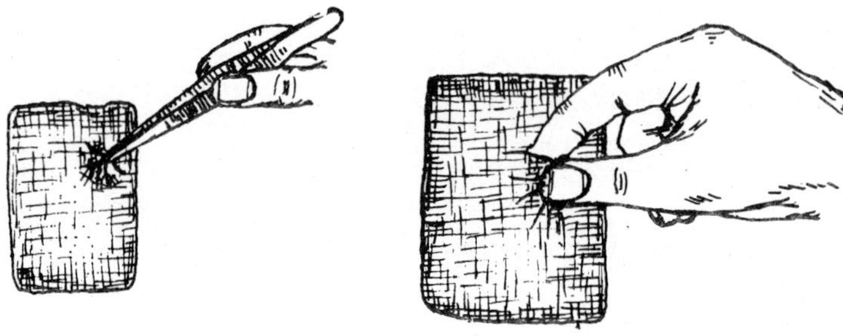

Fig. 483. Manejo de la gasa utilizando pinzas o dedos

la cabeza un poco más baja que los pies. Darle a oler amoníaco o alcoholes aromáticos. Darle café caliente. La morfina quita rápidamente el dolor, pero NO DEBE DARSE CUANDO HAY EVIDENCIA DE QUE EXISTEN HERIDAS INTERNAS EN LA CABEZA O CERCA DE ELLA.

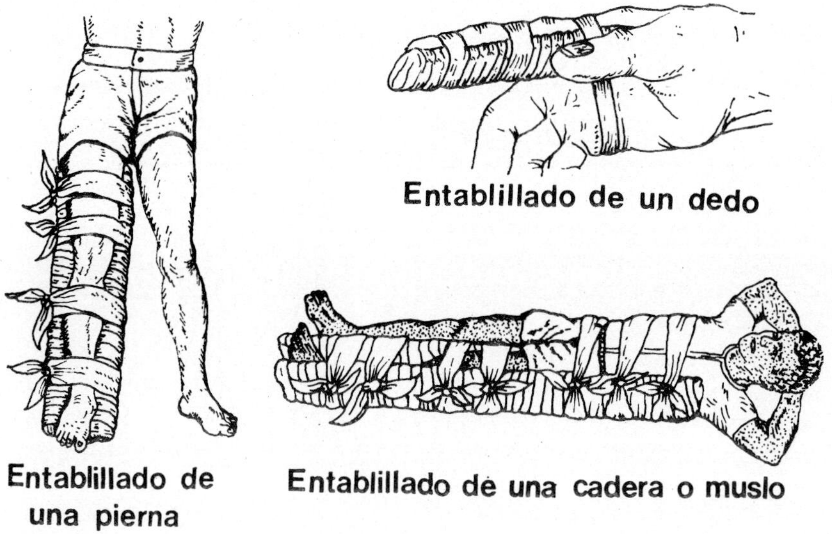

Fig. 484. Diferentes entablillados

A falta de tablillas específicas para entablillar se puede usar cualquier material rígido y liso como madera, hierro, espadas, latas, plástico, etc.

Se ha de forrar convenientemente con vendas, tela o algodón. Si la fractura ha sido en la cabeza, tórax o abdomen aplicar vendajes de gasa o esparadrapo.

Posteriormente se evacuará para tratamiento por personal especialista.

DISLOCACIONES O LUXACIONES. — Son el desplazamiento de su sitio de los huesos que forman una articulación. Pueden producirse por un exceso de tracción o de contracción.

Los síntomas son dolor, pérdida de fuerza y deformación de la parte afectada.

El tratamiento consiste en colocarlos en su posición normal, cosa que ha de hacer un especialista, pero mientras tanto habrá que colocar la parte afectada en la posición más confortable para el accidentado y sujetarla para evacuarle.

ESGUINCES. — Son las roturas, torsiones o distensiones de los ligamentos que unen las articulaciones. Normalmente son muy dolorosas y el tratamiento inicial es la aplicación de frío o hielo durante las primeras 24 horas y después de ese tiempo masajes, calor y vendajes, si bien el mejor tratamiento es la inmovilidad de la parte afectada por el esguince. Hay pomadas específicas al efecto.

Los esguinces y torceduras son muy lentos en curar y suelen durar entre 3 y 6 semanas.

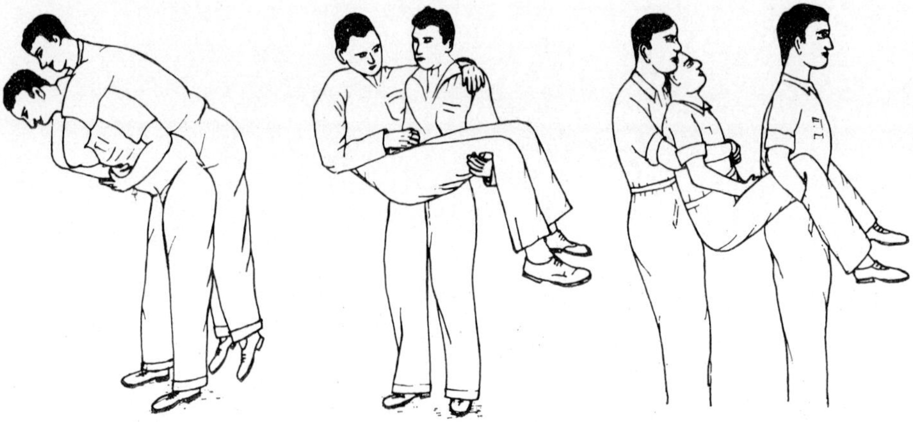

Transporte en forma de fardo — Transporte en brazos de un hombre — Transporte por brazos y piernas mediante dos hombres

Fig. 485

TRASLADO DE ACCIDENTADOS. — El saber transportar a un accidentado es tan importante que a veces depende su vida de ello.

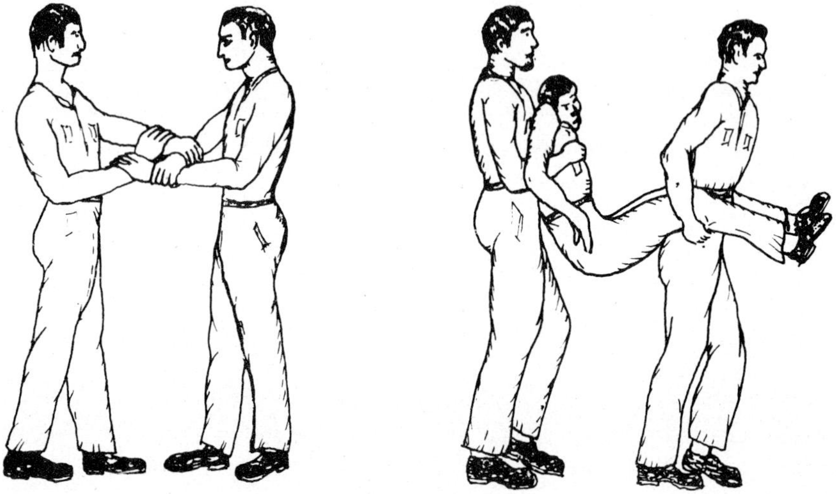

Fig. 486

En primer lugar, antes de mover al accidentado, ha de procederse a una localización y valoración de sus heridas, a no ser que por correr un riesgo

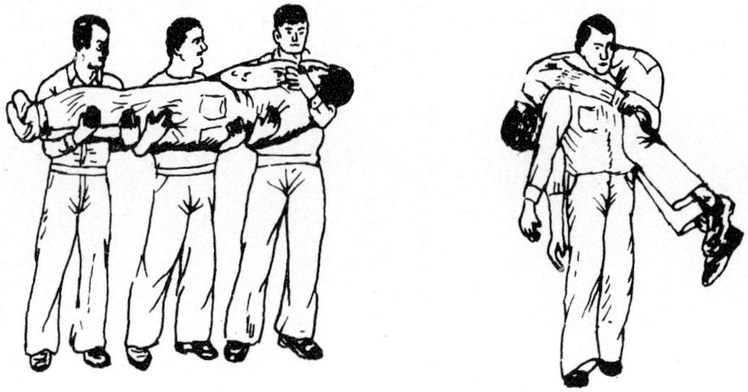

Fig. 487

mayor, como cuando se encuentra en el agua, en el fuego o en un compartimento con gases, que lo primero será sacarlo de dicho medio.

Hay que controlar las hemorragias, inmovilizar las fracturas, reducir el dolor y cubrir las heridas antes de evacuar al accidentado. Asimismo, hay que colocar al accidentado en lugar y de forma más cómoda.

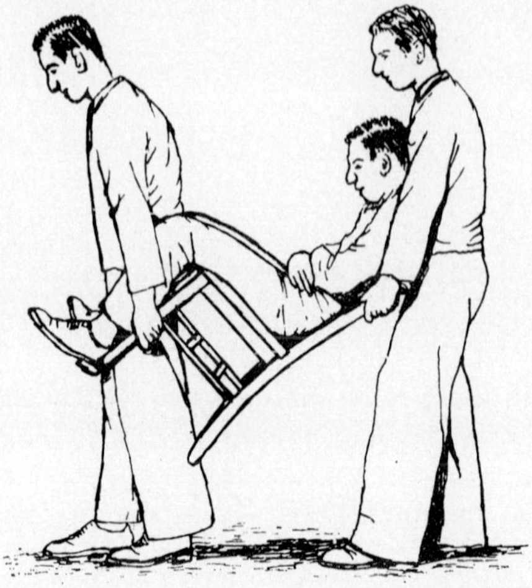

Mover al accidentado suavemente, pues los huesos fracturados al moverse originan heridas mucho más graves que las que causó el accidente. Hay que acercar la camilla al enfermo, no el enfermo a la camilla.

Cuando no se puede manejar la camilla por las dificultades que entraña el barco se hará como indican las figuras 485, 486 y 487. Un medio muy útil es una silla (fig. 488).

Capítulo 75

OJOS - QUEMADURAS - INTOXICACIONES

LESIONES EN LOS OJOS. — Las lesiones en los ojos más frecuentes a bordo son las de carácter traumático, en las que un tratamiento urgente puede ser muy efectivo.

Respecto a los trastornos oculares no traumáticos, entre los que podemos citar la conjuntivitis, las úlceras de córnea, el glaucoma y la iridociclitis, hemos de tener en cuenta que por su complejidad e importancia han de ser tratados por especialistas o facultativos desde el primer momento.

Por ser el ojo un órgano muy delicado e importante todo cuidado en prevenir el accidente o en su tratamiento debe ser extremado, por lo que las personas expuestas en trabajos de tornos, muelas, soldaduras, fuego, picado de óxido, etc., deberán proteger sus ojos con gafas apropiadas.

En todo tratamiento de estas lesiones evitaremos el frotar o ejercer presión sobre los párpados porque con ello agravaríamos la lesión.

Entre las lesiones de carácter traumático citaremos las siguientes:

Contusiones del globo ocular. — En la mayoría de los casos por acción directa (al chocar contra un objeto, al sernos lanzado un cuerpo, etc.), siendo en otras ocasiones indirectamente cuando sufre el ojo al extenderse la acción de golpes o contusiones recibidos en su proximidad.

Se explorará la gravedad del accidente y si la agudeza visual es buena es conveniente un vendaje oclusivo durante un día o dos (fig. 503), calmando el dolor con gotas de colirio de cocaína (fig. 490); si la visión es turbia, hay dolor intenso, deformación de la pupila, etc., tras el vendaje, llevar al paciente a la mayor brevedad al especialista.

Cuerpos extraños. — Es la clase de accidente más frecuente a bordo, sobre todo en el personal que trabaja en tornos, con piquetas, limpiezas, cargas a granel, etc., y que no se protege con gafas.

La gravedad depende de la clase de cuerpo y de la fuerza con que ha penetrado, siendo las limaduras, y debido a sus aristas, de los más perjudiciales.

Si el cuerpo extraño es superficial, la extracción es fácil con cualquier objeto fino y desinfectado (pinzas, varilla de cristal, la punta de un pañuelo, etc.) teniendo abiertos los párpados con la otra mano y haciendo mover el ojo al accidentado en la posición más conveniente. No frotar los párpados contra el ojo, y tener presente que el cuerpo de arena, limadura, etc., puede estar en la parte inferior del párpado, por lo que se localizará evertiendo el párpado de la forma siguiente: se coloca un lápiz, palo u objeto fino sobre la cara externa del párpado, se manda mirar al accidentado hacia arriba o hacia abajo, según sea el párpado inferior o superior, sujetar con al otra mano la fila de pestañas y traccionando ligeramente hacia el párpado opuesto vascularle alrededor del apoyo que deprime la parte correspondiente del párpado.

Si se trata de un cuerpo extraño que ha penetrado en la córnea y no sale tras los primeros intentos, no es aconsejable insistir, ya que debe tenerse en cuenta que la córnea sólo mide 8/10 de milímetro en su punto de máximo espesor y podemos producir lesiones graves. Aplicar unas gotas de un colirio antiséptico o Larococaína y llevar al lesionado a un especialista.

Tener presente que, después de haber sido extraído el cuerpo, el accidentado suele seguir con la sensación de tenerlo aún. Las manifestaciones dolorosas son a causa de las erosiones que el cuerpo ha producido, y debemos aplicar al enfermo algún colirio anestésico para quitar el dolor: pomada de azul de metileno (fig. 489) y vendaje oclusivo durante 24 horas. Si después continúa el dolor, llevarle al especialista.

Heridas en el ojo. — Esta clase de lesiones deben tratarse por un especialista, y su curación depende en gran manera de la rapidez con que se inicie. No obstante, conviene tener una ligera idea de su diagnóstico y cura inicial por si nos encontramos en un caso de no conseguir rápidamente un especialista.

Si la herida aparece abierta en la córnea, con hernia de iris (mancha negra entre los labios de la herida), y expectoración de una sustancia transparente y viscosa, que es el humor vítreo, calmar el dolor con colirio de cocaína, aplicar tetraciclina, vendaje oclusivo y aséptico a los dos ojos, y llevar lo más pronto posible el accidentado al oculista.

Si la herida ha sido producida por un cuerpo duro que ha chocado con fuerza en el ojo, se sospechará de la existencia de un cuerpo extraño intraocular, aunque la herida, en ciertas ocasiones, escapa al observador no especializado. El lesionado, al taparse el ojo sano, observará una disminución de la visión o visión borrosa o nula. Posteriormente se verá en la córnea una señal opaca blanco-grisácea que será el lugar por donde ha entrado el cuerpo, o bien una deformación de pupila no circular, una pequeña cantidad de sangre en la parte inferior o un color blancuzco del cristalino.

Aplicar un colirio anestésico para el dolor, tetraciclina, vendaje aséptico a ambos ojos y transportar al enfermo al especialista.

Heridas en los párpados. — Las heridas en los párpados se tratan igual que las heridas en la cara. Es necesaria una sutura, debiéndola hacer con hilo de seda fino y esterilizado enhebrado en una aguja fina y curva, dando los puntos simétricos aproximando los labios de la herida y anudando bien cada punto. Aplicar un apósito graso y quitar los puntos al sexto día.

Quemaduras en el ojo. — Pueden ser producidas por diferentes elementos: ácidos, bases (sosa, potasa, etc.), disolventes, chispas de soldadura, chispas eléctricas, cal viva, cemento, vapor de agua, etc.

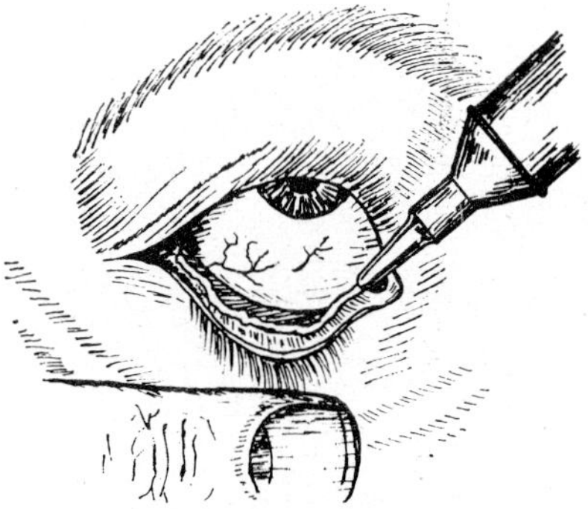

Fig. 489. Administración de pomada

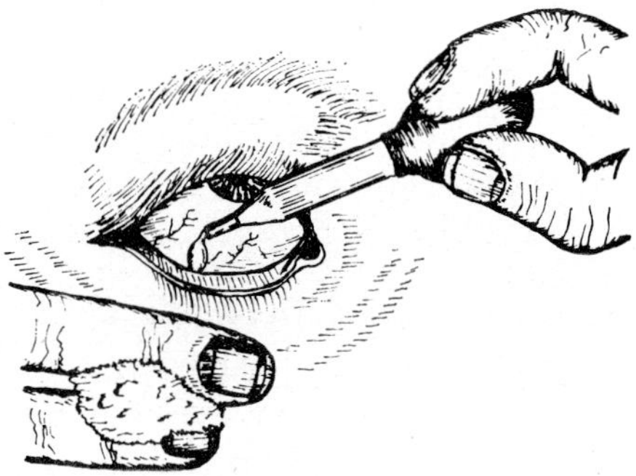

Fig. 490. Administración de gotas en el ojo

El tratamiento en general es: retirar del ojo los cuerpos extraños; lavar el ojo con una solución neutralizante (leche diluida para los alcalinos y bicarbonato sódico al 3 por 100 para los ácidos), o bien con suero fisiológico tibio; calmar el dolor con colirio anestésico; aplicar tetraciclina y llevar al lesionado urgentemente al especialista.

Deslumbramiento. — Se da cuando el ojo recibe un fuerte golpe de luz, como el producido por el de la soldadura eléctrica, por un cortocircuito, etc.

El lesionado sufre un violento dolor, tiene a veces los párpados hinchados y le cuesta abrirlos, el ojo aparece encarnado y fluyen cantidad de lágrimas.

El tratamiento consiste en calmar el dolor con algunas gotas de colirio de cocaína y mantener al accidentado en la oscuridad.

Otras lesiones. — Entre ellas podemos citar: ulceraciones en la córnea, varias clases de conjuntivitis, glaucomas (enfermedad en los adultos), etc., las que por su complejidad deben ser tratadas por un especialista y en las que un tratamiento urgente se puede limitar a calmar el dolor.

ACCIDENTES CAUSADOS POR EL CALOR

El hombre es un animal homeotermo, es decir, que la temperatura media corporal es constante, dentro de unas pequeñas oscilaciones, entre 36,5 y 37 grados centígrados. Los animales de sangre fría, por el contrario, tienen una temperatura igual a la del medio ambiente en que se desenvuelven (poiquilotermos).

El que el hombre mantenga una temperatura media casi constante se debe a la capacidad del organismo humano para mantener un equilibrio entre la producción y la pérdida de calor. Pero cuando factores internos o externos (ejercicio muscular intenso, sol, actividad intensa en un ambiente cálido y húmedo, climas o baños, etc.) originan un desajuste en ese equilibrio al no poder ser contraloda por el organismo humano, dan origen a una serie de trastornos orgánicos y fisiológicos entre los que podemos enumerar: acaloramiento o golpe de calor, síndromes de calor tropical, calambres por el calor e insolación.

ACALORAMIENTO. — Bajo esta acepción se puede denominar a los tres grados de: *golpe de calor, agotamiento por el calor* y *acaloramiento hipertérmico*.

El *golpe de calor* es el de inferior grado y suele aparecer cuando se está efectuando un trabajo muscular intenso, ropas excesivas, exposición al sol, aglomeraciones humanas o cuando la temperatura es superior a los 40 °C, aunque también suele aparecer con temperaturas más bajas si el ambiente es muy húmedo.

Los síntomas son: dolor de cabeza, cansancio, sed intensa, sequedad de boca, sudores abundantes, respiración frecuente, enrojecimiento de la piel, etc., trastornos que conducen al *agotamiento por el calor,* estado en que el aparato respiratorio falla, hay mareos, vértigos, pulso blando y taquicardia, pérdida de conocimiento, hipotensión y escaso sudor.

Si la temperatura corporal sigue aumentando se llega al grado más avanzado de *acaloramiento hipertérmico,* en el que la termorregulación del cuerpo ha dejado totalmente de funcionar, el individuo entra en colapso sin sudoración y con la piel seca. Hay delirio, alucinaciones, náuseas, diarreas, meningismo, dolores abdominales, hipotensión, etc., a causa de las que se registra un 15 por 100 de muertes, aproximadamente, de los afectados.

Los *síndromes de calor tropical* vienen a ser golpes de calor con principio brusco de malestar general y caracterizados por unas eflorescencias cutáneas debido al bloqueo de las glándulas que no pueden evacuar su secreción.

Los *calambres por el calor* consisten en contracciones espasmódicas, con signos de astenia, contracciones acentuadas en extremidades y tronco, abatimiento por dolor y angustia, etc. Son debidas a trabajos en ambientes cálidos al sudar abundantemente con la correspondiente pérdida de ClNa (cloruro sódico).

INSOLACIÓN. — Es muy frecuente y se origina por una acción conjunta de luz y de calor solar sobre la cabeza o cuerpo del individuo al no estar protegido.

A la acción nociva de los rayos del sol se suma la hipertermia producida por el calor solar al producir una vasodilatación y eritema en la parte afectada, que facilita el calentamiento de la sangre y el de los centros nerviosos encefálicos.

Los síntomas son muy parecidos a los del golpe de calor: delirio, alucinaciones, náuseas, colapso, diarreas, hipotensión, eritema, crisis convulsivas.

TRATAMIENTO DE LOS ACCIDENTES PRODUCIDOS POR EL CALOR. — De acuerdo con el grado y caso de que se trate deberán extremarse los cuidados que a continuación se detallan:

Colocar al paciente a la sombra y en una zona bien ventilada.

Practicar vigorosas abluciones frías sobre el cuerpo, seguidas de fricciones con loción alcohólica.

Aplicar una bolsa de hielo en la cabeza.

Inyección de suero fisiológico (50 a 100 c.c.) e introducir en el recto 300 c.c. de solución de suero glucosado isotónico.

Controlar la tensión arterial: en caso de hipotensión recurrir a los analépticos cardio-vasculares de coramina, alcanfor, estrofantina, esparteína. En caso de hipertensión puede ser aconsejable una deplección de 100 a 200 c.c. por sangría.

PREVENCIÓN DE ESTOS ACCIDENTES. — Estudiadas las causas por las que se originan se observa que se deben fundamentalmente a una pérdida de sales por el sudor, principalmente de ClNa, y por ello es práctico la administración de sal común junto con la bebida cuando se trabaja en ambientes calurosos. También hay tabletas de compuestos vitamínico-salinos.

Llevar la ropa adecuada.

Usar salacot en países tropicales o si la radiación solar es intensa.

Comidas ligeras y con sal abundante.

Evitar los trabajos duros en horas de más calor.

QUEMADURAS: SU TRATAMIENTO

Se llaman quemaduras a las lesiones producidas en los tejidos por acción del calor, y a bordo de los barcos las causas más frecuentes por las que se producen son las siguientes:

— por radiación directa, tales como las quemaduras solares:
— por líquidos en ebullición;
— por gases y vapores calientes;
— por llama directa;
— por sólidos incandescentes;
— por descargas eléctricas;
— por gases o vapores calientes.

La importancia de las quemaduras depende de varios factores entre los que podemos citar: temperatura del agente que las ha producido, tiempo que ha actuado sobre los tejidos, región del cuerpo afectada, edad de la víctima, etc., pero *la verdadera gravedad de las quemaduras es debida a la extensión superficial de piel quemada.* Más del 33 por ciento de piel quemada es un caso grave. Menos del 10 por ciento es leve.

Las quemaduras se clasifican en tres grupos:

a) *Quemaduras de primer grado.* — Las que producen enrojecimiento de la piel, debido a radiaciones de llamas o focos de calor intensos, radiaciones solares, etc.

Son dolorosas en proporción a su extensión, ya que aunque no hayan destruido la piel, afectan a las terminaciones sensitivas de los nervios llegando a veces a producir fiebre y a ser de cierta gravedad en los niños.

Tratamiento. — Sumergir las partes lesionadas en alcohol, con lo que suele desaparecer el dolor, sobre todo si se aplica inmediatamente. Aplicar vaselina boricada, bálsamo del Perú, linimentos oleocalcáreos o de parafinas líquidas, aerosoles, bicarbonato sódico, etc.

b) *Quemaduras de segundo grado.* — El síntoma más claro es el de vesículas o ampollas llenas de un líquido transparente. Suelen ser producidas por vapores calientes, líquidos hirvientes, llamas o sólidos incandescentes próximos a la piel. Por quedarse al descubierto los nervios sensitivos, el dolor es intenso, teniéndose que administrar calmantes para aliviar el dolor, e incluso morfina en casos de que el intenso dolor no pueda soportarse por la víctima.

Tratamiento. — Pasta Lassar, vaselina, pomada de Halibut, a veces recubrimiento con apósitos grasos.

c) *Quemaduras de tercer grado.* — Son las que producen escaras o costras, como las producidas por la acción intensa y directa de una llama durante cierto tiempo o las producidas por sólidos incandescentes.

Como ya dijimos anteriormente, el factor más importante en las quemaduras a efectos de gravedad es su extensión. Por lo tanto, si estas quemaduras son profundas son menos dolorosas que las de segundo grado, porque normalmente han destruido las terminales sensitivas de los nervios, pero pueden producir síndromes capaces de producir la muerte y que pueden presentarse en cualquier momento de su curso evolutivo como son: shock, infecciones, trastornos tóxicos, alteraciones humorales, etc.

Por ello, en esta clase de quemaduras hay que tener en cuenta por una parte el tratamiento local de la lesión, y por otra, el estado de la persona afectada.

Tratamiento local. — La escara o costra, característica de estas quemaduras, no debe ser destruida porque defiende la lesión de infecciones.

Si la lesión aparece seca puede dejarse la superficie lesionada expuesta al aire, pero si aparece abierta y suculenta es aconsejable recubrirla con apósitos grasos, tales como el linitul, o trozos de gasa empapados en aceite de hígado de bacalao, pomadas de penicilina o de sulfamidas, etc.

Importante es tener en cuenta el prevenir el *tétanos* amplicando suero o vacunando al quemado.

Tratamiento general. — Este tratamiento requiere un amplio conocimiento de las funciones orgánicas del accidentado, por lo que debe ser practicado, a ser posible, por un médico. No obstante, expondremos brevemente algunos problemas que pueden plantear las quemaduras extensas o profundas y que algunos de ellos se pueden evitar o aliviar si las circunstancias apremian y ante la imposibilidad de ser atendido el accidentado facultativamente.

Las quemaduras extensas, ya sean de segundo o tercer grado, se suelen ver inundadas durante su evolución de un líquido que representa una pérdida de agua de las zonas del organismo no quemadas, por lo que hay que tratar de compensar dichas pérdidas, especialmente en los niños en los que las reservas de líquidos son mínimas.

La administración de líquido sustitutivo debe empezar antes de transcurrir seis horas desde que ocurrió el accidente, al objeto de evitar un colapso peligroso para la función renal y por lo tanto para la sobrevivencia del accidentado. Lógicamente, la pérdida de líquido es proporcional a la extensión de la quemadura, no siendo indispensable su sustitución si la superficie quemada no alcanza el 9 por ciento de la extensión total de la piel del cuerpo humano.

El tipo de líquido varía con la profundidad de la quemadura, pero de hecho cualquier líquido es bueno para aplicarlo de momento, tal como el suero glucosado, sangre, soluciones sustitutivas del plasma, etc.

En los adultos deben administrarse 200 c.c. por el tanto por ciento de superficie quemada durante el primer día, debiendo administrar la mitad de su totalidad en las primeras seis horas. El segundo día la mitad del primero, y el tercer día se puede suprimir el tratamiento porque ya se inicia la reabsorción del edema o líquido que segrega la quemadura.

Deberá vigilarse constantemente la presión arterial.

Debe hacerse beber al quemado en pequeñas cantidades, a no ser que le produzca vómitos, restando la cantidad ingerida de la dosis que corresponda administrársele.

En los niños la quemadura del 5 por 100 de la piel puede producirles un colapso, por lo que con mayor rapidez se debe proceder a un goteo endovenoso.

Las quemaduras profundas pueden ser tratadas, una vez estirpadas, por aplicación de injertos y por personal especializado.

Otro de los estados a que dan origen las quemaduras, especialmente las de segundo grado, es el de *shock,* que es un estado de depresión de todas las funciones orgánicas, debido al intenso dolor.

Los síntomas del shock son: respiración débil y acelerada, pulso débil y acelerado, piel fría y pálida, ojos sin brillo y mirada imprecisa, los labios se amoratan, sed intensa.

Si se prevé un shock o si se ha iniciado hay que proceder a tratarlo lo antes posible suprimiendo los dolores con calmantes, tales como morfina, cocaína, papaverina, etc., y levantar el tono cardíaco con cardiazol, coramina, aceite alcanforado, etc., y el respiratorio con lobelina.

ACCIDENTES DEBIDOS AL FRÍO

En esta clase de accidentes la temperatura del cuerpo generalmente desciende, se hacen cada vez más lentos el pulso y la respiración, las extremidades de los miembros se vuelven insensibles, somnolencia invencible, hormigueo en las partes extremas: pies, manos, orejas, nariz. Piel pálida, ampollas llenas de un líquido oscuro y muy dolorosas que al reventarse aparece la dermis roja y a veces necrótica.

Tratamiento en general. — Si la víctima no respira hay que practicar la respiración artificial.

Retirar al enfermo a un lugar fresco.

Tratar de aumentar la temperatura lentamente.

No friccionar los miembros afectados.

No administrar bebidas alcohólicas.

Refrigerar, de forma interrumpida, con ventiladores, agua fresca o hielo las partes afectadas.

Tratar de movilizar la parte helada.

Tratar las ampollas con sulfamidas en polvo.

El accidentado debe estar arropado, sin que las ropas estorben la circulación, y las partes afectadas al descubierto, pues cualquier roce con la ropa es muy doloroso.

PIE DE INMERSIÓN. — Ocurre como resultado de una inadecuada circulación de la sangre debido a la exposición prolongada de los miembros al frío y a la humedad, no siendo necesario que el miembro haya estado sumergido en el agua.

Si bien se llama así por ser una dolencia más frecuente en los pies, también ocurre en las manos. Es frecuente darse en los naúfragos.

Los síntomas son: miembros afectados insensibles y embotados, hinchazón, palidez de la piel afectada y frío. Posteriormente al estar en tratamiento e ir aumentando la temperatura pasa a ser muy dolorosa, caliente y encarnada, produciéndose generalmente ampollas.

Tratamiento. — Hay que restaurar la circulación, para lo que trasladaremos al enfermo a un lugar confortable, más bien fresco, procurando no aplicar calor al miembro afectado, más bien aplicando frío. No se friccionará. El cuerpo estará arropado sin que las ropas dificulten la respiración, y los miembros afectados al descubierto y a ser posible refrigerados con ventiladores, bolsas de agua fresca o bolsas de hielo de forma discontinua. Las ampollas, si se producen, se tratarán con azol o con sulfamidas en polvo. Se puede dar al accidentado té o café calientes. No se administrarán bebidas alcohólicas.

LA INTOXICACIÓN A BORDO: PRIMEROS AUXILIOS EN CASO DE INTOXICACIÓN

Las intoxicaciones a bordo se presentan por las mismas causas que en tierra, si bien, pueden presentarse más frecuentes en lo que respecta a conservas, a causa de la más activa oxidación de los envases, y a las producidas por el óxido de carbono debido a la insuficiente ventilación especialmente en compartimentos bajo la cubierta principal, donde existe atmósfera oxicarbonada a causa de gases desprendidos por estufas, motores, carburantes, etc.

Las diferentes clases de intoxicaciones más frecuentes a bordo las podemos agrupar y enumerar de acuerdo con la frecuencia que se presentan en cuatro grupos:

Intoxicaciones alcohólicas.
Intoxicaciones alimenticias.
Intoxicaciones oxicarbonadas.
Intoxicaciones barbitúricas.

El tratamiento, en general, de toda intoxicación comprende cuatro puntos en este orden:

1.º La detención del aporte tóxico.
2.º La eliminación de la mayor cantidad de tóxico en cuestión.
3.º La administración de un antídoto.

4.° El tratamiento de los trastornos producidos por dicho tóxico en el organismo.

INTOXICACIÓN ALCOHÓLICA

El alcohol, en cualquier cantidad y grado alcohólico de la bebida, es tóxico, por ello los médicos lo tienen en cuenta en cualquier síntoma del enfermo, especialmente en lo relacionado con anormalidades digestivas o neurológicas.

Si bien en mayor grado los aperitivos y licores producen intoxicaciones, también el vino y la cerveza pueden dar origen a ellas.

Para que aparezcan signos de intoxicación no se puede dar una cantidad mínima fija, ya que intervienen muchos factores como salud, hábito del individuo, lugar, hora, etc., pero sí se pueden indicar ciertos factores que favorecen la aparición de dichos signos: *La subalimentación, la ingestión de alcohol en ayunas, el sedentarismo* (en trabajos pesados se puede consumir más cantidad de alcohol sin que origine trastornos), *la persona* (hay individuos que son más sensibles que otros), etc.

Hay que distinguir dos clases de alcoholismo: *agudo* y *crónico.*

El alcoholismo agudo se presenta, por lo general, en personas que no tienen costumbre de ingerir alcohol, y también en los alcohólicos cuando han exagerado la dosis.

Las tres fases por las que puede atravesar el individuo son en este orden:

1.° *Euforia del individuo y disminución de sus funciones intelectuales.*

Lo que hay que hacer en este caso es impedir que la persona que se encuentra en este estado ocupe un puesto de responsabilidad, tanto para seguridad de él como de la tripulación y buque. Darle de beber café, ya que la cafeína es un antídoto del acohol, o bien, abundantes bebidas sin alcohol.

2.° *Embriaguez,* cuyos síntomas son: movimientos torpes, andar titubeante, palabras farfullantes, náuseas, vómitos, disminución de la fuerza física.

En este estado, hay que evitar accidentes en el individuo, así como altercados con el resto de la tripulación, por lo que es conveniente aislarle, darle bebidas sin alcohol abundantes, y si ha vomitado mucho, rehidratarlo por vía parenteral (según los medicamentos, la inyección puede ser subcutánea, intramuscular o intravenosa).

3.° *Coma etílico,* que se suele presentar en casos de ingerir una cantidad exagerada de alcohol.

Los síntomas son: pérdida del conocimiento, no le producen reacción los pellizcos o pinchazos, respiración y circulación alteradas, somnolencia incrementando rápidamente a coma, pupilas dilatadas, tonalidad azul en labios y cara, deposiciones de heces y orina involuntarias, convulsiones.

Si el paciente no ha vomitado y puede tragar, darle de beber un vaso grande de agua tibia de mostaza (una cucharada grande de mostaza seca en el vaso de agua) o agua salada caliente para provocarle el vómito. Ponerle boca abajo para que cuando vomite no tenga dificultades en la respiración. También puede provocarse el vómito con medio vaso de agua fría y diez o quince gotas de amoníaco o metiendo los dedos en la garganta el mismo intoxicado, o tocándole la úvula (campanilla) con un lápiz, pincel, etc. Poner al paciente en la cama, arroparle y aplicarle calor. El calor es esencial.

Si no se le ha podido provocar el vómito y persisten las alteraciones circulatorias y respiratorias administrarle inyecciones, vía hipodérmica, de cafeina de 0,25 g. o 0,50 grs. y vitaminas del grupo B, especialmente la B_1 y B_6, o darle inhalaciones de amoníaco o sales aromáticas cada 15 minutos hasta que el paciente mejore.

El alcoholismo crónico se debe a la ingestión abusiva constante, durante meses o años de bebidas alcohólicas.

Los síntomas son: alucinaciones, perturbaciones digestivas (gastritis etílica, cirrosis de hígado), alucinaciones, neuritis óptica (disminución de vista), dolores en los miembros inferiores (neuritis causada por la falta de vitaminas). Es frecuente en estos bebedores crónicos la diarrea, dermatitis (sarpullidos en la piel) y demencia, que indican deficiencia vitamínica.

El tratamiento, si bien consiste en la abstención progresiva o total del alcohol y aplicación de vitamina B, es necesario sea efectuado en un centro hospitalario o clínica, con la constante vigilancia del enfermo. A bordo lo más aconsejable es proceder a su desembarco para proceder a su desintoxicación y durante su estancia a bordo debe vigilársele, pues puede llegar a un grado de desesperación que se suicide.

El delirium tremens como resultado de un alcoholismo crónico presenta unos síntomas tales como: temblor total en el cuerpo, especialmente en las manos, desconocimiento de los que le rodean, suda abundantemente, ataques y convulsiones. Generalmente el paciente ve culebras, ratas, gatos, perros e insectos.

El tratamiento consiste, inicialmente, en cortar al paciente totalmente el alcohol. No se le debe dar de ninguna manera azucar o dulces. Darle zumos de tomate y líquidos abundantemente. Mantenerle en un lugar abrigado y caliente. Evacuarle a un hospital.

INTOXICACIÓN ALIMENTICIA

Llegar a la conclusión en los barcos de que la intoxicación es debida a alimentos suele ser fácil, dado que los síntomas, generalmente, aparecen en varios miembros de la dotación: náuseas, vómitos, urticaria, cólicos intestinales, fiebre, diarrea con dolores, decaimiento, etc.

El tratamiento efectivo depende de la rapidez con que se aplique, y para ello es necesario conocer qué alimento ha sido el causante de la intoxicación, para lo que nos ayudarán los síntomas y saber la clase de alimentos sospechosos de encontrarse en malas condiciones que se han ingerido.

En todo caso, y sobre todo, si hace pocas horas que se ha ingerido el tóxico debe procederse a un *lavado de estómago*, para lo que podemos usar un simple tubo de plástico de un metro de longitud y 1 cm^2 de diámetro. Si no se puede, proceder a *provocar el vómito* cosquilleando la parte posterior de la lengua y faringe, dándole a ingerir agua con bicarbonato o leche y volviéndole a provocar el vómito.

Es conveniente recoger parte de los vómitos o líquido gástrico al objeto de análisis para conocer exactamente la clase de tóxico.

Posteriormente se ayudará a la eliminación del tóxico mediante la administración de purgantes, sudoríferos, lavados intestinales, cafeína, aceite alcanforado, lobelina, etc., calmar los dolores intestinales con paños secos y calientes en el vientre. Si la deshidratación del enfermo ha sido intensa por vómitos o diarrea, rehidratarle por medio de suero glucosado.

Cuando los síntomas aparecen antes de las seis horas de haberse ingerido el alimento, la intoxicación es de poca trascendencia aunque sean espectaculares y alarmantes; sin embargo, cuando aparecen después de este período de tiempo pueden ser mortales.

Ampliemos algo sobre los producidos por alimentos más frecuentes:

Por ingerir carnes, pescados o alimentos lácteos. — La intoxicación suele producirse por una toxina de estafilococo y su tratamiento es de rehidratar al enfermo con infusiones frecuentes y azucaradas. Si la deshidratación ha sido intensa, por medio de suero salino o suero glucosado. Calmar los dolores con compresas secas y calientes en el vientre. Si la diarrea se prolonga administrar bismuto.

Por ingerir setas. — Si se trata de setas tóxicas, todas las personas que las han ingerido estarán afectadas.

Los síntomas de intoxicación aparecen tarde, siendo de 15 a 18 horas cuando se observan los de *Amanita phalloides*, la más peligrosa, que son: diarrea y vómitos intensos, anuria e ictericia.

Hay que rehidratar al enfermo con suero glucosado, suero antifalloide, y si hay anuria (insuficiencia renal), depuración extrarrenal.

Otras dos clases de intoxicaciones por setas bien determinadas son las producidas por la ingestión de la *Clicydes* o *Inocydes* y por la *Amanita pantherina.*

Los síntomas de la primera son: miosis, abundantes sudores, bradicardia, etc., y los de la segunda: que el enfermo siente ardores gástricos a las 2 o 3 horas de la ingestión, náuseas y vómitos, sequedad de la boca, taquicardia.

El tratamiento en el primer caso es aplicar sulfato de atropina por vía subcutánea dos o tres veces al día, y para el segundo de un lavado de estómago y rehidratar al enfermo.

Tener en cuenta que la toxina por ingerir setas se encuentra fijada en el aparato digestivo y lo más conveniente son lavados de estómago con agua tibia.

En todo caso lo más recomendable en la mayoría de las intoxicaciones, y dado que en la mayoría de los casos se carece de la mayoría de medicamentos precritos anteriormente, es anular el tóxico mediante lavados de estómago, rehidratar al individuo, tomar restos de comida y datos que faciliten el diagnóstico al médico, y trasladar lo más urgentemente al accidentado a tierra para tratamiento facultativo.

INTOXICACIÓN OXICARBONADA

Esta clase de intoxicación en los barcos se debe principalmente al desprendimiento de óxido de carbono por motores de combustión, especialmente dado en casos de motobombas portátiles al tratar de achicar compartimentos escasos o faltos de ventilación estando el motor funcionando dentro.

El óxido de carbono se fija en la hemoglobina de la sangre formando carboxihemoglobina incapaz de transportar el oxígeno. Los síntomas iniciales son: astenia, incoordinación de movimientos, palidez, debilidad o ausencia de signos respiratorios o neurológicos. El intoxicado nota zumbidos de oído y a veces se da cuenta del peligro pero se ve incapaz de coordinar movimientos para ponerse a salvo.

Lo que hay que hacer es cortar el gas o parar los motores, protegiendo nuestra respiración con un pañuelo o careta antigás, sacar al intoxicado inmediatamente a sitio de atmósfera pura, si es necesario administrarle oxígeno y practicarle la respiración artificial.

En todos los casos es recomendable evacuar el enfermo para su tratamiento facultativo.

INTOXICACIONES BARBITURICAS

En esta clase de intoxicaciones podemos incluir a efectos de tratamiento las producidas tanto por barbitúricos como por otra clase de medicamentos, así como las producidas por venenos y tóxicos (envenenamientos).

Pueden ser accidentales o voluntarias, siendo más frecuentes las primeras, unas veces por el abuso de barbitúricos (medicamentos muy en uso hoy en día) y otras por confusiones debido a falta de etiqueta de medicamentos o sustancias venenosas colocadas en frascos o recipientes destinados a otros usos.

Las intoxicaciones voluntarias suelen tener la finalidad del suicidio.

Manera de evitar las primeras es observar la prescripción y dosis facultativa, así como almacenamiento en lugares al efecto, etiquetado en los recipientes en los que debe constar el antídoto correspondiente, etc.

El diagnóstico (a excepción de las intoxicaciones voluntarias) suele ser fácil si se investiga en los lugares próximos al enfermo (hallazgo de tubos vacíos, botellas, etc.), y en el enfermo (olor del aliento, quemaduras en la boca o sus proximidades, síntomas de enfermedad súbitos y alarmantes como dolor del abdomen, vómitos violentos, colapsos, diarreas, etc.

En caso de no dar con la causa mandar a la mayor brevedad analizar la orina o líquidos gástricos.

El tratamiento en general consiste en la eliminación, y a la mayor brevedad, del tóxico o veneno, para lo que se practicará un *lavado de estómago* o se le dará a ingerir agua en cantidad (a ser posible salada) provocando el vómito.

Posteriormente, si se conoce el antídoto correspondiente, administrárselo o proceder a trasladarle a un centro hospitalario, llevando asimismo las etiquetas, envases, etc., de los productos sospechosos.

Dada la gran variedad de barbitúricos, medicamentos y venenos que existen en el mercado, no procede dar una lista interminable de antídotos y de los que en la práctica careceríamos en un barco. No obstante, y aparte de la aplicación del tratamiento en general conviene conocer que:

Si el veneno es un *ácido* es conveniente la administración de alcalís débiles, agua jabonosa, huevos, leche. No dar bicarbonato.

Si el veneno es un *alcalí* (legía) dar ácidos flojos, vinagre, limón, etc., diluidos en agua.

Si el veneno es del grupo de alcoholes o gasolina (pinturas, aguarrás, queroseno) administrar leche o el antídoto universal que consiste en 2 partes de carbón activado, 1 de magnesio y 1 de tanino.

Si la intoxicación es por arsénico, dar al accidentado leche de magnesia, sales de frutas.

DIARREA. — Es un anormal incremento en la cantidad, frecuencia y fluidez de las evacuaciones del intestino.

Por el intestino se mueven los alimentos durante el proceso de digestión para ser asimilados, especialmente el agua. En la diarrea el movimiento es más rápido y las evacuaciones son ligeras, semisólidas, llegando a veces a ser casi líquidas y con olor fétido.

La diarrea no es una enfermedad, más bien en un síntoma que indica una anormalidad en la vía intestinal.

La diarrea indica la presencia de una substancia irritante en los intestinos, que reaccionan para expulsarla. Esta acción es beneficiosa pero lo perjuidicial es que los intestinos no han asimilado el fluido para llevarlo a la sangre y el cuerpo pierde peso llegando a tener que administrarse líquidos o sueros por vía venosa (en casos graves) para evitar la deshidratación.

Las causas de la diarrea son muy variadas y van desde la irritación del intestino por el resultado de una acción química hasta la irritación por causa de bacterias como en el cólera y la disentería, e incluso por causa nerviosa o emociones como en casos de miedo, aprehensión, histeria, neurastenia, etc.

Tratamiento. — Normalmente el enfermo, si tiene algo de fiebre y la diarrea es fuerte, debe guardar cama y estar arropado. Aplicar bismuto o subcarbonato de bismuto en polvo, tanagel o cualquier otro antidiarréico de los muchos que hay en farmacia.

La alimentación debe ser a base de pastas saladas, pan tostado, sopas espesas, huevos escalfados, té, leche, patatas en puré o al horno, carne magra con salsa, cordero o ternera, arroz cocido, flan, natillas, y zumos de frutas.

Las frutas al natural son perjudiciales, así como los vegetales de hojas, el pescado, cerdo, tomates, epecias, alcohol y cosas azucaradas.

Es importante diferenciar entre dolores de vientre a causa de enfriamiento, intoxicación u otras enfermedades, y dolores por apendicitis, ya que el tratamiento es completamente distinto y a veces casi opuesto, pues se suele aplicar calor al vientre en los primeros casos, sobre todo cuando hay diarrea, y se aplica hielo en caso de apendicitis.

ESTREÑIMIENTO. — Es lo contrario de diarrea, es decir que los movimientos de los intestinos para la evacuación de restos alimenticios son lentos.

Normalmente una persona sana defeca una o dos veces al día y más largo plazo indica estreñimiento, pues al estar el intestino constantemente absorbiendo líquidos, especialmente agua, de los alimentos, los restos llegan a secarse y endurecerse. Los nervios del final del intestino grueso envían mensajes al cerebro indicando que se encuentra lleno de materias fecales y que debe evacuar. Al no ser obedecidos llegan a cansarse dejando de emitir mensajes con lo que el intestino se llena llegando a producir dolor, por lo que se ha de ayudar a evacuar mediante laxantes.

El estreñimiento era muy frecuente en los marinos por la carencia de dietas equilibradas debido a no tener a bordo medios de conservación para ciertos alimentos sumado a las largas navegaciones. Actualmente este problema está bastante solucionado.

Otra causa de estreñimiento en la mar es el movimiento del buque, que produce en las personas un cierto grado de mareo, aún en los más veteranos. El mareo, que a veces produce el vómito con lo cual se evacuan muchos líquidos, es acompañado de una disminución de secreción intestinal.

Tratamiento. — El estreñimiento, cuando no es sintomático de otras enfermedades, se puede combatir bebiendo agua antes del desayuno y después de éste concentrarse en tratar de evacuar moviendo los intestinos. Hacer ejercicios abdominales unas cuantas veces al día estando acostado de espaldas y subiendo y bajando ambas piernas a la vez sin doblar las rodillas. Comer poco. Tratar de hacer al menos una comida al día a base de frutas secas o frescas: una de las mejores son castañas secas. Cambiar de régimen de comida. Beber mucha agua, pricipalmente, entre comidas tanto si se tiene sed como si no. Tratar de evacuar después de las comidas.

No usar laxantes sin haber tratado de evacuar por los medios antes reseñados.

Si el estreñimiento no es síntoma de una enfermedad se puede usar laxantes o enemas. El uso de aceites minerales en la comida no es recomendable por tiempo prolongado porque llegan a provocar trastornos gástricos. No administrar purgas sin haber consultado con un médico mediante radio.

Resultado de un estreñimiento prolongado suelen ser las almorranas.

APENDICITIS. — Es una inflamación del apéndice, que es un pequeño intestino ciego de forma vermicular de longitud de 5 a 8 cms. y 1 cm. de diámetro que está en la parte inferior del intestino «ciego» con el que comunica.

Los síntomas más generales de apendicitis son:

1. Dolor inicial en el abdomen, véase fig. 491.

2. A veces este dolor va acompañado de pérdida de apetito, náusea y vómitos.

3. El dolor pasa posteriormente a la fosa ilíaca derecha.

4. El pulso es más elevado que el normal y hay algo de fiebre (suele haber un grado más de temperatura en el ano que en la axila).

5. Normalmente origina estreñimiento; ocasionalmente diarrea.

6. Al presionar con los dedos en el triángulo ilíaco derecho el dolor aumenta.

7. A veces al presionar con la palma de la mano en la región ilíaca izquierda aparece el dolor en la derecha.

8. Al presionar con los dedos en el punto Burneys (fig. 491) se encuentra una resistencia o dureza que no se encuentra en el resto de la fosa ilíaca cuando el abdomen no está rígido.

La peritonitis es una consecuencia directa de la apendicitis aguda con perforación del apéndice y formación de pus. El paciente aparece muy enfermo, con síntomas de shock, aumento del pulso y respiración y la piel pálida. La fiebre puede ser alta, o, si el paciente está en shock, baja. El dolor se extiende a todo el abdomen y los músculos llegan a estar tan rígidos como una tabla.

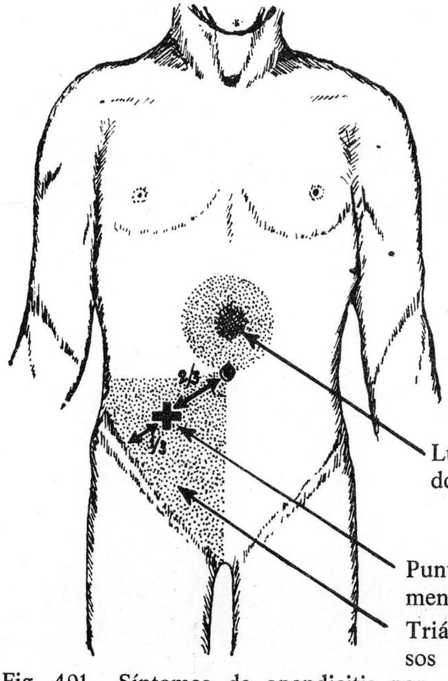

Fig. 491. Síntomas de apendicitis por el dolor

Tratamiento. — Normalmente se usa la administración de sulfamidas y penicilina.

NO se debe dar ningún laxante al paciente ante la menor sospecha de apendicitis, NI morfina.

Absoluto reposo en cama.

Mantener una bolsa de hielo sobre la región del apéndice.

Comunicar por radio para evacuar consultas médicas.

Arribar al puerto más próximo para hospitalizar al paciente.

Capítulo 76

INSTRUCCIONES PARA ACUDIR A NADO EN AUXILIO DE UN NAUFRAGO

Toda persona que quiere ser útil a los demás debe reunir ciertas condiciones para que la obra a realizar llegue a feliz término. Enumeremos algunas de ellas.

Buena voluntad, que le pone en disposición de efectuar la obra sin reservas.

Prudencia, sin la cual podría estropear la obra mejor intencionada.

Valor, que nace del deseo de ser útil a los demás.

Prontitud, ya que a veces la vida depende de unos segundos. Prontitud no quiere decir precipitación. Prisa sí. Precipitación no.

El que se echa al agua para acudir en auxilio de un náufrago, debe arrojarse con la menor ropa posible, así como sin calzado, para tener facilidad en los movimientos y natación.

Fig. 492. Manera de acercarse

Fig. 493. Manera de traslado

Proveerse, si es posible, de salvavidas u objetos flotantes.

Alentar al náufrago haciéndole saber que se va en su ayuda, con objeto de que se tranquilice.

Acercarse al náufrago a ser posible por la espalda. Esto al objeto de que la víctima no se agarre al cuello o a los brazos del socorrista, por lo que si fuera necesario, y para evitar el peligro de ambos, golpearle dejándole KO o desasirse y dejar que la víctima pierda resistencia (fig. 492).

Remolcarle con la barbilla alta y la boca fuera del agua para que pueda respirar (fig. 493), para lo cual se suele pasar el brazo por debajo de la barbilla y remolcarle de espaldas al fondo. Con corriente o marejada, no nadar en contra de la misma, a ser posible.

Una vez llevado a la playa o al barco, practicarle sin pérdida de tiempo la respiración artificial, si fuera necesario, o reanimarle y atenderle según se detalla a continuación.

RESPIRACIÓN ARTIFICIAL. — Se llama respiración a la función que permite, de una forma constante, la entrada y salida de aire en los pulmones.

Los pulmones, que son a manera de esponjas, cuando los músculos del tórax se contraen, expulsan el aire contenido en su interior, y cuando los músculos del tórax se dilatan, hacen que los pulmones se expandan y se produzca la inhalación del aire atmosférico.

En los pulmones se verifica un fenómeno químico, que consiste en que la sangre que llega a ellos a través de las arterias pulmonares, se purifique con el oxígeno que hay en los pulmones, desprendiendo anhídrido carbónico, y al contraerse los músculos torácicos, el aire que contiene anhídrido carbónico es expulsado al exterior, y la sangre purificada regresa al corazón por las venas pulmonares.

Cuando por cualquier causa el aire no llega a los pulmones sobreviene la asfixia.

La asfixia puede presentarse por las siguientes causas:

Entrada de cuerpos extraños en las vías respiratorias.

Afixia por ahogamiento.

Asfixia por submersión o enterramiento.

Asfixia por inhalación de gases.

Asfixia por descarga eléctrica.

Aunque no llegue aire a los pulmones, el corazón sigue bombeando la sangre, que al llegar a los pulmones no encuentra oxígeno para purificarse, pero sí anhídrido carbónico; volviendo al corazón e invadiendo el resto del organismo de anhídrido carbónico, produciendo graves daños en órganos vitales de los que el más sensible es el cerebro.

A medida que aumenta el anhídrido carbónico, las células se necrosan o mueren; por eso, si se tarda en hacer la respiración artificial, es difícil que el órgano más afectado vuelva a funcionar normalmente.

Métodos de respiración artificial. Antes de pasar a detallar los diferentes métodos que hay de respiración artificial hay que tener en cuenta las normas que sirven para todos ellos:

1. Reconocimiento de la boca y fosas nasales por si el accidentado tie-

ne cuerpos extraños, tales como restos de comida, algas, etc., que puedan obstaculizar la respiración.

2. Aflojarle todas las prendas que puedan ofrecer alguna presión, tales como camisas, corbata, cinturón, etc.

3. Si el accidentado se sacó de un elemento líquido, quitarle la ropa mojada y abrigarlo para que el cuerpo conserve la temperatura, aunque esta operación puede posponerse a la práctica de la respiración artificial, o simultanearla si hay ayuda.

4. Colocar al accidentado, si es posible, en un plano inclinado, boca abajo, con objeto de que expulse el agua o líquido.

5. No desesperar ni interrumpir la respiración artificial, aunque el accidentado tarde en respirar por sus propios medios. Muchas vidas se han salvado después de estar varias horas practicándoseles la respiración artificial por personas que no desmayaron en su intento.

6. Tratar de buscar un médico y una ambulancia lo más rápido posible, para su posterior tratamiento.

7. Tratar de reanimarlo, secándole, arropándole, dándole infusiones calientes de té, manzanilla, leche, etc., pero no alcoholes.

8. Tener en cuenta que para cualquier método que se practique, el ritmo será de trece a dieciséis inspiraciones o espiraciones por minuto.

Inclinar la cabeza hacia atrás

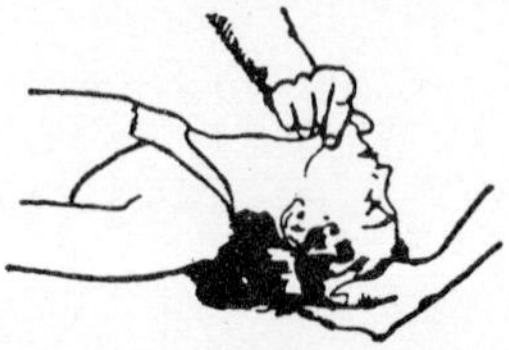

Tirar de la barbilla hacia arriba

Tapar la nariz y soplar

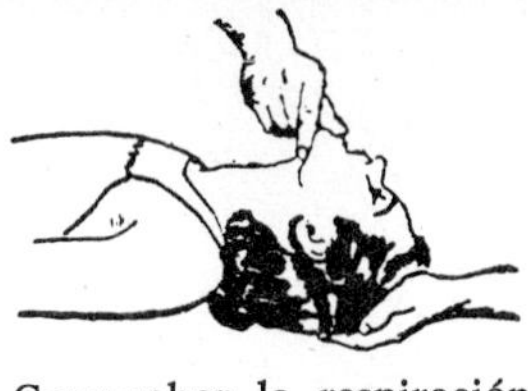

Comprobar la respiración

Fig. 494

Método de boca a boca. Es sin duda el que ofrece mayores garantías de éxito porque acompasamos nuestro ritmo de respiración al del accidentado, si bien tiene un inconveniente y es el de que se insufle el aire viciado del auxiliador y no el aire atmosférico.

Para ello, se coloca al paciente boca arriba, inclinando su cabeza hacia atrás, para que la lengua no obstruya el paso del aire a los pulmones, manteniendo al mismo tiempo la mandíbula inferior en posición saliente y cerrando las fosas nasales con los dedos para que no se salga el aire (fig. 494).

Se aplica la boca abierta del operador a la boca abierta del accidentado exhalando aire a sus pulmones, hasta ver que se expande el pecho de manera ostensible. Se cesa la exhalación del aire por el operador y entonces, por la flexibilidad de los músculos del accidentado y por el peso de las costillas y esternón, se vacían los pulmones del accidentado. Al mismo tiempo el operador aspira una nueva bocanada de aire para repetir el proceso de trece a dieciséis veces por minuto.

Nota. Como ante este método algunas personas sienten repugnancia al acercar la boca a la del accidentado, puede evitarse, con una gasa o pañuelo fino, el contacto directo.

Método de presión en la espalda y levantamiento de brazos.

1. Colocar al paciente boca abajo con los codos doblados de manera que las manos estén una sobre otra.

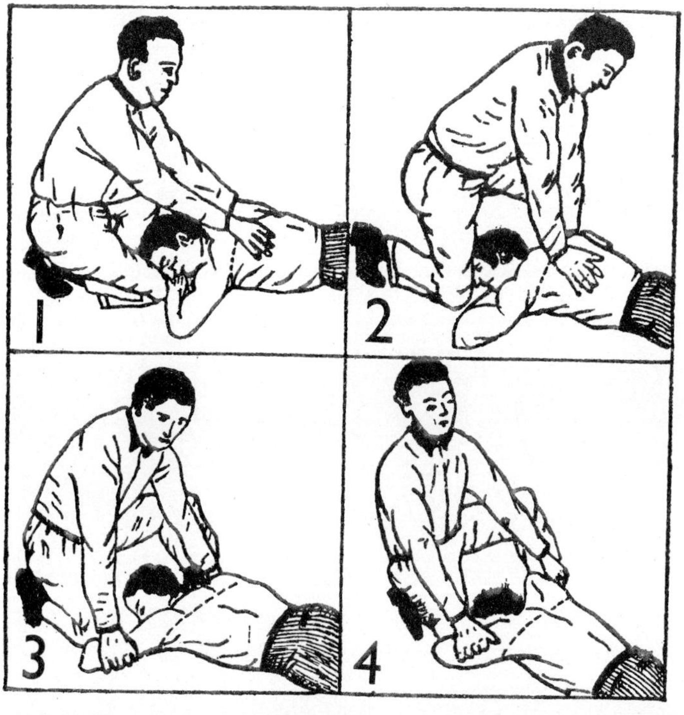

Fig. 495. 1. Posición inicial. 2. Comprimir la caja torácica apoyando todo el peso sobre la víctima. 3. Comienza la respiración. 4. Fase de inspiración levantando el torso de la víctima

2. Procurar que la cabeza quede sobre las manos y ladeada al mismo tiempo, que la boca esté constantemente abierta. Todos los asfixiados presentan la boca encajada; ésta deberá abrirse con un cuerpo resistente pero lo suficientemente blando para que no se produzcan destrozos en labios, dientes, etc.

3. El operador se situará delante de la cabeza del paciente con una o dos rodillas en tierra (preferible una y cambiar de rodilla sin interrumpir el ritmo) (fig. 495).

4. Se colocan las palmas de las manos del operador, con los dedos separados y los pulgares unidos, sobre la espalda del paciente y en la línea que une las axilas.

5. El operador se balanceará hacia adelante, con los brazos rígidos, hasta que queden en posición vertical en la línea que hay entre los hombros del operador y las espaldas de la víctima.

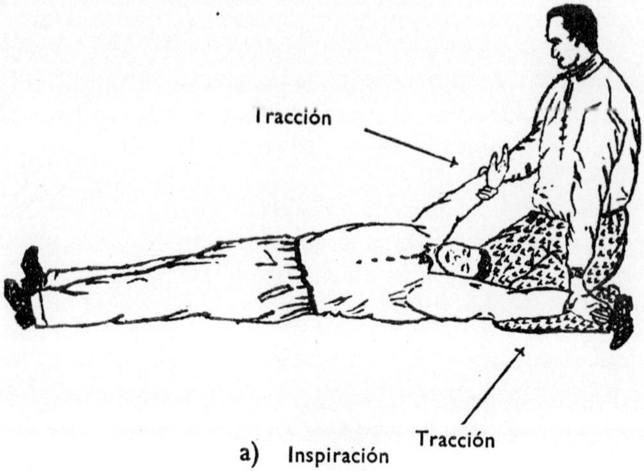

a) Inspiración

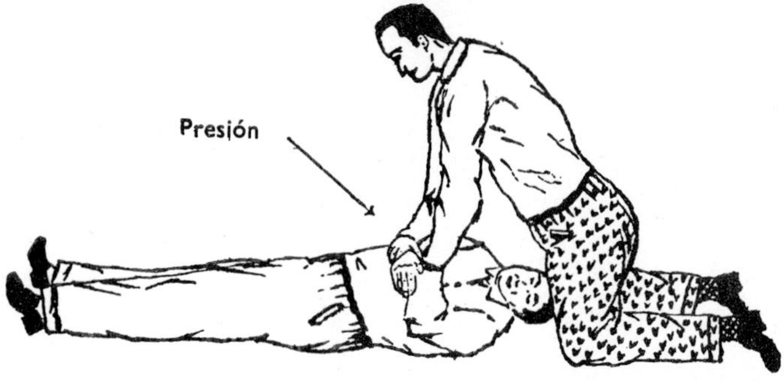

b) Espiración

Fig. 496. Respiración artificial. Método de Sylvester

6. El operador se balanceará hacia atrás, despegando las manos de la espalda y cogiendo los brazos del paciente por encima de los codos, traccionándolos hacia atrás hasta que se encuentre resistencia procurando no levantar el cuerpo de la víctima.

7. Una vez finalizado el alzado de brazos se vuelve a la posición inicial, es decir, a la presión de espalda.

Siempre que sea posible hay que poner al paciente en un plano que la cabeza quede más baja que los pies. En el momento que el paciente comience a respirar debe acompasarse el ritmo al de su propia respiración (fig. 495).

Método de Silvester. — Cada vez se utiliza menos. La víctima se tiende boca arriba con la cabeza de lado, manteniendo la lengua fuera con una pinza o con un pañuelo. Levantar algo los hombros con alguna ropa o almohada. El salvador se pone a la cabeza de la víctima de rodillas. Se sujetan las manos del paciente a la altura de las muñecas, se traccionan los brazos hacia atrás con energía, a la vez que el operador se sienta sobre sus talones (véase fig. 496 a). Se vuelve a su posición inicial pero procura que las manos se crucen en el pecho aproximadamente a la altura del estómago. Con las manos así colocadas, el operador hará un movimiento de balanceo hacia adelante, con los brazos rígidos para ejercer presión sobre el pecho y estómago del paciente.

En este método, en la fase de tracción y abertura de los brazos hacia atrás los músculos del pecho se distienden y permiten la entrada de aire a los pulmones, y en la fase de presión sobre el pecho se contraen y obligan a salir el aire (fig. 496 b).

APARATO PARA PRACTICAR LA RESPIRACIÓN ARTIFICIAL

Las instrucciones para uso de este aparato son las siguientes:

Aflojar las ropas del accidentado, limpiar su boca y garganta de objetos extraños, hacerle expulsar el agua colocándole boca abajo en un plano algo inclinado; ponerle boca arriba y colocar alguna ropa o bulto debajo de la espalda para que la cabeza caiga hacia atrás, hinchar la mascarilla del reanimador, aplicar la mascarilla y sujetarla con los cintos, accionar el reanimador abriendo y cerrando el fuelle sin brusquedad, comprobar que el pecho se hincha y se deshincha; si se oyen ruidos como gargarismos es que la víctima tiene agua: volver a sacarla y continuar el tratamiento (fig. 497).

Si no se percibe el pulso en la muñeca o con el oído sobre el pecho, si las pupilas están dilatadas y si la piel empieza a tomar un color violáceo, no hay duda de que el corazón está parado o sus latidos son insuficientes. Entonces y lo más rápido posible hay que hacer el masaje de corazón.

Quitar todos los apoyos de la espalda para que ésta quede directamente sobre el suelo. Apoyar las dos manos, una sobre otra y a un tiempo, sobre la punta del esternón de la víctima, cargando todo el esfuerzo sobre una de las palmas de la mano. Hacer cinco compresiones de estas con

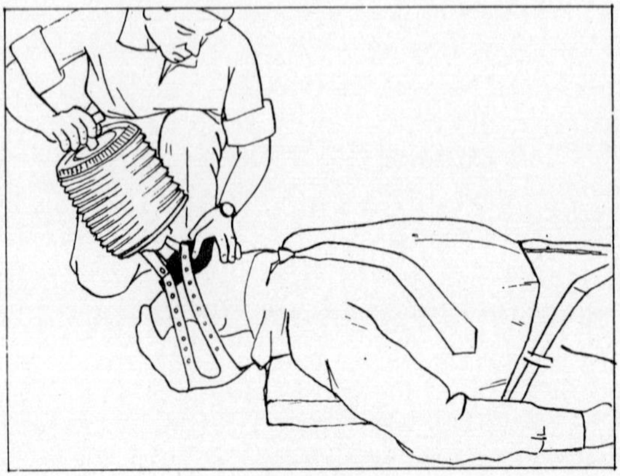

Fig. 497.

marcada brusquedad de tal manera que el esternón se hunda tres o cuatro centímetros una cada segundo, accionar una sola vez el reanimador, volver a hacer otras cinco compresiones, accionar una sola vez el reanimador contando 1, 2, 3, hacia arriba y 4, 5, hacia abajo y continuar alternando (no simultáneamente) el masaje de corazón con la respiración hasta que se restablezca el pulso.

Capítulo 77

VENDAJES E INYECCIONES

APÓSITOS. — Son los medios protectores que se aplican sobre una lesión o herida. Entre los más usados podemos citar:

Las compresas de gasa.

El algodón hidrófilo.

Las vendas en sus diferentes clases.

Pañuelos triangulares o rectangulares.

Esparadrapos. Esparadrapos adhesivos con gasa.

Estos apósitos, especialmente las gasas, y los que han de estar en contacto directo con heridas deben ser estériles, es decir, no deben contener ningún germen o microbio, por lo que deben mantenerse en recipientes estériles herméticamente cerrados. Asimismo deben manejarse con instrumentos desinfectados o de forma que no se contamine con las manos la parte que va a ponerse en contacto con la herida (fig. 483).

VENDAJES. — *Vendas*, son tiras de gasa, lienzo u otro tejido de anchura y longitud variables y que se mantienen enrolladas.

Hay normalizadas tres anchuras de 5, 7 y 10 centímetros, y longitudes de 5 y 10 metros.

Las vendas más económicas, de gasa, no son recuperables; las de lienzo y cambric suelen aprovecharse una vez lavadas, planchadas y esterilizadas.

La finalidad más importante de los vendajes es proteger las heridas contra la infección, si bien tienen más utilidades, como mantener cerrados los

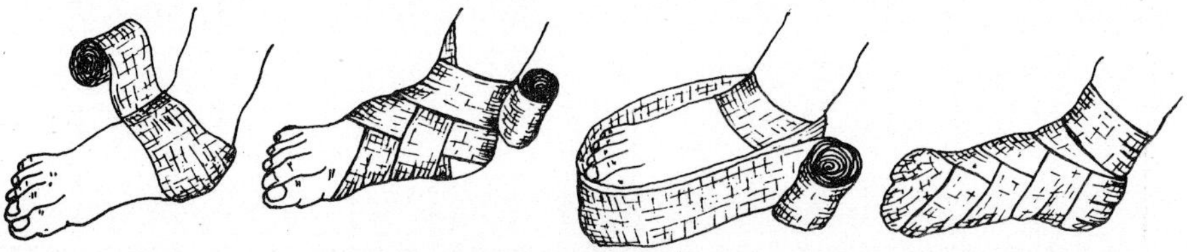

Fig. 498. Vendajes de pie

bordes de la herida, cortar por compresión las pequeñas hemorragias, sujetar los apósitos estériles que hemos puesto sobre la herida, mantener sujetas partes del cuerpo en posiciones ventajosas para evitar dolores o agravamiento de las heridas.

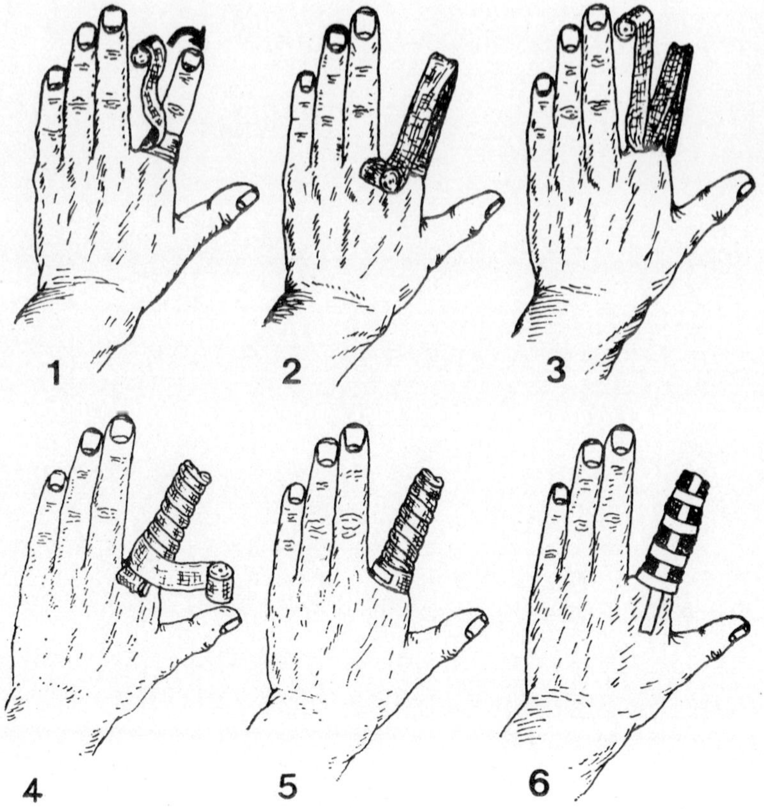

Fig. 499. Vendaje de un dedo

1. Dar un par de vueltas con la venda en la base del dedo. 2 y 3. Cubrir la punta del dedo con idas y vueltas de venda. 4. Comenzar a dar vueltas con la venda al dedo empezando por la punta. 5. Sujetar con cinta adhesiva el extremo de la venta. 6. Reforzar el vendaje con cinta adhesiva

Los vendajes han de colocarse suficientemente flojos para que no produzcan trastornos secundarios y lo bastante fuertes para que no se desplacen.

El extremo de la iniciación del vendaje ha de estar bien pillado para que quede sujeto, véase fig. 499, y lo mismo su extremo final, que se podrá hacer: anudando la misma venda al dividir longitudinalmente su ex-

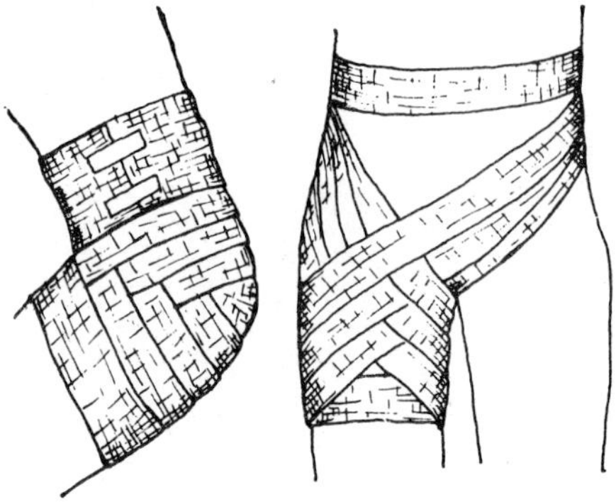

Fig. 500. Vendajes en espica

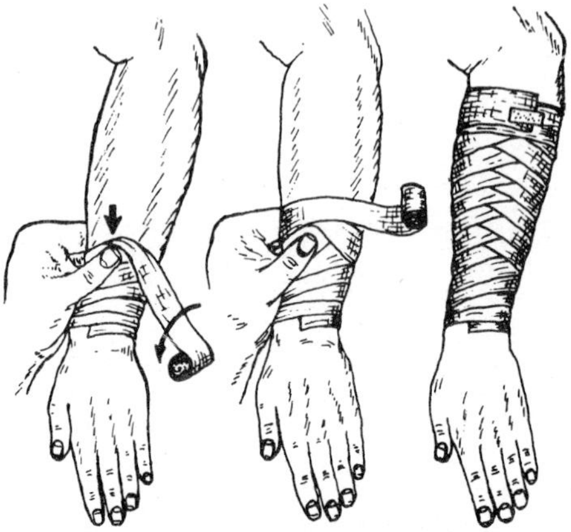

Fig. 501. Vendaje en espica con inverso

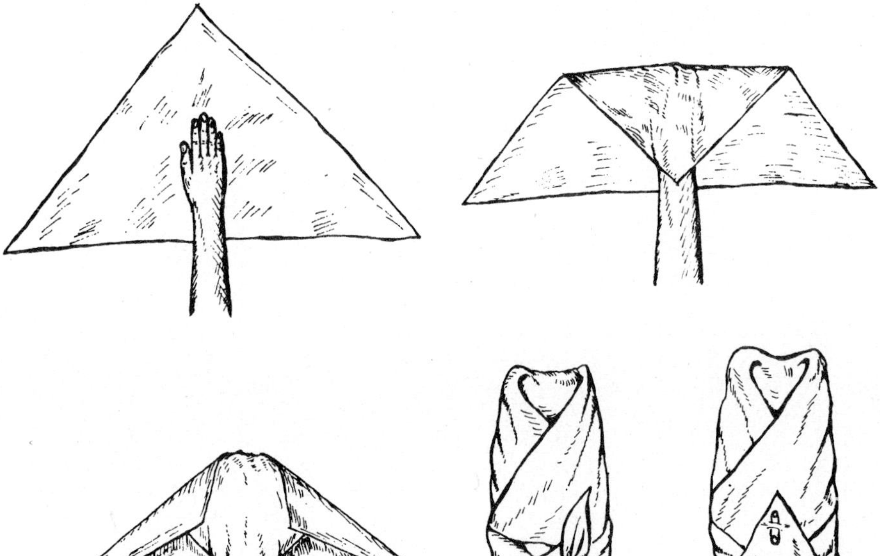

Fig. 502. Forma de vendar una mano o un pie

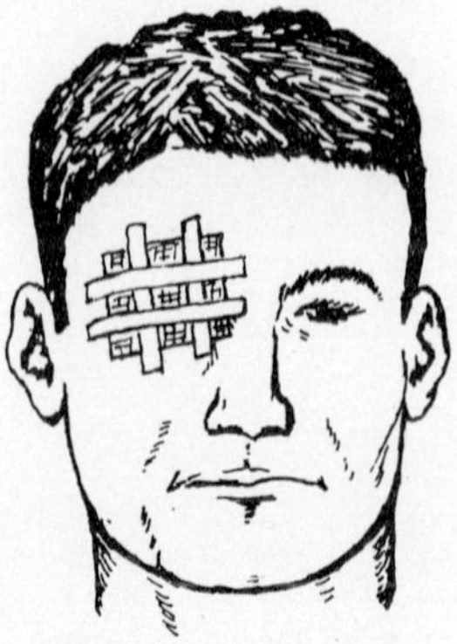

Fig. 503. Vendaje oclusivo con gasa y esparadrapo

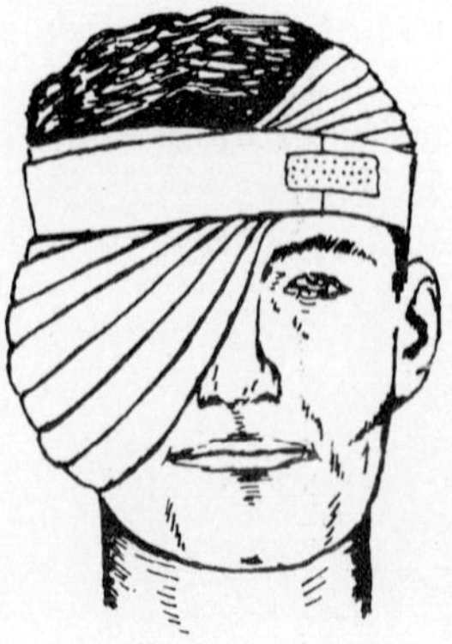

Fig. 504. Vendaje de un ojo u oído

tremo en dos, por medio de esparadrapo o sujetándola con imperdibles.

En las distintas figuras 498, 499, 500, 501, 502, 503 y 504 se detallan diferentes formas y lugares de vendajes.

INYECCIONES

Las inyecciones más corrientes son:

1. *Subcutáneas* o hipodérmicas, en las que el líquido se introduce por debajo de la piel y encima de los músculos.
2. *Intramusculares,* en las que el líquido se inyecta en los músculos.
3. *Intravenosas,* en las que el líquido se introduce en las venas.

UTENSILIOS. — Los elementos necesarios para poner una inyección son: jeringa y agujas, pinzas, algodón o gasa esterilizados, alcohol o tintura de yodo, y recipiente para la esterilización de los utensilios (fig. 505).

NORMAS GENERALES

Esterilización de los utensilios por ebullición durante 10 minutos. El alcohol, aparte de no eliminar ciertos gérmenes, puede adulterar algunos medicamentos.

Desinfección de las manos con agua y jabón.

Apertura de la ampolla que contiene el inyectable o el agua destilada que se usa como disolvente.

Aspiración del líquido con la jeringa, teniendo en cuenta no tocar con los dedos la parte de jeringuilla o aguja que ha de estar en contacto con el inyectable o con el paciente (fig. 506). Si el disolvente ha de introducirse en el frasco del inyectable a través del tapón de goma, como ocurre en los antibióticos, hay que quitar con las pinzas la parte metálica que recubre el tapón.

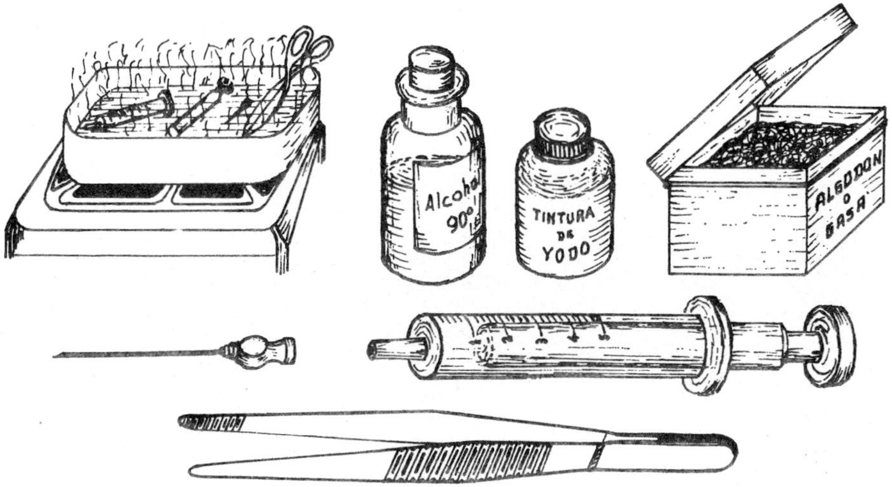

Fig. 505. Elementos necesarios para poner una inyección

Desinfectar con alcohol o yodo diluido la parte donde se ha de efectuar la inyección esperando un poco tiempo para que el alcohol o la solución diluida de yodo actúe como antiséptico.

Expulsión de aire de la jeringa. Pinchar la aguja. Conectar la jeringa y aspirar por si se ha alcanzado un vaso. Inyectar lentamente el líquido.

Al terminar de inyectar y retirada la aguja con rapidez, limpiar con un algodón empapado en alcohol el exceso de desinfectante aplicado así como la pequeña hemorragia producida por la aguja, aplicando a la vez un pequeño masaje que facilita el corte de la pequeña hemorragia y la absorción del inyectable.

Se aspira y se vacía la jeringa varias veces con agua y posteriormente se procederá a su desinfección secado y estiba en su caja.

INYECCIONES SUBCUTÁNEAS O HIPODÉRMICAS. — Coger un pliegue de piel, clavar lentamente la aguja puesta en la geringuilla (llena de líquido y vaciado el aire completamente), fig. 508, introduciéndola para-

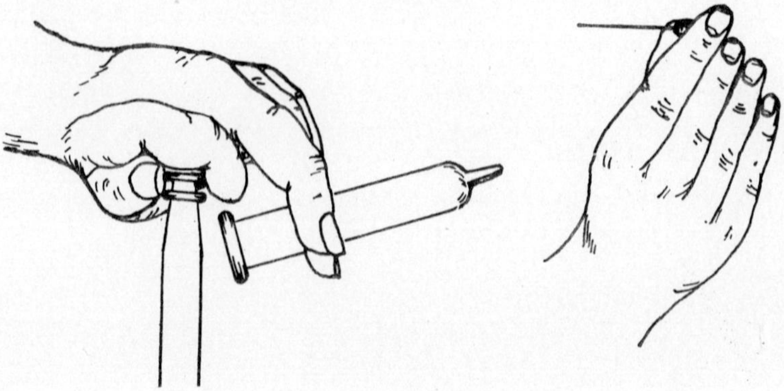

Fig. 506. Manera correcta de manejar la jeringa y aguja

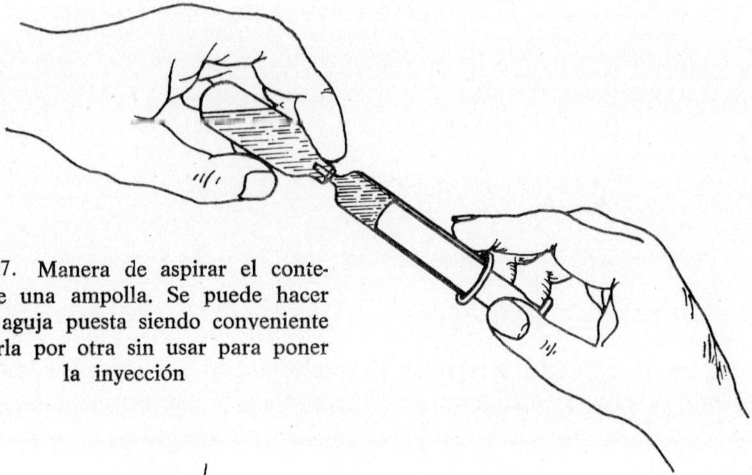

Fig. 507. Manera de aspirar el contenido de una ampolla. Se puede hacer ccn la aguja puesta siendo conveniente cambiarla por otra sin usar para poner la inyección

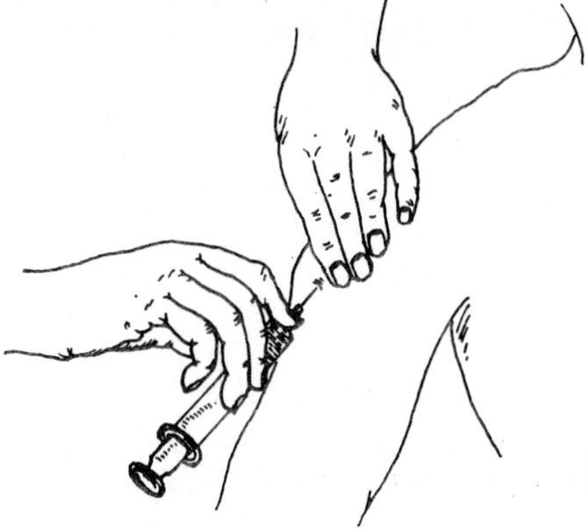

Fig. 508. Forma de pinchar para inyección subcutánea

lelamente a la superficie de la piel. Introducida la aguja se suelta el pliegue cutáneo. Inyectar el líquido y una vez inyectado retirar la aguja con rapidez.

INYECCIONES INTRAMUSCULARES. — La aguja es más larga que en las subcutáneas (de 4 a 6 cms.). Como su nombre indica, hay que practicarla en un músculo, por lo que el pinchazo ha de ser profundo y con preferencia en el lugar indicado en la figura 509, llamado punto de Barthelemy (cuadrante superior externo de la nalga).

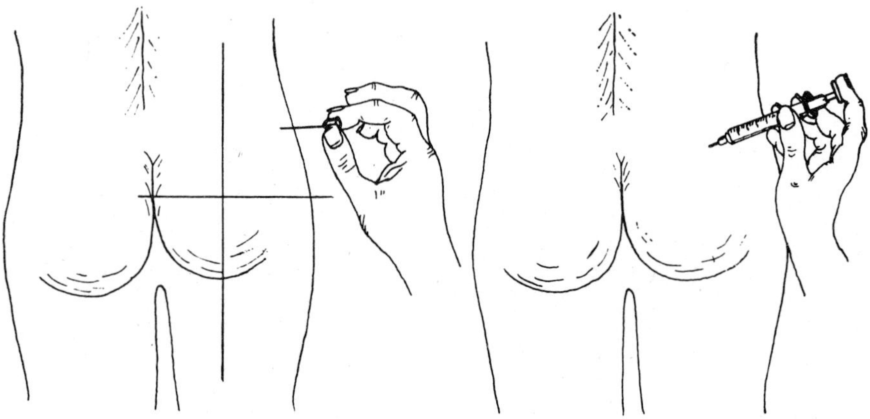

Fig. 509. Técnica de inyección intramuscular en la nalga

Se introduce la aguja a golpe seco (se suele dar un golpe simulado para desorientar al paciente y le pille el pinchazo con los músculos relajados, cosa que facilita la introducción de la aguja). Se adapta la jeringa en la aguja. Se intenta aspirar y en caso de que entre sangre en la aguja es que hemos alcanzado un vaso sanguíneo y entonces ha de procederse a sacar la aguja pinchando de nuevo. Una vez inyectado el líquido y si se ha practicado bien no quedará abultamiento como en la inyección subcutánea. Se retirará la aguja con rapidez y se practicarán las normas generales.

INYECCIONES INTRAVENOSAS. — Ofrecen más dificultades que las anteriores especialmente en la localización e introducción de la aguja en la vena elegida. Si no hay imperiosa necesidad deben ser practicadas por personal idóneo.

Haremos una compresión con una goma, pañuelo, etc., que hace, que al retener la sangre de vuelta al corazón, se marquen las venas superficiales con más intensidad. Se aplicará la jeringa y aguja una vez expulsado completamente el aire y se introducirá lentamente y formando un pequeño ángulo con la superficie de la piel. Teniendo buen tacto se notará resistencia al tratar de atravesar el tejido tubular de la vena. Nada más penetrar la aguja en la vena, y debido a la presión venosa, la sangre penetra en la jeringuilla, momento en que retiraremos la compresión de la goma o pañuelo y comenzaremos a inyectar lentamente.

Es fundamental el eliminar todas las burbujas de aire que contenga el inyectable, pues una embolia de tipo gaseoso podría ser mortal.

Terminada la inyección del líquido debe comprimirse el lugar del pinchazo con el algodón empapado en alcohol para evitar la salida de sangre.

SIGNOS DE MUERTE. — En la actualidad, debido a las comunicaciones y al acortamiento de distancias por la velocidad, es difícil que nos veamos precisados a dictaminar la muerte de una persona por la falta de un médico. No obstante, debido a que a veces se ha dado por muerto a quien sólo lo estaba aparentemente y se le ha dejado de practicar ayudas para su recuperación, conviene saber los síntomas de una muerte real y que la Ley prohíbe actuar con un cuerpo como cadáver hasta haber transcurrido 24 horas desde que se dio por ocurrido el fallecimiento.

Los signos de muerte son: palidez o amoratamiento de la piel, ojos vidriosos y desaparición de la contracción de pupilas al acercarles la luz, paralización de la respiración y supresión del pulso y de los latidos del corazón, pérdida de sensibilidad, enfriamiento gradual del cuerpo, rigidez cadavérica que comienza de 2 a 8 horas después de la muerte, descomposición que empieza a las 24 horas, aparición de manchas azuladas en el abdomen.

La falta de respiración se comprueba aproximando a nariz y boca una llama o un espejo y comprobando que la llama no se mueve y el espejo no se empaña.

La falta de circulación se confirma si al hacer una ligadura en un dedo permanece pálida y no se pone azul.

La falta de sensibilidad se confirma aplicando una llama a los dedos de la mano dando origen en caso de muerte a la formación de ampollas de aire que se rompen con ruido.

Los síntomas más fidedignos son la descomposición, la aparición de manchas azuladas en el abdomen y la rigidez cadavérica.

Capítulo 78

SERVICIO RADIOTELEGRAFICO DE INFORMACION MEDICA

RECOGIDA DE SÍNTOMAS. REDACCIÓN DEL DESPACHO RADIOMÉDICO. SECCIÓN MÉDICA DEL CÓDIGO INTERNACIONAL DE SEÑALES

Cuando las posibilidades de a bordo son limitadas o no se ha podido diagnosticar la enfermedad hay que efectuar una consulta médica mediante la radio. Puede ser obtenida de un barco próximo que lleve médico o bien de una estación de tierra.

La información o consulta médica tiene preferencia a otra clase de mensajes a excepción de las llamadas de socorro.

La importancia de la consulta médica dependerá de la precisión y amplitud de los datos facilitados al médico mediante el mensaje. Muchos de los detalles pueden parecer insignificantes al profano y ser de gran utilidad al médico para su diagnóstico.

Para preparar un mensaje médico se habrán recogido los síntomas mediante un examen y preguntas al paciente y se preparará de acuerdo con los siguientes detalles:

Información del buque. — 1. Nombre del barco. 2. Situación (latitud y longitud). 3. Velocidad. 4. Destino.

Descripción general del paciente. — 1. Sexo, 2. Edad. 3. Si está o no en cama. 3. Consciente o inconsciente. 5. Si está o no en plenas facultades mentales.

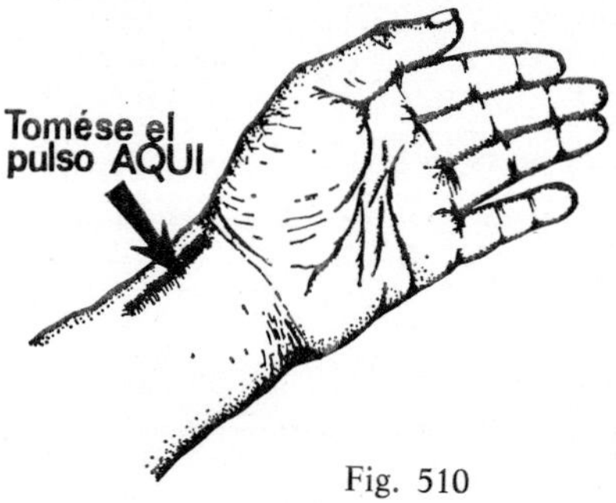

Fig. 510

Pulso. — 1. Ritmo por minuto. 2. Regular o irregular. 3. Fuerte o débil.

Respiración. — 1. Ritmo por minuto. 2. Ruidosa o no. 3. Profunda o fatigada. 4. Fácil o forzada. 5. Con dolor o sin dolor.

Temperatura. — 1. Grados. 2. Tomada en la boca o en el ano. 3. Estable, ascendiendo o descendiendo. 4. Tiempo de observación de la temperatura.

Dolor. — 1. Si o no. 2. Fuerte o ligero. 3. Continuado o intermitente. 4. Localización exacta. 5. Extensión. 6. Si se incrementa al presionar. Si va acompañado de escalofríos o si se le disminuye por medio de...

Duración de la enfermedad o de las heridas

Causas. — Intoxicación, quemaduras, golpes, mordeduras o picaduras de animal, heridas, etc.

Localización y área de la herida.

Hemorragias. — Si es grande o ligera, si está controlada o no, interna o externa, si es con vómitos o en orina, etc.

Deformidades. — De las extremidades, del abdomen o de otra parte afectada, pérdida de movimientos, sospecha de fracturas.

Hinchazón. — Indicando la parte afectada.

Otras. — Sed, frío en las manos o pies, náuseas, vómitos, intranquilidad, colapso.

Tratamiento. — Indicar el tratamiento que se le ha aplicado, indicando medicamentos y dosis. Alergia a medicamentos, etc.

Historial del paciente. — Enfermedades y fechas, tratamientos administrados, etc.

Otros síntomas. — Diarrea, estreñimiento, apetito, pus, ataques, parálisis, indigestión, frecuencias en el orinar, pérdida de peso, etc.

Una vez recogidos los síntomas y preparado el mensaje el Capitán de la nave los transmitirá a la estación que le va a prestar ayuda usando las señales descritas en 15 capítulos en el Código Internacional de Señales y por vía radiotelegráfica, radiotelefónica o por banderas.

Dado que los yates no suelen tener más que radiotelefonía y que la falta de práctica en el manejo del Código es causa de confusión de señales, normalmente se transmite en claro.

Hay un Centro Internacional Radiomédico (CIRM) en Roma con el que se puede conectar radiotelegráficamente las 24 horas del día en las frecuencias 17.036, 12.760, 12.748, 8.685, 6.420 y 4.265 kilociclos. Los radiotelegramas irán redactados en inglés, francés o italiano, e irán precedidos de la expresión MÉDRAD (MÉDico RADio) y codificados según un Código Internacional al efecto que está diseñado en grupos de cinco letras. Asimismo se pueden utilizar los servicios permanentes de la US COAST GUARD de Norteamérica en el Atlántico Norte, los de Buenos Aires en el Atlántico Sur y los de Manila en el Pacífico.

En España existe un servicio de consultas radiomédicas, por vía telegráfica a través de *Aranjuez Radio* y por vía radiotelefónica a través de *Pozuelo del Rey Radio*, que facilita la Policlínica Naval del Cuartel General de la Armada.

Este servicio es permanente y gratuito, no percibiéndose tampoco tasas por la transmisión radioeléctrica.

En las consultas se utilizará el *español* y también puede emplearse la Sección Médica del Código Internacional de Señales. Los buques españoles deberán indicar siempre el tipo de botiquín que llevan.

Los radiotelegramas relativos a este servicio tienen la misma prioridad que los mensajes «SVH» y llevarán la abreviatura «MEDRAD» al principio del preámbulo.

Por otra parte, las consultas radiomédicas, que se reciban en las radios costeras, se pasarán al médico de guardia del Centro radiomédico del Instituto Social de la Marina, Génova 20, Madrid, teléfonos: 91 - 410 35 48 y 91 - 410 35 49, y como alternativa, las de la península las pasarán a la Policlínica Naval del Cuartel General de la Armada, y en Canarias, a la Casa del Marino de las Palmas, teléfono: 928 - 26 80 12, o a Santa Cruz de Tenerife, teléfono: 922 - 27 11 54.

BOTIQUÍN NÚMERO 4

Obligatorio para las embarcaciones de recreo de más de 12 metros de eslora, de acuerdo con las normas de aplicación del Convenio Internacional para la Seguridad de la Vida Humana en el Mar y con lo dispuesto por el Ministerio de la Gobernación (Dirección General de Sanidad).

Estará contenido en caja metálica con cierre hermético y frisa de goma para impedir la entrada del agua y la humedad, de dimensiones 20 por 13 por 7 centímetros.

1 paquete de Tintura de Armil al 1 por 100, envases de 10 c. c. núm. 3
1 paquete de 5 ampollas autoinyectables de Cloruro mórfico.
1 paquete de 10 gasas comprimidas, com. ester. de 10 × 10.
1 paquete de vendas de gasa comprimida, 10 cms. × 10 metros.
2 vendas de gasa comprimida, 5 cms. × metros.
3 vendas de gasa comprimida, 7,5 cms. × 6 metros.
2 vendajes muslo, triangular compr. 90 × 90 × 131.
2 paquetes de 25 grs. de algodón.
1 torniquete.

PRACTICAS DE PROCEDIMIENTOS RADIOTELEFONICOS

Capítulo 79

EXTRACTO DE LOS REGLAMENTOS Y DISPOSICIONES OFICIALES EN VIGOR RELACIONADOS CON EL SERVICIO RADIOTELEFONICO MOVIL MARITIMO

Terminología

Telecomunicación. — Toda transmisión o recepción de signos, señales, escritos, imágenes, sonidos o informaciones de cualquier naturaleza, por hilo, radioelectricidad, medios ópticos u otros sistemas electromagnéticos.

Ondas radioeléctricas (u ondas hertzianas). — Ondas electromagnéticas cuya frecuencia es inferior a 3.000 Gc/s, que se propagan por el espacio sin guía artificial. (Gc = gigaciclo = 1.000 Mc/s).

Radiocomunicación. — Toda telecomunicación realizada por medio de ondas radioeléctricas.

Telefonía. — Sistema de telecomunicación para la transmisión de la palabra o, en algunos casos, de otros sonidos.

Estación. — Uno o más transmisores o receptores, o una combinación de transmisores y receptores, incluyendo las instalaciones accesorias, necesarios para asegurar un servicio de radiocomunicación, en un lugar determinado. Las estaciones se clasificarán según el servicio en el que participen de una manera permanente o temporal.

Estación terrestre. — Estación del servicio móvil no destinada a ser utilizada en movimiento.

Estación móvil. — Estación de servicio móvil destinada a ser utilizada en movimiento, o mientras esté destinada en puntos no determinados.

Servicio móvil. — Servicio de radiocomunicación entre estaciones móviles y estaciones terrestres, o entre estaciones móviles.

Servicio móvil marítimo. — Servicio móvil entre estaciones costeras y estaciones de barco, o entre estaciones de barco, en el que pueden participar también las estaciones de embarcaciones y dispositivos de salvamento.

Estación costera. — Una estación terrestre del servicio móvil marítimo.

Estación de barco. — Estación móvil del servicio móvil marítimo a bordo de un barco que no sea una embarcación o dispositivo de salvamento, y que no esté amarrado de forma permanente.

Frecuencia asignada. — Centro de la banda de frecuencia asignada a una estación.

Potencia. — Siempre que se haga referencia a la potencia de un transmisor radioeléctrico, etc., se expresará en una de estas formas:

— potencia de cresta (Pp)
— potencia media (Pm)
— potencia de la portadora (Pc).

Operador calificado. — Una persona en posesión del certificado exigido conforme a las disposiciones del Reglamento de Radiocomunicaciones.

Asignación de frecuencias. — Los miembros de la Unión Internacional de Telecomunicaciones (U.I.T.) se comprometen a atenerse a las prescripciones del Cuadro de distribución de las bandas de frecuencias, así como a las demás disposiciones del Reglamento de radiocomunicaciones, al asignar frecuencias a las estaciones que puedan causar interferencias perjudiciales a los servicios efectuados por las estaciones de los demás países.

Las frecuencias han sido asignadas por los Reglamentos y Acuerdos Internacionales para los diferentes servicios teniendo en cuenta el alcance, el modo de comportarse en su propagación y las necesidades e importancia de los diferentes servicios.

La radiotelefonía es un servicio de radiocomunicación a distancia media y su alcance promedio es de 250 millas de día y 1.000 millas de noche, empleando la *potencia de emisión máxima autorizada.*

En la Región 1, que es donde se encuentra España, las frecuencias asignadas a las estaciones del servicio móvil marítimo que funcionen en las bandas comprendidas entre 1.605 y 3.800 Kc/s deben elegirse, dentro de lo posible, en las bandas siguientes:

1.605 — 1.625	Kc/s	Radiotelegrafía exclusivamente.
1.625 — 1.670	Kc/s	Radiotelefonía de poca potencia.
1.670 — 1.950	Kc/s	Estaciones costeras.
1.950 — 2.053	Kc/s	Emisiones de estaciones de barco destinadas a estaciones costeras.
2.053 — 2.065	Kc/s	Comunicaciones entre barcos.
2.065 — 2.170	Kc/s	Emisiones de estaciones de barcos destinadas a estaciones costeras.
2.170 — 2.173,5	Kc/s	Llamada a las estaciones de barco por las estaciones costeras.
2.173,5 — 2.190,5	*Kc/s*	*Banda de guardia de la frecuencia de Socorro y de llamada de 2.182 Kc/s.* *

* Véase lo relativo al canal 16 (156,80 MHz), página 79-9.

2.190,5 — 2.194	Kc/s	Llamada a las estaciones costeras por las estaciones de barco.
2.194 — 2.440	Kc/s	Comunicaciones entre barcos.
2.440 — 2.578	Kc/s	Emisiones de estaciones de barco destinadas a estaciones costeras.
2.578 — 2.850	Kc/s	Estaciones costeras.
3.155 — 3.340	Kc/s	Emisiones de estaciones de barco destinadas a estaciones costeras.
3.340 — 3.400	Kc/s	Comunicaciones entre barcos.
3.500 — 3.600	Kc/s	Comunicaciones entre barcos.
3.600 — 3.800	Kc/s	Estaciones costeras.

Las frecuencias también se suelen dar en metros. Para ello convertiremos los ciclos en metros:

La velocidad de la luz es 300.000 Km/s y y la frecuencia es en ciclos por segundo. Dividimos 300.000.000 m/s por los ciclos por segundo y nos da los metros, v. gr.: Si emitimos en una frecuencia de 2.820 Kc/s, dividimos

$$\frac{300.000.000}{2.820.000} = 106{,}3 \text{ metros}$$

Interferencias

1. Se prohíbe a todas las estaciones:

— las transmisiones inútiles;
— la transmisión de señales y correspondencia superflua.
— la transmisión de señales sin identificación o usar una señal de identificación falsa;
— las transmisiones al éter que no vayan dirigidas a una estación de aeronave, de buque o costera oficialmente reconocida;
— las transmisiones dentro de puertos y radas en el margen de frecuencias de 1.670 Kc/s a 2.850 Kc/s, salvo en casos muy justificados de socorro, urgencia y seguridad.

2. Todas las estaciones estarán obligadas a limitar su potencia radiada al mínimo necesario para asegurar un servicio satisfactorio.

3. Con el fin de evitar las interferencias:

— se escogerá con especial cuidado la ubicación de las estaciones transmisoras y, cuando la naturaleza del servicio lo permita, la de las estaciones receptoras;
— aprovechar las cualidades de las antenas directivas;

— se tendrán en cuenta las características técnicas de los equipos;
— se reducirá al mínimo la anchura de banda ocupada.

Cuando una estación cometa infracciones graves, las administraciones que las comprueban las comunicarán a la administración de quien dependa la estación para que se cerciore de los hechos y determine las responsabilidades.

SECRETO DE LAS COMUNICACIONES. — Está prohibido a toda estación la intercepción, sin autorización, de radiocomunicaciones no destinadas al uso público general, así como la divulgación del contenido, o simplemente de la existencia.

LICENCIAS. — Ningún particular o empresa podrá instalar o explotar una estación transmisora sin la correspondiente licencia del Gobierno.

El titular de una licencia está obligado a guardar secreto de las telecomunicaciones.

IDENTIFICACIÓN. — Una estación se identificará por el distintivo de llamada o por cualquier otro procedimiento de identificación reconocido: por el nombre de la estación, por la ubicación de la estación, por el nombre del organismo de explotación, por su matrícula o por cualquier otra característica que pueda pemitir la identificación internacional sin confusión posible.

Los distintivos de llamada atribuidos a España para estaciones abiertas al servicio de correspondencia pública internacional, estaciones de aficionados y todas las demás estaciones que puedan causar interferencias perjudiciales más allá de las fronteras son los comprendidos entre AMA y AOZ y entre EAA y EHZ.

Para formar los distintivos de llamada, podrán emplear las 26 letras del alfabeto, así como cifras en los casos especificados en el Reglamento. Las estaciones de tierra y estaciones fijas con tres letras, las estaciones de barco con cuatro letras y las estaciones de aeronaves con cinco letras.

INSPECCIÓN. — Siempre que sea posible, la licencia, o una copia debidamente legalizada por la autoridad que la haya expedido, estará expuesta permanentemente en la estación.

La autoridad podrá exigir su presentación cuando esté estipulado, cuando lo crea necesario o cuando proceda a la inspección de la estación.

AUTORIDAD DEL CAPITÁN O JEFE DE LA NAVE. — El servicio de una estación móvil depende de la autoridad suprema del Capitán o de la persona responsable del barco, de la aeronave o del vehículo portador de la estación móvil.

El Capitán o la persona responsable, así como toda persona que pueda tener conocimiento del texto, tiene la obligación de guardar y garantizar el secreto de la correspondencia.

CERTIFICADOS DE OPERADOR. — El artículo 23 del Reglamento de Radiocomunicaciones trata de las clases y categorías de los certificados y condiciones para su obtención, así como de sus atribuciones.

CERTIFICADOS DE RADIOTELEFONISTA. — Se expedirá a los candidatos que hayan demostrado poseer los conocimientos de:

a) principios elementales de la radiotelefonía;
b) ajuste y funcionamiento práctico de los aparatos de radiotelefonía;
c) aptitud para la transmisión y recepción telefónica correctas;
d) reglamentos aplicables a las radiocomunicaciones telefónicas especialmente relativos a la seguridad de la vida humana.

PROCEDIMIENTO GENERAL RADIOTELEFÓNICO DE LOS SERVICIOS MÓVILES MARÍTIMOS. — Antes de transmitir, cada estación tomará las precauciones necesarias para asegurarse de que sus emisiones no causarán interferencias a las comunicaciones que se estén ya radiando.

La estación móvil cuya emisión interfiera las comunicaciones entre otras estaciones deberá cesar de emitir a la primera petición de cualquiera de las mismas.

La llamada se transmitirá de la siguiente forma:

— el distintivo de llamada de identificación de la estación llamada, tres veces a lo sumo;

— la palabra AQUÍ (o DE, utilizando las palabras del código DELTA ECHO en caso de dificultades con el idioma);

— el distintivo de llamada de la estación que llama, tres veces a lo sumo.

Una vez establecido el contacto, sólo se podrá transmitir una vez los indicativos.

La frecuencia de llamada es la de 2.182 Kc/s. A partir del 1.º de abril de 1977 será la de 2.170,5 Kc/s dejando la de 2.182 para socorro, urgencia y seguridad. Después de establecido el contacto se podrá pasar a otra frecuencia de común acuerdo.

Respuesta a la llamada. — La respuesta se transmitirá en la forma siguiente:

— el distintivo de la estación que llama, tres veces a lo sumo;

— la palabra AQUÍ (o DE utilizando las palabras de código DELTA ECHO en caso de dificultad en el idioma);

— el distintivo de llamada del que responde, tres veces a lo sumo.

Recibida la retransmisión del radiotelegrama finalizará con la palabra «cambio» (o R utilizando la palabra ROMEO). Si hubiera dificultades de idioma se utilizará la palabra KILO (K).

El final del trabajo entre dos estaciones se indicará con la palabra «terminado» (o VA utilizando las palabras del código VICTOR ALFA, en caso de dificultades en el idioma).

La transmisión de la llamada y de las señales preparatorias del tráfico en la frecuencia portadora de 2.182 Kc/s o en 156,8 Mc/s no excederá de dos minutos, salvo en casos de socorro, urgencia o seguridad.

LISTAS DE LLAMADA. — Las estaciones costeras transmiten las «listas de llamada» en sus frecuencias normales de trabajo. Dichas listas están constituidas por los distintivos de llamada, clasificados por orden alfabético, de las estaciones móviles para las que tengan trabajo pendiente. Harán una llamada general que anuncia las listas de llamada en la forma siguiente:

— «Atención todos los barcos» o CQ (CHARLIE QUEBEC) tres veces a lo sumo;

— la palabra AQUÍ;

— «...Radio» tres veces a lo sumo;

— «Escuchen mi lista de llamada en ... Kc/s.

En el nomenclátor de las estaciones costeras están los horarios de emisión y frecuencias que utilizan para las listas de llamada.

En el caso de que una estación llamada no respondiera a la llamada emitida tres veces con intervalos de dos minutos, se suspenderá la llamada hasta pasados quince minutos.

SOCORRO. — Como hemos dicho, la frecuencia de socorro es la de 2.182 Kc/s en la que se procurará estar a la escucha.*

A fin de aumentar la seguridad de la vida humana en la mar se procederá a la escucha durante dos períodos horarios de 3 minutos que corresponden a los minutos 0 a 3 y de 30 a 33, es decir: los tres minutos después de las horas y después de las medias.

La llamada y el mensaje de socorro, para lo que se podrá utilizar cualquier medio de que se disponga para llamar la atención, será transmitida por orden del Jefe de la nave o persona responsable, y a ser posible será lenta, separando las palabras y pronunciando claramente cada una de ellas, a fin de facilitar su transcripción.

La llamada de socorro en radiotelefonía comprenderá:

— La señal de socorro MAYDAY tres veces (pronunciada MEiDEi);

— la palabra AQUÍ (o DELTA ECHO);

— el distintivo de llamada o cualquier otra señal de identificación de la estación móvil en peligro (tres veces).

La llamada de socorro tendrá prioridad absoluta sobre todas las demás

* Véase lo relativo al canal 16 (156 MHz), página 79-9.

comunicaciones. Todas las demás estaciones guardarán silencio y permanecerán a la escucha.

El mensaje radiotelefónico de socorro comprenderá:

— La señal de socorro MAYDAY;

— el nombre o cualquier otra señal de identificación de la estación móvil en peligro;

— las indicaciones relativas a su situación, latitudes NORTH o SOUTH y longitudes EAST o WEST; por demora y distancia a un punto.

— naturaleza del peligro y género de auxilio solicitado;

— cualquier otra información que pueda facilitar el socorro.

Mientras no se reciba respuesta, el mensaje de socorro, precedido de la llamada de socorro, se repetirá a intervalos, especialmente durante los períodos de silencio. Esta repetición deberá ir precedida, siempre que sea posible, de la señal de alarma.

Los intervalos deberán ser suficientemente largos, a fin de que las estaciones que se dispongan a contestar tengan tiempo de alistar sus equipos.

En caso de que la estación móvil en peligro no reciba respuesta al mensaje de socorro, podrá repetir dicho mensaje en otras frecuencias.

El acuse de recibo de un mensaje de socorro finaliza con la palabra RECIBIDO o RRR (ROMEO tres veces) y posteriormente la señal de socorro MAYDAY.

Cualquier estación de servicio móvil que se halle próxima al barco en peligro podrá imponer silencio cuando lo juzgue indispensable. Usará la palabra SILENCE (pronunciación «silans») seguida de su propio distintivo de llamada.

Si se trata de la estación en peligro dirá SILENCE MAYDAY.

Una estación de radiotelefonía que tiene que retransmitir un mensaje de socorro emitirá la señal MAYDAY RELAY (pronunciación MEiDEi RELE) tres veces, la palabra AQUÍ seguida del distintivo de llamada repetido tres veces y después transmitirá el mensaje.

APARATOS RADIOTELEFÓNICOS DE ALARMA. — Están diseñados para transmitir una señal que consiste en dos señales, aproximadamente sinusoidales, de audiofrecuencia, transmitidas alternativamente; la primera de ellas tendrá una frecuencia de 2.200 Kc/s y la otra de 1.300 Kc/s. Cada una de ellas se transmitirá durante 250 milisegundos. Se transmitirá durante un período de 30 a 60 segundos.

Los aparatos receptores de dicha señal funcionan automáticamente conectando un timbre y una luz roja para llamar la atención del operador.

SEÑAL DE URGENCIA. — Consistirá en la transmisión de la palabra PAN (pronunciación «pan») repetida tres veces y se transmitirá antes de la llamada. Indica que la estación que llama tiene que transmitir un mensaje muy urgente relativo a la seguridad del barco o de una persona.

Se transmitirá en una de las frecuencias de socorro (500 ó 2.182 Kc/s). Esta señal tendrá prioridad sobre las demás excepto sobre las de socorro.

SEÑAL DE SEGURIDAD. — Consiste en la tansmisión de la palabra SECURITÉ (pronunciación SEQUIRITÉ) repetida tres veces. Indica que la estación va a transmitir un mensaje relativo a la seguridad de la navegación o que contiene avisos meteorológicos importantes. Se transmitirá en las frecuencias de socorro o de peligro.

PERÍODOS DE SILENCIO. — Al objeto de aumentar la seguridad de la vida humana en la mar, el Reglamento de Radiocomunicaciones establece dos períodos de silencio por cada hora. *ESTOS PERÍODOS SON LOS TRES PRIMEROS MINUTOS DESPUÉS DE LAS HORAS Y DESPUÉS DE LAS MEDIAS* y hay prohibición absoluta, durante los mismos, de efectuar transmisiones en la banda comprendida entre 2.173,5 y 2.190 Kc/s, zona que incluye la frecuencia internacional de socorro de 2.182 Kc/s.

Durante estos períodos, tanto los buques como las estaciones costeras, mantendrán escucha, siempre que sea posible, en la frecuencia de 2.182 Kilociclos por segundo.

ORDEN DE PRELACIÓN DE LAS COMUNICACIONES.

1.° Llamadas o mensajes de socorro.
2.° Comunicaciones precedidas de la señal de urgencia.
3.° Comunicaciones precedidas de la señal de seguridad.
4.° Comunicaciones relativas a marcaciones radiogoniométricas.
5.° Comunicaciones relativas a la navegación.
6.° Radiotelegramas de Estado.
7.° Todas las demás comunicaciones.

ESTACIONES PARA DIFERENTES SERVICIOS. — Diferentes estaciones, organizadas por los Estados, son utilizadas para facilitar determinados servicios, tales como:

Estaciones-barcos oceánicas.
Estaciones de calibración radiogoniométrica.
Estaciones que transmiten señales horarias.
Estaciones que emiten frecuencias patrón.
Estaciones que emiten boletines meteorológicos.
Estaciones que emiten avisos a los navegantes.
Estaciones que emiten consejos médicos.
Estaciones que emiten boletines epidemiológicos.
Estaciones que emiten URCIgramas.

CANAL 16 (156,80 MHz)

Las bandas de frecuencia en radiotelefonía son las siguientes:

Frecuencias medias (FM = Media Frequencies), ondas hectométricas, desde 200 a 3.000 KHz.

Altas frecuencias (HF = High Frequencies), ondas decamétricas, desde 3 a 30 MHz.

Muy altas frecuencias (VHF = Very High Frequencies), ondas métricas, desde 30 a 300 MHz.

Las bandas de frecuencias autorizadas para la radiotelefonía son las siguientes:

Para frecuencias medias, de 1.605 a 4.000 KHz.

Para altas frecuencias, de 4 a 27,5 MHz.

Para muy altas frecuencias, de 156 a 174 MHz.

Las clases de emisión (símbolos) son los siguientes:

A3 = Telefonía, doble banda lateral. Radiotelefonía con modulación en amplitud por la palabra o por la música.

A3A = Telefonía, banda lateral única, portadora reducida.

A3B = Telefonía, dos bandas laterales, independientes.

A3H = Telefonía, banda lateral única, portadora completa.

A3J = Telefonía, banda lateral única, portadora suprimida.

La banda de FRECUENCIAS MEDIAS de 1.605 a 4.000 KHz, es la que emplean generalmente los pescadores españoles, y que cubre un servicio a media distancia, ha sido detallada en las páginas 79-2 y 79-3, y para mayores alcances deben emplearse las ALTAS FRECUENCIAS, o sea: de 4 a 27,5 MHz.

Para alcance prácticamente visual se recomienda el uso de MUY ALTAS FRECUENCIAS, o sea: de 156 a 174 MHz, tanto para comunicar entre buques como con estaciones costeras. De este modo se dejan libres las frecuencias medias que, generalmente, se encuentran sobrecargadas.

Hemos dicho anteriormente que para las llamadas de SOCORRO, URGENCIA y SEGURIDAD se empleará la frecuencia de 2.182 KHz si se emplea MF, pero si se emplea la VHF (ondas métricas) para la llamada de SOCORRO, URGENCIA y SEGURIDAD se empleará la frecuencia *156,80 MHz (Canal 16)*, que antes de 1976 estaba designada como frecuencia para la SEGURIDAD y LLAMADA exclusivamente.

La nueva aplicación de la frecuencia 156,80 MHz (Canal 16) como frecuencia de SOCORRO reviste una esencial importancia para la seguridad de la navegación y de la vida humana en el mar, por lo que debe extremarse el correcto uso de dicha frecuencia en evitación de graves perjuicios que pudieran ocasionarse al impedir o interferir las posibles comunicaciones, a través de ella, en situaciones de peligro.

Es decir: la frecuencia de 156,80 MHz (Canal 16) se empleará únicamente para:

a) — Señal, llamada y tráfico de socorro.

b) — Señal de tráfico de urgencia relativo a la seguridad de un barco, aeronave o persona.

c) — Señal de seguridad, si bien el mensaje que siga deberá transmitirse en una frecuencia de trabajo distinta de 156,80 MHz.

No obstante lo anterior, la frecuencia 156,80 MHz (Canal 16) puede utilizarse para la llamada y respuesta entre estaciones costeras y barcos, o entre éstos, cuando traten de enlazar para establecer comunicaciones normales, pero en ningún caso se pasará a través de ella el tráfico que originen estas comunicaciones, reduciendo al mínimo las transmisiones a fin de facilitar la recepción de llamadas de socorro, y no deberán exceder de un minuto.

Los buques que dispongan de estación radiotelefónica de ondas métricas (VHF) procurarán siempre que sea posible, mantener escucha en la frecuencia 156,80 MHz (Canal 16) con objeto de contribuir a la eficacia del sistema de socorro.

Sin embargo, puesto que en España se viene utilizando el canal 9 (156,45 MHz) como de seguridad y operaciones de buques de pequeño porte, especialmente buques o embarcaciones de recreo, éstos mantendrán escucha en el citado canal 9 durante los minutos 10 a 20 y 40 a 50 de cada hora cuando se encuentren dentro de la zona de servicio de la estación radiotelefónica (VHF) de un club náutico para establecer enlace con éste directamente en dicho canal y así perturbar lo menos posible las comunicaciones en el canal 16 evitando la congestión de éste.

En todo caso, las posibilidades de conseguir buenas comunicaciones, tanto de día como de noche, dependerá de que los usuarios se sometan a una gran *disciplina de tráfico, trabajando en la frecuencia que se les asigne, no perturbando el éter con emisiones innecesarias y efectuando las emisiones necesarias en lenguaje claro y conciso*. En definitiva, cumplir las normas dadas por la Subsecretaría de Pesca y Marina Mercante para el tráfico radiado.

Como ya se ha indicado anteriormente, para frecuencias medias (MF) en las bandas de 1.605 a 4.000 KHz se utiliza la frecuencia de *2.182 KHz para socorro, urgencia y seguridad*, pero también se emplea para hacer *llamadas y respuestas a buques y estaciones costeras extranjeras.*

Para hacer llamadas, respuestas y tráfico con buques españoles, se emplea la frecuencia 2.272 KHz.

Toda estación móvil en peligro puede utilizar todos los medios de que disponga para llamar la atención, señalar su posición y obtener auxilio.

Las llamadas y mensajes de socorro sólo podrán transmitirse por orden del capitán o de la persona responsable del barco.

Para los casos de SOCORRO, URGENCIA o SEGURIDAD la transmisión en telefonía *será lenta, separando las palabras y pronunciando bien claras cada una de ellas* para facilitar su transcripción.

En caso de dificultad de idioma, se recomienda el empleo del Código Internacional de Señales.

El procedimiento en el canal 16 para las llamadas de socorro, urgencia y seguridad será el mismo que el detallado para la frecuencia de 2.182 KHz detallado en páginas anteriores.

Siempre que sea posible, ya que no todas las estaciones de servicio móvil marítimo cuentan con transmisor para la alarma radiotelefónica, antes de transmitir las señales y mensajes de socorro, urgencia o seguridad deberá ponerse en funcionamiento al objeto de que las estaciones automáticas de alarma receptoras se pongan en funcionamiento.

NORMAS SOBRE USO DE ESTACIONES RADIO DE LOS BUQUES EN PUERTOS ESPAÑOLES

De lo legislado hasta el presente sobre el uso de las estaciones radio de los buques que se encuentren en las radas, bahías o puertos españoles, se resume lo siguiente:

1. — El expectro radioeléctrico se considera dividido en los dos grupos siguientes:

Grupo A: Frecuencias inferiores a 30 MHz
Grupo B: Frecuencias superiores a 30 MHz

2. — Queda terminantemente prohibida la transmisión de señales de radio del grupo A a los buques mercantes, de pesca y de recreo nacionales, así como a todos los de pabellón extranjero que se encuentren en movimiento, fondeados o amarrados en el interior de puertos españoles, radas o bahías, salvo en caso de siniestro o fuerza mayor.

3. — Para uso de las estaciones radioeléctricas en puertos españoles por los buques de guerra extranjeros visitantes se requerirá especial autorización del Estado Mayor de la Armada. El Estado Mayor de la Armada la concederá siempre que no haya interferencias con las estaciones españolas y haya análoga reciprocidad por parte de la nación del buque visitante en las visitas de los buques de guerra españoles al país de que se trate. A tal efecto, en la notificación de visitas se indicará si desean hacer uso de la radio y frecuencias a emplear, así como la clase de emisión y potencia radiada por

cada una de las frecuencias. Las Autoridades y Organismos españoles que tramiten peticiones para el uso de la radio en puerto, deberán comprobar que figuran todos los datos anteriores antes de ser cursadas al Estado Mayor de la Armada.

4. — La prohibición anterior se extiende a todos los buques incluidos en el punto 2 cuando se encuentren a menos de tres millas de distancia de las bocas de los puertos correspondientes. Estas distancias serán medidas:

a) En el caso de puertos artificiales, a partir de los extremos exteriores de los malecones que los cierran.

b) En el caso de bahías o radas, a partir de las puntas exteriores que determinan las bocas o entradas de las mismas.

5. — En tanto no estén provistos todos los buques y puertos importantes de estaciones radiotelefónicas que trabajen en ondas métricas (banda de 156/174 MHz, las Comandancias Militares de Marina podrán autorizar a los buques nacionales el empleo de las frecuencias del grupo A, cuando por encontrarse fondeados forzosamente en bahías o radas y a más de media milla de la costa, sean difíciles sus comunicaciones con tierra.

Estas autorizaciones se limitarán a comunicaciones relacionadas con la seguridad de los buques o de vidas humanas. La concesión de esta autorización se limitará a las frecuencias que se determinen en cada caso particular, y las emisiones se efectuarán con la mínima potencia necesaria.

En ningún caso se concederá esta autorización cuando el buque se encuentre fondeado a menos de tres millas de aglomeraciones urbanas o industriales de importancia.

6. — Las frecuencias correspondientes al grupo B podrán emplearse en el interior de los puertos, radas o bahías, siempre que estando asignadas por los Reglamentos Nacionales o Internaciones para el Servicio de operaciones portuarias y para la correspondencia pública, se utilicen de acuerdo con las normas de carácter general establecidas en dichos reglamentos y aquellas otras especiales que sean aplicables.

La autorización para utilizar las frecuencias del grupo B en las condiciones expuestas quedará automáticamente suprimida al izarse en el semáforo de la Capitanía de Puerto o en la Caseta de Prácticos, la señal compuesta por una bola negra de 50 centímetros de diámetro o al ordenarlo por cualquier otro medio dicha autoridad.

7. — Los que contravengan estas disposiciones podrán ser sancionados por la Subsecretaría de Pesca y Marina Mercante o por los Comandantes Militares de Marina.

En el caso de que además la infracción constituya delito contra la seguridad del Estado será juzgada de acuerdo con el Código de Justicia Militar.

Cuando la infracción se cometa durante una situación de emergencia o realización de pruebas o simulacros de plan CONEMRAD, los infractores podrán ser sancionados por dicho Servicio.

CUADRO PARA EL DELETREO DE LETRAS Y CIFRAS

Cuando sea preciso deletrear distintivos de llamada, abreviaturas reglamentarias o ciertas palabras, se utilizará el cuadro siguiente.

Las sílabas que deben acentuarse van subrayadas.

Letra a transmitir	Palabra del código	Pronunciación
A	Alfa	*AL* FA
B	Bravo	*BRA* VO
C	Charlie	*CHAR* LI
D	Delta	*DEL* TA
E	Echo	*E* CO
F	Foxtrot	*FOX* TROT
G	Golf	GOLF
H	Hotel	HO *TEL*
I	India	*IN* DI A
J	Juliet	*YU* LI ET
K	Kilo	*KI* LO
L	Lima	*LI* MA
M	Mike	*MA* IK
N	November	NO *VEM* BER
O	Oscar	*OS* CAR
P	Papa	PA *PA*
Q	Quebec	QUE *BEK*
R	Romeo	*RO* MEO
S	Sierra	SI *E* RRA
T	Tango	*TAN* GO
U	Uniform	*IU* NI FORM
V	Víctor	*VÍC* TOR
W	Whiskey	*UIS* KI
X	X-ray	EX *REY*
Y	Yankee	*IAN* QUI
Z	Zulu	*ZU* LU

0	NADAZERO	NA-DA-SI-RO
1	UNAONE	U-NA-UAN
2	BISSOTWO	BI-SO-TU
3	TERRATHREE	TE-RA-TRI
4	KARTEFOUR	KAR-TE-FOR
5	PANTAFIVE	PAN-TA-FAIF
6	SOXISIX	SOK-SI-SIX
7	SETTESEVEN	SE-TE-SEVEN
8	OKTOEIGHT	OK-TO-EIT
9	NOVENINE	NO-VE-NAIN
Coma decimal	DECIMAL	DE-SI-MAL
Punto	STOP	STOP

ESTACIONES RADIOTEFÓNICAS; SU MANEJO. — Debido a la gran variedad de marcas, tipos y potencias de las diferentes estaciones radiotelefónicas que existen en el mercado, sólo reseñaremos un par de ellas con una idea general de sus características y manejo.

La conferencia de Ginebra de 1967 decidió que desde enero de 1973 todos los barcos que instalasen nuevos equipos de telefonía, en banda de MHF (Telefonía en Frecuencia Media), deberían utilizar solamente las emisiones en Banda Lateral Única (A3H, A3A y A3J).

Asimismo se decidió que todos los barcos existentes deberían estar dotados de equipos de banda lateral única en VHF antes del 1 de enero de 1982.

La banda costera de Telefonía en Frecuencia Media asignada al servicio móvil marítimo, cubre el margen de 1,6 a 3,8 MHz y es utilizada para comunicaciones de corto y medio alcance.

La banda lateral única hace posible el aumentar el número de canales de comunicación en las bandas marítimas asignadas y que se ven congestionadas de tráfico. Prácticamente se duplica el número de canales al asignar dos de banda lateral única por cada canal de doble banda lateral existente.

Con la banda lateral única toda la potencia se utiliza para transmitir información, mientras que con la doble banda lateral la mayor parte de la potencia se disipa en la portadora y en la otra banda lateral. También tiene las ventajas de ser menos propensa al fading (desvanecimiento en la señal de recepción) y menos afectada por las interferencias entre canales.

En la actualidad los equipos están transistorizados, con excepción a veces del transmisor, por lo que prácticamente están listos para su completo funcionamiento nada más accionar el interruptor general.

Las frecuencias están preseleccionadas (canales), tanto para el transmisor como para el receptor, por medio de cristales de cuarzo. Estos cristales pueden sustituirse por otros de diferente frecuencia.

Fig. 511

En la figura 511 se representa un equipo de banda lateral única que sirve para buques de registro bruto inferior a 150 toneladas, que permanezcan menos de 72 horas en la mar. Es de 40 watios de potencia y está dotado de 8 canales presintonizados incluyendo la frecuencia de socorro de 2.182 Kcs.

Trabaja en A3H, A3A y A3J con un margen de frecuencias de 1,6 a 3,8 Mcs y tiene control automático de ganancia.

En la figura 512 se representa un equipo de 400 watios de potencia de envolvente de pico y en el que su funcionamiento en *duplex* permite la transmisión y recepción simultáneas (ya sabemos que en el *simplex* no se puede recibir mientras se está transmitiendo). Lleva 20 canales de transmisión y 30 de recepción. Dispone de un generador de alarma automático incorporado en el transmisor, y las tres unidades de receptor, transmisor y fuente de alimentación se pueden extraer independientemente para la consiguiente ventaja en las reparaciones y conservación.

Esté equipo está transistorizado, excepto en el transmisor, por lo que la recepción es inmediata. Para poder transmitir habrá que esperar unos momentos después del encendido para que las válvulas estén a pleno rendimiento.

Su manejo es sencillo y los mandos se especifican en la figura.

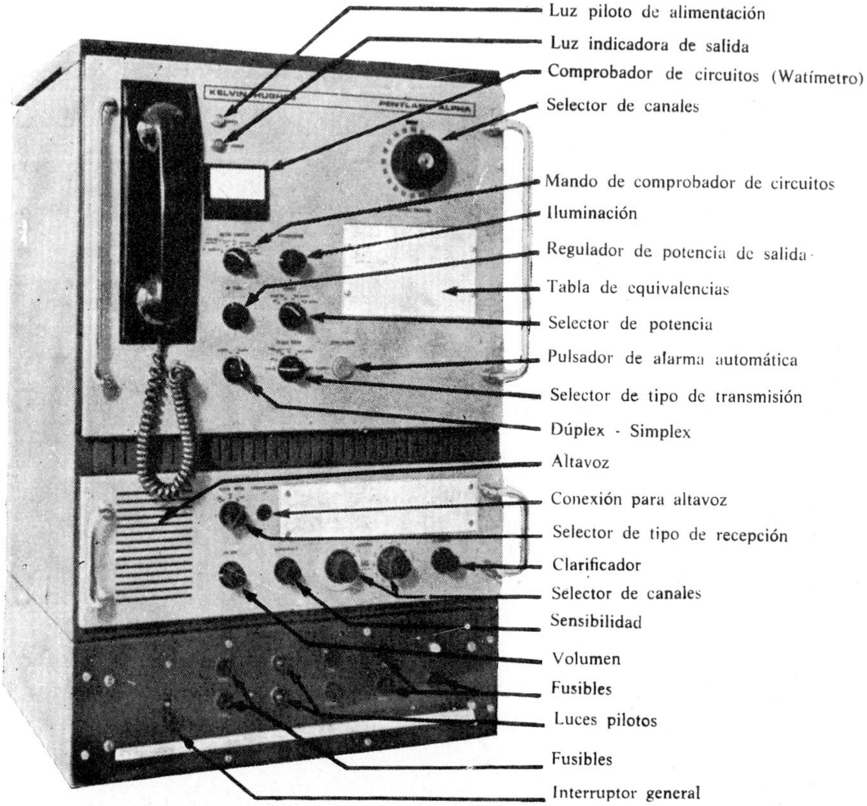

Fig. 512. Equipo en dúplex que permite la transmisión y recepción simultáneas

DESDE SU YATE PUEDE ESTABLECER CONFERENCIAS RADIOTELEFONICAS CON CUALQUIER TELEFONO NACIONAL O EXTRANJERO

Cómo llamar desde su yate a una costera radiotelefónica

1. *ONDA MEDIA - Doble Banda Lateral (DBL)*

La banda de frecuencias de 1605 Kc/s a 4000 Kc/s (187 a 75 metros) es la que emplean todos los barcos para comunicaciones a distancias medias con un alcance de aproximadamente 500 millas.

Cuando desee comunicar con una Costera de Onda Media, deberá operar de la siguiente forma:

a) Seleccionar la Costera con la que Vd. desea enlazar.

b) Actuar sobre el interruptor de encendido del equipo.

c) Sintonizar el receptor en la frecuencia en que trabaja la Costera.

d) Seleccionar en su transmisor la frecuencia de trabajo del Yate (2013, 2083 ó 2122 Kc/s).

EJEMPLO: COMUNICACIONES CON LA COSTERA DE BARCELONA

— Sintonice su receptor en 1730 Kc/s.
— Seleccione en su transmisor la frecuencia de 2013 Kc/s.

PRECAUCION: Antes de efectuar la llamada conviene asegurarse de que no se perturba alguna comunicación en curso.

PROCEDA A LLAMAR DE LA SIGUIENTE FORMA:

COSTERA DE BARCELONA..... AQUI... YATE CAROLINA..... CAMBIO.

La costera de Barcelona contestará en su frecuencia de trabajo (1730 Kc/s) y como el receptor del Yate está sintonizado en la misma frecuencia, recibirá la confirmación de que su llamada ha sido escuchada.

YATE CAROLINA... AQUI... COSTERA DE BARCELONA... CAMBIO.

Establecido el enlace, el Yate indicará a la Costera el servicio que desea:

«Deseo una conferencia con el número 231 26 47 de Madrid»

2. *ONDA MEDIA - Banda Lateral Unica (BLU)*

El procedimiento a seguir es el indicado anteriormente con la única salvedad de que el Yate deberá transmitir y cursar su tráfico en la modalidad de A3H (Banda Lateral Unica con portadora completa).

Cómo llamar desde su Yate en V.H.F.

3. *V.H.F.*

La gama de frecuencias comprendida entre 156 y 174 Mc/s, es la que emplean todos los barcos para este tipo de comunicaciones con un alcance aproximado de unas 30 millas.

El alcance casi visual de estas ondas las hace especialmente adaptables para enlaces telefónicos con Yates que navegan cerca de las costas.

Cuando dese comunicar con una Costera de V.H.F. deberá operar como se indica:

a) Actuar sobre el interruptor de encendido del equipo.

b) Sintonizar su equipo en el canal 16 (1 llamada y socorro 1), actuando sobre el selector correspondiente.

PRECAUCION: Antes de efectuar la llamada conviene asegurarse de que no perturba alguna comunicación en curso.

PROCEDA A LLAMAR DE LA SIGUIENTE FORMA:

EJEMPLO:

YATE - Canal 16	COSTERA DE BARCELONA (tres veces a lo sumo)... AQUI... YATE CAROLINA (tres veces a lo sumo ...... CAMBIO.
COSTERA - Canal 16	YATE CAROLINA (tres veces a lo sumo)... AQUI... COSTERA DE BARCELONA (tres veces a lo sumo)... CAMBIO.

Establecido el contacto y después de indicar el Yate el servicio que desea, la Costera le señalará el canal a emplear para el intercambio del tráfico.

EJEMPLO:

YATE - Canal 16	«Deseo una conferencia»... CAMBIO.
COSTERA - Canal 16	«Enterado. Pase al canal 26»... CAMBIO.
YATE - Canal 26	COSTERA DE BARCELONA (una sola vez)... AQUI... YATE CAROLINA (una sola vez)... CAMBIO.
COSTERA - Canal 26	YATE CAROLINA (una sola vez)... AQUI... COSTERA DE BARCELONA (una sola vez)... CAMBIO.
YATE - Canal 26	«Deseo una conferencia con el número 231 26 47 de Madrid» CAMBIO.

Para cualquier consulta diríjase al Servicio Marítimo - Avenida de José Antonio, 28 MADRID-13, o bien llamando al número 231 26 47 de Madrid.

FRECUENCIAS

PARA USO DE LAS COSTERAS DEL SERVICIO MARITIMO DE LA COMPAÑIA TELEFONICA NACIONAL DE ESPAÑA

RADIOTELEFONIA - ONDA CORTA
Largo alcance - Pozuelo del Rey

DOBLE BANDA LATERAL (DBL)			
COSTERA		BARCO	Sólo hasta 1 Enero 1978
EHY 2	4.403,0 Kc/s	4.104,4 Kc/s	
EHY 4	8.770,4	8.236,4	
EHY 5	13.175,5	12.396,5	
EHY 6	17.321,5	16,526,5	
EHY 7	22.692,0	22.066,5	

BANDA LATERAL UNICA (BLU)			
COSTERA		BARCO	
Portadora	Banda Lat. Sup.	Portadora	Banda Lat. Sup.
4.403,0 Kc/s	4.404,4 Kc/s	4.104,4 Kc/s	4.105,8 Kc/s
8.770,4	8.771,8	8.236,4	8.237,8
13.175,5	13.176,9	12.396,5	12.397,9
17.321,5	17.322,9	16.526,5	16.527,9
22.692,0	22.693,4	22.066,5	22.067,9

BANDA LATERAL UNICA (BLU) - COMPARTIDA				
COSTERA		BARCO		Compartida con
Portadora Kc/s	Banda Lat. Sup. Kc/s	Portadora Kc/s	Banda Lat. Sup. Kc/s	
8.812,0	8.813,4	8.278,0	8.279,4	Grecia y Noruega
13.189,5	13.190,9	12.410,5	12.541,9	Bélgica y Finlandia
17.335,5	17.336,9	16.540,5	16.541,9	Noruega y Rum.
22.706,0	22.707,4	22.080,5	22.081,9	Rum. y U.R.S.S.

RADIOTELEFONIA - ONDA MEDIA

Alcance Medio

COSTERAS			
Costera de:	Kc/s	Costera de:	Kc/s
ALGECIRAS	1.738	HUELVA	1.700
ALGORTA (Bilbao)	1.704	IGUELDO (S. Sebastián)	1.757,5 1.921
ALICANTE	1.690	LAS PALMAS (G. Canaria)	1.750 2.820
ALMERIA	1.781	MALAGA	1.866
ARRECIFE	1.730	PALMA DE MALLORCA	1.740
CABO MAYOR (Santander)	1.740	VALENCIA	1.680
CADIZ	1.678	TENERIFE	1.720
CORUÑA	1.748	VIGO	1.698
GIJON	1.730	VILASAR DE MAR (Barna)	1.730
BARBATE	1.817	ONDARROA	1.748

BARCOS		
2.013,0 Kc/s (149 m)	2.083,0 Kc/s (144 m)	2.122,0 Kc/s (141 m)
Para las costeras de:	Para las costeras de:	Para las costeras de:
ALGECIRAS	ALMERIA	CORUÑA
ALGORTA	CADIZ	HUELVA
ALICANTE	SAN SEBASTIAN	LAS PALMAS
ARRECIFE	SANTANDER (C.º Mayor)	MALAGA
GIJON	TENERIFE	PALMA DE MALLORCA
BARBATE	VALENCIA	ONDARROA
BARCELONA	VIGO	

Los BARCOS que dispongan de las Frecuencias de

3.231 Kc/s, 2.283 Kc/s y 3.290 Kc/s

podrán utilizarlas para celebrar conferencias.

V. H. F.

Corto alcance

Canal	Costera Mc/s	Barco Mc/s	Canal	Costera Mc/s	Barco Mc/s
12	156,60	156,60	26	161,90	157,30
16	156,80	156,80	27	161,95	157,35
20	161,60	157,00			

Costeras	Canales				
ALGECIRAS		16		26	27
ALICANTE		16		26	27
AVILES					
BAGUR		16		26	27
BILBAO	12	16	20	26	
CABO MAYOR (Santander)		16		26	27
CABO DE PALOS (Cartagena)		16		26	
CADIZ - SEVILLA					
CORUÑA	12	16		26	27
GIJON		16		26	27
HUELVA		16		26	27
IGUELDO (San Sebastián)		16		26	27
LAS PALMAS (Gran Canaria)		16		26	27
MALAGA	12	16		26	27
MARMELLA		16	25	26	
PALMA DE MALLORCA		16	20		
PALMA DE MALLORCA		16	20		27
TENERIFE		16		26	27
TIBIDABO (Barcelona)	12	16		26	27
VALENCIA	12	16		26	27
VIGO	12	16		26	27
ALMERIA		16		26	27

RADIOTELEGRAFIA

ONDA CORTA					
ARANJUEZ	Kc/s		Kc/s	TENERIFE	Kc/s
EAD	4.349	EAD 44 - EDZ 5	12.887,5 - 12.934,5	EAT 4	13.092,0
EAD 2 - EDZ 2	6.383-6.400	EDZ 6 - EAD 5	17.064,8 - 17.184,8	EAT 3	8.473,0
EDZ 4 - EAD 3	8.618-8.682	EAD 6 - EDZ 7	88.446 - 22.533	EAT 2	6.498,5

ONDA MEDIA			
Costera	Kc/s	Costera	Kc/s
CABO MAYOR (Santander)	441	PALMA DE MALLORCA	450
CABO DE PALOS (Cartagena)	476	TENERIFE	472
CADIZ	484	VIGO	484
CORUÑA	472	VILASAR DE MAR (Barna)	441
LAS PALMAS (G. Canaria)	438		

APENDICES

Apéndice I

TRIGONOMETRIA

TRIGONOMETRÍA. — Es la rama de las Matemáticas que trata de las relaciones entre los ángulos y los lados de los triángulos. La *trigonometría plana* trata de los triángulos planos y la *trigonometría esférica* trata de los triángulos esféricos.

Medida angular. — Un círculo se divide en 360° que es la longitud angular de su circunferencia. Cada grado se divide en 60 minutos y cada minuto se divide en 60 segundos. La longitud angular de un arco se expresa generalmente en estas unidades. El sistema de grados, minutos y segundos se llama *sexagesimal.*

Un *radián* es el ángulo, en el centro de un círculo, limitado por un arco cuya longitud es igual al radio del círculo; equivale a 57° — 17' — 44"; 360° = 2 π radianes.

Funciones trigonométricas. — Son las diferentes proporciones de los lados de un triángulo rectángulo plano en relación con uno de sus ángulos agudos. Las seis funciones principales trigonométricas son: seno, coseno, tangente, cotangente, secante y cosecante.

En el triángulo ABC, fig. A-1, tenemos que:

$$\text{sen A} = \frac{\text{lado opuesto}}{\text{hipotenusa}} = \frac{a}{c}$$

$$\cos \text{A} = \frac{\text{lado adyacente}}{\text{hipotenusa}} = \frac{b}{c}$$

$$\text{tang A} = \frac{\text{lado opuesto}}{\text{lado adyacente}} = \frac{a}{b}$$

$$\text{cotg A} = \frac{\text{lado adyacente}}{\text{lado opuesto}} = \frac{b}{a}$$

$$\sec \text{A} = \frac{\text{hipotenusa}}{\text{lado adyacente}} = \frac{c}{b}$$

$$\text{cosec A} = \frac{\text{hipotenusa}}{\text{lado opuesto}} = \frac{c}{a}$$

Estas funciones pueden ser representadas por líneas asociadas al círculo como vemos en la fig. A-2, donde:

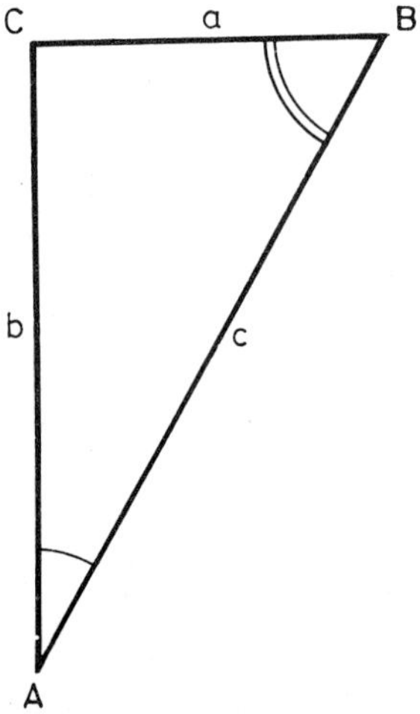

Fig. A-1

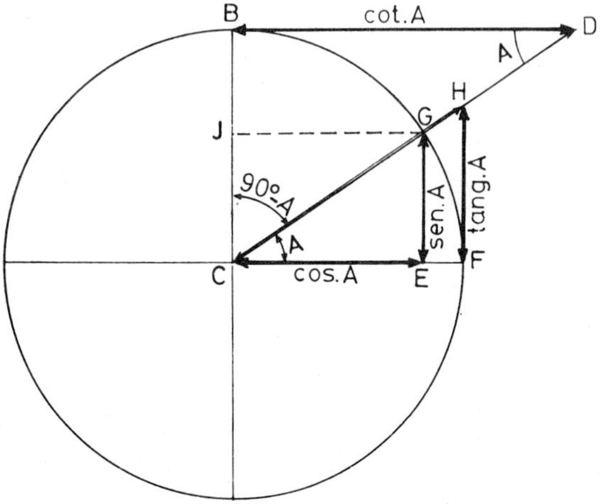

Fig. A-2

sen A = GE
cos A = CE
tang A = HF

cot A = BD
sec A = CH
cosec A = CD

De estas seis funciones principales las tres últimas son recíprocas a las tres primeras:

$$\text{sen } A = \frac{1}{\text{cosec } A} \qquad \text{cosec } A = \frac{1}{\text{sen } A}$$

$$\cos A = \frac{1}{\sec A} \qquad \sec A = \frac{1}{\cos A}$$

$$\text{tang } A = \frac{1}{\text{cotg } A} \qquad \cot A = \frac{1}{\text{tang } A}$$

Como la suma de los ángulos de un triángulo es igual a 180° y en el triángulo rectángulo hay uno recto, la suma de los dos agudos es 90°, luego esos ángulos son complementarios, es decir: $A = 90° - B$ y $B = 90° - A$. Por ello cualquier función de uno de los ángulos agudos es igual a la cofunción del otro, o sea, que el seno de uno es igual al coseno de su complemento, la tangente de uno es igual a la cotangente de su complemento, y la secante de uno es igual a la cosecante de su complemento.

Apéndice II

EQUIVALENCIAS DE MEDIDAS

	Multiplicado por	*Se obtiene*
Barriles de fuel-oil	42	galones de fuel-oil
Barriles (líquidos)	36	galones
Brazas	6	pies
Brazas	2	yardas
Caballos de vapor	0,746	kilowatios
Cables	185,2	metros
Centímetros	0,3937	pulgadas
Galones	4,543	litros
Galones (EE.UU.)	3,785	litros
Kilogramos	35,274	onzas
Kilogramos	2,2046	libras
Kilowatios	1,34	caballos de vapor
Libras	453,6	gramos
Libras	0,4536	kilogramos
Litros	0,2642	galones
Litros	1,760	pintas
Metros	3,281	pies
Metros	1,0936	yardas
Millas náuticas	6.080	pies
Millas náuticas	1,8532	kilómetros
Millas terrestres	1,609	kilómetros
Onzas	31,1035	gramos
Onzas (Avoir du pois)	28,35	gramos
Onzas (sistema troy)	31,1035	gramos
Palmo	8	pulgadas
Pies	30,48	centímetros
Pies	0,3048	metros
Pulgadas	2,54	centímetros
Yardas	0,9144	metros
Yardas	3	pies
Yardas	0,5	brazas

Apéndice III

MODO PRACTICO DE ORIENTARSE DE DIA

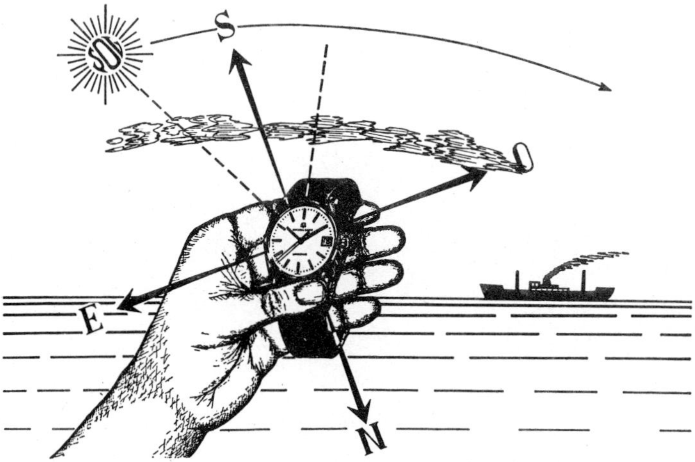

Teniendo el reloj en hora verdadera y estando en latitudes superiores a la declinación del Sol (cosa que ocurre todo el año en la península Ibérica), orientamos la manecilla de las horas hacia el Sol, y la bisectriz del ángulo formado por la manecilla orientada al Sol y la línea que pasa por las 12 horas nos da la dirección del Sur, con lo que podremos obtener el resto de los puntos cardinales. Véase figura anterior

Apéndice IV

UNIFORMES

Los uniformes, cuyo uso es potestativo, para los Capitanes de Yate, Patrones de Yate, Patrones de embarcaciones deportivas a motor de Primera Clase, Patrones de embarcaciones deportivas a motor de Segunda Clase, y Patrones de embarcaciones deportivas a Vela, serán los siguientes:

a) *Uniforme de diario.* — Consistirá en terno de lana o paño azul oscuro, compuesto de americana cruzada con dos filas de tres botones negros, que podrán ser de los usados en el Club a que está afiliado, o de pasta, ostentando dos anclas cruzadas, con corona; gorra del mismo paño, con visera de hule o charol; camisa blanca con corbata negra; zapatos y calcetines negros, y guantes color avellana.

En verano, podrán usar pantalón blanco de lanilla o hilo, calcetines y zapatos blancos, con americana azul y funda blanca en la gorra. También podrá usarse la marinera blanca cerrada, con botones dorados de los usados en los Clubs náuticos o, en su defecto, de dos anclas cruzadas, con corona, y pantalón, calcetines y zapatos blancos.

b) *Uniforme de gala.* — Consistirá en chaquetilla o chupa de paño azul oscuro, corta, entallada, con un ligero pico en el borde inferior de la espalda, solapas de paño y seda, con dos filas de cinco botones dorados, de los usados en los Clubs o con dos anclas cruzadas, con corona, y otros cinco botones análogos más pequeños en cada una de la bocamangas; pantalón del mismo color; camisa blanca, corbata de lazo; chaleco también azul o blanco, a elección, con botones dorados; calcetines negros y zapatos de charol negros.

En verano la chaquetilla o chupa puede ser blanca.

Insignias o distintivos. Serán los siguientes:

a) *Capitanes de Yate.* — A 7 centímetros del borde inferior de la bo-

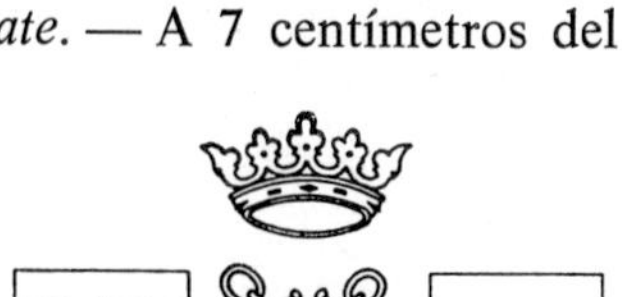

camanga, y en su centro, dos anclas cruzadas, cuya longitud total será de 38 milímetros; sobre ellas, y a 8 milímetros, una coronela o corona imperial sobre fondo rojo, cuya dimensión máxima no excederá de 30 milímetros; a ambos lados, simétricamente colocados, y a una distancia de 8 milímetros de las anclas, irán tres galoncillos dorados de 5 milímetros de ancho por 30 milímetros de longitud, paralelos al borde de la bocamanga y separados entre sí 7 milímetros.

b) *Patrones de Yate.* — Usarán las mismas anclas y corona que los Capitanes, y solamente variará el número de galoncillos dorados que será de dos a cada lado, de las mismas dimensiones y colocación que los descritos en el párrafo anterior.

c) *Patrones de embarcaciones deportivas a motor de Primera Clase.* Usarán las mismas anclas y corona que los de Capitán y Patrón de Yate, sobreponiendo a las anclas una hélice de tres palas de 12 milímetros de

radio. Los galoncillos serán dos de las mismas dimensiones y colocación que los anteriormente indicados, pero bordados en hilo plateado.

d) *Patrones de embarcaciones deportivas a motor de Segunda Clase.* Usaran las mismas insignias o distintivos que para los Patrones de embar-

caciones deportivas a motor de Primera Clase, anteriormente descrita, variando el número de galoncillos, que será de uno sólo.

e) *Patrones de embarcaciones deportivas a Vela.* — Usarán las mismas insignias o distintivos que los descritos para los Patrones de Yate, variando el número de galoncillos, que será de uno sólo y bordado en hilo plateado.

f) *Hombreras.* — En sustitución de las insignias o distintivos de las bocamangas descritas para los uniformes de invierno, en los de verano irán colocados sobre las hombreras palas de tela negra, material plástico u otro igualmente de color negro, las cuales serán desmontables. Las insignias o distintivos que llevarán dichas palas serán semejantes a las indicadas para las bocamangas de los uniformes de invierno, yendo colocados los galoncillos por debajo de las anclas y todo el conjunto de dimensiones apropiadas.

g) *Gorras.* — El escudo o galleta de la gorra será el correspondiente al Club náutico o sociedad a que pertenezca el interesado, rodeado de palmas bordadas en hilo dorado o, en su defecto, formado por dos anclas de características semejantes a las descritas para las bocamangas, de dimensiones proporcionales y rodeadas igualmente de palmas bordadas en hilo dorado.

h) *Barboquejo.* — Será de hilo dorado para los Capitanes y Patrones de yates, y de charol o cuero negro para los restantes titulados.

Referencia: O. M. de Comercio, de fecha 15 de diciembre de 1965 (B. O. del Estado n.º 306).

Lo O. M. de la referencia reglamenta el uso de uniforme por el personal titular de las embarcaciones de recreo.

Han surgido dudas respecto a la interpretación de algunos extremos de las mismas, que se aclaran con carácter de generalidad, en la forma siguiente:

A) El personal titular de embarcaciones de recreo que sean socios de Clubs Náuticos o Asociaciones similares, en los que tradicionalmente vengan usándose botones dorados en el uniforme azul de diario, podrán continuar usándolos en sustitución de los negros que se describen en el apartado a) del punto primero de la Orden.

B) Los galones correspondientes al uniforme de gala, chupa azul o blanca, irán colocados sobre hombreras que se describen en el apartado f) del punto segundo de la Orden.

C) Las palmas descritas en el apartado g) del punto segundo, que rodean el escudo del Club o las anclas cruzadas de la gorra, sólo podrón usarlas los Capitanes de Yate.

NOTA. — En la fecha de reimpresión de este libro se continúa con la corona imperial en los uniformes, si bien se espera que en el futuro se cambie por la corona real.

Apéndice V

TÍTULOS *

1.º Los títulos establecidos para Embarcaciones de Recreo son de carácter deportivo y carecen de condición profesional, por lo que en ningún caso podrán sus poseedores contratar sus servicios ni percibir por su ejercicio emolumento alguno.

2.º El personal profesional de las Marinas Mercante y de Pesca podrá desempeñar en las embarcaciones deportivas los cargos que correspondan a las atribuciones que su título profesional les confiere.

3.º Se establece para el mando de las embarcaciones de recreo los siguientes títulos deportivos:

Capitán de Yate.
Patrón de Yate.
Patrón de embarcaciones deportivas a motor de primera clase.
Patrón de embarcaciones deportivas a motor de segunda clase.
Patrón de embarcaciones deportivas a vela.

4.º Las atribuciones que confieren estos títulos y las condiciones para obtenerlos serán las siguientes:

Capitán de Yate

A) *Atribuciones:*

a) Mando de embarcaciones deportivas de hasta 500 toneladas de registro bruto, en cualquier clase de navegación.

B) *Condiciones:*

a) Estar en posesión del título de Patrón de Yate.

b) Haber realizado 150 días de navegación en embarcaciones deportivas, con posterioridad a la fecha de obtención del título de Patrón de Yate.

d) Haber aprobado el examen correspondiente, que podrá realizarse antes de cumplir las condiciones de embarco establecidas en el párrafo anterior.

* Las cantidades por derechos de examen, canje de títulos, tarjetas de identidad, etcétera, así como las pólizas reseñadas en este apéndice, pueden variar al ser actualizadas.

Patrón de Yate

A) *Atribuciones:*

a) Mando de embarcaciones deportivas de hasta 50 toneladas de registro bruto, en navegaciones que se efectúen dentro de la zona comprendida entre la costa y la línea de 60 millas paralela a la misma.

B) *Condiciones:*

a) Estar incluido en la Inscripción Marítima.
b) Haber realizado setenta y cinco días de navegación en embarcaciones deportivas.
c) Haber cumplido 18 años de edad.
d) Haber aprobado el examen correspondiente, que podrá realizarse antes de cumplir las condiciones de embarco establecidas en el apartado *b*).

Patrón de embarcaciones deportivas a motor de Primera Clase.

A) *Atribuciones:*

a) Gobierno de embarcaciones deportivas a motor de hasta 5 toneladas de desplazamiento, siempre que no rebase los 60 HP fiscales de potencia de su equipo propulsor, en instalaciones de un solo motor, o 120 HP fiscales, en instalaciones de dos motores, en navegaciones que se efectúen dentro de zona permitida en cada lugar por la Autoridad local de Marina.

B) *Condiciones:*

a) Estar en posesión del título de Patrón de embarcaciones deportivas a motor de segunda clase.
b) Haber cumplido 18 años de edad, o desde los 15 con el consentimiento del padre, o, en su defecto, de la madre o tutor, cuando se trate de menores no emancipados.
c) Haber aprobado el examen correspondiente.

Patrón de embarcaciones deportivas a motor de Segunda Clase.

A) *Atribuciones:*

a) Gobierno de embarcaciones deportivas a motor de hasta 2 toneladas de desplazamiento, siempre que no rebase los 30 HP fiscales la potencia de su equipo propulsor, en instalaciones de un solo motor, o 60 HP fiscales, en instalaciones de dos motores, en navegaciones que se efectúen dentro de la zona permitida en cada lugar por la Autoridad local de Marina.

b) Haber cumplido 18 años de edad, o desde los 15, con el consentimiento del padre, o, en su defecto de la madre o tutor, cuando se trate de menores de edad no emancipados.

Patrón de embarcaciones deportivas a Vela.

A) *Atribuciones:*

a) Gobierno de embarcaciones deportivas a vela de hasta 5 toneladas de desplazamiento, en navegaciones que se efectúen dentro de la zona permitida por la Autoridad local de Marina.

B) *Condiciones:*

a) Haber cumplido 18 años de edad, o desde los 15, con el consentimiento del padre, o, en su defecto, de la madre o tutor cuando se trate de menores no emancipados.

b) Haber aprobado el examen correspondiente.

5.° Los Patrones de embarcaciones deportivas a motor y a vela deberán informarse de la Autoridad local de Marina de la zona en que esté autorizada la práctica de este deporte antes de iniciar sus navegaciones.

6.° Las embarcaciones deportivas a vela de hasta una tonelada de desplazamiento y las de motor del mismo tonelaje de hasta 8 HP fiscales de potencia propulsora no precisan para su manejo de personal en posesión de uno de los títulos anteriores, pero sí deberá poseer una autorización expedida por la Federación correspondiente, bien directamente o a través de una sociedad náutico-deportiva federada, con el V° B° de la Autoridad de Marina.[1]

Las embarcaciones deportivas a remo y las neumáticas con motor fueraborda de potencia no superior a 4 HP fiscales no precisan de personal titulado para su manejo, pero sí deberán poseer un permiso de la Autoridad local de Marina en el que se determinen los límites de la zona de navegación permitida.

7.° Las embarcaciones deportivas de desplazamiento superior a 500 toneladas de registro bruto deberán ser tripuladas por personal profesio-

1. Las sociedades que expidan estas autorizaciones serán responsables de que los titulares de las mismas posean los conocimientos y condiciones mínimas necesarias para poder manejar sin peligro sus embarcaciones en navegaciones que se efectúen dentro de la zona permitida en cada lugar por la Autoridad local de Marina

nal de la Marina Mercante, y en aquellas otras en que no sea posible simultanear el gobierno y el manejo del equipo propulsor, deberán llevar enrolado personal profesional para el servicio de máquinas.

En ambos casos, el personal profesional deberá ser el que corresponda como buque mercante con arreglo a la legislación vigente.

8.° Los actuales titulados continuarán en el uso de las atribuciones que tienen conferidas.

9.° Los súbditos extranjeros podrán obtener títulos; esto, no obstante, quedan facultadas las Comandancias Militares de Marina para autorizar el manejo de embarcaciones deportivas nacionales a aquellos que sin haberlos obtenido acrediten hallarse en posesión de títulos análogos expedidos por organismos oficiales de otro país.

En las autorizaciones, que serán personales, se hará figurar su período de validez, que no podrá exceder de un año a partir de su expedición.

Exámenes

10.° Los exámenes para la obtención de estos títulos se ajustarán a los programas que se establecen por esta Orden y que figuran como anexo a la misma, y se desarrollarán de acuerdo con las normas establecidas por la Orden Ministerial de 7 de diciembre de 1964 (*Boletín Oficial del Estado* n.° 308), que reguló los correspondientes a los títulos y certificados profesionales marítimos.

Como complemento de la citada Orden se establece:

a) Lugar de celebración de los exámenes.

1. Subsecretaría de la Marina Mercante y Escuelas oficiales de Náutica y de Formación Profesional Náutico-pesquera.

Exámenes para Capitán y Patrón de yate y Patrones de embarcaciones deportivas a motor y a vela.

2. Comandancias Militares de Marina.

Exámenes para patrones de embarcaciones deportivas a motor y a vela.

3. Centros Reconocidos de Enseñanza Náutica y de Formación Profesional Náutico-pesquera.

Exámenes para la obtención de aquellos títulos cuyas enseñanzas estén autorizadas a impartir como tales Centros reconocidos.

b) Fechas de los exámenes.

Los exámenes para la obtención de todos los títulos se celebrarán una vez al año, comenzando durante el mes de abril.

Con independencia de esta convocatoria ordinaria, podrán celebrarse exámenes en cualquier Centro tantas veces como sea conveniente, de acuerdo con lo dispuesto en el artículo séptimo de la citada Orden de fecha 7 de diciembre de 1964 (*B. O. del Estado* n.° 308).

c) Solicitud de admisión a examen.

Los candidatos solicitarán su admisión a examen del Presidente del Tribunal correspondiente, por medio de instancia, en la que deberán hacer constar su nombre y apellidos, fecha de nacimiento, número del Documento Nacional de Identidad, con el lugar y fecha de expedición del mismo y domicilio habitual, acompañándola de los documentos siguientes:

1. Dos fotografías semejantes a las exigidas para el Documento Nacional de Identidad, en cuyo dorso deberá figurar, escrito a lápiz el nombre y apellidos del interesado.

2. Póliza de diez pesetas para reintegro del certificado que se le expedirá al finalizar el examen respectivo.

3. Las cantidades siguientes, en concepto de derechos de examen, cuya distribución será la prevista en el vigente Reglamento de Dietas y Viáticos.

Para los de Capitán de yate, 1.875 pesetas.

Para los de Patrón de yate, 1.875 pesetas.

Para los de Patrones de embarcaciones deportivas a motor y a vela, 900 pesetas.

4. Los candidatos a los títulos de Capitán de Yate o Patrón de embarcaciones deportivas a motor, de primera clase, el documento acreditativo de hallarse en posesión del título de Patrón de yate o Patrón de embarcaciones deportivas a motor de segunda clase, respectivamente, en unión de una fotocopia del mismo, que quedará en la Comandancia Militar de Marina.

5. Los candidatos a título de Patrón de Yate: Libreta o copia de asiento de Inscripción Marítima.

d) Reconocimiento médico de aptitud física.

Los candidatos a los diversos títulos deberán superar un reconocimiento médico de aptitud física, que se realizará de acuerdo con las normas establecidas en el capítulo quinto de la citada Orden de 7 de diciembre de 1964, anotándose el resultado de este reconocimiento en el certificado de examen de aquellos que por no pertenecer a la inscripcción marítima no posean la Libreta correspondiente.

e) *Desarrollo de los exámenes.*

Los exámenes correspondientes a cada uno de los títulos se clasificarán con nota única, media aritmética de las obtenidas en cada una de las asignaturas que los componen.

Canje de Títulos

11.° Los actuales poseedores de títulos deportivos marítimos que lo deseen podrán solicitar su canje antes del 31 de diciembre de 1966, por los establecidos en esta Orden, que se indican:

a) El Capitán de embarcaciones de recreo por el de Capitán de Yate.

b) El de Patrón de embarcaciones de recreo por el de Patrón de yate.

c) El de Conductor de embarcaciones de recreo por los de Patrón de embarcaciones deportivas a motor de primera clase y de Patrón de embarcaciones deportivas a vela.

Solicitud de Títulos

12.° Los interesados solicitarán la expedición de los títulos y sus tarjetas de identidad correspondientes a la Subsecretaría de la Marina Mercante, por medio de instancia que podrán cursar directamente o bien a través de cualquier Comandancia o Ayudantía Militar de Marina, y en la que deberán hacer constar su nombre y apellidos, fecha y lugar de nacimiento, número del Documento Nacional de Identidad, con el lugar y fecha de expedición del mismo, domicilio habitual y Comandancia Militar de Marina donde desea le sean remitidos, acompañándola de los siguientes documentos en cada uno de los casos que se relacionan:

a) Títulos y su Tarjeta de Identidad correspondiente.

1. Certificado de examen de haber aprobado el correspondiente al título que se solicita.
2. Tarjeta de Identidad sin rellenar, pero firmada por el interesado (puede obtenerse en cualquier Comandancia o Ayundantía Militar de Marina).
3. Un sobre conteniendo dos fotografías iguales a las del Documento Nacional de Identidad, al dorso de las cuales se escribirá precisamente a lápiz, el nombre y dos apellidos del interesado.
4. Certificado de nacimiento, los candidatos a los títulos de Patrón de embarcaciones deportivas a motor y a vela. Si es fotocopia irá acompañado de 25 ptas. en papel de pagos al Estado.
5. Papel de pagos al Estado, de acuerdo con lo establecido en la cuantía que para cada caso se indica:

Capitán de yate, 2.525 pesetas.

Patrón de yate, 650 pesetas.

Patrón de embarcaciones deportivas a motor y a vela, 275 pesetas.

Los candidatos al título de Capitán de yate acompañarán además el documento seis, y los candidatos al de Patrón de yate, los documentos seis y siete.

6. Certificado acreditativo de haber efectuado los días de navegación que para cada uno de ellos se determina en el punto cuarto de esta Orden.

Este certificado deberá ser extendido por una Comandancia o Ayudantía Militar de Marina o por un Club Náutico, y en este último caso, con el visto bueno de la Federación Regional de Clubs Náuticos.

Los días de navegación que se exigen no tienen que ser necesariamente de veinticuatro horas de navegación, sino que son computables todos los días en que se haya efectuado alguna salida a la mar.

7. Copia del asiento de inscripción marítima.

8. Los que, de acuerdo con lo determinado en el punto cuarto de esta Orden, precisen el consentimiento de sus representantes legales acompañarán además el documento en que se haga constar éste, otorgado ante un Juez o Notario o ante la Autoridad local de Marina.

9. Una poliza de 25 pesetas, otra de 10 pesetas y una tercera de 5 pesetas.

10. Fotocopia del D.N.I. y 25 ptas. en papel de pagos al Estado.

b) Títulos y su Tarjeta de Identidad correspondiente por canje de título.

1. Original, fotocopia cotejada o certificado expedido por la Autoridad local de Marina del título que desean canjear.

2. Tarjeta de Identidad sin rellenar, pero firmada por el interesado (puede obtenerse en cualquier Comandancia o Ayudantía Militar de Marina).

3. Un sobre conteniendo dos fotografías iguales a las del Documento Nacional de Identidad, al dorso de las cuales se escribirá, precisamente a lápiz, el nombre y dos apellidos del interesado.

4. Papel de pagos al Estado, de acuerdo con lo establecido, en la cuantía que para cada caso se indica:

Capitán de yate, 150 pesetas.

Patrón de yate, 87 pesetas.

Patrón de embarcaciones deportivas a motor y a vela, 56 pesetas.

5. Copia del asiento de inscripción marítima, los solicitantes de los títulos de Capitán o Patrón de yate.

6. Una poliza de 25 pesetas, otra de 10 pesetas y una tercera de 5 pesetas.

c) Títulos por pérdida del mismo.

1. Testimonio de resolución dictada en el expediente de pérdida instruido por la Autoridad competente.

2. Papel de pagos al Estado, de acuerdo con lo establecido, en la cuantía que para cada caso se indica:

Capitán de yate, 150 pesetas.

Patrón de yate, 87 pesetas.

Patrón de embarcaciones deportivas a motor y a vela, 25 pesetas.

3. Una póliza de 25 pesetas, otra de 10 pesetas y una tercera de 5 pesetas.

d) Tarjetas de Identidad por pérdida de la misma.

1. Testimonio de la resolución dictada en el expediente de pérdida instruido por la Autoridad competente.

2. Tarjeta de Identidad sin rellenar, pero firmada por el interesado (puede obtenerse en cualquier Comandancia o Ayudantía Militar de Marina).

3. Un sobre conteniendo dos fotografías iguales a las del Documento Nacional de Identidad, al dorso de las cuales se escribirá, precisamente a lápiz, el nombre y dos apellidos del interesado.

e) Tarjeta de Identidad por caducidad o deterioro de la misma.

1. Tarjeta de Identidad sin rellenar, pero firmada por el interesado (puede obtenerse en cualquier Comandancia o Ayudantía Militar de Marina).

2. Un sobre conteniendo dos fotografías iguales a las del Documento Nacional de Identidad, al dorso de las cuales se escribirá, precisamente a lápiz, el nombre y dos apellidos del interesado.

3. Papel de pagos al Estado en la cuantía de 25 pesetas, o lo establecido en la actualidad.

INSTRUCCIONES PARA LA RENOVACION DE LA TARJETA DE IDENTIDAD MARITIMO DEPORTIVA

La renovación es obligatoria a los 5 años de la fecha de expedición o renovación; sin este requisito no será válida.

La hoja complementaria (que será facilitada en las Comandancias o Ayudantías de Marina) una vez rellenada, precisamente a máquina, con los datos del titular de la Tarjeta, en unión de: *a*) Fotocopia de la Tarjeta de Identidad, *b*) De Papel de pagos al Estado por valor de 25 pesetas, y *c*) Fotocopia del D.N.I., deberá entregarse en las oficinas de la Comandancia o Ayudantía de Marina del lugar de residencia o remitirla por correo certificado a la Sección de Personal Marítimo de la Subsecretaría de Pesca y Marina Mercante

(Ruiz de Alarcón, 1 - Madrid-14), acompañando la dirección del interesado a efectos de recibir la renovación.

La hoja complementaria de la Tarjeta de Identidad Marítimo Deportiva deberá acompañar siempre a la Tarjeta para que sea válida.

Apéndice VI

MATRICULACION DE EMBARCACIONES DE RECREO

De lo en vigor legislado hasta el presente se resume:

Embarcaciones construidas en serie. — El reconocimiento y valoración de esta clase de embarcaciones son efectuados por los Ingenieros Inspectores de Buques en los talleres donde se construyen o en las Aduanas, caso de ser de importación, procediendo a fijar al casco de las mismas una placa en la que figuren: su arqueo, nombre del constructor, nombre comercial o características que ayuden a su identificación y, en su caso, número de serie, precintándola con el sello de la Inspección.

Para proceder a la inscripción de estas embarcaciones en el Registro Administrativo de Buques de las Comandancias o Ayudantías de Marina, cuando su fin exclusivo sea el deporte o recreo, sin ánimo de lucro, y cuando no sean superiores a 20 toneladas de Registro Bruto, el propietario elevará solicitud a la Autoridad de Marina del puerto donde desee inscribirla, indicando nombre que se quiere dar a la embarcación, y acompañando los documentos siguientes:

a) Factura a nombre del propietario, expedida por el astillero o establecimiento donde la haya adquirido, debidamente liquidada de los impuestos vigentes. Dicha factura estará de acuerdo con la valoración dada por el Sr. Ingeniero Naval.

b) De tratarse de embarcaciones de construcción extranjera, licencia de importación y certificados de pagos de los derechos arancelarios e impuestos.

Las Comandancias o Ayudantías de Marina al realizar la inscripción en la «Lista de embarcaciones de Recreo» facilitarán a su propietario un documento acreditativo de la inscripción correspondiente, en el que figure la matrícula y folio que le ha sido asignado, procediendo a estampar estos mismos datos en la placa de la Inspección de buques que va unida al casco.

Cuando sean iguales o mayores de 20 toneladas de Registro Bruto, además de los documentos anteriores, se unirá la escritura notarial correspondiente.

Embarcaciones no construidas en serie. — El construtor presentará a la Autoridad de Marina solicitud de permiso de construcción, en la que conste nombre y dirección del que encarga la construcción, nombre que se quiere dar a la embarcación, Comandancia o Ayudantía donde se quiere inscribir, y acompañando a dicha instancia planos por duplicado.

Una vez autorizada la construcción y llevada a efecto, el constructor deberá presentar a la Autoridad de Marina el declaro de terminación para que sea reconocida, arqueada y valorada por el Sr. Ingeniero Naval. Efectuado este trámite, la Autoridad de Marina entregará al propietario el certificado de valoración para que con el mismo efectúe la correspondiente Escritura Notarial si vale más de 5.000 pesetas,* y sea liquidado en Hacienda de los impuestos sobre transmisiones y de lujo, debiendo presentar las correspondientes Cartas de Pago y Escritura con copia simple en la Comandancia o Ayudantía de Marina donde se ha solicitado la inscripción, donde se tomará razón de dichos documentos y se devolverán al interesado, excepto la copia simple de la Escritura.**

CAMBIO DE DOMINIO DE LAS EMBARCACIONES DE RECREO

Se efectuará mediante instancia del vendedor al Comandante o Ayudante de Marina solicitando permiso para vender a (con quien se haya concertado la venta), indicando nombre y dirección del comprador y lugar en que se encuentra la embarcación. Una vez concedido el permiso de venta y valorada, la Autoridad de Marina enviará al comprador el certificado de valoración para que sea liquidado en Hacienda de los impuestos vigentes. Las Cartas de Pago de dichos impuestos, así como, en su caso, la Escritura Notarial con copia simple, serán presentados en la correspondiente Comandancia o Ayudantía de Marina para su toma de razón y devolución al interesado. En dicha dependencia y si no ha estado obligado a efectuar Escritura Notarial le será facilitado un documento acreditativo de la inscripción a nombre del nuevo propietario.

Nota: A causa de una emergencia puede otorgarse Escritura Pública antes de haber sido valorada la embarcación por el Sr. Ingeniero Naval.

* Se espera que este valor se actualice.

** Según el art. 8.º de la Ley 30 de Junio de 1969 n.º 60/69 las embarcaciones de recreo menores de 4 metros de eslora no están sujetas al impuesto ni Registro de propiedad.

INSTALACIÓN DE MOTOR (Motores fijos)

Para instalar un motor en una embarcación, el propietario elevará solicitud a la Autoridad de Marina acompañada de un certificado por duplicado de las carcterísticas del motor que se quiere instalar y otro certificado de la potencia al freno expedido por la casa constructora. Una vez autorizada su instalación y llevada a cabo, el taller que lo ha montado presentará a la Autoridad de Marina el declaro de terminación. Posteriormente el Sr. Ingeniero Naval reconocerá y valorará el motor y la Autoridad de Marina entregará al propietario el certificado de valoración para que sea liquidado en Hacienda de los impuestos vigentes. Las Cartas de Pago entregadas por Hacienda deberán presentarse a la Autoridad de Marina para su toma de razón y entrega al interesado.

DESMONTAJE DE MOTOR (Motores fijos)

Se solicitará de la Autoridad de Marina permiso para desmontar el motor que lleva la embarcación y una vez autorizado y llevado a efecto el desmontaje, presentará a la Autoridad de Marina el declaro de terminación de haberlo efectuado.

Apéndice VII

INDICATIVOS QUE DEBEN LLEVAR PINTADOS EN LAS AMURAS LOS BUQUES Y EMBARCACIONES DE RECREO

Todas las embarcaciones de Recreo (5.ª lista) con independencia de sus características, si son de vela, vela y motor auxiliar de cualquier potencia, embarcaciones a motor, etc., llevarán en sus amuras el grupo indicativo de su matrícula.

Dicho grupo está compuesto de las letras iniciales de la capital de la provincia marítima a la que pertenezca el Distrito en que está inscrita la embarcación, seguido de un número de una sola cifra que representa el citado Distrito y, a continuación el número del folio de inscripción. El grupo de letras, el número de Distrito y el del folio están separados por guiones.

Ejemplo para un buque de 5.ª lista con propulsión mecánica que supere los 10 nudos de velocidad, del Distrito de Palamós de la provincia marítima de Barcelona y folio 836:

5.ª - BA-5-836

Según Real Orden del 28-2-1924 estos indicativos serán bien visibles, de color blanco o amarillo en los casos pintados en oscuro, y negros en los pintados de claro, y en un tamaño igual a la distancia entre el verduguillo y la línea de flotación. En Francia se ha adoptado la medida de altura de estos indicativos en 18 cm como mínimo.

Apéndice VIII

ZONAS PARA BAÑISTAS EN LAS PLAYAS, CALAS Y PUERTOS DE LA COSTA, ASI COMO EL EMPLEO DE EMBARCACIONES DEPORTIVAS O DE RECREO

El gran incremento que están teniendo los deportes náuticos con embarcaciones de vela y motor, el constante aumento de las velocidades de vela y motor, el constante aumento de las velocidades que pueden alcanzar estas últimas y la gran afluencia de personas que acuden a las playas, calas y puntos de la costa a practicar toda suerte de deportes náuticos, aconseja dictar unas normas que, delimitando zonas o fijando condiciones para poder realizar las distintas modalidades deportivas, eviten se produzcan accidentes a los bañistas o nadadores en superficie o en inmersión, todo ello sin mermar los grandes atractivos que tienen estas actividades.

Por lo anteriormente expuesto el Ministerio de Comercio, a propuesta de la Subsecretaría de la Marina Mercante, ha tenido a bien disponer:

Artículo 1.º. — Se establece una zona en el mar a lo largo de la línea de costa de 250 metros de ancho en las playas y de 100 metros en el resto del litoral, en la que cuando acudan bañistas o nadadores no podrán realizarse actividades deportivas ni de recreo en las que se empleen embarcaciones o artefactos provistos de hélice, o que, sin tenerla, pueden desarrollar velocidades superiores a cinco nudos.

Art. 2.º — El ancho de las zonas señaladas en el artículo anterior podrá ser variado a juicio de la Autoridad local de Marina, siendo preceptivo en tales casos que, por medio de balizas u otro sistema de señalización, se precise el ancho de la misma.

Art. 3.º — En las playas, calas, etc. donde haya bañistas o nadadores y se practique el deporte náutico con embarcaciones provistas de hélice, o de vela, sobrepasando los cinco nudos de velocidad, la Autoridad local de Marina fijará canales para arranque, atraque o varada de dichas embarcaciones o artefactos, los cuales deberán ser convenientemente señalizados y en los que queda prohibida la natación.

Art. 4.º — En el interior de puertos en los que existan Clubs de natación o Náuticos, la Autoridad local de Marina, a propuesta de los representantes de los mismos, fijará las zonas dedicadas exclusivamente para los bañistas y nadadores por las que estará prohibido cruzar a las embarcaciones provistas de hélice en todo caso, y a las de remo o vela a velocidades superiores a cinco nudos.

Asimismo, se fijarán zonas destinadas exclusivamente para la práctica de actividades deportivas con toda clase de embarcaciones, en las que no podrán cruzar bañitas ni nadadores.

Art. 5.º — Cuando en concursos de natación, entrenamientos o cualquier otra actividad deportiva hayan de salir nadadores de la zona a ellos reservada habrán de ir acompañados de embarcaciones que señalen su presencia y puedan recogerlos en caso necesario.

Art. 6.º — Las embarcaciones deportivas, en el interior de los puertos y sus canales de acceso, evitarán interferir el tráfico normal de los mismos, no debiendo en ningún caso dar ocasión a que los buques que se encuentran navegando se vean obligados a maniobrarles.

Art. 7.º — En caso de llevarse a cabo competiciones entre embarcaciones deportivas en el interior de puertos comerciales o en sus canales de acceso, se cuidará que las derrotas que hayan de seguir durante las mismas no interfieran el tráfico marítimo.

Art. 8.º — Las embarcaciones deportivas a motor no podrán navegar por el interior de los puertos a velocidades que formen olas que puedan producir situaciones peligrosas para las embarcaciones de pequeño porte surtas en los mismos.

Art. 9.º — Sin perjuicio del inmediato cumplimiento de lo dispuesto en la presente orden, las Autoridades locales de Marina incluirán en lo sucesivo en los Reglamentos de Policía de cada puerto las normas de detalle oportunas para su correcta aplicación, según las particulares circunstancias de cada caso.

Madrid, 2 de julio de 1964

Nota: Los que efectuen inmersiones sin botellas de aire señalizarán su situación mediante una boya esférica roja con una franja blanca, y los que efectuen inmersiones con botellas llevarán bien visible sobre su embarcación la bandera A del Código Internacional de Señales.

Las embarcaciones darán a dichas marcas un resguardo mínimo de 25 metros.

Apéndice IX

UTILIZACION DE LOS EMBALSES PARA LA PRACTICA DE NAVEGACION DE USO PARTICULAR

Orden del 19 de junio de 1967

El extraordinario desarrollo que ha experimentado en los últimos tiempos la práctica del deporte náutico en los embalses exige la promulgación de una normativa que, complementando lo dispuesto en el Reglamento de Policía de Aguas y Cauces, otorgue las máximas facilidades al usuario para que pueda practicar la navegación en todos los embalses de la Nación, estableciendo únicamente aquellas limitaciones que el buen ordenamiento exige en cuanto a la seguridad de las personas y bienes y al régimen de la salubridad de las aguas.

En su virtud, el Ministerio de Obras Públicas ha tenido a bien disponer:

Art. 1.º 1. — Para poder navegar en cualquiera de los embalses del territorio nacional será preciso obtener la correspondiente autorización.

2. — Dicha autorización será únicamente valedera para la embarcación objeto de la misma y para aquellos embalses que en la calificación aprobada por el Ministerio de Obras Públicas figuren como utilizables para el tipo de navegación de que se trate. Su validez será por dos años naturales, finalizados el 31 de diciembre siguiente a aquel en que se otorguen.

Art. 2.º 1. — Las autorizaciones para la navegación en los embalses serán de las siguientes clases:

Clase A: Embarcaciones deportivas a remo.

Clase B: Embarcaciones deportivas a vela.

Clase C: Embarcaciones deportivas a motor, de potencia efectiva no superior a 150 CV.

2. — El tonelaje de registro bruto no podrá exceder de dos toneladas.

3. — Para arqueos o potencias superiores a las indicadas se requerirá autorización especial, limitada a un embalse determinado.

Art. 3.º 1. — Las autorizaciones para la navegación en embalses serán expedidas por cualquiera de las Comisarías de Aguas a petición de los propietarios de las embarcaciones, cumplimentando impreso en modelo oficial que les será facilitado por aquéllas. En las Comisarías se llevará un registro de todas las autorizaciones que expidan.

2. — Las autorizaciones especiales a que hace referencia el número 3 del artículo anterior deberán ser expedidas por las Comisarías de Aguas de la cuenca a la que pertenezca el embalse de que se trate.

3. — En la autorización se hará constar, además de las características de la embarcación, la matrícula de la misma. Esta matrícula será la del Registro de Buques de las Comandancias y Ayudantías Militares de Marina. En su defecto, y para la debida identificación por los servicios de vigilancia del Ministerio de Obras Públicas, la Comisaría de Aguas que otorgue la primera autorización de navegación expedirá una matrícula que constará de un número y de una referencia alfabética coincidente con la primera letra o dos primeras letras de la denominación de la Comisaría de Aguas que extienda la matrícula.

Art. 4.º — Para la navegación en embalses clasificados como de utilización restringida se requerirá, además de la autorización de navegación, otra complementaria, que será expedida por la Comisaría de Aguas de la respectiva cuenca. La validez de esta Autorización complementaria será de duración reducida y se expedirá por riguroso turno de petición.

Art. 5.º 1. — Por necesidades de la explotación, seguridad, salubridad u otros motivos justificados, las Comisarías de Aguas de la cuenca respectiva podrán temporalmente declarar cerrado para todas o algunas de las clases de navegación cualquier embalse de su cuenca con independencia de la clasificación en que esté incluido.

2. — Las autorizaciones para la navegación en embalses vendrán supeditadas a la autorización referente del mismo, otorgándose sin compromiso alguno para la Administración en cuanto al mantenimiento de los niveles de las aguas, cualquiera que sea la época del año.

3. — El titular de la respectiva autorización será responsable de los daños y perjuicios que puedan ocasionarse por el uso de la embarcación, de conformidad con la vigente Ley de Aguas y disposiciones complementarias.

Art. 6.º — Para el manejo o gobierno de las embarcaciones será preciso, en su caso, estar en posesión del correspondiente título expedido por la Subsecretaría de la Marina Mercante.

Art. 7.º — No podrán expedirse autorizaciones de navegación para embarcaciones a motor de potencia superior a 5 CV sin la presentación de póliza de seguro contra daños a tercero, a cuya vigencia quedará sometida la de la autorización aun dentro del plazo para la que fue expedida.

Art. 8.º — A la navegación en embalses serán de aplicación el Reglamento de Abordajes y el Convenio de Seguridad de la Vida Humana en la Mar, mientras no se promulgue una reglamentación específica.

Art. 9.º 1. — Las Comisarías de Aguas establecerán un servicio de vigilancia y salvamento en las zonas en que la intensidad de la navegación así lo aconseje, pudiendo contar con la colaboración de las federaciones correspondientes y la de determinados Clubs justificadamente capacitados para ello.

2. — Las Comisarías de Aguas fijarán las zonas destinadas a la navegación, las dedicadas a fondeos, que se balizarán adecuadamente, así como aquellas en las que se prohíba la navegación por el peligro para los bañistas, aguas peligrosas, proximidad a las instalaciones propias de los embalses, etc.

Art. 10.º — Esta Orden entrará en vigor a los treinta días de la clasificación de los embalses por el Ministerio de Obras Públicas. Hasta tanto, las Comisarías de Aguas podrán seguir autorizando la navegación en embalses de acuerdo con las normas en vigor.

Art. 11.º — Se autoriza al Director General de Obras Hidráulicas para dictar las instrucciones que sean necesarias para la aplicación de esta Orden.

Art. 12.º — Quedan derogadas cuantas disposiciones de igual o inferior rango se opongan a la presente y especialmente el artículo 6.º de la Orden de 23 de febrero de 1961.

Madrid, 19 de julio de 1967

Apéndice X

INSCRIPCION MARITIMA

La Inscripción Marítima se puede efectuar en cualquiera de las Comandancias o Ayudantías Militares de Marina, y Subsecretaría de la Marina Mercante.

Es obligatoria para todos los españoles o naturalizados que se dediquen a la navegación, pesca e industrias marítimas a flote, siendo la edad mínima para ingresar en ella la misma que rija para poder ejercer dichas industrias (15 años para ambos sexos).

Los individuos de la Inscripción Marítima serán alistados el año en que cumplan los 19 años de edad, y deberán prestar el servicio militar en la Armada, aunque hayan obtenido la baja de la Inscripción Marítima con anterioridad a la fecha de alistamiento y siempre que reúnan las condiciones de aptitud física y profesional que requiere dicho servicio.

Los individuos sujetos al servicio militar de otros ejércitos, que se encuentren en situación de «reserva», o que deseen ingresar en la Inscripción Marítima pueden hacerlo, así como dedicarse libremente a los ejercicios de la navegación y pesca, sin exigírseles autorización militar para ello.

Los inscritos sujetos al servicio militar de la Armada seguirán ateniéndose a lo que está dispuesto en la vigente Ley de Reclutamiento y Reemplazo de Marinería de la Armada.

La Inscripción Marítima está dividida, en razón a sus efectos, en dos clases:

a) Inscripción a efectos de reclutamiento.

b) Inscripción a efectos de navegar y dedicarse a industrias marítimas a flote.

Se causa alta en la *Inscripción a efectos de reclutamiento,* voluntariamente, antes del 1.° de enero del año en que cumplen los interesados 19 años de edad, y con carácter forzoso los que ingresan en la Armada de un modo permanente, los que se matriculan oficialmente en las Escuelas de Náutica, los que aprueban los dos grupos de ingreso en la Escuela de Ingenieros Navales, los procedentes de las Cajas de Recluta, y los que, como hemos dicho anteriormente, por dedicarse a pesca o industrias marítimas a flote estén inscriptos antes del 1.° de enero del año en que cumplen los 19 años de edad.

En la *Inscripción a efectos de poder navegar y dedicarse a industrias marítimas a flote* se causará alta voluntariamente, con independencia de continuar sujeto al Reclutamiento del Ejército, siempre que no estén los interesados en servicio activo, es decir: que si se ha hecho la inscripción después del 1.° de enero en que el interesado cumple los 19 años de edad continúa sujeto al Reclutamiento del Ejército.

Personal femenino

A los efectos de poder navegar, dedicarse a las industrias marítimas a flote, o patronear embarcaciones de recreo, las mujeres españolas que hayan de dedicarse a estas actividades habrán de ser necesariamente inscritas en los libros de «Inscritos de Marina», que a estos efectos se llevan en las Comandancias o Ayudantías de Marina, incluyéndoselas en ellos, indistintamente, en unión del personal masculino que se inscribe para dedicarse a estas mismas actividades.

A este personal femenino se le hará entrega de la Libreta de Navegación que se facilita a todos los inscritos, sujetos o no al servicio militar en la Armada, que pretendan navegar o dedicarse a industrias marítimas a flote.

Extranjeros residentes en España

La Inscripción Marítima de los extranjeros para dedicarse a las industrias del mar, tendrá como plazo de validez el de un año, igual a la duración de la «Tarjeta Profesional de Identidad».

Podrá prorrogarse por períodos iguales, acreditando haber obtenido la renovación de dicha tarjeta.

Documentos necesarios para la Inscripción Marítima

Partida de nacimiento o fotocopia del D.N.I. cotejada con el original.

Certificado de buena conducta, expedido por la Alcaldía, Guardia Civil o Comisaría de Policía.

Certificado de estudios primarios, o certificado de Aprovechamiento en las campañas de Alfabetización, o como mínimo la presentación de la «Tarjeta de Promoción Cultural».

Autorización o presentación del padre o tutor (para menores de 18 años). La mujer casada precisará de la licencia marital, que se formalizará por documento notarial o presencia personal del marido ante la Autoridad de Marina.

Tres fotografías de tamaño 4 × 5 cm para los menores de 18 años y dos para los demás.

Cartilla militar para los que hayan servido por otros ejércitos (que se devolverá).

Para extranjeros residentes en España

Partida de nacimiento.

Fotocopia de la tarjeta de residente en España.

Certificado de buena conducta del Cónsul de su país que habite en la localidad más próxima a la de su residencia.

Certificado de buena conducta expedido por la Alcaldía y Guardia Civil o Comisaría de Policía, según proceda.

Certificado de antecedentes penales.

En caso de deterioro de la libreta o de la cédula se les expedirá un duplicado.

Cuando se haya extraviado la libreta se dará cuenta a la Autoridad de de Marina, quien, a resultas del expediente de pérdida correspondiente, expedirá o no una nueva libreta.

Apéndice XI

REGLAS Y MANERAS DE PRACTICAR EL ESQUI NAUTICO

El factor más influyente en la práctica del equí náutico es el del conductor de la embarcación.

Deben ir dos personas a bordo de toda embarcación a motor que remolque a uno o varios esquiadores, de manera que uno atienda exclusivamente el manejo de la embarcación, respecto a motor y rumbo, y la otra vigile los diferentes cuidados respecto a los esquiadores e indique o aconseje al conductor.

El conductor debe tesar lentamente el cabo que sujeta al esquiador, y una vez teso y con la barca a rumbo de salida, se arranca a todo gas (esto es relativo con la potencia del motor) para vencer la resistencia del esquiador que aún no ha salido del agua. Indudablemente hay que mirar si el esquiador sale y se mantiene en el agua y una vez haya salido ir quitando gas hasta dejar en una marcha conveniente al esquiador, que depende del peso del mismo, experiencia, evoluciones que quieren practicarse, etc.

Asimismo, el conducto debe compensar con la suficiente rapidez y con la velocidad del motor el equilibrio del esquiador cuando se le ve en dificultades de caer de bruces o de espaldas.

Si el esquiador no está práctico, la práctica del esquí debe hacerse a velocidad moderada y tomar curvas suaves.

El conductor debe observar en todo momento toda embarcación en sus inmediaciones así como objetos flotantes, nadadores, y lo que es más peligroso, personas que refloten de hacer inmersiones.

A veces el esquiador se desplaza de la estela del barco y se encuentra con que otra embarcación, bañistas o cualquier otro obstáculo puede ser «segado» con el cabo que aguanta el esquiador, en cuyo caso el deber del conductor es parar y el del esquiador largar el cabo.

Habiendo mar, es decir: oleaje, el esquí debe hacerse a favor de las olas, pues la embarcación, al llevar el remolque del esquiador, puede pasar una ola «por ojo» e irse a pique.

Cuando se ha perdido el esquiador, el remolcar el cabo sobre el agua implica el riesgo de atrapar o accidentar a un nadador, por lo que dicho cabo debe cobrarse a bordo.

Para recoger al esquiador acercarse con las precauciones debidas y desembragar el motor al aproximarse pues la hélice implica un gran peligro.

Cuando hay varias lanchas esquiando en las proximidades indicar con la mano el rumbo que se va a hacer para que los otros conductores sepan y faciliten la maniobra.

Téngase en cuenta que la práctica de este deporte debe hacerse fuera de las zonas portuarias, a una distancia mayor de 250 metros de las playas, y a más de 100 de la costa, y que la Autoridad de Marina fija unos canales de salida debidamente señalizados para la salida (o arranque) en ciertas playas.

No meter marcha atrás cuando se pierde el esquiador, ya que ello supone el riesgo de que entre agua a la embarcación por al popa, y que el cabo sea cogido por la hélice. Queda absolutamente prohibido conducir sentado en la borda.

CUIDADOS DEL ESQUIADOR

El esquiador debe llevar siempre chaleco salvavidas, y una vez sujetos bien los pies en los esquíes con las fijaciones graduables, ponerse en postura de salida, que para los principiantes la más aconsejable, aparte de ser ayudados por otra persona, es: en cuclillas, las rodillas juntas y plegadas al pecho, brazos estirados y pegados a las rodillas por la parte de afuera y sujetando el cabo, los esquíes paralelos y asomando las puntas sobre el agua, cuerpo bien relajado.

Una vez el cabo teso y claro, al tirar la embarcación, sigue en la posición anterior hasta que los esquíes han salido del agua, y posteriormente ir levantándose sin movimiento brusco y conservando los esquíes paralelos.

Para mantenerse después, la posición ideal es: todo el cuerpo recto y las rodillas un poco plegadas.

El esquiador cuando no sale con cierta facilidad debe largar el cabo, ya que una vez deformada la postura de salida difícilmente conseguirá reflotar.

El esquiador debe mirar las indicaciones del conductor de la embarcación, así como el evitar accidentes a bañistas u obstaculizar con sus evoluciones el funcionamiento de otros esquiadores o embarcaciones.

Un accidente un poco frecuente y sin graves consecuencias es el de producirse heridas en la cabeza con las puntas de los esquíes en los momentos de salida al perder el equilibrio por la flotabilidad.

Apéndice XII

JUSTIFICACIÓN DE DÍAS DE EMBARCO PARA LAS TITULACIONES DE RECREO

Por la Circular n.º 4/1968 de 22 de Marzo, de esta Inspección de Enseñanza, se daban normas aclaratorias acerca de la interpretación del artículo 12, apartado 6, de la Orden Ministerial de 10 de Noviembre de 1965 (B.O. del Estado n.º 280), sobre justificación de días de embarco para titulaciones de recreo.

Dado el extraordinario incremento registrado en las embarcaciones de recreo desde la publicación de la mencionada Circular, y por exigencias del Convenio Internacional de la Seguridad de la Vida Humana en la Mar, se hace preciso la actualización de aquellas normas, en la forma siguiente:

1.ª — Los que hayan navegado en embarcaciones de recreo provistas de rol o licencia, siendo Patrones de las mismas, extenderán sus propios certificados, debiendo hacerse constar el visto bueno de la Autoridad de Marina.

2.ª — Los que hayan navegado en embarcaciones de recreo provistas de licencia, sin ser titulares de la embarcación, les será expedido el certificado por el Patrón de la misma, con el visto bueno de la Autoridad de Marina.

3.ª — Los que hayan navegado en las embarcaciones afectas a un Club Náutico, sin ser titulares de las mismas, les será expedido el certificado por el Presidente o Comodoro del Club, con el visto bueno de la Autoridad de Marina.

4.ª — En todos los certificados deberá figurar el nombre de la embarcación y sus características, así como fechas de salida y entrada en puerto, y número de días de mar perfeccionados en cada salida.

5.ª — Aquellos certificados expedidos a la vista del rol o licencia de navegación, tendrán un descuento de un tercio de los días de navegación para el cómputo total, de acuerdo con lo previsto en la Orden Ministerial de 21 de Enero de 1975 (B.O. del Estado n.º 22).

Lo que se circula para general conocimiento y cumplimiento, rogando a V.S. se dé traslado de esta Circular a las Ayudantías dependientes de esa Provincia Marítima.

Apéndice XIII

UTILIZACION DE LOS MOTORES FUERA-BORDA

A efecto de evitar el uso frecuente de motores fuera-borda de procedencia extranjera sin haber satisfecho los derechos arancelarios de importación, se lleva en las Comandancias Militares de Marina un libro-registro de los motores fuera-borda, que estén en uso en las embarcaciones de su inscripción y en las de mayor permanencia en su jurisdicción, dando cuenta en este caso a la Comandancia en que figuran inscritas.

En dicho libro constarán las principales características de cada motor y el número del fabricante, así como la embarcación o embarcaciones para las que ha sido autorizado el montar estos motores, más las observaciones que se estime conveniente ser tenidas en cuenta, de acuerdo con el informe previo, que en su caso debe emitir el Ingeniero Inspector de buques de la provincia como requisito indispensable para conceder cada autorización. Asimismo se harán las mismas anotaciones en el asiento de la embarcación.

Al interesado se le entrega por la Comandancia Militar de Marina un certificado de propiedad.

Para ello solicitará, mediante instancia, la inscripción del motor en la Comandancia Militar de Marina. Esta instancia irá acompañada de: si el motor es nacional, certificado de fabricación y factura original firmada y sellada por la casa vendedora; si el motor es extranjero, certificado de adeudo de Aduanas y factura de compra firmada y sellada por la casa vendedora.

En la instancia deberá consignarse el nombre o nombres, con su correspondiente folio, de la embarcación o embarcaciones donde se vaya a utilizar dicho motor.

Apéndice XIV

PATRONES DE EMBARCACIONES DEPORTIVAS DEL LITORAL

ORDEN de 28 de febrero de 1980 por la que se crea el título de Patrón de Embarcaciones Deportivas del Litoral.

Ilmos. Sres.: La Orden ministerial de 10 de noviembre de 1965, por la que se reorganizan los títulos a exigir para el manejo de las embarcaciones de recreo, en su capítulo primero, punto tercero, establece los títulos para ejercer el mando de dichas embarcaciones.

Desde la fecha de promulgación de la Orden ministerial tanto el número de embarcaciones de recreo como la potencia de sus motores han experimentado un exhaustivo aumento, lo cual aconseja la conveniencia de ampliar la citada Orden ministerial creando un título intermedio entre las titulaciones de Patrón de Embarcaciones Deportivas a motor de primera clase y de vela y el de Patrón de Yate.

En su virtud, a propuesta de la Subsecretaría de Pesca y Marina Mercante,

Este Ministerio ha tenido a bien disponer:

Art. 1.º Se crea el título de Patrón de Embarcaciones Deportivas del Litoral.

Art. 2.º Las atribuciones que confiere este título y las condiciones para obtenerlo son las siguientes:

A) Atribuciones: Mando de embarcaciones de hasta 20 TRB, pudiendo efectuar navegaciones hasta una distancia de la costa que no excederá en ningún caso de las 12 millas a lo largo de todo el litoral nacional peninsular o insular.

B) Condiciones:

a) Estar incluido en la inscripción marítima.
b) Haber realizado cincuenta días de navegación en embarcaciones deportivas.
c) Haber cumplido veintiún años de edad.*
d) Haber aprobado el examen correspondiente.

Art. 3.º Los exámenes para la obtención de estos títulos se ajustarán a los programas que se establecen por esta Orden, y que figuran como anexo

*El autor entiende 18 años.

a la misma, y se desarrollarán de acuerdo con las normas establecidas por la Orden de 7 de diciembre de 1964 («Boletín Oficial del Estado» número 308).

Art. 4.º Los lugares de celebración de los exámenes serán la Subsecretaría de Pesca y Marina Mercante, las Escuelas Oficiales de Náutica y los Institutos Politécnicos Nacionales Marítimo-Pesqueros.

Lo que comunico a VV. II. para su conocimiento y efectos.

Dios guarde a VV. II. muchos años.

Madrid, 28 de febrero de 1980. — P. D., el Subsecretario de Pesca y Marina Mercante, Miguel Ignacio de Aldasoro Sandberg.

Ilmos. Sres. Subsecretario de Pesca y Marina Mercante e Inspector general de Enseñanzas Náuticas.

ANEXO

Programas de examen para la obtención del título de Patrón de Embarcaciones Deportivas del Litoral

Tecnología naval

Definiciones: Buque. Casco. Obra viva y obra muerta. Proa. Popa. Costado. Banda. Estribor. Babor. Amuras. Aletas. Dimensiones principales. Eslora, manga y puntal, sus clases. Calados. Quilla: Diferentes tipos. Sobrequillas. Roda, branque, alefriz, espejo, escudo. Codaste: Tipos según el número de hélices. Bocina para el eje portahélices. Pantoque. Cuadernas. Bularcamas. Baos. Durmientes. Trancaniles. Puntales. Vagras. Varengas. Palmejares. Borda. Regala. Cubiertas. Candeleros. Pasamanos. Forros exterior e interior. Mamparos. Mamparos estancos. Mamparo de colisión: Su importancia. Puertas estancas. Portillos. Imbornales. Escobenes. Fogonaduras. Escotillas: Brazolas. Bitas. Gateras. Cornamuzas. Lumbreras. Calas y sentinas. Válvulas de tomas de mar. Tuberías y chupones de achique. Cámaras y camarotes. Caseta. Tambuchos. Bañera. Timón: Sus clases.

Arboladura. Carlinga. Palos. Palo macho. Masteleros. Mastelerillos. Bauprés. Botalones y moco. Cofas. Crucetas. Vergas. Pico. Botavara. Cabos. Chicote, seno. Cobrar un cabo. Arriar. Tomar vuelta. Hacer firme. Ayustar un cabo. Ligadas. Gazas. Piña. Nudos y vueltas: Cote o malla, medio nudo, nudo llano, as de guía, ahorcaperro, margarita, vuelta mordida, ballestrique, vueltas de gancho, vueltas de rezón.

Jarcias firme y de labor. Obenques. Stays. Burdas. Barbuquejos. Mostachos. Drizas. Amantillos. Brazas. Cargaderas. Ostas. Escotas.

Velas: Clasificación de las velas y de cuchillo, redondas. Puños. Tabla de gratil. Caída de gratil. Pujamen. Baluma. Alunamiento. Cola de pato. Ligera idea de la construcción de las velas. Tipos de velas: Al tercio, al cuarto, latina, guaira, cangreja, marconi, cuadras, mayor, foque. Velas modernas: Génovas, spis, velas especiales.

Clasificación de los yates, balandro, cuter. Yol. Goleta. Series monotipos: Olímpicas e internacionales.

Propulsión vélica: Acción del viento, centro vélico, descomposición de fuerzas, rozamiento, abatimiento, fuerza avante. Par de evolución, par de escora. Orientación de las velas. Interacción de las velas. Efectos de presión y depresión.

Cuidados necesarios para la conservación del casco. Desplazamientos: Sus clases. Arqueo: Tonelada de arqueo.

Definiciones de centro de carena. Centro de gravedad. Metacentros. Estabilidad transversal. Par de estabilidad. Brazo del par. Par escorante del viento y par adrizante.

Hélices: Sus elementos. Paso. Retroceso. Cavitación. Fuerzas generadas por la rotación de la hélice en la marcha avante y en la marcha atrás.

Acción del timón en la marcha avante. Momento de evolución: Angulo de medida que lo hace máximo. Acción del timón en la marcha atrás. Escora producida al meter el timón. Efectos evolutivos combinados de la hélice y el timón.

Barlovento. Sotavento. Amurado a estribor. Amurado a babor. Ceñir. Orzar. Puntear. Bolinear. Barloventear. Bordada. Bordo. Voltejear. Bordear. Arribar. Derivar. Caer. En popa. Empopada. A la cuadra. A un descuartelar. Recibir el viento por la aleta. Recibir el viento por la amura. Montar. Escorar. Guiñada. Abatir. Acuartelar. Trasluchar. Bogar. Ciar. Navegar en conserva.

Norays. Boyas. Balizas. Muertos.

Ancla: Partes de que consta. Diferentes tipos de anclas. Rezones. Cadenas. Estopores. Mordazas.

Atracadas y desatracadas. Efectos de las estachas en las maniobras. Reglas generales para atracar a un muelle un buque de propulsión mecánica con mar y viento en calma. Atracar fondeando un ancla. Desatracar con y sin ancla fondeada. Atracar y desatracar con viento paralelo o perpendicular al muelle. Idem, con viento de amura o aleta de dentro o fuera. Atracadas y desatracadas dando una codera a un muerto.

Atracar y desatracar a la vela.

Fondear y levar: Generalidades. Fondear a la vela. Salir a la vela estando fondeado.

Virada por avante. Virada por redondo: Ventajas e inconvenientes de estas viradas. Precauciones a tomar y maniobras con chubascos y vientos duros, aparejado, desaparejado, tomar rizos, cambio de velas según el viento y el rumbo.

Remolcar: Generalidades. Tomar y dar un remolque en la mar. Navegar con remolque.

Hombre al agua. Maniobra de recogida según se vea o no al hombre. Precauciones al recoger al hombre cuando la mar es mucha. Arriado e izado de botes en la mar en todas las circunstancias. Maniobras para que atraque un bote al costado en todas las circunstancias de mar y viento.

Incendio a bordo. Medidas para prevenir los incendios y modo de proceder al iniciarse los mismos. Causas más frecuentes que producen los incendios. Maniobrar con fuego a bordo. Fondear con fuego a bordo.

Reglamentos y señales

Reglamento para prevenir abordajes en el mar.

Vigilancia en la mar de día y de noche. Vigilancia en tiempo de niebla. Luces y señales marítimas. Apariencia de las luces: Período y fase, sectores, alcance geográfico y luminoso. Identificación de faros: Normas prácticas. Buque faro, boyas luminosas y señales marítimas no luminosas.

Reglamento de Policía de Puertos. Precauciones a tomar para evitar la comunicación de las ratas con tierra. Aguas residuales, basuras, cenizas y otros desperdicios. Auxilio en caso de abordaje o incendio dentro de un puerto.

Código Internacional de Señales: Señales de una sola letra que pueden hacerse por cualquier método de señales.

Sistema A de balizamiento.

Navegación y Meteorología

Rumbo: Sus clases. Rosa de los vientos. Ligera descripción de la aguja náutica. Pasar de rumbo de aguja a rumbo magnético y viceversa. Abatimiento. Pasar de rumbo de aguja a verdadero. Corrección total. Pasar de rumbo verdadero a rumbo de aguja.

Marcación, demora y azimut. Pasar la demora de aguja a verdadera. Conversión de marcaciones en demoras. Relación entre demora, rumbo y marcación. Enfilación. Cálculo de la corrección total de la aguja por medio de una enfilación. La Polar: Modo de reconocer la Polar. Modo de obtener la corrección total por la Polar.

Correderas. Coeficiente de la corredera. Unidades de longitud empleadas en la Marina. Sondadores. Escandallos.

Cartas náuticas. Escalas de las cartas. Clasificación de las cartas según la escala. Detalles que se aprecian en las cartas. Portulanos.

Compás y transportador. Hallar la latitud y longitud de un punto situado en la carta. Situar en la carta un punto de coordenadas conocidas. Desde un punto en la carta trazar un rumbo y una distancia. Hallar el rumbo y la distancia entre dos puntos. Hallar el rumbo para pasar a una distancia dada de tierra. Corregir el rumbo del efecto de una corriente. Calcular el rumbo aparente para dirigirse de un punto a otro navegando en zona de corriente conocida.

Navegación costera. Situación por dos marcaciones simultáneas a dos puntos de la costa. Situación por dos marcaciones no simultáneas a dos puntos de la costa: Rumbo y distancia navegada. Situación por dos marcaciones no simultáneas a un punto. Situación por marcación y distancia a un punto. Situación por dos enfilaciones. Situación por una marcación y una enfilación. Sextante.

Presión atmosférica. Barómetros: Sus clases. Lectura del barómetro. Presión media al nivel del mar. Temperatura. Termómetros: Sus clases. Lectura del termómetro. Idea sobre la previsión del tiempo con el barómetro y el termómetro.

Informaciones meteorológicas locales: Su interés para la navegación. Viento: Sus causas. Viento real y aparente. Escala marítima de los vientos. Vientos predominantes en las distintas regiones del litoral español.

Ideas de frentes: Frío y cálido.

Idea de interpretación de una carta del tiempo.

Legislación y primeros auxilios

Formalidades que debe llenar el Patrón y el Capitán de Yate al despacharse. Libros y documentos que debe haber en un yate. Modo de legalizarlos y llevarlos: A qué autoridades deben presentarse. Deberes del Capitán o Patrón de Yate con las autoridades. Tripulación de las embarcaciones de recreo. Bandera nacional. Casos en que debe izarse por obligación o por cortesía. Saludos con la bandera.

Hemorragias: Arterial y venosa: Tratamiento de urgencia. Principales causas que producen la pérdida del conocimiento. Tratamiento de urgencia.

El accidente a bordo: Contusiones y su tratamiento. Heridas y su tratamiento. Reglas generales para practicar las curas. Fracturas. Síntomas de las fracturas. Traslado de accidentados en el barco. Primeros auxilios a los fracturados. Esguinces.

Asfixia. Instrucciones para acudir nadando en auxilio del náufrago.

Los métodos de respiración artificial. Estudio crítico de los mismos desde el punto de vista de su eficacia.

Motores marinos

Motores de combustión interna: Su clasificación. Motores diesel y de explosión. Nomenclatura de las partes principales de estos motores. Ciclos de trabajo de los motores diesel de cuatro y dos tiempos. Ciclos de trabajo en los motores de explosión de cuatro y de dos tiempos. Diferencias esenciales entre los motores diesel y de explosión.

Motores diesel: Cómo se desarrolla la combustión en el motor diesel. Nociones sobre inyección de combustible: Mecánica. Bombas de inyección alternativa y rotativa: Idea y regulación general de su funcionamiento. Válvula atomizadora. Sistemas de encendido. Bombas de barrido en los motores diesel de dos tiempos: Su objeto y funcionamiento. Regulación práctica de las diferentes válvulas. Lubricación y refrigeración en los motores diesel. Intercambiadores de calor: Para aceite y agua. Arranque de los motores diesel, eléctrico y por inercia. Inversión de marcha: Por mecanismo de embrague y por hélice de palas reversibles. Regulador de velocidad: Su objeto. Reductor de velocidades.

Motores de explosión: Cómo se efectúa el trabajo de los gases de un motor de explosión. Válvulas de los motores de explosión de cuatro y de dos tiempos: Idea de las razones de los adelantos y retrasos en su apertura y cierre. Regulación práctica de las válvulas. Carburación en los motores de explosión. Funcionamiento de un carburador elemental. Encendidos en los motores de explosión: Magneto, plato magnético, delco. Encendido electrónico de un motor de dos tiempos y de cuatro tiempos. Instalación eléctrica. Engrase y refrigeración de un motor fuera borda explosión de dos tiempos. Engrase y refrigeración de motor explosión de cuatro tiempos. Diferencias entre ambos. Circuitos cerrados de refrigeración. Bombas de engrase. Circuitos de engrase. Válvulas de retorno de aceite o reguladoras de presión. Intercambiadores de calor: Para aceite y agua. Inversión de marcha en los motores de explosión. Instalación de un motor de explosión con propulsor convencional. Instalación de un motor tipo Z Drive (cola en Z dentro-fuera borda). Instalación del motor fuera borda.

Precauciones antes de poner en marcha los motores. Arranque, conducción y parada. Maniobras de cambio de marcha. Nociones sobre las averías más frecuentes en los motores cuya reparación puede llevarse a cabo en la mar. Entretenimiento de los motores cuando no están en período de funcionamiento. Medios para prevenir el incendio de un motor y medidas a tomar para sofocarlo.

TÍTULOS DEPORTIVOS PARA TRIPULAR EMBARCACIONES DE RECREO

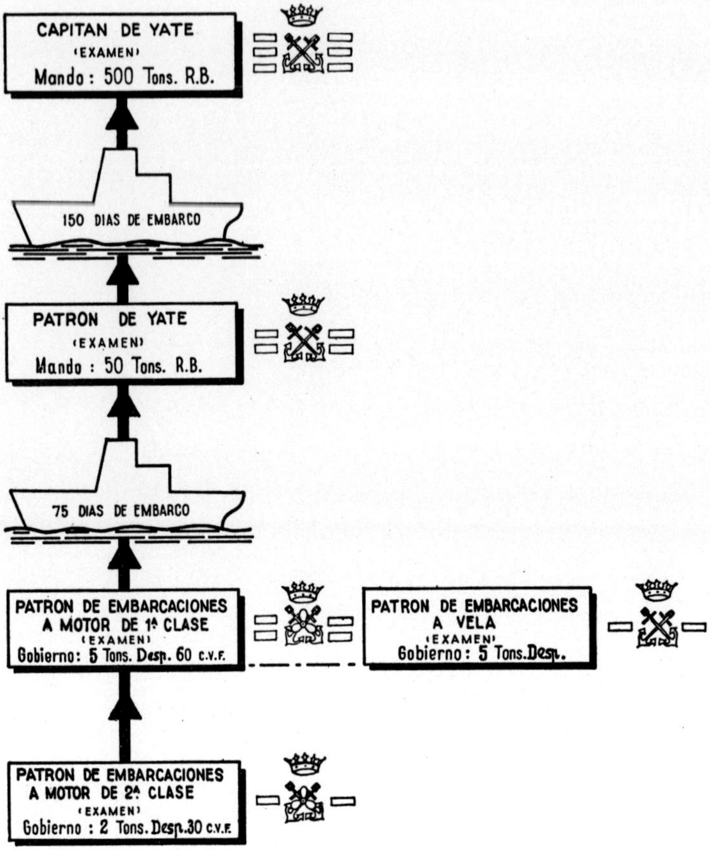

INDICE ALFABETICO

A

B

CH

D

E

F

G

LL

M

N

O

Q

R

S

T

U

V

W

Y

Z

SUMARIO